CAD/CAM/CAE 微视频讲解大系

中文版 AutoCAD 2020 电气设计从入门到精通

（实战案例版）

20 小时同步微视频讲解　132 个实例案例分析

☑疑难问题集　☑应用技巧集　☑典型练习题　☑认证考题　☑常用图块集　☑大型图纸案例及视频

天工在线　编著

中国水利水电出版社
www.waterpub.com.cn
·北京·

内容提要

《中文版 AutoCAD 2020 电气设计从入门到精通（实战案例版）》以 AutoCAD 2020 软件为平台，以实用为出发点，系统、全面地介绍了 AutoCAD 2020 在电气设计中的使用方法和应用技巧，是一本 AutoCAD 电气设计的基础教程、案例视频教程。全书分 3 篇，共 20 章，其中，第 1 篇为基础知识篇，主要介绍了电气制图规则和表示方法，以及 AutoCAD 2020 的绘图知识和应用技巧；第 2 篇为电气设计工程图篇，详细介绍了机械电气设计、电路图设计、电力电气设计、控制电气设计、通信电气设计和建筑电气设计方面的应用，通过大量实例展示了不同类型的电气设计方法和技巧；第 3 篇为居民楼电气设计实例篇，具体介绍了居民楼电气平面图、居民楼辅助电气平面图和居民楼电气系统图的设计方法和绘制技巧，通过完整案例展示了居民楼电气设计的完整应用。全书语言简洁，讲解清晰，图文并茂，易学易懂。对重要知识点均配有实例讲解和视频讲解，并增加了动手练来巩固操作，以提高读者的实战技能。

《中文版 AutoCAD 2020 电气设计从入门到精通（实战案例版）》一书配有极为丰富的学习资源，其中配套资源包括：**（1）20 小时的同步微视频讲解，扫描二维码，可以随时随地看视频，超方便；（2）全书实例的源文件和初始文件可以直接调用和对比学习、查看图形细节，学习效率更高。**附赠资源包括：**（1）AutoCAD 疑难问题集、AutoCAD 应用技巧集、AutoCAD 常用图块集、AutoCAD 常用填充图案集、AutoCAD 常用快捷命令速查手册、AutoCAD 常用快捷键速查手册、AutoCAD 常用工具按钮速查手册等；（2）6 套 AutoCAD 电气设计相关的图纸设计方案及同步视频讲解，可以拓宽视野；（3）AutoCAD 2020 认证考试大纲和认证考试样题库。**

《中文版 AutoCAD 2020 电气设计从入门到精通（实战案例版）》适合作为 AutoCAD 电气设计初学者的入门教材，也适合作为应用型高校或相关培训机构的 AutoCAD 电气设计教材，还可作为电气设计工程技术人员的参考工具书。本书也适用于 AutoCAD 2019、AutoCAD 2018、AutoCAD 2016 等较低版本。

图书在版编目（CIP）数据

中文版 AutoCAD 2020 电气设计从入门到精通：实战案例版 / 天工在线编著. -- 北京：中国水利水电出版社, 2020.10
（CAD/CAM/CAE 微视频讲解大系）
ISBN 978-7-5170-8085-5

Ⅰ. ①中… Ⅱ. ①天… Ⅲ. ①电气设备－计算机辅助设计－AutoCAD 软件 Ⅳ. ①TM02-39

中国版本图书馆 CIP 数据核字（2019）第 221530 号

丛 书 名	CAD/CAM/CAE 微视频讲解大系
书 名	中文版 AutoCAD 2020 电气设计从入门到精通（实战案例版） ZHONGWENBAN AutoCAD 2020 DIANQI SHEJI CONG RUMEN DAO JINGTONG
作 者	天工在线 编著
出版发行	中国水利水电出版社 （北京市海淀区玉渊潭南路 1 号 D 座 100038） 网址：www.waterpub.com.cn E-mail：zhiboshangshu@163.com 电话：（010）62572966-2205/2266/2201（营销中心）
经 售	北京科水图书销售中心（零售） 电话：（010）88383994、63202643、68545874 全国各地新华书店和相关出版物销售网点
排 版	北京智博尚书文化传媒有限公司
印 刷	涿州市新华印刷有限公司
规 格	203mm×260mm 16 开本 31.25 印张 793 千字 2 插页
版 次	2020 年 10 月第 1 版 2020 年 10 月第 1 次印刷
印 数	0001—5000 册
定 价	89.80 元

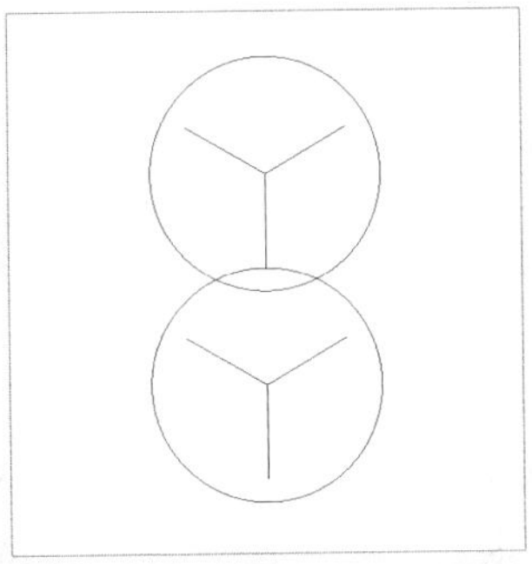

站用变压器

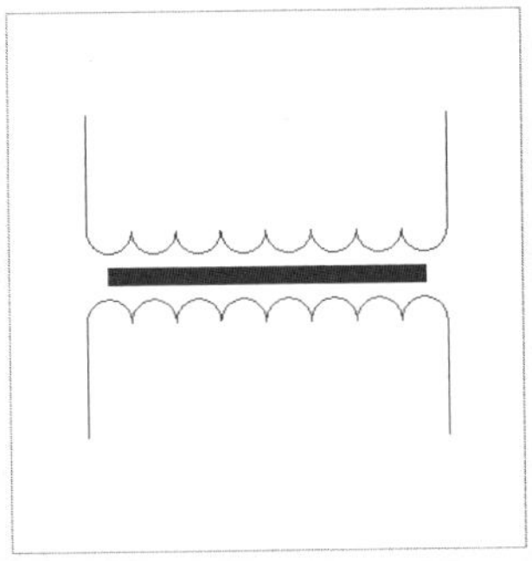

控制变压器

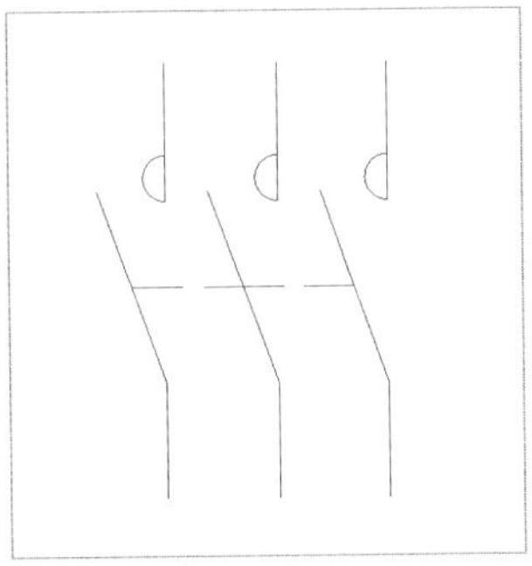

接触器主触头

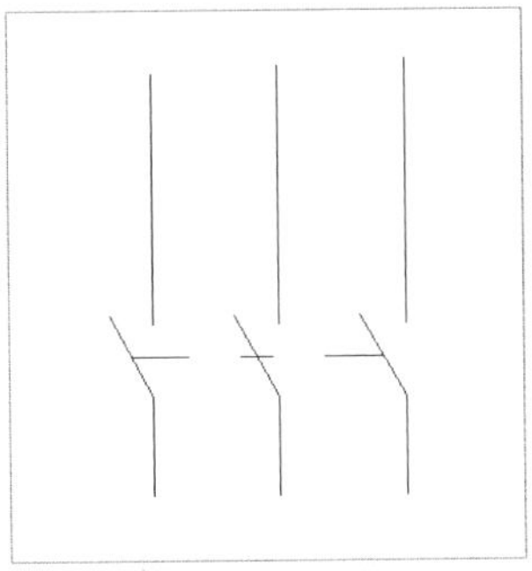

多级开关

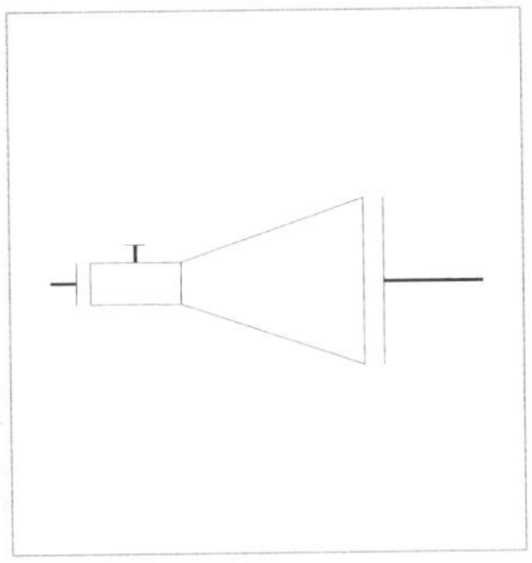

管式混合器

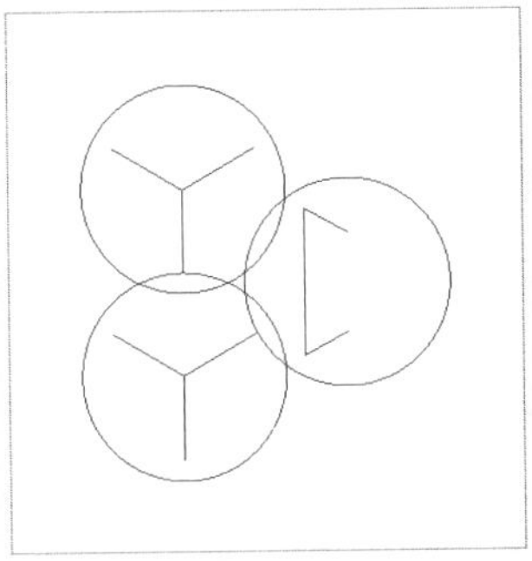

电压互感器

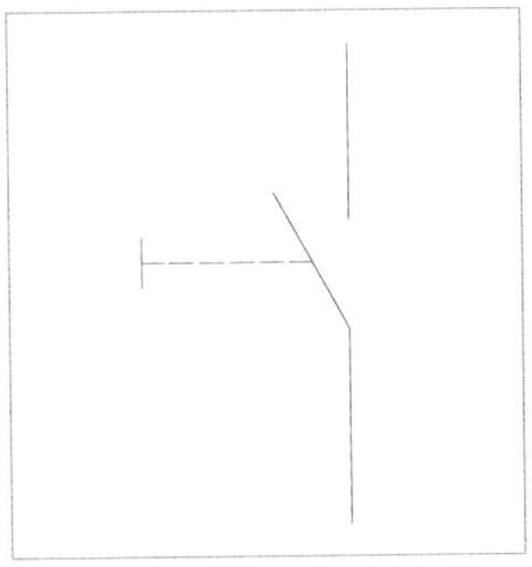

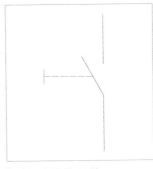

手动操作开关

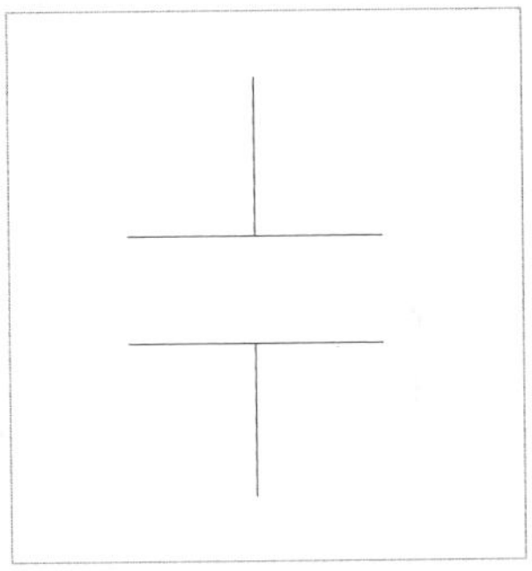

电容器

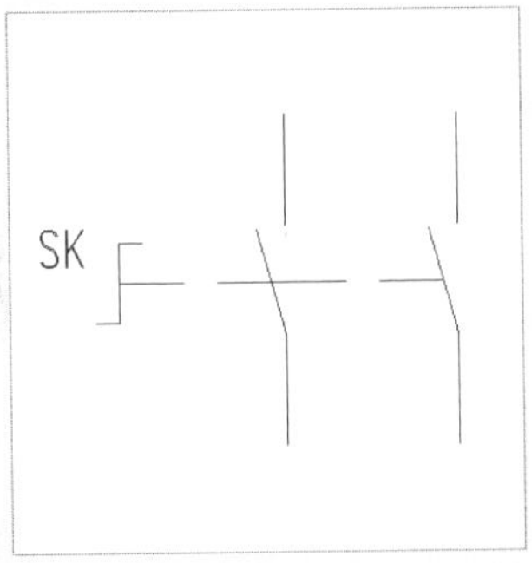

时间控制开关

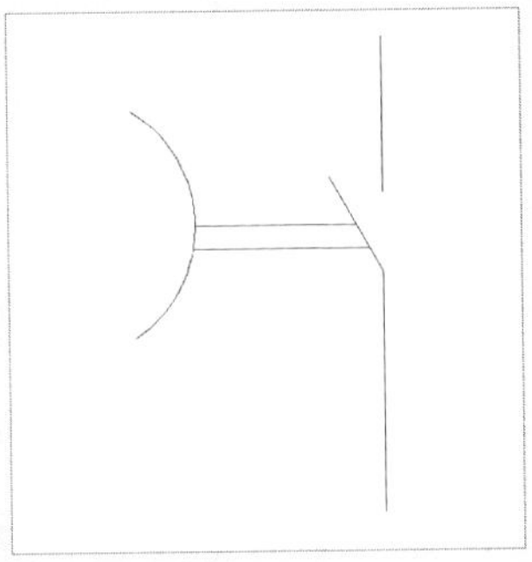

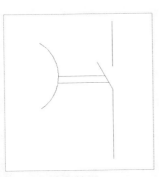

动合触点符号

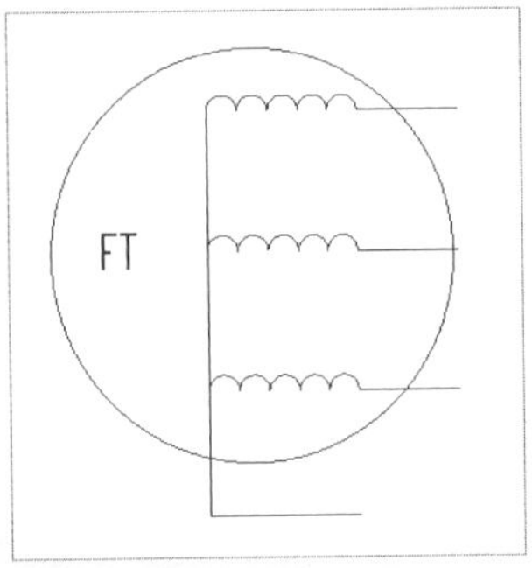

550控制模块

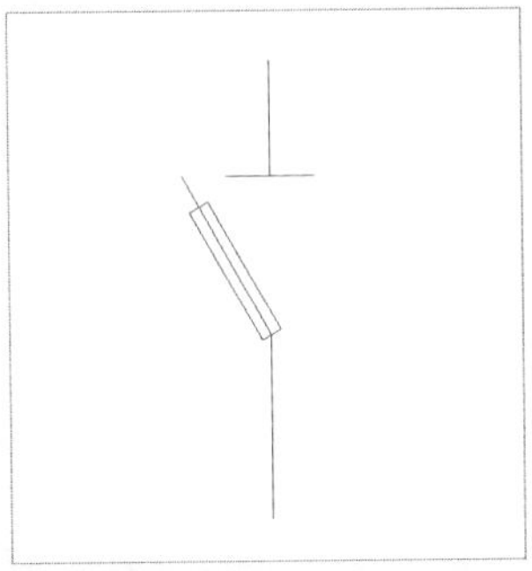

负荷开关

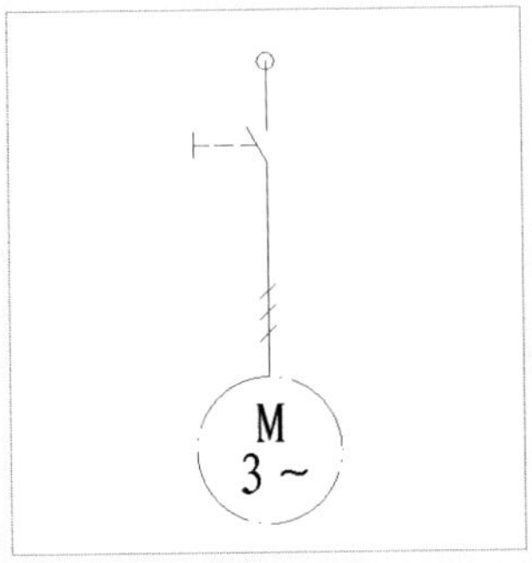

电动机简图

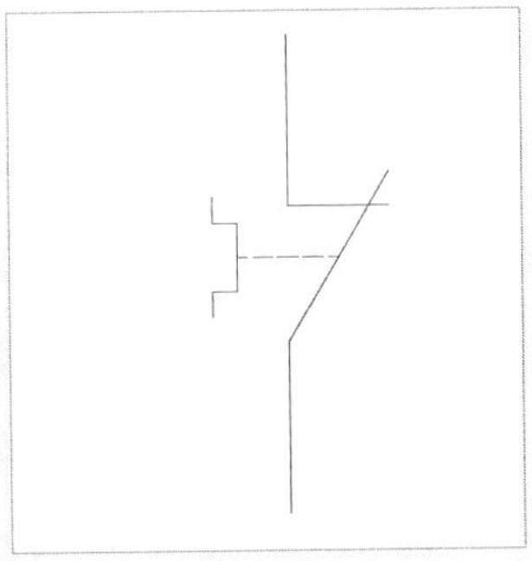

热继电器动断触点

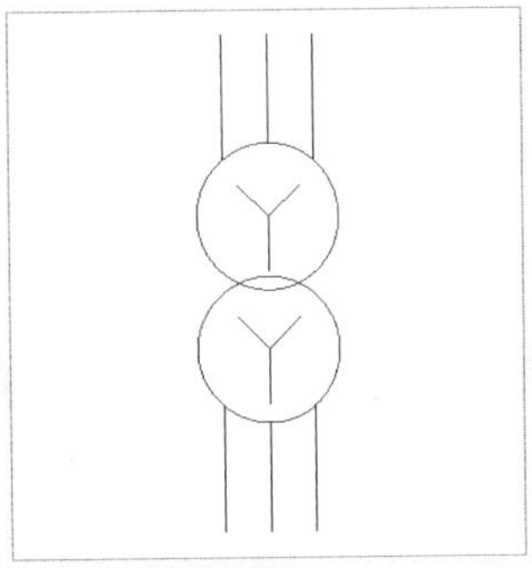

三相变压器

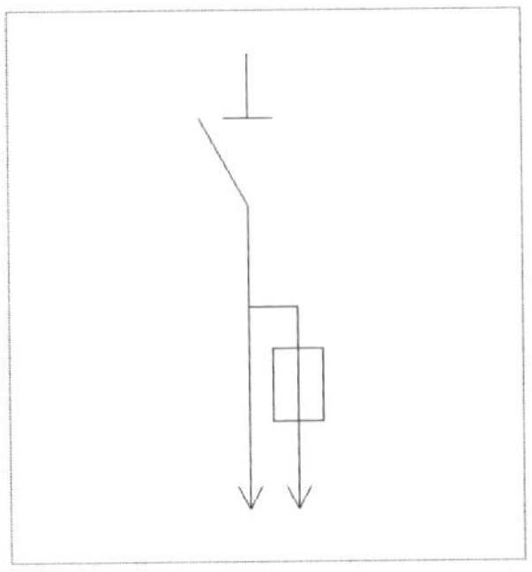

开关

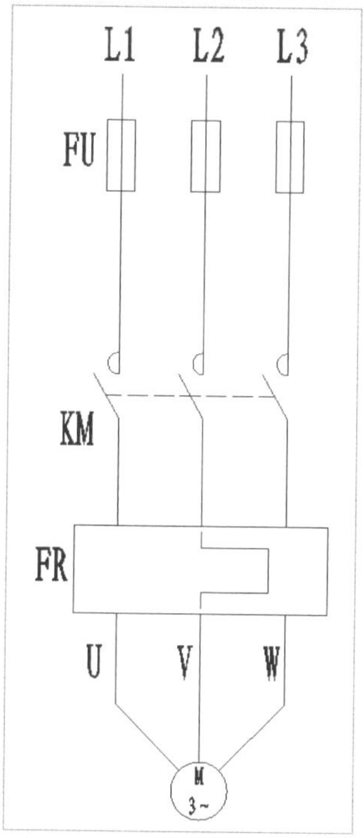

电动机供电系统图

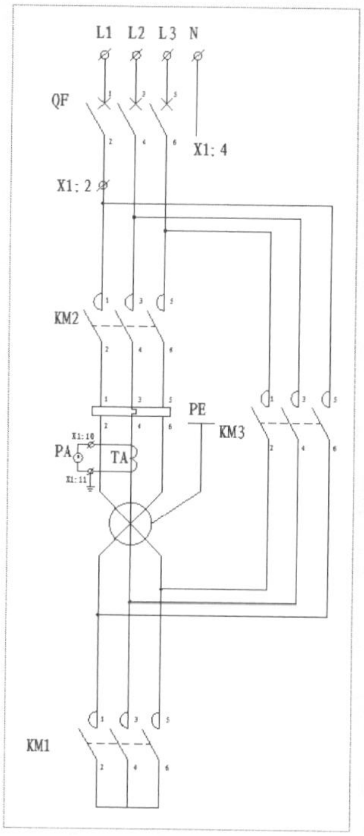

电动机控制图

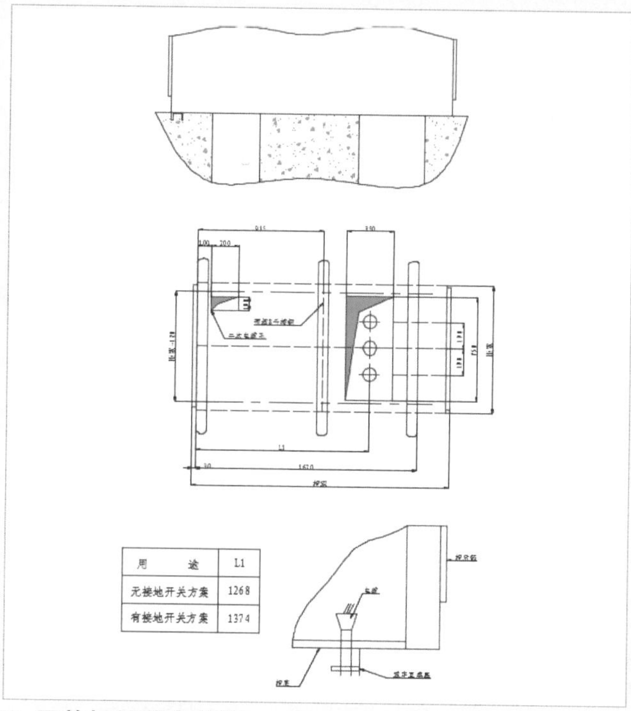

开关柜基础安装柜

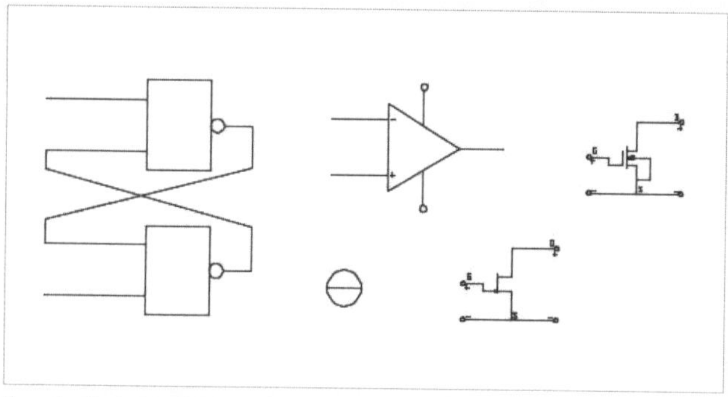

电路中基本器件画法

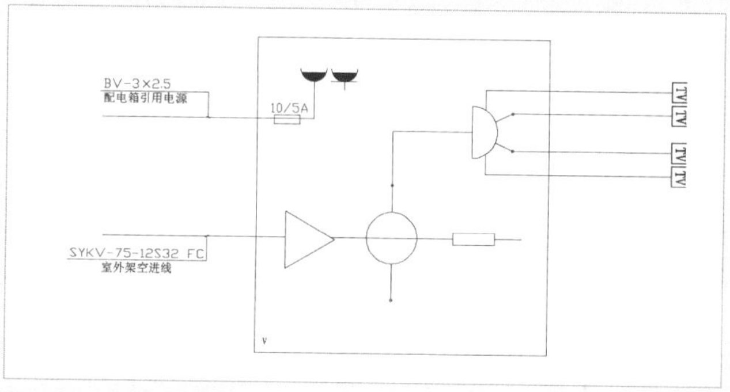

有线电视系统图

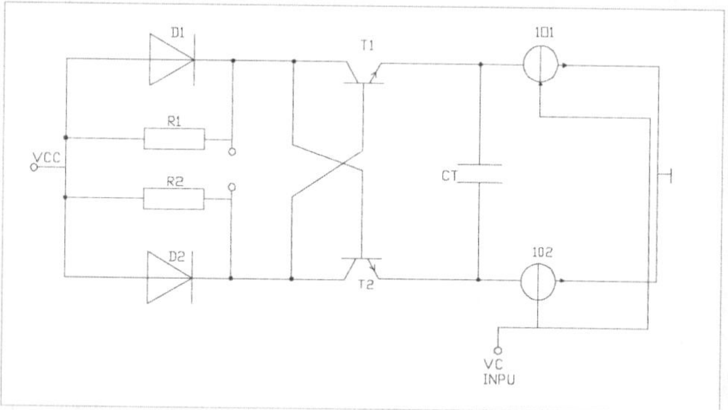

压控振荡器的画法

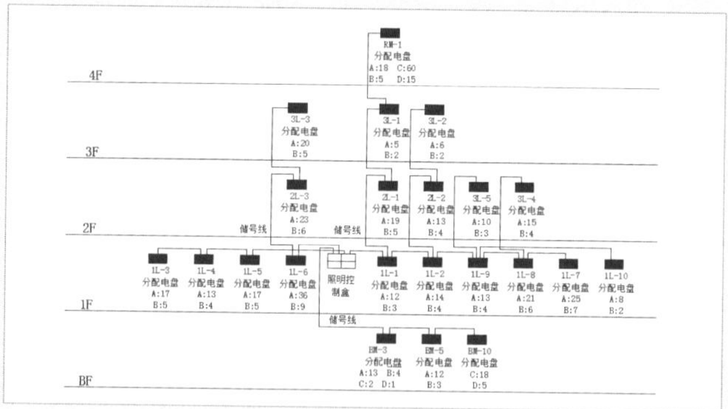

跳水馆照明干线系统图

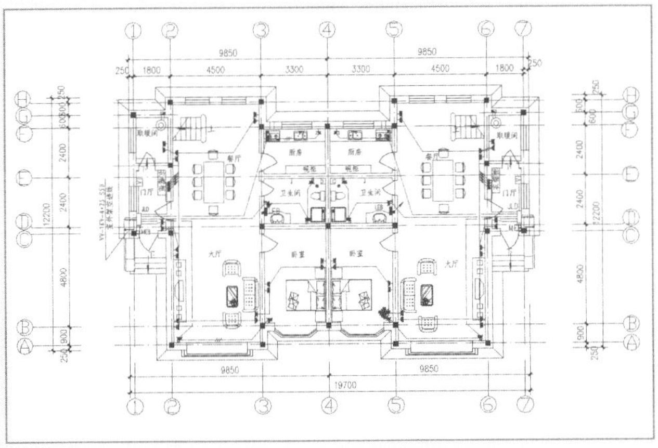

插座及等电位平面图

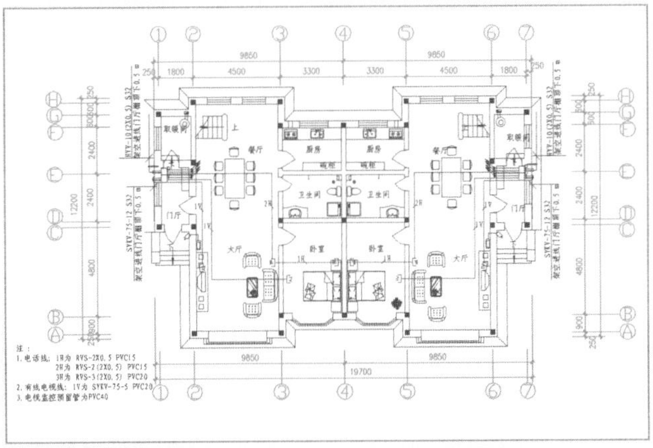

首层电话、有线电视及电视监控平面图

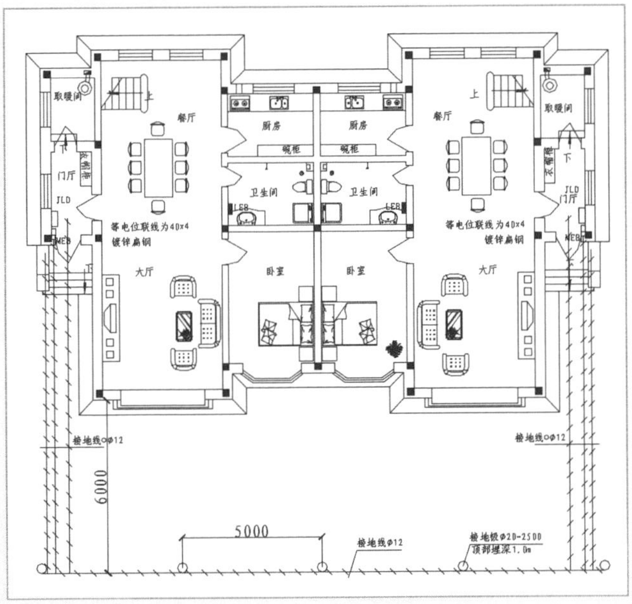

接地及等电位平面图

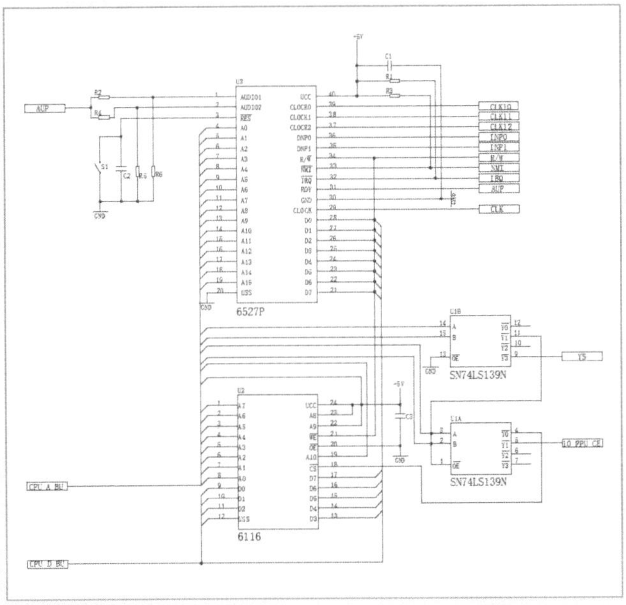

中央处理器电路设计

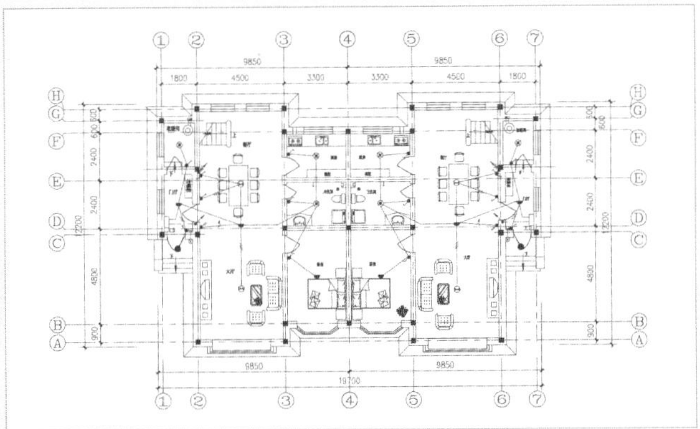

居民楼电气照明平面图

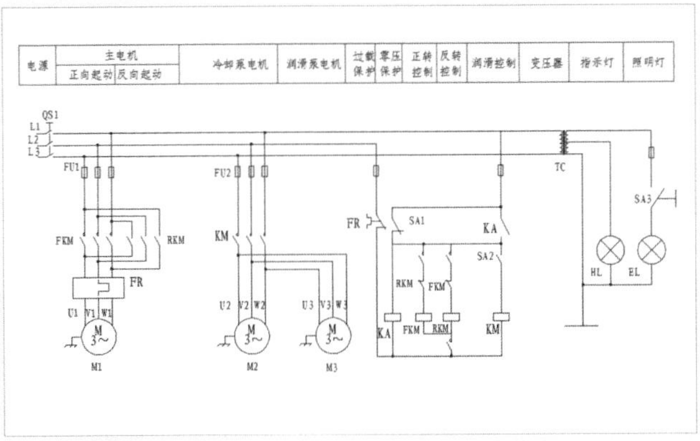

C616型车床电气原理图

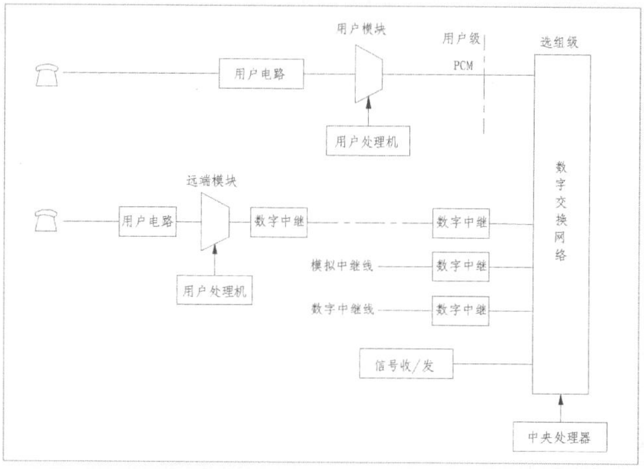

■ 数字交换机系统图

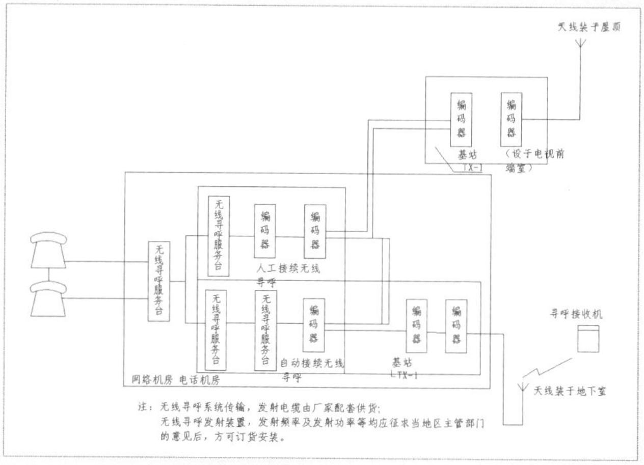

■ 无线寻呼系统图

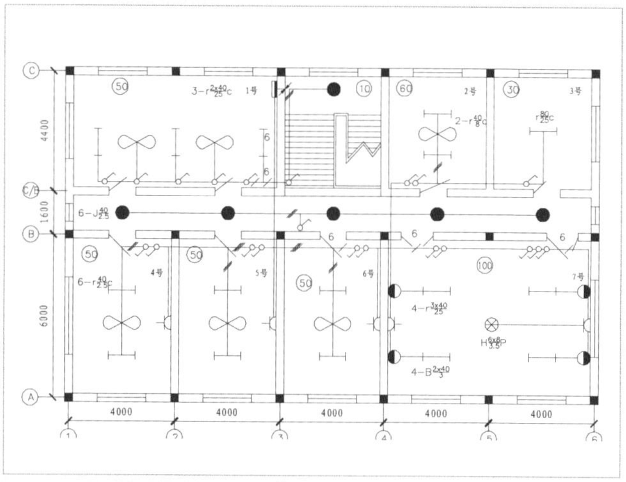

■ 办公室电器照明平面图

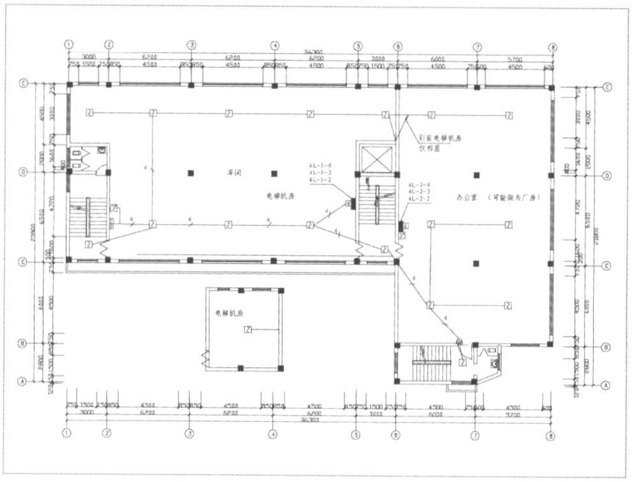

■ 厂房消防平面图

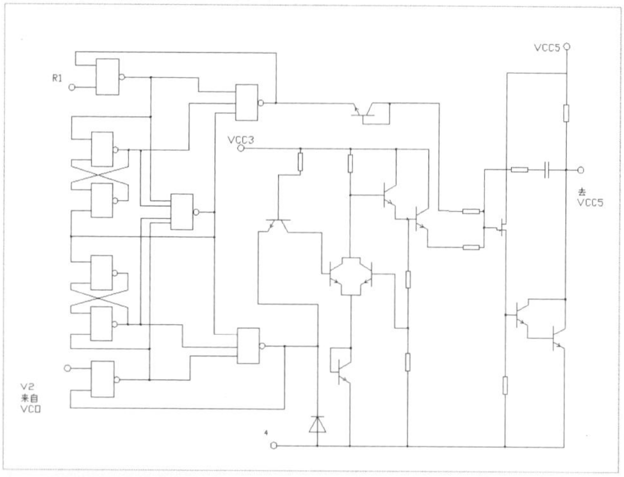

■ 鉴相器的画法

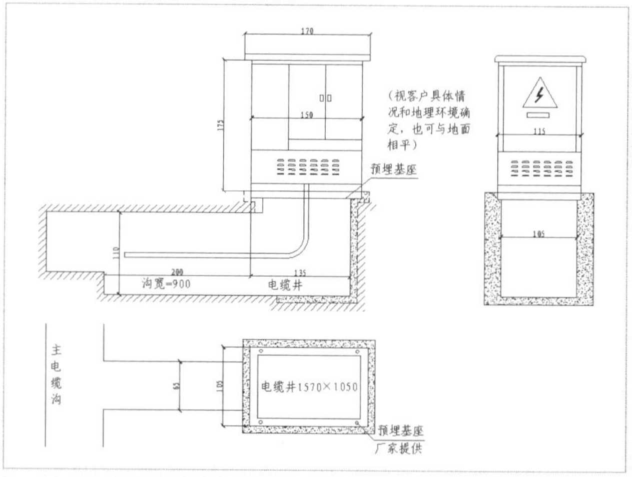

■ 电缆线路工程图

前　言

Preface

AutoCAD 是 Autodesk 公司开发的自动计算机辅助设计软件，是集二维绘图、三维设计、参数化设计、协同设计及通用数据库管理和互联网通信功能为一体的计算机辅助绘图软件包。随着计算机的发展，计算机辅助设计（CAD）和计算机辅助制造（CAM）技术得到了飞速发展。AutoCAD 软件作为一个十分重要的设计工具，因具有操作简单、功能强大、性能稳定、兼容性好、扩展性强等优点，成为计算机 CAD 系统中应用最为广泛的图形软件之一。AutoCAD 软件采用的.dwg 文件格式也成为二维绘图的一种常用技术标准。电气设计作为 AutoCAD 的一个重要应用方向，在电气设计平面图、系统图等的绘制方面发挥着重要的作用，更因绘图的便利性和可修改性，使工作效率在很大程度上得到提高。

本书将以目前最新、功能最强的 AutoCAD 2020 版本为基础进行讲解。

本书特点

➘ 科学合理，适合自学

本书定位以电气设计初学者为主，并充分考虑到初学者的特点，内容讲解由浅入深，循序渐进，能引领读者快速入门。例如，本书首先讲述电气制图规则和表示方法，让读者意识到电气设计需要遵循一定的规则，从而形成严谨的设计态度，所谓“没有规矩，不成方圆”；然后介绍 AutoCAD 软件的使用方法。在知识点上不求面面俱到，但求够用，学好本书，能满足实际设计工作中需要的所有技术。

➘ 内容全面，实例丰富

本书详细介绍了 AutoCAD 2020 在电气工程设计中的使用方法和编辑技巧，基础篇包括图形绘制、图形编辑、文字与表格、尺寸标注、辅助绘图工具等知识，知识点全面、够用。在介绍知识点时，辅以详细的实例，并提供具体的设计过程和大量的图示，可帮助读者快速理解并掌握所学知识点。后面的电气设计工程图篇和设计实例篇详细介绍了机械电气、电力电气、通信电气、建筑电气等不同类型的电气设计方法和技巧，以及居民楼的电气平面图、辅助电气平面图和电气系统图的设计方法和绘制技巧，通过大量实例来帮助读者快速提升实战技能。

➘ 视频讲解，通俗易懂

为了提高学习效率，本书中的大部分实例录制了教学视频。视频录制时采用模仿实际授课的形式，在各知识点的关键处给出解释、提醒和注意事项。专业知识和经验的提炼让读者高效学习的同时，更多体会绘图的乐趣。

➘ 栏目设置，精彩关键

根据需要并结合实际工作经验，作者在书中穿插了大量的“注意”“技巧”“说明”“教你一招”等小栏目，给读者以关键提示。为了让读者更多地动手操作，书中还设置了“动手练”模块，让读者在快速理解相关知识点后动手练习，达到举一反三的效果。

本书显著特色

➘ 体验好，随时随地学习

二维码扫一扫，随时随地看视频。书中大部分实例提供了二维码，读者可以通过手机微信扫一扫随时随地观看相关的教学视频。（若个别手机不能播放，请参考前言中的“本书学习资源列表及获取方式”， 在计算机端下载观看）

➘ 资源多，全方位辅助学习

从配套到拓展，资源库一应俱全。本书提供了几乎所有实例的配套视频和源文件。还提供了应用技巧精选、疑难问题精选、常用图块集、全套工程图纸案例、各种快捷命令速查手册、认证考试练习题等，学习资源一网打尽！

➘ 实例多，用实例学习更高效

案例丰富详尽，边做边学更快捷。跟着大量实例去学习，边学边做，从做中学，可以使学习更深入、更高效。

➘ 入门易，全力为初学者着想

遵循学习规律，入门实战相结合。编写模式采用基础知识+工程图设计+实战案例的形式，内容由浅入深，循序渐进，入门与实战相结合。

➘ 服务快，让你学习无后顾之忧

提供 QQ 群在线服务，随时随地可交流。提供公众号、QQ 群下载等多渠道贴心服务。

本书学习资源列表及获取方式

为了让读者在最短时间内学会并精通 AutoCAD 电气绘图技术，本书提供了极为丰富的学习配套资源。具体如下。

➘ 配套资源

（1）为方便读者学习，本书所有实例均录制了视频讲解文件（可扫描二维码直接观看或通过下载后观看）。

（2）用实例学习更专业，本书包含中小实例共 132 个（素材和源文件可通过下述方法下载后参考和使用）。

➘ 拓展学习资源

（1）AutoCAD 应用技巧集（100 条）

（2）AutoCAD 疑难问题集（180 问）

（3）AutoCAD 认证考试练习题（256 道）

（4）AutoCAD 常用图块集（600 个）

（5）AutoCAD 常用填充图案集（671 个）

（6）AutoCAD 大型设计图纸视频及源文件（6 套）

（7）AutoCAD 常用快捷命令速查手册（1 部）

（8）AutoCAD 常用快捷键速查手册（1 部）

（9）AutoCAD 常用工具按钮速查手册（1 部）

（10）AutoCAD 2020 初级工程师和工程师认证考试大纲（2 部）

以上资源的获取及联系方式（注意：本书不配带光盘，以上提到的所有资源均需通过下面的方法下载后使用）

（1）用手机微信扫描下方的二维码，获取本书的各类资源。

（2）读者可加入 QQ 群 1059217543，与作者和广大读者在线交流学习（若群满，会创建新群，请注意加群时的提示，并根据提示加入相应的群）。

特别说明（新手必读）

在学习本书或按照本书上的实例进行操作之前，请先在计算机中安装 AutoCAD 2020 中文版操作软件，您可以在 Autodesk 官网下载该软件试用版本（或购买正版），也可在当地电脑城、软件经销商处购买安装软件。

关于作者

本书由天工在线组织编写。天工在线是一个 CAD/CAM/CAE 技术研讨、工程开发、培训咨询和图书创作的工程技术人员协作联盟，包含 40 多位专职和众多兼职 CAD/CAM/CAE 工程技术专家。

天工在线负责人由 Autodesk 中国认证考试中心首席专家担任，全面负责 Autodesk 中国官方认证考试大纲制定、题库建设、技术咨询和师资力量培训工作，成员精通 Autodesk 系列软件。其创作的很多教材成为国内具有引导性的旗帜作品，在国内相关专业方向图书创作领域具有举足轻重的地位。

致谢

本书能够顺利出版，是作者、编辑和所有审校人员共同努力的结果，在此表示深深的感谢。同时，祝福所有读者在通往优秀设计师的道路上一帆风顺。

编　者

目　录

Contents

第1篇　基础知识篇

第2篇　电气设计工程图篇

第 3 篇 居民楼电气设计实例篇

1

对于用电设备来说，电气图主要是主电路图和控制电路图；对于供配电设备来说，电气图主要是指一次回路和二次回路的电路图。

第 1 篇　基础知识篇

本篇主要介绍电气设计的一些基础知识与 AutoCAD 2020 基础知识，包括电气制图规则和表示方法、AutoCAD 2020 入门、基本绘图设置、二维绘图命令、二维编辑命令、文字与表格、尺寸标注和辅助绘图工具等。通过本篇的学习，读者可以打下 AutoCAD 绘图在电气设计方面的应用基础，为后面的具体电气设计进行必要的知识准备。

第 1 章　电气图制图规则和表示方法

内容简介

AutoCAD 电气设计是计算机辅助设计与电气设计相结合的交叉学科。虽然在现代电气设计中应用 AutoCAD 进行辅助设计是顺理成章的事，但国内专门对利用 AutoCAD 进行电气设计的方法和技巧进行讲解的书很少。本章将介绍电气工程制图的有关基础知识，包括电气工程图的种类、特点以及电气图 CAD 制图的相关规则，并对电气图的基本表示方法和连接线的表示方法加以说明。

内容要点

- 电气图分类及特点
- 电气图 CAD 制图规则
- 电气图基本表示方法
- 电气图中连接线的表示方法
- 电气图形符号的构成和分类

案例效果

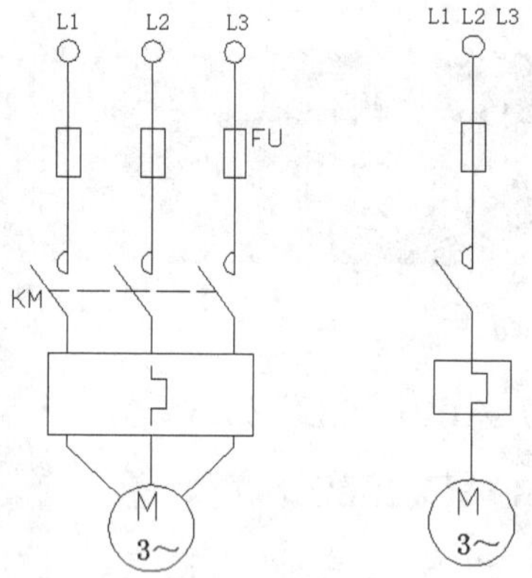

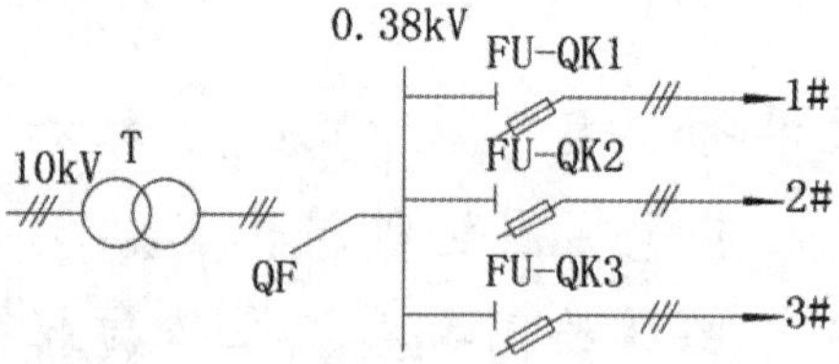

1.1　电气图分类及特点

对于用电设备来说，电气图主要是主电路图和控制电路图；对于供配电设备来说，电气图主要是指一次回路和二次回路的电路图。但要表示清楚一项电气工程或一种电气设备的功能、用途、工作原理、安装和使用方法等，光有这两种图是不够的。电气图的种类很多，下面分别介绍常用的几种。

1.1.1 电气图分类

根据各电气图所表示的电气设备、工程内容及表达形式的不同，电气图通常分为以下几类。

1. 系统图或框图

系统图或框图就是用符号或带注释的框概略表示系统或分系统的基本组成、相互关系及其主要特征的一种简图。例如，电动机的主电路（如图 1-1 所示）就表示了它的供电关系，其供电过程是电源 L1、L2、L3 三相→熔断器 FU→接触器 KM→热继电器的发热元件 FR→电动机。又如，某供电系统图（如图 1-2 所示）表示这个变电所把 10kV 电压通过变压器变换为 380V 电压，经断路器 QF 和母线后通过 FU-QK1、FU-QK2、FU-QK3 分别供给 3 条支路。系统图或框图常用来表示整个工程或其中某一项目的供电方式和电能输送关系，也可表示某一装置或设备各主要组成部分的关系。

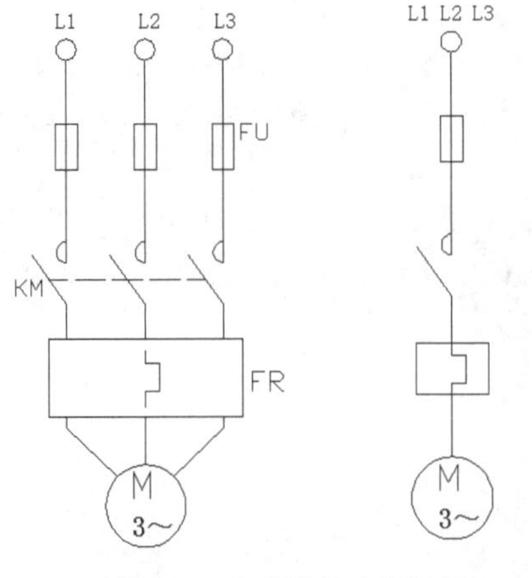

图 1-1 电动机供电系统图

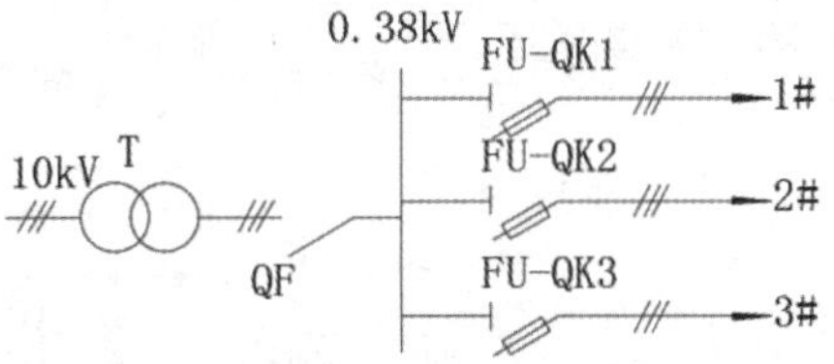

图 1-2 某变电所供电系统图

2. 电路图

电路图就是按工作顺序用图形符号从上而下、从左到右排列，详细表示电路、设备或成套装置的全部基本组成和连接关系，而不考虑其实际位置的一种简图。其目的是便于深入理解设备工作原理、分析和计算电路特性及参数，所以这种图又被称为电气原理图或原理接线图。例如，在磁力起动器电路图中（如图 1-3 所示），当按下起动按钮 SB2 时，接触器 KM 的线圈将得电，其常开主触点闭合，使电动机得电，起动运行；另一个辅助常开触点闭合，进行自锁。当按下停止按钮 SB1 或热继电器 FR 动作时，KM 线圈失电，常开主触点断开，电动机停止。可见它表示了电动机的操作控制原理。

3. 接线图

接线图主要用于表示电气装置内部元件之间及外部其他装置之间的连接关系，它是便于制作、安装及维修人员接线和检查的一种简图或表格。如图 1-4 所示就是磁力起动器控制电动机的主电路接线图，它清楚地表示了各元件之间的实际位置和连接关系：电源（L1、L2、L3）由 BX-3×6 的导线接至端子排 X 的 1、2、3 号，然后通过熔断器 FU1～FU3 接至交流接触器 KM 的主触点，再经过继电器的发热元件接到端子排 X 的 4、5、6 号，最后用导线接入电动机的 U、V、W 端子。

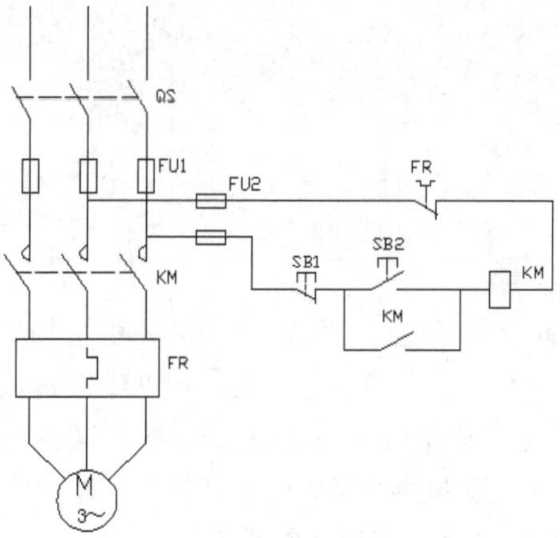

图 1-3 磁力起动器电路图

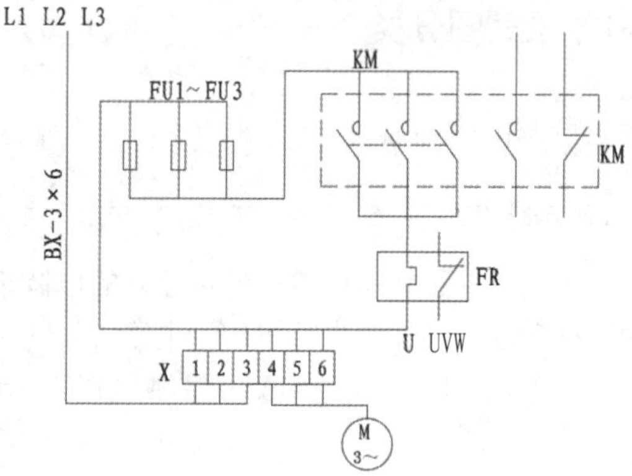

图 1-4 磁力起动器接线图

当一个装置比较复杂时，接线图又可分解为以下几种。

（1）单元接线图：表示成套装置或设备中一个结构单元内各元件之间的连接关系的一种接线图。这里的“结构单元”是指在各种情况下可独立运行的组件或某种组合体，如电动机、开关柜等。

（2）互连接线图：表示成套装置或设备的不同单元之间连接关系的一种接线图。

（3）端子接线图：表示成套装置或设备的端子以及接在端子上的外部接线（必要时包括内部接线）的一种接线图，如图 1-5 所示。

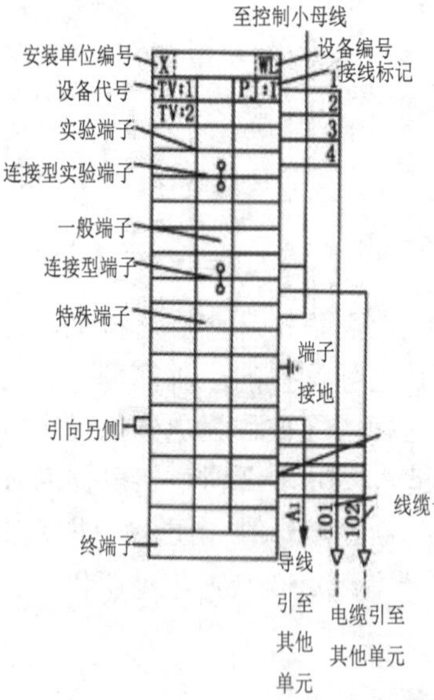

图 1-5 端子接线图

（4）电线电缆配置图：表示电线电缆两端位置，必要时还包括电线电缆功能、特性和路径等信息的一种接线图。

4. 电气平面图

电气平面图是表示电气工程项目的电气设备、装置和线路的平面布置图，它一般是在建筑平面图的基础上制作出来的。常见的电气平面图有供电线路平面图、变配电所平面图、电力平面图、照明平面图、弱电系统平面图、防雷与接地平面图等。如图 1-6 所示是某车间的动力电气平面图，它表示了各车床的具体平面位置和供电线路。

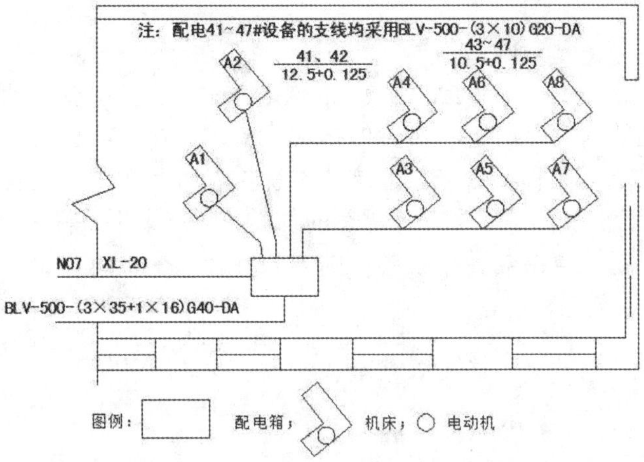

图 1-6　某车间动力电气平面图

5. 设备布置图

设备布置图表示各种设备和装置的布置形式、安装方式以及相互之间的尺寸关系，通常由平面图、主面图、断面图、剖面图等组成。这种图按三视图原理绘制，与一般机械图没有大的区别。

6. 设备元件和材料表

设备元件和材料表就是把成套装置、设备、装置中各组成部分和相应数据列成表格，来表示各组成部分的名称、型号、规格和数量等，便于读者阅读，了解各元器件在装置中的作用和功能，从而读懂装置的工作原理。设备元件和材料表是电气图中重要的组成部分，它可置于图中的某一位置，也可单列一页（视元器件材料多少而定）。为了方便书写，通常是从下而上排序。如表 1-1 所示即某开关柜上的设备元件表。

表 1-1　某开关柜上的设备元件表

符　号	名　称	型　号	数　量
ISA-351D	微机保护装置	=220V	1
KS	自动加热除湿控制器	KS-3-2	1
SA	跳、合闸控制开关	LW-Z-1a，4，6a，20/F8	1
QC	主令开关	LS1-2	1
QF	自动空气开关	GM31-2PR3，0A	1
FU1-2	熔断器	AM1 16/6A	2
FU3	熔断器	AM1 16/2A	1
1-2DJR	加热器	DJR-75-220V	2
HLT	手车开关状态指示器	MGZ-91-1-220V	1
HLQ	断路器状态指示器	MGZ-91-1-220V	1
HL	信号灯	AD11-25/41-5G-220V	1
M	储能电动机		1

7．产品使用说明书上的电气图

生产厂家往往随产品使用说明书附上电气图，供用户了解该产品的组成、工作过程及注意事项，以达到正确使用、维护和检修的目的。

8．其他电气图

除了上述常用的主要电气图，对于较为复杂的成套装置或设备，为了便于制造，还会有局部的大样图、印刷电路板图等。而有时为了装置的技术保密，往往只给出装置或系统的功能图、流程图、逻辑图等。所以，电气图种类很多，但这并不意味着所有的电气设备或装置都应具备这些图纸。根据表达的对象、目的和用途不同，所需图的种类和数量也不一样。对于简单的装置，可把电路图和接线图二合一；对于复杂装置或设备，则应分解为几个系统，每个系统也有以上各种类型图。总之，电气图作为一种工程语言，在表达清楚的前提下，越简单越好。

1.1.2 电气图特点

电气图与其他工程图有着本质的区别，它表示系统或装置中的电气关系，所以具有其独特的一面。其主要特点有以下几点。

1．清楚

电气图是用图形符号、连线或简化外形来表示系统或设备中各组成部分之间相互电气关系及其连接关系的一种图。如某变电所电气图（如图 1-7 所示），10kV 电压变换为 0.38kV 低压，分配给 4 条支路，用文字符号表示，并给出了变电所各设备的名称、功能、电流方向及各设备连接关系和相互位置关系，但没有给出具体位置和尺寸。

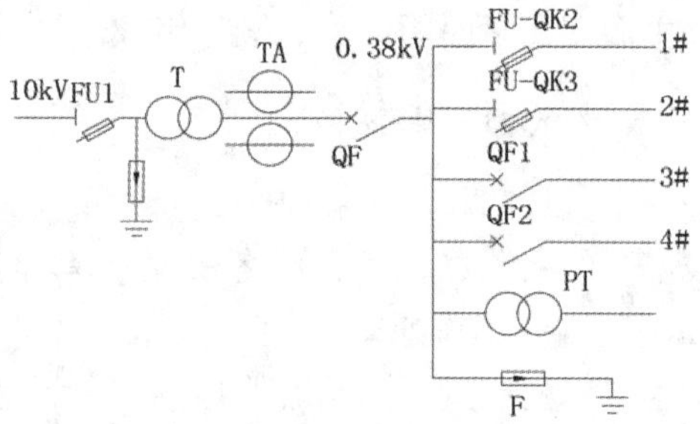

图 1-7　某变电所电气图

2．简洁

电气图是采用电气元器件或设备的图形符号、文字符号和连线来表示的，没有必要画出电气元器件的外形结构，所以对于系统构成、功能及电气接线等，通常都采用图形符号、文字符号来表示。

3．独特性

电气图主要是表示成套装置或设备中各元器件之间的电气、连接关系，不论是说明电气设备工作原理的电路图、供电关系的电气系统图，还是表明安装位置和接线关系的电气平面图和接线图等，都表达了各元器件之间的连接关系，如图 1-1 ~ 图 1-4 所示。

4．布局

电气图的布局依据图所表达的内容而定。电路图、系统图是按功能布局，只考虑便于看出元器件之间的功能关系，而不考虑元器件实际位置，要突出设备的工作原理和操作过程，按照元器件动作顺序和功能作用，从上而下、从左到右布局。而对于接线图、电气平面图、布置图，则要考虑元器件的实际位置，所以应按位置布局，如图 1-4 和图 1-6 所示。

5. 多样性

对系统的元件和连线描述方法不同，构成了电气图的多样性。例如，元件可采用集中表示法、半集中表示法、分散表示法，连线可采用多线表示法、单线表示法和混合表示法。同时，对于一个电气系统中各种电气设备和装置之间，从不同角度、不同侧面去考虑，存在不同的关系。例如在图 1-1 所示的某电动机供电系统图中，就存在着不同的关系。

（1）电能是通过 FU、KM、FR 送到电动机 M，它们存在能量传递关系，如图 1-8 所示。

图 1-8　能量传递关系

（2）从逻辑关系上，只有当 FU、KM、FR 都正常时，M 才能得到电能，所以它们之间存在“与”的关系——M=FU · KM · FR。即只有 FU 正常为“1”、KM 合上为“1”、FR 没有被烧断为“1”时，M 才能为“1”，表示可得到电能。其逻辑图如图 1-9 所示。

（3）从保护角度表示，FU 进行短路保护。当电路电流突然增大发生短路时，FU 烧断，使电动机失电。它们就存在信息传递关系：“电流”输入 FU，FU 根据电流的大小输出“烧断”或“不烧断”，可用图 1-10 表示。

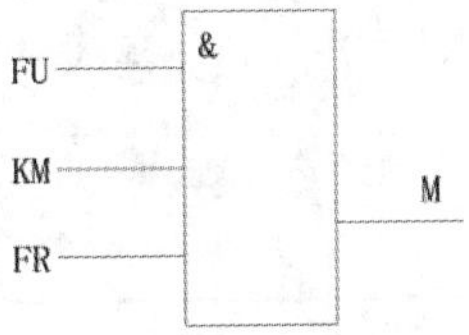

图 1-9　逻辑图

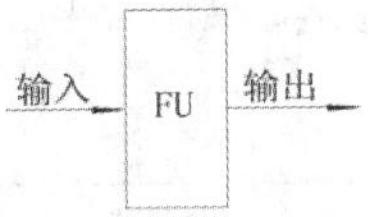

图 1-10　FU 的信息传递

1.2　电气图 CAD 制图规则

电气图是一种特殊的专业技术图，除了必须遵守《电气制图》（GB 6988）、《电气图用图形符号》（GB 4728）的标准外，还要严格遵照执行机械制图、建筑制图等方面的有关规定。由于相关标准或规则很多，这里只能简单地介绍一些与电气图制图有关的规则和标准。

1.2.1　图纸格式和幅面尺寸

1. 图纸格式

电气图图纸的格式与机械图图纸、建筑图图纸的格式基本相同，通常由边框线、图框线、标题栏、会签栏组成，如图 1-11 所示。

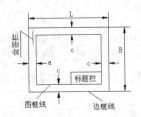

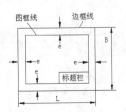

图 1-11　电气图图纸格式

图 1-11 中的标题栏相当于一个设备的铭牌，标示着这张图纸的名称、图号张次、制图者、审核者等有关人员的签名，其一般格式见表 1-2。标题栏通常放在右下角位置，也可放在其他位置，但必须在本张图纸上，而且标题栏的文字方向与看图方向一致。会签栏是留给相关的水、暖、建筑、工艺等专业设计人员会审图纸时签名用的。

表 1-2　标题栏一般格式

<table>
<tr><td colspan="4">××电力勘察设计院</td><td colspan="2">××区域 10kV 开闭及出线电缆工程</td><td>施　工　图</td></tr>
<tr><td>所长</td><td></td><td>校核</td><td></td><td colspan="3" rowspan="4">10kV 配电装备电缆联系及屏顶小母线布置图</td></tr>
<tr><td>主任工程师</td><td></td><td>设计</td><td></td></tr>
<tr><td>专业组长</td><td></td><td>CAD 制图</td><td></td></tr>
<tr><td>项目负责人</td><td></td><td>会签</td><td></td></tr>
<tr><td>日期</td><td>年　月　日</td><td>比例</td><td></td><td>图号</td><td colspan="2">B812S-D01-14</td></tr>
</table>

2. 幅面尺寸

由边框线围成的区域称为图纸的幅面。幅面大小共分 5 类，即 A0 ~ A4，其尺寸如表 1-3 所示。根据需要可对 A3、A4 号图加长，加长幅面尺寸如表 1-4 所示。

表 1-3　基本幅面尺寸

单位：mm

幅 面 代 号	A0	A1	A2	A3	A4
宽×长（B×L）	841×1189	594×841	420×594	297×420	210×297
留装订边边宽（c）	10	10	10	5	5
不留装订边边宽（e）	20	20	10	10	10
装订侧边宽（a）	25				

表 1-4　加长幅面尺寸

单位：mm

序　　号	代　　号	尺　　寸	序　　号	代　　号	尺　　寸
1	A3×3	420×891	4	A4×4	297×841
2	A3×4	420×1189	5	A4×5	297×1051
3	A4×3	297×630			

表 1-3 和表 1-4 所列幅面系列还不能满足需要时，则可按 GB 4457.1 的相关规定，选用其他加长幅面的图纸。

1.2.2　图幅分区

为了确定图上内容的位置及其他用途，应对一些幅面较大、内容复杂的电气图进行分区。图幅分区的方法是将图纸相互垂直的两边各自加以等分，分区数为偶数。每一分区的长度为 25 ~ 75mm。分区线采用细实线。每个分区内竖边方向用大写英文字母编号，横边方向用阿拉伯数字编号，编号顺序应从标题栏相对的左上角开始。

图幅分区后，相当于建立了一个坐标，分区代号用该区域的字母和数字表示，字母在前，数字在后，如 B3、C4，也可用行（如 A、B）或列（如 1、2）表示。这样，在说明设备工作元件时，就可以让读者很方便地找出所指元件。

在图 1-12 中，将图幅分成 4 行（A～D）和 6 列（1～6）。图幅内所绘制的元件 KM、SB、R 在图上的位置被唯一地确定下来了，其位置代号列于表 1-5 中。

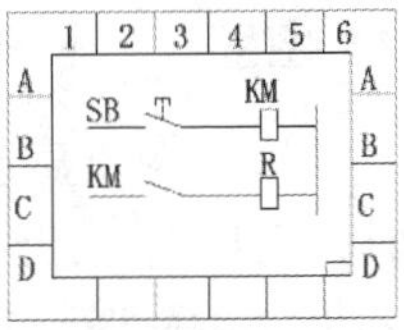

图 1-12　图幅分区示例

表 1-5　图上元件的位置代号

序　　号	元 件 名 称	符　　号	行　　号	列　　号	区　　号
1	继电器线圈	KM	B	4	B4
2	继电器触点	KM	C	2	C2
3	开关（按钮）	SB	B	2	B2
4	电阻器	R	C	4	C4

1.2.3　图线、字体及其他

1．图线

图中所用的各种线条称为图线。国家标准规定了 8 种基本图线，即粗实线、细实线、波浪线、双折线、虚线、细点划线、粗点划线和双点划线，并分别用代号 A、B、C、D、F、G、J 和 K 表示。

2．字体

图中的文字，如汉字、字母和数字，是图的重要组成部分，是读图的重要内容。按《技术制图字体》（GB/T 14691—1993）的规定，汉字采用长仿宋体，字母、数字可用直体、斜体；字体号数，即字体高度（单位：mm）分为 20、14、10、7、5、3.5 和 2.5 七种，字体的宽度约等于字体高度的 2/3，而数字和字母的笔画宽度约为字体高度的 1/10。因汉字笔画较多，所以不宜用 2.5 号字。

3．箭头和指引线

电气图中有两种形式的箭头：开口箭头如图 1-13（a）所示，表示电气连接中能量或信号的流向；实心箭头如图 1-13（b）所示，表示力、运动、可变性方向。

（a）开口箭头　　（b）实心箭头

图 1-13　箭头

指引线用于指示注释的对象，其末端指向被注释处，并加注以下标记：若指在轮廓线内，用一黑点表示，如图 1-14（a）所示；若指在轮廓线上，用一箭头表示，如图 1-14（b）所示；若指在电气线路上，用一短线表示，如图 1-14（c）所示（图中指明导线分别为 $3\times10mm^2$ 和 $2\times2.5mm^2$）。

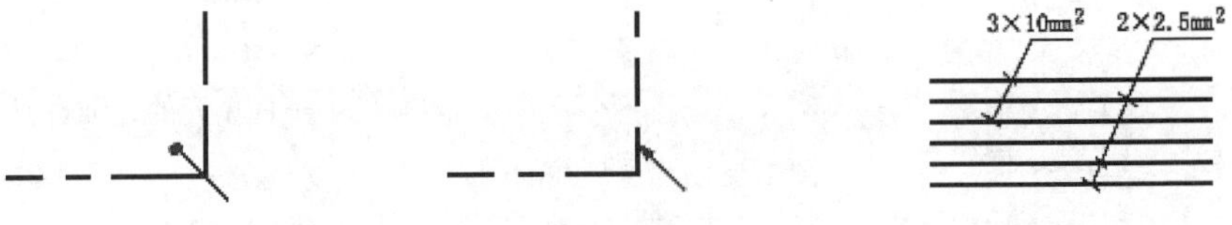

（a）指在轮廓线内　　（b）指在轮廓线上　　（c）指在电气线路上

图 1-14　指引线

4．围框

当需要在图上显示其中的一部分所表示的是功能单元、结构单元或项目组（电器组、继电器装置）时，可以用点划线围框表示。为了图面清晰，围框的形状可以是不规则的，如图 1-15 所示。围框内有两个继电器，每个继电器分别有 3 对触点，用一个围框表示这两个继电器 KM1、KM2 的作用关系会更加清晰，且具有互锁和自锁功能。

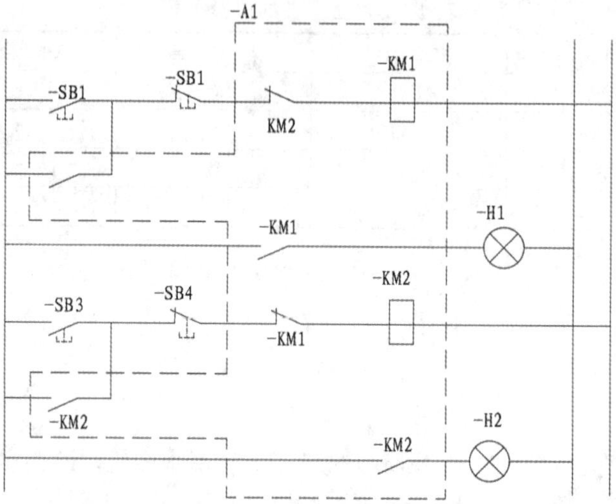

图 1-15　围框例图

当用围框表示一个单元时，若在围框内给出了可在其他图纸或文件内查阅更详细资料的标记，则其内的电路等可用简化形式表示或省略。如果在表示一个单元的围框内的图上含有不属于该单元的元件符号，则必须对这些符号加点划线的围框并加代号或注解。例如，图 1-16（a）中的—A 单元内包含有熔断器 FU、按钮 SB、接触器 KM 和功能单元—B 等，它们在一个框内；而—B 单元在功能上与—A 单元有关，但不装在—A 单元内，所以用点划线围起来，并且加了注释，表明—B 单元在图 1-16（b）中给出了详细资料，这里将其内部连接线省略。但应注意，在采用围框表示时，围框线不应与元件符号相交。

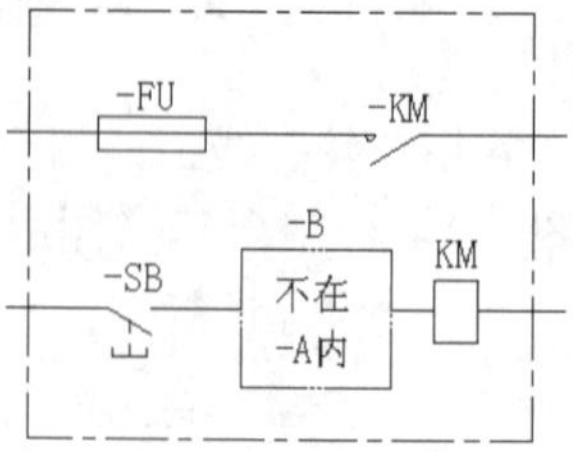

（a）—A 单元

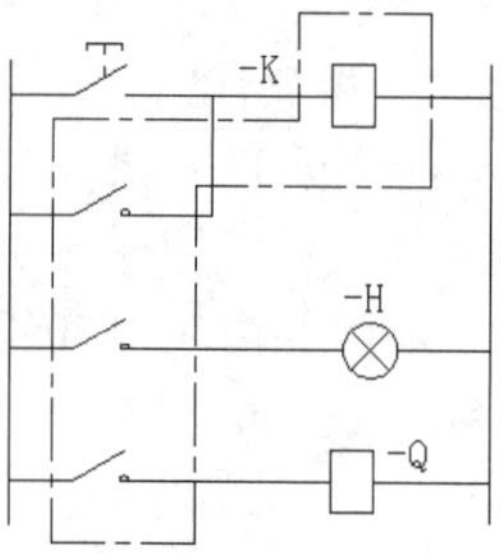

（b）—B 单元的详细资料

图 1-16　含点划线的围框

5．比例

图上所画图形符号的大小与物体实际大小的比值，称为比例。大部分的电气线路图都不是按比例绘制的，但电气平面图等则按比例绘制或部分按比例绘制，这样在平面图上测出两点距离就可按比例值计算出两者间的实际距离（如线的长度、设备间距等），这对导线的放线、设备机座、控制设备等安装都有利。

电气图采用的比例一般为 1∶10、1∶20、1∶50、1∶100、1∶200、1∶500。

6．尺寸标准

在一些电气图上标注了尺寸。尺寸数据是有关电气工程施工和构件加工的重要依据。

尺寸由尺寸线、尺寸界线、尺寸起止点（实心箭头和 45° 斜短划线）、尺寸数字 4 个要素组成，如图 1-17 所示。

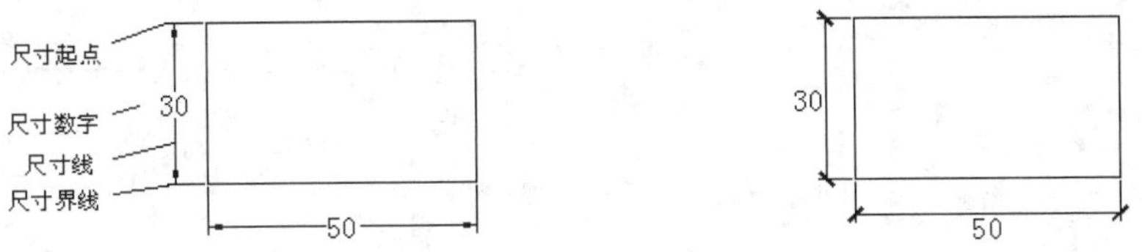

（a）用箭头线　　（b）用斜短划线

图 1-17　尺寸标注示例

图纸上的尺寸通常以毫米（mm）为单位；除特殊情况外，图上一般不另标注单位。

7．建筑物电气平面图专用标志

在电力、电气照明平面布置和线路敷设等建筑电气平面图上，往往画有一些专用的标志，以提示建筑物的位置、方向、风向、标高、高程、结构等。这些标志与电气设备安装、线路敷设有着密切关系，了解了这些标志的含义，对阅读电气图十分有利。

（1）方位

建筑电气平面图一般按“上北下南，左西右东”表示建筑物的方位，但在许多情况下是用方位标记表示其朝向。方位标记如图 1-18 所示，其箭头方向表示正北方向（N）。

（2）风向频率标记

风向频率标记是根据这一地区多年统计出的各方向刮风次数的平均百分比值，并按一定比例绘制而成的，如图 1-19 所示。它像一朵玫瑰花，故又称风向玫瑰图，其中实线表示全年的风向频率，虚线表示夏季（6～8 月）的风向频率。由图可见，该地区常年以西北风为主，夏季以西北风和东南风为主。

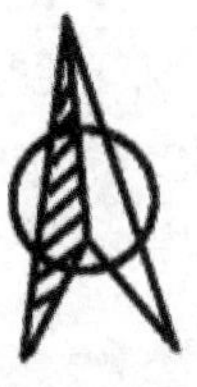

图 1-18　方位标记

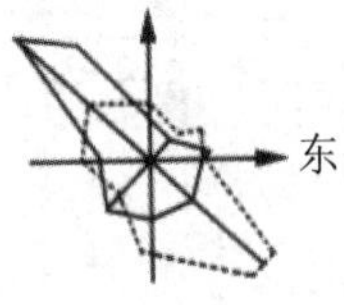

图 1-19　风向频率标记

（3）标高

标高分为绝对标高和相对标高。绝对标高又称海拔高度，我国是以青岛市外黄海平面作为零点来确定标高尺寸的。相对标高是选定某一参考面或参考点为零点而确定的高度尺寸。建筑电气平面图均采用相对标高，它一般采用室外某一平面或某层楼平面作为零点而确定标高，这一标高又称安装标高或敷设标高，其符号及标高尺寸示例如图 1-20 所示。其中图 1-20（a）用于室内平面图和剖面图，标注的数字表示高出室内平面某一确定的参考点 2.50m，图 1-20（b）用于总平面图上的室外地面，其数字表示高出地面 6.10m。

（4）建筑物定位轴线

定位轴线一般是根据载重墙、柱、梁等主要载重构件的位置所画的轴线。定位轴线编号的方法是：水平方向，从左到右用数字编号；垂直方向，由下而上用字母（易造成混淆的 I、O、Z 不用）编号；数字和字母分别用点划线引出。如图 1-21 所示，其轴线分别为 A、B、C 和 1、2、3、4、5。

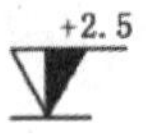

（a）标高 1

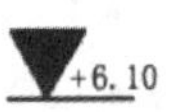

（b）标高 2

图 1-20　安装标高例图

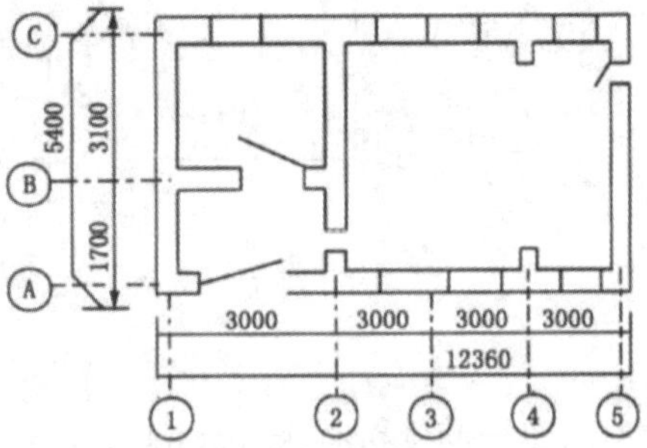

图 1-21　定位轴线标注方法示例

有了这个定位轴线，就可以确定图上所画的设备位置，计算出电气管线长度，便于下料和施工。

8. 注释、详图

（1）注释

用图形符号表达不清楚或不便表达的地方，可在图上添加注释。注释可采用两种方式：一是直接放在所要说明的对象附近；二是添加标记，将注释放在另外的位置或另一页。当图中出现多个注释时，应把这些注释按编号顺序放在图纸边框附近。如果是多张图纸，一般性注释放在第一张图上，其他注释则放在与其内容相关的图上。注释一般采用文字、图形、表格等形式，其目的就是把对象表达清楚。

（2）详图

详图实质上是用图形来注释。这相当于机械制图的剖面图，就是把电气装置中某些零部件和连接点等结构、做法及安装工艺要求放大并详细表示出来。关于详图的位置，可放在要详细表示对象的图上，也可放在另一张图上，但必须用一标志将它们联系起来。标注在总图上的标志称为详图索引标志，标注在详图位置上的标志称为详图标志。例如，11 号图上 1 号详图在 18 号图上，则在 11 号图上的索引标志为“1/18”，在 18 号图上的标注为“1/11”，即采用相对标注法。

1.2.4　电气图布局方法

图的布局应从有利于对图的理解出发，做到布局突出图的本意、结构合理、排列均匀、图面清晰、便于读图。

1. 图线布局

电气图的图线一般用于表示导线、信号通路、连接线等，要求用直线，并尽可能减少交叉和弯折。图线的布局方法有以下两种。

（1）水平布局：将元件和设备按行布置，使其连接线处于水平状态，如图1-22所示。

（2）垂直布局：将元件和设备按列布置，使其连接线处于竖直状态，如图1-23所示。

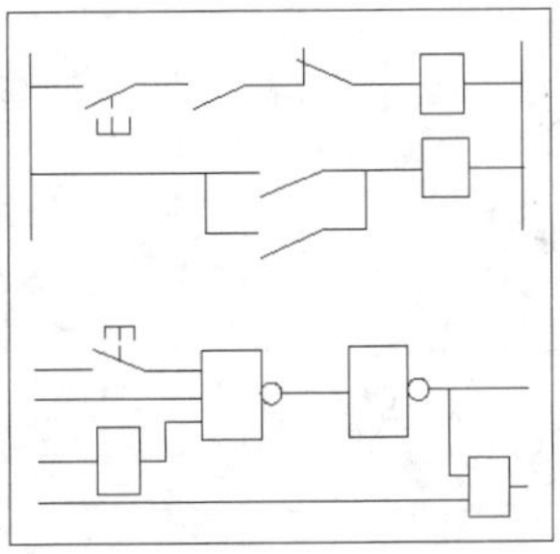

图1-22 图线水平布局示例

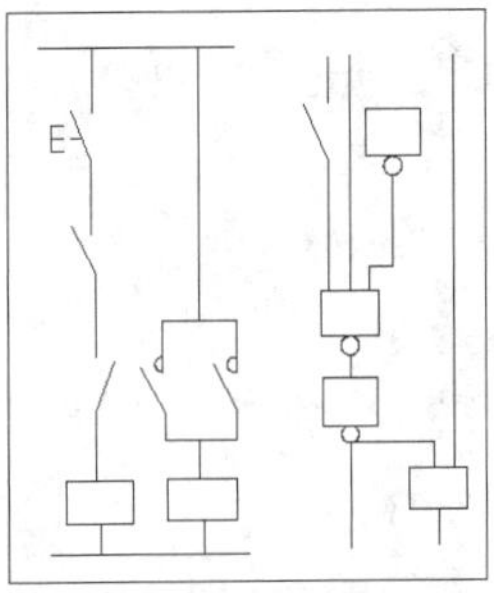

图1-23 图线垂直布局示例

2. 元件布局

元件在电路中的排列一般是按因果关系和动作顺序从左到右、从上而下布置，看图时也要按这一排列规律来分析。例如，如图1-24所示是水平布局，从左向右分析，FU、SB1、KM都处于常闭状态，KT线圈才能得电。经延时后，KT的常开触点闭合，KM得电。不按这一规律来分析，就不易看懂这个电路图的动作过程。

在接线图或布置图等图中，它是按实际元件位置来布局，这样便于看出各元件间的相对位置和导线走向。例如，如图1-25所示是某两个单元的接线图，它表示了两个单元的相对位置和导线走向。

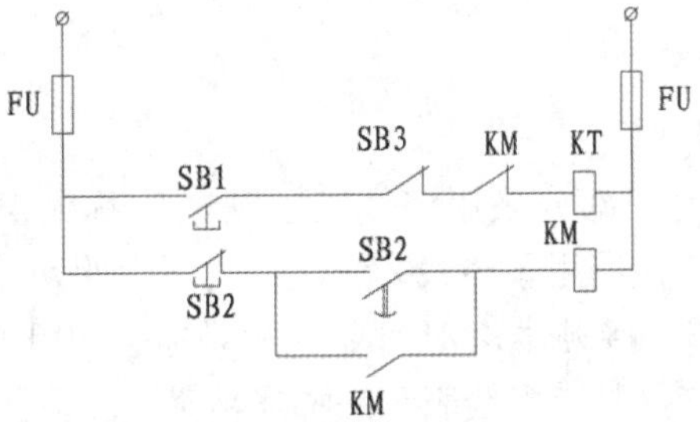

图1-24 元件布局示例

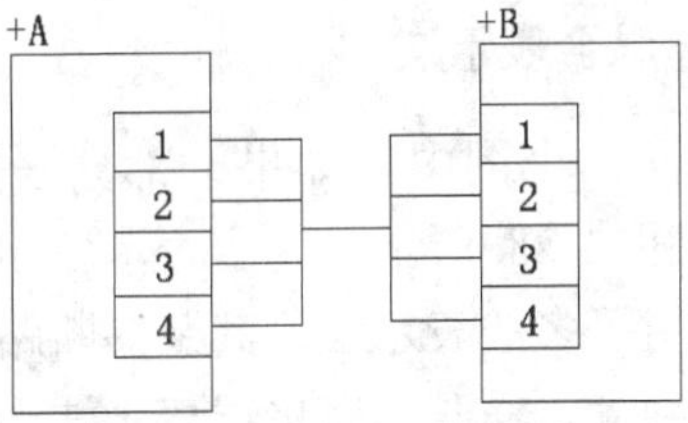

图1-25 两单元按位置布局示例

1.3 电气图基本表示方法

电气图可以通过线路、电气元件、元器件触头和工作状态来表示。

1.3.1 线路的表示方法

线路的表示方法包括多线表示法、单线表示法和混合表示法3种。

1. 多线表示法

在图中，电气设备的每根连接线或导线各用一根图线表示的方法，称为多线表示法。如图 1-26 所示就是采用多线表示法绘制的一个具有正、反转的电动机主电路图。多线表示法能比较清楚地看出电路工作原理，但图线太多。对于比较复杂的设备，交叉就更多，反而有碍于读懂图。多线表示法一般用于表示各相或各线内容的不对称和要详细表示各相和各线的具体连接方法的场合。

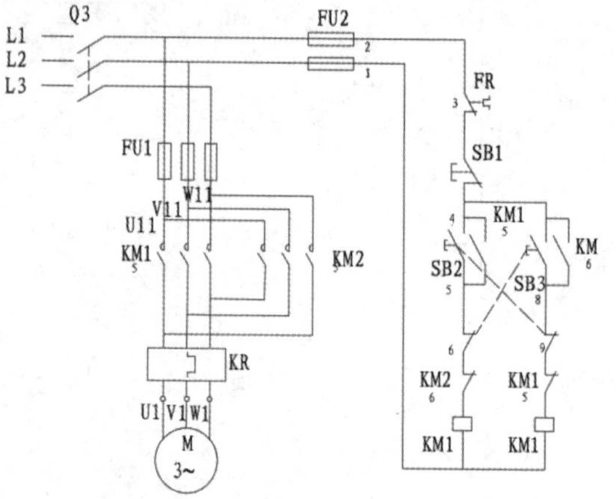

图 1-26　多线表示法例图

2. 单线表示法

在图中，电气设备的两根或两根以上的连接线或导线，只用一根线来表示，这种表示方法称为单线表示法。如图 1-27 所示是用单线表示的具有正、反转的电动机主电路图。这种表示法主要适用于三相电路或各线基本对称的电路图中。对于不对称的部分在图中注释，如图 1-27 中热继电器是两相的，图中标注了“2”。

3. 混合表示法

在同一个图中，如果一部分采用单线表示法，另一部分采用多线表示法，则称为混合表示法，如图 1-28 所示。为了表示三相绕组的连接情况，该图用了多线表示法；为了说明两相热继电器，也用了多线表示法；其余的断路器 QF、熔断器 FU、接触器 KM1 都是三相对称，采用单线表示法。这种表示法既具有单线表示法简洁、精练的优点，又具有多线表示法描述精确、充分的优点。

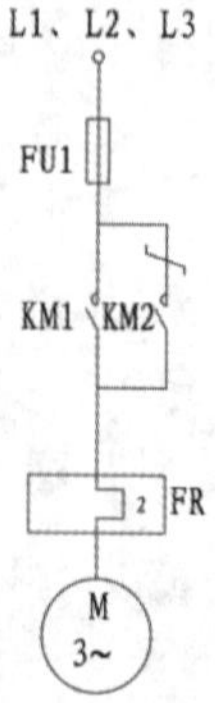

图 1-27　单线表示法例图

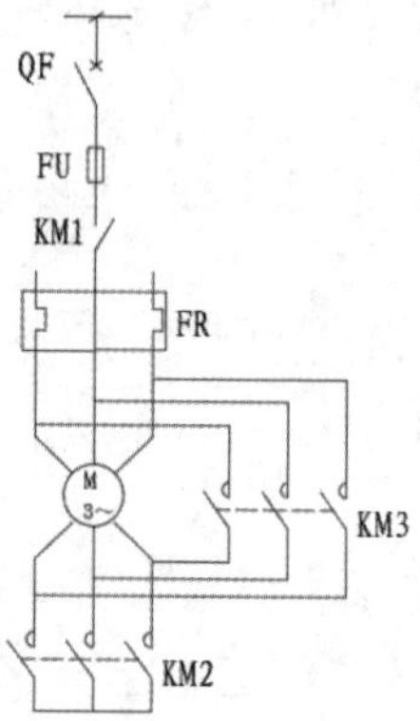

图 1-28　Y-△切换主电路的混合表示法

1.3.2　电气元件的表示方法

电气元件在电气图中通常采用图形符号来表示，绘出其电气连接，在符号旁标注项目代号（文字符号），必要时还会标注有关的技术数据。

在电气图中，元件完整图形符号的表示方法包括集中表示法、半集中表示法和分开表示法 3 种。

1．集中表示法

把设备或成套装置中的一个项目各组成部分的图形符号在简图上绘制在一起的方法，称为集中表示法。在集中表示法中，各组成部分用机械连接线（虚线）互相连接起来，连接线必须是一条直线。可见这种表示法只适用于简单的电路图。如图 1-29 所示是两个项目，继电器 KA 有一个线圈和一对触点，接触器 KM 有一个线圈和 3 对触头，它们分别用机械连接线联系起来，各自构成一体。

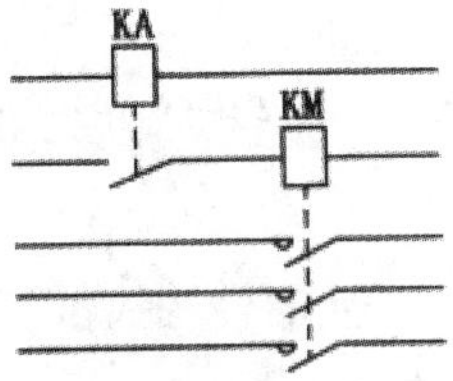

图 1-29　集中表示法示例

2．半集中表示法

把一个项目中某些部分的图形符号在简图中分开布置，并用机械连接线把它们连接起来，称为半集中表示法。例如，如图 1-30 所示中，KM 具有一个线圈、3 对主触头和一对辅助触头，表达得很清楚。在半集中表示法中，机械连接线可以弯折、分支和交叉。

3．分开表示法

把一个项目中某些部分的图形符号在简图中分开布置，并使用项目代号（文字符号）表示它们之间关系的方法，称为分开表示法，也称为展开法。若图 1-30 采用分开表示法，就成为图 1-31。可见分开表示法只要把半集中表示法中的机械连接线去掉，在同一个项目图形符号上标注同样的项目代号即可。这样图中的点划线就少了，图面更简洁；但是在读图过程中，要寻找各组成部分比较困难，必须综观全局图，把同一项目的图形符号在图中全部找出，否则就可能会遗漏。为了看清元件、器件和设备各组成部分，便于寻找其在图中的位置，可将分开表示法与半集中表示法结合起来，或者采用插图、表格表示各部分的位置。

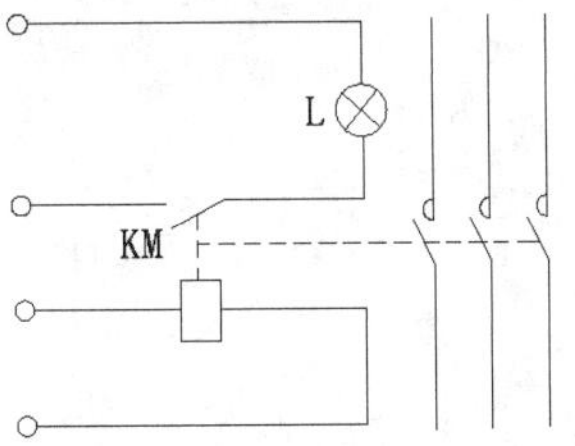

图 1-30　半集中表示法示例

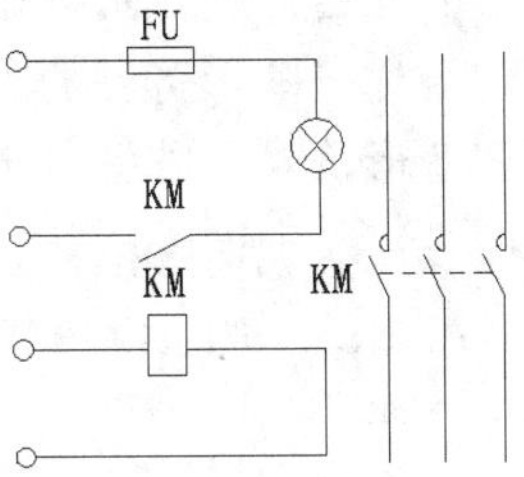

图 1-31　分开表示法示例

4．项目代号的标注方法

采用集中表示法和半集中表示法绘制的元件，其项目代号只在图形符号旁标出并与机械连接线对齐，如图 1-29 和图 1-30 中的 KM。

采用分开表示法绘制的元件，其项目代号应在项目的每一部分自身符号旁标注，如图 1-31 所示。必要时，对同一项目的同类部件（如各辅助开关、各触点）可加注序号。

标注项目代号时应注意：

（1）项目代号的标注位置尽量靠近图形符号。

（2）图线水平布局的图，项目代号应标注在符号上方；图线垂直布局的图，项目代号标注在符号的左方。

（3）项目代号中的端子代号应标注在端子或端子位置的旁边。

（4）对围框的项目代号应标注在其上方或右方。

1.3.3 元器件触头和工作状态表示方法

1. 元器件触头位置

元器件触头在同一电路中，当它们加电和受力作用后，各触点符号的动作方向应取向一致。对于分开表示法绘制的图，触头位置可以灵活运用，没有严格规定。

2. 元器件工作状态的表示方法

在电气图中，元器件和设备的可动部分通常应表示在非激励或不工作的状态或位置。例如：

（1）继电器和接触器处于非激励的状态，图中的触头状态是非受电下的状态。

（2）断路器、负荷开关和隔离开关在断开位置。

（3）带零位的手动控制开关在零位置，不带零位的手动控制开关在图中规定位置。

（4）机械操作开关（如行程开关）处于非工作的状态或位置（即搁置）时的情况，及机械操作开关在工作位置的对应关系，一般表示在触点符号的附近或另附说明。

（5）温度继电器、压力继电器都处于常温和常压（一个大气压）状态。

（6）事故、备用、报警等开关或继电器的触点应该表示在设备正常使用的位置；如有特定位置，应在图中另加说明。

（7）多重开闭器件的各组成部分必须表示在相互一致的位置上，而不管电路的工作状态。

3. 元器件技术数据的标志

电路中的元器件的技术数据（如型号、规格、整定值、额定值等）一般标在图形符号的附近。对于图线水平布局的图，尽可能标在图形符号下方；对于图线垂直布局的图，则标在项目代号的右方；对于像继电器、仪表、集成块等方框符号或简化外形符号，则可标在方框内，如图 1-32 所示。

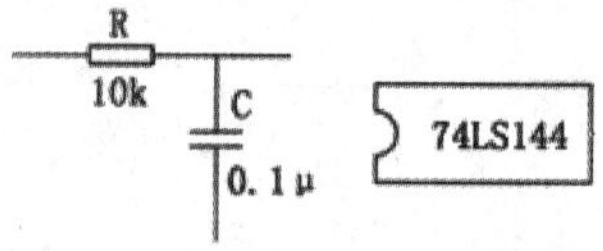

图 1-32 元器件技术数据的标志

1.4 电气图中连接线的表示方法

在电气图中，各元件之间都采用导线连接，起到传输电能、传递信息的作用。因此，读者应了解连接线的表示方法。

1.4.1 连接线的一般表示法

1. 导线一般表示法

一般的图线就可表示单根导线。对于多根导线，可以分别画出，也可以只画一根图线，但需加标志。若导线少于 4 根，可用短划线数量代表根数；若多于 4 根，可在短划线旁加数字表示，如图 1-33（a）所示。

表示导线特征的方法是：在横线上方标出电流种类、配电系统、频率和电压等；在横线下方标出电路的导线数乘以每根导线截面积（mm^2），当导线的截面不同时，可用“+”将其分开，如图 1-33（b）所示。

要表示导线的型号、截面、安装方法等，可采用短划指引线，加标导线属性和敷设方法，如图 1-33（c）所示。该图表示导线的型号为 BLV（铝芯塑料绝缘线），其中 3 根导线截面积为 $25mm^2$，1 根导线截面积为 $16mm^2$；敷设方法为穿入塑料管（VG），塑料管管径为 40mm，沿地板暗敷（DA）。

要表示电路相序的变换、极性的反向、导线的交换等，可采用交换号表示，如图 1-33（d）所示。

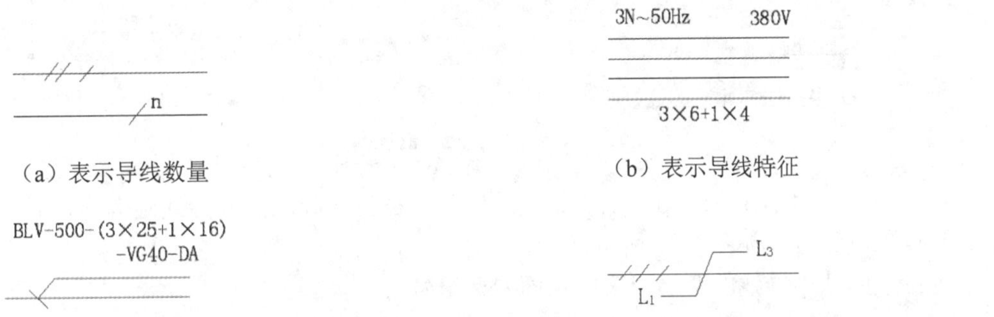

（c）表示导线的型号、截面、安装方法等　（d）表示电路相序的变换、极性的反向、导线的交换等

图 1-33　导线的表示方法

2. 图线的粗细

一般而言，电源主电路、一次电路、主信号通路等采用粗实线表示，控制回路、二次回路等采用细实线表示。

3. 连接线分组和标记

为了方便看图，对多根平行连接线，应按功能分组。若不能按功能分组，可任意分组，但每组不应多于 3 根，组间距应大于线间距。

为了便于看出连接线的功能或去向，可在连接线上方或连接线中断处做信号名标记或其他标记，如图 1-34 所示。

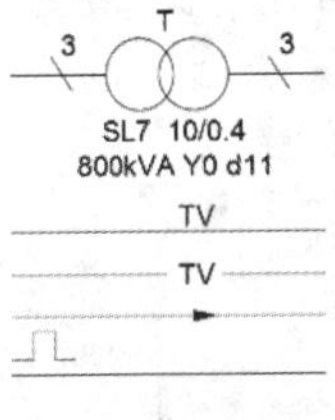

图 1-34　连接线标记示例

4. 导线连接点的表示

导线的连接点有 T 形连接点和多线的“十”字形连接点。对于 T 形连接点，可加实心圆点，也可不加实心圆点，如图 1-35（a）所示。对于“十”字形连接点，必须加实心圆点，如图 1-35（b）所示；而交叉不连接的，不能加实心圆点，如图 1-35（c）所示。

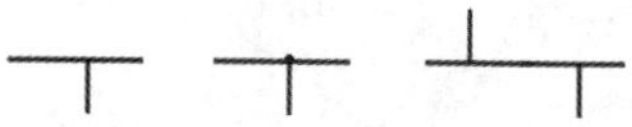

（a）T 形连接点

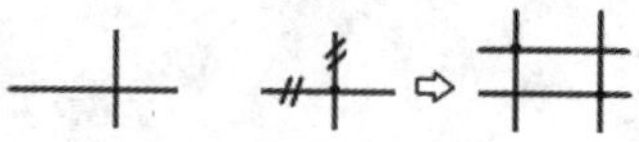

（b）“十”字形连接点

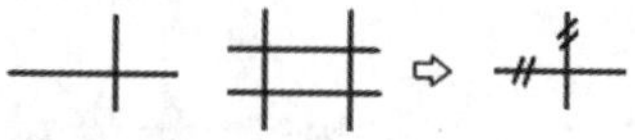

（c）交叉不连接

图 1-35　导线连接点表示例图

1.4.2　连接线的连续表示法和中断表示法

1. 连续表示法及其标志

连接线可用多线或单线表示。为了避免线条太多，以保持图面的清晰，对于多条去向相同的连接线，常采用单线表示法，如图 1-36 所示。

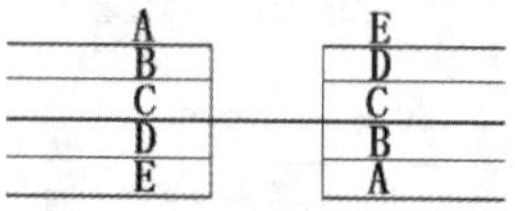

（a）多条去向相同的连接线

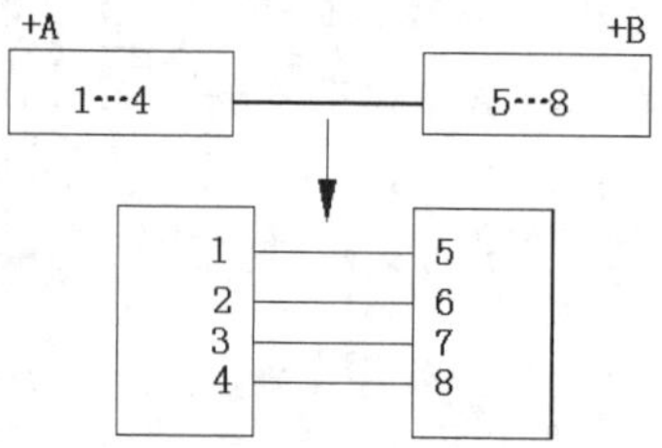

（b）一组平等连接线

图 1-36　连续表示法

当导线汇入用单线表示的一组平行连接线时，在汇入处应折向导线走向，而且每根导线两端应采用相同的标记号，如图 1-37 所示。

连续表示法中导线的两端应采用相同的标记号。

2. 中断表示法及其标志

为了简化线路图或使多张图采用相同的连接表示，连接线一般采用中断表示法。

在同一张图中，中断处的两端应给出相同的标记号，并给出导线连接线去向的箭头，如图 1-38 中的 G 标记号。对于不同张的图，应在中断处采用相对标记法，即中断处标记名相同，并标注“图序号/图区位置”。如图 1-38 所示断点 L 标记名，在第 20 号图纸上标有“L3/C4”，它表示 L 中断处与第 3 号图纸的 C 行 4 列处的 L 断点连接；而在第 3 号图纸上标有“L20/A4”，它表示 L 中断处与第 20 号图纸的 A 行 4 列处的 L 断点相连。

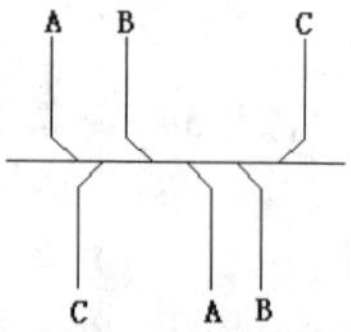

图 1-37　汇入导线表示法

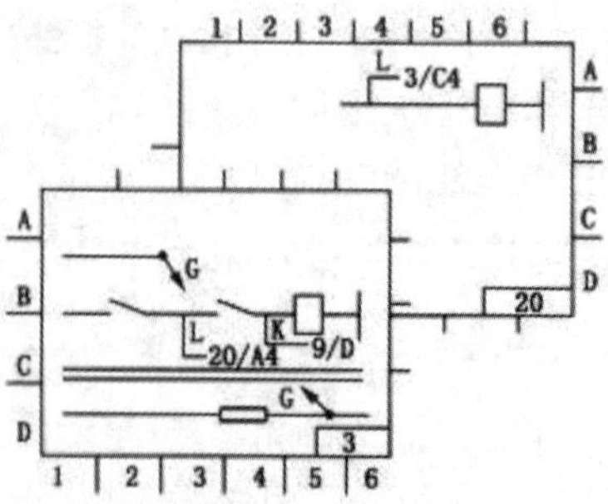

图 1-38　中断表示法及其标志

对于接线图，中断表示法的标注采用相对标注法，即在本元件的出线端标注去连接的对方元件的端子号。如图 1-39 所示，PJ 元件的 1 号端子与 CT 元件的 2 号端子相连接，而 PJ 元件的 2 号端子与 CT 元件的 1 号端子相连接。

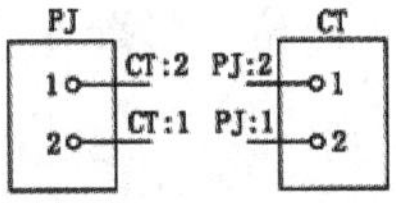

图 1-39 中断表示法的相对标注

1.5 电气图形符号的构成和分类

按简图形式绘制的电气工程图中，元件、设备、线路及其安装方法等都是借用图形符号、文字符号和项目代号来表达的。分析电气工程图，首先要清楚这些符号的形式、内容、含义以及它们之间的相互关系。

1.5.1 电气图形符号的构成

电气图形符号包括一般符号、符号要素、限定符号和方框符号。

1．一般符号

一般符号是用来表示一类产品或此类产品特征的简单符号，如电阻、电容、电感等，如图 1-40 所示。

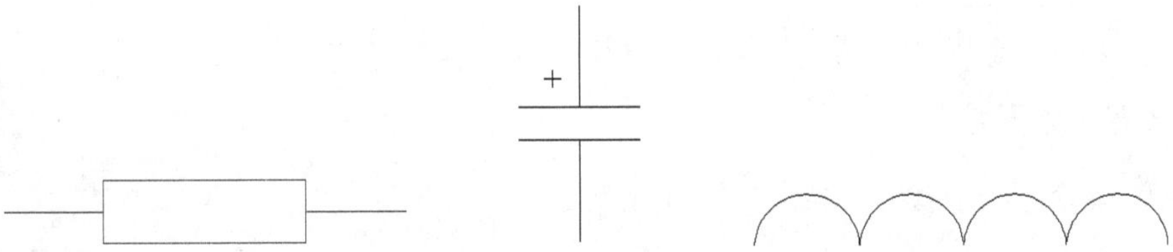

图 1-40 电阻、电容、电感符号

2．符号要素

符号要素是一种具有确定意义的简单图形，必须同其他图形组合构成一个设备或概念的完整符号。例如，真空二极管是由外壳、阴极、阳极和灯丝 4 个符号要素组成的。符号要素一般不能单独使用，只有按照一定方式组合起来才能构成完整的符号。符号要素的不同组合可以构成不同的符号。

3．限定符号

一种用于提供附加信息、加在其他符号上的符号，称为限定符号。限定符号一般不代表独立的设备、器件和元件，仅用来说明某些特征、功能和作用等。限定符号一般不单独使用，一般符号加上不同的限定符号，可得到不同的专用符号。例如，在开关的一般符号上加上不同的限定符号可分别得到隔离开关、断路器、接触器、按钮开关、转换开关。

4．方框符号

方框符号用于表示元件、设备等的组合及其功能，它既不给出元件、设备的细节，也不考虑所有连接。方框符号在系统图或框图中使用最多，另外，电路图中的外购件、不可修理件也可用方框符号表示。

1.5.2 电气图形符号的分类

新的《电气简图用图形符号　第 1 部分：一般要求》（GB/T 4728.1—2018）采用国际电工委员会（IEC）标准，在国际上具有通用性，有利于对外技术交流。《电气简图用图形符号》（GB/ T4728）共分为以下 13 个部分。

1．一般要求

包括本标准内容提要、名词术语、符号的绘制、编号的使用及其他规定。

2．符号要素、限定符号和其他常用符号

内容包括轮廓和外壳、电流和电压的种类、可变性、力或运动的方向、流动方向、材料的类型、效应或相关性、辐射、信号波形、机械控制、操作件和操作方法、非电量控制、接地、接机壳和等电位、理想电路元件等。

3．导体和连接件

内容包括电线、屏蔽或绞合导线、同轴电缆、端子与导线连接、插头和插座、电缆终端头等。

4．基本无源元件

内容包括电阻器、电容器、铁氧体磁芯、压电晶体、驻极体等。

5．半导体管和电子管

内容包括二极管、三极管、晶闸管、电子管等。

6．电能的发生与转换

内容包括绕组、发电机、变压器等。

7．开关、控制和保护器件

内容包括触点、开关、开关装置、控制装置、起动器、继电器、接触器和保护器件等。

8．测量仪表、灯和信号器件

内容包括指示仪表、记录仪表、热电偶、遥测装置、传感器、灯、电铃、蜂鸣器、喇叭等。

9．电信：交换和外围设备

内容包括交换系统、选择器、电话机、电报和数据处理设备、传真机等。

10．电信：传输

内容包括通信电路、天线、波导管器件、信号发生器、激光器、调制器、解调器、光纤传输线路等。

11．建筑安装平面布置图

内容包括发电站、变电站、网络、音响和电视的分配系统、建筑用设备、露天设备。

12．二进制逻辑元件

内容包括计算器、存储器等。

13．模拟单元

内容包括放大器、函数器、电子开关等。

第 2 章　AutoCAD 2020 入门

内容简介

本章将介绍 AutoCAD 2020 绘图的基础知识。通过本章的学习，读者应了解如何设置图形的系统参数、样板图，熟悉创建新的图形文件、打开已有文件的方法等，为进入系统学习做准备。

内容要点

- 操作环境简介
- 文件管理
- 基本输入操作
- 显示图形
- 模拟认证考试

案例效果

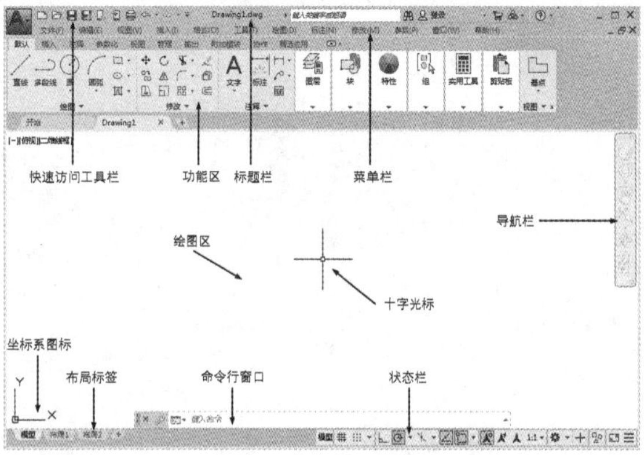

2.1　操作环境简介

操作环境是指和本软件相关的操作界面、绘图系统设置等。本节将进行简要介绍。

2.1.1　操作界面

AutoCAD 操作界面是 AutoCAD 显示、编辑图形的区域。一个完整的草图与注释操作界面包括标题栏、菜单栏、功能区、绘图区、十字光标、导航栏、坐标系图标、命令行窗口、状态栏、布局标签和快速访问工具栏等，如图 2-1 所示。

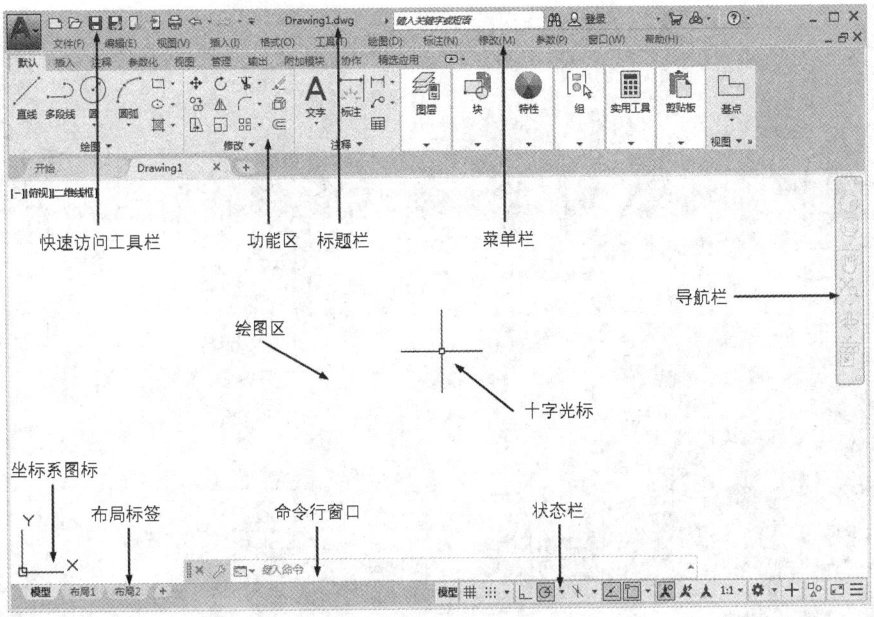

图 2-1　AutoCAD 2020 中文版的操作界面

扫一扫，看视频

动手学——设置“明”界面

启动 AutoCAD 2020，软件设置“明”界面后如图 2-2 所示。

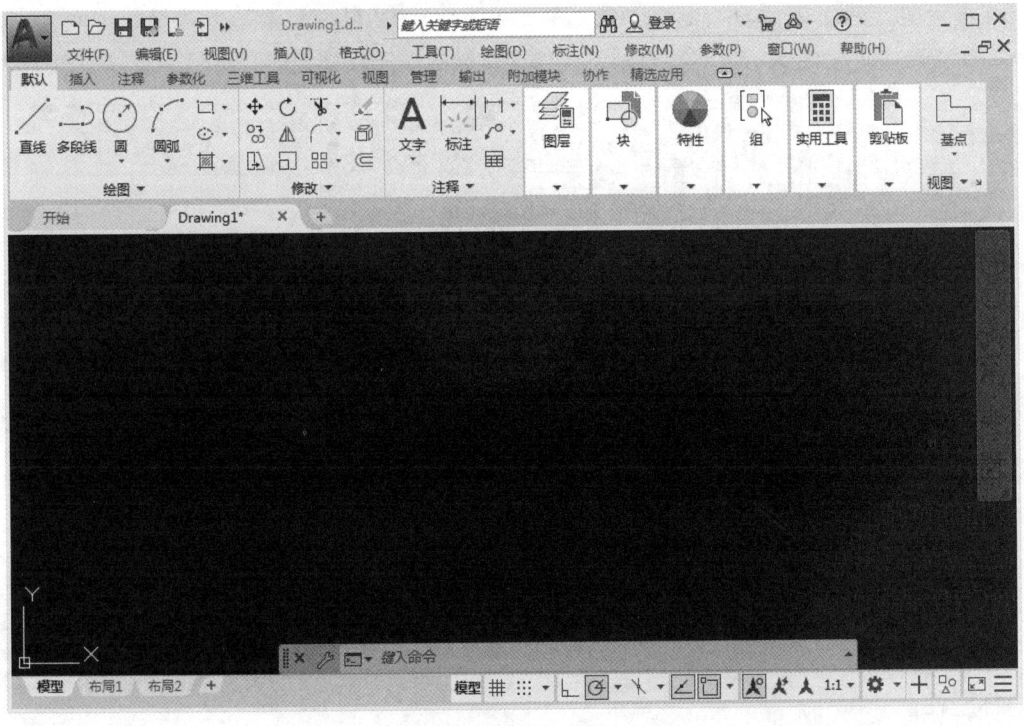

图 2-2　“明”界面

操作步骤

（1）启动 AutoCAD 2020，打开如图 2-3 所示的操作界面。

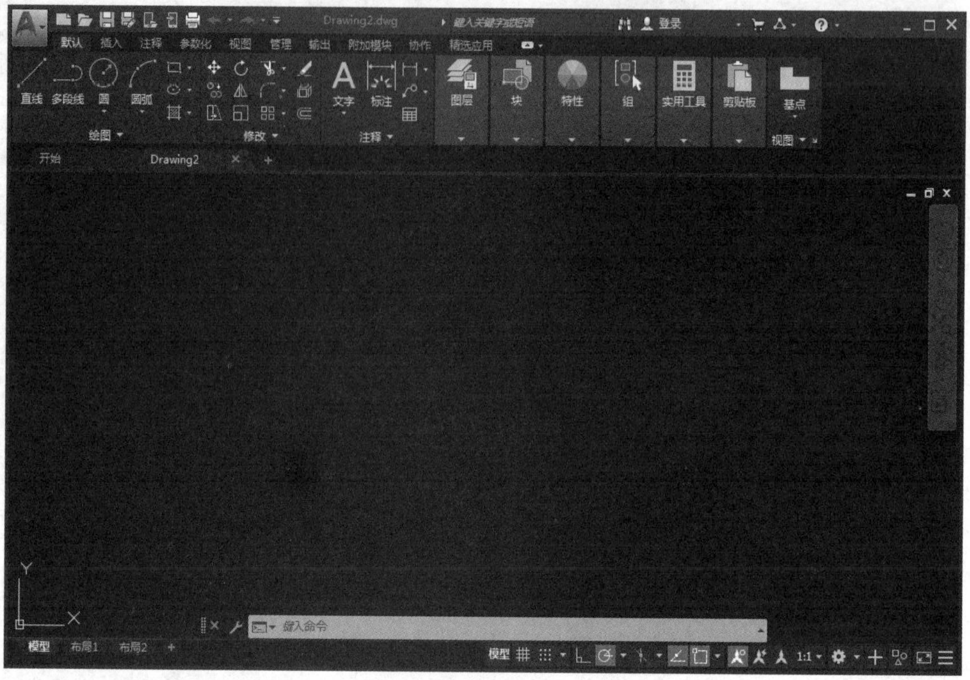

图 2-3　默认操作界面

（2）在绘图区中右击，在弹出的快捷菜单中选择“选项”命令，如图 2-4 所示。

（3）打开“选项”对话框，选择“显示”选项卡，在“窗口元素”选项组的“颜色主题”下拉列表框中选择“明”，单击“确定”按钮，如图 2-5 所示。完成设置的“明”界面，如图 2-2 所示。

图 2-4　快捷菜单

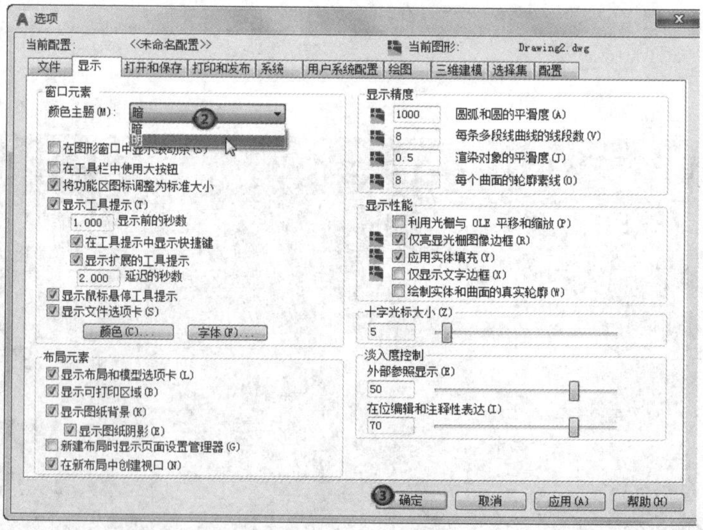

图 2-5　“选项”对话框

1. 标题栏

AutoCAD 2020 中文版操作界面的最上端是标题栏。标题栏中显示系统当前正在运行的应用程序和用户正在使用的图形文件。第一次启动 AutoCAD 2020 时，标题栏中将显示 AutoCAD 2020 在启动时创建并打开的图形文件 Drawing1.dwg，如图 2-1 所示。

注意：

需要将 AutoCAD 的工作空间切换到“草图与注释”模式下（单击操作界面右下角的“切换工作空间”按钮，在弹出的菜单中选择“草图与注释”命令），才能显示如图 2-1 所示的操作界面。本书中的所有操作均在“草图与注释”模式下进行。

2．菜单栏

同其他 Windows 程序一样，AutoCAD 中的菜单也是下拉形式的，并在菜单中包含子菜单。AutoCAD 的菜单栏中包含 12 个菜单，即“文件”“编辑”“视图”“插入”“格式”“工具”“绘图”“标注”“修改”“参数”“窗口”“帮助”。这些菜单几乎包含了 AutoCAD 的所有绘图命令，后面的章节将对这些菜单功能进行详细讲解。

扫一扫，看视频

动手学——设置菜单栏

操作步骤

（1）单击 AutoCAD 快速访问工具栏右侧的下拉按钮❶，在弹出的下拉菜单中选择“显示菜单栏”命令❷，如图 2-6 所示。

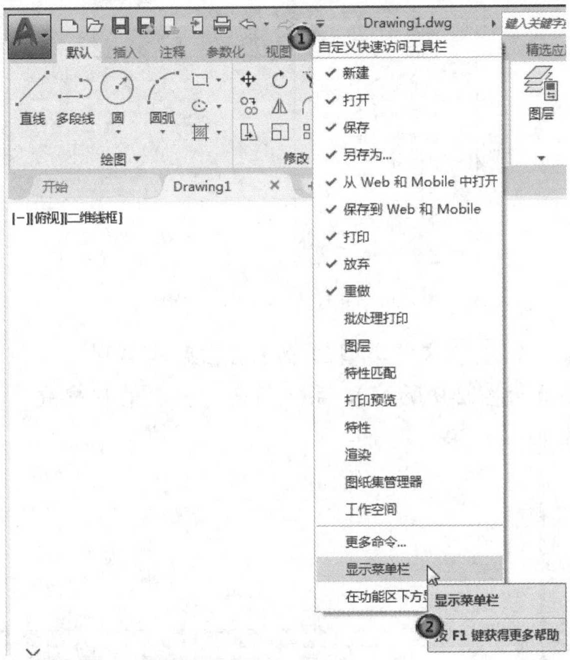

图 2-6　下拉菜单

（2）调出的菜单栏位于操作界面的上方❸，如图 2-7 所示。

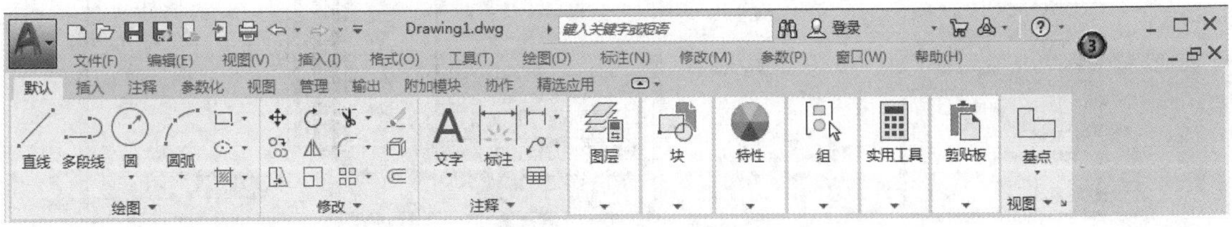

图 2-7　菜单栏显示界面

（3）在图 2-6 所示下拉菜单中选择“隐藏菜单栏”命令，则关闭菜单栏。

一般来讲，AutoCAD 下拉菜单中的命令有以下 3 种。

（1）带有子菜单的菜单命令。这种类型的菜单命令后面带有小三角形。例如，选择菜单栏中的“绘图”→“圆”命令，系统就会进一步显示出“圆”子菜单中所包含的命令，如图 2-8 所示。

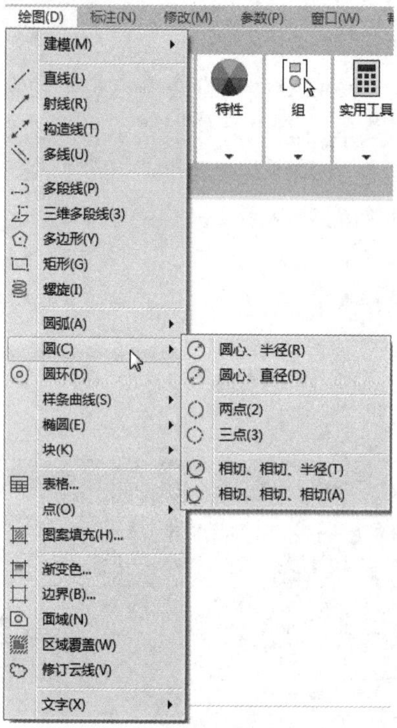

图 2-8　带有子菜单的菜单命令

（2）打开对话框的菜单命令。这种类型的命令后面带有省略号。例如，选择菜单栏中的“格式”→“表格样式...”命令（如图 2-9 所示），系统就会打开“表格样式”对话框，如图 2-10 所示。

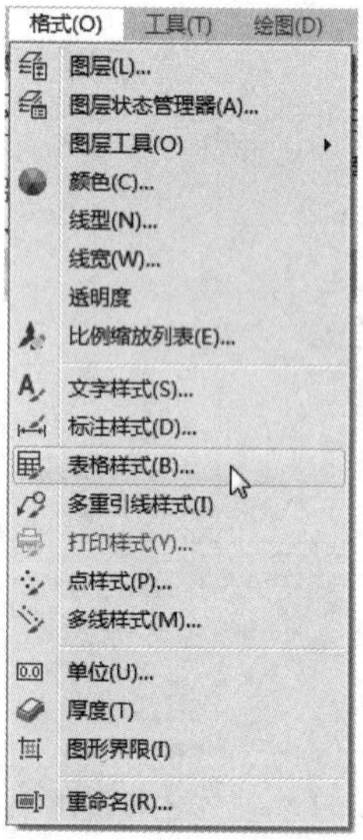

图 2-9　打开对话框的菜单命令

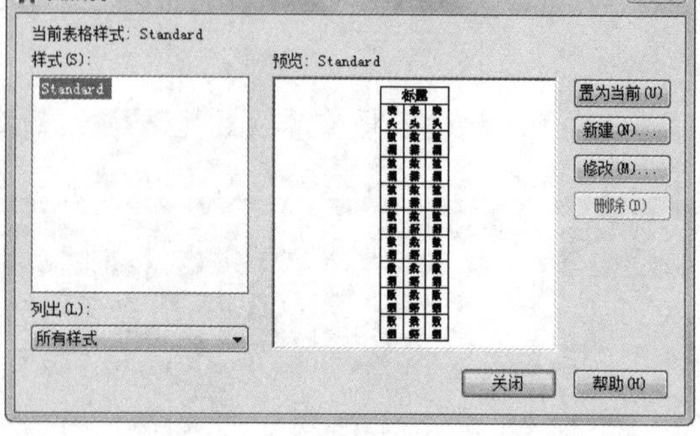

图 2-10　“表格样式”对话框

（3）直接执行操作的菜单命令。这种类型的命令后面既不带小三角形，也不带省略号，选择该命令将直接进行相应的操作。例如，选择菜单栏中的“视图”→“重画”命令，系统将刷新所有视口。

3. 工具栏

工具栏是一组工具按钮的集合。AutoCAD 2020 提供了几十种工具栏。

扫一扫，看视频

动手学——设置工具栏

操作步骤

（1）选择菜单栏中的“工具”❶→“工具栏”❷→AutoCAD 命令❸，单击某一个未在操作界面中显示的工具栏的名称❹（如图 2-11 所示），系统将自动在界面中打开该工具栏，如图 2-12 所示；反之，则关闭工具栏。

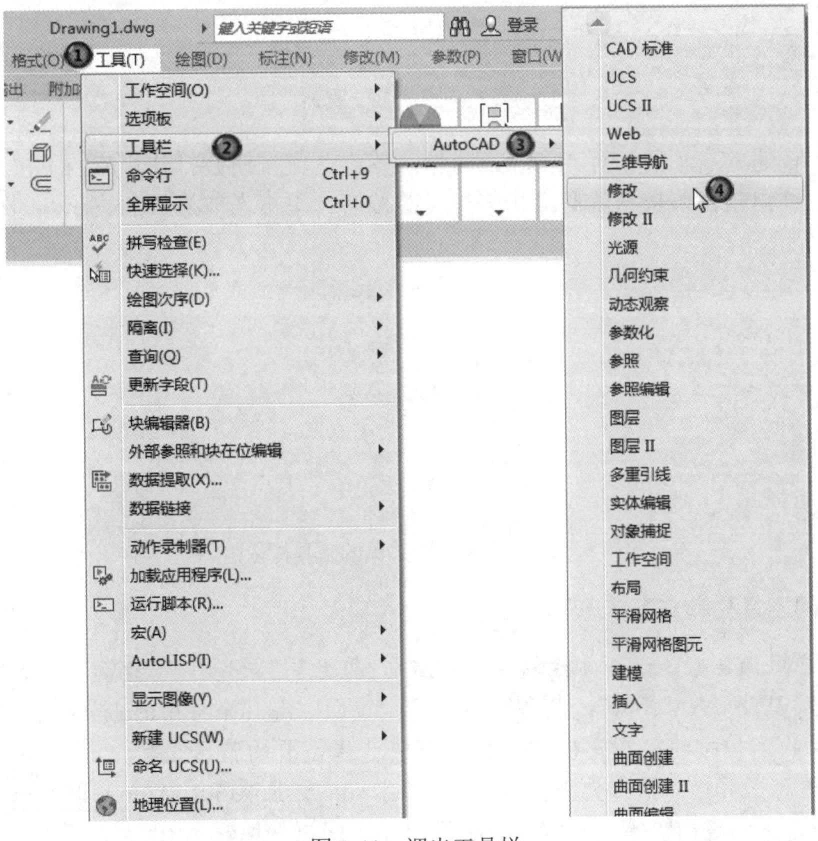

图 2-11 调出工具栏

（2）把光标移动到某个按钮上，稍停片刻，在该按钮的一侧即可显示相应的功能提示。单击按钮可以启动相应的命令。

（3）工具栏可以在绘图区浮动显示（如图 2-12 所示），此时显示该工具栏标题，并可关闭该工具栏。可以拖动浮动工具栏到绘图区边界，使其变为固定工具栏，此时该工具栏标题隐藏；也可以把固定工具栏拖出，使其成为浮动工具栏。

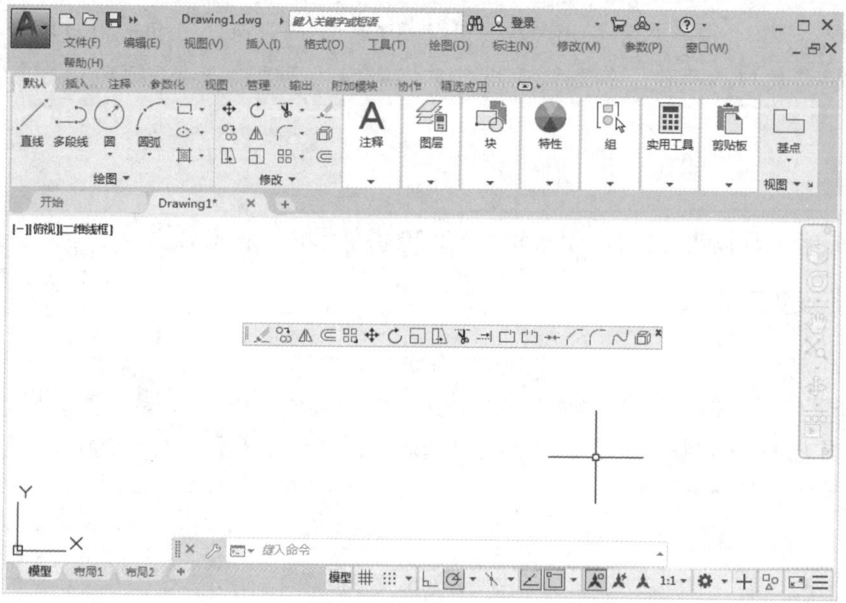

图 2-12 浮动工具栏

有些工具栏按钮的右下角带有一个小三角形，单击这类按钮会打开相应的下拉菜单；将光标移动到某一按钮上并单击，该按钮就变为当前显示的按钮；单击当前显示的按钮，即可执行相应的命令，如图 2-13 所示。

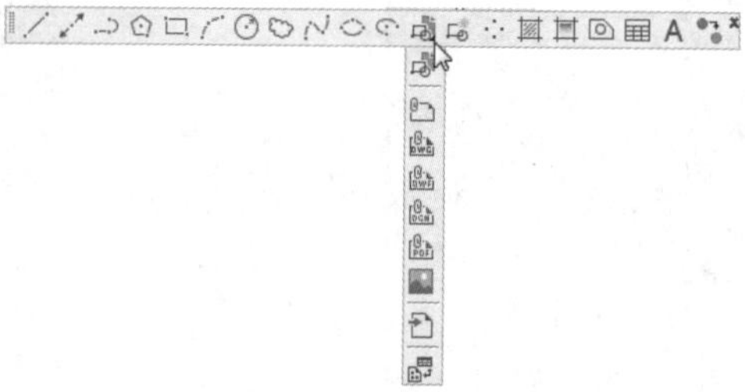

图 2-13 带有下拉菜单的工具栏按钮

4．快速访问工具栏和交互信息工具栏

（1）快速访问工具栏。该工具栏包括“新建”“打开”“保存”“另存为”“从 Web 和 Mobile 中打开”“保存到 Web 和 Mobile”“打印”“放弃”“重做”等几个常用的工具按钮。用户也可以单击此工具栏后面的下拉按钮，在弹出的下拉菜单中选择需要的常用工具。

（2）交互信息工具栏。该工具栏包括“搜索”、Autodesk A360、Autodesk App Store、“保持连接”和“单击此处访问帮助”等几个常用的数据交互访问工具按钮。

5．功能区

在默认情况下，功能区中包括“默认”“插入”“注释”“参数化”“视图”“管理”“输出”“附加模块”“协作”以及“精选应用”等选项卡，如图 2-14 所示。用户可以通过相应的设置，显示所有的选项卡，如图 2-15 所示。每个选项卡都是由若干功能面板组成，集成了大量相关的操作工具，极大地方便了用户的使用。单击“精选应用”选项卡后面的按钮，可以控制功能区的展开与收缩。

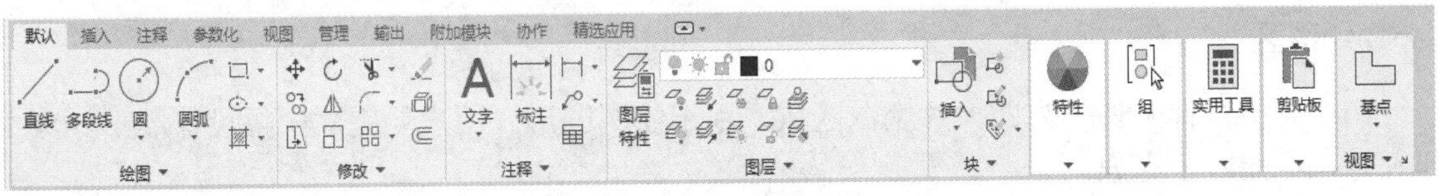

图 2-14　默认情况下的选项卡

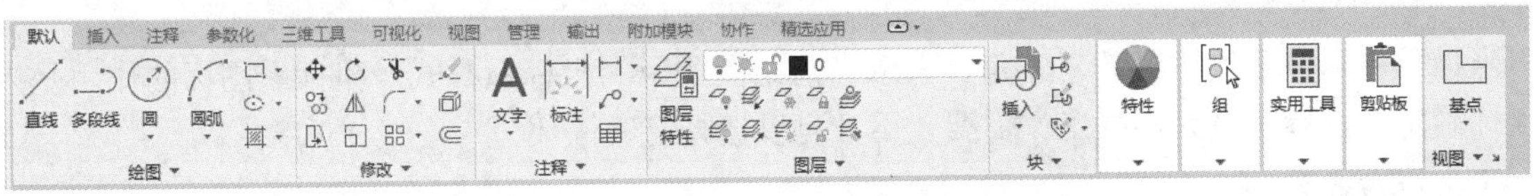

图 2-15　所有的选项卡

【执行方式】

- 命令行：RIBBON（或 RIBBONCLOSE）。
- 菜单栏：选择菜单栏中的“工具”→“选项板”→“功能区”命令。

动手学——设置功能区

扫一扫，看视频

操作步骤

（1）在面板中任意位置处右击，在弹出的快捷菜单中选择“显示选项卡”命令，如图 2-16 所示。单击某一个未在功能区显示的选项卡名，系统将自动在功能区中打开该选项卡；反之，则关闭所选选项卡（调出面板的方法与调出选项卡的方法类似，这里不再赘述）。

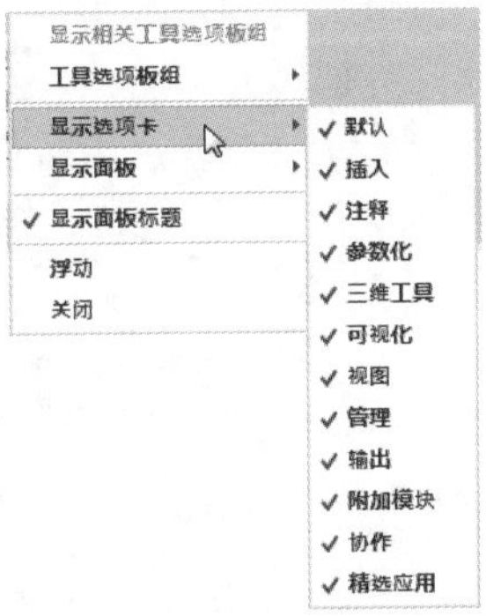

图 2-16　快捷菜单

（2）面板可以在绘图区中“浮动”，如图 2-17 所示。将光标放到浮动面板的右上角，将显示“将面板返回到功能区”提示，如图 2-18 所示。单击此处，使其变为固定面板。也可以把固定面板拖出，使其成为浮动面板。

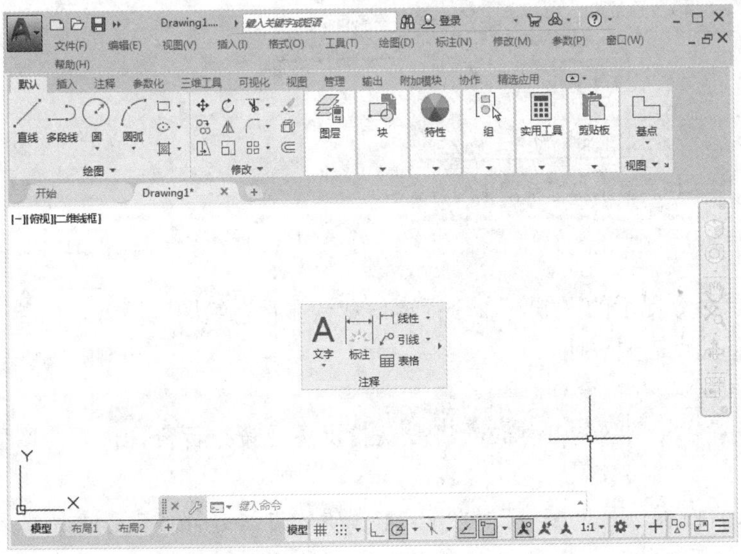

图 2-17　浮动面板

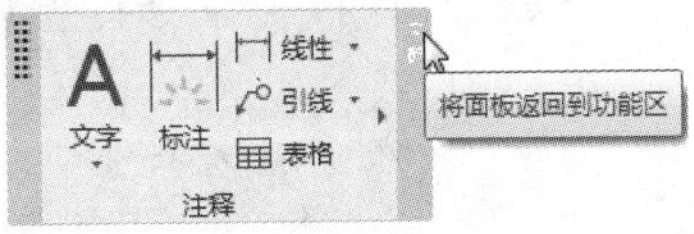

图 2-18　“将面板返回到功能区”提示

6. 绘图区

绘图区是指在标题栏下方的大片空白区域，用于绘制图形。用户要完成一幅设计图形，其主要工作都是在绘图区中完成。

7. 坐标系图标

坐标系图标位于绘图区的左下角，表示当前绘图所用的坐标系样式。坐标系图标的作用是为点的坐标确定一个参照系。根据工作需要，用户可以选择将其关闭。

【执行方式】

- 命令行：UCSICON。
- 菜单栏：选择菜单栏中的“视图”→“显示”→“UCS 图标”→“开”命令，如图 2-19 所示。

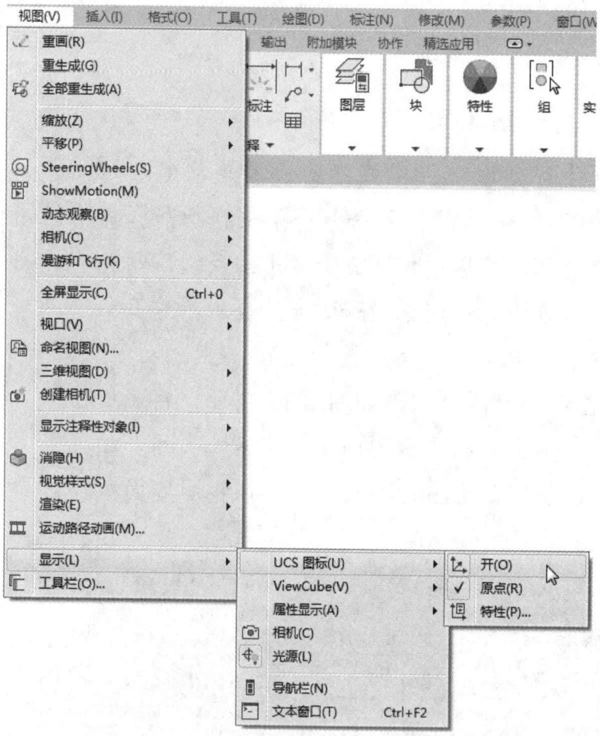

图 2-19 显示坐标系图标的方式

8. 命令行窗口

命令行窗口是输入命令名和显示命令提示的区域。命令行窗口默认布置在绘图区下方，由若干文本行构成。对命令行窗口，有以下几点需要说明。

（1）移动拆分条，可以扩大或缩小命令行窗口。

（2）可以拖动命令行窗口，布置在绘图区的其他位置。默认情况下，命令行窗口位于绘图区的下方。

（3）对当前命令行窗口中输入的内容，可以按 F2 键用文本编辑的方法进行编辑，如图 2-20 所示。AutoCAD 文本窗口和命令行窗口相似，可以显示当前 AutoCAD 进程中命令的输入和执行过程。在执行 AutoCAD 的某些命令时，会自动切换到 AutoCAD 文本窗口，列出有关信息。

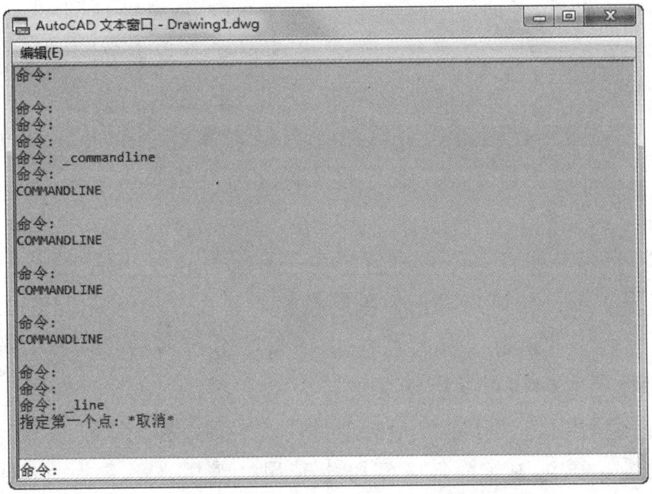

图 2-20　AutoCAD 文本窗口

（4）AutoCAD 通过命令行窗口反馈各种信息，也包括出错信息，因此用户要时刻关注在命令行窗口中出现的信息。

9．状态栏

状态栏显示在屏幕的底部，其中包括“坐标”“模型空间”“栅格”“捕捉模式”“推断约束”“动态输入”“正交模式”“极轴追踪”“等轴测草图”“对象捕捉追踪”“对象捕捉”“线宽”“透明度”“选择循环”“三维对象捕捉”“动态 UCS”“选择过滤”“小控件”“注释可见性”“自动缩放”“注释比例”“切换工作空间”“注释监视器”“单位”“快捷特性”“锁定用户界面”“隔离对象”“图形特性”“全屏显示”及“自定义”30 个功能按钮，如图 2-21 所示。单击部分开关按钮，可以实现这些功能的开关。此外，通过部分按钮还可以控制图形或绘图区的状态。

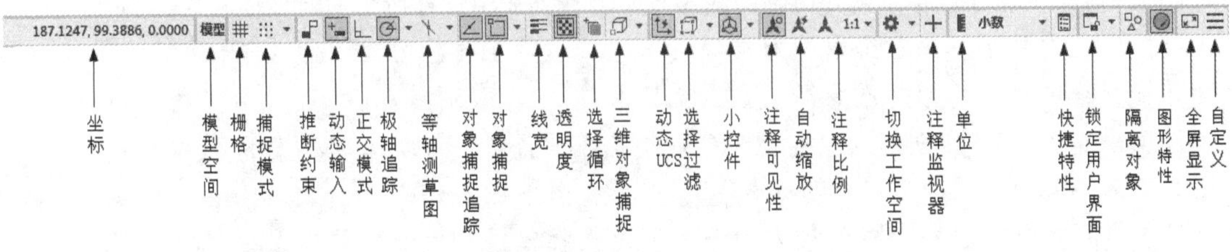

图 2-21　状态栏

技巧：

默认情况下，并不会显示所有工具，可以通过单击状态栏上最右侧的“自定义”按钮，自行定义要显示的工具。状态栏上显示的工具可能会发生变化，具体取决于当前的工作空间以及当前显示的是“模型”还是“布局”。

状态栏上的各按钮功能简介如下。

（1）坐标：显示工作区鼠标放置点的坐标。

（2）模型空间：在模型空间与布局空间之间进行转换。

（3）栅格：栅格是由覆盖整个坐标系（UCS）XY 平面的直线或点组成的矩形图案。使用栅格类似于在图形下放置一张坐标纸。利用栅格可以对齐对象并直观显示对象之间的距离。

（4）捕捉模式：对象捕捉对于在对象上指定精确位置非常重要。不论何时提示输入点，都可以指定对象捕捉。默认情况下，当光标移到对象的捕捉位置时，将显示标记和工具提示。

（5）推断约束：自动在正在创建或编辑的对象与对象捕捉的关联对象或点之间应用约束。

（6）动态输入：在光标附近显示一个提示框（称之为“工具提示”），其中显示出对应的命令提示和光标的当前坐标值。

（7）正交模式：将光标限制在水平或垂直方向上移动，以便于精确地创建和修改对象。当创建或移动对象时，可以使用“正交”模式将光标限制在相对于用户坐标系（UCS）的水平或垂直方向上。

（8）极轴追踪：使用极轴追踪，光标将按指定角度进行移动。创建或修改对象时，可以使用“极轴追踪”来显示由指定的极轴角度所定义的临时对齐路径。

（9）等轴测草图：通过设定“等轴测捕捉/栅格”，可以很容易地沿 3 个等轴测平面之一对齐对象。尽管等轴测图形看似三维图形，但它实际上是用二维图形表示的，因此不能期望提取三维距离和面积、从不同视点显示对象或自动消除隐藏线。

（10）对象捕捉追踪：使用对象捕捉追踪，可以沿着基于对象捕捉点的对齐路径进行追踪。已获取的点将显示一个小加号（+），一次最多可以获取 7 个追踪点。获取点之后，在绘图路径上移动光标，将显示相对于获取点的水平、垂直或极轴对齐路径。例如，可以基于对象端点、中点或者对象的交点，沿着某条路径选择一点。

（11）对象捕捉：对象捕捉就是捕捉视图中的图形对象的特征点，要使用对象捕捉的前提是当前文件中已经有图形，利用这些图形作为参照物来绘制其他的图形。在对象捕捉选项设置对话框中可以看到一些常用的捕捉选项，可以利用这些选项来精确图形。

（12）线宽：分别显示对象所在图层中设置的不同宽度，而不是统一线宽。

（13）透明度：用于调整绘图对象显示的明暗程度。

（14）选择循环：当一个对象与其他对象彼此接近或重叠时，准确地选择某一个对象是很困难的。使用“选择循环”命令，单击鼠标左键，弹出“选择集”列表框，其中列出了鼠标单击处周围的图形，然后在列表中选择所需的对象。

（15）三维对象捕捉：三维中的对象捕捉与在二维中工作的方式类似，不同之处是在三维中可以投影对象捕捉。

（16）动态 UCS：在创建对象时使 UCS 的 XY 平面自动与实体模型上的平面临时对齐。

（17）选择过滤：根据对象特性或对象类型对选择集进行过滤。单击该按钮，使其处于按下状态后，只选择满足指定条件的对象，其他对象将被排除在选择集之外。

（18）小控件：帮助用户沿三维轴或平面移动、旋转或缩放一组对象。

（19）注释可见性：当图标亮显时，显示所有比例的注释性对象；当图标变暗时，仅显示当前比例的注释性对象。

（20）自动缩放：注释比例更改时，自动将比例添加到注释对象。

（21）注释比例：单击右下角的下拉按钮，在弹出的下拉菜单中可以根据需要选择适当的注释比例，如图 2-22 所示。

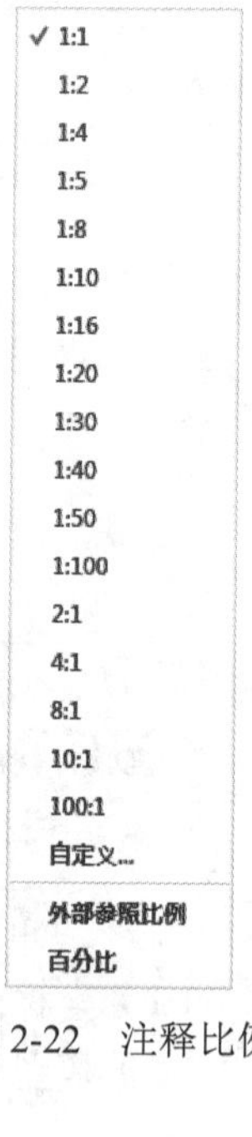

图 2-22　注释比例

（22）切换工作空间：进行工作空间的转换。

（23）注释监视器：打开仅用于所有事件或模型文档事件的注释监视器。

（24）单位：指定线性和角度单位的格式和小数位数。

（25）快捷特性：控制快捷特性面板的使用与禁用。

（26）锁定用户界面：按下该按钮，锁定工具栏、面板和可固定窗口的位置和大小。

（27）隔离对象：当选择隔离对象时，在当前视图中显示选定对象，所有其他对象都暂时隐藏；当选择隐藏对象时，在当前视图中暂时隐藏选定对象，所有其他对象都可见。

（28）图形特性：用于设置图形卡的驱动程序以及硬件加速选项。

（29）全屏显示：单击该按钮，可以清除 Windows 窗口中的标题栏、功能区和选项板等界面元素，使 AutoCAD 的绘图窗口全屏显示，如图 2-23 所示。

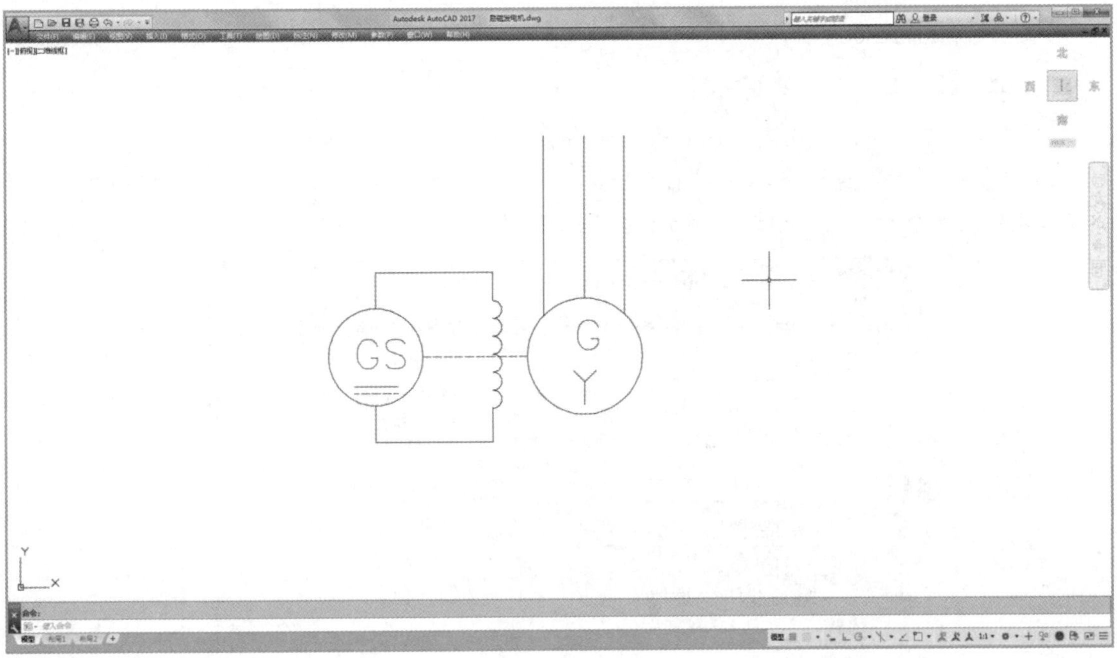

图 2-23　全屏显示

（30）自定义：状态栏可以提供重要信息，而无须中断工作流。使用 MODEMACRO 系统变量可将应用程序所能识别的大多数数据显示在状态栏中。使用该系统变量的计算、判断和编辑功能可以完全按照用户的要求构造状态栏。

10. 布局标签

AutoCAD 系统默认设定一个“模型”空间和“布局 1”“布局 2”两个图样空间布局标签，这里有两个概念需要解释一下。

（1）布局。布局是系统为绘图设置的一种环境，包括图样大小、尺寸单位、角度设定、数值精确度等。在系统预设的 3 个标签中，这些环境变量都按默认设置。用户可以根据实际需要改变变量的值，也可设置符合自己要求的新标签。

（2）模型。AutoCAD 的空间分为模型空间和图样空间两种。模型空间是通常绘图的环境，而在图样空间中，用户可以创建浮动视口，以不同视图显示所绘图形，还可以调整浮动视口并决定所包含视图的缩放比例。如果用户选择图样空间，可打印多个视图，也可以打印任意布局的视图。AutoCAD 系统默认打开模型空间，用户可以通过单击操作界面下方的布局标签选择需要的布局。

11. 十字光标

在绘图区中，有一个作用类似光标的“十”字线，其交点坐标反映了光标在当前坐标系中的位置。在 AutoCAD 中，将该“十”字线称为十字光标，如图 2-1 所示。

技巧：

AutoCAD 通过十字光标坐标值显示当前点的位置。十字光标的方向与当前用户坐标系的 X、Y 轴方向平行，其长度系统预设为绘图区大小的 5%，用户可以根据绘图的实际需要修改其大小。

扫一扫，看视频

动手学——设置光标大小

操作步骤

（1）选择菜单栏中的“工具”→“选项”命令，打开“选项”对话框。

（2）选择“显示”选项卡，在“十字光标大小”文本框中直接输入数值，或拖动文本框后面的滑块，即可对十字光标的大小进行调整，如图 2-24 所示。

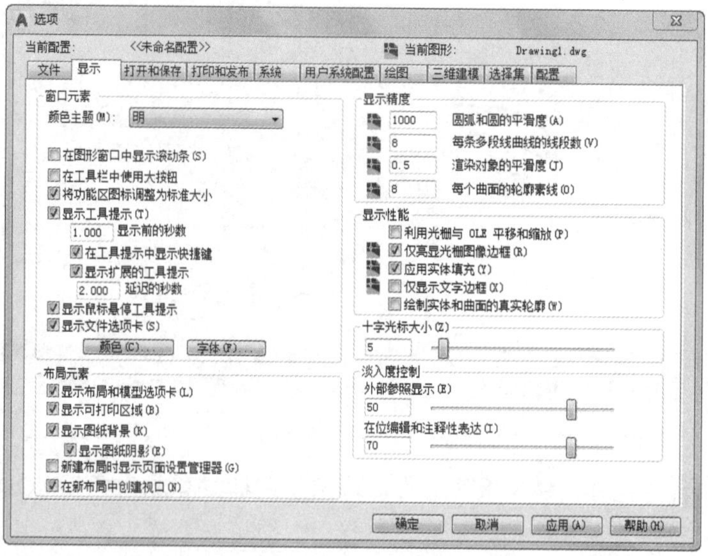

图 2-24 “显示”选项卡

此外，还可以通过设置系统变量 CURSORSIZE 的值修改其大小。命令行提示与操作如下：

```
命令: CURSORSIZE↙
输入 CURSORSIZE 的新值 <5>: 5↙
```

在提示下输入新值即可修改光标大小，默认值为绘图区大小的 5%。

2.1.2 绘图系统

每台计算机所使用的显示器、输入设备和输出设备的类型不同，用户喜好的风格及计算机的目录设置也不同。一般来讲，使用 AutoCAD 2020 的默认配置就可以绘图，但为了方便使用自己的定点设备或打印机，以及提高绘图的效率，推荐用户在作图前进行必要的配置。

【执行方式】

- 命令行：PREFERENCES。
- 菜单栏：选择菜单栏中的“工具”→“选项”命令。
- 快捷菜单：在绘图区右击，在弹出的快捷菜单中选择“选项”命令，如图 2-25 所示。

扫一扫，看视频

动手学——设置绘图区的颜色

操作步骤

在默认情况下，AutoCAD 的绘图区是黑色背景、白色线条，这不符合大多数用户的习惯，因此修改绘图区颜色是大多数用户都要进行的操作。

（1）选择菜单栏中的“工具”→“选项”命令，打开“选项”对话框，选择“显示”选项卡，单击“窗口元素”选项组中的“颜色”按钮❶，如图 2-26 所示。

图 2-25　快捷菜单

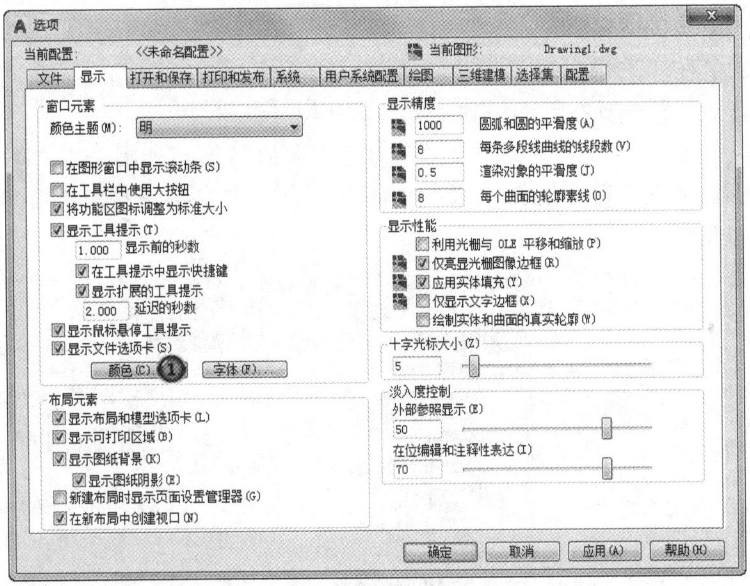

图 2-26　“显示”选项卡

技巧：

设置实体显示精度时请务必注意，精度越高（显示质量越高），计算机计算的时间越长，建议不要将精度设置得太高，将显示质量设定在一个合理的程度即可。

（2）打开“图形窗口颜色”对话框（如图 2-27 所示），在“界面元素”列表框中选择要更换颜色的元素，这里选择“统一背景”元素❷，然后在“颜色”下拉列表框中选择需要的窗口颜色❸（通常按视觉习惯选择白色为窗口颜色），单击“应用并关闭”按钮❹。此时 AutoCAD 的绘图区就变换了背景色。

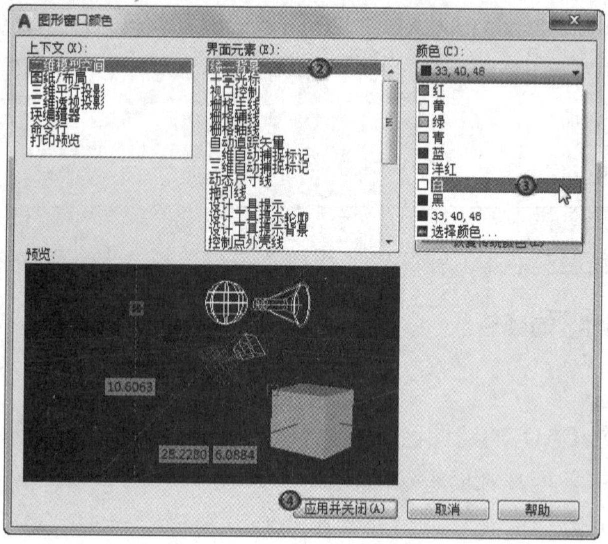

图 2-27 “图形窗口颜色”对话框

【选项说明】

在“选项”对话框中，可以对绘图系统进行配置。下面就其中主要的两个选项卡加以说明，其他配置选项在后面用到时再具体介绍。

（1）系统配置。“选项”对话框中的第 5 个选项卡为“系统”选项卡，如图 2-28 所示。该选项卡用来设置 AutoCAD 系统的相关特性。其中，“常规选项”选项组确定是否选择系统配置的基本选项。

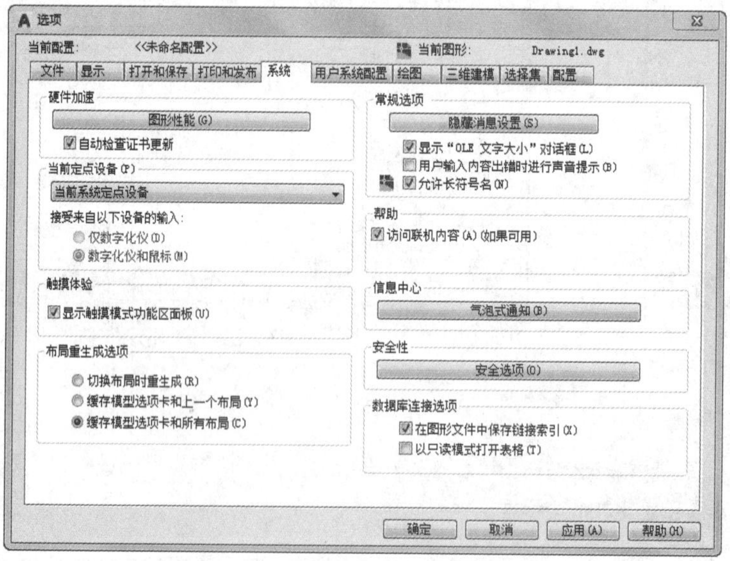

图 2-28 “系统”选项卡

（2）显示配置。“选项”对话框中的第 2 个选项卡为“显示”选项卡，如图 2-26 所示。该选项卡用于控制 AutoCAD 系统的外观，可设定滚动条、文件选项卡等显示与否，设置绘图区颜色、十字光标大小、AutoCAD 的版面布局、各实体的显示精度等。

动手练——熟悉操作界面

思路点拨：

了解操作界面各部分的功能，掌握改变绘图区颜色和十字光标大小的方法，能够熟练地打开、移动、关闭工具栏。

2.2 文件管理

本节介绍有关文件管理的一些基本操作方法，包括新建文件、打开已有文件、保存文件、退出等，这些都是应用 AutoCAD 2020 最基础的知识。

2.2.1 新建文件

当启动 AutoCAD 的时候，系统会自动新建一个名为 Drawing1 的文件。如果我们想新画一张图，可以新建文件。

【执行方式】

- 命令行：NEW。
- 菜单栏：选择菜单栏中的“文件”→“新建”命令。
- 主菜单：单击操作界面左上角的程序图标，在弹出的主菜单中选择“新建”命令。
- 工具栏：单击标准工具栏中的“新建”按钮或单击快速访问工具栏中的“新建”按钮。
- 快捷键：Ctrl+N。

【操作步骤】

执行上述操作后，系统打开如图 2-29 所示的“选择样板”对话框。从中选择适当的模板，单击“打开”按钮，即可新建一个图形文件。

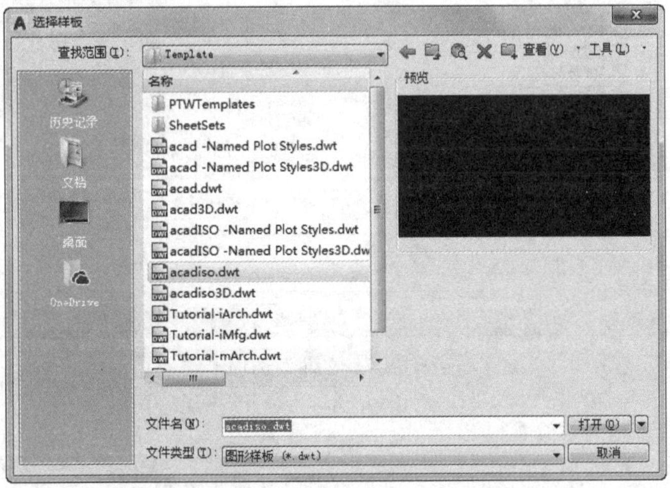

图 2-29 “选择样板”对话框

技巧：

AutoCAD 最常用的模板文件有两个：acad.dwt 和 acadiso.dwt。一个是英制的，一个是公制的。

2.2.2 快速新建文件

如果用户不愿意每次新建文件时都选择样板文件，可以在系统中预先设置默认的样板文件，从而快速创建图形。这是创建新图形最快捷的方法。

【执行方式】

命令行：QNEW。

扫一扫，看视频

动手学——快速创建图形设置

操作步骤

要想使用快速创建图形功能，必须首先进行如下设置。

（1）在命令行输入 FILEDIA，按 Enter 键，设置系统变量为 1；在命令行输入 STARTUP，按 Enter 键，设置系统变量为 0。

（2）选择菜单栏中的“工具”→“选项”命令，在弹出的“选项”对话框中选择“文件”选项卡，单击“样板设置”前面的“+”图标，在展开的选项列表中选择“快速新建的默认样板文件名”选项，如图 2-30 所示。单击“浏览”按钮，打开“选择文件”对话框，然后选择需要的样板文件即可。

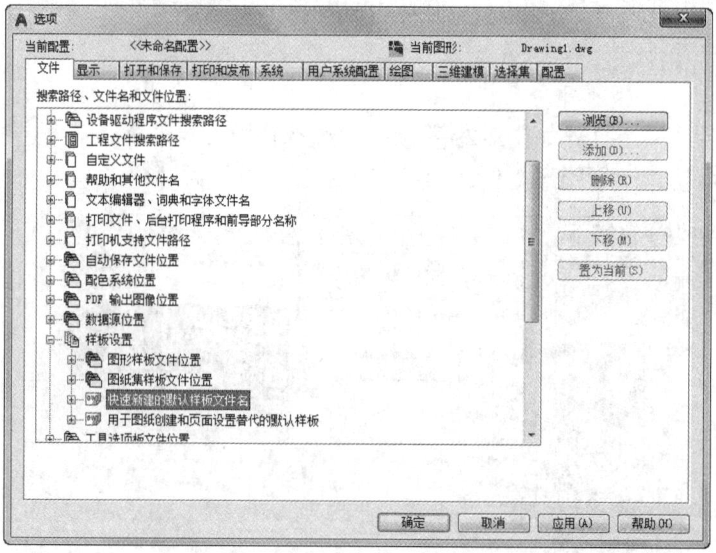

图 2-30 “文件”选项卡

（3）在命令行进行如下操作：

命令：QNEW↙

执行上述命令后，系统立即根据所选的图形样板创建新图形，而不显示任何对话框或提示。

2.2.3　保存文件

画完图或画图过程中都可以保存文件。

【执行方式】

- 命令名：QSAVE（或 SAVE）。
- 菜单栏：选择菜单栏中的“文件”→“保存”命令。
- 主菜单：单击操作界面左上角的程序图标，在弹出的主菜单中选择“保存”命令。
- 工具栏：单击标准工具栏中的“保存”按钮或单击快速访问工具栏中的“保存”按钮。
- 快捷键：Ctrl+S。

【操作步骤】

执行上述操作后，若文件已命名，则系统自动保存文件；若文件未命名（即为默认名 Drawing1.dwg），则系统打开如图 2-31 所示的“图形另存为”对话框，在“文件名”文本框中重新命名，在“保存于”下拉列表框中指定保存文件的路径，在“文件类型”下拉列表框中指定保存文件的类型，然后单击“保存”按钮，即可将文件以新的名称保存。

图 2-31　“图形另存为”对话框

技巧：

为了保证使用低版本软件的人也能正常打开文件，可以将文件保存成低版本。

AutoCAD 每年更新一个版本，还好文件格式不是每年都变，差不多是每 3 年一变。

动手学——自动保存设置

扫一扫，看视频

操作步骤

（1）在命令行中输入 SAVEFILEPATH，按 Enter 键，设置所有自动保存文件的位置，如“D:\HU\”。

（2）在命令行中输入 SAVEFILE，按 Enter 键，设置自动保存文件名。该系统变量存储的文件名文件是只读文件，用户可以从中查询自动保存的文件名。

（3）在命令行中输入 SAVETIME，按 Enter 键，指定在使用自动保存时多长时间保存一次图形，单位是“分”。

注意：

本实例中输入 SAVEFILEPATH 命令后，若设置文件保存位置为“D:\HU\”，则在 D 盘下必须有 HU 文件夹，否则保存无效。

在没有相应的保存文件路径时，命令行提示与操作如下：

```
命令：SAVEFILEPATH↙
输入 SAVEFILEPATH 的新值，或输入"."表示无<"C:\Documents and Settings\Administrator\ local settings\temp\">: d:\hu\（输入文件路径）
SAVEFILEPATH 无法设置为该值
*无效*
```

2.2.4 另存文件

已保存的图纸也可以另存为新的文件名。

【执行方式】

- 命令行：SAVEAS。
- 菜单栏：选择菜单栏中的“文件”→“另存为”命令。
- 主菜单：单击操作界面左上角的程序图标，在弹出的主菜单中选择“另存为”命令。
- 工具栏：单击快速访问工具栏中的“另存为”按钮。

执行上述操作后，打开“图形另存为”对话框，将文件重命名并保存。

2.2.5 打开文件

我们可以打开之前保存的文件继续编辑，也可以打开别人保存的文件进行学习或借用图形。

【执行方式】

- 命令行：OPEN。
- 菜单栏：选择菜单栏中的“文件”→“打开”命令。
- 主菜单：单击操作界面左上角的程序图标，在弹出的主菜单中选择“打开”命令。
- 工具栏：单击标准工具栏中的“打开”按钮或单击快速访问工具栏中的“打开”按钮。
- 快捷键：Ctrl+O。

【操作步骤】

执行上述操作后，打开“选择文件”对话框，如图 2-32 所示。

【选项说明】

在“文件类型”下拉列表框中可选择“.dwg”“.dwt”“.dxf”和“.dws”等文件格式。其中，“.dws”文件是包含标准图层、标注样式、线型和文字样式的样板文件；“.dxf”文件是用文本形式存储的图形文件，能够被其他程序读取，许多第三方应用软件支持“.dxf”格式。

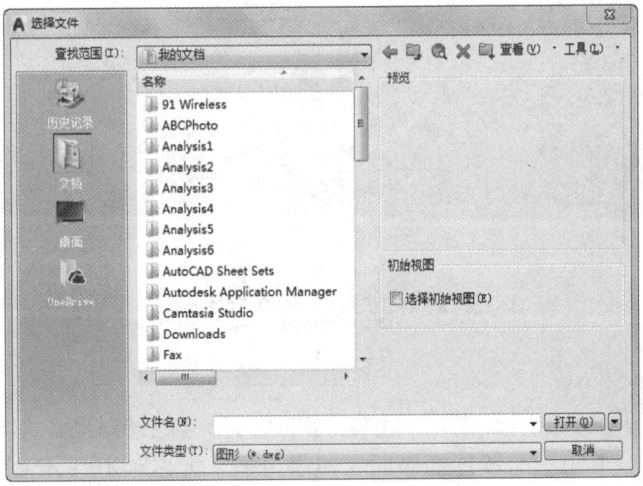

图 2-32 “选择文件”对话框

技巧：

高版本 AutoCAD 可以打开低版本 DWG 文件，而低版本 AutoCAD 无法打开高版本 DWG 文件。如果我们只是自己画图的话，可以完全不理会版本，为文件命名后直接单击“保存”按钮就可以了。如果需要把图纸传给其他人，就需要根据对方使用的 AutoCAD 版本来选择保存的版本了。

2.2.6 退出

绘制完图形后，如不继续绘制，可以直接退出软件。

【执行方式】

- 命令行：QUIT 或 EXIT。
- 菜单栏：选择菜单栏中的“文件”→“退出”命令。
- 主菜单：单击操作界面左上角的程序图标，在弹出的主菜单中选择“关闭”命令。
- 按钮：单击 AutoCAD 操作界面右上角的“关闭”按钮×。

执行上述操作后，若用户对图形所做的修改尚未保存，则会打开如图 2-33 所示的系统警告对话框。单击“是”按钮，系统将保存文件，然后退出；单击“否”按钮，系统将不保存文件；若用户对图形所做的修改已经保存，则直接退出。

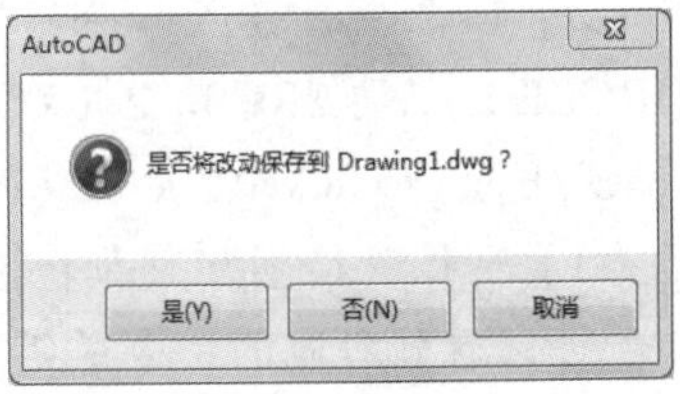

图 2-33 系统警告对话框

动手练——管理图形文件

图形文件管理包括文件的新建、打开、保存、加密、退出等。本练习要求读者熟练掌握 DWG 文件的命名保存、自动保存、加密及打开的方法。

思路点拨：

（1）启动 AutoCAD 2020，进入操作界面。

（2）打开一幅已经保存过的图形。

（3）进行自动保存设置。

（4）尝试在图形上绘制任意图线。

（5）将图形以新的名称保存。

（6）退出该图形。

2.3　基本输入操作

绘制图形的要点在于准和快，即图形尺寸绘制准确并节省绘图时间。本节主要介绍不同命令的操作方法，读者在后面章节中学习绘图命令时，应尽可能掌握多种方法，从中找出适合自己且快速的方法。

2.3.1　命令输入方式

AutoCAD 交互绘图必须输入必要的指令和参数。有多种 AutoCAD 命令输入方式，下面以绘制直线为例进行介绍。

（1）在命令行输入命令名。命令字符不区分大小写，如命令“LINE”。执行命令时，在命令行提示中经常会出现命令选项。在命令行输入绘制直线命令“LINE”后，命令行提示与操作如下：

```
命令：LINE↙
指定第一个点：(在绘图区指定一点或输入一个点的坐标)
指定下一点或 [放弃(U)]:
```

命令行中不带括号的提示为默认选项（如上面的“指定下一点或”），因此可以直接输入直线的起点坐标或在绘图区指定一点；如果要选择其他选项，则应该首先输入该选项的标识字符，如“放弃”选项的标识字符“U”，然后按系统提示输入数据即可。在命令选项的后面有时还带有尖括号，尖括号内的数值为默认值。

（2）在命令行输入命令缩写字，如 L（LINE）、C（CIRCLE）、A（ARC）、Z（ZOOM）、R（REDRAW）、M（MOVE）、CO（COPY）、PL（PLINE）、E（ERASE）等。

（3）选择“绘图”菜单栏中对应的命令，在命令行窗口中可以看到对应的命令说明及命令名。

（4）单击“绘图”工具栏中对应的按钮，在命令行窗口中也可以看到对应的命令说明及命令名。

（5）在绘图区打开快捷菜单。如果在前面刚使用过要输入的命令，可以在绘图区右击，打开快捷菜单，在“最近的输入”子菜单中选择需要的命令，如图 2-34 所示。“最近的输入”子菜单中存储了最近使用的命令，如果经常重复使用某个命令，这种方法就比较快捷。

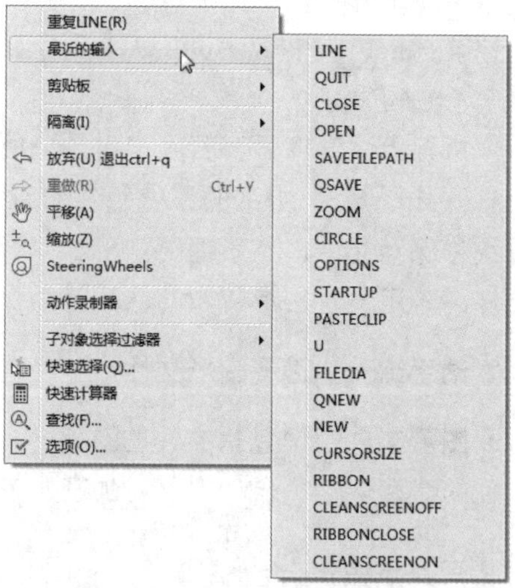

图 2-34　绘图区快捷菜单

（6）在命令行直接按 Enter 键。如果用户要重复使用上次使用的命令，可以直接在命令行按 Enter 键，系统立即重复执行上次使用的命令。这种方法适用于重复执行某个命令。

2.3.2 命令的重复、撤销和重做

在绘图过程中经常会重复使用相同的命令或者用错命令，下面介绍命令的重复、撤销和重做操作。

1. 命令的重复

按 Enter 键，可重复调用上一个命令，不管上一个命令是完成了还是被取消了。

2. 命令的撤销

在命令执行的任何时刻都可以取消或终止命令。

【执行方式】

- 命令行：UNDO。
- 菜单栏：选择菜单栏中的“编辑”→“放弃”命令。
- 工具栏：单击标准工具栏中的“放弃”按钮或单击快速访问工具栏中的“放弃”按钮。
- 快捷键：Esc。

3. 命令的重做

已被撤销的命令要恢复重做，可以恢复撤销的最后一个命令。

【执行方式】

- 命令行：REDO（快捷命令：RE）。
- 菜单栏：选择菜单栏中的“编辑”→“重做”命令。
- 工具栏：单击标准工具栏中的“重做”按钮或单击快速访问工具栏中的“重做”按钮。
- 快捷键：Ctrl+Y。

【操作步骤】

AutoCAD 2020 可以一次执行多重放弃和重做操作。单击快速访问工具栏中的“放弃”按钮或“重做”按钮后面的下拉按钮，在弹出的下拉菜单中可以选择要放弃或重做的操作，如图 2-35 所示。

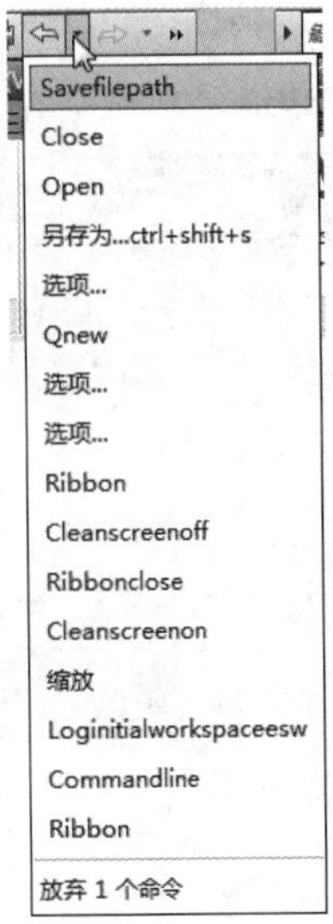

图 2-35 多重放弃选项

2.3.3 命令执行方式

有的命令有两种执行方式，即通过对话框（或选项板）、命令行输入命令。如指定使用命令行方式，可以在命令名前加短划线来表示，如“-LAYER”表示用命令行方式执行“图层”命令；而如

果在命令行输入“LAYER”，系统会打开“图层特性管理器”选项板。

另外，有些命令同时存在命令行、菜单栏、工具栏和功能区 4 种执行方式，这时如果选择菜单栏、工具栏或功能区方式，命令行会显示该命令，并在前面加下划线。例如，通过菜单栏、工具栏或功能区方式执行“直线”命令时，命令行会显示“_line”。

2.4 显示图形

恰当地显示图形，最一般的方法就是利用“缩放”和“平移”命令。使用这两个命令可以在绘图区放大或缩小图像显示，或者改变观察位置。

2.4.1 图形缩放

利用“缩放”命令可将图形放大或缩小显示，以便观察和绘制图形。该命令并不改变图形的实际位置和尺寸，只是变更视图的比例。

【执行方式】

- 命令行：ZOOM。
- 菜单栏：选择菜单栏中的“视图”→“缩放”→“实时”命令。
- 工具栏：单击标准工具栏中的“实时缩放”按钮。
- 功能区：在“视图”选项卡中单击“导航”面板中的“实时”按钮，如图 2-36 所示。

图 2-36　单击“实时”按钮

【操作步骤】

```
命令: ZOOM
指定窗口的角点，输入比例因子 (nX 或 nXP)，或者[全部(A)/中心(C)/动态(D)/范围(E)/上一个(P)/比例(S)/窗口(W)/对象(O)] <实时>:
```

【选项说明】

（1）输入比例因子：根据输入的比例因子，以当前的视图窗口为中心，将视图窗口显示的内容放大或缩小输入的比例倍数。nX 是指根据当前视图指定比例，nXP 是指定相对于图纸空间单位的比例。

（2）全部(A)：缩放以显示所有可见对象和视觉辅助工具。

（3）中心(C)：缩放以显示由中心点和比例值/高度所定义的视图。高度值较小时增加放大比例，高度值较大时减小放大比例。

（4）动态(D)：使用矩形视图框进行平移和缩放。视图框表示视图，可以更改它的大小，或在图形中移动。移动视图框或调整它的大小，将其中的视图平移或缩放，以充满整个视口。

（5）范围(E)：缩放以显示所有对象的最大范围。

（6）上一个(P)：缩放显示上一个视图。

（7）窗口(W)：缩放显示矩形窗口指定的区域。

（8）对象(O)：缩放以便尽可能大地显示一个或多个选定的对象并使其位于视图的中心。

（9）实时：交互缩放以更新视图的比例，光标将变为带有加号和减号的放大镜形状。

☞教你一招：

在使用 AutoCAD 绘图的过程中，大家都习惯于用滚轮来缩小和放大图纸，但在缩放图纸的时候经常会遇到这样的情况，即滚动滚轮，而图纸无法继续放大或缩小，并在状态栏中提示“已无法进一步缩小”或“已无法进一步缩放”。这时视图缩放并不满足我们的要求，还需要继续缩放。为什么会出现这种现象?

（1）AutoCAD 在打开显示图纸的时候，首先读取文件里写入的图形数据，然后生成用于屏幕显示的数据。生成显示数据的过程在 AutoCAD 中称为重生成，经常使用 RE 命令的人应该不会陌生。

（2）当用滚轮放大或缩小图形到一定倍数的时候，AutoCAD 判断需要重新根据当前视图范围来生成显示数据，因此就会提示无法继续缩小或放大。直接输入命令 RE，按 Enter 键，然后就可以继续缩放了。

（3）如果想显示全图，最好不要用滚轮，直接输入 ZOOM 命令并按 Enter 键，然后输入 E 或 A 并按 Enter 键，AutoCAD 在全图缩放时会根据情况自动进行重生成。

2.4.2 平移图形

利用平移功能，可通过单击和移动光标重新放置图形。

【执行方式】

- 命令行：PAN。
- 菜单栏：选择菜单栏中的“视图”→“平移”→“实时”命令。
- 工具栏：单击标准工具栏中的“实时平移”按钮。
- 功能区：在“视图”选项卡中单击“导航”面板中的“平移”按钮，如图 2-37 所示。

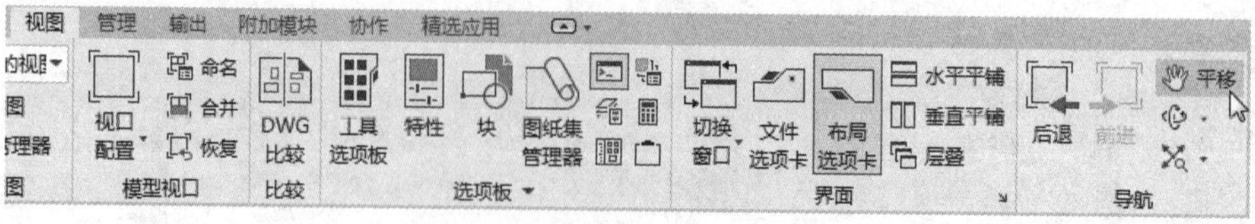

图 2-37 “导航”面板

【操作步骤】

执行上述操作后，移动手形光标即可平移图形。当移动到图形的边沿时，光标将变成三角形的形状。

另外，在 AutoCAD 2020 中，为显示控制命令设置了一个右键快捷菜单，如图 2-38 所示。在该菜单中，用户可以在显示命令执行的过程中透明地进行切换。

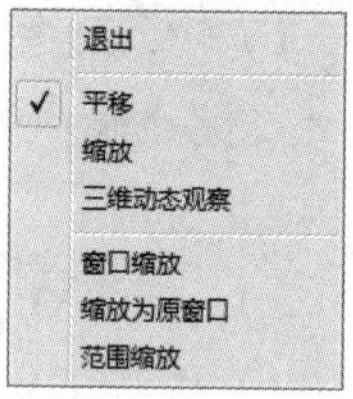

图 2-38 右键快捷菜单

动手练——查看电气图细节

利用平移工具和缩放工具观察如图 2-39 所示的电气图。本练习要求用户熟练地掌握各种图形显示工具的使用方法。

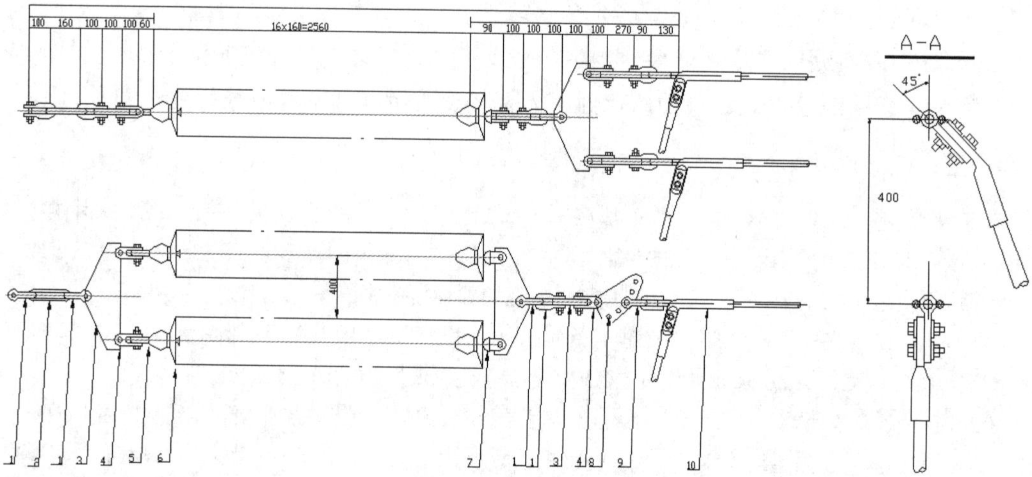

图 2-39 电气图

思路点拨：

利用平移工具和缩放工具移动和缩放图形。

2.5 模拟认证考试

1. 下面不可以拖动的是（　　）。

   A．命令行　　B．工具栏　　C．工具选项板　　D．菜单

2. 打开和关闭命令行的快捷键是（　　）。

   A．F2　　B．Ctrl+F2　　C．Ctrl+F9　　D．Ctrl+9

3．文件有多种输出格式，下列的格式输出不正确的是（　　）。

A．.dwfx　　B．.wmf　　C．.bmp　　D．.dgx

4．在 AutoCAD 中，当光标悬停在命令或控件上时，首先显示的提示是（　　）。

A．下拉菜单　　B．文本输入框

C．基本工具提示　　D．补充工具提示

5．在“全屏显示”状态下，以下哪个部分不显示在绘图界面中？（　　）

A．标题栏　　B．命令窗口　　C．状态栏　　D．功能区

6．坐标（@100,80）表示（　　）。

A．表示该点距原点 X 方向的位移为 100，Y 方向位移为 80

B．表示该点相对原点的距离为 100，该点与前一点连线与 X 轴的夹角为 80°

C．表示该点相对前一点 X 方向的位移为 100，Y 方向位移为 80

D．表示该点相对前一点的距离为 100，该点与前一点连线与 X 轴的夹角为 80°

7．要恢复用 U 命令放弃的操作，应该用（　　）命令。

A．redo（重做）　　B．redraw（重画）

C．regen（重生成）　　D．regenall（全部重生成）

8．若图面已有一点 A（2,2），要得到另一点 B（4,4），以下坐标输入不正确的是（　　）。

A．@4,4　　B．@2,2　　C．4,4　　D．@2&lt45

9．在 AutoCAD 中，如何设置光标悬停在命令或控件上时，显示基本工具提示与显示扩展工具提示之间的延迟时间？（　　）

A．在“选项”对话框的“显示”选项卡中进行设置

B．在“选项”对话框的“文件”选项卡中进行设置

C．在“选项”对话框的“系统”选项卡中进行设置

D．在“选项”对话框的“用户系统配置”选项卡中进行设置

第 3 章　基本绘图设置

内容简介

本章将介绍关于二维绘图的参数设置知识。通过本章的学习，读者应了解图层、基本绘图参数的设置并熟练掌握，进而应用到图形绘制过程中。

内容要点

- 基本绘图参数
- 图层
- 综合演练——设置样板图绘图环境
- 模拟认证考试

案例效果

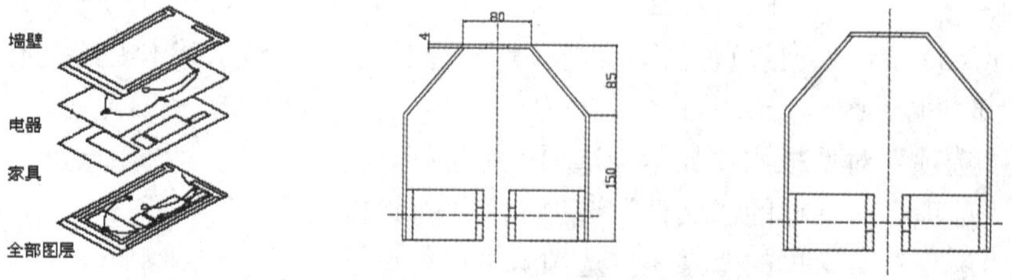

3.1　基本绘图参数

绘制一幅图形时，需要设置一些基本参数，如图形单位、图幅界限等。下面进行简要介绍。

3.1.1　设置图形单位

在 AutoCAD 中，对于任何图形而言，总有其大小、精度和所采用的单位。屏幕上显示的仅为屏幕单位，但屏幕单位应该对应一个真实的单位；不同的单位其显示格式不同。

【执行方式】

- 命令行：DDUNITS（或 UNITS，快捷命令：UN）。
- 菜单栏：选择菜单栏中的“格式”→“单位”命令。

扫一扫，看视频

动手学——设置图形单位

操作步骤

（1）在命令行中输入快捷命令 UN，打开“图形单位”对话框，如图 3-1 所示。

（2）在长度“类型”下拉列表框中选择“小数”，在“精度”下拉列表框中选择 0.0000。

（3）在角度“类型”下拉列表框中选择“十进制度数”，在“精度”下拉列表框中选择 0。

（4）其他参数采用默认设置，单击“确定”按钮，完成图形单位的设置。

【选项说明】

（1）“长度”与“角度”选项组：指定测量的长度与角度的当前单位及精度。

（2）“插入时的缩放单位”选项组：控制插入当前图形中的块和图形的测量单位。如果块或图形创建时使用的单位与该选项指定的单位不同，则在插入这些块或图形时，将对其按比例进行缩放。插入比例是原块或图形使用的单位与目标图形使用的单位之比。如果插入块时不按指定单位缩放，则在“用于缩放插入内容的单位”下拉列表框中选择“无单位”选项。

（3）“输出样例”选项组：显示用当前单位和角度设置的例子。

（4）“光源”选项组：指定当前图形中光源强度的测量单位。为创建和使用光度控制光源，必须从“用于指定光源强度的单位”下拉列表框中指定非“常规”的单位。如果“用于缩放插入内容的单位”设置为“无单位”，则将显示警告信息，通知用户渲染输出可能不正确。

（5）“方向”按钮：单击该按钮，在弹出的“方向控制”对话框中可进行方向控制设置，如图 3-2 所示。

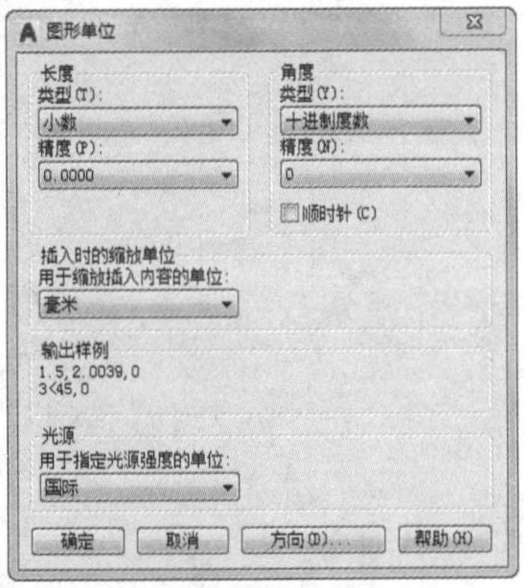

图 3-1　“图形单位”对话框

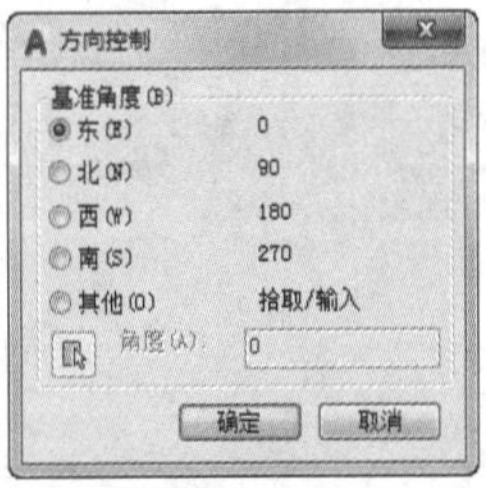

图 3-2　“方向控制”对话框

3.1.2　设置图形界限

图形界限用于标明用户的工作区域和图纸的边界。为了便于用户准确地绘制和输出图形，避免绘制的图形超出某个范围，AutoCAD 提供了图形界限功能。

【执行方式】

- 命令行：LIMITS。
- 菜单栏：选择菜单栏中的“格式”→“图形界限”命令。

动手学——设置 A4 图形界限

扫一扫，看视频

操作步骤

在命令行中输入 LIMITS，设置图形界限为 297×210。命令行提示与操作如下：

```
命令：LIMITS↙
重新设置模型空间界限：
```

```
指定左下角点或[开(ON)/关(OFF)] <0.0000,0.0000>:（输入图形边界左下角的坐标后按 Enter 键）
指定右上角点 <13.0000,90000>:297,210（输入图形边界右上角的坐标后按 Enter 键）
```

【选项说明】

（1）开(ON)：使图形界限有效。系统在图形界限以外拾取的点将视为无效。

图 3-3　动态输入

（2）关(OFF)：使图形界限无效。用户可以在图形界限以外拾取点或实体。

（3）动态输入角点坐标：可以直接在绘图区的动态文本框中输入角点坐标，输入横坐标值后，按“,”键，接着输入纵坐标值，如图 3-3 所示；也可以按光标位置直接单击，确定角点位置。

技巧：

在命令行中输入坐标时，应检查此时的输入法是否是英文输入状态。如果是中文输入状态，例如输入“150，20”，则由于逗号“，”的原因，系统会认定该坐标输入无效。这时，只需将输入法改为英文输入状态重新输入即可。

动手练——设置绘图环境

在绘制图形之前，先设置绘图环境。

思路点拨：

（1）设置图形单位。

（2）设置 A3 图形界限。

3.2　图　　层

图层的概念类似投影片，将不同属性的对象分别放置在不同的投影片（图层）上。例如，将图形中的主要线段、中心线、尺寸标注等分别绘制在不同的图层上，每个图层可设定不同的线型、线条颜色，然后把不同的图层堆栈在一起成为一张完整的视图。这样可使视图层次分明，方便图形对象的编辑与管理。一个完整的图形就是由它所包含的所有图层上的对象叠加在一起构成的，如图 3-4 所示。

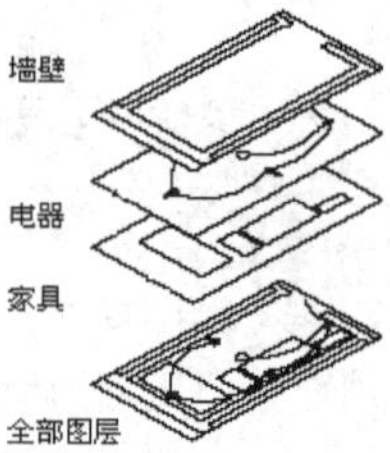

图 3-4　图层效果

3.2.1　图层的设置

在用图层功能绘图之前，首先要对图层的各项特性进行设置，包括建立和命名图层、设置当前图层、设置图层的颜色和线型、图层是否关闭、图层是否冻结、图层是否锁定，以及删除图层等。

1. 利用“图层特性管理器”选项板设置图层

AutoCAD 2020 提供了详细、直观的“图层特性管理器”选项板，用户可以通过对该选项板中的各选项及其二级选项板进行设置，方便、快捷地实现创建新图层、设置图层颜色及线型等各种操作。

【执行方式】

- 命令行：LAYER。
- 菜单栏：选择菜单栏中的“格式”→“图层”命令。
- 工具栏：单击“图层”工具栏中的“图层特性管理器”按钮。
- 功能区：在“默认”选项卡中单击“图层”面板中的“图层特性”按钮或在“视图”选项卡中单击“选项板”面板中的“图层特性”按钮。

【操作步骤】

执行上述操作后，系统打开如图 3-5 所示的“图层特性管理器”选项板。

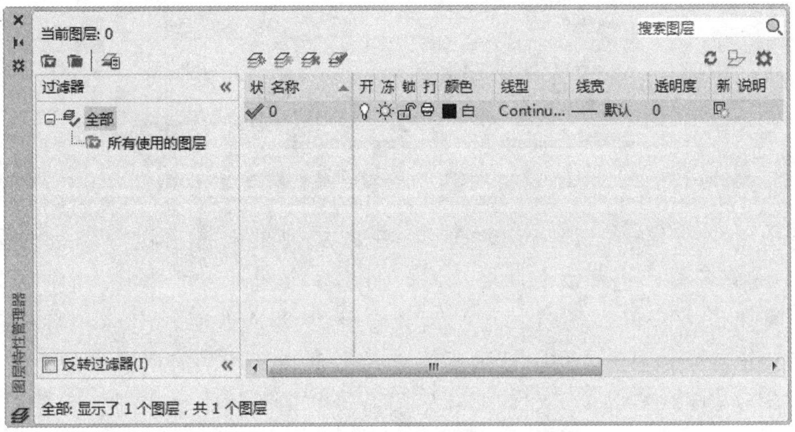

图 3-5 “图层特性管理器”选项板

【选项说明】

（1）“新建特性过滤器”按钮：单击该按钮，打开“图层过滤器特性”对话框，从中可以基于一个或多个图层特性创建图层过滤器，如图 3-6 所示。

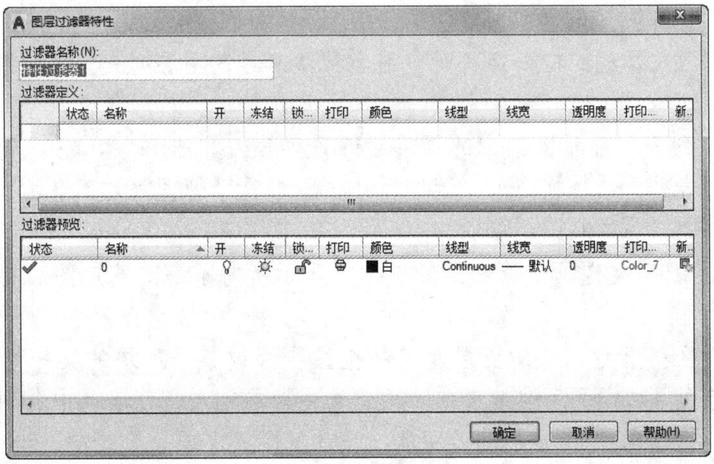

图 3-6 “图层过滤器特性”对话框

（2）“新建组过滤器”按钮：单击该按钮，可以创建一个“组过滤器”，其中包含用户选定并添加到该过滤器的图层。

（3）“图层状态管理器”按钮：单击该按钮，打开“图层状态管理器”对话框，如图 3-7 所示。从中可以将图层的当前特性设置保存到命名图层状态中，以后可以再恢复这些设置。

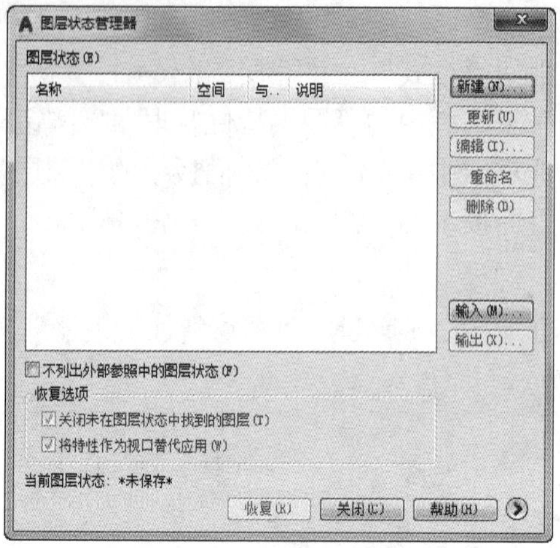

图 3-7　“图层状态管理器”对话框

（4）“新建图层”按钮：单击该按钮，在图层列表中将出现一个新的图层，名为“图层 1”。用户可使用此名称，也可改名。要想同时创建多个图层，可选中一个图层名后，输入多个名称，各名称之间以逗号分隔。图层的名称可以包含字母、数字、空格和特殊符号，AutoCAD 2020 支持长达 255 个字符的图层名称。新的图层继承了创建新图层时所选中的已有图层的所有特性（颜色、线型、打开/关闭状态等）；如果新建图层时没有图层被选中，则新图层具有默认的设置。

（5）“在所有视口中都被冻结的新图层视口”按钮：单击该按钮，将创建新图层，然后在所有现有布局视口中将其冻结。可以在“模型”空间或“布局”空间上访问此按钮。

（6）“删除图层”按钮：在图层列表中选中某一图层，然后单击该按钮，可将该图层删除。

（7）“置为当前”按钮：在图层列表中选中某一图层，然后单击该按钮，则把该图层设置为当前图层，并在“当前图层”列中显示其名称。当前图层的名称存储在系统变量 LAYER 中。另外，双击图层名称，也可把其设置为当前图层。

（8）“搜索图层”文本框：输入字符时，按名称快速过滤图层列表。关闭图层特性管理器时并不保存此过滤器。

（9）“过滤器”列表：显示图形中的图层过滤器列表。单击 « 和 » 可展开或收拢过滤器列表。当“过滤器”列表处于收拢状态时，请使用位于图层特性管理器左下角的“展开或收拢弹出图层过滤器树”按钮来显示过滤器列表。

（10）“反转过滤器”复选框：选中该复选框，显示所有不满足选定图层特性过滤器中条件的图层。

（11）图层列表区：显示已有的图层及其特性。要修改某一图层的某一特性，单击它所对应的图标即可。右击空白区域或利用快捷菜单可快速选中所有图层。列表区中各列的含义如下。

① 状态：指示项目的类型，有图层过滤器、正在使用的图层、空图层、当前图层 4 种。

② 名称：显示满足条件的图层名称。如果要对某图层进行修改，首先要选中该图层的名称。

③ 状态转换图标：在“图层特性管理器”选项板的图层列表中有一些图标，单击这些图标，

可以打开或关闭相应的功能。各图标功能说明如表 3-1 所示。

表 3-1　图标功能

图　示	名　称	功能说明
	打开/关闭	将图层设定为打开或关闭状态。当呈现关闭状态时，该图层上的所有对象将隐藏，只有处于打开状态的图层才会在绘图区中显示，并且可以通过打印机打印出来。因此，绘制复杂的视图时，先将不编辑的图层暂时关闭，可降低图形的复杂性。如图 3-8（a）和图 3-8（b）所示分别为尺寸标注图层打开和关闭时的情形
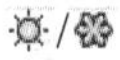	解冻/冻结	将图层设定为解冻或冻结状态。当图层呈现冻结状态时，该图层上的对象均不会显示在绘图区中，也不能由打印机打印输出，同时不会执行重生（REGEN）、缩放（ZOOM）、平移（PAN）等操作。因此，若将视图中不编辑的图层暂时冻结，可加快绘图速度。而（打开/关闭）功能只是单纯地将对象隐藏，因此并不会加快执行速度
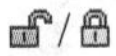	解锁/锁定	将图层设定为解锁或锁定状态。被锁定的图层仍然显示在绘图区，但不能编辑、修改被锁定的对象，只能绘制新的图形，这样可防止重要的图形被修改
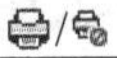	打印/不打印	设定该图层是否可以打印出来
	新视口解冻/视口冻结	仅在当前布局视口中冻结选定的图层。如果图层在图形中已冻结或关闭，则无法在当前视口中解冻该图层

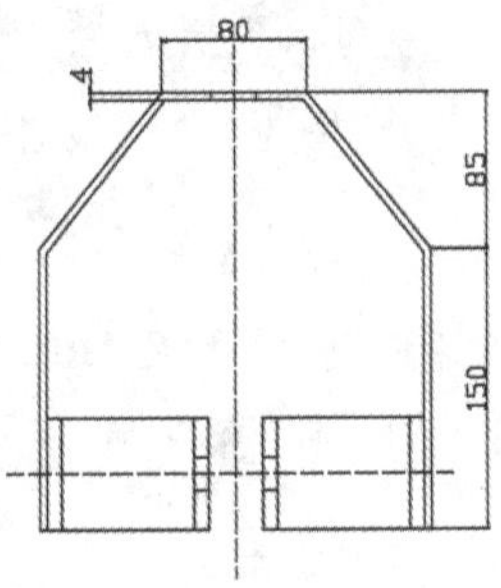

（a）打开

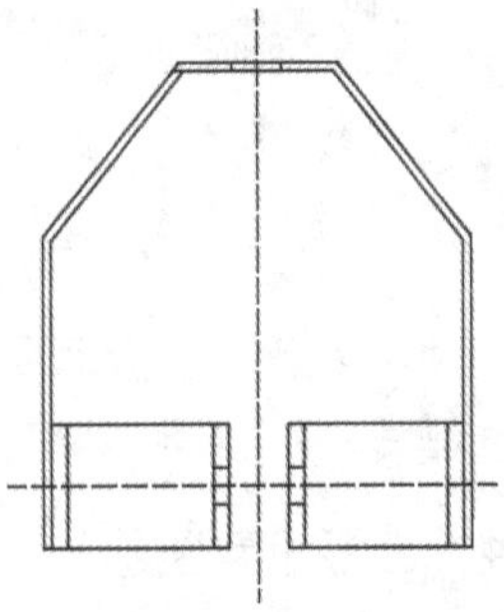

（b）关闭

图 3-8　打开或关闭尺寸标注图层

④ 颜色：显示和改变图层的颜色。如果要改变某一图层的颜色，单击其对应的颜色图标，在弹出的“选择颜色”对话框中可以选择需要的颜色，如图 3-9 所示。

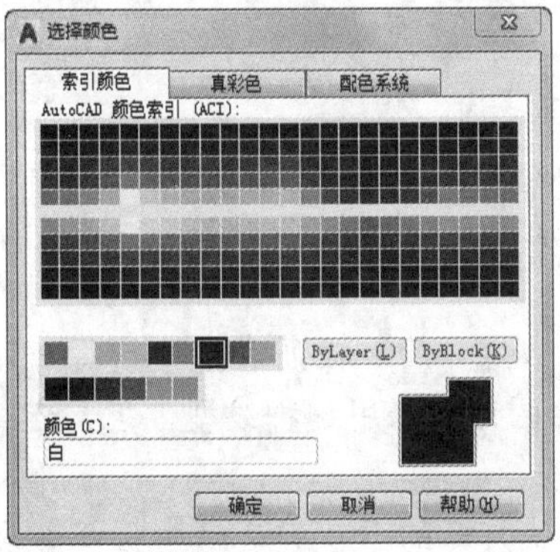

（a）“索引颜色”选项卡

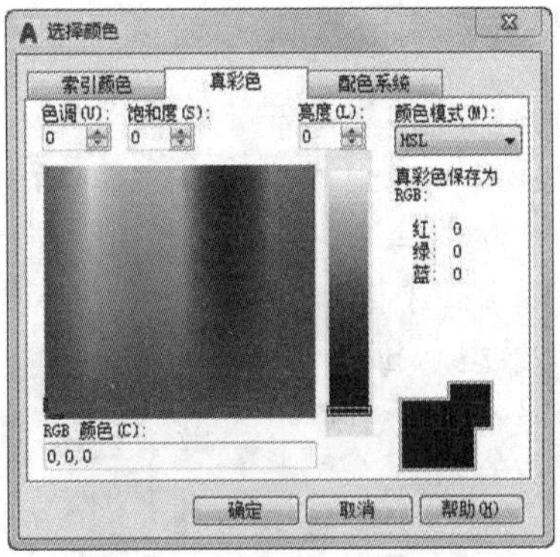

（b）“真彩色”选项卡

图 3-9　“选择颜色”对话框

⑤ 线型：显示和修改图层的线型。如果要修改某一图层的线型，单击该图层的“线型”，在弹出的“选择线型”对话框中列出了当前可用的线型，用户可从中选择，如图 3-10 所示。

⑥ 线宽：显示和修改图层的线宽。如果要修改某一图层的线宽，单击该图层的“线宽”，打开“线宽”对话框，如图 3-11 所示。其中“线宽”列表框中列出了当前可用的线宽，用户可从中选择需要的线宽；“旧的”选项显示了前面赋予图层的线宽，当创建一个新图层时，采用默认线宽（其值为 0.01in，即 0.22mm），默认线宽的值由系统变量 LWDEFAULT 设置；“新的”选项显示了赋予图层的新线宽。

⑦ 透明度：可以选定图层的透明度，有效值为 0～90。值越大，对象越显得透明。

⑧ 打印样式：打印图形时各项属性的设置。

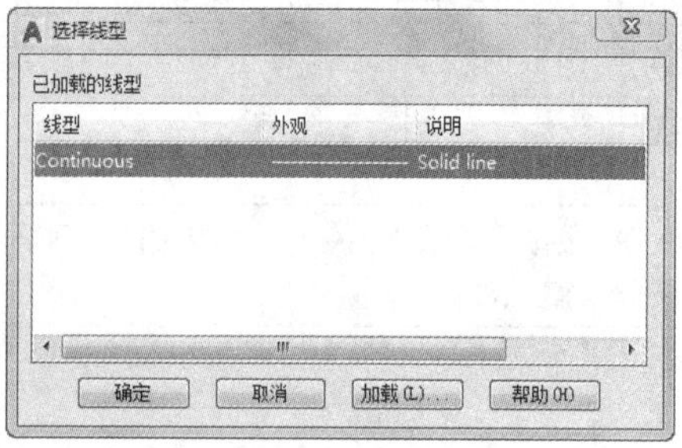

图 3-10 “选择线型”对话框

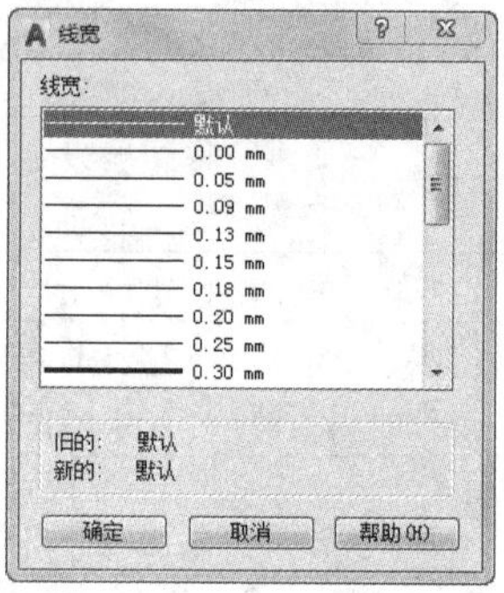

图 3-11 “线宽”对话框

技巧：

合理利用图层，可以事半功倍。在开始绘制图形时，可预先设置一些基本图层，每个图层锁定自己的专门用途，这样只需绘制一份图形文件，就可以组合出许多需要的图纸，也可针对各个图层进行修改。

2. 利用“特性”面板设置图层

AutoCAD 2020 的“特性”面板如图 3-12 所示。单击下拉按钮，展开该面板，可以快速查看和改变所选对象的图层、颜色、线型和线宽等特性。在绘图区中选择任何对象，都将在该面板中自动显示它所在的图层、颜色、线型等属性。“特性”面板各部分的功能介绍如下。

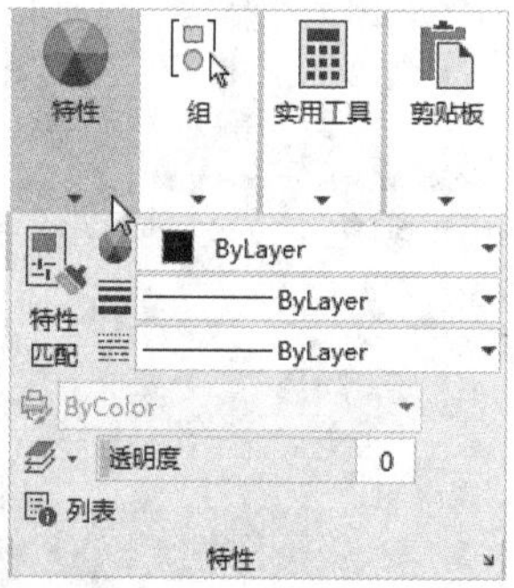

图 3-12 “特性”面板

（1）对象颜色下拉列表框：单击右侧的下拉按钮，用户可从打开的下拉列表框中选择一种颜色，使之成为当前颜色。如果选择“更多颜色”选项，在弹出的“选择颜色”对话框中可以选择其他颜色。修改当前颜色后，不论在哪个图层上绘图都会采用这种颜色，但对各个图层的颜色设置没有影响。

（2）线型下拉列表框：单击右侧的下拉按钮，用户可从打开的下拉列表框中选择一种线型，使之成为当前线型。修改当前线型后，不论在哪个图层上绘图都会采用这种线型，但对各个图层的线型设置没有影响。

（3）线宽下拉列表框：单击右侧的下拉按钮，用户可从打开的下拉列表框中选择一种线宽，使之成为当前线宽。修改当前线宽后，不论在哪个图层上绘图都会采用这种线宽，但对各个图层的线宽设置没有影响。

（4）打印类型下拉列表框：单击右侧的下拉按钮，用户可从打开的下拉列表框中选择一种打印样式，使之成为当前打印样式。

☞教你一招：

图层的设置有哪些原则？

（1）在够用的基础上越少越好。不管是什么专业、什么阶段的图纸，图纸上的所有图元都可以按照一定的规律来组织整理。例如，电气专业的原理图，就按连接导线、实体符号、虚线、文字等来定义图层，然后在画图的时候，根据类别把该图元放到相应的图层中去。

（2）0 层的使用。很多人喜欢在 0 层上画图，因为 0 层是默认层。白色是 0 层的默认色，因此有时候看上去白花花一片，不易辨识。不建议在 0 层上随意画图，而是建议用来定义块。定义块时，先将所有图元均设置为 0 层，然后再定义块。这样，在插入块时，插入的是哪个层，块就是那个层。

（3）图层颜色的定义。定义图层的颜色时要注意两点：一是不同的图层一般要用不同的颜色；二是颜色的选择应该根据打印时线宽的粗细而定。打印时，线型设置越宽的图层，颜色就应该选用越亮的。

3.2.2　颜色的设置

AutoCAD 绘制的图形对象都具有一定的颜色。为了更清晰地表达绘制的图形，可把同一类型的图形对象用相同的颜色绘制，从而使不同类型的对象具有不同的颜色，以示区分，这样就需要适当地对颜色进行设置。AutoCAD 允许用户设置图层颜色、为新建的图形对象设置当前颜色，还可以改变已有图形对象的颜色。

【执行方式】

- 命令行：COLOR（快捷命令：COL）。
- 菜单栏：选择菜单栏中的“格式”→“颜色”命令。
- 功能区：在“默认”选项卡中展开“特性”面板，打开颜色下拉列表框，从中选择“更多颜色”选项，如图 3-13 所示。

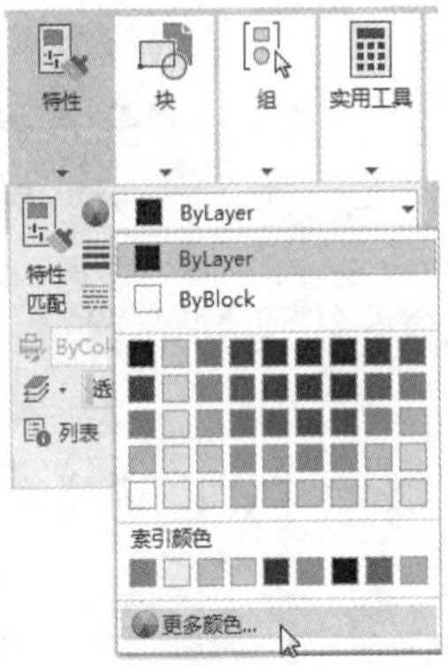

图 3-13　颜色下拉列表框

【操作步骤】

执行上述操作后，系统打开如图 3-9 所示的“选择颜色”对话框。

【选项说明】

1．“索引颜色”选项卡

选择此选项卡，可以在系统所提供的 255 种颜色索引表中选择所需要的颜色，如图 3-9（a）所示。

（1）“AutoCAD 颜色索引”列表框：依次列出了 255 种索引色，可从中选择所需要的颜色。

（2）“颜色”文本框：所选颜色代号值显示在“颜色”文本框中，也可以直接在该文本框中输入自定义的代号值来选择颜色。

（3）ByLayer 和 ByBlock 按钮：单击这两个按钮，颜色分别按图层和图块设置。这两个按钮只有在设定了图层颜色和图块颜色后才可以使用。

2. “真彩色”选项卡

选择此选项卡，可以选择需要的任意颜色，如图 3-9（b）所示。可以拖动调色板中的颜色指示光标和亮度滑块选择颜色及其亮度，也可以通过“色调”“饱和度”和“亮度”微调按钮来选择需要的颜色。所选颜色的红、绿、蓝值显示在下面的“颜色”文本框中，也可以直接在该文本框中输入自定义的红、绿、蓝值来选择颜色。

在此选项卡中还有一个“颜色模式”下拉列表框，默认的颜色模式为 HSL 模式，即如图 3-9（b）所示的模式。RGB 模式也是常用的一种颜色模式，如图 3-14 所示。

3. “配色系统”选项卡

选择此选项卡，可以从标准配色系统（如 Pantone）中选择预定义的颜色，如图 3-15 所示。在“配色系统”下拉列表框中选择需要的系统，然后拖动右边的滑块来选择具体的颜色。所选颜色代号值显示在下面的“颜色”文本框中，也可以直接在该文本框中输入代号值来选择颜色。

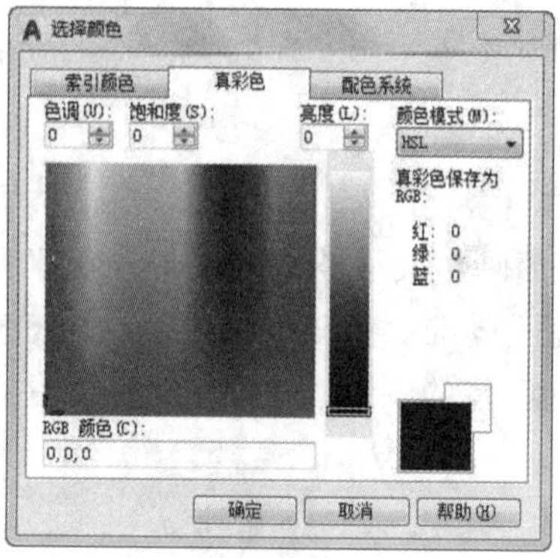

图 3-14 RGB 模式

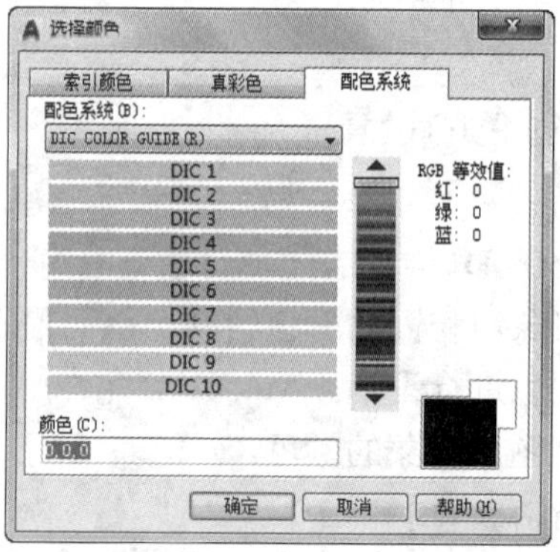

图 3-15 “配色系统”选项卡

3.2.3 线型的设置

根据电气图的需要，一般只使用 4 种图线，如表 3-2 所示。

表 3-2 电气图用图线的形式及应用

图线名称	线型	线宽	主要用途
细实线	——————	约 $b/2$	基本线，简图主要内容用线，可见轮廓线，可见导线
细点划线	——— — ———	约 $b/2$	分界线，结构图框线，功能图框线，分组图框线
虚线	—— —— —— ——	约 $b/2$	辅助线、屏蔽线、机械连接线，不可见轮廓线、不可见导线、计划扩展内容用线
双点划线	——— — — ———	约 $b/2$	辅助图框线

1. 在“图层特性管理器”选项板中设置线型

在“默认”选项卡中单击“图层”面板中的“图层特性”按钮，打开“图层特性管理器”选项板，如图 3-5 所示。在图层列表的“线型”列下单击线型名，打开“选择线型”对话框，如图 3-10 所示。对话框中选项的含义如下。

（1）“已加载的线型”列表框：列出了当前绘图中已加载的线型，可供用户选用。在线型名称的右侧，显示了线型的外观与说明。

（2）“加载”按钮：单击该按钮，打开“加载或重载线型”对话框，用户可通过此对话框加载线型并把它添加到“线型”列中。但要注意，加载的线型必须在线型库（LIN）文件中定义过。标准线型都保存在 acad.lin 文件中。

2. 直接设置线型

【执行方式】

- 命令行：LINETYPE。
- 功能区：在“默认”选项卡中展开“特性”面板，打开线型下拉列表框，从中选择“其他”选项，如图 3-16 所示。

【操作步骤】

执行上述操作后，系统打开“线型管理器”对话框，如图 3-17 所示。用户可在该对话框中对线型进行设置。

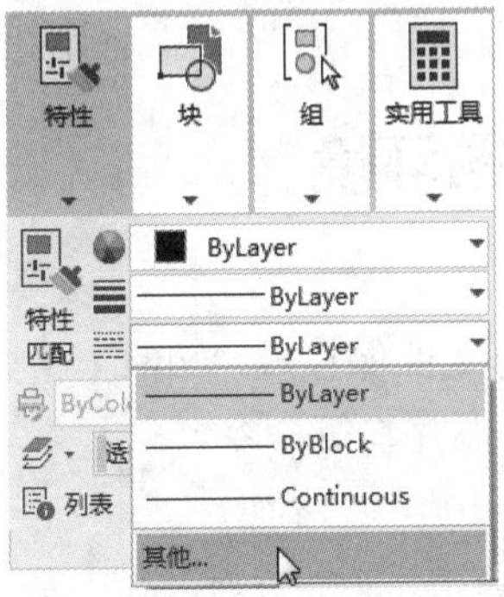

图 3-16　线型下拉列表框

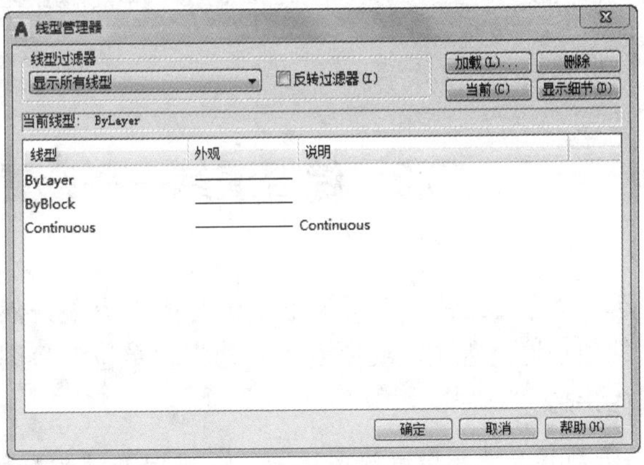

图 3-17　“线型管理器”对话框

3.2.4　线宽的设置

主要依据《房屋建筑制图统一标准》（GB/T 50001—2010）和《电气工程 CAD 制图规则》（GB/T 18135—2008）进行设置。两者略有差别，根据笔者的实际经验，推荐选用 GB/T 50001 的线宽组进行设置，分别为 1.0、0.7、0.5、0.35、0.25、0.13。但是，对于最细的线宽建议按 GB/T 18135 进行设置，选用 0.18 或 0.20，此线宽用于电气细线和文字较合适。电气制图无须像建筑和结构专业那样采用更多的线宽类型。AutoCAD 提供了相应的工具帮助用户来设置线宽。

1. 在“图层特性管理器”选项板中设置线宽

按照 3.2.1 小节讲述的方法，打开“图层特性管理器”选项板，如图 3-5 所示。在图层列表的“线宽”列下单击线宽，打开“线宽”对话框，其中列出了 AutoCAD 设定的线宽，用户可以从中选取。

2. 直接设置线宽

【执行方式】

- 命令行：LINEWEIGHT。
- 菜单栏：选择菜单栏中的“格式”→“线宽”命令。
- 功能区：在“默认”选项卡中展开“特性”面板，打开线宽下拉列表框，从中选择“线宽设置”选项，如图 3-18 所示。

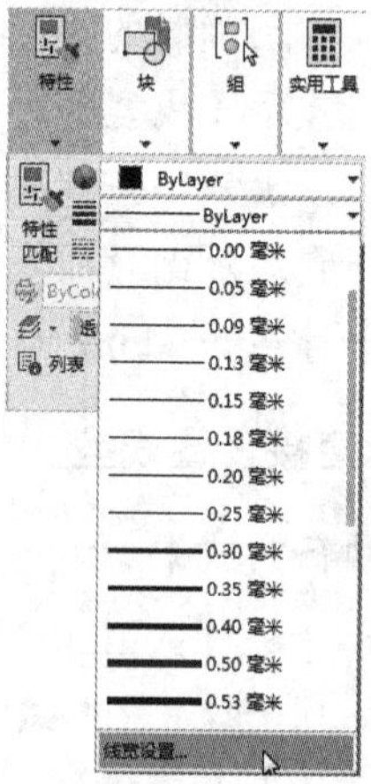

图 3-18　线宽下拉列表框

【操作步骤】

执行上述操作后，系统打开“线宽”对话框。该对话框与前面讲述的相关知识相同，不再赘述。

教你一招：

有时设置了线宽，但在图形中显示不出效果来，为什么呢？出现这种情况一般有以下两种原因。

（1）没有打开状态栏上的“线宽”按钮。

（2）线宽设置的宽度不够，AutoCAD 只能显示出 0.30mm 以上线宽的宽度，如果宽度低于 0.30mm，就无法显示出线宽的效果。

扫一扫，看视频

3.3　综合演练——设置样板图绘图环境

新建一个空白文件，设置图形单位与图形界限，然后将设置好的文件保存成“.dwt”格式的样板图文件。在这过程中，要用到“新建”“单位”“图形界限”和“保存”等命令。

操作步骤

（1）新建文件。单击快速访问工具栏中的“新建”按钮，新建一个空白文件。

（2）设置单位。选择菜单栏中的“格式”→“单位”命令，打开“图形单位”对话框，如图 3-19 所示。设置“长度”的“类型”为“小数”，“精度”为 0；“角度”的“类型”为“十进制度数”，“精度”为 0，系统默认逆时针方向为正；“用于缩放插入内容的单位”设置为“毫米”。

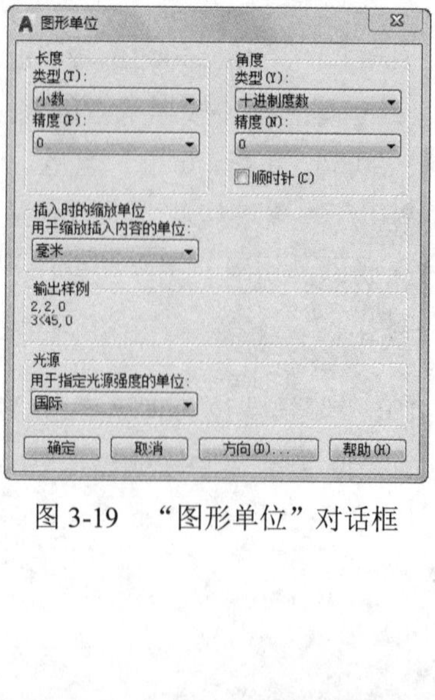

图 3-19　“图形单位”对话框

（3）设置图形界限。国标对图纸的幅面大小做了严格规定，如表 3-3 所示。

表 3-3 图幅国家标准

幅面代号	A0	A1	A2	A3	A4
宽×长（mm×mm）	841×1189	594×841	420×594	297×420	210×297

在这里，不妨按国标 A3 图纸幅面设置图形边界。A3 图纸的幅面为 297×420。

选择菜单栏中的“格式”→“图形界限”命令，设置图幅。命令行提示与操作如下：

```
命令: LIMITS↙
重新设置模型空间界限:
指定左下角点或 [开(ON)/关(OFF)] <0.0000,0.0000>:0,0↙
指定右上角点 <420.0000,297.0000>: 420,297↙
```

（4）本实例准备设置一个样板图，图层设置如表 3-4 所示。

表 3-4 图层设置

图层名	颜色	线型	线宽	用途
0	7（白色）	Continuous	*b*	图框线
CEN	2（黄色）	CENTER	1/2*b*	中心线
HIDDEN	1（红色）	HIDDEN	1/2*b*	隐藏线
BORDER	5（蓝色）	Continuous	*b*	可见轮廓线
TITLE	6（洋红）	Continuous	*b*	标题栏零件名
T-NOTES	4（青色）	Continuous	1/2*b*	标题栏注释
NOTES	7（白色）	Continuous	1/2*b*	一般注释
LW	5（蓝色）	Continuous	1/2*b*	细实线
HATCH	5（蓝色）	Continuous	1/2*b*	填充剖面线
DIMENSION	3（绿色）	Continuous	1/2*b*	尺寸标注

（5）设置图层名称。在“默认”选项卡中单击“图层”面板中的“图层特性”按钮，打开“图层特性管理器”选项板，如图 3-20 所示。在该选项板中单击“新建”按钮，在图层列表中出现一个默认名为“图层 1”的新图层，如图 3-21 所示。单击该图层名，将其改为 CEN，如图 3-22 所示。

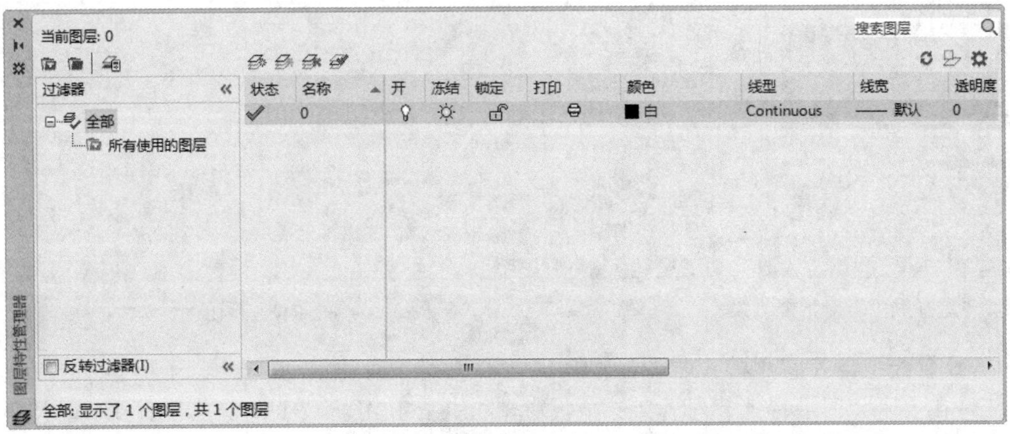

图 3-20 “图层特性管理器”选项板

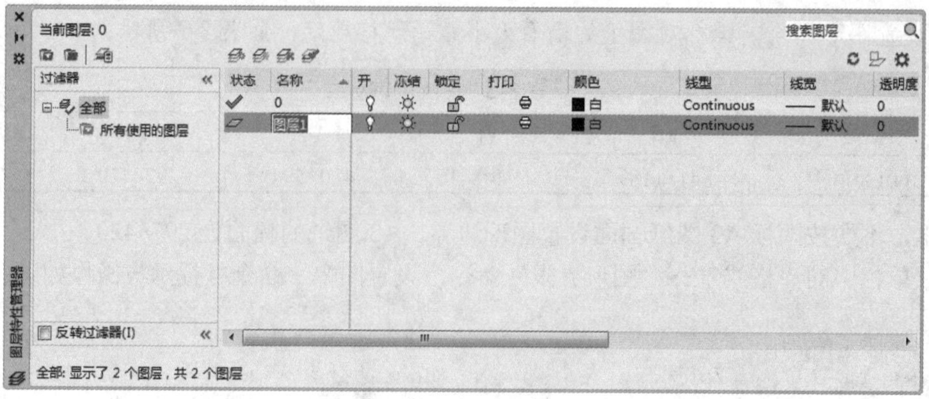

图 3-21　新建图层

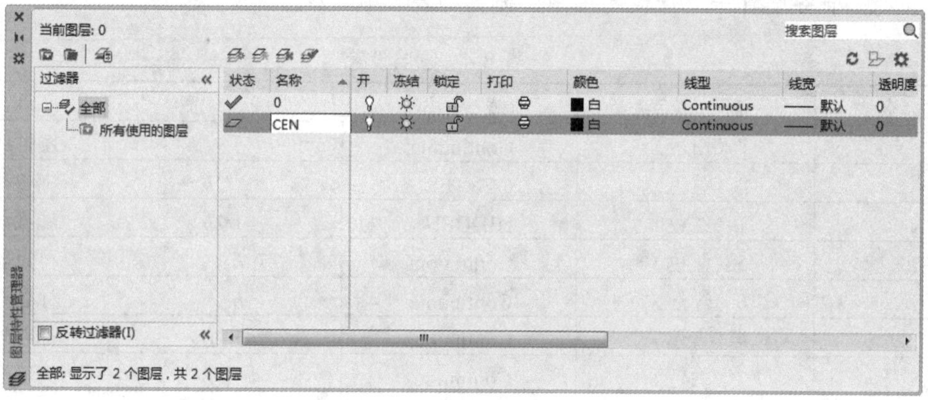

图 3-22　更改图层名

（6）设置图层颜色。为了区分不同图层上的图线，提高图形不同部分的对比性，可以为不同的图层设置不同的颜色。单击刚建立的 CEN 图层“颜色”列下的色块，打开“选择颜色”对话框，如图 3-23 所示。在该对话框中选择黄色，单击“确定”按钮。此时在“图层特性管理器”选项板中可以发现 CEN 图层的颜色变成了黄色，如图 3-24 所示。

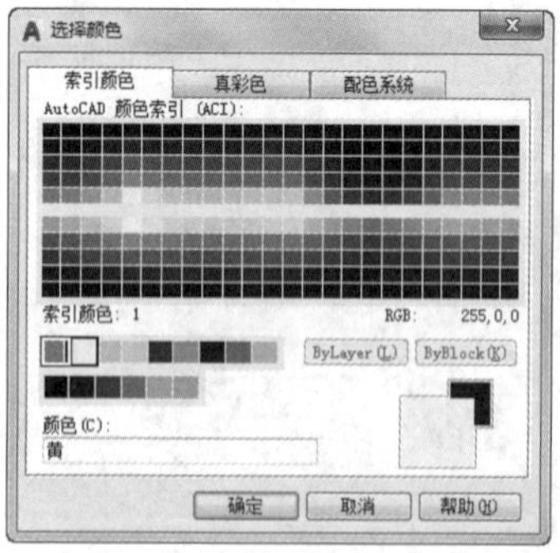

图 3-23　“选择颜色”对话框

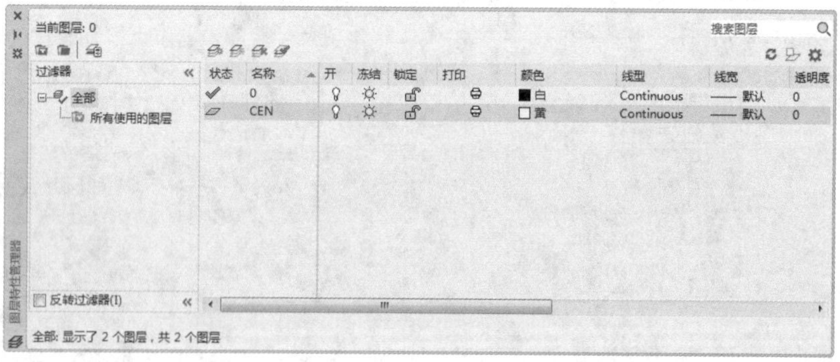

图 3-24　更改图层颜色

（7）设置线型。在常用的工程图纸中，通常要用到不同的线型，这是因为不同的线型表示不同的含义。在上述“图层特性管理器”选项板中单击 CEN 图层“线型”列下的线型，打开“选择线型”对话框，如图 3-25 所示。单击“加载”按钮，打开“加载或重载线型”对话框，如图 3-26

所示。在该对话框中选择 CENTER 线型，单击“确定”按钮。返回“选择线型”对话框，这时在“已加载的线型”列表框中就出现了 CENTER 线型，如图 3-27 所示。选择 CENTER 线型，单击“确定”按钮。此时在“图层特性管理器”选项板中就可以看到 CEN 图层的线型变成了 CENTER，如图 3-28 所示。

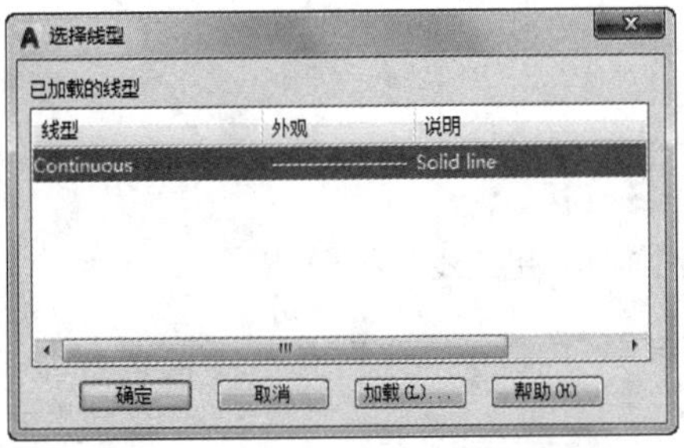

图 3-25　“选择线型”对话框

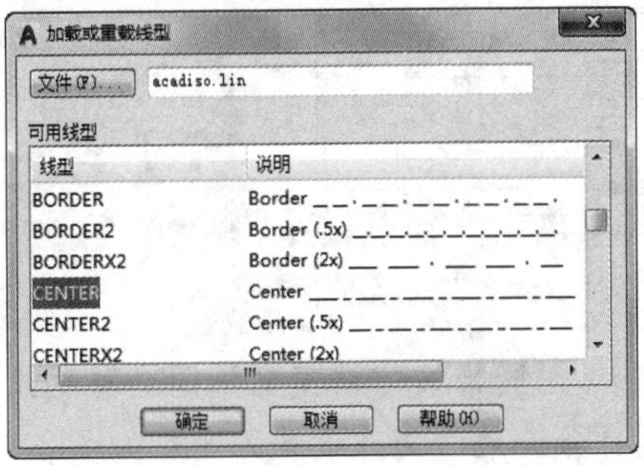

图 3-26　“加载或重载线型”对话框

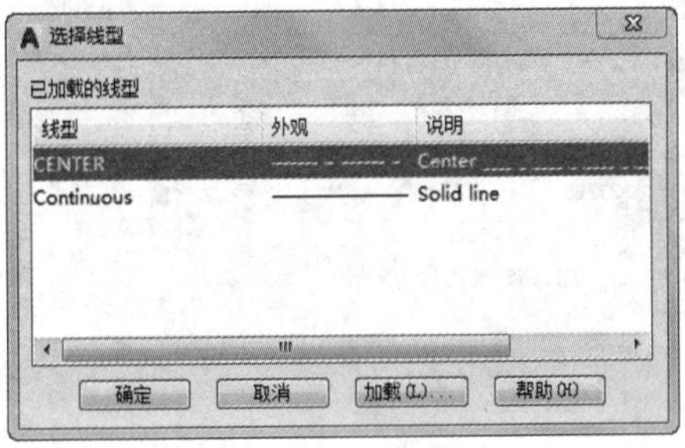

图 3-27　加载线型

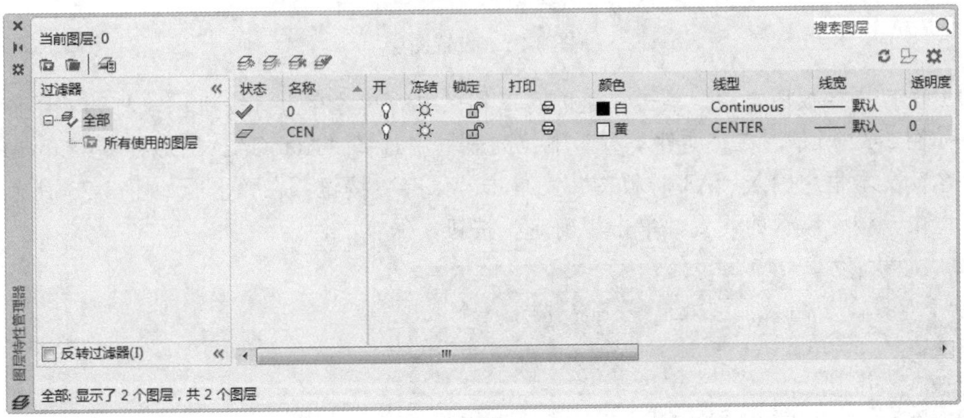

图 3-28　更改线型

（8）设置线宽。在工程图中，不同的线宽也表示不同的含义，因此也要对不同图层的线宽进行设置。在上述“图层特性管理器”选项板中单击 CEN 图层“线宽”列下的线宽，打开“线宽”对话框，如图 3-29 所示。在该对话框中选择适当的线宽，单击“确定”按钮。此时在“图层特性管理器”选项板中可以发现 CEN 图层的线宽变成了 0.15，如图 3-30 所示。

技巧：

应尽量按照新国标相关规定，保持细线与粗线之间的比例大约为 1∶2。

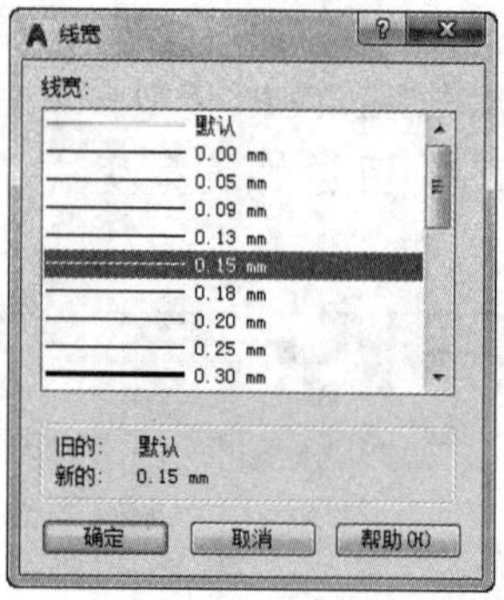

图 3-29 “线宽”对话框

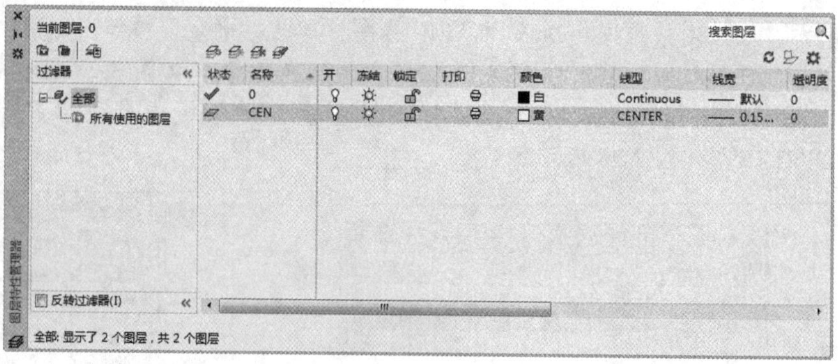

图 3-30 更改线宽

（9）用同样的方法建立不同名称的新图层，这些不同的图层可以分别存放不同的图线或图形的不同部分。最后完成设置的图层如图 3-31 所示。

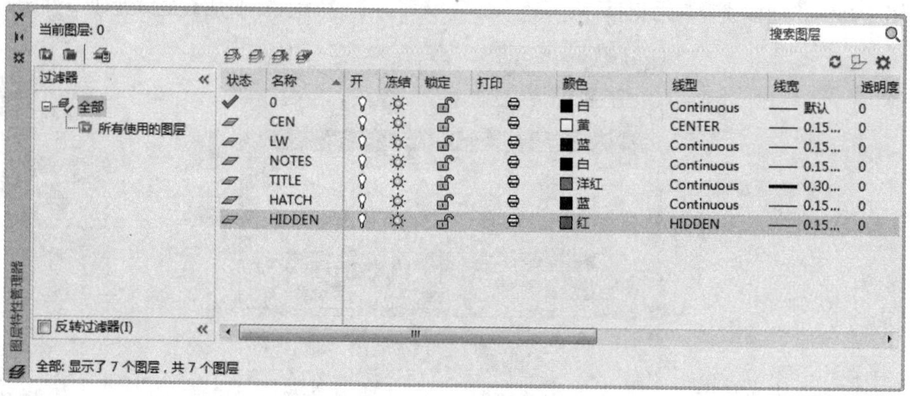

图 3-31 设置图层

（10）保存成样板图文件。单击快速访问工具栏中的“另存为”按钮，打开“图形另存为”对话框，如图 3-32 所示。在“文件类型”下拉列表框中选择“AutoCAD 图形样板(*.dwt)”选项，在“文件名”文本框中输入“A3 样板图”，单击“保存”按钮。在弹出的如图 3-33 所示“样板选项”对话框中，接受默认的设置，单击“确定”按钮，保存文件。

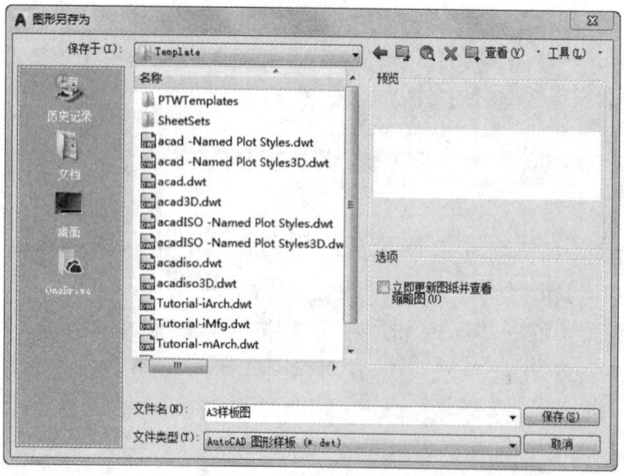

图 3-32 保存样板图

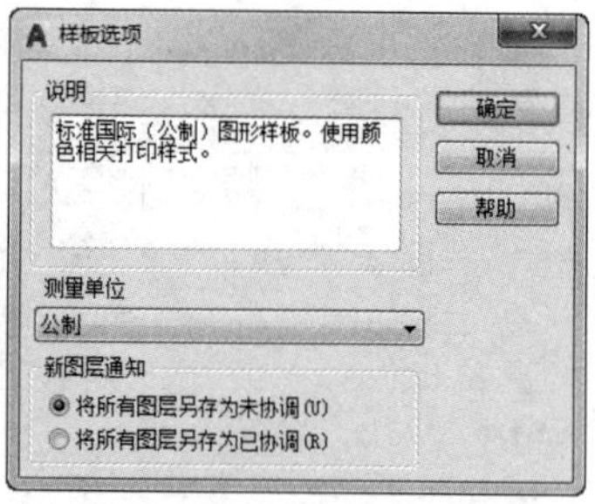

图 3-33 “样板选项”对话框

3.4 模拟认证考试

1．要使图元的颜色始终与图层的颜色一致，应将该图元的颜色设置为（　　）。

A．ByLayer　　B．ByBlock　　C．COLOR　　D．RED

2．当前图形有 5 个图层，即 0、A1、A2、A3、A4，如果 A3 图层为当前图层，并且 0、A1、A2、A3、A4 都处于打开状态且没有被冻结，下面说法正确的是（　　）。

A．除了 0 层外其他图层都可以冻结　　B．除了 A3 层外其他图层都可以冻结

C．可以同时冻结 5 个图层　　D．一次只能冻结一个图层

3．如果某图层的对象不能被编辑，但能在屏幕上可见，且能捕捉该对象的特殊点和标注尺寸，该图层状态为（　　）。

A．冻结　　B．锁定　　C．隐藏　　D．块

4．对某图层进行锁定后，则（　　）。

A．图层中的对象不可编辑，但可添加对象

B．图层中的对象不可编辑，也不可添加对象

C．图层中的对象可编辑，也可添加对象

D．图层中的对象可编辑，但不可添加对象

5．不可以通过“图层过滤器特性”对话框过滤的特性是（　　）。

A．图层名、颜色、线型、线宽和打印样式

B．打开还是关闭图层

C．锁定还是解锁图层

D．图层是 ByLayer 还是 ByBlock

6．用什么命令可以设置图形界限？（　　）

A．SCALE　　B．EXTEND　　C．LIMITS　　D．LAYER

7．在日常工作中贯彻办公和绘图标准时，下列哪种方式最为有效？（　　）

A．应用典型的图形文件

B．应用模板文件

C．重复利用已有的二维绘图文件

D．在“启动”对话框中选取公制

8．绘制图形时，需要一种前面没有用过的线型，请给出解决步骤。

第 4 章　简单二维绘图命令

内容简介

本章将对一些比较简单、基本的二维绘图命令进行详细的介绍。通过本章的学习，读者可以了解直线类、圆类、点类、平面图形等命令，一步步迈入绘图知识的殿堂。

内容要点

- 直线类命令
- 圆类命令
- 点类命令
- 平面图形
- 模拟认证考试

案例效果

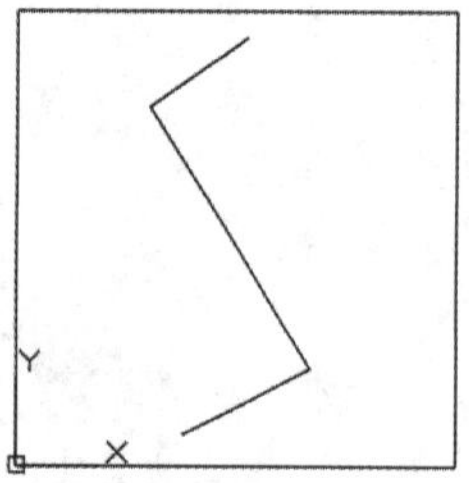

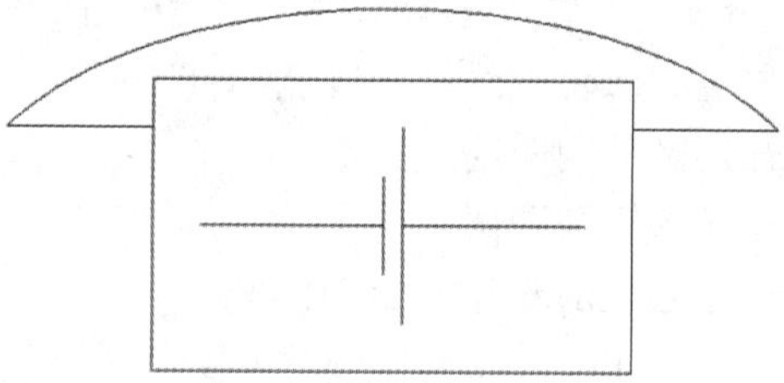

4.1　直线类命令

直线类命令包括“直线”“射线”“构造线”，这几个命令是 AutoCAD 中最简单的绘图命令，下面将详细讲解“直线”和“构造线”命令。

4.1.1　直线

无论多么复杂的图形，都是由点、直线、圆弧等按不同的粗细、间隔、颜色组合而成的。其中直线是 AutoCAD 绘图中最简单、最基本的一种图形单元，连续的直线可以组成折线，直线与圆弧的组合又可以组成多段线。直线在机械制图中常用于表达物体棱边或平面的投影，在建筑制图中则常用于建筑平面投影。

【执行方式】

- 命令行：LINE（快捷命令：L）。

- 菜单栏：选择菜单栏中的“绘图”→“直线”命令。
- 工具栏：单击“绘图”工具栏中的“直线”按钮╱。
- 功能区：在“默认”选项卡中单击“绘图”面板中的“直线”按钮╱。

扫一扫，看视频

动手学——绘制线段

源文件：源文件\第 4 章\绘制线段.dwg

绘制如图 4-1 所示的线段。

图 4-1　绘制线段

操作步骤

（1）在“默认”选项卡中单击“绘图”面板中的“直线”按钮╱，绘制长度为 10 的直线。

（2）首先在绘图区指定第一个点，然后在绘图区移动光标指明线段的方向，但不要单击鼠标，然后在命令行输入 10，这样就在指定方向上准确地绘制了长度为 10 的线段，如图 4-1 所示。

【选项说明】

（1）若采用按 Enter 键响应“指定第一个点”提示，系统会把上次绘制图线的终点作为本次图线的起始点。若上次操作为绘制圆弧，按 Enter 键响应后将绘出通过圆弧终点并与该圆弧相切的直线段，该线段的长度为光标在绘图区指定的一点与切点之间的距离。

（2）在“指定下一点”提示下，用户可以指定多个端点，从而绘出多条直线段。但是，每一段直线都是一个独立的对象，可以进行单独的编辑操作。

（3）绘制两条以上直线段后，若采用输入选项“C”响应“指定下一点”提示，系统会自动连接起始点和最后一个端点，从而绘出封闭的图形。

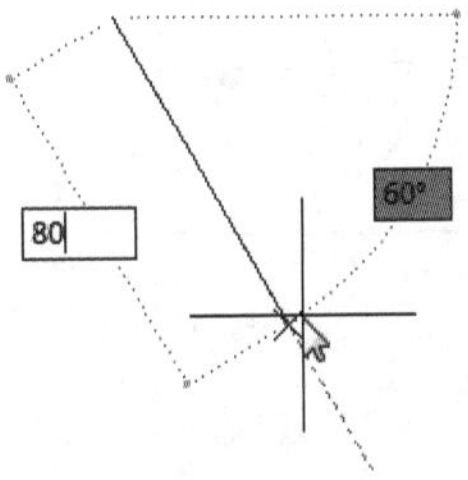

图 4-2　动态输入

（4）若采用输入选项“U”响应提示，则删除最近一次绘制的直线段。

（5）若设置为正交模式（单击状态栏中的“正交模式”按钮），只能绘制水平线段或垂直线段。

（6）若设置动态数据输入方式（单击状态栏中的“动态输入”按钮），则可以动态输入坐标或长度值，效果与非动态数据输入方式类似，如图 4-2 所示。除了特别需要，以后不再强调，而只按非动态数据输入方式输入相关数据。

技巧：

（1）由直线组成的图形，每条线段都是独立的对象，可对每条直线段进行单独编辑。

（2）在结束“直线”命令后，再次执行“直线”命令，根据命令行提示，直接按 Enter 键，则以上次最后绘制的线段或圆弧的终点作为当前线段的起点。

（3）在命令行中输入三维点的坐标，则可以绘制三维直线段。

4.1.2　数据输入法

在 AutoCAD 2020 中，点的坐标可以用直角坐标、极坐标、球面坐标和柱面坐标表示。每一种坐标分别具有两种输入方式，即绝对坐标和相对坐标。

扫一扫，看视频

动手学——绘制探测器符号

源文件：源文件\第 4 章\探测器符号.dwg

利用“直线”命令绘制如图 4-3 所示的探测器符号。

操作步骤

1．绘制探测器外框

（1）系统默认打开动态输入功能，如果该功能没有打开，单击状态栏中的“动态输入”按钮 ，即可将其打开。在“默认”选项卡中单击“绘图”面板中的“直线”按钮 ，在动态输入框中输入第一点坐标“（0,0）”，如图 4-4 所示。按 Enter 键，确认第一点。

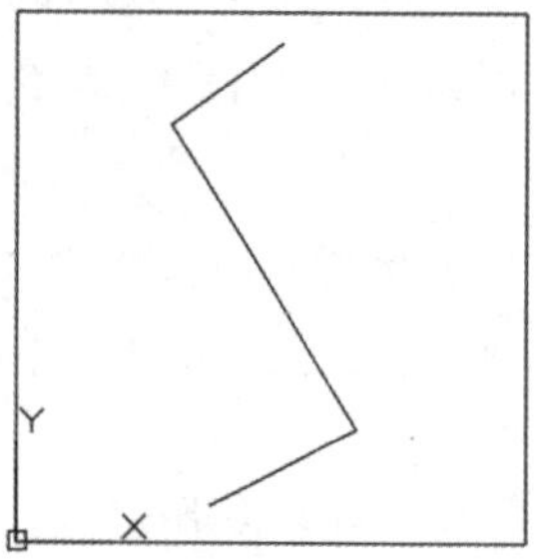

图 4-3　探测器符号

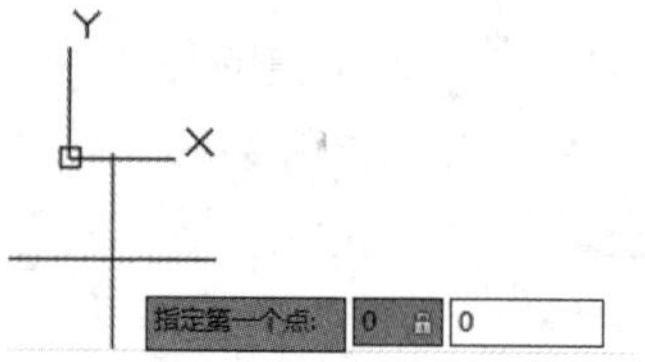

图 4-4　输入第一点

（2）在动态输入框中输入长度“360”，按 Tab 键切换到角度输入框，输入角度“0°”，如图 4-5 所示。按 Enter 键，确认第二点。

（3）重复上述步骤，输入第三点长度“360”，角度“90”；输入第四点长度“360”，角度“180”；最后输入闭合选项，完成探测器外框的绘制，如图 4-6 所示。

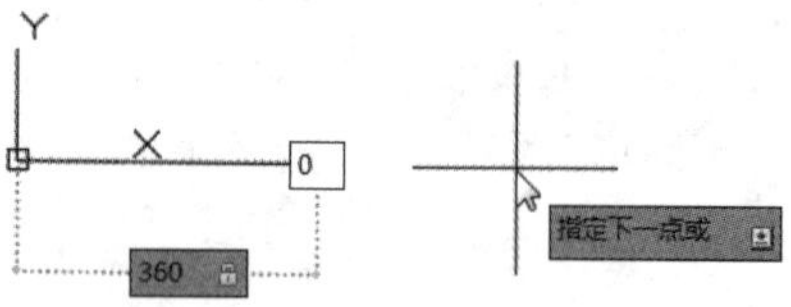

图 4-5　输入第二点

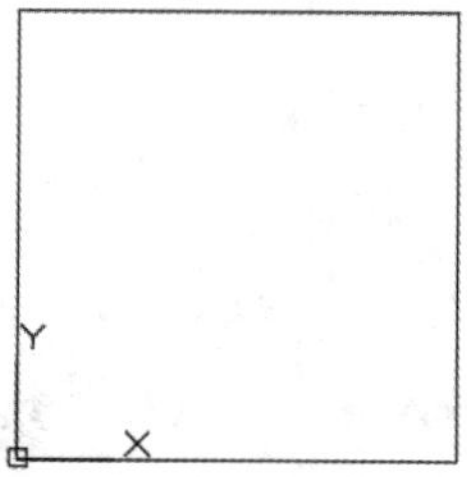

图 4-6　绘制探测器外框

2．绘制内部结构

单击状态栏中的“动态输入”按钮 ，关闭动态输入功能。在“默认”选项卡中单击“绘图”面板中的“直线”按钮 ，绘制内部结构。命令行提示与操作如下：

```
命令: _line
指定第一个点: 135,25
指定下一点或 [放弃(U)]: 241,77
指定下一点或 [放弃(U)]: 108,284
指定下一点或 [闭合(C)/放弃(U)]: 187,339
指定下一点或 [闭合(C)/放弃(U)]:
```

结果如图 4-3 所示。

注意：

（1）输入坐标时，逗号必须是在英文输入状态下，否则会出现错误。

（2）一般每个命令有 4 种执行方式，这里只给出了命令行执行方式，其他 3 种执行方式的操作方法与命令行执行方式相同。

教你一招：

动态输入与命令行输入的区别如下：

（1）在动态输入框中输入坐标与命令行有所不同，如果是之前没有定位任何一个点，输入的坐标是绝对坐标；当定位下一个点时默认输入的就是相对坐标，无须在坐标值前添加“@”符号。

（2）如果想在动态输入框中输入绝对坐标，反而需要先输入一个“#”号。例如，输入“#20,30”，就相当于在命令行中直接输入“20,30”，输入“#20<45”就相当于在命令行中输入“20<45”。

需要注意的是，由于 AutoCAD 现在可以通过鼠标确定方向后，直接输入距离，然后按 Enter 键确定下一点坐标，如果在输入“#20”后按 Enter 键和输入“20”后直接按 Enter 键没有任何区别，只是将点定位到沿光标方向距离上一点 20 的位置。

【选项说明】

在 AutoCAD 2020 中，直角坐标和极坐标最为常用，具体输入方法如下。

（1）直角坐标：用点的 X、Y 坐标值表示的坐标。

在命令行中输入点的坐标“15,18”，则表示输入了一个 X、Y 坐标值分别为 15、18 的点。此为绝对坐标输入方式，表示该点的坐标是相对于当前坐标原点的坐标值，如图 4-7（a）所示。如果输入“@10,20”，则为相对坐标输入方式，表示该点的坐标是相对于前一点的坐标值，如图 4-7（c）所示。

（2）极坐标：用长度和角度表示的坐标，只能用来表示二维点的坐标。

① 在绝对坐标输入方式下，表示为“长度<角度”，如“25<50”。其中，长度表示该点到坐标原点的距离，角度表示该点到原点的连线与 X 轴正向的夹角，如图 4-7（b）所示。

② 在相对坐标输入方式下，表示为“@长度<角度”，如“@25<45”。其中，长度为该点到前一点的距离，角度为该点至前一点的连线与 X 轴正向的夹角，如图 4-7（d）所示。

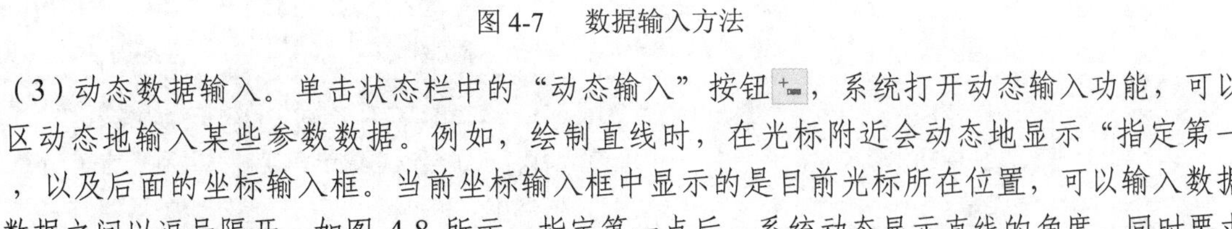

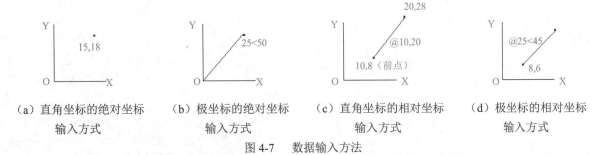

（a）直角坐标的绝对坐标输入方式　（b）极坐标的绝对坐标输入方式　（c）直角坐标的相对坐标输入方式　（d）极坐标的相对坐标输入方式

图 4-7　数据输入方法

（3）动态数据输入。单击状态栏中的“动态输入”按钮，系统打开动态输入功能，可以在绘图区动态地输入某些参数数据。例如，绘制直线时，在光标附近会动态地显示“指定第一个点:”，以及后面的坐标输入框。当前坐标输入框中显示的是目前光标所在位置，可以输入数据，两个数据之间以逗号隔开，如图 4-8 所示。指定第一点后，系统动态显示直线的角度，同时要求输入线段长度值，如图 4-9 所示。其输入效果与“@长度<角度”方式相同。

图 4-8　动态输入坐标值

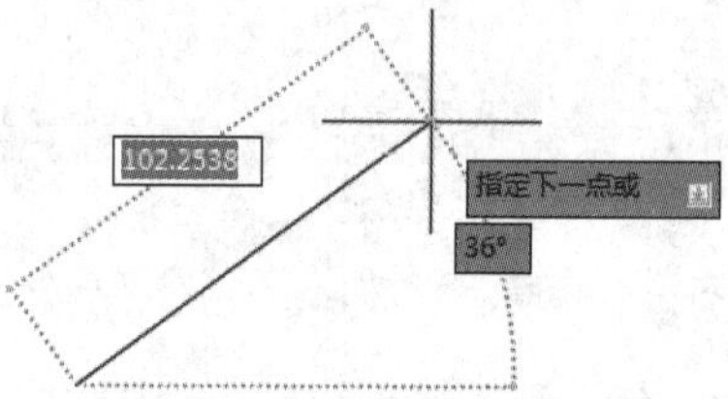

图 4-9　动态输入长度值

（4）点的输入。在绘图过程中，经常需要输入点的位置。AutoCAD 提供了如下几种输入点的方式。

① 用键盘直接在命令行输入点的坐标。

- 直角坐标有两种输入方式："x,y"（点的绝对坐标值，如"100,50"）和"@x,y"（相对于上一点的相对坐标值，如"@ 50,-30"）。
- 极坐标的输入方式："长度<角度"（其中，长度为点到坐标原点的距离，角度为原点至该点连线与 X 轴的正向夹角，如"20<45"）或"@长度<角度"（相对于上一点的相对极坐标，如"@ 50<-30"）。

② 用鼠标等定标设备移动光标，在绘图区单击直接取点。

③ 用目标捕捉方式捕捉绘图区已有图形的特殊点（如端点、中点、中心点、插入点、交点、切点、垂足点等）。

④ 直接输入距离。先拖动出直线以确定方向，然后用键盘输入距离，这样有利于准确控制对象的长度。

（5）距离值的输入。在 AutoCAD 命令中，有时需要提供高度、宽度、半径、长度等表示距离的值。AutoCAD 提供了两种输入距离值的方式：一种是用键盘在命令行中直接输入数值，另一种是在绘图区选择两点，以两点的距离值确定出所需数值。

动手练——数据操作

AutoCAD 2020 人机交互的最基本内容就是数据输入。本练习要求用户熟练地掌握各种数据的输入方法。

思路点拨：

（1）在命令行输入 LINE 命令。

（2）输入起点在直角坐标模式下的绝对坐标值。

（3）输入下一点在直角坐标模式下的相对坐标值。

（4）输入下一点在极坐标模式下的绝对坐标值。

（5）输入下一点在极坐标模式下的相对坐标值。

（6）单击直接指定下一点的位置。

（7）单击状态栏中的"正交模式"按钮，用光标指定下一点的方向，在命令行输入一个数值。

（8）单击状态栏中的"动态输入"按钮，拖动光标，系统会动态显示角度。拖动到选定角度后，在长度文本框中输入长度值。

（9）按 Enter 键，结束绘制线段的操作。

4.1.3　构造线

构造线就是无穷长度的直线，用于模拟手工作图中的辅助作图线。构造线用特殊的线型显示，在图形输出时可不输出。应用构造线作为辅助线绘制电气图中的三视图是构造线的主要用途。构造线的应用，应保证三视图之间“主、俯视图长对正，主、左视图高平齐，俯、左视图宽相等”的对应关系。如图 4-10 所示为应用构造线作为辅助线绘制电气图中三视图的示例，其中细线为构造线，粗线为三视图轮廓线。

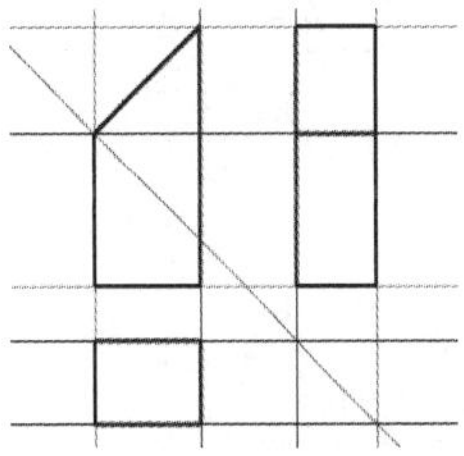

图 4-10　构造线辅助绘制三视图

【执行方式】

- 命令行：XLINE（快捷命令：XL）。
- 菜单栏：选择菜单栏中的“绘图”→“构造线”命令。
- 工具栏：单击“绘图”工具栏中的“构造线”按钮。
- 功能区：在“默认”选项卡中单击“绘图”面板中的“构造线”按钮。

【操作步骤】

```
命令：XLINE↙
指定点或[水平(H)/垂直(V)/角度(A)/二等分(B)/偏移(O)]：(给出根点 1)
指定通过点：(给定通过点 2，绘制一条双向无限长直线)
指定通过点：(继续给定点，继续绘制线，如图 4-7（a）所示，按 Enter 键结束)
```

【选项说明】

（1）指定点：用于绘制通过指定两点的构造线，如图 4-11（a）所示。

（2）水平(H)：绘制通过指定点的水平构造线，如图 4-11（b）所示。

（3）垂直(V)：绘制通过指定点的垂直构造线，如图 4-11（c）所示。

（4）角度(A)：绘制沿指定方向或与指定直线之间的夹角为指定角度的构造线，如图 4-11（d）所示。

（5）二等分(B)：绘制平分由指定 3 点所确定的角的构造线，如图 4-11（e）所示。

（6）偏移(O)：绘制与指定直线平行的构造线，如图 4-11（f）所示。

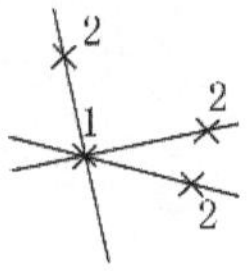

（a）指定点

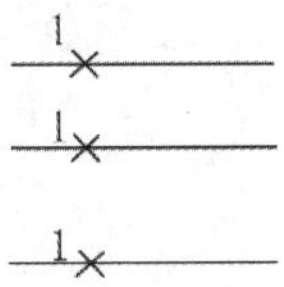

（b）水平(H)

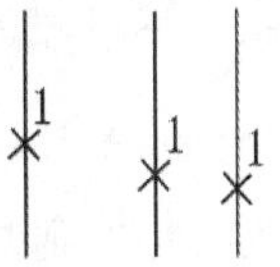

（c）垂直(V)

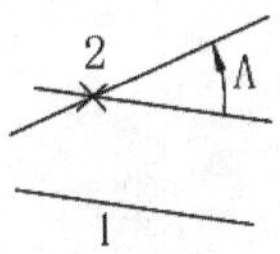

（d）角度(A)

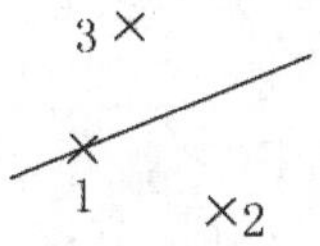

（e）二等分(B)

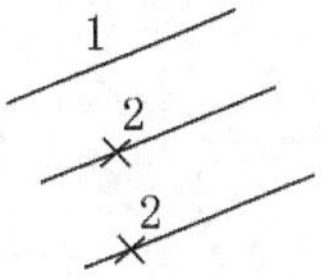

（f）偏移(O)

图 4-11　绘制构造线

动手练——绘制阀符号

源文件：源文件\第 4 章\阀符号.dwg

利用“直线”命令绘制如图 4-12 所示的阀符号。

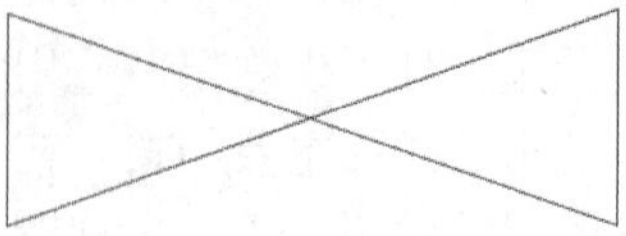

图 4-12 阀符号

思路点拨：

为了做到准确无误，要求通过坐标值的输入指定直线的相关点，从而灵活掌握直线的绘制方法。

4.2 圆 类 命 令

圆类命令主要包括“圆”“圆弧”“圆环”“椭圆”及“椭圆弧”等命令，这几个命令是 AutoCAD 中最简单的曲线命令。

4.2.1 圆

圆是最简单的封闭曲线，也是绘制工程图时经常用到的图形单元。

【执行方式】

- 命令行：CIRCLE（快捷命令：C）。
- 菜单栏：选择菜单栏中的“绘图”→“圆”命令。
- 工具栏：单击“绘图”工具栏中的“圆”按钮。
- 功能区：在“默认”选项卡的“绘图”面板中打开“圆”下拉菜单，从中选择一种创建圆的方式，如图 4-13 所示。

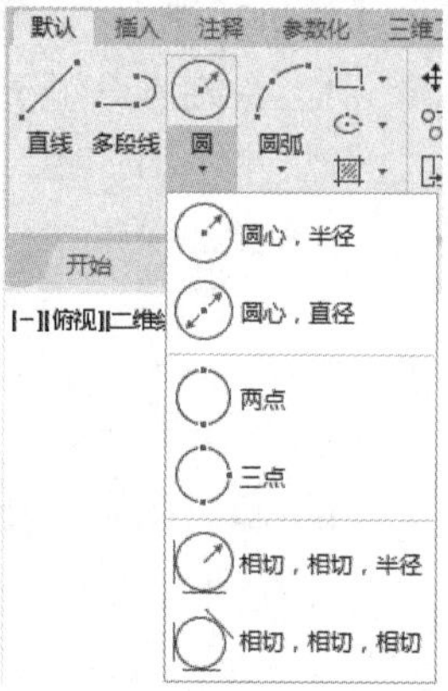

图 4-13 “圆”下拉菜单

动手学——绘制射灯

扫一扫，看视频

源文件：源文件\第 4 章\射灯.dwg

本实例绘制的射灯如图 4-14 所示。

操作步骤

（1）在“默认”选项卡中单击“绘图”面板中的“圆”按钮，在图中适当位置绘制一个半径为 60 的圆。命令行提示与操作如下：

```
命令: _circle
指定圆的圆心或 [三点(3P)/两点(2P)/切点、切点、半径(T)]:
指定圆的半径或 [直径(D)]: 60
```

结果如图 4-15 所示。

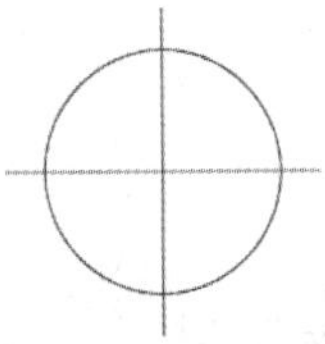

图 4-14　射灯

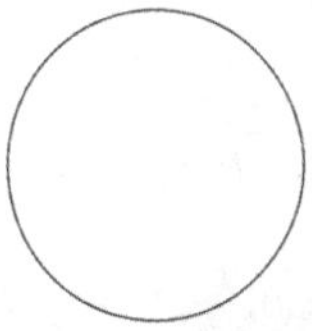

图 4-15　绘制圆

✍ 技巧：

有时图形经过缩放（ZOOM）后，绘制的圆边显示棱边，图形会变得粗糙。在命令行中输入 RE 命令，重新生成模型，圆边变得光滑；也可以在“选项”对话框的“显示”选项卡中调整“圆弧和圆的平滑度”。

（2）在“默认”选项卡中单击“绘图”面板中的“直线”按钮 ／，以圆心为起点，分别绘制长度为 80 的 4 条直线，结果如图 4-14 所示。

【选项说明】

（1）切点、切点、半径(T)：通过先指定两个相切对象，再给出半径的方法绘制圆。如图 4-16（a）~ 图 4-16（d）所示给出了以“切点、切点、半径”方式绘制圆的各种情形（加粗的圆为最后绘制的圆）。

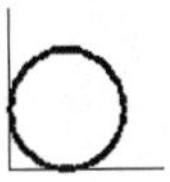

（a）“切点、切点、半径”方式 1

（b）“切点、切点、半径”方式 2

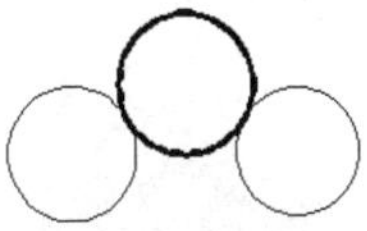

（c）“切点、切点、半径”方式 3

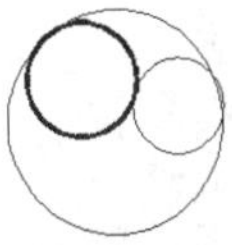

（d）“切点、切点、半径”方式 4

图 4-16　圆与另外两个对象相切

（2）选择菜单栏中的“绘图”→“圆”命令，其子菜单中比命令行多了一种“相切、相切、相切”的绘制方法，如图 4-17 所示。

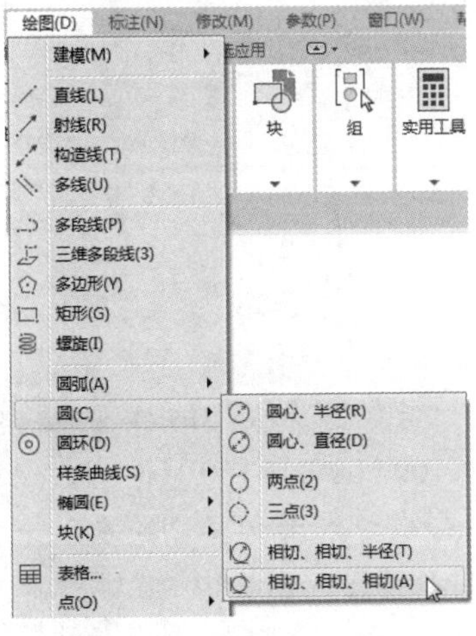

图 4-17　“圆”子菜单

4.2.2 圆弧

圆弧是圆的一部分。在工程造型中，圆弧的应用比圆更普遍。通常强调的“流线形”造型或圆润的造型实际上就是圆弧造型。

【执行方式】

- 命令行：ARC（快捷命令：A）。
- 菜单栏：选择菜单栏中的“绘图”→“圆弧”命令。
- 工具栏：单击“绘图”工具栏中的“圆弧”按钮。
- 功能区：在“默认”选项卡的“绘图”面板中打开“圆弧”下拉菜单，从中选择一种创建圆弧的方式，如图 4-18 所示。

扫一扫，看视频

动手学——绘制壳体

源文件：源文件\第 4 章\壳体.dwg

本实例绘制如图 4-19 所示的壳体。

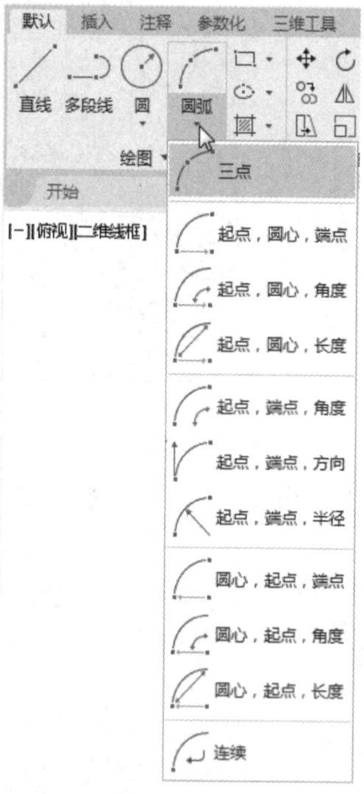

图 4-18 “圆弧”下拉菜单

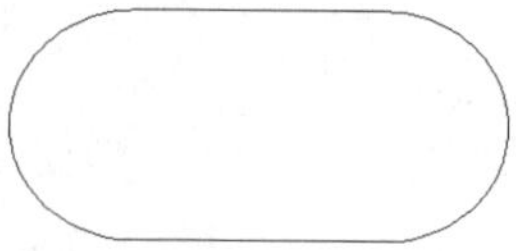

图 4-19 壳体

操作步骤

（1）在“默认”选项卡中单击“绘图”面板中的“直线”按钮，绘制两条直线，端点坐标值为{（100,130），（150,130）}和{（100,100），（150,100）}。

（2）在命令行中输入“ARC”命令，或者选择“绘图”→“圆弧”→“起点，端点，方向”命令，或者在“默认”选项卡中单击“绘图”面板中的“圆弧”按钮，绘制圆头部分圆弧。命令行提示与操作如下：

```
命令：ARC↙
指定圆弧的起点或 [圆心(C)]:100,130↙
指定圆弧的第二点或 [圆心(C)/端点(E)]:E↙
指定圆弧的端点:100,100↙
指定圆弧的圆心或[角度(A)/方向(D)/半径(R)]: R↙
指定圆弧的半径：15↙
```

（3）在“默认”选项卡中单击“绘图”面板中的“圆弧”按钮，绘制另一段圆弧。命令行提示与操作如下：

```
命令：ARC↙
指定圆弧的起点或 [圆心(C)]:150,130↙
指定圆弧的第二点或 [圆心(C)/端点(E)]:E↙
指定圆弧的端点:150,100↙
指定圆弧的圆心或[角度(A)/方向(D)/半径(R)]: A↙
指定包含角：-180↙
```

最终结果如图 4-19 所示。

技巧：

绘制圆弧时，注意圆弧的曲率是遵循逆时针方向的，所以在指定圆弧两个端点和半径模式时，需要注意端点的指定顺序，否则有可能导致圆弧的凹凸形状与预期相反。

【选项说明】

（1）用命令行方式绘制圆弧时，可以根据系统提示选择不同的选项，其具体功能与利用菜单栏中的“绘图”→“圆弧”子菜单中提供的 11 种方式相似。这 11 种方式绘制的圆弧分别如图 4-20（a）~图 4-20（k）所示。

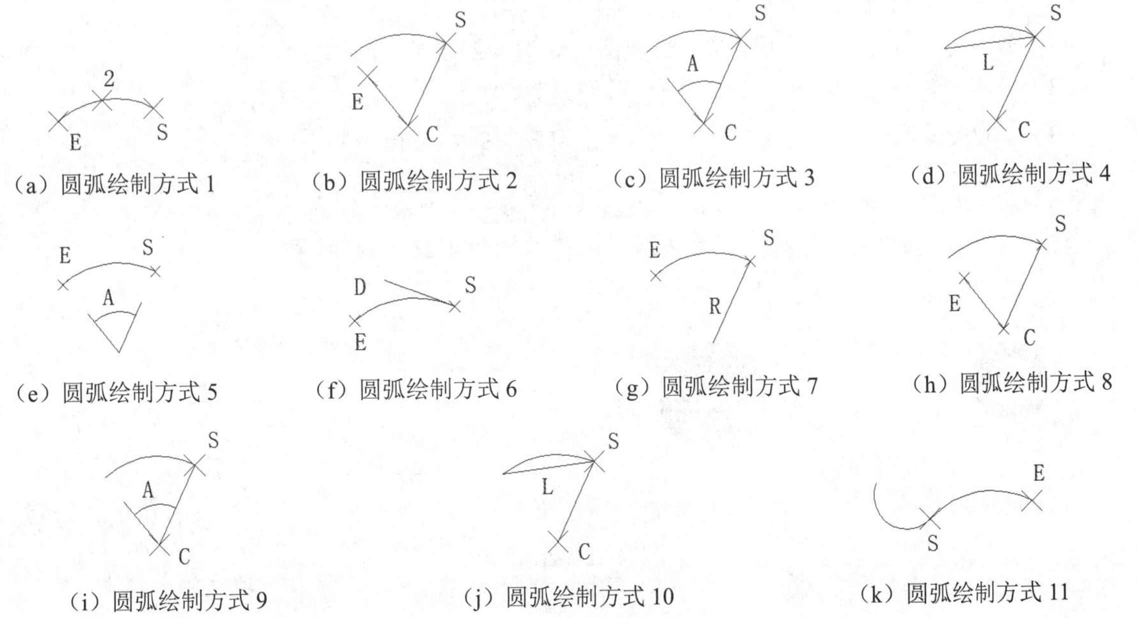

（a）圆弧绘制方式 1　（b）圆弧绘制方式 2　（c）圆弧绘制方式 3　（d）圆弧绘制方式 4

（e）圆弧绘制方式 5　（f）圆弧绘制方式 6　（g）圆弧绘制方式 7　（h）圆弧绘制方式 8

（i）圆弧绘制方式 9　（j）圆弧绘制方式 10　（k）圆弧绘制方式 11

图 4-20　11 种圆弧绘制方法

（2）需要强调的是“连续”方式，其绘制的圆弧与上一段圆弧相切。如要连续绘制圆弧段，只需提供端点即可。

☞教你一招：

绘制圆弧时，注意指定合适的端点或圆心，指定端点的时针方向也就是绘制圆弧的方向。比如，要绘制下半圆弧，则起始端点应在左侧、终止端点应在右侧，此时端点的时针方向为逆时针，则得到相应的逆时针圆弧。

4.2.3 圆环

圆环可以看作是两个同心圆，利用“圆环”命令可以快速完成同心圆的绘制。

【执行方式】

- 命令行：DONUT（快捷命令：DO）。
- 菜单栏：选择菜单栏中的“绘图”→“圆环”命令。
- 功能区：在“默认”选项卡中单击“绘图”面板中的“圆环”按钮◎。

【操作步骤】

```
命令:DONUT↙
指定圆环的内径<0.5000>:(指定圆环内径)
指定圆环的外径 <1.0000>:(指定圆环外径)
指定圆环的中心点或 <退出>:(指定圆环的中心点)
指定圆环的中心点或 <退出>:(继续指定圆环的中心点，则继续绘制相同内外径的圆环。用 Enter 键、空格键或右击结束命令)
```

【选项说明】

（1）绘制不等内外径，则画出填充圆环，如图 4-21（a）所示。

（2）若指定内径为 0，则画出实心填充圆，如图 4-21（b）所示。

（3）若指定内外径相等，则画出普通圆，如图 4-21（c）所示。

（4）用命令 FILL 可以控制圆环是否填充。命令行提示与操作如下：

```
命令: FILL↙
输入模式 [开(ON)/关(OFF)] <开>:
```

选择“开”表示填充，选择“关”表示不填充，如图 4-21（d）所示。

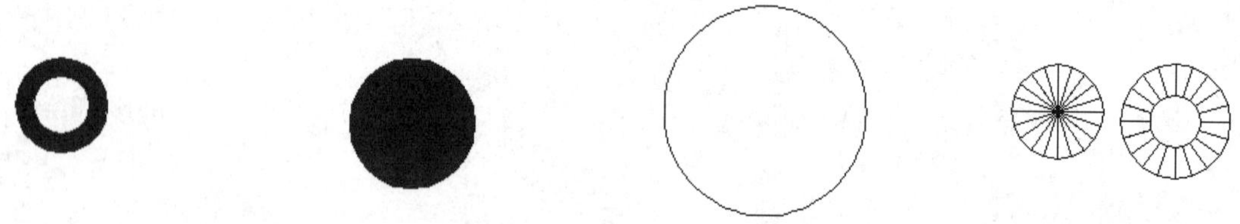

（a）填充圆环　（b）实心填充圆　（c）普通圆　（d）开关圆环填充

图 4-21　绘制圆环

4.2.4 椭圆与椭圆弧

椭圆也是一种典型的封闭曲线图形，圆在某种意义上可以看成是椭圆的特例。

【执行方式】

- 命令行：ELLIPSE（快捷命令：EL）。
- 菜单栏：选择菜单栏中的“绘图”→“椭圆”→“圆弧”命令。
- 工具栏：单击“绘图”工具栏中的“椭圆”按钮◯或“椭圆弧”按钮◌。
- 功能区：在“默认”选项卡的“绘图”面板中打开“椭圆”下拉菜单，从中选择一种创建椭圆（或椭圆弧）的方式，如图 4-22 所示。

扫一扫，看视频

动手学——绘制电话机

源文件：源文件\第 4 章\电话机.dwg

本实例利用“直线”和“椭圆弧”命令绘制如图 4-23 所示的电话机。

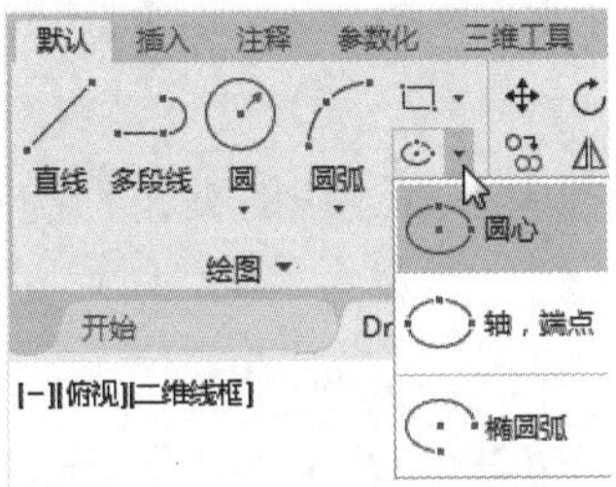

图 4-22　“椭圆”下拉菜单

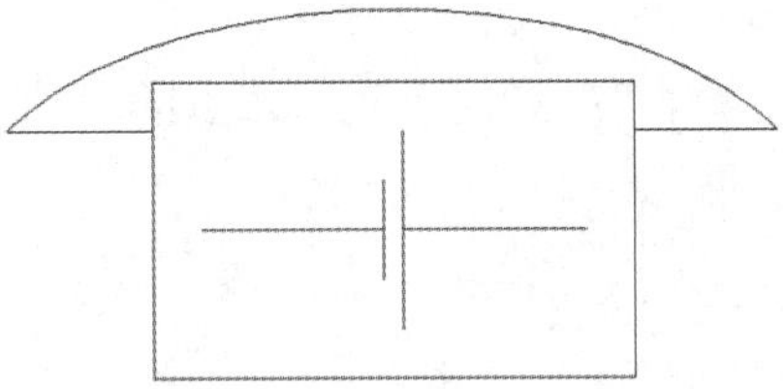

图 4-23　电话机

操作步骤

（1）在“默认”选项卡中单击“绘图”面板中的“直线”按钮／，绘制一系列的线段，坐标分别为{（100,100）、（@100,0）、（@0,60）、（@−100,0）、c}，{（152,110）、（152,150）}，{（148,120）、（148,140）}，{（148,130）、（110,130）}，{（152,130）、（190,130）}，{（100,150）、（70,150）}，{（200,150）、（230,150）}，结果如图 4-24 所示。

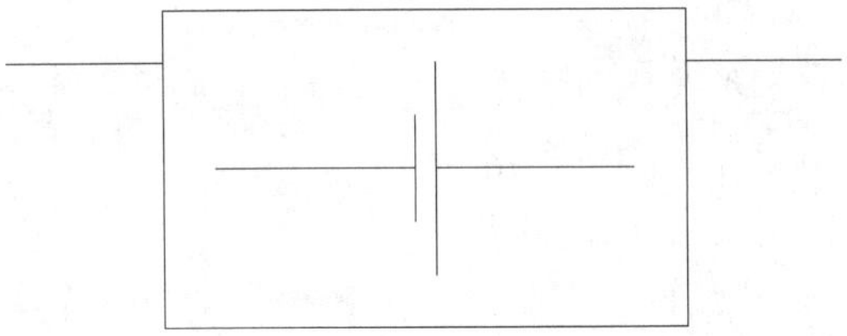

图 4-24　绘制直线

（2）在“默认”选项卡中单击“绘图”面板中的“椭圆弧”按钮◌，绘制椭圆弧。命令行提示与操作如下：

```
命令: _ellipse
指定椭圆的轴端点或 [圆弧(A)/中心点(C)]: _a
指定椭圆弧的轴端点或 [中心点(C)]: C
指定椭圆弧的中心点:150,130
指定轴的端点:60,130
指定另一条半轴长度或 [旋转(R)]:44.5
指定起点角度或 [参数(P)]:194
指定端点角度或 [参数(P)/夹角(I)]:346
```

结果如图 4-23 所示。

【选项说明】

（1）指定椭圆的轴端点：根据两个端点定义椭圆的第一条轴，第一条轴的角度确定了整个椭圆的角度。第一条轴既可定义椭圆的长轴，也可定义其短轴。椭圆按图 4-25（a）中显示的 1—2—3—4 顺序绘制。

（2）圆弧(A)：用于创建一段椭圆弧，与“在‘默认’选项卡中单击‘绘图’面板中的‘椭圆弧’按钮”功能相同。其中第一条轴的角度确定了椭圆弧的角度。第一条轴既可定义椭圆弧长轴，也可定义其短轴。选择该选项，系统在命令行中继续提示与操作如下：

```
指定椭圆弧的轴端点或 [中心点(C)]：(指定端点或输入“C”)
指定轴的另一个端点：(指定另一端点)
指定另一条半轴长度或 [旋转(R)]：(指定另一条半轴长度或输入“R”)
指定起点角度或 [参数(P)]：(指定起始角度或输入“P”)
指定端点角度或 [参数(P)/夹角(I)]：
```

其中各选项含义如下。

① 起点角度：指定椭圆弧端点的两种方式之一，光标与椭圆中心点连线的夹角为椭圆端点位置的角度，如图 4-25（b）所示。

（a）椭圆　　（b）椭圆弧

图 4-25　椭圆和椭圆弧

② 参数(P)：指定椭圆弧端点的另一种方式。该方式同样是指定椭圆弧端点的角度，但通过以下矢量参数方程式创建椭圆弧。

$$p(u)=c+a\times\cos(u)+b\times\sin(u)$$

其中，c 是椭圆的中心点，a 和 b 分别是椭圆的长轴和短轴，u 为光标与椭圆中心点连线的夹角。

③ 夹角(I)：定义从起点角度开始的包含角度。

④ 中心点(C)：通过指定的中心点创建椭圆。

⑤ 旋转(R)：通过绕第一条轴旋转圆来创建椭圆。相当于将一个圆绕椭圆轴翻转一个角度后的投影视图。

技巧：

“椭圆”命令生成的椭圆是以多段线还是以椭圆为实体，是由系统变量 PELLIPSE 决定的。

动手练——绘制自耦变压器

源文件：源文件\第 4 章\自耦变压器.dwg

绘制如图 4-26 所示的自耦变压器。

思路点拨：

利用“圆”“直线”和“圆弧”命令绘制自耦变压器。

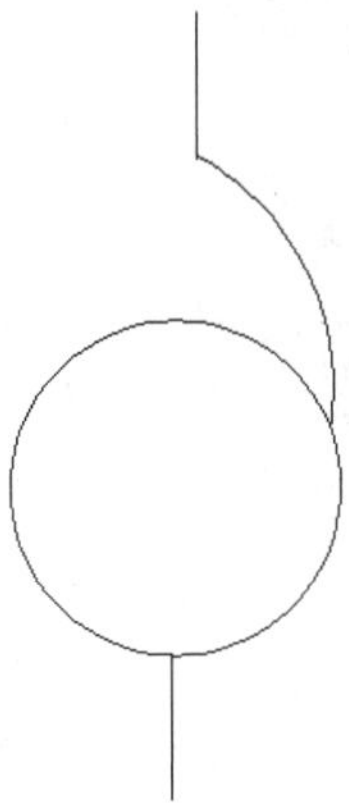

图 4-26　自耦变压器

4.3 点类命令

点在 AutoCAD 中有多种不同的表示方式，用户可以根据需要进行设置，也可以设置等分点和测量点。

4.3.1 点

通常认为，点是最简单的图形单元。在工程图中，点通常用来标定某个特殊的坐标位置，或者作为某个绘制步骤的起点和基础。为了使点更显眼，AutoCAD 为点预置了各种样式，用户可以根据需要来选择。

【执行方式】

- 命令行：POINT（快捷命令：PO）。
- 菜单栏：选择菜单栏中的“绘图”→“点”命令。
- 工具栏：单击“绘图”工具栏中的“点”按钮∵。
- 功能区：在“默认”选项卡中单击“绘图”面板中的“多点”按钮∵。

【操作步骤】

```
命令:_point
当前点模式: PDMODE=0  PDSIZE=0.0000
指定点:(指定点所在的位置)
```

【选项说明】

（1）以菜单栏方式操作时（如图 4-27 所示），“单点”命令表示只输入一个点，“多点”命令表示可输入多个点。

（2）可以单击状态栏中的“对象捕捉”按钮，设置点捕捉模式，帮助用户选择点。

（3）点在图形中的表示样式共有 20 种。可通过 DDPTYPE 命令或选择菜单栏中的“格式”→“点样式”命令，在弹出的“点样式”对话框中进行设置，如图 4-28 所示。

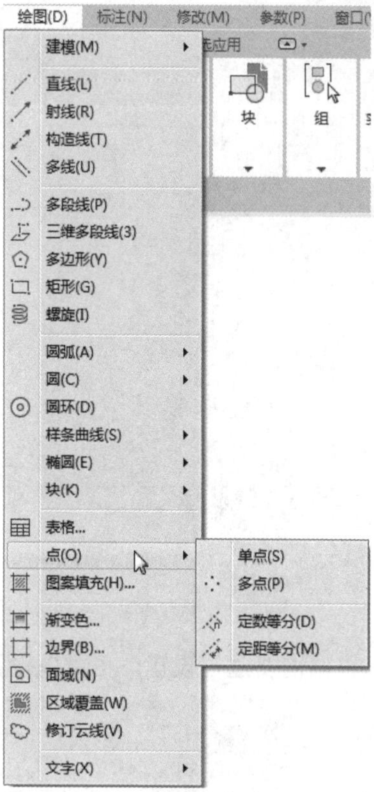

图 4-27 “点”子菜单

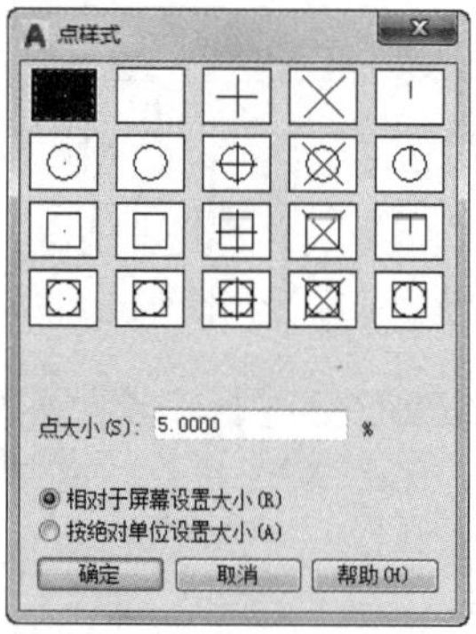

图 4-28 “点样式”对话框

4.3.2 定数等分

有时需要把某一线段或曲线按一定的份数进行等分，这一点在手工绘图中很难实现，但在 AutoCAD 中可以通过相关命令轻松完成。

【执行方式】

- 命令行：DIVIDE（快捷命令：DIV）。
- 菜单栏：选择菜单栏中的“绘图”→“点”→“定数等分”命令。
- 功能区：在“默认”选项卡中单击“绘图”面板中的“定数等分”按钮。

【操作步骤】

```
命令：DIVIDE ↙
选择要定数等分的对象：(选取要等分的对象)
输入线段数目或 [块(B)]：(输入分段数目)
```

【选项说明】

（1）等分数目范围为 2～32767。

（2）在等分点处，按当前点样式设置画出等分点。

（3）在第二提示行选择“块(B)”选项时，表示在等分点处插入指定的块（有关块知识的具体讲解见后面章节）。

4.3.3　定距等分

和定数等分类似的是，有时需要把某一线段或曲线按给定的长度进行等分。在 AutoCAD 中，可以通过相关命令来完成。

【执行方式】

- 命令行：MEASURE（快捷命令：ME）。
- 菜单栏：选择菜单栏中的“绘图”→“点”→“定距等分”命令。
- 功能区：在“默认”选项卡中单击“绘图”面板中的“定距等分”按钮。

【操作步骤】

```
命令:MEASURE↙
选择要定距等分的对象:(选择要设置测量点的实体)
指定线段长度或 [块(B)]:(指定分段长度)
```

【选项说明】

（1）设置的起点一般是指定线的绘制起点。

（2）在第二提示行选择“块(B)”选项时，表示在测量点处插入指定的块。

（3）在等分点处，按当前点样式设置绘制测量点。

（4）最后一个测量段的长度不一定等于指定分段长度。

☞教你一招：

定距等分和定数等分有什么区别?

定数等分是将某一线段按段数平均分段，定距等分是将某一线段按距离分段。例如：一条 112mm 的直线，定数等分时，如果该线段被平均分成 10 段，每一段的长度都是相等的，长度就是原来的 1/10。而定距等分时，如果设置定距等分的距离为 10mm，那么从端点开始，每 10mm 为一段，前 11 段段长都为 10mm，而最后一段的长度并不是 10mm，因为 112/10 不能整除，所以等距等分并不是所有的线段都相等。

4.4　平面图形

简单的平面图形命令包括“矩形”命令和“多边形”命令。

4.4.1　矩形

矩形是最简单的封闭直线图形，在机械制图中常用来表达平行投影平面的面，在建筑制图中常用来表达墙体平面。

【执行方式】

- 命令行：RECTANG（快捷命令：REC）。
- 菜单栏：选择菜单栏中的“绘图”→“矩形”命令。

- 工具栏：单击“绘图”工具栏中的“矩形”按钮。
- 功能区：在“默认”选项卡中单击“绘图”面板中的“矩形”按钮。

扫一扫，看视频

动手学——绘制平顶灯

源文件：源文件\第 4 章\平顶灯.dwg

利用“矩形”命令绘制如图 4-29 所示的平顶灯。

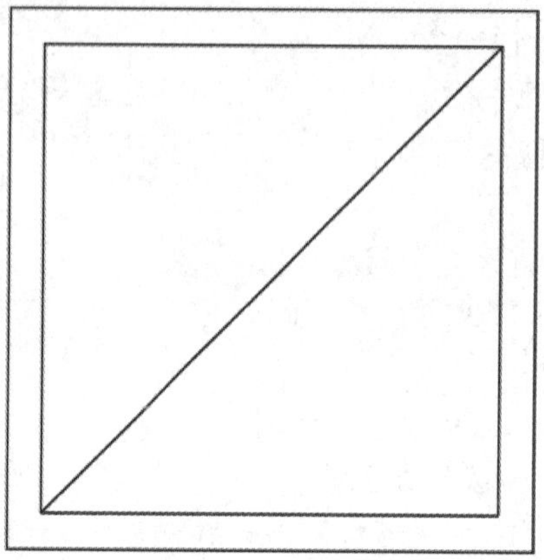

图 4-29　平顶灯

操作步骤

（1）在“默认”选项卡中单击“绘图”面板中的“矩形”按钮，以坐标原点为角点，绘制一个 60×60 的正方形。命令行提示与操作如下：

```
命令：_rectang
指定第一个角点或 [倒角(C)/标高(E)/圆角(F)/厚度(T)/宽度(W)]：0,0
指定另一个角点或 [面积(A)/尺寸(D)/旋转(R)]：60,60
```

结果如图 4-30 所示。

（2）在“默认”选项卡中单击“绘图”面板中的“矩形”按钮，绘制一个 52×52 的正方形。命令行提示与操作如下：

```
命令：_rectang
指定第一个角点或 [倒角(C)/标高(E)/圆角(F)/厚度(T)/宽度(W)]：4,4
指定另一个角点或 [面积(A)/尺寸(D)/旋转(R)]：@52,52
```

结果如图 4-31 所示。

图 4-30　绘制矩形

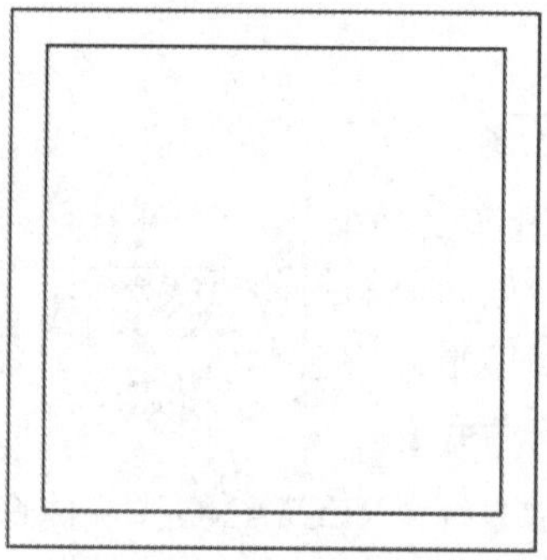

图 4-31　绘制内部矩形

技巧：

这里的正方形可以用“多边形”命令来绘制，第二个正方形也可以在第一个正方形的基础上利用“偏移”命令来绘制。

（3）在“默认”选项卡中单击“绘图”面板中的“直线”按钮／，绘制内部矩形的对角线。结果如图 4-29 所示。

【选项说明】

（1）第一个角点：通过指定两个角点确定矩形，如图 4-32（a）所示。

（2）倒角(C)：指定倒角距离，绘制带倒角的矩形，如图 4-32（b）所示。每一个角点的逆时针和顺时针方向的倒角可以相同，也可以不同。其中，第一个倒角距离是指角点逆时针方向倒角距离，第二个倒角距离是指角点顺时针方向倒角距离。

（3）标高(E)：指定矩形标高（Z 坐标），即把矩形放置在标高为 Z 并与 XY 平面平行的平面上，并作为后续矩形的标高值。

（4）圆角(F)：指定圆角半径，绘制带圆角的矩形，如图 4-32（c）所示。

（5）厚度(T)：主要用在三维中，输入厚度后画出的矩形是立体的，如图 4-32（d）所示。

（6）宽度(W)：指定线宽，如图 4-32（e）所示。

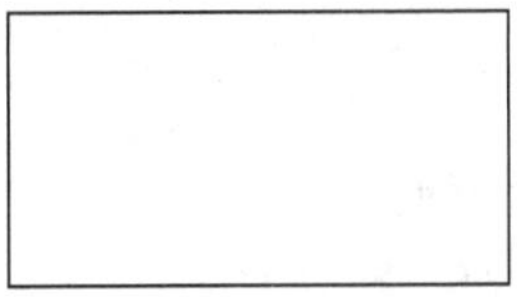

（a）通过指定两个角点确定矩形

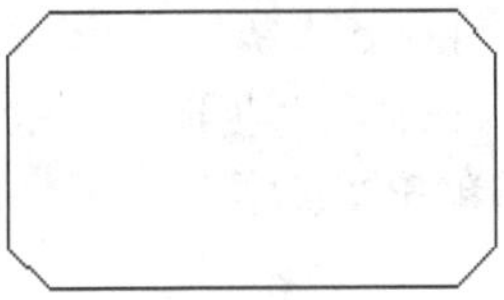

（b）带倒角的矩形

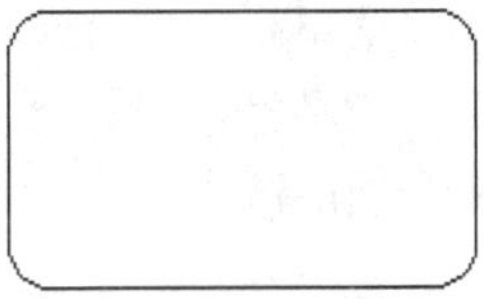

（c）带圆角的矩形

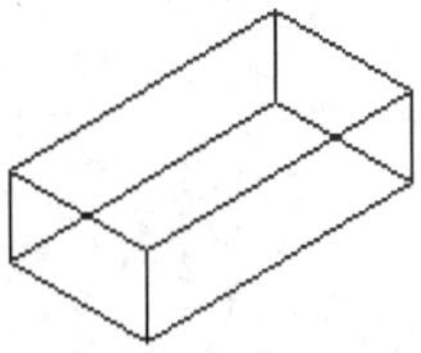

（d）立体矩形

（e）指定线宽

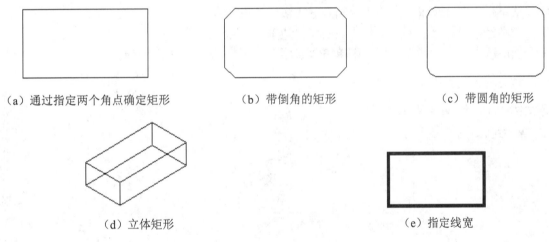

图 4-32 绘制矩形

（7）面积(A)：指定面积和长或宽创建矩形。选择该选项，命令行提示与操作如下：

```
输入以当前单位计算的矩形面积 <20.0000>:（输入面积值）
计算矩形标注时依据 [长度(L)/宽度(W)] <长度>:（按 Enter 键或输入“W”）
输入矩形长度 <4.0000>: （指定长度或宽度）
```

指定长度或宽度后，系统自动计算另一个维度，绘制出矩形。如果矩形被倒角或圆角，则长度或面积计算中也会考虑此设置，如图 4-33 所示。

（8）尺寸(D)：使用长和宽创建矩形，第二个指定点将矩形定位在与第一角点相关的 4 个位置之一。

（9）旋转(R)：使所绘制的矩形旋转一定角度。选择该选项，命令行提示与操作如下：

```
指定旋转角度或 [拾取点(P)] <45>:（指定角度）
指定另一个角点或 [面积(A)/尺寸(D)/旋转(R)]:（指定另一个角点或选择其他选项）
```

指定旋转角度后，系统按指定角度创建矩形，如图 4-34 所示。

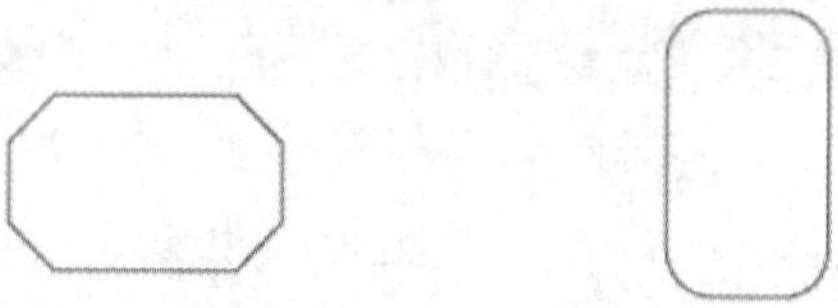

（a）倒角距离（1,1）
面积：20　长度：6

（b）圆角半径：1.0
面积：20　宽度：6

图 4-33　利用“面积(A)”绘制矩形

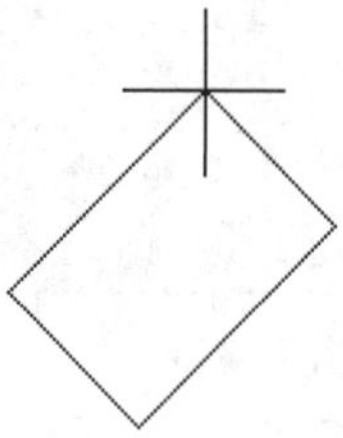

图 4-34　旋转矩形

4.4.2　多边形

正多边形是相对复杂的一种平面图形，人类曾经为找到手工准确地绘制正多边形的方法而长期求索。伟大数学家高斯因为发现正十七边形的绘制方法而引以为毕生的荣誉，以致他的墓碑被设计成正十七边形。现在利用 AutoCAD 可以轻松地绘制任意边的正多边形。

【执行方式】

- 命令行：POLYGON（快捷命令：POL）。
- 菜单栏：选择菜单栏中的“绘图”→“多边形”命令。
- 工具栏：单击“绘图”工具栏中的“多边形”按钮。
- 功能区：在“默认”选项卡中单击“绘图”面板中的“多边形”按钮。

扫一扫，看视频

动手学——绘制灯符号

源文件：源文件\第 4 章\灯符号.dwg

本实例绘制如图 4-35 所示的灯符号。

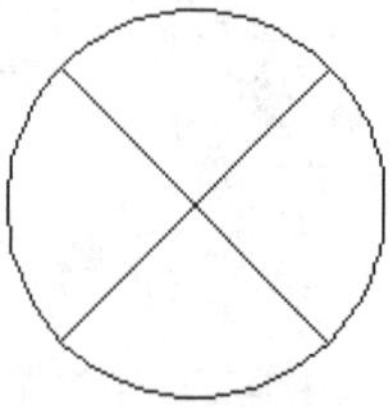

图 4-35　灯符号

操作步骤

（1）绘制正方形。在“默认”选项卡中单击“绘图”面板中的“多边形”按钮，绘制一个正方形。命令行中的提示与操作如下：

```
命令: _polygon
输入侧面数 <4>: ↙（接受默认边数，绘制正方形）
指定正多边形的中心点或 [边(E)]: e↙（选择定义边长的方式）
指定边的第一个端点: 100,100↙（输入边第一个端点的绝对坐标）
指定边的第二个端点: 200,100↙（输入边第二个端点的绝对坐标）
```

（2）绘制外接圆。在“默认”选项卡中单击“绘图”面板中的“圆”按钮，以正方形的中心为圆心，其到顶点的距离为半径，绘制正方形的外接圆，效果如图 4-36 所示。

（3）绘制对角线并删除多余线段。在“默认”选项卡中单击“绘图”面板中的“直线”按钮╱，绘制正方形的对角线，再删除正方形，得到灯符号，如图 4-37 所示。

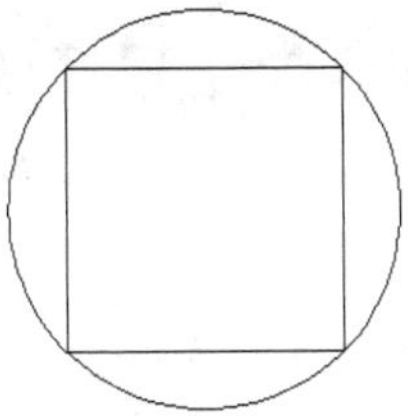

图 4-36 绘制正方形的外接圆

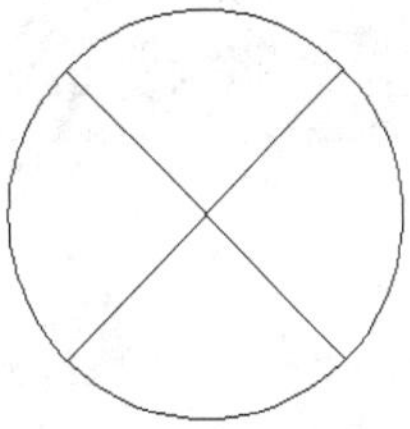

图 4-37 灯符号

（4）生成块。在“默认”选项卡中单击“块”面板中的“创建”按钮，把绘制的灯符号生成块，并保存。

由于正多边形有两种绘制方法，从而使灯符号有两种顺序不同的绘制方法。

（1）绘制圆。在“默认”选项卡中单击“绘图”面板中的“圆”按钮，在绘图区任意拾取一点作为圆心，绘制一个半径为 50 的圆，如图 4-38 所示。

（2）绘制正多边形。在“默认”选项卡中单击“绘图”面板中的“多边形”按钮，命令行提示与操作如下：

```
命令: _polygon
输入侧面数 <4>: ↙
指定正多边形的中心点或 [边(E)]:（系统自动捕捉圆心，如图 4-39 所示。选择圆心作为正方形的中心）
输入选项 [内接于圆(I)/外切于圆(C)] <I>: ↙（正方形内接于圆）
指定圆的半径: 50↙（输入圆的半径为 50）
```

绘制效果如图 4-40 所示。

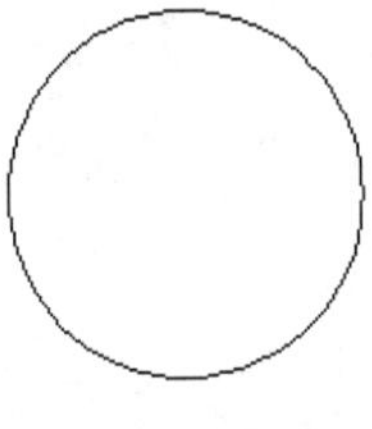

图 4-38 绘制圆

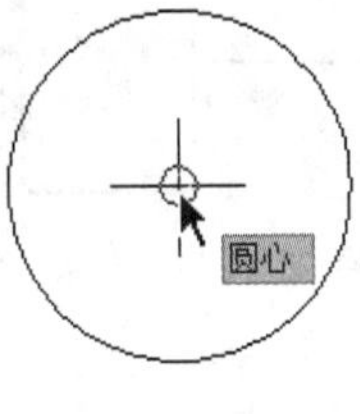

图 4-39 捕捉圆心

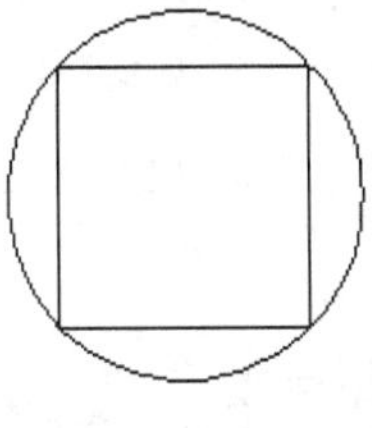

图 4-40 绘制内接正方形

（3）绘制对角线。在“默认”选项卡中单击“绘图”面板中的“直线”按钮╱，开启“对象捕捉”模式，系统自动捕捉圆上的一点作为正方形的顶点，如图 4-41 所示。绘制对角线后的效果如图 4-42 所示。

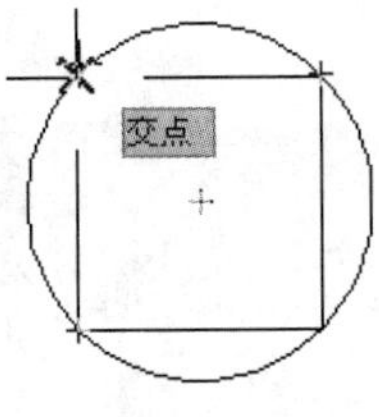

图 4-41 捕捉正方形的顶点

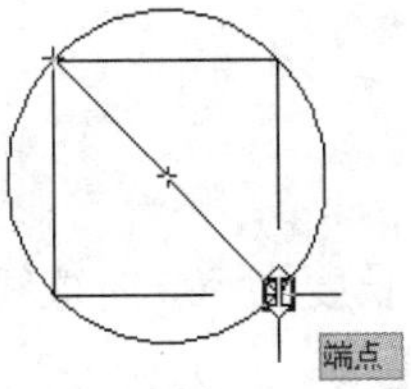

图 4-42 绘制对角线

（4）删除正方形。采用相同的方法绘制另外一条对角线。在“默认”选项卡中单击“修改”面板中的“删除”按钮，选择正方形将其删除，即可得到灯符号，如图 4-35 所示。

技巧：

由于正多边形的绘制顺序不同，本例采用两种方式绘制灯符号。在绘图过程中有时可以采用的方法很多，读者可采用自己最擅长的方法来绘制。

【选项说明】

（1）边(E)：选择该选项，则只要指定多边形的一条边，系统就会按逆时针方向创建该正多边形，如图 4-43（a）所示。

（2）内接于圆(I)：选择该选项，绘制的多边形内接于圆，如图 4-43（b）所示。

（3）外切于圆(C)：选择该选项，绘制的多边形外切于圆，如图 4-43（c）所示。

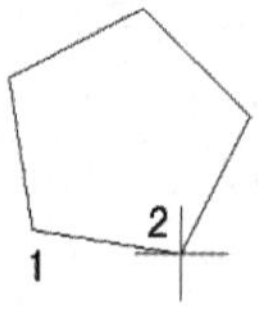

（a）边(E)

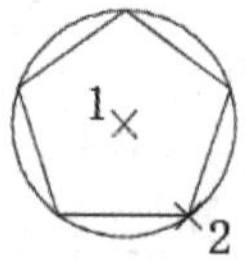

（b）内接于圆(I)

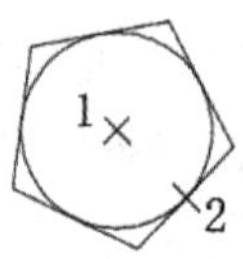

（c）外切于圆(C)

图 4-43　绘制多边形

动手练——绘制非门符号

源文件：源文件\第 4 章\非门符号.dwg

绘制如图 4-44 所示的非门符号。

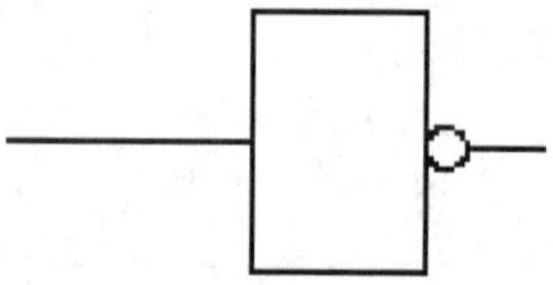

图 4-44　非门符号

思路点拨：

（1）利用“矩形”命令绘制外框。

（2）利用“圆”命令绘制圆。

（3）利用“直线”命令绘制两端直线。

4.5　模拟认证考试

1．已知一长度为 500 的直线，使用“定距等分”命令，若希望一次性绘制 7 个点对象，输入的线段长度不能是（　　）。

A．60　　B．63　　C．66　　D．69

2. 在绘制圆时，采用“两点(2P)”选项，两点之间的距离是（　　）。

　　A. 最短弦长　　B. 周长　　C. 半径　　D. 直径

3. 用“圆环”命令绘制的圆环，说法正确的是（　　）。

　　A. 圆环是填充环或实体填充圆，即带有宽度的闭合多段线

　　B. 圆环的两个圆是不能一样大的

　　C. 圆环无法创建实体填充圆

　　D. 圆环标注半径值是内环的值

4. 按住哪个键来切换所要绘制的圆弧方向？（　　）

　　A. Shift　　B. Ctrl　　C. F1　　D. Alt

5. 以同一点作为正五边形的中心，圆的半径为 50，分别用 I 和 C 方式画的正五边形的间距为（　　）。

　　A. 15.32　　B. 9.55　　C. 7.43　　D. 14.76

6. 重复使用刚执行的命令，按（　　）键。

　　A. Ctrl　　B. Alt　　C. Enter　　D. Shift

7. 绘制如图 4-45 所示的感应式仪表。

8. 绘制如图 4-46 所示的电抗器。

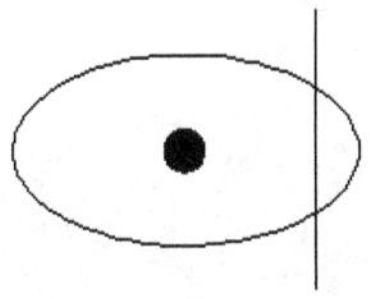

图 4-45　感应式仪表

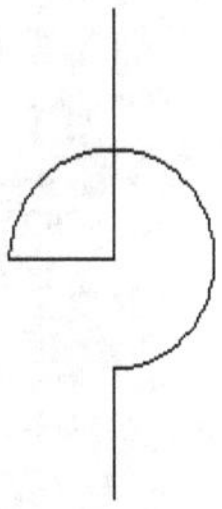

图 4-46　电抗器

第 5 章　精确绘制图形

内容简介

本章将介绍精确绘图的相关知识。通过本章的学习，读者应了解正交、栅格、对象捕捉、自动追踪、参数化设计等工具的妙用并熟练掌握，进而应用到图形绘制过程中。

内容要点

- 精确定位工具
- 对象捕捉
- 自动追踪
- 动态输入
- 模拟认证考试

案例效果

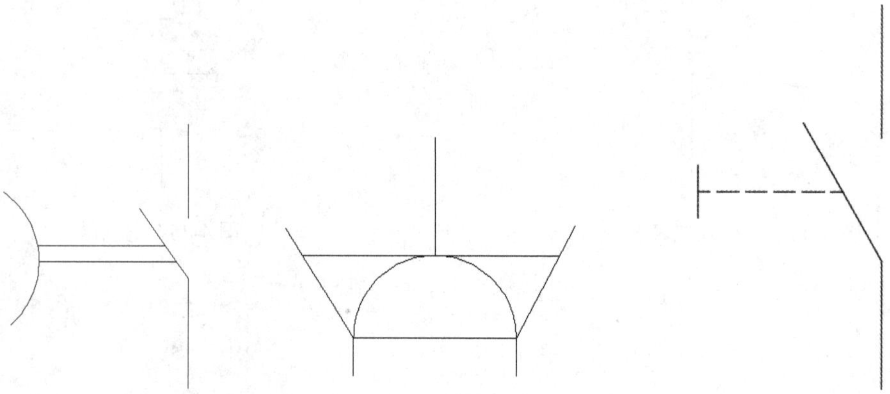

5.1　精确定位工具

精确定位工具是指能够快速、准确地定位某些特殊点（如端点、中点、圆心等）和特殊位置（如水平位置、垂直位置）的工具。

5.1.1　栅格显示

如要使绘图区显示出网格（类似于传统的坐标纸），可以利用栅格显示工具来完成。本节介绍控制栅格显示及设置栅格参数的方法。

【执行方式】

- 菜单栏：选择菜单栏中的“工具”→“绘图设置”命令。
- 状态栏：单击状态栏中的“栅格”按钮（仅限于打开与关闭）。
- 快捷键：F7（仅限于打开与关闭）。

【操作步骤】

选择菜单栏中的“工具”→“绘图设置”命令，打开“草图设置”对话框，选择“捕捉和栅格”选项卡，如图 5-1 所示。

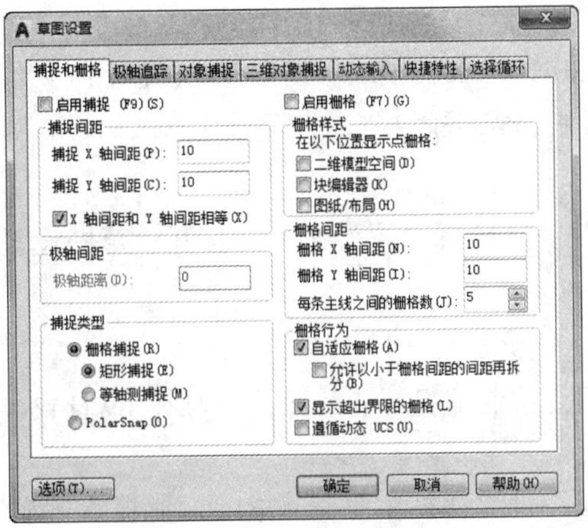

图 5-1　“捕捉和栅格”选项卡

【选项说明】

（1）“启用栅格”复选框：用于控制是否显示栅格。

（2）“栅格样式”选项组：设定栅格样式。

① 二维模型空间：将二维模型空间的栅格样式设定为点栅格。

② 块编辑器：将块编辑器的栅格样式设定为点栅格。

③ 图纸/布局：将图纸和布局的栅格样式设定为点栅格。

（3）“栅格间距”选项组。

“栅格 X 轴间距”和“栅格 Y 轴间距”文本框用于设置栅格在水平与垂直方向的间距。如果“栅格 X 轴间距”和“栅格 Y 轴间距”设置为 0，则 AutoCAD 系统会自动将捕捉的栅格间距应用于栅格，且其原点和角度总是与捕捉栅格的原点和角度相同。另外，还可以通过 GRID 命令在命令行设置栅格间距。

（4）“栅格行为”选项组。

① 自适应栅格：缩小时，限制栅格密度。如果选中“允许以小于栅格间距的间距再拆分”复选框，则在放大时，生成更多间距更小的栅格线。

② 显示超出界限的栅格：显示超出图形界限指定的栅格。

③ 遵循动态 UCS：更改栅格平面以跟随动态 UCS 的 XY 平面。

✍ 技巧：

在“栅格间距”选项组的“栅格 X 轴间距”和“栅格 Y 轴间距”文本框中输入数值时，若在“栅格 X 轴间距”文本框中输入一个数值后按 Enter 键，系统会将该值自动传送给“栅格 Y 轴间距”，这样可减少工作量。

5.1.2 捕捉模式

为了准确地在绘图区捕捉点，AutoCAD 提供了捕捉工具。利用该工具，可以在绘图区生成一个隐含的栅格（捕捉栅格），这个栅格能够捕捉光标，约束光标只能落在栅格的某一个节点上。这样一来，用户便能精确地捕捉和选择这个栅格上的点。本节主要介绍捕捉栅格的参数设置方法。

【执行方式】

- 菜单栏：选择菜单栏中的“工具”→“绘图设置”命令。
- 状态栏：单击状态栏中的“捕捉模式”按钮（仅限于打开与关闭）。
- 快捷键：F9（仅限于打开与关闭）。

【操作步骤】

选择菜单栏中的“工具”→“绘图设置”命令，打开“草图设置”对话框，选择“捕捉和栅格”选项卡，如图 5-1 所示。

【选项说明】

（1）“启用捕捉”复选框：控制捕捉功能的开关，与按 F9 键或单击状态栏上的“捕捉模式”按钮功能相同。

（2）“捕捉间距”选项组：设置捕捉参数。其中，“捕捉 X 轴间距”与“捕捉 Y 轴间距”文本框用于确定捕捉栅格点在水平和垂直两个方向上的间距。

（3）“极轴间距”选项组：该选项组只有在选择 PolarSnap 捕捉类型时才可用。可在“极轴距离”文本框中输入距离值，也可以在命令行中输入 SNAP 命令，设置捕捉的有关参数。

（4）“捕捉类型”选项组：确定捕捉类型和样式。AutoCAD 提供了两种捕捉栅格的方式：“栅格捕捉”和 PolarSnap。

① 栅格捕捉：是指按正交位置捕捉位置点。“栅格捕捉”又分为“矩形捕捉”和“等轴测捕捉”两种方式。在“矩形捕捉”方式下捕捉，栅格以标准的矩形显示；在“等轴测捕捉”方式下捕捉，栅格和光标十字线不再相互垂直，而是呈绘制等轴测图时的特定角度，在绘制等轴测图时使用这种方式十分方便。

② PolarSnap：可以根据设置的任意极轴角捕捉位置点。

5.1.3 正交模式

在 AutoCAD 绘图过程中，经常需要绘制水平直线和垂直直线，但是用光标选择线段的端点时很难保证两个点严格沿水平或垂直方向，为此 AutoCAD 提供了正交功能。当启用正交模式时，画线或移动对象时只能沿水平方向或垂直方向移动光标，也只能绘制平行于坐标轴的正交线段。

【执行方式】

- 命令行：ORTHO。
- 状态栏：单击状态栏中的“正交模式”按钮。
- 快捷键：F8。

【操作步骤】

```
命令: ORTHO↙
输入模式 [开(ON)/关(OFF)] <开>:(设置开或关)
```

技巧：

正交模式必须依托于其他绘图工具，才能显示其功能效果。

5.2 对 象 捕 捉

在利用 AutoCAD 画图时经常要用到一些特殊点，如圆心、切点、线段或圆弧的端点、中点等。如果只利用光标在图形上选择，要准确地找到这些点是十分困难的。为此 AutoCAD 提供了一些识别这些点的工具，通过这些工具即可轻松地构造新几何体，快速地绘制图形，其结果比传统手工绘图更精确且更容易维护。在 AutoCAD 中，这种功能称为对象捕捉功能。

5.2.1 对象捕捉设置

在 AutoCAD 中绘图之前，可以根据需要事先开启一些对象的捕捉模式，绘图时系统就能自动捕捉这些特殊点，从而加快绘图速度，提高绘图质量。

【执行方式】

- 命令行：DDOSNAP。
- 菜单栏：选择菜单栏中的“工具”→“绘图设置”命令。
- 工具栏：单击“对象捕捉”工具栏中的“对象捕捉设置”按钮。
- 状态栏：单击状态栏中的“二维对象捕捉”按钮（仅限于打开与关闭）。
- 快捷键：F3（仅限于打开与关闭）。
- 快捷菜单：按 Shift 键右击，在弹出的快捷菜单中选择“对象捕捉设置”命令。

扫一扫，看视频

动手学——绘制动合触点符号

源文件：源文件\第 5 章\动合触点符号.dwg

本实例绘制如图 5-2 所示的动合触点符号。

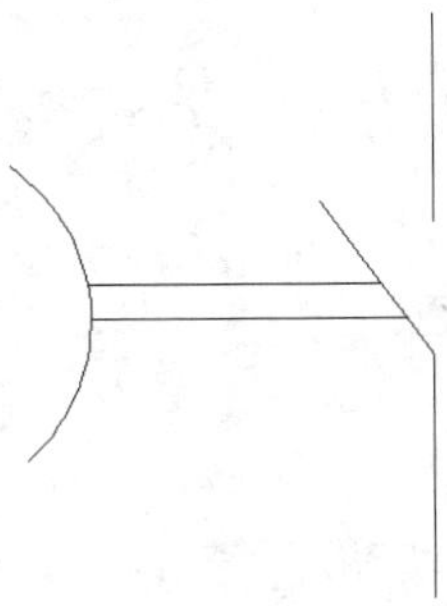

图 5-2 动合触点符号

操作步骤

（1）单击状态栏中的“对象捕捉”按钮右侧的下拉按钮，在打开的下拉菜单中选择“对象捕捉设置”命令，如图 5-3 所示。在弹出的“草图设置”对话框中单击“全部选择”按钮，将所有特殊位置点设置为可捕捉状态，如图 5-4 所示。

图 5-3　快捷菜单

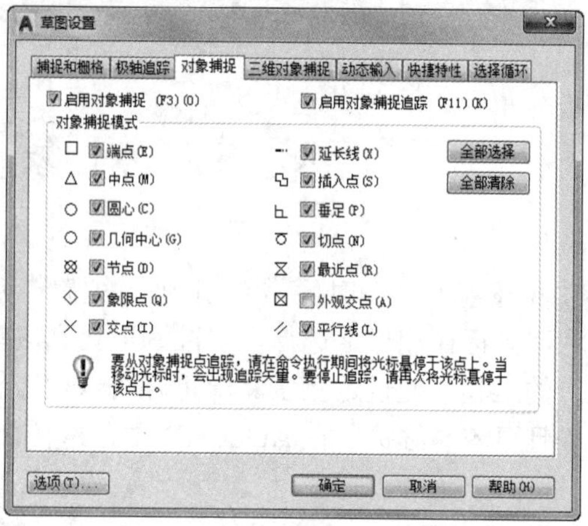

图 5-4　“草图设置”对话框

（2）在“默认”选项卡中单击“绘图”面板中的“圆弧”按钮，绘制一个适当大小的圆弧。

（3）在“默认”选项卡中单击“绘图”面板中的“直线”按钮，在绘制的圆弧右边绘制连续线段。在绘制完一段斜线后，单击状态栏上的“正交模式”按钮，这样就能保证接下来绘制的部分线段是正交的。绘制完直线后的图形如图 5-5 所示。

提示：

“正交模式”“对象捕捉”等命令是透明命令，可以在其他命令的执行过程中操作，且不中断原命令操作。

（4）在“默认”选项卡中单击“绘图”面板中的“直线”按钮，同时单击状态栏上的“对象捕捉追踪”按钮，将光标放在刚绘制的竖线的起始端点附近，然后往上移动鼠标，这时系统显示一条追踪线（如图 5-6 所示），表示目前光标位置处于竖直直线的延长线上。

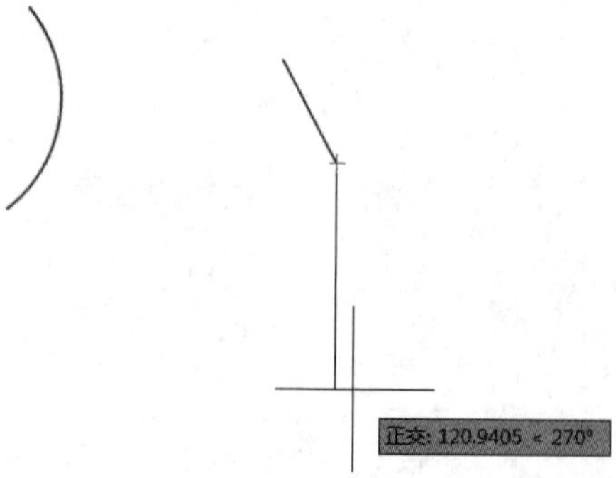

图 5-5　绘制连续直线

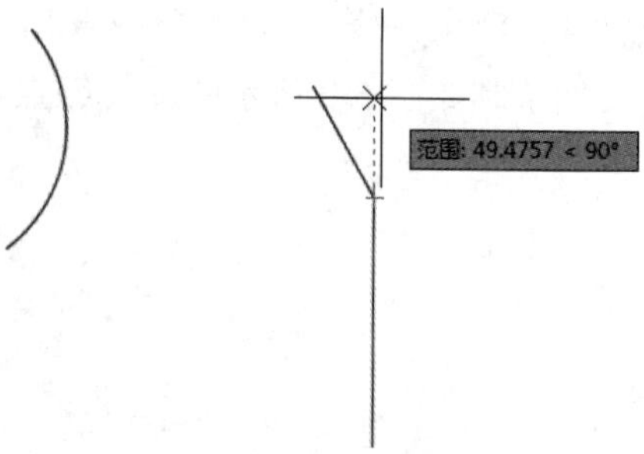

图 5-6　显示追踪线

（5）在合适的位置单击鼠标左键，就确定了直线的起点；再向上移动鼠标，指定竖直直线的终点。

（6）再次在“默认”选项卡中单击“绘图”面板中的“直线”按钮╱，将光标移动到圆弧附近适当位置，系统会显示离光标最近的特殊位置点，单击鼠标左键，系统自动捕捉到该特殊位置点作为直线的起点，如图 5-7 所示。

（7）水平移动鼠标到斜线附近，这时系统也会自动显示斜线上离光标位置最近的特殊位置点，单击鼠标左键，系统自动捕捉该点作为直线的终点，如图 5-8 所示。

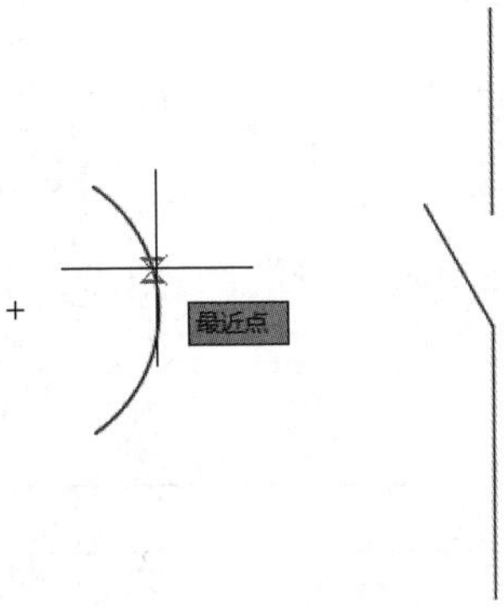

图 5-7　捕捉直线起点

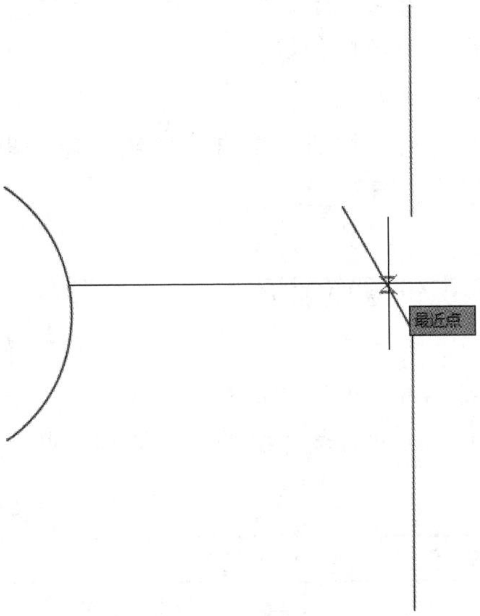

图 5-8　捕捉直线终点

提示：

上面绘制水平直线的过程中，同时按下了“正交模式”按钮和“对象捕捉”按钮，但有时系统不能同时满足既保证直线正交又保证直线的端点为特殊位置点。这时，系统优先满足对象捕捉条件，即保证直线的端点是圆弧和斜线上的特殊位置点，而不能保证一定是正交直线，如图 5-9 所示。

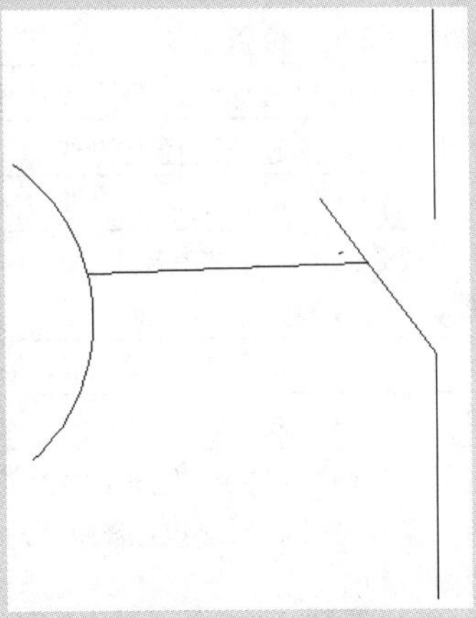

图 5-9　直线不正交

解决这个矛盾的一个小技巧是先放大图形，再捕捉特殊位置点，这样往往能找到满足直线正交的特殊位置点作为直线的端点。

（8）用相同的方法绘制第二条水平线，最终结果如图 5-10 所示。

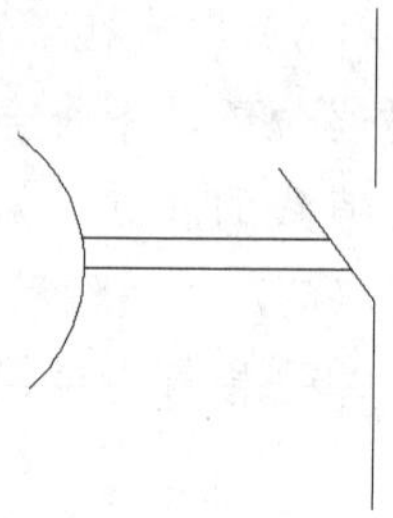

图 5-10　动合触点符号

【选项说明】

（1）“启用对象捕捉”复选框：选中该复选框，在“对象捕捉模式”选项组中，被选中的捕捉模式处于激活状态。

（2）“启用对象捕捉追踪”复选框：用于打开或关闭自动追踪功能。

（3）“对象捕捉模式”选项组：该选项组中列出了各种捕捉模式，选中某一复选框，则相应的捕捉模式处于激活状态。单击“全部清除”按钮，则所有模式被清除；单击“全部选择”按钮，则所有模式被选中。

（4）“选项”按钮：单击该按钮，在弹出的“选项”对话框中选择“绘图”选项卡，从中可对各种捕捉模式进行设置。

5.2.2　特殊位置点捕捉

在绘制 AutoCAD 图形时，有时需要指定一些特殊位置的点，如圆心、端点、中点、平行线上的点等，可以通过对象捕捉功能来捕捉这些点，如表 5-1 所示。

表 5-1　特殊位置点捕捉

捕捉模式	快捷命令	功能
临时追踪点	TT	建立临时追踪点
两点之间的中点	M2P	捕捉两个独立点之间的中点
自	FRO	与其他捕捉方式配合使用，建立一个临时参考点作为指出后继点的基点
中点	MID	用来捕捉对象（如线段或圆弧等）的中点
圆心	CEN	用来捕捉圆或圆弧的圆心
节点	NOD	捕捉用 POINT 或 DIVIDE 等命令生成的点
象限点	QUA	用来捕捉距光标最近的圆或圆弧上可见部分的象限点，即圆周上 0°、90°、180°、270°位置上的点
交点	INT	用来捕捉对象（如线、圆弧或圆等）的交点
延长线	EXT	用来捕捉对象延长路径上的点
插入点	INS	用于捕捉块、形、文字、属性或属性定义等对象的插入点
垂足	PER	在线段、圆、圆弧或其延长线上捕捉一个点，与最后生成的点形成连线，与该线段、圆或圆弧正交
切点	TAN	最后生成的一个点到选中的圆或圆弧上引切线，切线与圆或圆弧的交点
最近点	NEA	用于捕捉离拾取点最近的线段、圆、圆弧等对象上的点
外观交点	APP	用来捕捉两个对象在视图平面上的交点。若两个对象没有直接相交，则系统自动计算其延长后的交点；若两个对象在空间上为异面直线，则系统计算其投影方向上的交点
平行线	PAR	用于捕捉与指定对象平行方向上的点
无	NON	关闭对象捕捉模式
对象捕捉设置	OSNAP	设置对象捕捉

AutoCAD 提供了命令行、工具栏和右键快捷菜单 3 种执行特殊点对象捕捉的方法。

在使用特殊位置点捕捉的快捷命令前，必须先选择绘制对象的命令或工具，再在命令行中输入其快捷命令。

动手练——绘制密闭插座

源文件：源文件\第 5 章\密闭插座.dwg

绘制如图 5-11 所示的密闭插座。

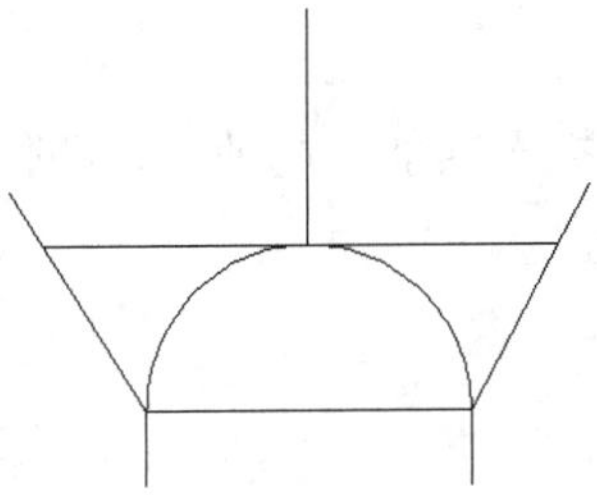

图 5-11 密闭插座

思路点拨：

利用精确定位工具绘制各图线。

5.3 自 动 追 踪

自动追踪是指按指定角度或与其他对象建立指定关系绘制对象。利用自动追踪功能，可以对齐路径，有助于以精确的位置和角度创建对象。自动追踪包括“极轴追踪”和“对象捕捉追踪”两种追踪方式。“极轴追踪”是指按指定的极轴角或极轴角的倍数对齐要指定点的路径；“对象捕捉追踪”是指以捕捉到的特殊位置点为基点，按指定的极轴角或极轴角的倍数对齐要指定点的路径。

5.3.1 对象捕捉追踪

“对象捕捉追踪”必须配合“对象捕捉”功能一起使用，即使状态栏中的“对象捕捉”按钮和“对象捕捉追踪”按钮均处于打开状态。

【执行方式】

- 命令行：DDOSNAP。
- 菜单栏：选择菜单栏中的“工具”→“绘图设置”命令。
- 工具栏：单击“对象捕捉”工具栏中的“对象捕捉设置”按钮。
- 状态栏：单击状态栏中的“对象捕捉”按钮和“对象捕捉追踪”按钮，或单击“极轴追踪”按钮右侧的下拉按钮，在弹出的下拉菜单中选择“正在追踪设置”命令，如图 5-12 所示。
- 快捷键：F11。

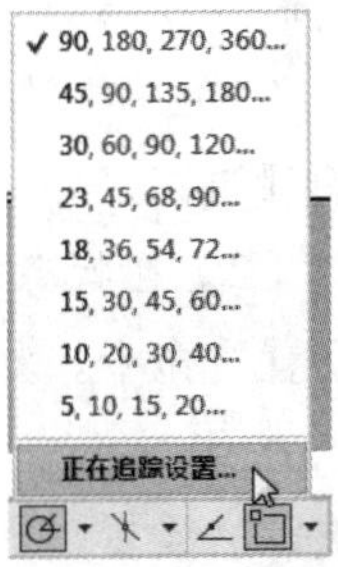

图 5-12 下拉菜单

【操作步骤】

执行上述操作或者在“对象捕捉”按钮或“对象捕捉追踪”按钮上右击，在弹出的快捷菜单中选择“设置”命令，在弹出的“草图设置”对话框中选择“对象捕捉”选项卡，选中“启用对象捕捉追踪”复选框，即完成对象捕捉追踪设置。

5.3.2　极轴追踪

“极轴追踪”必须配合“对象捕捉”功能一起使用，即使状态栏中的“极轴追踪”按钮和“对象捕捉”按钮均处于打开状态。

【执行方式】

- 命令行：DDOSNAP。
- 菜单栏：选择菜单栏中的“工具”→“绘图设置”命令。
- 工具栏：单击“对象捕捉”工具栏中的“对象捕捉设置”按钮。
- 状态栏：单击状态栏中的“对象捕捉”按钮和“极轴追踪”按钮。
- 快捷键：F10。

扫一扫，看视频

动手学——绘制手动操作开关

源文件：源文件\第 5 章\手动操作开关.dwg

本实例绘制手动操作开关，如图 5-13 所示。

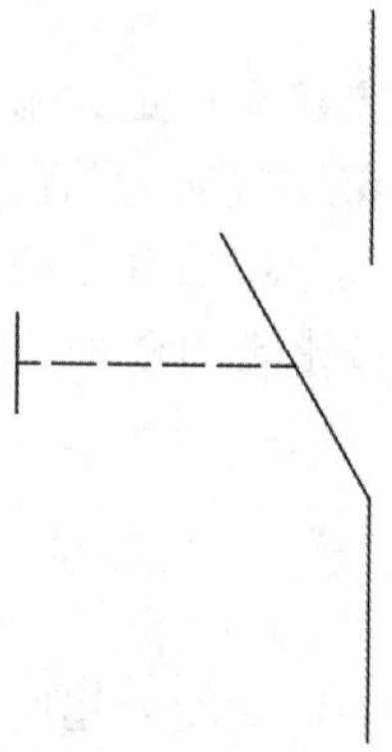

图 5-13　手动操作开关

操作步骤

（1）单击状态栏中的“极轴追踪”按钮和“对象捕捉追踪”按钮，打开极轴追踪和对象捕捉追踪。

（2）在状态栏中的“极轴追踪”按钮处单击鼠标右键，在弹出的快捷菜单中选择“正在追踪设置”命令，如图 5-14 所示。打开“草图设置”对话框，选择“极轴追踪”选项卡，设置“增量角”为 30，选中“用所有极轴角设置追踪”复选框，如图 5-15 所示。单击“确定”按钮，完成极轴追踪的设置。

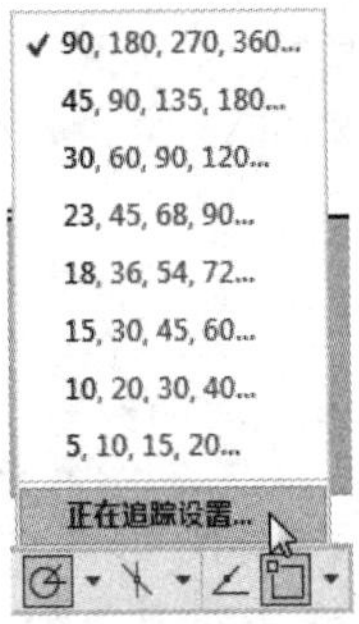

图 5-14　快捷菜单

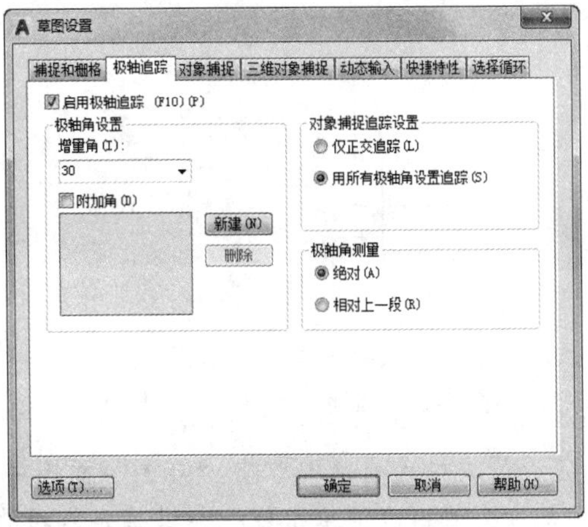

图 5-15　“极轴追踪”选项卡

（3）在“默认”选项卡中单击“绘图”面板中的“直线”按钮╱，在图中适当位置指定直线的起点，将鼠标向上移动，显示极轴角度为 90°，如图 5-16 所示。单击鼠标左键，绘制一条竖直线段。继续移动鼠标到左上方，显示极轴角度为 120°，如图 5-17 所示。单击鼠标左键，绘制一条与竖直线成 30° 夹角的斜直线。

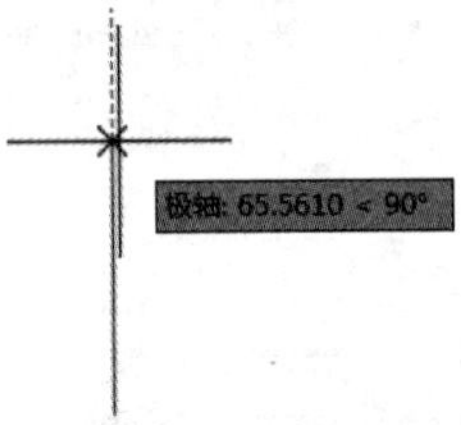

图 5-16　极轴角度为 90°

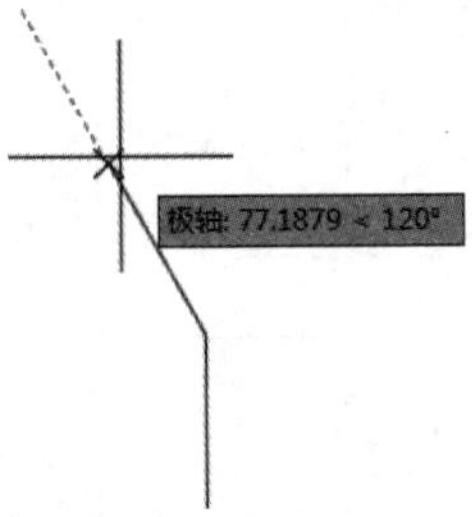

图 5-17　极轴角度为 120°

（4）单击状态栏中的“对象捕捉”按钮，打开对象捕捉功能。在“默认”选项卡中单击“绘图”面板中的“直线”按钮╱，捕捉竖直线的上端点（如图 5-18 所示）。向上移动鼠标，显示极轴角度为 90°，如图 5-19 所示。单击鼠标左键，确定直线的起点(保证该起点在第一条竖直线的延长线上)，绘制长度适当的竖直线，如图 5-20 所示。

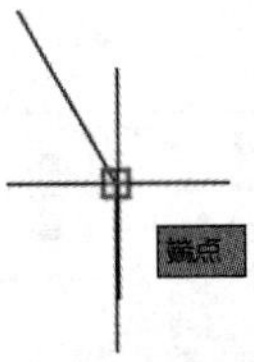

图 5-18　捕捉端点

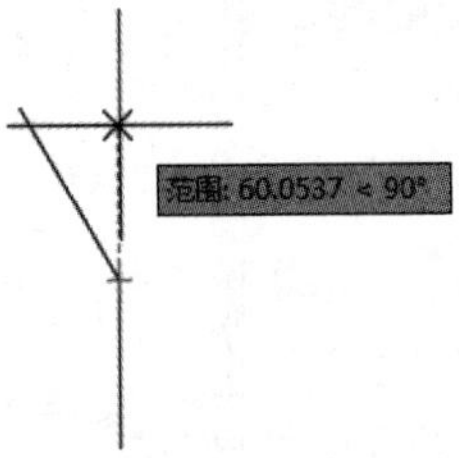

图 5-19　确定直线的起点

图 5-20　绘制竖直线

（5）在“默认”选项卡中单击“绘图”面板中的“直线”按钮╱，捕捉斜直线的中点（如图 5-21 所示）作为起点，绘制一条水平直线，如图 5-22 所示。

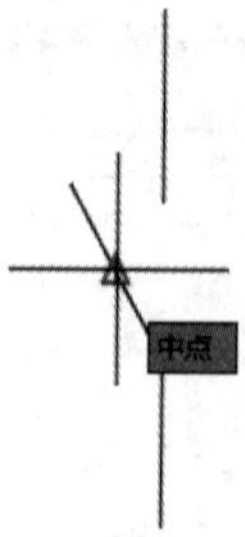

图 5-21　捕捉中点

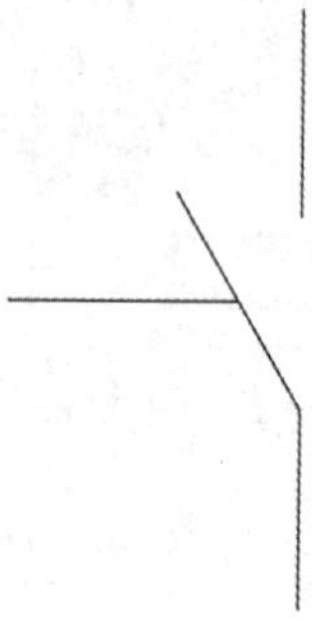

图 5-22　绘制水平直线

（6）在“默认”选项卡中单击“绘图”面板中的“直线”按钮╱，捕捉水平直线的左端点，向上移动鼠标，在适当位置单击鼠标左键确定直线的起点，绘制一条竖直线，如图 5-23 所示。

（7）选取水平直线，在“特性”面板的线型下拉列表框中选择“其他”选项（如图 5-24 所示），打开如图 5-25 所示“线型管理器”对话框。单击“加载”按钮，打开“加载或重载线型”对话框，选择 ACAD_ISO02W100 线型，如图 5-26 所示。单击“确定”按钮，返回到“线型管理器”对话框，选择刚加载的线型，单击“确定”按钮，即可将水平直线的线型更改为 ACAD_ISO02W100，结果如图 5-13 所示。

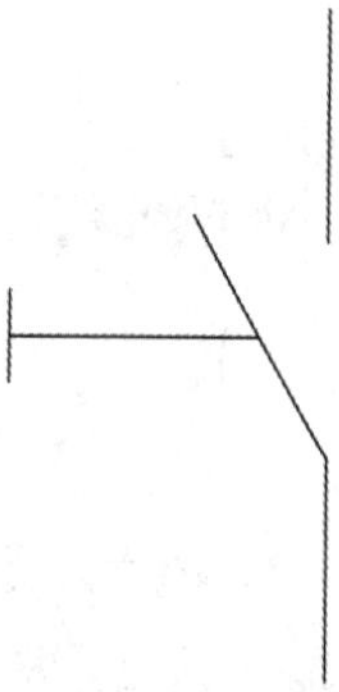

图 5-23　绘制竖直线

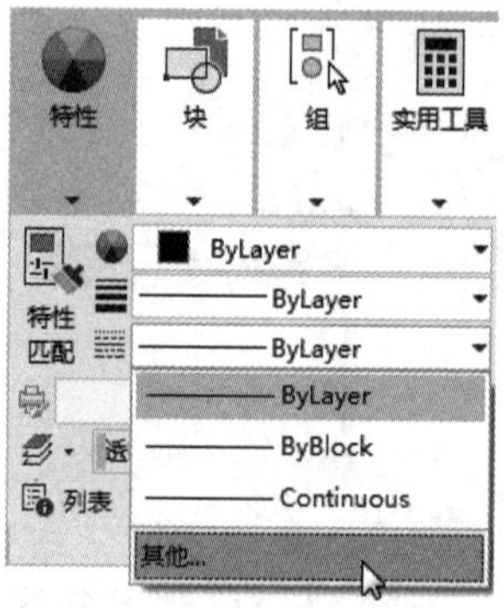

图 5-24　线型下拉列表框

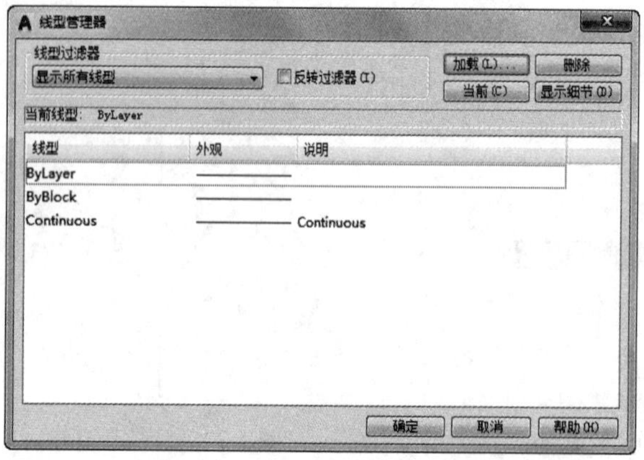

图 5-25　“线型管理器”对话框

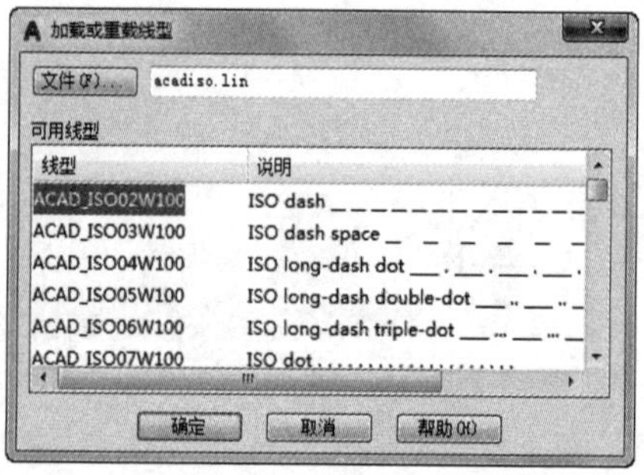

图 5-26　“加载或重载线型”对话框

【选项说明】

在“草图设置”对话框的“极轴追踪”选项卡中，各选项功能如下。

（1）“启用极轴追踪”复选框：选中该复选框，即可启用极轴追踪功能。

（2）“极轴角设置”选项组：设置极轴角的值。可以在“增量角”下拉列表框中选择一种角度值，也可选中“附加角”复选框，单击“新建”按钮设置任意附加角。系统在进行极轴追踪时，同时追踪增量角和附加角（可以设置多个附加角）。

（3）“对象捕捉追踪设置”和“极轴角测量”选项组：按界面提示设置相应单选按钮。利用自动追踪可以完成三视图绘制。

动手练——绘制简单电路

源文件：源文件\第 5 章\简单电路.dwg

绘制如图 5-27 所示的简单电路。

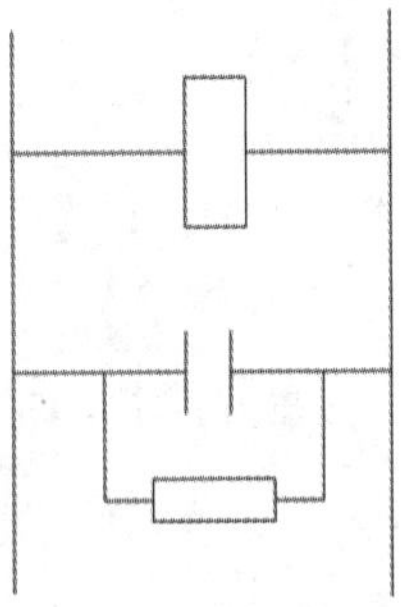

图 5-27　简单电路

思路点拨：

（1）利用“矩形”命令，绘制操作器件符号。

（2）启用“对象捕捉”和“对象捕捉追踪”功能，利用“直线”和“矩形”命令绘制下方的电容和电阻符号。

（3）利用“直线”命令，绘制导线。

5.4 动 态 输 入

利用动态输入功能可实现在绘图平面直接动态输入绘制对象的各种参数，使绘图变得直观、简捷。

【执行方式】

- 命令行：DSETTINGS。
- 菜单栏：选择菜单栏中的“工具”→“绘图设置”命令。
- 工具栏：单击“对象捕捉”工具栏中的“对象捕捉设置”按钮。
- 状态栏：单击状态栏中的“动态输入”按钮（只限于打开与关闭）。
- 快捷键：F12（只限于打开与关闭）。

【操作步骤】

执行上述操作或者在“动态输入”按钮上右击，在弹出的快捷菜单中选择“动态输入设置”命令，打开“草图设置”对话框，选择“动态输入”选项卡，如图 5-28 所示。

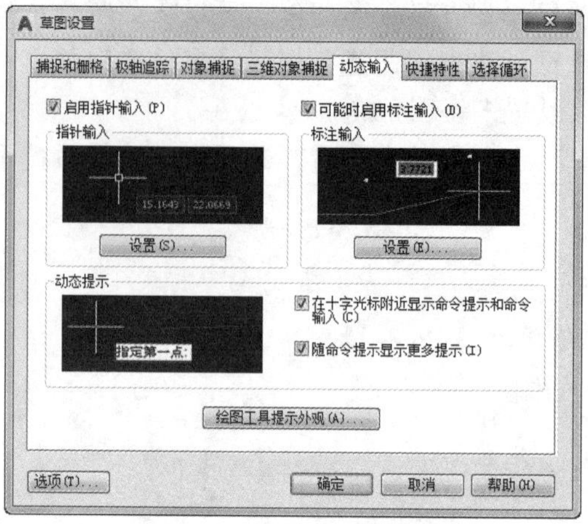

图 5-28　“动态输入”选项卡

5.5　模拟认证考试

1．对极轴角进行设置，把增量角设置为 30°，把附加角设置为 10°，采用极轴追踪时，不会显示极轴对齐的是（　　）。

A．10　　B．30　　C．40　　D．60

2．当捕捉设定的间距与栅格所设定的间距不同时，（　　）。

A．捕捉时仍然只按栅格进行

B．捕捉时按照捕捉间距进行

C．捕捉时既按栅格，又按捕捉间距进行

D．无法设置

3．执行对象捕捉时，如果在一个指定的位置上有多个对象符合捕捉条件，则按（　　）可以在不同对象间切换。

A．Ctrl　　B．Tab　　C．Alt　　D．Shift

4．绘制如图 5-29 所示图形。

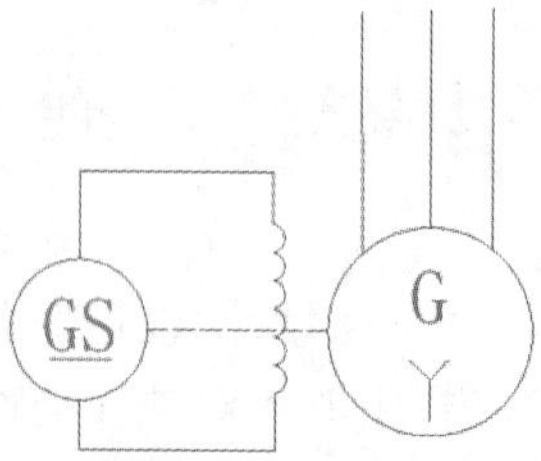

图 5-29　绘制图形

第 6 章　复杂二维绘图命令

内容简介

本章将循序渐进地介绍有关 AutoCAD 2020 的复杂绘图命令和编辑命令。通过本章的学习，读者可以熟练地掌握使用 AutoCAD 2020 绘制二维几何元素，包括多段线、样条曲线及多线等的方法，同时利用相应的编辑命令修正图形。

内容要点

- 样条曲线
- 多段线
- 多线
- 图案填充
- 模拟认证考试

案例效果

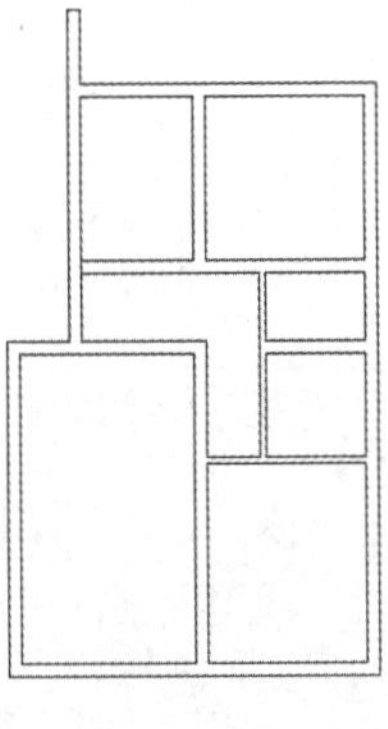

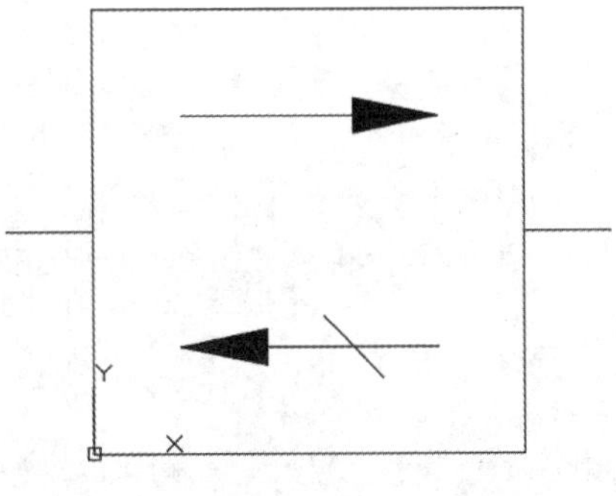

6.1　样条曲线

在 AutoCAD 中有一种特殊类型的样条曲线，即非一致有理 B 样条（NURBS）曲线。NURBS 曲线在控制点之间产生一条光滑的样条曲线，如图 6-1 所示。

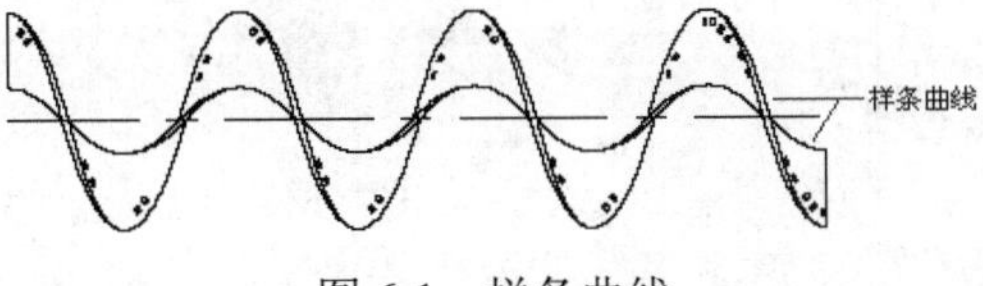

图 6-1　样条曲线

6.1.1　绘制样条曲线

样条曲线可用于创建形状不规则的曲线，如为地理信息系统（GIS）应用或汽车设计绘制轮廓线。

【执行方式】

- 命令行：SPLINE。
- 菜单栏：选择菜单栏中的“绘图”→“样条曲线”命令。
- 工具栏：单击“绘图”工具栏中的“样条曲线”按钮。
- 功能区：在“默认”选项卡中单击“绘图”面板中的“样条曲线拟合”按钮或“样条曲线控制点”按钮。

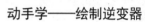

扫一扫，看视频

动手学——绘制逆变器

源文件：源文件\第 6 章\逆变器.dwg

本实例绘制的逆变器如图 6-2 所示。

图 6-2　逆变器

操作步骤

（1）在“默认”选项卡中单击“绘图”面板中的“多边形”按钮，绘制一个正方形。命令行提示与操作如下：

```
命令: _polygon
输入侧面数<4>:↙
指定正多边形的中心点或 [边(E)]:（在绘图屏幕适当位置指定一点）
输入选项 [内接于圆(I)/外切于圆(C)] <I>:C↙
指定圆的半径:（适当指定一点作为外接圆半径，使正方形的各条边大致处于垂直“正交”位置）
```

结果如图 6-3 所示。

（2）在“默认”选项卡中单击“绘图”面板中的“直线”按钮，绘制 3 条直线，并将其中一条直线设置为虚线，如图 6-4 所示。

图 6-3　绘制正四边形

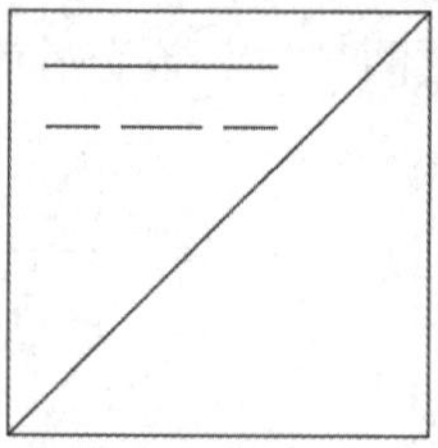

图 6-4　绘制直线

（3）在“默认”选项卡中单击“绘图”面板中的“样条曲线拟合”按钮，绘制所需曲线。命令行提示与操作如下：

```
命令: _spline
当前设置: 方式=拟合    节点=弦
指定第一个点或 [方式(M)/节点(K)/对象(O)]: ↙（指定一点）
输入下一个点或 [起点切向(T)/公差(L)]: ↙（适当指定一点）
输入下一个点或 [端点相切(T)/公差(L)/放弃(U)]: ↙（适当指定一点）
输入下一个点或 [端点相切(T)/公差(L)/放弃(U)/闭合(C)]: ↙（适当指定一点）
输入下一个点或 [端点相切(T)/公差(L)/放弃(U)/闭合(C)]: ↙
```

最终结果如图 6-2 所示。

技巧：

在命令前加一下划线表示采用菜单栏或工具栏方式执行命令，与命令行方式效果相同。

【选项说明】

（1）第一个点：指定样条曲线的第一个点，或者第一个拟合点，或者第一个控制点。

（2）方式(M)：控制使用拟合点还是使用控制点来创建样条曲线。

① 拟合(F)：通过指定样条曲线必须经过的拟合点来创建 3 阶 B 样条曲线。

② 控制点(CV)：通过指定控制点来创建样条曲线。使用此方法可以创建 1 阶（线性）、2 阶（二次）、3 阶（三次）直到最高为 10 阶的样条曲线。通过移动控制点可以调整样条曲线的形状。

（3）节点(K)：用来确定样条曲线中连续拟合点之间的零部件曲线如何过渡。

（4）对象(O)：将二维或三维的二次或三次样条曲线的拟合多段线转换为等价的样条曲线，然后（根据 DelOBJ 系统变量的设置）删除该拟合多段线。

6.1.2 编辑样条曲线

所谓编辑样条曲线，是指修改样条曲线的参数或将样条曲线拟合多段线转换为样条曲线。

【执行方式】

- 命令行：SPLINEDIT。
- 菜单栏：选择菜单栏中的“修改”→“对象”→“样条曲线”命令。
- 快捷菜单：选中要编辑的样条曲线，在绘图区右击，在弹出的快捷菜单中选择“样条曲线”子菜单中的相应命令进行编辑。
- 工具栏：单击“修改Ⅱ”工具栏中的“编辑样条曲线”按钮。
- 功能区：在“默认”选项卡中单击“修改”面板中的“编辑样条曲线”按钮。

【操作步骤】

```
命令: SPLINEDIT↙
选择样条曲线:（选择要编辑的样条曲线。若选择的样条曲线是用 SPLINE 命令创建的，其近似点以夹点的颜色显示出来；若选择的样条曲线是用 PLINE 命令创建的，其控制点以夹点的颜色显示出来）
输入选项 [闭合(C)/合并(J)/拟合数据(F)/编辑顶点(E)/转换为多段线(P)/反转(R)/放弃(U)/退出(X)]<退出>:
```

【选项说明】

（1）闭合(C)：决定样条曲线是开放的还是闭合的。开放的样条曲线有两个端点，而闭合的样条曲线则形成一个环。

（2）合并(J)：将选定的样条曲线与其他样条曲线、直线、多段线和圆弧在重合端点处合并，形成一条较大的样条曲线。

（3）拟合数据(F)：编辑近似数据。选择该选项后，创建该样条曲线时指定的各点将以小方格的形式显示出来。

（4）转换为多段线(P)：将样条曲线转换为多段线。精度值决定结果多段线与源样条曲线拟合的精确程度，有效值为 0～99 之间的任意整数。

（5）反转(R)：反转样条曲线的方向。该项操作主要用于应用程序。

技巧：

选中已绘制好的样条曲线，该样条曲线上会显示若干夹点。绘制时单击几个点就有几个夹点，用鼠标单击某个夹点并拖动，可以改变曲线形状。可以更改“拟合公差”数值来改变曲线通过点的精确程度，数值为 0 时精确度最高。

动手练——绘制整流器

源文件：源文件\第 6 章\整流器.dwg

绘制如图 6-5 所示的整流器。

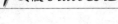

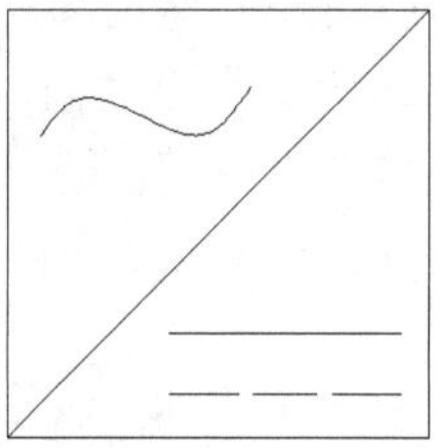

图 6-5　整流器

思路点拨：

（1）利用“多边形”命令绘制正方形。

（2）利用“直线”命令绘制 3 条线段。

（3）利用“样条曲线”命令绘制曲线。

6.2　多　段　线

多段线是作为单个对象创建的相互连接的线段组合图形。该组合线段作为一个整体，可以由直线段、圆弧段或两者的组合线段组成，并且可以是任意开放或封闭的图形。

6.2.1　绘制多段线

多段线由直线段或圆弧段连接组成，作为单一对象使用。可以绘制直线箭头和弧形箭头。

【执行方式】

- 命令行：PLINE（快捷命令：PL）。
- 菜单栏：选择菜单栏中的“绘图”→“多段线”命令。
- 工具栏：单击“绘图”工具栏中的“多段线”按钮。
- 功能区：在“默认”选项卡中单击“绘图”面板中的“多段线”按钮。

扫一扫，看视频

动手学——绘制微波隔离器

源文件：源文件\第 6 章\微波隔离器.dwg

利用“多段线”命令绘制如图 6-6 所示的微波隔离器。

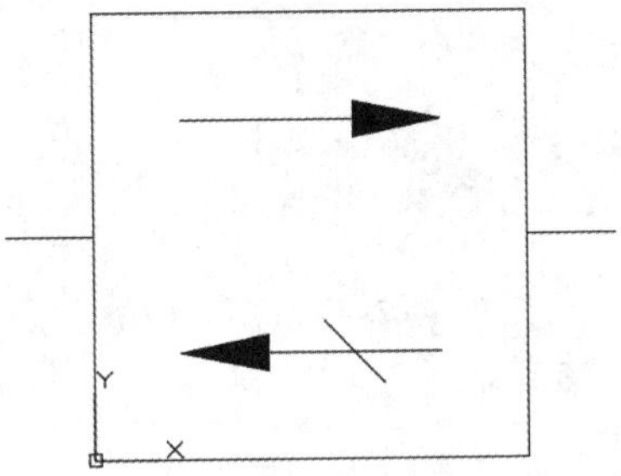

图 6-6　微波隔离器

操作步骤

（1）在“默认”选项卡中单击“绘图”面板中的“多段线”按钮，在图中适当位置绘制微波隔离器外框。命令行提示与操作如下：

```
命令：_pline
指定起点：0,0
当前线宽为 0.0000
指定下一点或 [圆弧(A)/半宽(H)/长度(L)/放弃(U)/宽度(W)]：50,0
指定下一点或 [圆弧(A)/闭合(C)/半宽(H)/长度(L)/放弃(U)/宽度(W)]：50,50
指定下一点或 [圆弧(A)/闭合(C)/半宽(H)/长度(L)/放弃(U)/宽度(W)]：0,50
指定下一点或 [圆弧(A)/闭合(C)/半宽(H)/长度(L)/放弃(U)/宽度(W)]：C
```

结果如图 6-7 所示。

（2）在“默认”选项卡中单击“绘图”面板中的“直线”按钮，分别以坐标（-10,25）、（0,25）和（50,25）、（60,25）绘制两条直线，如图 6-8 所示。

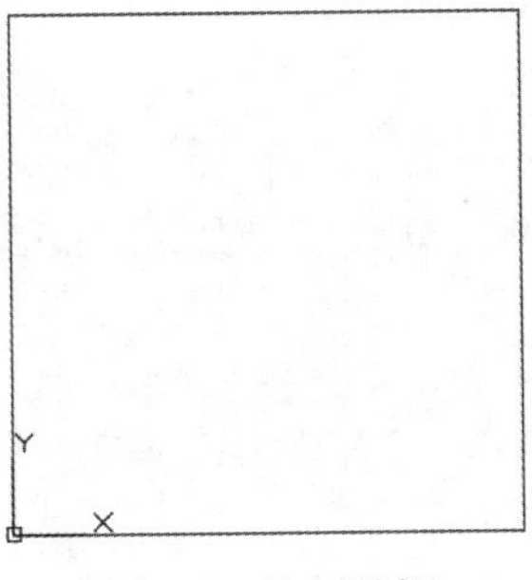

图 6-7　绘制外框

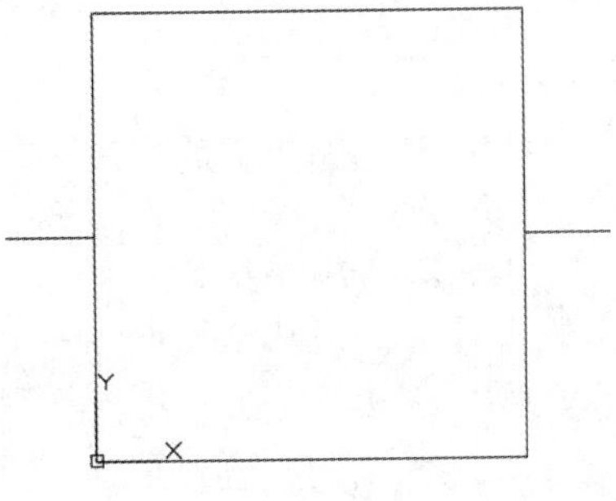

图 6-8　绘制直线

（3）在“默认”选项卡中单击“绘图”面板中的“多段线”按钮，在图中适当位置绘制箭头。命令行提示与操作如下：

```
命令: _pline
指定起点: 10,38
当前线宽为 0.0000
指定下一点或 [圆弧(A)/半宽(H)/长度(L)/放弃(U)/宽度(W)]: @20,0
指定下一点或 [圆弧(A)/闭合(C)/半宽(H)/长度(L)/放弃(U)/宽度(W)]: W
指定起点宽度 <0.0000>: 4
指定端点宽度 <4.0000>: 0
指定下一点或 [圆弧(A)/闭合(C)/半宽(H)/长度(L)/放弃(U)/宽度(W)]: @10,0
指定下一点或 [圆弧(A)/闭合(C)/半宽(H)/长度(L)/放弃(U)/宽度(W)]:
命令:PLINE
指定起点: 10,12
当前线宽为 0.0000
指定下一点或 [圆弧(A)/半宽(H)/长度(L)/放弃(U)/宽度(W)]: W
指定起点宽度 <0.0000>:
指定端点宽度 <0.0000>: 4
指定下一点或 [圆弧(A)/半宽(H)/长度(L)/放弃(U)/宽度(W)]: @10,0
指定下一点或 [圆弧(A)/闭合(C)/半宽(H)/长度(L)/放弃(U)/宽度(W)]: W
指定起点宽度 <4.0000>: 0
指定端点宽度 <0.0000>:
指定下一点或 [圆弧(A)/闭合(C)/半宽(H)/长度(L)/放弃(U)/宽度(W)]: @20,0
指定下一点或 [圆弧(A)/闭合(C)/半宽(H)/长度(L)/放弃(U)/宽度(W)]:
```

结果如图 6-9 所示。

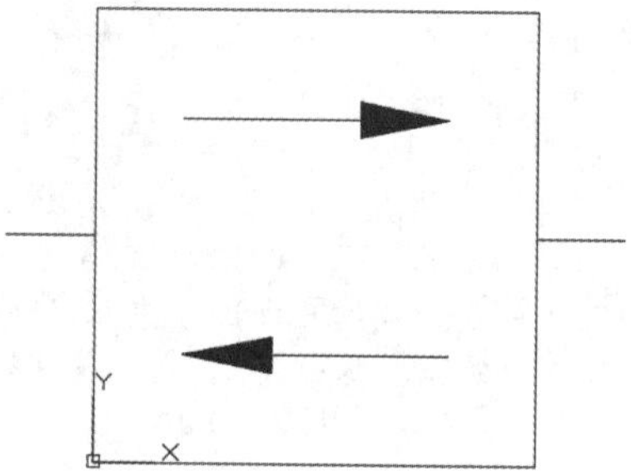

图 6-9　绘制箭头

（4）在“默认”选项卡中单击“绘图”面板中的“直线”按钮 ⁄，以坐标（26.5,16.5）、（33.5,8.5）绘制斜直线，结果如图 6-6 所示。

【选项说明】

（1）圆弧(A)：绘制圆弧的方法与“圆弧”命令相似。命令行提示与操作如下：

```
指定圆弧的端点(按住 Ctrl 键以切换方向)或 [角度(A)/圆心(CE)/方向(D)/半宽(H)/长度(L)/半径(R)/第二个点(S)/放弃(U)/宽度(W)]:
```

（2）半宽(H)：指定从宽线段的中心到一条边的宽度。

（3）长度(L)：按照与上一线段相同的角度方向创建指定长度的线段。如果上一线段是圆弧，将创建与该圆弧段相切的新直线段。

（4）宽度(W)：指定下一线段的宽度。

（5）放弃(U)：删除最近添加的线段。

☞教你一招：

定义多段线的半宽和宽度时，注意以下事项。

（1）起点宽度将成为默认的端点宽度。

（2）端点宽度在再次修改宽度之前将作为所有后续线段的统一宽度。

（3）宽线段的起点和端点位于线段的中心。

（4）典型情况下，相邻多段线线段的交点将倒角，但在圆弧段互不相切，有非常尖锐的角，或者使用点划线线型的情况下将不倒角。

6.2.2　编辑多段线

编辑多段线包括合并二维多段线、将线条和圆弧转换为二维多段线以及将多段线转换为近似 B 样条曲线的曲线。

【执行方式】

- 命令行：PEDIT（快捷命令：PE）。
- 菜单栏：选择菜单栏中的“修改”→“对象”→“多段线”命令。
- 工具栏：单击“修改Ⅱ”工具栏中的“编辑多段线”按钮。
- 快捷菜单：选择要编辑的多段线，在绘图区右击，在弹出的快捷菜单中选择“多段线”→“编辑多段线”命令。
- 功能区：在“默认”选项卡中单击“修改”面板中的“编辑多段线”按钮。

【操作步骤】

```
命令: PEDIT
选择多段线或 [多条(M)]: (选择多段线)
输入选项 [闭合(C)/合并(J)/宽度(W)/编辑顶点(E)/拟合(F)/样条曲线(S)/非曲线化(D)/线型生成(L)/反转(R)/放弃(U)]:j
选择对象: (选择合并的多段线)
选择对象:
输入选项 [闭合(C)/合并(J)/宽度(W)/编辑顶点(E)/拟合(F)/样条曲线(S)/非曲线化(D)/线型生成(L)/反转(R)/放弃(U)]:
```

【选项说明】

（1）合并(J)：以选中的多段线为主体，合并其他直线段、圆弧或多段线，使其成为一条多段线。能合并的条件是各段线的端点首尾相连，如图 6-10 所示。

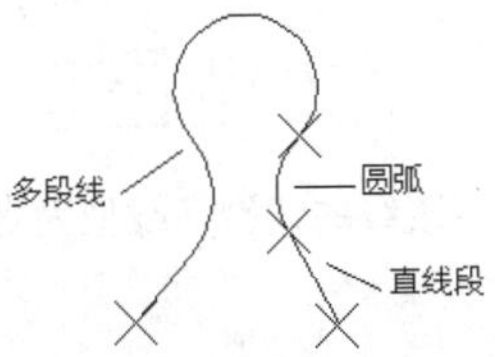

（a）合并前

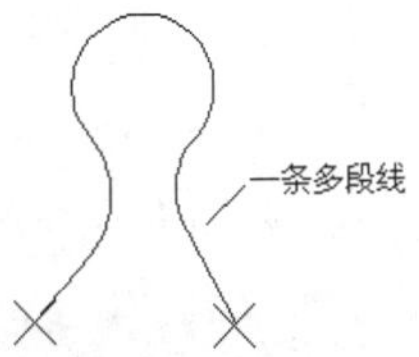

（b）合并后

图 6-10　合并多段线

（2）宽度(W)：修改整条多段线的线宽，使其具有同一线宽，如图 6-11 所示。

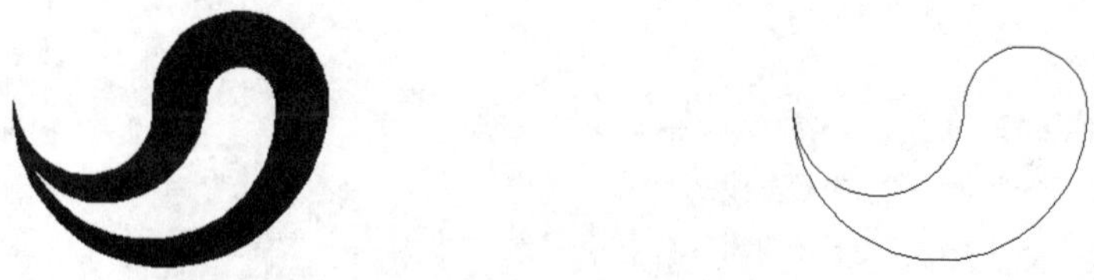

（a）修改前　　　　（b）修改后

图 6-11　修改整条多段线的线宽

（3）编辑顶点(E)：选择该选项后，在多段线起点处出现一个斜的十字叉“×”，它为当前顶点的标记，并在命令行出现进行后续操作的提示。

```
[下一个(N)/上一个(P)/打断(B)/插入(I)/移动(M)/重生成(R)/拉直(S)/切向(T)/宽度(W)/退出(X)]<N>:
```

这些选项允许用户进行移动、插入顶点和修改任意两点间的线宽等操作。

（4）拟合(F)：从指定的多段线生成由光滑圆弧连接而成的圆弧拟合曲线，该曲线经过多段线的各顶点，如图 6-12 所示。

（5）样条曲线(S)：以指定的多段线的各顶点作为控制点生成 B 样条曲线，如图 6-13 所示。

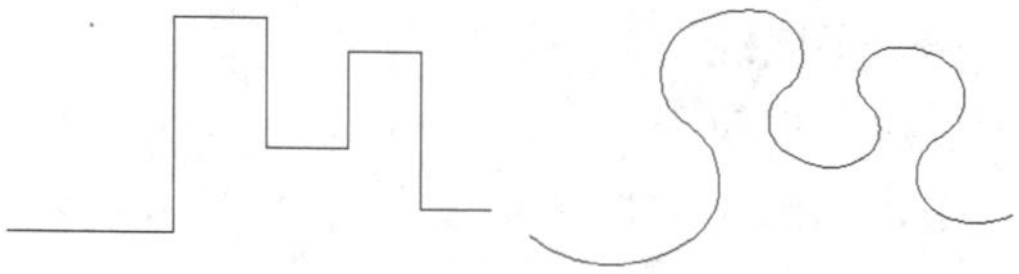

图 6-12　生成圆弧拟合曲线

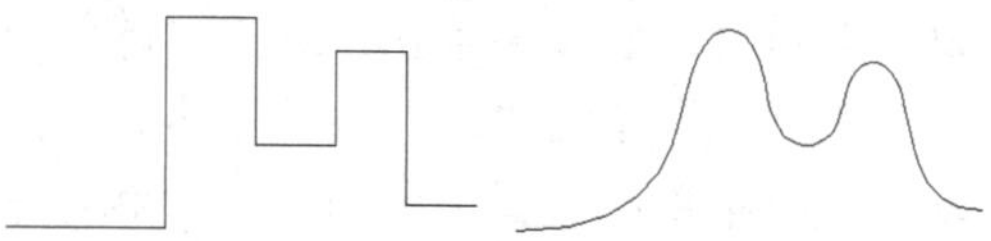

图 6-13　生成 B 样条曲线

（6）非曲线化(D)：用直线代替指定的多段线中的圆弧。对于选择“拟合(F)”选项或“样条曲线(S)”选项后生成的圆弧拟合曲线或样条曲线，删去其生成曲线时新插入的顶点，则恢复成由直线段组成的多段线，如图 6-14 所示。

（7）线型生成(L)：当多段线的线型为点划线时，控制多段线的线型生成方式开关。选择此选项，命令行提示与操作如下：

```
输入多段线线型生成选项 [开(ON)/关(OFF)] <关>:
```

选择 ON 时，将在每个顶点处允许以短划开始或结束生成线型；选择 OFF 时，将在每个顶点处允许以长划开始或结束生成线型。线型生成不能用于包含带变宽的线段的多段线。如图 6-15 所示为控制多段线的线型效果。

图 6-14　生成直线

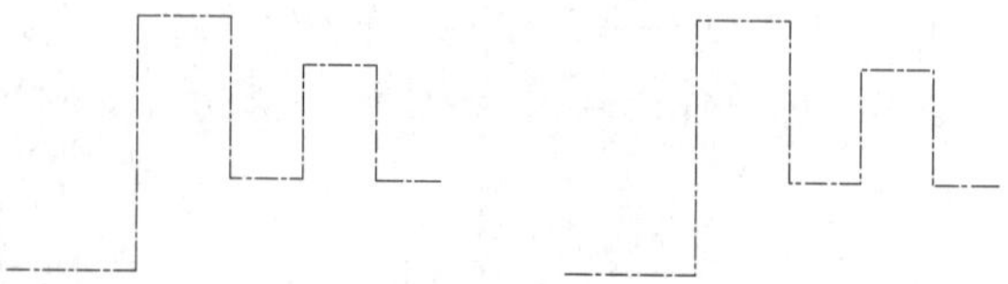

图 6-15　控制多段线的线型（线型为点划线时）

☞教你一招：

直线、构造线、多段线的区别如下。

直线：有起点和端点的线。直线每一段都是分开的，画完以后不是一个整体，在选取时需要一根一根选取。

构造线：没有起点和端点的无限长的线。作为辅助线时和 Photoshop 中的辅助线差不多。

多段线：由多条线段组成一个整体的线段（可能是闭合的，也可以是非闭合的；可能是同一粗细，也可能是粗细结合的）。如想选中该线段中的一部分，必须先将其分解。同样，多条线段在一起，也可以组合成多段线。

注意：

多段线是一条完整的线，折弯的地方是一体的，不像直线，线跟线端点相连。另外，多段线可以改变线宽，使端点和尾点的粗细不一。多段线还可以绘制圆弧，这是直线绝对不可能做到的。另外，对“偏移”命令，直线和多段线的偏移对象也不相同，直线是偏移单线，多段线是偏移图形。

动手练——绘制单极拉线开关

源文件：源文件\第 6 章\单极拉线开关.dwg

绘制如图 6-16 所示的单极拉线开关。

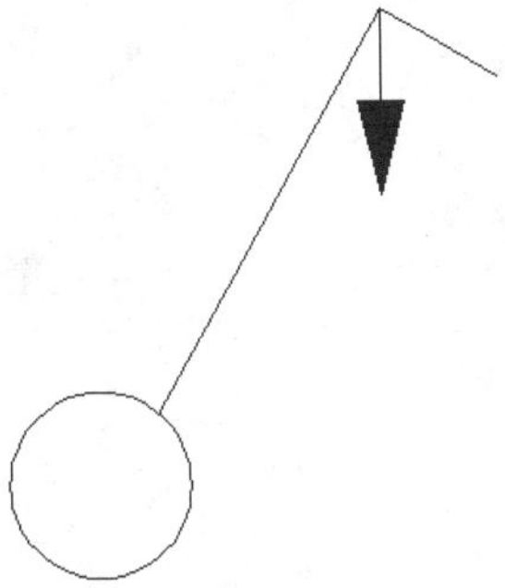

图 6-16　单极拉线开关

思路点拨：

（1）利用“圆”和“直线”命令绘制拉线开关。

（2）利用“多段线”命令绘制箭头。

6.3　多　　线

多线是一种复合线，由连续的直线段复合组成。多线的一个突出优点是能够提高绘图效率，保证图线之间的统一性。多线一般用于电子线路、建筑墙体的绘制等。

6.3.1　定义多线样式

在使用“多线”命令之前，可对多线的数量和每条单线的偏移距离、颜色、线型和背景填充等特性进行设置。

【执行方式】

- 命令行：MLSTYLE。
- 菜单栏：选择菜单栏中的“格式”→“多线样式”命令。

扫一扫，看视频

动手学——定义住宅墙体的样式

源文件： 源文件\第 6 章\定义住宅墙体样式.dwg

绘制如图 6-17 所示的住宅墙体。

操作步骤

（1）在“默认”选项卡中单击“绘图”面板中的“构造线”按钮，绘制一条水平构造线和一条竖直构造线，组成“十”字辅助线，如图 6-18 所示。继续绘制辅助线，命令行提示与操作如下：

```
命令：_xline
指定点或 [水平(H)/垂直(V)/角度(A)/二等分(B)/偏移(O)]：O↙
指定偏移距离或[通过(T)]<通过>：1200↙
选择直线对象：（选择竖直构造线）
指定向哪侧偏移：（指定右侧一点）
```

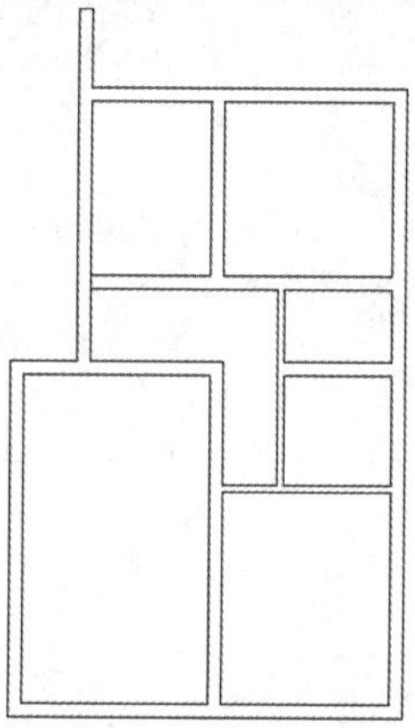

图 6-17　住宅墙体

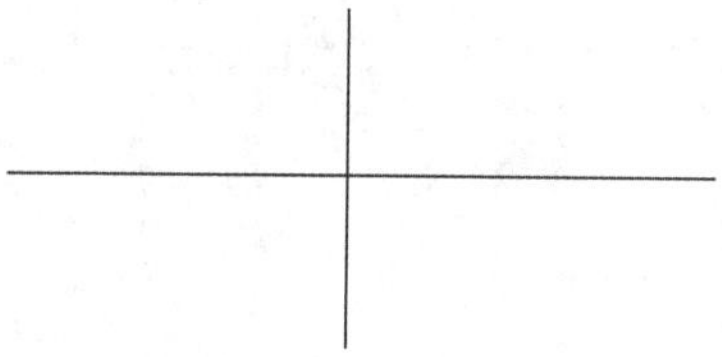

图 6-18　“十”字辅助线

（2）采用相同的方法，将偏移得到的竖直构造线依次向右偏移 2400、1200 和 2100，如图 6-19 所示。采用同样的方法，将水平构造线依次向下偏移 1500、3300、1500、2100 和 3900。绘制完成的住宅墙体辅助线网格如图 6-20 所示。

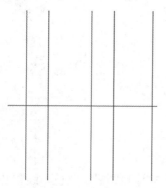

图 6-19　偏移竖直构造线

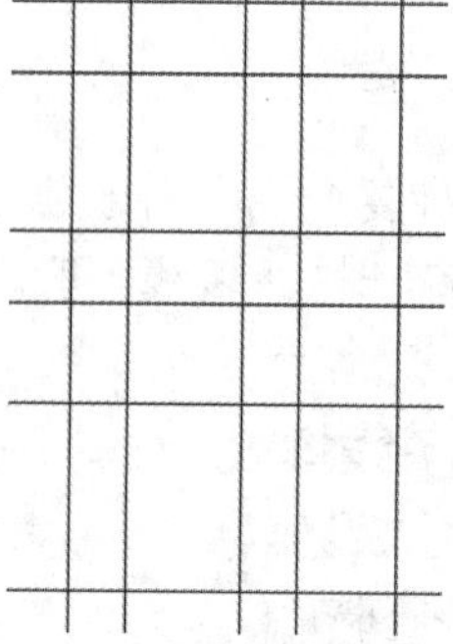

图 6-20　住宅墙体辅助线网格

（3）定义 240 墙多线样式。选择菜单栏中的“格式”→“多线样式”命令，打开如图 6-21 所示的“多线样式”对话框。单击“新建”按钮，打开如图 6-22 所示的“创建新的多线样式”对话框，在“新样式名”文本框中输入“240 墙”，单击“继续”按钮。

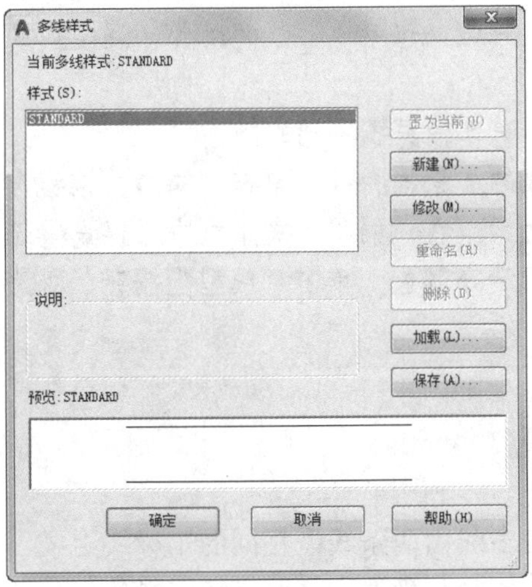

图 6-21　“多线样式”对话框

图 6-22　“创建新的多线样式”对话框

（4）打开“新建多线样式:240 墙”对话框，按图 6-23 所示设置多线样式。单击“确定”按钮，返回到“多线样式”对话框，单击“置为当前”按钮，将 240 墙样式置为当前。单击“确定”按钮，完成 240 墙样式的设置。

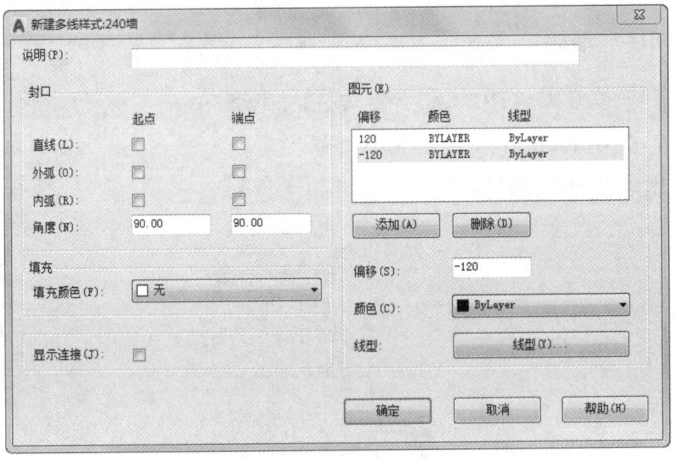

图 6-23　设置多线样式

技巧：

在建筑平面图中，墙体用双线表示，一般采用轴线定位的方式，以轴线为中心，具有很强的对称关系，因此绘制墙线通常有 3 种方法。

（1）使用“偏移”命令直接偏移轴线，将轴线向两侧偏移一定距离，得到双线，然后将所得双线转移至墙线图层。

（2）使用“多线”命令直接绘制墙线。

（3）当墙体要求填充成实体颜色时，也可以采用“多段线”命令直接绘制，将线宽设置为墙厚即可。

笔者推荐选用第二种方法，即采用“多线”命令绘制墙线。

【选项说明】

“新建多线样式”对话框中的选项说明如下。

（1）“封口”选项组：可以设置多线起点和端点的特性，包括以直线、外弧，还是内弧封口及封口线段或圆弧的角度。

（2）“填充”选项组：在“填充颜色”下拉列表框中选择多线填充的颜色。

（3）“图元”选项组：在此选项组中设置组成多线的元素的特性。单击“添加”按钮，为多线添加元素；单击“删除”按钮，可以删除组成多线的元素。在“偏移”文本框中可以设置选中元素的位置偏移值；在“颜色”下拉列表框中可为选中元素选择颜色；单击“线型”按钮，可为选中元素设置线型。

6.3.2　绘制多线

多线的绘制方法和直线的绘制方法相似，不同的是多线由两条线型相同的平行线组成。绘制的每一条多线都是一个完整的整体，不能对其进行偏移、倒角、延伸和修剪等编辑操作，只能用“分解”命令将其分解成多条直线后再编辑。

【执行方式】

- 命令行：MLINE。
- 菜单栏：选择菜单栏中的“绘图”→“多线”命令。

扫一扫，看视频

动手学——绘制住宅墙体

调用素材：源文件\第 6 章\定义住宅墙体的样式.dwg

源文件：源文件\第 6 章\绘制住宅墙体.dwg

绘制如图 6-24 所示的住宅墙体。

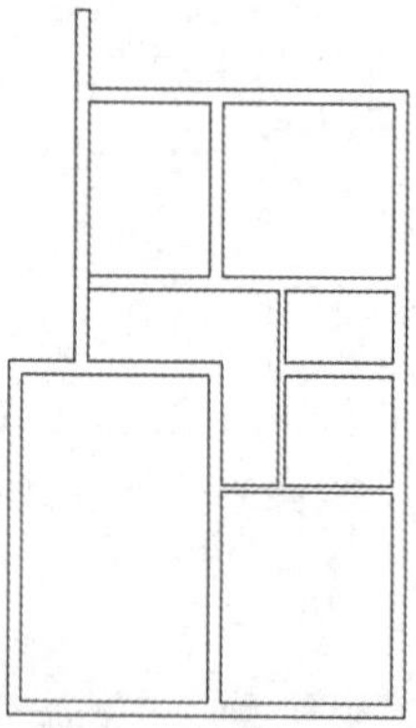

图 6-24　住宅墙体

操作步骤

（1）打开源文件\第 6 章\定义住宅墙体的样式.dwg 文件。

（2）选择菜单栏中的“绘图”→“多线”命令，绘制 240 墙体。命令行提示与操作如下：

```
命令：_mline
当前设置：对正 = 无，比例 = 1.00，样式 = 240 墙
指定起点或 [对正(J)/比例(S)/样式(ST)]： S
输入多线比例 <1.00>:
当前设置：对正 = 无，比例 = 1.00，样式 = 240 墙
```

```
指定起点或 [对正(J)/比例(S)/样式(ST)]: J
输入对正类型 [上(T)/无(Z)/下(B)] <无>: Z
当前设置: 对正 = 无, 比例 = 1.00, 样式 = 240 墙
指定起点或 [对正(J)/比例(S)/样式(ST)]:(在绘制的辅助线交点上指定一点)
指定下一点:(在绘制的辅助线交点上指定下一点)
```

结果如图 6-25 所示。采用相同的方法根据辅助线网格绘制其余的 240 墙线，结果如图 6-26 所示。

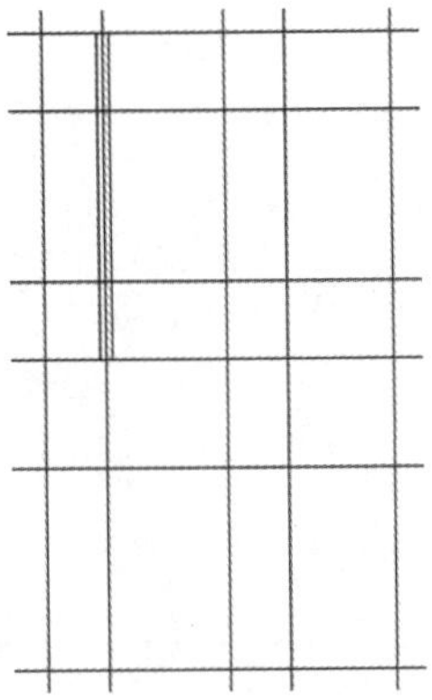

图 6-25　绘制 240 墙线 1

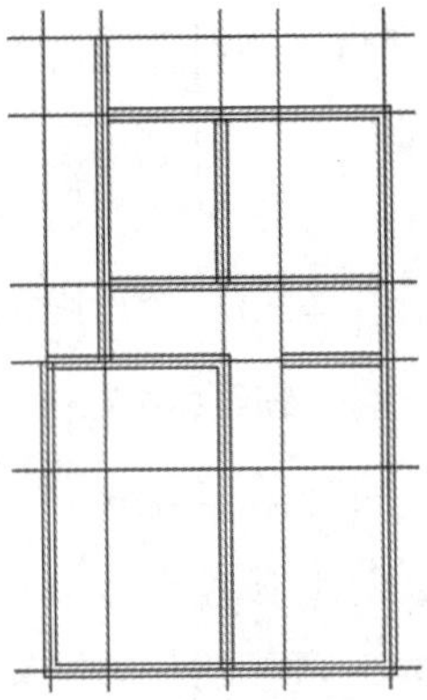

图 6-26　绘制所有的 240 墙线

（3）定义 120 墙多线样式。选择菜单栏中的“格式”→“多线样式”命令，打开“多线样式”对话框。单击“新建”按钮，打开“创建新的多线样式”对话框，在“新样式名”文本框中输入“120 墙”，单击“继续”按钮。打开“新建多线样式:120 墙”对话框，进行如图 6-27 所示的多线样式设置。单击“确定”按钮，返回到“多线样式”对话框，单击“置为当前”按钮，将 120 墙样式置为当前。单击“确定”按钮，完成 120 墙样式的设置。

（4）选择菜单栏中的“绘图”→“多线”命令，根据辅助线网格绘制 120 的墙体，结果如图 6-28 所示。

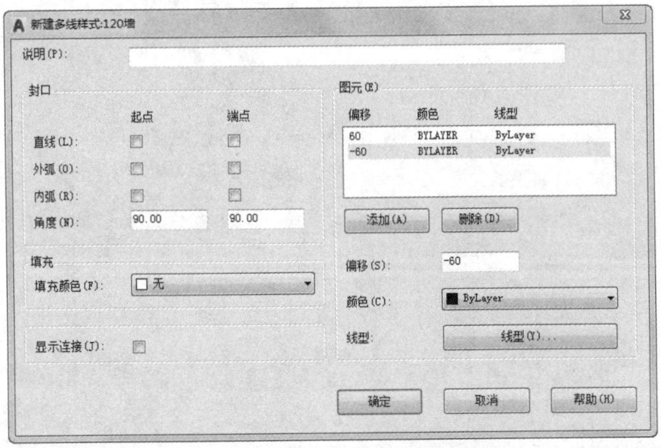

图 6-27　设置多线样式

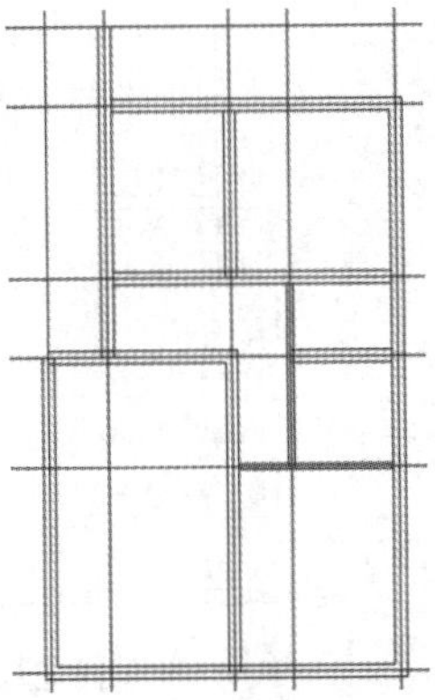

图 6-28　绘制 120 的墙体

【选项说明】

（1）对正(J)：用于给定绘制多线的基准。共有“上”“无”和“下”3 种对正类型。其中，“上”表示以多线上侧的线为基准，以此类推。

（2）比例(S)：选择该选项，要求用户设置平行线的间距。输入值为 0 时，平行线重合；值为负时，多线的排列倒置。

（3）样式(ST)：用于设置当前使用的多线样式。

6.3.3 编辑多线

AutoCAD 提供了 4 种类型，12 个多线编辑工具。

【执行方式】

- 命令行：MLEDIT。
- 菜单栏：选择菜单栏中的“修改”→“对象”→“多线”命令。

扫一扫，看视频

动手学——编辑住宅墙体

调用素材：源文件\第 6 章\绘制住宅墙体.dwg

源文件：源文件\第 6 章\编辑住宅墙体.dwg

绘制如图 6-29 所示的住宅墙体。

操作步骤

（1）打开源文件\第 6 章\绘制住宅墙体.dwg 文件。

（2）编辑多线。选择菜单栏中的“修改”→“对象”→“多线”命令，打开“多线编辑工具”对话框，如图 6-30 所示。选择“T 形打开”选项，命令行提示与操作如下：

```
命令：_mledit
选择第一条多线：（选择多线）
选择第二条多线：（选择多线）
选择第一条多线或 [放弃(U)]：（选择多线）
```

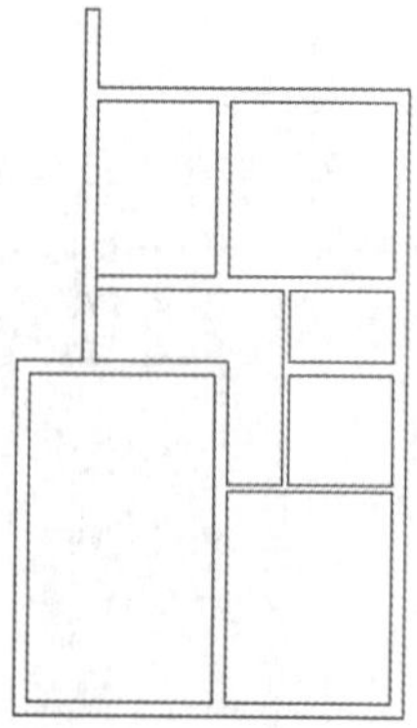

图 6-29　住宅墙体

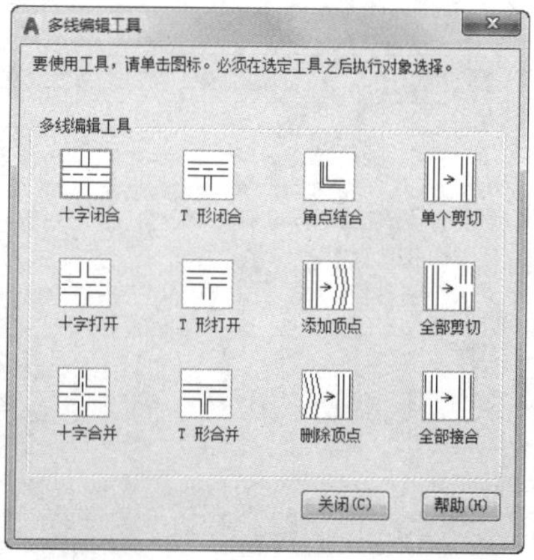

图 6-30　“多线编辑工具”对话框

采用同样的方法继续进行多线编辑，如图 6-31 所示。

然后在“多线编辑工具”对话框中选择“角点结合”选项，对墙线进行编辑，并删除辅助线。

（3）在“默认”选项卡中单击“绘图”面板中的“直线”按钮╱，将端口处封闭，最后结果如图 6-29 所示。

【选项说明】

在“多线编辑工具”对话框中，第一列工具用于处理十字交叉的多线，第二列工具用于处理 T 形相交的多线，第三列工具用于处理角点连接和顶点，第四列工具用于处理多线的剪切或接合。

动手练——绘制墙体

源文件：源文件\第 6 章\墙体.dwg

绘制如图 6-32 所示的墙体。

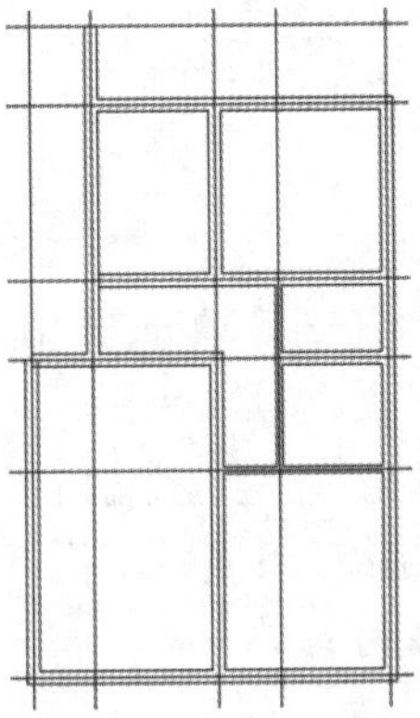

图 6-31　T 形打开

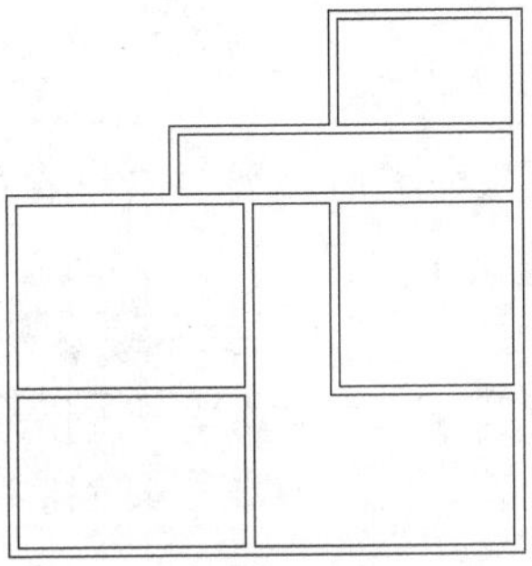

图 6-32　墙体

思路点拨：

利用“多线样式”“多线”、多线编辑命令绘制墙体。

6.4　图案填充

为了标示某一区域的材质或用料，常为其填充一定的图案。图形中的填充图案描述了对象的材料特性，提高了图形的可读性，帮助绘图者实现了表达信息的目的。此外，还可以创建渐变色填充，增强图形的演示效果。

6.4.1　基本概念

1. 图案边界

当进行图案填充时，首先要确定填充图案的边界。定义边界的对象只能是直线、双向射线、单向射线、多义线、样条曲线、圆弧、圆、椭圆、椭圆弧、面域等对象或用这些对象定义的块，而且作为边界的对象在当前图层上必须全部可见。

2. 孤岛

在进行图案填充时，把位于总填充区域内的封闭区称为孤岛，如图 6-33 所示。在使用 BHATCH 命令填充时，AutoCAD 系统允许用户以拾取点的方式确定填充边界，即在希望填充的区域内任意拾取一点，系统会自动确定出填充边界，同时也确定出该边界内的岛。如果用户以选择对象的方式确定填充边界，则必须确切地选取这些岛，有关知识将在 6.4.2 小节中介绍。

（a）孤岛 1　　（b）孤岛 2

图 6-33　孤岛

3. 填充方式

在进行图案填充时，需要控制填充的范围。AutoCAD 提供了以下 3 种填充方式，以实现对填充范围的控制。

（1）普通方式：该方式从边界开始，从每条填充线或每个填充符号的两端向里填充，遇到内部对象与之相交时，填充线或符号断开，直到遇到下一次相交时再继续填充，如图 6-34（a）所示。采用这种填充方式时，要避免填充线或符号与内部对象的相交次数为奇数。该方式为系统内部的默认方式。

（2）最外层方式：该方式从边界向里填充，只要在边界内部与对象相交，填充符号就会断开，而不再继续填充，如图 6-34（b）所示。

（3）忽略方式：该方式忽略边界内的对象，所有内部结构都被填充符号覆盖，如图 6-34（c）所示。

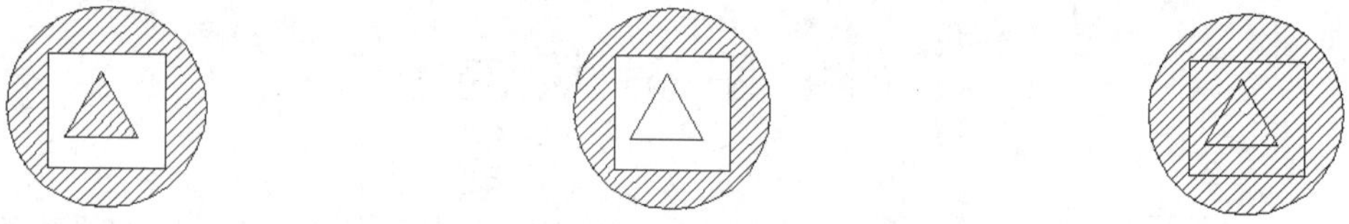

（a）普通方式　　（b）最外层方式　　（c）忽略方式

图 6-34　填充方式

6.4.2　图案填充的操作

图案用来区分工程部件或用来表现组成对象的材质。可以使用预定义的图案填充，使用当前的线型定义简单的直线图案或者差集更加复杂的填充图案。可在某一封闭区域内填充关联图案，可生成随边界变化的相关的填充，也可以生成不相关的填充。

【执行方式】

- 命令行：BHATCH（快捷命令：H）。
- 菜单栏：选择菜单栏中的“绘图”→“图案填充”命令。
- 工具栏：单击“绘图”工具栏中的“图案填充”按钮。
- 功能区：在“默认”选项卡中单击“绘图”面板中的“图案填充”按钮。

扫一扫，看视频

动手学——绘制传真机

源文件： 源文件\第 6 章\传真机.dwg

本实例绘制传真机，如图 6-35 所示。

操作步骤

（1）绘制正方形。在“默认”选项卡中单击“绘图”面板中的“矩形”按钮，绘制一个边长为 100 的正方形，两对角点的坐标分别为（100,100）和（200,200）。

（2）绘制双向箭头。在“默认”选项卡中单击“绘图”面板中的“多段线”按钮，绘制双向箭头，表示收发两用，效果如图 6-36 所示。命令行提示与操作如下：

```
命令: _pline
指定起点:（拾取矩形左侧直线的下端点）
当前线宽为 0.0000
指定下一点或 [圆弧(A)/半宽(H)/长度(L)/放弃(U)/宽度(W)]: @20,0↙（绘制直线段）
指定下一点或 [圆弧(A)/闭合(C)/半宽(H)/长度(L)/放弃(U)/宽度(W)]: w↙
指定起点宽度 <0.0000>: ↙
指定端点宽度 <0.0000>: 3↙（设置箭头宽度）
指定下一点或 [圆弧(A)/闭合(C)/半宽(H)/长度(L)/放弃(U)/宽度(W)]: @20,0↙（绘制向左箭头）
指定下一点或 [圆弧(A)/闭合(C)/半宽(H)/长度(L)/放弃(U)/宽度(W)]: w↙
指定起点宽度 <4.0000>: 0↙
指定端点宽度 <0.0000>: ↙（设置直线段宽度）
指定下一点或 [圆弧(A)/闭合(C)/半宽(H)/长度(L)/放弃(U)/宽度(W)]: @20,0↙（绘制直线段）
指定下一点或 [圆弧(A)/闭合(C)/半宽(H)/长度(L)/放弃(U)/宽度(W)]: w↙
指定起点宽度 <0.0000>: 3↙
指定端点宽度 <4.0000>: 0↙（设置向右箭头宽度）
指定下一点或 [圆弧(A)/闭合(C)/半宽(H)/长度(L)/放弃(U)/宽度(W)]: @20,0↙（绘制向右箭头）
指定下一点或 [圆弧(A)/闭合(C)/半宽(H)/长度(L)/放弃(U)/宽度(W)]: @20,0↙（绘制直线段）
指定下一点或 [圆弧(A)/闭合(C)/半宽(H)/长度(L)/放弃(U)/宽度(W)]: ↙（退出“多段线”命令）
```

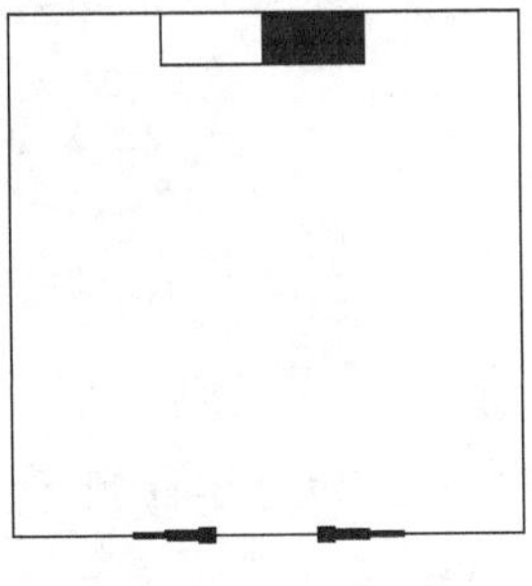

图 6-35　传真机

图 6-36　绘制双向箭头

（3）绘制矩形。在“默认”选项卡中单击“绘图”面板中的“矩形”按钮，绘制矩形，第一个对角点的绝对坐标为（150,200），第二个对角点的相对坐标为（-20,-10）。重复“矩形”命令，绘制另一侧的矩形，如图 6-37 所示。

（4）图案填充。在“默认”选项卡中单击“绘图”面板中的“图案填充”按钮，选择 SOLID 图案填充镜像得到的矩形，完成传真收发两用机符号的绘制，结果如图 6-38 所示。

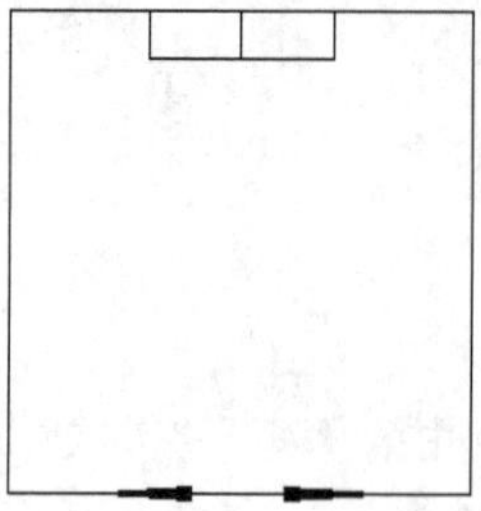

图 6-37　绘制矩形

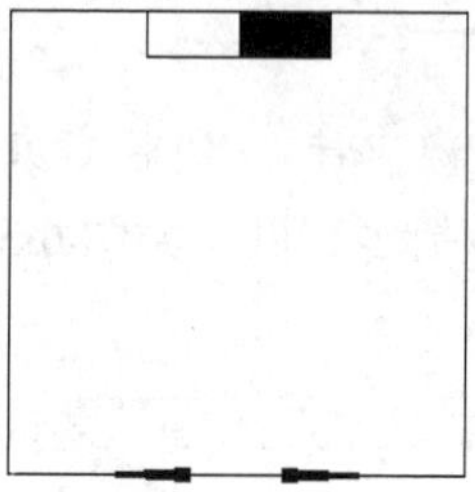

图 6-38　图案填充

【选项说明】

1．“边界”面板

（1）拾取点：通过选择由一个或多个对象形成的封闭区域内的点，确定图案填充边界，如图 6-39 所示。指定内部点时，可以随时在绘图区中右击以显示包含多个选项的快捷菜单。

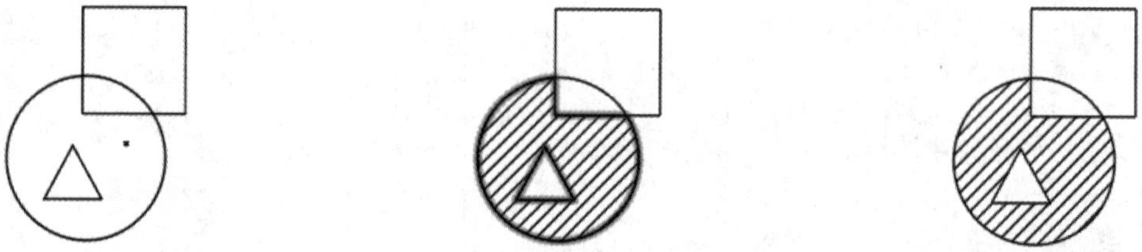

（a）选择一点　　（b）填充区域　　（c）填充结果

图 6-39　通过拾取点确定填充边界

（2）选择边界对象：指定基于选定对象的图案填充边界。使用该选项时，不会自动检测内部对象，必须选择选定边界内的对象，以按照当前孤岛检测样式填充这些对象，如图 6-40 所示。

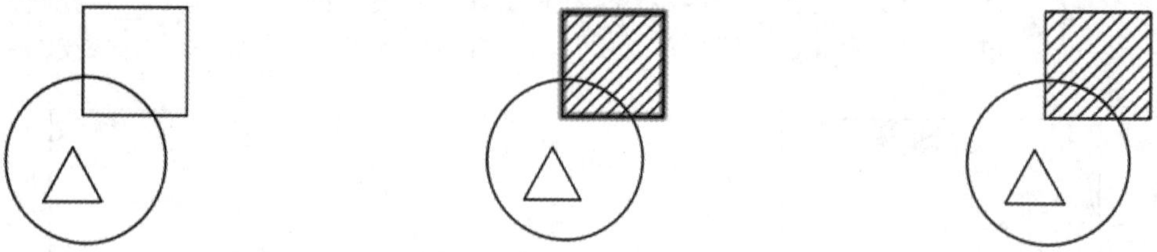

（a）原始图形　　（b）选取边界对象　　（c）填充结果

图 6-40　选取边界对象

（3）删除边界对象：从边界定义中删除之前添加的任何对象，如图 6-41 所示。

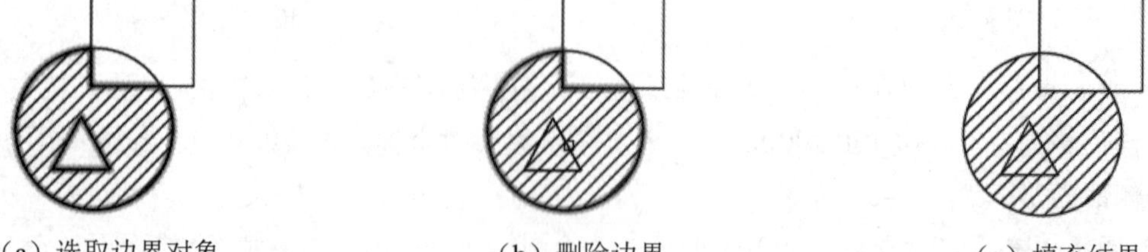

（a）选取边界对象　　（b）删除边界　　（c）填充结果

图 6-41　删除“岛”后的边界

（4）重新创建边界：围绕选定的图案填充或填充对象创建多段线或面域，并使其与图案填充对象相关联（可选）。

（5）显示边界对象：选择构成选定关联图案填充对象的边界的对象，使用显示的夹点可修改图案填充边界。

（6）保留边界对象：指定如何处理图案填充边界对象。包括以下几个选项。

① 不保留边界：（仅在图案填充创建期间可用）不创建独立的图案填充边界对象。

② 保留边界-多段线：（仅在图案填充创建期间可用）创建封闭图案填充对象的多段线。

③ 保留边界-面域：（仅在图案填充创建期间可用）创建封闭图案填充对象的面域对象。

（7）选择新边界集：指定对象的有限集（称为边界集），以便通过创建图案填充时的拾取点进行计算。

2.“图案”面板

显示所有预定义和自定义图案的预览图像。

3.“特性”面板

（1）图案填充类型：指定是使用纯色、渐变色、图案还是用户定义的填充。

（2）图案填充颜色：替代实体填充和填充图案的当前颜色。

（3）背景色：指定填充图案背景的颜色。

（4）图案填充透明度：设定新图案填充或填充的透明度，替代当前对象的透明度。

（5）图案填充角度：指定图案填充或填充的角度。

（6）填充图案比例：放大或缩小预定义或自定义填充图案。

（7）相对图纸空间:（仅在布局中可用）相对于图纸空间单位缩放填充图案。使用此选项，很容易做到以适合布局的比例显示填充图案。

（8）双向:（仅当“图案填充类型”设定为“用户定义”时可用）将绘制第二组直线，与原始直线成 90° 角，从而构成交叉线。

（9）ISO 笔宽:（仅对于预定义的 ISO 图案可用）基于选定的笔宽缩放 ISO 图案。

4.“原点”面板

（1）设定原点：直接指定新的图案填充原点。

（2）左下：将图案填充原点设定在图案填充边界矩形范围的左下角。

（3）右下：将图案填充原点设定在图案填充边界矩形范围的右下角。

（4）左上：将图案填充原点设定在图案填充边界矩形范围的左上角。

（5）右上：将图案填充原点设定在图案填充边界矩形范围的右上角。

（6）中心：将图案填充原点设定在图案填充边界矩形范围的中心。

（7）使用当前原点：将图案填充原点设定在 HPORIGIN 系统变量中存储的默认位置。

（8）存储为默认原点：将新图案填充原点的值存储在 HPORIGIN 系统变量中。

5.“选项”面板

（1）关联：指定图案填充或填充为关联图案填充。关联的图案填充或填充在用户修改其边界对象时将会更新。

（2）注释性：指定图案填充为注释性。此特性会自动完成缩放注释过程，从而使注释能够以正确的大小在图纸上打印或显示。

（3）特性匹配。

① 使用当前原点：使用选定图案填充对象（除图案填充原点外）设定图案填充的特性。

② 使用源图案填充的原点：使用选定图案填充对象（包括图案填充原点）设定图案填充的特性。

（4）允许的间隙：设定将对象用作图案填充边界时可以忽略的最大间隙。默认值为 0，此值指定对象必须封闭区域而没有间隙。

（5）创建独立的图案填充：控制当指定了几个单独的闭合边界时，是创建单个图案填充对象，还是创建多个图案填充对象。

（6）孤岛检测。

① 普通孤岛检测：从外部边界向内填充。如果遇到内部孤岛，填充将关闭，直到遇到孤岛中的另一个孤岛。

② 外部孤岛检测：从外部边界向内填充。此选项仅填充指定的区域，不会影响内部孤岛。

③ 忽略孤岛检测：忽略所有内部的对象，填充图案时将通过这些对象。

（7）绘图次序：为图案填充或填充指定绘图次序。其中包括“不更改”“后置”“前置”“置于边界之后”和“置于边界之前”等选项。

6.4.3 渐变色的操作

在绘图过程中，有些图形在填充时需要用到一种或多种颜色，尤其在绘制装潢、美工等图纸时，这时就要用到渐变色图案填充功能。利用该功能可以对封闭区域进行适当的渐变色填充，从而形成比较好的颜色修饰效果。

【执行方式】

- 命令行：GRADIENT。
- 菜单栏：选择菜单栏中的“绘图”→“渐变色”命令。
- 工具栏：单击“绘图”工具栏中的“渐变色”按钮。
- 功能区：在“默认”选项卡中单击“绘图”面板中的“渐变色”按钮。

【操作步骤】

执行上述操作后，系统打开如图 6-42 所示的“图案填充创建”选项卡。各面板中的按钮含义与图案填充的类似，这里不再赘述。

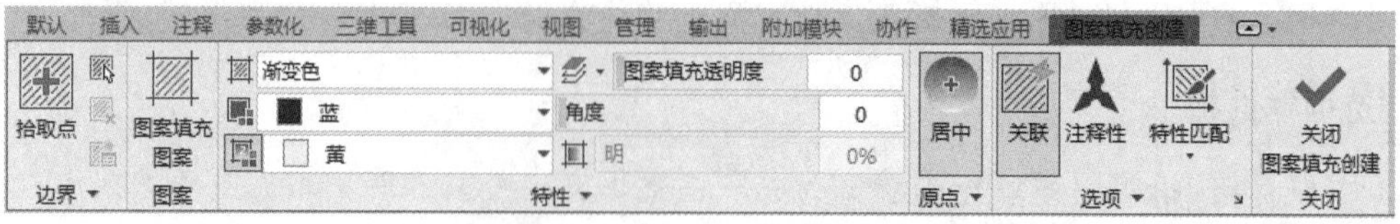

图 6-42 “图案填充创建”选项卡

6.4.4　编辑填充的图案

图案填充编辑功能用于修改现有的图案填充对象，但不能修改边界。

【执行方式】

- 命令行：HATCHEDIT（快捷命令：HE）。
- 菜单栏：选择菜单栏中的“修改”→“对象”→“图案填充”命令。
- 工具栏：单击“修改Ⅱ”工具栏中的“编辑图案填充”按钮。
- 功能区：在“默认”选项卡中单击“修改”面板中的“编辑图案填充”按钮。
- 快捷菜单：选中填充的图案后右击，在弹出的快捷菜单中选择“图案填充编辑”命令。
- 快捷方法：直接选择填充的图案，打开“图案填充编辑器”选项卡，如图 6-43 所示。

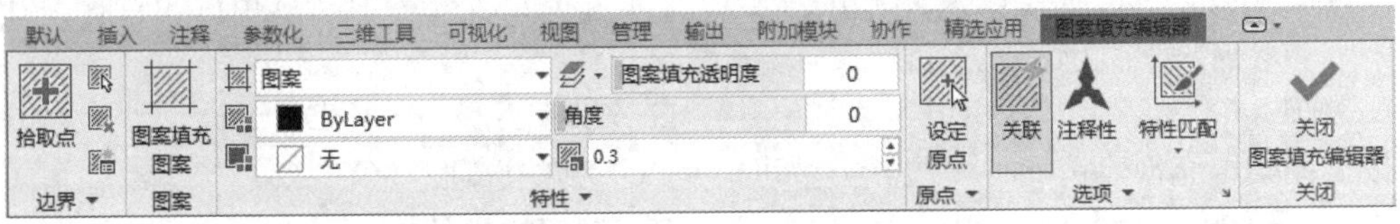

图 6-43　“图案填充编辑器”选项卡

动手练——绘制配电箱

源文件：源文件\第 6 章\配电箱.dwg

绘制如图 6-44 所示的配电箱。

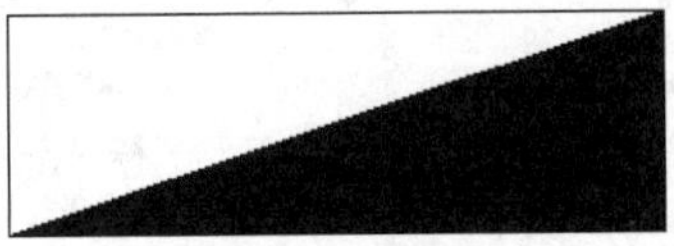

图 6-44　配电箱

思路点拨：

（1）利用“矩形”命令绘制外框。

（2）利用“直线”命令绘制矩形的对角线。

（3）利用“图案填充”命令填充图案。

6.5　模拟认证考试

1．若需要编辑已知多段线，使用“多段线”命令哪个选项可以创建宽度不等的对象？（　　）

A．样条(S)　　B．锥形(T)　　C．宽度(W)　　D．编辑顶点(E)

2．执行“样条曲线拟合”命令后，某选项用来输入曲线的偏差值。值越大，曲线越远离指定的点；值越小，曲线离指定的点越近。该选项是（　　）。

A．闭合　　B．端点切向　　C．公差　　D．起点切向

3．无法用多段线直接绘制的是（　　）。

A．直线段　　B．弧线段
C．样条曲线　　D．直线段和弧线段的组合段

4．设置“多线样式”时，下列不属于多线封口的是（　　）。

A．直线　　B．多段线　　C．内弧　　D．外弧

5．关于样条曲线拟合点说法错误的是（　　）。

A．可以删除样条曲线的拟合点　　B．可以添加样条曲线的拟合点
C．可以阵列样条曲线的拟合点　　D．可以移动样条曲线的拟合点

6．填充选择边界出现红色圆圈是（　　）。

A．绘制的圆没有删除　　B．检测到点样式为圆的端点
C．检测到无效的图案填充边界　　D．程序出错，重新启动可以解决

7．图案填充时，有时需要改变原点位置来适应图案填充边界，但默认情况下，图案填充原点坐标是（　　）。

A．0,0　　B．0,1　　C．1,0　　D．1,1

8．根据图案填充创建边界时，边界类型可能是以下哪些选项？（　　）

A．多段线　　B．封闭的样条曲线
C．三维多段线　　D．螺旋线

9．使用“图案填充”命令绘制图案时，可以选定哪个选项？（　　）

A．图案的颜色和比例　　B．图案的角度和比例
C．图案的角度和线型　　D．图案的颜色和线型

10．创建如图 6-45 所示的图形。

11．绘制如图 6-46 所示的图形。

图 6-45　图形 1

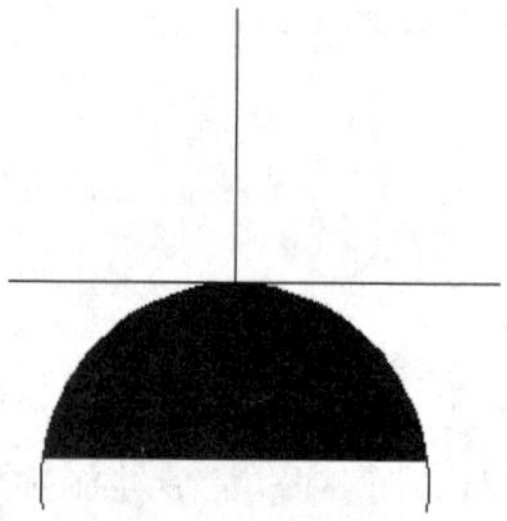

图 6-46　图形 2

第 7 章　简单编辑命令

内容简介

二维图形的编辑操作配合绘图命令的使用，可以进一步完成复杂图形对象的绘制工作，并可使用户合理安排和组织图形，保证绘图准确、减少重复，因此对编辑命令的熟练掌握和运用有助于提高设计和绘图的效率。

内容要点

- 选择对象
- 复制类命令
- 改变位置类命令
- 模拟认证考试

案例效果

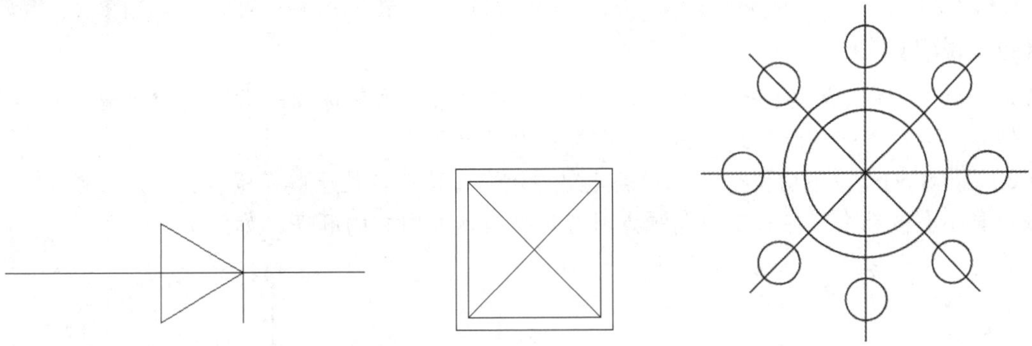

7.1　选 择 对 象

选择对象是进行编辑的前提。AutoCAD 提供了多种对象选择方法，如点取方法、用选择窗口选择对象、用选择线选择对象、用对话框选择对象和用套索选择工具选择对象等。

AutoCAD 2020 提供以下两种编辑图形的途径。

（1）先执行编辑命令，然后选择要编辑的对象。

（2）先选择要编辑的对象，然后执行编辑命令。

这两种途径的执行效果是相同的，但选择对象是进行编辑的前提。AutoCAD 2020 可以编辑单个的选择对象，也可以把选择的多个对象组成一个整体，如选择集和对象组，进行整体编辑与修改。

7.1.1 构造选择集

选择集可以仅由一个图形对象构成，也可以是一个复杂的对象组，如位于某一特定图层上具有某种特定颜色的一组对象。选择集的构造可以在调用编辑命令之前或之后进行。

AutoCAD 提供了以下几种方法构造选择集。

- 先选择一个编辑命令，然后选择对象，按 Enter 键结束操作。
- 使用 SELECT 命令。
- 用点取设备选择对象，然后调用编辑命令。
- 定义对象组。

无论使用哪种方法，AutoCAD 都将提示用户选择对象，并且光标的形状由十字光标变为拾取框。下面结合 SELECT 命令说明选择对象的方法。

【操作步骤】

SELECT 命令可以单独使用，也可以在执行其他编辑命令时自动调用。命令行提示与操作如下：

```
命令：SELECT
选择对象：(等待用户以某种方式选择对象作为回答。AutoCAD 2020 提供多种选择方式，可以输入“?”查看这些选择方式)
指定点或窗口(W)/上一个(L)/窗交(C)/框(BOX)/全部(ALL)/栏选(F)/圈围(WP)/圈交(CP)/编组(G)/添加(A)/删除(R)/多个(M)/前一个(P)/放弃(U)/自动(AU)/单个(SI)/子对象(SU)/对象(O)
```

【选项说明】

（1）点：该选项表示直接通过点取的方式选择对象。用鼠标或键盘移动拾取框，使其框住要选取的对象，然后单击，就会选中该对象并以高亮度显示。

（2）窗口(W)：使用由两个对角顶点确定的矩形窗口选取位于其范围内部的所有图形，与边界相交的对象不会被选中。在指定对角顶点时应该按照从左向右的顺序，如图 7-1 所示。

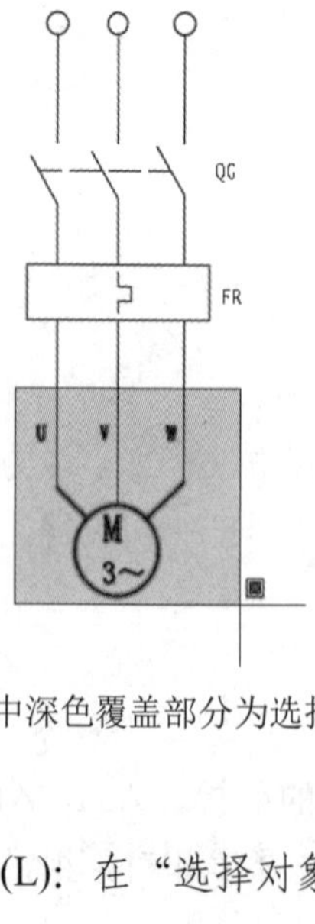

（a）图中深色覆盖部分为选择窗口

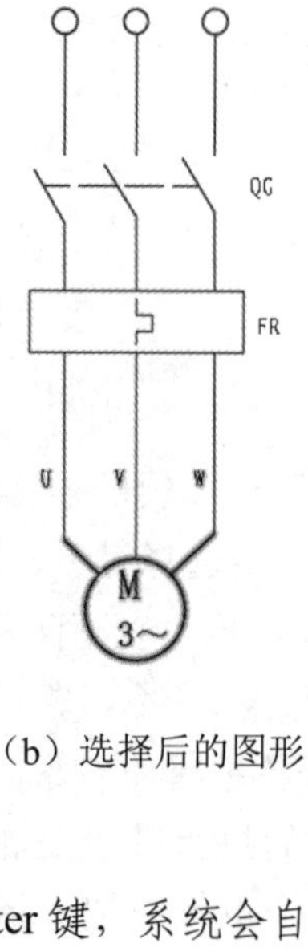

（b）选择后的图形

图 7-1 “窗口”对象选择方式

（3）上一个(L)：在“选择对象:”提示下输入“L”后，按 Enter 键，系统会自动选取最后绘出的一个对象。

（4）窗交(C)：该方式与上述“窗口”方式类似，区别在于它不但选中矩形窗口内部的对象，也选中与矩形窗口边界相交的对象，如图 7-2 所示。

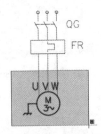

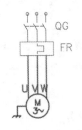

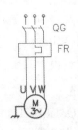

（a）图中深色覆盖部分为选择窗口　　（b）选择后的图形

图 7-2　“窗交”对象选择方式

（5）框(BOX)：选择该选项时，系统根据用户在屏幕上给出的两个对角点的位置而自动引用“窗口”或“窗交”方式。若从左向右指定对角点，则为“窗口”方式；反之，则为“窗交”方式。

（6）全部(ALL)：选取图面上的所有对象。

（7）栏选(F)：用户临时绘制一些直线，这些直线不必构成封闭图形，凡是与这些直线相交的对象均被选中，如图 7-3 所示。

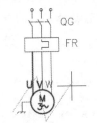

（a）图中虚线为选择栏　　（b）选择后的图形

图 7-3　“栏选”对象选择方式

（8）圈围(WP)：使用一个不规则的多边形来选择对象。根据提示，用户依次输入构成多边形的所有顶点的坐标，然后按 Enter 键结束操作，系统将自动连接从第一个顶点到最后一个顶点的各个顶点，形成封闭的多边形，凡是被多边形围住的对象均被选中（不包括边界），如图 7-4 所示。

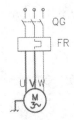

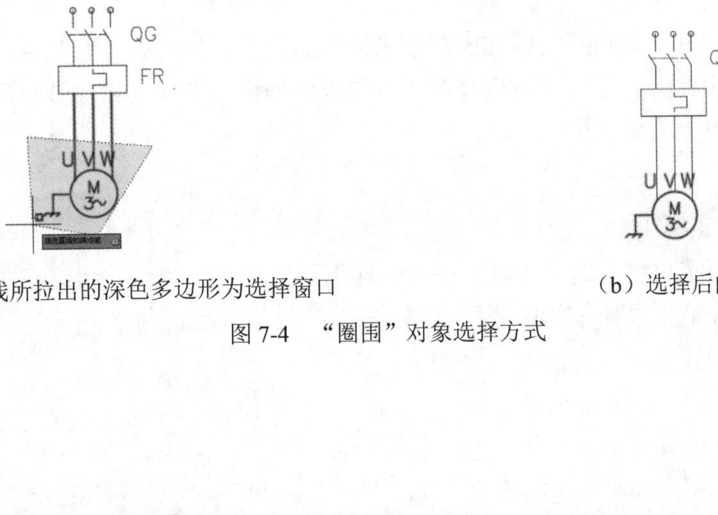

（a）图中十字线所拉出的深色多边形为选择窗口　　（b）选择后的图形

图 7-4　“圈围”对象选择方式

（9）圈交(CP)：类似于“圈围”方式，在“选择对象:”提示后输入“CP”，后续操作与“圈围”方式相同，区别在于与多边形边界相交的对象也被选中。

（10）编组(G)：使用预先定义的对象组作为选择集。事先将若干个对象组成对象组，用组名引用。

（11）添加(A)：添加下一个对象到选择集。也可用于从平移模式（Remove）到选择模式的切换。

（12）删除(R)：按住 Shift 键选择对象，可以从当前选择集中移走该对象。对象由高亮度显示状态变为正常显示状态。

（13）多个(M)：指定多个点，不高亮度显示对象。这种方法可以加快在复杂图形上的选择对象过程。若两个对象交叉，两次指定交叉点，则可以选中这两个对象。

（14）前一个(P)：用关键字 P 回应“选择对象:”的提示，则把上次编辑命令中的最后一次构造的选择集或最后一次使用 SELECT（DDSELECT）命令预置的选择集作为当前选择集。这种方法适用于对同一选择集进行多种编辑操作的情况。

（15）放弃(U)：用于取消加入选择集的对象。

（16）自动(AU)：选择结果视用户在屏幕上的选择操作而定。如果选中单个对象，则该对象为自动选择的结果。如果选择点落在对象内部或外部的空白处，系统会提示“指定对角点”。此时，系统会采取一种窗口的选择方式。对象被选中后，变为虚线形式，并以高亮度显示。

（17）单个(SI)：选择指定的第一个对象或对象集，而不继续提示进行下一步的选择。

（18）子对象(SU)：使用户可以逐个选择原始形状，这些形状是复合实体的一部分或三维实体上的顶点、边和面。可以选择这些子对象的其中之一，也可以创建多个子对象的选择集。选择集可以包含多种类型的子对象。

（19）对象(O)：结束选择子对象的功能，使用户可以使用对象选择方法。

技巧：

若矩形框从左向右定义，即第一个选择的对角点为左侧的对角点，矩形框内部的对象被选中，框外部的及与矩形框边界相交的对象不会被选中。若矩形框从右向左定义，矩形框内部及与矩形框边界相交的对象都会被选中。

7.1.2 快速选择

有时用户需要选择具有某些共同属性的对象来构造选择集，如选择具有相同颜色、线型或线宽的对象。当然可以使用前面介绍的方法选择这些对象，但如果要选择的对象数量较多且分布在较复杂的图形中，会导致很大的工作量。

【执行方式】

- 命令行：QSELECT。
- 菜单栏：选择菜单栏中的“工具”→“快速选择”命令。
- 快捷菜单：在右键快捷菜单中选择“快速选择”命令（如图 7-5 所示）或在“特性”选项板中单击“快速选择”按钮（如图 7-6 所示）。

图 7-5　在快捷菜单中选择“快速选择”命令

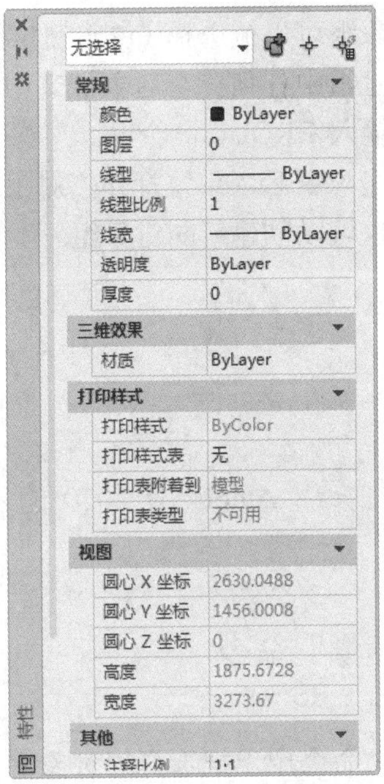

图 7-6　“特性”选项板

【操作步骤】

执行上述操作后，系统打开如图 7-7 所示的“快速选择”对话框。利用该对话框可以根据用户指定的过滤标准快速创建选择集。

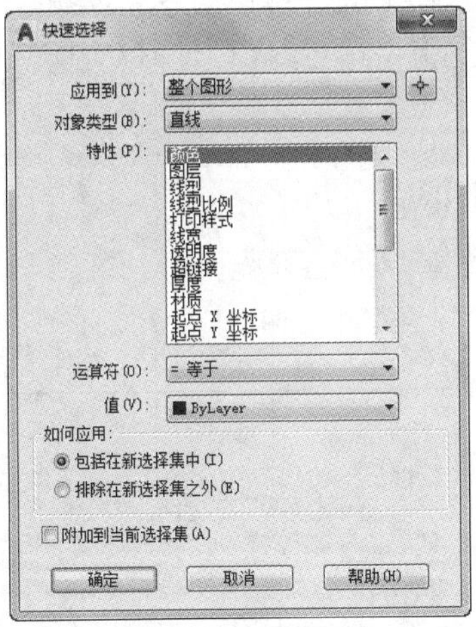

图 7-7　“快速选择”对话框

7.1.3　构造对象组

对象组与选择集并没有本质的区别。当我们把若干个对象定义为选择集并想让它们在以后的操作中始终作为一个整体时，为了简捷，可以给这个选择集命名并保存起来，这个命名了的对象选择集就是对象组，它的名字称为组名。

如果对象组可以被选择（位于锁定图层上的对象组不能被选择），那么可以通过组名引用该对象组，并且一旦组中任何一个对象被选中，那么组中的全部对象成员都被选中。该功能的调用方法为在命令行中输入 GROUP 命令。

执行上述命令后，系统打开“对象编组”对话框。利用该对话框可以查看或修改已存在的对象组的属性，也可以创建新的对象组。

7.2 复制类命令

本节详细介绍 AutoCAD 2020 的复制类命令。利用这些复制类命令，可以方便地编辑绘制的图形。

7.2.1 “镜像”命令

“镜像”命令用于把选择的对象以一条镜像线为对称轴进行镜像。镜像操作完成后，可以保留原对象，也可以将其删除。

【执行方式】

- 命令行：MIRROR。
- 菜单栏：选择菜单栏中的“修改”→“镜像”命令。
- 工具栏：单击“修改”工具栏中的“镜像”按钮。
- 功能区：在“默认”选项卡中单击“修改”面板中的“镜像”按钮。

扫一扫，看视频

动手学——绘制二极管

源文件： 源文件\第 7 章\二极管.dwg

本实例绘制如图 7-8 所示的二极管。

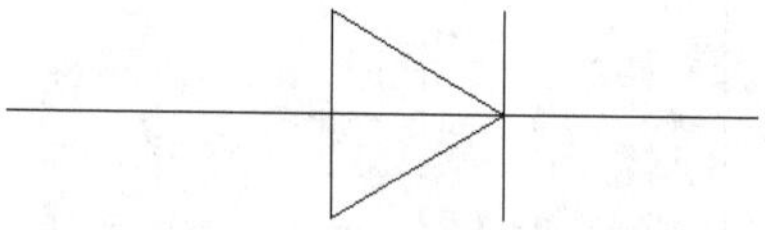

图 7-8　二极管

操作步骤

（1）在“默认”选项卡中单击“绘图”面板中的“直线”按钮，采用相对或者绝对输入方式，绘制一条起点为（100,100）、长度为 150 的直线。

（2）在“默认”选项卡中单击“绘图”面板中的“多段线”按钮，绘制二极管的上半部分。命令行提示与操作如下：

```
命令：_pline
指定起点：200,120↙（指定多段线起点在直线段的左上方，输入其绝对坐标为（200,120））
当前线宽为 0.0000（按 Enter 键默认系统线宽）
指定下一个点或 [圆弧(A)/半宽(H)/长度(L)/放弃(U)/宽度(W)]：_per 到（按住 Shift 键并右击，在弹出的快捷菜单中选择“垂直”命令，捕捉刚指定的起点到水平直线的垂足）
```

指定下一个点或 [圆弧(A)/半宽(H)/长度(L)/放弃(U)/宽度(W)]: @40<150↙ （用极坐标输入法，绘制长度为 40，与 X 轴正方向成 150° 夹角的直线）
指定下一点或 [圆弧(A)/闭合(C)/半宽(H)/长度(L)/放弃(U)/宽度(W)]: _per 到 （捕捉到水平直线的垂足）
指定下一点或 [圆弧(A)/闭合(C)/半宽(H)/长度(L)/放弃(U)/宽度(W)]:

绘制的多段线效果如图 7-9 所示。

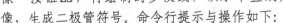

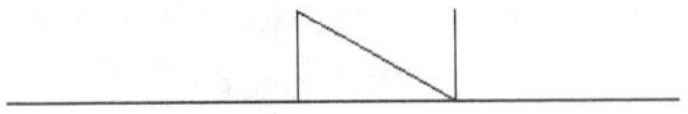

图 7-9 多段线效果

（3）在“默认”选项卡中单击“修改”面板中的“镜像”按钮，将绘制的多段线，以水平直线为轴进行镜像，生成二极管符号。命令行提示与操作如下:

命令: _mirror
选择对象:（选择多段线）
选择对象:
指定镜像线的第一点:（选取水平直线端点）
指定镜像线的第二点:（选取水平直线端点）
要删除源对象吗? [是(Y)/否(N)] <N>:

结果如图 7-8 所示。

技巧:

镜像对创建对称的图样非常有用，先绘制半个对象，然后将其镜像，而不必绘制整个对象。

默认情况下，镜像文字、属性及属性定义时，它们在镜像后所得图像中不会反转或倒置。文字的对齐和对正方式在镜像图样前后保持一致。如果制图确实要反转文字，可将 MIRRTEXT 系统变量设置为 1，默认值为 0。

7.2.2 “复制”命令

使用“复制”命令，可以从原对象以指定的角度和方向创建对象副本。在 AutoCAD 中默认是多重复制，也就是选定图形并指定基点后，可以通过定位不同的目标点复制出多份来。

【执行方式】

- 命令行：COPY。
- 菜单栏：选择菜单栏中的“修改”→“复制”命令。
- 工具栏：单击“修改”工具栏中的“复制”按钮。
- 功能区：在“默认”选项卡中单击“修改”面板中的“复制”按钮。
- 快捷菜单：选择要复制的对象，在绘图区右击，在弹出的快捷菜单中选择“复制选择”命令。

动手学——绘制三相变压器

扫一扫，看视频

源文件: 源文件\第 7 章\三相变压器.dwg

本实例绘制如图 7-10 所示的三相变压器。

操作步骤

（1）在“默认”选项卡中单击“绘图”面板中的“圆”按钮和“直线”按钮，绘制 1 个圆和 3 条共端点直线，尺寸适当指定。利用对象捕捉功能捕捉 3 条直线的共同端点为圆心，如图 7-11 所示。

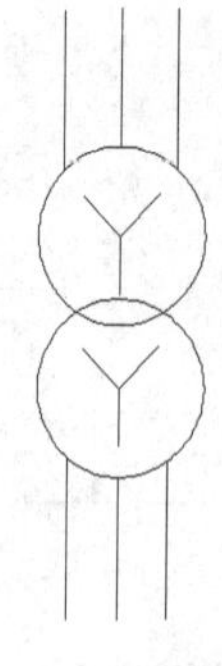

图 7-10　三相变压器

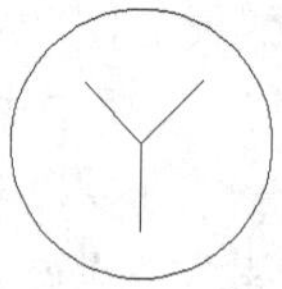

图 7-11　绘制圆和直线

（2）在“默认”选项卡中单击“修改”面板中的“复制”按钮，复制图形。命令行提示与操作如下：

```
命令：_copy
选择对象：（选择刚绘制的图形）
选择对象：
当前设置：复制模式 = 多个
指定基点或 [位移(D)/模式(O)] <位移>：（适当指定一点）
指定第二个点或 [阵列(A)] <使用第一个点作为位移>：（在正上方适当位置指定一点，如图 7-12 所示）
指定第二个点或 [阵列(A)/退出(E)/放弃(U)] <退出>：
```

结果如图 7-13 所示。

（3）结合“正交”和“对象捕捉”功能，在“默认”选项卡中单击“绘图”面板中的“直线”按钮，绘制 6 条竖直直线，最终结果如图 7-10 所示。

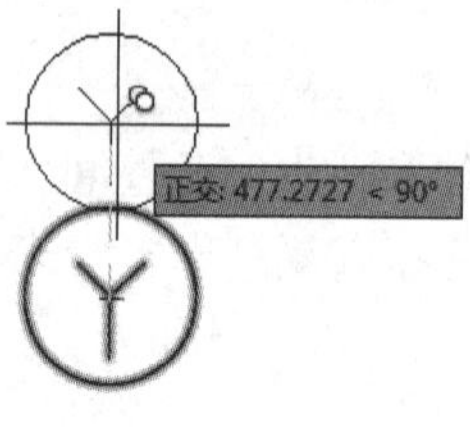

图 7-12　指定第二点

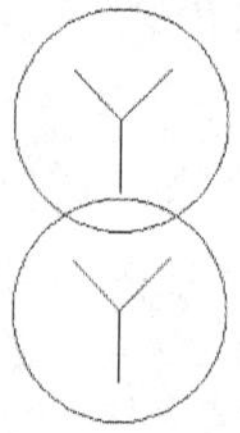

图 7-13　复制对象

【选项说明】

（1）指定基点：指定一个坐标点后，AutoCAD 2020 把该点作为复制对象的基点。

指定第二个点后，系统将根据这两点确定的位移矢量把选择的对象复制到第二点处。如果此时直接按 Enter 键，即选择默认的“使用第一个点作为位移”，则第一个点被当作相对于 X、Y、Z 的位移。例如，如果指定第二个点坐标为（2,3）并按下两次 Enter 键，则该对象从它当前的位置开始，在 X 方向上移动 2 个单位，在 Y 方向上移动 3 个单位。一次复制完成后，可以不断指定新的第二点，从而实现多重复制。

（2）位移(D)：直接输入位移值，表示以选择对象时的拾取点为基准，以拾取点坐标为移动方向，纵横比移动指定位移后所确定的点为基点。例如，选择对象时的拾取点坐标为（2,3），输入位移为 5，则表示以（2,3）点为基准，沿纵横比为 3:2 的方向移动 5 个单位所确定的点为基点。

（3）模式(O)：控制是否自动重复该命令。确定复制模式是单个还是多个。

（4）阵列(A)：指定在线性阵列中排列的副本数量。

7.2.3　“偏移”命令

“偏移”命令用于保持所选择对象的形状，在不同的位置以不同的尺寸新建一个对象。

【执行方式】

- 命令行：OFFSET。
- 菜单栏：选择菜单栏中的“修改”→“偏移”命令。
- 工具栏：单击“修改”工具栏中的“偏移”按钮。
- 功能区：在“默认”选项卡中单击“修改”面板中的“偏移”按钮。

扫一扫，看视频

动手学——绘制排风扇

源文件：源文件\第 7 章\排风扇.dwg

本实例绘制如图 7-14 所示的排风扇。

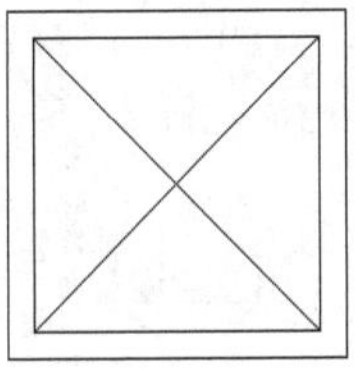

图 7-14　排风扇

操作步骤

（1）在“默认”选项卡中单击“绘图”面板中的“矩形”按钮，在图形适当位置任选一点为矩形起点，绘制一个 250×250 的矩形，如图 7-15 所示。

（2）在“默认”选项卡中单击“修改”面板中的“偏移”按钮，选择上步绘制的矩形为偏移对象，将其向内进行偏移，偏移距离为 20。命令行提示与操作如下：

```
命令：_offset
当前设置：删除源=否　图层=源　OFFSETGAPTYPE=0
指定偏移距离或 [通过(T)/删除(E)/图层(L)] <通过>: 20
选择要偏移的对象，或 [退出(E)/放弃(U)] <退出>:(选择矩形)
指定要偏移的那一侧上的点，或 [退出(E)/多个(M)/放弃(U)] <退出>:
选择要偏移的对象，或 [退出(E)/放弃(U)] <退出>:
```

结果如图 7-16 所示。

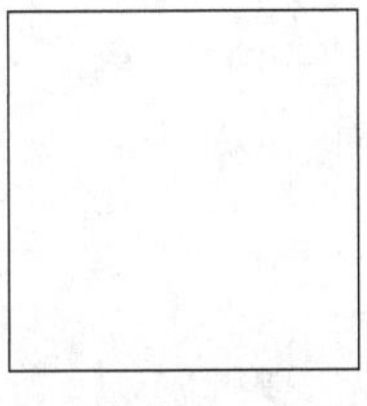

图 7-15　绘制 250×250 矩形

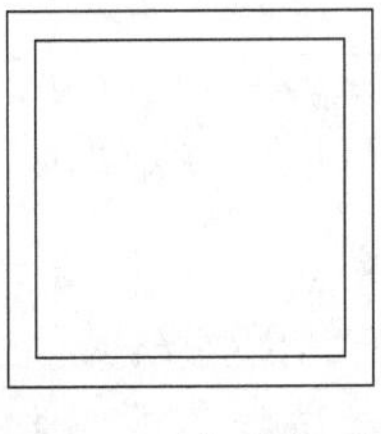

图 7-16　偏移矩形

（3）在“默认”选项卡中单击“绘图”面板中的“直线”按钮，在第（2）步偏移的矩形内绘制对角线，完成排风扇的绘制，如图 7-14 所示。

【选项说明】

（1）指定偏移距离：输入一个距离值；或按 Enter 键，使用当前的距离值，系统把该距离值作为偏移距离，如图 7-17 所示。

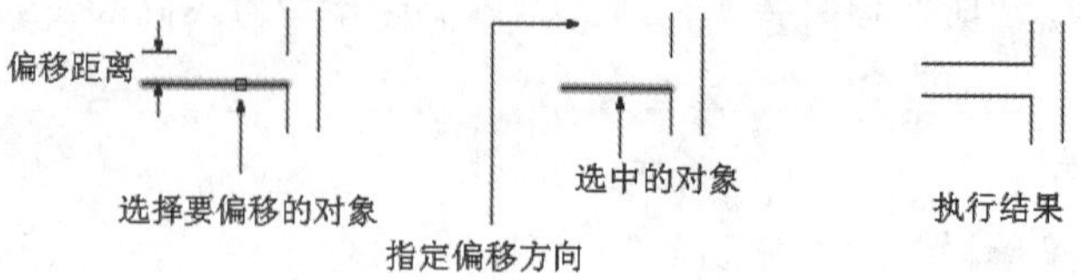

图 7-17　指定偏移对象的距离

（2）通过(T)：指定偏移对象的通过点。选择该选项后出现如下提示：

```
选择要偏移的对象，或 [退出(E)/放弃(U)] <退出>:（选择要偏移的对象，按 Enter 键结束操作）
指定通过点或 [退出(E)/多个(M)/放弃(U)] <退出>:（指定偏移对象的一个通过点）
```

操作完毕后，系统根据指定的通过点绘出偏移对象，如图 7-18 所示。

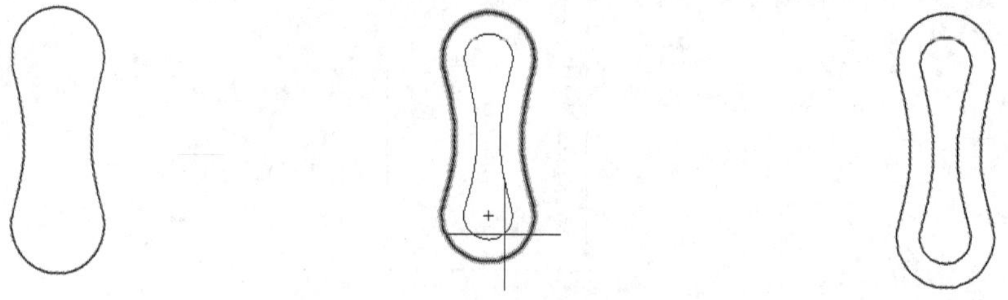

（a）要偏移的对象　　（b）指定通过点　　（c）执行结果

图 7-18　指定偏移对象的通过点

（3）删除(E)：偏移后，将源对象删除。选择该选项后出现如下提示：

```
要在偏移后删除源对象吗？[是(Y)/否(N)] <否>:
```

（4）图层(L)：确定将偏移对象创建在当前图层上，还是在源对象所在的图层上。选择该选项后出现如下提示：

```
输入偏移对象的图层选项 [当前(C)/源(S)] <源>:
```

7.2.4　“阵列”命令

阵列是指多次重复复制对象并把这些副本按矩形或环形排列。把副本按矩形排列称为建立矩形阵列，把副本按环形排列称为建立极轴阵列。建立极轴阵列时，应该控制复制对象的次数和对象是否被旋转；建立矩形阵列时，应该控制行和列的数量以及对象副本之间的距离。

使用该命令可以建立矩形阵列、极轴阵列（环形）和旋转的矩形阵列。

【执行方式】

- 命令行：ARRAY。
- 菜单栏：选择菜单栏中的“修改”→“阵列”命令。
- 工具栏：单击“修改”工具栏中的“矩形阵列”按钮，或单击“修改”工具栏中的“路径阵列”按钮，或单击“修改”工具栏中的“环形阵列”按钮。
- 功能区：在“默认”选项卡中单击“修改”面板中的“矩形阵列”按钮/“路径阵列”

按钮/“环形阵列”按钮，如图 7-19 所示。

动手学——绘制工艺吊顶

源文件：源文件\第 7 章\工艺吊顶.dwg

本实例绘制的工艺吊顶如图 7-20 所示。

扫一扫，看视频

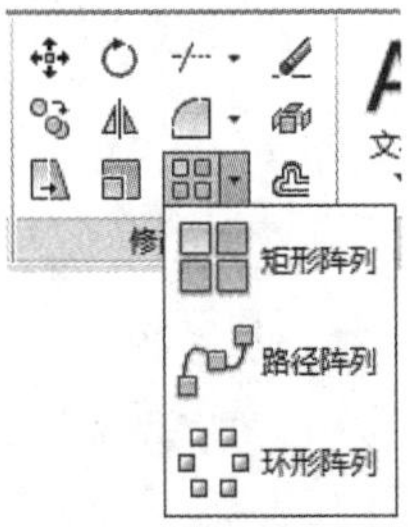

图 7-19　“阵列”下拉菜单

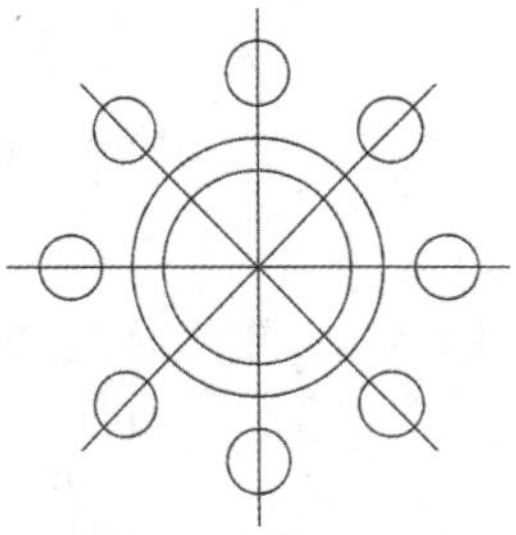

图 7-20　工艺吊顶

操作步骤

（1）在“默认”选项卡中单击“绘图”面板中的“圆”按钮，在适当的位置绘制两个半径分别为 100 和 75 的同心圆，如图 7-21 所示。

（2）在“默认”选项卡中单击“绘图”面板中的“直线”按钮，以圆心为起点，绘制一条长度为 200 的水平直线，如图 7-22 所示。

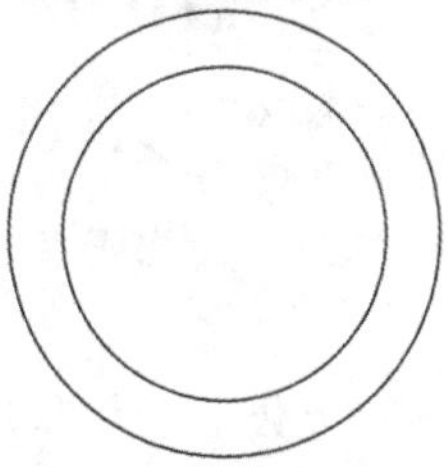

图 7-21　绘制同心圆

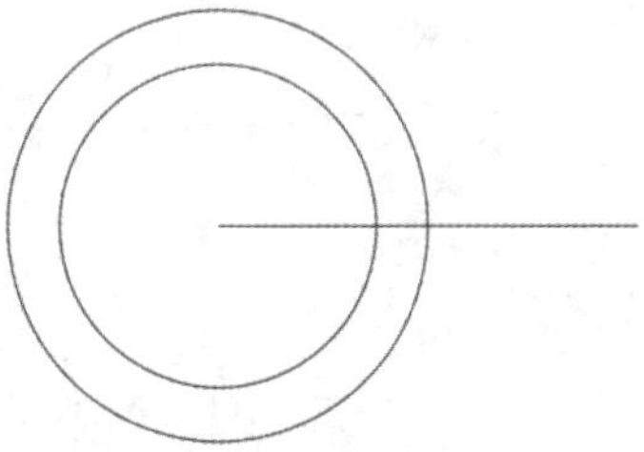

图 7-22　绘制直线

（3）在“默认”选项卡中单击“绘图”面板中的“圆”按钮，在距离圆心 150 处绘制一个半径为 25 的圆。命令行提示与操作如下：

```
命令: _circle
指定圆的圆心或 [三点(3P)/两点(2P)/切点、切点、半径(T)]: from
基点: <偏移>: @150,0
指定圆的半径或 [直径(D)] <27.0000>: 25
```

结果如图 7-23 所示。

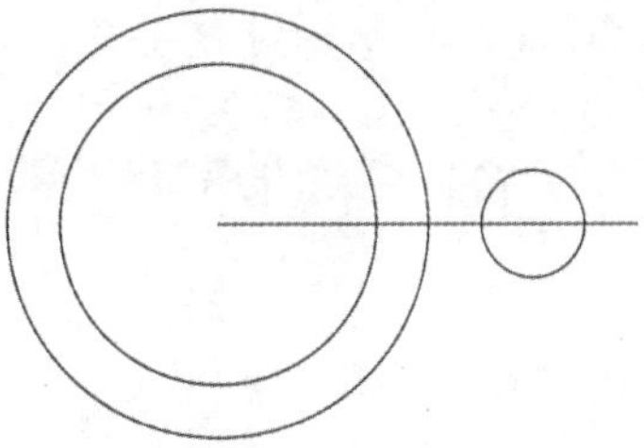

图 7-23　绘制圆

（4）在“默认”选项卡中单击“绘图”面板中的“环形阵列”按钮，将直线和小圆进行环形阵列。命令行提示与操作如下：

```
命令：_arraypolar
选择对象：（选择直线和小圆）
选择对象：
类型 = 极轴  关联 = 否
指定阵列的中心点或 [基点(B)/旋转轴(A)]：（选取同心圆的圆心）
选择夹点以编辑阵列或 [关联(AS)/基点(B)/项目(I)/项目间角度(A)/填充角度(F)/行(ROW)/层(L)/旋转项目(ROT)/退出(X)] <退出>：I
输入阵列中的项目数或 [表达式(E)] <6>：8
选择夹点以编辑阵列或 [关联(AS)/基点(B)/项目(I)/项目间角度(A)/填充角度(F)/行(ROW)/层(L)/旋转项目(ROT)/退出(X)] <退出>：F
指定填充角度(+=逆时针、-=顺时针)或 [表达式(EX)] <360>：
选择夹点以编辑阵列或 [关联(AS)/基点(B)/项目(I)/项目间角度(A)/填充角度(F)/行(ROW)/层(L)/旋转项目(ROT)/退出(X)] <退出>：
```

结果如图 7-20 所示。

提示：

也可以直接在“阵列创建”选项卡中直接输入项目数和填充角度，如图 7-24 所示。

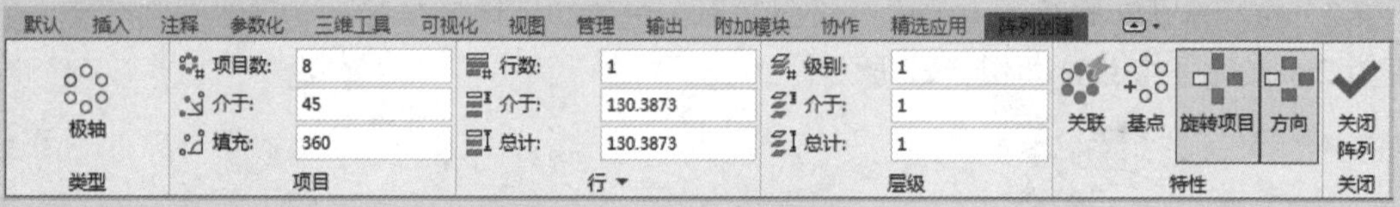

图 7-24 “阵列创建”选项卡

【选项说明】

（1）矩形(R)（命令行：ARRAYRECT）：将选定对象的副本分布到行数、列数和层数的任意组合。通过夹点，调整阵列间距、列数、行数和层数；也可以分别选择各选项输入数值。

（2）极轴(PO)：在绕中心点或旋转轴的环形阵列中均匀分布对象副本。选择该选项后出现如下提示：

```
指定阵列的中心点或 [基点(B)/旋转轴(A)]：（选择中心点、基点或旋转轴）
选择夹点以编辑阵列或 [关联(AS)/基点(B)/项目(I)/项目间角度(A)/填充角度(F)/行(ROW)/层(L)/旋转项目(ROT)/退出(X)] <退出>：（通过夹点，调整角度，填充角度；也可以分别选择各选项输入数值）
```

（3）路径(PA)（命令行：ARRAYPATH）：沿路径或部分路径均匀分布选定对象的副本。选择该选项后出现如下提示：

```
选择路径曲线：（选择一条曲线作为阵列路径）
选择夹点以编辑阵列或 [关联(AS)/方法(M)/基点(B)/切向(T)/项目(I)/行(R)/层(L)/对齐项目(A)/Z方向(Z)/退出(X)]
<退出>：（通过夹点，调整阵列行数和层数；也可以分别选择各选项输入数值）
```

动手练——绘制防水防尘灯

源文件：源文件\第 7 章\防水防尘灯.dwg

绘制如图 7-25 所示的防水防尘灯。

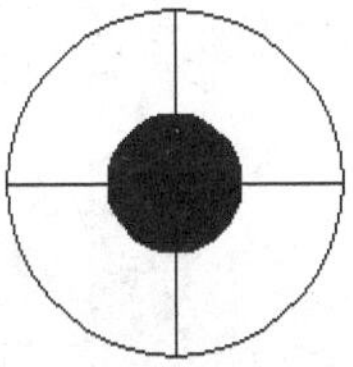

图 7-25　防水防尘灯

思路点拨：

（1）利用“圆”和“偏移”命令绘制外形。

（2）利用“直线”和“环形阵列”命令绘制直线。

（3）利用“图案填充”命令填充中心。

7.3　改变位置类命令

这一类编辑命令的功能是按照指定要求改变当前图形或图形的某部分位置，主要包括“移动”“旋转”和“缩放”等命令。

7.3.1　“移动”命令

“移动”命令用于对象的重定位，即在指定方向上按指定距离移动对象，对象的位置发生了改变，但方向和大小不改变。

【执行方式】

- 命令行：MOVE。
- 菜单栏：选择菜单栏中的“修改”→“移动”命令。
- 快捷菜单：选择要复制的对象，在绘图区右击，在弹出的快捷菜单中选择“移动”命令。
- 工具栏：单击“修改”工具栏中的“移动”按钮。
- 功能区：在“默认”选项卡中单击“修改”面板中的“移动”按钮。

动手学——绘制热继电器动断触点

扫一扫，看视频

调用素材：初始文件\第 7 章\动断（常闭）触点.dwg

源文件：源文件\第 7 章\热继电器动断触点.dwg

本实例绘制如图 7-26 所示的热继电器动断触点。

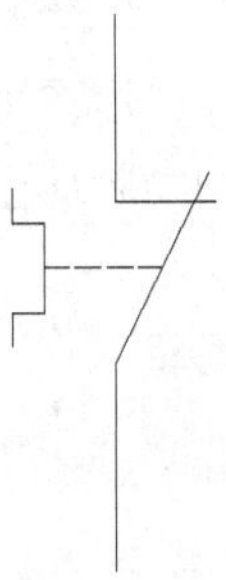

图 7-26　热继电器动断触点

操作步骤

（1）打开初始文件\第 7 章\动断（常闭）触点.dwg 文件，如图 7-27 所示。

（2）在“默认”选项卡中单击“绘图”面板中的“直线”按钮，以图 7-27 中直线 1 上端点为起始点，水平向右绘制长为 6 的直线，并将绘制的直线线型改为虚线，结果如图 7-28 所示。

（3）在“默认”选项卡中单击“修改”面板中的“移动”按钮，将虚线 2 向左上方平移。命令行提示与操作如下：

```
命令：_move
选择对象：找到 1 个（选择虚线 2）
选择对象：
指定基点或 [位移(D)] <位移>：（单击虚线 2 的右端点）
指定第二个点或 <使用第一个点作为位移>：（单击斜线中点）
```

结果如图 7-29 所示。

（4）在“默认”选项卡中单击“绘图”面板中的“直线”按钮，在“对象捕捉”和“正交”绘图模式下，依次绘制直线 3、4、5。绘制方法如下：用鼠标捕捉虚线 2 的左端点，以其为起点，向上绘制长度为 2 的竖直直线 3；用鼠标捕捉直线 3 的上端点，以其为起点，向左绘制长度为 1.5 的水平直线 4；用鼠标捕捉直线 4 的左端点，向上绘制长度为 1.5 的竖直直线 5，结果如图 7-30 所示。

图 7-27　动断（常闭）触点

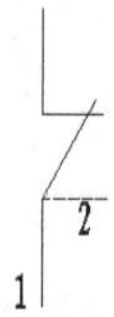

图 7-28　绘制虚直线

图 7-29　移动虚直线

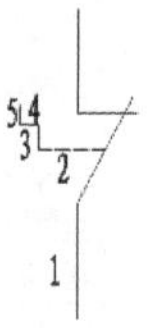

图 7-30　绘制连续线段

（5）在“默认”选项卡中单击“修改”面板中的“镜像”按钮，以虚线 2 为镜像线，对直线 3、4、5 进行镜像，结果如图 7-26 所示。

7.3.2 “旋转”命令

在保持原形状不变的情况下以一定点为中心，以一定角度为旋转角度旋转得到图形。

【执行方式】

- 命令行：ROTATE。
- 菜单栏：选择菜单栏中的“修改”→“旋转”命令。
- 快捷菜单：选择要旋转的对象，在绘图区右击，在弹出的快捷菜单中选择“旋转”命令。
- 工具栏：单击“修改”工具栏中的“旋转”按钮。
- 功能区：在“默认”选项卡中单击“修改”面板中的“旋转”按钮。

扫一扫，看视频

动手学——绘制装饰吊灯

源文件：源文件\第 7 章\装饰吊灯.dwg

本实例绘制如图 7-31 所示的装饰吊灯。

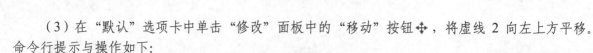

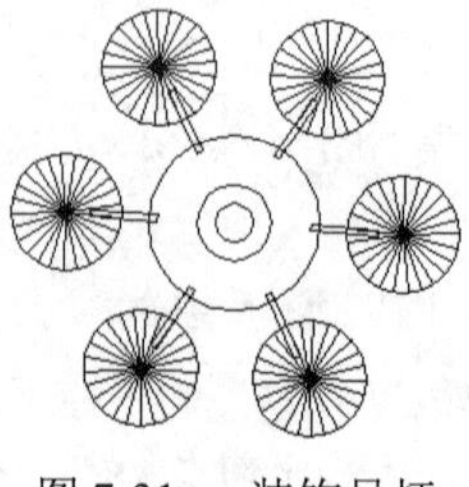

图 7-31　装饰吊灯

操作步骤

（1）在“默认”选项卡中单击“绘图”面板中的“圆”按钮，在图形空白位置任选一点为圆心，绘制一个半径为 209 的圆，如图 7-32 所示。

（2）在“默认”选项卡中单击“修改”面板中的“偏移”按钮，选择第（1）步中绘制的圆为偏移对象向内进行偏移，偏移距离分别为 118、44，如图 7-33 所示。

（3）在“默认”选项卡中单击“绘图”面板中的“矩形”按钮，在图形空白位置任选一点为矩形起点，绘制一个 16×116 的矩形，如图 7-34 所示。

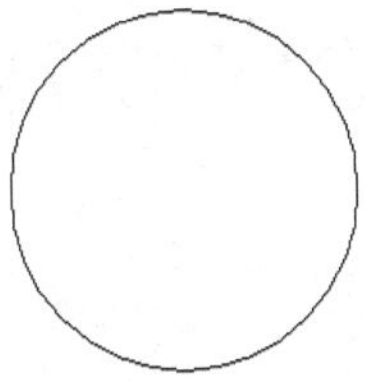

图 7-32 绘制半径为 209 的圆

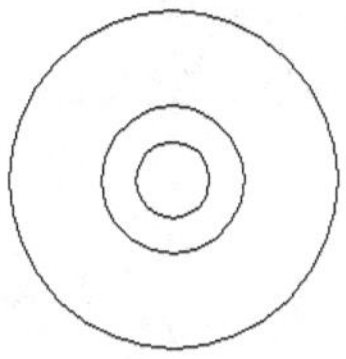

图 7-33 偏移圆

图 7-34 绘制 16×116 的矩形

（4）在“默认”选项卡中单击“修改”面板中的“旋转”按钮，选择第（3）步中绘制的矩形为旋转对象，选择矩形的左下角点为旋转基点，将矩形旋转 26°。命令行提示与操作如下：

```
命令：_rotate
UCS 当前的正角方向：ANGDIR=逆时针 ANGBASE=0
选择对象：第（3）步中绘制的矩形
选择对象：
指定基点：选择矩形的左下角点
指定旋转角度，或 [复制(C)/参照(R)] <0>: 26
```

结果如图 7-35 所示。

（5）在“默认”选项卡中单击“修改”面板中的“移动”按钮，选择第（4）步中旋转的矩形为移动对象，在图形上任选一点为移动基点，将其放置到前面绘制的圆形上，如图 7-36 所示。

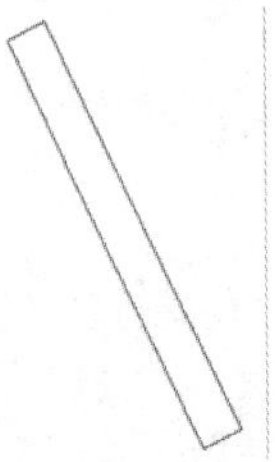

图 7-35 旋转矩形

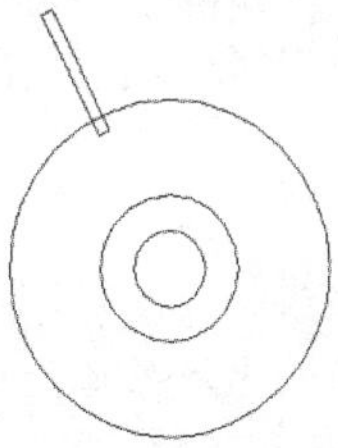

图 7-36 移动矩形

（6）在“默认”选项卡中单击“绘图”面板中的“圆”按钮，在第（5）步中移动的矩形上方选择一点为圆心，绘制一个半径为 139 的圆，如图 7-37 所示。

（7）在“默认”选项卡中单击“绘图”面板中的“直线”按钮，以第（6）步中绘制的圆的圆心为直线起点，绘制一条适当角度的斜向直线，如图 7-38 所示。

（8）在“默认”选项卡中单击“修改”面板中的“环形阵列”按钮，根据命令行提示选择第（7）步中绘制的斜向直线为阵列对象，选择第（6）步绘制的圆的圆心为环形阵列基点，设置项目数为 25，填充角度为 360°，如图 7-39 所示。

（9）在“默认”选项卡中单击“修改”面板中的“环形阵列”按钮，选择如图 7-39 所示的图形为阵列对象，选择半径为 209 的圆的圆心为环形阵列基点，设置项目数为 6，阵列后完成装饰吊灯的绘制，如图 7-31 所示。

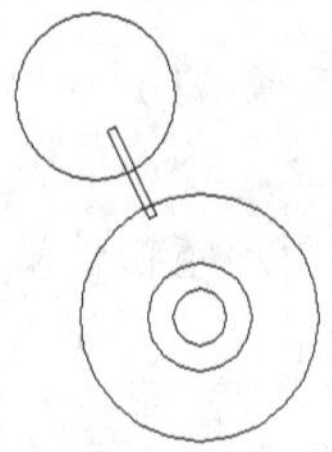

图 7-37　绘制半径为 139 的圆

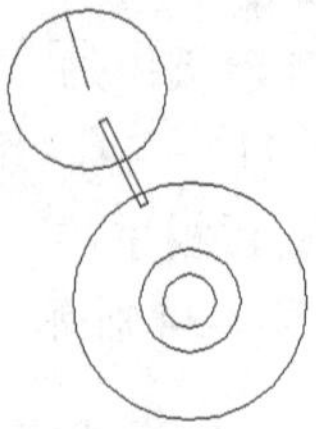

图 7-38　绘制斜向直线

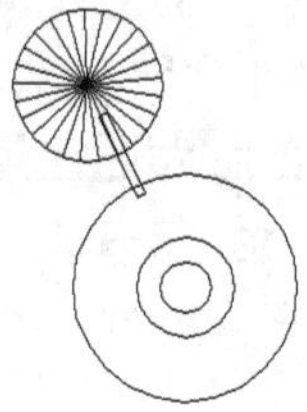

图 7-39　环形阵列

【选项说明】

（1）复制(C)：选择该选项，旋转对象的同时，保留原对象，如图 7-40 所示。

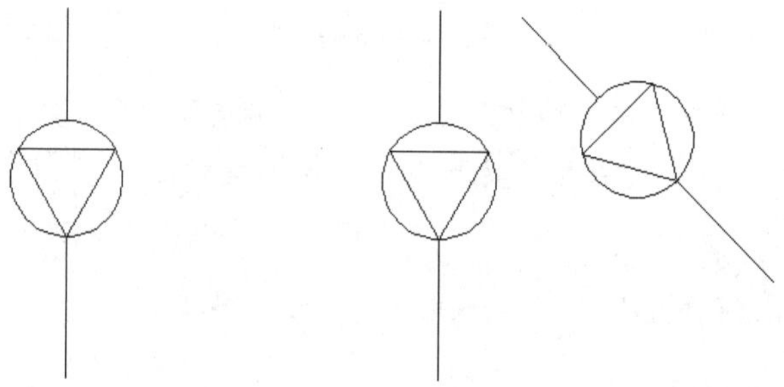

（a）旋转前　　（b）旋转后

图 7-40　复制旋转

（2）参照(R)：采用参照方式旋转对象时，命令行提示与操作如下：

```
指定参照角 <0>:（指定要参考的角度，默认值为 0）
指定新角度或[点(P)] <0>：（输入旋转后的角度值）
```

操作完毕后，对象被旋转至指定的角度位置。

技巧：

可以用拖动鼠标的方法旋转对象。选择对象并指定基点后，从基点到当前光标位置会出现一条连线，鼠标选择的对象会动态地随着该连线与水平方向的夹角的变化而旋转，按 Enter 键，确认旋转操作，如图 7-41 所示。

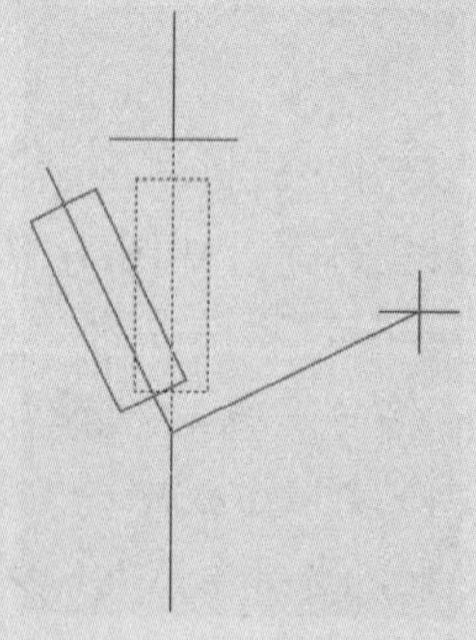

图 7-41　拖动鼠标旋转对象

7.3.3 “缩放”命令

“缩放”命令是将已有图形对象以基点为参照进行等比例缩放，它可以调整对象的大小，使其在一个方向上按照要求增大或缩小一定的比例。

【执行方式】

- 命令行：SCALE。
- 菜单栏：选择菜单栏中的“修改”→“缩放”命令。
- 快捷菜单：选择要缩放的对象，在绘图区右击，在弹出的快捷菜单中选择“缩放”命令。
- 工具栏：单击“修改”工具栏中的“缩放”按钮。
- 功能区：在“默认”选项卡中单击“修改”面板中的“缩放”按钮。

【操作步骤】

```
命令: SCALE
选择对象:(选择五角星)
选择对象:
指定基点:(适当指定一点)
指定比例因子或 [复制(C)/参照(R)]:(输入比例因子)
```

【选项说明】

（1）指定比例因子：选择对象并指定基点后，从基点到当前光标位置会出现一条线段，线段的长度即为比例因子。鼠标选择的对象会动态地随着该连线长度的变化而缩放，按 Enter 键，确认缩放操作。

（2）参照(R)：采用参考方向缩放对象时，命令行提示与操作如下：

```
指定参照长度 <1>:(指定参考长度值)
指定新的长度或 [点(P)] <1.0000>:(指定新长度值)
```

若新长度值大于参考长度值，则放大对象；否则，缩小对象。操作完毕后，系统以指定的基点按指定的比例因子缩放对象。如果选择“点(P)”选项，则指定两点来定义新的长度。

（3）复制(C)：选择该选项时，可以复制缩放对象，即缩放对象时，保留原对象，如图 7-42 所示。

动手练——绘制防水防尘灯

源文件：源文件\第 7 章\防水防尘灯.dwg

绘制如图 7-43 所示的防水防尘灯。

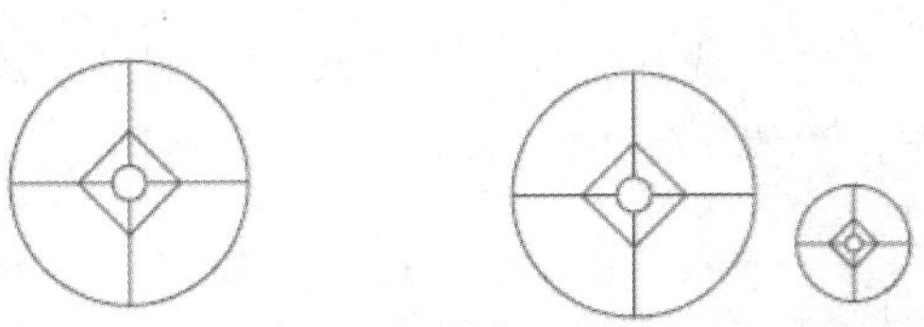

图 7-42 复制缩放

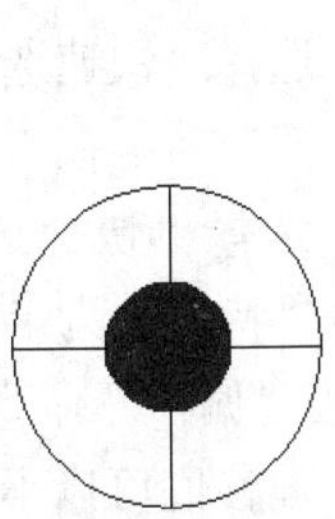

图 7-43 防水防尘灯

思路点拨：

（1）利用“圆”命令绘制外形。

（2）利用“缩放”命令将圆进行复制缩放。
（3）利用“直线”命令绘制十字交叉线。
（4）利用“图案填充”命令填充中心。

7.4 模拟认证考试

1．在选择集中去除对象，按住哪个键可以进行去除对象选择？（　　）

A．Space　　B．Shift

C．Ctrl　　D．Alt

2．执行“环形阵列”命令，在指定圆心后默认创建（　　）个图形。

A．4　　B．6

C．8　　D．10

3．将半径为 10，圆心为（70,100）的圆进行矩形阵列。阵列 3 行 2 列，行偏移距离为-30，列偏移距离为 50，阵列角度为 10°。阵列后第 2 列第 3 行圆的圆心坐标是（　　）。

A．X＝119.2404，Y＝108.6824　　B．X=127.4498，Y＝79.1382

C．X＝129.6593，Y＝49.5939　　D．X＝80.4189，Y＝40.9115

4．已有一个画好的圆，绘制一组同心圆可以用哪个命令来实现？（　　）

A．STRETCH（伸展）　　B．OFFSET（偏移）

C．EXTEND（延伸）　　D．MOVE（移动）

5．在对图形对象进行复制操作时，指定了基点坐标为（0,0），系统要求指定第二点时直接按 Enter 键结束，则复制出的图形所处位置是（　　）。

A．没有复制出新图形　　B．与原图形重合

C．图形基点坐标为（0,0）　　D．系统提示错误

6．在一张复杂图样中，要选择半径小于 10 的圆，如何快速、方便地选择？（　　）

A．通过选择过滤

B．选择“快速选择”命令，在弹出的“快速选择”对话框中设置“对象类型”为圆，“特性”为直径，“运算符”为小于，“值”为 10，单击“确定”按钮

C．选择“快速选择”命令，在弹出的“快速选择”对话框中设置“对象类型”为圆，“特性”为半径，“运算符”为小于，“值”为 10，单击“确定”按钮

D．选择“快速选择”命令，在弹出的“快速选择”对话框中设置“对象类型”为圆，“特性”为半径，“运算符”为等于，“值”为 10，单击“确定”按钮

7．使用“偏移”命令时，下列说法正确的是（　　）。

A．偏移值可以小于 0，这时是向反向偏移

B．可以框选对象，一次偏移多个对象

C．一次只能偏移一个对象

D．“偏移”命令执行时不能删除源对象

8．在进行移动操作时，给定了基点坐标为（190,70），系统要求给定第二点时输入“@”，按

Enter 键结束，那么图形对象移动量是（　　）。

A．到原点　　　　B．190,70

C．−190,−70　　　　D．0,0

9．绘制如图 7-44 所示的多极插头插座。

10．绘制如图 7-45 所示的电桥符号。

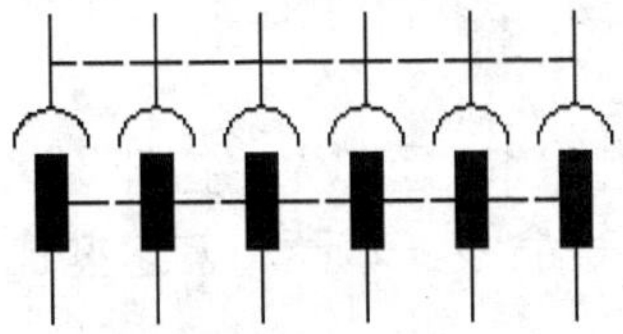

图 7-44　多极插头插座

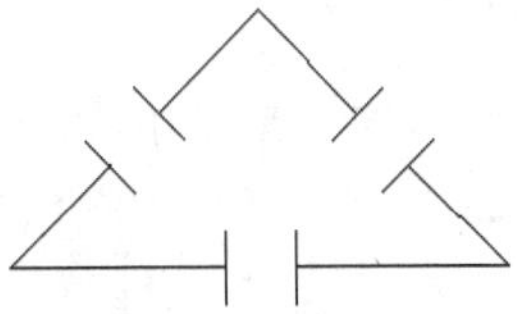

图 7-45　电桥符号

第 8 章　高级编辑命令

内容简介

编辑命令除了第 7 章所讲的命令之外，还有“修剪”“删除”“延伸”“拉伸”“拉长”“打断”“打断于点”“合并”“分解”以及“圆角”“倒角”等命令。本章将对这些命令进行详细的介绍。

内容要点

- 改变图形特性
- 打断、合并和分解对象
- 圆角和倒角
- 对象编辑
- 模拟认证考试

案例效果

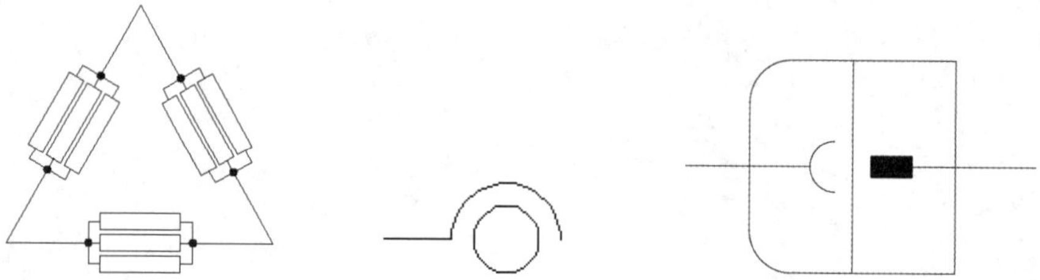

8.1　改变图形特性

用于改变图形特性的命令包括“修剪”“删除”“延伸”“拉伸”“拉长”等命令。使用这一类编辑命令，可在对指定对象进行编辑后，使其几何特性发生改变。

8.1.1　“修剪”命令

“修剪”命令是将超出边界的多余部分修剪掉，与橡皮擦的功能相似。修剪操作可以修改直线、圆、圆弧、多段线、样条曲线、射线和填充图案。

【执行方式】

- 命令行：TRIM。
- 菜单栏：选择菜单栏中的“修改”→“修剪”命令。

- 工具栏：单击“修改”工具栏中的“修剪”按钮✂。
- 功能区：在“默认”选项卡中单击“修改”面板中的“修剪”按钮✂。

扫一扫，看视频

动手学——绘制加热器

源文件： 源文件\第 8 章\加热器.dwg

本实例绘制如图 8-1 所示的加热器。

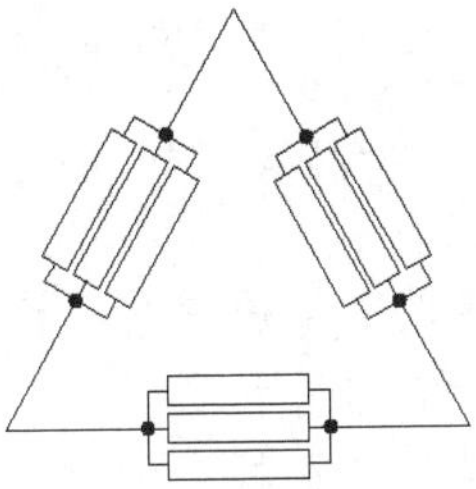

图 8-1　加热器

操作步骤

（1）在“默认”选项卡中单击“绘图”面板中的“多边形”按钮⬠，绘制一个正三角形。命令行提示与操作如下：

```
命令：_polygon
输入侧面数 <4>：3
指定正多边形的中心点或 [边(E)]：
输入选项 [内接于圆(I)/外切于圆(C)] <I>：
指定圆的半径：
```

结果如图 8-2 所示。

（2）在“默认”选项卡中单击“绘图”面板中的“矩形”按钮□，绘制两个大小不同的矩形，如图 8-3 所示。

（3）在“默认”选项卡中单击“修改”面板中的“复制”按钮，复制小矩形。命令行提示与操作如下：

```
命令：COPY
找到 1 个（选择上步绘制的矩形）
当前设置：复制模式 = 多个
指定基点或 [位移(D)/模式(O)] <位移>：选择矩形左边中点
指定第二个点或 [阵列(A)] <使用第一个点作为位移>：按 F8 键，将矩形复制到大矩形的上下两条边上
指定第二个点或 [阵列(A)/退出(E)/放弃(U)] <退出>：
```

结果如图 8-4 所示。

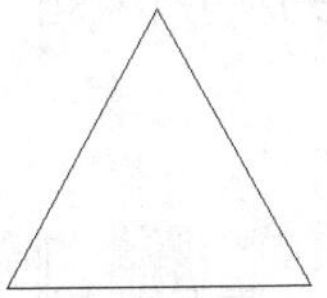

图 8-2　绘制三角形

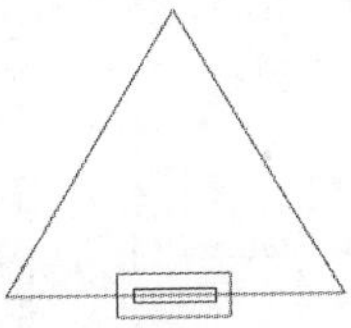

图 8-3　绘制矩形

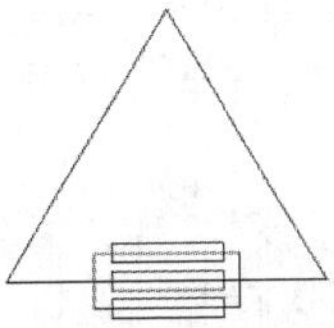

图 8-4　复制小矩形

（4）在“默认”选项卡中单击“修改”面板中的“修剪”按钮✂，将多余的线条删除。命令行提示与操作如下：

```
命令: _trim
当前设置:投影=UCS，边=无
选择剪切边...
选择对象或 <全部选择>:
选择要修剪的对象，或按住 Shift 键选择要延伸的对象，或[栏选(F)/窗交(C)/投影(P)/边(E)/删除(R)/放弃(U)]:(选取线段)
选择要修剪的对象，或按住 Shift 键选择要延伸的对象，或[栏选(F)/窗交(C)/投影(P)/边(E)/删除(R)/放弃(U)]:(选取线段)
选择要修剪的对象，或按住 Shift 键选择要延伸的对象，或[栏选(F)/窗交(C)/投影(P)/边(E)/删除(R)/放弃(U)]:(选取线段)
选择要修剪的对象，或按住 Shift 键选择要延伸的对象，或[栏选(F)/窗交(C)/投影(P)/边(E)/删除(R)/放弃(U)]:
```

（5）在“默认”选项卡中单击“修改”面板中的“旋转”按钮 ↻，分别以加热单元左右线段端点为基点，复制旋转加热单元到 60° 和-60° 位置。

（6）在“默认”选项卡中单击“绘图”面板中的“圆环”按钮◎，在导线交点处绘制实心圆环，表示导线连接。命令行提示与操作如下:

```
命令: DONUT
指定圆环的内径 <0.0000>:
指定圆环的外径 <5.0000>: 2
指定圆环的中心点或 <退出>:
指定圆环的中心点或 <退出>:
指定圆环的中心点或 <退出>:
指定圆环的中心点或 <退出>:
指定圆环的中心点或 <退出>:
指定圆环的中心点或 <退出>:
```

结果如图 8-1 所示。

技巧:

修剪边界对象支持常规的各种选择技巧，如点选、框选等，而且可以不断累积选择。当然，最简单的选择方式是当出现选择修剪边界时直接按空格键或按 Enter 键，此时将把图中所有图形作为修剪边界，我们就可以修剪图中的任意对象。将所有对象作为修剪对象操作非常简单，省略了选择修剪边界的操作，因此大多数设计人员都已经习惯于这样操作。但建议具体情况具体对待，不要什么情况都用这种方式。

【选项说明】

（1）按 Shift 键：在选择对象时，如果按住 Shift 键，系统自动将“修剪”命令转换成“延伸”命令。

（2）边(E)：选择该选项时，可以选择对象的修剪方式，即延伸和不延伸。

① 延伸(E)：延伸边界进行修剪。在此方式下，如果剪切边没有与要修剪的对象相交，系统会延伸剪切边直至与要修剪的对象相交，然后再修剪，如图 8-5 所示。

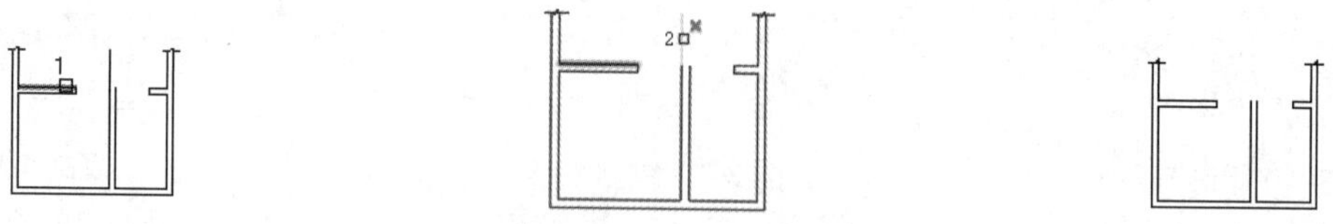

（a）选择剪切边　　（b）选择要修剪的对象　　（c）修剪后的结果

图 8-5　延伸方式修剪对象

② 不延伸(N)：不延伸边界修剪对象。只修剪与剪切边相交的对象。

（3）栏选(F)：选择该选项时，系统以栏选的方式选择被修剪对象，如图 8-6 所示。

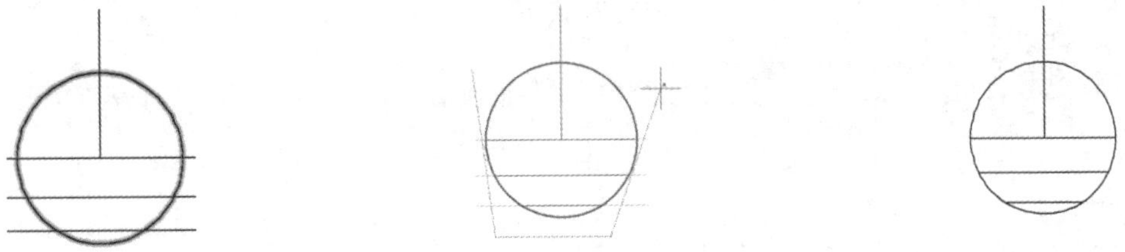

（a）选择剪切边　（b）选择要修剪的对象　（c）结果

图 8-6　以“栏选”方式选择修剪对象

（4）窗交(C)：选择该选项时，系统以窗交的方式选择被修剪对象，如图 8-7 所示。

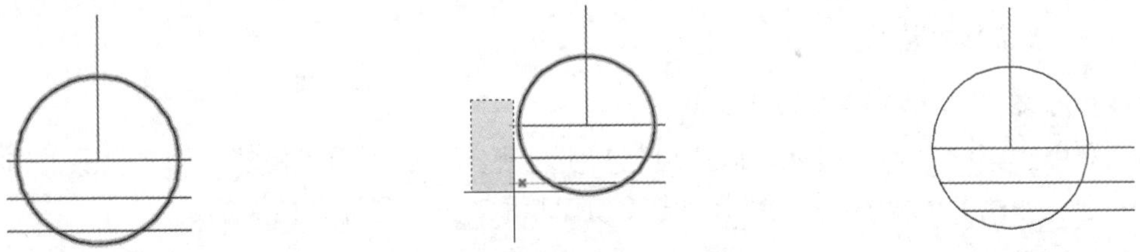

（a）选择剪切边　（b）选择要修剪的对象　（c）结果

图 8-7　以“窗交”方式选择修剪对象

8.1.2　“删除”命令

如果所绘制的图形不符合要求或绘错了，可以使用“删除”命令将其删除。

【执行方式】

- 命令行：ERASE。
- 菜单栏：选择菜单栏中的“修改”→“删除”命令。
- 快捷菜单：选择要删除的对象，在绘图区右击，在弹出的快捷菜单中选择“删除”命令。
- 工具栏：单击“修改”工具栏中的“删除”按钮。
- 功能区：在“默认”选项卡中单击“修改”面板中的“删除”按钮。

【操作步骤】

可以先选择对象，然后调用“删除”命令；也可以先调用“删除”命令，然后再选择对象。选择对象时，可以使用前面介绍的各种选择对象的方法。

当选择多个对象时，多个对象被删除；若选择的对象属于某个对象组，则该对象组的所有对象被删除。

8.1.3　“延伸”命令

“延伸”命令用于延伸一个对象至另一个对象的边界线，如图 8-8 所示。

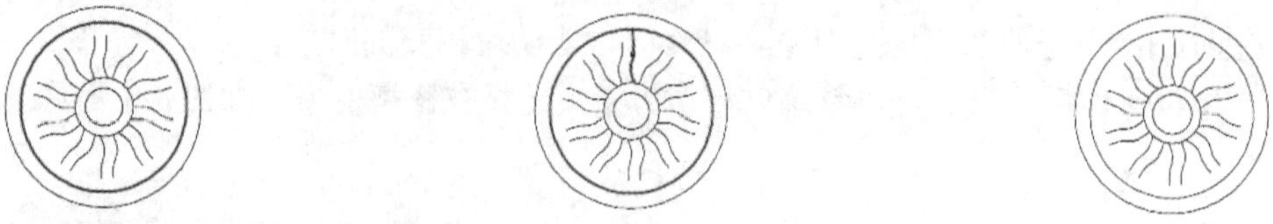

（a）选择边界　　（b）选择要延伸的对象　　（c）执行结果

图 8-8　延伸对象

【执行方式】

- 命令行：EXTEND。
- 菜单栏：选择菜单栏中的“修改”→“延伸”命令。
- 工具栏：单击“修改”工具栏中的“延伸”按钮。
- 功能区：在“默认”选项卡中单击“修改”面板中的“延伸”按钮。

扫一扫，看视频

动手学——绘制动断按钮

源文件：源文件\第 8 章\动断按钮.dwg

本实例利用“直线”和“偏移”命令绘制初步轮廓，然后利用“修剪”和“删除”命令对图形进行细化处理，如图 8-9 所示。在绘制过程中，应熟练掌握“延伸”命令的运用。

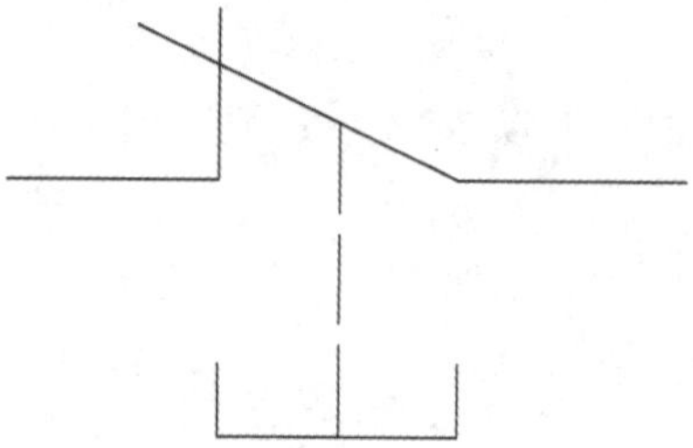

图 8-9　动断按钮

操作步骤

（1）在“默认”选项卡中单击“图层”面板中的“图层特性”按钮，打开“图层特性管理器”选项板，新建如下两个图层。

① 第一个图层命名为“实线”，采用默认属性。

② 第二个图层命名为“虚线”，线型为 ACAD_ISO02W100，其余属性默认。

（2）将“实线”图层设置为当前图层。在“默认”选项卡中单击“绘图”面板中的“直线”按钮，绘制初步图形，如图 8-10 所示。

（3）在“默认”选项卡中单击“绘图”面板中的“直线”按钮，分别以图 8-10 中 a 点和 b 点为起点，竖直向下绘制长为 3.5 的直线，结果如图 8-11 所示。

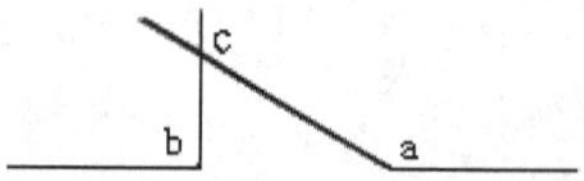

图 8-10　绘制初步图形

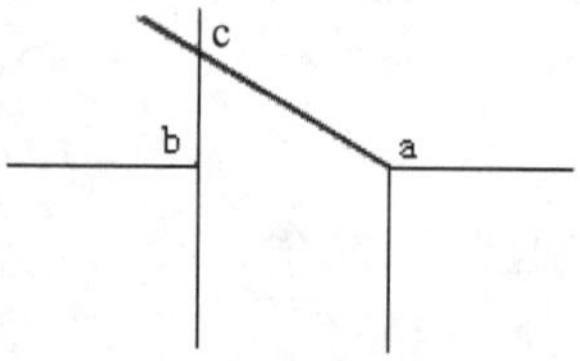

图 8-11　绘制直线

（4）在“默认”选项卡中单击“绘图”面板中的“直线”按钮，以图 8-11 中 a 点为起点、b 点为终点，绘制直线 ab，结果如图 8-12 所示。

（5）在“默认”选项卡中单击“绘图”面板中的“直线”按钮，捕捉直线 ab 的中点，以其为起点，竖直向下绘制长度为 3.5 的直线，并将其所在图层更改为“虚线”，如图 8-13 所示。

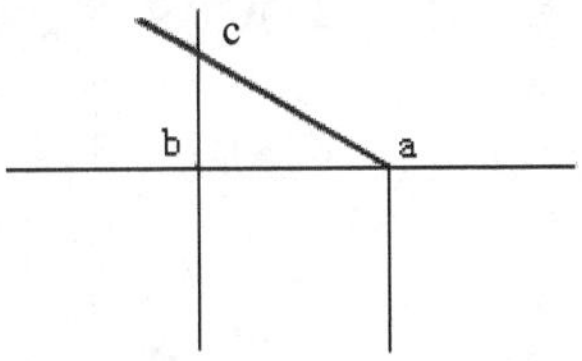

图 8-12　绘制直线

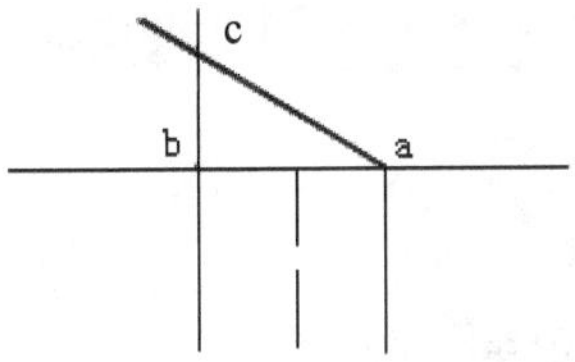

图 8-13　绘制虚线

（6）在“默认”选项卡中单击“修改”面板中的“偏移”按钮，以直线 ab 为起始边，绘制两条水平直线，偏移距离分别为 2.5 和 3.5 ，如图 8-14 所示。

（7）在“默认”选项卡中单击“修改”面板中的“修剪”按钮和“删除”按钮，对图形进行修剪，并删除掉直线 ab，结果如图 8-15 所示。

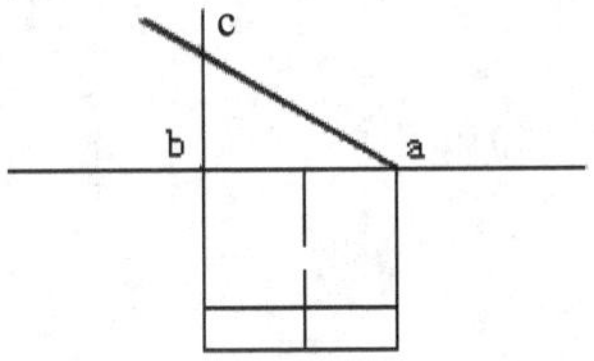

图 8-14　偏移线段

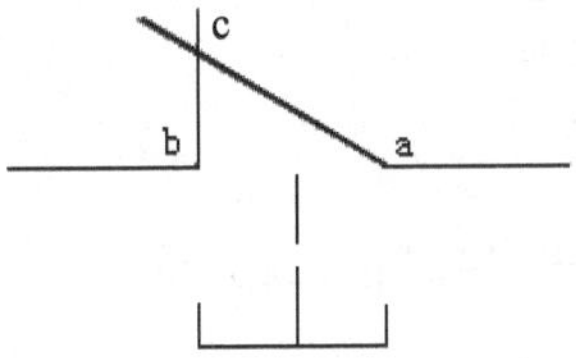

图 8-15　修剪图形

（8）在“默认”选项卡中单击“修改”面板中的“延伸”按钮，选择虚线作为延伸的对象，将其延伸到斜线 ac 上。命令行提示与操作如下：

```
命令: _extend
当前设置:投影=UCS，边=无
选择边界的边...
选择对象或 <全部选择>:（选取 ac 斜边）
选择对象:
选择要延伸的对象，或按住 Shift 键选择要修剪的对象，或[栏选(F)/窗交(C)/投影(P)/边(E)/放弃(U)]:（选取虚线）
选择要延伸的对象，或按住 Shift 键选择要修剪的对象，或[栏选(F)/窗交(C)/投影(P)/边(E)/放弃(U)]:
```

最终结果如图 8-9 所示。

【选项说明】

（1）系统规定可以用作边界对象的有直线段、射线、双向无限长线、圆弧、圆、椭圆、二维和三维多段线、样条曲线、文本、浮动的视口和区域。如果选择二维多段线作为边界对象，系统会忽略其宽度而把对象延伸至多段线的中心线上。如果要延伸的对象是适配样条多段线，则延伸后会在多段线的控制框上增加新节点。如果要延伸的对象是锥形的多段线，系统会修正延伸端的宽度，使多段线从起始端平滑地延伸至新的终止端。如果延伸操作导致新终止端的宽度为负值，则取宽度值为 0，如图 8-16 所示。

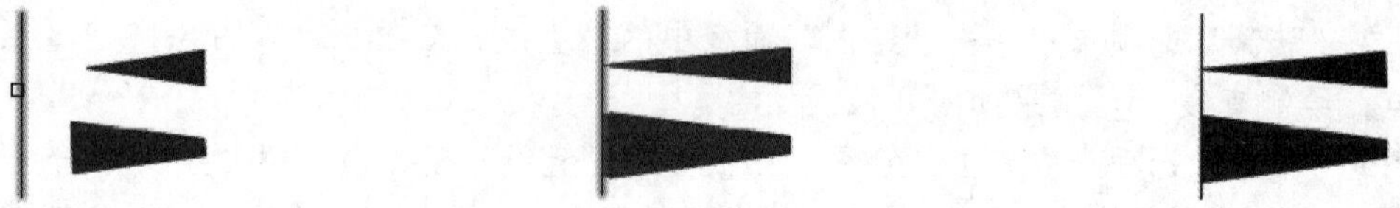

（a）选择边界对象　　（b）选择要延伸的多段线　　（c）延伸后的结果

图 8-16　延伸对象

（2）选择对象时，如果按住 Shift 键，系统会自动将“延伸”命令转换成“修剪”命令。

8.1.4　“拉伸”命令

“拉伸”命令用于拖曳选择对象，使其形状发生改变。拉伸对象时，应指定拉伸的基点和位移。利用一些辅助工具如捕捉、钳夹功能及相对坐标等，可以提高拉伸的精度。

【执行方式】

- 命令行：STRETCH。
- 菜单栏：选择菜单栏中的“修改”→“拉伸”命令。
- 工具栏：单击“修改”工具栏中的“拉伸”按钮。
- 功能区：在“默认”选项卡中单击“修改”面板中的“拉伸”按钮。

扫一扫，看视频

动手学——绘制管式混合器

源文件：源文件\第 8 章\管式混合器.dwg

本实例利用“直线”和“多段线”命令绘制管式混合器符号的基本轮廓，再利用“拉伸”命令细化图形，如图 8-17 所示。

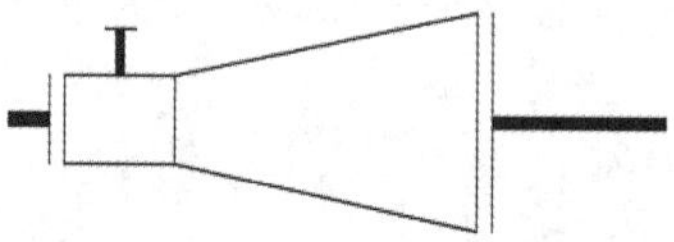

图 8-17　管式混合器

操作步骤

（1）在“默认”选项卡中单击“绘图”面板中的“直线”按钮，在图形空白位置绘制连续直线，如图 8-18 所示。

（2）在“默认”选项卡中单击“绘图”面板中的“直线”按钮，在上步所绘图形左右两侧分别绘制两段竖直直线，如图 8-19 所示。

（3）在“默认”选项卡中单击“绘图”面板中的“多段线”按钮和“直线”按钮，绘制如图 8-20 所示的图形。

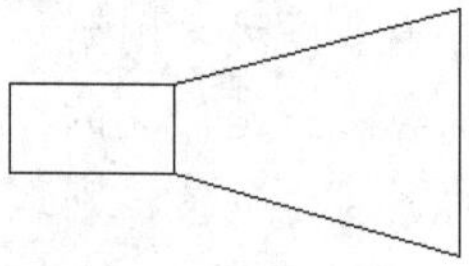

图 8-18　绘制连续直线

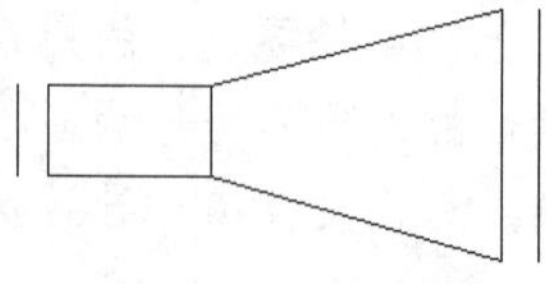

图 8-19　绘制竖直直线

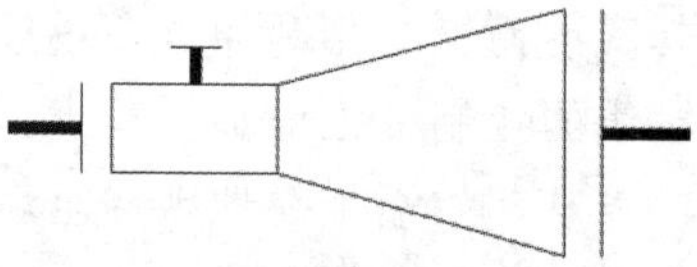

图 8-20　绘制多段线和直线

（4）在“默认”选项卡中单击“修改”面板中的“拉伸”按钮，选择右侧多段线为拉伸对象并对其进行拉伸操作。命令行提示与操作如下：

```
命令: _stretch
以交叉窗口或交叉多边形选择要拉伸的对象...
选择对象:框选右侧的水平多段线
选择对象:
指定基点或 [位移(D)] <位移>:(选择水平多段线右端点)
指定第二个点或 <使用第一个点作为位移>:(在水平方向上指定一点)
```

结果如图 8-17 所示。

技巧：

STRETCH 仅移动位于交叉选择窗口内的顶点和端点，不更改那些位于交叉选择窗口外的顶点和端点。部分包含在交叉选择窗口内的对象将被拉伸。

【选项说明】

（1）必须采用“窗交(C)”方式选择拉伸对象。

（2）拉伸选择对象时，指定第一个点后，若指定第二个点，系统将根据这两点决定矢量拉伸对象。若直接按 Enter 键，系统会把第一个点作为 X 轴和 Y 轴的分量值。

8.1.5　“拉长”命令

“拉长”命令可以更改对象的长度和圆弧的包含角。

【执行方式】

- 命令行：LENGTHEN。
- 菜单栏：选择菜单栏中的“修改”→“拉长”命令。
- 功能区：在“默认”选项卡中单击“修改”面板中的“拉长”按钮。

动手学——绘制单向击穿二极管

源文件：源文件\第 8 章\单向击穿二极管.dwg

绘制如图 8-21 所示的单向击穿二极管。

扫一扫，看视频

操作步骤

（1）在“默认”选项卡中单击“绘图”面板中的“多边形”按钮，绘制边长为 10 的正三角形，结果如图 8-22 所示。

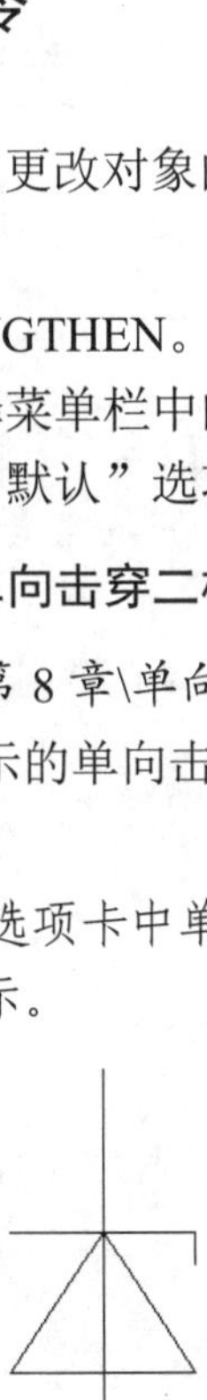

图 8-21　单向击穿二极管

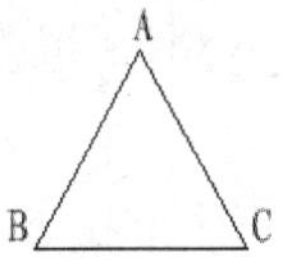

图 8-22　绘制三角形

（2）在“默认”选项卡中单击“绘图”面板中的“直线”按钮／，在“正交”和“对象捕捉”模式下，用鼠标捕捉等边三角形最上面的顶点A，以其为起点，向上绘制一条长度为10的竖直直线，如图8-23所示。

（3）在“默认”选项卡中单击“修改”面板中的“拉长”按钮／，将上步绘制的直线向下拉长18。命令行提示与操作如下：

```
命令: _lengthen
选择对象或 [增量(DE)/百分比(P)/总计(T)/动态(DY)]: de
输入长度增量或 [角度(A)] <0.0000>: 18
选择要修改的对象或 [放弃(U)]:（选择竖直直线的下半部分）
选择要修改的对象或 [放弃(U)]:
```

拉长后的结果如图8-24所示。

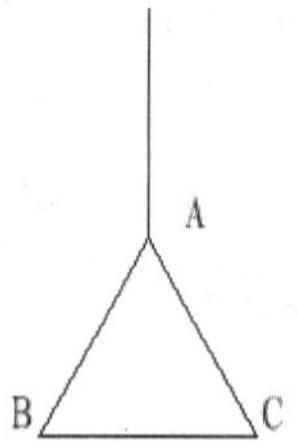

图8-23　绘制竖直直线

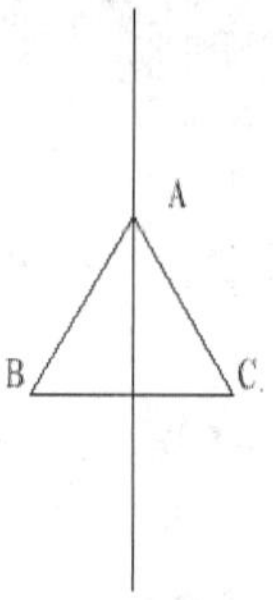

图8-24　拉长竖直直线

（4）在“默认”选项卡中单击“绘图”面板中的“直线”按钮／，在“正交”和“对象捕捉”模式下，用鼠标捕捉点A，向左绘制一条长度为5的水平直线1，如图8-25所示。

（5）在“默认”选项卡中单击“修改”面板中的“镜像”按钮⚠，对水平直线1进行镜像操作，结果如图8-26所示。

（6）在“默认”选项卡中单击“绘图”面板中的“直线”按钮／，以图8-26中直线2的右端点为起始点，竖直向下绘制长度为2的直线，如图8-27所示。至此完成单向击穿二极管的绘制。

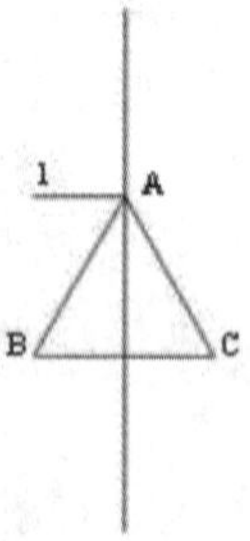

图8-25　绘制水平直线

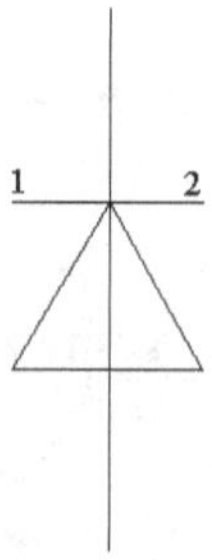

图8-26　镜像直线

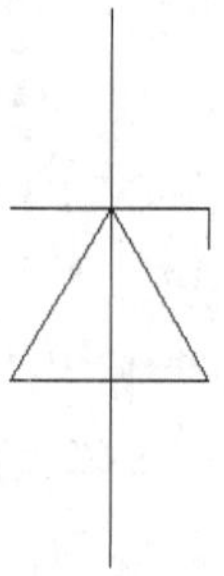

图8-27　绘制竖直线

【选项说明】

（1）增量(DE)：用指定增加量的方法来改变对象的长度或角度。

（2）百分比(P)：用指定要修改对象的长度占总长度的百分比的方法来改变圆弧或直线段的长度。

（3）总计(T)：用指定新的总长度或总角度值的方法来改变对象的长度或角度。

（4）动态(DY)：在该模式下，可以使用拖曳鼠标的方法来动态地改变对象的长度或角度。

☞ 教你一招：

拉伸和拉长的区别如下。

“拉伸”和“拉长”命令都可以改变对象的大小，不同的是“拉伸”可以一次框选多个对象，不仅改变对象的大小，同时改变对象的形状；而“拉长”只改变对象的长度，且不受边界的局限。可用以拉长的对象包括直线、弧线和样条曲线等。

动手练——绘制桥式电路

源文件：源文件\第 8 章\桥式电路.dwg

绘制如图 8-28 所示的桥式电路。

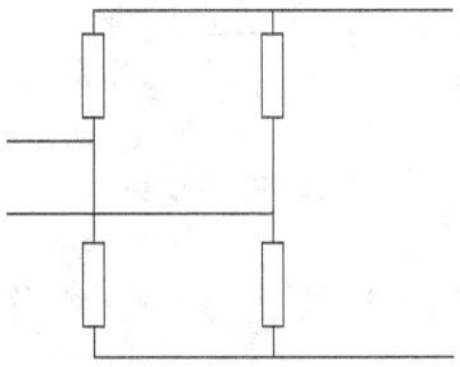

图 8-28　桥式电路

思路点拨：

（1）利用“直线”和“复制”命令绘制电路。

（2）利用“矩形”和“复制”命令绘制电阻。

（3）利用“修剪”命令完成图形的绘制。

8.2　打断、合并和分解对象

除了前面学到的复制类命令、改变位置类命令、改变图形特性的命令之外，“打断”“打断于点”“合并”和“分解”命令同样属于编辑命令。

8.2.1　“打断”命令

“打断”命令用于在两个点之间创建间隔，也就是在打断之处存在间隙。

【执行方式】

- 命令行：BREAK。
- 菜单栏：选择菜单栏中的“修改”→“打断”命令。
- 工具栏：单击“修改”工具栏中的“打断”按钮。
- 功能区：在“默认”选项卡中单击“修改”面板中的“打断”按钮。

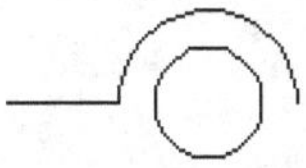

图 8-29　弯灯

动手学——绘制弯灯

源文件：源文件\第 8 章\弯灯.dwg

绘制如图 8-29 所示的弯灯。

扫一扫，看视频

操作步骤

（1）在“默认”选项卡中单击“绘图”面板中的“直线”按钮╱，绘制一条水平直线。在“默认”选项卡中单击“绘图”面板中的“圆”按钮⊙，以直线的右端点为圆心，绘制一个直径为 10 的圆，如图 8-30 所示。

（2）在“默认”选项卡中单击“修改”面板中的“偏移”按钮⊆，将圆向外偏移 3，如图 8-31 所示。

（3）在“默认”选项卡中单击“修改”面板中的“打断”按钮⌐┐，选择外半圆与水平直线的交点为第一个点，开启“正交”模式，选择第二个点，打断后的图形如图 8-32 所示。

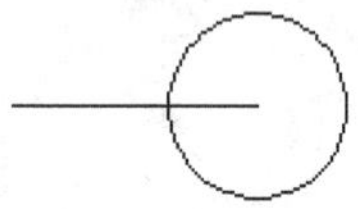

图 8-30　绘制直线和圆

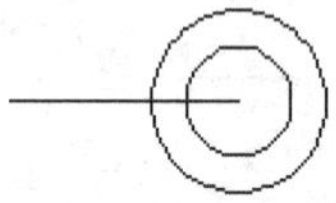

图 8-31　偏移圆

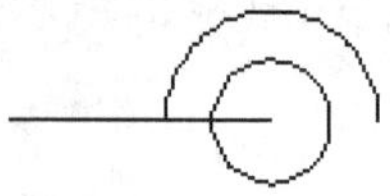

图 8-32　打断曲线

（4）在“默认”选项卡中单击“修改”面板中的“修剪”按钮✂，将圆内部分多余的线段剪切掉。结果如图 8-29 所示。

【选项说明】

如果选择“第一点(F)”选项，系统将丢弃前面的第一个选择点，重新提示用户指定两个打断点。

8.2.2　“打断于点”命令

“打断于点”命令用于将对象在某一点处打断，打断之处没有间隙。有效的对象包括直线、圆弧等，但不能是圆、矩形和多边形等封闭的图形。此命令与“打断”命令类似。

【执行方式】

- 命令行：BREAK。
- 工具栏：单击“修改”工具栏中的“打断于点”按钮⌐┐。
- 功能区：在“默认”选项卡中单击“修改”面板中的“打断于点”按钮⌐┐。

【操作步骤】

```
命令：_break
选择对象：(选择要打断的对象)
指定第二个打断点或 [第一点(F)]：_f (系统自动执行“第一点(F)”选项)
指定第一个打断点：(选择打断点)
指定第二个打断点：@ (系统自动忽略此提示)
```

8.2.3　“合并”命令

利用“合并”命令，可以将直线、圆弧、椭圆弧和样条曲线等独立的对象合并为一个对象。

【执行方式】

- 命令行：JOIN。
- 菜单栏：选择菜单栏中的“修改”→“合并”命令。

- 工具栏：单击“修改”工具栏中的“合并”按钮。
- 功能区：在“默认”选项卡中单击“修改”面板中的“合并”按钮。

扫一扫，看视频

动手学——绘制电流互感器

源文件：源文件\第8章\电流互感器.dwg

绘制如图8-33所示的电流互感器。

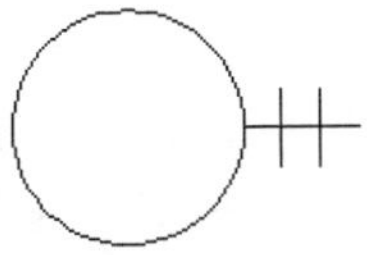

图8-33 电流互感器

操作步骤

（1）在“默认”选项卡中单击“绘图”面板中的“圆”按钮，绘制一个半径为3的圆，如图8-34（a）所示。

（2）在“默认”选项卡中单击“绘图”面板中的“直线”按钮，并启动“正交”和“对象追踪”功能，用鼠标捕捉圆的圆心O，以其为起点，绘制一条长度为6的水平直线，如图8-34（b）所示。

（3）在“默认”选项卡中单击“绘图”面板中的“直线”按钮，在“正交”模式下，用鼠标捕捉圆心O，以其为起点，绘制一条长度为1的竖直直线。

（4）在“默认”选项卡中单击“修改”面板中的“镜像”按钮，选择在第（3）步中绘制的竖直直线为镜像对象，以直线1为镜像线进行镜像操作，得到另一条竖直直线。

（5）在“默认”选项卡中单击“修改”面板中的“合并”按钮，选择第（3）、（4）步中得到的直线段为合并对象，将其合并为一条竖直直线2。命令行提示与操作如下：

```
命令:JOIN
选择源对象:(选择第（3）步绘制的直线)
选择要合并到源的直线:(选择第（4）步绘制的直线)
```

结果如图8-34（c）所示。

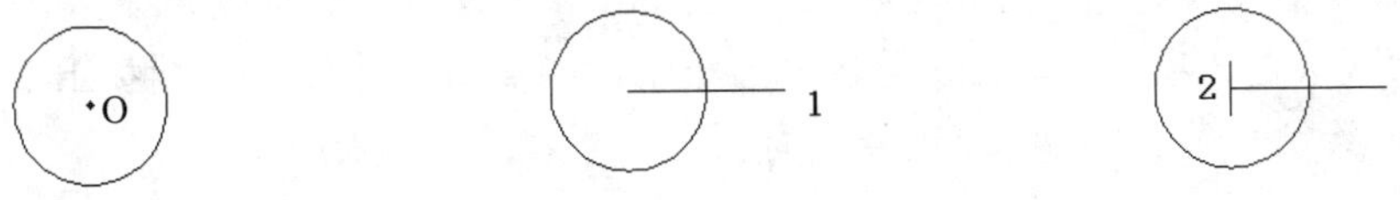

（a）绘制圆 （b）绘制直线 （c）合并直线

图8-34 绘制电流互感器

（6）在“默认”选项卡中单击“修改”面板中的“偏移”按钮，以直线2为起始，分别绘制直线3和4，偏移量分别为4、1，结果如图8-35所示。

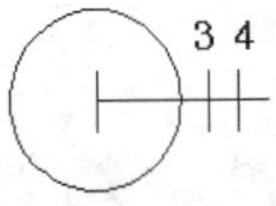

图8-35 偏移得到直线3、4

（7）用鼠标选择直线2，在“默认”选项卡中单击“修改”面板中的“删除”按钮，或者直接按Delete键，删除直线2；然后在“默认”选项卡中单击“修改”面板中的“修剪”按钮，修剪掉多余部分，最终结果如图8-33所示。

8.2.4 “分解”命令

利用“分解”命令，可以在选择一个对象后，将其分解。此时系统将继续给出提示，允许分解多个对象。

【执行方式】

- 命令行：EXPLODE。
- 菜单栏：选择菜单栏中的“修改”→“分解”命令。
- 工具栏：单击“修改”工具栏中的“分解”按钮。
- 功能区：在“默认”选项卡中单击“修改”面板中的“分解”按钮。

扫一扫，看视频

动手学——绘制天线

源文件：源文件\第 8 章\天线.dwg

绘制如图 8-36 所示的天线。

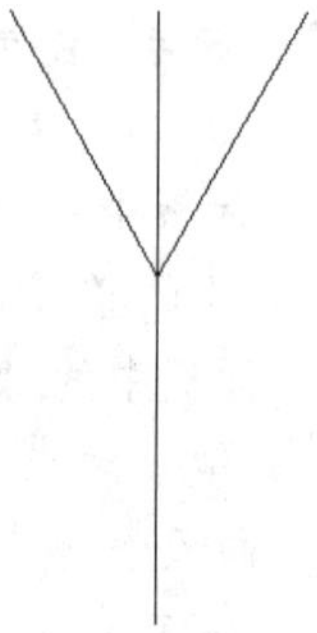

图 8-36　天线

操作步骤

（1）在“默认”选项卡中单击“绘图”面板中的“多边形”按钮，绘制一个边长为 50 的正三角形，依次输入两端点坐标{（150,100），（100,100）}，效果如图 8-37 所示。

（2）在“默认”选项卡中单击“绘图”面板中的“直线”按钮，捕捉正三角形横边中点，以该点为起点，绘制一条长度为 100 的竖直向下直线，如图 8-38 所示。

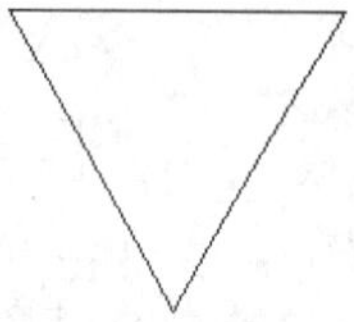

图 8-37　正三角形

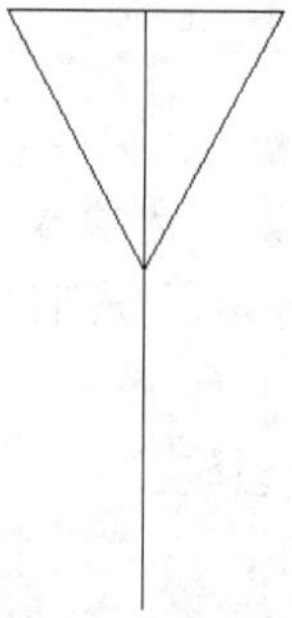

图 8-38　竖直线

（3）在“默认”选项卡中单击“修改”面板中的“分解”按钮，分解正三角形。选中分解后的正三角形的上底边并删除，即可得到天线符号，如图 8-36 所示。

动手练——绘制热继电器

源文件：源文件\第 8 章\热继电器.dwg

绘制如图 8-39 所示的热继电器。

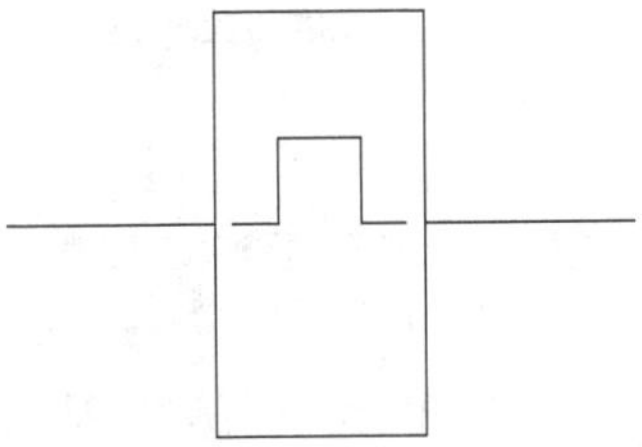

图 8-39　热继电器

思路点拨：

（1）利用“矩形”和“分解”命令绘制外框。

（2）利用“偏移”“修剪”和“打断”命令绘制中间图形。

（3）利用“直线”命令绘制两侧直线。

8.3　圆角和倒角

在 AutoCAD 绘图的过程中，经常要用到圆角和倒角。在使用“圆角”和“倒角”命令时，要先设置圆角半径、倒角距离；否则命令执行后，很可能看不到任何效果。

8.3.1　“圆角”命令

圆角是指用指定半径决定的一段平滑的圆弧连接两个对象。系统规定可以用圆角连接一对直线段、非圆弧多段线（可以在任何时刻圆角连接非圆弧多段线的每个节点）、样条曲线、双向无限长线、射线、圆、圆弧和椭圆。

【执行方式】

- 命令行：FILLET。
- 菜单栏：选择菜单栏中的“修改”→“圆角”命令。
- 工具栏：单击“修改”工具栏中的“圆角”按钮。
- 功能区：在“默认”选项卡中单击“修改”面板中的“圆角”按钮。

扫一扫，看视频

动手学——绘制配套连接器

源文件：源文件\第 8 章\配套连接器.dwg

本实例绘制如图 8-40 所示的配套连接器。

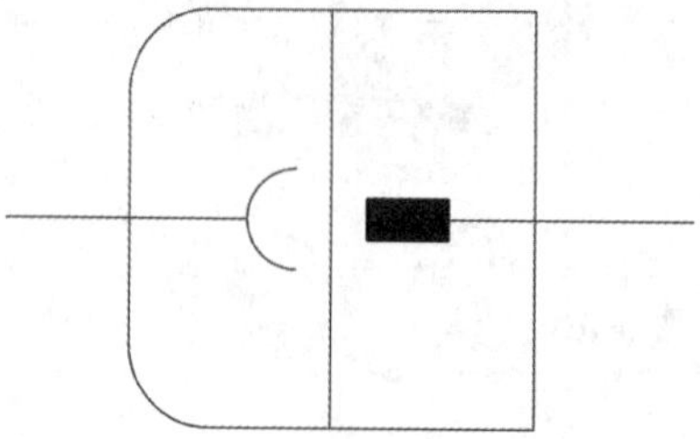

图 8-40　配套连接器

操作步骤

（1）在"默认"选项卡中单击"绘图"面板中的"矩形"按钮 □，绘制一个边长为 50 的正方形，如图 8-41 所示。

（2）在"默认"选项卡中单击"修改"面板中的"分解"按钮 ⬚，将矩形进行分解。

（3）在"默认"选项卡中单击"绘图"面板中的"直线"按钮 ╱，捕捉矩形上下两条边线的中点，绘制一条竖直直线，如图 8-42 所示。

（4）在"默认"选项卡中单击"修改"面板中的"圆角"按钮 ⌐，对矩形的左侧进行倒圆角处理，圆角半径为 10。命令行提示与操作如下：

```
命令：_fillet
当前设置：模式 = 修剪，半径 = 0.0000
选择第一个对象或 [放弃(U)/多段线(P)/半径(R)/修剪(T)/多个(M)]：R
指定圆角半径 <0.0000>：10
选择第一个对象或 [放弃(U)/多段线(P)/半径(R)/修剪(T)/多个(M)]：M
选择第一个对象或 [放弃(U)/多段线(P)/半径(R)/修剪(T)/多个(M)]：（选取矩形的上边线）
选择第二个对象，或按住 Shift 键选择对象以应用角点或 [半径(R)]：（选取矩形的左侧边线）
选择第一个对象或 [放弃(U)/多段线(P)/半径(R)/修剪(T)/多个(M)]：（选取矩形的左侧边线）
选择第二个对象，或按住 Shift 键选择对象以应用角点或 [半径(R)]：（选取矩形的下边线）
```

结果如图 8-43 所示。

图 8-41　绘制正方形　　　　图 8-42　绘制竖直直线　　　　图 8-43　圆角处理

（5）在"默认"选项卡中单击"绘图"面板中的"圆弧"按钮 ⌒，在图中适当位置绘制一段半径为 6 的圆弧，如图 8-44 所示。

（6）在"默认"选项卡中单击"绘图"面板中的"直线"按钮 ╱，捕捉圆弧的左侧中点，绘制一条长度为 30 的水平直线，如图 8-45 所示。

（7）在"默认"选项卡中单击"绘图"面板中的"矩形"按钮 □，在图中适当位置绘制一个 10×5 的矩形。

（8）在"默认"选项卡中单击"绘图"面板中的"图案填充"按钮 ▨，打开"图案填充创建"选项卡，选择 SOLID 图案，对上步创建的矩形进行图案填充，结果如图 8-46 所示。

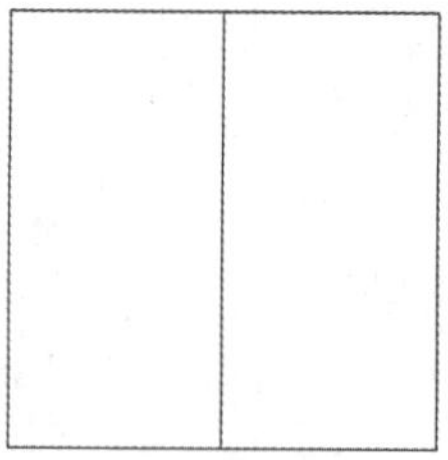

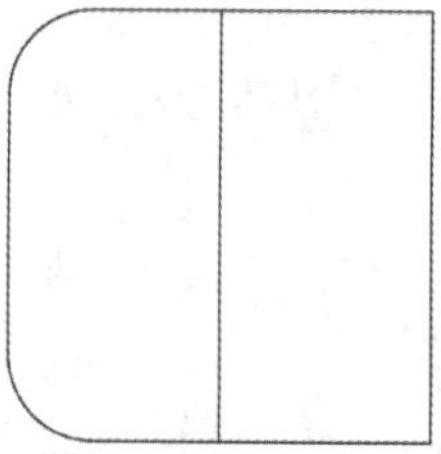

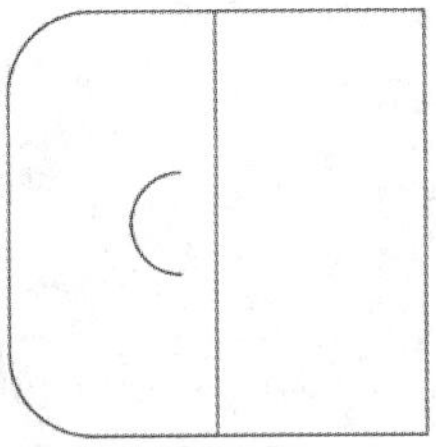

图 8-44　绘制圆弧

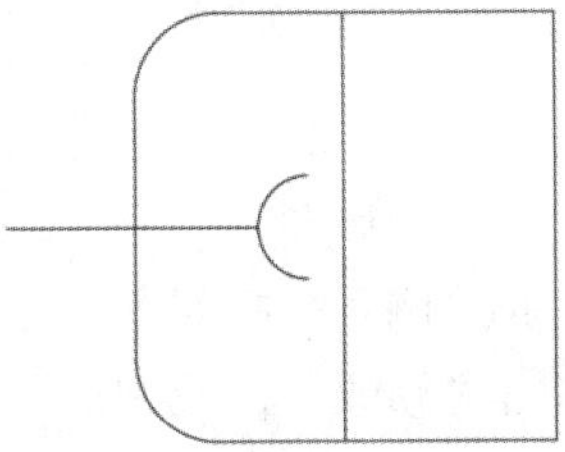

图 8-45　绘制水平直线

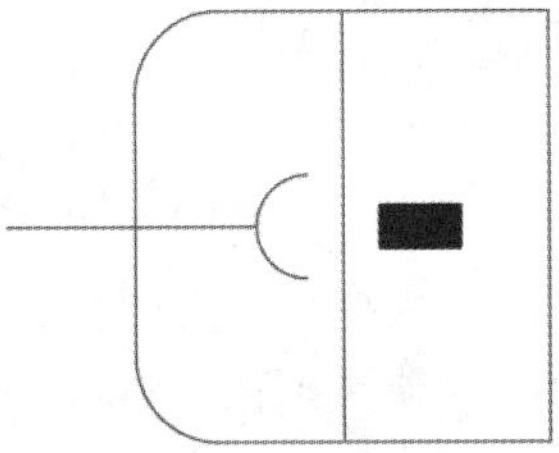

图 8-46　填充图案

（9）在“默认”选项卡中单击“绘图”面板中的“直线”按钮╱，捕捉小矩形的右侧中点，绘制一条长度为 30 的水平直线，结果如图 8-40 所示。

【选项说明】

（1）多段线(P)：在一条二维多段线的两段直线段的节点处插入平滑的弧。选择多段线后，系统会根据指定的圆弧半径把多段线各顶点用平滑的弧连接起来。

（2）修剪(T)：决定在圆角连接两条边时，是否修剪这两条边，如图 8-47 所示。

（a）修剪方式　　（b）不修剪方式

图 8-47　圆角连接

（3）多个(M)：可以同时对多个对象进行圆角编辑，而不必重新启用命令。

（4）按住 Shift 键并选择两条直线，可以快速创建零距离倒角或零半径圆角。

☞教你一招：

几种情况下的圆角。

（1）当两条线相交或不相连时，利用圆角进行修剪和延伸。如果将圆角半径设置为 0，则不会创建圆弧，操作对象将被修剪或延伸直到它们相交。当两条线相交或不相连时，使用“圆角”命令可以自动进行修剪和延伸，比使用“修剪”和“延伸”命令更方便。

（2）对平行直线倒圆角。不仅可以对相交或未连接的线倒圆角，平行的直线、构造线和射线同样可以倒圆角。对平行线进行倒圆角时，系统将忽略原来的圆角设置，自动调整圆角半径，生成一个半圆连接两条直线。这在绘制键槽或类似零件时比较方便。对平行线倒圆角时，第一个选定对象必须是直线或射线，不能是构造线，因为构造线没有端点，但是可以作为圆角的第二个对象。

（3）对多段线加圆角或删除圆角。如果想在多段线上适合圆角半径的每条线段的顶点处插入相同长度的圆角弧，可在倒圆角时使用“多段线(P)”选项；如果想删除多段线上的圆角和弧线，也可以使用“多段线(P)”选项，只需将圆角半径设置为 0，“圆角”命令将删除该圆弧线段并延伸直线，直到它们相交。

8.3.2　“倒角”命令

倒角是指用斜线连接两个不平行的线形对象，如直线段、双向无限长线、射线和多段线。

【执行方式】

- 命令行：CHAMFER。
- 菜单栏：选择菜单栏中的“修改”→“倒角”命令。
- 工具栏：选择“修改”工具栏中的“倒角”按钮。
- 功能区：在“默认”选项卡中单击“修改”面板中的“倒角”按钮。

【操作步骤】

```
命令：CHAMFER↙
（“修剪”模式）当前倒角距离 1=0.0000，距离 2=0.0000
选择第一条直线或 [放弃(U)/多段线(P)/距离(D)/角度(A)/修剪(T)/方式(E)/多个(M)]：
```

【选项说明】

（1）距离(D)：选择倒角的两个斜线距离。斜线距离是指从被连接的对象与斜线的交点到被连接的两对象可能的交点之间的距离，如图 8-48 所示。这两个斜线距离可以相同，也可以不同。若二者均为 0，则系统不绘制连接的斜线，而是把两个对象延伸至相交，并修剪超出的部分。

（2）角度(A)：选择第一条直线的斜线距离和角度。采用这种方法斜线连接对象时，需要输入两个参数：斜线与一个对象的斜线距离和斜线与该对象的夹角，如图 8-49 所示。

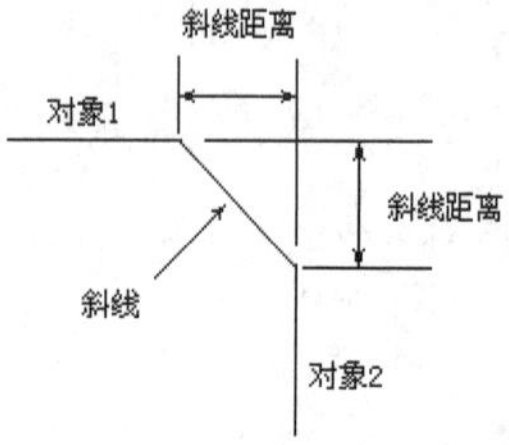

图 8-48　斜线距离

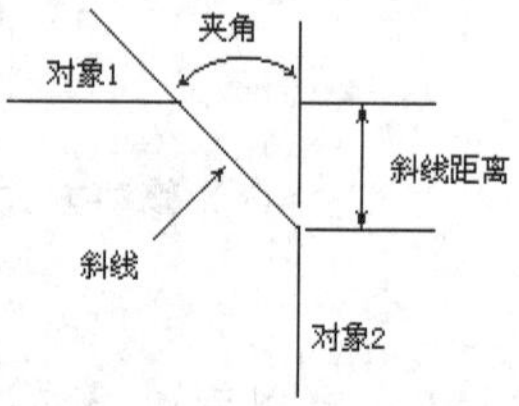

图 8-49　斜线距离与夹角

（3）多段线(P)：对多段线的各个交叉点进行倒角编辑。为了得到最好的连接效果，一般设置斜线是相等的值。系统根据指定的斜线距离把多段线的每个交叉点都进行斜线连接，连接的斜线成为多段线新添加的构成部分，如图 8-50 所示。

（4）修剪(T)：与圆角连接命令 FILLET 相同，该选项决定连接对象后，是否剪切源对象。

（5）方式(E)：决定采用“距离”方式还是“角度”方式来倒角。

（6）多个(M)：同时对多个对象进行倒角编辑。

动手练——绘制变压器

源文件：源文件\第 8 章\变压器.dwg

绘制如图 8-51 所示的变压器。

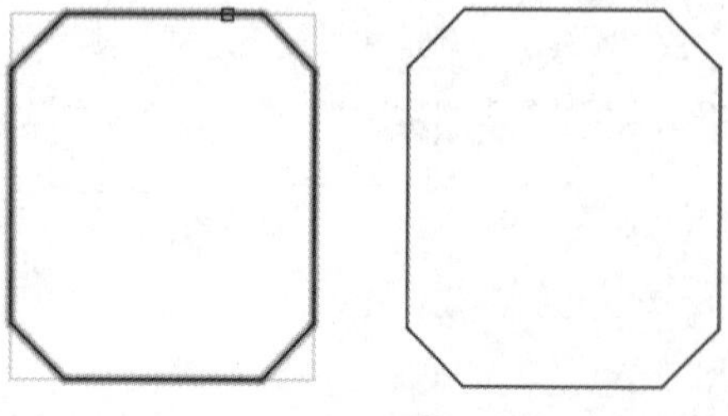
图 8-50　斜线连接多段线

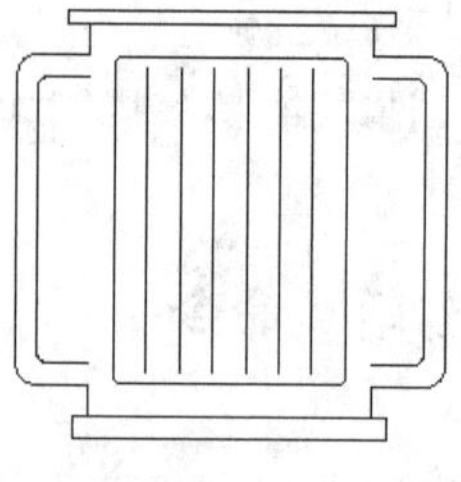
图 8-51　变压器

思路点拨：

（1）利用“矩形”“分解”“圆角”和“偏移”命令绘制中间外轮廓。

（2）利用“直线”“偏移”“修剪”和“镜像”命令绘制上下部分。

（3）利用“矩形”“直线”和“偏移”命令绘制中间部分。

8.4　对象编辑

在对图形进行编辑时，还可以对图形对象本身的某些特性进行编辑，从而方便图形的绘制。

8.4.1　钳夹功能

要使用钳夹（或称夹点）功能编辑对象，必须先打开钳夹功能。

（1）选择菜单栏中的“工具”→“选项”命令，在弹出的“选项”对话框中选择“选择集”选项卡，如图 8-52 所示。在“夹点”选项组中，选中“显示夹点”复选框。在该选项卡中还可以设置代表夹点的小方格的尺寸和颜色。

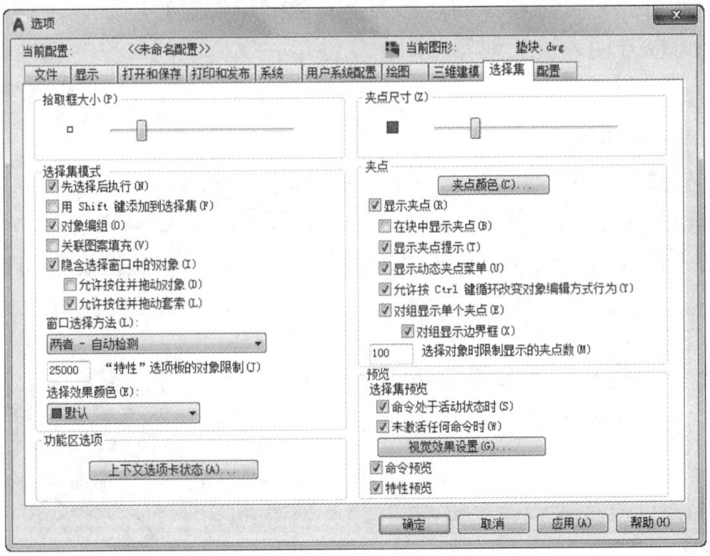

图 8-52　“选择集”选项卡

AutoCAD 在图形对象上定义了一些特殊点，称为夹点。利用夹点可以灵活地控制对象，如图 8-53 所示。

（2）也可以通过 GRIPS 系统变量来控制是否打开夹点功能，1 代表打开，0 代表关闭。

（3）打开夹点功能后，应该在编辑对象之前先选择对象。

夹点表示对象的控制位置。使用夹点编辑对象，要选择一个夹点作为基点，称之为基准夹点。

（4）选择一种编辑操作：镜像、移动、旋转、拉伸和缩放。可以用空格键、Enter 键或键盘上的快捷键循环选择这些功能，如图 8-54 所示。

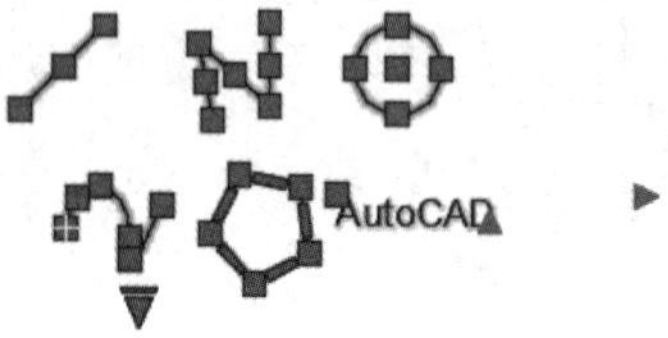

图 8-53　显示夹点

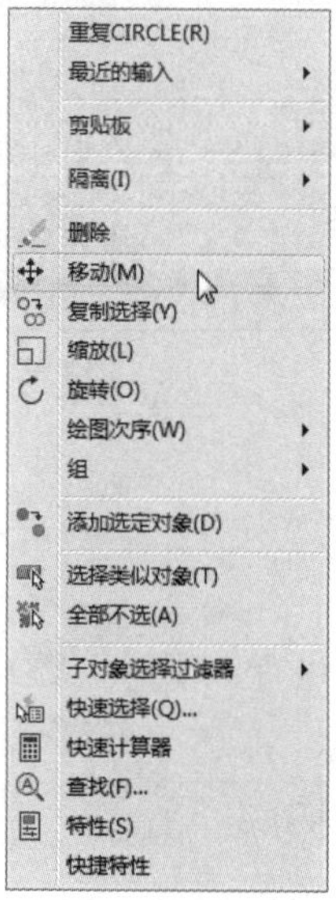

图 8-54　选择编辑操作

8.4.2　特性匹配

利用特性匹配功能可以将目标对象的属性与源对象的属性进行匹配，使两者的属性相同。也就是说，利用这一功能可以方便、快捷地修改对象属性，并保持不同对象的属性相同。

【执行方式】

- 命令行：MATCHPROP。
- 菜单栏：选择菜单栏中的“修改”→“特性匹配”命令。
- 工具栏：单击标准工具栏中的“特性匹配”按钮。
- 功能区：在“默认”选项卡中单击“特性”面板中的“特性匹配”按钮。

扫一扫，看视频

动手学——修改图形特性

调用素材：初始文件\第 8 章\原始图.dwg

源文件：源文件\第 8 章\修改图形特性.dwg

操作步骤

（1）在下载的资源包中打开初始文件\第 8 章\原始图.dwg 文件，如图 8-55 所示。

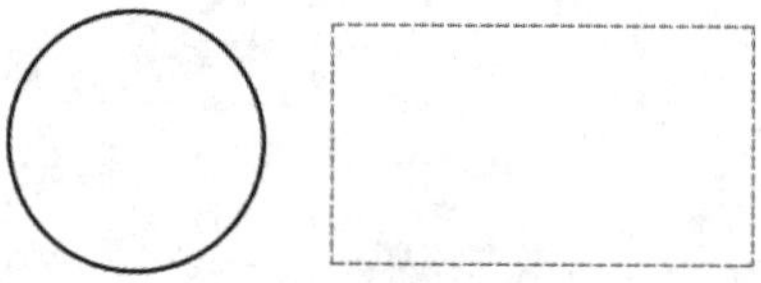

图 8-55　原始文件

（2）在“默认”选项卡中单击“特性”面板中的“特性匹配”按钮，将矩形的线型修改为粗实线。命令行提示与操作如下：

```
命令：'_matchprop
选择源对象：(选取圆)
当前活动设置：颜色 图层 线型 线型比例 线宽 透明度 厚度 打印样式 标注 文字 图案填充 多段线 视口 表格材质 多重引线中心对象
选择目标对象或 [设置(S)]：(光标变成画笔形状，选取矩形，如图 8-56 所示)
```

结果如图 8-57 所示。

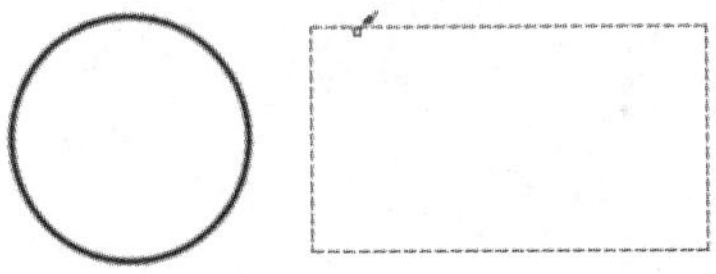

图 8-56　选取目标对象

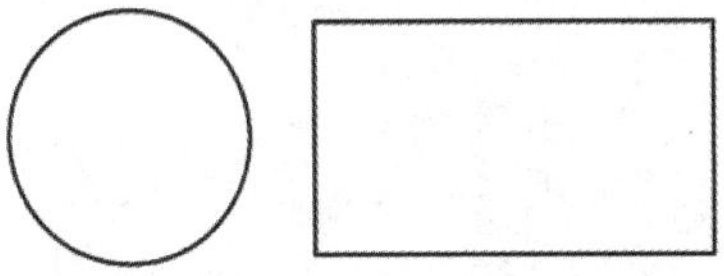

图 8-57　完成矩形特性的修改

【选项说明】

（1）目标对象：指定要将源对象的特性复制到其上的对象。

（2）设置(S)：选择此选项，打开如图 8-58 所示的“特性设置”对话框，可以控制要将哪些对象特性复制到目标对象。默认情况下，选定所有对象特性进行复制。

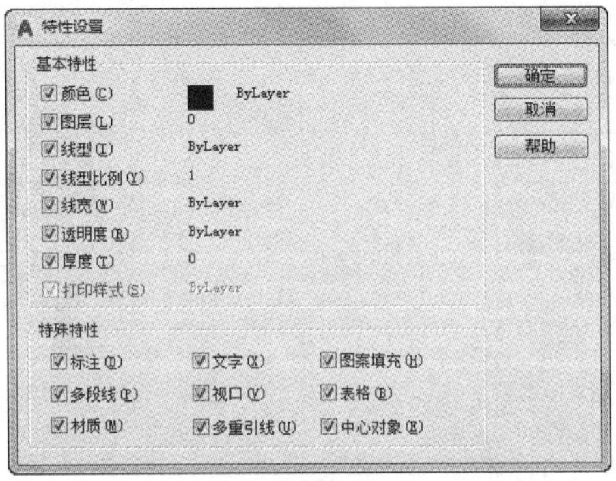

图 8-58　“特性设置”对话框

8.4.3　修改对象属性

【执行方式】

- 命令行：DDMODIFY 或 PROPERTIES。
- 菜单栏：选择菜单栏中的“修改”→“特性”命令或选择菜单栏中的“工具”→“选项板”→“特性”命令。
- 工具栏：单击标准工具栏中的“特性”按钮。
- 快捷键：Ctrl+1。
- 功能区：在“视图”选项卡中单击“选项板”面板中的“特性”按钮。

【操作步骤】

执行上述操作后，根据系统提示选择源对象和目标对象，AutoCAD 打开“特性”选项板，如图 8-59 所示。利用它可以方便地设置或修改对象的各种属性。

不同的对象属性种类和值不同，修改属性值，对象即改变为新的属性。

【选项说明】

（1）切换 PICKADD 系统变量的值：单击此按钮，打开或关闭 PICKADD 系统变量。打开 PICKADD 时，每个选定对象都将添加到当前选择集中。

（2）选择对象：使用任意选择方法选择所需对象。

（3）快速选择：单击此按钮，打开如图 8-60 所示的“快速选择”对话框，从中可以创建基于过滤条件的选择集。

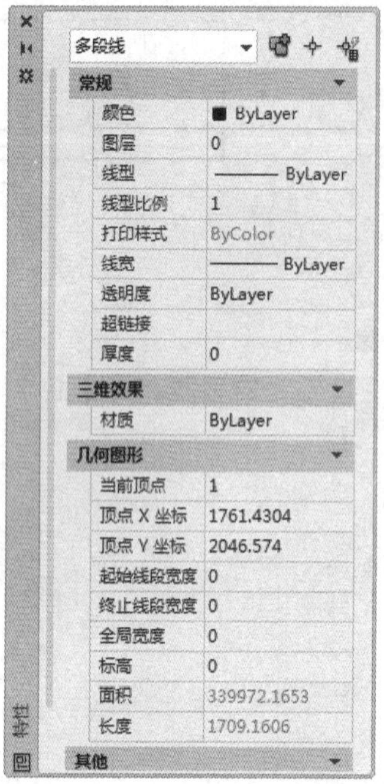

图 8-59 “特性”选项板

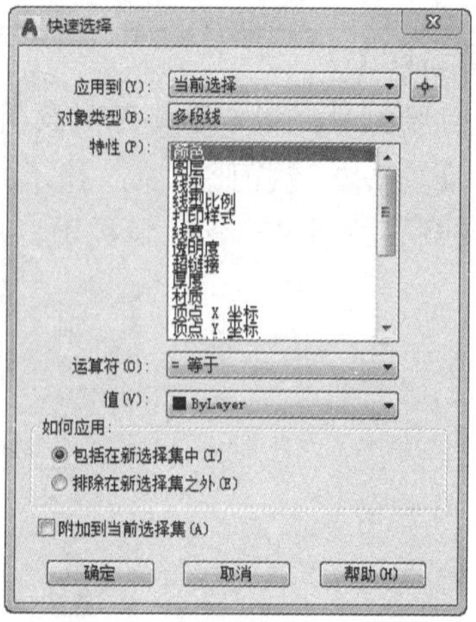

图 8-60 “快速选择”对话框

（4）快捷菜单：在“特性”选项板的标题栏上右击，打开如图 8-61 所示的快捷菜单。

① 移动：选择此命令，将显示用于移动选项板的四向箭头光标，移动鼠标即可移动选项板。

② 大小：选择此命令，将显示四向箭头光标，用于拖动选项板的边或角点使其变大或变小。

③ 关闭：选择此命令，将关闭选项板。

④ 允许固定：切换固定或定位选项板。选择此命令，在拖动窗口时，可以固定该窗口。固定窗口附着到应用程序窗口的边上，并导致重新调整绘图区域的大小。

⑤ 锚点居左/居右：将选项板附着到位于绘图区域右侧或左侧的定位点。

⑥ 自动隐藏：选择此命令，当光标移动到浮动选项板上时，该选项板将展开；当光标离开该选项板时，它将滚动关闭。

⑦ 透明度：选择此命令，打开如图 8-62 所示的“透明度”对话框，从中可以调整选项板的透明度。

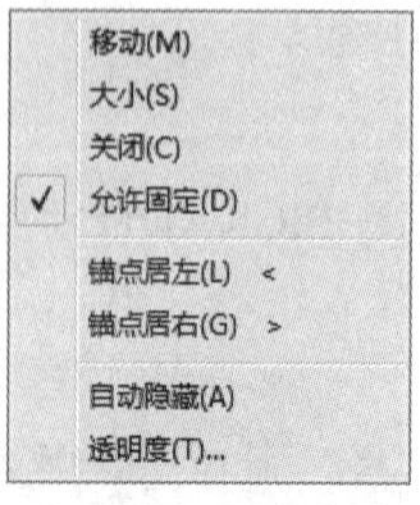

图 8-61 快捷菜单

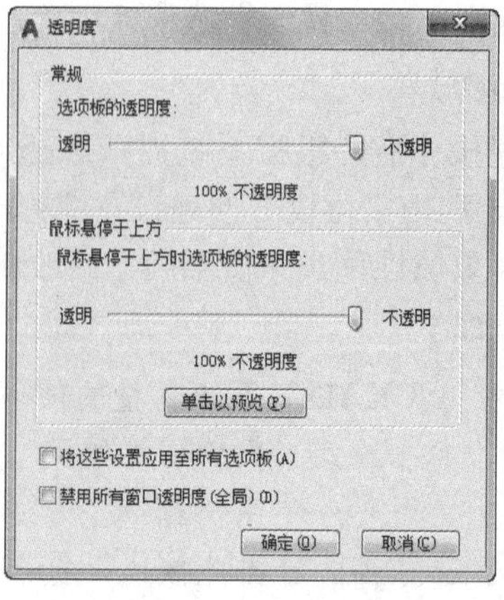

图 8-62 “透明度”对话框

动手练——绘制有外屏蔽的管壳

源文件：源文件\第 8 章\有外屏蔽的管壳.dwg

绘制如图 8-63 所示的有外屏蔽的管壳。

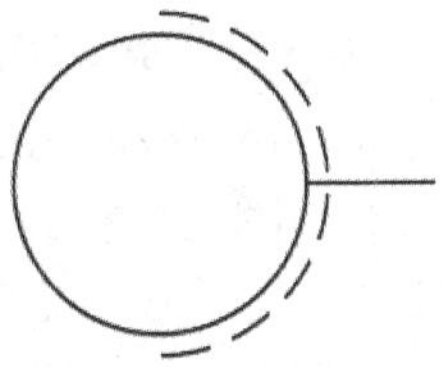

图 8-63　有外屏蔽的管壳

思路点拨：

（1）利用“圆”和“直线”命令绘制管壳。

（2）利用“圆弧”命令绘制外屏蔽。

（3）利用“特性”命令修改圆弧的图层为虚线层，并更改比例。

8.5　模拟认证考试

1．“拉伸”命令能够按指定的方向拉伸图形，此命令只能用哪种方式选择对象？（　　）

A．交叉窗口　　B．窗口

C．点　　D．ALL

2．要剪切与剪切边延长线相交的圆，则需执行的操作为（　　）。

A．剪切时按住 Shift 键　　B．剪切时按住 Alt 键

C．修改“边”参数为“延伸”　　D．剪切时按住 Ctrl 键

3．关于“分解”命令（EXPLODE）的描述正确的是（　　）。

A．对象分解后颜色、线型和线宽不会改变

B．图案分解后图案与边界的关联性仍然存在

C．多行文字分解后将变为单行文字

D．构造线分解后可得到两条射线

4．对一个对象倒圆角之后，发现有时对象被修剪，有时却没有被修剪，究其原因是（　　）。

A．修剪之后应当选择“删除”

B．圆角选项里有 T，可以控制对象是否被修剪

C．应该先进行倒角再修剪

D．用户的误操作

5．在进行打断操作时，系统要求指定第二打断点，这时输入了“@”，然后按 Enter 键结束，其结果是（　　）。

A．没有实现打断

B．在第一打断点处将对象一分为二，打断距离为零

C．从第一打断点处将对象另一部分删除

D．系统要求指定第二打断点

6．分别绘制圆角为 20 的矩形和倒角为 20 的矩形，长均为 100，宽均为 80。它们的面积相比较（　　）。

A．圆角矩形面积大　　B．倒角矩形面积大

C．一样大　　D．无法判断

7．对两条平行的直线倒圆角（FILLET），圆角半径设置为 20，其结果是（　　）。

A．不能倒圆角　　B．按半径 20 倒圆角

C．系统提示错误　　D．倒出半圆，其直径等于直线间的距离

8．绘制如图 8-64 所示的桥式全波整流器。

9．绘制如图 8-65 所示的熔断式隔离开关。

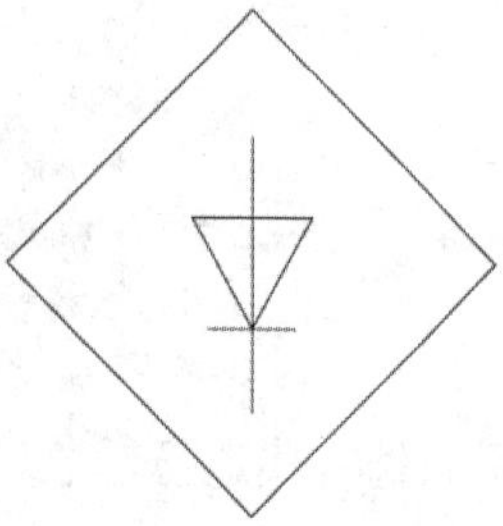

图 8-64　桥式全波整流器

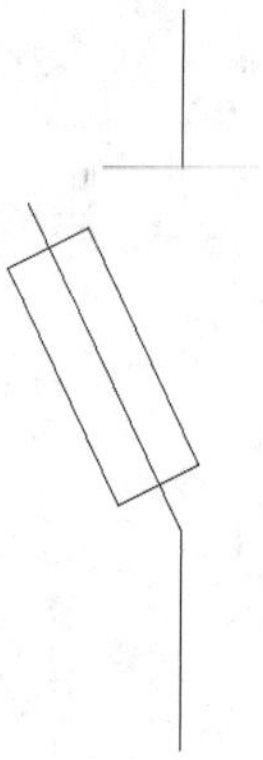

图 8-65　熔断式隔离开关

第 9 章　文字与表格

内容简介

文字注释是图形中很重要的一部分内容。进行各种设计时，通常不仅要绘出图形，还要在图形中标注一些文字，如技术要求、注释说明等，对图形对象加以解释。此外，表格在图形中也有大量的应用，如明细表、参数表和标题栏等。本章将对此进行详细的介绍。

内容要点

- 文字样式
- 文字标注
- 文字编辑
- 表格
- 综合演练——绘制 A3 样板图 1
- 模拟认证考试

案例效果

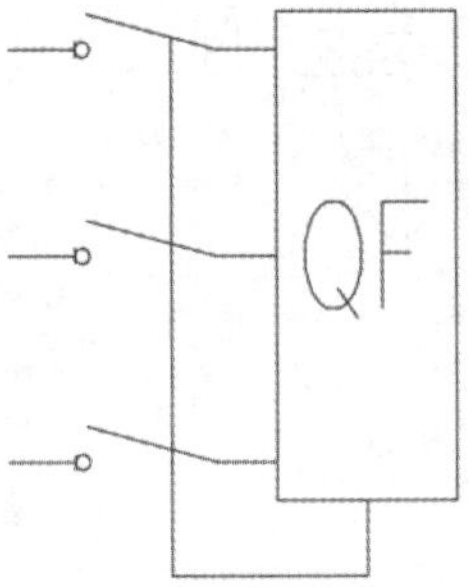

标准组件材料表						
编号	名称	规格	单位	数量	重量（公斤）	
					一件	小计
1	1.5米拔稍混凝土电杆					
2	吊杆					
3	横拉杆					
4	吊杆抱箍					
5	导线横担					
6	托担抱箍					
7	混凝土预制底盘					
8	混凝土预制拉线盘					
9	U型线夹					
10	楔形线夹					
11	UT型线夹					
12	钢绞线					
13	混凝土预制拉线盘					
14	拉线棒					

9.1　文字样式

所有 AutoCAD 图形中的文字都有与其相对应的文字样式。当输入文字对象时，AutoCAD 使用当前设置的文字样式。文字样式是用来控制文字基本形状的一组设置。

【执行方式】

- 命令行：STYLE（快捷命令：ST）或 DDSTYLE。
- 菜单栏：选择菜单栏中的“格式”→“文字样式”命令。
- 工具栏：单击“文字”工具栏中的“文字样式”按钮。

➘ 功能区：在“默认”选项卡中单击“注释”面板中的“文字样式”按钮A。

【操作步骤】

执行上述操作后，系统打开“文字样式”对话框，如图 9-1 所示。

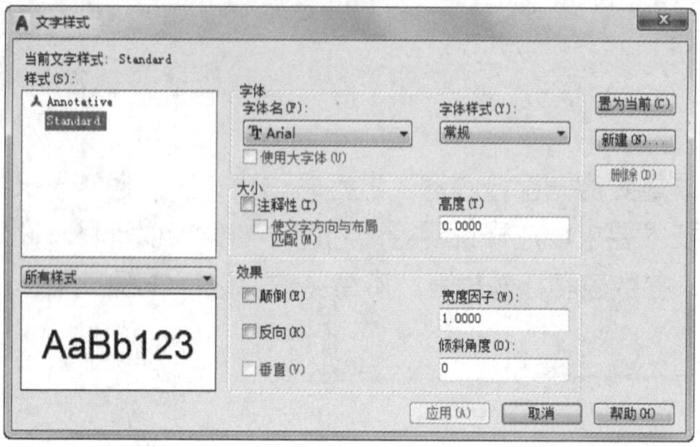

图 9-1 “文字样式”对话框

【选项说明】

（1）“样式”列表框：列出所有已设定的文字样式名或对已有样式名进行相关操作。单击“新建”按钮，打开如图 9-2 所示的“新建文字样式”对话框，从中可以为新建的文字样式输入名称。从“样式”列表框中选中要改名的文本样式并右击，在弹出的快捷菜单中选择“重命名”命令（如图 9-3 所示），可以为所选文字样式输入新的名称。

（2）“字体”选项组：用于确定字体样式。文字的字体确定字符的形状。在 AutoCAD 中，除了它固有的 SHX 形状字体文件外，还可以使用 TrueType 字体（如宋体、楷体、Italic 等）。一种字体可以设置不同的效果，从而被多种文字样式使用，如图 9-4 所示就是同一种字体（宋体）的不同样式。

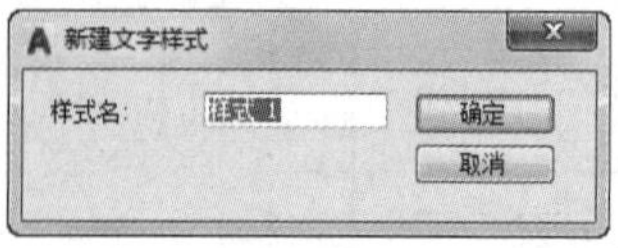

图 9-2 “新建文字样式”对话框

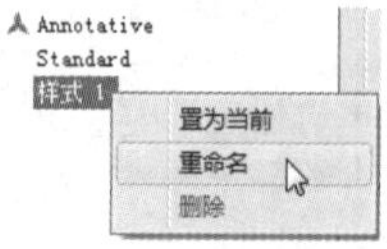

图 9-3 快捷菜单

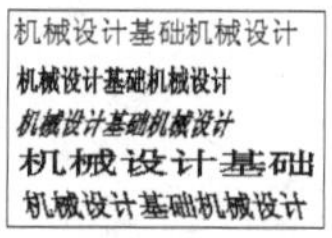

图 9-4 同一字体的不同样式

（3）“大小”选项组：用于确定文字样式使用的字体的大小。“高度”文本框用来设置创建文字时的固定字高，在用 TEXT 命令输入文字时，AutoCAD 不再提示输入字高参数。如果在此文本框中设置字高为 0，系统会在每一次创建文字时提示输入字高。因此，如果不想固定字高，就可以把“高度”文本框中的数值设置为 0。

（4）“效果”选项组。

① “颠倒”复选框：选中该复选框，表示将文字倒置标注，如图 9-5（a）所示。

② “反向”复选框：确定是否将文字反向标注，如图 9-5（b）所示。

（a）倒置　　（b）反向

图 9-5 文字倒置标注与反向标注

③“垂直”复选框：确定文字是水平标注还是垂直标注。选中该复选框时为垂直标注，如图 9-6 所示；否则为水平标注。

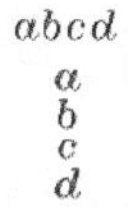

图 9-6　垂直标注文字

④“宽度因子”文本框：设置宽度系数，确定文本字符的宽高比。当宽度因子为 1 时，表示将按字体文件中定义的宽高比标注文字。当宽度因子小于 1 时，字会变窄，反之变宽。如图 9-4 所示，是在不同宽度因子下标注的文字。

⑤“倾斜角度”文本框：用于确定文字的倾斜角度。角度为 0 时不倾斜，为正值时向右倾斜，为负值时向左倾斜，效果如图 9-4 所示。

（5）“应用”按钮：确认对文字样式的设置。当创建新的文字样式或对现有文字样式的某些特征进行修改后，都需要单击此按钮，系统才会确认所做的改动。

9.2　文字标注

在绘制图形的过程中，文字传递了很多设计信息。它可能是一段很复杂的说明，也可能是一条简短的文字信息。当需要标注的文本较短时，可以利用 TEXT 命令创建单行文字；当需要标注很长、很复杂的文字信息时，可以利用 MTEXT 命令创建多行文字。

9.2.1　单行文字标注

可以使用“单行文字”命令创建一行或多行文字，其中每行文字都是独立的对象，可对其进行移动、格式设置或其他修改。

【执行方式】

- 命令行：TEXT。
- 菜单栏：选择菜单栏中的“绘图”→“文字”→“单行文字”命令。
- 工具栏：单击“文字”工具栏中的“单行文字”按钮 A。
- 功能区：在“默认”选项卡中单击“注释”面板中的“单行文字”按钮 A 或在“注释”选项卡中单击“文字”面板中的“单行文字”按钮 A。

动手学——绘制空气断路器

扫一扫，看视频

源文件： 源文件\第 9 章\空气断路器.dwg

本实例绘制如图 9-7 所示的空气断路器。

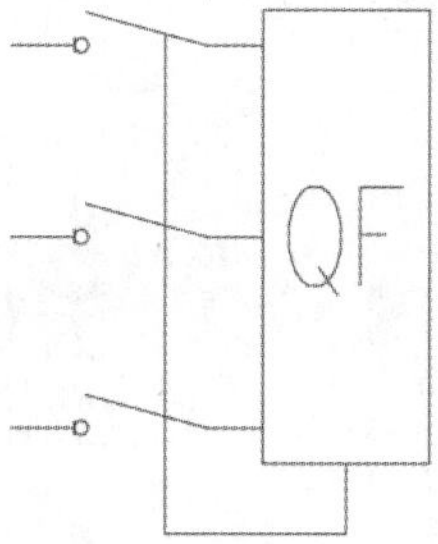

图 9-7　空气断路器

操作步骤

（1）在“默认”选项卡中单击“绘图”面板中的“矩形”按钮，绘制一个长度为 12、宽度为 32 的矩形，如图 9-8 所示。

（2）在“默认”选项卡中单击“修改”面板中的“分解”按钮，将矩形分解为 4 条直线。

（3）在“默认”选项卡中单击“修改”面板中的“偏移”按钮，将竖直直线 1 向左偏移 7，将竖直直线 3 向左偏移 6，将水平直线 2 向下偏移 5，将水平直线 4 向下偏移 2.5，结果如图 9-9 所示。

（4）在“默认”选项卡中单击“绘图”面板中的“直线”按钮，捕捉偏移直线左端点，分别绘制长度为 4、9、5 的直线，结果如图 9-10 所示。

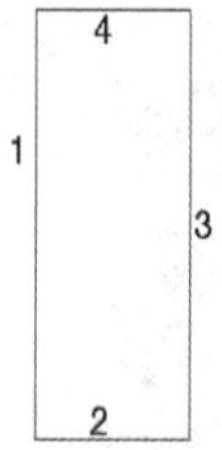

图 9-8　绘制矩形

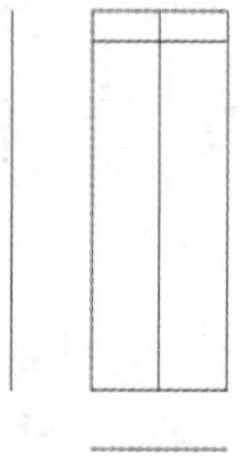

图 9-9　偏移直线

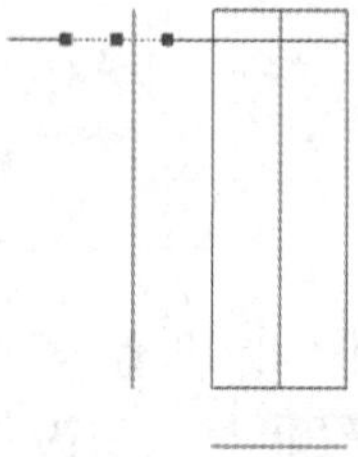

图 9-10　绘制直线

（5）在“默认”选项卡中单击“修改”面板中的“旋转”按钮，将第（4）步绘制的中间直线旋转-15°，结果如图 9-11 所示。

（6）在“默认”选项卡中单击“绘图”面板中的“直线”按钮和“圆”按钮，绘制直径为 1 的端点圆及长度为 1 的圆竖直切线，结果如图 9-12 所示。

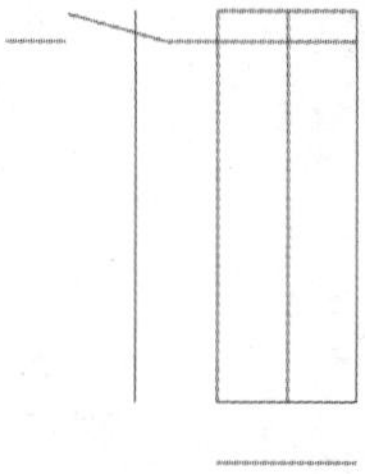

图 9-11　旋转直线

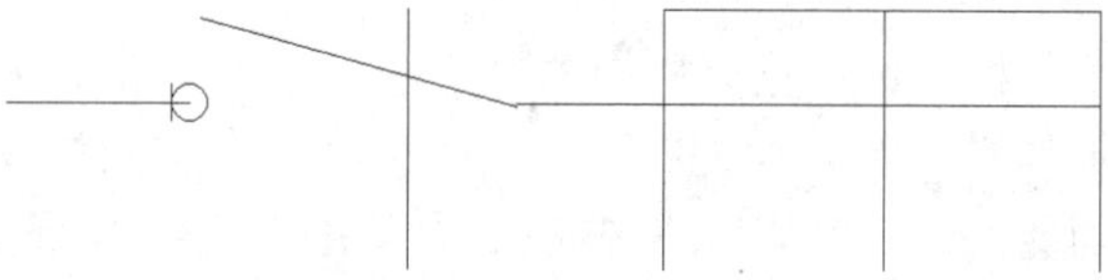

图 9-12　绘制端点圆小切点

（7）在“默认”选项卡中单击“修改”面板中的“复制”按钮，将上几步绘制的图形向下复制，距离分别为 13.5 和 27，结果如图 9-13 所示。

（8）在“默认”选项卡中单击“修改”面板中的“延伸”按钮、“倒角”按钮和“修剪”按钮，连接并修剪多余部分，结果如图 9-14 所示。

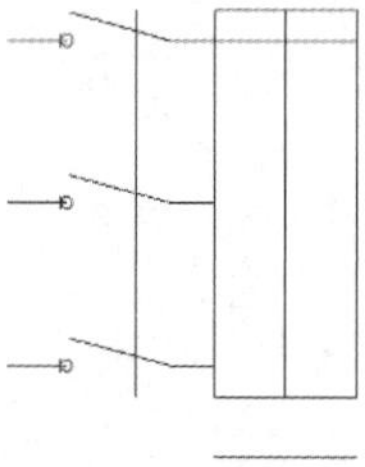

图 9-13　复制图形

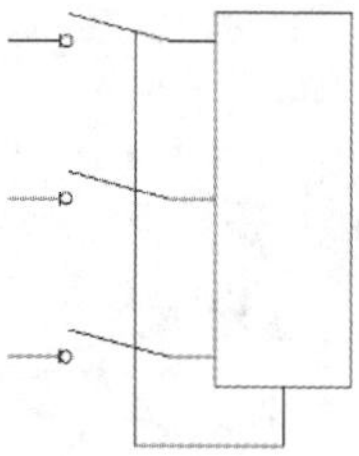

图 9-14　修剪元件

（9）在“默认”选项卡中单击“注释”面板中的“文字样式”按钮，弹出“文字样式”对话框，在“字体名”下拉列表框中选择 simplex.shx，设置“宽度因子”为 0.7，“高度”为 7，其余参数默认，如图 9-15 所示。单击“应用”按钮，并关闭对话框。

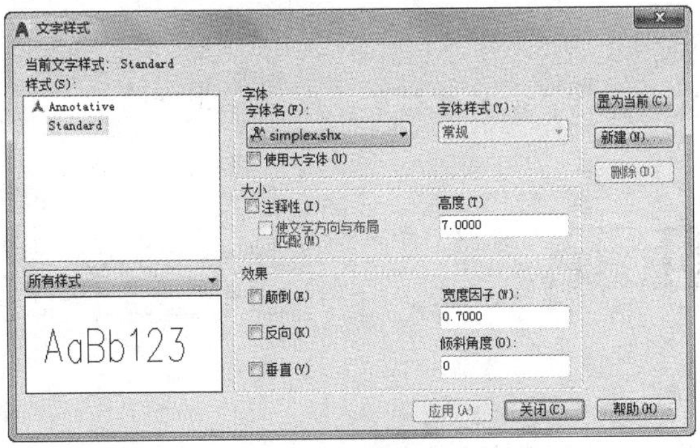

图 9-15 “文字样式”对话框

（10）在“注释”选项卡中单击“文字”面板中的“单行文字”按钮A，标注元件名称“QF”。命令行提示与操作如下：

```
命令：TEXT↙
当前文字样式：“Standard”文字高度： 7.0000 注释性： 否 对正： 左
指定文字的起点或 [对正(J)/样式(S)]：在矩形区域适当位置单击
指定文字的旋转角度 <0>：（直接按 Enter 键，在绘图区输入文字“QF”）
```

结果如图 9-7 所示。

技巧：

用 TEXT 命令创建文本时，在命令行输入的文字将同时显示在绘图区，而且在创建过程中可以随时改变文本的位置，只要将光标移到新的位置并单击，则当前行结束，随后输入的文字在新的文本位置出现。用这种方法可以把多行文本标注到绘图区的不同位置。

【选项说明】

（1）指定文字的起点：在此提示下直接在绘图区选择一点作为输入文字的起始点。执行上述命令后，即可在指定位置输入文字。输入后按 Enter 键，文本另起一行，可继续输入文字。待全部输入完后按两次 Enter 键，退出 TEXT 命令。可见，TEXT 命令也可创建多行文本，只是这种多行文本每一行是一个对象，不能对多行文本同时进行操作。

技巧：

只有当前文本样式中设置的字符高度为 0，在使用 TEXT 命令时，才会出现要求用户确定字符高度的提示。AutoCAD 允许将文本行倾斜排列，如倾斜角度分别是 0°、45° 和−45° 时的排列效果如图 9-16 所示。在“指定文字的旋转角度 <0>”提示下，可输入文本行的倾斜角度或在绘图区拉出一条直线来指定倾斜角度。

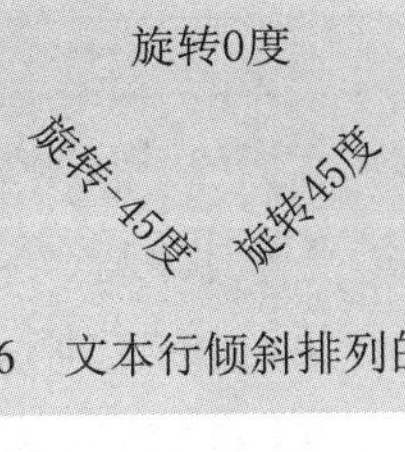

图 9-16 文本行倾斜排列的效果

（2）对正(J)：在“指定文字的起点或[对正(J)/样式(S)]”提示下输入“J”，可以确定文本的对齐方式。对齐方式决定文本的哪部分与所选插入点对齐。执行此选项，AutoCAD 提示：

```
输入选项 [左(L)/居中(C)/右(R)/对齐(A)/中间(M)/布满(F)/左上(TL)/中上(TC)/右上(TR)/左中(ML)/正中(MC)/右中(MR)/左下(BL)/中下(BC)/右下(BR)]:
```

在此提示下选择一个选项作为文本的对齐方式。当文字水平排列时，AutoCAD 为其定义了如图 9-17 所示的顶线、中线、基线和底线。各种对齐方式如图 9-18 所示，图中大写字母对应上述提示中的各命令。

图 9-17　文本行的底线、基线、中线和顶线

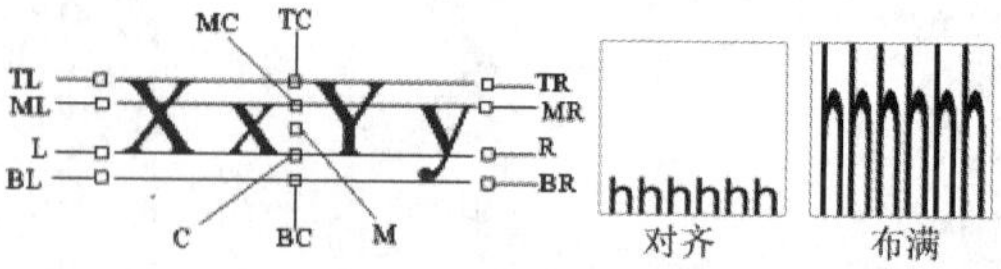

图 9-18　文本的对齐方式

选择“对齐(A)”选项，要求用户指定文本行基线的起始点与终止点的位置，AutoCAD 提示：

```
指定文字基线的第一个端点：（指定文本行基线的起点位置）
指定文字基线的第二个端点：（指定文本行基线的终点位置）
输入文字：（输入一行文本后按 Enter 键）
输入文字：（继续输入文本或直接按 Enter 键结束命令）
```

输入的文字均匀地分布在指定的两点之间，如果两点间的连线不是水平的，则文本行倾斜放置，倾斜角度由两点间的连线与 X 轴夹角确定；字高、字宽根据两点间的距离、字符的多少以及文字样式中设置的宽度因子自动确定。指定了两点之后，每行输入的字符越多，字宽和字高越小。

其他选项与“对齐”类似，此处不再赘述。

实际绘图时，有时需要标注一些特殊字符，例如直径符号、上划线或下划线、温度符号等。由于这些符号不能直接从键盘上输入，AutoCAD 提供了一些控制码，用来实现上述要求。常用的控制码及其功能如表 9-1 所示。

表 9-1　AutoCAD 常用控制码

控　制　码	标注的特殊字符	控　制　码	标注的特殊字符
%%O	上划线	\u+0278	电相位
%%U	下划线	\u+E101	流线
%%D	“度”符号（°）	\u+2261	标识
%%P	正负符号（±）	\u+E102	界碑线
%%C	直径符号（ϕ）	\u+2260	不相等（≠）
%%%	百分号（%）	\u+2126	欧姆（Ω）
\u+2248	约等于（≈）	\u+03A9	欧米伽（Ω）
\u+2220	角度（∠）	\u+214A	低界线
\u+E100	边界线	\u+2082	下标 2
\u+2104	中心线	\u+00B2	上标 2
\u+0394	差值		

其中，%%O（%%U）是上划线（下划线）的开关，第一次出现此符号时开始画上划线（下划线），第二次出现此符号时上划线（下划线）终止。例如，输入“I want to %%U go to Beijing%%U.”，则得到如图 9-19（a）所示的文本行；输入“50%%D+%%C75%%P12”，则得到

如图 9-19（b）所示的文本行。

I want to go to Beijing.　　　　　　　50°+Ø75±12

（a）控制码应用示例 1　　　　　　　　　　　（b）控制码应用示例 2

图 9-19　文本行

9.2.2　多行文字标注

可以将若干文字段落创建为单个多行文字对象，还可以使用文字编辑器格式化文字外观、列和边界。

【执行方式】

- 命令行：MTEXT（快捷命令：T 或 MT）。
- 菜单栏：选择菜单栏中的"绘图"→"文字"→"多行文字"命令。
- 工具栏：单击"绘图"工具栏中的"多行文字"按钮 **A** 或单击"文字"工具栏中的"多行文字"按钮 **A**。
- 功能区：在"默认"选项卡中单击"注释"面板中的"多行文字"按钮 **A** 或在"注释"选项卡中单击"文字"面板中的"多行文字"按钮 **A**。

扫一扫，看视频

动手学——绘制可变电阻

源文件：源文件\第 9 章\可变电阻.dwg

绘制如图 9-20 所示的可变电阻 R1。

操作步骤

（1）在"默认"选项卡中单击"绘图"面板中的"矩形"按钮 □，绘制一个矩形，指定矩形两个角点的坐标分别为（100,100）和（500,200）。在"默认"选项卡中单击"绘图"面板中的"直线"按钮 ／，分别捕捉矩形左右边的中点为端点，向左和向右绘制两条适当长度的水平线段，如图 9-21 所示。

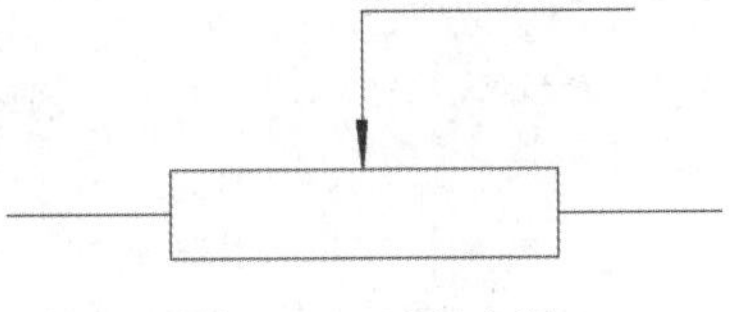

图 9-20　可变电阻　　　　　　　　　图 9-21　绘制矩形和直线

📢 提示：

> 在命令行中输入坐标值时，坐标数值之间的间隔逗号必须在英文输入状态下输入，否则系统无法识别。

（2）创建多段线。在"默认"选项卡中单击"绘图"面板中的"多段线"按钮 ⤴，绘制多段线。命令行提示和操作如下：

```
命令：_pline
指定起点：（捕捉点 1，如图 9-22 所示）
指定下一个点或 [圆弧(A)/半宽(H)/长度(L)/放弃(U)/宽度(W)]：（水平向左大约稍远一点 2，如图 9-22 所示）
```

```
指定下一点或 [圆弧(A)/闭合(C)/半宽(H)/长度(L)/放弃(U)/宽度(W)]：(竖直向下大约指定一点 3，如图 9-22 所示)
指定下一点或 [圆弧(A)/闭合(C)/半宽(H)/长度(L)/放弃(U)/宽度(W)]： W
指定起点宽度 <0.0000>: 10
指定端点宽度 <10.0000>: 0
指定下一点或 [圆弧(A)/闭合(C)/半宽(H)/长度(L)/放弃(U)/宽度(W)]：(竖直向下捕捉矩形上的垂足点)
指定下一点或 [圆弧(A)/闭合(C)/半宽(H)/长度(L)/放弃(U)/宽度(W)]：(按 Enter 键，效果如图 9-22 所示)
```

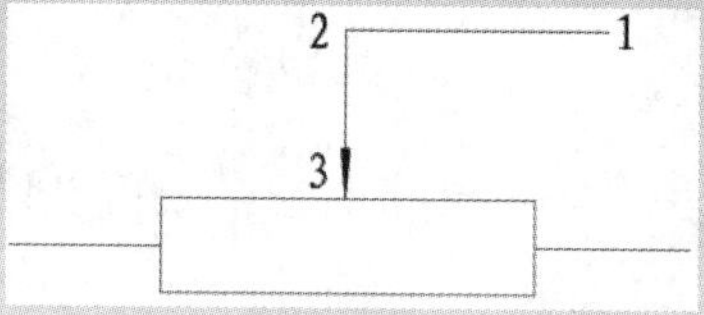

图 9-22　绘制多段线

（3）在“默认”选项卡中单击“绘图”面板中的“多行文字”按钮 A，在图 9-22 中点 3 位置正上方指定文本范围框，系统打开“文字编辑器”选项卡，输入文字“R1”，并按图 9-23 所示设置文字的各项参数。命令行提示中的重要选项和参数介绍如下：

```
命令： _mtext
当前文字样式： "Standard"  文字高度： 2.5  注释性： 否
指定第一角点：
指定对角点或 [高度(H)/对正(J)/行距(L)/旋转(R)/样式(S)/宽度(W)/栏(C)]：
```

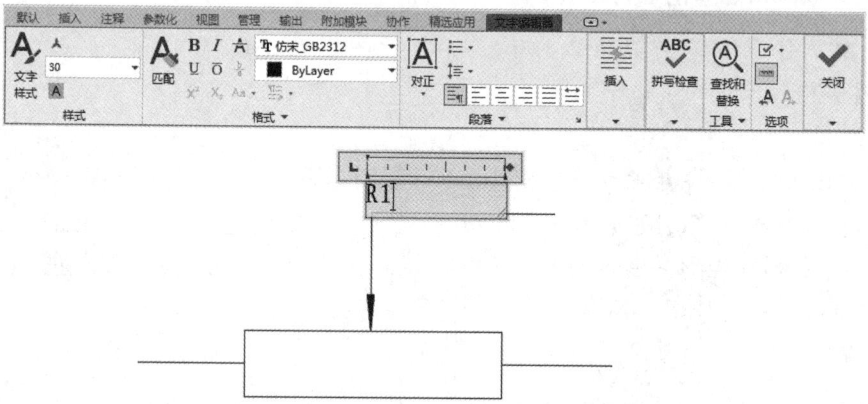

图 9-23　“文字编辑器”选项卡

最终结果如图 9-20 所示。

【选项说明】

1. 命令选项

（1）指定对角点：在绘图区选择两个点作为矩形框的两个角点，AutoCAD 以这两个点为对角点构成一个矩形区域，其宽度作为将来要标注的多行文字的宽度，第一个点作为第一行文本顶线的起点。响应后 AutoCAD 打开“文字编辑器”选项卡可利用此选项卡输入多行文字并对其格式进行设置。关于该选项卡中各项的含义及功能，稍后再详细介绍。

（2）对正(J)：用于确定所标注文字的对齐方式。选择该选项，AutoCAD 提示：

```
输入对正方式 [左上(TL)/中上(TC)/右上(TR)/左中(ML)/正中(MC)/右中(MR)/左下(BL)/中下(BC)/右
```

```
下(BR)] <左上(TL)>:
```

这些对齐方式与 TEXT 命令中的各对齐方式相同。选择一种对齐方式后按 Enter 键，系统回到上一级提示。

（3）行距(L)：用于确定多行文字的行间距。这里所说的行间距是指相邻两文本行基线之间的垂直距离。选择此选项，AutoCAD 提示：

```
输入行距类型 [至少(A)/精确(E)] <至少(A)>:
```

在此提示下有“至少”和“精确”两种方式确定行间距。

① 在“至少”方式下，系统根据每行文本中最大的字符自动调整行间距。

② 在“精确”方式下，系统为多行文字赋予一个固定的行间距，可以直接输入一个确切的间距值，也可以输入“nx”的形式。

其中 n 是一个具体数，表示行间距设置为单行文字高度的 n 倍，而单行文字高度是本行文本字符高度的 1.66 倍。

（4）旋转(R)：用于确定文本行的倾斜角度。选择该选项，AutoCAD 提示：

```
指定旋转角度 <0>: （输入倾斜角度）
```

输入角度值后按 Enter 键，系统返回到“指定对角点或 [高度(H)/对正(J)/行距(L)/旋转(R)/样式(S)/宽度(W)/栏(C)]:”的提示。

（5）样式(S)：用于确定当前的文字样式。

（6）宽度(W)：用于指定多行文字的宽度。可在绘图区选择一点，与前面确定的第一个角点组成一个矩形框的宽作为多行文字的宽度；也可以输入一个数值，精确设置多行文字的宽度。

（7）栏(C)：根据栏宽、栏间距宽度和栏高组成矩形框。

2．“文字编辑器”选项卡

“文字编辑器”选项卡用来控制文字的显示特性。可以在输入文字前设置文字的特性，也可以改变已输入的文字特性。要改变已有文字显示特性，首先应选择要修改的文字。选择文字的方式有以下 3 种。

（1）将光标定位到文字开始处，按住鼠标左键，拖到文本末尾。

（2）双击某个文字，则该文字被选中。

（3）3 次单击鼠标，则选中全部内容。

下面介绍该选项卡中部分选项的功能。

（1）“文字高度”下拉列表框：用于确定文本的字符高度，可在文本框中输入新的字符高度，也可从此下拉列表框中选择已设定过的高度值。

（2）“粗体”按钮**B**和“斜体”按钮*I*：用于设置加粗或斜体效果，但这两个按钮只对 TrueType 字体有效，如图 9-24 所示。

（3）“删除线”按钮A：用于在文字上添加水平删除线，如图 9-24 所示。

（4）“下划线”按钮U和“上划线”按钮O：用于设置或取消文字的上、下划线，如图 9-24 所示。

从入门到实践
从入门到实践
~~从入门到实践~~
从入门到实践
从入门到实践

图 9-24　文字样式

（5）“堆叠”按钮：用于层叠所选的文字，也就是创建分数形式。当文本中某处出现“/”“^”或“#”3 种层叠符号之一时，选中需层叠的文字，才可层叠文本。二者缺一不可。这时符号左边的文字作为分子，右边的文字作为分母进行层叠。

AutoCAD 提供了 3 种分数形式。

➥ 如果选中 "abcd/efgh" 后单击该按钮，得到如图 9-25（a）所示的分数形式。

➥ 如果选中 "abcd^efgh" 后单击该按钮，则得到如图 9-25（b）所示的形式。此形式多用于标注极限偏差。

➥ 如果选中 "abcd#efgh" 后单击该按钮，则创建斜排的分数形式，如图 9-25（c）所示。

$$\frac{abcd}{efgh} \qquad\qquad \frac{abcd}{efgh} \qquad\qquad {abcd}/{efgh}$$

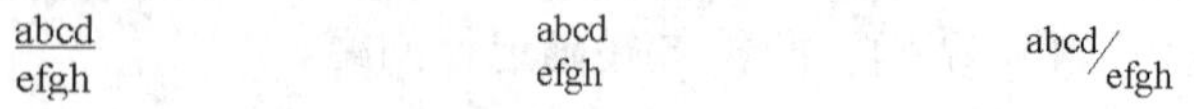

（a）分数形式 1　　　　（b）分数形式 2　　　　（c）分数形式 3

图 9-25　文本层叠

如果选中已经层叠的文本对象后单击该按钮，则恢复到非层叠形式。

（6）"倾斜角度"文本框 *0/*：用于设置文字的倾斜角度。

✍ 技巧：

> 倾斜角度与斜体效果是两个不同的概念，前者可以设置任意倾斜角度，后者是在任意倾斜角度的基础上设置斜体效果。如图 9-26 所示，第一行倾斜角度为 0°，非斜体效果；第二行倾斜角度为 12°，非斜体效果；第三行倾斜角度为 12°，斜体效果。

（7）"符号"按钮 **@**：用于输入各种符号。单击该按钮，在打开的下拉列表中可以选择所需符号输入文本中，如图 9-27 所示。

度数	%%d
正/负	%%p
直径	%%c
几乎相等	\U+2248
角度	\U+2220
边界线	\U+E100
中心线	\U+2104
差值	\U+0394
电相角	\U+0278
流线	\U+E101
恒等于	\U+2261
初始长度	\U+E200
界碑线	\U+E102
不相等	\U+2260
欧姆	\U+2126
欧米加	\U+03A9
地界线	\U+214A
下标 2	\U+2082
平方	\U+00B2
立方	\U+00B3
不间断空格	Ctrl+Shift+Space
其他…	

都市农夫
都市农夫
都市农夫

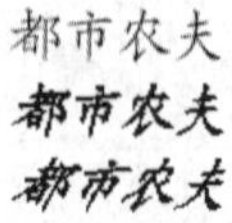

图 9-26　倾斜角度与斜体效果　　　　　图 9-27　符号下拉列表

（8）"字段"按钮 **A**：用于插入一些常用或预设字段。单击该按钮，打开"字段"对话框，用户可从中选择字段，插入标注文本中，如图 9-28 所示。

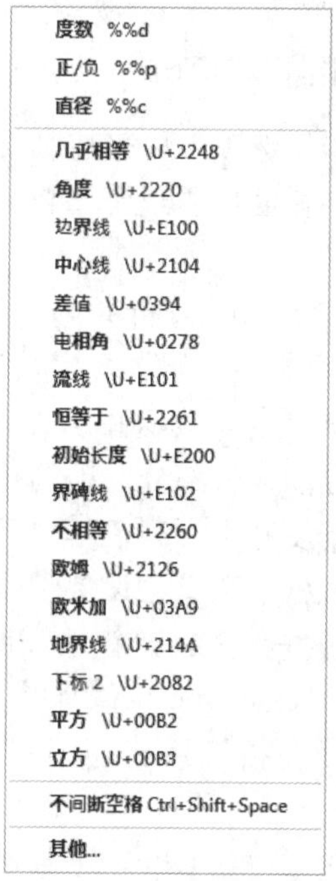

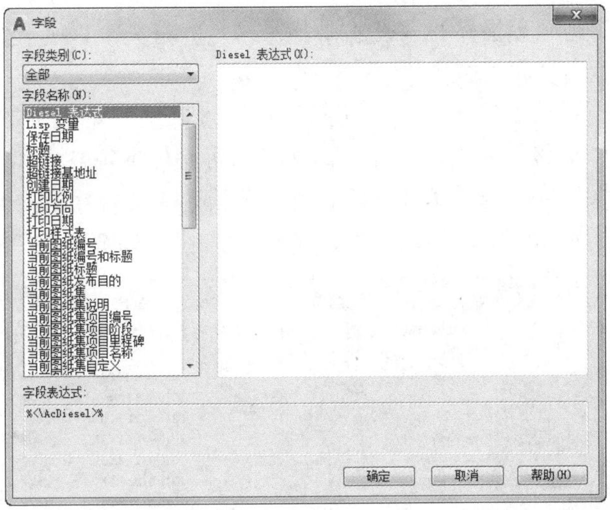

图 9-28　“字段”对话框

（9）“追踪”下拉列表框：用于增大或减小选定字符之间的空间。1.0 表示设置常规间距，设置大于 1.0 表示增大间距，设置小于 1.0 表示减小间距。

（10）“宽度因子”下拉列表框：用于扩展或收缩选定字符。1.0 代表此字体中字母的常规宽度，可以增大该宽度或减小该宽度。

（11）“上标”按钮：将选定文字转换为上标，即在输入线的上方设置稍小的文字。

（12）“下标”按钮：将选定文字转换为下标，即在输入线的下方设置稍小的文字。

（13）“项目符号和编号”下拉列表：显示用于创建列表的选项，缩进列表以与第一个选定的段落对齐。如果清除复选标记，多行文字对象中的所有列表格式都将被删除，各项将被转换为纯文本。

- 关闭：如果选择该选项，将从应用了列表格式的选定文字中删除字母、数字和项目符号，但不更改缩进状态。
- 以数字标记：将带有句点的数字应用于列表项。
- 以字母标记：将带有句点的字母应用于列表项。如果列表含有的项多于字母表中含有的字母，可以使用双字母继续序列。
- 以项目符号标记：将项目符号应用于列表项。
- 起点：在列表格式中启动新的字母或数字序列。如果选定的项位于列表中间，则选定项下面未选中的项也将成为新列表的一部分。
- 连续：将选定的段落添加到上面最后一个列表，然后继续序列。如果选择了列表项而非段落，选定项下面未选中的项将继续序列。
- 允许自动项目符号和编号：在输入时应用列表格式。以下字符可以用作字母和数字后的标点但不能用作项目符号：句点（.）、逗号（,）、右括号（)）、右尖括号（>）、右方括号（]）和右花括号（}）。
- 允许项目符号和列表：如果选择该选项，列表格式将应用到外观类似列表的多行文字对象中的所有纯文本。

（14）拼写检查：确定输入时拼写检查处于打开还是关闭状态。

（15）编辑词典：显示词典对话框，从中可以添加或删除在拼写检查过程中使用的自定义词典。

（16）标尺：在编辑器顶部显示标尺。拖动标尺末尾的箭头可以更改文字对象的宽度。列模式处于活动状态时，还显示高度和列夹点。

（17）输入文字：选择该选项，打开“选择文件”对话框，如图 9-29 所示。在该对话框中，可以选择任意 ASCII 或 RTF 格式的文件。输入的文字保留原始字符格式和样式特性，但可以编辑和格式化输入的文字。选择要输入的文本文件后，可以替换选定的文字或全部文字，或在文字边界内将插入的文字附加到选定的文字中。输入文字的文件必须小于 32KB。

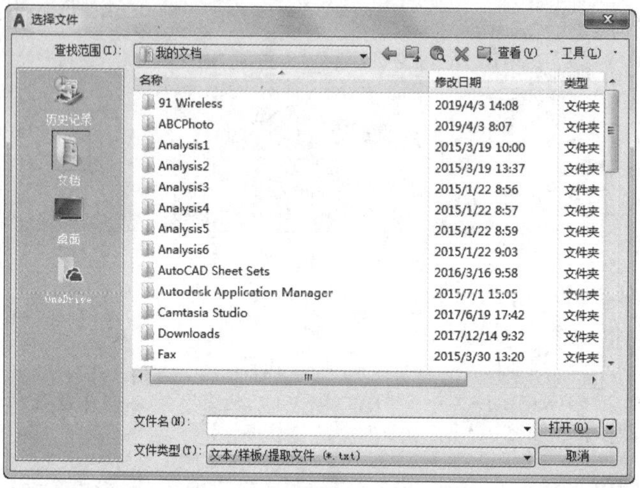

图 9-29　“选择文件”对话框

☞教你一招：

单行文字和多行文字的区别如下。

单行文字中的每行文字都是一个独立的对象。对于不需要多种字体或多行的内容，可以创建单行文字。对于标签来说，单行文字非常方便。

多行文字可以是一组文字，对于较长、较为复杂的内容，可以创建多行或段落文字。多行文字是由任意数目的文本行段落组成的，布满指定的宽度，还可以沿垂直方向无限延伸。多行文字中，无论行数是多少，单个编辑任务中创建的每个段落集将构成单个对象，用户可对其进行移动、旋转、删除、复制、镜像或缩放操作。

单行文字和多行文字之间的互相转换：对于多行文字，使用“分解”命令可将其分解成单行文字；选中单行文字后输入 text2mtext 命令，即可将单行文字转换为多行文字。

动手练——绘制带燃油泵电机

源文件：源文件\第 9 章\带燃油泵电机.dwg

绘制如图 9-30 所示的带燃油泵电机。

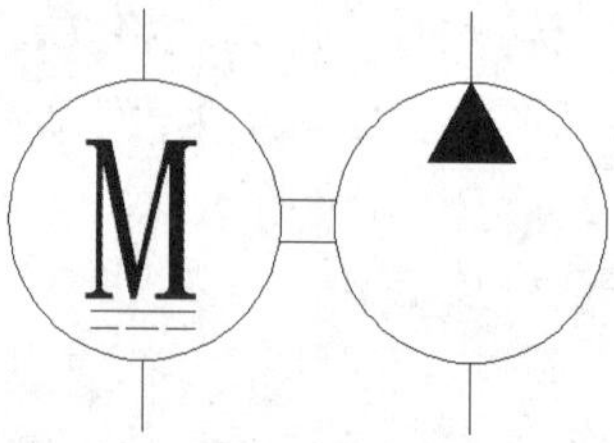

图 9-30　带燃油泵电机

思路点拨：

（1）利用“圆”和“直线”命令绘制一侧图形。

（2）利用“复制”命令绘制另一侧图形。

（3）利用“直线”“偏移”“修剪”命令绘制线段。

（4）利用“正多边形”和“图案填充”命令绘制三角形。

（5）利用“多行文字”和“直线”命令标注文字并在文字下方绘制水平直线。

9.3 文字编辑

AutoCAD 2018 提供了“文字编辑器”选项卡，通过这个选项卡可以方便、直观地设置需要的文字样式，或是对已有样式进行修改。

【执行方式】

- 命令行：TEXTEDIT。
- 菜单栏：选择菜单栏中的“修改”→“对象”→“文字”→“编辑”命令。
- 工具栏：单击“文字”工具栏中的“编辑”按钮。

【操作步骤】

```
命令：TEXTEDIT↙
当前设置：编辑模式 = Multiple
选择注释对象或 [放弃(U)/模式(M)]:
```

【选项说明】

（1）选择注释对象：选取要编辑的文字、多行文字或标注对象。

要求选择想要修改的文本，同时光标变为拾取框。用拾取框选择对象时：

① 如果选择的文本是用 TEXT 命令创建的单行文字，则用深色显示该文本，可对其进行修改。

② 如果选择的文本是用 MTEXT 命令创建的多行文字，选择对象后将打开“文字编辑器”选项卡，可根据前面的介绍对各项设置或内容进行修改。

（2）放弃(U)：放弃对文字对象的上一个更改。

（3）模式(M)：控制是否自动重复命令。选择此选项，命令行提示如下：

```
输入文本编辑模式选项 [单个(S)/多个(M)] <Multiple>:
```

① 单个(S)：修改选定的文字对象一次，然后结束命令。

② 多个(M)：允许在命令持续时间内编辑多个文字对象。

9.4 表　格

在以前的AutoCAD版本中，要绘制表格必须采用绘制图线的方法或结合“偏移”“复制”等编辑命令来完成，这样的操作过程烦琐而复杂，不利于提高绘图效率。自从 AutoCAD 2005 新增了“表格”功能，创建表格就变得非常容易了，用户可以直接插入设置好样式的表格。同时随着版本的不断升级，表格功能也在精益求精、日趋完善。

9.4.1 定义表格样式

和文字样式一样，所有 AutoCAD 图形中的表格都有与其相对应的表格样式。当插入表格对象时，系统使用当前设置的表格样式。表格样式是用来控制表格基本形状和间距的一组设置。模板文件 ACAD.DWT 和 ACADISO.DWT 中定义了名为 Standard 的默认表格样式。

【执行方式】

- 命令行：TABLESTYLE。
- 菜单栏：选择菜单栏中的“格式”→“表格样式”命令。
- 工具栏：单击“样式”工具栏中的“表格样式管理器”按钮。
- 功能区：在“默认”选项卡中单击“注释”面板中的“表格样式”按钮。

扫一扫，看视频

动手学——设置标准组件材料表样式

源文件：源文件\第 9 章\设置标准组件材料表样式.dwg

设置如图 9-31 所示的标准组件材料表的样式。

标准组件材料表							
编号	名称	规格	单位	数量	重量（公斤）	
					一件	小计
1	1.5米拔稍混凝土电杆					
2	吊杆					
3	横拉杆					
4	吊杆抱箍					
5	导线横担					
6	托担抱箍					
7	混凝土预制底盘					
8	混凝土预制拉线盘					
9	U型线夹					
10	楔形线夹					
11	UT型线夹					
12	钢绞线					
13	混凝土预制拉线盘					
14	拉线棒					

图 9-31 标准组件材料表

操作步骤

在“默认”选项卡中单击“注释”面板中的“表格样式”按钮，打开“表格样式”对话框，如图 9-32 所示。单击“修改”按钮，打开“修改表格样式: Standard”对话框，如图 9-33 所示。在该对话框中进行如下设置：在“常规”选项卡中，设置填充颜色为“无”，“对齐”为“中上”，“水平”页边距和“垂直”页边距均为 1.5；在“文字”选项卡中，设置“文字样式”为 Standard，“文字高度”为 600，“文字颜色”为 ByBlock；“表格方向”为“向下”。然后单击“确定”按钮，返回“表格样式”对话框，单击“关闭”按钮。

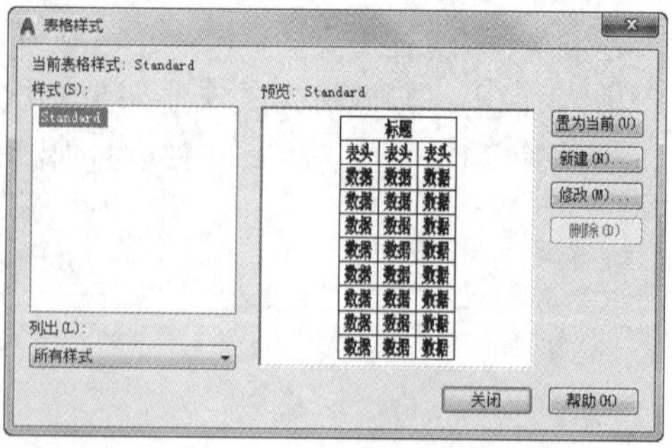

图 9-32 “表格样式”对话框

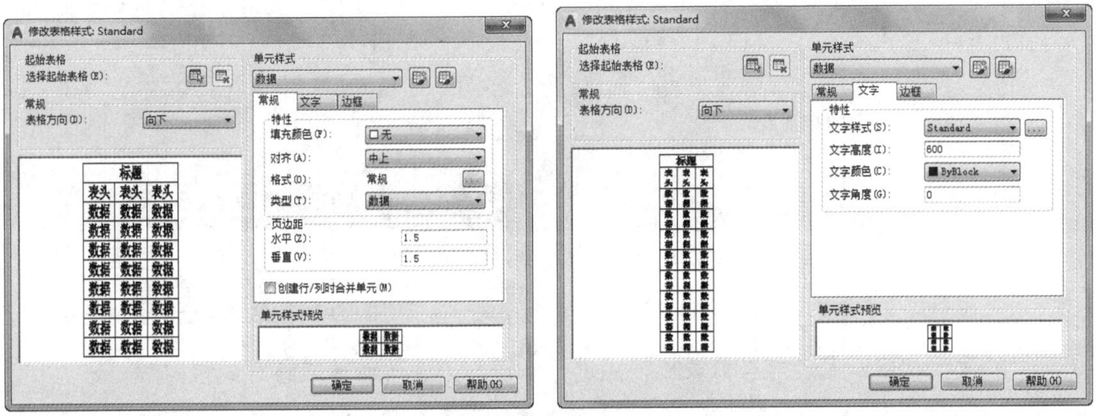

图 9-33　“修改表格样式: Standard”对话框

【选项说明】

（1）“新建”按钮：单击该按钮，打开“创建新的表格样式”对话框，如图 9-34 所示。在“新样式名”文本框中输入新的表格样式名后，单击“继续”按钮，在弹出的“新建表格样式:Standard 副本”对话框可以定义新的表格样式，如图 9-35 所示。

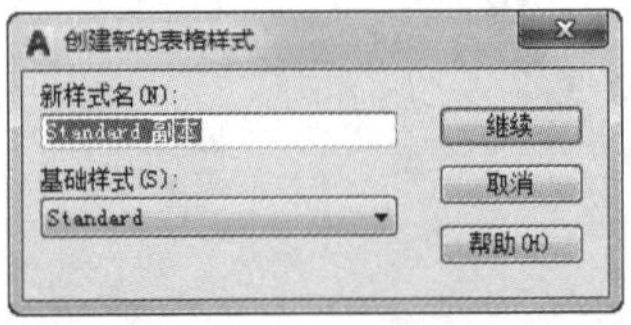

图 9-34　“创建新的表格样式”对话框

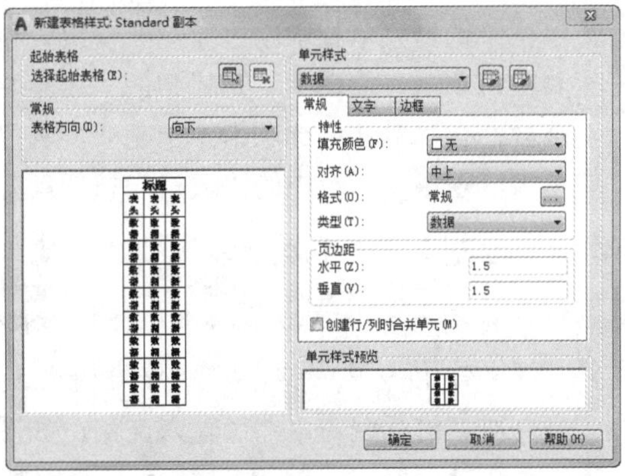

图 9-35　“新建表格样式: Standard 副本”对话框

在“新建表格样式: Standard 副本”对话框的“单元样式”下拉列表框中有 3 个重要的选项：“数据”“表头”和“标题”，分别控制表格中数据、列标题和总标题的有关参数，如图 9-36 所示。此外，该对话框中还有 3 个重要的选项卡，分别介绍如下。

标题		
表头	表头	表头
数据	数据	数据
数据	数据	数据
数据	数据	数据
数据	数据	数据
数据	数据	数据
数据	数据	数据

图 9-36　单元样式

①“常规”选项卡：用于控制数据栏与标题栏的上下位置关系。

②“文字”选项卡：用于设置文字属性。选择该选项卡，在“文字样式”下拉列表框中可以选择已定义的文字样式并应用于数据文字，也可以单击右侧的[...]按钮重新定义文字样式；在“文字高度”“文字角度”文本框和“文字颜色”下拉列表框中可以按照需要进行相应的设置，如图 9-37 所示。

③“边框”选项卡：用于设置表格的边框属性。下面的边框线按钮用于控制数据边框线的各种形式，如绘制所有数据边框线、只绘制外部边框线、只绘制内部边框线、无边框线、只绘制底部边框线等；“线宽”“线型”和“颜色”下拉列表框用于控制边框线的线宽、线型和颜色；“间距”文本框用于控制单元格边界和内容之间的间距，如图 9-38 所示。

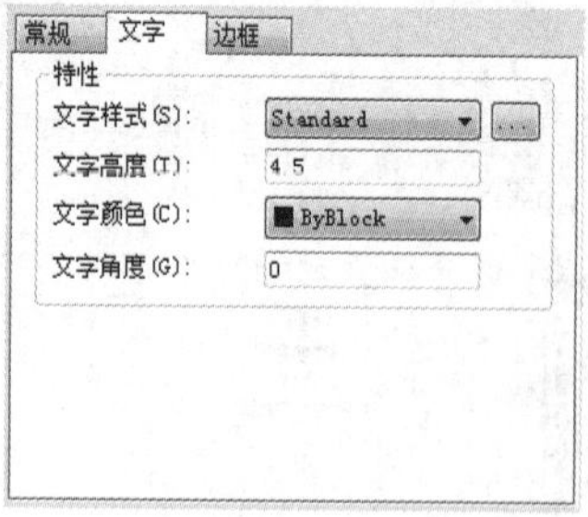

图 9-37 “文字”选项卡

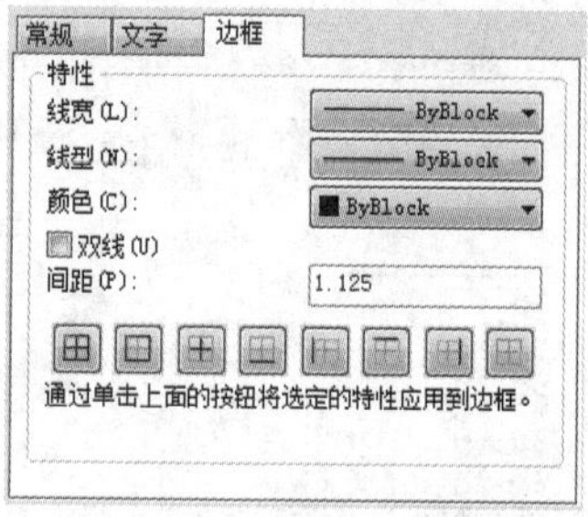

图 9-38 “边框”选项卡

（2）“修改”按钮：用于对当前表格样式进行修改，方式与新建表格样式相同。

9.4.2 创建表格

在设置好表格样式后，用户可以利用 TABLE 命令创建表格。

【执行方式】

- 命令行：TABLE。
- 菜单栏：选择菜单栏中的“绘图”→“表格”命令。
- 工具栏：单击“绘图”工具栏中的“表格”按钮▦。
- 功能区：在“默认”选项卡中单击“注释”面板中的“表格”按钮▦或在“注释”选项卡中单击“表格”面板中的“表格”按钮▦。

扫一扫，看视频

动手学——绘制标准组件材料表

调用素材： 源文件\第 9 章\设置标准组件材料表样式.dwg

源文件： 源文件\第 9 章\绘制标准组件材料表.dwg

绘制表格并对其进行编辑，然后输入文字，如图 9-39 所示。

标准组件材料表						
编号	名称	规格	单位	数量	重量（公斤）	
					一件	小计
1	1.5米拔稍混凝土电杆					
2	吊杆					
3	横拉杆					
4	吊杆抱箍					
5	导线横担					
6	托担抱箍					
7	混凝土预制底盘					
8	混凝土预制拉线盘					
9	U型线夹					
10	楔形线夹					
11	UT型线夹					
12	钢绞线					
13	混凝土预制拉线盘					
14	拉线棒					

图 9-39 标准组件材料表

操作步骤

（1）打开源文件\第 9 章\设置标准组件材料表样式.dwg 文件。

（2）在“默认”选项卡中单击“注释”面板中的“表格”按钮▦，在弹出的“插入表格”对话框中，将“插入方式”设置为“指定插入点”，行和列设置为 16 行 7 列，列宽为 100，行高为 1，“第二行单元样式”和“所有其他行单元样式”都设置为“数据”，如图 9-40 所示。

（3）单击“确定”按钮，退出“插入表格”对话框。

（4）在绘图区指定插入点插入表格，如图 9-41 所示。

（5）单击第一列某个单元格，出现钳夹点，将右边钳夹点向右拖曳，将列宽拉到合适的长度，如图 9-42 所示。同样将第二列和第三列的列宽拉到合适的长度，效果如图 9-43 所示。

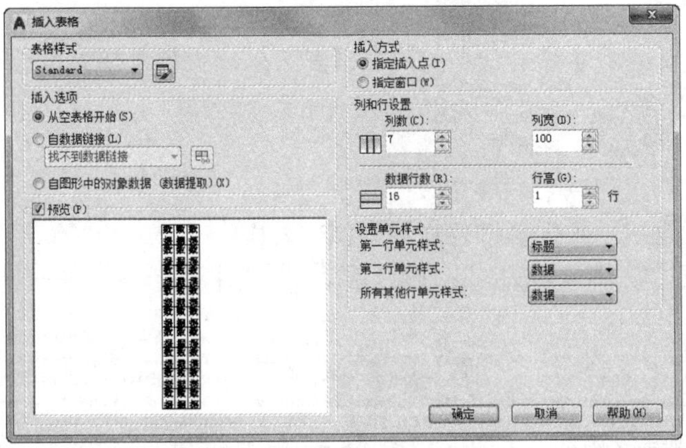

图 9-40 “插入表格”对话框

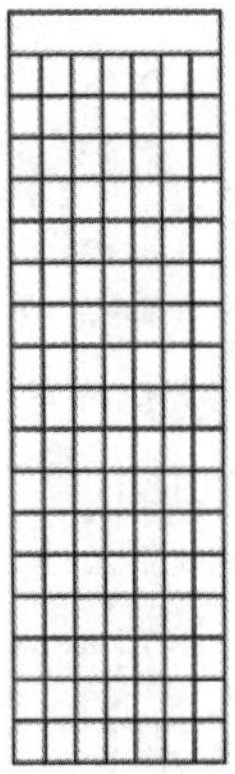

图 9-41 插入表格

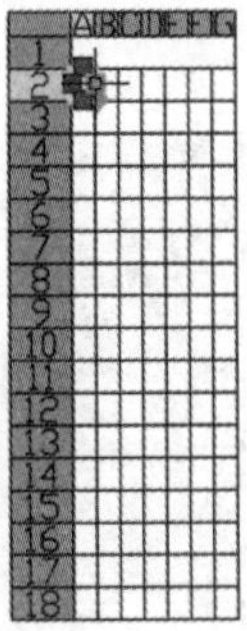

图 9-42 调整表格列宽

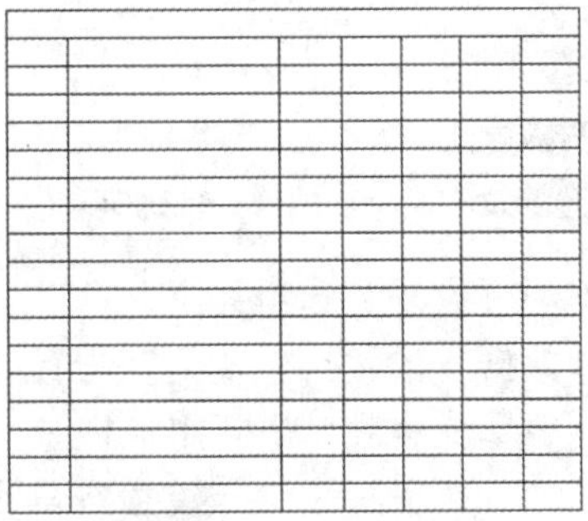

图 9-43 改变列宽

（6）选取第一列的第一行和第二行，在“表格单元”选项卡中打开“合并单元”下拉列表，选择“按列合并”选项，合并单元格，如图 9-44 所示。采用相同的方法合并其他单元格，结果如图 9-45 所示。

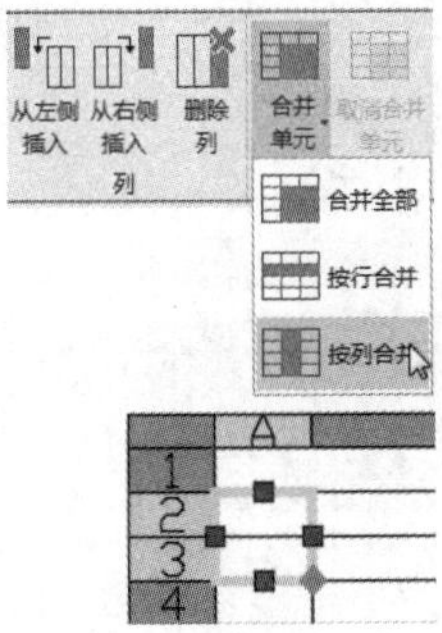

图 9-44 合并单元

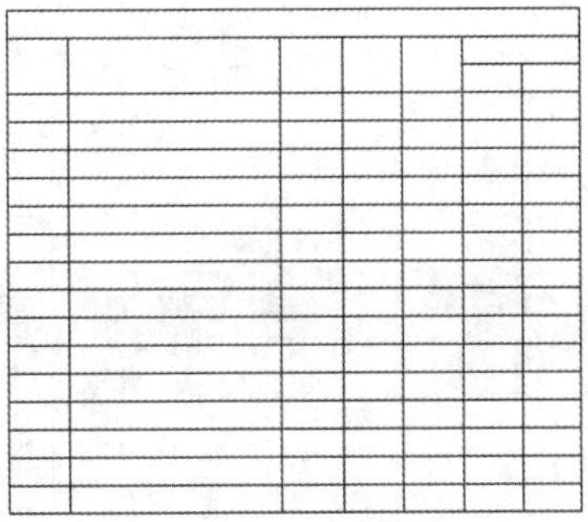

图 9-45 编辑单元格

（7）双击单元格，打开文字编辑器，在各单元格中输入相应的文字或数据，最终完成参数表的绘制。

技巧：

如果有多个文本格式一样，可以采用复制后修改文字内容的方法进行表格文字的填充，这样只需双击就可以直接修改表格文字的内容，而不用重新设置每个文本格式。

【选项说明】

（1）“表格样式”选项组：可以在“表格样式”下拉列表框中选择一种表格样式，也可以通过单击后面的按钮来新建或修改表格样式。

（2）“插入选项”选项组：指定插入表格的方式。

①“从空表格开始”单选按钮：创建可以手动填充数据的空表格。

②“自数据链接”单选按钮：通过启动数据链接管理器来创建表格。

③“自图形中的对象数据（数据提取）”单选按钮：通过启动“数据提取”向导来创建表格。

（3）“插入方式”选项组。

①“指定插入点”单选按钮：指定表格左上角的位置。可以使用定点设备，也可以在命令行中输入坐标值。如果表格样式将表格的方向设置为由下而上读取，则插入点位于表格的左下角。

②“指定窗口”单选按钮：指定表格的大小和位置。可以使用定点设备，也可以在命令行中输入坐标值。选中该单选按钮时，行数、列数、列宽和行高取决于窗口的大小以及列和行的设置。

技巧：

在“插入方式”选项组中选中“指定窗口”单选按钮后，“列和行设置”的两个参数中只能指定一个，另外一个由指定窗口的大小自动等分来确定。

（4）“列和行设置”选项组。

指定列和数据行的数目以及列宽与行高。

（5）“设置单元样式”选项组。

指定“第一行单元样式”“第二行单元样式”和“所有其他行单元样式”分别为标题、表头或者数据样式。

动手练——绘制电气图例表

源文件：源文件\第 9 章\电气图例表.dwg

绘制如图 9-46 所示的电气图例表。

序号	图例	名称	数量	备注
1		吸顶灯	1	
2		空开箱	1	
3		水晶吊灯	1	
4		单联开关（暗装）	1	
5		二联开关（暗装）	2	
6		三联开关（暗装）	1	
7		五联开关（暗装）	5	
8		电话插座	2	
9		网络插座	1	
10		闭路插座	2	
11		空调插座	3	
12		音响端头	1	
13		筒灯	2	
14		防水防尘灯	2	
15		壁灯	1	
16		换气扇	1	

图 9-46　电气图例表

思路点拨：

（1）设置表格样式。

（2）插入空表格，并调整列宽。

（3）重新输入文字和数据。

9.5 综合演练——绘制 A3 样板图 1

扫一扫，看视频

源文件： 源文件\第 9 章\A3 样板图 1.dwg

本实例绘制 A3 样板图 1，如图 9-47 所示。

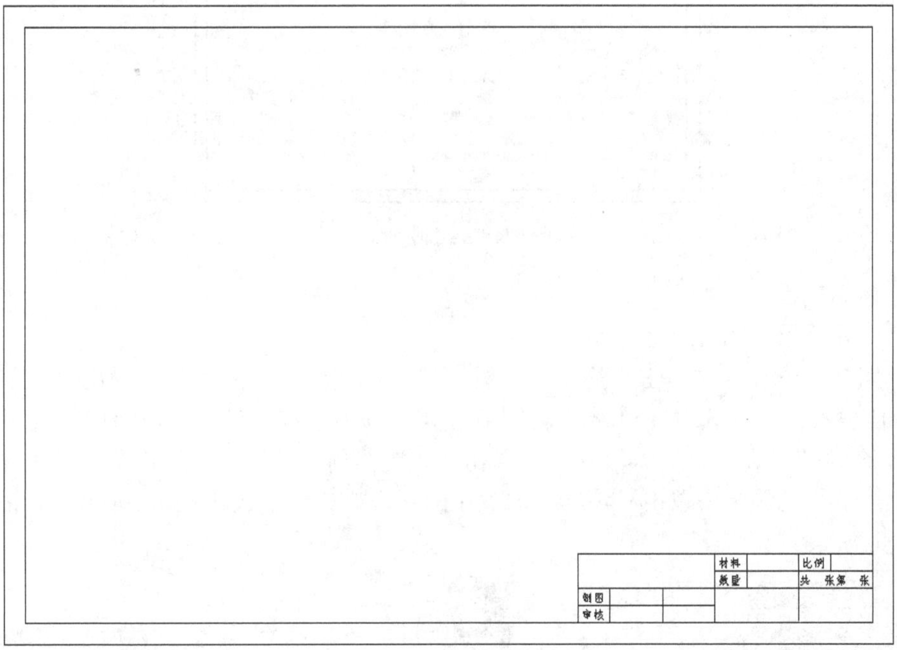

图 9-47 A3 样板图 1

手把手教你学：

所谓样板图，就是将绘制图形过程中通用的一些基本内容和参数事先设置好，并绘制出来，以“.dwt”格式保存起来。在本实例中绘制的 A3 图纸，可以绘制好图框、标题栏，设置好图层、文字样式、标注样式等，然后作为样板图保存起来。以后需要绘制 A3 幅面的图形时，可打开此样板图，在此基础上绘图。

操作步骤

（1）新建文件。

单击快速访问工具栏中的“新建”按钮，打开“选择样板”对话框，单击“打开”按钮右侧的下拉按钮，在弹出的下拉菜单中选择“无样板公制”命令，新建空白文件。

（2）设置图层。

在“默认”选项卡中单击“图层”面板中的“图层特性”按钮，在弹出的“图层特性管理器”选项板中新建如下两个图层。

① 图框层：颜色为白色，其余参数默认。

② 标题栏层：颜色为白色，其余参数默认。

（3）绘制图框。

① 将“图框层”图层设置为当前图层。

② 在“默认”选项卡中单击“绘图”面板中的“矩形”按钮，指定矩形的角点分别为{（0,0），（420,297）}和{（10,10），（410,287）}，分别作为图纸边和图框。绘制结果如图 9-48 所示。

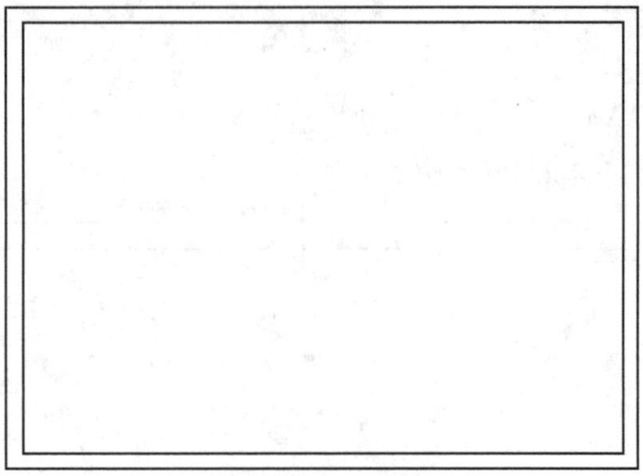

图 9-48　绘制的边框

（4）绘制标题栏。

① 将“标题栏层”图层设置为当前图层。

② 在“默认”选项卡中单击“注释”面板中的“文字样式”按钮，弹出“文字样式”对话框，新建“长仿宋体”样式，在“字体名”下拉列表框中选择“仿宋_GB2312”选项，设置“高度”为 4，其余参数默认，如图 9-49 所示。单击“置为当前”按钮，将新建文字样式置为当前。

③ 在“默认”选项卡中单击“注释”面板中的“表格样式”按钮，弹出“表格样式”对话框，如图 9-50 所示。

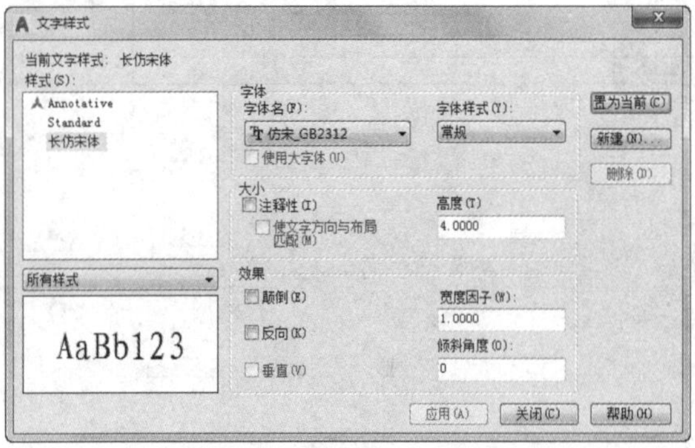

图 9-49　新建“长仿宋体”样式

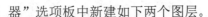

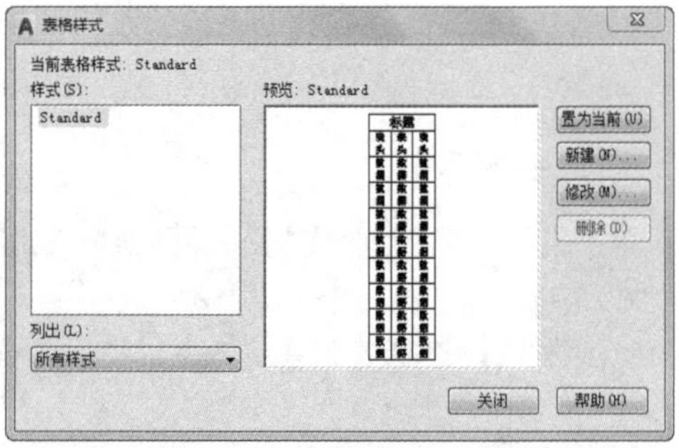

图 9-50　“表格样式”对话框

④ 单击“修改”按钮，弹出“修改表格样式: Standard”对话框，如图 9-51 所示。在“单元样式”下拉列表框中选择“数据”选项，在下面的“文字”选项卡中单击“文字样式”下拉列表框右侧的按钮，在弹出的“文字样式”对话框中选择“长仿宋体”。再打开“常规”选项卡，将“页边距”选项组中的“水平”和“垂直”都设置成 1，“对齐”为“正中”，如图 9-52 所示。

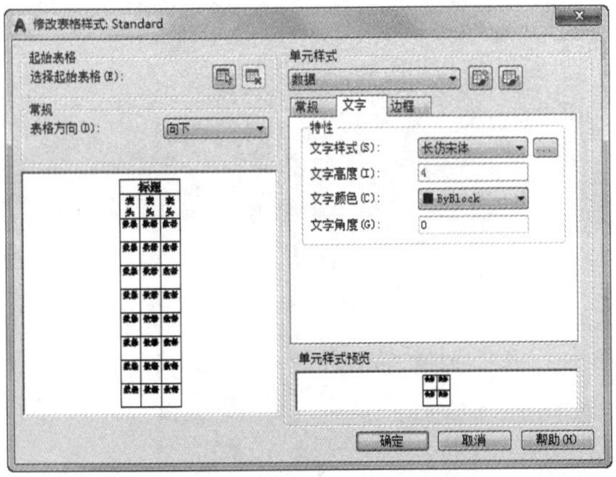

图 9-51　“修改表格样式: Standard”对话框

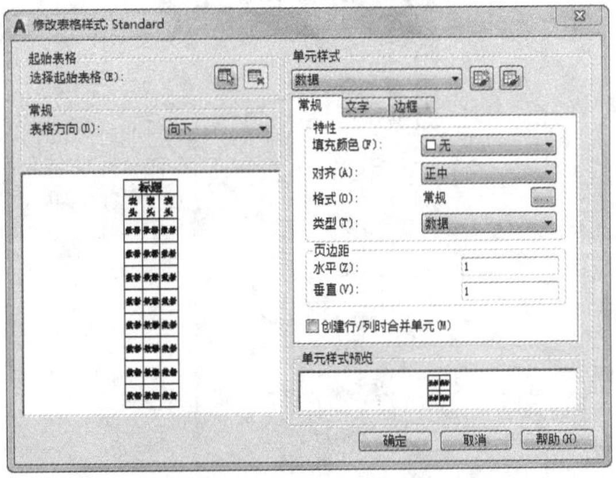

图 9-52　设置“常规”选项卡

⑤ 单击“确定”按钮，返回到“表格样式”对话框，单击“关闭”按钮退出。

⑥ 在“默认”选项卡中单击“注释”面板中的“表格”按钮，弹出“插入表格”对话框，在“列和行设置”选项组中将“列数”设置为 28，“列宽”设置为 5，“数据行数”设置为 2（加上标题行和表头行共 4 行），“行高”设置为 1 行（即为 10）；在“设置单元样式”选项组中将“第一行单元样式”“第二行单元样式”和“所有其他行单元样式”都设置为“数据”，如图 9-53 所示。

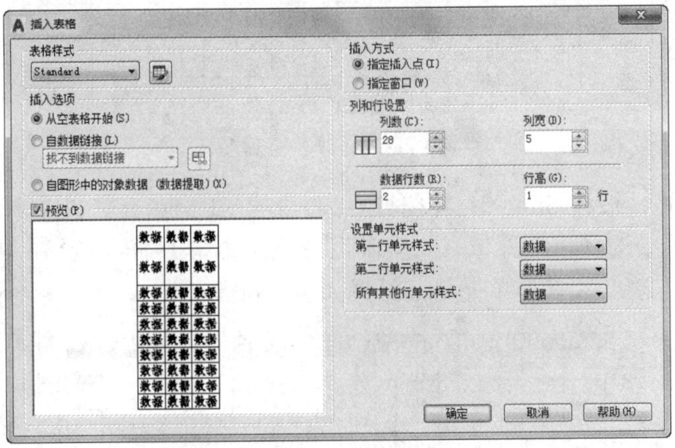

图 9-53　“插入表格”对话框

⑦ 在图框线右下角附近指定表格位置，系统生成表格，不输入文字，如图 9-54 所示。

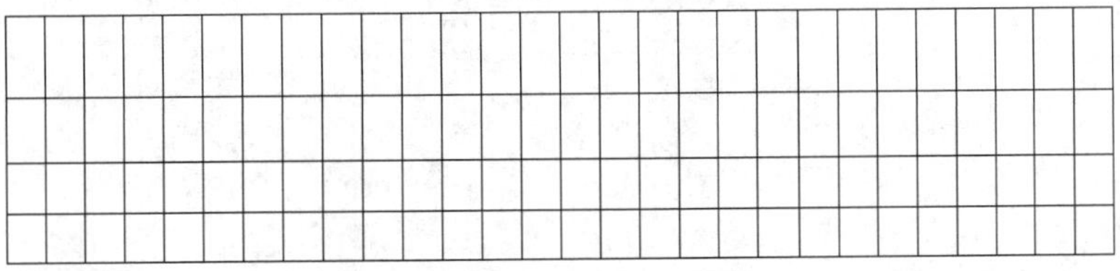

图 9-54　生成表格

⑧ 单击表格中的任一单元格，系统显示其编辑夹点；右击，在弹出的快捷菜单中选择“特性”命令，如图 9-55 所示；弹出“特性”选项板，如图 9-56 所示。将“单元高度”改为 8，这样该单元格所在行的高度就统一改为 8。同样方法将其他行的高度改为 8，结果如图 9-57 所示。

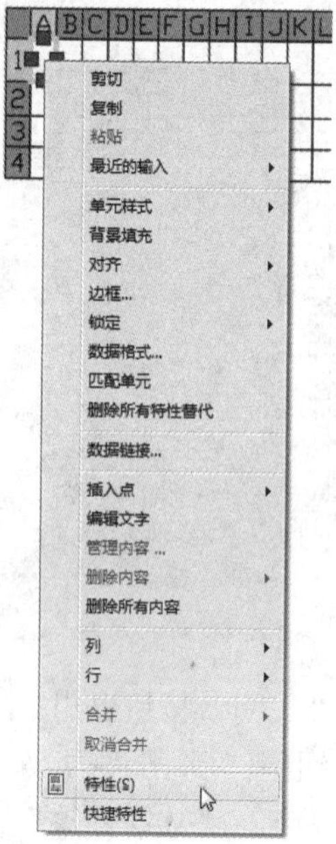

图 9-55　快捷菜单

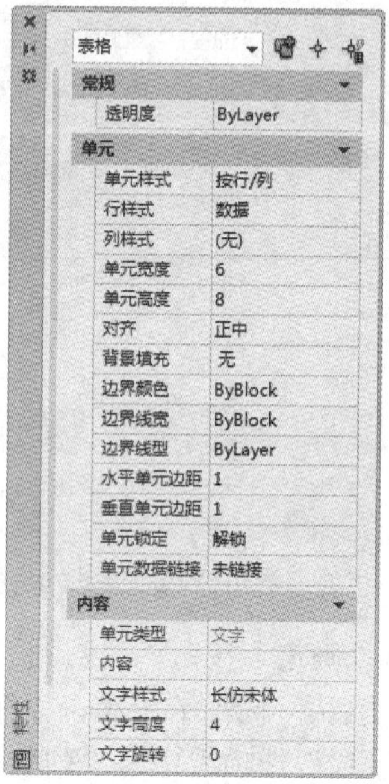

图 9-56　“特性”选项板

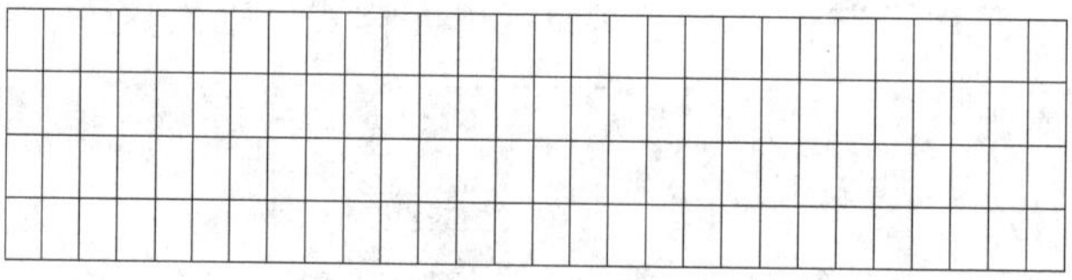

图 9-57　修改表格高度

⑨ 选择 A1 单元格，按住 Shift 键，同时选择右边的 12 个单元格以及下面的 13 个单元格，右击，在弹出的快捷菜单中选择“合并”→“全部”命令（如图 9-58 所示），将这些单元格合并，如图 9-59 所示。用同样方法合并其他单元格，结果如图 9-60 所示。

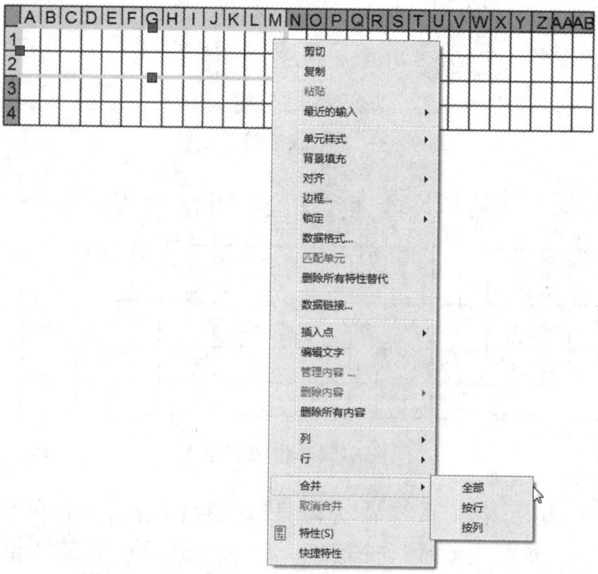

图 9-58　快捷菜单

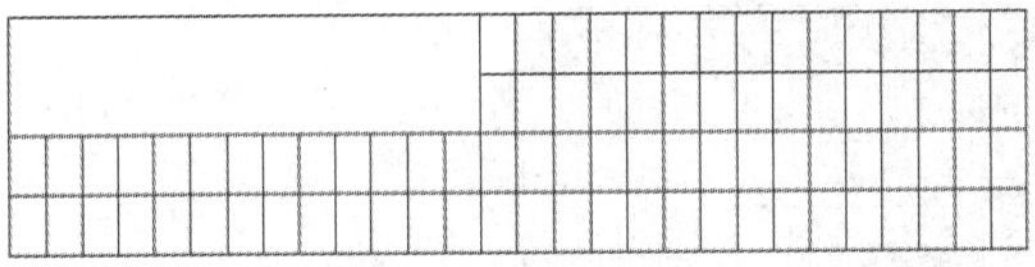

图 9-59 合并单元格

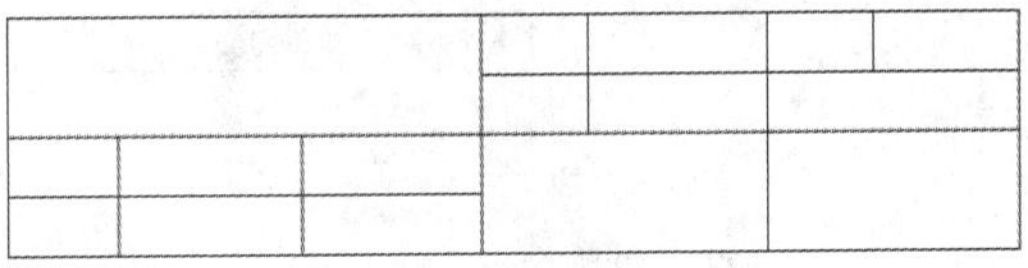

图 9-60 完成表格绘制

⑩ 在 A3 单元格处双击鼠标左键，将字体设置为“仿宋_GB2312”，文字大小设置为 4，在单元格中输入文字，如图 9-61 所示。

⑪ 用同样的方法输入其他单元格文字，结果如图 9-62 所示。

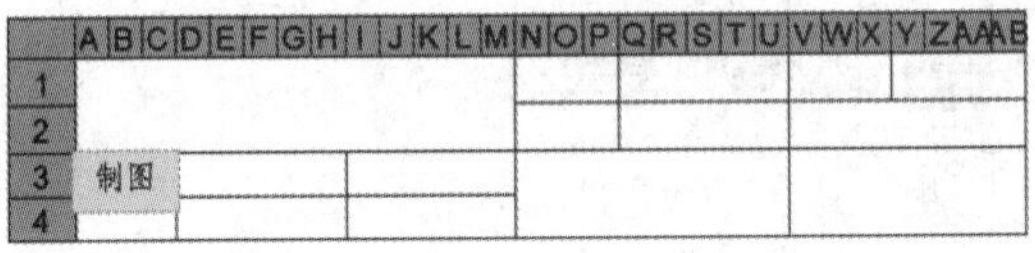

图 9-61 输入文字

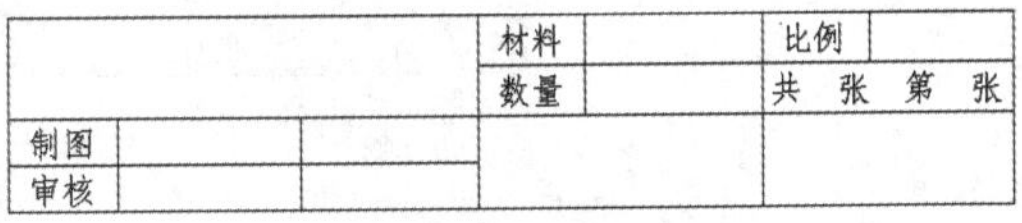

图 9-62 输入标题栏文字

（5）移动标题栏。

在“默认”选项卡中单击“修改”面板中的“移动”按钮✥，将刚生成的标题栏准确地移动到图框的右下角。最终结果如图 9-47 所示。

（6）保存样板图。

单击快速访问工具栏中的“保存”按钮，弹出“图形另存为”对话框，在“文件名”文本框中输入“A3 样板图 1”，单击“保存”按钮。

9.6 模拟认证考试

1．在设置文字样式的时候，设置了文字的高度，其效果是（ ）。

A．在输入单行文字时，可以改变文字高度

B．在输入单行文字时，不可以改变文字高度

C．在输入多行文字时，不能改变文字高度

D．都能改变文字高度

2．使用多行文字编辑器时，其中%%C、%%D、%%P 分别表示（ ）。

A．直径、度数、下划线　　B．直径、度数、正负

C．度数、正负、直径　　D．下划线、直径、度数

3．以下哪种方式不能创建表格？（ ）

A．从空表格开始　　B．自数据链接

C．自图形中的对象数据　　D．自文件中的数据链接

4．在正常输入汉字时却显示“？”，是什么原因？（ ）

A．因为文字样式没有设定好　　B．输入错误

C．堆叠字符　　D．字高太高

5．按图 9-63 所示设置文字样式，则文字的宽度因子是（ ）。

A．0　　B．0.5　　C．1　　D．无效值

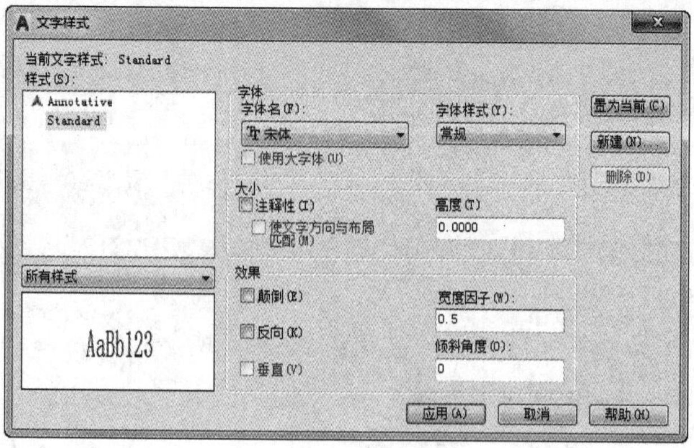

图 9-63　文字样式

6．绘制如图 9-64 所示的低压电气图。

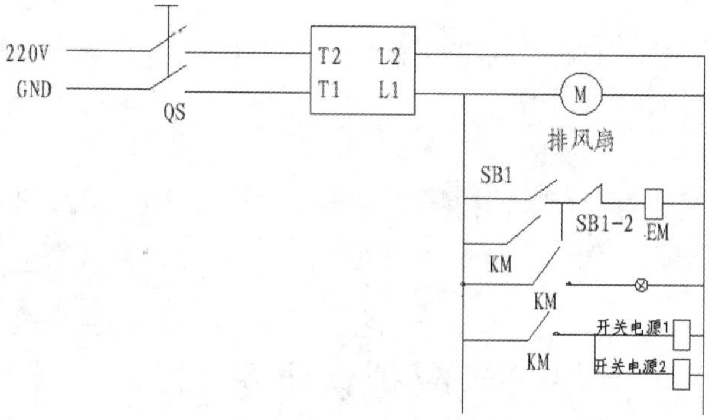

图 9-64　低压电气图

第 10 章　尺 寸 标 注

内容简介

尺寸标注是绘图过程中相当重要的一个环节。图形的主要作用是表达物体的形状，而物体各部分的真实大小和各部分之间的确切位置只能通过尺寸标注来表达。因此，若没有正确的尺寸标注，绘制出的图样对于加工制造也就没有什么意义。AutoCAD 提供了方便、准确的尺寸标注功能，本章将详细介绍。

内容要点

- 尺寸标注样式
- 标注尺寸
- 引线标注
- 编辑尺寸标注
- 综合演练——标注变电站避雷针布置图尺寸
- 模拟认证考试

案例效果

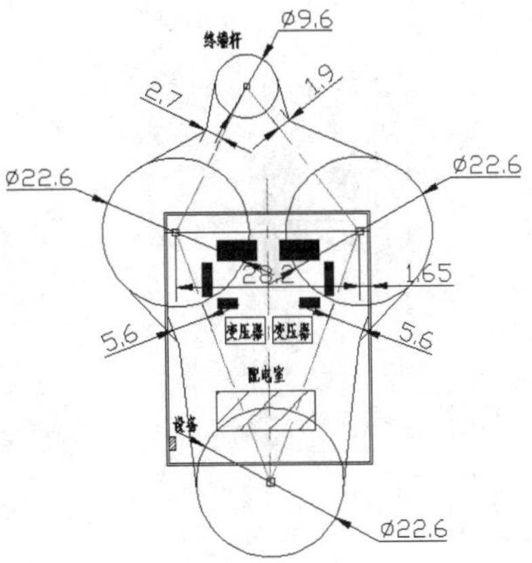

10.1　尺寸标注样式

组成尺寸标注的尺寸线、尺寸界线、尺寸文本和尺寸箭头可以采用多种形式。尺寸标注以什么形态出现，取决于当前所采用的尺寸标注样式。标注样式决定尺寸标注的形式，包括尺寸线、尺寸界线、尺寸箭头和中心标记的形式、尺寸文本的位置、特性等。在 AutoCAD 2020 中用户可以利用“标注样式管理器”对话框方便地设置自己需要的尺寸标注样式。

10.1.1 新建或修改尺寸标注样式

在进行尺寸标注前，先要创建尺寸标注的样式。如果用户不创建尺寸标注样式而直接进行标注，系统将采用名为 Standard 的默认样式。如果用户认为使用的尺寸标注样式某些设置不合适，也可以修改标注样式。

【执行方式】

- 命令行：DIMSTYLE（快捷命令：D）。
- 菜单栏：选择菜单栏中的“格式”→“标注样式”命令或“标注”→“标注样式”命令。
- 工具栏：单击“标注”工具栏中的“标注样式”按钮。
- 功能区：在“默认”选项卡中单击“注释”面板中的“标注样式”按钮。

【操作步骤】

执行上述操作后，系统打开“标注样式管理器”对话框，如图 10-1 所示。利用该对话框可方便、直观地定制和浏览尺寸标注样式，包括创建新的标注样式、修改已存在的标注样式、设置当前尺寸标注样式、样式重命名以及删除已有的标注样式等。

【选项说明】

（1）“置为当前”按钮：单击该按钮，把在“样式”列表框中选择的样式设置为当前标注样式。

（2）“新建”按钮：创建新的尺寸标注样式。单击该按钮，打开“创建新标注样式”对话框，如图 10-2 所示。利用该对话框可创建一个新的尺寸标注样式，其中各项功能说明如下。

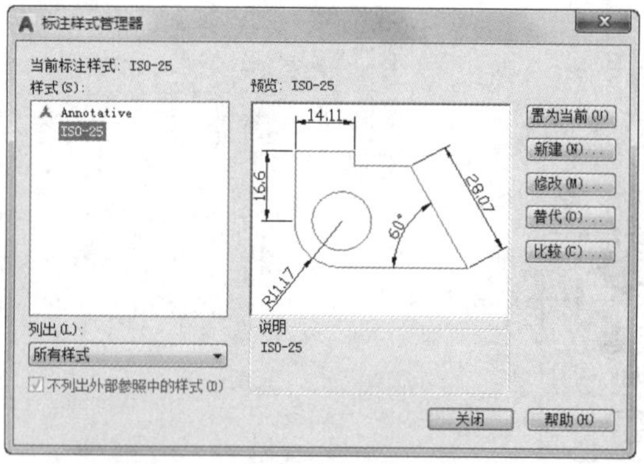

图 10-1 “标注样式管理器”对话框

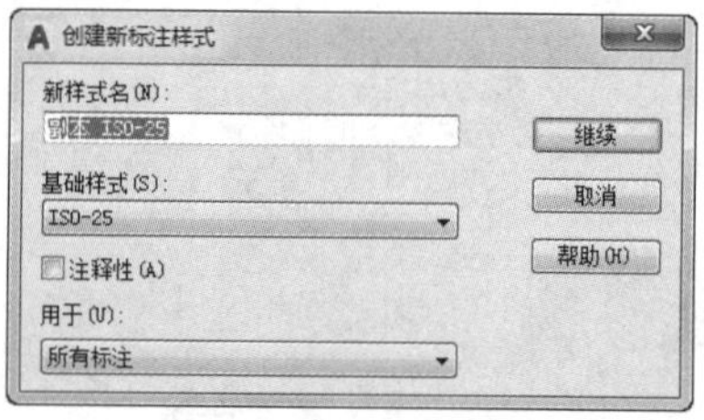

图 10-2 “创建新标注样式”对话框

① “新样式名”文本框：为新的尺寸标注样式命名。

② “基础样式”下拉列表框：选择创建新样式所基于的标注样式。在该下拉列表框中列出了当前已有的一些样式，从中选择一个作为定义新样式的基础，新的样式是在所选样式的基础上修改一些特性得到的。

③ “用于”下拉列表框：指定新样式应用的尺寸类型。如果新建样式应用于所有尺寸，则在该下拉列表框中选择“所有标注”选项；如果新建样式只应用于特定的尺寸标注（如只在标注直径时使用此样式），则选择相应的尺寸类型。

④ “继续”按钮：各选项设置好以后，单击该按钮，打开“新建标注样式”对话框，如图 10-3 所示。利用该对话框可对新标注样式的各项特性进行设置。该对话框中各部分的含义和功

能将在后文介绍。

（3）“修改”按钮：修改一个已存在的尺寸标注样式。单击该按钮，打开“修改标注样式”对话框。该对话框中的各选项与“新建标注样式”对话框中完全相同，可以对已有标注样式进行修改。

（4）“替代”按钮：设置临时覆盖尺寸标注样式。单击该按钮，打开“替代当前样式”对话框。该对话框中各选项与“新建标注样式”对话框中完全相同，用户可改变选项的设置，以覆盖原来的设置，但这种修改只对指定的尺寸标注起作用，而不影响当前其他尺寸变量的设置。

（5）“比较”按钮：比较两个尺寸标注样式在参数上的区别，或浏览一个尺寸标注样式的参数设置。单击该按钮，打开“比较标注样式”对话框，如图 10-4 所示。可以把比较结果复制到剪贴板上，然后粘贴到其他的 Windows 应用程序中。

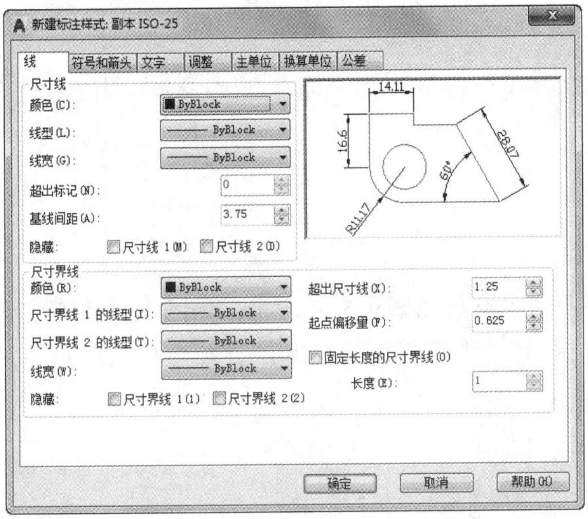

图 10-3 “新建标注样式”对话框

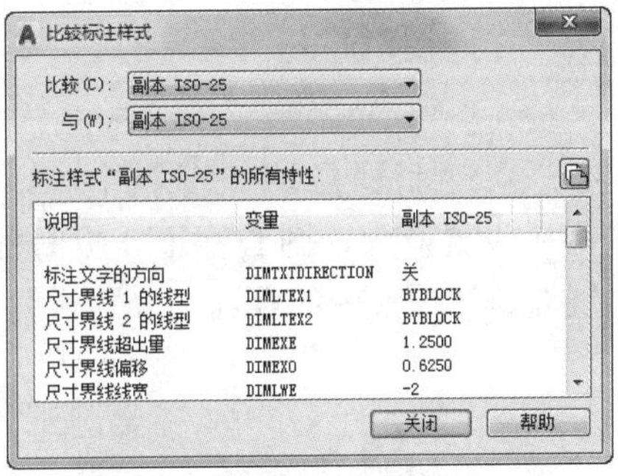

图 10-4 “比较标注样式”对话框

10.1.2 线

在“新建标注样式”对话框中，第一个选项卡就是“线”选项卡，如图 10-3 所示。该选项卡用于设置尺寸线、尺寸界线的形式和特性。现对该选项卡中的各选项分别说明如下。

1. “尺寸线”选项组

用于设置尺寸线的特性，其中各选项的含义如下。

（1）“颜色”（“线型”“线宽”）下拉列表框：用于设置尺寸线的颜色（线型、线宽）。

（2）“超出标记”微调框：当尺寸箭头设置为短斜线、短波浪线等，或尺寸线上无箭头时，可利用此微调框设置尺寸线超出尺寸界线的距离。

（3）“基线间距”微调框：设置以基线方式标注尺寸时，相邻两尺寸线之间的距离。

（4）“隐藏”复选框组：确定是否隐藏尺寸线及相应的箭头。选中“尺寸线 1（2）”复选框，表示隐藏第一（二）段尺寸线。

2. “尺寸界线”选项组

用于确定尺寸界线的形式，其中各选项的含义如下。

（1））“颜色”（“线宽”）下拉列表框：用于设置尺寸界线的颜色（线宽）。

（2）“尺寸界线 1（2）的线型”下拉列表框：用于设置第一条（第二条）尺寸界线的线型（DIMLTEX1 系统变量）。

（3）“超出尺寸线”微调框：用于确定尺寸界线超出尺寸线的距离。

（4）“起点偏移量”微调框：用于确定尺寸界线的实际起始点相对于指定尺寸界线起始点的偏移量。

（5）“隐藏”复选框组：确定是否隐藏尺寸界线。

（6）“固定长度的尺寸界线”复选框：选中该复选框，系统以固定长度的尺寸界线标注尺寸，可以在其下面的“长度”文本框中输入长度值。

3. 尺寸标注样式预览框

在“新建标注样式”对话框的右上方，有一个尺寸标注样式预览框，其中以样例的形式显示了用户设置的尺寸标注样式。

10.1.3 符号和箭头

在“新建标注样式”对话框中，第二个选项卡是“符号和箭头”选项卡，如图 10-5 所示。该选项卡用于设置箭头、圆心标记、折断标注、弧长符号、半径折弯标注和线性折弯标注的形式及特性。现对该选项卡中的各选项分别说明如下。

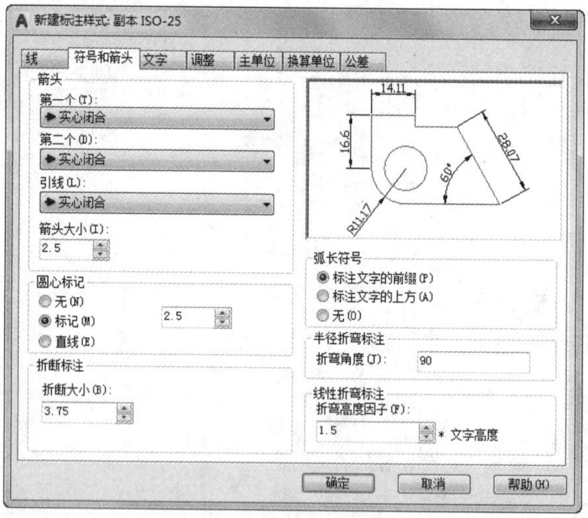

图 10-5 “符号和箭头”选项卡

1. “箭头”选项组

用于设置尺寸箭头的形式。AutoCAD 提供了多种箭头形状，列在“第一个”和“第二个”下拉列表框中。另外，还允许采用用户自定义的箭头形状。两个尺寸箭头可以采用相同的形式，也可采用不同的形式。

（1）“第一（二）个”下拉列表框：用于设置第一（二）个尺寸箭头的形式。打开此下拉列表框，其中列出了各类箭头的形状及名称。一旦选择了第一个箭头的类型，第二个箭头则自动与其匹

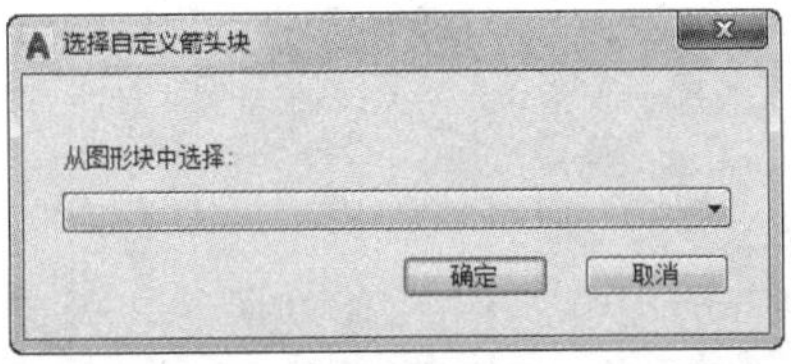

图 10-6 “选择自定义箭头块”对话框

配；要想第二个箭头取不同的形状，可在“第二个”下拉列表框中设定。

如果在上述下拉列表框中选择了“用户箭头”选项，则打开如图 10-6 所示的“选择自定义箭头块”对话框。可以事先把自定义的箭头存成一个图块，在该对话框中输入该图块名即可。

（2）“引线”下拉列表框：确定引线箭头的形式，与“第一个”设置类似。

（3）“箭头大小”微调框：用于设置尺寸箭头的大小。

2．“圆心标记”选项组

用于设置半径标注、直径标注和中心标注中的中心标记与中心线形式。其中各项含义如下。

（1）“无”单选按钮：选中该单选按钮，既不产生中心标记，也不产生中心线。

（2）“标记”单选按钮：选中该单选按钮，中心标记为一个点记号。

（3）“直线”单选按钮：选中该单选按钮，中心标记采用中心线的形式。

（4）大小微调框：用于设置中心标记和中心线的大小及粗细。

3．“折断标注”选项组

“折断大小”微调框：用于控制折断标注的间距宽度。

4．“弧长符号”选项组

用于控制弧长标注中圆弧符号的显示，其中 3 个单选按钮的含义介绍如下。

（1）“标注文字的前缀”单选按钮：选中该单选按钮，将弧长符号放在标注文字的左侧，如图 10-7（a）所示。

（2）“标注文字的上方”单选按钮：选中该单选按钮，将弧长符号放在标注文字的上方，如图 10-7（b）所示。

（3）“无”单选按钮：选中该单选按钮，不显示弧长符号，如图 10-7（c）所示。

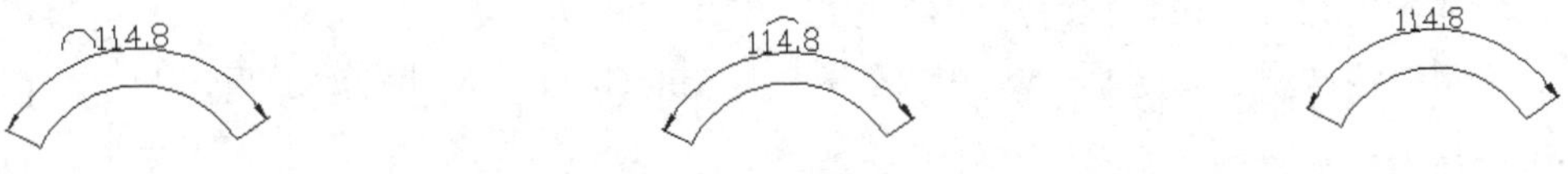

（a）标注文字的前缀　（b）标注文字的上方　（c）无

图 10-7 弧长符号

5．“半径折弯标注”选项组

用于控制折弯（Z 字形）半径标注的显示。折弯半径标注通常在中心点位于页面外部时创建。在“折弯角度”文本框中可以输入连接半径标注的尺寸界线和尺寸线的横向直线角度，如图 10-8 所示。

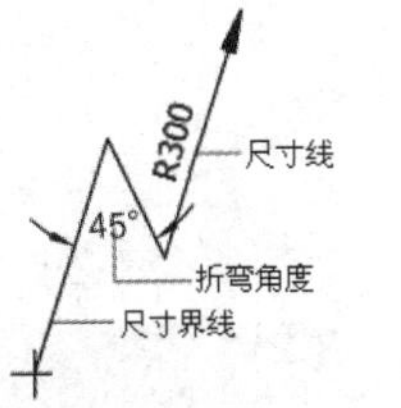

图 10-8 折弯角度

6．“线性折弯标注”选项组

用于控制折弯线性标注的显示。当标注不能精确表示实际尺寸时，常将折弯线添加到线性标注中。通常，实际尺寸比所需值小。

10.1.4 文字

在“新建标注样式”对话框中，第 3 个选项卡是“文字”选项卡，如图 10-9 所示。该选项卡用于设置尺寸文本中的文字外观、位置、对齐方式等。现对该选项卡中的各选项分别说明如下。

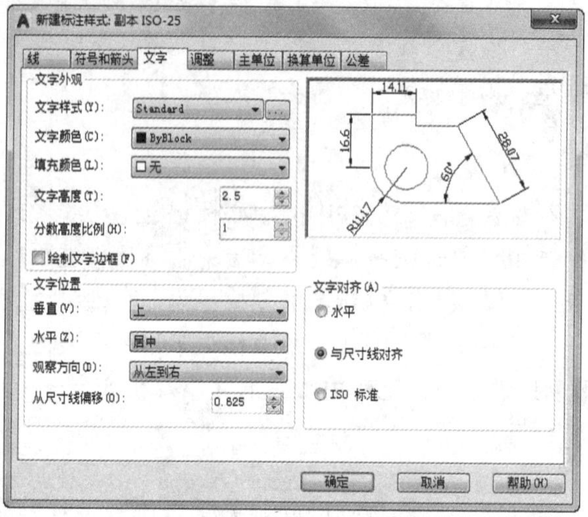

图 10-9 “文字”选项卡

1. “文字外观”选项组

（1）“文字样式”下拉列表框：用于选择当前尺寸文本采用的文字样式。

（2）“文字颜色”下拉列表框：用于设置尺寸文本的颜色。

（3）“填充颜色”下拉列表框：用于设置标注中文字背景的颜色。

（4）“文字高度”微调框：用于设置尺寸文本的字高。如果选用的文字样式中已设置了具体的字高（不是 0），则此处的设置无效；如果文字样式中设置的字高为 0，才以此处设置为准。

（5）“分数高度比例”微调框：用于确定尺寸文本的比例系数。

（6）“绘制文字边框”复选框：选中该复选框，AutoCAD 在尺寸文本的周围加上边框。

2. “文字位置”选项组

（1）“垂直”下拉列表框：用于确定尺寸文本相对于尺寸线在垂直方向的对齐方式，如图 10-10 所示。

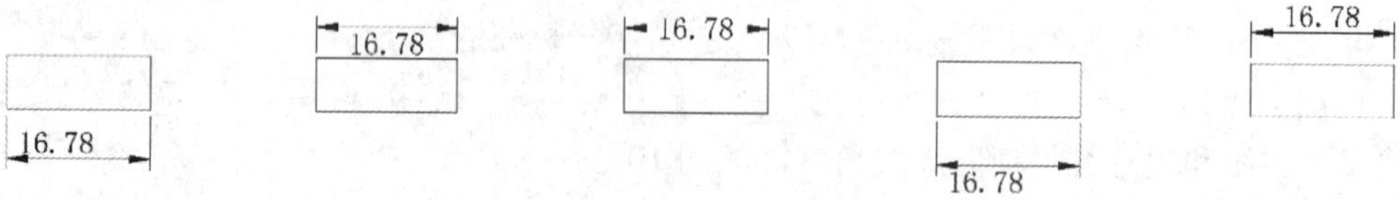

（a）上　（b）下　（c）居中　（d）外部　（e）JIS

图 10-10 尺寸文本在垂直方向的放置

（2）“水平”下拉列表框：用于确定尺寸文本相对于尺寸线和尺寸界线在水平方向的对齐方

式。其中包括 5 种：居中、第一条尺寸界线、第二条尺寸界线、第一条尺寸界线上方、第二条尺寸界线上方，如图 10-11（a）~ 图 10-11（e）所示。

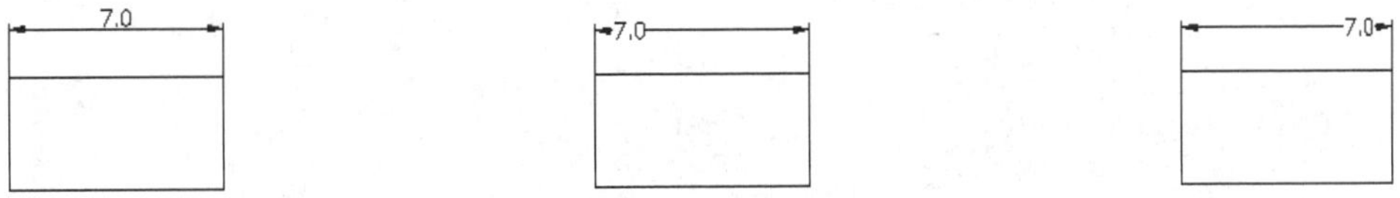

（a）居中　　（b）第一条尺寸界线　　（c）第二条尺寸界线

（d）第一条尺寸界线上方　　（e）第二条尺寸界线上方

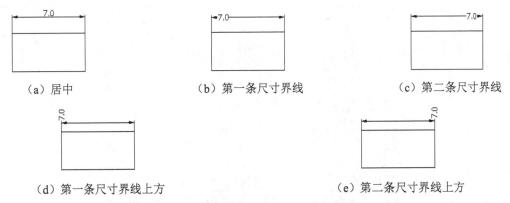

图 10-11　尺寸文本在水平方向的放置

（3）“观察方向”下拉列表框：用于控制标注文字的观察方向（可用 DIMTXTDIRECTION 系统变量设置）。

（4）“从尺寸线偏移”微调框：当尺寸文本放在断开的尺寸线中间时，该微调框用来设置尺寸文本与尺寸线之间的距离。

3.“文字对齐”选项组

该选项组用于控制尺寸文本的排列方向。

（1）“水平”单选按钮：选中该单选按钮，尺寸文本沿水平方向放置。不论标注什么方向的尺寸，尺寸文本总保持水平。

（2）“与尺寸线对齐”单选按钮：选中该单选按钮，尺寸文本沿尺寸线方向放置。

（3）“ISO 标准”单选按钮：选中该单选按钮，当尺寸文本在尺寸界线之间时，沿尺寸线方向放置；在尺寸界线之外时，沿水平方向放置。

10.1.5　调整

在“新建标注样式”对话框中，第 4 个选项卡是“调整”选项卡，如图 10-12 所示。该选项卡根据两条尺寸界线之间的空间，设置将尺寸文本、尺寸箭头放置在两尺寸界线内还是外。如果空间允许，AutoCAD 总是把尺寸文本和尺寸箭头放置在尺寸界线的里面；如果空间不够，则根据本选项卡的各项设置放置。现对该选项卡中的各选项分别说明如下。

1.“调整选项”选项组

（1）“文字或箭头”单选按钮：选中该单选按钮，如果空间允许，把尺寸文本和箭头都放置在两尺寸界线之间；如果两尺寸界线之间只够放置尺寸文本，则把尺寸文本放置在尺寸界线之间，而把箭头放置在尺寸界线之外；如果只够放置箭头，则把箭头放在里面，把尺寸文本放在外面；如果两尺寸界线之间既放不下文本，也放不下箭头，则把二者均放在外面。

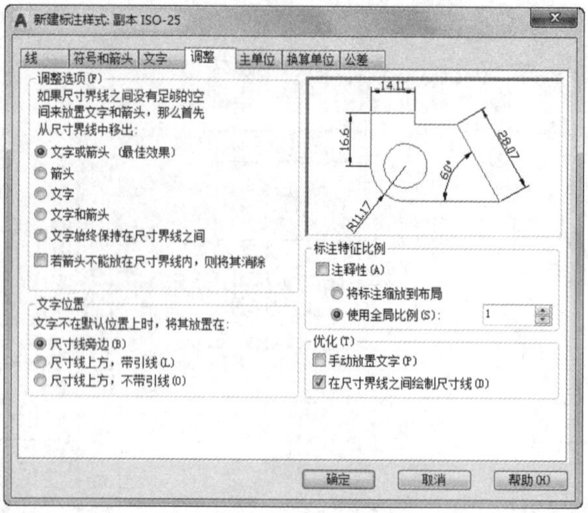

图 10-12 “调整”选项卡

（2）“文字和箭头”单选按钮：选中该单选按钮，如果空间允许，把尺寸文本和箭头都放置在两尺寸界线之间；否则把文本和箭头都放在尺寸界线外面。

其他选项含义类似，不再赘述。

2. “文字位置”选项组

用于设置尺寸文本的位置，包括“尺寸线旁边”“尺寸线上方，带引线”和“尺寸线上方，不带引线”，如图 10-13 所示。

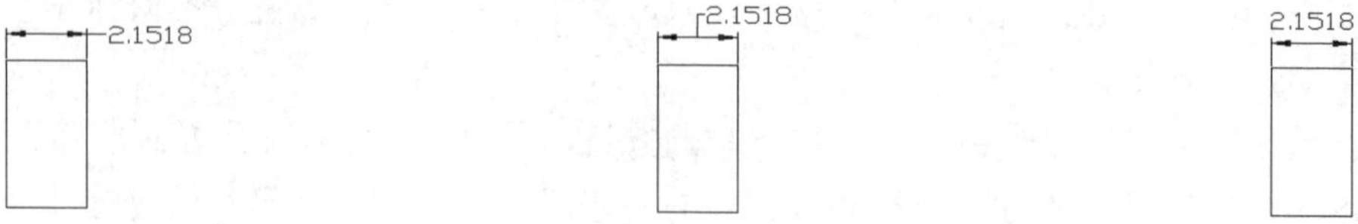

（a）尺寸线旁边　（b）尺寸线上方，带引线　（c）尺寸线上方，不带引线

图 10-13 尺寸文本的位置

3. “标注特征比例”选项组

（1）“注释性”复选框：指定标注为注释性。注释性对象和样式用于控制注释对象在模型空间或布局中显示的尺寸和比例。

（2）“将标注缩放到布局”单选按钮：根据当前模型空间视口和图纸空间之间的比例确定比例因子。当在图纸空间而不是模型空间视口中工作时，或当 TILEMODE 被设置为 1 时，将使用默认的比例因子 1∶0。

（3）“使用全局比例”单选按钮：确定尺寸的整体比例系数。在其后面的比例值微调框中可以设置需要的比例。

4. “优化”选项组

用于设置附加的尺寸文本布置选项，包含以下两个选项。

（1）“手动放置文字”复选框：选中该复选框，标注尺寸时由用户确定尺寸文本的放置位置，忽略前面的对齐设置。

（2）“在尺寸界线之间绘制尺寸线”复选框：选中该复选框，不管尺寸文本在尺寸界线里面还是在外面，AutoCAD 均在两尺寸界线之间绘出一尺寸线；否则，当尺寸界线内放不下尺寸文本而将其放在外面时，尺寸界线之间无尺寸线。

10.1.6 主单位

在“新建标注样式”对话框中，第 5 个选项卡是“主单位”选项卡，如图 10-14 所示。该选项卡用来设置尺寸标注的主单位和精度，以及为尺寸文本添加固定的前缀或后缀。现对该选项卡中的各选项分别说明如下。

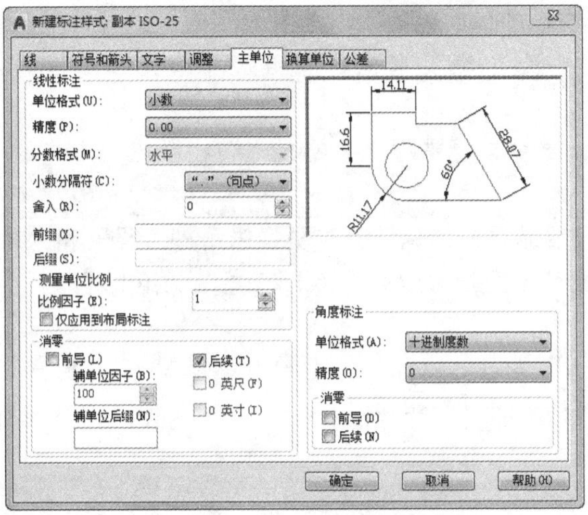

图 10-14 “主单位”选项卡

1.“线性标注”选项组

用来设置标注长度型尺寸时采用的单位和精度。

（1）“单位格式”下拉列表框：用于确定标注尺寸时使用的单位制（角度型尺寸除外）。在该下拉列表框中提供了“科学”“小数”“工程”“建筑”“分数”和“Windows 桌面”6 种单位制，可根据需要选择。

（2）“精度”下拉列表框：用于确定标注尺寸时的精度，也就是精确到小数点后几位。

技巧：

精度设置一定要和用户的需求吻合，如果设置的精度过低，标注会出现误差。

（3）“分数格式”下拉列表框：用于设置分数的形式。在该下拉列表框中提供了“水平”“对角”和“非堆叠”3 种形式供用户选用。

（4）“小数分隔符”下拉列表框：用于确定十进制单位（Decimal）的分隔符。AutoCAD 2020 提供了句点（.）、逗点（,）和空格 3 种形式。系统默认的小数分隔符是逗点，所以每次标注尺寸时要注意把此处设置为句点。

（5）“舍入”微调框：用于设置除角度之外的尺寸测量圆整规则。在该文本框中输入一个值，如果输入“1”，则所有测量值均为整数。

（6）“前缀”文本框：为尺寸标注设置固定前缀。可以输入文本，也可以利用控制符产生特殊字符，这些文本将被加在所有尺寸文本之前。

（7）“后缀”文本框：为尺寸标注设置固定后缀。

2．“测量单位比例”选项组

用于确定 AutoCAD 自动测量尺寸时的比例因子。其中“比例因子”微调框用来设置除角度之外所有尺寸测量的比例因子。例如，用户确定比例因子为 2，AutoCAD 则把实际测量为 1 的尺寸标注为 2。如果选中“仅应用到布局标注”复选框，则设置的比例因子只适用于布局标注。

3．“消零”选项组

用于设置是否省略标注尺寸时的 0。

（1）“前导”复选框：选中该复选框，省略尺寸值处于高位的 0。例如，0.50000 标注为.50000。

（2）“后续”复选框：选中该复选框，省略尺寸值小数点后末尾的 0。例如，8.5000 标注为 8.5，而 30.0000 标注为 30。

（3）“0 英尺（寸）”复选框：选中该复选框，采用“工程”和“建筑”单位制时，如果尺寸值小于 1 尺（寸）时，省略尺（寸）。例如，0'-6 1/2" 标注为 6 1/2"。

4．“角度标注”选项组

用于设置标注角度时采用的单位和精度等。

10.1.7 换算单位

在“新建标注样式”对话框中，第 6 个选项卡是“换算单位”选项卡，如图 10-15 所示。该选项卡用于对替换单位进行设置。现对该选项卡中的各选项分别说明如下。

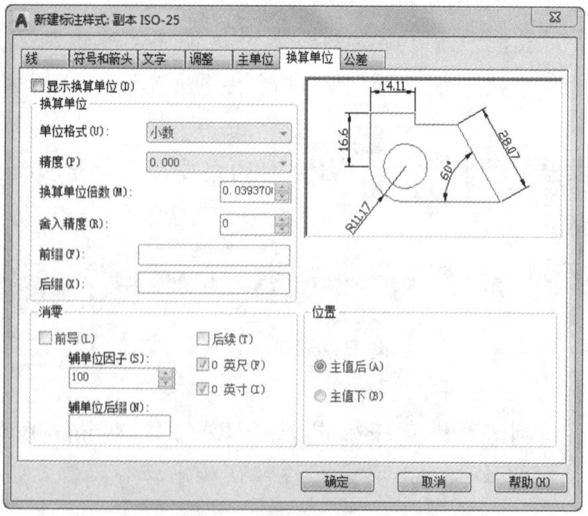

图 10-15 “换算单位”选项卡

1. “显示换算单位”复选框

选中该复选框，则替换单位的尺寸值同时显示在尺寸文本上。

2. “换算单位”选项组

用于设置替换单位，其中各选项的含义如下。

（1）“单位格式”下拉列表框：用于选择替换单位采用的单位制。

（2）“精度”下拉列表框：用于设置替换单位的精度。

（3）“换算单位倍数”微调框：用于指定主单位和替换单位的转换因子。

（4）“舍入精度”微调框：用于设定替换单位的圆整规则。

（5）“前缀”文本框：用于设置替换单位文本的固定前缀。

（6）“后缀”文本框：用于设置替换单位文本的固定后缀。

3. “消零”选项组

（1）“辅单位因子”微调框：将辅单位的数量设置为一个单位。它用于在距离小于一个单位时以辅单位为单位计算标注距离。例如，如果后缀为 m，而辅单位后缀以 cm 显示，则输入“100”。

（2）“辅单位后缀”文本框：用于设置标注值辅单位中包含的后缀。可以输入文字或使用控制代码显示特殊符号。例如，输入“cm”，可将.96m 显示为 96cm。

其他选项含义与“主单位”选项卡中的“消零”选项组含义类似，不再赘述。

4. “位置”选项组

用于设置替换单位尺寸标注的位置。

10.1.8 公差

在“新建标注样式”对话框中，第 7 个选项卡是“公差”选项卡，如图 10-16 所示。该选项卡用于确定标注公差的方式。现对该选项卡中的各选项分别说明如下。

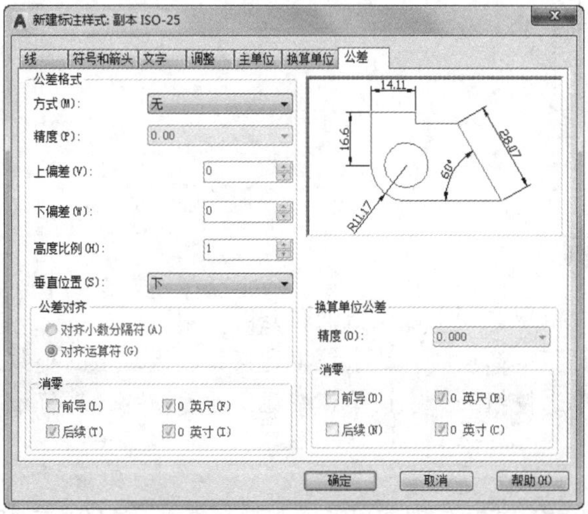

图 10-16 “公差”选项卡

1.“公差格式”选项组

用于设置公差的标注方式。

（1）“方式”下拉列表框：用于设置公差标注的方式。AutoCAD 提供了 5 种标注公差的方式，分别是“无”“对称”“极限偏差”“极限尺寸”和“基本尺寸”。其中“无”表示不标注公差，其余 4 种标注情况如图 10-17 所示。

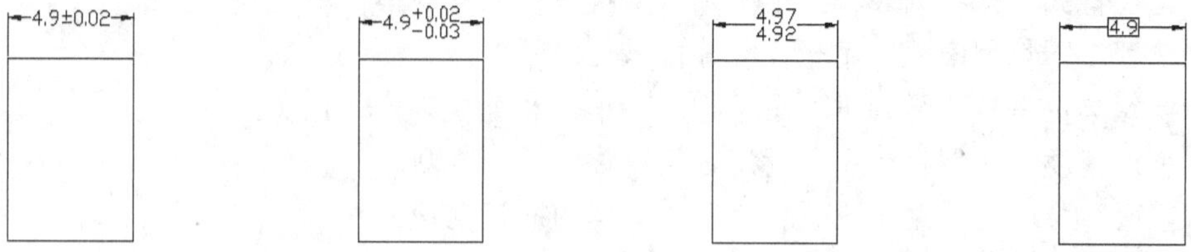

（a）对称　（b）极限偏差　（c）极限尺寸　（d）基本尺寸

图 10-17　公差标注的方式

（2）“精度”下拉列表框：用于确定公差标注的精度。

技巧：

公差标注的精度设置一定要准确，否则标注出的公差值会出现错误。

（3）“上（下）偏差”微调框：用于设置尺寸的上（下）偏差。

（4）“高度比例”微调框：用于设置公差文本的高度比例，即公差文本的高度与一般尺寸文本的高度之比。

技巧：

国家标准规定，公差文本的高度是一般尺寸文本高度的 0.5 倍，用户要注意设置。

（5）“垂直位置”下拉列表框：用于控制“对称”和“极限偏差”形式公差标注的文本对齐方式，如图 10-18 所示。

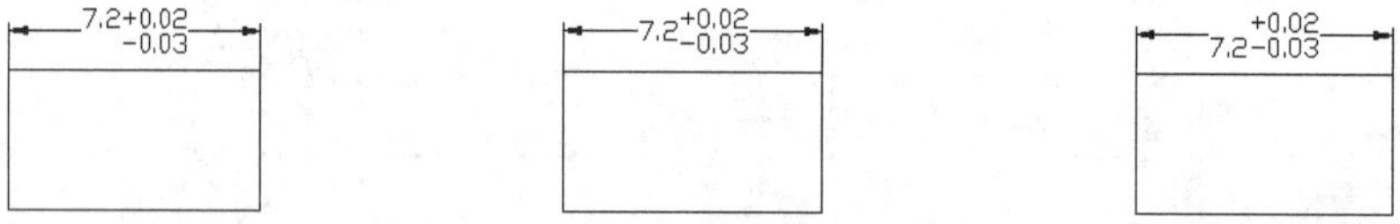

（a）上　（b）中　（c）下

图 10-18　公差文本的对齐方式

2.“公差对齐”选项组

用于在堆叠时，控制上偏差值和下偏差值的对齐。

（1）“对齐小数分隔符”单选按钮：选中该单选按钮，通过值的小数分隔符堆叠值。

（2）“对齐运算符”单选按钮：选中该单选按钮，通过值的运算符堆叠值。

3.“消零”选项组

用于控制是否禁止输出前导 0 和后续 0 以及 0 英尺和 0 英寸部分（可用 DIMTZIN 系统变量设置）。

4．“换算单位公差”选项组

用于对形位公差标注的替换单位进行设置，各项的设置方法与上面相同。

10.2　标注尺寸

正确地进行尺寸标注是设计、绘图工作中非常重要的一个环节。AutoCAD 2020 提供了多种方便、快捷的尺寸标注方法，可通过命令行方式实现，也可利用菜单栏或工具栏等方式实现。本节重点介绍如何对各种类型的尺寸进行标注。

10.2.1　线性标注

线性标注用于标注图形对象的线性距离或长度，包括水平标注、垂直标注和旋转标注 3 种类型。

【执行方式】

- 命令行：DIMLINEAR（缩写名：DIMLIN）。
- 菜单栏：选择菜单栏中的“标注”→“线性”命令。
- 工具栏：单击“标注”工具栏中的“线性”按钮。
- 快捷命令：D+L+I。
- 功能区：在“默认”选项卡中单击“注释”面板中的“线性”按钮。

【操作步骤】

```
命令：_dimlinear↙
指定第一个尺寸界线原点或<选择对象>:
指定第二个尺寸界线原点:
指定尺寸线位置或 [多行文字(M)/文字(T)/角度(A)/水平(H)/垂直(V)/旋转(R)]:
```

【选项说明】

（1）指定尺寸线位置：用于确定尺寸线的位置。用户可移动鼠标选择合适的尺寸线位置，然后按 Enter 键或单击，AutoCAD 将自动测量要标注线段的长度并标注出相应的尺寸。

（2）多行文字(M)：用多行文本编辑器确定尺寸文本。

（3）文字(T)：用于在命令行提示下输入或编辑尺寸文本。选择该选项后，命令行提示与操作如下：

```
输入标注文字 <默认值>:
```

其中的“默认值”是 AutoCAD 自动测量得到的被标注线段的长度，直接按 Enter 键即可采用此长度值，也可输入其他数值代替默认值。当尺寸文本中包含默认值时，可使用尖括号“< >”表示默认值。

（4）角度(A)：用于确定尺寸文本的倾斜角度。

（5）水平(H)：水平标注尺寸，不论标注什么方向的线段，尺寸线总保持水平放置。

（6）垂直(V)：垂直标注尺寸，不论标注什么方向的线段，尺寸线总保持垂直放置。

（7）旋转(R)：输入尺寸线旋转的角度值，旋转标注尺寸。

10.2.2 对齐标注

对齐标注指所标注尺寸的尺寸线与两条尺寸界线起始点间的连线平行。

【执行方式】

- 命令行：DIMALIGNED（快捷命令：DAL）。
- 菜单栏：选择菜单栏中的“标注”→“对齐”命令。
- 工具栏：单击“标注”工具栏中的“对齐”按钮。
- 功能区：在“默认”选项卡中单击“注释”面板中的“对齐”按钮或在“注释”选项卡中单击“标注”面板中的“对齐”按钮。

【操作步骤】

```
命令：DIMALIGNED↙
指定第一个尺寸界线原点或 <选择对象>:
指定第二个尺寸界线原点:
指定尺寸线位置或[多行文字(M)/文字(T)/角度(A)]:
```

【选项说明】

对齐标注的尺寸线与所标注轮廓线平行，标注起点到终点之间的距离尺寸。

10.2.3 基线标注

基线标注用于产生一系列基于同一尺寸界线的尺寸标注，适用于长度尺寸、角度和坐标标注。在使用基线标注方式之前，应该先标注出一个相关的尺寸作为基线标准。

【执行方式】

- 命令行：DIMBASELINE（快捷命令：DBA）。
- 菜单栏：选择菜单栏中的“标注”→“基线”命令。
- 工具栏：单击“标注”工具栏中的“基线”按钮。
- 功能区：在“注释”选项卡中单击“标注”面板中的“基线”按钮。

【操作步骤】

```
命令：DIMBASELINE↙
指定第二个尺寸界线原点或 [选择(S)/放弃(U)] <选择>:
```

【选项说明】

（1）指定第二个尺寸界线原点：直接确定另一个尺寸的第二条尺寸界线的起点，AutoCAD 以上次标注的尺寸为基准标注，标注出相应尺寸。

（2）选择(S)：在上述提示下直接按 Enter 键，AutoCAD 提示：

```
选择基准标注：(选取作为基准的尺寸标注)
```

技巧：

基线（或平行）和连续（或链）标注是一系列基于线性标注的连续标注，连续标注是首尾相连的多个标注。在创建基线或连续标注之前，必须创建线性、对齐或角度标注。可从当前任务最近创建的标注中以增量方式创建基线标注。

10.2.4　连续标注

连续标注又称尺寸链标注，用于产生一系列连续的尺寸标注，后一个尺寸标注均把前一个标注的第二条尺寸界线作为它的第一条尺寸界线。连续标注适用于长度型尺寸、角度型尺寸和坐标标注。在使用连续标注方式之前，应该先标注出一个相关的尺寸。

【执行方式】

- 命令行：DIMCONTINUE（快捷命令：DCO）。
- 菜单栏：选择菜单栏中的“标注”→“连续”命令。
- 工具栏：单击“标注”工具栏中的“连续”按钮。
- 功能区：在“注释”选项卡中单击“标注”面板中的“连续”按钮。

【操作步骤】

```
命令：_dimcontinue↙
指定第二个尺寸界线原点或 [放弃(U)/选择(S)]<选择>:
```

技巧：

AutoCAD 允许用户利用连续标注方式和基线标注方式进行角度标注，如图 10-19 所示。

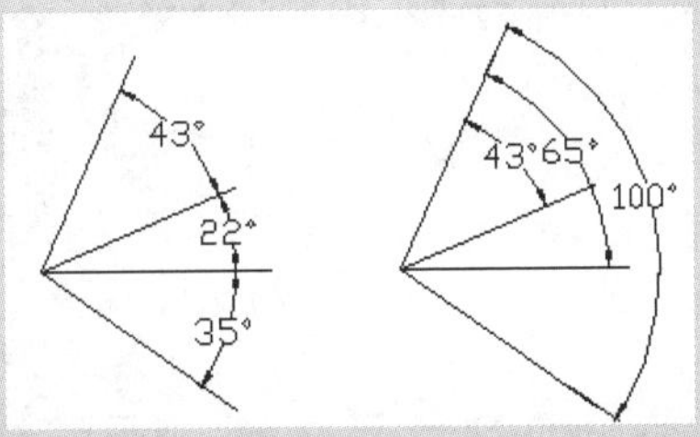

图 10-19　连续型和基线型角度标注

10.2.5　直径标注

用于圆或圆弧的直径尺寸标注。

【执行方式】

- 命令行：DIMDIAMETER（快捷命令：DDI）。
- 菜单栏：选择菜单栏中的“标注”→“直径”命令。
- 工具栏：单击“标注”工具栏中的“直径”按钮。
- 功能区：在“默认”选项卡中单击“注释”面板中的“直径”按钮或在“注释”选项卡中单击“标注”面板中的“直径”按钮。

【操作步骤】

```
命令：_dimdiameter↙
选择圆弧或圆:
标注文字 = 500
指定尺寸线位置或 [多行文字(M)/文字(T)/角度(A)]:
```

【选项说明】

（1）尺寸线位置：确定尺寸线的角度和标注文字的位置。如果未将标注放置在圆弧上而导致标注指向圆弧外，则 AutoCAD 会自动绘制圆弧延伸线。

（2）多行文字(M)：显示在位文字编辑器，可用它来编辑标注文字。要添加前缀或后缀，应在生成的测量值前后输入前缀或后缀。可用控制代码和 Unicode 字符串来输入特殊字符或符号。

（3）文字(T)：自定义标注文字，生成的标注测量值显示在尖括号“<>”中。

（4）角度(A)：修改标注文字的角度。

10.2.6　半径标注

用于圆或圆弧的半径尺寸标注。

【执行方式】

- 命令行：DIMRADIUS（快捷命令：DRA）。
- 菜单栏：选择菜单栏中的“标注”→“半径”命令。
- 工具栏：单击“标注”工具栏中的“半径”按钮。
- 功能区：在“默认”选项卡中单击“注释”面板中的“半径”按钮或在“注释”选项卡中单击“标注”面板中的“半径”按钮。

【操作步骤】

```
命令：_dimradius↙
选择圆弧或圆：
```

10.3　引线标注

利用 AutoCAD 提供的引线标注功能，不仅可以标注特定的尺寸，如圆角、倒角等，还可以实现在图中添加多行旁注、说明。在引线标注中指引线可以是折线，也可以是曲线；指引线端部可以有箭头，也可以没有箭头。

10.3.1　一般引线标注

LEADER 命令可以创建灵活多样的引线标注形式：可根据需要把指引线设置为折线或曲线；指引线可带箭头，也可不带箭头；注释文本可以是多行文本，也可以是形位公差，还可以从图形其他部位复制，或者是一个图块。

【执行方式】

命令行：LEADER。

【操作步骤】

```
命令：_LEADER↙
指定引线起点：
```

```
指定下一点:
指定下一点或 [注释(A)/格式(F)/放弃(U)]<注释>:
指定下一点或 [注释(A)/格式(F)/放弃(U)]<注释>:
输入注释文字的第一行或<选项>:
输入注释选项 [公差(T)/副本(C)/块(B)/无(N)多行文字(M)]<多行文字>:
```

【选项说明】

（1）指定下一点：直接输入一点，AutoCAD根据前面的点画出折线作为指引线。

（2）注释(A)：输入注释文本，为默认项。在上面提示下直接按Enter键，AutoCAD提示：

```
输入注释文字的第一行或 <选项>:
```

① 输入注释文字的第一行：在此提示下输入第一行文本后按 Enter 键，可继续输入第二行文本，如此反复执行，直到输入完全部注释文本，然后在此提示下直接按Enter键，AutoCAD会在指引线终端标注出所输入的多行文本，并结束LEADER命令。

② 直接按Enter键：如果在上面的提示下直接按Enter键，AutoCAD提示：

```
输入注释选项 [公差(T)/副本(C)/块(B)/无(N)/多行文字(M)] <多行文字>:
```

选择一个注释选项或直接按Enter键选择默认的“多行文字”选项。其中各选项的含义如下。

- 公差(T)：标注形位公差。
- 副本(C)：把已由LEADER命令创建的注释复制到当前指引线末端。

执行该选项，命令行提示与操作如下：

```
选择要复制的对象:
```

在此提示下选取一个已创建的注释文本，则AutoCAD把它复制到当前指引线的末端。

- 块(B)：把已经定义好的图块插入指引线的末端。

执行该选项，命令行提示与操作如下：

```
输入块名或 [?]:
```

在此提示下输入一个已定义好的图块名，AutoCAD 把该图块插入指引线的末端；或者输入“？”列出当前已有图块，用户可从中选择。

- 无(N)：不进行注释，没有注释文本。
- 多行文字(M)：用多行文字编辑器标注注释文本并定制文本格式，为默认选项。

（3）格式(F)：确定指引线的形式。选择该选项，AutoCAD提示：

```
输入指引线格式选项 [样条曲线(S)/直线(ST)/箭头(A)/无(N)] <退出>:（选择指引线形式，或直接按Enter键回到上一级提示）
```

① 样条曲线(S)：设置指引线为样条曲线。

② 直线(ST)：设置指引线为折线。

③ 箭头(A)：在指引线的起始位置画箭头。

④ 无(N)：在指引线的起始位置不画箭头。

⑤ 退出：该选项为默认选项。选择该选项，将退出“格式”选项，返回“指定下一点或[注释(A)/格式(F)/放弃(U)] <注释>:”提示，并且指引线形式按默认方式设置。

10.3.2 快速引线标注

利用QLEADER命令可快速生成指引线及注释，而且可以通过命令行优化对话框进行用户自定义，由此可以消除不必要的命令行提示，提高工作效率。

【执行方式】

命令行：QLEADER。

【操作步骤】

```
命令：QLEADER↙
指定第一个引线点或 [设置(S)] <设置>:
```

【选项说明】

（1）指定第一个引线点：在上面的提示下确定一点作为指引线的第一点。AutoCAD 提示如下：

```
指定下一点：（输入指引线的第二点）
指定下一点：（输入指引线的第三点）
```

AutoCAD 提示用户输入的点的数目由“引线设置”对话框确定。输入完指引线的点，AutoCAD 提示如下：

```
指定文字宽度 <0.0000>：（输入多行文本的宽度）
输入注释文字的第一行 <多行文字(M)>:
```

此时，有两种命令输入选择，含义如下。

① 输入注释文字的第一行：在命令行输入第一行文本。

② 多行文字(M)：打开多行文字编辑器，输入、编辑多行文字。

直接按 Enter 键，结束 QLEADER 命令，并把多行文本标注在指引线的末端附近。

（2）设置(S)：直接按 Enter 键或输入“S”，打开“引线设置”对话框，允许对引线标注进行设置。该对话框包含“注释”“引线和箭头”“附着”3 个选项卡，下面分别进行介绍。

①“注释”选项卡：用于设置引线标注中注释文本的类型、多行文字的格式并确定注释文本是否多次使用，如图 10-20 所示。

②“引线和箭头”选项卡：用于设置引线标注中指引线和箭头的形式，如图 10-21 所示。其中“点数”选项组用于设置执行 QLEADER 命令时 AutoCAD 提示用户输入点的数目。例如，设置点数为 3，执行 QLEADER 命令时当用户在提示下指定 3 个点后，AutoCAD 自动提示用户输入注释文本。注意，设置的点数要比用户希望的指引线的段数多 1。可利用微调框进行设置。如果选中“无限制”复选框，AutoCAD 会一直提示用户输入点，直到连续按两次 Enter 键为止。“角度约束”选项组用于设置第一段和第二段指引线的角度约束。

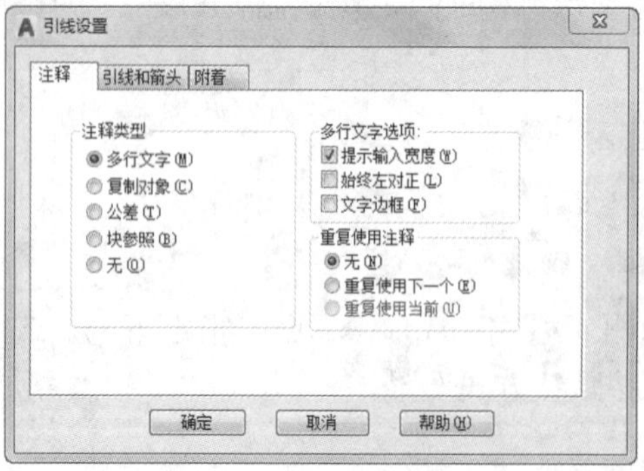

图 10-20 “注释”选项卡

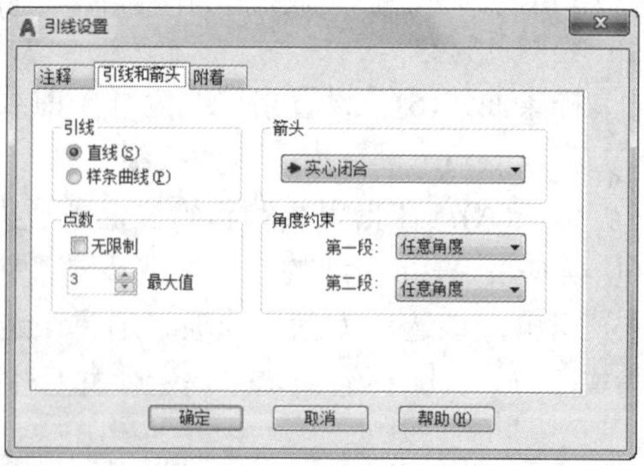

图 10-21 “引线和箭头”选项卡

③“附着”选项卡：用于设置注释文本和指引线的相对位置，如图 10-22 所示。如果最后一段指引线指向右边，系统自动把注释文本放在右侧；反之放在左侧。利用该选项卡左侧和右侧的单选按钮分别设置位于左侧和右侧的注释文本与最后一段指引线的相对位置，二者可相同，也可不相同。

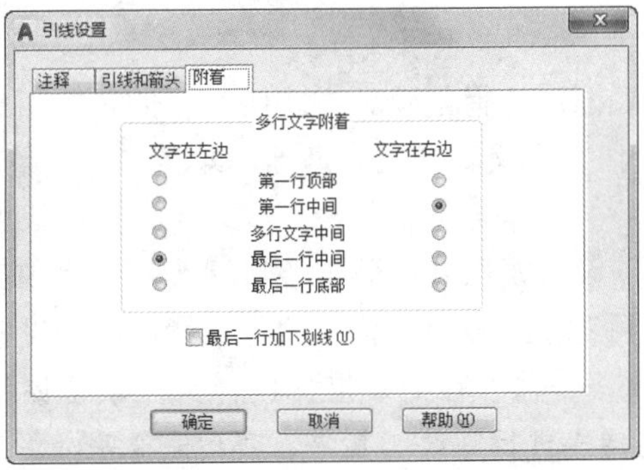

图 10-22 “附着”选项卡

10.3.3 多重引线

多重引线可创建为箭头优先、引线基线优先或内容优先。

1. 多重引线样式

多重引线样式可以控制引线的外观，包括基线、引线、箭头和内容的格式。

【执行方式】

- 命令行：MLEADERSTYLE。
- 菜单栏：选择菜单栏中的“格式”→“多重引线样式”命令。
- 功能区：在“默认”选项卡中单击“注释”面板上的“多重引线样式”按钮。

【操作步骤】

执行上述操作后，系统打开“多重引线样式管理器”对话框，如图 10-23 所示。利用该对话框可方便、直观地定制和浏览多重引线样式，包括创建新的多重引线样式、修改已存在的多重引线样式、设置当前多重引线样式等。

【选项说明】

（1）“置为当前”按钮：单击该按钮，把在“样式”列表框中选择的样式设置为当前多重引线样式。

（2）“新建”按钮：创建新的多重引线样式。单击该按钮，打开“创建新多重引线样式”对话框，如图 10-24 所示。利用该对话框可创建一个新的多重引线样式，其中各项功能说明如下。

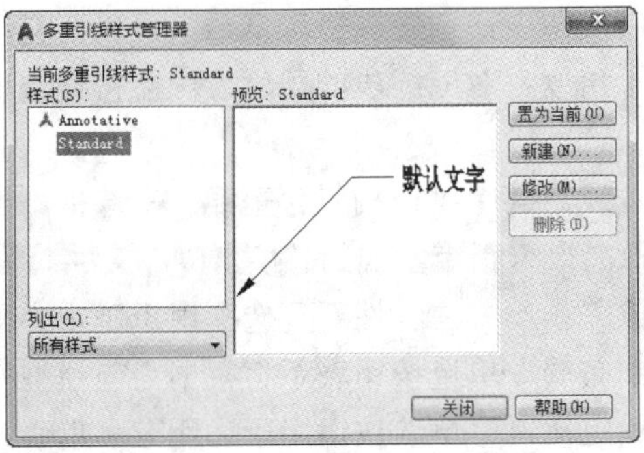

图 10-23 “多重引线样式管理器”对话框

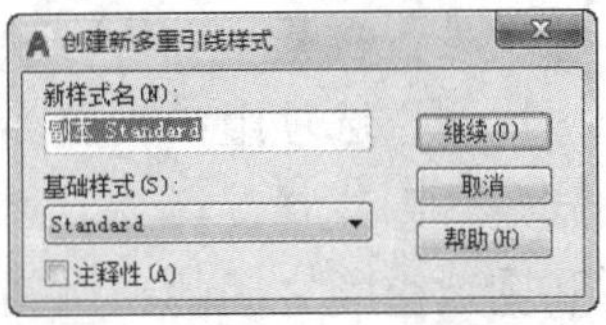

图 10-24 “创建新多重引线样式”对话框

① “新样式名”文本框：为新的多重引线样式命名。

② “基础样式”下拉列表框：选择创建新样式所基于的多重引线样式。打开该下拉列表框，从当前已有的样式中选择一个作为定义新样式的基础，即新的样式是在所选样式的基础上通过修改一些特性得到的。

③ “继续”按钮：各选项设置好以后，单击该按钮，打开“修改多重引线样式”对话框，如图 10-25 所示。利用该对话框可对新多重引线样式的各项特性进行设置。

（3）“修改”按钮：修改一个已存在的多重引线样式。单击该按钮，打开“修改多重引线样式”对话框，可以对已有标注样式进行修改。其中各项功能说明如下。

①“引线格式”选项卡。

- “常规”选项组：设置引线的外观。其中，“类型”下拉列表框用于设置引线的类型，其中包括“直线”“样条曲线”和“无”3 个选项，分别表示引线为直线、样条曲线或者没有引线；“颜色”“线型”和“线宽”下拉列表框分别用于设置引线的颜色、线型及线宽。
- “箭头”选项组：设置箭头的样式和大小。
- “引线打断”选项组：设置引线打断时的打断距离。

②“引线结构”选项卡，如图 10-26 所示。

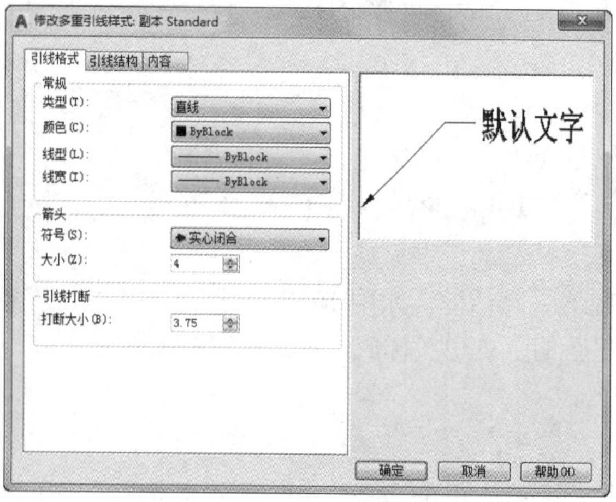

图 10-25 “修改多重引线样式”对话框

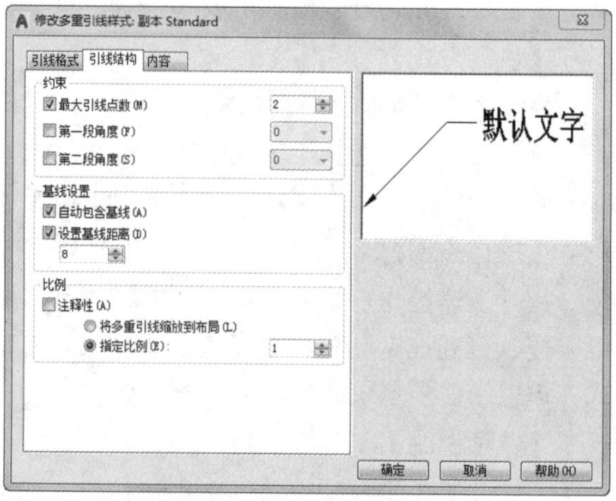

图 10-26 “引线结构”选项卡

- “约束”选项组：控制多重引线的结构。其中，“最大引线点数”复选框用于确定是否要指定引线端点的最大数量；“第一段角度”和“第二段角度”复选框分别用于确定是否设置反映引线中第一段直线和第二段直线方向的角度，选中该复选框后，可以在对应的输入框中指定角度。需要说明的是，一旦指定了角度，对应线段的角度方向会按设置值的整数倍变化。
- “基线设置”选项组：设置多重引线中的基线。其中“自动包含基线”复选框用于设置引线中是否含基线，还可以通过“设置基线距离”来指定基线的长度。
- “比例”选项组：设置多重引线标注的缩放关系。“注释性”复选框用于确定多重引线样式是否为注释性样式。“将多重引线缩放到布局”单选按钮表示将根据当前模型空间视口和图纸空间之间的比例确定比例因子。“指定比例”单选按钮用于为所有多重引线标注设置一个缩放比例。

③ “内容”选项卡，如图 10-27 所示。

- “多重引线类型”下拉列表框：用于设置多重引线标注的类型。其中包括“多行文字”“块”和“无”3 个选项，分别表示由多重引线标注出的对象是多行文字、块或没有内容。
- “文字选项”选项组：如果在“多重引线类型”下拉列表框中选择“多行文字”，则会显示出此选项组，用于设置多重引线标注的文字内容。其中，“文字样式”下拉列表框用于确定所采用的文字样式；“文字角度”下拉列表框用于确定文字的倾斜角度；“文字颜色”下拉列表框和“文字高度”微调框分别用于确定文字的颜色和高度；“始终左对正”复选框用于确定是否使文字左对齐；“文字边框”复选框用于确定是否要为文字加边框。
- “引线连接”选项组：选中“水平连接”单选按钮，表示引线终点位于所标注文字的左侧或右侧；选中“垂直连接”单选按钮，表示引线终点位于所标注文字的上方或下方。

④ 如果在“多重引线类型”下拉列表框中选择“块”，表示多重引线标注的对象是块，则“内容”选项卡如图 10-28 所示。其中，“源块”下拉列表框用于确定多重引线标注使用的块对象；“附着”下拉列表框用于指定块与引线的关系；“颜色”下拉列表框用于指定块的颜色，一般采用 ByBlock。

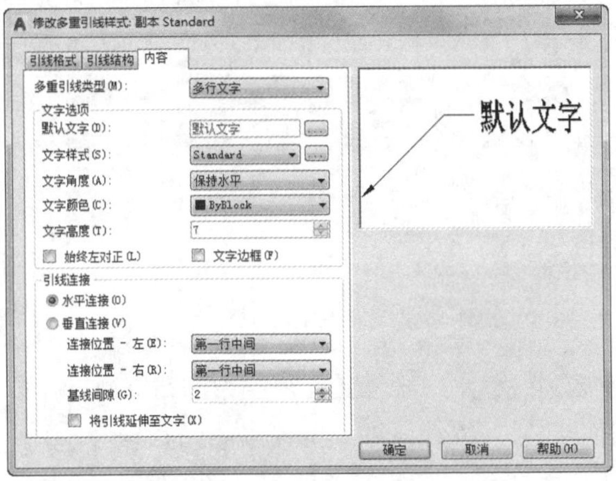

图 10-27　“内容”选项卡

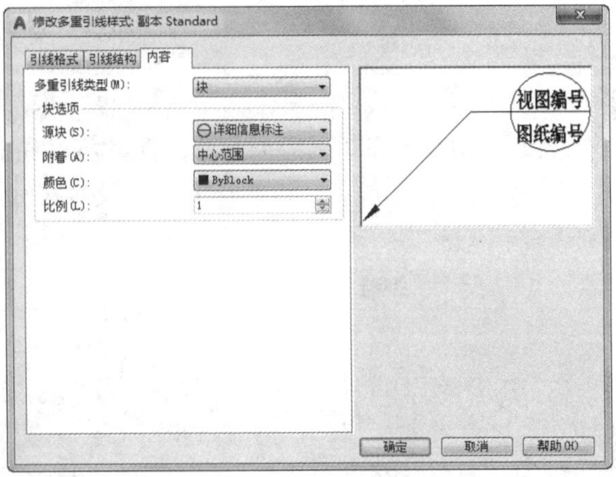

图 10-28　“块”多重引线类型

2. 多重引线标注

【执行方式】

- 命令行：MLEADER。
- 菜单栏：选择菜单栏中的“标注”→“多重引线”命令。
- 工具栏：单击“多重引线”工具栏中的“多重引线”按钮。
- 功能区：在“默认”选项卡中单击“注释”面板中的“多重引线”按钮。

【操作步骤】

```
命令: _mleader
指定引线箭头的位置或 [引线基线优先(L)/内容优先(C)/选项(O)] <选项>:
指定引线箭头的位置:
```

【选项说明】

（1）指定引线箭头的位置：指定多重引线箭头的位置。

（2）引线基线优先(L)：指定多重引线的基线位置。如果先前绘制的多重引线是基线优先，则后续的多重引线也将先创建基线（除非另外指定）。

（3）内容优先(C)：指定与多重引线相关联的文字或块的位置。如果先前绘制的多重引线是内容优先，则后续的多重引线也将先创建内容（除非另外指定）。

（4）选项(O)：用于多重引线标注的设置。输入“O”后，命令行提示与操作如下：

```
输入选项 [引线类型(L)/引线基线(A)/内容类型(C)/最大节点数(M)/第一个角度(F)/第二个角度(S)/退出选项(X)] <退出选项>:
```

① 引线类型(L)：指定要使用的引线类型。

② 引线基线(A)：用于确定是否使用基线。

③ 内容类型(C)：指定要使用的内容类型。

④ 最大节点数(M)：指定新引线的最大节点数。

⑤ 第一个角度(F)：约束新引线中的第一个点的角度。

⑥ 第二个角度(S)：约束新引线中的第二个点的角度。

⑦ 退出选项(X)：返回到第一个 MLEADER 命令提示。

10.4 编辑尺寸标注

AutoCAD 允许对已经创建好的尺寸标注进行编辑、修改，包括修改尺寸文本的内容、改变其位置、使尺寸文本倾斜一定的角度，以及对尺寸界线进行编辑等。

10.4.1 尺寸编辑

利用 DIMEDIT 命令可以修改已有尺寸标注的文本内容、把尺寸文本倾斜一定的角度等，还可以对尺寸界线进行修改，使其旋转一定角度，从而标注一条线段在某一方向上的投影尺寸。DIMEDIT 命令可以同时对多个尺寸标注进行编辑。

【执行方式】

- 命令行：DIMEDIT（快捷命令：DED）。
- 菜单栏：选择菜单栏中的“标注”→“对齐文字”→“默认”命令。
- 工具栏：单击“标注”工具栏中的“编辑标注”按钮。

【操作步骤】

```
命令：DIMEDIT↙
输入标注编辑类型 [默认(H)/新建(N)/旋转(R)/倾斜(O)] <默认>:
```

【选项说明】

（1）默认(H)：按尺寸标注样式中设置的默认位置和方向放置尺寸文本，如图 10-29（a）所示。选择该选项，命令行提示与操作如下：

```
选择对象：选择要编辑的尺寸标注
```

（2）新建(N)：选择该选项，系统打开多行文字编辑器，可利用该编辑器对尺寸文本进行修改。

（3）旋转(R)：改变尺寸文本行的倾斜角度。尺寸文本的中心点不变，使文本沿指定的角度方向倾斜排列，如图 10-29（b）所示。若输入角度为 0，则按“新建标注样式”对话框的“文字”选项卡中设置的默认方向排列。

（4）倾斜(O)：修改长度型尺寸标注的尺寸界线，使其倾斜一定角度，与尺寸线不垂直，如图 10-29（c）所示。

10.4.2 尺寸文本编辑

通过 DIMTEDIT 命令可以改变尺寸文本的位置，使其位于尺寸线上面左端、右端或中间，而且可使文本倾斜一定的角度。

【执行方式】

- 命令行：DIMTEDIT。
- 菜单栏：选择菜单栏中的“标注”→“对齐文字”→（除“默认”命令外其他命令）。
- 工具栏：单击“标注”工具栏中的“编辑标注文字”按钮。
- 功能区：在“默认”选项卡中单击“标注”面板中的“文字角度”按钮、“左对正”按钮、“居中对正”按钮、“右对正”按钮。

【操作步骤】

```
命令：DIMTEDIT↙
选择标注：（选择一个尺寸标注）
为标注文字指定新位置或 [左对齐(L)/右对齐(R)/居中(C)/默认(H)/角度(A)]：
```

【选项说明】

（1）为标注文字指定新位置：更新尺寸文本的位置。用鼠标把文本拖动到新的位置，这时系统变量 DIMSHO 为 ON。

（2）左（右）对齐：使尺寸文本沿尺寸线左（右）对齐，如图 10-29（d）和图 10-29（e）所示。该选项只对长度型、半径型、直径型尺寸标注起作用。

（3）居中(C)：把尺寸文本放在尺寸线上的中间位置，如图 10-29（a）所示。

（4）默认(H)：把尺寸文本按默认位置放置。

（5）角度(A)：改变尺寸文本行的倾斜角度。

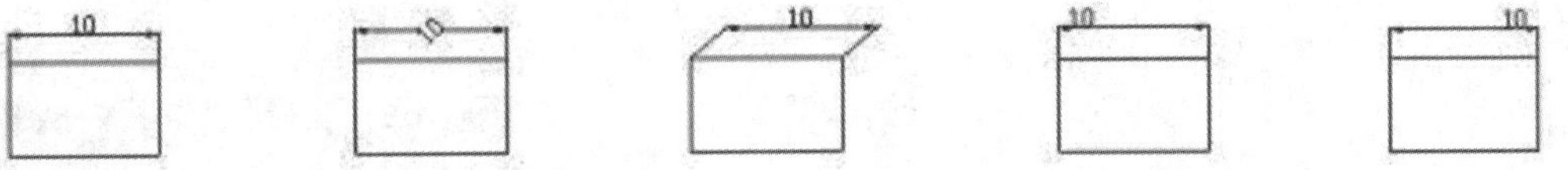

（a）默认　（b）旋转　（c）倾斜　（d）左对齐　（e）右对齐

图 10-29　尺寸标注的编辑

10.5 综合演练——标注变电站避雷针布置图尺寸

扫一扫，看视频

调用素材： 初始文件\第 10 章\变电站避雷针布置图.dwg

源文件： 源文件\第 10 章\标注变电站避雷针布置图尺寸.dwg

本实例对变电站避雷针布置图进行尺寸标注，如图 10-30 所示。

1．打开文件

打开下载的资源包中的初始文件\第 10 章\变电站避雷针布置图.dwg 文件，如图 10-31 所示。

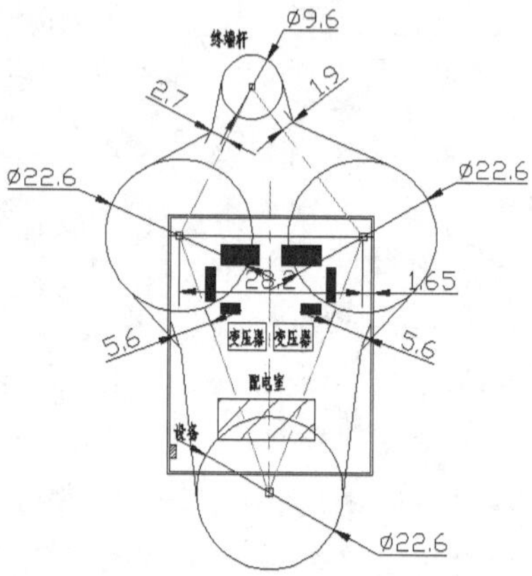

图 10-30　变电站避雷针布置图尺寸标注

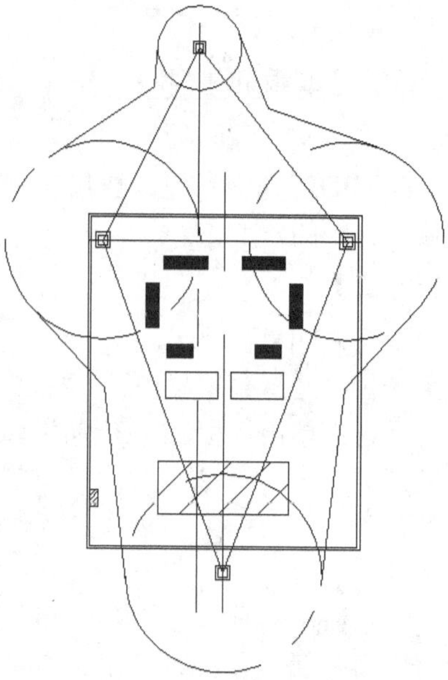

图 10-31　变电站避雷针布置图

2．标注样式设置

（1）在“默认”选项卡中单击“注释”面板中的“标注样式”按钮，打开“标注样式管理器”对话框，如图 10-32 所示。单击“新建”按钮，打开“创建新标注样式”对话框，设置“新样式名”为“避雷针布置图标注样式”，如图 10-33 所示。

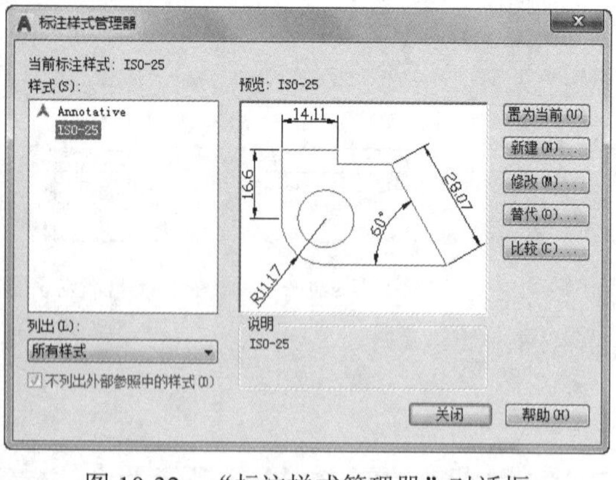

图 10-32　“标注样式管理器”对话框

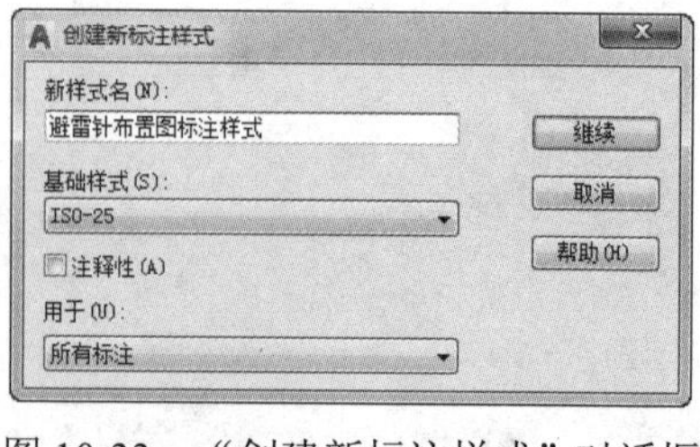

图 10-33　“创建新标注样式”对话框

（2）单击“继续”按钮，打开“新建标注样式：避雷针布置图标注样式”对话框。其中有 7 个选项卡，可对新建的“避雷针布置图标注样式”的风格进行设置。“线”选项卡的设置如图 10-34 所示，其中“基线间距”设置为 3.75，“超出尺寸线”设置为 2。

（3）“符号和箭头”选项卡的设置如图 10-35 所示，其中“箭头大小”设置为 2.5。

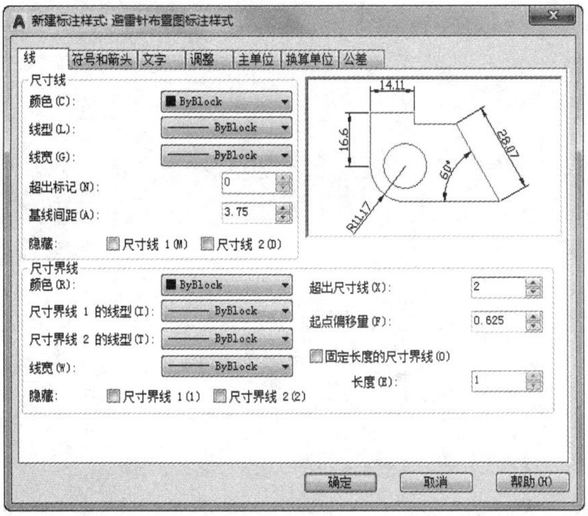

图 10-34 “线”选项卡设置

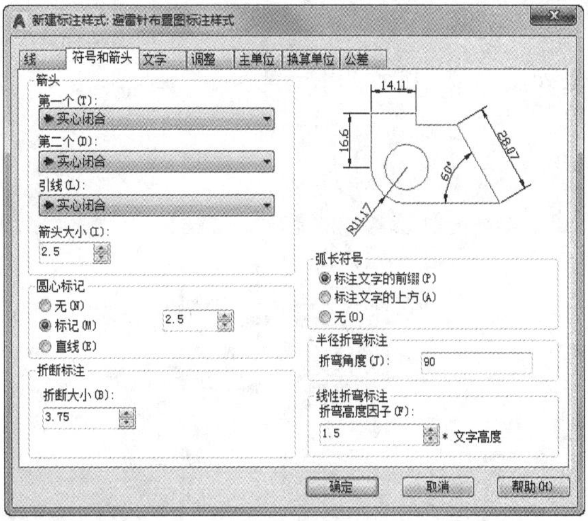

图 10-35 “符号和箭头”选项卡设置

（4）“文字”选项卡的设置如图 10-36 所示，其中“文字高度”设置为 2.5，“从尺寸线偏移”设置为 0.625，“文字对齐”采用“与尺寸线对齐”方式。

（5）设置完毕后，回到“标注样式管理器”对话框，单击“置为当前”按钮，将新建的“避雷针布置图标注样式”设置为当前使用的标注样式。单击“新建”按钮，打开“创建新标注样式”对话框，在“用于”下拉列表框中选择“直径标注”选项，如图 10-37 所示。

（6）单击“继续”按钮，打开“新建标注样式:副本 避雷针布置图标注样式”对话框。其中有 7 个选项卡，可对新建的“副本 避雷针布置图标注样式”的风格进行设置。

图 10-36 “文字”选项卡设置

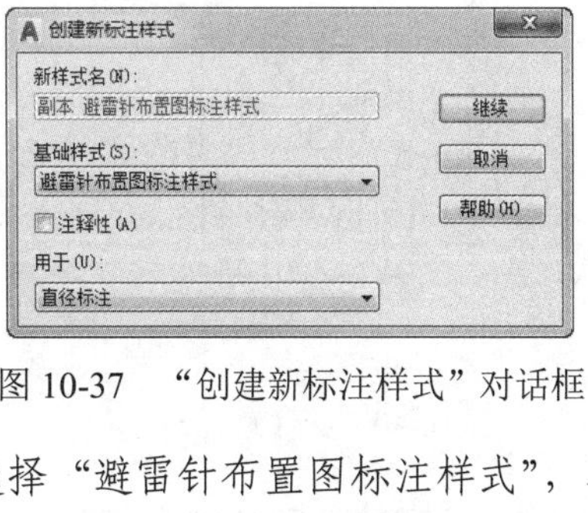

图 10-37 “创建新标注样式”对话框

（7）设置完毕后，回到“标注样式管理器”对话框，选择“避雷针布置图标注样式”，单击“置为当前”按钮，将其设置为当前使用的标注样式。

3．标注尺寸

（1）在“默认”选项卡中单击“注释”面板中的“线性”按钮├┤，标注线性尺寸，如图 10-38 所示。

（2）在“默认”选项卡中单击“注释”面板中的“对齐”按钮，标注图中的各个尺寸，结果如图 10-39 所示。

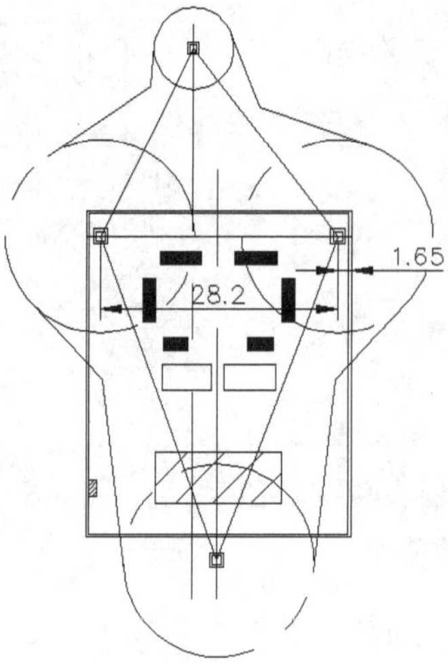

图 10-38　标注线性尺寸

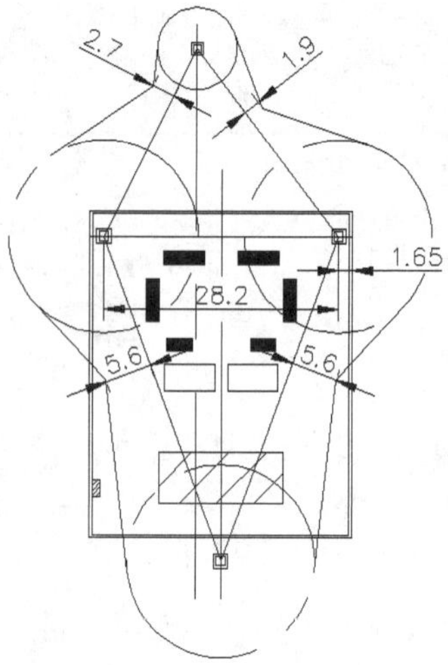

图 10-39　标注对齐尺寸

（3）在“默认”选项卡中单击“注释”面板中的“直径”按钮，标注图形中各个圆的直径尺寸，结果如图 10-40 所示。

4．添加文字

（1）创建文字样式。在“默认”选项卡中单击“注释”面板中的“文字样式”按钮，打开“文字样式”对话框，新建一个样式名为“避雷针布置图”的文字样式。设置“字体名”为“仿宋_GB2312”，“字体样式”为“常规”，“高度”为 1.5，“宽度因子”为 0.7，如图 10-41 所示。

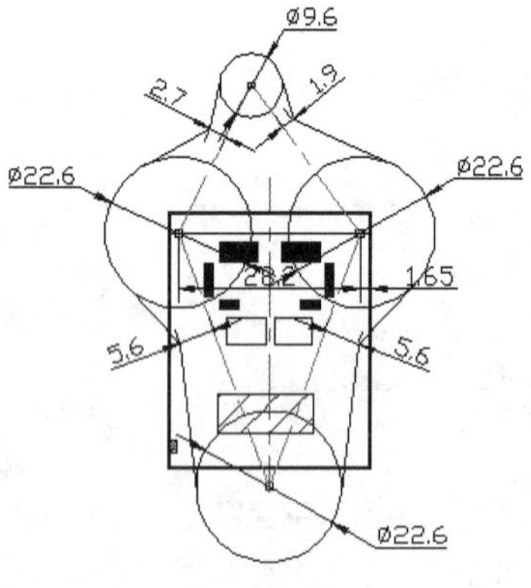

图 10-40　标注直径尺寸

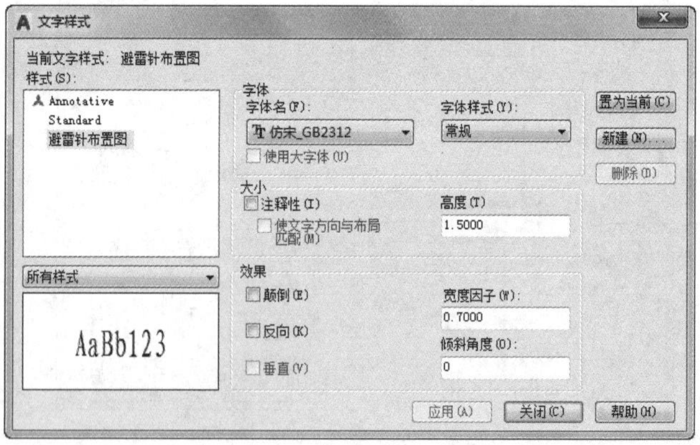

图 10-41　“文字样式”对话框

（2）添加注释文字。在“默认”选项卡中单击“注释”面板中的“多行文字”按钮 A，一次输入几行文字，然后调整其位置，以对齐文字。调整位置时，可结合使用“正交”功能。

（3）使用文字编辑命令修改文字，得到需要的文字。

添加注释文字后，就完成了整张图纸的绘制，结果如图 10-30 所示。

10.6 模拟认证考试

1．如果选择的比例因子为 2，则长度为 50 的直线将被标注为（　　）。

A．100　　B．50

C．25　　D．询问，然后由设计者指定

2．图和已标注的尺寸同时放大 2 倍，其结果是（　　）。

A．尺寸值是原尺寸的 2 倍　　B．尺寸值不变，字高是原尺寸的 2 倍

C．尺寸箭头是原尺寸的 2 倍　　D．原尺寸不变

3．将尺寸标注对象如尺寸线、尺寸界线、箭头和文字作为单一的对象，必须将下面哪个变量设置为 ON？（　　）

A．DIMON　　B．DIMASZ

C．DIMASO　　D．DIMEXO

4．尺寸公差中的上下偏差可以在线性标注的哪个选项中堆叠起来？（　　）

A．多行文字　　B．文字

C．角度　　D．水平

5．不能作为多重引线线型的是（　　）。

A．直线　　B．多段线

C．样条曲线　　D．以上均可以

6．新建一个标注样式，此标注样式的基准标注为（　　）。

A．ISO-25　　B．当前标注样式

C．应用最多的标注样式　　D．命名最靠前的标注样式

第 11 章　辅助绘图工具

内容简介

为了提高系统整体的图形设计效率，并有效地管理整个系统的所有图形设计文件，经过不断地探索和完善，AutoCAD 推出了大量的集成化绘图工具，如设计中心和工具选项板。利用这些集成化绘图工具，用户可以建立自己的个性化图库，也可以利用其他用户提供的资源快速、准确地进行图形设计。

本章主要介绍图块、设计中心、工具选项板等相关知识。

内容要点

- 图块
- 图块属性
- 设计中心
- 工具选项板
- 综合演练——绘制变电工程图
- 模拟认证考试

案例效果

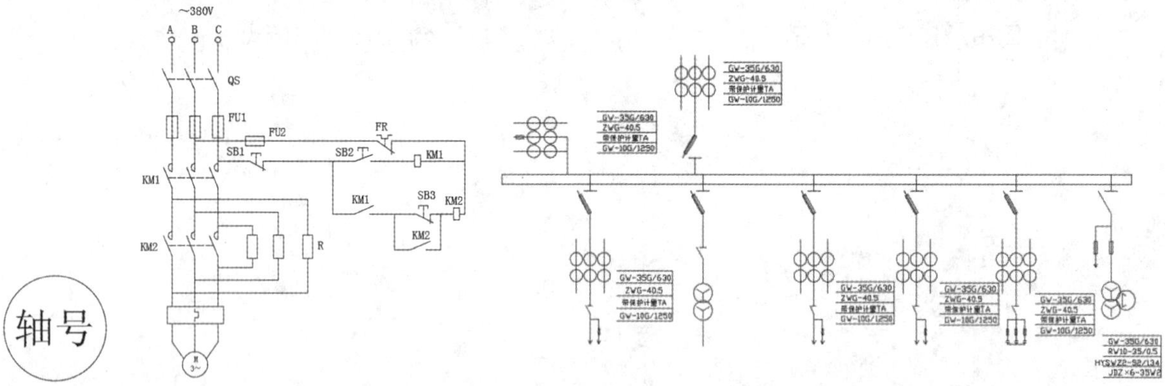

11.1　图　　块

图块简称块，是由一组图形对象组成的集合。一组对象一旦被定义为图块，它们将成为一个整体，选中图块中任意一个图形对象即可选中构成图块的所有对象。AutoCAD 把一个图块作为一个对象进行编辑、修改等操作，用户可根据绘图需要把图块插入图中指定的位置，在插入时还可以指定不同的缩放比例和旋转角度。如果需要对组成图块的单个图形对象进行修改，可以利用“分解”

命令把图块炸开，分解成若干个对象。图块还可以重新定义，一旦被重新定义，整个图中基于该块的对象都将随之改变。

11.1.1　定义图块

用户可以将不同的图形对象组成一个整体，即形成图块，以方便在后续作图时插入同样的图形。不过这个块只相对于当前图纸，其他图纸不能插入此块。

【执行方式】

- 命令行：BLOCK（快捷命令：B）。
- 菜单栏：选择菜单栏中的“绘图”→“块”→“创建”命令。
- 工具栏：单击“绘图”工具栏中的“创建块”按钮。
- 功能区：在“默认”选项卡中单击“块”面板中的“创建”按钮或在“插入”选项卡中单击“块定义”面板中的“创建块”按钮。

动手学——创建轴号图块

源文件：源文件\第 11 章\创建轴号图块.dwg

本实例运用二维绘图及“多行文字”命令绘制轴号，然后利用“块”→“创建”命令将其创建为图块，如图 11-1 所示。

图 11-1　轴号图块

扫一扫，看视频

操作步骤

1. 绘制轴号

（1）在“默认”选项卡中单击“绘图”面板中的“圆”按钮，绘制一个直径为 900 的圆。

（2）在“默认”选项卡中单击“注释”面板中的“多行文字”按钮 A，在圆内输入“轴号”字样，字高为 250，结果如图 11-2 所示。

2. 创建并保存图块

在“默认”选项卡中单击“块”面板中的“创建”按钮，打开“块定义”对话框，如图 11-3 所示。单击“拾取点”按钮，拾取轴号的圆心为基点；单击“选择对象”按钮，拾取图 11-2 为对象；在“名称”文本框中输入图块名称“轴号”，单击“确定”按钮，保存图块。

图 11-2　绘制轴号

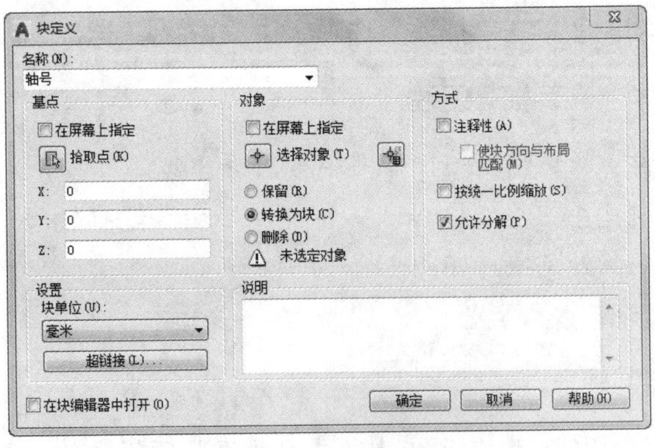

图 11-3　“块定义”对话框

【选项说明】

（1）“基点”选项组：确定图块的基点，默认值是（0,0,0），也可以在下面的 X、Y、Z 文本框中输入块的基点坐标值。单击“拾取点”按钮，系统临时切换到绘图区，在绘图区中选择一点后，返回“块定义”对话框中，把选择的点作为图块的放置基点。

（2）“对象”选项组：用于选择制作图块的对象，以及设置图块对象的相关属性。例如，把图 11-4（a）中的正五边形定义为图块，如图 11-4（b）所示为选中“删除”单选按钮的结果，如图 11-4（c）所示为选中“保留”单选按钮的结果。

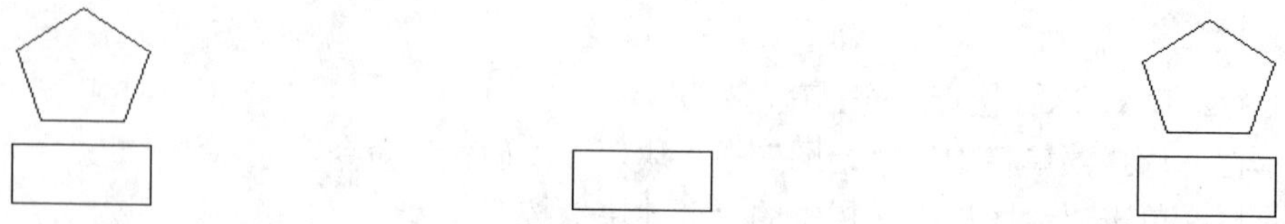

（a）将正五边形定义为图块　（b）选中“删除”单选按钮的结果　（c）选中“保留”单选按钮的结果

图 11-4　设置图块对象

（3）“设置”选项组：指定从 AutoCAD 设计中心拖动图块时用于测量图块的单位，以及缩放、分解和超链接等设置。

（4）“在块编辑器中打开”复选框：选中该复选框，可以在块编辑器中定义动态块，后面将详细介绍。

（5）“方式”选项组：指定块的行为。其中，“注释性”复选框指定在图纸空间中块参照的方向与布局方向匹配；“按统一比例缩放”复选框指定是否阻止块参照不按统一比例缩放；“允许分解”复选框指定块参照是否可以被分解。

11.1.2　图块的存盘

利用 BLOCK 命令定义的图块保存在其所属的图形当中，该图块只能在该图形中插入，而不能插入到其他的图形中。但是有些图块在许多图形中要经常用到，这时可以用 WBLOCK 命令把图块以图形文件的形式（后缀为.dwg）写入磁盘。图形文件可以在任意图形中用 INSERT 命令插入。

【执行方式】

- 命令行：WBLOCK（快捷命令：W）。
- 功能区：在“插入”选项卡中单击“块定义”面板中的“写块”按钮。

扫一扫，看视频

动手学——写轴号图块

源文件：源文件\第 11 章\写轴号图块.dwg

本实例运用二维绘图及“多行文字”命令绘制轴号，然后利用“写块”命令将其定义为图块，如图 11-5 所示。

图 11-5　轴号图块

操作步骤

1. 绘制轴号

（1）在“默认”选项卡中单击“绘图”面板中的“圆”按钮，绘制一个直径为 900 的圆。

（2）在“默认”选项卡中单击“注释”面板中的“多行文字”按钮 A，在圆内输入“轴号”字样，字高为 250，结果如图 11-6 所示。

2．保存图块

在“插入”选项卡中单击“块定义”面板中的“写块”按钮，打开“写块”对话框，如图 11-7 所示。单击“拾取点”按钮，拾取轴号的圆心为基点；单击“选择对象”按钮，拾取图 11-6 为对象；指定文件名和路径，单击“确定”按钮，保存图块。

图 11-6　绘制轴号

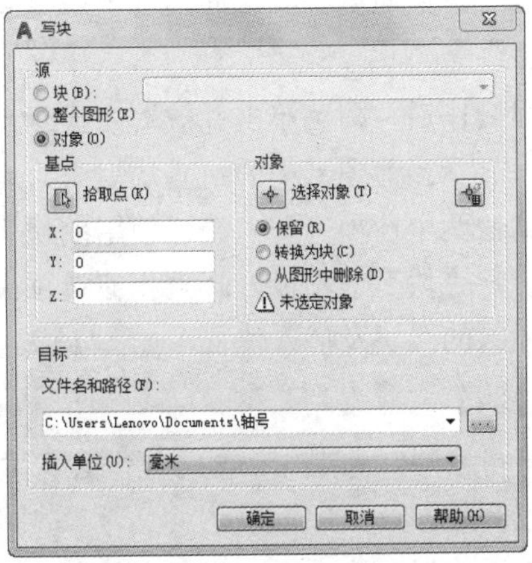

图 11-7　“写块”对话框

【选项说明】

（1）“源”选项组：确定要保存为图形文件的图块或图形对象。选中“块”单选按钮，打开右侧的下拉列表框，从中选择一个图块，将其保存为图形文件；选中“整个图形”单选按钮，则把当前的整个图形保存为图形文件；选中“对象”单选按钮，则把不属于图块的图形对象保存为图形文件。对象的选择通过“对象”选项组来完成。

（2）“基点”选项组：用于指定块的基点。

（3）“目标”选项组：用于指定图形文件的名称、保存路径和插入单位。

教你一招：

创建图块与写块的区别如下。

创建图块是内部图块，在一个文件内定义的图块，可以在该文件内部自由使用。内部图块一旦被定义，它就和文件同时被存储和打开。写块是外部图块，将“块”以主文件的形式写入磁盘，其他图形文件也可以使用它。

11.1.3　图块的插入

在使用 AutoCAD 绘图过程中，可根据需要随时把已经定义好的图块或图形文件插入当前图形的任意位置，在插入的同时还可以改变图块的大小、旋转一定角度或把图块炸开等。插入图块的方法有多种，本小节将逐一进行介绍。

【执行方式】

- 命令行：INSERT（快捷命令：I）。
- 菜单栏：选择菜单栏中的“插入”→“块选项板”命令。
- 工具栏：单击“插入”工具栏中的“插入块”按钮或“绘图”工具栏中的“插入块”按钮。
- 功能区：在“默认”选项卡中单击“块”面板中的“插入”按钮或在“插入”选项卡中单击“块”面板中的“插入”按钮。

【操作步骤】

执行上述操作后，即可单击并放置所显示功能区库中的块。该库显示当前图形中的所有块定义。单击并放置这些块。其他两个选项（即“最近使用的块”和“其他图形”）会将“块”选项板打开到相应选项卡，从中可以指定要插入的图块及插入位置，如图 11-8 所示。

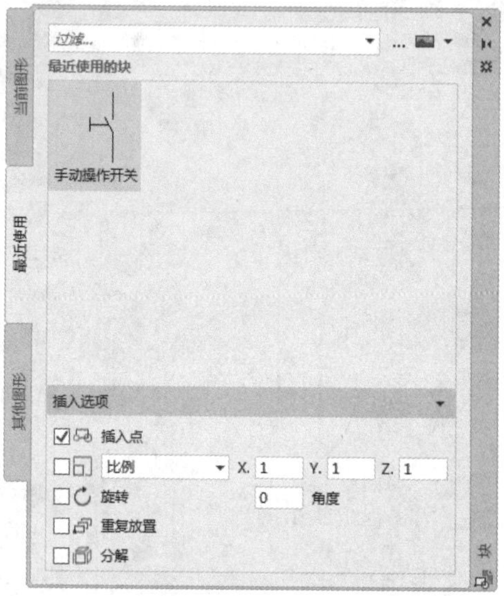

图 11-8 插入选项板

【选项说明】

（1）“当前图形”选项卡：显示当前图形中可用块定义的预览或列表。

（2）“最近使用”选项卡：显示当前和上一个任务中最近插入或创建的块定义的预览或列表。这些块可能来自各种图形。

提示：

可以删除“最近使用”选项卡中显示的块（方法是在其上右击，并选择“从最近列表中删除”选项）。若要删除“最近使用”选项卡中显示的所有块，请将 BLOCKMRULIST 系统变量设置为 0。

（3）“其他图形”选项卡：显示单个指定图形中块定义的预览或列表。将图形文件作为块插入当前图形中。单击选项板顶部的“...”按钮，以浏览到其他图形文件。

提示：

可以创建存储所有相关块定义的“块库图形”。如果使用此方法，则在插入块库图形时选择选项板中的“分解”选项，可防止图形本身在预览区域中显示或列出。

（4）“插入选项”下拉列表。

① “插入点”复选框：指定插入点，插入图块时该点与图块的基点重合。可以在右侧的文本框中输入坐标值，勾选复选框可以在绘图区指定该点。

② “比例”复选框：指定插入块的缩放比例。可以以任意比例放大或缩小。如图 11-9（a）所示是被插入的图块；X 轴方向和 Y 轴方向的比例系数也可以取不同值，如图 11-9（d）所示，插入的图块 X 轴方向的比例系数为 1，Y 轴方向的比例系数为 1.5。另外，比例系数还可以是一个负数，当为负数时表示插入图块的镜像，其效果如图 11-10 所示。单击比例下拉列表，选择统一比例，如图 11-11 所示，可以按照同等比例缩放图块，图 11-9（b）所示为按比例系数 1.5 插入该图块的结果；图 11-9（c）所示为按比例系数 0.5 插入该图块的结果。如果选中该复选框，将在绘图区调整比例。

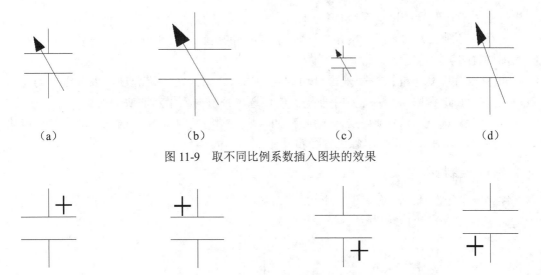

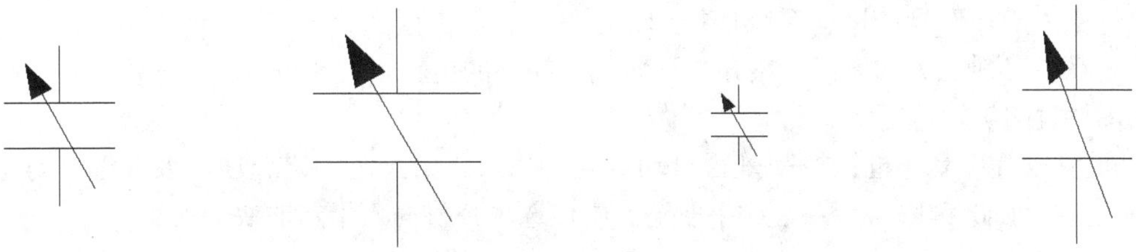

（a）　　（b）　　（c）　　（d）

图 11-9　取不同比例系数插入图块的效果

（a）X 比例=1，Y 比例=1　（b）X 比例= -1，Y 比例=1　（c）X 比例=1，Y 比例=-1　（d）X 比例=-1，Y 比例=-1

图 11-10　取比例系数为负值插入图块的效果

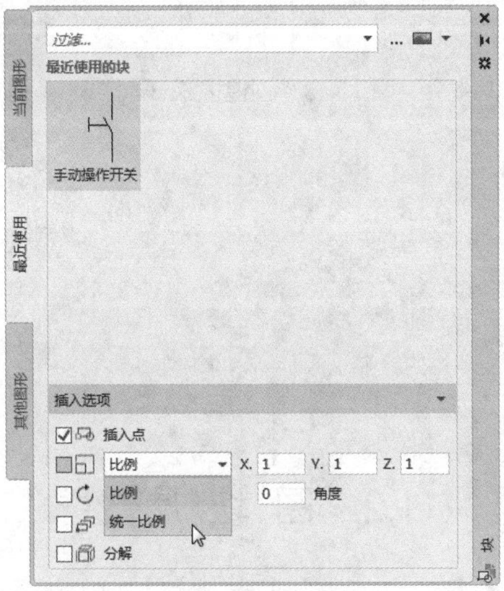

图 11-11　选择“统一比例”

③“旋转”复选框：指定插入图块时的旋转角度。图块被插入当前图形中时，可以绕其基点旋转一定的角度，角度可以是正数（表示沿逆时针方向旋转），也可以是负数（表示沿顺时针方向旋转）。如图 11-12（a）所示为直接插入图块效果，图 11-12（b）所示为图块旋转 45° 后插入的效果，图 11-12（c）所示为图块旋转-45° 后插入的效果。

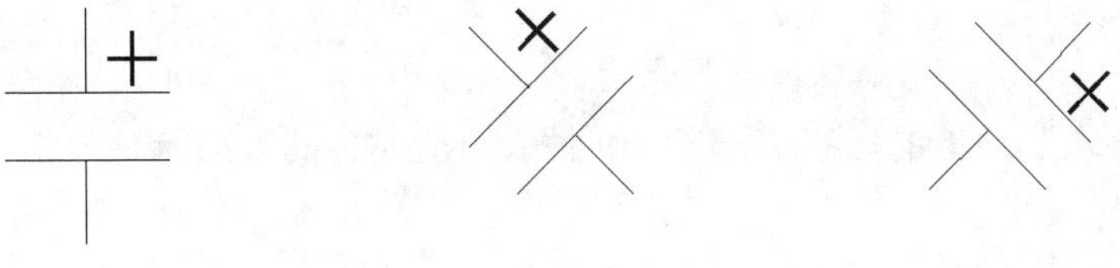

（a）　　（b）　　（c）

图 11-12　以不同旋转角度插入图块的效果

如果选中“旋转”复选框，系统切换到绘图区，在绘图区选择一点，AutoCAD 自动测量插入点与该点连线和 X 轴正方向之间的夹角，并将其作为块的旋转角。也可以在“角度”文本框中直接输入插入图块时的旋转角度。

④ “重复放置”复选框：控制是否自动重复块插入。如果选中该选项，系统将自动提示其他插入点，直到按 Esc 键取消命令。如果取消选中该选项，将插入指定的块一次。

⑤ “分解”复选框：选中此复选框，则在插入块的同时将其炸开，插入图形中的组成块对象不再是一个整体，可对每个对象单独进行编辑操作。

动手练——绘制多极开关

源文件：源文件\第 11 章\多极开关.dwg

绘制如图 11-13 所示的多极开关。

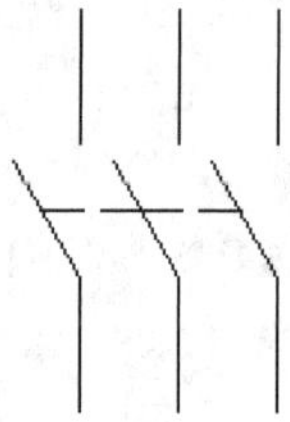

图 11-13　创建多极开关

思路点拨：

（1）利用“直线”命令绘制多极开关。

（2）利用“写块”命令创建多极开关图块。

（3）利用“插入”→“块”命令插入多极图块。.

（4）利用编辑命令完成多极开关的绘制。

11.2　图块属性

图块除了包含图形对象以外，还可以具有非图形信息。例如把一个椅子的图形定义为图块后，还可把椅子的号码、材料、重量、价格以及说明等文本信息一并加入图块当中。这些非图形信息叫作图块的属性，它是图块的一个组成部分，与图形对象一起构成一个整体。在插入图块时，AutoCAD 把图形对象连同属性一起插入图形中。

11.2.1　定义图块属性

属性是将数据附着到块上的标签或标记。属性中可能包含的数据包括零件编号、价格、注释和物主的名称等。

【执行方式】

➘ 命令行：ATTDEF（快捷命令：ATT）。

- 菜单栏：选择菜单栏中的“绘图”→“块”→“定义属性”命令。
- 功能区：在“默认”选项卡中单击“块”面板中的“定义属性”按钮或在“插入”选项卡中单击“块定义”面板中的“定义属性”按钮。

扫一扫，看视频

动手学——定义 MC1413 芯片属性

源文件：源文件\第 11 章\定义 MC1413 芯片属性.dwg

本实例定义 MC1413 芯片属性，如图 11-14 所示。

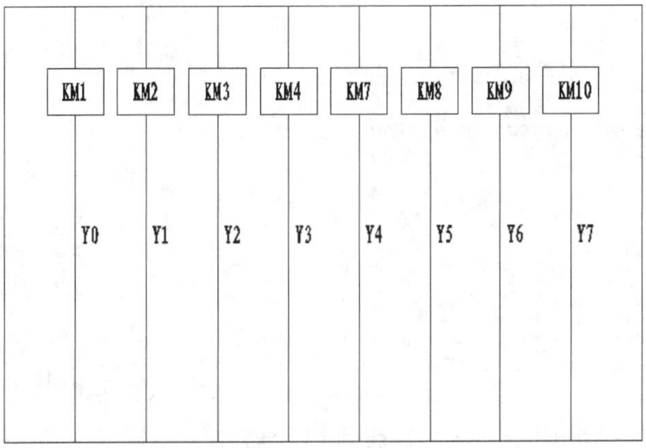

图 11-14　MC1413 芯片

操作步骤

（1）在“默认”选项卡中单击“注释”面板中的“文字样式”按钮，打开“文字样式”对话框，新建“说明文字”文字样式，设置字体为“仿宋_GB2312”，“宽度因子”为 0.7，并将设置好的文字样式置为当前。

（2）在“默认”选项卡中单击“绘图”面板中的“矩形”按钮，在空白处单击，绘制一个尺寸为 90×60 的矩形。

（3）在“默认”选项卡中单击“修改”面板中的“分解”按钮，将矩形分解为 4 条边线。

（4）在“默认”选项卡中单击“修改”面板中的“偏移”按钮，将左侧边线依次向右偏移 10，结果如图 11-15 所示。

图 11-15　偏移直线

（5）在“默认”选项卡中单击“绘图”面板中的“矩形”按钮，在空白处单击，绘制一个尺寸为 8×6.4 的矩形。

（6）选择菜单栏中的“绘图”→“块”→“定义属性”命令，打开“属性定义”对话框，按图 11-16 所示进行相应的设置，单击“确定”按钮，将属性标记插入图形中，结果如图 11-17 所示。

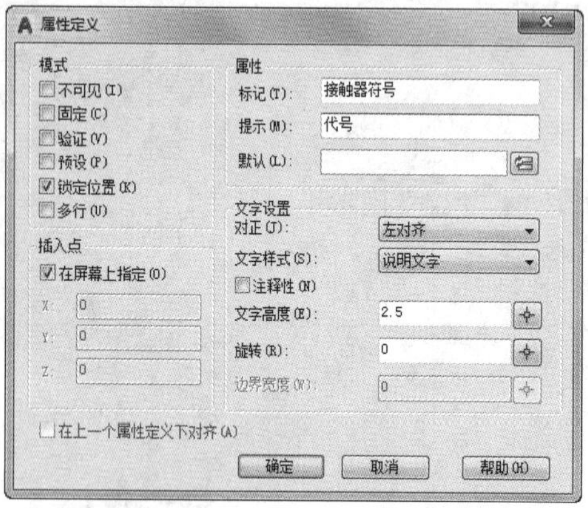

图 11-16　“属性定义”对话框

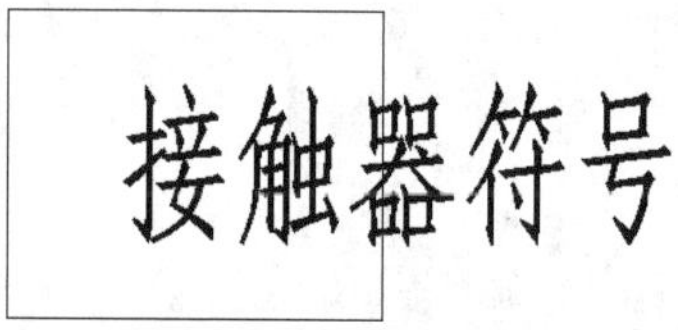

图 11-17　插入图形

（7）在“默认”选项卡中单击“块”面板中的“创建”按钮，打开“块定义”对话框，拾取图 11-17 中矩形下边线中点为基点，以图 11-17 所示图形为对象，在“名称”文本框中输入图块名称“接触器符号”，如图 11-18 所示。单击“确定”按钮，弹出“编辑属性”对话框，在“代号”文本框中输入“KM1”，如图 11-19 所示。以同样的方法继续编辑，结果如图 11-14 所示。

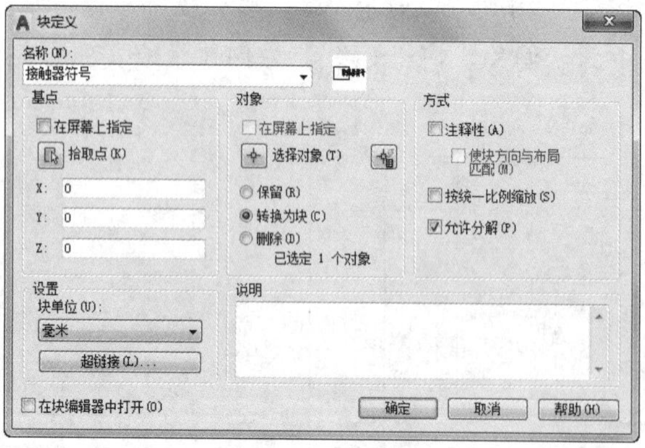

图 11-18　“块定义”对话框

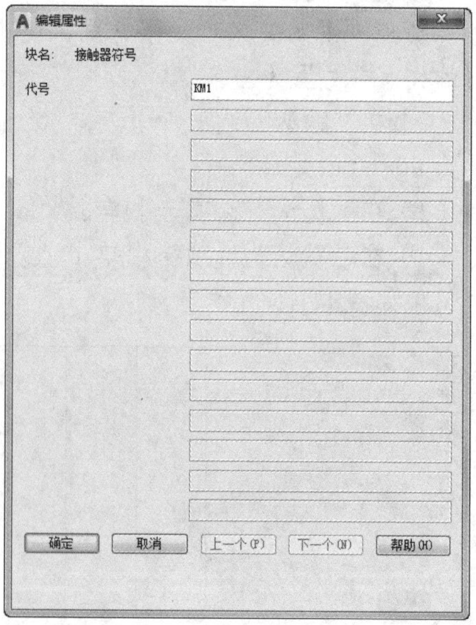

图 11-19　“编辑属性”对话框

【选项说明】

（1）“模式”选项组：用于确定属性的模式。

① “不可见”复选框：选中该复选框，属性为不可见显示方式，即插入图块并输入属性值

后，属性值在图中并不显示出来。

②“固定”复选框：选中该复选框，属性值为常量，即属性值在属性定义时给定，在插入图块时系统不再提示输入属性值。

③“验证”复选框：选中该复选框，当插入图块时，系统重新显示属性值提示用户验证该值是否正确。

④“预设”复选框：选中该复选框，当插入图块时，系统自动把事先设置好的默认值赋予属性，而不再提示输入属性值。

⑤“锁定位置”复选框：锁定块参照中属性的位置。解锁后，属性可以相对于使用夹点编辑块的其他部分移动，并且可以调整多行文字属性的大小。

⑥“多行”复选框：选中该复选框，可以指定属性值包含多行文字，可以指定属性的边界宽度。

（2）“属性”选项组：用于设置属性值。在每个文本框中，AutoCAD 允许输入不超过 256 个字符。

①“标记”文本框：输入属性标签。属性标签可由除空格和感叹号以外的所有字符组成，系统自动把小写字母改为大写字母。

②“提示”文本框：输入属性提示。属性提示是插入图块时系统要求输入属性值的提示，如果不在此文本框中输入文字，则以属性标签作为提示。如果在“模式”选项组中选中“固定”复选框，即设置属性为常量，则不需设置属性提示。

③“默认”文本框：设置默认的属性值。可把使用次数较多的属性值作为默认值，也可不设置默认值。

（3）“插入点”选项组：用于确定属性文本的位置。可以在插入时由用户在图形中确定属性文本的位置，也可在 X、Y、Z 文本框中直接输入属性文本的位置坐标。

（4）“文字设置”选项组：用于设置属性文本的对齐方式、文字样式、文字高度和旋转角度。

（5）“在上一个属性定义下对齐”复选框：选中该复选框，表示把属性标签直接放在前一个属性的下面，而且该属性继承前一个属性的文字样式、文字高度和旋转角度等特性。

11.2.2　修改属性的定义

在定义图块之前，可以对属性的定义加以修改。不仅可以修改属性标签，还可以修改属性提示和属性默认值。

【执行方式】

- 命令行：TEXTEDIT。
- 菜单栏：选择菜单栏中的“修改”→“对象”→“文字”→“编辑”命令。

【操作步骤】

```
命令：TEXTEDIT↙
当前设置：编辑模式 = Multiple
选择注释对象或 [放弃(U)/模式(M)]:
```

【选项说明】

选择定义的图块，打开“编辑属性定义”对话框，如图 11-20 所示。其中包括“标记”“提示”

及“默认”3 个文本框，可根据需要进行修改。

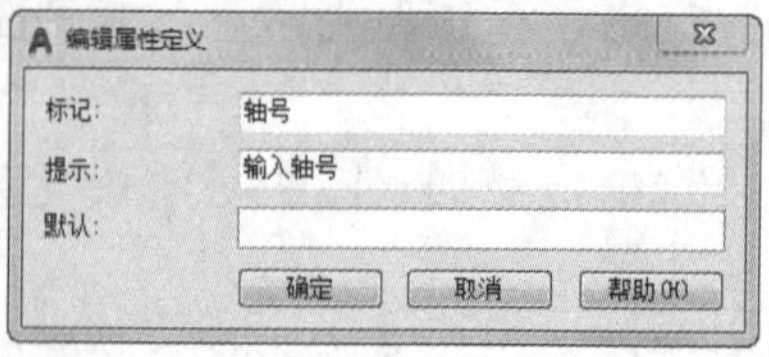

图 11-20 “编辑属性定义”对话框

11.2.3 图块属性编辑

当属性被定义到图块中，甚至图块被插入图形中后，用户还可以对图块属性进行编辑。利用 ATTEDIT 命令不仅可以对指定图块的属性值进行修改，还可以对属性的位置、文本等其他设置进行编辑。

【执行方式】

- 命令行：ATTEDIT（快捷命令：ATE）。
- 菜单栏：选择菜单栏中的“修改”→“对象”→“属性”→“单个”命令。
- 工具栏：单击“修改Ⅱ”工具栏中的“编辑属性”按钮。
- 功能区：在“默认”选项卡中单击“块”面板中的“编辑属性”按钮。

扫一扫，看视频

动手学——绘制 MC1413 芯片

调用素材：源文件\第 11 章\定义 MC1413 芯片属性.dwg

源文件：源文件\第 11 章\完成 MC1413 芯片绘制.dwg

本实例绘制如图 11-21 所示的 MC1413 芯片。

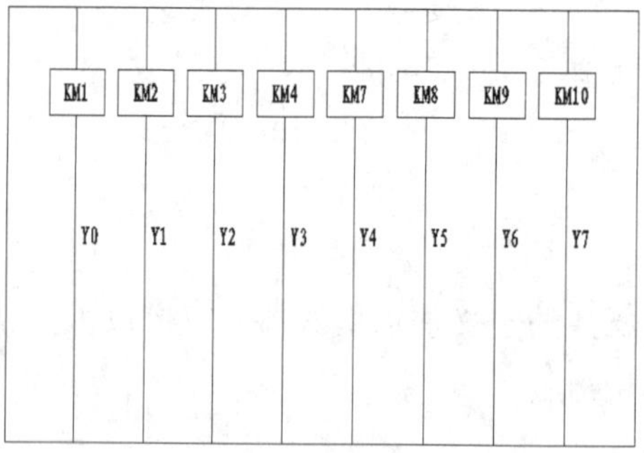

图 11-21 MC1413 芯片

操作步骤

（1）打开下载的资源包中的源文件\第 11 章\定义 MC1413 芯片属性.dwg 文件。

（2）在“默认”选项卡中单击“块”面板中的“插入”下拉菜单，打开“块”选项板，单击“浏览”按钮，找到刚才保存的图块，如图 11-22 所示。将该图块插入到图 11-23 所示的图形中，命令行提示与操作如下:

```
命令: _insert
指定插入点或 [基点(B)/比例(S)/旋转(R)]:（指定如图 11-23 所示的点）
```

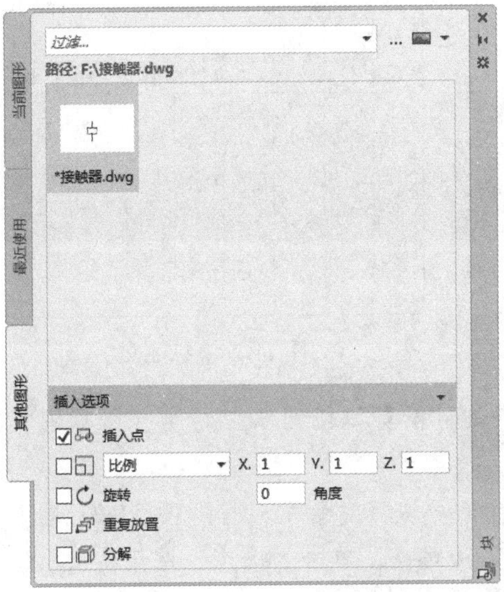

图 11-22 “插入”选项板

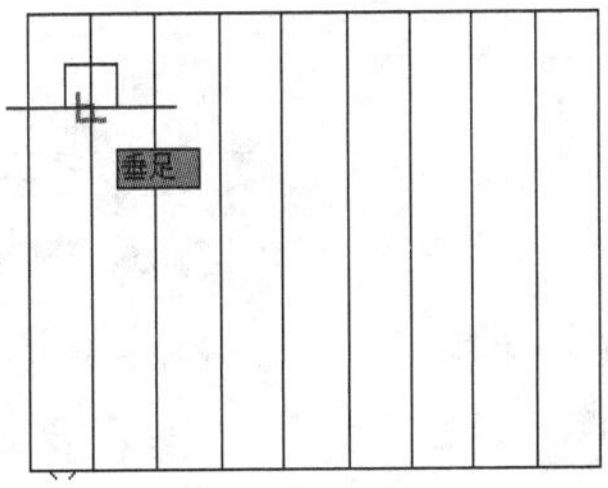

图 11-23 插入接触器代号

（3）这时打开“编辑属性”对话框，在“代号”文本框中输入 KM1，如图 11-24 所示。

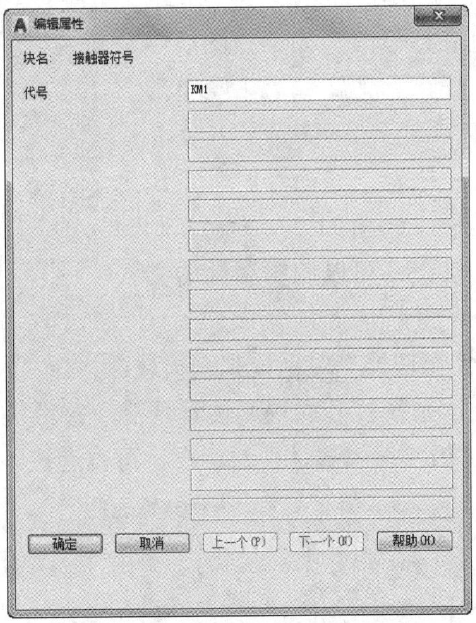

图 11-24 “编辑属性”对话框

（4）继续插入接触器代号，输入代号 KM1、KM2、KM3、KM4、KM7、KM8、KM9、M10，直到完成所有接触器符号的插入，结果如图 11-25 所示。

（5）在“默认”选项卡中单击“注释”面板中的“多行文字”按钮 A 和“修改”面板中的“复制”按钮，在接触器右下方标注文字，设置文字高度为 2.5；依次将绘制结果复制到对应位置，并双击文字，利用弹出的“文字编辑器”选项卡修改文字内容，依次输入 Y0～Y7，结果如图 11-26 所示。

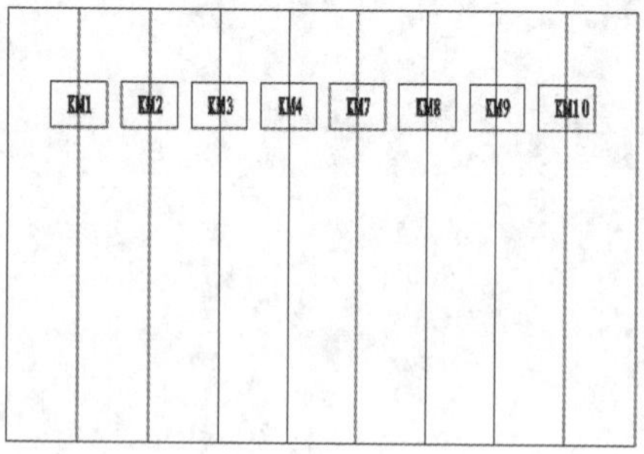

图 11-25　插入结果

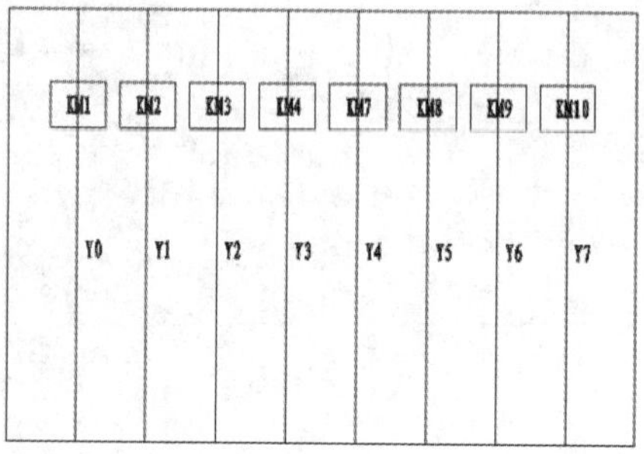

图 11-26　标注文字

（6）在“默认”选项卡中单击“修改”面板中的“修剪”按钮，修剪接触器内多余线段，完成芯片的绘制，最终结果如图 11-21 所示。

（7）在命令行中输入“WBLOCK”命令，打开“写块”对话框，拾取图 11-21 最下方边线中点为基点，以图 11-21 为对象，指定文件名 MC1413 和路径。单击“确定”按钮，退出该对话框，完成块的创建。

【选项说明】

如图 11-24 所示的对话框中显示出所选图块中包含的属性值，用户可对这些属性值进行修改。如果该图块中还有其他的属性，可单击“上一个”按钮和“下一个”按钮对它们进行观察和修改。

当用户通过菜单栏或工具栏执行上述命令时，系统打开“增强属性编辑器”对话框，如图 11-27 所示。利用该对话框不仅可以编辑属性值，还可以编辑属性的文字选项和图层、线型、颜色等特性。

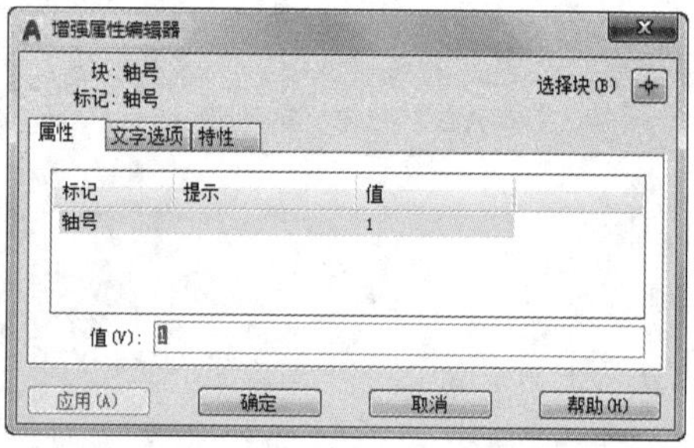

图 11-27　“增强属性编辑器”对话框

另外，还可以通过“块属性管理器”对话框来编辑属性。在“默认”选项卡中单击“块”面板中的“块属性管理器”按钮，系统打开“块属性管理器”对话框，如图 11-28 所示。单击“编辑”按钮，打开如图 11-29 所示的“编辑属性”对话框，可以通过该对话框编辑属性。

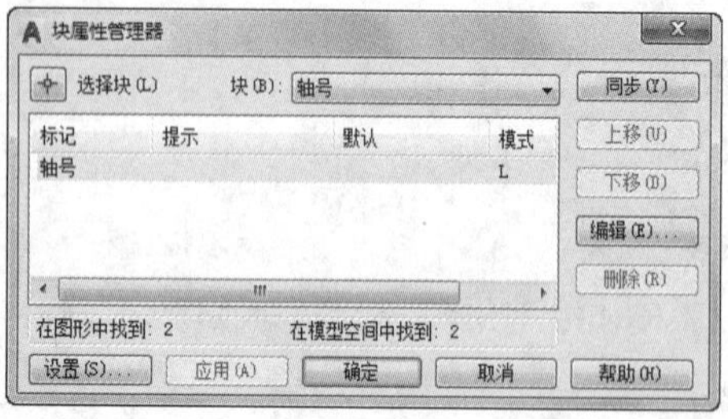

图 11-28　“块属性管理器”对话框

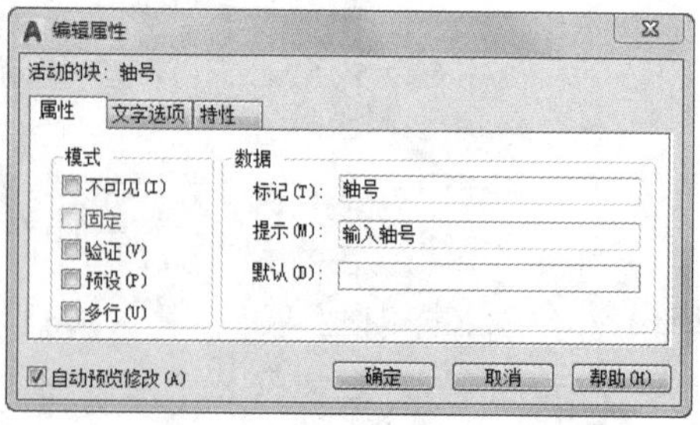

图 11-29　“编辑属性”对话框

动手练——绘制手动串联电阻启动控制电路图

源文件：源文件\第 11 章\手动串联电阻启动控制电路图.dwg

绘制如图 11-30 所示的手动串联电阻启动控制电路图。

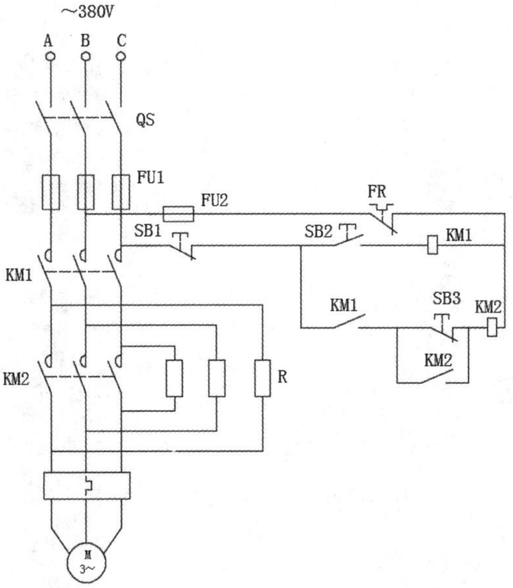

图 11-30 手动串联电阻启动控制电路图

思路点拨：

（1）利用绘图命令和编辑命令绘制电气符号并保存为图块。

（2）利用“插入”→“块”命令插入电气符号并更改图块属性。

（3）利用“多行文字”命令标注文字。

11.3 设 计 中 心

使用 AutoCAD 设计中心可以很容易地组织设计内容，并把它们拖动到自己的图形中。

【执行方式】

- 命令行：ADCENTER（快捷命令：ADC）。
- 菜单栏：选择菜单栏中的“工具”→“选项板”→“设计中心”命令。
- 工具栏：单击标准工具栏中的“设计中心”按钮。
- 功能区：在“视图”选项卡中单击“选项板”面板中的“设计中心”按钮。
- 快捷键：Ctrl+2。

【操作步骤】

执行上述操作后，系统打开“设计中心”选项板，如图 11-31 所示。

在该选项板中，左侧是以树形结构显示的资源管理器，包括“文件夹”“打开的图形”“历史记录”3 个选项卡（第一次启动设计中心时，默认打开的选项卡为“文件夹”选项卡）；右侧为内容显示区，在资源管理器中浏览资源的同时，在内容显示区将显示所浏览资源的有关细目或内容。内容显示区由 3 部分构成：上部为文件列表框，采用大图标显示；中间为图形预览窗格；下部为说明文本窗格。

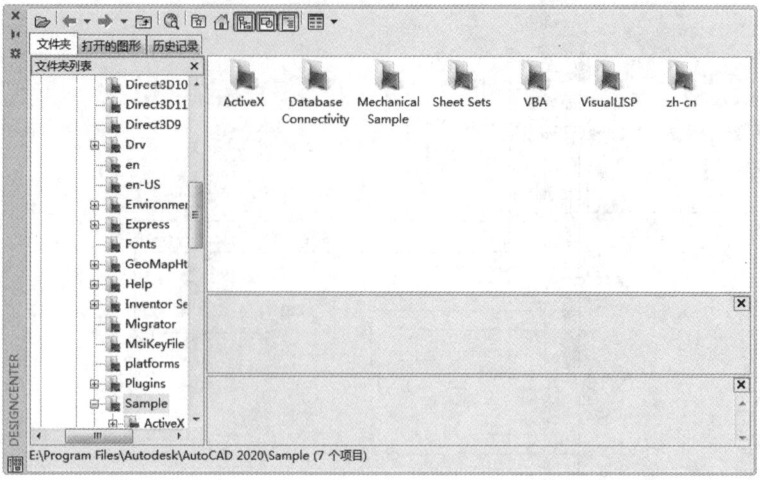

图 11-31　“设计中心”选项板

【选项说明】

可以利用鼠标拖动边框的方法来改变 DESIGNCENTER（设计中心）选项板中的资源管理器和内容显示区以及 AutoCAD 绘图区的大小，但内容显示区的最小尺寸应能显示两列大图标。

如果要改变 AutoCAD 设计中心的位置，可以按住鼠标左键拖动，松开鼠标左键后，AutoCAD 设计中心便处于当前位置。移到新位置后，仍可用鼠标改变资源管理器和内容显示区的大小。此外，还可以单击设计中心边框左上方的“特性”按钮，在弹出的快捷菜单中选择“自动隐藏”命令来自动隐藏设计中心。

☞教你一招：

利用设计中心插入图块。

在利用 AutoCAD 绘制图形时，可以将图块插入图形中。将一个图块插入图形中时，块定义就被复制到图形数据库中。插入之后，如果原来的图块被修改，则插入图形中的图块也随之改变。

当其他命令正在执行时，不能将图块插入图形中。例如，如果在插入块时，在命令行正在执行某命令，此时光标将变成一个带斜线的圆，提示操作无效。另外，一次只能插入一个图块。

AutoCAD 设计中心提供了两种插入图块的方法：“利用鼠标指定比例和旋转角度方式”与“精确指定坐标、比例和旋转角度方式”。

（1）利用鼠标指定比例和旋转角度方式插入图块

系统根据鼠标拉出的线段长度、角度确定比例与旋转角度。插入图块的步骤如下：

① 从文件夹列表或查找结果列表中选择要插入的图块，按住鼠标左键，将其拖动到打开的图形中。松开鼠标左键，此时所选图块就被插入当前打开的图形中。利用当前设置的捕捉方式，可以将图块插入当前存在的任何图形中。

② 在绘图区单击指定一点作为插入点，移动鼠标，光标位置点与插入点之间距离为缩放比例，单击确定比例。采用同样的方法移动鼠标，光标指定位置和插入点的连线与水平线的夹角为旋转角度。这样，所选图块就根据光标指定的比例和角度插入图形当中。

（2）精确指定坐标、比例和旋转角度方式插入图块

利用该方法可以设置插入图块的参数。插入图块的步骤如下：

从文件夹列表或查找结果列表框中选择要插入的对象，右击，在打开的快捷菜单中选择“插入为块”，打开

“插入”对话框，可以在对话框中设置比例、旋转角度等，如图 11-32 所示，被选择的对象根据指定的参数插入图形当中。

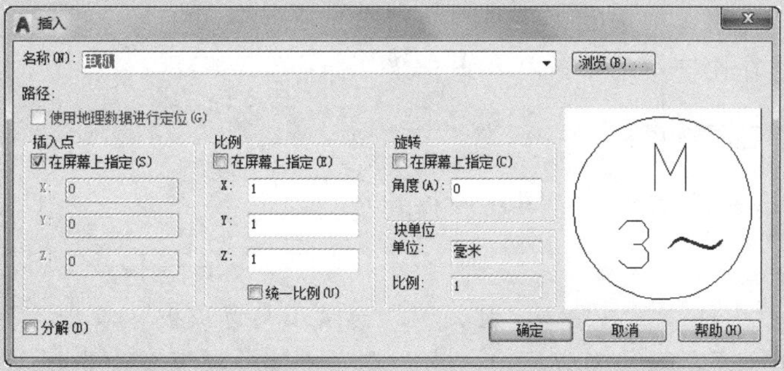

图 11-32　“插入”对话框

11.4　工具选项板

工具选项板提供了组织、共享和放置图块及填充图案的有效方法。此外，工具选项板还可以包含由第三方开发人员提供的自定义工具。

11.4.1　打开工具选项板

可在工具选项板中整理图块、图案填充和自定义工具。

【执行方式】

- 命令行：TOOLPALETTES（快捷命令：TP）。
- 菜单栏：选择菜单栏中的“工具”→“选项板”→“工具选项板”命令。
- 工具栏：单击标准工具栏中的“工具选项板窗口”按钮。
- 功能区：在“视图”选项卡中单击“选项板”面板中的“工具选项板”按钮。
- 快捷键：Ctrl+3。

【操作步骤】

执行上述操作后，系统打开工具选项板，如图 11-33 所示。

在工具选项板中，系统预置了一些常用绘图选项卡，极大地方便了用户绘图。

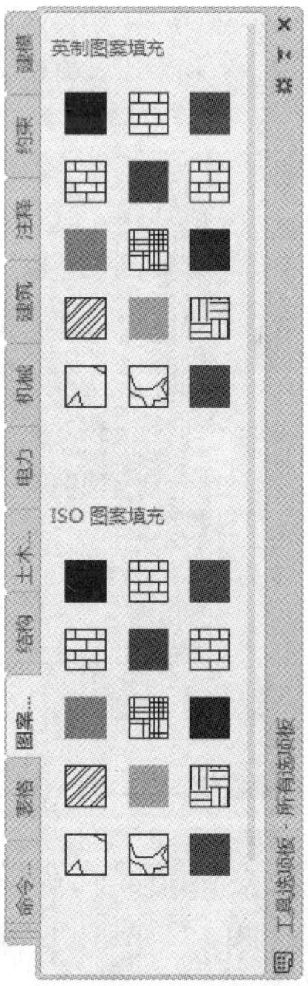

图 11-33　工具选项板

11.4.2　新建工具选项板

用户可以创建新的工具选项板，这样有利于个性化作图，也能够满足特殊作图需要。

【执行方式】

- 命令行：CUSTOMIZE。
- 菜单栏：选择菜单栏中的“工具”→“自定义”→“工具选项板”命令。
- 快捷菜单：在快捷菜单中选择“自定义”命令。

扫一扫，看视频

动手学——新建工具选项板

源文件：源文件\第 11 章\新建工具选项板.dwg

操作步骤

（1）选择菜单栏中的“工具”→“自定义”→“工具选项板”命令，打开“自定义”对话框，如图 11-34 所示。在“选项板”列表框中右击，在弹出的快捷菜单中选择“新建选项板”命令。

（2）在“选项板”列表框中出现一个“新建选项板”，可以为其命名。确定后，工具选项板中就增加了一个新的选项卡，如图 11-35 所示。

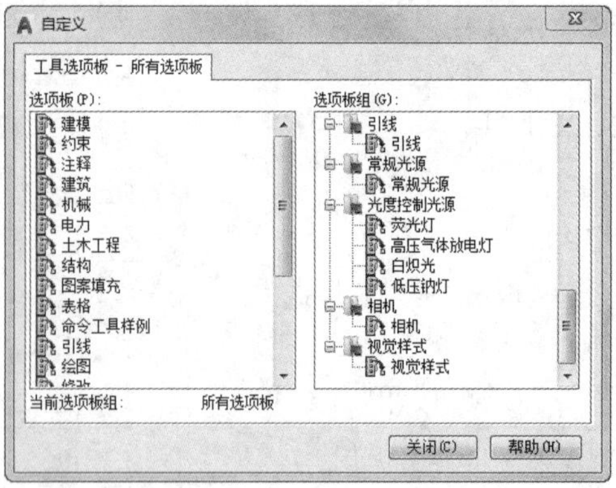

图 11-34　“自定义”对话框

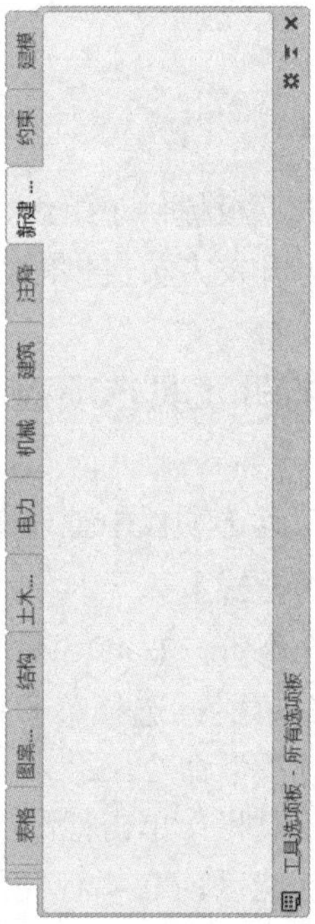

图 11-35　新建选项卡

扫一扫，看视频

动手学——从设计中心创建工具选项板

源文件：源文件\第 11 章\从设计中心创建工具选项板.dwg

将图形、图块和图案填充从设计中心拖动到工具选项板中。

操作步骤

（1）在“视图”选项卡中单击“选项板”面板中的“设计中心”按钮，打开“设计中心”选项板。

（2）在 DesignCenter 文件夹上右击，在弹出的快捷菜单中选择“创建块的工具选项板”命令，如图 11-36 所示。设计中心中存储的图元就出现在工具选项板中新建的 DesignCenter 选项卡中，如图 11-37 所示。

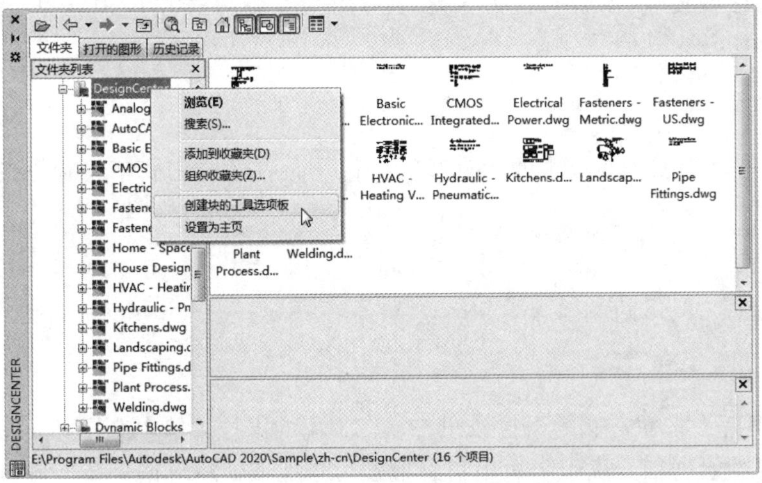

图 11-36　DESIGNCENTER（设计中心）选项板

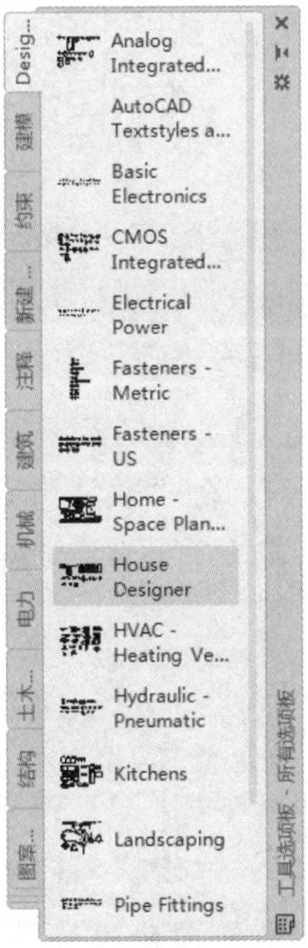

图 11-37　新建的工具选项板

这样就可以将设计中心与工具选项板结合起来，建立一个快捷、方便的工具选项板。将工具选项板中的图形拖动到另一个图形中时，图形将作为块插入。

11.5　综合演练——绘制变电工程图

扫一扫，看视频

源文件：源文件\第 11 章\变电工程图.dwg

在本实例中，将运用“矩形”“直线”“圆”“多行文字”“偏移”“剪切”等一些基础的绘图命令绘制图形，并利用“写块”命令将绘制好的图形创建为块，再将创建的图块插入电路图中，以此完成变电工程图的绘制，如图 11-38 所示。

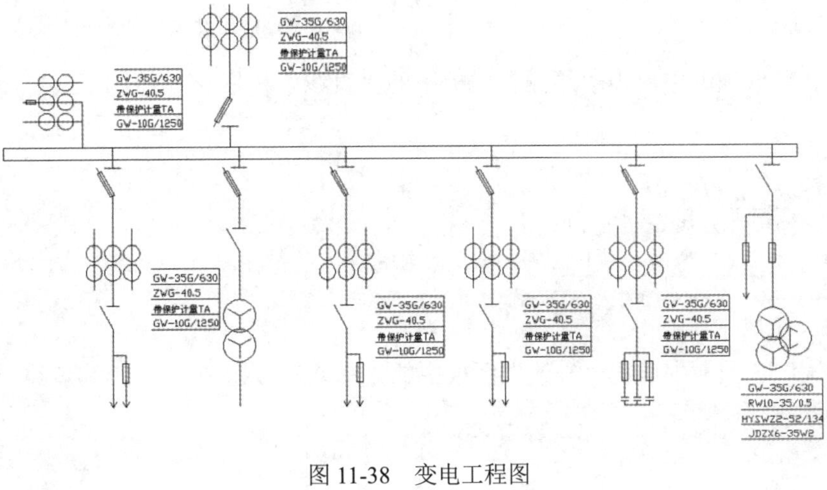

图 11-38　变电工程图

11.5.1 绘制图形符号

电路图中实际发挥作用的是电气元件，不同的元件实现不同的功能，将这些电气元件组合起来就能达到所需目的。

操作步骤

（1）绘制开关。

① 在“默认”选项卡中单击“绘图”面板中的“直线”按钮╱，在正交模式下绘制一条竖线。命令行提示与操作如下：

```
命令：_line
指定第一个点：400,400
指定下一点或 [放弃(U)]：<正交 开> 50（向下）
指定下一点或 [放弃(U)]：
```

结果如图 11-39 所示。

② 单击状态栏上的“极轴追踪”按钮右侧的下拉按钮▾，在弹出的下拉菜单中选择“正在追踪设置”命令，打开“草图设置”对话框，选中“启用极轴追踪”复选框，将“增量角”设置为 30，如图 11-40 所示。

图 11-39　画直线

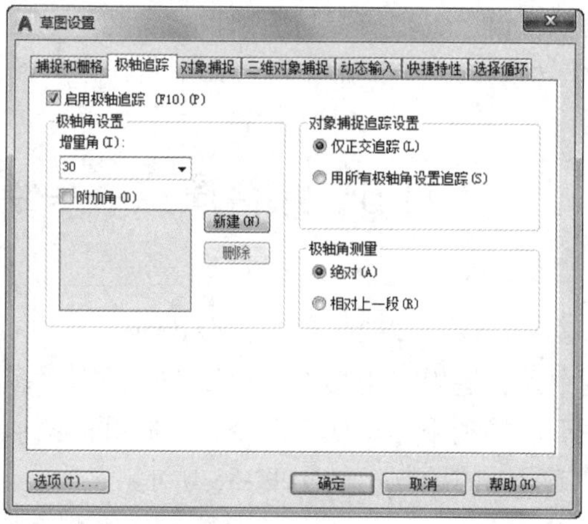

图 11-40　“草图设置”对话框

③ 在“默认”选项卡中单击“绘图”面板中的“直线”按钮╱，绘制折线。命令行提示与操作如下：

```
命令：_line
指定第一个点：400,370
指定下一点或 [放弃(U)]：<极轴 开> 20
指定下一点或 [放弃(U)]：per 到（捕捉竖线上的垂足）
指定下一点或 [闭合(C)/放弃(U)]：
```

结果如图 11-41 所示。

④ 在“默认”选项卡中单击“修改”面板中的“移动”按钮✥，将第③步绘制的直线向右移动。命令行提示与操作如下：

```
命令：_move
```

```
选择对象：找到 1 个
指定基点或 [位移(D)] <位移>: D
指定位移 <0.0000, 0.0000, 0.0000>: @5,0
```

结果如图 11-42 所示。

⑤ 在“默认”选项卡中单击“修改”面板中的“修剪”按钮，对图 11-41 进行修剪，结果如图 11-43 所示。

图 11-41　画折线

图 11-42　平移线段

图 11-43　修剪线段

⑥ 在“默认”选项卡中单击“绘图”面板中的“直线”按钮，绘制折线。命令行提示与操作如下：

```
命令: _line
指定第一个点：(选取竖直线的下端点)
指定下一点或 [放弃(U)]: <正交 开>10
指定下一点或 [放弃(U)]: <正交 开>40
指定下一点或 [放弃(U)]: ↙
```

结果如图 11-44 所示。

⑦ 在“默认”选项卡中单击“绘图”面板中的“直线”按钮，绘制斜线。命令行提示与操作如下：

```
命令: _line
指定第一个点：(选取竖直线的下端点)
指定下一点或 [放弃(U)]: <极轴 开>5
指定下一点或 [放弃(U)]: ↙
```

结果如图 11-45 所示。

⑧ 在“默认”选项卡中单击“修改”面板中的“镜像”按钮，将绘制的斜线以竖线为轴进行镜像处理，结果如图 11-46 所示。

图 11-44　绘制折线

图 11-45　绘制斜线

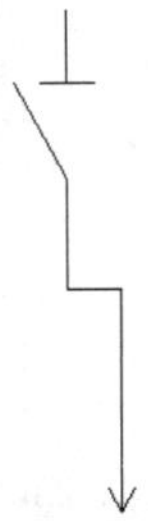

图 11-46　镜像线段

⑨ 在“默认”选项卡中单击“修改”面板中的“复制”按钮，在正交模式下将图 11-46 中“↓”图形向左方复制，结果图 11-47 所示。

⑩ 在“默认”选项卡中单击“绘图”面板中的“直线”按钮，绘制矩形，结果如图 11-48 所

示。将图形文件命名保存。

（2）绘制跌落式熔断器符号。

① 复制绘制开关时步骤⑤的图形，结果如图 11-49 所示。

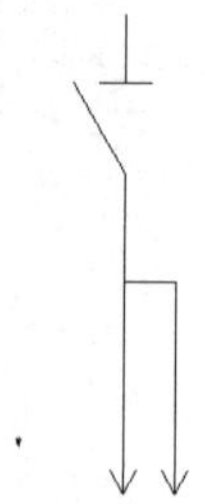

图 11-47　移动复制后的效果

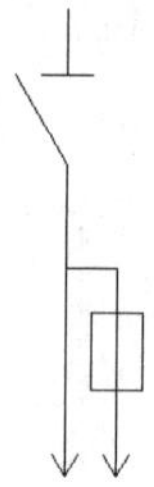

图 11-48　绘制矩形

图 11-49　复制图形

② 在“默认”选项卡中单击“修改”面板中的“偏移”按钮⊆。命令行提示与操作如下：

```
命令：_offset
当前设置：删除源=否  图层=源  OFFSETGAPTYPE=0
指定偏移距离或 [通过(T)/删除(E)/图层(L)] <通过>:（指定斜线上一点）
指定第二点:（指定适当距离的另一点）
选择要偏移的对象，或 [退出(E)/放弃(U)] <退出>:（选择斜线）
指定要偏移的那一侧上的点，或 [退出(E)/多个(M)/放弃(U)] <退出>:（指定一侧点）
选择要偏移的对象，或 [退出(E)/放弃(U)] <退出>:（选择斜线）
指定要偏移的那一侧上的点，或 [退出(E)/多个(M)/放弃(U)] <退出>:（指定另一侧点）
选择要偏移的对象，或 [退出(E)/放弃(U)] <退出>: ↙
```

结果如图 11-50 所示。

③ 在“默认”选项卡中单击“绘图”面板中的“直线”按钮╱。命令行提示与操作如下：

```
命令：_line
指定第一个点:（指定偏移斜线下端点）
指定下一点或 [放弃(U)]: （指定另一偏移斜线下端点）
指定下一点或 [放弃(U)]: ↙
```

同样方法，指定偏移斜线上一点为起点，捕捉另一偏移斜线上的垂足为终点，绘制斜线的垂线，结果如图 11-51 所示。

④ 在“默认”选项卡中单击“修改”面板中的“修剪”按钮✂，对图 11-51 进行修剪，结果如图 11-52 所示。此即为熔断器符号，将图形文件命名保存。

图 11-50　偏移斜线

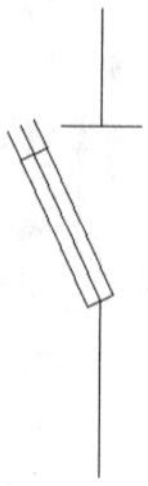

图 11-51　绘制垂线

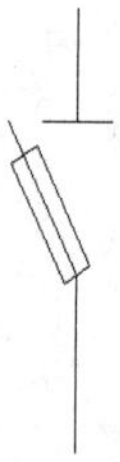

图 11-52　跌落式熔断器

（3）绘制断路器符号

① 复制绘制开关时步骤⑤的图形，结果如图 11-53 所示。

② 在“默认”选项卡中单击“修改”面板中的“旋转”按钮↻，将图 11-52 中水平线以其与

竖线交点为基点旋转 45°，结果如图 11-54 所示。

③ 在“默认”选项卡中单击“修改”面板中的“镜像”按钮，将旋转后的线以竖线为轴进行镜像处理，结果如图 11-55 所示。此即为断路器，将图形文件命名保存。

图 11-53　复制图形

图 11-54　旋转线段

图 11-55　镜像线段

（4）绘制站用变压器符号。

① 在“默认”选项卡中单击“绘图”面板中的“圆”按钮。命令行提示与操作如下：

```
命令: _circle
指定圆的圆心或 [三点(3P)/两点(2P)/切点、切点、半径(T)]: 200,200
指定圆的半径或 [直径(D)]: 10
命令: _copy
选择对象:(选择圆) <正交 开> 找到 1 个
选择对象:
指定基点或 [位移(D)] <位移>: 200,200
指定第二个点或 <使用第一个点作为位移>: 18
指定第二个点或 [退出(E)/放弃(U)] <退出>:
```

结果如图 11-56 所示。

② 在“默认”选项卡中单击“绘图”面板中的“直线”按钮。命令行提示与操作如下：

```
命令: _line
指定第一个点: 200,200
指定下一点或 [放弃(U)]: 8
指定下一点或 [放弃(U)]:
```

③ 在“默认”选项卡中单击“修改”面板中的“环形阵列”按钮。命令行提示与操作如下：

```
命令: _arraypolar
选择对象: 找到 1 个
选择对象:
类型 = 极轴  关联 = 是
指定阵列的中心点或 [基点(B)/旋转轴(A)]:
输入项目数或 [项目间角度(A)/表达式(E)] <4>: 3
指定填充角度(+=逆时针、-=顺时针)或 [表达式(EX)] <360>:
按 Enter 键接受或 [关联(AS)/基点(B)/项目(I)/项目间角度(A)/填充角度(F)/行(ROW)/层(L)/旋转项目(ROT)/退出(X)] <退出>:
```

结果如图 11-57 所示图形。

④ 在“默认”选项卡中单击“修改”面板中的“复制”按钮，在正交模式下将图 11-57 中 Y 图形向下方复制，结果如图 11-58 所示。将图形文件命名保存。

⑤ 在“默认”选项卡中单击“块”面板中的“创建”按钮，将图 11-58 所示图形创建为块。

⑥ 在命令行中输入 WBLOCK 命令，打开“写块”对话框，在“源”选项组中选中“块”单选按钮，在后面的下拉列表框中选择“站用变压器”图块，单击“确定”按钮。

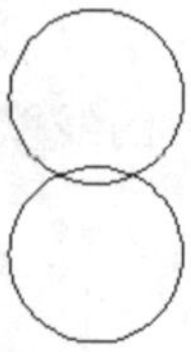

图 11-56　绘制圆

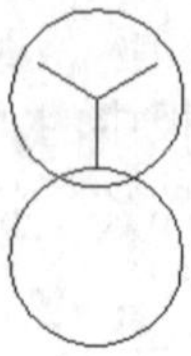

图 11-57　绘制丫图形

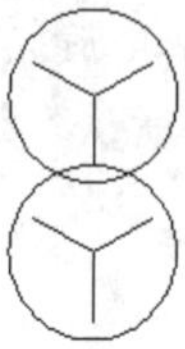

图 11-58　复制后的效果

（5）绘制电压互感器符号。

① 在“默认”选项卡中单击“绘图”面板中的“圆”按钮，绘制一个直径为 20 的圆。

② 在“默认”选项卡中单击“绘图”面板中的“多边形”按钮，在所绘的圆中选择一点绘制一个三角形。

③ 在“默认”选项卡中单击“绘图”面板中的“直线”按钮，在正交模式下绘制一条直线，结果如图 11-59 所示。

④ 在“默认”选项卡中单击“修改”面板中的“修剪”按钮，修改图形，然后在“默认”选项卡中单击“修改”面板中的“删除”按钮，删除直线，如图 11-60 所示。

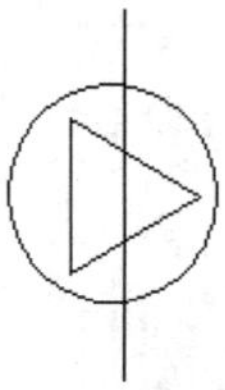

图 11-59　绘制直线

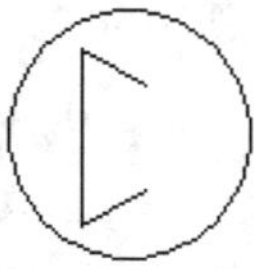

图 11-60　修剪后的效果

⑤ 在“默认”选项卡中单击“块”面板中的“插入”下拉菜单，将步骤（4）绘制的站用变压器图块插入当前图形中，结果如图 11-61 所示。

⑥ 在“默认”选项卡中单击“修改”面板中的“移动”按钮，选中站用变压器图块，打开“对象捕捉”和“对象捕捉追踪”功能，将图 11-60 与图 11-61 组合起来，结果如图 11-62 所示。将图形文件命名保存。

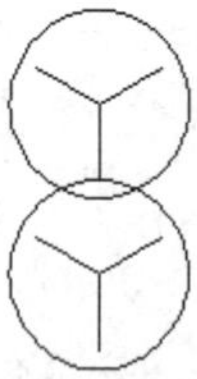

图 11-61　插入站用变压器

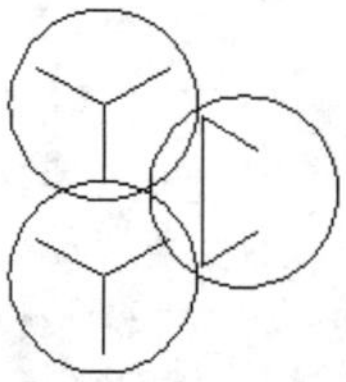

图 11-62　组合后的效果

（6）绘制电容器和无极性电容器符号。

① 在“默认”选项卡中单击“绘图”面板中的“圆”按钮，绘制一个圆，如图 11-63 所示。在菜单栏中选择“绘图”→“直线”命令，开启“极轴追踪”和“对象捕捉”功能，在正交模式下绘制一条经过圆心的直线，结果如图 11-64 所示。

② 绘制如图 11-65 所示的无极性电容器，与前面绘制极性电容器的方法类似，在此不再赘述。将图形文件命名保存。

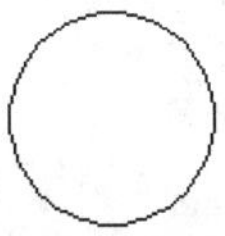

图 11-63 画圆

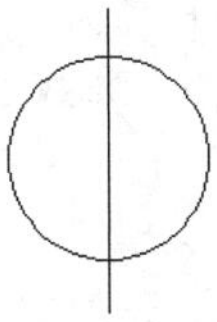

图 11-64 画直线

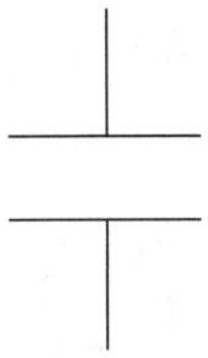

图 11-65 电容器

11.5.2 定制设计中心和工具选项板

下面通过设计中心创建“电气元件”工具选项板。

操作步骤

（1）将上面保存的电气元件图形复制到新建的“电气元件”文件夹中，如图 11-66 所示。

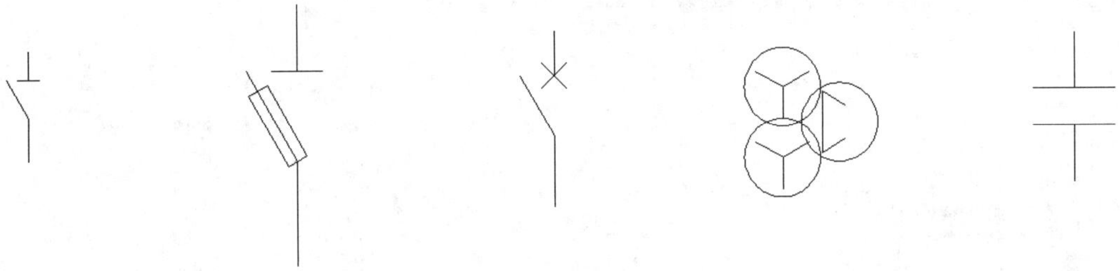

（a）开头　（b）跌落式熔断器　（c）断路器符号　（d）电压互感器　（e）电容器

图 11-66 电气元件

（2）在“视图”选项卡中分别单击“选项板”面板中的“设计中心”按钮和“工具选项板”按钮，打开“设计中心”选项板（如图 11-67 所示）和工具选项板。

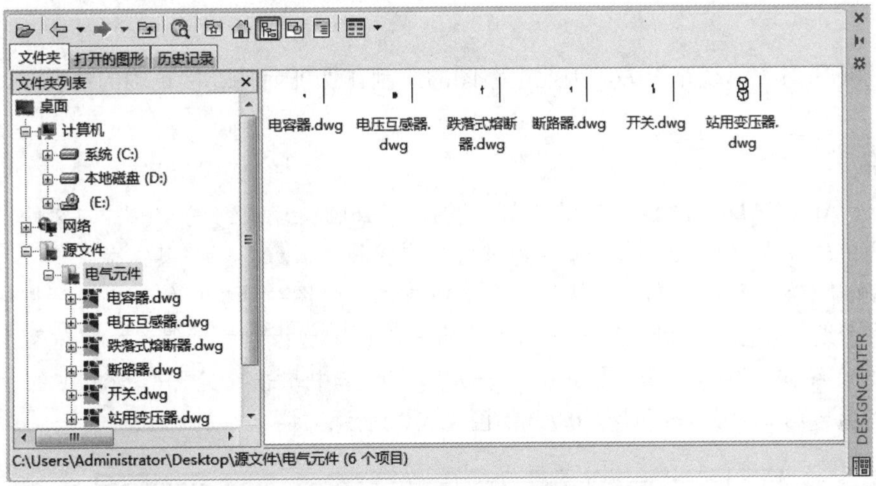

图 11-67 “设计中心”选项板

（3）在设计中心的“文件夹”选项卡下找到刚刚绘制的电器元件的保存位置——“电气元件”文件夹，在该文件夹上单击鼠标右键，在弹出的快捷菜单中选择“创建块的工具选项板”命令，如图 11-68 所示。

（4）系统自动在工具选项板中创建一个名为“电气元件”的选项卡，如图 11-69 所示。该选项卡中列出了“电气元件”文件夹中的各图形，并将每一个图形自动转换成图块。

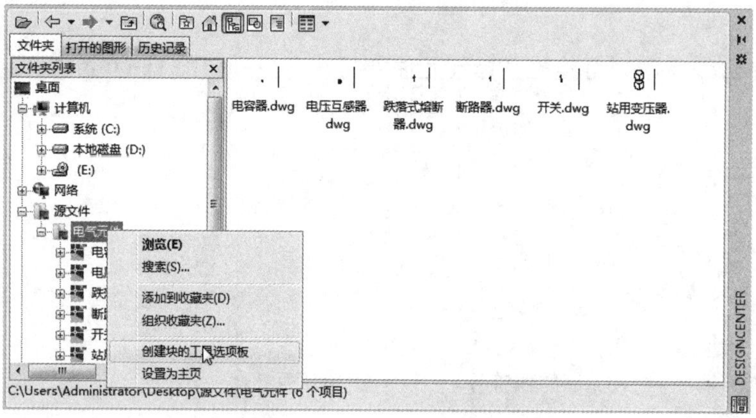

图 11-68　设计中心操作

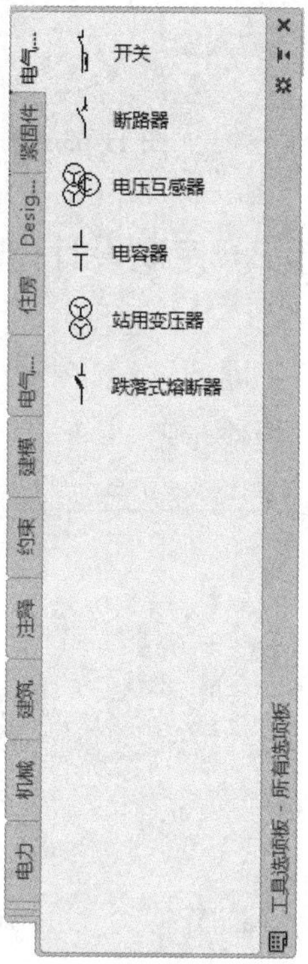

图 11-69　“电气元件”选项卡

11.5.3　绘制电气主接线图

电路图的布局与实际线路无关，因此电路图的绘制在保证元件连接正确的情况下，尽量要求大方、美观。

操作步骤

（1）打开 AutoCAD 应用程序，以“无样板打开-公制”方式创建一个新的文件，然后单击快速访问工具栏中的“保存”按钮，命名为“电气主接线图.dwg”，将其保存。

（2）先画出 10kV 母线。在“默认”选项卡中单击“绘图”面板中的“直线”按钮，绘制一条长 1000 的直线；然后在“默认”选项卡中单击“修改”面板中的“偏移”按钮，在正交模式下将刚才画的直线向下平移 15；再次在“默认”选项卡中单击“绘图”面板中的“直线”按钮，将直线两头连接，并将线宽设为 0.7，如图 11-70 所示。

图 11-70　绘制母线

（3）在“默认”选项卡中单击“绘图”面板中的“圆”按钮，绘制一个半径为 10 的圆，如图 11-71 所示。

（4）在“默认”选项卡中单击“绘图”面板中的“直线”按钮，开启“极轴追踪”和“对象捕捉”功能，在正交模式下绘制一条直线，如图 11-72 所示。

（5）在“默认”选项卡中单击“修改”面板中的“复制”按钮，在正交模式下，在已得到的圆的下方将圆复制一个，如图 11-73 所示。

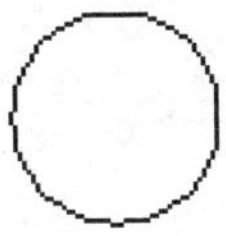
图 11-71　画圆

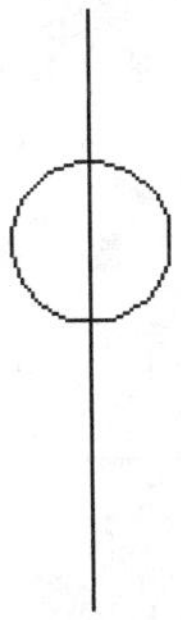
图 11-72　画直线

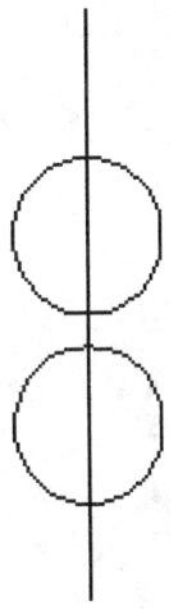
图 11-73　复制圆

（6）在“默认”选项卡中单击“修改”面板中的“复制”按钮，在正交模式下，拖动鼠标将图 11-73 所示图形在左边复制一个，如图 11-74 所示。

（7）在“默认”选项卡中单击“修改”面板中的“镜像”按钮，开启“极轴追踪”和“对象捕捉”功能，以原图直线端点为一点，以直线的另一端点为另一点，将左边的图形镜像到右边，如图 11-75 所示。

（8）在“默认”选项卡中单击“块”面板中的“创建”按钮，将图 11-75 所示图形创建为“主变”块。

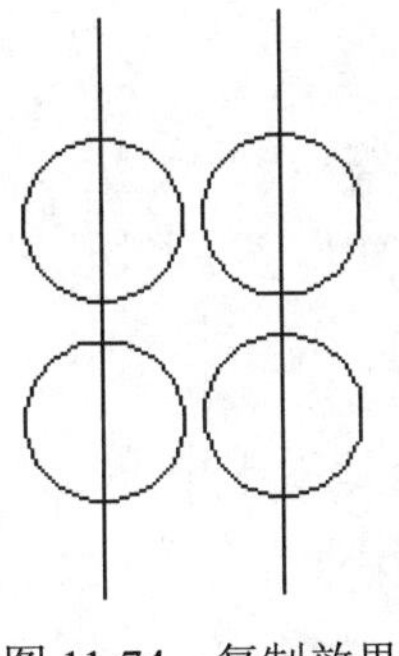
图 11-74　复制效果

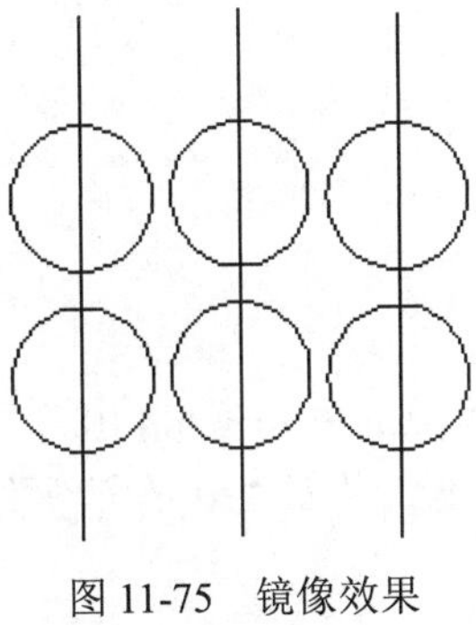
图 11-75　镜像效果

11.5.4　插入图块

利用插入块的方法将电气元件图块插入线路图中，然后利用二维绘图和修改命令进行整理。

操作步骤

（1）按住鼠标左键，将“电气元件”工具选项板中的“开关”图块拖动到绘图区，开关图块就插入新的图形文件中了，如图 11-76 所示。

（2）继续利用工具选项板和设计中心插入各图块，适当移动并调整图形缩放比例，结果如图 11-77 所示。

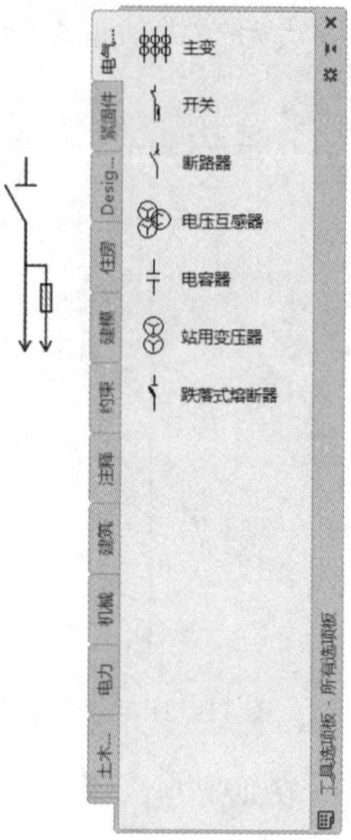

图 11-76　插入开关图块

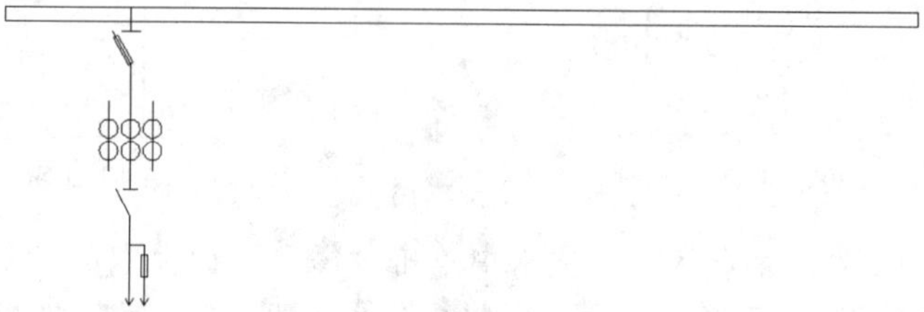

图 11-77　插入图形

（3）在“默认”选项卡中单击“修改”面板中的“复制”按钮，将图 11-77 所示图形进行复制，结果如图 11-78 所示图形。

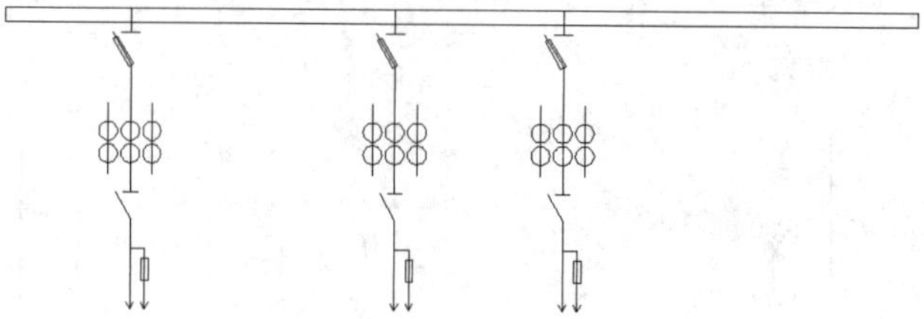

图 11-78　复制效果

（4）用类似的方法画出 10kV 母线上方的器件。在“默认”选项卡中单击“修改”面板中的“镜像”按钮，将最左边的部分向上镜像，结果如图 11-79 所示。

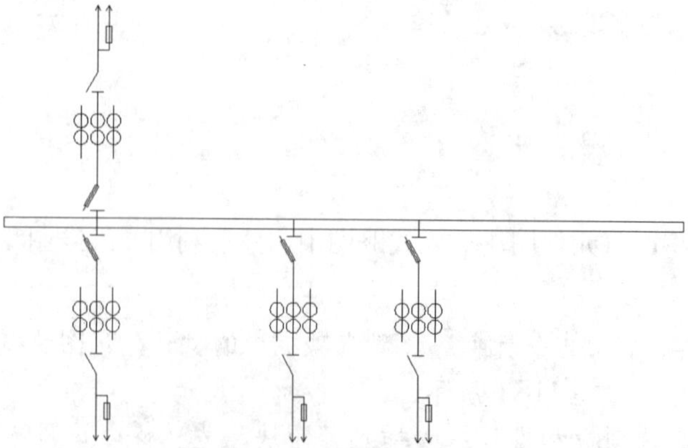

图 11-79　镜像效果

（5）在“默认”选项卡中单击“绘图”面板中的“直线”按钮╱，在镜像到母线上方的图形的适当位置画一条水平直线，结果如图 11-80 所示。

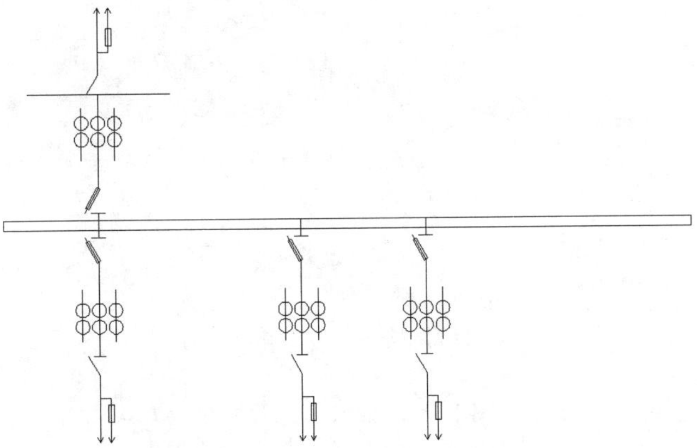

图 11-80 画直线

（6）在“默认”选项卡中单击“修改”面板中的“修剪”按钮，将直线上方多余的部分删掉，然后在“默认”选项卡中单击“修改”面板中的“删除”按钮，将刚才画的直线删掉，结果如图 11-81 所示。

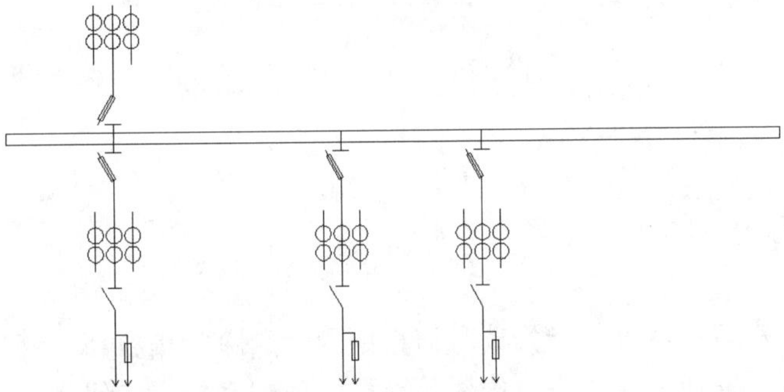

图 11-81 剪切效果

（7）在“默认”选项卡中单击“修改”面板中的“移动”按钮，将图 11-81 所示图形在母线上方的部分向右平移，结果如图 11-82 所示。

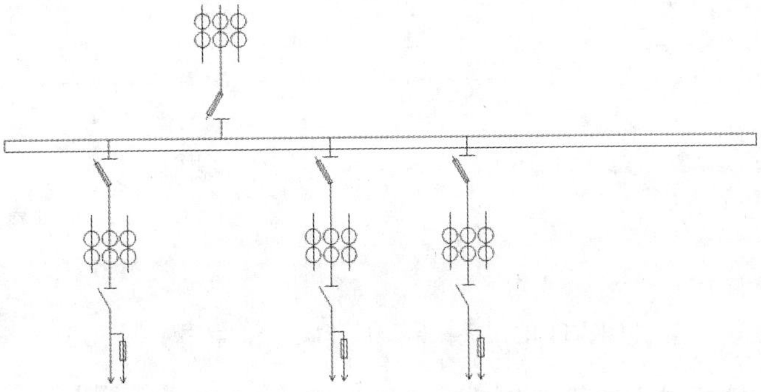

图 11-82 平移效果

（8）在“默认”选项卡中单击“块”面板中的“插入”按钮，在当前绘图空间插入前面创建的“主变”块，用鼠标左键点取图块放置点并改变方向，然后在合适的位置处绘制一条竖线，效果如图 11-83 所示。

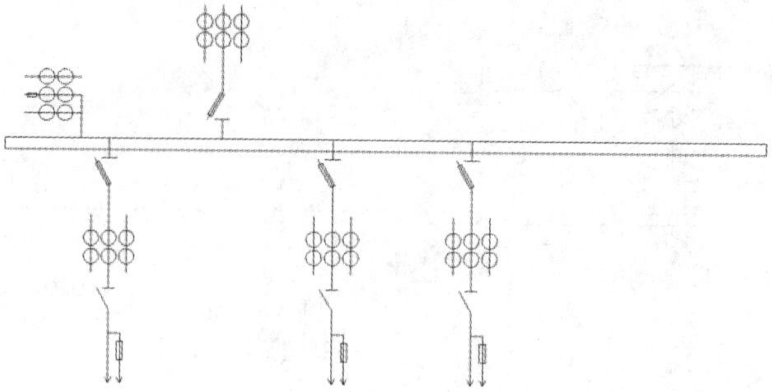

图 11-83　插入“主变”块

（9）在“默认”选项卡中单击“修改”面板中的“复制”按钮，将母线下方图形之一复制一份到最右边，结果如图 11-84 所示。

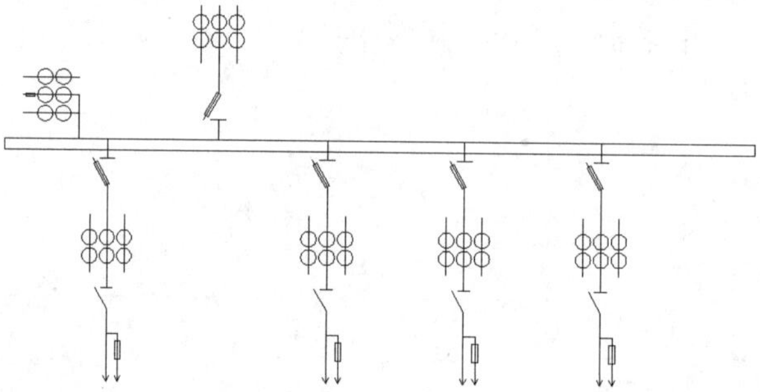

图 11-84　复制效果

（10）在“默认”选项卡中单击“修改”面板中的“删除”按钮，将刚才复制所得到的图形的箭头去掉。在“默认”选项卡中单击“绘图”面板中的“直线”按钮和“修改”面板中的“移动”按钮，选择适当的地方，在电阻器下方绘制一电容器符号，然后在“默认”选项卡中单击“修改”面板中的“修剪”按钮，将电容器两极板间的线段修剪掉，结果如图 11-85 所示。

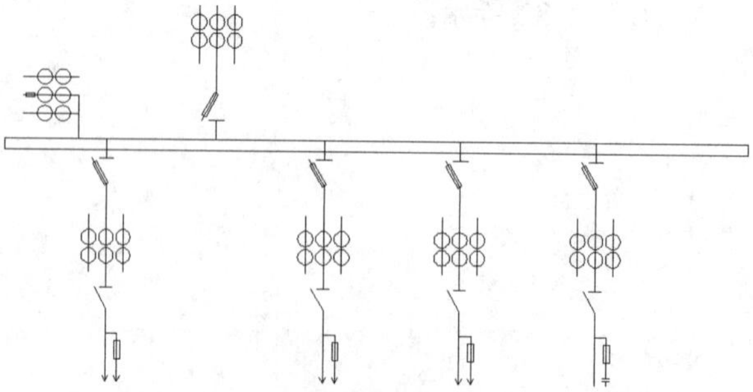

图 11-85　去掉箭头后绘制电容并修剪

（11）在“默认”选项卡中单击“修改”面板中的“复制”按钮；然后单击状态栏中的“对象捕捉”按钮右侧的下拉按钮，在打开的下拉菜单中选择“对象捕捉设置”命令，在弹出的“草图设置”对话框的“对象捕捉”选项卡中选中“对象捕捉模式”选项组中的“中点”复选框；在正交模式下，将电阻符号和电容器符号放置到中间直线上，如图 11-86 所示。

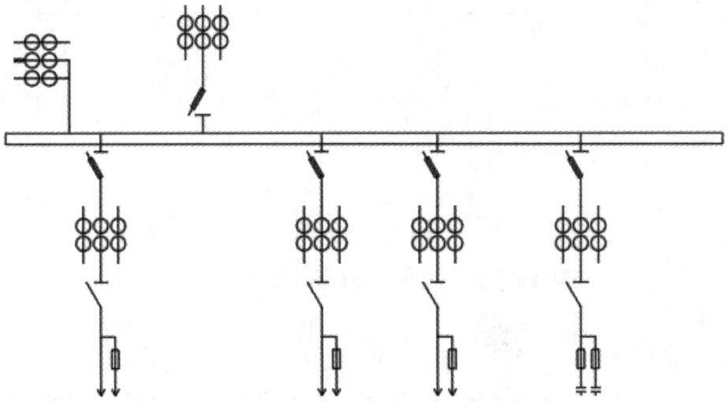

图 11-86　复制电阻、电容器

（12）在“默认”选项卡中单击“修改”面板中的“镜像”按钮⚠，将中线右边部分镜像到中线左边，并连线，结果如图 11-87 所示。

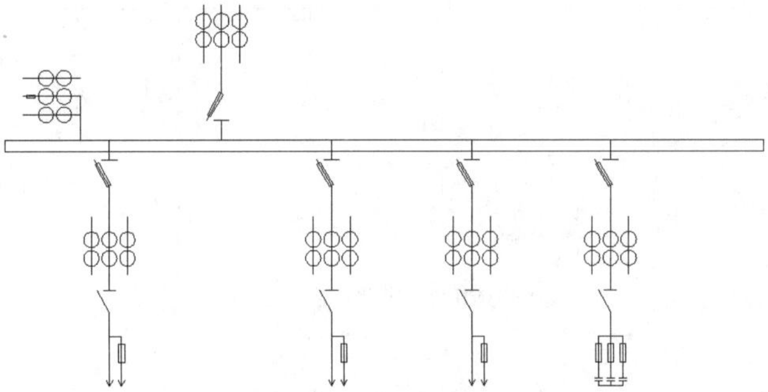

图 11-87　镜像连接

（13）继续利用工具选项板和设计中心，在当前绘图空间插入前面已经创建的“站用变压器”和“开关”块，结果如图 11-88 所示。

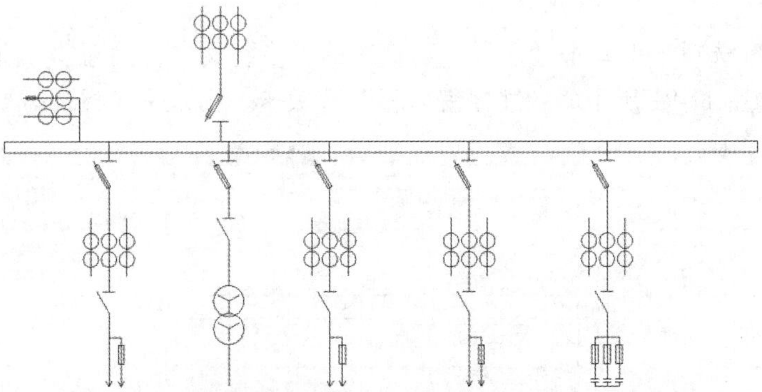

图 11-88　插入站用变压器

（14）继续利用工具选项板和设计中心，在当前绘图空间插入前面已经创建的“电压互感器”和“开关”块，结果如图 11-89 所示。

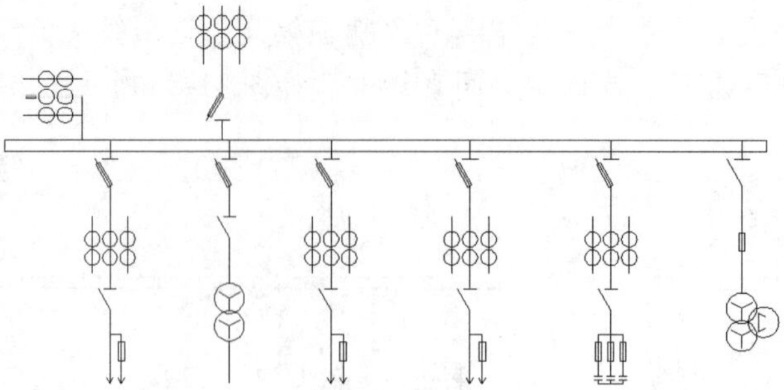

图 11-89　插入电压互感器和开关

（15）在“默认”选项卡中单击“绘图”面板中的“直线”按钮╱，开启正交模式，在电压互感器所在直线上画一折线，在“默认”选项卡中单击“修改”面板中的“复制”按钮೪，将右侧的矩形复制到折线上，并将其他位置处的箭头复制到折线下端点处，结果如图 11-90 所示。

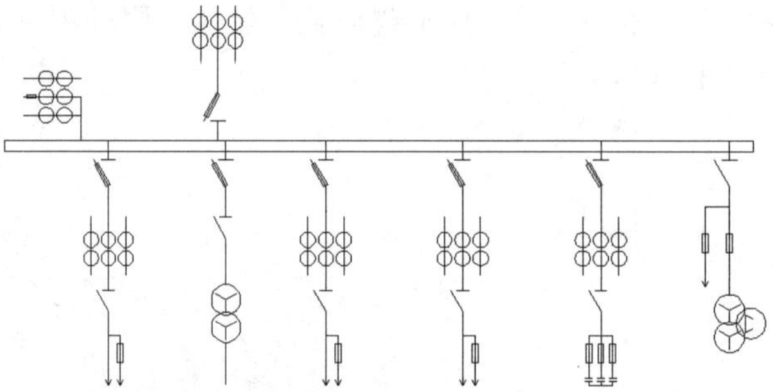

图 11-90　绘制矩形、箭头

11.5.5　输入注释文字

电路图中文字的添加大大解决了图纸复杂、难懂的问题，根据文字，读者能更好地理解图纸的意义。

操作步骤

（1）在“默认”选项卡中单击“注释”面板中的“多行文字”按钮 A，在需要注释的地方画出一个区域，打开如图 11-91 所示的“文字编辑器”选项卡，插入文字标注需要的信息。

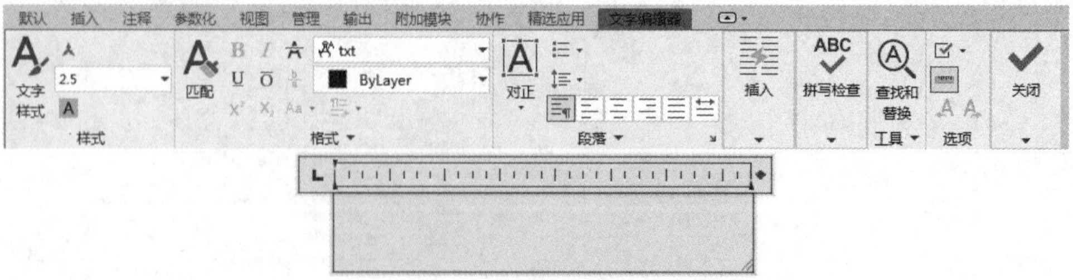

图 11-91　插入文字

（2）在“默认”选项卡中单击“绘图”面板中的“直线”按钮╱和“修改”面板中的“复制”按钮೪，绘制文字框线。完成后的电路图如图 11-92 和图 11-93 所示。

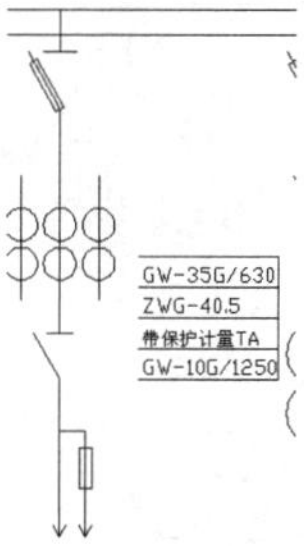

图 11-92　添加注释 1

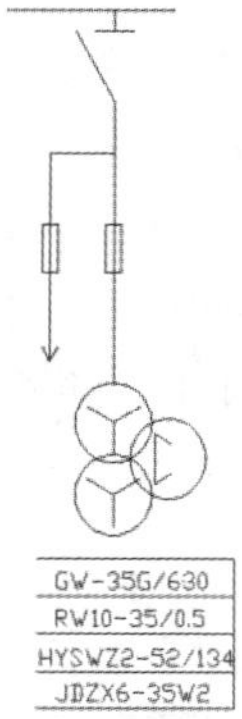

图 11-93　添加注释 2

全部完成后的电路图如图 11-38 所示。

（3）如果不想保存“电气元件”工具选项板，可以在“电气元件”工具选项板上单击鼠标右键，在弹出的快捷菜单中选择“删除选项板”命令（如图 11-94 所示），在弹出的如图 11-95 所示提示对话框中单击“确定”按钮，系统自动将“电气元件”工具选项板删除。删除后的工具选项板如图 11-96 所示。

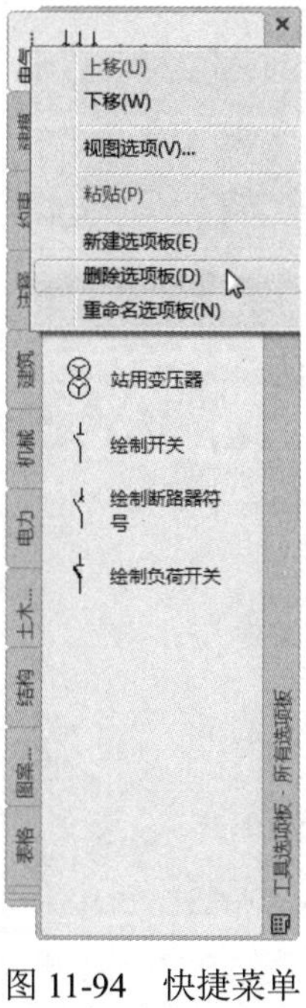

图 11-94　快捷菜单

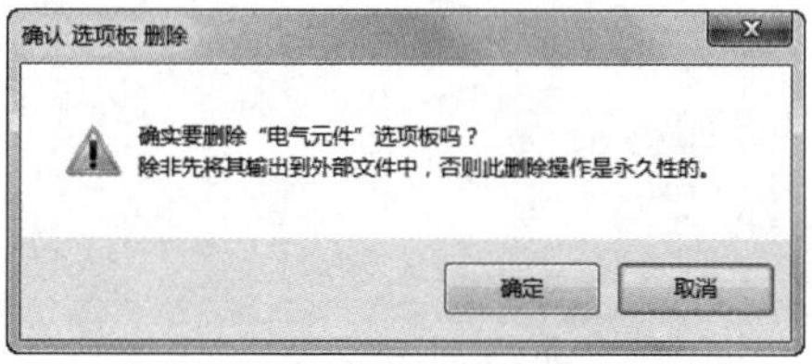

图 11-95　提示对话框

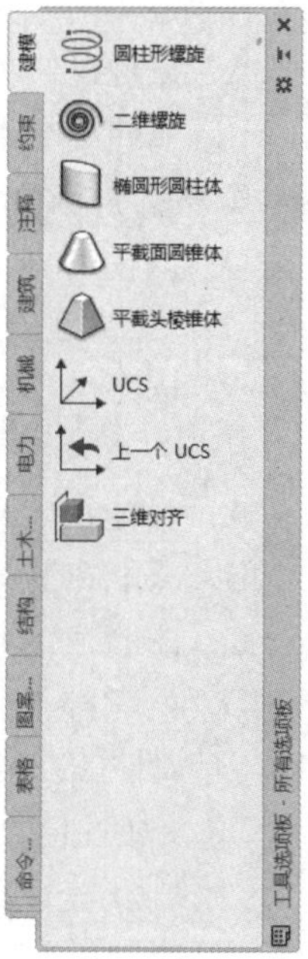

图 11-96　删除后的工具选项板

11.6　模拟认证考试

1．下列哪些方法不能插入创建好的块？（　　）

A．从 Windows 资源管理器中将图形文件图标拖放到 AutoCAD 绘图区，插入块

B．从设计中心插入块

C．用“粘贴”命令（PASTECLIP）插入块

D．用“插入”命令（INSERT）插入块

2．将不可见的属性修改为可见的命令是（　　）。

A．EATTEDIT　　B．BATTMAN　　C．ATTEDIT　　D．DDEDIT

3．在 AutoCAD 中，下列哪项中的两种操作均可以打开设计中心？（　　）

A．Ctrl+3，ADC　　B．Ctrl+2，ADC

C．Ctrl+3，AGC　　D．Ctrl+2，AGC

4．在设计中心里，单击“收藏夹”按钮，则会（　　）。

A．出现搜索界面　　B．定位到 Home 文件夹

C．定位到 DesignCenter 文件夹　　D．定位到 Autodesk 文件夹

5．“属性定义”对话框中“提示”栏的作用是（　　）。

A．提示输入属性值插入点　　B．提示输入新的属性值

C．提示输入属性值所在图层　　D．提示输入新的属性值的字高

6．图形无法通过设计中心更改的是（　　）。

A．大小　　B．名称　　C．位置　　D．外观

7．下列哪项不能用“块属性管理器”对话框进行修改？（　　）

A．属性文字如何显示

B．属性的个数

C．属性所在的图层和属性行的颜色、宽度及类型

D．属性的可见性

8．在“属性定义”对话框中，哪个选项不设置，将无法定义块属性？（　　）

A．固定　　B．标记　　C．提示　　D．默认

9．用 BLOCK 命令定义的内部图块，哪种说法是正确的？（　　）

A．只能在定义它的图形文件内自由调用

B．只能在另一个图形文件内自由调用

C．既能在定义它的图形文件内自由调用，又能在另一个图形文件内自由调用

D．两者都不能用

10．带属性的块经分解后，属性显示为（　　）。

A．属性值　　B．标记　　C．提示　　D．不显示

11．绘制如图 11-97 所示的图形。

12．绘制如图 11-98 所示的三相电机启动控制电路图。

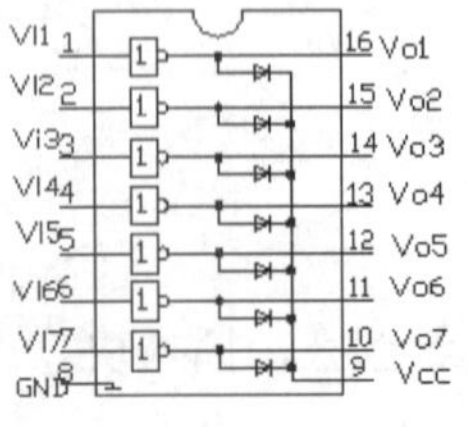

图 11-97　绘制图形

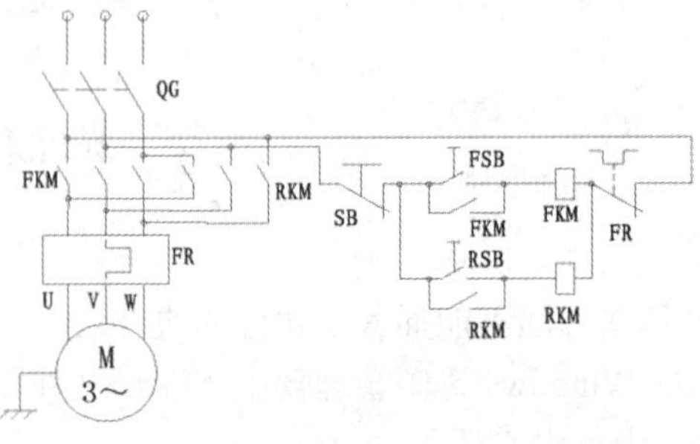

图 11-98　三相电机启动控制电路图

2

实际应用中的电气设计分布在各个具体学科中，包括机械电气设计、电路图设计、电力电气设计、控制电气设计、通信电气设计和建筑电气设计等。结合各应用工程学科与电气工程学科双方的具体技术背景和要求，利用AutoCAD进行具体的设计表达，是正确完成这些具体学科电气设计的核心要领。

本篇内容是本书知识的具体应用，通过大量的实例完整地讲述了各种类型的电气设计的方法与技巧，以培养读者的电气设计工程应用能力。

第2篇　电气设计工程图篇

本篇主要讲述各种电气工程图的具体绘制方法，包括机械电气设计、电路图设计、电力电气设计、控制电气设计、通信电气设计和建筑电气设计等内容。

通过本篇的学习，读者可以进一步加深对AutoCAD功能的理解，快速掌握各种电气设计工程图的绘制方法。

第 12 章　机械电气设计

内容简介

机械电气是电气工程的重要组成部分。随着相关技术的发展，机械电气的应用日益广泛。本章主要着眼于机械电气的设计，通过几个具体的实例由浅入深地讲述在 AutoCAD 2020 环境下进行机械电气设计的过程。

内容要点

- 机械电气系统简介
- 起重机电气原理总图
- 电动机控制系统电气设计
- C616 型车床电气原理图

案例效果

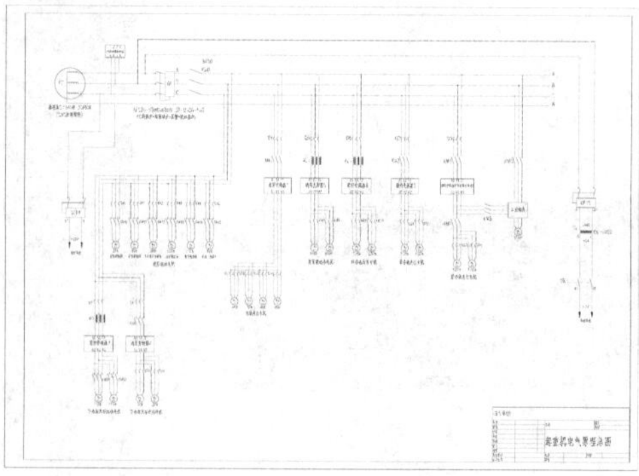

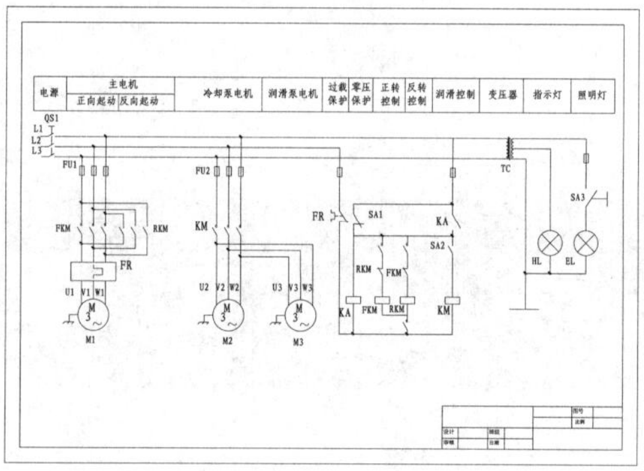

12.1　机械电气系统简介

机械电气系统是一类比较特殊的电气系统，主要指应用在机床上的电气系统（故也可称之为机床电气系统），包括应用在车床、磨床、钻床、铣床和镗床上的电气系统，以及机床的电气控制系统、伺服驱动系统和计算机控制系统等。随着数控系统的发展，机床电气系统也成为电气工程的一个重要组成部分。

机床电气系统主要由以下几部分组成。

1．电力拖动系统

电力拖动系统以电动机为动力驱动控制对象（工作机构）做机械运动。按照不同的分类方式，可以分为直流拖动系统与交流拖动系统或单电动机拖动系统与多电动机拖动系统。

（1）直流拖动系统：具有良好的启动、制动和调速性能，可以方便地在很宽的范围内平滑调速，尺寸大，价格高，运行可靠性差。

（2）交流拖动系统：具有单机容量大、转速高、体积小、价钱便宜、工作可靠和维修方便等优点，但调速困难。

（3）单电动机拖动系统：在每台机床上安装一台电动机，再通过机械传动装置将机械能传递到机床的各运动部件。

（4）多电动机拖动系统：在一台机床上安装多台电动机，分别拖动各运动部件。

2. 电气控制系统

对各拖动电动机进行控制，使其按规定的状态、程序运动，并使机床各运动部件的运动得到合乎要求的静态和动态特性。

（1）继电器 - 接触器控制系统：由按钮开关、行程开关、继电器、接触器等电气元件组成，控制方法简单直接，价格低。

（2）计算机控制系统：由数字计算机控制，高柔性、高精度、高效率、高成本。

（3）可编程控制器控制系统：克服了继电器 - 接触器控制系统的缺点，又具有计算机控制系统的优点，并且编程方便，可靠性高，价格便宜。

扫一扫，看视频

12.2　起重机电气原理总图

源文件：源文件\第 12 章\起重机电气原理总图.dwg

在绘制电路图前，必须对控制对象有所了解。单凭电路图往往无法完全看懂控制原理，需要在原理图中补充。如图 12-1 所示为起重机电气原理总图，从中读者可以了解机械控制原理；结合后面章节中讲述的照明图与布置图，可以更全面地了解电气原理。

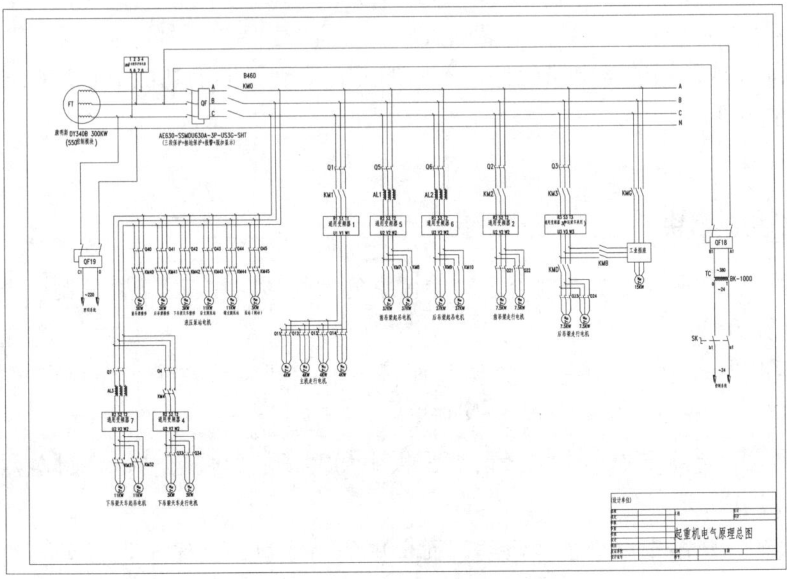

图 12-1　起重机电气原理总图

12.2.1 配置绘图环境

电路图绘图环境需要进行基本的配置，包括文件的创建、保存、图层的管理及文字样式的设置等。

操作步骤

（1）打开 AutoCAD 2020 应用程序，单击快速访问工具栏中的“新建”按钮，打开下载的资源包中的源文件/第 12 章/A1 电气样板图.dwt 文件，单击“打开”按钮，新建模板文件。

（2）单击快速访问工具栏中的“保存”按钮，将新文件命名为“起重机电气原理总图”并保存。

（3）在“默认”选项卡中单击“图层”面板中的“图层特性”按钮，在弹出的“图层特性管理器”选项板中新建如下图层。

① 元件层：线宽为 0.5mm，其余属性默认。

② 虚线层：线宽为 0.25mm，线型为 ACAD_ISO02W100，颜色为洋红，其余属性默认。

③ 回路层：线宽为 0.25mm，颜色为蓝色，其余属性默认。

④ 说明层：线宽为 0.25mm，颜色为红色，其余属性默认。

将“元件层”置为当前。

（4）在“默认”选项卡中单击“注释”面板中的“文字样式”按钮，打开“文字样式”对话框。单击“新建”按钮，打开“新建文字样式”对话框，在“样式名”文本框中输入“英文注释”。单击“确定”按钮，返回“文字样式”对话框，设置“字体名”为 Romand，“高度”为 3.5，“宽度因子”为 0.7。

12.2.2 绘制电路元件

电路图中实际发挥作用的是电路元件，不同的元件实现不同的功能，将这些电路元件组合起来就能达到所需目的。

操作步骤

1. 绘制 550 控制模块

（1）在“默认”选项卡中单击“绘图”面板中的“矩形”按钮，绘制一个大小为 15×39 的矩形，如图 12-2 所示。

（2）在“默认”选项卡中单击“绘图”面板中的“圆”按钮，捕捉矩形上边线中点为圆心，绘制一个直径为 3 的圆，结果如图 12-3 所示。

（3）在“默认”选项卡中单击“修改”面板中的“复制”按钮，将圆向两侧复制，间距为 3、6，结果如图 12-4 所示。

（4）在“默认”选项卡中单击“修改”面板中的“修剪”按钮，修剪圆的下半部分与辅助线，结果如图 12-5 所示。

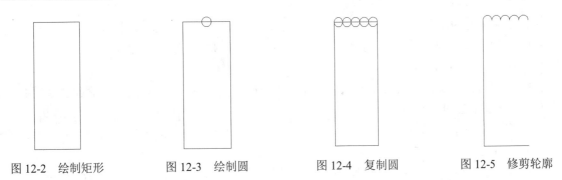

图 12-2　绘制矩形

图 12-3　绘制圆

图 12-4　复制圆

图 12-5　修剪轮廓

（5）选择菜单栏中的“修改”→“对象”→“多段线”命令，合并修剪的圆弧结果。命令行提示与操作如下：

```
命令：_pedit
选择多段线或 [多条(M)]：m↙
选择对象：
指定对角点：找到 5 个（选中 5 段圆弧）
是否将直线、圆弧和样条曲线转换为多段线？[是(Y)/否(N)]？<Y>↙
输入选项 [闭合(C)/打开(O)/合并(J)/宽度(W)/拟合(F)/样条曲线(S)/非曲线化(D)/线型生成(L)/反转(R)/放弃(U)]：j↙
合并类型 = 延伸
输入模糊距离或 [合并类型(J)] <0.0000>：
（多段线已增加 4 条线段）
输入选项 [闭合(C)/打开(O)/合并(J)/宽度(W)/拟合(F)/样条曲线(S)/非曲线化(D)/线型生成(L)/反转(R)/放弃(U)]：↙
```

（6）在“默认”选项卡中单击“修改”面板中的“复制”按钮，向下复制多段线圆弧，间距为 13.5、13.5，结果如图 12-6 所示。

（7）在“默认”选项卡中单击“绘图”面板中的“圆”按钮，在空白处绘制一个半径为 20 的圆。

（8）在“默认”选项卡中单击“绘图”面板中的“直线”按钮，绘制长度为 10 的接线端，结果如图 12-7 所示。

（9）将“说明层”置为当前。在“默认”选项卡中单击“注释”面板中的“多行文字”按钮 A，标注元件符号 FT，结果如图 12-8 所示。

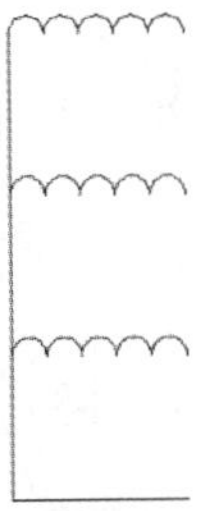

图 12-6　复制线圈

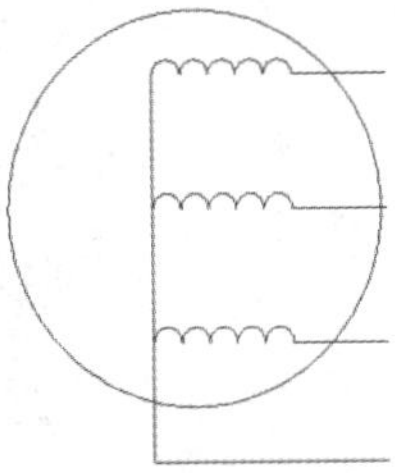

图 12-7　绘制接线端

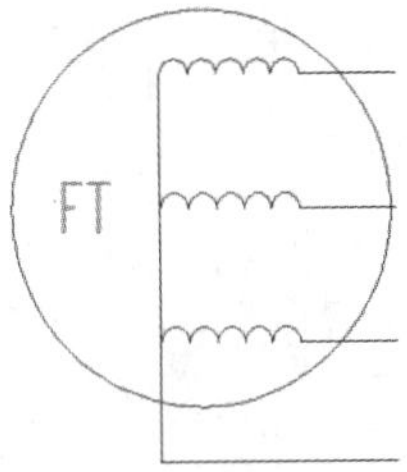

图 12-8　标注元件

（10）在命令行中输入 WBLOCK 命令，弹出“写块”对话框，创建块“550 控制模块”。

2．绘制 JDB 多功能保护继电器

（1）将“元件层”置为当前。在“默认”选项卡中单击“绘图”面板中的“矩形”按钮，绘制一个大小为 26×16 的矩形。

（2）在“默认”选项卡中单击“绘图”面板中的“直线”按钮，捕捉矩形下边线中点，向下绘制一条长度为 10 的直线。

（3）在“默认”选项卡中单击“修改”面板中的“偏移”按钮，向两侧偏移竖直直线，距离为 5，结果如图 12-9 所示。

（4）将“说明层”置为当前。在“默认”选项卡中单击“注释”面板中的“多行文字”按钮A，标注元件名称与引脚名称，结果如图 12-10 所示。

（5）在命令行中输入 WBLOCK 命令，弹出“写块”对话框，创建块“JDB 多功能保护继电器”。

3. 绘制空气断路器 QF（两种）

（1）将“元件层”置为当前。在“默认”选项卡中单击“绘图”面板中的“矩形”按钮，绘制大小为 12×32 的矩形，结果如图 12-11 所示。

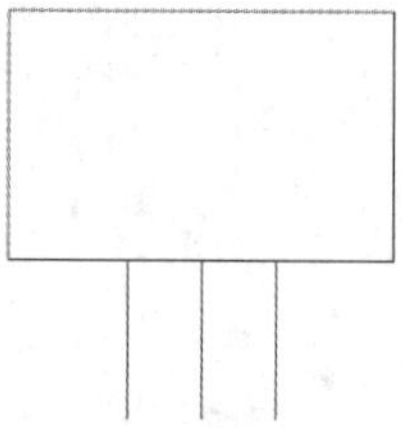

图 12-9　绘制引脚

图 12-10　标注元件

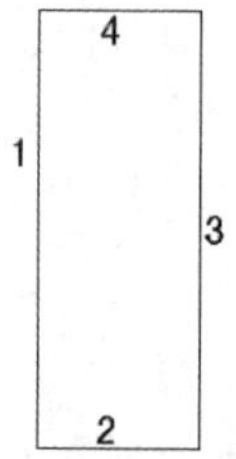

图 12-11　绘制矩形

（2）在“默认”选项卡中单击“修改”面板中的“分解”按钮，将矩形分解为 4 条边线。

（3）在“默认”选项卡中单击“修改”面板中的“偏移”按钮，将竖直直线 1 向左偏移 7，将竖直直线 3 向左偏移 6，将水平直线 2 向下偏移 5，将水平直线 4 向下偏移 2.5，结果如图 12-12 所示。

（4）在“默认”选项卡中单击“绘图”面板中的“直线”按钮，捕捉偏移直线左端点，分别绘制长度为 4、9、5 的直线，结果如图 12-13 所示。

（5）在“默认”选项卡中单击“修改”面板中的“旋转”按钮，将上步绘制的中间直线旋转-15°，结果如图 12-14 所示。

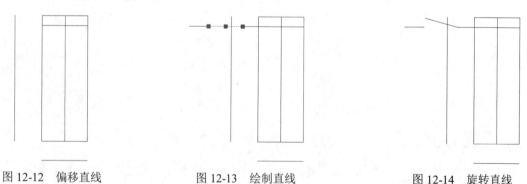

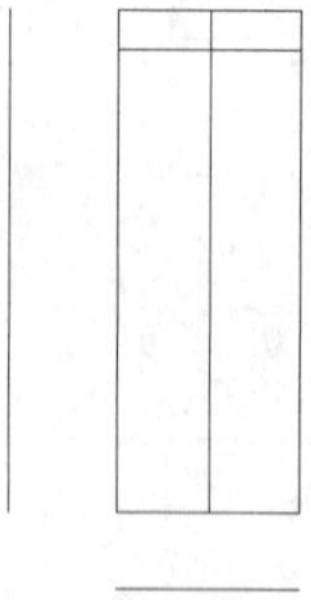

图 12-12　偏移直线

图 12-13　绘制直线

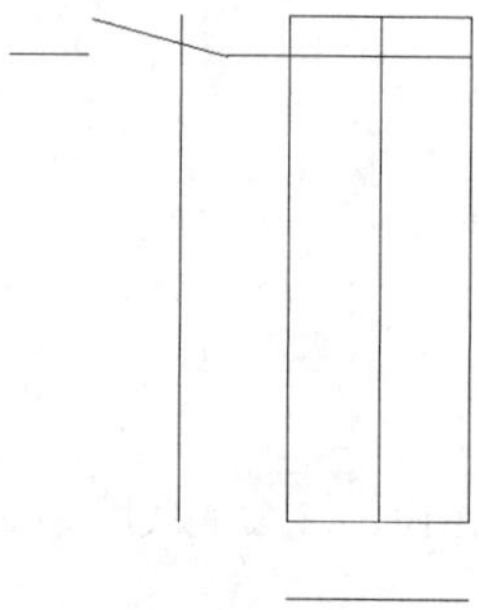

图 12-14　旋转直线

（6）在“默认”选项卡中单击“绘图”面板中的“直线”按钮和“圆”按钮，绘制半径为 0.5 的端点圆及长度为 1 的圆竖直切线，结果如图 12-15 所示。

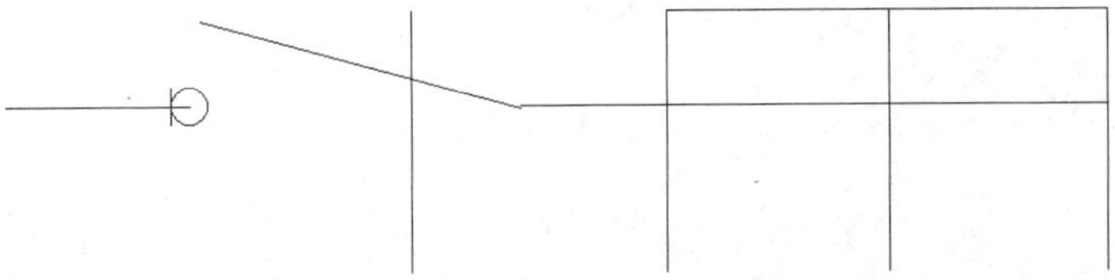

图 12-15 绘制端点圆及切线

（7）在“默认”选项卡中单击“修改”面板中的“复制”按钮，将上几步绘制的图形向下 13.5、13.5 进行复制，结果如图 12-16 所示。

（8）在“默认”选项卡中单击“绘图”面板中的“直线”按钮和“修改”面板中的“删除”按钮及“修剪”按钮，修剪多余部分，结果如图 12-17 所示。

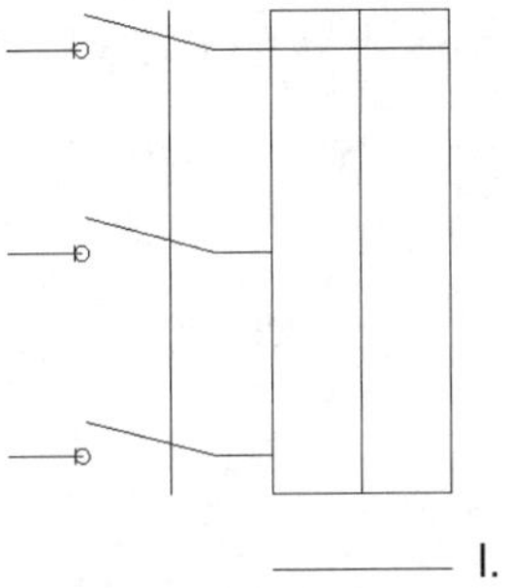

图 12-16 复制图形

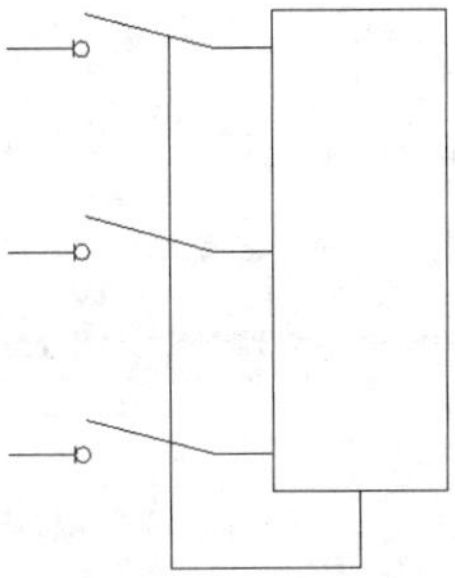

图 12-17 修剪元件

（9）将“说明层”置为当前。在“默认”选项卡中单击“注释”面板中的“多行文字”按钮，标注元件名称 QF，最终结果如图 12-18 所示。

（10）在命令行中输入 WBLOCK 命令，弹出“写块”对话框，创建块“空气断路器 QF”。

（11）以同样的方法绘制 QF18、QF19 并创建对应图块，结果如图 12-19 所示。

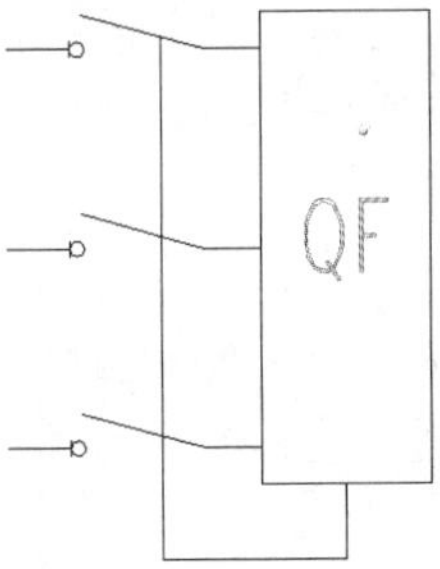

图 12-18 标注元件名称

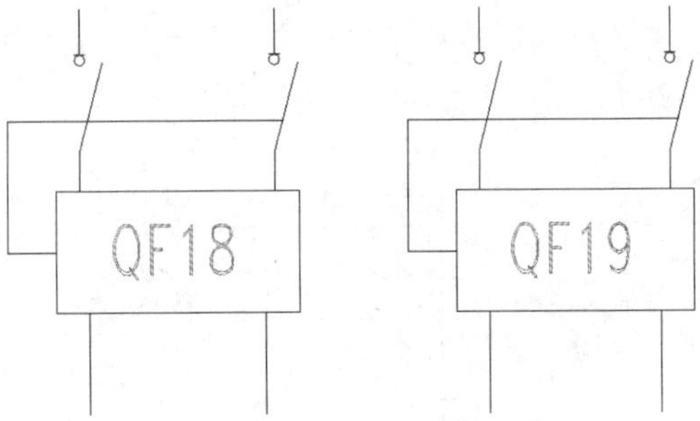

图 12-19 元件 QF18、QF19

注意：

也可以在元件 QF 的基础上进行修改，得到元件 QF18 与 QF19。

4．绘制控制变压器 TC

（1）将“元件层”置为当前。在“默认”选项卡中单击“绘图”面板中的“多段线”按钮，绘制单侧线圈。其中，接线端长度为 5，圆弧半径为 1，包含角为 180°，弦方向为 0°，结果如图 12-20 所示。

（2）在“默认”选项卡中单击“绘图”面板中的“多段线”按钮，绘制铁芯并设置直线宽度为 0.8，结果如图 12-21 所示。

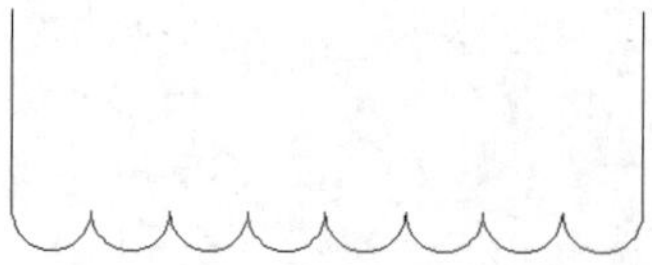

图 12-20　绘制线圈轮廓

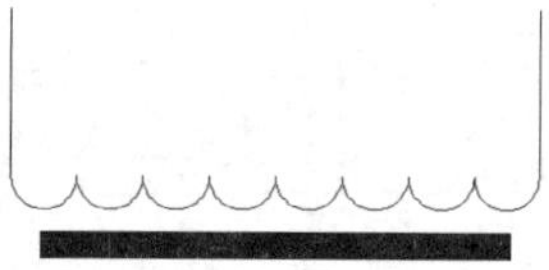

图 12-21　绘制铁芯

（3）在“默认”选项卡中单击“修改”面板中的“镜像”按钮，以铁芯为镜像线，向下镜像线圈，结果如图 12-22 所示。

（4）将“说明层”置为当前。在“默认”选项卡中单击“注释”面板中的“多行文字”按钮 A，标注元件名称 TC 及参数“~380”“~24”“0”“T”，最终结果如图 12-23 所示。

图 12-22　镜像线圈

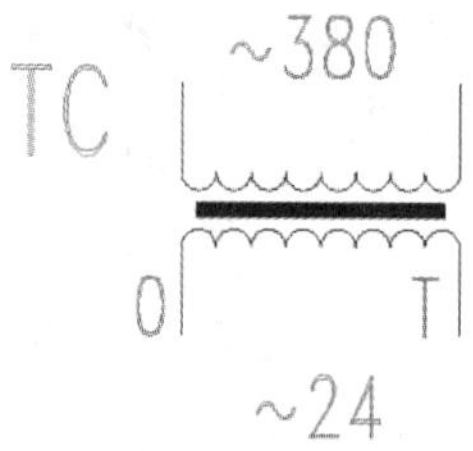

图 12-23　标注元件名称

（5）在命令行中输入 WBLOCK 命令，弹出“写块”对话框，创建块“控制变压器”。

5．绘制时间控制开关 SK

（1）将“元件层”置为当前。在“默认”选项卡中单击“绘图”面板中的“直线”按钮，绘制长度分别为 10、10、10 的 3 段竖直直线，结果如图 12-24 所示。

（2）在“默认”选项卡中单击“修改”面板中的“旋转”按钮，将中间直线旋转 15°，结果如图 12-25 所示。

图 12-24　绘制直线

图 12-25　旋转直线

（3）在“默认”选项卡中单击“修改”面板中的“复制”按钮，将开关向左侧复制，间距为 16。

（4）在“默认”选项卡中单击“绘图”面板中的“直线”按钮，捕捉旋转直线中点，向左绘制长度为 30 的直线，并将其设置在“虚线层”上。

（5）在“默认”选项卡中单击“绘图”面板中的“直线”按钮，绘制开关轮廓，结果如图 12-26 所示。

（6）将“说明层”置为当前。在“默认”选项卡中单击“注释”面板中的“多行文字”按钮 A，标注元件名称 SK，结果如图 12-27 所示。

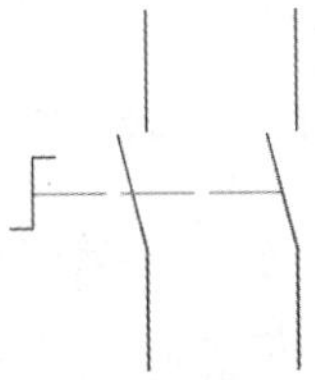

图 12-26　绘制开关

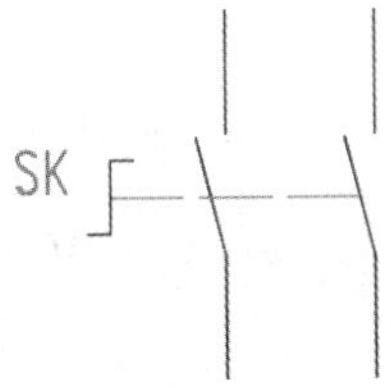

图 12-27　注释元件名称

（7）在命令行中输入 WBLOCK 命令，弹出“写块”对话框，创建块“时间控制开关”。

6．绘制接触器主触头、辅助触头 KM

（1）将“元件层”置为当前。在“默认”选项卡中单击“绘图”面板中的“直线”按钮，绘制长度分别为 10、18、10 的水平直线，结果如图 12-28 所示。

（2）在“默认”选项卡中单击“修改”面板中的“旋转”按钮，将中间直线旋转-20°，辅助触头绘制结果如图 12-29 所示。

图 12-28　绘制直线

图 12-29　旋转直线

以同样的方法绘制竖直方向一极开关（尺寸缩小一半），结果如图 12-30 所示。

（3）在“默认”选项卡中单击“绘图”面板中的“圆”按钮，捕捉直线 1 端点，绘制半径为 1 的圆，结果如图 12-31 所示。

（4）在“默认”选项卡中单击“修改”面板中的“修剪”按钮，延伸修剪多余部分，结果如图 12-32 所示。

图 12-30　绘制竖直开关

图 12-31　绘制圆

图 12-32　修剪开关

（5）在“默认”选项卡中单击“修改”面板中的“复制”按钮，将一极开关向右侧 5、10 进行复制，结果如图 12-33 所示。

（6）将“虚线层”置为当前。在“默认”选项卡中单击“绘图”面板中的“直线”按钮，捕捉斜向直线中点连接开关，设置线型比例为 0.3，最终结果如图 12-34 所示。

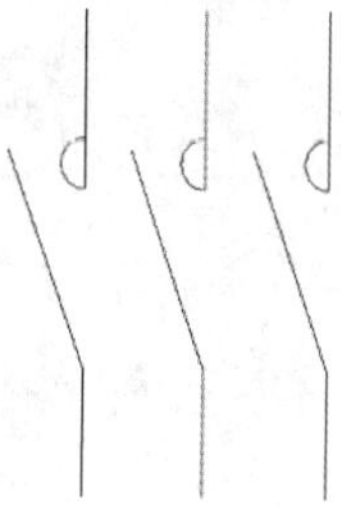

图 12-33　绘制三极开关

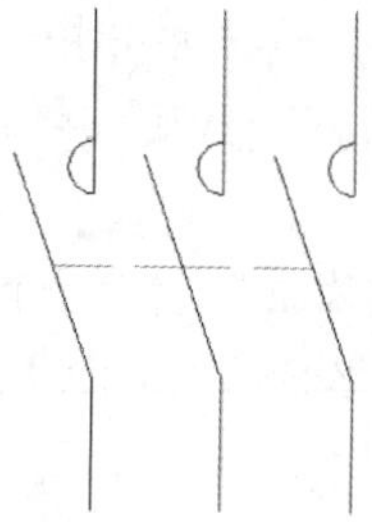

图 12-34　绘制开关

（7）在命令行中输入 WBLOCK 命令，弹出“写块”对话框，创建块“接触器主触头”。

注意：

接触器符号也可在“低压断路器”的基础上进行修改来得到。

7. 绘制通用变频器

（1）将“元件层”置为当前。在“默认”选项卡中单击“绘图”面板中的“矩形”按钮，绘制大小为 38×20 的矩形，结果如图 12-35 所示。

（2）在“默认”选项卡中单击“绘图”面板中的“直线”按钮，捕捉矩形上、下边线中点，绘制长度为 10 的引脚 1、2。

（3）在“默认”选项卡中单击“修改”面板中的“偏移”按钮，将引脚直线分别向两侧偏移 5，结果如图 12-36 所示。

（4）将“说明层”置为当前。在“默认”选项卡中单击“注释”面板中的“多行文字”按钮 A 和“修改”面板中的“复制”按钮，标注元件名称与引脚名称，最终结果如图 12-37 所示。

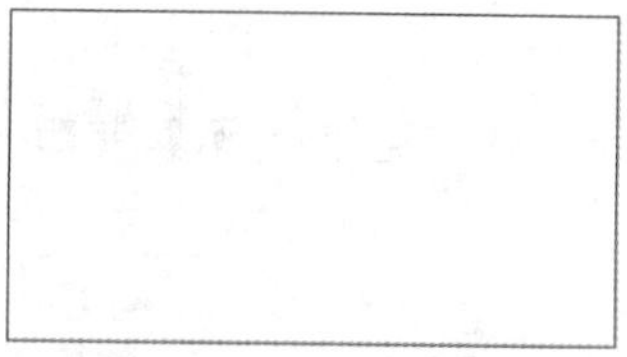

图 12-35　绘制变频器外轮廓

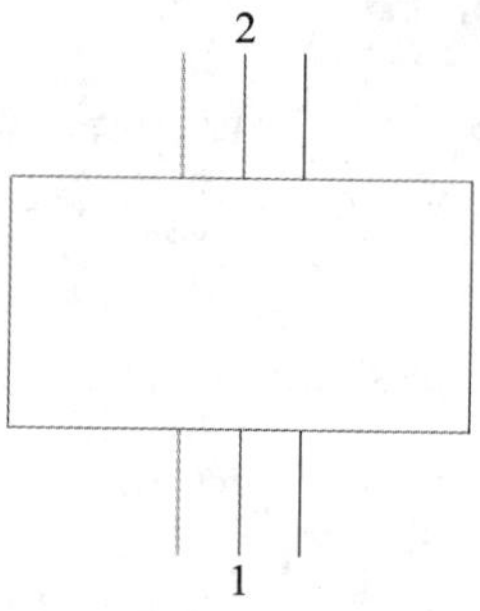

图 12-36　偏移直线

图 12-37　标注元件名称

（5）在命令行中输入 WBLOCK 命令，弹出“写块”对话框，创建块“通用变频器”。

12.2.3　绘制电路图

本节利用“直线”“偏移”和“修剪”命令精确绘制电路，以方便后面电气元件的放置。

操作步骤

（1）将“回路层”置为当前。在“默认”选项卡中单击“绘图”面板中的“直线”按钮，绘制相交直线 1、2，起点坐标值分别为（105,468）、（105,300），长度分别为 620、260，结果如图 12-38 所示。

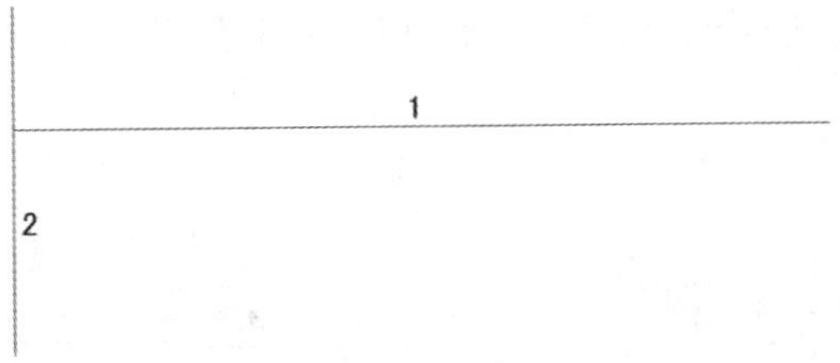

图 12-38 绘制相交直线

（2）在“默认”选项卡中单击“修改”面板中的“偏移”按钮⊆，分别将水平直线 1 向上偏移 12、13.5、13.5、24、20，向下偏移 36、20、22、5、5；将竖直直线 2 向左偏移 3、20，向右偏移 18、15、5、5、25、10、105、5、5、60、5、5、40、5、5、45、5、5、55、5、5、60、5、5、70、5、5、75、20，偏移结果如图 12-39 所示。

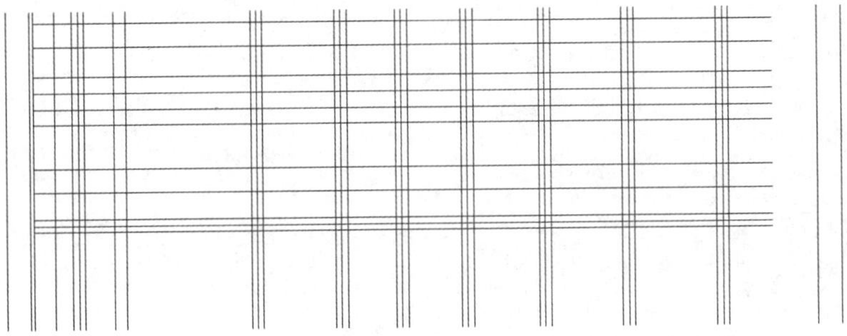

图 12-39 辅助线网络

（3）在“默认”选项卡中单击“修改”面板中的“修剪”按钮✂，修剪多余线段，修剪结果如图 12-40 所示。

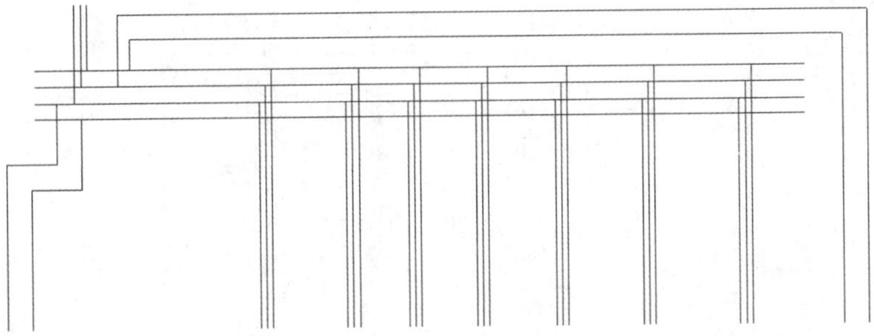

图 12-40 整理电路图

12.2.4 整理电路

通过二维绘制和修改命令整理电路图。

操作步骤

（1）将上面绘制的元件利用“移动”“旋转”和“复制”命令，放置到对应位置。

（2）在“默认”选项卡中单击“块”面板中的“插入”按钮，插入“主机电路”“低压断路器”“低压照明配电箱柜”图块。

（3）在“默认”选项卡中单击“修改”面板中的“分解”按钮，分解图块，以方便后续操作，结果如图 12-41 所示。

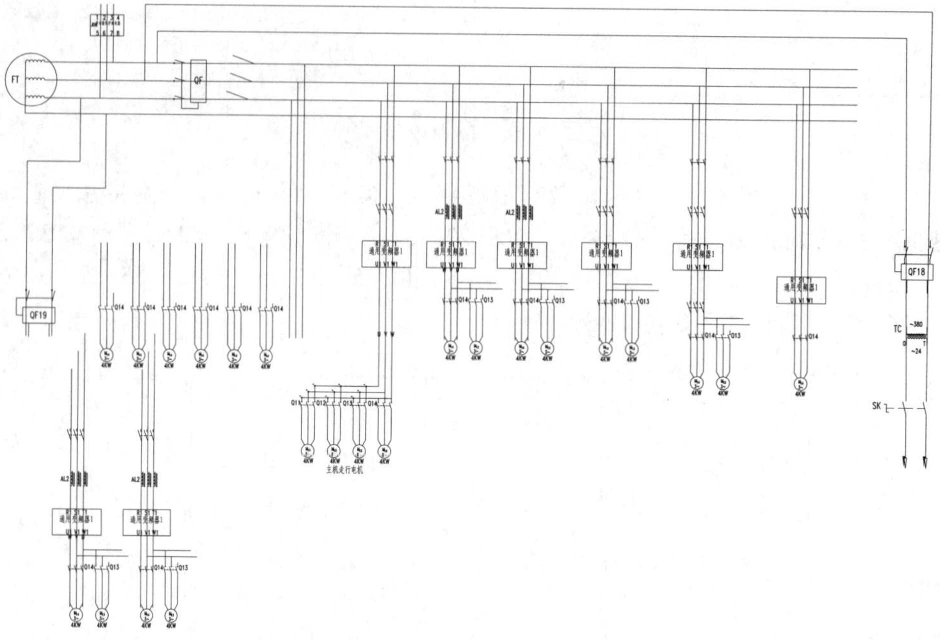

图 12-41　放置元件

（4）在“默认”选项卡中单击“绘图”面板中的“直线”按钮和“修改”面板中的“修剪”按钮，补全回路，电路图整理结果如图 12-42 所示。

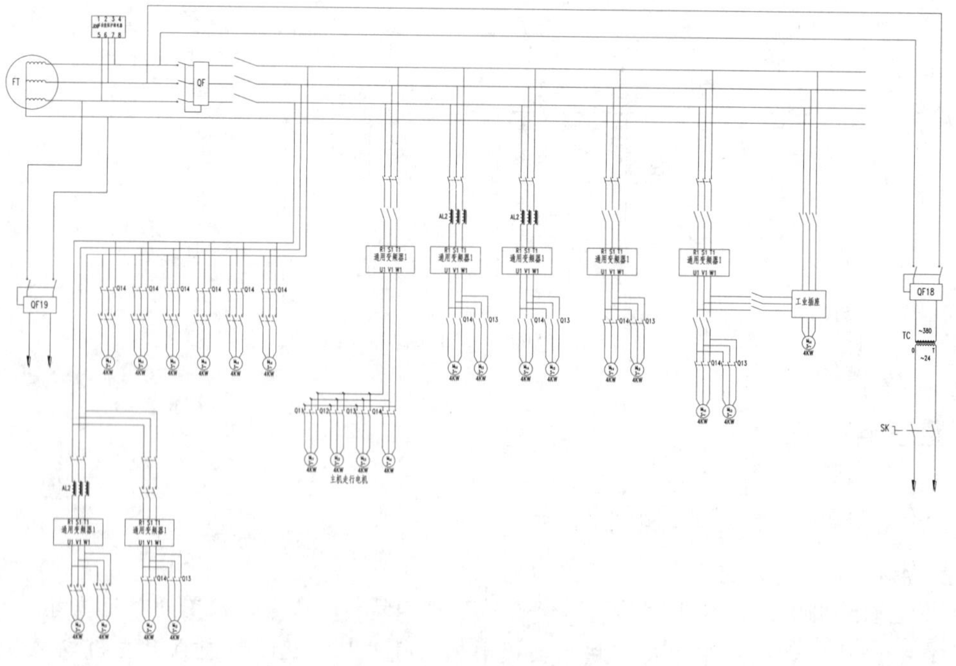

图 12-42　电路图整理结果

（5）在“默认”选项卡中单击“绘图”面板中的“圆环”按钮◎，绘制内径为 0、外径为 1 的小圆点作为导线连接点，结果如图 12-43 所示。

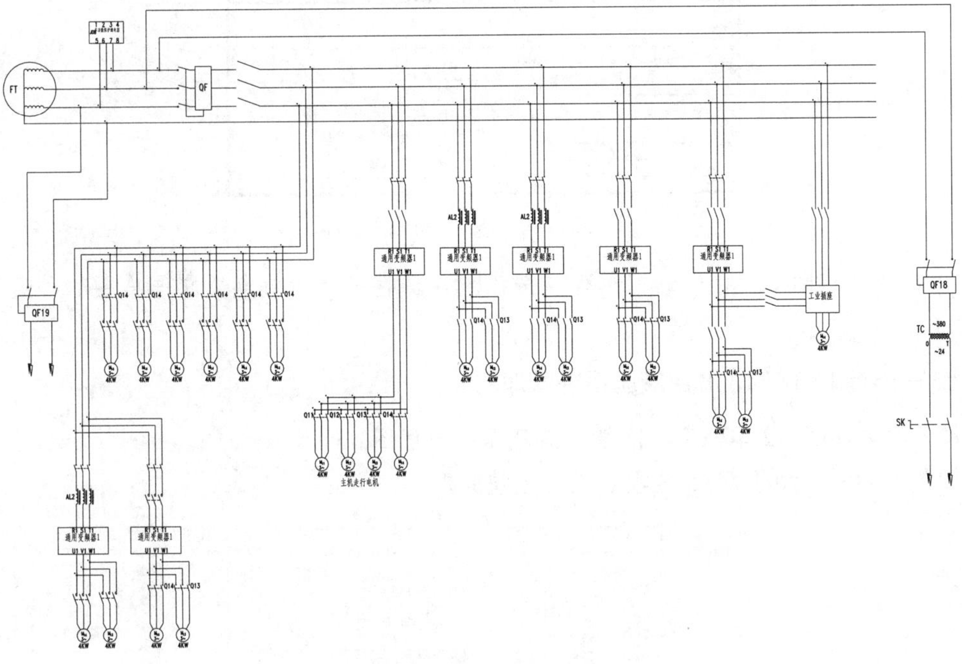

图 12-43 绘制连接点

（6）将“说明层”置为当前。在“默认”选项卡中单击“注释”面板中的“多行文字”按钮 A，为电路模块添加注释，结果如图 12-44 所示。

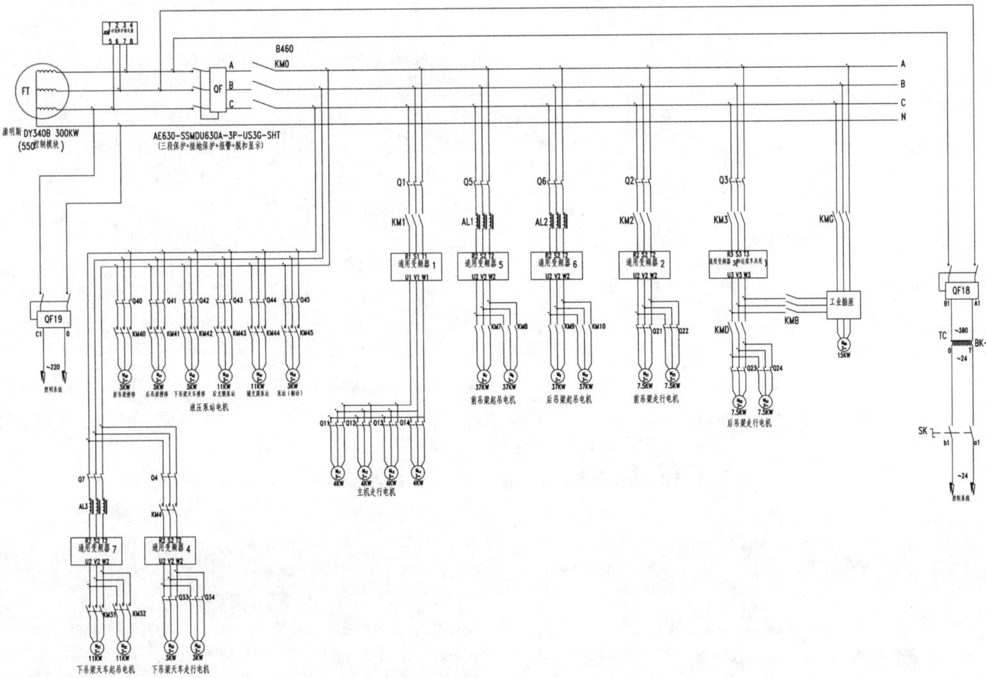

图 12-44 标注电路图

（7）双击右下角图纸名称单元格，在标题栏中输入图纸名称“起重机电气原理总图”，如图 12-45 所示。

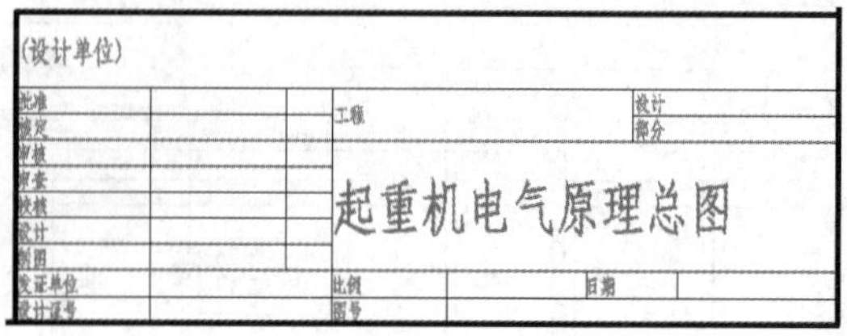

图 12-45　标注标题栏

（8）单击快速访问工具栏中的“保存”按钮，保存“起重机电气原理总图”，最终结果如图 12-1 所示。

动手练——绘制 YT4543 滑台液压系统原理图

源文件：源文件\第 12 章\ YT4543 滑台液压系统原理图.dwg

绘制如图 12-46 所示的 YT4543 滑台液压系统原理图。

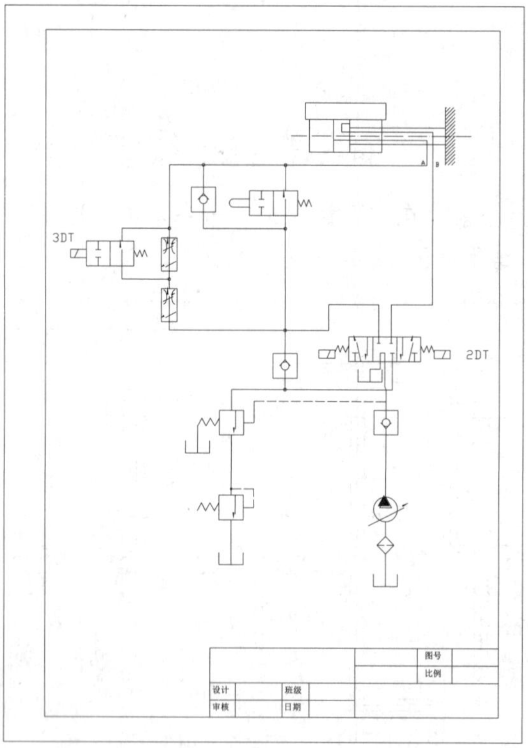

图 12-46　YT4543 滑台液压系统原理图

思路点拨：

（1）绘制液压缸。

（2）绘制单向阀、机械式二位阀、电磁式二位阀、调速阀、顺序阀。

（3）绘制油泵、滤油器和油箱。

（4）绘制系统图。

扫一扫，看视频

12.3 电动机控制系统电气设计

电动机控制系统电气图常见的种类有供电系统图、控制电路图、安装接线图、功能图和平面布置图等。其中以供电系统图、控制电路图、安装接线图最为常用。

本节分供电系统图、控制电路图和安装接线图 3 部分，逐步深入地完成电动机控制电路的设计。绘制思路如下：先进行图纸布局，即绘制主要的导线；然后分别绘制各个主要的电气元件，并将各电气元件插入导线之间；最后添加注释和文字。

12.3.1 电动机供电系统图

源文件：源文件\第 12 章\电动机供电系统图.dwg

为了表示电动机的供电关系，可采用如图 12-47 所示的供电系统图。该图展示了电能由380V 三相电源经熔断器 FU、接触器 KM 的主触点、热继电器 FR 的热元件，输入三相电动机 M 的 3 个接线端 U、V、W。

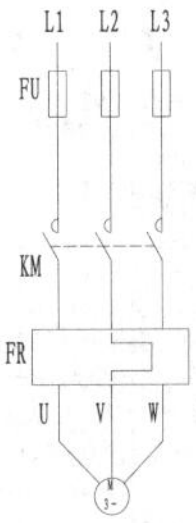

图 12-47 电动机供电系统图

操作步骤

1. 设置绘图环境

（1）打开 AutoCAD 2020 应用程序，单击快速访问工具栏中的“新建”按钮，以“无样板打开-公制”方式创建一个空白文档。单击快速访问工具栏中的“保存”按钮，设置保存路径，命名为“电动机供电系统图.dwg”，将其保存。

（2）单击状态栏中的“栅格”按钮，或者按快捷键 F7，在绘图窗口中显示栅格。命令行中会提示“命令：<栅格 开>”。若想关闭栅格，可以再次单击状态栏中的“栅格”按钮，或者按快捷键 F7。

2. 绘制各电气元件

（1）绘制电动机。

① 在“默认”选项卡中单击“绘图”面板中的“圆”按钮。命令行提示与操作如下：

```
命令： _circle
指定圆的圆心或 [三点(3P)/两点(2P)/切点、切点、半径(T)]：(指定圆的圆心)
指定圆的半径或 [直径(D)]： 8↙ (输入圆的半径为 8)
```

这样就绘制了一个半径为 8 的圆，如图 12-48（a）所示。

② 在“默认”选项卡中单击“绘图”面板中的“直线”按钮。命令行提示与操作如下：

```
命令： _line
指定第一个点：(输入第一点的坐标)
指定下一点或 [放弃(U)]： @0,24 (以相对形式输入第二点坐标，长度为 24)
指定下一点或 [放弃(U)]：↙ (单击鼠标右键或者按 Enter 键)
```

绘制结果如图 12-48（b）所示。

③ 关闭“正交”功能，启动“极轴追轴”绘图模式。在“默认”选项卡中单击“绘图”面板中的“直线”按钮，用鼠标捕捉圆心，以其为起点，绘制一条与竖直方向成 45°角，长度为 40

的倾斜直线 2，如图 12-48（c）所示。命令行提示与操作如下：

```
命令：_line
指定第一个点:（选择圆心）
指定下一点或 [放弃(U)]: @40<45↙
指定下一点或 [放弃(U)]:↙（单击鼠标右键或者按 Enter 键）
```

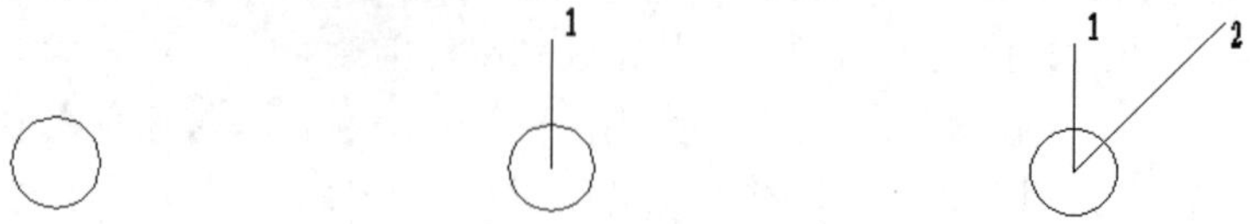

（a）绘制圆　　（b）绘制直线　　（c）绘制倾斜直线

图 12-48　绘制电动机

④ 在“默认”选项卡中单击“修改”面板中的“镜像”按钮。命令行提示与操作如下：

```
命令：_mirror
选择对象：找到 1 个 ↙（选中直线 2）
选择对象：↙（单击鼠标右键或者按 Enter 键）
指定镜像线的第一点：
指定镜像线的第二点:（分别选择直线 1 的两个端点）
要删除源对象吗？[是(Y)/否(N)] <N>：↙（N:不删除原有直线；Y:删除原有直线）
```

镜像后的效果如图 12-49 所示。

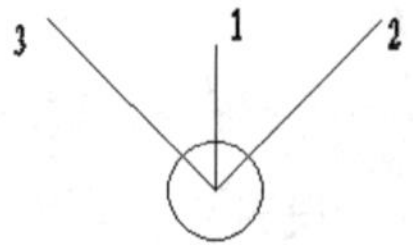

图 12-49　镜像直线

⑤ 关闭“极轴追踪”功能，激活“正交”绘图模式。在“默认”选项卡中单击“绘图”面板中的“直线”按钮，用鼠标捕捉直线 1 的上端点，以其为起点，向右绘制一条长度为 40 的水平直线 4，如图 12-50（a）所示。

⑥ 在“默认”选项卡中单击“修改”面板中的“镜像”按钮，以轴对称的方式指定直线 4 进行镜像操作，镜像线为直线 1，镜像后的效果如图 12-50（b）所示。

⑦ 在“默认”选项卡中单击“修改”面板中的“修剪”按钮。命令行提示与操作如下：

```
命令：_trim↙
选择对象或 <选择全部>（选择直线 4）
选择对象：↙（按 Enter 键或者单击鼠标右键）
选择要修剪的对象，或按住 Shift 键选择要延伸的对象，或[栏选(F)/窗交(C)/投影(P)/边(E)/删除(R)/放弃(U)]:（选择直线 2 和直线 3 在直线 4 上方的部分后按 Enter 键）
```

这样就完成了以直线 4 为剪切边，对直线 2 和直线 3 进行修剪，效果如图 12-50（c）所示。

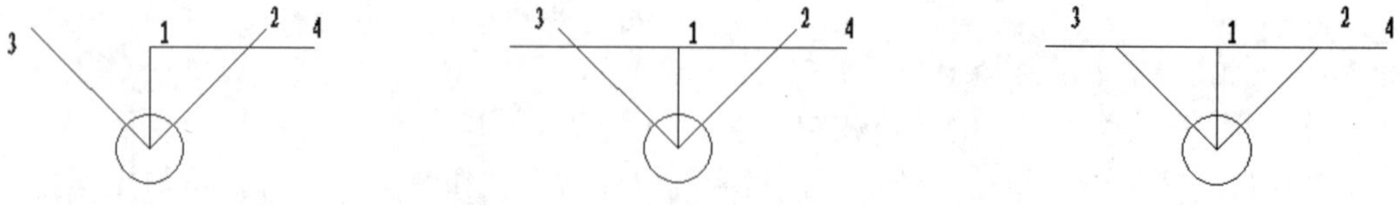

（a）绘制直线 4　　（b）镜像效果　　（c）修剪效果

图 12-50　添加直线后进行镜像、修剪

⑧ 在“默认”选项卡中单击“修改”面板中的“删除”按钮，删除直线 4。

⑨ 在“默认”选项卡中单击“绘图”面板中的“直线”按钮，在“对象捕捉”和“正交”模式下，用鼠标捕捉直线 2 的上端点，以其为起点，向上绘制长度为 10 的竖直直线；用相同的方法分别捕捉直线 1 和 3 的上端点作为起点，向上绘制长度为 10 的竖直直线，效果如图 12-51(a)所示。

⑩ 在“默认”选项卡中单击“修改”面板中的“修剪”按钮，修剪掉圆以内的直线，结果如图 12-51（b）所示。这就是绘制完成的电动机的图形符号，将其保存为图块。

（a）绘制竖直直线　　（b）修剪

图 12-51　完成电动机绘制

（2）绘制热继电器。

① 在“默认”选项卡中单击“绘图”面板中的“矩形”按钮，绘制一个长为 72、宽为 24 的矩形。

② 在“默认”选项卡中单击“修改”面板中的“分解”按钮，将绘制的矩形分解为直线 1、2、3、4，如图 12-52（a）所示。

③ 在“默认”选项卡中单击“修改”面板中的“偏移”按钮，以直线 1 为起始，向下进行偏移，偏移量分别为 6 和 12；以直线 4 为起始，向左进行偏移，偏移量分别为 17 和 19，如图 12-52（b）所示。

（a）分解矩形　　（b）偏移直线

图 12-52　绘制热继电器（1）

④ 在“默认”选项卡中单击“修改”面板中的“修剪”按钮和“删除”按钮，修剪图形并删除掉多余的直线，得到如图 12-53（a）所示的结果。

⑤ 在“默认”选项卡中单击“修改”面板中的“拉长”按钮，拉长线段。命令行提示与操作如下：

```
命令：_lengthen
选择要测量的对象或 [增量(DE)/百分比(P)/总计(T)/动态(DY)] <总计(T)>:DE
输入长度增量或 [角度(A)] <0.0000>: 15（15 为拉伸长度）
选择要修改的对象或 [放弃(U)]:（选择直线 5 的上半部分）
选择要修改的对象或 [放弃(U)]:（选择直线 5 的下半部分）
选择要修改的对象或 [放弃(U)]:（拉长完毕按 Enter 键）
```

效果如图 12-53（b）所示。

（a）修剪、删除　　（b）拉长

图 12-53　绘制热继电器（2）

⑥ 在“默认”选项卡中单击“修改”面板中的“偏移”按钮⊆，以直线 5 为起始，分别向左和向右进行偏移，偏移量为 24，如图 12-54（a）所示。

⑦ 在“默认”选项卡中单击“修改”面板中的“修剪”按钮✂，以各水平直线为剪切边，对直线 5、6 和 7 进行修剪。在“默认”选项卡中单击“修改”面板中的“打断”按钮凸，对中间的直线进行打断，结果如图 12-54（b）所示。这就是绘制完成的热继电器的图形符号，将其保存为图块即可。

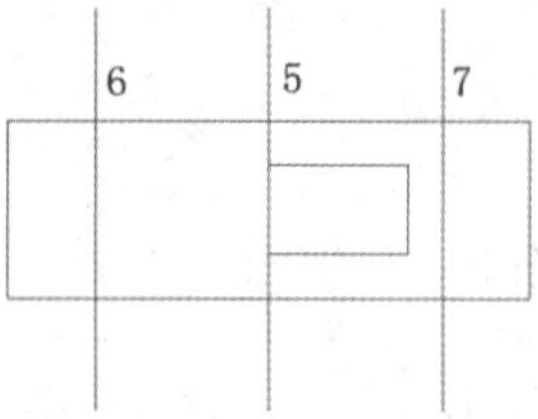

（a）偏移

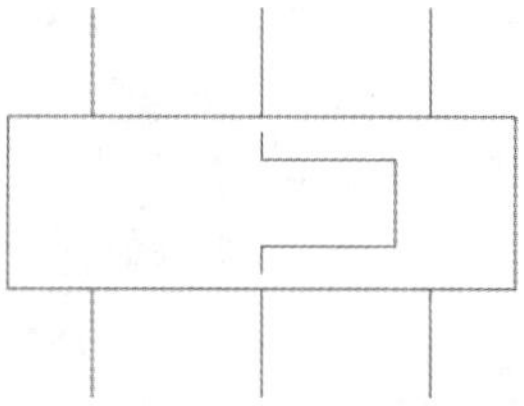

（b）打断

图 12-54　绘制热继电器（3）

（3）绘制接触器。

① 在“默认”选项卡中单击“绘图”面板中的“直线”按钮／，绘制长度为 60 的竖直直线 1，如图 12-55（a）所示。

② 在“默认”选项卡中单击“绘图”面板中的“直线”按钮／，在“对象捕捉”和“极轴追踪”绘图模式下，用鼠标捕捉直线 1 的下端点，以其为起点，绘制一条与水平方向成 120° 角，长度为 14 的倾斜直线 2，如图 12-55（b）所示。

③ 在“默认”选项卡中单击“修改”面板中的“移动”按钮✥，将直线 2 沿竖直方向向上平移 15。命令行提示与操作如下：

```
命令：_move
选择对象：找到一个（用鼠标选择直线 2）
选择对象：↙（单击鼠标右键或按 Enter 键）
指点基点或 [位移(D)] <位移> :（单击鼠标右键或按 Enter 键）
指定第二个点或 <使用第一个点作为位移>: @0,15,0↙
```

移动后结果如图 12-55（c）所示。

④ 在“默认”选项卡中单击“绘图”面板中的“圆”按钮⊙，用鼠标捕捉直线 1 的上端点，以其为圆心，绘制一个半径为 3 的圆。命令行提示与操作如下：

```
命令：_circle
指定圆的圆心或 [三点(3P)/两点(2P)/切点、切点、半径(T)]:（在“对象捕捉”模式下用鼠标拾取直线 1 的上端点）
指定圆的半径或 [直径(D)]:3↙（输入圆的半径为 3）
```

绘制得到的圆如图 12-55（d）所示。

⑤ 在“默认”选项卡中单击“修改”面板中的“移动”按钮✥，将步骤④绘制的圆沿竖直方向向下平移 30。命令行提示与操作如下：

```
命令：_move
选择对象：找到一个（用鼠标选择圆）
选择对象：↙（单击鼠标右键或按 Enter 键）
指点基点或 [位移(D)] <位移>（单击鼠标右键或按 Enter 键）
指定第二个点或 <使用第一个点作为位移>: @0,-30,0↙
```

移动后结果如图 12-55（e）所示。

⑥ 在“默认”选项卡中单击“修改”面板中的“修剪”按钮和“删除”按钮，分别对直线 1 和圆进行修剪，并删除掉多余的图形，得到如图 12-55（f）所示的结果。

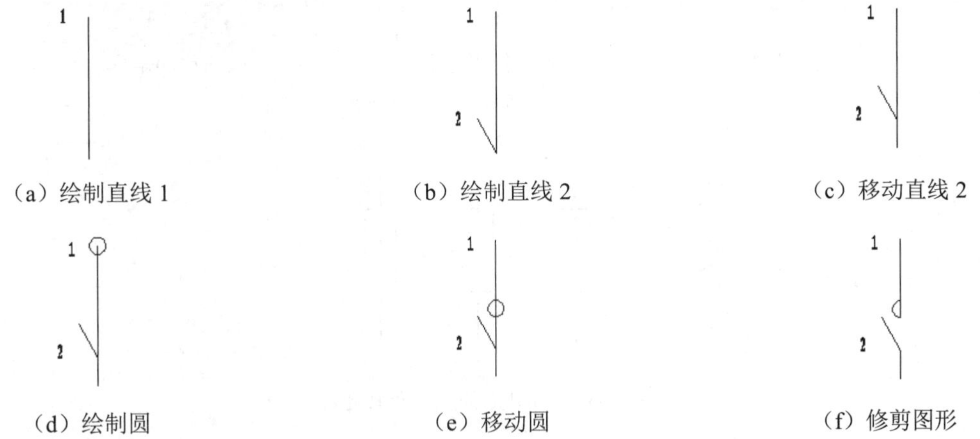

（a）绘制直线 1　（b）绘制直线 2　（c）移动直线 2

（d）绘制圆　（e）移动圆　（f）修剪图形

图 12-55　绘制接触器

⑦ 在“默认”选项卡中单击“修改”面板中的“矩形阵列”按钮，设置“行数”为 1，“列数”为 3，“间距”为 24，阵列结果如图 12-56 所示。

⑧ 在“默认”选项卡中单击“绘图”面板中的“直线”按钮，绘制一条虚线，最终完成接触器的图形符号的绘制，如图 12-57 所示。

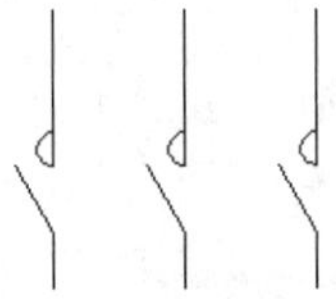

图 12-56　阵列结果

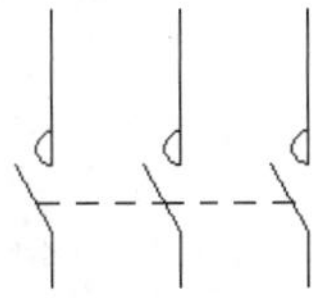

图 12-57　绘制虚线

（4）绘制电阻及其连线。

① 在“默认”选项卡中单击“绘图”面板中的“直线”按钮，绘制长度为 50 的直线 1，如图 12-58（a）所示。

② 在“默认”选项卡中单击“绘图”面板中的“矩形”按钮，以直线 1 上端点为起始点，绘制一个长为 20、宽为 8 的矩形，如图 12-58（b）所示。

③ 在“默认”选项卡中单击“修改”面板中的“移动”按钮，将矩形向左移动 4，向下移动 12.5。命令行提示与操作如下：

```
命令：_move
选择对象：找到一个（用鼠标选择矩形）
选择对象：↙（单击鼠标右键或按 Enter 键）
指点基点或 [位移(D)] <位移>：↙（单击鼠标右键或按 Enter 键）
指定第二个点或 <使用第一个点作为位移>：@-4,-12.5,0↙
```

移动后的效果如图 12-58（c）所示。

④ 在“默认”选项卡中单击“修改”面板中的“矩形阵列”按钮，选择如图 12-58（c）所示的图形为阵列对象，设置“行数”为 1，“列数”为 3，“间距”为 24，结果如图 12-59 所示。

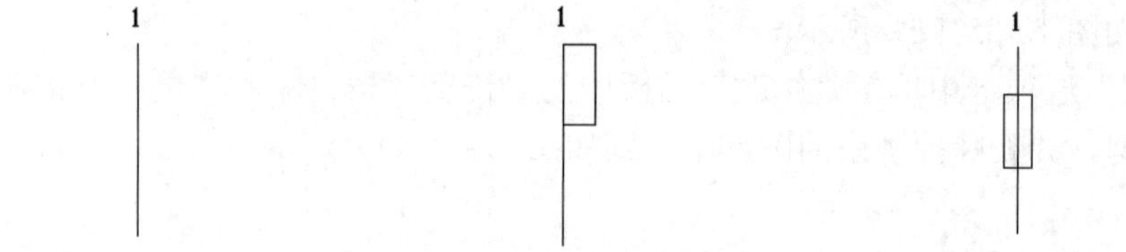

（a）绘制直线　　（b）绘制矩形　　（c）移动矩形

图 12-58　绘制电阻及其连线

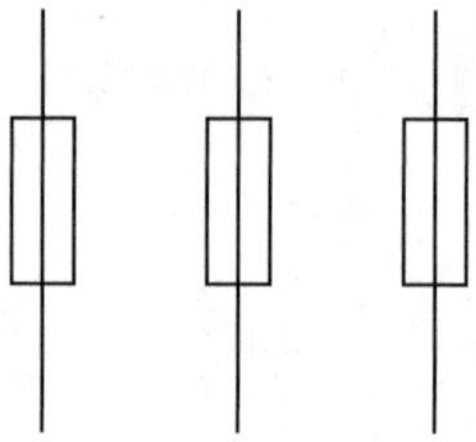

图 12-59　阵列后的电阻及其连线

3．连接各主要元件

（1）在“默认”选项卡中单击“修改”面板中的“移动”按钮✥，将热继电器的图形符号平移到电动机图形符号的附近，如图 12-60 和图 12-61 所示。

（2）在“默认”选项卡中单击“修改”面板中的“移动”按钮✥，选择整个热继电器符号为平移对象，用鼠标捕捉其左端靠下外接线头 2 为平移基点，移动图形，并捕捉电动机左接线头 1 为目标点，平移后结果如图 12-62 所示。

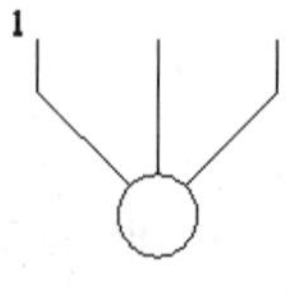

图 12-60　电动机

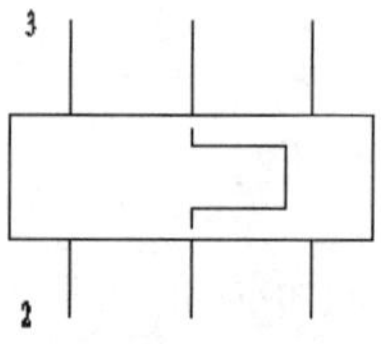

图 12-61　热继电器

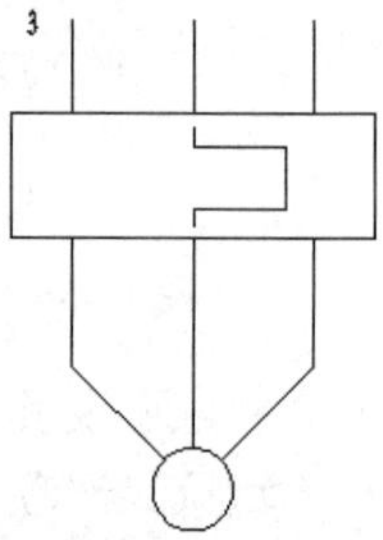

图 12-62　连接图

（3）在“默认”选项卡中单击“修改”面板中的“移动”按钮✥，将电阻及其连线图形符号平移到接触器图形符号的附近，如图 12-63 和图 12-64 所示。

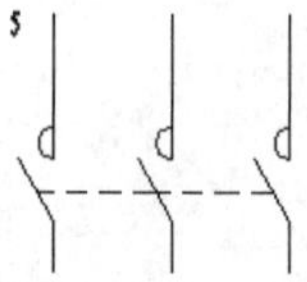

图 12-63　接触器图形符号

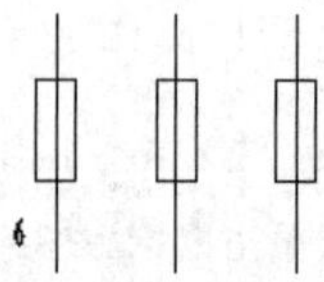

图 12-64　电阻及其连线图形符号

（4）在“默认”选项卡中单击“修改”面板中的“移动”按钮✥，选择整个电阻及其连线图形符号为平移对象，用鼠标捕捉其左端靠下外接线头 6 为平移基点，移动图形，并捕捉接触器左接线头 5 为目标点，平移后结果如图 12-65 所示。

（5）在“默认”选项卡中单击“修改”面板中的“移动”按钮✥，选择整个电动机与热继电器为平移对象，用鼠标捕捉其左端靠上外接线头 3 为平移基点，移动图形，并捕捉接触器左接线头 4 为目标点，平移后结果如图 12-66 所示。

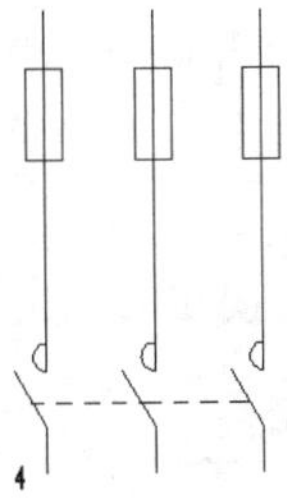

图 12-65　连接图

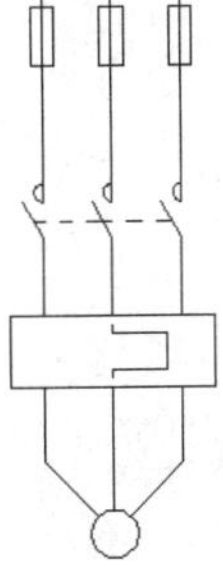

图 12-66　电动机供电系统图

4．添加注释文字

（1）在“默认”选项卡中单击“注释”面板中的“文字样式”按钮A，打开“文字样式”对话框，创建一个样式名为“电动机供电系统图”的文字样式，“字体名”设置为“仿宋_GB2312”，“字体样式”设置为“常规”，“高度”设置为 10，“宽度因子”设置为 0.7。

（2）在“默认”选项卡中单击“注释”面板中的“多行文字”按钮A，一次输入几行文字，然后调整其位置，以对齐文字。调整位置的时候，可结合使用“正交”功能。

添加注释文字后，就完成了整张图纸的绘制。

12.3.2　电动机控制电路图

源文件：源文件\第 12 章\电动机控制电路图.dwg

电动机控制电路图属于一种原理图，是在电动机供电系统图的基础添加控制电路构成的，效果如图 12-67 所示。由图 12-67 可以看出该电动机的控制原理，接触器 KM 的触点是由其释放线圈来控制的。该线圈所在的回路是：电源相线 L—热继电器 FR 的动断（常闭）触点—按钮 S2（常闭）—按钮 S1（常开）—接触器 KM 的释放线圈—电源中性线 N。当按下按钮 S1 时，回路接通，接触器 KM 动作，并通过其常开辅助触点自锁，电动机 M 启动运转。其中的热继电器 FR 起过载保护作用。

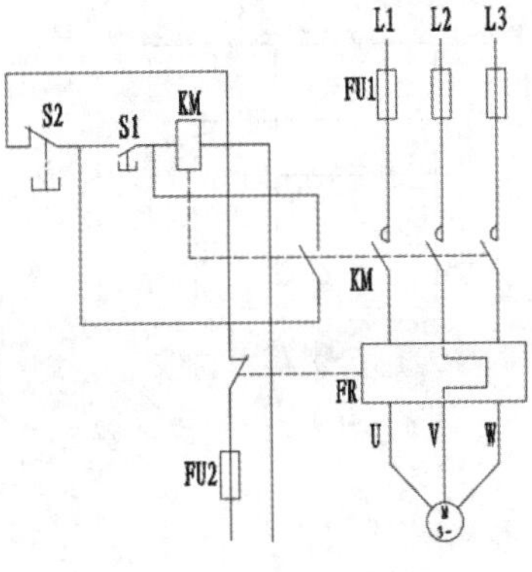

图 12-67　电动机控制电路图

操作步骤

1. 设置绘图环境

（1）打开 AutoCAD 2020 应用程序，以“无样板打开-公制”方式建立新文件。单击快速访问工具栏中的“保存”按钮，将新文件命名为“电动机控制电路图.dwt”，将其保存。

（2）单击状态栏中的“栅格”按钮，或者按快捷键 F7，在绘图窗口中将显示栅格，命令行中会提示“命令：<栅格 开>”。若想关闭栅格，可以再次单击状态栏中的“栅格”按钮，或者按快捷键 F7。

（3）在“默认”选项卡中单击“图层”面板中的“图层特性”按钮，打开“图层特性管理器”选项板，各图层设置如图 12-68 所示。

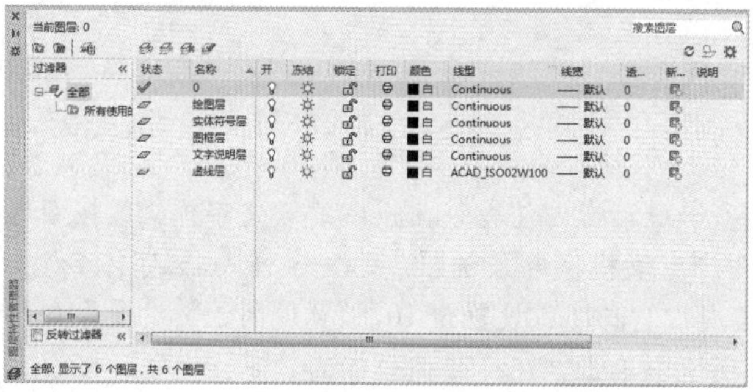

图 12-68　图层设置

2. 绘制控制回路连接线

（1）将“绘图层”设置为当前图层。在“默认”选项卡中单击“绘图”面板中的“矩形”按钮，在屏幕中适当位置绘制一个长为 135、宽为 103 的矩形。

（2）在“默认”选项卡中单击“修改”面板中的“分解”按钮，将矩形分解为 1、2、3、4 四段直线，如图 12-69（a）所示。

（3）在“默认”选项卡中单击“修改”面板中的“偏移”按钮，以直线 1 为起始，向下进行偏移，偏移量分别为 30 和 21；以直线 2 为起始，向右进行偏移，偏移量分别为 32、32、32 和 18，如图 12-69（b）所示。

（4）在“默认”选项卡中单击“修改”面板中的“修剪”按钮和“删除”按钮，修剪并删除掉多余的直线，结果如图 12-69（c）所示。

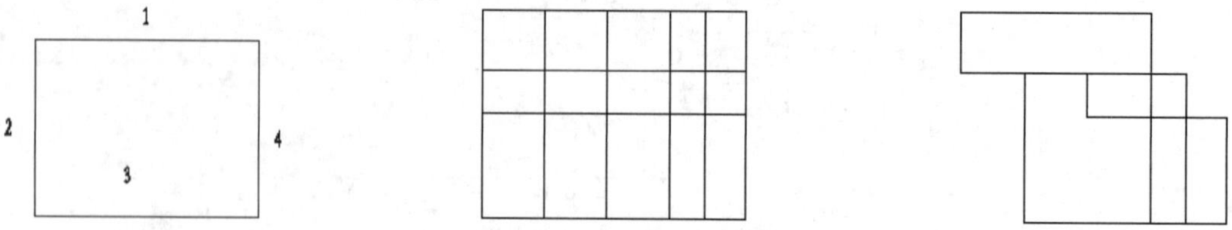

（a）分解矩形　　（b）偏移直线　　（c）修剪图形

图 12-69　绘制连接线

3. 绘制各元器件

（1）绘制按钮开关 1。

① 将“实体符号层”设置为当前图层。在“默认”选项卡中单击“绘图”面板中的“矩形”按钮，在屏幕中适当位置绘制一个长为7.5、宽为10的矩形。

② 在“默认”选项卡中单击“修改”面板中的“分解”按钮，将矩形分解为1、2、3、4四段直线，如图12-70（a）所示。

③ 启动“正交”绘图模式，在“默认”选项卡中单击“绘图”面板中的“直线”按钮，用鼠标分别捕捉直线1左右两端点，向左、右分别绘制长为7.5的水平直线，如图12-70（b）所示。

④ 在“对象捕捉”和“极轴追踪”绘图模式下，用鼠标捕捉直线1的右端点，以其为起点，绘制一条与水平线成30°的倾斜直线，倾斜直线的终点刚好落在直线3上面，如图12-70（c）所示。

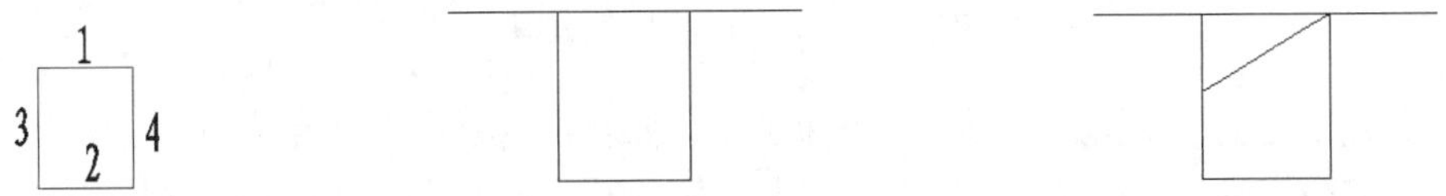

（a）分解矩形　（b）绘制直线　（c）绘制斜线

图12-70　绘制按钮开关1（1）

⑤ 在“默认”选项卡中单击“修改”面板中的“偏移”按钮，以直线2为起始，向上进行偏移，偏移量为3.5；以直线3为起始，向右进行偏移，偏移量为3.75，如图12-71（a）所示。

⑥ 选中偏移得到的竖直直线，在“默认”选项卡的“图层”面板中打开“图层特性”下拉列表框，选择“虚线层”图层，将其替换。更改后的效果如图12-71（b）所示。

⑦ 在“默认”选项卡中单击“修改”面板中的“修剪”按钮和“删除”按钮，修剪并删除掉多余的直线，得到如图12-71（c）所示的结果。这就是绘制完成的按钮开关1。

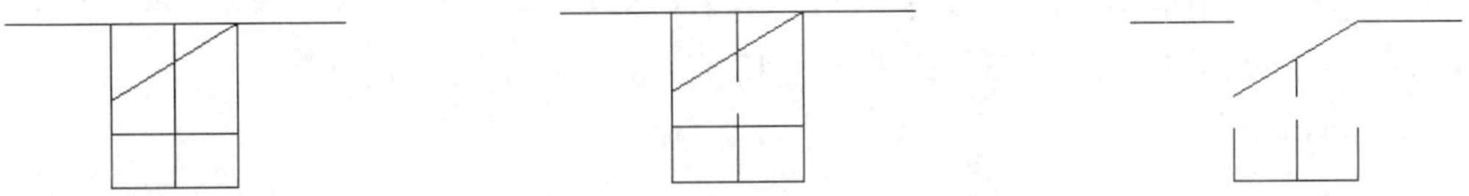

（a）偏移直线　（b）更换图层　（c）修剪

图12-71　绘制按钮开关1（2）

（2）绘制按钮开关2。

① 在“默认”选项卡中单击“绘图”面板中的“直线”按钮，绘制长度为32的竖直直线1，如图12-72（a）所示。重复“直线”命令，在“对象捕捉”和“正交”绘图模式下，用鼠标捕捉直线1的上端点，以其为起点，向右绘制一条长度为8的水平直线2，如图12-72（b）所示。

② 在“默认”选项卡中单击“修改”面板中的“移动”按钮，将直线2竖直向下平移10，结果如图12-72（c）所示。

③ 关闭“正交”功能，启动“极轴追踪”绘图模式。用鼠标捕捉直线1的下端点，以其为起点，绘制一条与水平方向成60°角、长度为16的直线3，如图12-72（d）所示。

④ 在“默认”选项卡中单击“修改”面板中的“移动”按钮，将直线3竖直向上平移10，结果如图12-72（e）所示。

⑤ 在“默认”选项卡中单击“修改”面板中的“修剪”按钮，以直线2和直线3为剪切边，对直线1进行修剪，修剪掉直线1在直线2和直线3之间的部分，结果如图12-72（f）所示。将修剪后的结果保存为图块。

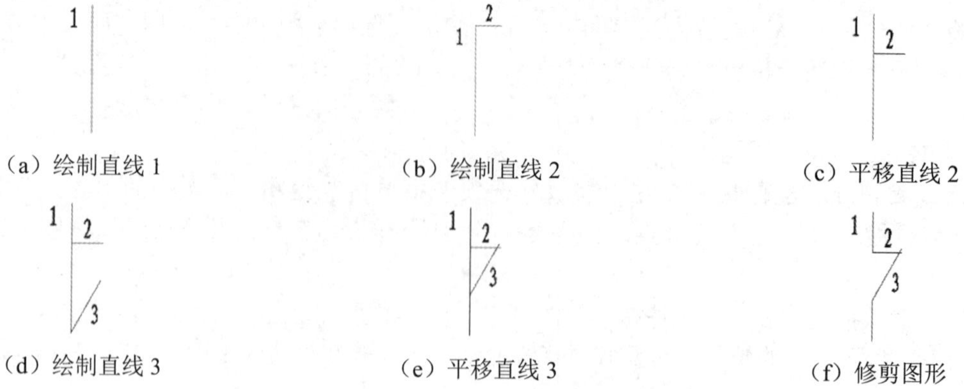

（a）绘制直线 1　（b）绘制直线 2　（c）平移直线 2

（d）绘制直线 3　（e）平移直线 3　（f）修剪图形

图 12-72　绘制按钮开关 2（1）

⑥ 在“默认”选项卡中单击“修改”面板中的“旋转”按钮 。命令行提示与操作如下：

```
命令: _rotate↙
UCS 当前的正角方向:ANGDIR=逆时针  ANGBASE=0
选择对象:（选择上面绘制的整个图形）
选择对象:（单击鼠标右键或按 Enter 键）
指定基点:（选择直线 1 上端点）
指定旋转角度，或 [复制(C)/参照(R)] <0>:（输入旋转角度 90 后按 Enter 键）
```

旋转后的结果如图 12-73（a）所示。

⑦ 在“默认”选项卡中单击“绘图”面板中的“直线”按钮 ，以直线 2 为起点，竖直向下绘制一条长为 18 的直线 4；以所绘直线终点为起点，水平向右绘制一条长为 12 的直线 5；继续以所绘水平直线终点为起点，竖直向上绘制一条长为 18 的直线 6，结果如图 12-73（b）所示。

⑧ 在“默认”选项卡中单击“修改”面板中的“偏移”按钮 ，将直线 6 水平向左偏移 5，得到直线 7，将直线 5 竖直向上偏移 5，结果如图 12-73（c）所示。

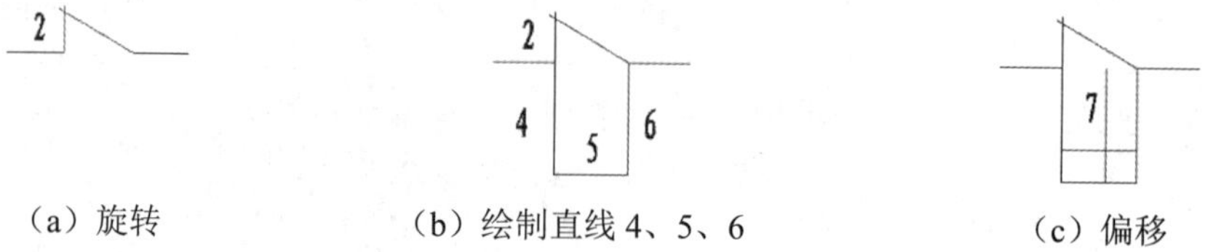

（a）旋转　（b）绘制直线 4、5、6　（c）偏移

图 12-73　绘制按钮开关 2（2）

⑨ 在“默认”选项卡中单击“修改”面板中的“延伸”按钮 。命令行提示与操作如下：

```
命令: _extend
当前设置: 投影=UCS，边=无
选择边界的边...
选择对象或 <全部选择>:（选择直线 7）
选择对象:(单击鼠标右键或按 Enter 键)
选择要延伸的对象，或按住 Shift 键选择要修剪的对象，或[栏选(F)/窗交(C)/投影(P)/边(E)/放弃(U)]:
（选择直线 7）
```

选中直线 7，在“默认”选项卡的“图层”面板中打开“图层特性”下拉列表框，从中选择“虚线层”图层，将其替换。延伸与更改图层后的效果如图 12-74（a）所示。

⑩ 在“默认”选项卡中单击“修改”面板中的“修剪”按钮 和“删除”按钮 ，修剪并删除掉多余的直线，得到如图 12-74（b）所示的结果。将直线 5、6、7 修剪后剩下的线段整体向右平

移 1，得到的图形就是按钮开关 2，如图 12-74（c）所示。

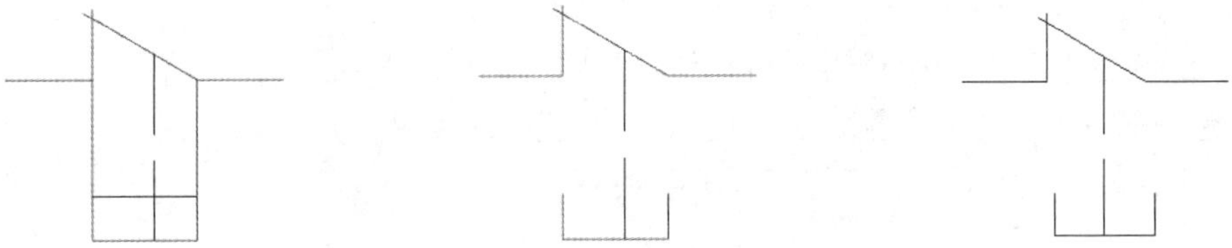

（a）延伸与修改图层　　（b）修剪图形　　（c）平移

图 12-74　完成按钮开关 2 的绘制

（3）绘制接触器线圈。

① 在“默认”选项卡中单击“绘图”面板中的“矩形”按钮，在屏幕中适当位置绘制一个长为 20、宽为 10 的矩形，结果如图 12-75（a）所示。

② 在“默认”选项卡中单击“绘图”面板中的“直线”按钮，启动“正交”和“对象捕捉”功能，以矩形左边中点为起始点，水平向左绘制一条长为 10 的直线；以矩形右边中点为起始点，水平向右绘制一条长为 30 的直线。至此，接触器线圈就绘制完成了，结果如图 12-75（b）所示。

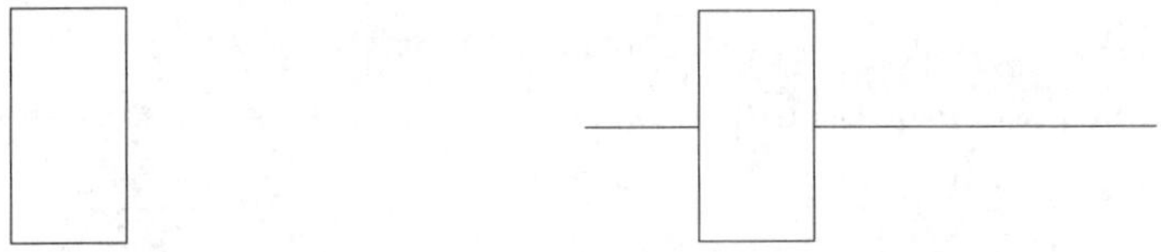

（a）绘制矩形　　（b）绘制直线

图 12-75　接触器线圈

4．完成控制回路

图 12-76 中列出了控制回路中用到的各种元件，其中如图 12-76（a）所示为按钮开关 2，如图 12-76（b）所示为按钮开关 1，如图 12-76（c）所示为接触器线圈，如图 12-76（d）所示为热继电器常闭触点，如图 12-76（e）所示为熔断器，如图 12-76（f）所示为常开触点。

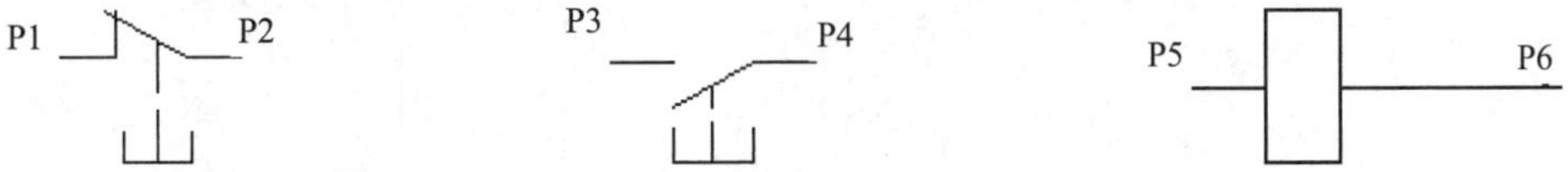

（a）按钮开关 2　　（b）按钮开关 1　　（c）接触器线圈

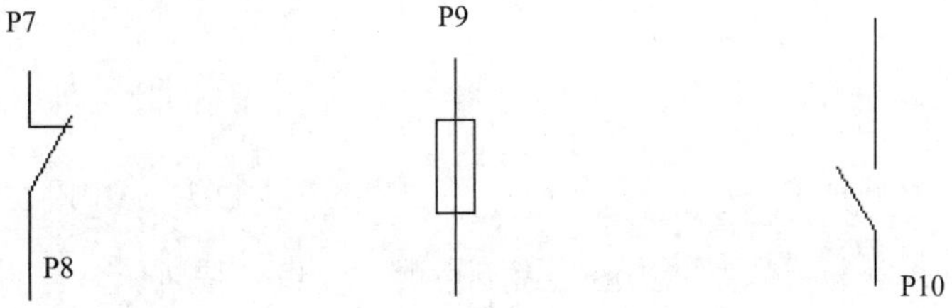

（d）热继电器常闭触点　　（e）熔断器　　（f）常开触点

图 12-76　各种元件

如图 12-77 所示为前面绘制完成的控制回路的连接线图，下面将绘制的各种元件插入其中。

（1）在“默认”选项卡中单击“修改”面板中的“移动”按钮✥，在“对象捕捉”绘图模式下，用鼠标捕捉图 12-76（a）中端点 P1 作为平移基点，移动鼠标，在如图 12-77 所示的控制回路接线图中，用鼠标捕捉 a 点作为平移目标点，将按钮开关 2 平移到连接线图中来。

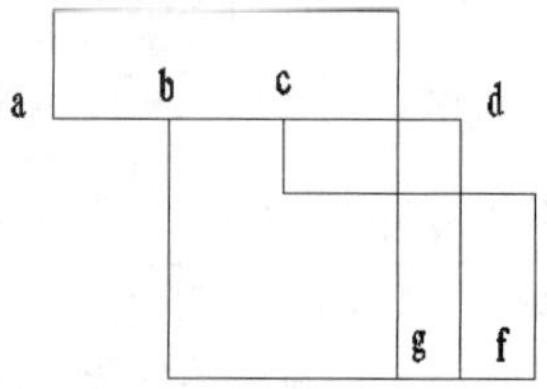

图 12-77　控制回路连接线图

（2）在“默认”选项卡中单击“修改”面板中的“移动”按钮✥，在“对象捕捉”绘图模式下，用鼠标捕捉图 12-76（b）中端点 P3 作为平移基点，移动鼠标，在如图 12-77 所示的控制回路连接线图中，用鼠标捕捉 b 点作为平移目标点，将按钮开关 1 平移到连接线图中来。

（3）在“默认”选项卡中单击“修改”面板中的“移动”按钮✥，在“对象捕捉”绘图模式下，用鼠标捕捉图 12-76（c）中端点 P5 作为平移基点，移动鼠标，在如图 12-77 所示的控制回路连接线图中，用鼠标捕捉 c 点作为平移目标点，将接触器线圈平移到连接线图中来。

（4）在“默认”选项卡中单击“修改”面板中的“移动”按钮✥，在“对象捕捉”绘图模式下，用鼠标捕捉图 12-76（d）中端点 P7 作为平移基点，移动鼠标，在如图 12-77 所示的控制回路连接线图中，用鼠标捕捉 g 点作为平移目标点，将热继电器常闭触点平移到连接线图中来。

（5）在“默认”选项卡中单击“修改”面板中的“移动”按钮✥，在“对象捕捉”绘图模式下，用鼠标捕捉图 12-76（e）中端点 P9 作为平移基点，移动鼠标，用鼠标捕捉 P8 点作为平移目标点，将熔断器平移到连接线图中来。

（6）在“默认”选项卡中单击“修改”面板中的“移动”按钮✥，在“对象捕捉”绘图模式下，用鼠标捕捉图 12-76（f）中端点 P10 作为平移基点，移动鼠标，在如图 12-77 所示的控制回路连接线图中，用鼠标捕捉 f 点作为平移目标点，将常开触点平移到连接线图中来，如图 12-78 所示。

（7）在“默认”选项卡中单击“修改”面板中的“复制”按钮⚇，将前面绘制的供电系统图复制到控制回路的右边，并将其调整到合适的位置，如图 12-79 所示。

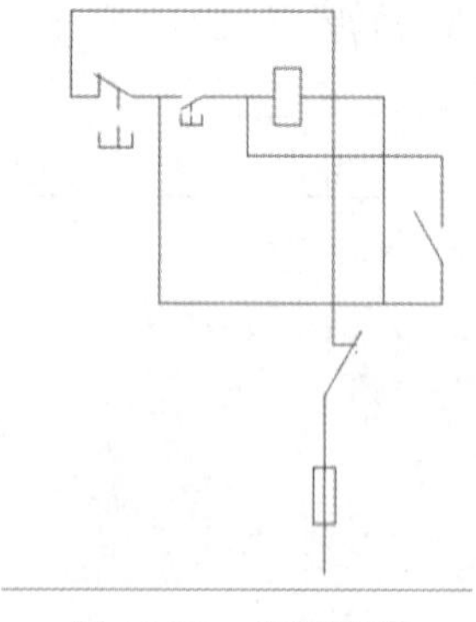
图 12-78　控制回路

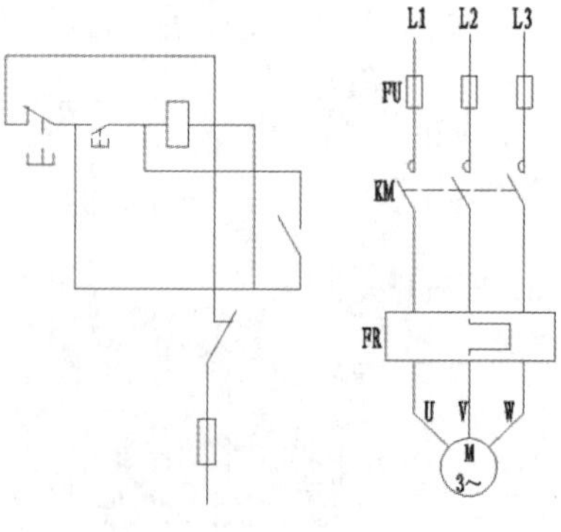

图 12-79　复制供电系统图

（8）在“默认”选项卡中单击“绘图”面板中的“直线”按钮╱，绘制如图 12-80 所示的中点和图 12-81 所示延长线上交点之间的连线。选中该直线，在“默认”选项卡中打开“图层”面板中的“图层特性”下拉列表框处，从中选择“虚线层”图层，将其替换，绘制结果如图 12-82 所示。

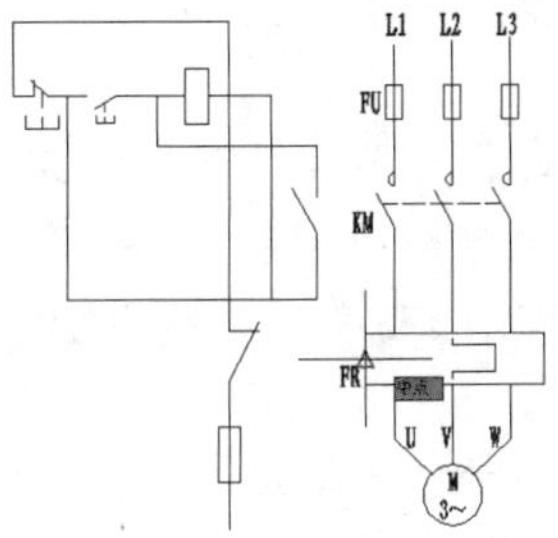

图 12-80 捕捉中点

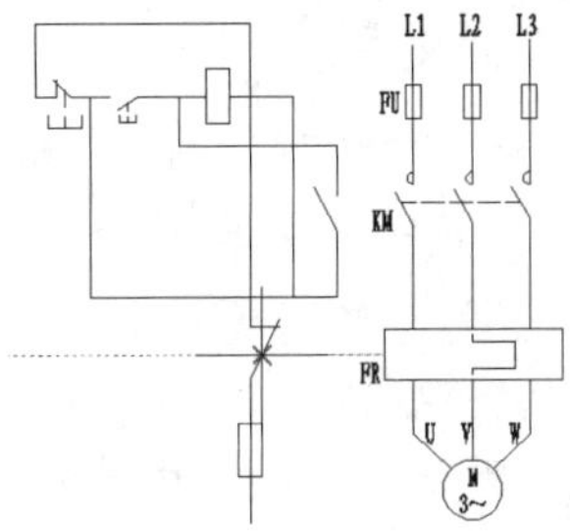

图 12-81 捕捉延长线上的交点

（9）在“默认”选项卡中单击“绘图”面板中的“直线”按钮，以图 12-83 所示的端点为起始点，向左绘制长度为 160 的直线。同理以图 12-84 所示的中点为起始点，向下绘制长度为 40 的直线。选中这两条直线，在“默认”选项卡中打开“图层”面板中的“图层特性”下拉列表框，从中选择“虚线层”图层，将其替换。在“默认”选项卡中单击“修改”面板中的“修剪”按钮，修剪掉多余的直线，得到如图 12-85 所示的结果。

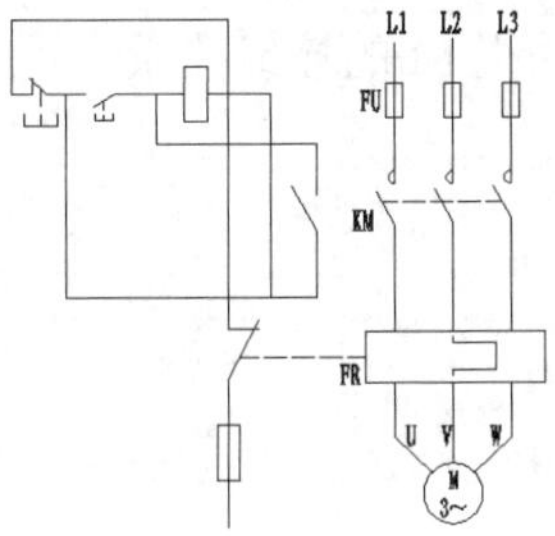

图 12-82 绘制直线

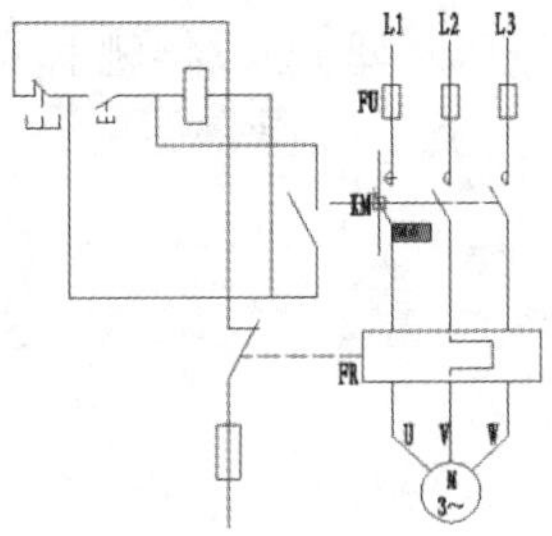

图 12-83 捕捉端点

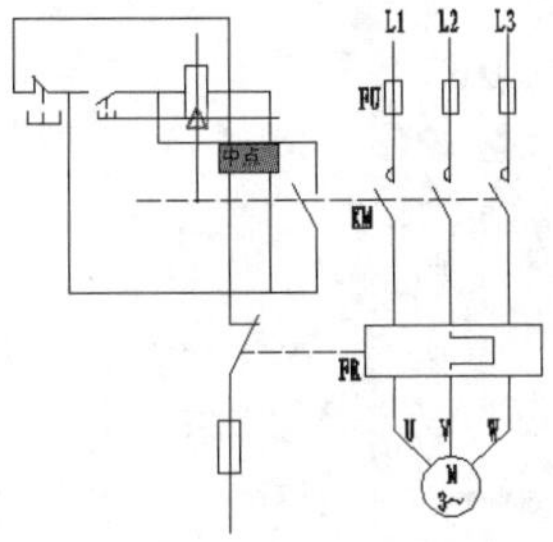

图 12-84 捕捉中点

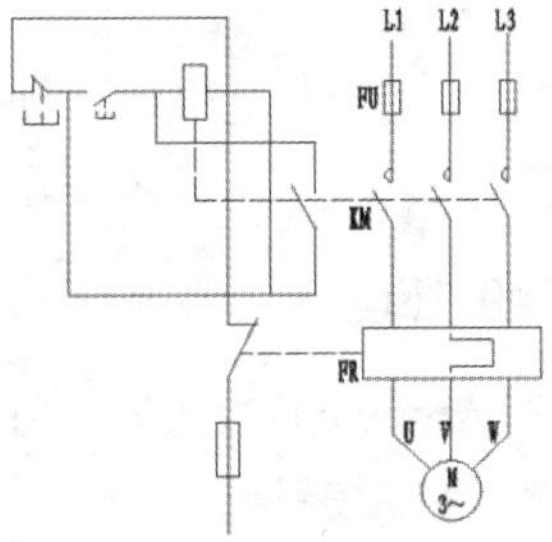

图 12-85 修剪图形

（10）在“默认”选项卡中单击“绘图”面板中的“直线”按钮，以图 12-86 所示直线端点为起始点，向下绘制长度为 90 的直线，如图 12-87 所示。

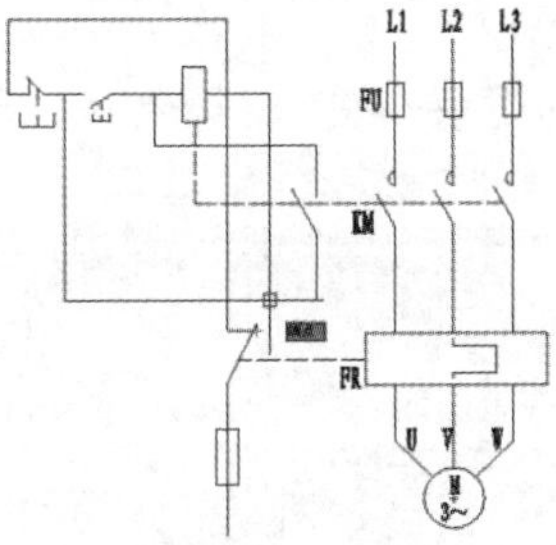

图 12-86 捕捉端点

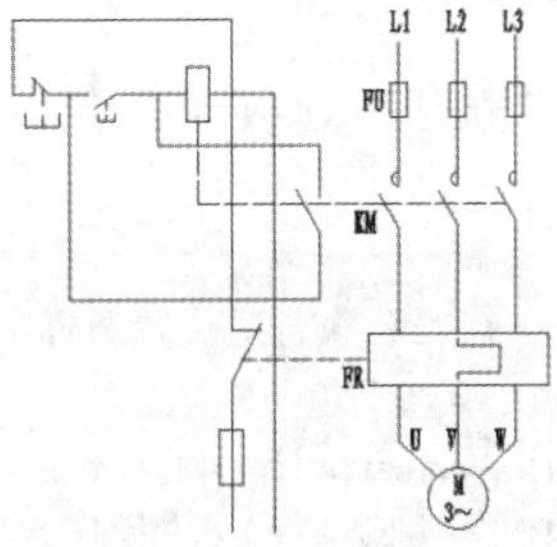

图 12-87 绘制直线

5. 添加注释文字

（1）将“文字说明层”设置为当前图层。在“默认”选项卡中单击“注释”面板中的“文字样式”按钮，打开“文字样式”对话框，创建一个样式名为“电动机控制电路图”的文字样式，“字体名”设置为“仿宋_GB2312”，“字体样式”设置为“常规”，“高度”设置为 10，“宽度因子”设置为 0.7。

（2）在“默认”选项卡中单击“注释”面板中的“多行文字”按钮 A，一次输入几行文字，然后调整其位置，以对齐文字。调整位置的时候，结合使用“正交”功能。

添加注释文字后，就完成了整张图纸的绘制，如图 12-67 所示。

12.3.3 电动机控制接线图

源文件：源文件\第 12 章\电动机控制接线图.dwg

为了表示电气装置各元件之间的连接关系，必须绘制安装接线图。图 12-88 展示了三相电源 L1、L2、L3 经熔断器 FU、接触器 KM、热继电器 FR 接至电动机 M 的接线关系。

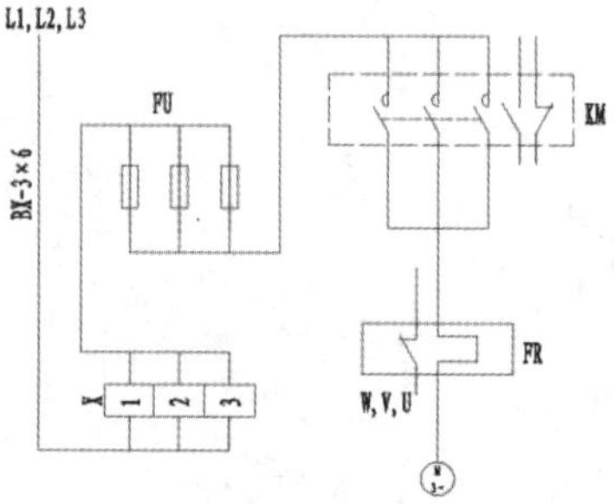

图 12-88 电动机接线图

操作步骤

1. 设置绘图环境

（1）打开 AutoCAD 2020 应用程序，以“无样板打开-公制”方式建立新文件。单击快速访问工具栏中的“保存”按钮，将新文件命名为“电动机接线图.dwt”并保存。

（2）开启栅格。单击状态栏中的“栅格”按钮，或者按快捷键 F7，在绘图窗口中将显示栅格，命令行中会提示“命令：<栅格 开>”。若想关闭栅格，可以再次单击状态栏中的“栅格”按钮，或者按快捷键 F7。

2. 绘制线路结构图

（1）在“默认”选项卡中单击“绘图”面板中的“多段线”按钮，绘制多段线。命令行提示与操作如下：

```
命令：_pline
指定起点：(在屏幕上合适位置选择一点)
当前线宽为：0.0000
指定下一个点或[圆弧(A)/半宽(H)/长度(L)/放弃(U)/宽度(W)]：@0,-195↙
指定下一个点或[圆弧(A)/闭合(C)半宽(H)/长度(L)/放弃(U)/宽度(W)]：@92,0↙
指定下一个点或[圆弧(A)/闭合(C)半宽(H)/长度(L)/放弃(U)/宽度(W)]：@0,46↙
```

```
指定下一个点或[圆弧(A)/闭合(C)半宽(H)/长度(L)/放弃(U)/宽度(W)]: @-72,0↙
指定下一个点或[圆弧(A)/闭合(C)半宽(H)/长度(L)/放弃(U)/宽度(W)]: @0,107↙
指定下一个点或[圆弧(A)/闭合(C)半宽(H)/长度(L)/放弃(U)/宽度(W)]: @72,0↙
指定下一个点或[圆弧(A)/闭合(C)半宽(H)/长度(L)/放弃(U)/宽度(W)]: @0,-60↙
指定下一个点或[圆弧(A)/闭合(C)半宽(H)/长度(L)/放弃(U)/宽度(W)]: @24,0↙
指定下一个点或[圆弧(A)/闭合(C)半宽(H)/长度(L)/放弃(U)/宽度(W)]: @0,102↙
指定下一个点或[圆弧(A)/闭合(C)半宽(H)/长度(L)/放弃(U)/宽度(W)]: @100,0↙
指定下一个点或[圆弧(A)/闭合(C)半宽(H)/长度(L)/放弃(U)/宽度(W)]: ↙
```

绘制结果如图 12-89 所示。

（2）在“默认”选项卡中单击“修改”面板中的“分解”按钮，将多段线进行分解。

（3）在“默认”选项卡中单击“修改”面板中的“偏移”按钮，以直线 ab 为起始，向左进行偏移，偏移量分别为 24 和 24，如图 12-90 所示。

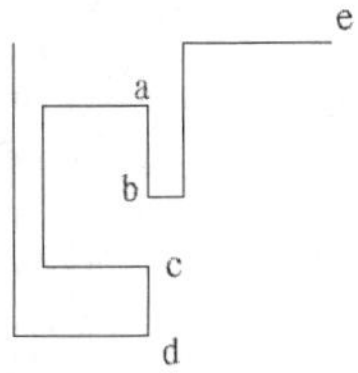

图 12-89　绘制多线段

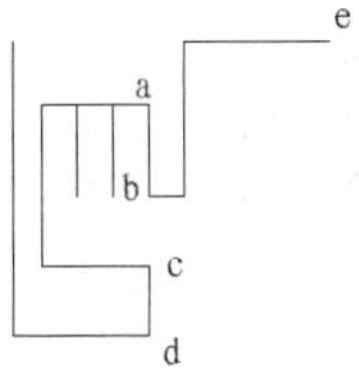

图 12-90　偏移直线

3. 绘制元器件——端子排

（1）在“默认”选项卡中单击“绘图”面板中的“矩形”按钮，绘制一个长为 72、宽为 15 的矩形，结果如图 12-91（a）所示。

（2）在“默认”选项卡中单击“修改”面板中的“分解”按钮，把该矩形分解为 4 条直线。

（3）在“默认”选项卡中单击“修改”面板中的“偏移”按钮，把矩形的左右两边向内偏移，偏移距离为 24，结果如图 12-91（b）所示。

（a）绘制矩形　　（b）偏移

图 12-91　绘制矩形后分解并偏移

（4）在“默认”选项卡中单击“绘图”面板中的“直线”按钮，启动“正交”和“对象捕捉”绘图模式，捕捉到如图 12-92（a）所示矩形一边的中点，竖直向下绘制长度为 15 的直线，结果如图 12-92（b）所示。

（5）在“默认”选项卡中单击“修改”面板中的“偏移”按钮，把刚才绘制的直线向左右两边偏移，偏移距离为 24，结果如图 12-92（c）所示。

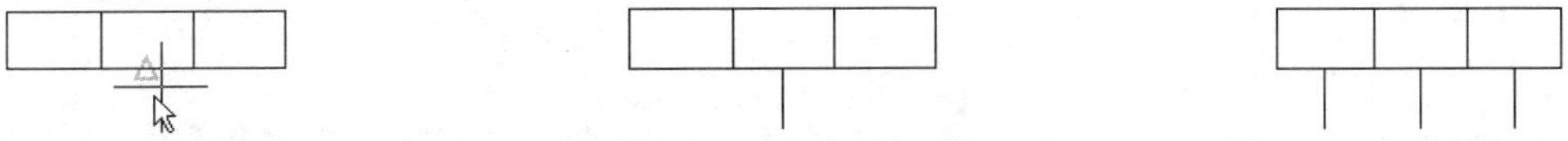

（a）捕捉中点　　（b）绘制直线　　（c）偏移

图 12-92　偏移结果

（6）在“默认”选项卡中单击“修改”面板中的“镜像”按钮，以如图 12-93（a）所示的中点水平直线为对称轴，把虚线所示的线条对称复制一份，结果如图 12-93（b）所示。

（a）捕捉中点　　（b）镜像

图 12-93　镜像结果

4. 将各个元器件插入结构图

（1）使用剪贴板，从以前绘制过的图形中复制需要的元件符号，如图 12-94 所示。其中如图 12-94（a）所示为电动机符号，如图 12-94（b）所示为热继电器符号，如图 12-94（c）所示为接触器主触点符号，如图 12-94（d）所示为熔断器符号，如图 12-94（e）所示为热继电器动断常闭触点符号。

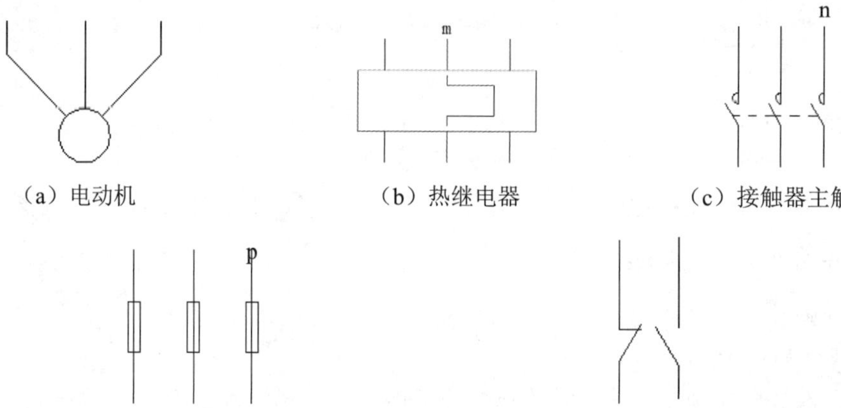

（a）电动机　（b）热继电器　（c）接触器主触点

（d）熔断器　（e）热继电器动断常闭触点

图 12-94　各种元器件符号

（2）在“默认”选项卡中单击“修改”面板中的“移动”按钮✥，在“对象捕捉”绘图模式下，用鼠标捕捉熔断器符号上 p 点作为平移基点，移动鼠标，用鼠标捕捉图 12-95（a）中 a 点作为平移目标点，将熔断器平移到结构图中来，如图 12-95（a）所示。

（3）在“默认”选项卡中单击“绘图”面板中的“直线”按钮╱，在图 12-95（a）中以点 b 为直线的起始点，点 f 为直线的终止点绘制直线，结果如图 12-95（b）所示。

（a）移动熔断器　（b）绘制直线

图 12-95　插入熔断器

（4）在“默认”选项卡中单击“修改”面板中的“移动”按钮✥，在“对象捕捉”绘图模式下，用鼠标捕捉端子排符号［如图 12-96（a）所示］的端点作为平移基点，移动鼠标，用鼠标捕捉

图 12-96（b）中 c 点作为平移目标点，将端子排平移到结构图中来，结果如图 12-96（b）所示。

（a）端子排　　（b）移动

图 12-96　插入端子排

（5）在“默认”选项卡中单击“修改”面板中的“移动”按钮✥，在“对象捕捉”绘图模式下，用鼠标捕捉接触器符号上 n 点作为平移基点，移动鼠标，用鼠标捕捉图 12-96（a）中 e 点作为平移目标点，将接触器主触点平移到连接图中来，结果如图 12-97（a）所示。

（6）在“默认”选项卡中单击“绘图”面板中的“矩形”按钮□，在合适的位置绘制一个长为 120、宽为 35 的矩形，结果如图 12-97（b）所示。

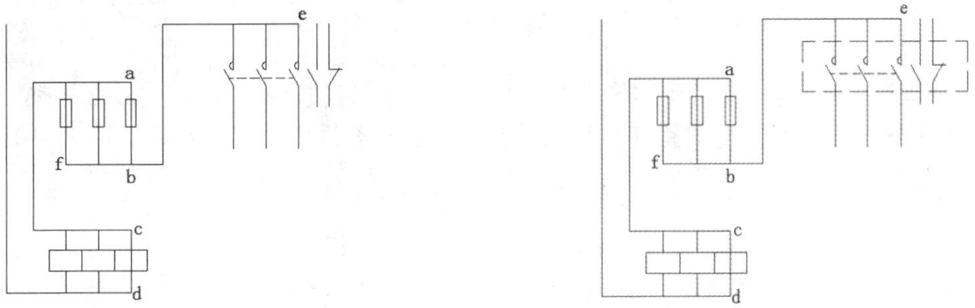

（a）移动接触器　　（b）绘制矩形

图 12-97　插入接触器主触点

（7）在“默认”选项卡中单击“绘图”面板中的“直线”按钮／，分别以接触器主触点下端点为直线的起始点竖直向下绘制直线，长度分别为 30、60、30，并连接左右两直线的终止点，结果如图 12-98（a）所示。

（8）在“默认”选项卡中单击“修改”面板中的“移动”按钮✥，在“对象捕捉”绘图模式下，用鼠标捕捉如图 12-94（b）中的 m 点作为平移基点，移动鼠标，用鼠标捕捉图 12-98（a）中 r 点作为平移目标点，将热继电器平移到结构图中来，结果如图 12-98（b）所示。

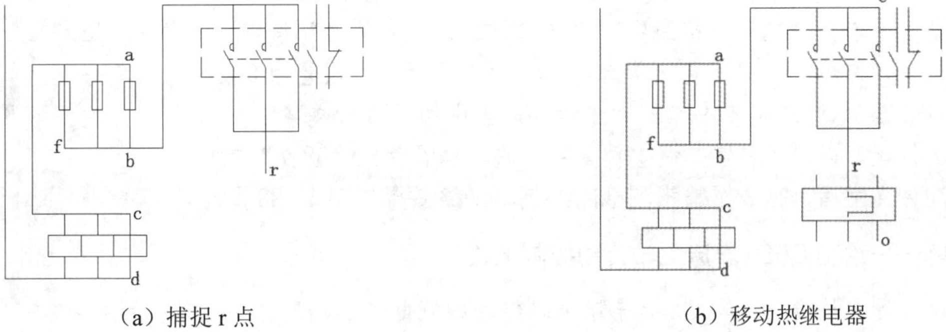

（a）捕捉 r 点　　（b）移动热继电器

图 12-98　插入热继电器

（9）在“默认”选项卡中单击“修改”面板中的“移动”按钮✥，在“对象捕捉”绘图模式下，用鼠标捕捉电动机符号［如图 12-99（a）所示］的端点作为平移基点，移动鼠标，用鼠标捕捉图 12-99（b）中 o 点作为平移目标点，将电动机平移到结构图中来，结果如图 12-99（b）所示。在“默认”选项卡中单击“修改”面板中的“删除”按钮，删除掉多余的直线。最后在“默认”选项卡中单击“绘图”面板中的“直线”按钮╱，补全线路，得到如图 12-100 所示的结果。

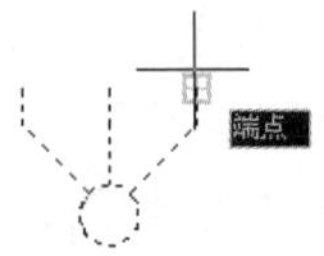

（a）捕捉电动机符号的端点

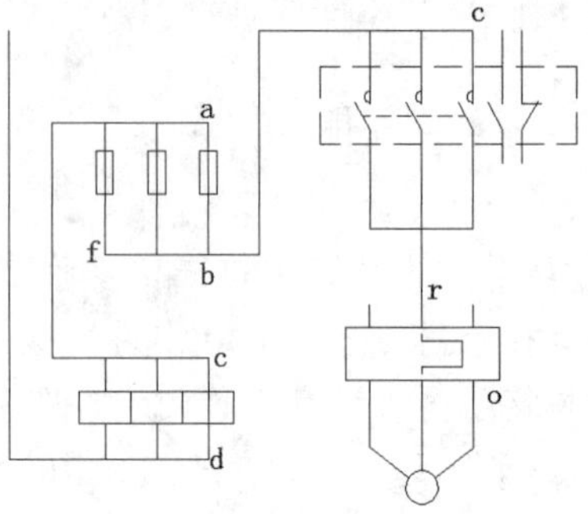

（b）移动电动机

图 12-99 插入电动机

（10）在“默认”选项卡中单击“修改”面板中的“移动”按钮✥，在“对象捕捉”绘图模式下，用鼠标捕捉热继电器触点，并将其移动到热继电器左边合适的位置，结果如图 12-101 所示。

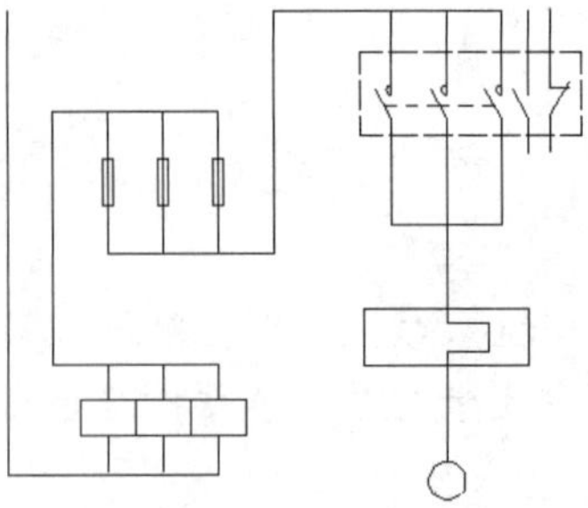

图 12-100 修剪图形

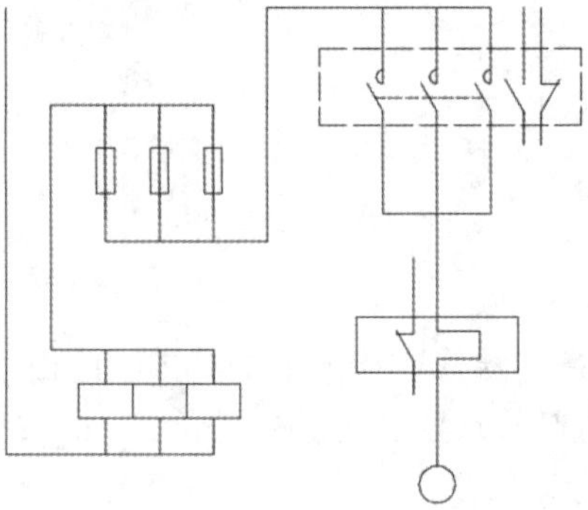

图 12-101 插入热继电器触点

5. 添加注释文字

（1）在“默认”选项卡中单击“注释”面板中的“文字样式”按钮，打开“文字样式”对话框，创建一个名为“电动机接线图”的文字样式，“字体名”设置为“仿宋_GB2312”，“字体样式”设置为“常规”，“高度”设置为 10，“宽度因子”设置为 0.7。

（2）在“默认”选项卡中单击“注释”面板中的“多行文字”按钮 A，一次输入几行文字，然后调整其位置，以对齐文字。调整位置的时候，结合使用“正交”功能。

添加注释文字后，完成了整张图纸的绘制，最终效果如图 12-88 所示。

动手练——绘制 C650 车床主轴传动控制电路

源文件：源文件\第 12 章\ C650 车床主轴传动控制电路.dwg

绘制如图 12-102 所示的 C650 车床主轴传动控制电路。

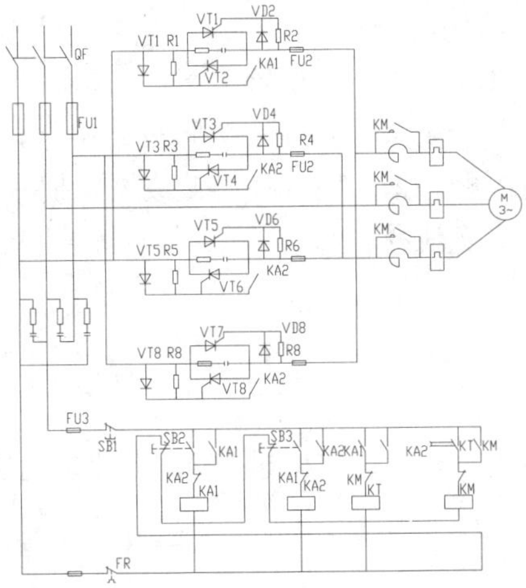

图 12-102　C650 车床主轴传动控制电路

思路点拨：

（1）设置绘图环境。

（2）绘制结构图。

（3）将元器件符号插入电路图中。

（4）添加注释。

12.4　C616 型车床电气原理图

扫一扫，看视频

源文件：源文件\第 12 章\C616 型车床的电气原理图.dwg

如图 12-103 所示为 C616 型车床的电气原理图。该电路由 3 部分组成，其中从电源到 3 台电动机的电路称为主回路；由继电器、接触器等组成的电路称为控制回路；第三部分是照明及指示回路。

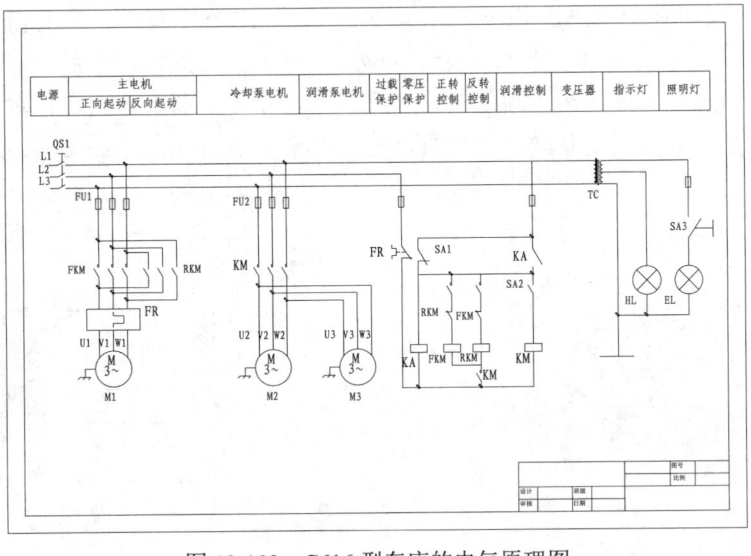

图 12-103　C616 型车床的电气原理图

由于本图是由 3 部分组成，结构比较复杂，涉及的电气元件很多。本图对各元器件本身的尺寸没有严格要求，注重的是各元器件之间的相对位置关系。

绘制这样的电气图分为以下几个阶段：首先，按照线路的分布情况绘制主连接线；其次，分别绘制各个元器件，将各元器件按照顺序依次用导线连接成图，把 3 个主要组成部分按照合适的尺寸平移到对应的位置；最后，添加文字注释。

12.4.1　主回路设计

主回路包括 3 台三相交流异步电动机：主电机 M1、冷却泵电机 M2 和润滑泵电机 M3。下面将详细讲述绘制的过程。

操作步骤

（1）打开下载的资源包中的源文件\第 12 章\电动机控制电器图.dwg，并调用资源包中的“源文件\A3 样板 1”样板，新建“三相异步电气设计.dwg”文件并保存。新建图层“主回路层”“控制回路层”“照明回路层”和“文字说明层”，各图层的设置如图 12-104 所示。将“主回路层”设置为当前图层。

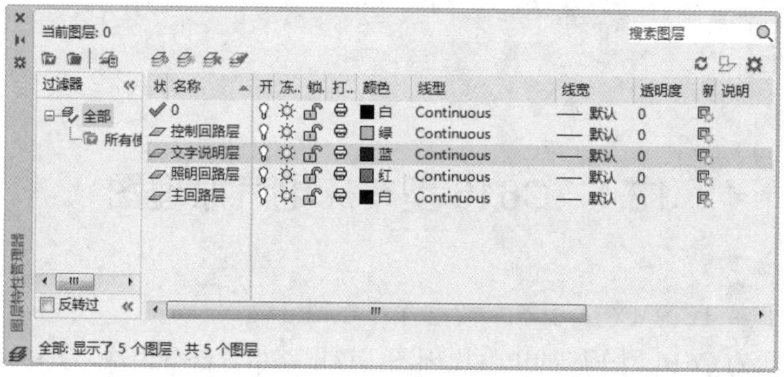

图 12-104　图层设置

（2）在三相电动机控制电路图.dwg 文件中选中如图 12-105 所示的电路图，选择菜单栏中的“编辑”→“复制”命令，在“车床电气设计.dwg”文件中选择菜单栏中的“编辑”→“粘贴”命令，指定插入点进行粘贴，并对图形断编辑，如图 12-106 所示。将已有电气工程图的图形复制到当前设计环境中，能够大大提高设计效率和质量，这是非常有用的设计方法之一。

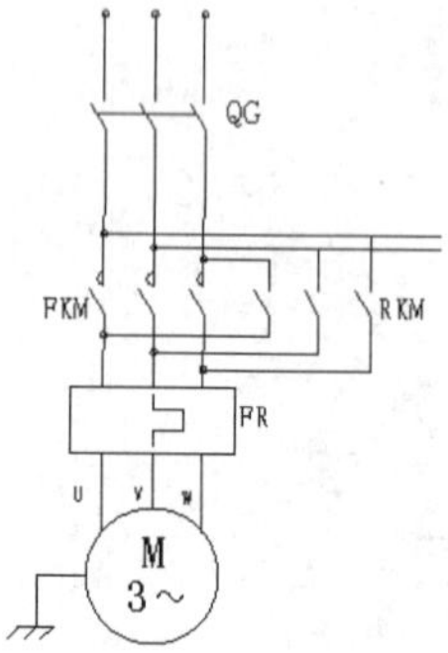

图 12-105　选择图形

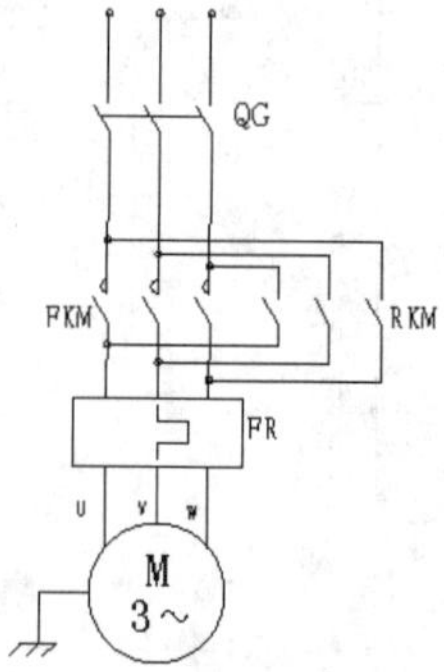

图 12-106　粘贴图形

（3）在“默认”选项卡中单击“块”面板中的“插入”下拉菜单，打开资源包中的源文件\第 12 章\三相交流导线.dwg 文件，将图块插入当前图形中。

（4）在“默认”选项卡中单击“修改”面板中的“缩放”按钮，将三相导线放大 1 倍，效果如图 12-107 所示。

（5）插入多极开关图块。在“默认”选项卡中单击“块”面板中的“插入”下拉菜单，打开资源包中的源文件\第 12 章\多极开关.dwg 文件，将块插入当前图形中，效果如图 12-108 所示。

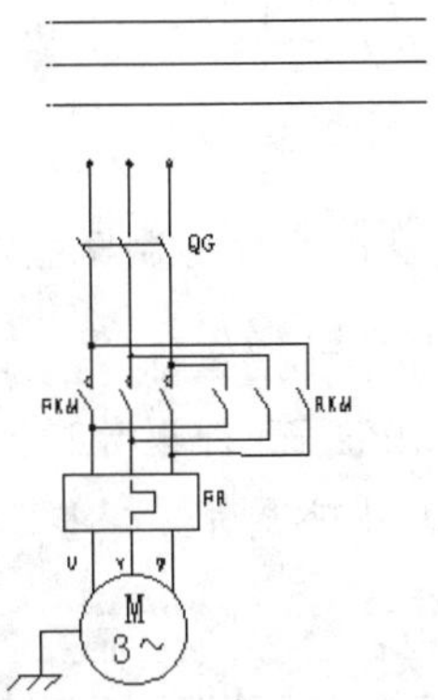

图 12-107　比例调整

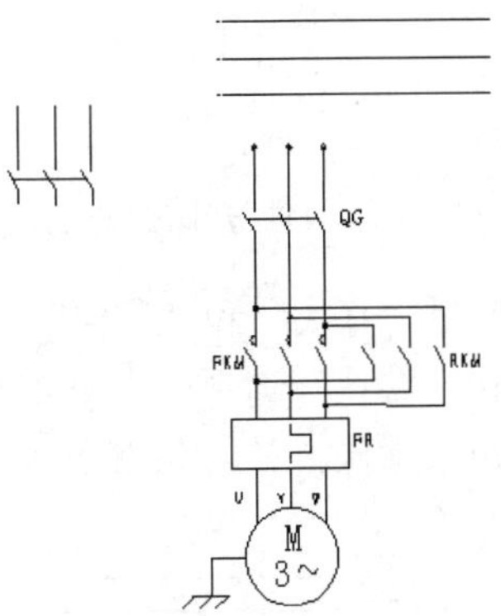

图 12-108　插入多极开关图块

（6）调整多极开关位置。在“默认”选项卡中单击“修改”面板中的“移动”按钮和“旋转”按钮，将多极开关移到如图 12-109 所示的位置。

（7）选择图形的接线端点和导线导通点，右击，在弹出的快捷菜单中选择“删除”命令，删除多余的端点和导线导通点，效果如图 12-110 所示。

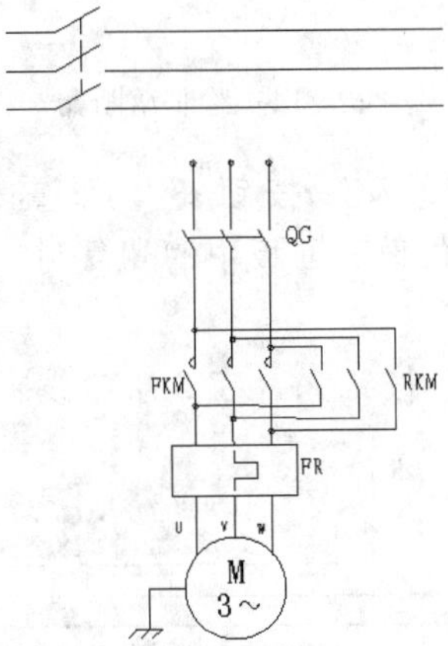

图 12-109　调整多极开关位置

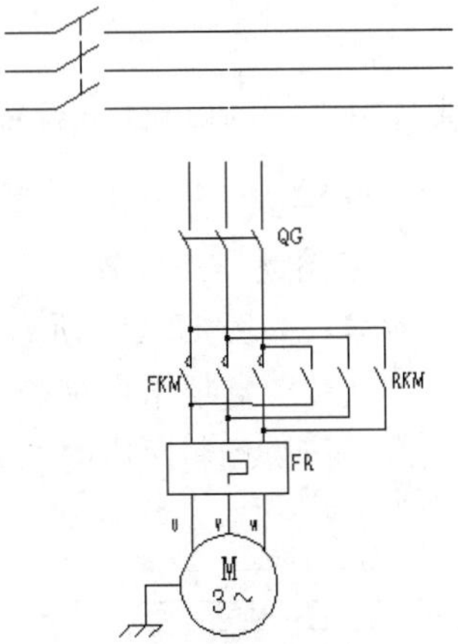

图 12-110　删除导通点

（8）在“默认”选项卡中单击“修改”面板中的“分解”按钮，分解三相交流导线图块。

（9）在“默认”选项卡中单击“修改”面板中的“延伸”按钮，将电动机输入端的导线与系统总供电导线接通，延伸效果如图 12-111 所示。

（10）在“默认”选项卡中单击“绘图”面板中的“圆”按钮，在相交导线导通处绘制半径为 1 的圆，并用 SOLID 图案填充，作为导通点，效果如图 12-112 所示。

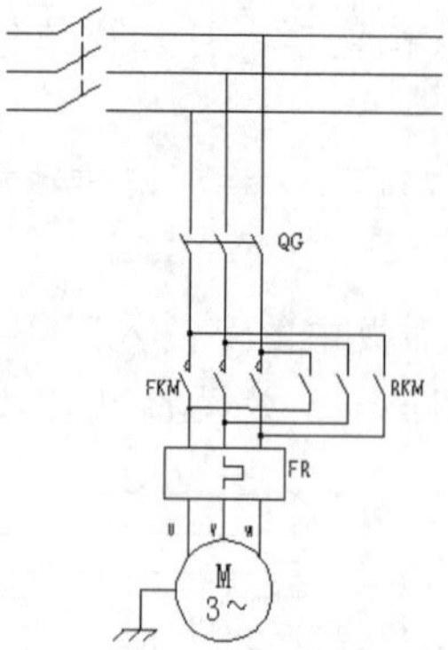

图 12-111　延伸效果

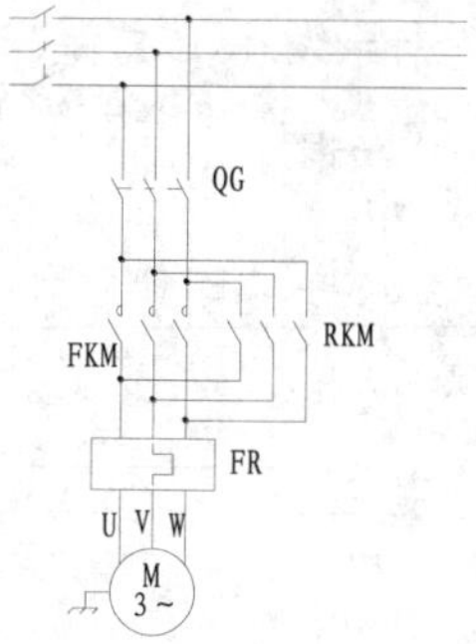

图 12-112　绘制导通点

（11）利用“直线”和“延伸”命令，在多极开关符号上添加手动按钮符号，如图 12-113 所示。

（12）在“默认”选项卡中单击“绘图”面板中的“矩形”按钮 ，以导通点圆心为第一个对角点，采用相对输入法，绘制长为 5、宽为 10 的矩形，作为 U 相的熔断器，如图 12-114 所示。

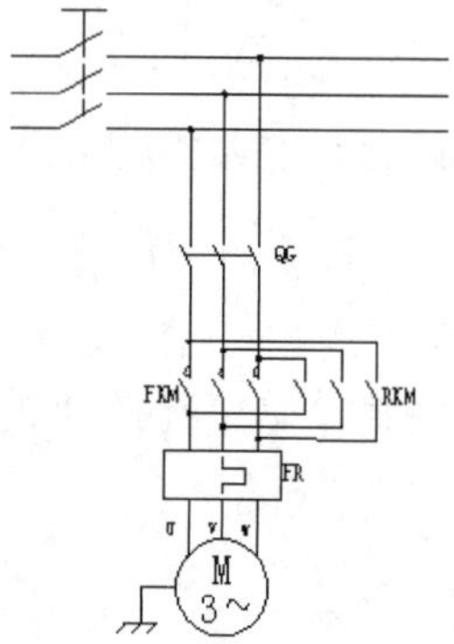

图 12-113　添加手动按钮符号

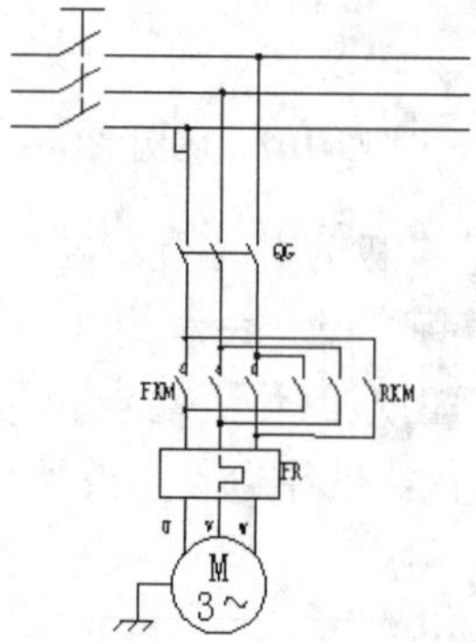

图 12-114　绘制熔断器

（13）在“默认”选项卡中单击“修改”面板中的“移动”按钮 ，设置移动距离为（@2.5,−10），调整熔断器的位置；在“默认”选项卡中单击“修改”面板中的“复制”按钮 ，生成另外两相熔断器，如图 12-115 所示。

（14）在“默认”选项卡中单击“绘图”面板中的“直线”按钮 ，在 3 条导线末端分别接上一定长度的直线，作为控制回路的电源引入线，如图 12-116 所示。

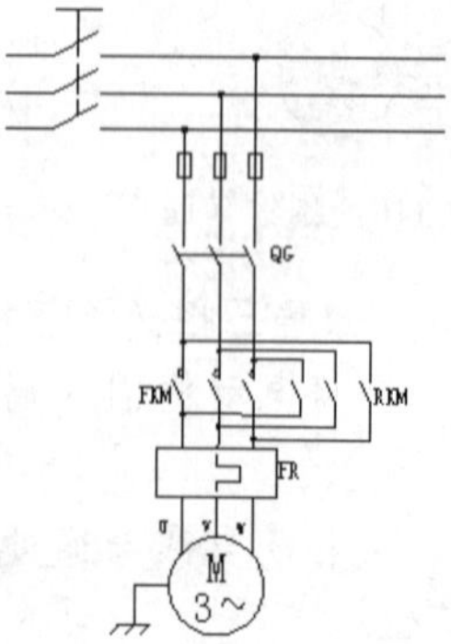

图 12-115　复制熔断器

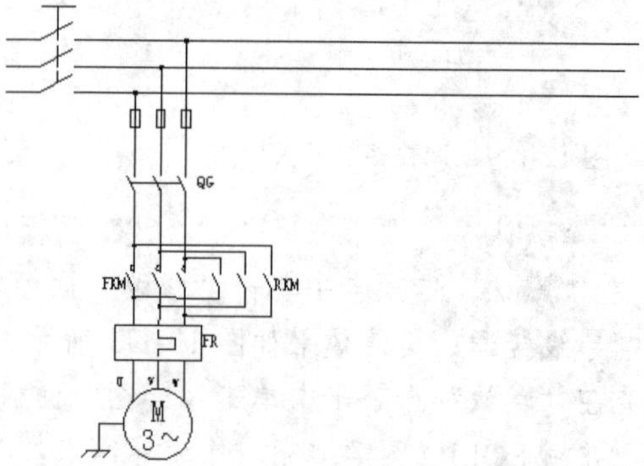

图 12-116　延长电源线

（15）删除 QG 器件，并拖动直线的端点将导线连通，如图 12-117 所示。

（16）在“默认”选项卡中单击“修改”面板中的“复制”按钮，将电动机及导线、开关、熔断器复制后向右移动，移动距离为（150,0,0），如图 12-118 所示。

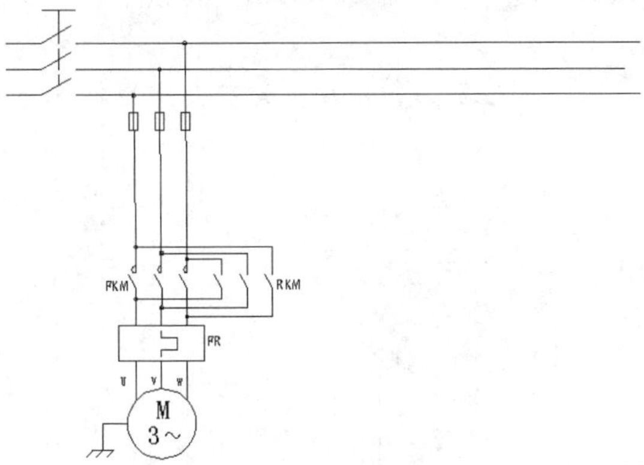

图 12-117 删除 QG 器件

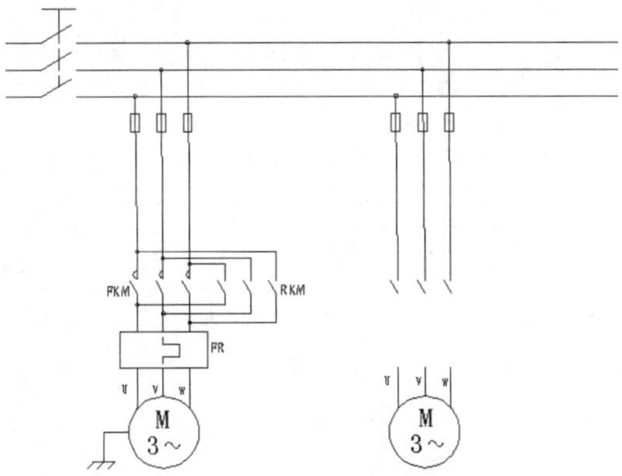

图 12-118 复制并移动元器件

（17）在“默认”选项卡中单击“修改”面板中的“复制”按钮，将复制后的电动机向 X 轴正方向平移 80，如图 12-119 所示。

（18）利用“复制”和“粘贴”命令，复制手动多极开关并移动到第三台电动机的输入端。

（19）在“默认”选项卡中单击“修改”面板中的“延伸”按钮，以系统供电导线为延伸边界，将第二台电动机的输入端与系统供电导线连通。

（20）在“默认”选项卡中单击“绘图”面板中的“直线”按钮，将第三台电动机连接在第二台电动机的下游（只有第二台电动机启动，第三台电动机才有可能启动）。完成以上步骤，即可得到 C616 车床的主回路图，如图 12-120 所示。

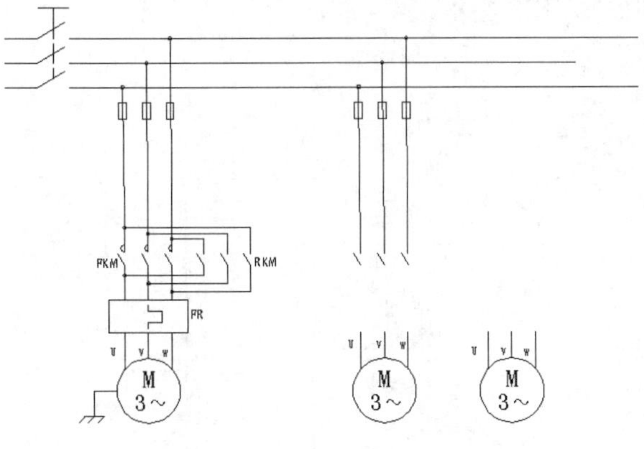

图 12-119 复制并移动电动机

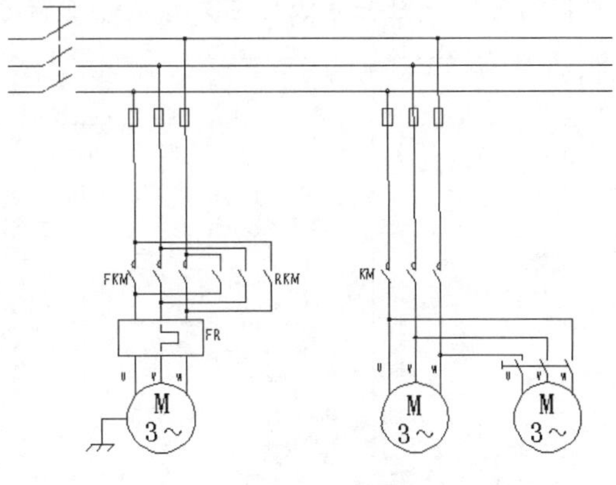

图 12-120 主回路图

12.4.2 控制回路设计

本小节首先绘制控制系统的熔断器和热继电器触点等保护设备，然后设计主轴正向启动控制线路。

操作步骤

1．绘制保护设备

（1）将“控制回路层”设置为当前图层。在“默认”选项卡中单击“绘图”面板中的“多段线”按钮，为控制回路添加电源，如图 12-121 所示。

（2）利用“多段线”“矩形”和“插入块”命令，绘制控制系统的熔断器和热继电器触点等保护设备，如图 12-122 所示。

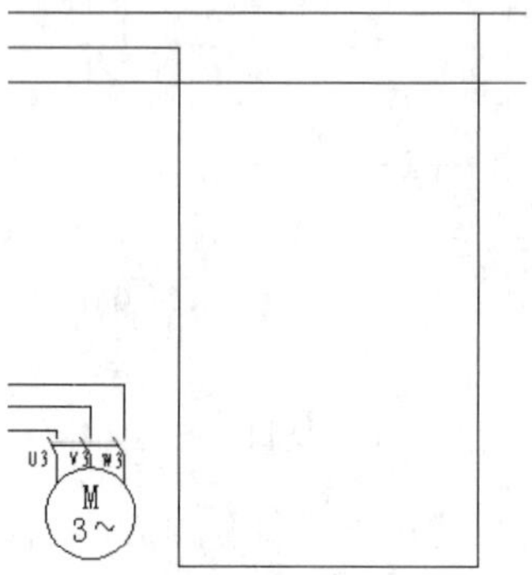

图 12-121　添加电源

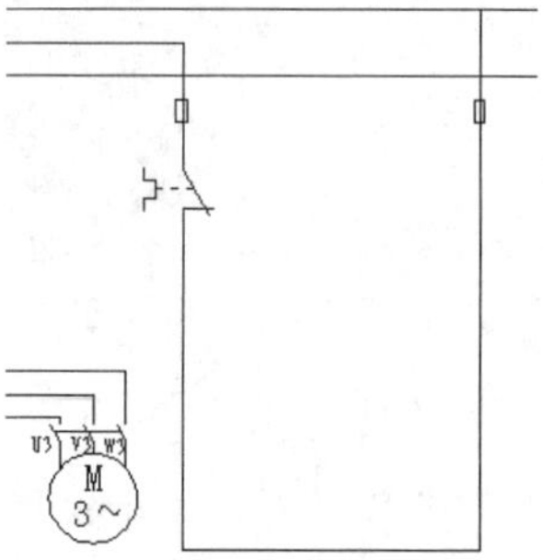

图 12-122　绘制保护设备

2．设计主轴正向启动控制线路

（1）再次打开前面提到的电动机控制电路图.dwg 文件，复制其中的手动按钮开关，将其插入当前图形中。在“默认”选项卡中单击“绘图”面板中的“矩形”按钮，绘制接触器；在“默认”选项卡中单击“绘图”面板中的“直线”按钮，绘制连接导线，如图 12-123 所示。

（2）在“默认”选项卡中单击“修改”面板中的“复制”按钮，生成反向启动手动开关和接触器符号，并且在导线连通处绘制接通符号，如图 12-124 所示。

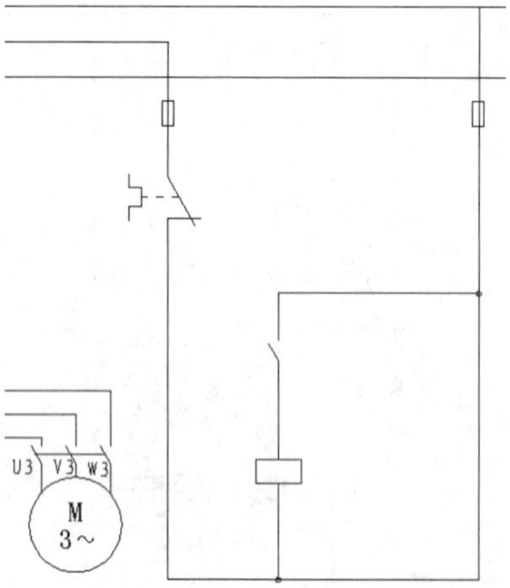

图 12-123　绘制正向启动线路

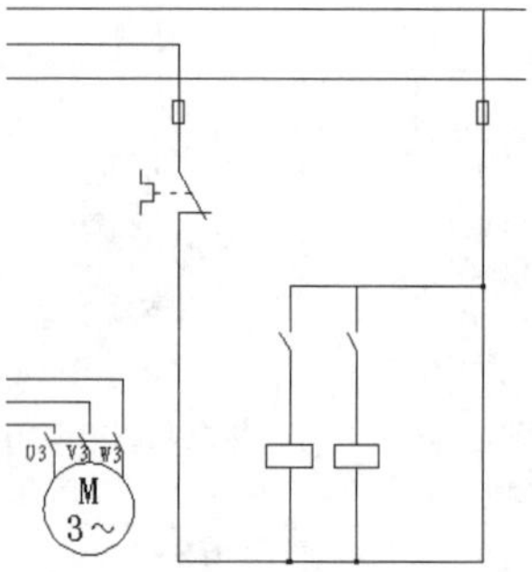

图 12-124　复制图形

（3）设计正反向互锁控制线路。在正向启动支路上串联控制反向启动接触器的常闭辅助触点，在反向启动支路上串联控制正向启动接触器的常闭辅助触点，使电动机不能处于既正转又反转的状态，如图 12-125 所示。

（4）设计第二台电动机的控制线路。第二台电动机驱动润滑泵，其辅助触点必须串联于主轴控制线路，保证润滑泵不工作，电动机不能启动。SA2 接通后，KM 得电，其触点闭合，电机控制回路才有可能得电，如图 12-126 所示。

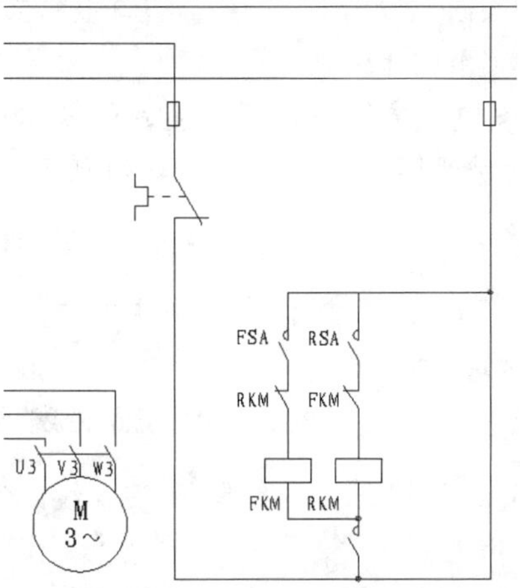

图 12-125　绘制互锁控制线路

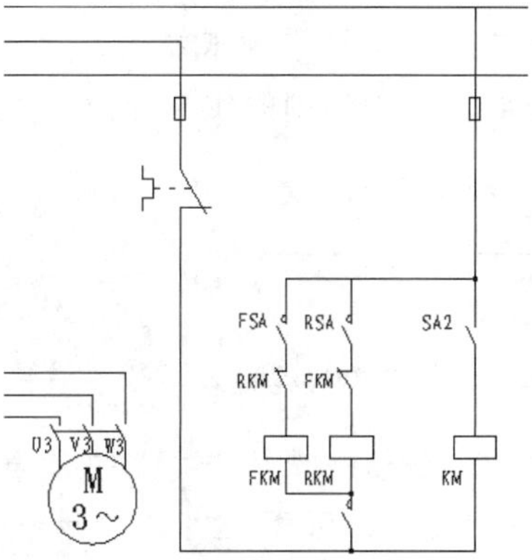

图 12-126　润滑泵控制线路

（5）设计主轴电动机零压保护线路，如图 12-127 所示。

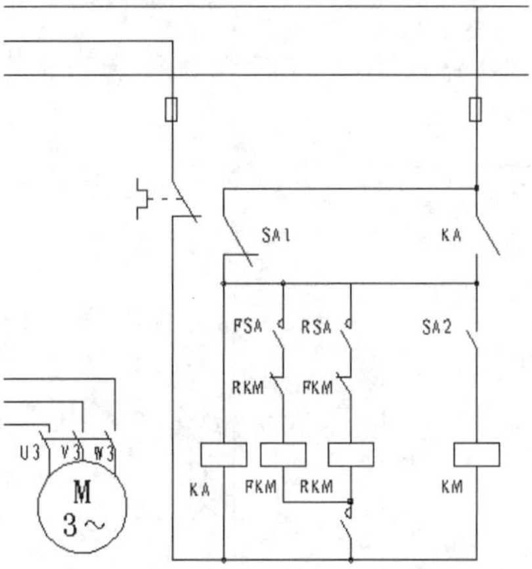

图 12-127　零压保护线路

说明：

FSA、RSA 和 SA1 是同一鼓形开关的常开、常开和常闭触点。当总电源打开时，SA1 闭合，KA 得电，其辅助触点闭合。当主轴正向或者反向转动时，开关扳到 FSA 或者 RSA 位置，SA1 处于断开状态，KA 触点仍闭合，控制线路正常得电。如果主轴电动机在运转过程中突然停电，KA 断电释放，其常开触点断开。如果车床恢复供电后，因 SA1 断开，控制线路不能得电，主轴不会启动，保证安全。

12.4.3　照明指示回路设计

首先绘制变压器，然后绘制指示回路，最后绘制照明回路，完成照明指示回路的设计。

操作步骤

（1）在“默认”选项卡中单击“块”面板中的“插入”下拉菜单，打开资源包中的源文件\第12章\电感符号.dwg 文件，在“照明回路层”插入块，作为变压器的初级线圈符号，如图 12-128 所示。

（2）在线圈中间绘制窄长矩形区域，并用 SOLID 图案进行填充，作为变压器的铁芯，设计变压器为照明指示回路供电，将 380V 电压降为安全电压，如图 12-129 所示。

（3）在“默认”选项卡中单击“修改”面板中的“镜像”按钮⚠，以变压器的铁芯作为对称轴，将步骤（1）中绘制的线圈进行镜像，作为变压器的次级线圈，效果如图 12-130 所示。

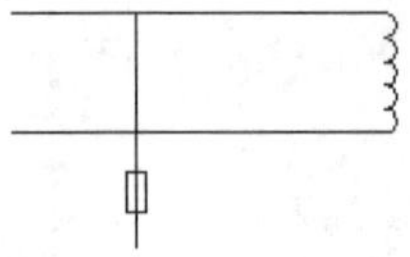

图 12-128　插入初级线圈

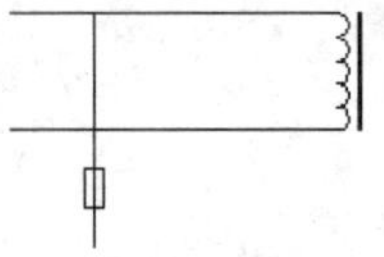

图 12-129　插入铁芯

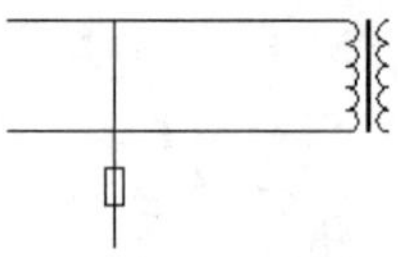

图 12-130　镜像生成次级线圈

（4）在“默认”选项卡中单击“绘图”面板中的“直线”按钮╱，绘制 3 条直线，作为变压器输出的 3 个抽头，如图 12-131 所示。

（5）绘制指示回路，如图 12-132 所示。在“默认”选项卡中单击“块”面板中的“插入”下拉菜单，在照明回路层中插入灯符号。在“默认”选项卡中单击“绘图”面板中的“直线”按钮╱，连接灯两端，并绘制照明线路的接地符号。当主电路上的总电源开关合上时，HL 点亮，表示车床总电源已经接通。

（6）绘制照明回路，如图 12-133 所示。在“默认”选项卡中单击“修改”面板中的“复制”按钮⁰⁸，在指示支路的右侧复制照明支路，添加熔断器和手动开关。当主电路上的总电源开关合上时，如果手动开关接通，照明灯亮；照明回路电流过大时，熔断器断开，保证电路安全。

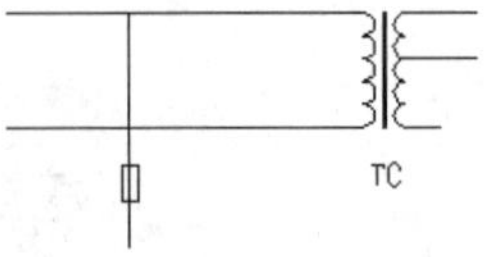

图 12-131　绘制直线

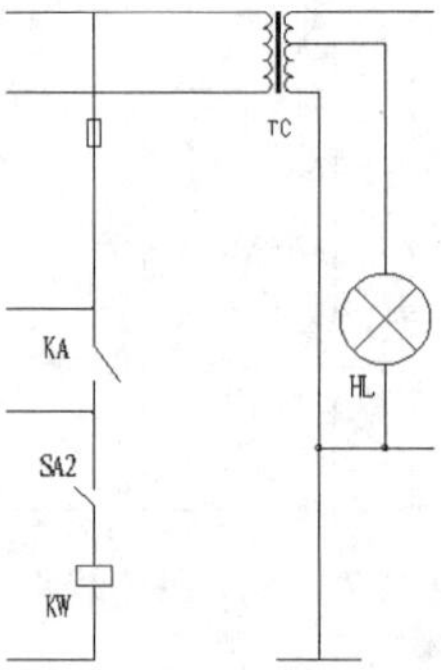

图 12-132　绘制指示回路

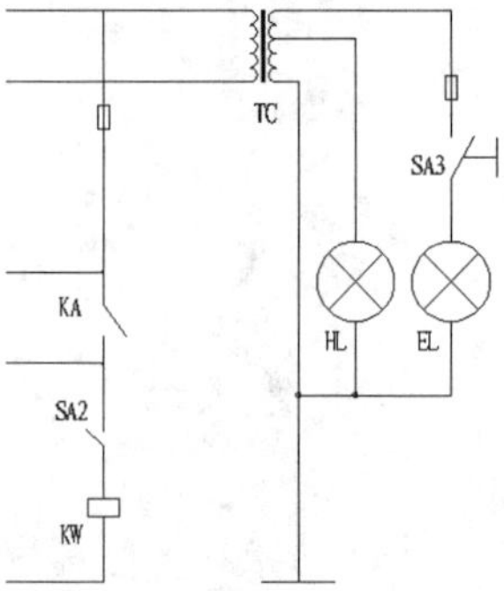

图 12-133　绘制照明回路

12.4.4　添加文字说明

本实例首先为各元器件——标注名称代号，然后对不同模块进行功能标注，以方便读者快速读懂图纸。

操作步骤

（1）将“文字说明层”设置为当前图层，为“主回路层”和“照明回路层”中的各元器件标注名称代号。字体选择“仿宋_GB2312”，结果如图 12-134 所示。

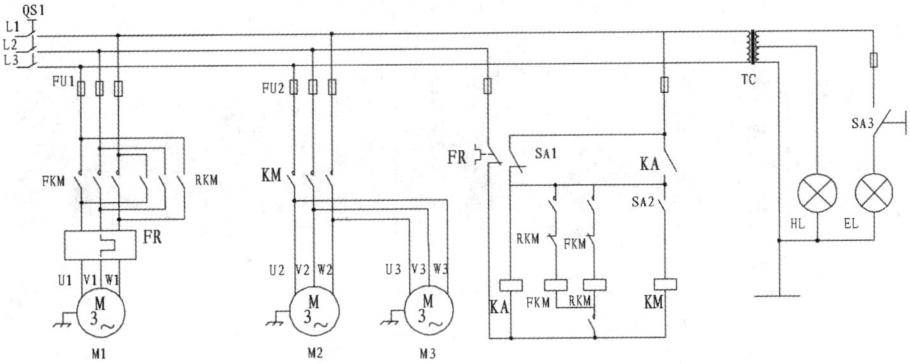

图 12-134　标注名称代号

（2）为了方便阅读电路图和进行电路维护，一般应在图的上面用文字标示各部分的功能等，如图 12-135 所示。

电源	主电机		冷却泵电机	润滑泵电机	过载保护	零压保护	正转控制	反转控制	润滑控制	变压器	指标灯	照明灯
	正向起动	反向起动										

图 12-135　添加文字说明

至此，完成 C616 车床电气原理图的设计，最终结果如图 12-103 所示。

动手练——绘制某发动机点火装置电路图

源文件：源文件\第 12 章\某发动机点火装置电路图.dwg

绘制如图 12-136 所示的某发动机点火装置电路图。

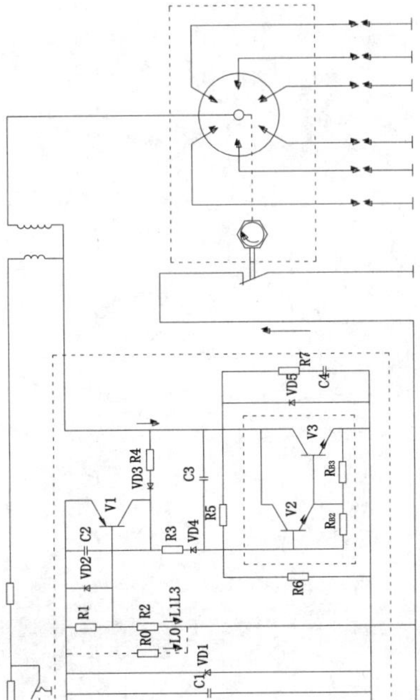

图 12-136　某发动机点火装置电路图

思路点拨：

（1）设置绘图环境。

（2）绘制线路结构图。

（3）绘制主要电气元件。

（4）添加文字说明。

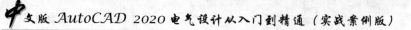

第 13 章　电路图设计

内容简介

电路图是人们出于研究和工作的需要，用约定的符号绘制的一种表示电路结构的图形。通过电路图可以知道实际电路的情况。电子线路是最常见、应用最广泛的一类电气线路，在各个工业领域都占据重要的位置。在日常生活中，几乎每个环节都和电子线路有着或多或少的联系，例如电话机、电视机、电冰箱等都是电子线路应用的例子。本章将简单介绍电路图的概念和分类，以及电路图基本符号的绘制，然后结合 3 个具体的电子线路的例子来介绍电路图的一般绘制方法。

内容要点

- 电路图基本理论
- 中央处理器电路设计
- 数字电压表线路图
- 锁相环路系统图

案例效果

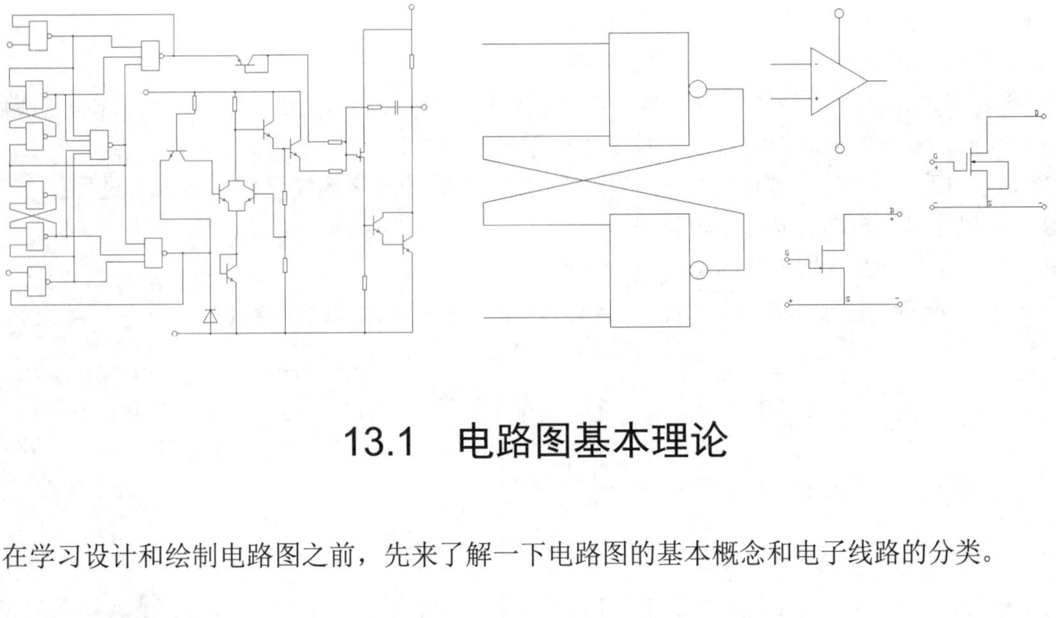

13.1　电路图基本理论

在学习设计和绘制电路图之前，先来了解一下电路图的基本概念和电子线路的分类。

13.1.1　基本概念

电路图是按工作顺序用图形符号从上而下、从左到右排列，详细表示电路、设备或成套装置的全部基本组成和连接关系，而不考虑其实际位置的一种简图。

电子线路是由电子器件（又称有源器件，如电子管、半导体二极管、晶体管、集成电路等）和电子元件（又称无源器件，如电阻器、电容器、变压器等）组成的具有一定功能的电路。电路图一般包括以下主要内容。

（1）电路中元件或电子器件的图形符号。

（2）元件或电子器件之间的连接线、单线、多线或中断线。

（3）项目代号，如高层代号、种类代号和必要的位置代号、端子代号。

（4）用于信号的电平约定。

（5）了解功能件必需的补充信息。

电路图的主要用途，是用于了解实现系统、分系统、电器、部件、设备、软件等功能所需的实际元器件及其在电路中的作用；详细表达和理解设计对象（电路、设备或装置）的作用原理，分析和计算电路特性；作为编制接线图的依据；为测试和寻找故障提供信息。

13.1.2 电子线路的分类

1. 信号的分类

电子信号可以分为数字信号和模拟信号两类。

（1）数字信号：指那些在时间上和数值上都是离散的信号。

（2）模拟信号：除数字信号外的所有形式的信号统称为模拟信号。

2. 电路的分类

根据不同的划分标准，电路可以按照如下类别来划分。

（1）根据工作信号，分为模拟电路和数字电路。

① 模拟电路：工作信号为模拟信号的电路。模拟电路的应用十分广泛，从收音机、音响到精密的测量仪器、复杂的自动控制系统、数字数据采集系统等。

② 数字电路：工作信号为数字信号的电路。绝大多数的数字系统仍需完成以下过程：

- 模拟信号→数字信号→模拟信号。
- 数据采集→A/D 转换→D/A 转换→应用。

如图 13-1 所示为一个由模拟电路和数字电路共同组成的电子系统的实例。

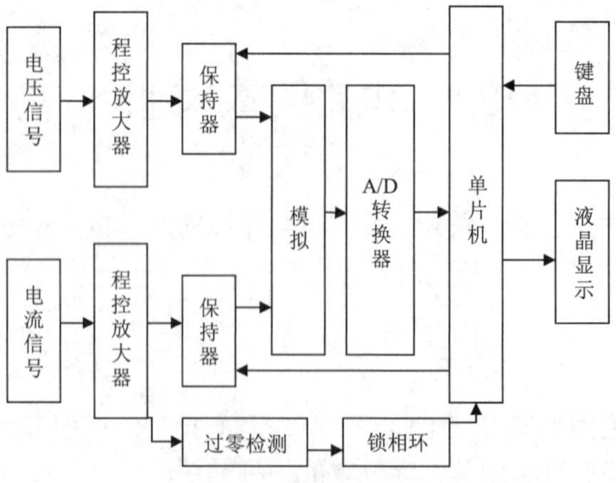

图 13-1　电子系统的组成框图

（2）根据信号的频率范围，分为低频电子线路和高频电子线路。高频电子线路和低频电子线路的频率划分为如下等级。

① 极低频：3kHz 以下。

② 甚低频：3 ~ 30kHz。

③ 低频：30 ~ 300kHz。

④ 中频：300kHz ~ 3MHz。

⑤ 高频：3 ~ 30MHz。

⑥ 甚高频：30 ~ 300MHz。

⑦ 特高频：300MHz ~ 3GHz。

⑧ 超高频：3 ~ 30GHz。

也可以按下列方式划分。

① 超低频：0.03 ~ 300Hz。

② 极低频：300 ~ 3000Hz（音频）。

③ 甚低频：3 ~ 300kHz。

④ 长波：30 ~ 300kHz。

⑤ 中波：300 ~ 3000kHz。

⑥ 短波：3 ~ 30MHz。

⑦ 甚高频：30 ~ 300MHz。

⑧ 超高频：300 ~ 3000MHz。

⑨ 特高频：3 ~ 30GHz。

⑩ 极高频：30 ~ 300GHz。

⑪ 远红外：300 ~ 3000GHz。

（3）根据核心元件的伏安特性，可将整个电子线路分为线性电子线路和非线性电子线路。

① 线性电子线路：指电路中的电压和电流在向量图上同相，互相之间既不超前，也不滞后。纯电阻电路就是线性电路。

② 非线性电子线路：包括容性电路，电流超前电压（如补偿电容）；感性电路，电流滞后电压（如变压器）；以及混合型电路（如各种晶体管电路）。

13.2　中央处理器电路设计

扫一扫，看视频

源文件：源文件\第 13 章\中央处理器电路设计.dwg

CPU 是游戏机的核心。如图 13-2 所示为游戏机的 CPU 基本电路，包含 CPU6527P、SRAM6116 和译码器 SN74LS139N 等元件。6527P 是 8 位单片机，有 8 条数据线、16 条地址线，寻址范围为 64KB。其高位地址经 SN74LS139N 译码后输出低电平有效的选通信号，用于控制卡内 ROM、RAM、PPU 等单元电路的选通。

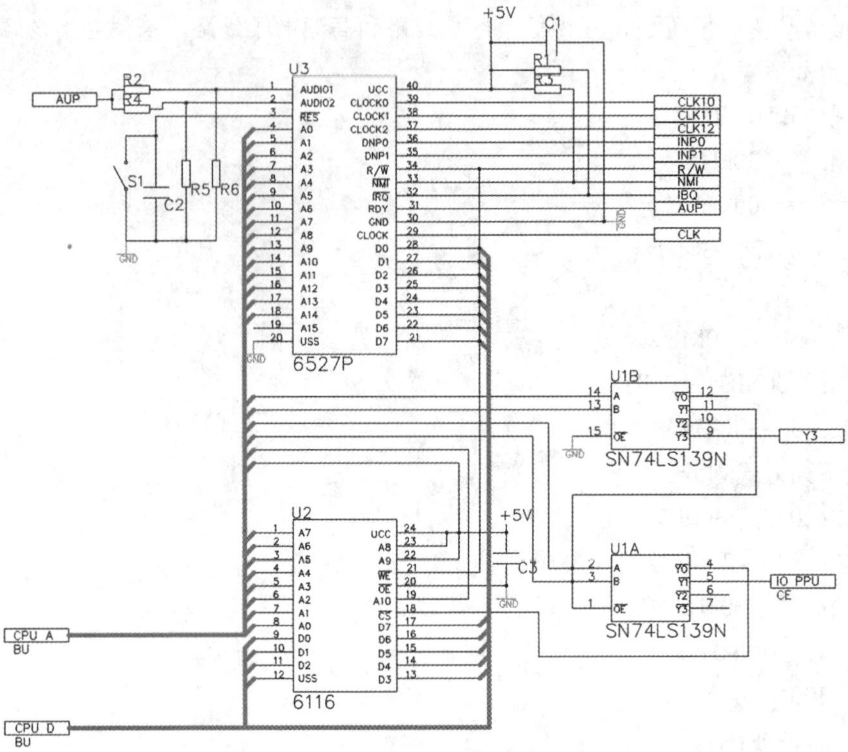

图 13-2　CPU 原理图

13.2.1　配置绘图环境

根据不同的需要，对绘图环境进行必要的配置，在此主要讲述文件的创建、保存与图层的设置。

操作步骤

（1）打开 AutoCAD 2020 应用程序，单击快速访问工具栏中的“新建”按钮，新建空白图形文件。

（2）单击快速访问工具栏中的“另存为”按钮，在弹出的对话框中将文件另存为“中央处理器电路.dwg”。

（3）在“默认”选项卡中单击“图层”面板中的“图层特性”按钮，打开“图层特性管理器”选项板，新建“元件符号层”“导线层”“电源层”“总线层”和“文字说明层”5 个图层，各层设置如图 13-3 所示。将“元件符号层”置为当前。

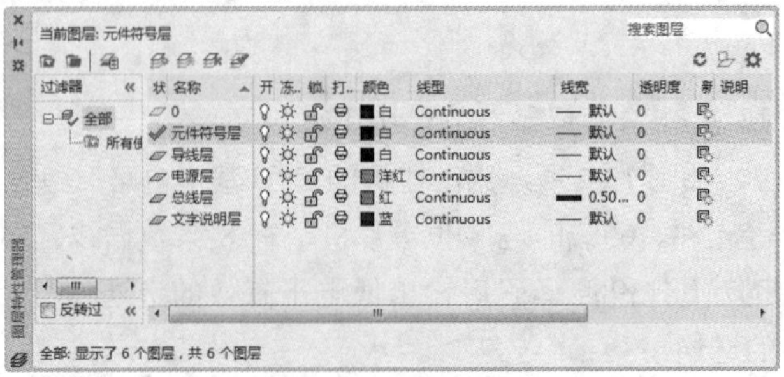

图 13-3　图层设置

13.2.2 绘制 6116

利用二维绘图和修改命令绘制 6116。

操作步骤

（1）单击快速访问工具栏中的“新建”按钮，新建图形文件。单击快速访问工具栏中的“保存”按钮，将文件另存为“6116”。

（2）在“默认”选项卡中单击“绘图”面板中的“矩形”按钮，绘制大小为 80×130 的矩形，如图 13-4 所示。

（3）在“默认”选项卡中单击“修改”面板中的“分解”按钮，分解矩形。

（4）在“默认”选项卡中单击“修改”面板中的“偏移”按钮，将竖直直线分别向内偏移 20，将水平直线依次向上偏移 10，如图 13-5 所示。

（5）在“默认”选项卡中单击“修改”面板中的“拉长”按钮，将上步偏移的水平直线分别向左、右两侧拉长 30，如图 13-6 所示。

图 13-4 绘制矩形

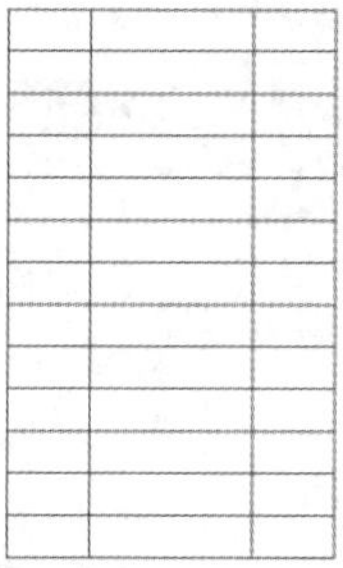

图 13-5 偏移直线

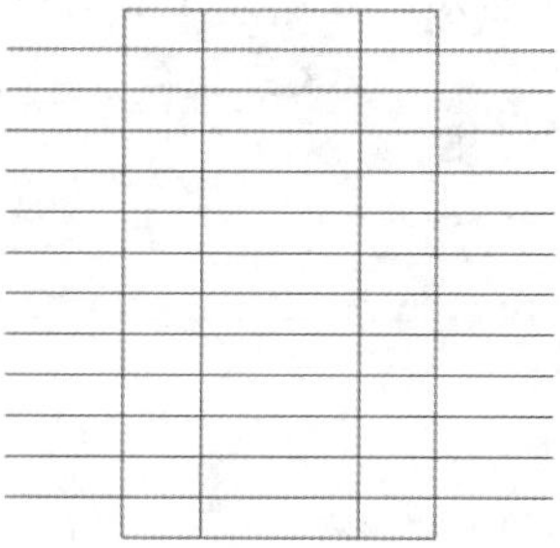

图 13-6 拉长直线

（6）在“默认”选项卡中单击“注释”面板中的“多行文字”按钮 A，在矩形左下角单元格中输入文字“USS”。

（7）在“默认”选项卡中单击“修改”面板中的“移动”按钮，将文字放置到适当位置，如图 13-7 所示。

（8）在“默认”选项卡中单击“修改”面板中的“修剪”按钮，修剪矩形框中多余线段，如图 13-8 所示。

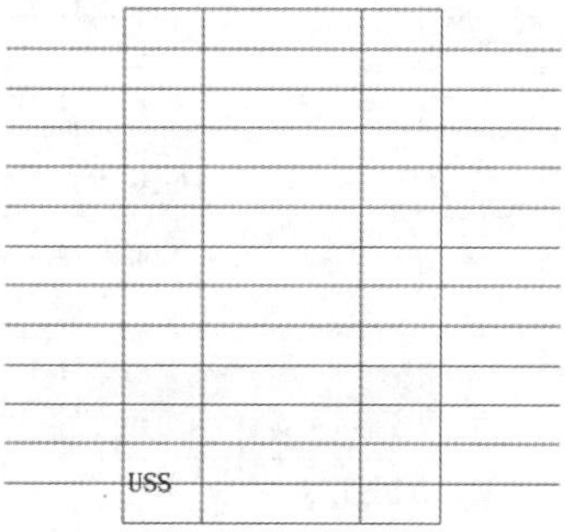

图 13-7 输入文字

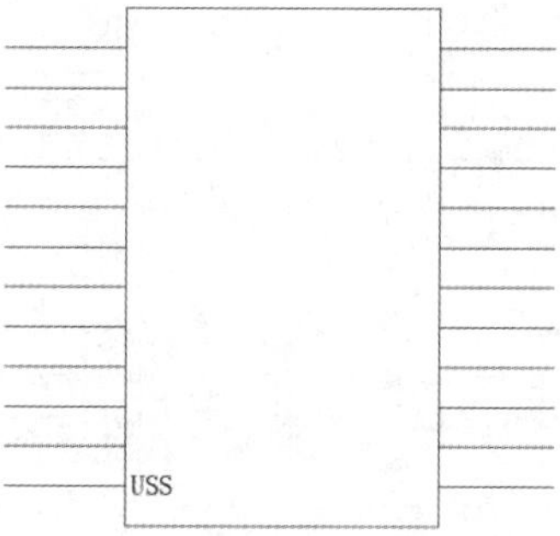

图 13-8 修剪直线

（9）在“默认”选项卡中单击“修改”面板中的“复制”按钮，选择多行文字，在左侧进行复制，如图 13-9 所示。

（10）在“默认”选项卡中单击“修改”面板中的“镜像”按钮⚠，对左侧文字进行镜像，如图 13-10 所示。

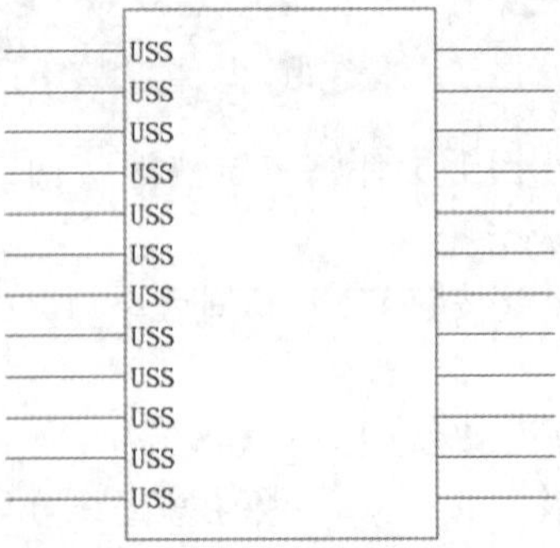

图 13-9　复制文字

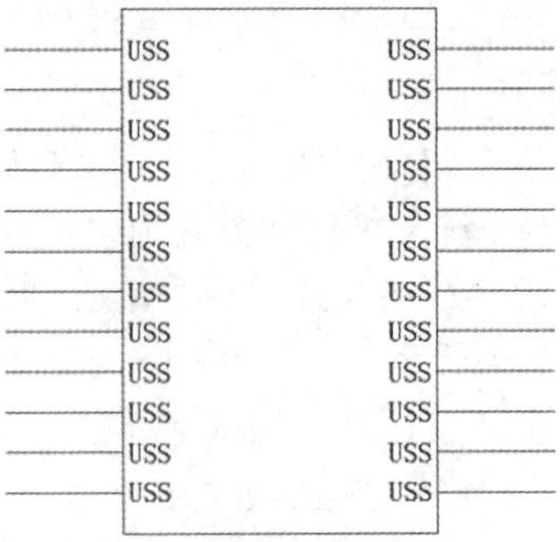

图 13-10　镜像文字

（11）选择文字后双击，弹出“文字编辑器”选项卡和多行文字编辑器，修改文字内容，如图 13-11 所示。修改完成后的图形如图 13-12 所示。

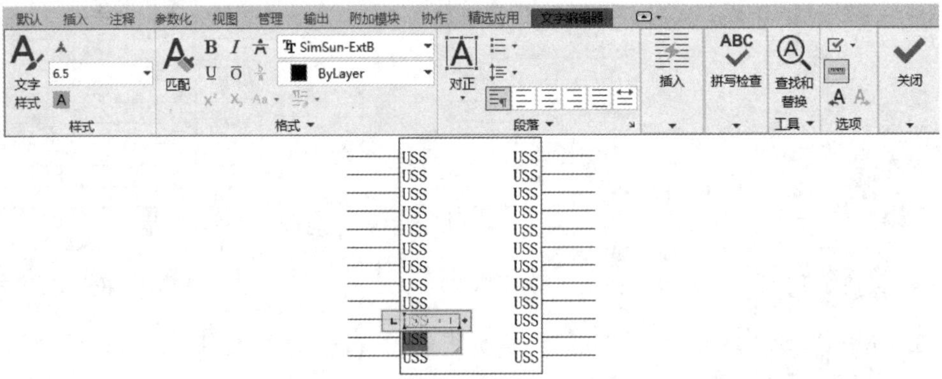

图 13-11　“文字编辑器”选项卡和多行文字编辑器

（12）在“默认”选项卡中单击“注释”面板中的“多行文字”按钮 A，在矩形左下角输入芯片名称“6116”，并在引脚上方输入标号，结果如图 13-13 所示。

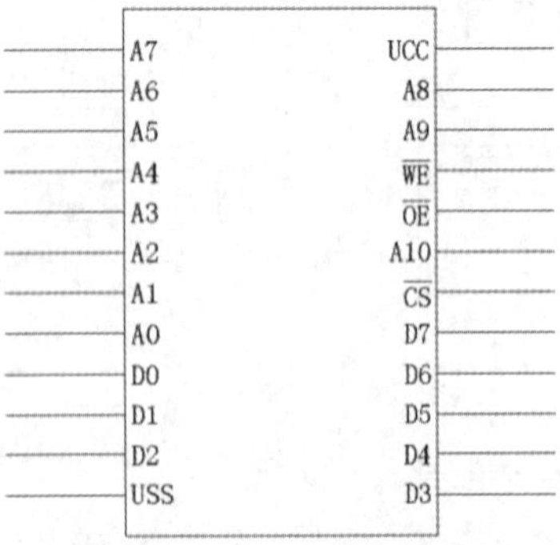

图 13-12　文字修改结果

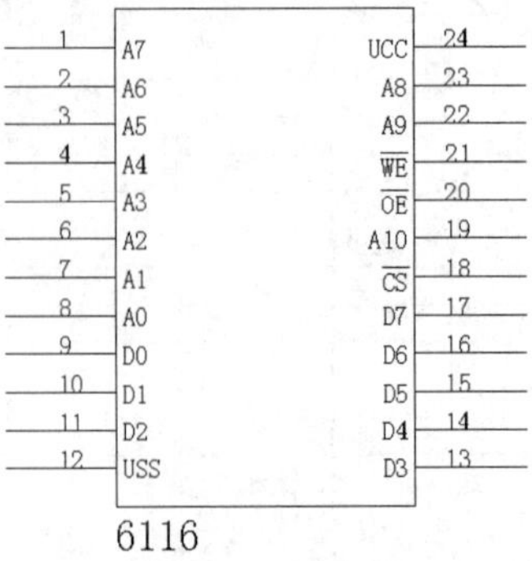

图 13-13　绘制结果

（13）在命令行中输入 WBLOCK，弹出“写块”对话框，创建块“6116”，如图 13-14 所示。

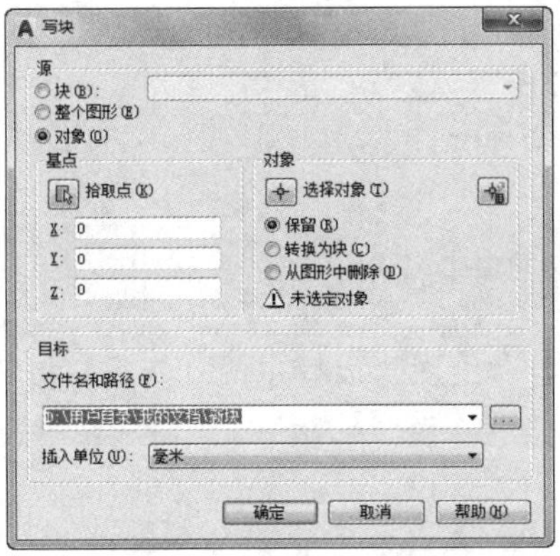

图 13-14　“写块”对话框

（14）单击快速访问工具栏中的“保存”按钮，保存图形文件。

13.2.3　绘制 SRAM6527P

利用二维绘图和修改命令绘制 SRAM6527P。

操作步骤

（1）单击快速访问工具栏中的“新建”按钮，新建图形文件。单击快速访问工具栏中的“保存”按钮，将文件另存为“6527P”。

（2）在“默认”选项卡中单击“绘图”面板中的“矩形”按钮，绘制一个大小为 80×210 的矩形，如图 13-15 所示。

（3）在“默认”选项卡中单击“修改”面板中的“分解”按钮，分解矩形。

（4）在“默认”选项卡中单击“实用工具”面板中的“点样式”按钮，在弹出的“点样式”对话框中选择点样式，单击“确定”按钮，如图 13-16 所示。

图 13-15　绘制矩形

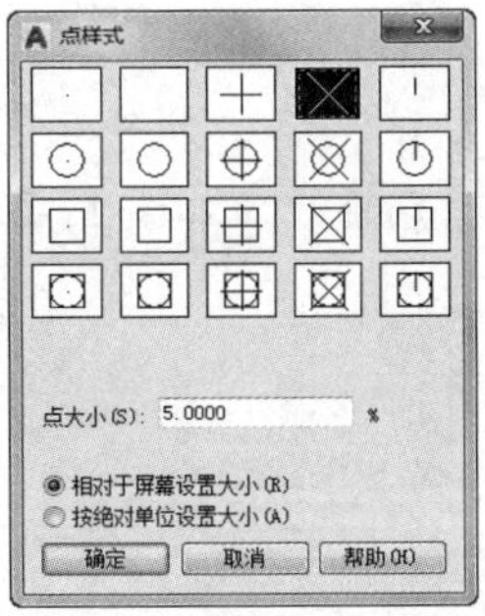

图 13-16　“点样式”对话框

（5）在“默认”选项卡中单击“绘图”面板中的“定数等分”按钮，等分矩形边线。命令行提示与操作如下：

```
命令: _divide
选择要定数等分的对象:(选择左侧竖直直线)
输入线段数目或 [块(B)]: 21↙
命令: DIVIDE
选择要定数等分的对象:(选择右侧竖直直线)
```

```
输入线段数目或 [块(B)]: 21↙
命令: divide
选择要定数等分的对象:（选择上方水平直线）
输入线段数目或 [块(B)]: 4↙
命令: DIVIDE
选择要定数等分的对象:（选择下方水平直线）
输入线段数目或 [块(B)]: 4↙
```

（6）在“默认”选项卡中单击“绘图”面板中的“直线”按钮╱，绘制直线，如图 13-17 所示。

（7）在“默认”选项卡中单击“修改”面板中的“拉长”按钮╱，将步骤（6）绘制的水平直线向左拉长 30，如图 13-18 所示。

（8）在“默认”选项卡中单击“注释”面板中的“多行文字”按钮 A，在矩形左下角输入文字“USS”。

（9）在“默认”选项卡中单击“修改”面板中的“移动”按钮✥，将文字放置到适当位置，如图 13-19 所示。

（10）在“默认”选项卡中单击“修改”面板中的“修剪”按钮✂，修剪矩形框中多余线段，如图 13-20 所示。

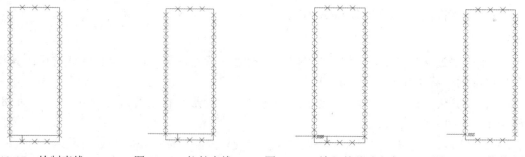

图 13-17　绘制直线

图 13-18　拉长直线

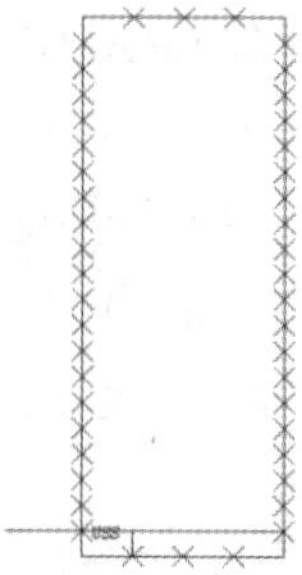

图 13-19　输入并移动文字

图 13-20　修剪直线

（11）在“默认”选项卡中单击“修改”面板中的“复制”按钮，选择多行文字及左侧直线，向上复制，如图 13-21 所示。

（12）在“默认”选项卡中单击“实用工具”面板中的“点样式”按钮，在弹出的“点样式”对话框中选择点样式，如图 13-22 所示。单击“确定”按钮，修改后的图形如图 13-23 所示。

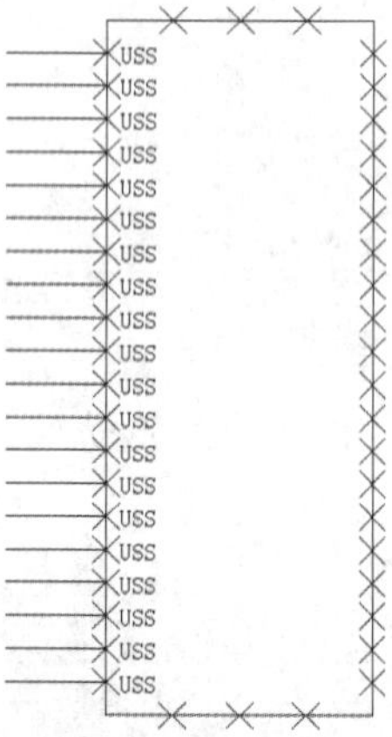

图 13-21　复制文字及直线

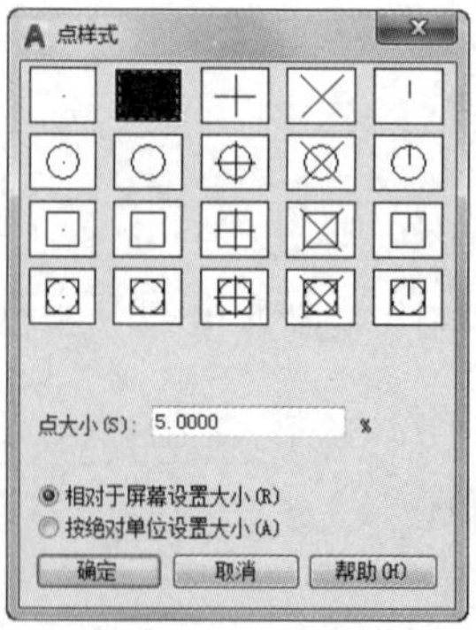

图 13-22　“点样式”对话框

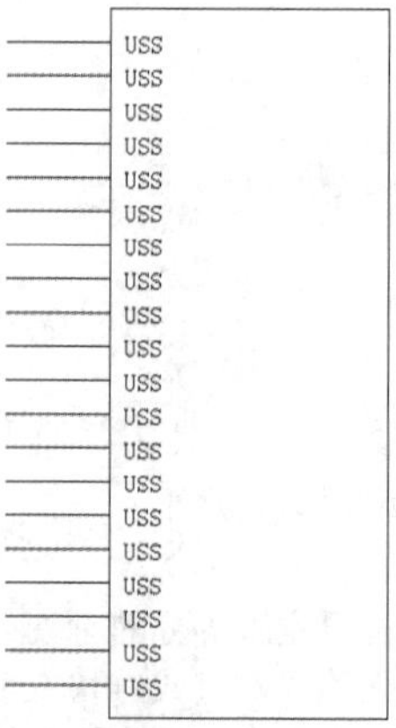

图 13-23　修改点样式

（13）在“默认”选项卡中单击“修改”面板中的“镜像”按钮⚠，镜像左侧图形，如图 13-24 所示。

（14）选择文字并双击，弹出“文字编辑器”选项卡和多行文字编辑器，修改文字内容，结果如图 13-25 所示。

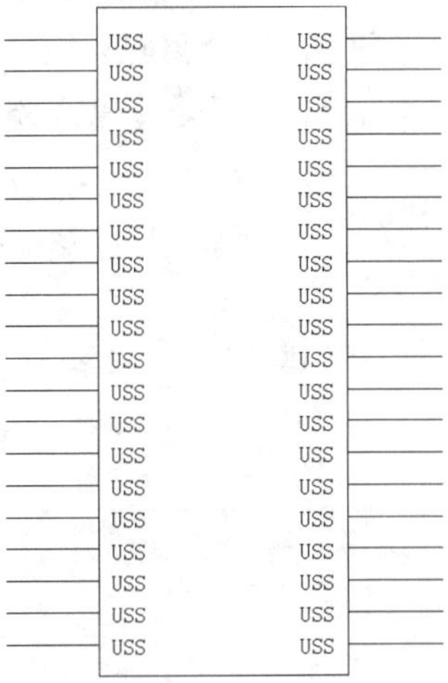

图 13-24　镜像图形

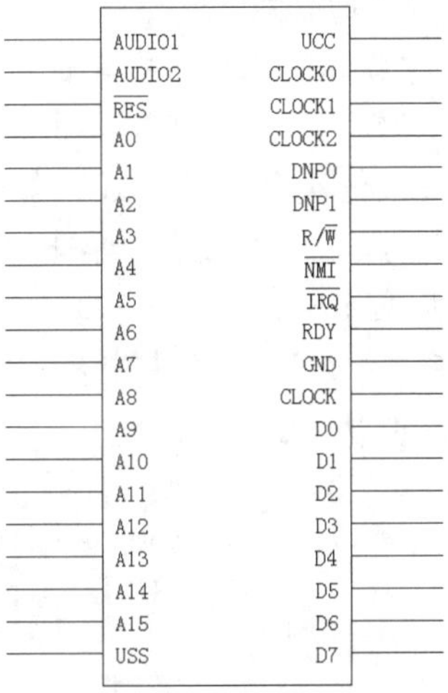

图 13-25　文字修改结果

（15）在“默认”选项卡中单击“注释”面板中的“多行文字”按钮 A，在矩形左下角输入芯片名称“6527P”，并在引脚上方输入标号，结果如图 13-26 所示。

（16）在命令行中输入 WBLOCK，弹出“写块”对话框，创建块“6527P”，如图 13-27 所示。

（17）单击快速访问工具栏中的“保存”按钮💾，保存图形文件。

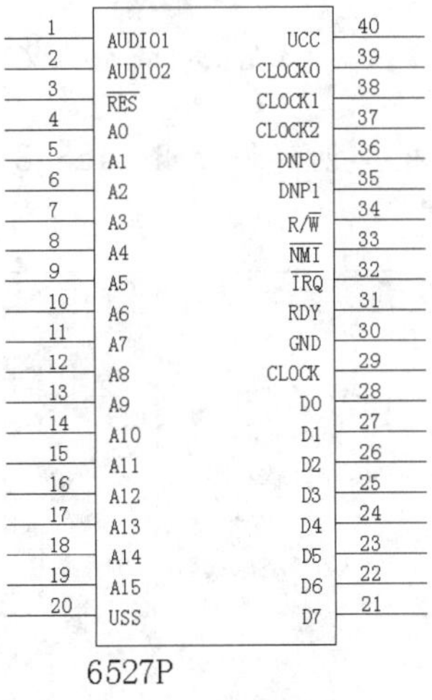

图 13-26　绘制结果

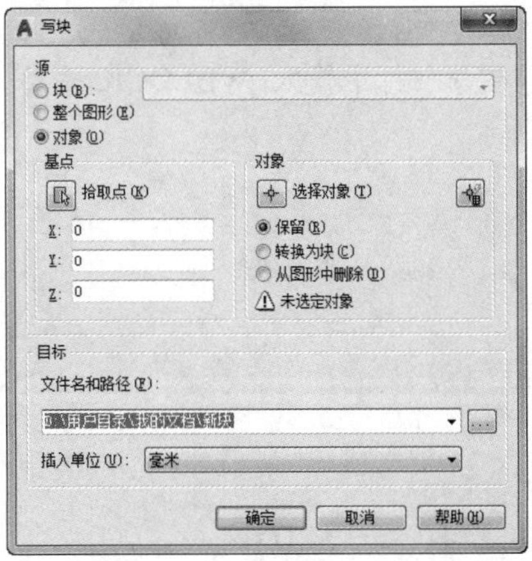

图 13-27　“写块”对话框

13.2.4　绘制译码器 SN74LS139N

利用二维绘图和修改命令绘制译码器 SN74LS139N。

操作步骤

（1）单击快速访问工具栏中的“新建”按钮，新建图形文件。单击快速访问工具栏中的“保存”按钮，将文件另存为“74LS139N”。

（2）在“默认”选项卡中单击“绘图”面板中的“矩形”按钮，绘制一个大小为 60×50 的矩形，如图 13-28 所示。

（3）在“默认”选项卡中单击“修改”面板中的“分解”按钮，分解矩形。

（4）在“默认”选项卡中单击“修改”面板中的“偏移”按钮，将竖直直线分别向内偏移 20，将水平直线依次向上偏移 10，如图 13-29 所示。

（5）在“默认”选项卡中单击“修改”面板中的“拉长”按钮，将上步偏移的水平直线分别向左右两侧拉长 30。

（6）在“默认”选项卡中单击“修改”面板中的“修剪”按钮，修剪矩形框中多余线段，如图 13-30 所示。

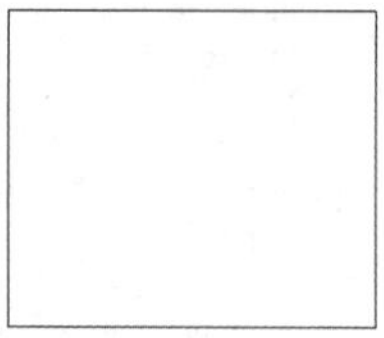

图 13-28　绘制矩形

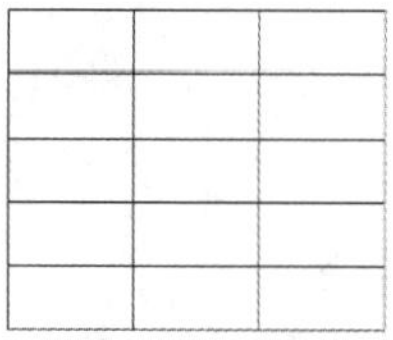

图 13-29　偏移直线

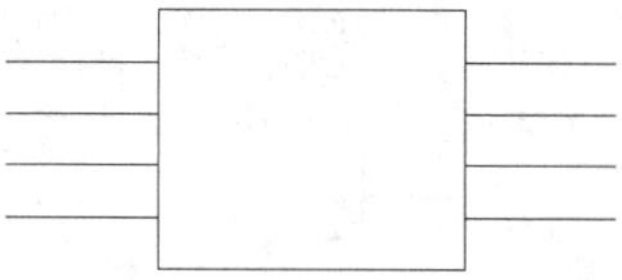

图 13-30　拉长后修剪直线

（7）在“默认”选项卡中单击“注释”面板中的“多行文字”按钮 A，在矩形左上角输入文字“A”，如图 13-31 所示。

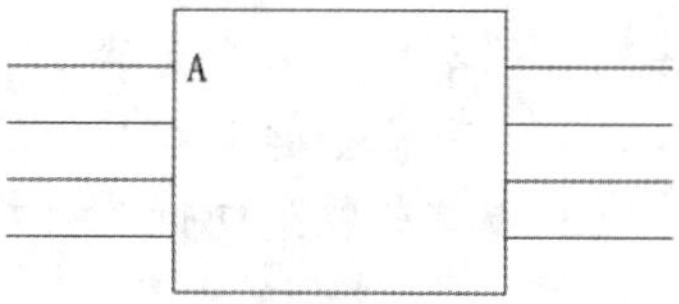

图 13-31　输入文字

（8）在“默认”选项卡中单击“修改”面板中的“复制”按钮，选择多行文字，复制文字。选择文字后双击，弹出“文字编辑器”选项卡和多行文字编辑器，修改文字内容，结果如图 13-32 所示。

（9）在命令行中输入 WBLOCK 命令，弹出“写块”对话框，创建块“SN74LS139N”，如图 13-33 所示。

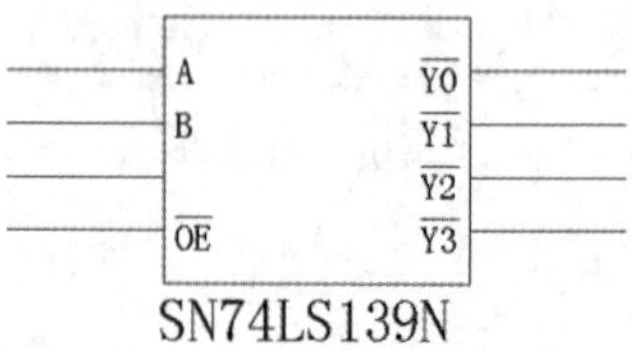

图 13-32　修改文字

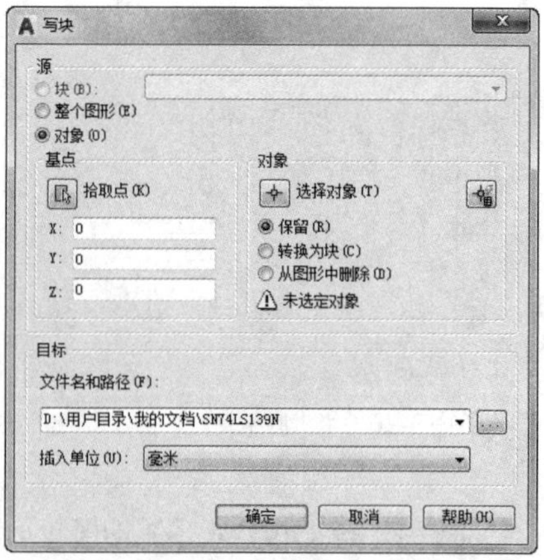

图 13-33　“写块”对话框

（10）单击快速访问工具栏中的“保存”按钮，保存图形文件。

13.2.5　绘制开关

利用二维绘图和修改命令绘制开关符号。

操作步骤

（1）打开“中央处理器”图形文件，将“元件符号层”置为当前。

（2）在“默认”选项卡中单击“绘图”面板中的“直线”按钮╱，绘制水平直线，长度分别为 10、10、10，如图 13-34 所示。

（3）在“默认”选项卡中单击“修改”面板中的“旋转”按钮，旋转中间线，捕捉左端点为基点，旋转角度为 30，如图 13-35 所示。

图 13-34　绘制直线

图 13-35　旋转直线

（4）在“默认”选项卡中单击“绘图”面板中的“圆”按钮，捕捉直线交点，绘制半径为 0.5 的圆。

（5）在“默认”选项卡中单击“修改”面板中的“修剪”按钮，修剪多余图形，如图 13-36 所示。

（6）在“默认”选项卡中单击“块”面板中的“创建”按钮，弹出“块定义”对话框，创建块“开关”，如图 13-37 所示。

图 13-36　绘制圆后进行修剪

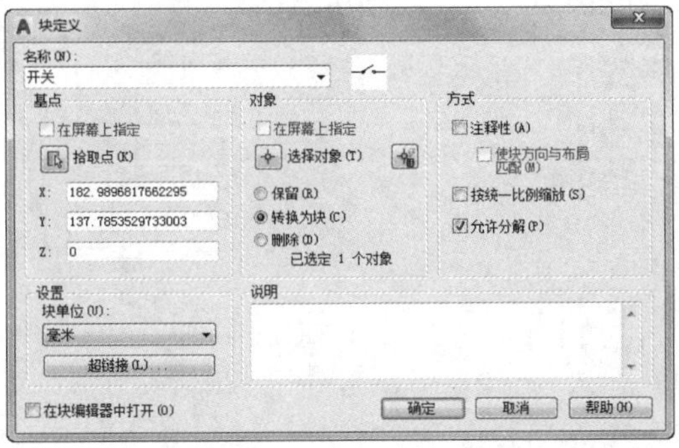

图 13-37　“块定义”对话框

13.2.6　元件布局

绘制完元件符号后，需要将这些元件符号布局在图纸合适位置。下面简要讲述其方法。

操作步骤

（1）在“默认”选项卡中单击“块”面板中的“插入”下拉菜单，弹出“块”选项板。单击“浏览”按钮，选择“电阻”元件，如图 13-38 所示。单击“确定”按钮，将元件插入图形当中。

（2）利用“插入块”命令，依次插入“电容”“电路端口”“6257P”“6116”“SN74LS139N”，如图 13-39 所示。

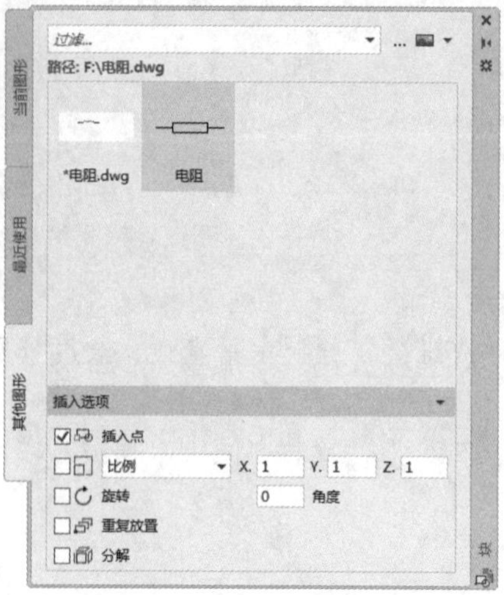

图 13-38　“插入”选项板

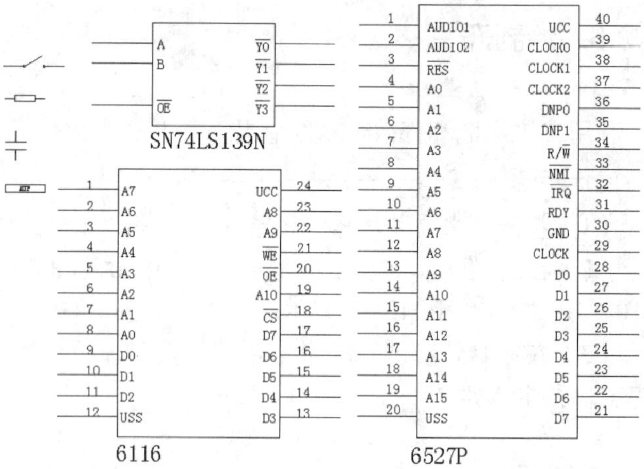

图 13-39　插入元件

（3）在“默认”选项卡中单击“修改”面板中的“复制”按钮、“旋转”按钮和“移动”按钮，将元件符号放置到适当位置，完成元件布局，如图 13-40 所示。

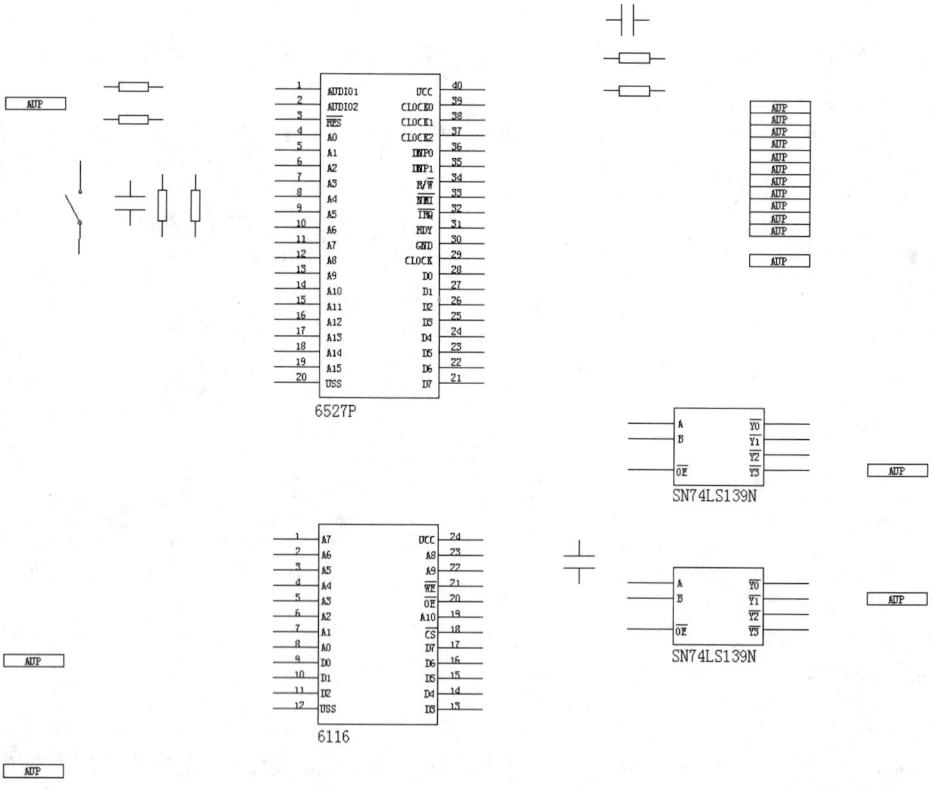

图 13-40　元件布局结果

（4）在“默认”选项卡中单击“修改”面板中的“分解”按钮，分解电路端口图块。

（5）双击电路端口图块中的文字，弹出“文字编辑器”选项卡和多行文字编辑器，修改文字内容，对应所要连接的引脚端口，结果如图 13-41 所示。

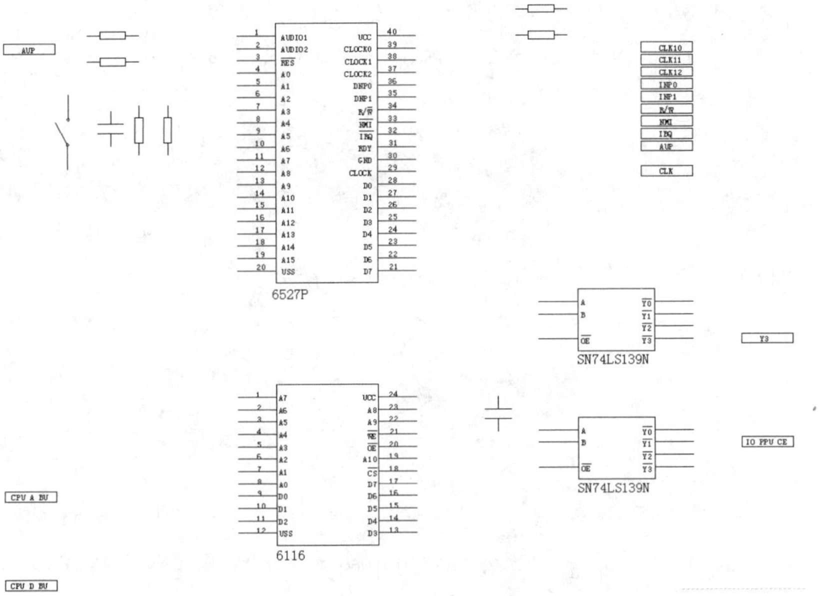

图 13-41　编辑文字

13.2.7　连接电路

布局完元件符号后，可以用导线将这些元件符号连接起来。

操作步骤

(1) 将“导线层”置为当前。

(2) 在“默认”选项卡中单击“绘图”面板中的“直线”按钮╱，按照原理图连接各元器件，如图 13-42 所示。

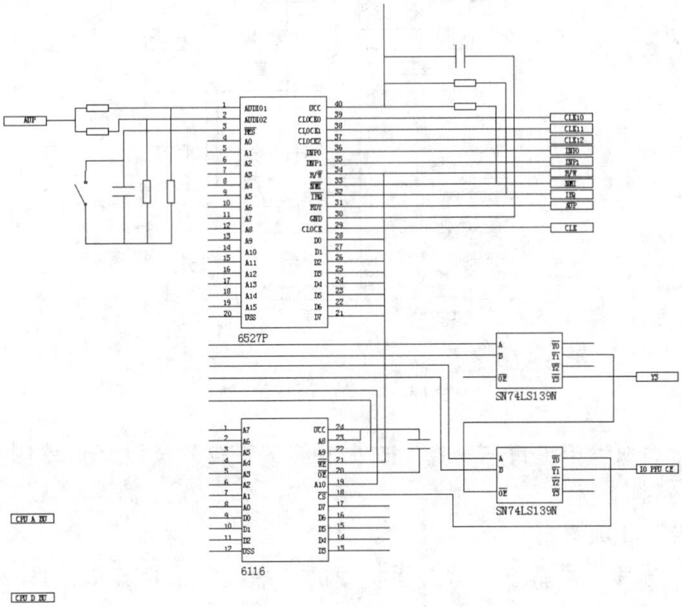

图 13-42　连接导线

（3）将“总线层”置为当前。

（4）在“默认”选项卡中单击“绘图”面板中的“直线”按钮╱，绘制总线分支。命令行提示与操作如下：

```
命令：_line
指定第一个点：
指定下一点或 [放弃(U)]：@10<45↙
指定下一点或 [放弃(U)]：(如图 13-43 所示)
```

（5）利用“镜像”命令镜像总线分支，如图 13-44 所示。

图 13-43　绘制总线分支

图 13-44　镜像总线分支

（6）在“默认”选项卡中单击“修改”面板中的“复制”按钮，将总线分支放置到电路图引脚端口处，如图 13-45 所示。

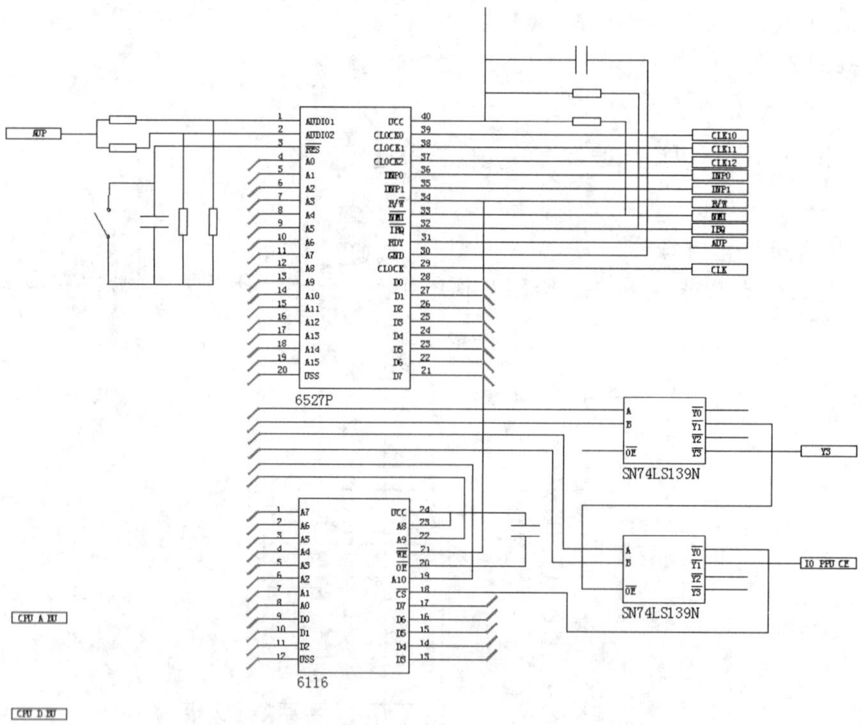

图 13-45　放置总线分支

（7）在“默认”选项卡中单击“绘图”面板中的“直线”按钮╱，绘制总线，结果如图 13-46 所示。

（8）将“电源层”置为当前。

（9）在“默认”选项卡中单击“块”面板中的“插入”下拉菜单，选择“接地”符号，插入电路图中，如图 13-47 所示。

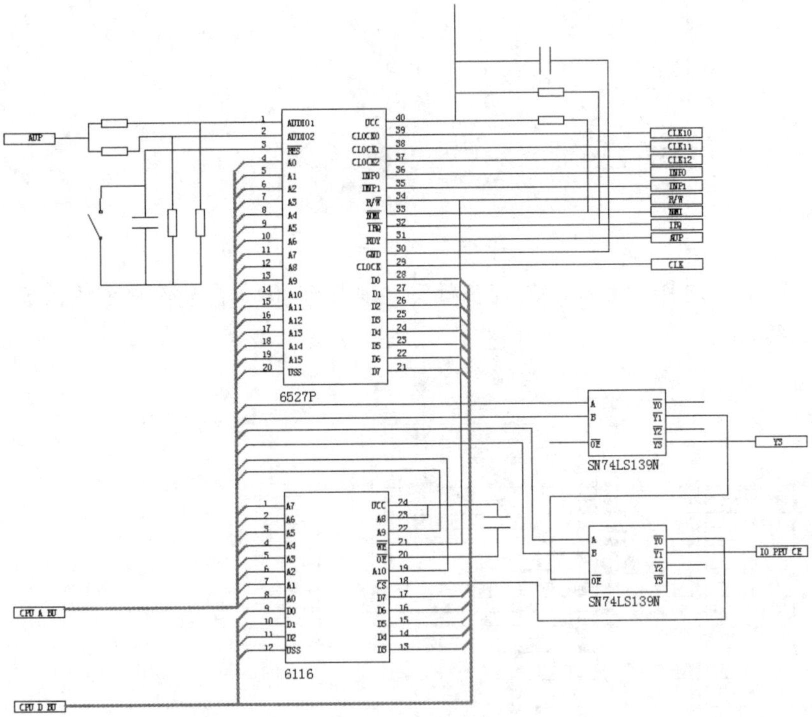

图 13-46 绘制总线

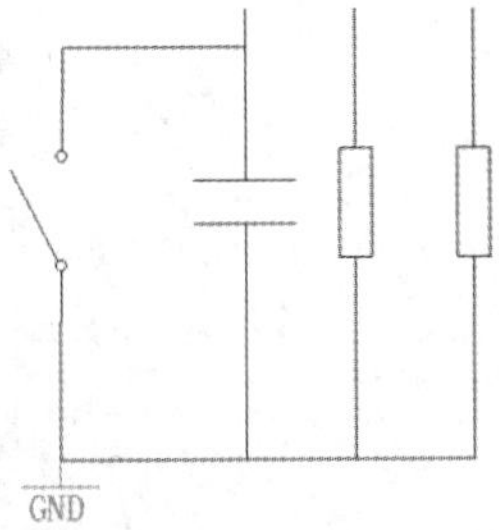

图 13-47 插入“接地”图块

（10）在“默认”选项卡中单击“修改”面板中的“复制”按钮和“旋转”按钮，将“接地”符号复制到适当位置，如图 13-48 所示。

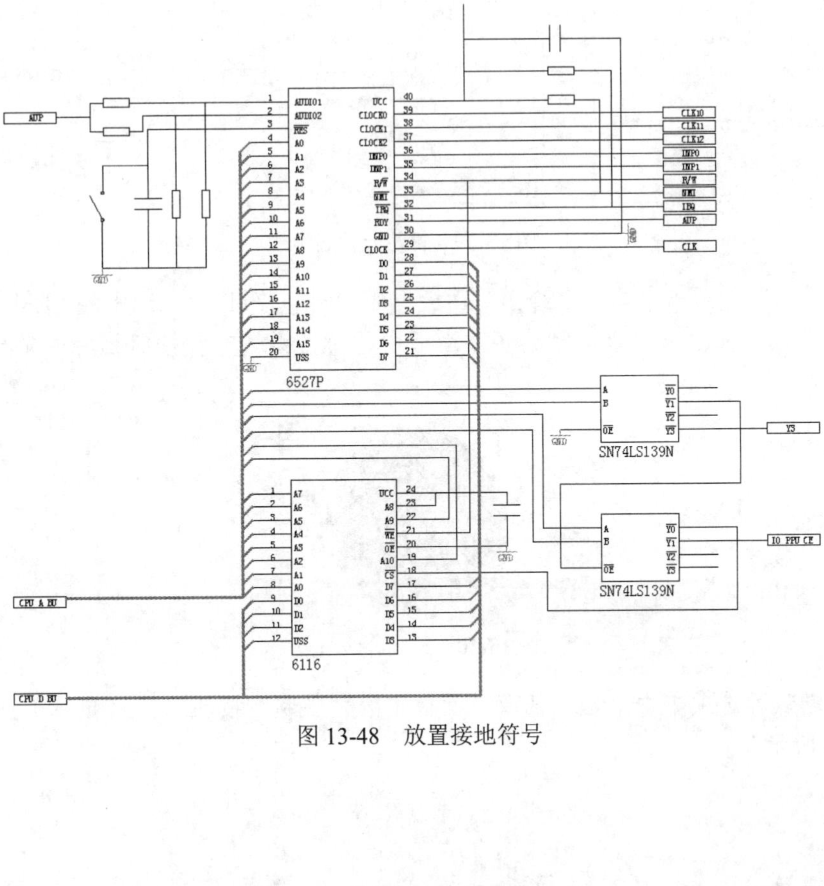

图 13-48 放置接地符号

13.2.8 文字标注

线路连接完毕后，需要给整个图形标注必要的文字。

操作步骤

（1）将“文字说明层”置为当前。

（2）在“默认”选项卡中单击“注释”面板中的“多行文字”按钮 A，在元件上方输入元件名称，如“R1”，结果如图 13-49 所示。

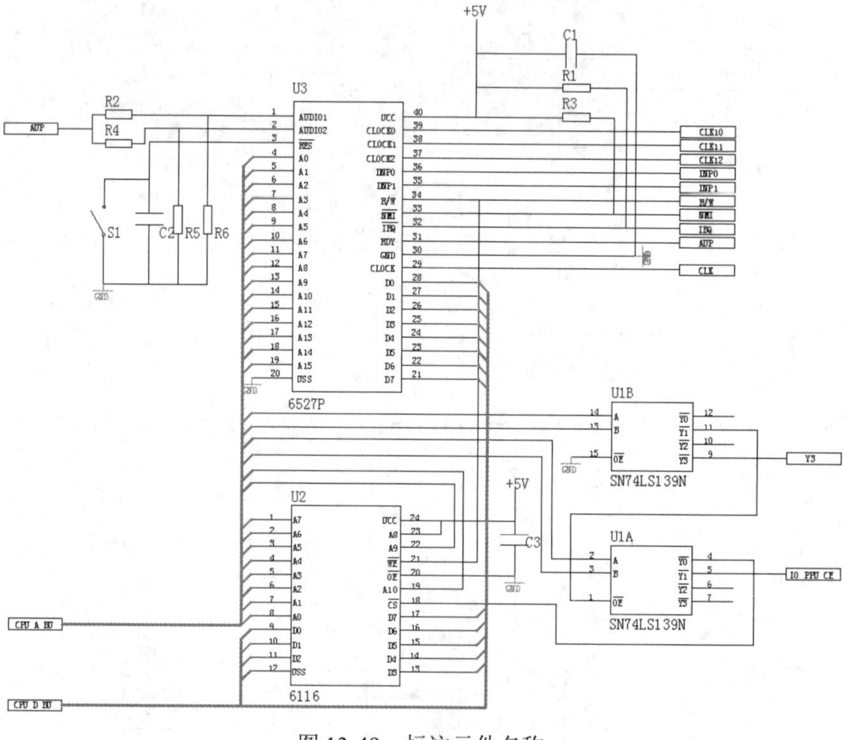

图 13-49　标注元件名称

（3）在“默认”选项卡中单击“绘图”面板中的“圆”按钮，绘制半径为 1 的圆。

（4）在“默认”选项卡中单击“绘图”面板中的“图案填充”按钮，填充圆，如图 13-50 所示。

图 13-50　绘制导线节点

（5）在“默认”选项卡中单击“修改”面板中的“复制”按钮，将导线节点复制到适当位置，如图 13-51 所示。

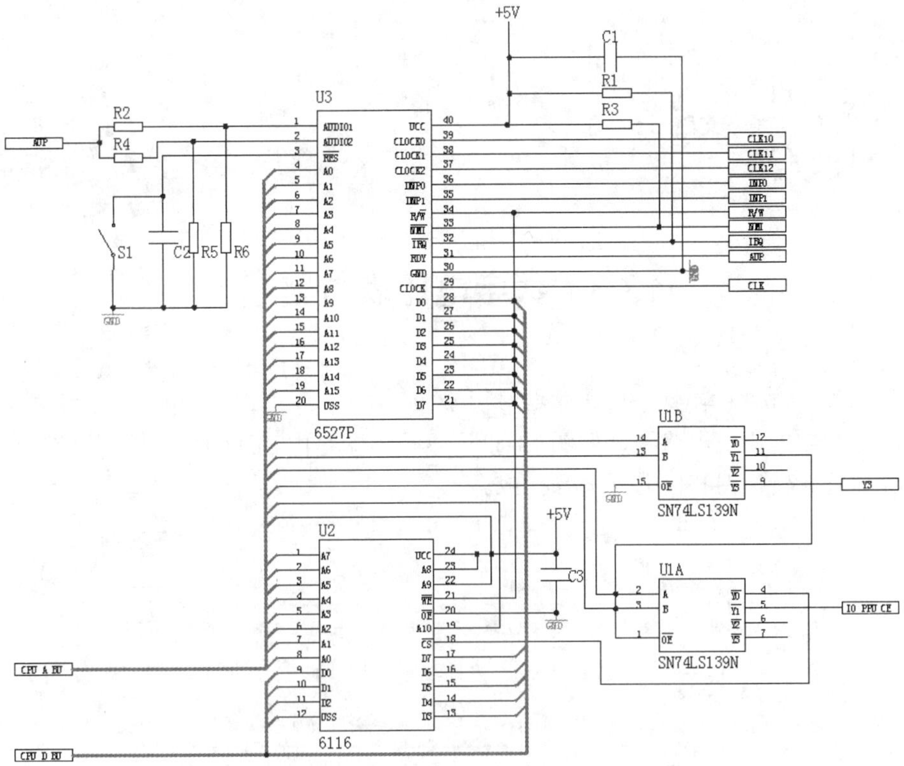

图 13-51　绘制结果

（6）单击快速访问工具栏中的“保存”按钮，保存电路图。

动手练——绘制单片机采样电路图

源文件：源文件\第 13 章\单片机采样电路图.dwg

绘制如图 13-52 所示的单片机采样电路图。

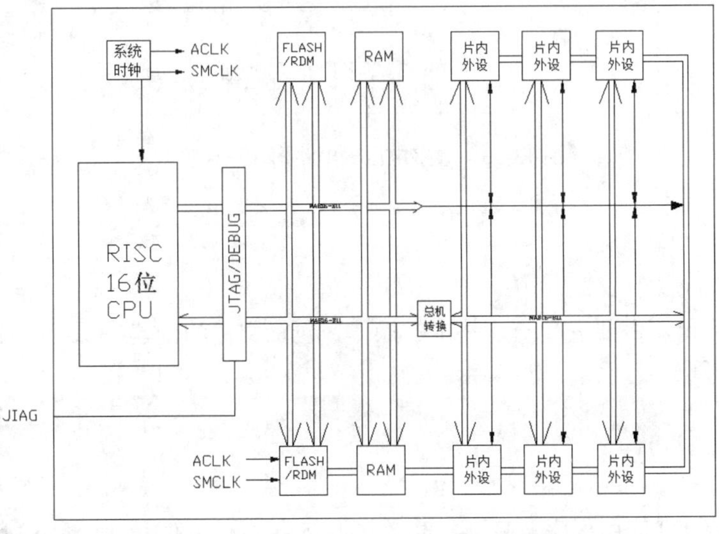

图 13-52　单片机采样电路图

思路点拨：

（1）设置绘图环境。

（2）绘制单片机采样电路图。

（3）标注文字。

扫一扫，看视频

13.3 数字电压表电路图

源文件：源文件\第 13 章\数字电压表电路图.dwg

本实例绘制数字电压表电路图，如图 13-53 所示。该图是由 BCD 七段显示器 CC14511、LED 显示器、驱动晶体管、转换器和位选开关等构成。

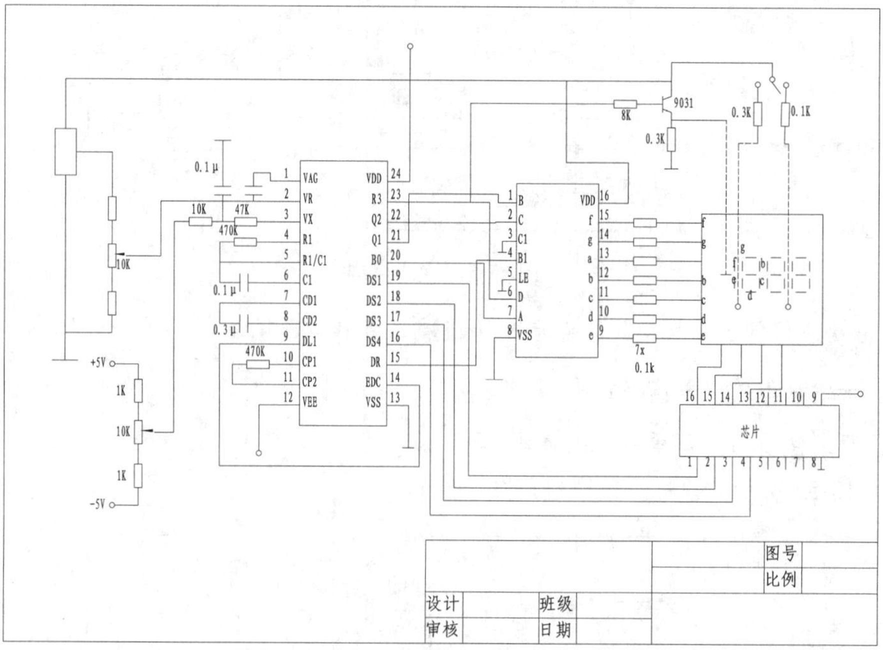

图 13-53 数字电压表电路图（三极管）

13.3.1 绘制元件

在绘制电路图之前，需要进行一些基本的操作，包括文件的创建、保存、栅格的显示、图形界限的设定及图层的管理等。

操作步骤

1. 建立新文件

打开 AutoCAD 2020 应用程序，打开下载的资源包中的源文件\第 13 章\A3.dwt 文件，以其为模板建立新文件，将文件命名为“数字电压表电路图.dwg”并保存。

2. 绘制晶体管

（1）在“默认”选项卡中单击“绘图”面板中的“直线”按钮，绘制多条直线，如图 13-54 所示。

（2）在“默认”选项卡中单击“绘图”面板中的“直线”按钮，绘制两条斜向线段，如图 13-55 所示。

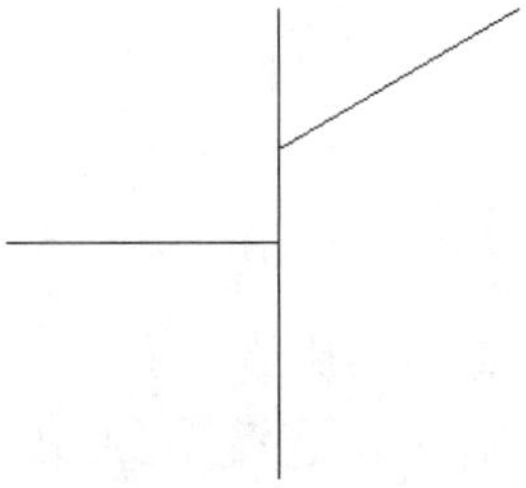

图 13-54 绘制直线

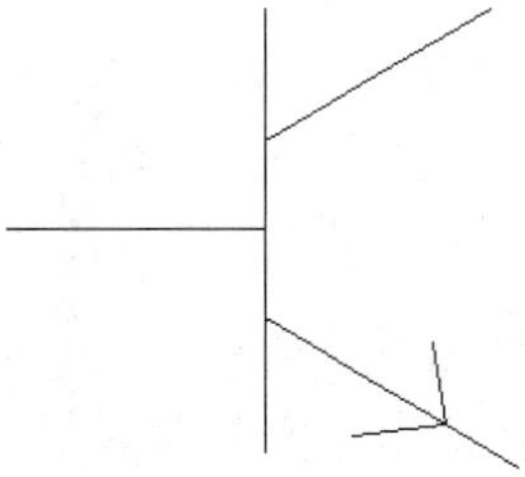

图 13-55 绘制斜向线段

（3）在“默认”选项卡中单击“块”面板中的“创建”按钮，将以上绘制的晶体管符号生成图块并保存，以方便后面绘制数字电路系统时调用。

3. 绘制电阻

（1）在“默认”选项卡中单击“绘图”面板中的“矩形”按钮，绘制一个矩形，如图 13-56 所示。

（2）开启“正交”模式，在“默认”选项卡中单击“绘图”面板中的“直线”按钮，捕捉矩形短边中点分别绘制两条直线，如图 13-57 所示。

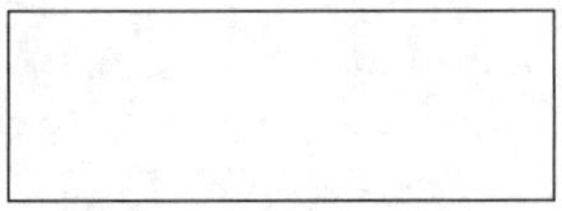

图 13-56 绘制矩形

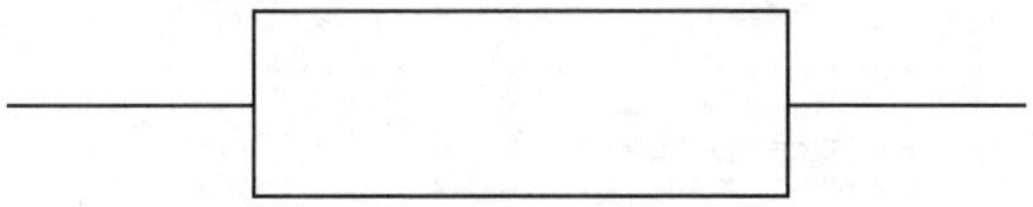

图 13-57 电阻符号

（3）在“默认”选项卡中单击“块”面板中的“创建”按钮，将以上绘制的电阻符号生成图块并保存，以方便后面绘制数字电路系统时调用。

13.3.2 数字电压表电路图的绘制

此图结构比较简单，但是各部分之间的位置关系必须严格按规定尺寸来布置。绘图思路如下：首先建立图层，然后绘制电气元件，并用直线将电气元件连接起来，最后标注文字。

操作步骤

（1）在“默认”选项卡中单击“图层”面板中的“图层特性”按钮，打开“图层特性管理器”选项板，新建“粗线”“文字”和“细线”图层，参数设置如图 13-58 所示。

（2）将“粗线”图层设置为当前图层。在“默认”选项卡中单击“绘图”面板中的“矩形”按钮，绘制 A/D 转换器、位选开关、基准电源、译码器及 LED 七段显示器 5 个矩形框，按图 13-59 所示的顺序摆放。

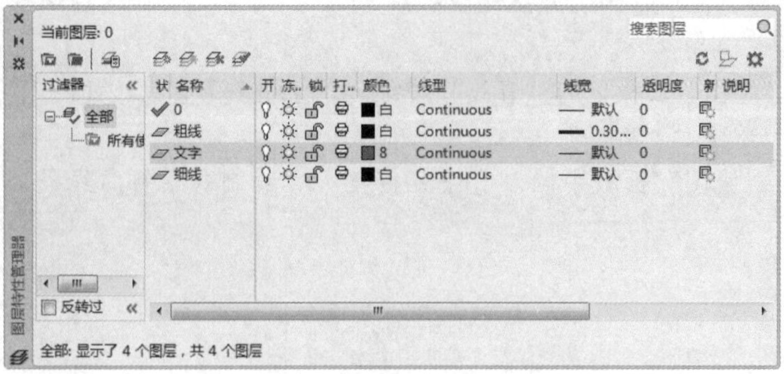

图 13-58　图层特性管理器

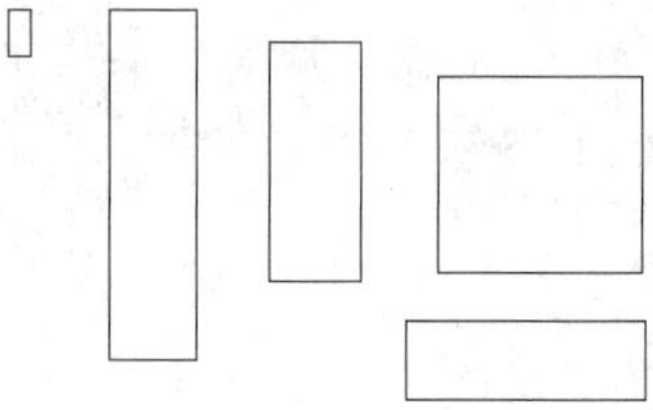

图 13-59　5 个矩形框

（3）绘制 A/D 转换器、位选开关、译码器及 LED 七段显示器的引脚线。

① 在“默认”选项卡中单击“修改”面板中的“分解”按钮，选择 A/D 转换器、位选开关、译码器和 LED 七段显示器矩形框，将其分解。

② 在“默认”选项卡中单击“实用工具”面板中的“点样式”按钮，在打开的“点样式”对话框中选择如图 13-60 所示选项。

③ 将“细线”图层设置为当前图层。在“默认”选项卡中单击“绘图”面板中的“定数等分”按钮，分别等分 A/D 转换器、位选开关、译码器相应的边，结果如图 13-61 所示。

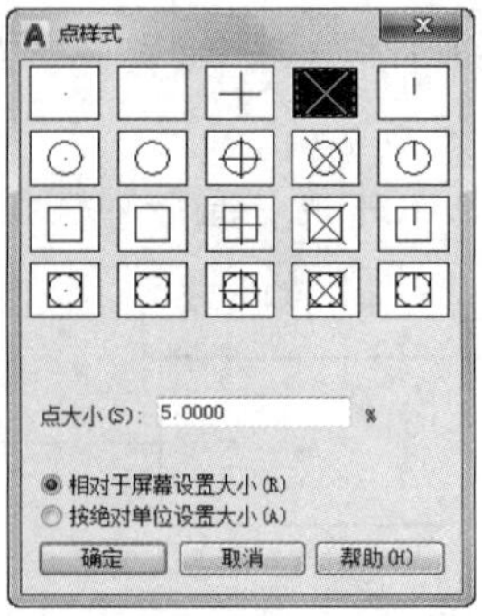

图 13-60　“点样式”对话框

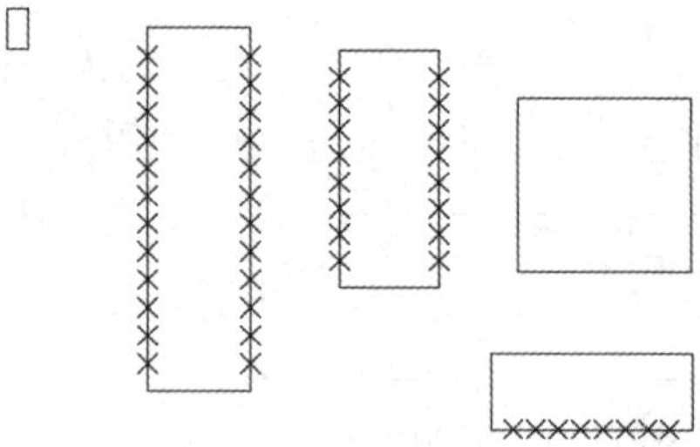

图 13-61　等分点

（4）在“默认”选项卡中单击“块”面板中的“插入”下拉菜单，插入三极管、电阻、电容图块，按图 13-62 所示的位置布局。

（5）在“默认”选项卡中单击“绘图”面板中的“直线”按钮，按各个元件之间的逻辑关系连接各个元件的引脚，连线后效果如图 13-63 所示。

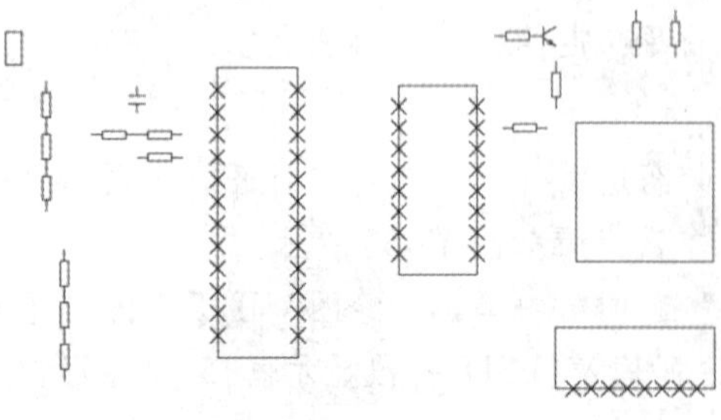

图 13-62　插入三极管、电阻、电容图块

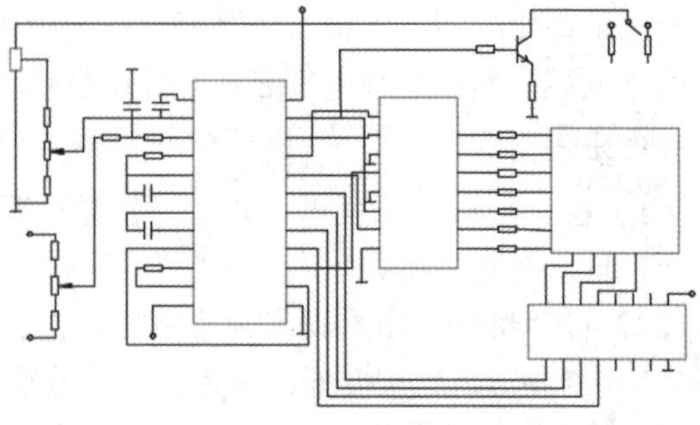

图 13-63　连线效果

（6）完成以上步骤后，还有 LED 七段数码显示器没有绘制，下面详细介绍 LED 七段数码显示器的画法。

① 在“默认”选项卡中单击“绘图”面板中的“矩形”按钮，绘制一个矩形。在“默认”选项卡中单击“修改”面板中的“倒角”按钮，将矩形四角进行倒角处理，如图 13-64 所示。

② 开启“正交”模式，在“默认”选项卡中单击“修改”面板中的“复制”按钮，将步骤①中绘制的倒角矩形向 Y 轴负方向进行复制，如图 13-65 所示。

③ 在“默认”选项卡中单击“修改”面板中的“分解”按钮，将以上两个倒角矩形分解，选中其倒角边，删除倒角，如图 13-66 所示。

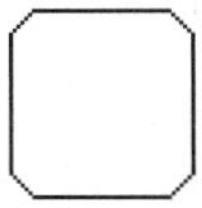

图 13-64　倒角矩形

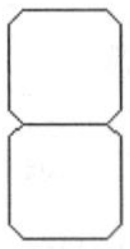

图 13-65　复制倒角矩形

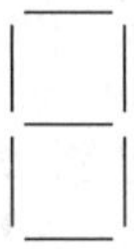

图 13-66　删除倒角

④ 开启“正交”模式，在“默认”选项卡中单击“修改”面板中的“复制”按钮，将倒角矩形向 X 轴正方向进行复制，如图 13-67 所示。

⑤ 将第一个图形中不要的边修剪掉，完成数码管符号的绘制，如图 13-68 所示。

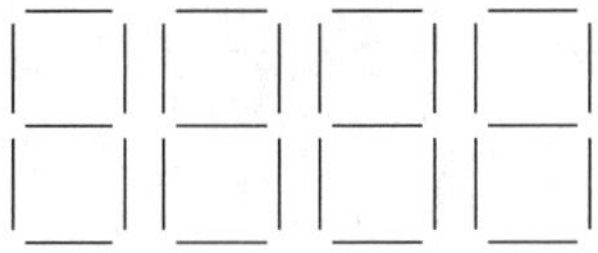

图 13-67　复制平移

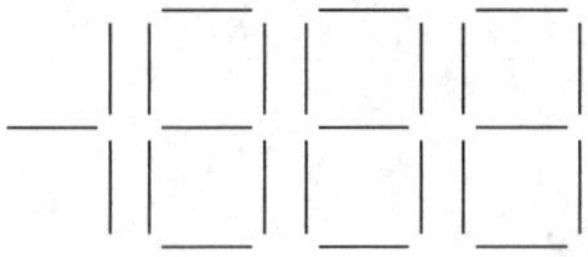

图 13-68　数码管符号

⑥ 在“默认”选项卡中单击“修改”面板中的“移动”按钮，将 LED 七段数码显示器插入到电路图中并连接，如图 13-69 所示。

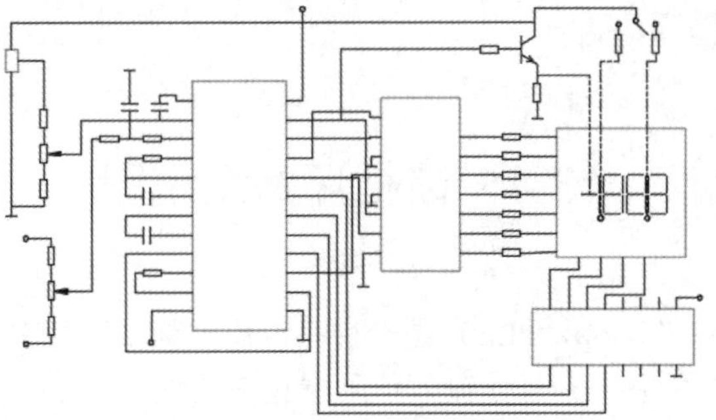

图 13-69　插入 LED 七段数码显示器

⑦ 在“默认”选项卡中单击“注释”面板中的“多行文字”按钮 A，按图 13-53 所示位置插入数字和文字标注，为各个芯片引脚标注文字注释，方便图纸的审核和阅读。

（7）经以上操作后得到完整的数字电压表电路图，将其保存。

动手练——绘制调频器电路图

源文件：源文件\第 13 章\调频器电路图.dwg

绘制如图 13-70 所示的调频器电路图。

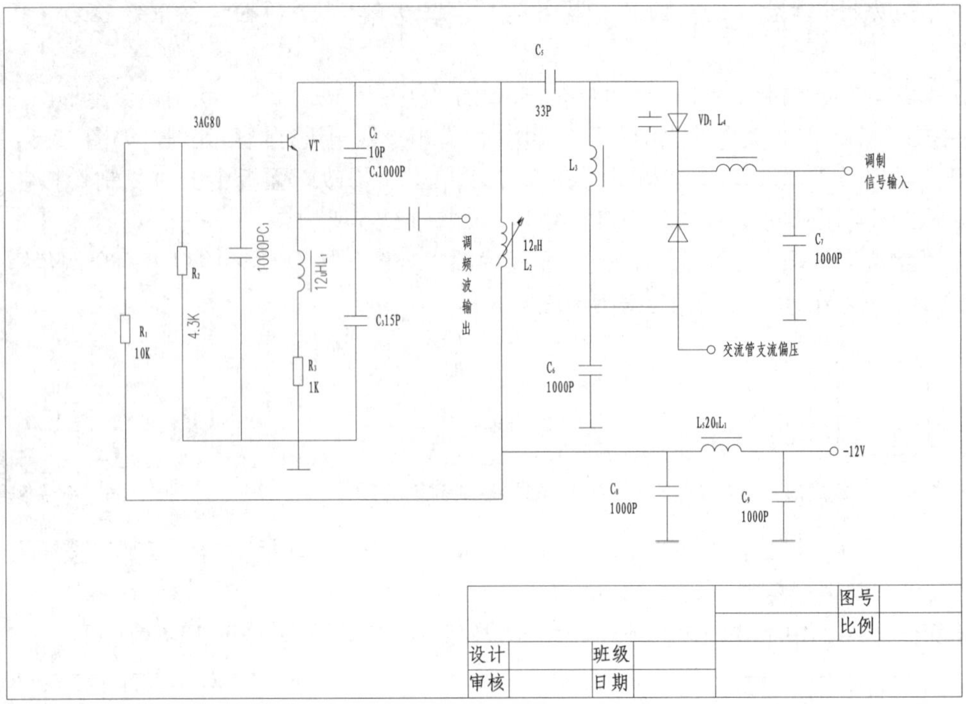

图 13-70　调频器电路图

思路点拨：

（1）设置绘图环境。

（2）绘制线路结构。

（3）将图形符号插入结构图形中。

（4）添加文字和注释。

扫一扫，看视频

13.4　锁相环路系统图

锁相环路（Phase Locked Loop，PLL）是一种相位反控制系统，它能使受控振荡器的频率和相位均与输入信号保持确定的关系，并且使输入信号中存在的噪声及压控振荡器自身的相位得到一定的抑制。现在，它在模拟与数字通信中已成为不可缺少的基本部件，同时在雷达、制导、导航、遥控、遥测、仪器、测量、计算机乃至一般工业领域都有不同程度的应用。PLL 由鉴相器（PD）、环路滤波器（LF）、压控振荡器（VCO）3 部分组成。下面分别介绍其中一些重要部件原理图的画法。

13.4.1　电路中基本器件画法

源文件：源文件\第 13 章\电路中基本器件画法.dwg

利用二维绘图和修改命令绘制如图 13-71 所示的电路中的基本器件。

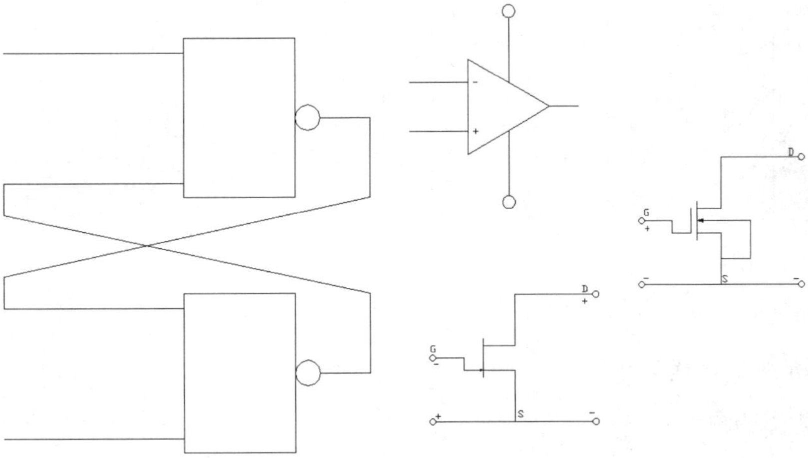

图 13-71　电路中的基本器件

操作步骤

1．建立文件

打开 AutoCAD 2020 应用程序，以“无样板打开-公制”样板文件为模板，建立新文件；将新文件命名为“电路基本器件画法.dwg”并保存。

2．RS 触发器的画法

（1）在“默认”选项卡中单击“块”面板中的“插入”下拉菜单，将非门的符号插入当前绘图环境中，如图 13-72 所示。

（2）在“默认”选项卡中单击“修改”面板中的“分解”按钮，将插入的非门符号分解；然后在“默认”选项卡中单击“修改”面板中的“移动”按钮，在“正交”模式下移动直线，如图 13-73 所示。

（3）在“默认”选项卡中单击“修改”面板中的“镜像”按钮，将刚才平移的直线进行镜像处理，如图 13-74 所示。

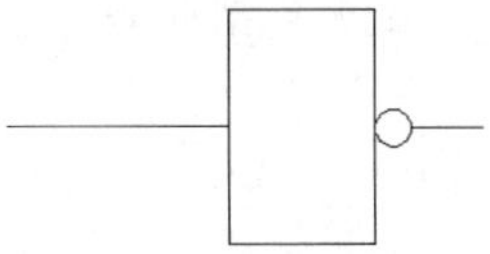

图 13-72　调用非门

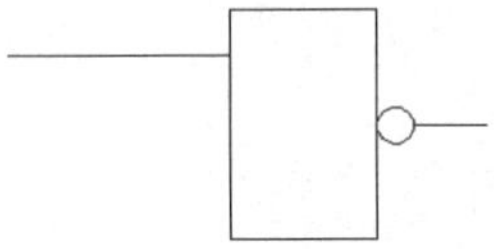

图 13-73　平移直线

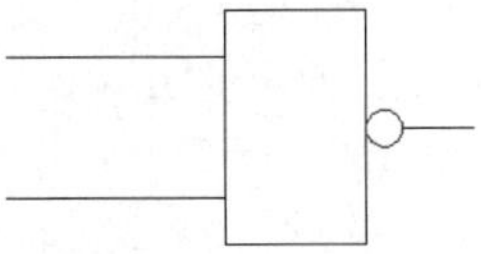

图 13-74　镜像处理

（4）在“默认”选项卡中单击“块”面板中的“创建”按钮，将与非门符号生成图块并保存，以方便后面绘制数字电路系统时调用。

（5）在“默认”选项卡中单击“修改”面板中的“复制”按钮，在“正交”模式下将与非门在竖直方向复制一个，如图 13-75 所示。

（6）在“默认”选项卡中单击“绘图”面板中的“多段线”按钮，绘制连接线，如图 13-76 所示。

（7）在“默认”选项卡中单击“修改”面板中的“镜像”按钮，将刚才画的连接线进行镜像处理，如图 13-77 所示。

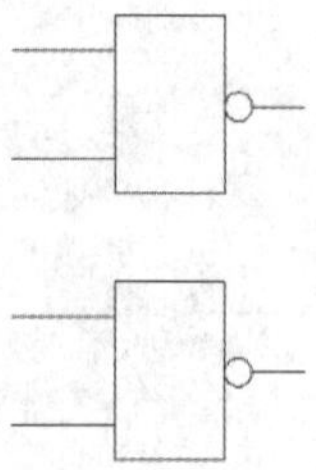

图 13-75　复制

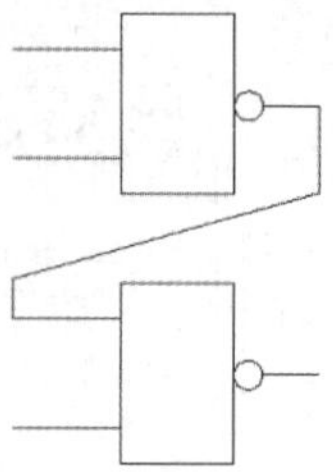

图 13-76　多段线连线

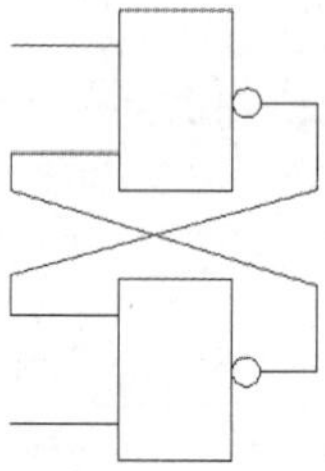

图 13-77　镜像

（8）在“默认”选项卡中单击“块”面板中的“创建”按钮，将 RS 触发器符号生成图块并保存，以方便后面绘制数字电路系统时调用。

3．运算放大器的画法

（1）在“默认”选项卡中单击“绘图”面板中的“多边形”按钮，在绘图窗口中选定三角形的中心，以内切于圆的方式绘制一个三角形，如图 13-78 所示。

（2）在“默认”选项卡中单击“绘图”面板中的“直线”按钮，捕捉三角形边上一点，画直线；然后捕捉直线端点，以该端点为圆心，画一半径为 1 的圆；再在“默认”选项卡中单击“修改”面板中的“修剪”按钮，将圆内多余的直线修剪掉，如图 13-79 所示。

（3）在“默认”选项卡中单击“修改”面板中的“镜像”按钮，将接电源的引脚镜像到三角形的下边，如图 13-80 所示。

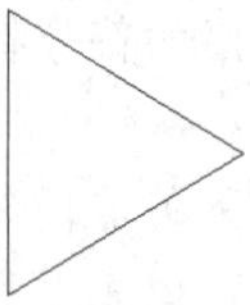

图 13-78　画三角形

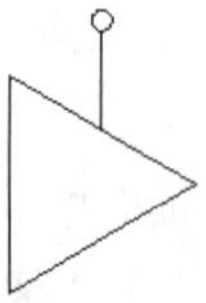

图 13-79　画引脚

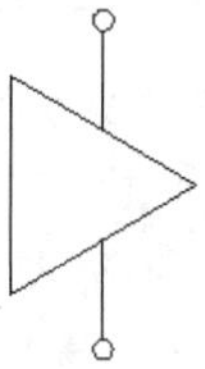

图 13-80　镜像引脚

（4）在“默认”选项卡中单击“绘图”面板中的“直线”按钮，绘制输入引脚和输出引脚，如图 13-81 所示。

（5）在“默认”选项卡中单击“绘图”面板中的“直线”按钮，在输入引脚处标注运算放大器的正、负极符号，如图 13-82 所示。

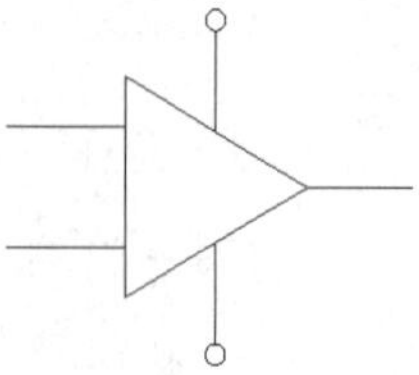

图 13-81　绘制输入引脚和输出引脚

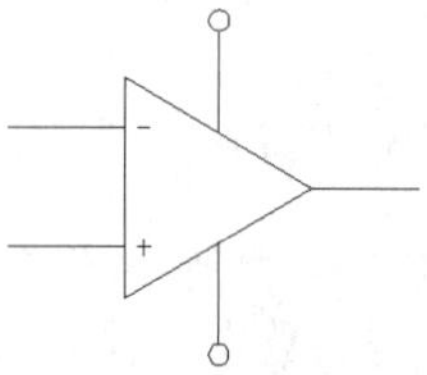

图 13-82　标注极性

（6）在“默认”选项卡中单击“块”面板中的“创建”按钮，将运算放大器符号生成图块并保存，以方便后面绘制数字电路系统时调用。

4．MOS 管的画法

MOS 管有很多种，有 N 沟道耗尽型 MOS 管、N 沟道增强型 MOS 管、P 沟道增强型 MOS 管等。

在此给出 N 沟道耗尽型 MOS 管的画法。

（1）在“默认”选项卡中单击“绘图”面板中的“直线”按钮，开启“正交”模式，绘制一条长 26 的直线，如图 13-83 所示。

（2）在“默认”选项卡中单击“修改”面板中的“偏移”按钮，将直线分别向上平移 2、3、10，如图 13-84 所示。

（3）在“默认”选项卡中单击“修改”面板中的“镜像”按钮，将步骤（2）所得图形中上面 3 条线镜像到下方，如图 13-85 所示。

图 13-83　绘制直线

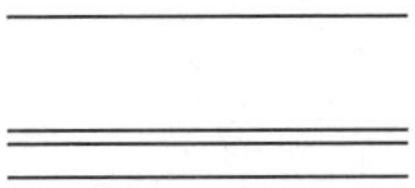

图 13-84　偏移直线

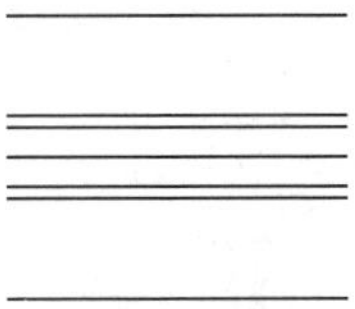

图 13-85　镜像效果

（4）在“默认”选项卡中单击“绘图”面板中的“直线”按钮，开启“对象捕捉”模式，捕捉直线中点，绘制一条长 20 的竖直线，如图 13-86 所示。

（5）在“默认”选项卡中单击“修改”面板中的“偏移”按钮，将竖直线向左平移 3、4、8 个单位，如图 13-87 所示。

（6）在“默认”选项卡中单击“修改”面板中的“修剪”按钮，修剪步骤（5）得到的图形，如图 13-88 所示。

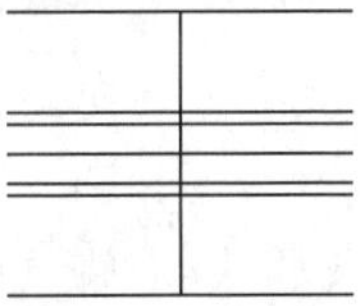

图 13-86　绘制直线

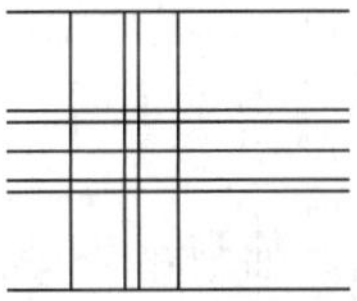

图 13-87　偏移直线

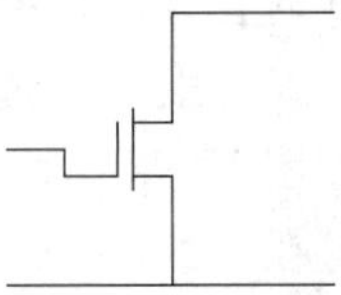

图 13-88　修剪效果

（7）在“默认”选项卡中单击“绘图”面板中的“多段线”按钮，开启“对象捕捉”模式，并捕捉直线中点，如图 13-89 所示。

（8）在“默认”选项卡中单击“绘图”面板中的“多段线”按钮，开启“极轴追踪”模式，并将“增量角”设置为 15 度，如图 13-90 所示。

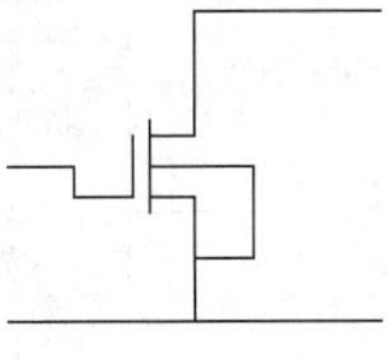

图 13-89　绘制多段线

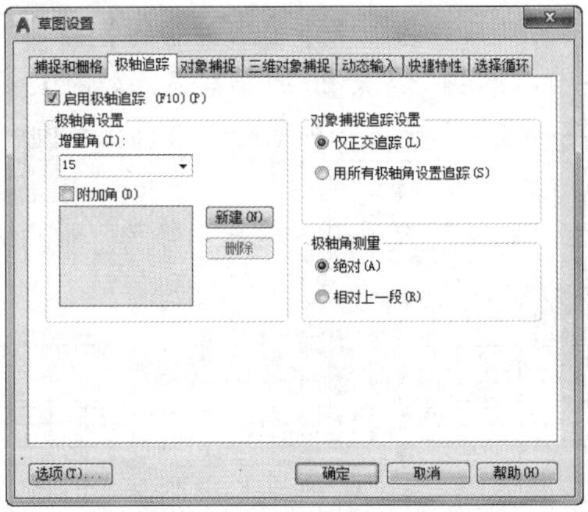

图 13-90　“草图设置”对话框

（9）捕捉交点，画箭头，如图 13-91 所示。

（10）在“默认”选项卡中单击“绘图”面板中的“图案填充”按钮，用 SOLID 填充箭头，如图 13-92 所示。

（11）在“默认”选项卡中单击“绘图”面板中的“圆”按钮，绘制输入/输出端子，并修剪掉多余的线段；然后在“默认”选项卡中单击“绘图”面板中的“直线”按钮，在输入/输出端子处标上正、负极，并标上符号，如图 13-93 所示。

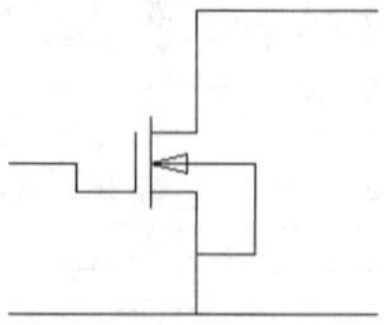
图 13-91 绘制箭头

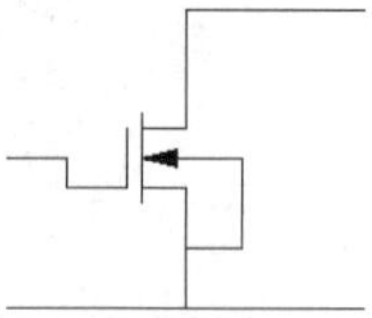
图 13-92 填充

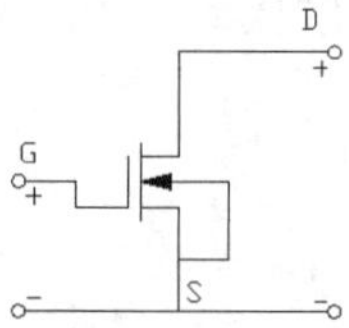

图 13-93 注释文字

（12）在“默认”选项卡中单击“块”面板中的“创建”按钮，将 MOS 符号生成图块并保存，以方便后面绘制数字电路系统时调用。

5. JFET 的画法

JFET 有两种：一种是 N 沟道 JFET；另一种是 P 沟道 JFET。本实例中将介绍 N 沟道 JFET 的画法。

（1）在“默认”选项卡中单击“绘图”面板中的“直线”按钮，开启“正交”模式，绘制一条长 26 的直线，如图 13-94 所示。

（2）在“默认”选项卡中单击“修改”面板中的“偏移”按钮，将直线分别向上平移 2、3、10，如图 13-95 所示。

（3）在“默认”选项卡中单击“修改”面板中的“镜像”按钮，将步骤（2）所得图形中上面 3 条线镜像到下方，如图 13-96 所示。

图 13-94 绘制直线

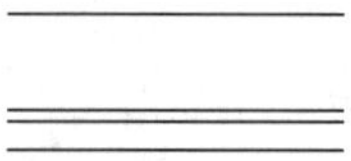
图 13-95 偏移直线

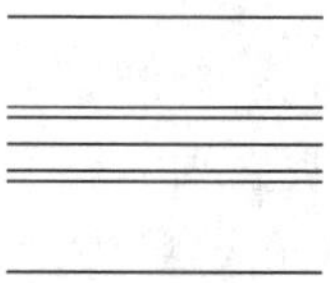
图 13-96 镜像效果

（4）在“默认”选项卡中单击“绘图”面板中的“直线”按钮，开启“对象捕捉”模式，捕捉直线中点，绘制一条长 20 的竖直线，如图 13-97 所示。

（5）在“默认”选项卡中单击“修改”面板中的“偏移”按钮，将竖直线向左平移 3、8，如图 13-98 所示。

（6）在“默认”选项卡中单击“修改”面板中的“修剪”按钮，修剪步骤（5）得到的图形，如图 13-99 所示。

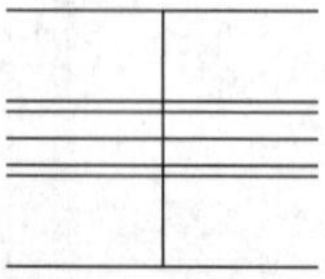
图 13-97 绘制直线

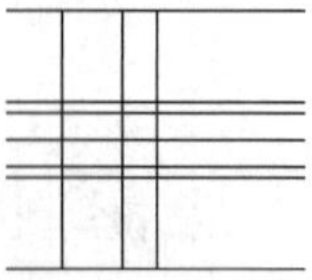
图 13-98 偏移直线

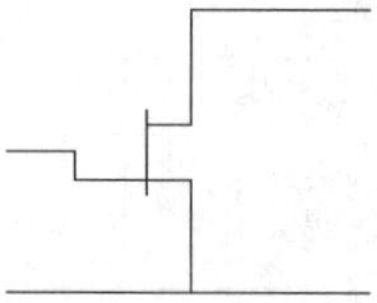
图 13-99 修剪效果

（7）在“默认”选项卡中单击“绘图”面板中的“多段线”按钮，开启“极轴追踪”模式，并将“增量角”设置为 15 度，捕捉交点，画箭头；在“默认”选项卡中单击“绘图”面板中的“图案填充”按钮，用 SOLID 填充箭头，如图 13-100 所示。

（8）捕捉输入/输出端点，画端子。在“默认”选项卡中单击“绘图”面板中的“圆”按钮，在端点画半径为 0.5 的圆；再在“默认”选项卡中单击“修改”面板中的“修剪”按钮，将圆内多余的线修剪掉，如图 13-101 所示。

（9）在“默认”选项卡中单击“绘图”面板中的“直线”按钮，画正、负极符号，并标注文字，如图 13-102 所示。

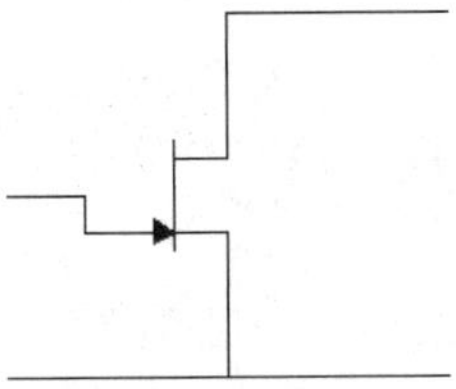

图 13-100　绘制箭头

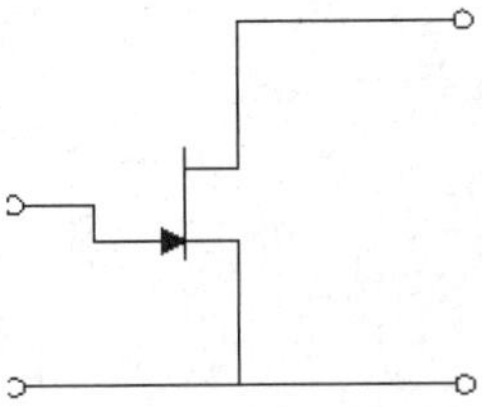

图 13-101　绘制端子

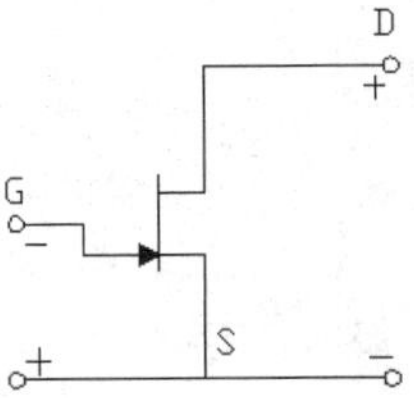

图 13-102　注释效果

（10）在“默认”选项卡中单击“块”面板中的“创建”按钮，将 JFET 符号生成图块并保存，以方便后面绘制数字电路系统时调用。

6. 电流源的画法

（1）在“默认”选项卡中单击“绘图”面板中的“圆”按钮，选择绘图窗口中一点为圆心，绘制一个半径为 5 的圆，如图 13-103 所示。

（2）在“默认”选项卡中单击“绘图”面板中的“直线”按钮，开启“对象捕捉”和“正交”模式，画圆的一条直径，如图 13-104 所示。

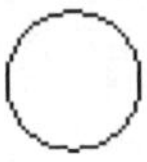

图 13-103　画圆

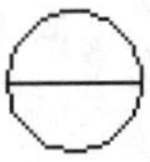

图 13-104　绘制直径

（3）在“默认”选项卡中单击“块”面板中的“创建”按钮，将电流源符号生成图块并保存，以方便后面绘制数字电路系统时调用。

13.4.2　鉴相器的画法

源文件：源文件\第 13 章\鉴相器.dwg

利用二维绘图和修改命令绘制如图 13-105 所示的鉴相器。

操作步骤

1. 建立新文件

打开 AutoCAD 2020 应用程序，以“无样板打开-公制”样板文件为模板，建立新文件；将新文件命名为“鉴相器.dwg”并保存。

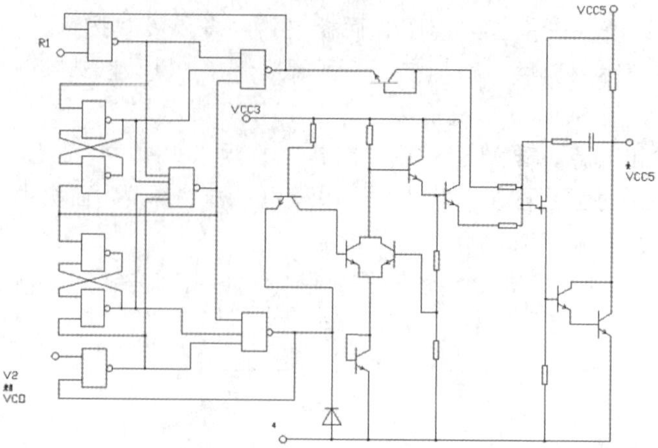

图 13-105　鉴相器

2．设置图层

（1）在“默认”选项卡中单击“图层”面板中的“图层特性”按钮，在弹出的“图层特性管理器”选项板中新建两个图层，分别命名为“细线”和“文字”，如图 13-106 所示。

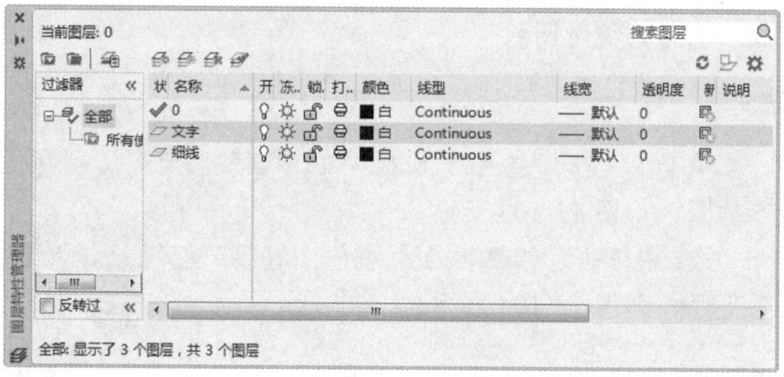

图 13-106　新建图层

（2）在“图层特性管理器”选项板中，有一些图层属性必须设置，在此只设置“颜色”“线型”和“线宽”3 项，其他几项不必设置。其中，对颜色的设置，可通过“选择颜色”对话框来实现，如图 13-107 所示。在本实例中，将颜色设置为白色。

（3）关于线型，可通过“选择线型”对话框来设置，如图 13-108 所示。在此由于是电气连线，采用默认设置。

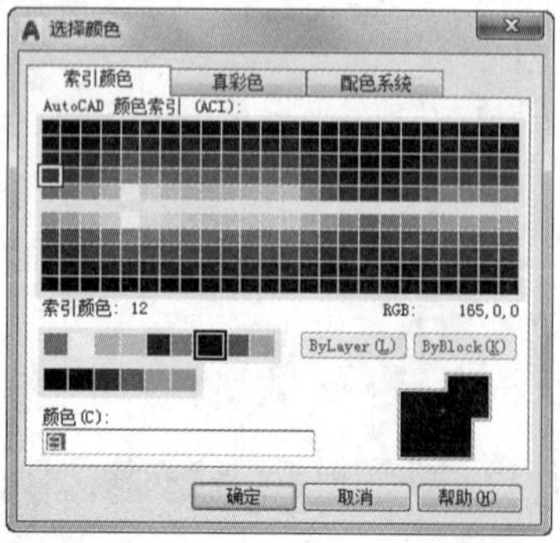

图 13-107　“选择颜色”对话框

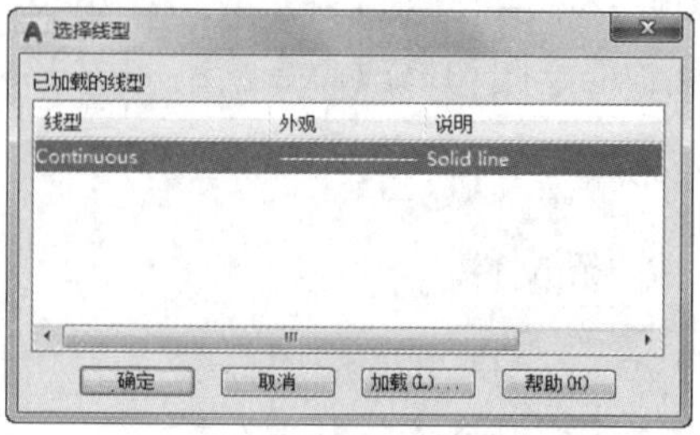

图 13-108　“选择线型”对话框

如果想选择其他线型，可以单击“选择线型”对话框中的“加载”按钮，在弹出的如图 13-109 所示的“加载或重载线型”对话框中，可根据需要选择相应的线型。

（4）单击线宽，弹出“线宽”对话框，如图 13-110 所示。在该对话框中，可以根据自己的需要设置相应的线宽。在本实例中，将线宽设置为默认。

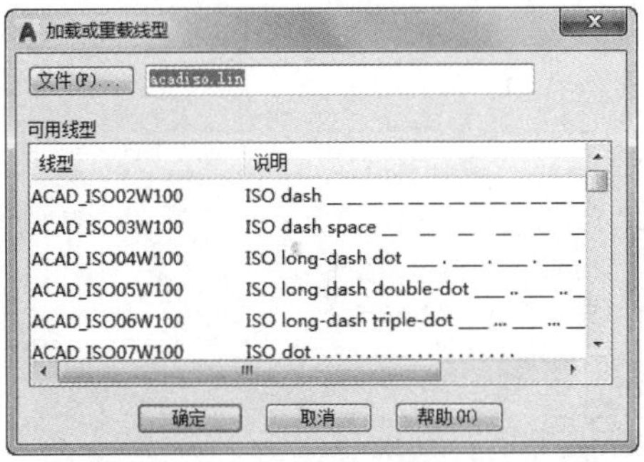

图 13-109　“加载或重载线型”对话框

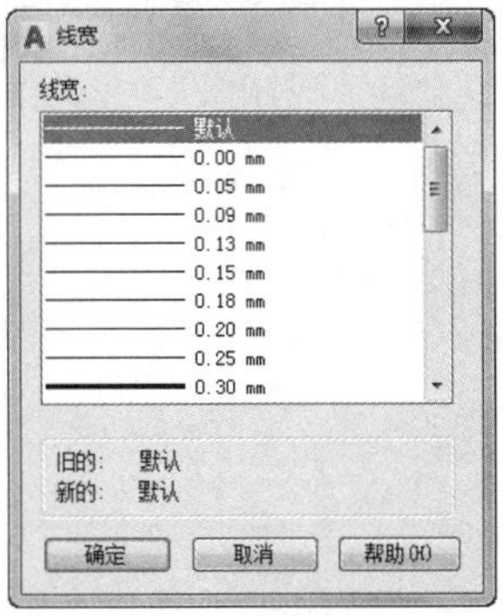

图 13-110　“线宽”对话框

（5）“细线”层的设置与当前图层的设置方法一样。

（6）“文字”层的设置也采用默认设置，只是在标注时采用“工程字”样式。

（7）将设置保存，并将 0 图层设置为当前图层。

3．绘制鉴相器

（1）在“默认”选项卡中单击“块”面板中的“插入”下拉菜单，将 RS 触发器、与非门、三极管、二极管、电容、JFET、电阻等电气符号插入当前绘图环境中，如图 13-111 所示。

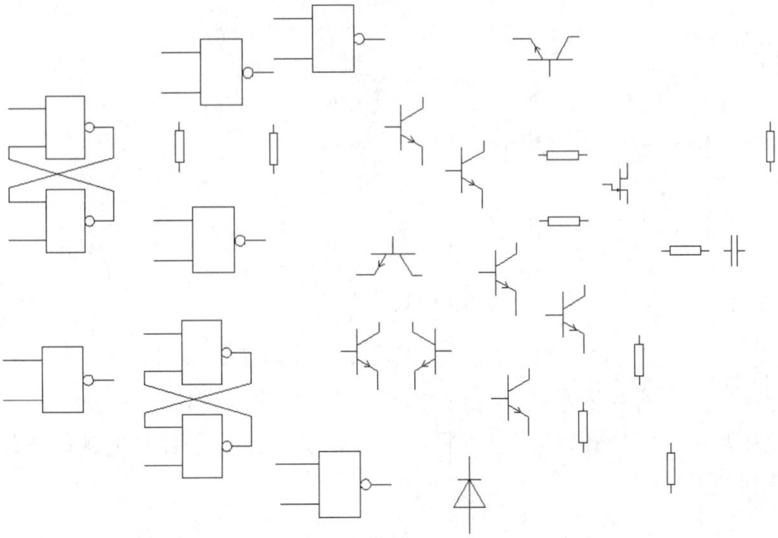

图 13-111　插入图块

（2）在“默认”选项卡中单击“修改”面板中的“移动”按钮✥，将各元件摆放到适当位置，如图 13-112 所示。

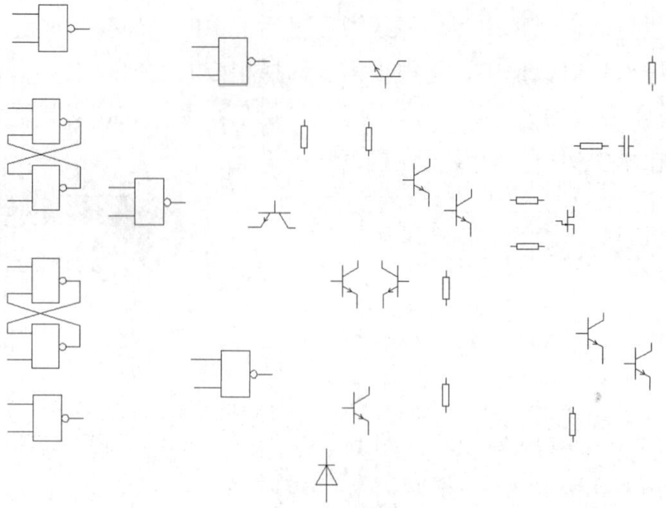

图 13-112　摆放元器件

（3）将“细线”层设置为当前图层。在“默认”选项卡中单击“绘图”面板中的“直线”按钮 ╱，将步骤（2）中的电气符号连接起来，并画出输入/输出端子，如图 13-113 所示。

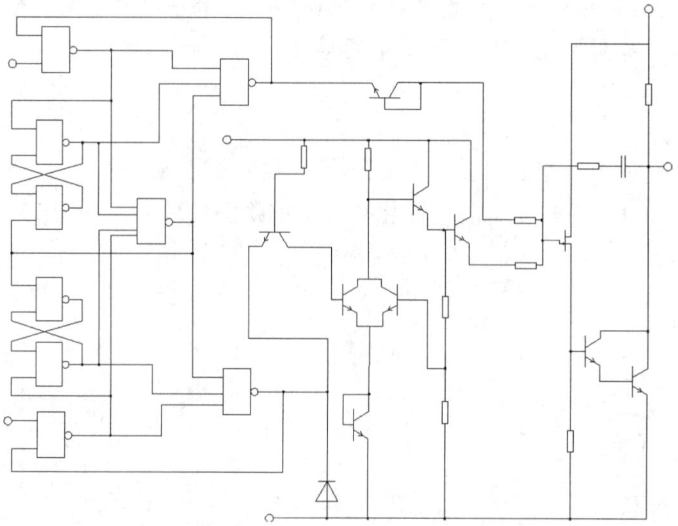

图 13-113　接线图

（4）将“文字”层设置为当前图层。在“默认”选项卡中单击“注释”面板中的“多行文字”按钮 A，在步骤（3）所得图形中标注符号、文字，结果如图 13-105 所示。

（5）将图 13-105 所示图形保存；也可将其创建为块，保存于自己创建的图库中，以方便后面绘制数字电路系统时调用。

13.4.3　压控振荡器的画法

源文件： 源文件\第 13 章\压控振荡器.dwg

利用二维绘图和修改命令绘制如图 13-114 所示的压控振荡器。

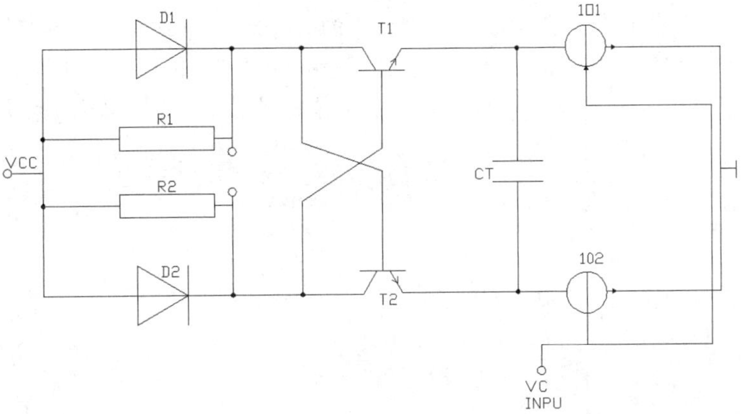

图 13-114 压控振荡器

操作步骤

1. 建立新文件

打开 AutoCAD 2020 应用程序，以“无样板打开-公制”样板文件为模板，建立新文件；将新文件命名为“压控振荡器.dwg”并保存。

2. 设置图层

在“默认”选项卡中单击“图层”面板中的“图层特性”按钮，打开“图层特性管理器”选项板，新建“细线”和“文字”两个图层，其属性设置如图 13-115 所示。

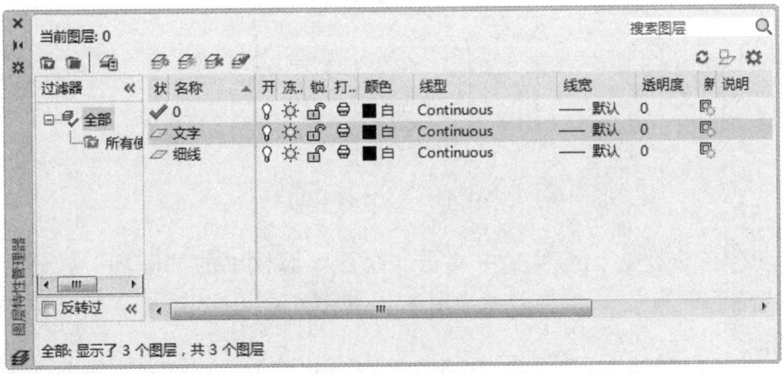

图 13-115 “图层特性管理器”选项板

3. 绘制压控振荡器原理图

（1）在“默认”选项卡中单击“块”面板中的“插入”下拉菜单，插入二极管、电阻、三极管、电流源符号到当前绘图环境中，并将其摆放到适当的地方，如图 13-116 所示。

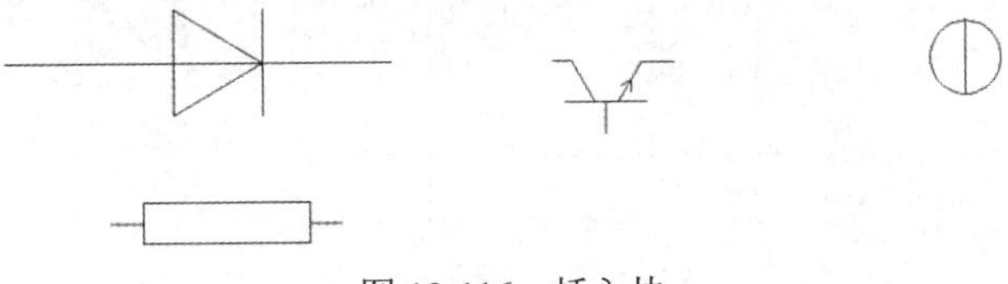

图 13-116 插入块

（2）在“默认”选项卡中单击“修改”面板中的“分解”按钮，将步骤（1）中的图块分解。

（3）在“默认”选项卡中单击“修改”面板中的“镜像”按钮，在绘图窗口中选择一点作为镜像的第一点，然后开启“正交”模式，画出另一点，将步骤（2）得到的图块向下复制一份，如图 13-117 所示。

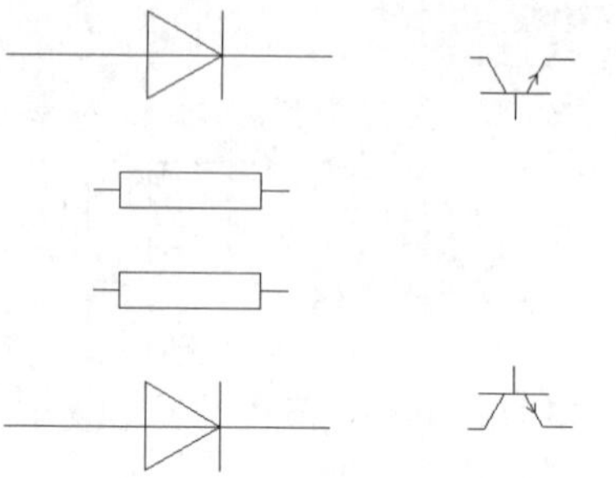

图 13-117 镜像效果

（4）在“默认”选项卡中单击“块”面板中的“插入”下拉菜单，插入电容器符号。

（5）在“默认”选项卡中单击“绘图”面板中的“多段线”按钮，将步骤（4）所得图形连接起来，如图 13-118 所示。

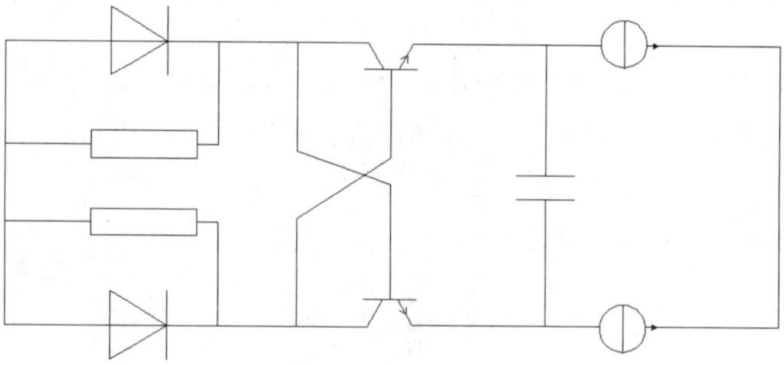

图 13-118 连线效果

（6）画连接点。在“默认”选项卡中单击“绘图”面板中的“圆环”按钮，将圆环的内半径设置为 0，外半径设置为 2，开启“对象捕捉”模式，在需要连接点的地方单击即可添加连接点，如图 13-119 所示。

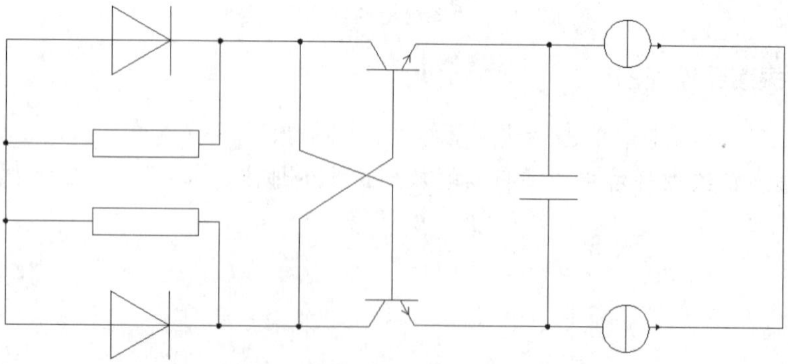

图 13-119 添加连接点

（7）在“默认”选项卡中单击“绘图”面板中的“直线”按钮╱和“圆”按钮⊘，绘制输入/输出端子，结果如图 13-120 所示。

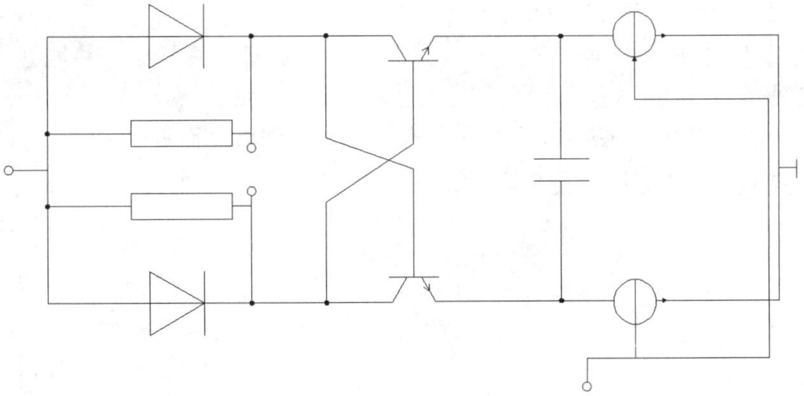

图 13-120 添加端子

（8）在“默认”选项卡中单击“注释”面板中的“多行文字”按钮A，在步骤（7）所得图形中标注文字、符号，结果如图 13-114 所示。

（9）保存最终所得的压控振荡器的电路原理图；也可将其创建为块，保存于自己创建的图库中，方便以后绘制数字电路系统时调用。

13.4.4 锁相环路方框图的画法

源文件：源文件\第 13 章\锁相环路.dwg

利用二维绘图和修改命令绘制如图 13-121 所示的锁相环路方框图。

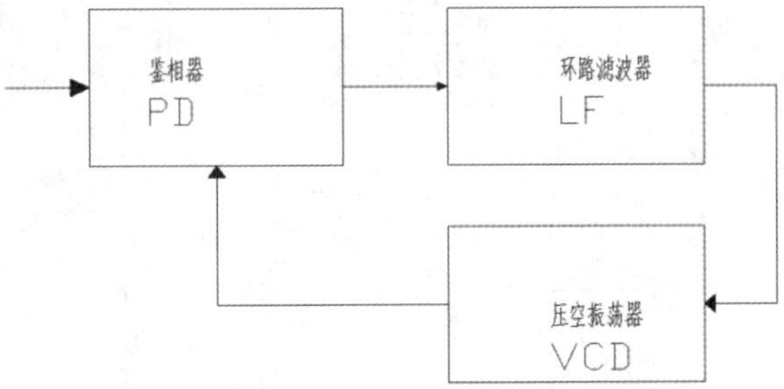

图 13-121 锁相环路方框图

操作步骤

1. 建立新文件

打开 AutoCAD 2020 应用程序，以“无样板打开-公制”样板文件为模板，建立新文件；将新文件命名为“锁相环路.dwg”并保存。

2. 设置图层

方法同绘制鉴相器和压控振荡器。

3. 绘制 PLL 的方框图

（1）在“默认”选项卡中单击“绘图”面板中的“矩形”按钮，在当前绘图环境中，绘制一个长 20、宽 12 的矩形，如图 13-122 所示。

（2）在“默认”选项卡中单击“修改”面板中的“复制”按钮，将刚才画的矩形复制两个，如图 13-123 所示。

（3）切换到“细线”层，在“默认”选项卡中单击“绘图”面板中的“直线”按钮和“多段线”按钮，绘制连接线和箭头，如图 13-124 所示。

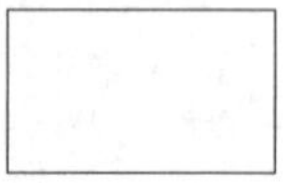

图 13-122　绘制矩形

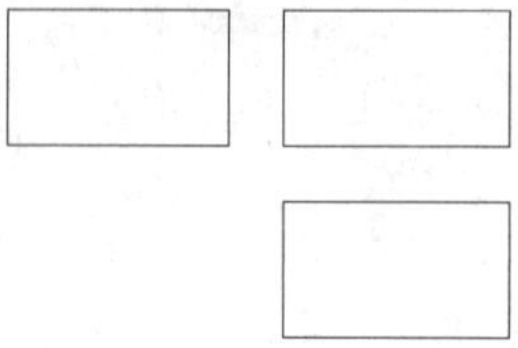

图 13-123　复制效果

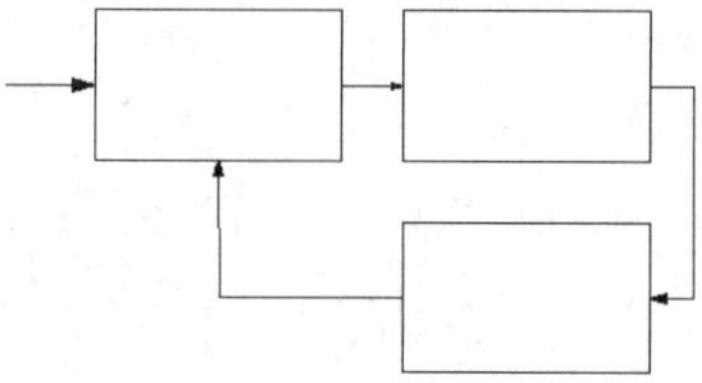

图 13-124　连线效果

（4）切换到“文字”层，在“默认”选项卡中单击“注释”面板中的“多行文字”按钮 A，标注步骤（3）所得图形。

（5）在“默认”选项卡中单击“修改”面板中的“缩放”按钮，将图形放大 5 倍，结果如图 13-121 所示。

（6）保存所得的 PLL 方框图，即锁相环路方框图。

动手练——绘制电动机自耦降压启动控制电路图

源文件： 源文件\第 13 章\电动机自耦降压启动控制电路图.dwg

本练习绘制如图 13-125 所示的电动机自耦降压启动控制电路图。

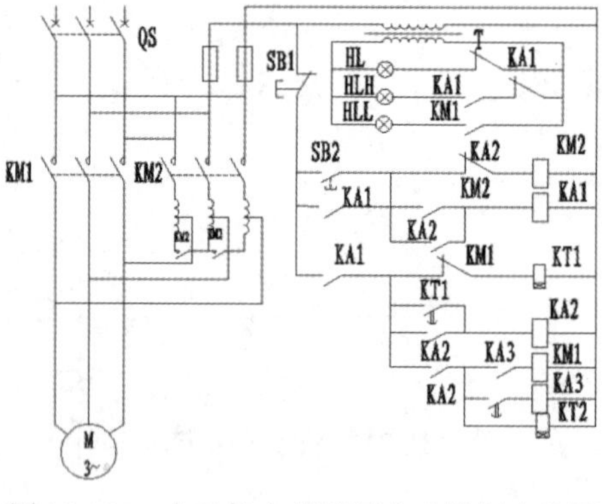

图 13-125　电动机自耦降压启动控制电路图

思路点拨：

（1）设置绘图环境。
（2）绘制电气元件。
（3）绘制结构图。
（4）插入电气元件图块。
（5）添加注释。

第 14 章　电力电气设计

内容简介

电能的生产、传输和使用是同时进行的。从发电厂输出的电力，需要经过升压后才能输送给远方的用户。输电电压一般很高，用户一般不能直接使用（高压电要经过变电所变压后才能分配电能给用户使用）。由此可见，变电所和输电线路是电力系统重要的组成部分。本章将对变电工程图、输电工程图进行介绍，并结合具体的例子来介绍其绘制方法。

内容要点

- 电力电气工程图简介
- 110kV 变电所主接线图
- 绘制电缆线路工程图
- 开关柜基础安装柜

案例效果

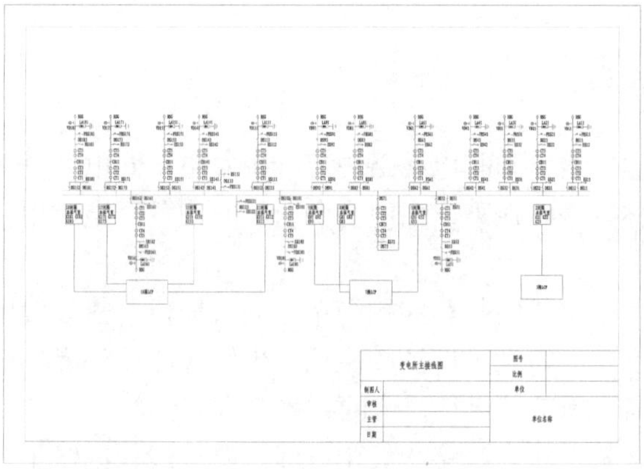

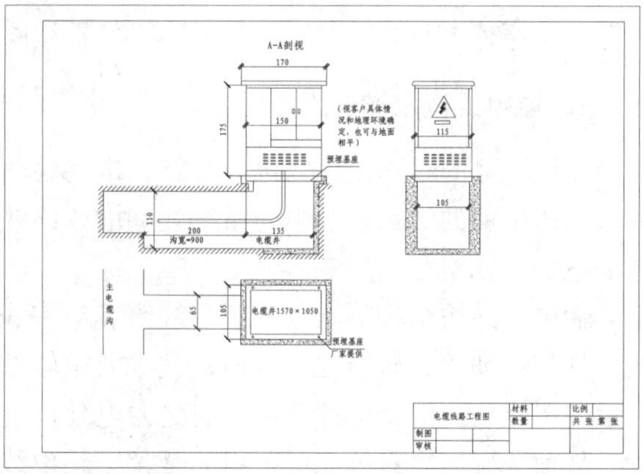

14.1　电力电气工程图简介

电能的生产、传输和使用是同时进行的。发电厂生产的电能，有一小部分供给本厂和附近的用户使用，其余绝大部分要经过升压变电站将电压升高，由高压输电线路送至距离很远的负荷中心，再经过降压变电站将电压降低到用户所需要的电压等级，分配给电能用户使用。由此可知，电能从生产到应用，一般需要 5 个环节来完成，即发电→输电→变电→配电→用电。其中，配电又根据电压等级不同分为高压配电和低压配电。

由各种电压等级的电力线路，将各种类型的发电厂、变电站和电力用户联系起来，形成一个发电、输电、变电、配电和用电的整体，称为电力系统。变电所和输电线路是联系发电厂和用户的中间环节，起着变换和分配电能的作用。

1. 变电工程及变电工程图

为了更好地了解变电工程图，下面先对变电工程的重要组成部分——变电所作一简要介绍。系统中的变电所，通常按其在系统中的地位和供电范围分成以下几类。

（1）枢纽变电所。枢纽变电所是电力系统的枢纽点，用于连接电力系统高压和中压的几个部分，汇集多个电源，电压为 330～500kV。全所停电后，将引起系统解列，甚至出现瘫痪。

（2）中间变电所。高压以交换潮流为主，起系统交换功率的作用，或使长距离输电线路分段，一般汇集 2～3 个电源，电压为 220～330kV，同时又降压供给当地用电。这样的变电所主要起中间环节的作用，所以叫作中间变电所。全所停电后，将引起区域网络解列。

（3）地区变电所。高压侧电压一般为 110～220kV，是以对地区用户供电为主的变电所。全所停电后，仅使该地区中断供电。

（4）终端变电所。经降压后直接向用户供电的变电所即为终端变电所，在输电线路的终端，接近负荷点，高压侧电压多为 110kV。全所停电后，只是用户受到损失。

为了能够准确、清晰地表达变电工程的各种设计意图，就必须采用变电工程图。简单来说，变电工程图也就是对变电站、输电线路各种接线形式和具体情况的描述。其意义就在于用统一、直观的标准来表达变电工程的各方面。

变电工程图的种类很多，包括主接线图、二次接线图、变电所平面布置图、变电所断面图、高压开关柜原理图及布置图等，每种情况各不相同。

2. 输电工程及输电工程图

输送电能的线路统称为电力线路。电力线路有输电线路和配电线路之分，由发电厂向电力负荷中心输送电能的线路以及电力系统之间的联络线路称为输电线路，由电力负荷中心向各个电力用户分配电能的线路称为配电线路。

输电线路按结构特点分为架空线路和电缆线路。架空线路具有结构简单、施工简便、建设费用低、施工周期短、检修维护方便、技术要求较低等优点，得到了广泛的应用。电缆线路受外界环境因素的影响小，但需用特殊加工的电力电缆，费用高，施工及运行检修的技术要求高。

目前我国电力系统广泛采用的是架空输电线路。架空输电线路一般由导线、避雷线、绝缘子、金具、杆塔、杆塔基础、接地装置和拉线等几部分组成。在下面的各节中将分别介绍主接线图、二次接线图、绝缘端子装配图和线路钢筋混凝土杆装配图的绘制方法。

扫一扫，看视频

14.2 110kV 变电所主接线图

源文件：源文件\第 14 章\110kV 变电所主接线图.dwg

如图 14-1 所示为 110kV 变电所主接线图。绘制此类电气工程图的大致思路如下：首先设计图样布局，确定各主要部件在图中的位置，然后分别绘制各电气符号，最后把绘制好的电气符号插入布局图的相应位置。

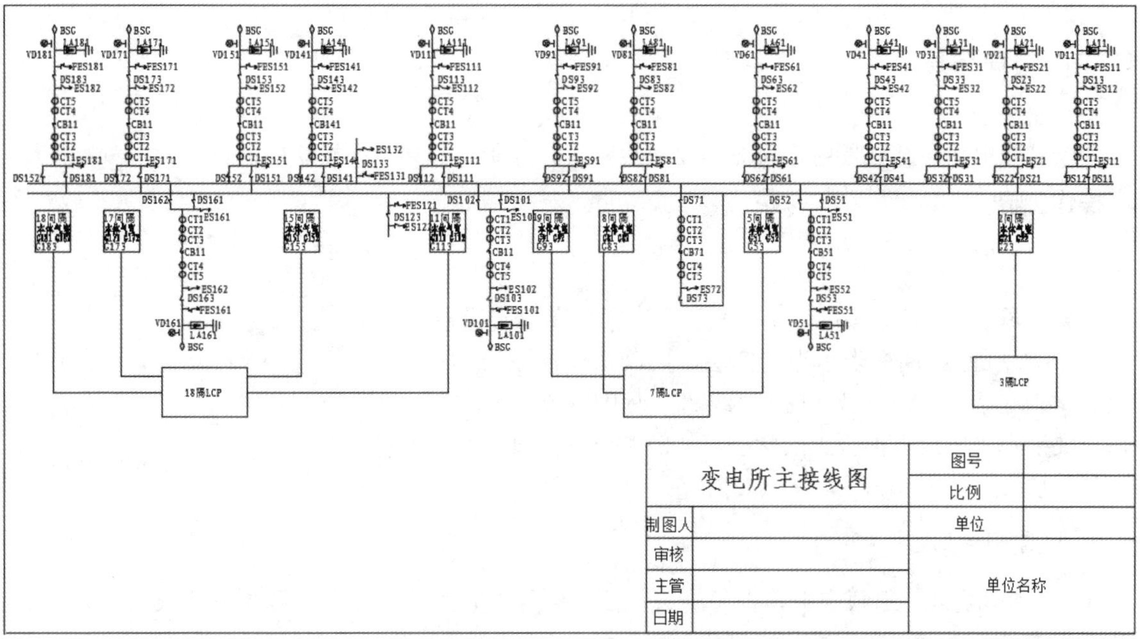

图 14-1　110kV 变电所主接线图

14.2.1　设置绘图环境

在绘制电路图之前，需要进行一些基本的操作，包括文件的创建、保存及图层的管理。

操作步骤

1．建立新文件

打开 AutoCAD 2020 应用程序，单击快速访问工具栏中的“新建”按钮，以 A4.dwt 样板文件为模板，新建一个名为“110kV 变电所主接线图.dwg”的文件并保存。

2．设置图层

在“默认”选项卡中单击“图层”面板中的“图层特性”按钮，在弹出的“图层特性管理器”选项板中新建“图框线层”“母线层”和“绘图层”3 个图层并进行相应的设置，然后将“母线层”设置为当前图层，如图 14-2 所示。

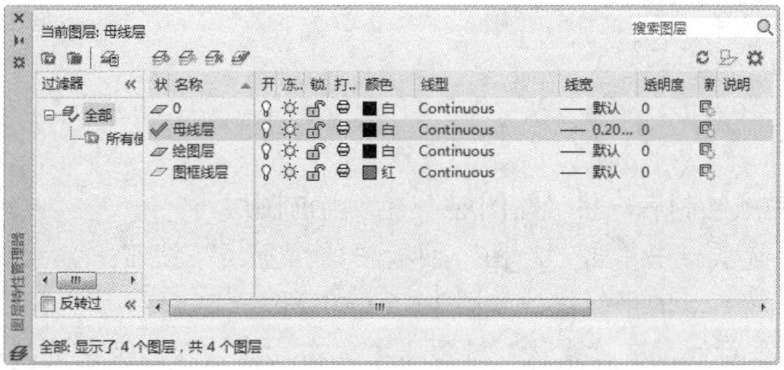

图 14-2　图层设置

14.2.2 图样布局

在绘制变电所主接线图时，首先需要对线路进行绘制，方便后面模块的放置。

操作步骤

1. 选择“母线层”

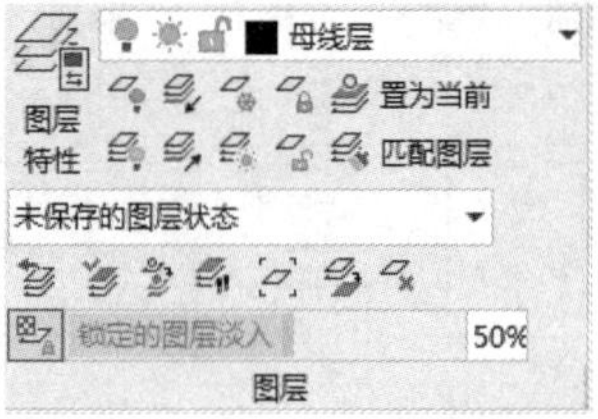

图 14-3 “图层”面板中的图层状态

选择“母线层”后，如图 14-2 所示（注意观察图层状态，“状态”列中的✔图标表示当前图层，要确认当前图层为打开状态，未冻结，“颜色”为白色，“线宽”为 0.2mm）。选择结束后，要确定“图层”面板上的状态，如图 14-3 所示即为已选中“母线层”。

2. 绘制母线

（1）在“默认”选项卡中单击“绘图”面板中的“直线”按钮╱，绘制适当长度的水平直线（注意状态栏上的“正交模式”按钮处于按下状态）。绘制完成后，状态栏的状态如图 14-4 所示。

图 14-4 绘制直线时的状态栏

（2）在“默认”选项卡中单击“修改”面板中的“偏移”按钮⊆，将水平直线偏移适当的距离。命令行提示与操作如下：

```
命令：offset↙
当前设置：删除源=否  图层=源  offsetgaptype=0
指定偏移距离或 [通过(T)/删除(E)/图层(L)]  通过：(指定适当距离)↙
指定要偏移的那一侧上的点，或 [退出(E)/多个(M)/放弃(U)]<退出>：
选择要偏移的对象，或 [退出(E)/放弃(U)]<退出>：↙
```

14.2.3 绘制图形符号

本图涉及的图形符号很多，图形符号的绘制是本图最主要的内容，下面分别说明。读者掌握了绘制方法后，可以把这些图形符号保存为图块，方便以后用到这些相同的符号时加以调用，提高工作效率。

操作步骤

1. 绘制隔离开关

在“母线层”中完成绘制后，将“绘图层”置为当前图层。

（1）在“默认”选项卡中单击“绘图”面板中的“直线”按钮╱，绘制一条长度为 8 的垂线，并在其左侧绘制一条 1.5 的平行线，如图 14-5（a）所示。

（2）选择 1.5 的平行线，在“默认”选项卡中单击“修改”面板中的“旋转”按钮↻，状态栏上会提示选择基点，本图以平行线的上端点为基点，然后输入旋转角度“-30°”，结果如

图 14-5（b）所示。

（3）选中旋转后的斜线，在“默认”选项卡中单击“修改”面板中的“移动”按钮，以斜线的上端点为基点，将斜线的上端点移动到 8 的直线上，如图 14-5（c）所示。

（4）在“默认”选项卡中单击“绘图”面板中的“直线”按钮，以斜线的下端点为顶点绘制一条垂线，如图 14-5（d）所示。

（5）在状态栏中的“对象捕捉”按钮上右击，在弹出的快捷菜单中选择“对象捕捉设置”命令，在弹出的“草图设置”对话框的“对象捕捉”选项卡中选中“中点”复选框，如图 14-6 所示。在“默认”选项卡中单击“修改”面板中的“移动”按钮，将步骤（4）绘制的垂线中点平移到 8 直线上，如图 14-5（e）所示。

（6）在“默认”选项卡中单击“修改”面板中的“修剪”按钮，将多余的线段删除，结果如图 14-5（f）所示。

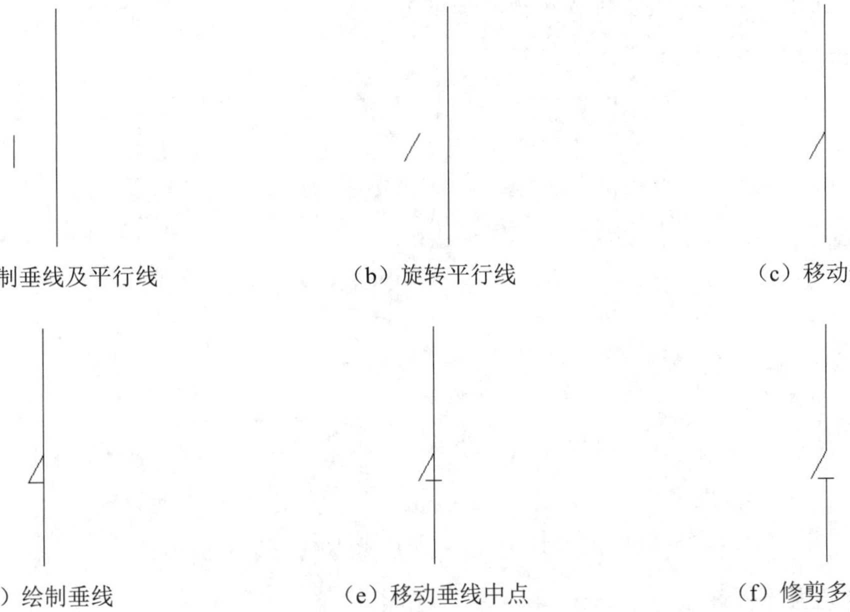

（a）绘制垂线及平行线　（b）旋转平行线　（c）移动斜线

（d）绘制垂线　（e）移动垂线中点　（f）修剪多余线段

图 14-5　隔离开关的绘制过程

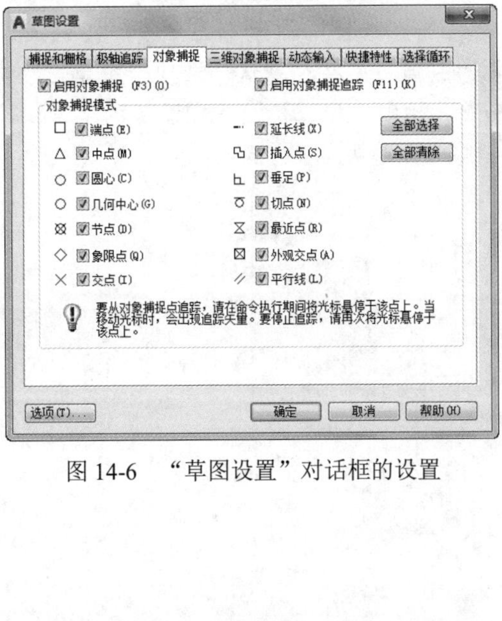

图 14-6　“草图设置”对话框的设置

2．绘制接地刀闸

（1）选中图 14-7（a）中的隔离开关，在“默认”选项卡中单击“修改”面板中的“旋转”按钮 ，选择隔离开关的下端点为基点，然后输入“-90°”，确定后得到的图形如图 14-7（b）所示。

（2）绘制一条长为 1 的垂直线，得到如图 14-7（c）所示的垂线 1。在“默认”选项卡中单击“修改”面板中的“偏移”按钮 ，设置偏移距离为 0.3，偏移位置为垂线 1 的右端，得到垂线 2。以此类推，以同样的方法得到垂线 3。

（3）在“默认”选项卡中单击“绘图”面板中的“直线”按钮 ，选择合适的角度绘制一条斜线，如图 14-7（c）所示。

（4）选择要镜像的斜线，在“默认”选项卡中单击“修改”面板中的“镜像”按钮 ，接着选择中心线上的两点来确定对称轴，确定后可得到如图 14-7（d）所示的图形。

（5）在“默认”选项卡中单击“修改”面板中的“修剪”按钮 ，将图中的多余线段删除，最终得到的图形如图 14-7（e）所示。

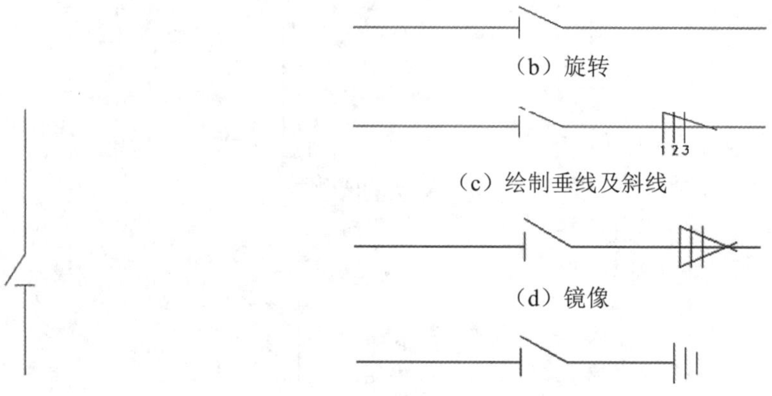

（a）隔离开关　（b）旋转　（c）绘制垂线及斜线　（d）镜像　（e）接地刀闸

图 14-7　绘制接地刀闸

3．绘制电流互感器

（1）在“默认”选项卡中单击“绘图”面板中的“直线”按钮 ，绘制一条垂线。

（2）在“默认”选项卡中单击“绘图”面板中的“圆”按钮 ，以直线上一点作为圆心，输入半径为 1，绘制圆 1；接着选中圆 1，在“默认”选项卡中单击“修改”面板中的“复制”按钮 ，开启状态栏中的“正交模式”功能，将光标放置在圆 1 的上方，输入距离为 3，可得到圆 2。

（3）按照同样的方法得到圆 3，结果如图 14-8 所示。

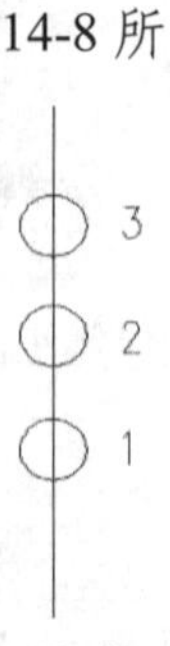

图 14-8　电流互感器

4．绘制断路器

（1）在隔离开关的基础上，在“默认”选项卡中单击“修改”面板中的“旋转”按钮，将图中的水平线以其与竖线交点为基点旋转45°，如图14-9（a）所示。

（2）在“默认”选项卡中单击“修改”面板中的“镜像”按钮，将旋转后的线以竖线为轴进行镜像处理，即得到断路器，如图14-9（b）所示。

（a）旋转水平线　　（b）镜像处理

图14-9　断路器

5．绘制手动接地刀闸

（1）在接地刀闸的基础上进行绘制。首先绘制接地刀闸上斜线的垂线，然后在垂线的一侧绘制一条与垂线成一定角度的斜线，接着在“默认”选项卡中单击“修改”面板中的“镜像”按钮，得到两条对称的斜线，最后用两点线将两条斜线连接起来，组成闭合的三角形，如图14-10(a)所示。

（2）在“默认”选项卡中单击“绘图”面板中的“图案填充”按钮，选择要填充的图案，此处选择SOLID图案进行填充，效果如图14-10（b）所示。

（a）绘制垂线与三角形　　（b）图案填充

图14-10　手动接地刀闸

6．绘制避雷器符号

（1）在“默认”选项卡中单击“绘图”面板中的“直线”按钮，绘制竖直直线1，长度为12。

（2）在“默认”选项卡中单击“绘图”面板中的“直线”按钮，在“正交”绘图模式下，以直线1的端点O为起点绘制水平直线段2，长度为1，如图14-11（a）所示。

（3）在“默认”选项卡中单击“修改”面板中的“偏移”按钮，以直线2为起始，绘制直线3和4，偏移量均为1，结果如图14-11（b）所示。

（4）在“默认”选项卡中单击“修改”面板中的“拉长”按钮，分别拉长直线3和4，拉

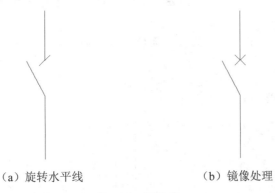

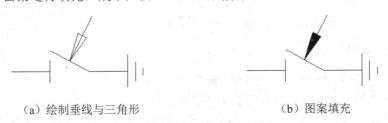

长长度分别为 0.5 和 1，结果如图 14-11（c）所示。

（5）在“默认”选项卡中单击“修改”面板中的“镜像”按钮⚠，镜像直线 2、3 和 4，镜像线为直线 1，效果如图 14-11（d）所示。

（6）在“默认”选项卡中单击“绘图”面板中的“矩形”按钮 ▭，绘制一个宽度为 2、高度为 4 的矩形，并将其移动到合适的位置，效果如图 14-11（e）所示。

（7）在矩形的中心位置加入箭头（绘制箭头时，可以先绘制一个小三角形，然后填充即可），如图 14-11（e）所示。

（8）在“默认”选项卡中单击“修改”面板中的“修剪”按钮✂，修剪掉多余直线，得到避雷器符号，如图 14-11（f）所示。

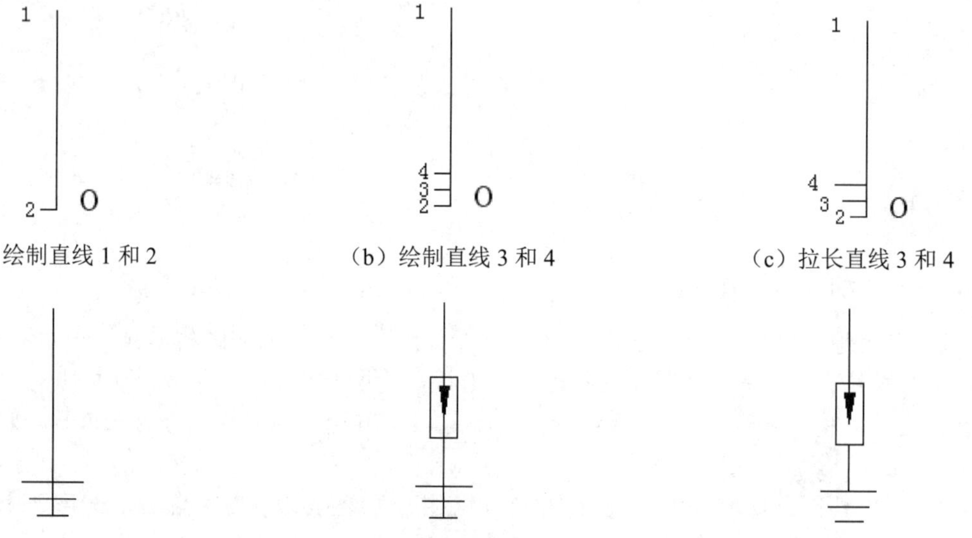

（a）绘制直线 1 和 2　（b）绘制直线 3 和 4　（c）拉长直线 3 和 4

（d）镜像直线 2、3、4　（e）绘制矩形及箭头　（f）修剪图形

图 14-11　避雷器符号

7．绘制电压互感器符号

（1）在“默认”选项卡中单击“绘图”面板中的“圆”按钮◯，绘制一个直径为 1 的圆；过圆心绘制圆的水平直径，然后在“默认”选项卡中单击“修改”面板中的“旋转”按钮 ↻，将水平直径以圆心为基点旋转 45°，如图 14-12（a）所示。重复“旋转”命令，绘制旋转后的线的垂线，如图 14-12（b）所示。

（2）在“默认”选项卡中单击“绘图”面板中的“直线”按钮／，以圆的右端点为顶点绘制直线，然后再绘制直线的垂线，如图 14-12（c）所示。

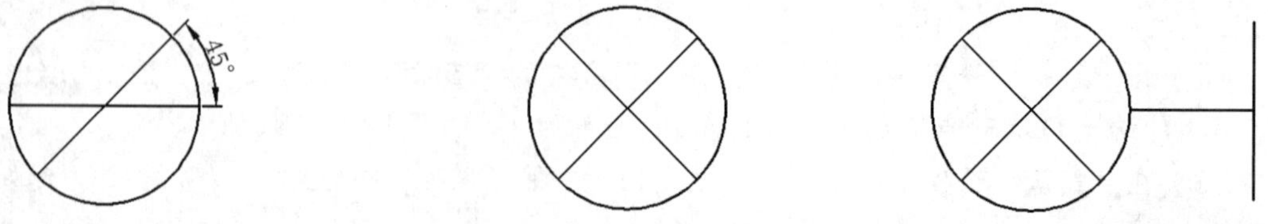

（a）绘制水平直径后旋转 45°　（b）绘制垂线　（c）绘制直线及垂线

图 14-12　电压互感器符号

14.2.4 组合图形符号

将以上各部分图形符号放置到适当的位置并进行简单的修改，即可得到局部部件图，如图 14-13 所示。

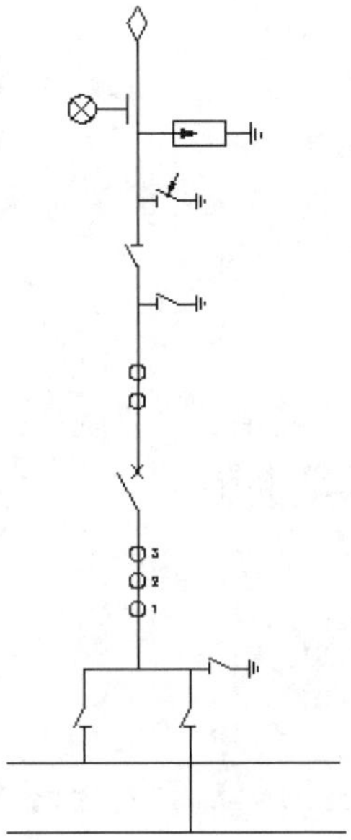

图 14-13 局部部件图

14.2.5 添加注释文字

电气元件与线路的完美结合虽然可以达到相应的作用，但是对于图纸的使用者来说，为元件添加注释文字更有助于他们对图纸的理解。

操作步骤

1. 创建文字样式

在“默认”选项卡中单击“注释”面板中的“文字样式”按钮，打开“文字样式”对话框，创建一个样式名为“标注”的文字样式。“字体名”为“仿宋_GB2312”，“字体样式”为“常规”，“高度”为 1.5，“宽度因子”为 0.7，如图 14-14 所示。

2. 添加注释文字

在“默认”选项卡中单击“注释”面板中的“多行文字”按钮 A，一次输入几行文字，然后调整其位置，以对齐文字。调整位置时，结合使用“正交”功能。

3. 编辑文字

选择菜单栏中的“修改”→“对象”→“文字”→“编辑”命令，根据需要对文字进行相应的编辑。效果如图 14-15 所示。

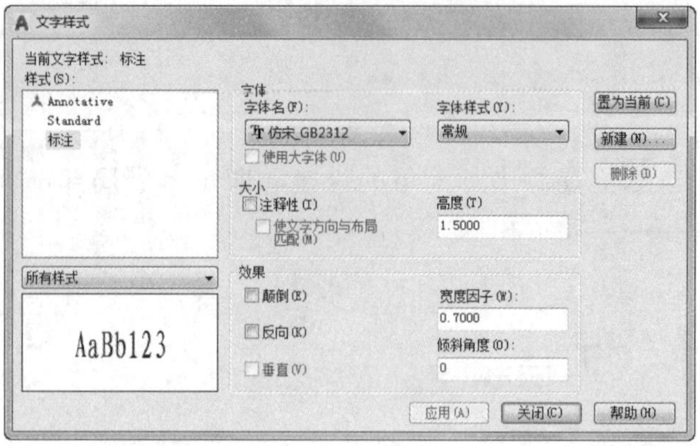

图 14-14 “文字样式”对话框

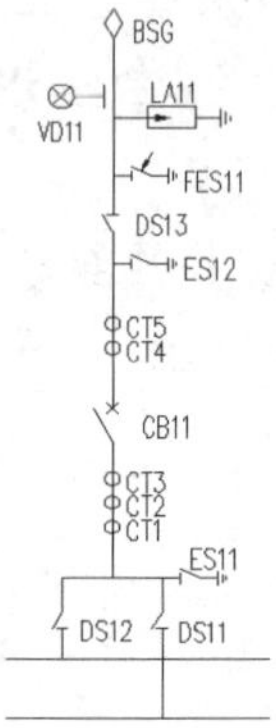

图 14-15 添加注释后的局部部件图

4．组合图形

在“默认”选项卡中单击“修改”面板中的“复制”按钮、“镜像”按钮和“移动”按钮，进行适当的组合，即可得到想要的主体图。

14.2.6 绘制间隔室图

操作步骤

间隔室图的绘制相对比较简单，只需要绘制几个矩形，并用直线或折线将其连接起来，然后在矩形的内部添加文字，绘制结果如图 14-16 所示。

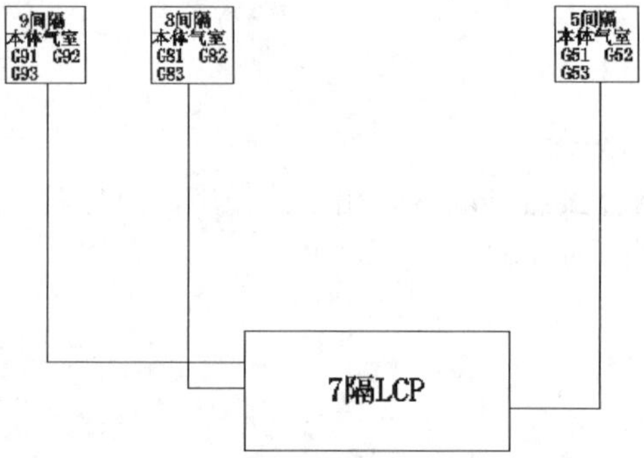

图 14-16 间隔室位置图

用同样的方法绘制其他两部分间隔室图，然后将这 3 部分间隔室图插入主图的适当位置。

14.2.7 绘制图框线层

操作步骤

在整个图样绘制完成后，需要在其边缘加上图框。可以调用已有的模板图框，也可以自行绘制图框。下面介绍自行绘制图框的方法。图形的尺寸可由 GB/T 14689—2008 确定。首先进入“图框线层”，在该图层内绘制矩形。绘制完成后需要在图框的右下角绘制标题栏，标题栏可以根据自己的需要绘制，本图的标题栏如图 14-17 所示。

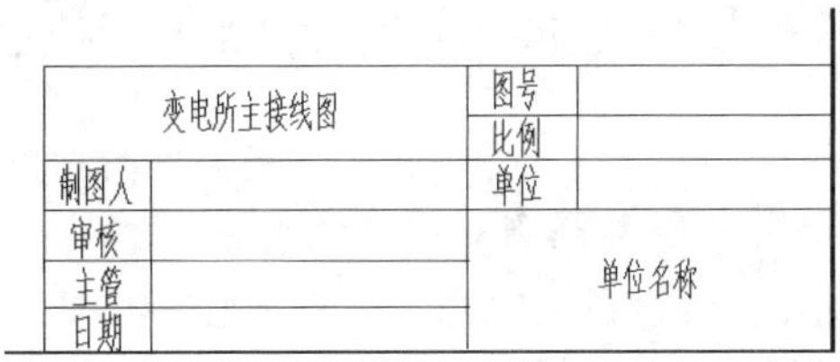

图 14-17　标题栏

至此，一幅完整的 110kV 变电所主接线图绘制完毕。

动手练——绘制变电所二次接线图

源文件：源文件\第 14 章\变电所二次接线图.dwg

本练习绘制如图 14-18 所示的变电所二次接线图。

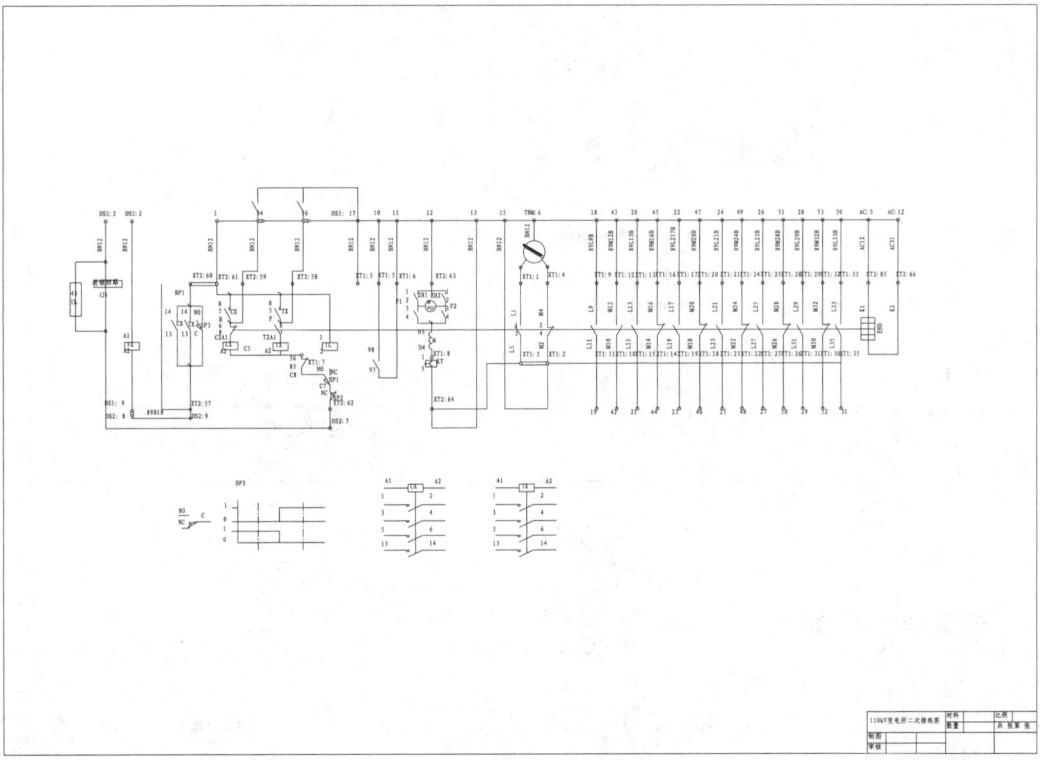

图 14-18　变电所二次接线图

思路点拨：

（1）设置绘图环境。

（2）绘制图形符号。

（3）图纸布局。

（4）绘制局部视图。

扫一扫，看视频

14.3 绘制电缆线路工程图

源文件：源文件\第 14 章\电缆线路工程图.dwg

本节将绘制如图 14-19 所示的电缆线路工程图。其中包括电缆井、预留基座及电缆分支箱 3 部分。首先根据三视图中各部件的位置确定图纸布局，得到各个视图的轮廓线，然后分别绘制主视图、俯视图和左视图，最后进行标注。

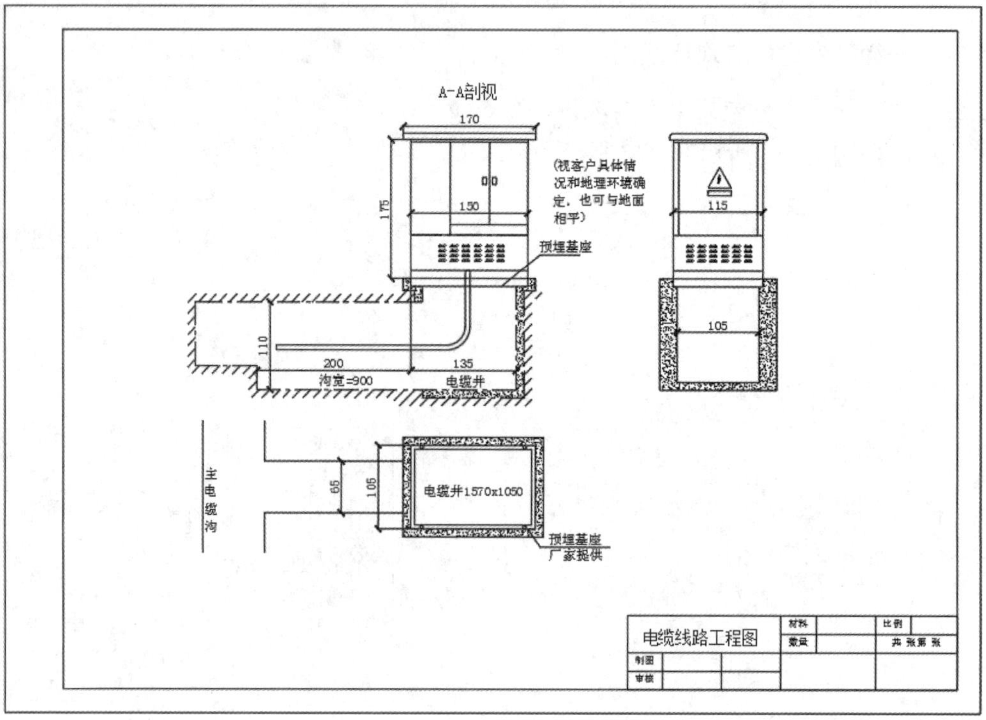

图 14-19 电缆线路工程图

14.3.1 设置绘图环境

随着城镇建设步伐的加快，线路规划走廊与城镇规划发展的矛盾日益加剧。为适应社会发展需求，必须尽快实现安全、稳定、可靠的供电。

操作步骤

（1）打开 AutoCAD 2020 应用程序，打开下载的资源包中的源文件\样板图\A3-1 样板图.dwt 文件，以其为模板建立新文件，将其命名为“电缆线路工程图.dwg”并保存。

（2）在“默认”选项卡中单击“修改”面板中的“缩放”按钮，将 A3 样板文件的尺寸放大 3 倍，以适应本图的绘制范围。

（3）选择菜单栏中的“格式”→“比例缩放列表”命令，弹出“编辑图形比例”对话框，如图 14-20 所示。在“比例列表”列表框中选择“1∶4”选项，单击“确定”按钮，可以保证在A3的图纸上打印出图形。

（4）选择菜单栏中的“格式”→“图形界限”命令，分别设置图形界限的两个角点坐标为：左下角点为（0,0），右上角点为（1700,1400）。

（5）在“默认”选项卡中单击“图层”面板中的“图层特性”按钮，弹出“图层特性管理器”选项板，新建“连接导线层”“轮廓线层”“实体符号层”和“中心线层”4 个图层，各图层的属性设置如图 14-21 所示。接下来，将“中心线层”图层设置为当前图层。

图 14-20　“编辑图形比例”对话框

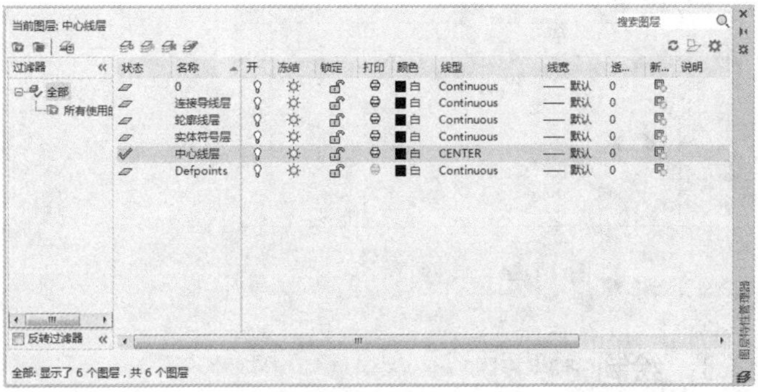

图 14-21　设置图层

14.3.2　图纸布局

由于本图的各个尺寸之间不是整齐对齐的，要把所有尺寸间的位置关系都表达出来比较复杂，因此在图纸布局时只标出主要尺寸，在绘制各个视图时再详细标出各视图中的尺寸关系。

操作步骤

（1）在“默认”选项卡中单击“绘图”面板中的“构造线”按钮，在“正交”绘图模式下，绘制一条横贯整个屏幕的水平直线。

（2）在“默认”选项卡中单击“修改”面板中的“偏移”按钮，将水平直线依次向下偏移，偏移后相邻直线间的距离分别为 120、45、150、60 和 125，结果如图 14-22 所示。

（3）在“默认”选项卡中单击“绘图”面板中的“直线”按钮，绘制一条竖直直线，其起点和终点在最上方和最下方的水平直线上。

（4）在“默认”选项卡中单击“修改”面板中的“偏移”按钮，将竖直直线依次向右偏移，偏移后相邻直线间的距离分别为 80、190、10、150、10、10、150 和 150，结果如图 14-23 所示。

图 14-22　偏移水平直线

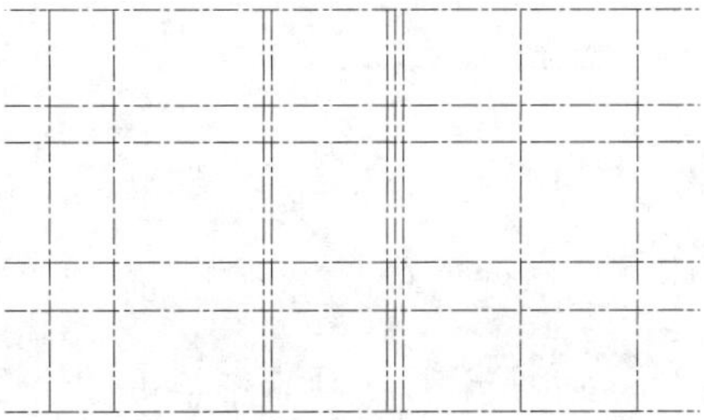

图 14-23　偏移竖直直线

（5）在“默认”选项卡中单击“修改”面板中的“修剪”按钮，修剪掉多余线段，得到图纸布局，如图 14-24 所示。

（6）在“默认”选项卡中单击“修改”面板中的“修剪”按钮和“删除”按钮，将图 14-24 所示的图纸布局修剪成如图 14-25 所示的 3 个区域，每个区域对应一个视图。

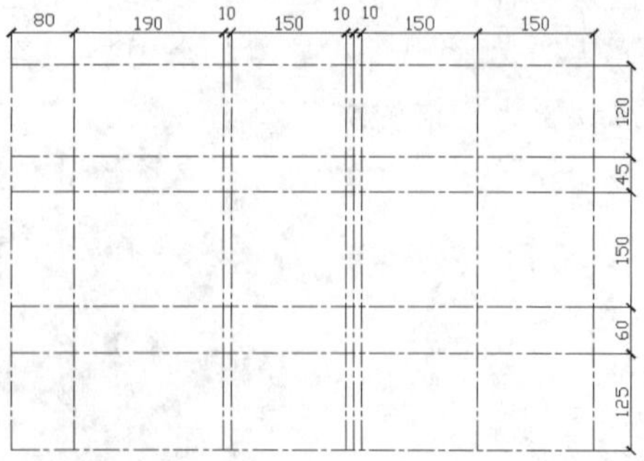

图 14-24　修剪直线

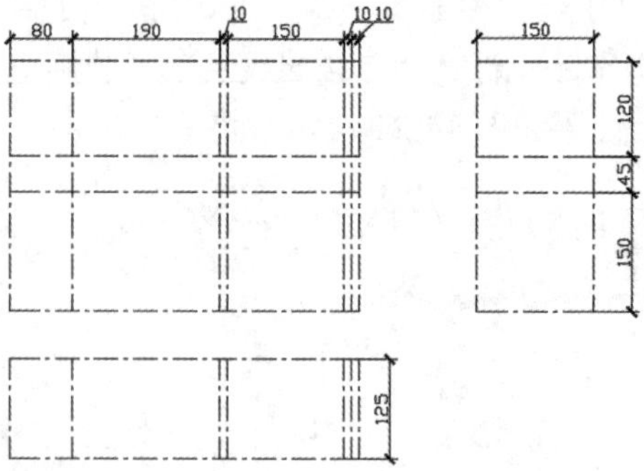

图 14-25　确定三视图布局

14.3.3　绘制主视图

分支箱内导体连接件采用压接方式，安装便捷，进出线灵活，运用中最多可有 6～8 条分支进出线，可实现小区多路送电，为深入负荷中心、缩短供电半径、降低线损提供了技术保障。

操作步骤

（1）在“默认”选项卡中单击“修改”面板中的“偏移”按钮，按照图 14-26 所示尺寸补充定位线。

（2）在“默认”选项卡中单击“修改”面板中的“修剪”按钮和“删除”按钮，将图 14-25 中的主视图修剪成如图 14-26 所示的形状，得到主视图的轮廓线。

（3）将当前图层从“中心线层”图层切换到“轮廓线层”图层。

（4）在“默认”选项卡中单击“绘图”面板中的“直线”按钮，绘制出主视图的大体轮廓。

（5）用两条竖直线将区域 1 三等分，在“默认”选项卡中单击“修改”面板中的“偏移”按钮和“修剪”按钮，通过偏移与修剪，得到小门，并加上把手，如图 14-27 所示。

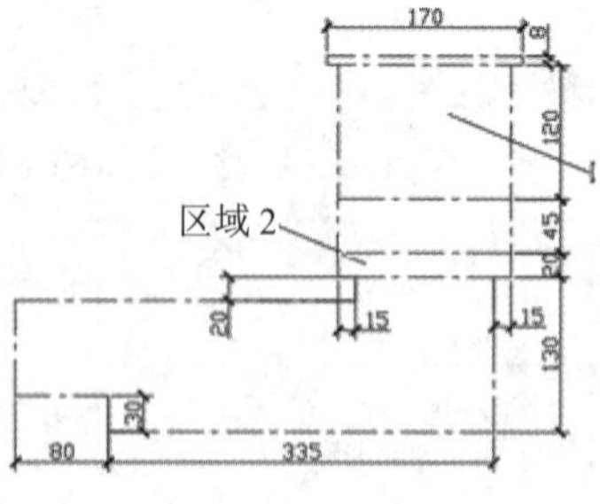

图 14-26　修剪主视图

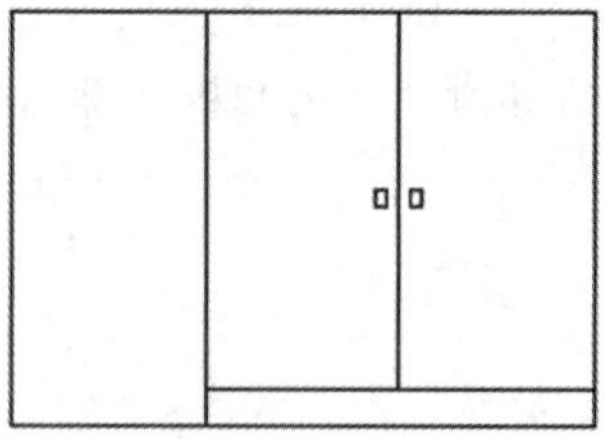

图 14-27　绘制小门

（6）在“默认”选项卡中单击“绘图”面板中的“矩形”按钮，绘制一个长为 9、宽为 2 的矩形并分解，如图 14-28 所示。

（7）在“默认”选项卡中单击“修改”面板中的“圆角”按钮，将直线 1 和直线 2 倒圆角，圆角半径为 1.5；重复“圆角”命令，同样将直线 1 和直线 3 倒圆角，结果如图 14-29 所示。

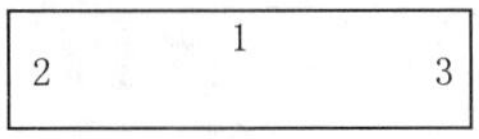

图 14-28　绘制矩形

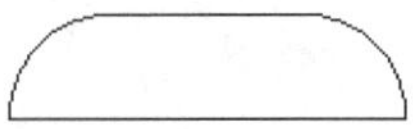

图 14-29　倒圆角

（8）在“默认”选项卡中单击“修改”面板中的“移动”按钮✥，将绘制好的单个通风孔复制到距离区域 2 左上角长 35、宽 15 的位置。

（9）在“默认”选项卡中单击“修改”面板中的“矩形阵列”按钮，弹出“阵列创建”选项卡，将通风孔进行矩形阵列；设置“行数”为 4、“列数”为 6、“行偏移”为-6、“列偏移”为 15、“阵列角度”为 0，单击“确定”按钮，完成通风孔的绘制，结果如图 14-30 所示。

（10）在“默认”选项卡中单击“绘图”面板中的“直线”按钮╱，绘制如图 14-31 所示的两条相互垂直的线段。

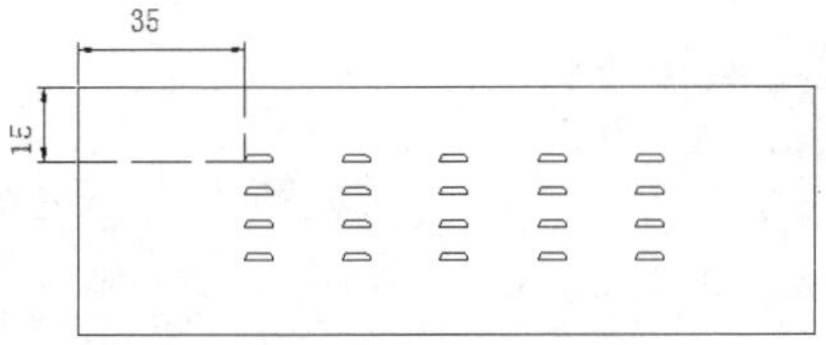

图 14-30　阵列通风孔

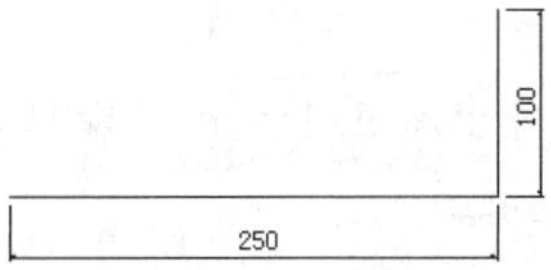

图 14-31　绘制直线

（11）在“默认”选项卡中单击“修改”面板中的“圆角”按钮，将两条线倒圆角，圆角半径为 30，结果如图 14-32 所示。

（12）在“默认”选项卡中单击“修改”面板中的“偏移”按钮⊆，将图 14-32 所示图形向内侧偏移 6，结果如图 14-33 所示。

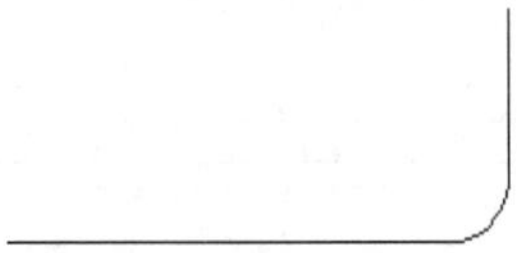

图 14-32　倒圆角

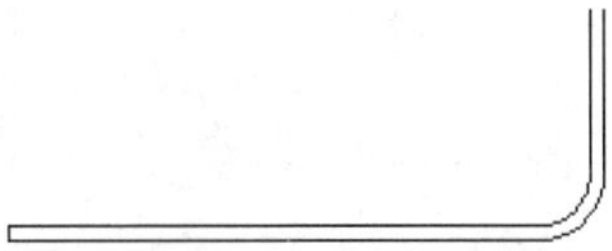

图 14-33　偏移曲线

（13）将左端两端点用直线连接起来，然后在“默认”选项卡中单击“修改”面板中的“移动”按钮✥，将绘制好的图形移动到主视图中。

（14）在“默认”选项卡中单击“修改”面板中的“偏移”按钮⊆，绘制边缘线，完成主视图外边框，如图 14-34 所示。

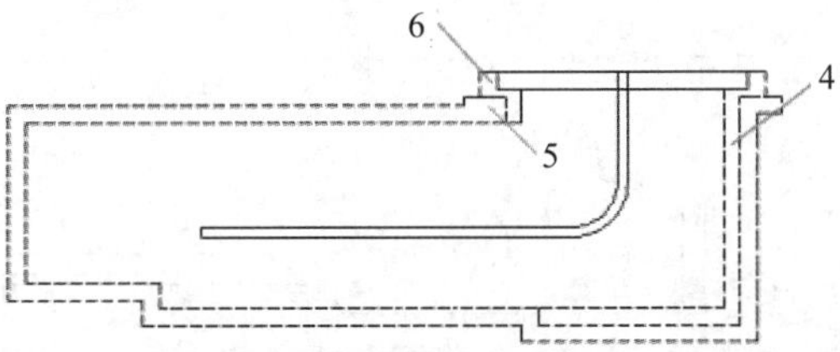

图 14-34　完成主视图外边框

（15）在“默认”选项卡中单击“绘图”面板中的“图案填充”按钮，填充主视图下半部分的外边框，其由 4、5、6 三个区域组成，区域 4 和区域 6 填充 AR-CONC 图案，区域 5 填充 ANSI31 图案，结果如图 14-35 所示。

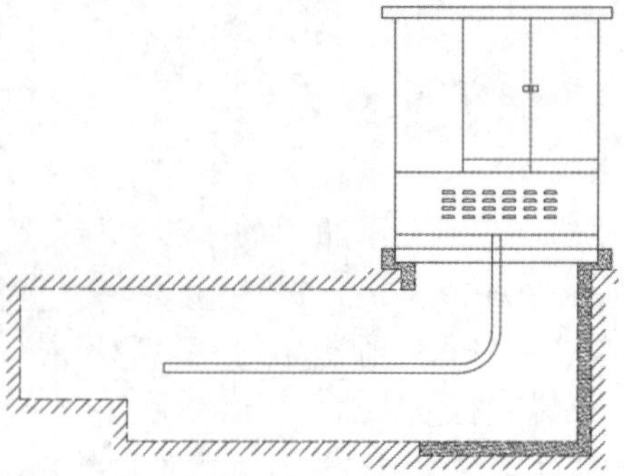

图 14-35　图案填充

14.3.4　绘制俯视图

电缆分支箱属于坐地式箱体，体积小，占地面积也小，外形美观，对城镇容貌不会造成破坏。

操作步骤

（1）在“默认”选项卡中单击“绘图”面板中的“矩形”按钮▭，补充轮廓线，尺寸如图 14-36 所示。

（2）将“轮廓线层”图层设置为当前图层，根据轮廓线绘制出俯视图草图。

（3）在“默认”选项卡中单击“绘图”面板中的“圆”按钮⊘，在第 2 层环的 4 个角附近分别绘制 4 个半径为 2 的小圆。

（4）在“默认”选项卡中单击“绘图”面板中的“图案填充”按钮▦，填充最外面的环形区域，结果如图 14-37 所示。

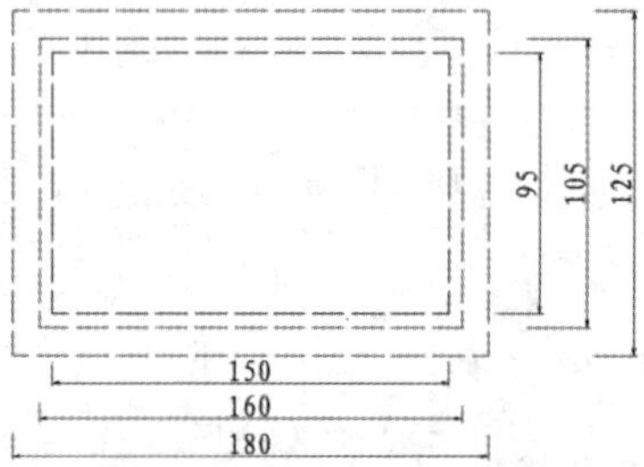

图 14-36　绘制矩形

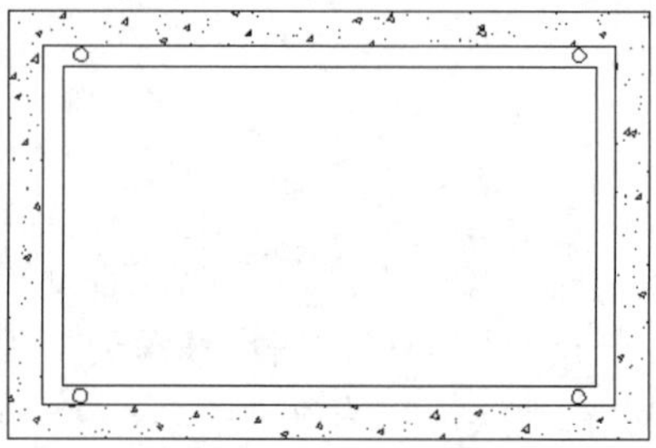

图 14-37　填充图案

（5）在“默认”选项卡中单击“绘图”面板中的“直线”按钮╱，绘制主电缆沟，尺寸如图 14-38 所示。

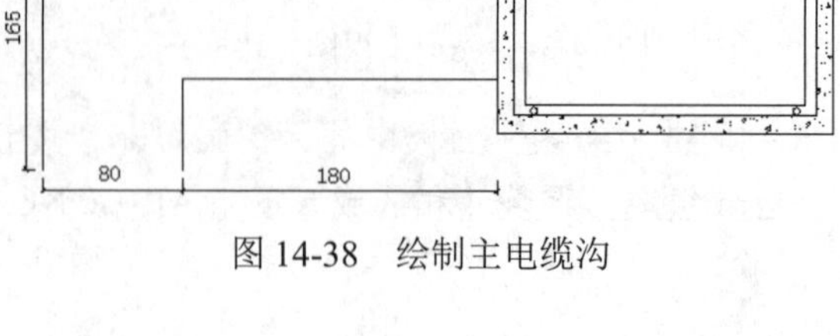

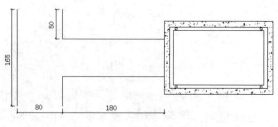

图 14-38　绘制主电缆沟

14.3.5　绘制左视图

电缆分支箱可配带电源指示器、故障指示器、硅橡胶全绝缘的插入避雷器、机械程控锁、接地开关等，确保运行、维护、管理的安全。

操作步骤

（1）在“默认”选项卡中单击“修改”面板中的“偏移”按钮⁄，补充轮廓线，尺寸如图 14-39 所示。

（2）根据轮廓线绘制左视图的草图。

（3）与主视图的绘制一样，先绘制单个通风孔，然后在“默认”选项卡中单击“修改”面板中的“矩形阵列”按钮器，阵列得到左视图中的通风孔。

（4）在“默认”选项卡中单击“绘图”面板中的“矩形”按钮□和“多边形”按钮⬠，绘制一个长为 30、宽为 6 的矩形和边长为 30 的等边三角形，在三角形内加入标志“⚡”，然后将矩形和三角形移动到图中合适的位置，结果如图 14-40 所示。

（5）在“默认”选项卡中单击“绘图”面板中的“图案填充”按钮▨，填充外框，如图 14-41 所示。至此，左视图绘制完毕。

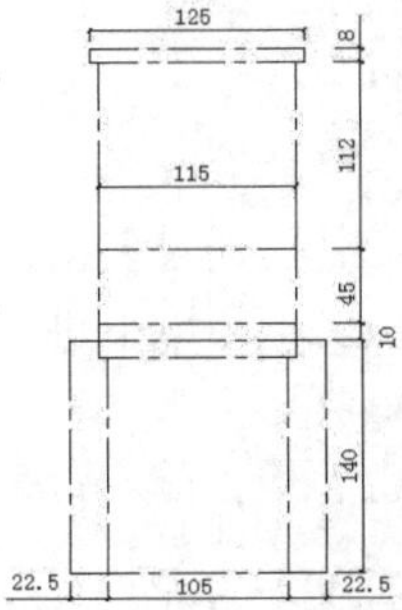

图 14-39　绘制左视图轮廓线

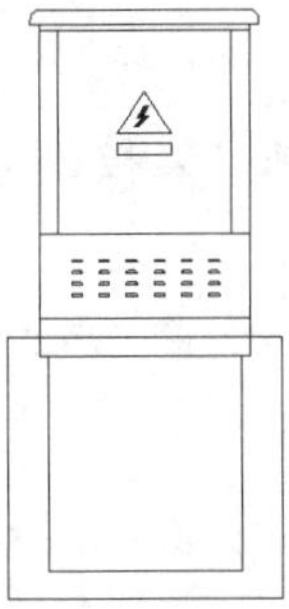

图 14-40　加入警示标志

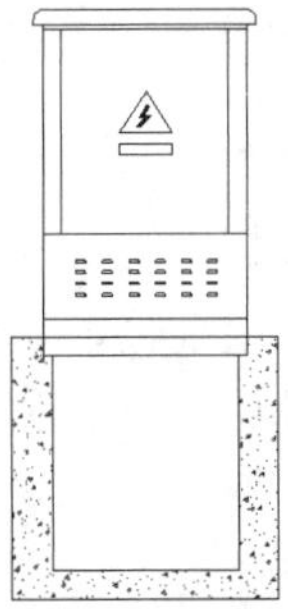

图 14-41　填充图案

14.3.6　添加尺寸标注及添加文字注释

本着“典型设计、优化运行、安全可靠”的原则，对主干街道、地段实行电缆线路供电，并采用电缆分支箱作为配电的重要配套设备，优化了电缆线路网络，实现了多回路分支配电，在美化城市的同时提高了运行可靠性和安全性。

操作步骤

（1）在“默认”选项卡中单击“注释”面板中的“线性”按钮⊢⊣，标注线性尺寸。

（2）在“默认”选项卡中单击“注释”面板中的“单行文字”按钮A，添加文字注释，结果如图 14-19 所示。

动手练——绘制电杆安装图

源文件：源文件\第 14 章\电杆安装图.dwg

本练习绘制如图 14-42 所示的电杆安装图。

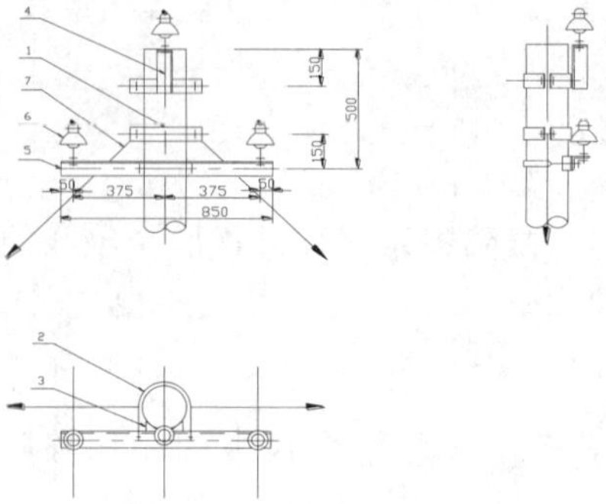

图 14-42　电杆安装图

思路点拨：

（1）绘制杆塔。
（2）绘制各电气元件。
（3）连接电气元件。
（4）标注尺寸。

扫一扫，看视频

14.4　开关柜基础安装柜

源文件： 源文件\第 14 章\开关柜基础安装柜.dwg

本节将围绕开关柜基础安装柜实例展开讲述，如图 14-43 所示。开关柜基础安装柜是典型的电力电气组成部分，通过本节实例的学习，读者将完整体会到在 AutoCAD 2020 环境下进行具体电气工程图设计的方法和过程。

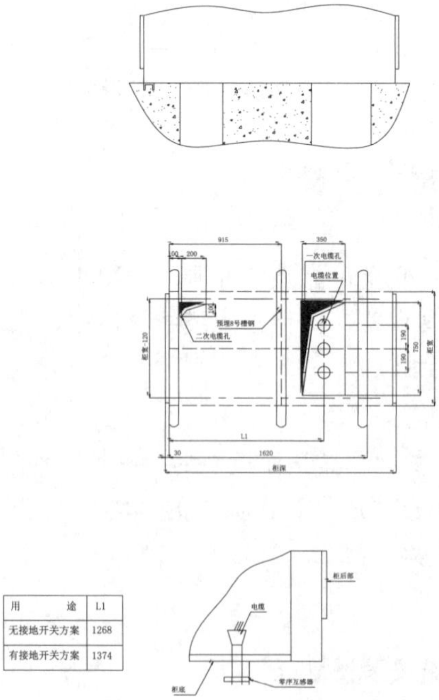

用　　途	L1
无接地开关方案	1268
有接地开关方案	1374

图 14-43　开关柜基础安装柜

14.4.1　设置绘图环境

电路图绘图环境需要进行一些基本的设置，包括文件的创建、保存及图层的管理等。

操作步骤

（1）打开 AutoCAD 2020 应用程序，单击快速访问工具栏中的“新建”按钮，打开空白图形文件。单击快速访问工具栏中的“保存”按钮，将文件保存为“开关柜基础安装柜.dwg”图形文件。

（2）在“默认”选项卡中单击“图层”面板中的“图层特性”按钮，打开“图层特性管理器”选项板，新建“线路”“元件符号”“表格”“图案”“安装线路”和“文字标注”6 个图层，各层设置如图 14-44 所示。将“安装线路”图层置为当前。

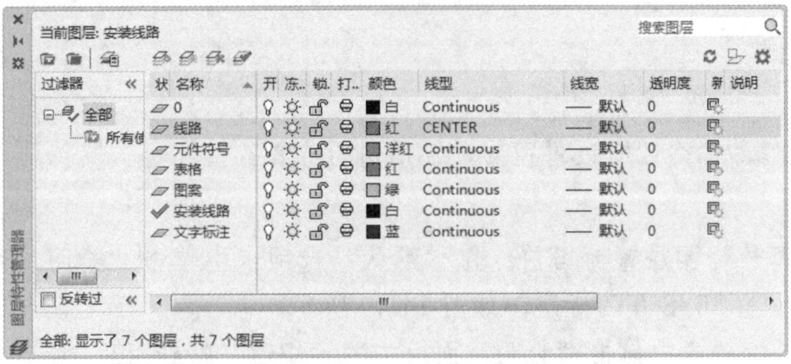

图 14-44　图层设置

（3）单击快速访问工具栏中的“保存”按钮，保存文件。

14.4.2　绘制安装线路

本节利用“直线”“偏移”和“修剪”命令精确绘制线路，以方便后面电气元件的放置。

操作步骤

（1）在“默认”选项卡中单击“绘图”面板中的“直线”按钮，绘制线路（其中，水平直线长为 2300，竖直直线长度为 500），如图 14-45 所示。

（2）将“线路”图层置为当前。在“默认”选项卡中单击“绘图”面板中的“直线”按钮，绘制中心线，长度分别为 2300、1200，如图 14-46 所示。

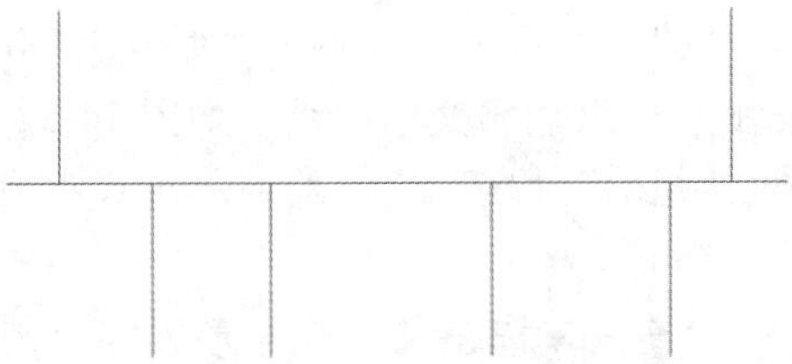

图 14-45　绘制线路

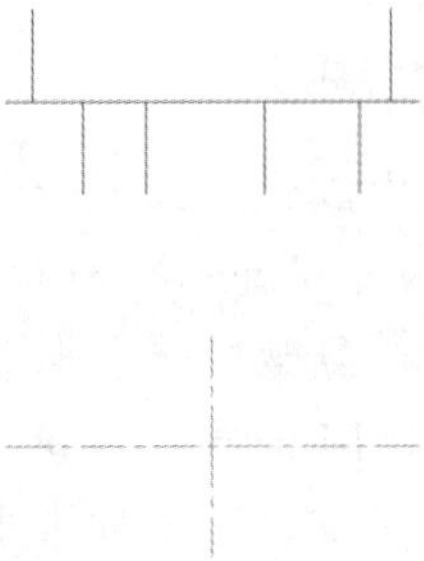

图 14-46　绘制中心线

（3）在“默认”选项卡中单击“修改”面板中的“偏移”按钮⊆，将水平直线分别向上、向下偏移 190、400、460；将竖直直线分别向两侧偏移 915，如图 14-47 所示。

（4）在“默认”选项卡中单击“修改”面板中的“修剪”按钮，修剪多余线路，如图 14-48 所示。

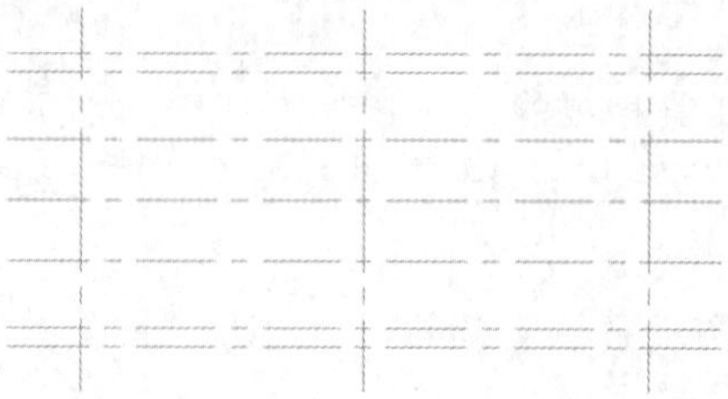

图 14-47　偏移直线

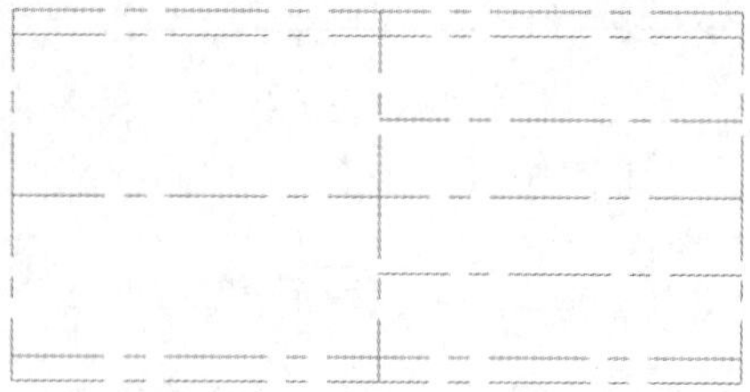

图 14-48　修剪直线

14.4.3　布置安装图

利用二维绘图和修改命令绘制元件符号，然后进行布置。

操作步骤

（1）将“元件符号”图层置为当前。在“默认”选项卡中单击“绘图”面板中的“矩形”按钮，绘制一个大小为 30×880 的矩形，如图 14-49 所示。

（2）在“默认”选项卡中单击“绘图”面板中的“矩形”按钮，绘制一个大小为 200×100 的矩形，如图 14-50 所示。

（3）在“默认”选项卡中单击“绘图”面板中的“直线”按钮，在矩形内部绘制折线，如图 14-51 所示。

图 14-49　绘制矩形

图 14-50　绘制 200×100 的矩形

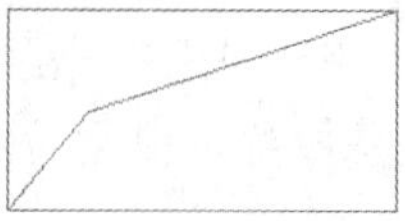

图 14-51　绘制折线

（4）在“默认”选项卡中单击“绘图”面板中的“圆”按钮，绘制一个半径为 50 的圆。在“默认”选项卡中单击“绘图”面板中的“直线”按钮，绘制相交中心线，如图 14-52 所示。

（5）在“默认”选项卡中单击“绘图”面板中的“矩形”按钮，绘制一个大小为 350×750 的矩形，如图 14-53 所示。

（6）在“默认”选项卡中单击“绘图”面板中的“直线”按钮，在矩形内部绘制折线，如图 14-54 所示。

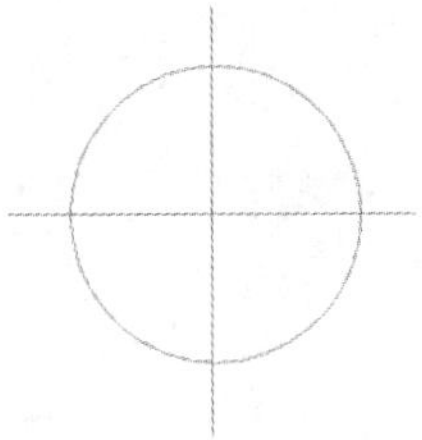

图 14-52 绘制中心线

图 14-53 绘制 350×750 的矩形

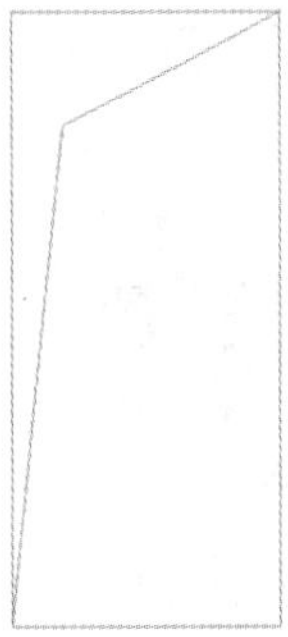

图 14-54 绘制折线

（7）在“默认”选项卡中单击“绘图”面板中的“矩形”按钮，绘制一系列适当大小的矩形，如图 14-55 所示。

（8）在“默认”选项卡中单击“绘图”面板中的“多段线”按钮，绘制闭合图形，如图 14-56 所示。

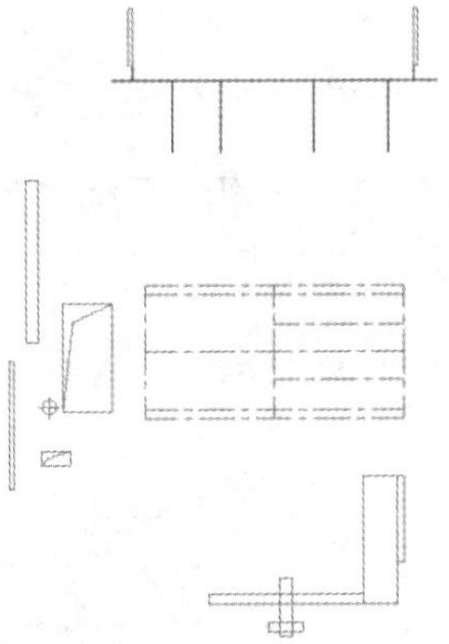

图 14-55 绘制矩形

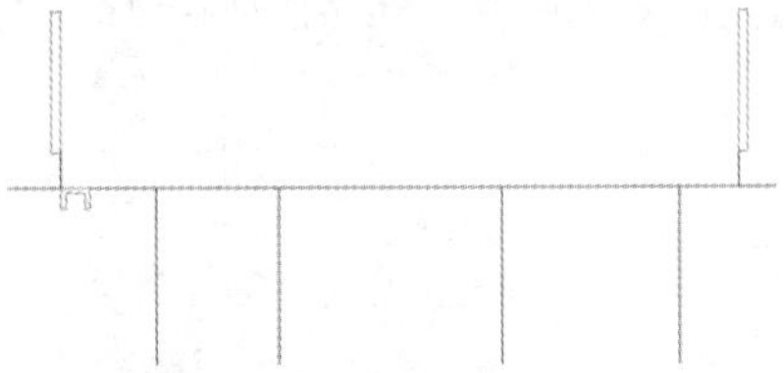

图 14-56 绘制闭合图形

（9）在“默认”选项卡中单击“绘图”面板中的“直线”按钮，绘制电缆符号，如图 14-57 所示。

（10）在“默认”选项卡中单击“修改”面板中的“修剪”按钮，修剪多余部分，如图 14-58 所示。

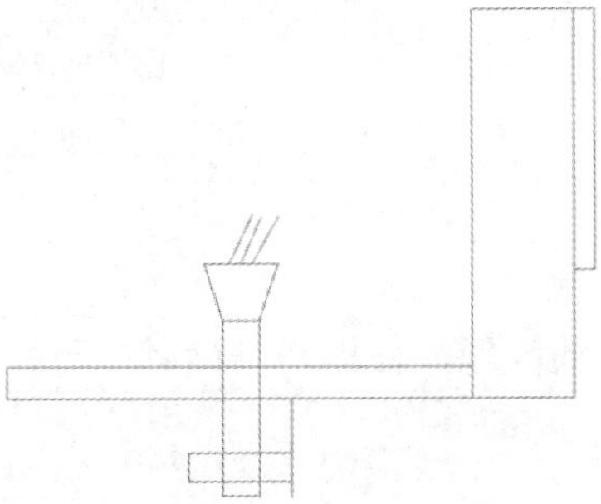

图 14-57 绘制电缆符号

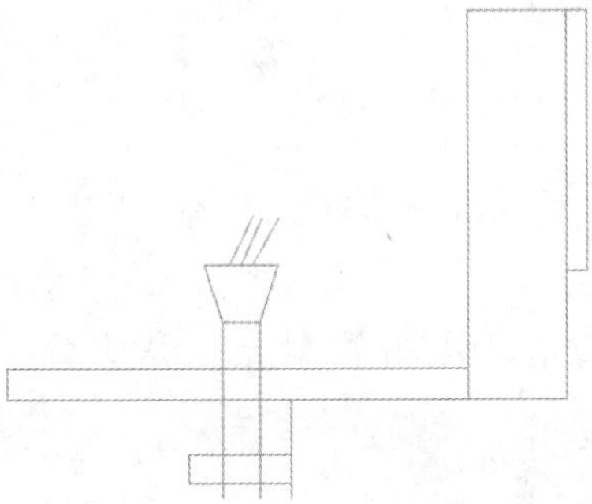

图 14-58 修剪图形

（11）在“默认”选项卡中单击“修改”面板中的“复制”按钮和“旋转”按钮，将绘制的电气符号放置到适当位置，如图 14-59 所示。

（12）将“安装线路”图层置为当前图层。在“默认”选项卡中单击“绘图”面板中的“样条曲线拟合”按钮，绘制剖面线。在“默认”选项卡中单击“修改”面板中的“修剪”按钮，修剪多余部分，如图 14-60 所示。

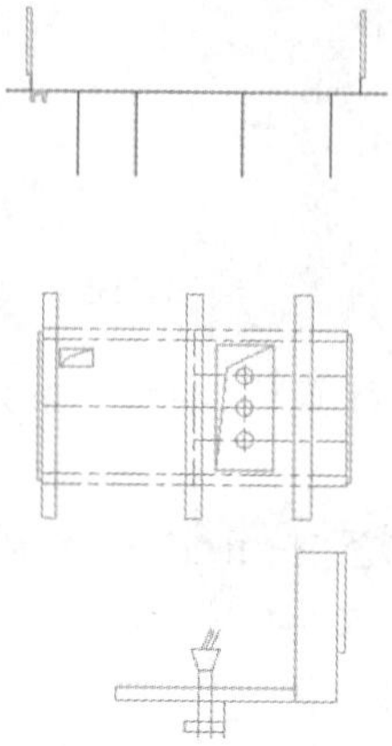

图 14-59　放置元件符号

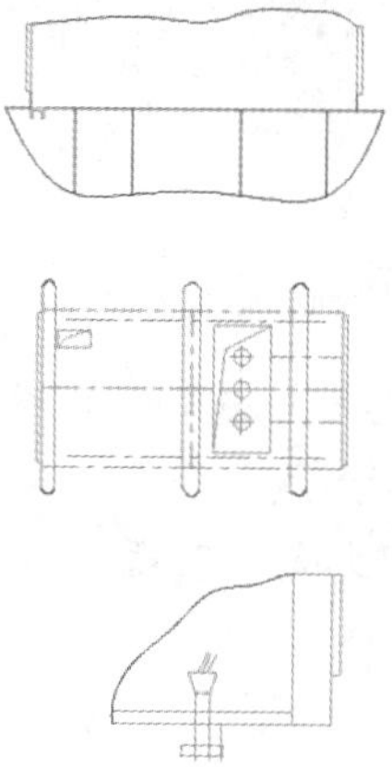

图 14-60　修剪多余部分

（13）将“图案”图层置为当前图层。在“默认”选项卡中单击“绘图”面板中的“图案填充”按钮，弹出“图案填充创建”选项卡，如图 14-61 所示。选择填充样例为 SOLID 和 AR-CONC，完成图形填充，如图 14-62 所示。

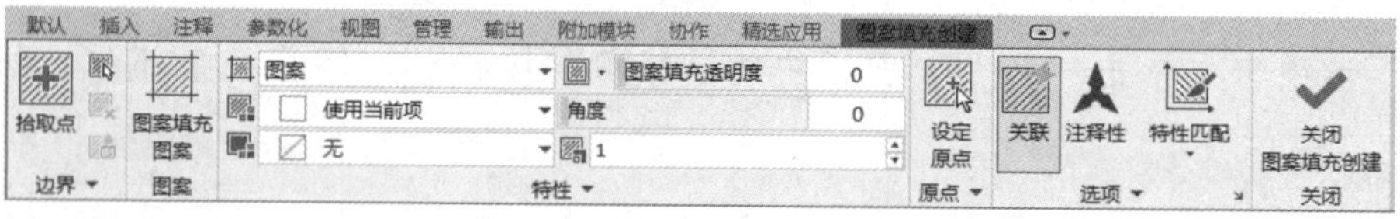

图 14-61　“图案填充创建”选项卡

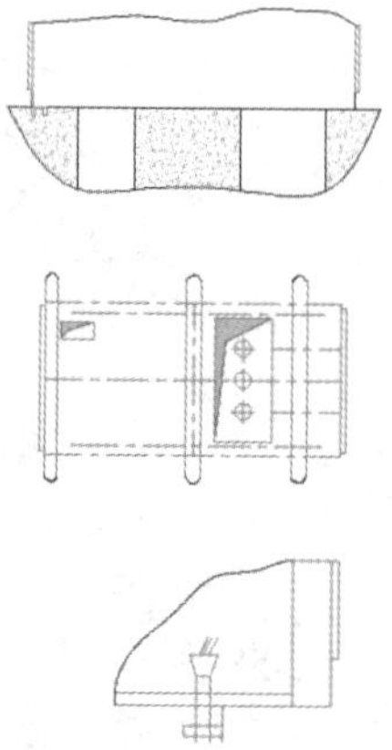

图 14-62　填充结果

14.4.4　添加文字标注

在电路图中添加文字标注，大大解决了图纸复杂、难懂的问题，根据文字读者能更好地理解图纸的含义。

操作步骤

（1）将“表格”图层置为当前。在“默认”选项卡中单击“绘图”面板中的“矩形”按钮，在安装图下方绘制一个大小为 1000×600 的矩形。在“默认”选项卡中单击“修改”面板中的

“分解”按钮，分解矩形。在“默认”选项卡中单击“修改”面板中的“偏移”按钮，将矩形上方水平直线向下偏移 200、400，将矩形右侧竖直直线向左偏移 300，如图 14-63 所示。

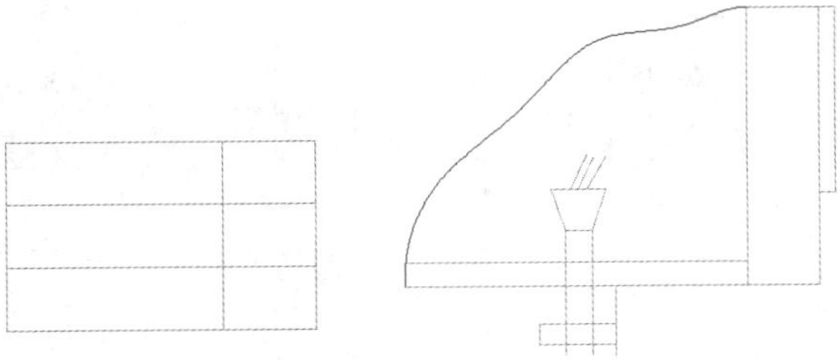

图 14-63 绘制表格

（2）将“文字标注”图层置为当前。在“默认”选项卡中单击“注释”面板中的“标注样式”按钮，弹出“标注样式管理器”对话框，如图 14-64 所示。单击“新建”按钮，弹出“创建新标注样式”对话框，如图 14-65 所示。在“新样式名”文本框中输入“安装图”，单击“继续”按钮，弹出“新建标注样式:安装图”对话框，从中进行相应的设置，如图 14-66~图 14-69 所示。单击“确定”按钮，退出该对话框。返回“标注样式管理器”对话框后，单击“置为当前”按钮，将新建标注样式置为当前。单击“关闭”按钮，退出该对话框。

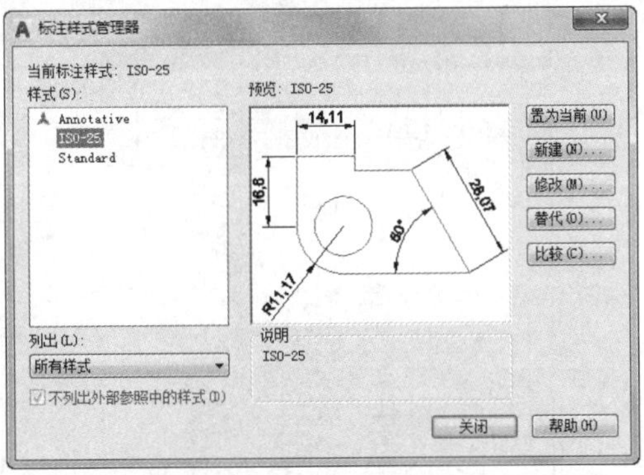

图 14-64 “标注样式管理器”对话框

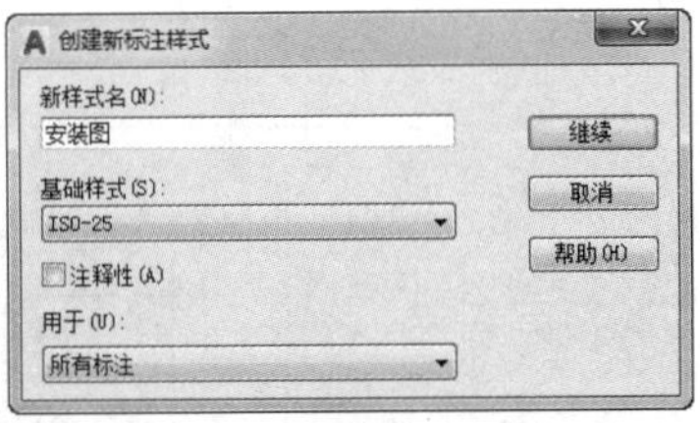

图 14-65 “创建新标注样式”对话框

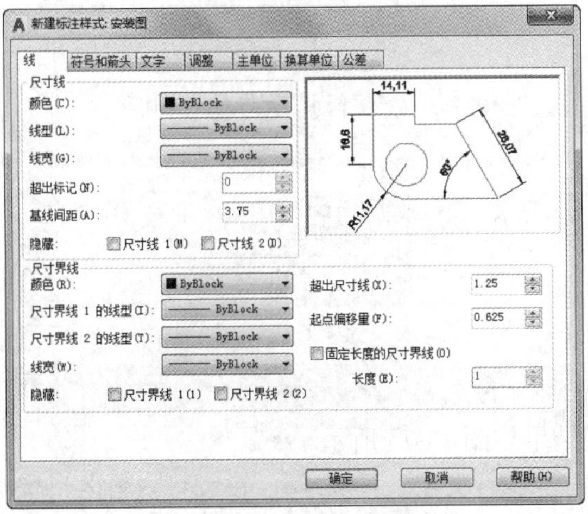

图 14-66 “线”选项卡

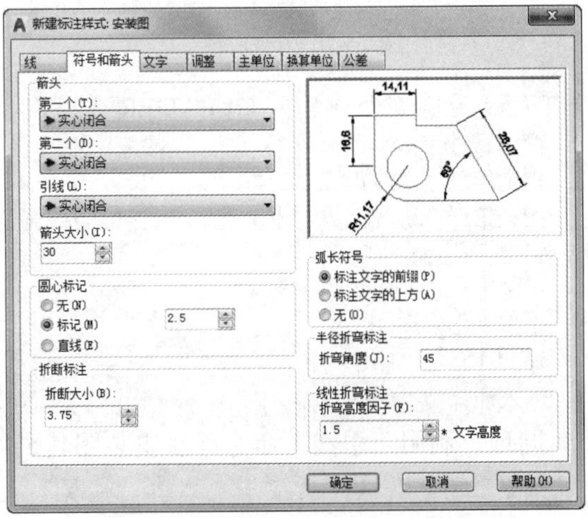

图 14-67 “符号和箭头”选项卡

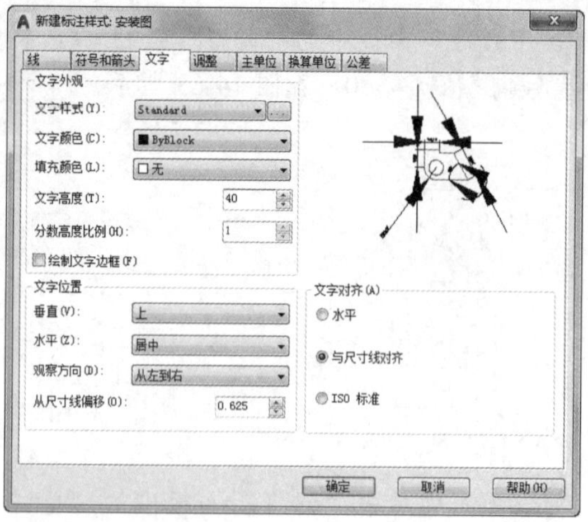

图 14-68 “文字”选项卡

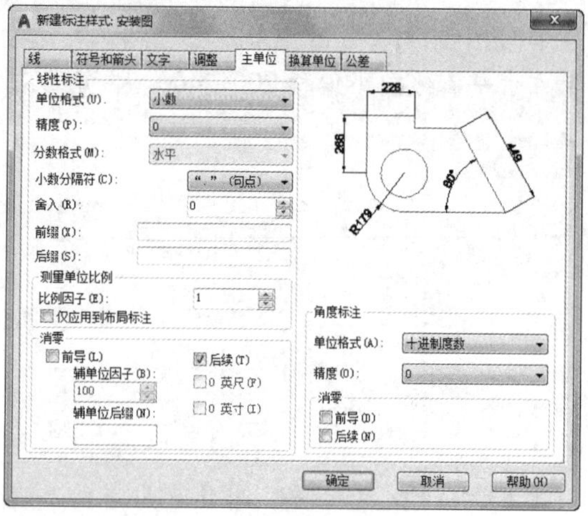

图 14-69 “主单位”选项卡

（3）在“默认”选项卡中单击“注释”面板中的“线性”按钮，依次标注安装图，如图 14-70 所示。

（4）在“默认”选项卡中单击“修改”面板中的“分解”按钮，分解标注，并修改标注文字，结果如图 14-71 所示。

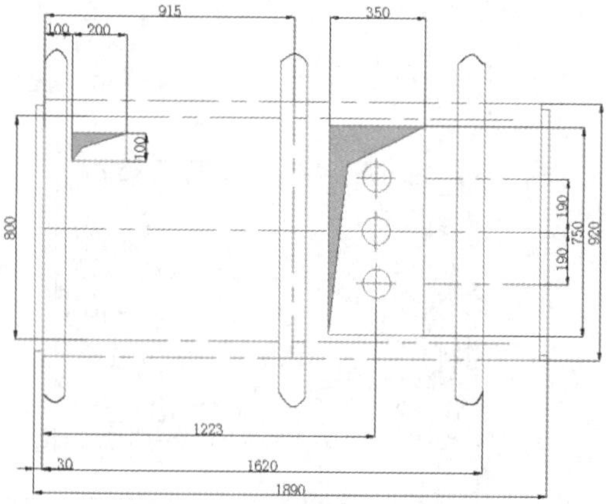

图 14-70 标注文字

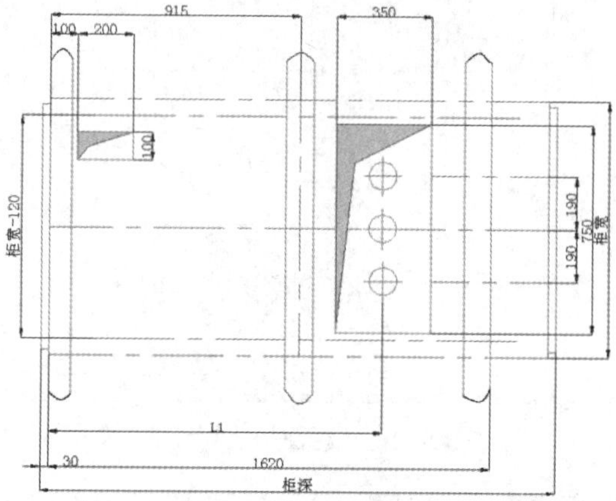

图 14-71 修改标注

（5）在命令行中输入 QLEADER 命令，执行“引线”命令。命令行提示与操作如下：

命令：QLEADER
指定第一个引线点或 [设置(S)] <设置>：s↙
指定第一个引线点或 [设置(S)] <设置>：(弹出如图 14-72 所示的“引线设置”对话框)
指定下一点：
指定下一点：<正交 开>
指定文字宽度 <0>:50↙
输入注释文字的第一行 <多行文字(M)>：柜底
输入注释文字的下一行：

同理，利用“引线”命令标注安装图其余部分，结果如图 14-73 所示。

（6）在“默认”选项卡中单击“注释”面板中的“多行文字”按钮 A，在表格内输入所需文字，如图 14-43 所示。

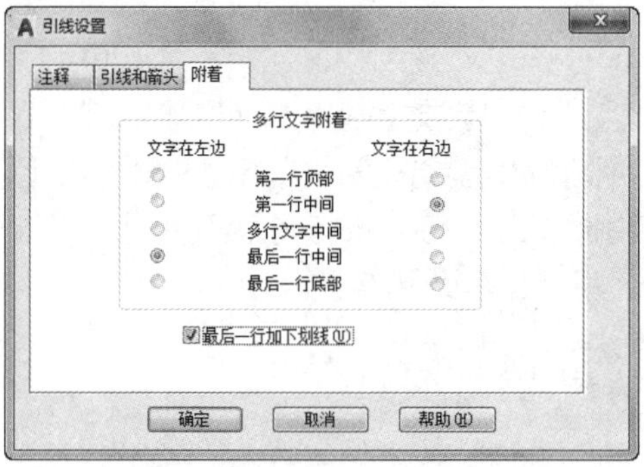

图 14-72　“引线设置”对话框

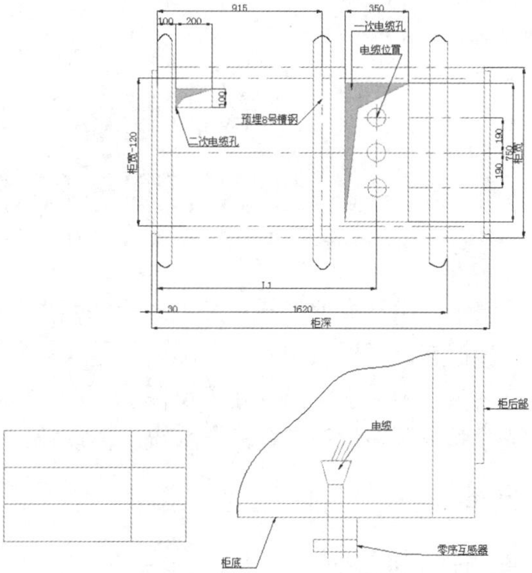

图 14-73　标注引线

动手练——绘制高压开关柜配电图

源文件：源文件\第 14 章\高压开关柜配电图.dwg

本练习绘制如图 14-74 所示的高压开关柜配电图。

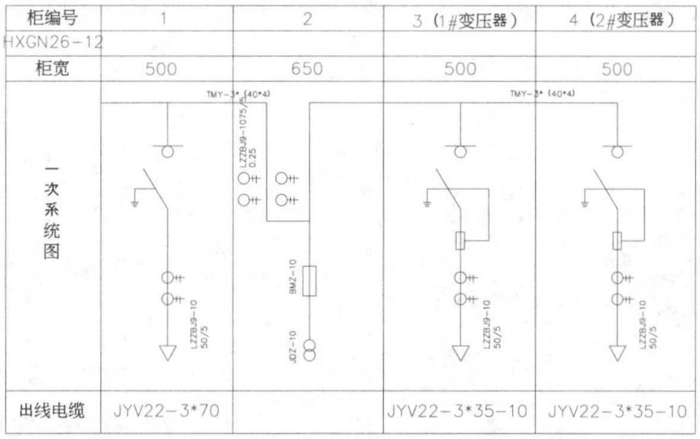

图 14-74　高压开关柜配电图

思路点拨：

（1）绘制各个单元符号图形。

（2）将各个单元放置到一起并移动连接。

（3）标注文字。

第 15 章　控制电气设计

内容简介

随着电厂生产管理的要求及电气设备智能化水平的不断提高，电气控制系统（ECS）功能得到了进一步扩展，在理念和水平上都有了更深意义的延伸。所谓厂级电气综合保护监控，就是将 ECS 及电气各类专用智能设备（如微机保护、自动励磁等）采用通信方式与分散控制系统接口，作为一个分散控制系统中相对独立的子系统，实现统一平台，便于监控、管理和维护。

内容要点

- 控制电气简介
- ZN12-10 弹簧机构直流控制原理图
- 液位自动控制器电路原理图
- 电动机控制图

案例效果

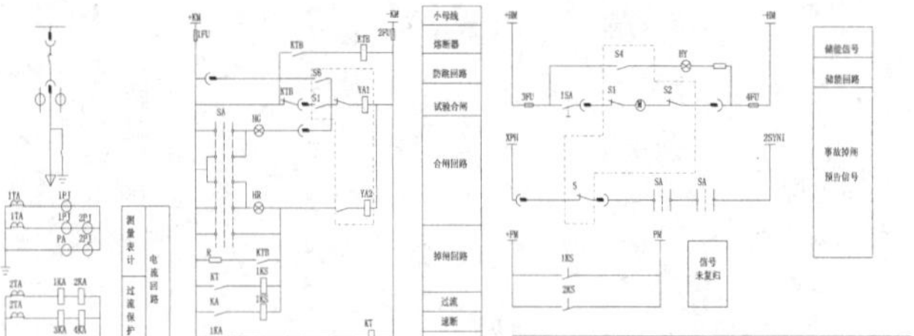

序号	符　号	名　称	型号及规格	数量
16	QF	真空断路器		1
15	SS	手车连锁开关	F10-6Ⅱ/W2	1
14	1SA	开关	KN3-Ⅰ-Ⅰ	1
13	3∽4FU	熔断器	aM1-10/10A	2
12	1∽2FU	熔断器	aM1-10/6A	2
11	KA	中间继电器	DZY204 220V	1
10	R	电阻	ZG11-25W 1欧姆	1
9	KTB	防跳继电器	DZB-213 220V 1A	1
8	KT	时间继电器	DS-31C 220V	1
7	1∽4KA	电流继电器	DL-310A	各2
6	1KS、2KS	信号继电器	DX31 0.5A	2
5	HR、HG、HY	信号灯	AD11-25220V红绿黄	各1
4	SA	控制开关	LW2-Z1a.46a4020/fF8	1
3	PJ2	无功电度表	DX863-2B 100V 3(6)A	1
2	PJ1	有功电度表	DS862-2B 100V 3(6)A	1
1	PA	电流表	JE96-A/5A	1

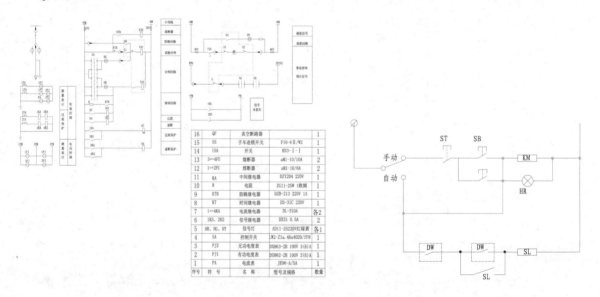

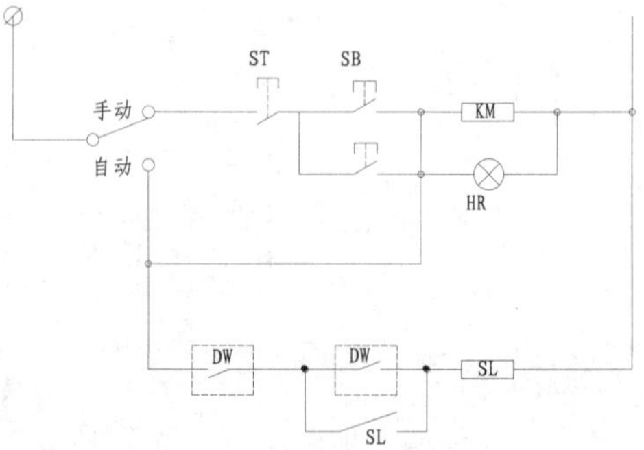

15.1　控制电气简介

15.1.1　控制电路简介

从研究电路的角度来看，一个实验电路一般可分为电源、控制电路和测量电路 3 部分。测量电路是事先根据实验方法确定好的，可以把它抽象地用一个电阻 R 来代替，称为负载。根据负载所要求的电压值 U 和电流值 I 即可选定电源。一般电学实验对电源并不苛求，只要选择电源的电动势 E 略大于 U，电源的额定电流大于工作电流即可。负载和电源都确定后，就可以安排控制电路，使负载能获得所需的各种不同的电压和电流值。一般来说，控制电路中电压或电流的变化，都可用滑线式可变电阻来实现。控制电路有制流和分压两种最基本接法，两种接法的性能和特点可由调节范围、特性曲线和细调程度来表征。

一般在安排控制电路时，并不一定要求设计出一个最佳方案，只要根据现有的设备设计出既安全又省电，且能满足实验要求的电路就可以了。设计方法一般也不必做复杂的计算，可以边实验边改进。先根据负载的电阻值 R 要求调节的范围，确定电源的电动势 E，然后综合比较采用分压还是制流。确定了 R 后，估计一下细调程度是否足够，然后做一些初步试验，看看在整个范围内细调是否满足要求；如果不能满足，则可以加接变阻器，分段逐级细调。

控制电路可分为开环控制系统和闭环控制系统（也称为反馈控制系统）。其中，开环控制系统包括前向控制、程控（数控）、智能化控制等，如录音机的开、关机，以及自动录放、程序工作等。闭环控制系统则是反馈控制，受控物理量会自动调整到预定值。

反馈控制系统是最常用的一种控制电路，下面介绍 3 种常用的反馈控制方式。

（1）自动增益控制 AGC（AVC）：反馈控制量为增益（或电平），以控制放大器系统中某级（或几级）的增益大小。

（2）自动频率控制 AFC：反馈控制量为频率，以稳定频率。

（3）自动相位控制 APC（PLL）：反馈控制量为相位，PLL 可实现调频、鉴频、混频、解调、频率合成等。

如图 15-1 所示是一种常见的反馈控制系统的模式。

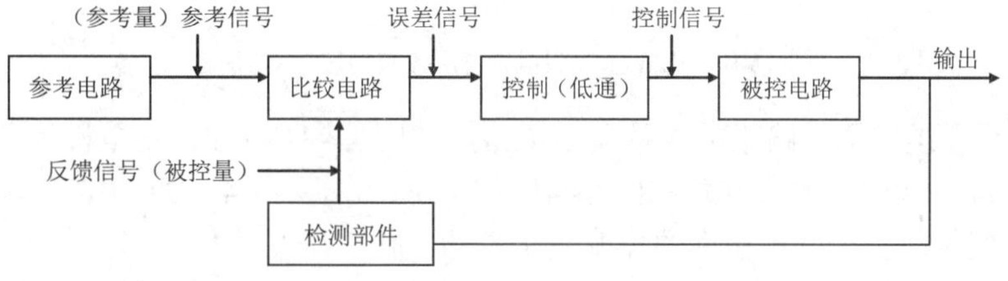

图 15-1　常见的反馈控制系统的模式

15.1.2　控制电路图简介

控制电路大致可以包括下面几种类型的电路：自动控制电路、报警控制电路、开关电路、灯光控制电路、定时控制电路、温控电路、保护电路、继电器控制电路、晶闸管控制电路、电机控制电路、电梯控制电路等。下面对其中几种控制电路的典型电路图进行举例说明。

如图 15-2 所示是报警控制电路中的一种典型电路，即汽车多功能报警器电路图。其功能要求为：当系统检测到汽车出现各种故障时进行语音提示报警。

如图 15-3 所示是温控电路中的一种典型电路。该电路是由双 D 触发器 CD4013 中的一个 D 触发器组成，电路结构简单，具有上、下限温度控制功能。控制温度可通过电位器预置，当超过预置温度后，自动断电电路中将 D 触发器连接成一个 RS 触发器，以工业控制用的热敏电阻 RT2 作为温度传感器。

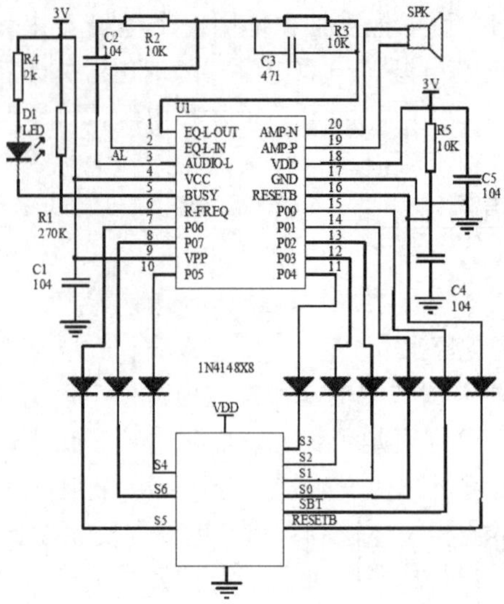

图 15-2　汽车多功能报警器电路图

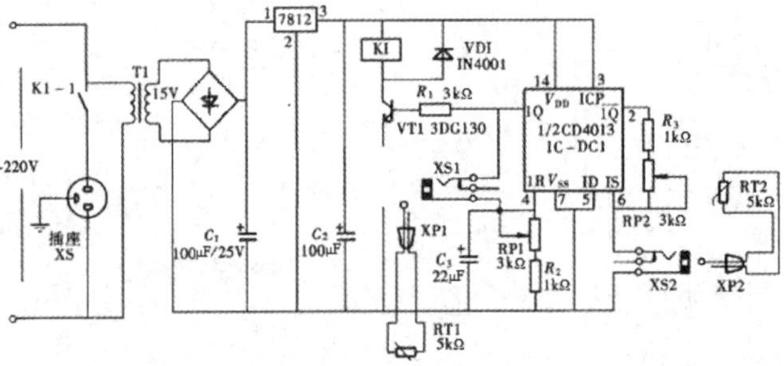

图 15-3　高低温双限控制器（CD4013）电路图

如图 15-4 所示是继电器电路中的一种典型电路。在图 15-4（a）中，集电极为负，发射极为正，对于 PNP 型管而言，这种极性的电源是正常的工作电压；在图 15-4（b）中，集电极为正，发射极为负，对于 NPN 型管而言，这种极性的电源是正常的工作电压。

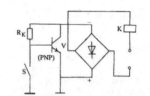

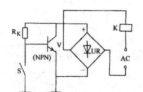

（a）集电极为负，发射极为正　　　　（b）集电极为正，发射极为负

图 15-4　交流电子继电器电路图

扫一扫，看视频

15.2　ZN12-10 弹簧机构直流控制原理图

源文件： 源文件\第 15 章\ZN12-10 弹簧机构直流控制原理图.dwg

本节绘制如图 15-5 所示的 ZN12-10 弹簧机构直流控制原理图。

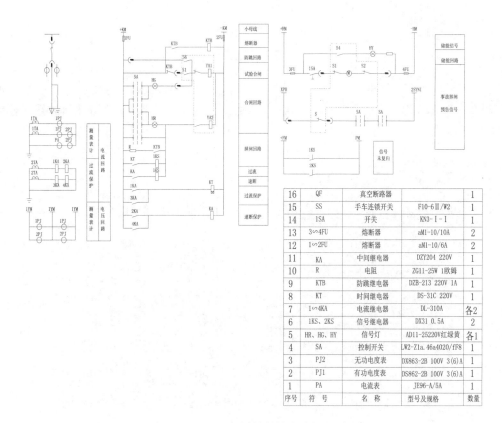

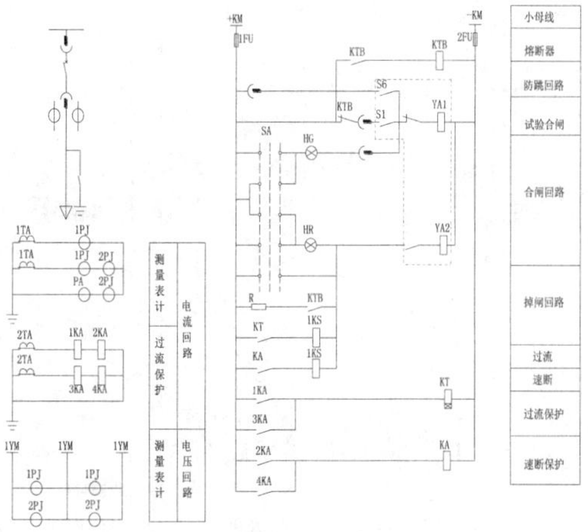

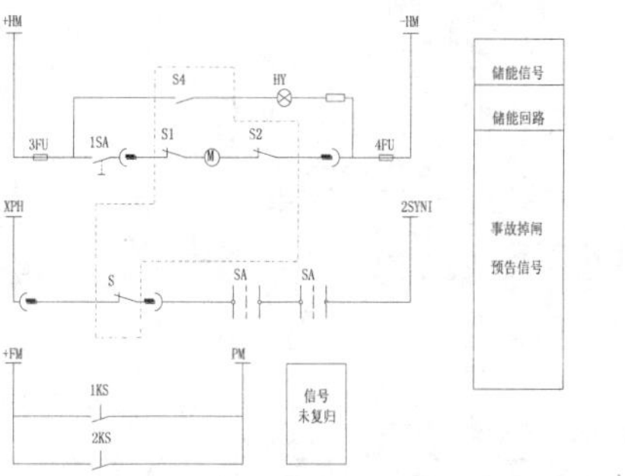

序号	符　号	名　称	型号及规格	数量
16	QF	真空断路器		1
15	SS	手车连锁开关	F10-6Ⅱ/W2	1
14	1SA	开关	KN3-Ⅰ-Ⅰ	1
13	3∽4FU	熔断器	aM1-10/10A	2
12	1∽2FU	熔断器	aM1-10/6A	2
11	KA	中间继电器	DZY204 220V	1
10	R	电阻	ZG11-25W 1欧姆	1
9	KTB	防跳继电器	DZB-213 220V 1A	1
8	KT	时间继电器	DS-31C 220V	1
7	1∽4KA	电流继电器	DL-310A	各2
6	1KS、2KS	信号继电器	DX31 0.5A	2
5	HR、HG、HY	信号灯	AD11-25220V红绿黄	各1
4	SA	控制开关	LW2-Z1a.46a4020/fF8	1
3	PJ2	无功电度表	DX863-2B 100V 3(6)A	1
2	PJ1	有功电度表	DS862-2B 100V 3(6)A	1
1	PA	电流表	JE96-A/5A	1

图 15-5　ZN12-10 弹簧机构直流控制原理图

15.2.1 绘制样板文件

在绘制 ZN12-10 弹簧机构直流控制原理图之前，有必要对其绘图环境进行一些基本的设置，包括文件的创建、保存及图层的管理等。

操作步骤

1. 建立新文件

（1）打开 AutoCAD 2020 应用程序，单击快速访问工具栏中的“新建”按钮，新建空白图形文件。

（2）单击快速访问工具栏中的“保存”按钮，在弹出的“图形另存为”对话框中将文件保存为“样板图.dwt”图形文件，如图 15-6 所示。

（3）单击“保存”按钮，弹出“样板选项”对话框，如图 15-7 所示。单击“确定”按钮，完成样板文件的创建。

2. 设置图层

（1）在“默认”选项卡中单击“图层”面板中的“图层特性”按钮，打开“图层特性管理器”对话框，新建“线路”“元件符号”“线路 1”和“文字说明”4 个图层，各层设置如图 15-8 所示。将“元件符号”置为当前图层。

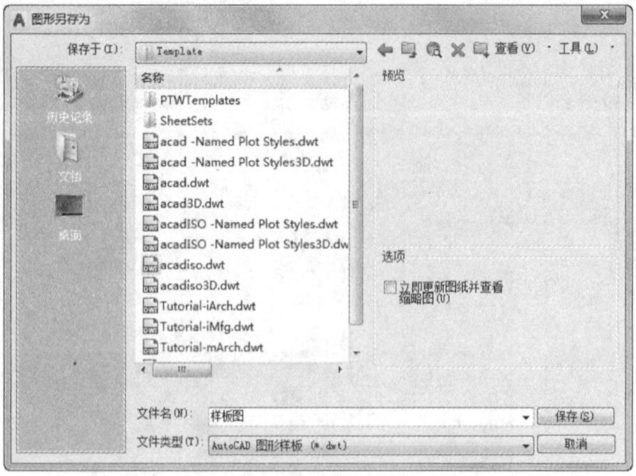

图 15-6 “图形另存为”对话框

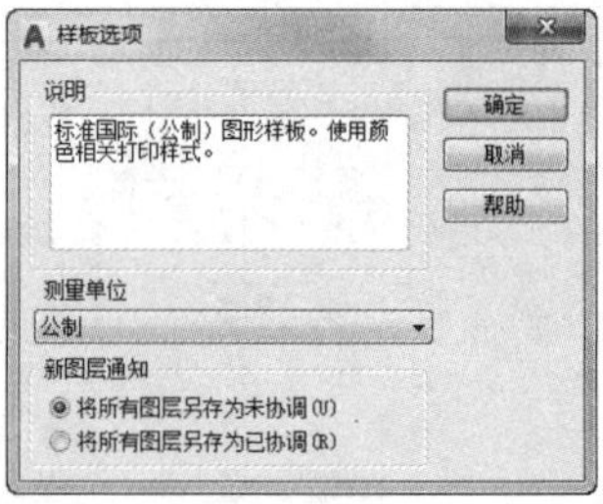

图 15-7 “样板选项”对话框

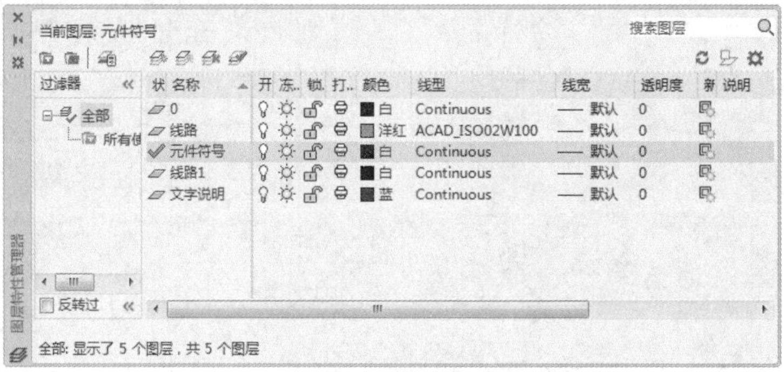

图 15-8 图层设置

（2）单击快速访问工具栏中的“保存”按钮，保存样板文件。

15.2.2 绘制电路元件符号

电路图中实际发挥作用的是电路元件，不同的元件实现不同的功能，将这些电路元件组合起来就能起到相应的作用。

操作步骤

1. 绘制电阻

（1）在“默认”选项卡中单击“绘图”面板中的“矩形”按钮，绘制一个大小为 10×3 的矩形，如图 15-9 所示。

（2）在“默认”选项卡中单击“绘图”面板中的“直线”按钮，利用“对象捕捉”功能，绘制过矩形两侧边中点的水平直线，如图 15-10 所示。

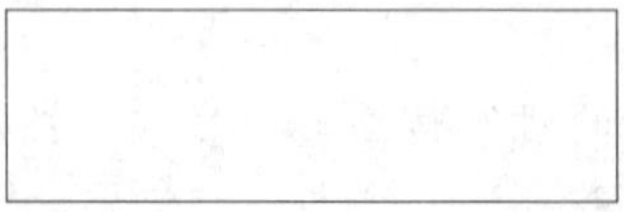

图 15-9 绘制矩形

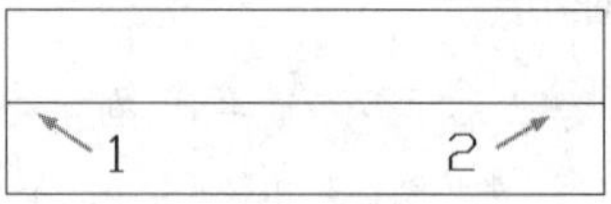

图 15-10 绘制直线

（3）在“默认”选项卡中单击“修改”面板中的“拉长”按钮，将步骤（2）绘制的水平直线向左右两侧拉长 5。命令行提示与操作如下：

```
命令：_lengthen
选择要测量的对象或 [增量(DE)/百分比(P)/总计(T)/动态(DY)] <增量(DE)>: de↙
输入长度增量或 [角度(A)] <0.0000>: 5↙
选择要修改的对象或 [放弃(U)]:（单击图 15-10 中直线 1 处，拉伸左边）
选择要修改的对象或 [放弃(U)]:（单击图 15-10 中直线 2 处，拉伸右边）
选择要修改的对象或 [放弃(U)]: ↙
```

结果如图 15-11 所示。

（4）在“默认”选项卡中单击“修改”面板中的“修剪”按钮，修剪矩形内部水平线，结果如图 15-12 所示。

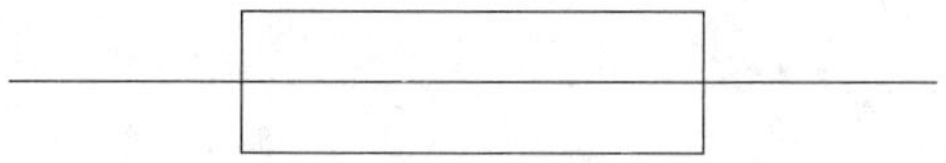

图 15-11　拉长直线

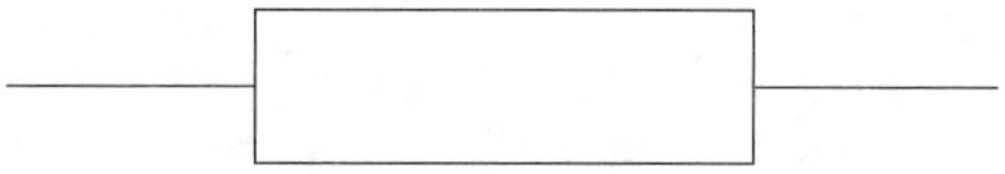

图 15-12　修剪图形

2. 绘制熔断器（FU）

（1）在“默认”选项卡中单击“绘图”面板中的“矩形”按钮，绘制一个大小为 5×15 的矩形，如图 15-13 所示。

（2）在“默认”选项卡中单击“绘图”面板中的“直线”按钮，绘制过矩形中点的竖直线，如图 15-14 所示。

图 15-13　绘制矩形

图 15-14　绘制直线

3. 绘制插头和插座

（1）在“默认”选项卡中单击“绘图”面板中的“圆弧”按钮，绘制半圆弧，圆弧半径为 8。命令行提示与操作如下：

```
命令：_arc
指定圆弧的起点或 [圆心(C)]: c ↙
指定圆弧的圆心：
指定圆弧的起点：@-8,0↙
指定圆弧的端点(按住 Ctrl 键以切换方向)或 [角度(A)/弦长(L)]: a ↙
指定夹角(按住 Ctrl 键以切换方向): -180↙
```

结果如图 15-15 所示。

（2）在“默认”选项卡中单击“绘图”面板中的“直线”按钮╱，捕捉圆弧圆心，绘制长度为 20 的竖直直线，并且捕捉圆弧顶点再次绘制短直线，如图 15-16 所示。

（3）在“默认”选项卡中单击“绘图”面板中的“矩形”按钮□，绘制矩形。

（4）在“默认”选项卡中单击“绘图”面板中的“图案填充”按钮，填充上步绘制的矩形，如图 15-17 所示。

图 15-15　绘制圆弧

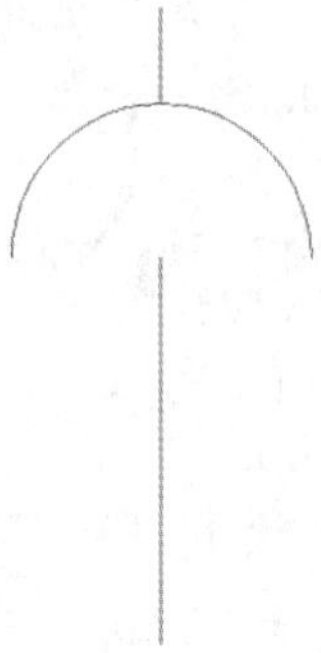

图 15-16　绘制直线

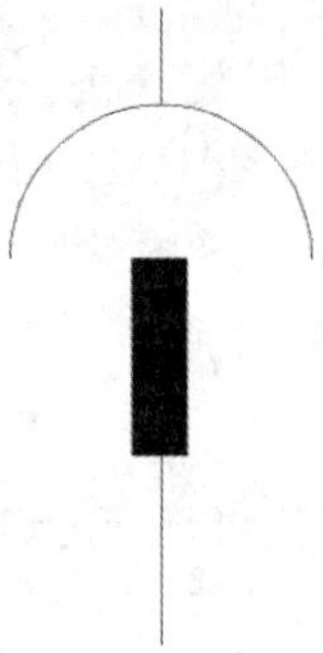

图 15-17　填充矩形

4. 绘制开关常开触点

（1）在“默认”选项卡中单击“绘图”面板中的“直线”按钮╱，绘制 3 段长度为 10 的水平直线，如图 15-18 所示。

（2）在“默认”选项卡中单击“修改”面板中的“旋转”按钮，捕捉中间直线右端点，旋转该直线，角度为 30°，如图 15-19 所示。

图 15-18　绘制直线

图 15-19　旋转直线

5. 绘制开关常闭触点

（1）在“默认”选项卡中单击“绘图”面板中的“直线”按钮╱，绘制 3 段长度为 10 的水平直线，如图 15-20 所示。

（2）在“默认”选项卡中单击“修改”面板中的“旋转”按钮，捕捉中间直线右端点，旋转该直线，角度为 30°，如图 15-21 所示。

图 15-20　绘制直线

图 15-21　旋转直线

（3）在“默认”选项卡中单击“修改”面板中的“拉长”按钮╱，将步骤（2）旋转的直线向外拉长 3。

（4）在“默认”选项卡中单击“绘图”面板中的“直线”按钮╱，捕捉端点，绘制竖直直线，如图 15-22 所示。

6. 绘制电度表

（1）在“默认”选项卡中单击“绘图”面板中的“圆”按钮，绘制一个半径为 8 的圆。

（2）在“默认”选项卡中单击“绘图”面板中的“直线”按钮╱，绘制一条过圆心的竖直直线，如图 15-23 所示。

图 15-22　绘制直线

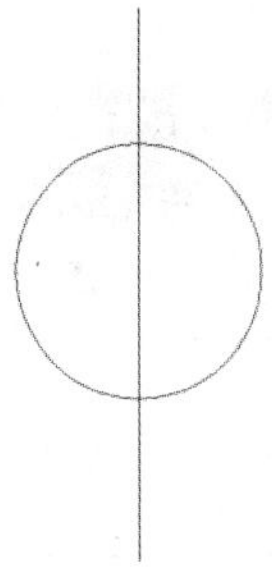

图 15-23　绘制电度表

7．绘制接地符号

（1）在“默认”选项卡中单击“绘图”面板中的“多边形”按钮⬠，绘制一个正三角形，内接圆半径为 10。

（2）在“默认”选项卡中单击“修改”面板中的“旋转”按钮 ↻，旋转正三角形，角度为 180°，如图 15-24 所示。

（3）在“默认”选项卡中单击“修改”面板中的“分解”按钮，分解正三角形。

（4）在“默认”选项卡中单击“修改”面板中的“偏移”按钮⊆，将三角形水平线向下偏移两次，偏移距离为 5，如图 15-25 所示。

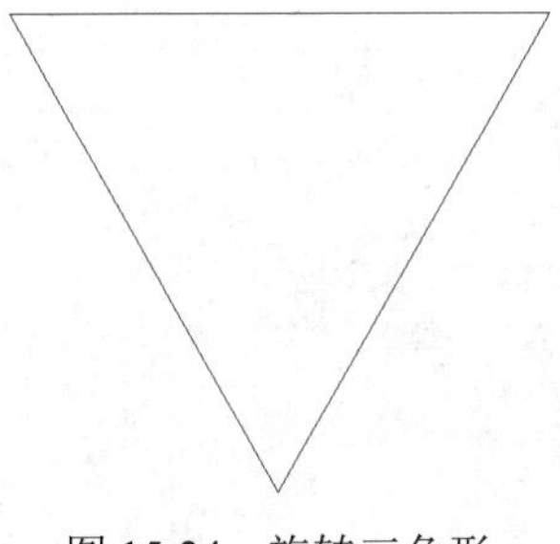

图 15-24　旋转三角形

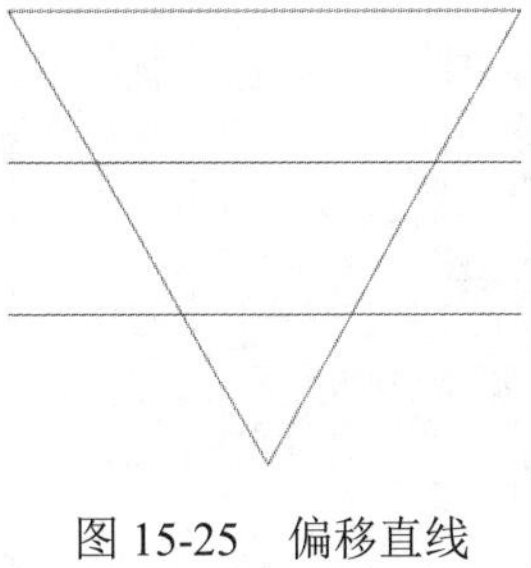

图 15-25　偏移直线

（5）在“默认”选项卡中单击“修改”面板中的“删除”按钮和“修剪”按钮，修剪多余部分，如图 15-26 所示。

（6）在“默认”选项卡中单击“绘图”面板中的“直线”按钮╱，捕捉最上方水平直线中点，绘制长度为 5 的竖直直线，如图 15-27 所示。

图 15-26　修剪图形

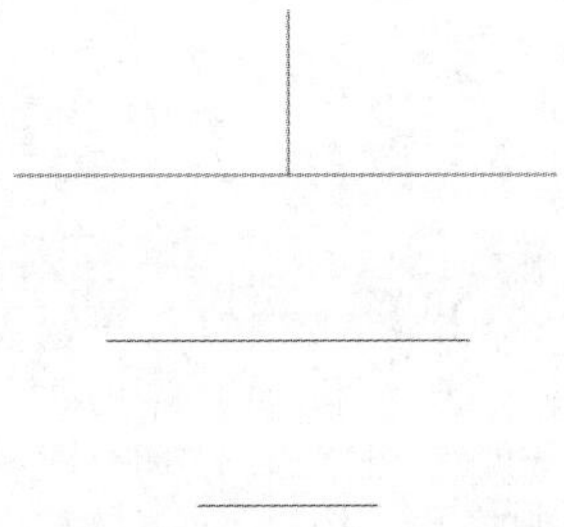

图 15-27　绘制直线

8. 绘制灯

（1）在“默认”选项卡中单击“绘图”面板中的“圆”按钮⊙，在空白位置绘制一个适当大小的圆。

（2）在“默认”选项卡中单击“绘图”面板中的“直线”按钮╱，绘制过圆心的两条相互垂直的直线，如图 15-28 所示。

（3）在“默认”选项卡中单击“修改”面板中的“旋转”按钮 C，将圆内直线分别旋转 30°、60°，如图 15-29 所示。

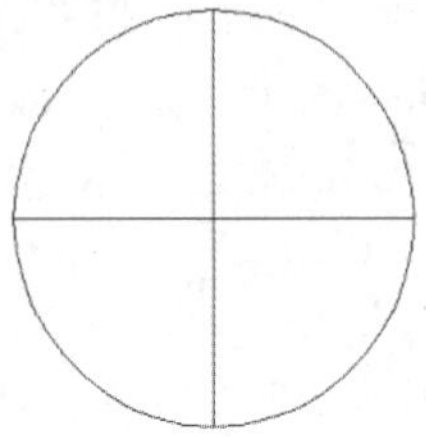

图 15-28　绘制过圆心的两条垂直直线

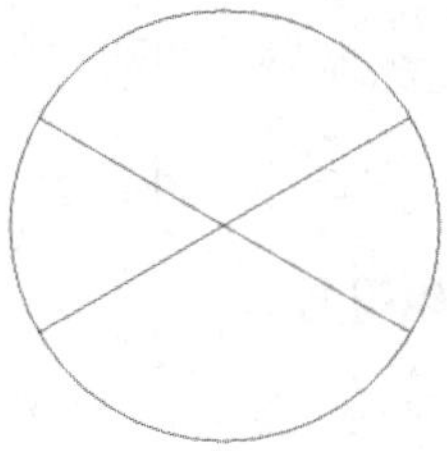

图 15-29　旋转直线

9. 绘制线圈

（1）在“默认”选项卡中单击“绘图”面板中的“矩形”按钮□，绘制一个矩形。

（2）在“默认”选项卡中单击“绘图”面板中的“直线”按钮╱，捕捉矩形中点绘制直线，如图 15-30 所示。

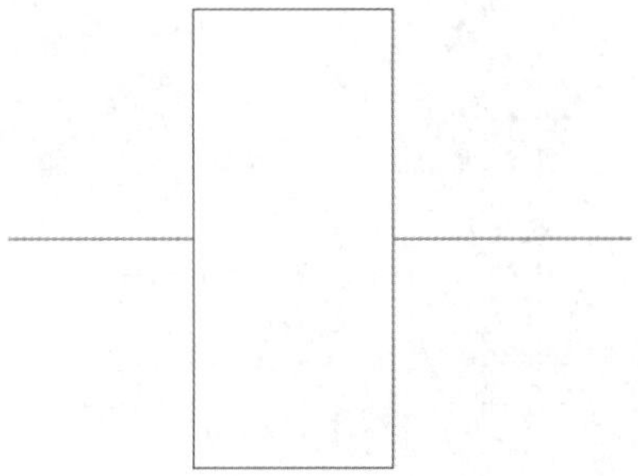

图 15-30　绘制直线

（3）单击快速访问工具栏中的“保存”按钮，保存电路图。

10. 绘制电流互感器（TA）

（1）在“默认”选项卡中单击“绘图”面板中的“多段线”按钮，绘制如图 15-31 所示的图形。命令行提示与操作如下：

```
命令: _pline
指定起点:
当前线宽为 0.0000
指定下一个点或 [圆弧(A)/半宽(H)/长度(L)/放弃(U)/宽度(W)]: 10↙
指定下一点或 [圆弧(A)/闭合(C)/半宽(H)/长度(L)/放弃(U)/宽度(W)]: 3↙
指定下一点或 [圆弧(A)/闭合(C)/半宽(H)/长度(L)/放弃(U)/宽度(W)]: A↙
指定圆弧的端点(按住 Ctrl 键以切换方向)或[角度(A)/圆心(CE)/闭合(CL)/方向(D)/半宽(H)/直线(L)/半径(R)/第二个点(S)/放弃(U)/宽度(W)]: A↙
```

```
指定夹角: -180↙
指定圆弧的端点(按住 Ctrl 键以切换方向)或 [圆心(CE)/半径(R)]: R↙
指定圆弧的半径: 5↙
指定圆弧的弦方向(按住 Ctrl 键以切换方向) <90>: 0↙
指定圆弧的端点(按住 Ctrl 键以切换方向)或[角度(A)/圆心(CE)/闭合(CL)/方向(D)/半宽(H)/直线
(L)/半径(R)/第二个点(S)/放弃(U)/宽度(W)]: A↙
指定夹角: -180↙
指定圆弧的端点(按住 Ctrl 键以切换方向)或 [圆心(CE)/半径(R)]: R↙
指定圆弧的半径: 5↙
指定圆弧的弦方向(按住 Ctrl 键以切换方向) <270>: 0↙
指定圆弧的端点(按住 Ctrl 键以切换方向)或[角度(A)/圆心(CE)/闭合(CL)/方向(D)/半宽(H)/直线
(L)/半径(R)/第二个点(S)/放弃(U)/宽度(W)]: L↙
指定下一点或 [圆弧(A)/闭合(C)/半宽(H)/长度(L)/放弃(U)/宽度(W)]: 3↙
指定下一点或 [圆弧(A)/闭合(C)/半宽(H)/长度(L)/放弃(U)/宽度(W)]: 10↙
指定下一点或 [圆弧(A)/闭合(C)/半宽(H)/长度(L)/放弃(U)/宽度(W)]: ↙
```

(2) 在“默认”选项卡中单击“绘图”面板中的“直线”按钮，绘制一条水平直线，如图 15-32 所示。

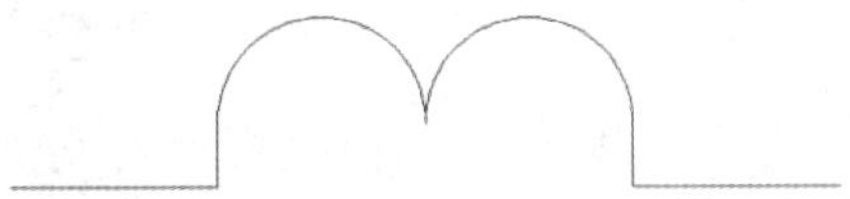

图 15-31　绘制多段线

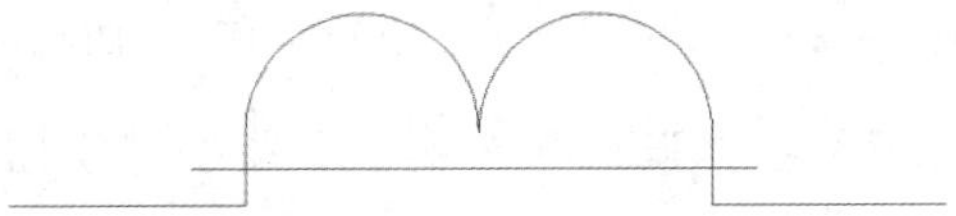

图 15-32　绘制水平直线

15.2.3　绘制一次系统图

利用“直线”命令绘制电路图，然后利用二维绘图和修改命令在电路图上布置电气元件。

操作步骤

(1) 将“线路 1”图层置为当前。在“默认”选项卡中单击“绘图”面板中的“直线”按钮，绘制电路图，如图 15-33 所示。

(2) 在“默认”选项卡中单击“修改”面板中的“复制”按钮，将“插头和插座”符号复制到电路图中适当位置，如图 15-34 所示。

(3) 在“默认”选项卡中单击“修改”面板中的“镜像”按钮，镜像“插头和插座”符号，如图 15-35 所示。

图 15-33　绘制一次系统图电路图

图 15-34　复制“插头和插座”

图 15-35　镜像“插头和插座”

（4）在“默认”选项卡中单击“修改”面板中的“复制”按钮和“旋转”按钮，将“开关常开触点”符号复制到电路图中适当位置，如图 15-36 所示。

（5）在“默认”选项卡中单击“修改”面板中的“修剪”按钮，修剪多余线路，如图 15-37 所示。

（6）在“默认”选项卡中单击“绘图”面板中的“矩形”按钮，绘制一个矩形，如图 15-38 所示。

图 15-36　复制“开关常开触点”符号

图 15-37　修剪图形

图 15-38　绘制矩形

（7）在“默认”选项卡中单击“绘图”面板中的“直线”按钮，捕捉矩形对角点，如图 15-39 所示。

（8）在“默认”选项卡中单击“修改”面板中的“删除”按钮，删除矩形，完成断路器开关绘制，如图 15-40 所示。

（9）在“默认”选项卡中单击“修改”面板中的“缩放”按钮，缩放“断路器开关”，缩放比例为 1.5。

（10）在“默认”选项卡中单击“修改”面板中的“复制”按钮，复制“电度表”符号，将其放置到适当位置。在“默认”选项卡中单击“修改”面板中的“镜像”按钮，镜像“电度表”符号，如图 15-41 所示。

图 15-39　绘制直线

图 15-40　删除矩形

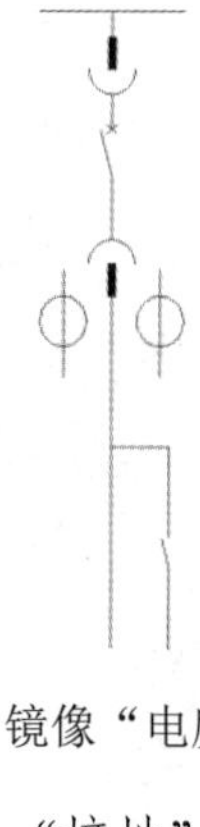

图 15-41　镜像“电度表”符号

（11）在“默认”选项卡中单击“修改”面板中的“复制”按钮，复制“接地”符号，将其放置到适当位置，如图 15-42 所示。

（12）在“默认”选项卡中单击“绘图”面板中的“多边形”按钮，绘制一个正三角形，内接圆半径为 10。在“默认”选项卡中单击“修改”面板中的“旋转”按钮，旋转正三角形，角度为 180°，如图 15-43 所示。

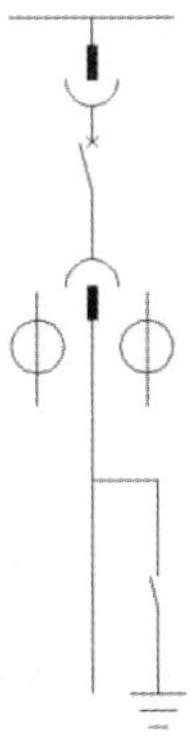

图 15-42　复制接地符号

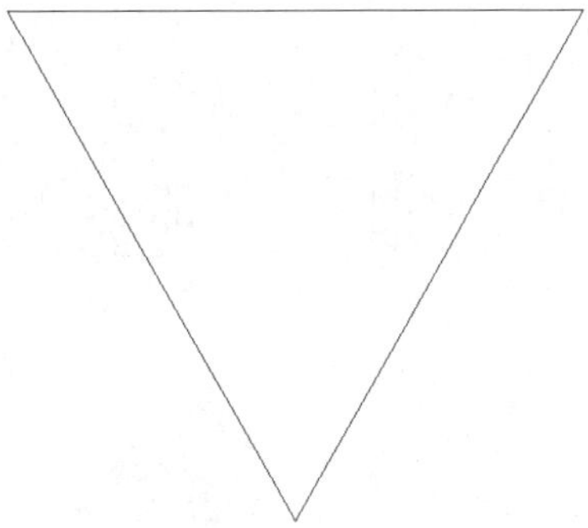

图 15-43　旋转三角形

（13）在“默认”选项卡中单击“修改”面板中的“移动”按钮✥，将三角形放置到适当位置，如图 15-44 所示。

（14）在“默认”选项卡中单击“修改”面板中的“延伸”按钮--⟶|，延伸直线，完成一次系统图绘制，如图 15-45 所示。

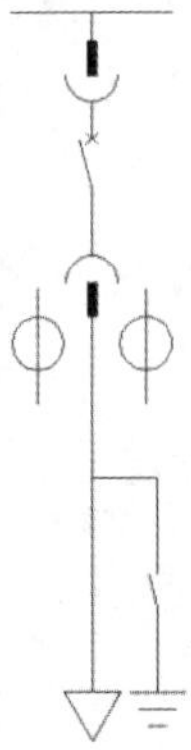

图 15-44　移动三角形

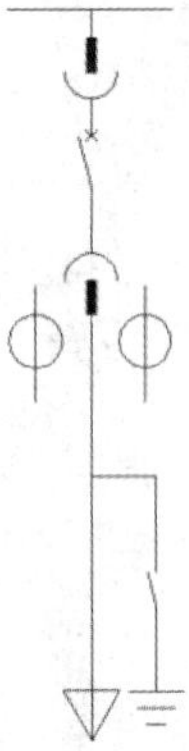

图 15-45　延伸直线

15.2.4　绘制二次系统图元件

首先利用“直线”“矩形”“复制”和“修剪”等命令绘制线路网格，然后进行元件布置。

操作步骤

1．线路网格

（1）将“线路 1”图层置为当前。在“默认”选项卡中单击“绘图”面板中的“直线”按钮╱，绘制测量表计电路图，如图 15-46 所示。

（2）在“默认”选项卡中单击“修改”面板中的“复制”按钮☍，向下复制步骤（1）绘制的电路图，显示过流保护。在“默认”选项卡中单击“绘图”面板中的“矩形”按钮□和“直线”按钮╱，继续绘制测量表计电路图，如图 15-47 所示。

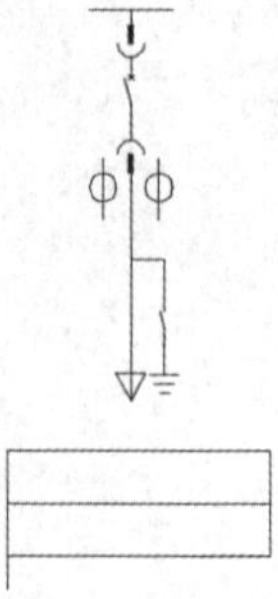

图 15-46　绘制电路图

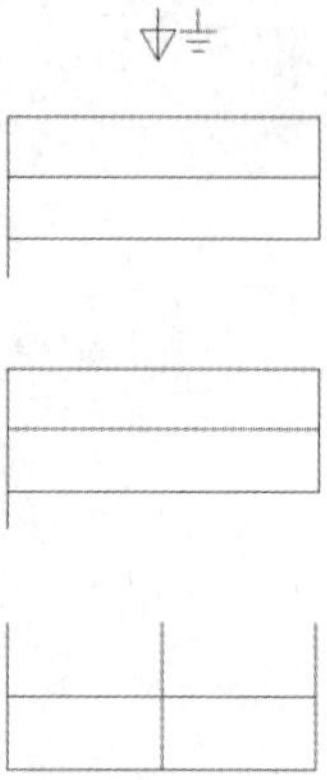

图 15-47　继续绘制电路图

（3）在“默认”选项卡中单击“绘图”面板中的“矩形”按钮▭，绘制适当大小矩形。在“默认”选项卡中单击“修改”面板中的“分解”按钮，分解矩形。在“默认”选项卡中单击“绘图”面板中的“定数等分”按钮，将矩形左侧竖直线等分成 15 份。在“默认”选项卡中单击“绘图”面板中的“直线”按钮╱，连接等分点，如图 15-48 所示。

（4）在“默认”选项卡中单击“绘图”面板中的“直线”按钮╱和修剪”按钮，按原理图修剪电路图，结果如图 15-49 所示。

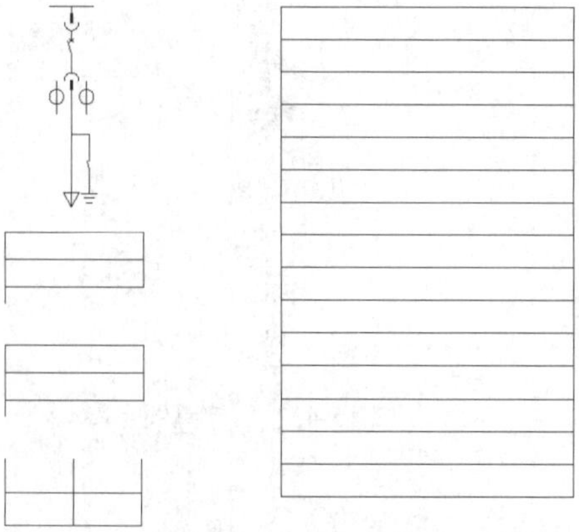

图 15-48　绘制直线

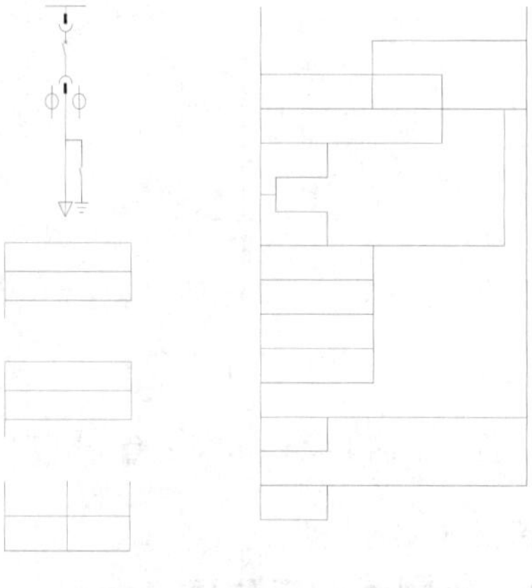

图 15-49　修剪电路图

同理，绘制右侧剩余电路图，结果如图 15-50 所示。

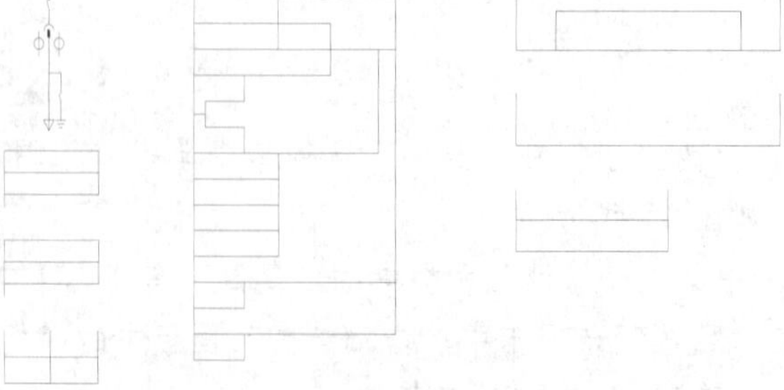

图 15-50　绘制剩余电路图

（5）在“默认”选项卡中单击“绘图”面板中的“矩形”按钮□和“直线”按钮╱，绘制说明图块，如图 15-51 所示。

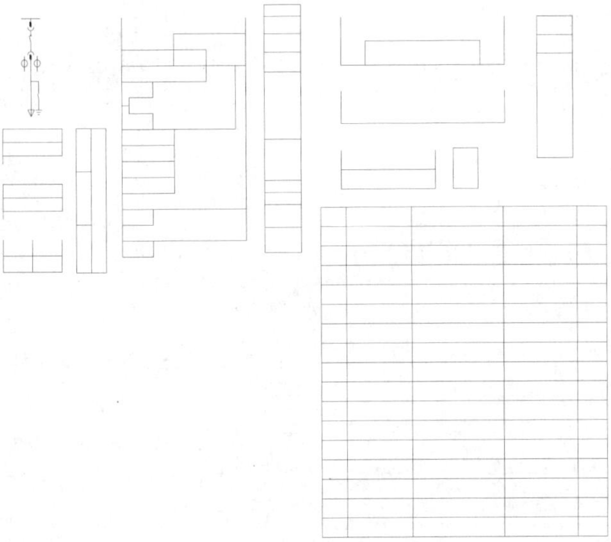

图 15-51　说明图块

2. 元件布置

（1）在“默认”选项卡中单击“绘图”面板中的“圆”按钮⊙，绘制适当大小的圆，并将其放置到适当位置。在“默认”选项卡中单击“绘图”面板中的“直线”按钮╱，绘制直线，并利用“特性”选项板修改线型。完成“转换开关 SA”的绘制，如图 15-52 所示。

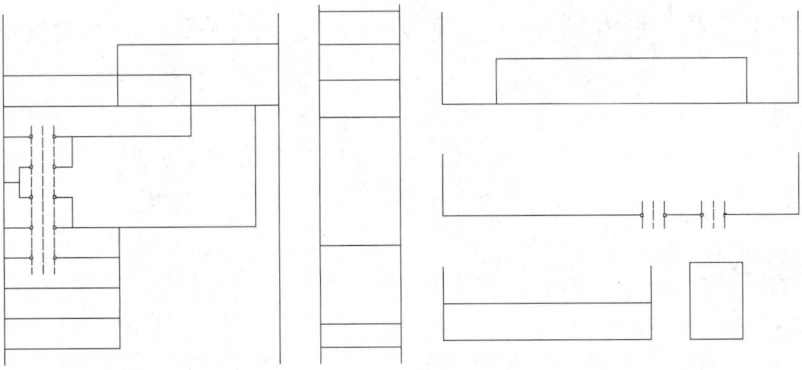

图 15-52　绘制转换开关

（2）在“默认”选项卡中单击“修改”面板中的“复制”按钮和“旋转”按钮，将上面绘制的元件符号“电度表”复制到适当位置，如图 15-53 所示。

（3）在“默认”选项卡中单击“修改”面板中的“复制”按钮和“旋转”按钮，将上面绘制的“电阻”“灯”“线圈”等元件符号复制到适当位置，如图 15-54 所示。

（4）在“默认”选项卡中单击“修改”面板中的“修剪”按钮，修剪多余部分，结果如图 15-55 所示。

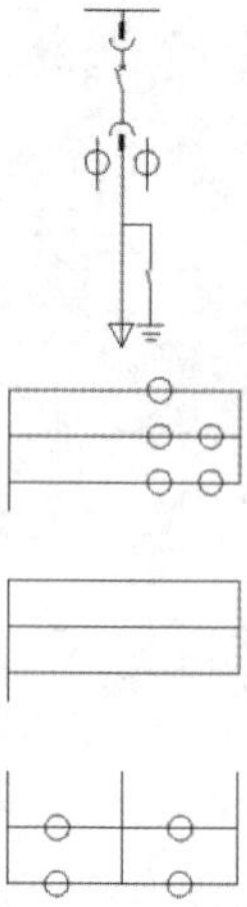

图 15-53　插入电度表

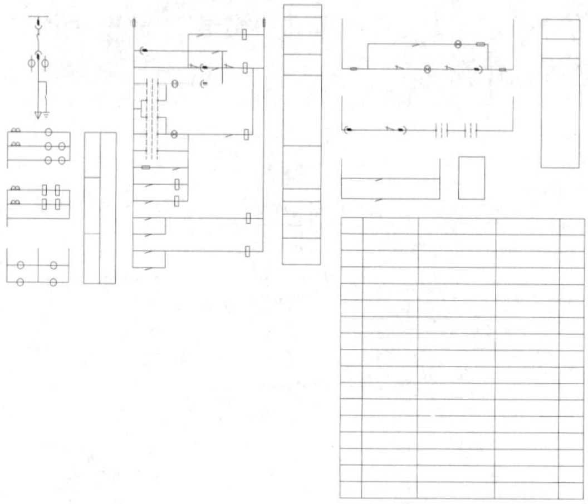

图 15-54　布置元件

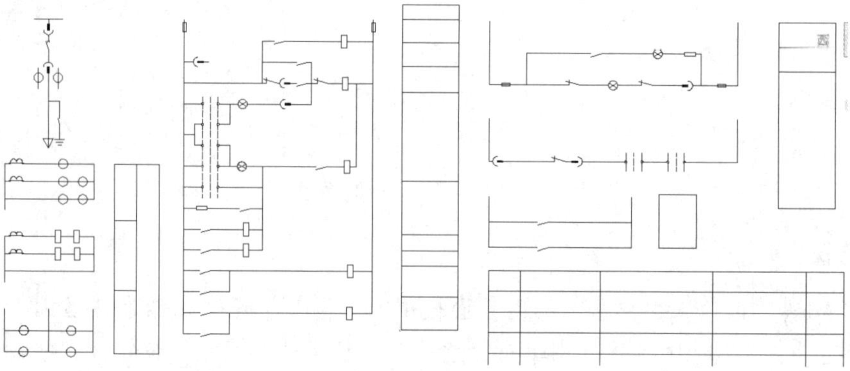

图 15-55　修剪图形

（5）在“默认”选项卡中单击“绘图”面板中的“直线”按钮╱，绘制图中其余元件，如图 15-56 所示。

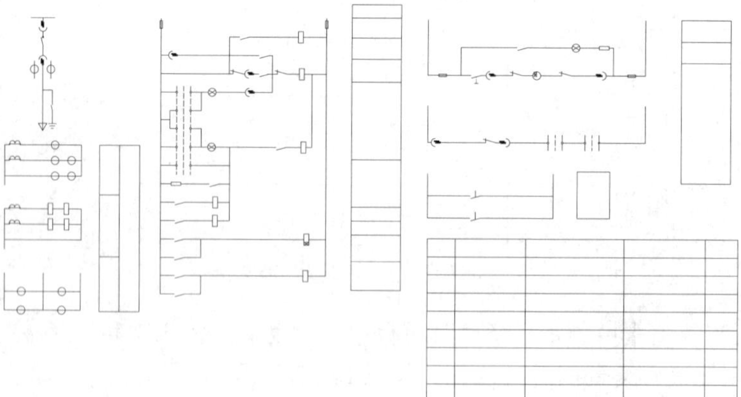

图 15-56　绘制元件

（6）将“线路”图层置为当前。在“默认”选项卡中单击“绘图”面板中的“直线”按钮 ⁄，绘制线路，结果如图 15-57 所示。

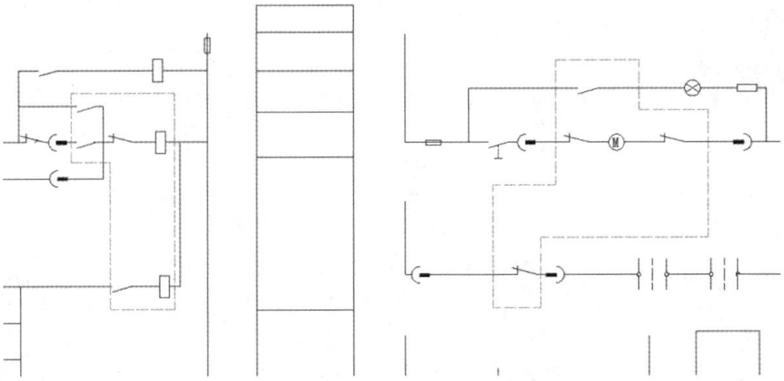

图 15-57　绘制线路

（7）在“默认”选项卡中单击“修改”面板中的“复制”按钮，将“接地”电气符号放置到适当位置，并进行相应修改，如图 15-58 所示。

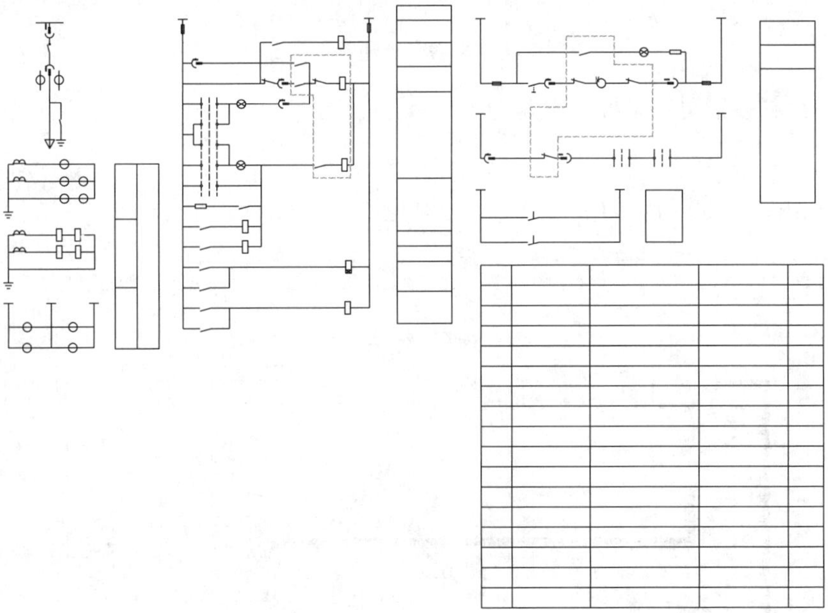

图 15-58　放置“接地”符号

3．文字说明

（1）将“文字说明”图层置为当前。在“默认”选项卡中单击“注释”面板中的“多行文字”按钮 A，在元件对应位置标注元件名称，如图 15-59 所示。

（2）在“默认”选项卡中单击“注释”面板中的“多行文字”按钮 A，在图框中输入文字。

（3）单击快速访问工具栏中的“保存”按钮，保存电路图。

（4）将绘制的电路元件符号复制到空白文件中，并将文件保存在源文件路径下，输入文件名称“元件符号”。

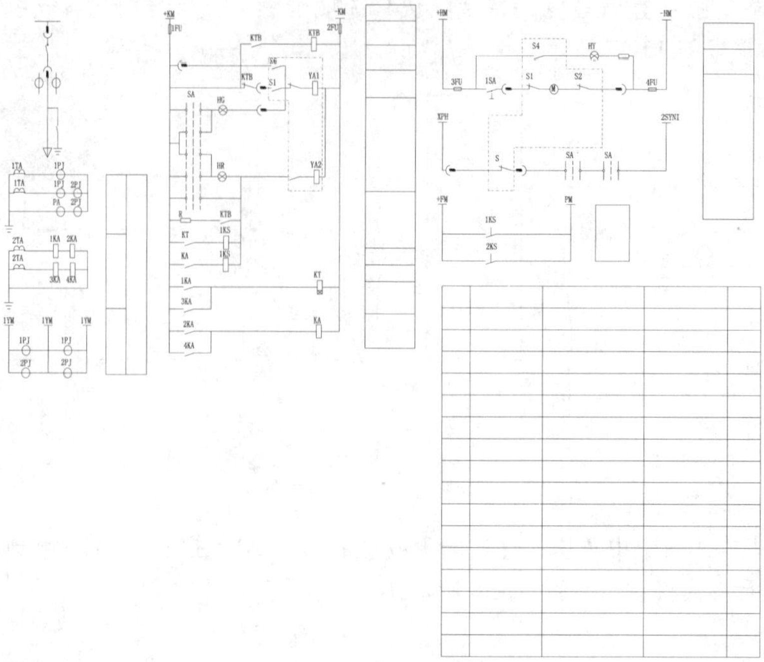

图 15-59　标注元件名称

动手练——绘制多指灵巧手控制电路图

源文件：源文件\第 15 章\多指灵巧手控制电路图.dwg

本练习绘制如图 15-60 所示的多指灵巧手控制电路图。

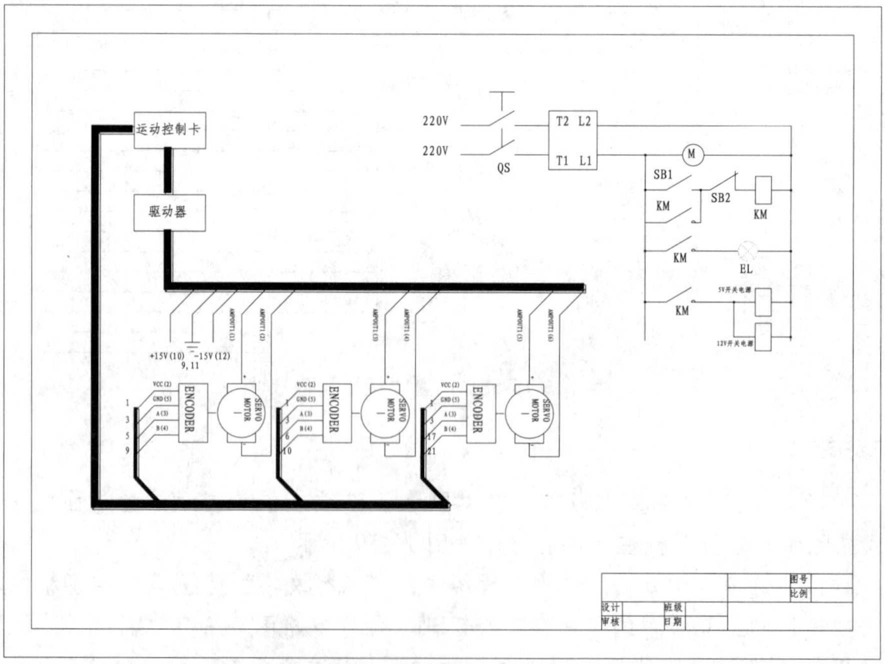

图 15-60　多指灵巧手控制电路图

思路点拨：

（1）半闭环框图的绘制。
（2）低压电气设计。
（3）主控系统设计。

15.3　液位自动控制器电路原理图

扫一扫，看视频

源文件：源文件\第 15 章\液位自动控制器电路原理图.dwg

液位自动控制器是一种常见的自动控制装置，结构比较简单，因此仍可采用前文讲述的方法来绘制。首先，按照线路的分布情况绘制主连接线；然后，分别绘制各个元器件，将各个电气元件插入主连接线之间；最后，添加文字注释。如图 15-61 所示为某液位自动控制器的原理图，本节将介绍其绘制方法。

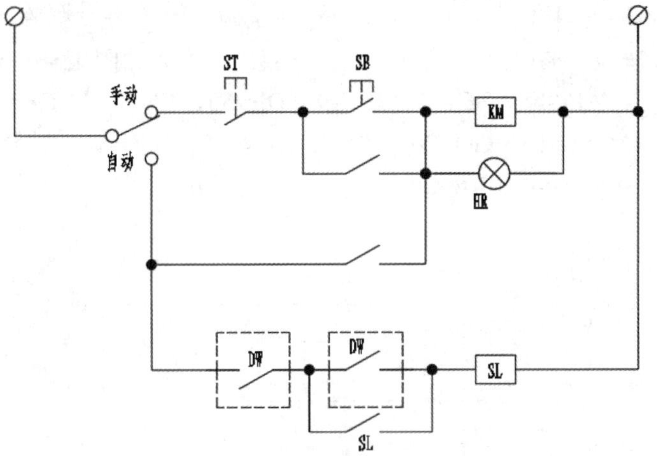

图 15-61　液位自动控制器原理图

15.3.1　设置绘图环境

在电路图的绘制过程中，文件的创建、保存及图层的管理，读者可根据电路设计的情况进行自定义设置。

操作步骤

（1）建立新文件。在命令行中输入 NEW 命令或单击快速访问工具栏中的“新建”按钮，在弹出的“选择样板”对话框中选择需要的样板图，然后单击“打开”按钮，即可新建一个图形文件。

（2）设置图层。在“默认”选项卡中单击“图层”面板中的“图层特性”按钮，在弹出的“图层特性管理器”选项板中新建“连接导线”“实体符号”和“虚线”3 个图层，各图层的颜色、线型及线宽设置如图 15-62 所示。接下来，将“连接导线”层设置为当前图层。

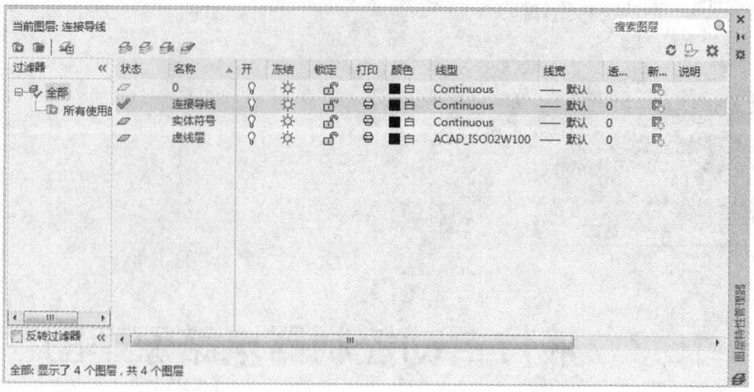

图 15-62 “图层特性管理器”选项板

15.3.2 绘制线路结构图

本小节利用“直线”命令精确绘制线路，以方便后面电气元件的放置。

操作步骤

首先按照图纸结构绘制结构图，即按照线路连接方向绘制大体结构。在“默认”选项卡中单击“绘图”面板中的“多段线”按钮，依次绘制各条直线，得到如图 15-63 所示的结构图。图中各直线段的长度分别如下：AB=40，BC=45，CD=9，DE=50，EF=40，FG=45，GT=25，CM=40，MN=90，EO=20，OP=40，FP=20，GQ=20，PQ=45，PN=29，MK=34，LT=31，TJ=83，KW=52，WV=40，VJ=68，WR=20，RS=40，VS=20。

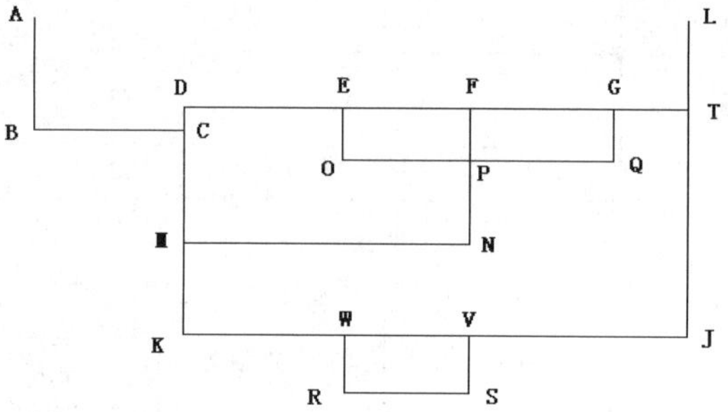

图 15-63 线路结构图

15.3.3 绘制各元器件

图形符号的绘制是本图最主要的内容。本图涉及的图形符号很多，下面分别说明其绘制方法。

操作步骤

1. 绘制按钮开关 1

（1）在“默认”选项卡中单击“绘图”面板中的“直线”按钮，绘制直线 1{（100,0），（100,-15）}。

（2）在“默认”选项卡中单击“绘图”面板中的“直线”按钮，在“对象捕捉追踪”和“正交”绘图模式下，用鼠标捕捉直线 1 的上端点作为直线的起点，绘制长度为 7 的水平直线 2。

用同样的方法绘制长度为 11 的垂直直线 3。

（3）关闭“正交”绘图模式。在“默认”选项卡中单击“绘图”面板中的“直线”按钮，用鼠标分别捕捉直线 1 和 3 的下端点，绘制倾斜直线 4，如图 15-64 所示。

（4）再次启用“正交”绘图模式。在“默认”选项卡中单击“绘图”面板中的“直线”按钮，用鼠标捕捉直线 3 的下端点作为起点，向左绘制长度为 15 的直线 5，向右绘制长度为 7 的直线 6，如图 15-65 所示。

（5）在“默认”选项卡中单击“修改”面板中的“偏移”按钮，将直线 3 向左偏移 3.5，得到直线 7；在“默认”选项卡中单击“修改”面板中的“拉长”按钮，将直线 7 向下拉长 2，如图 15-66 所示。

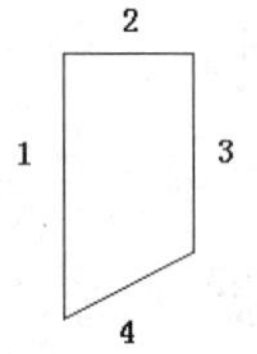

图 15-64 绘制直线

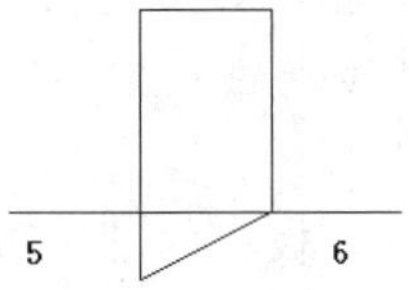

图 15-65 绘制水平直线

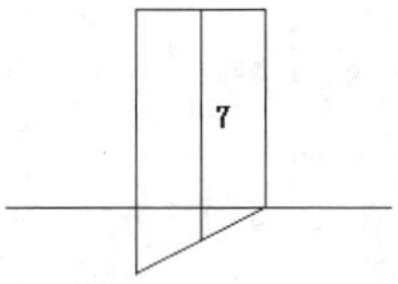

图 15-66 偏移直线

（6）在“默认”选项卡中单击“修改”面板中的“偏移”按钮，将直线 2 向下偏移 3.5，如图 15-67 所示。

（7）选中直线 7，在“默认”选项卡的“图层”面板中打开“图层特性”下拉列表框，从中选择“虚线层”，即可将直线 7 的图层属性设置为“虚线层”，单击结束。更改后的效果如图 15-68 所示。

（8）在“默认”选项卡中单击“修改”面板中的“修剪”按钮和“删除”按钮，修剪并删除掉多余的直线，结果如图 15-69 所示，这就是绘制完成的按钮开关 1 的图形符号。

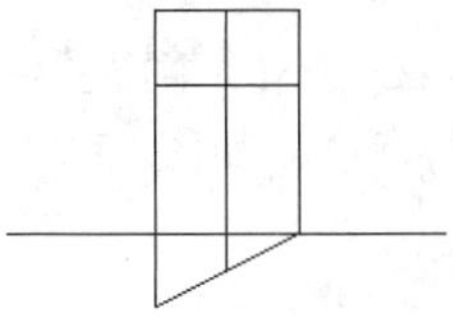
图 15-67 偏移直线

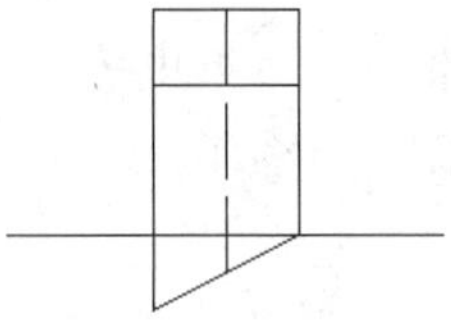
图 15-68 修改图层属性后的效果

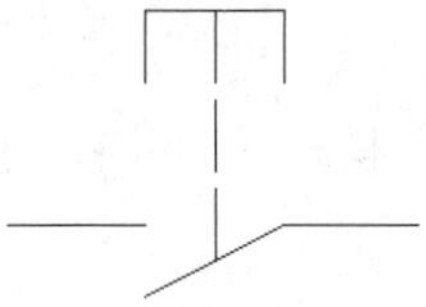
图 15-69 修剪多余线段

2. 绘制按钮开关 2

（1）在“默认”选项卡中单击“绘图”面板中的“矩形”按钮，在屏幕中适当位置绘制一个长度为 7.5、宽为 10 的矩形；在“默认”选项卡中单击“修改”面板中的“分解”按钮，将矩形分解为直线 1、2、3、4 四段直线，结果如图 15-70 所示。

（2）在“默认”选项卡中单击“修改”面板中的“拉长”按钮，将直线 2 分别向左、右拉长 7.5，如图 15-71 所示。

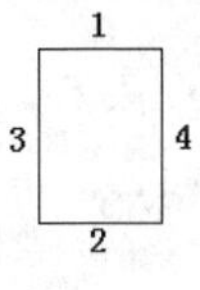

图 15-70 绘制矩形并分解

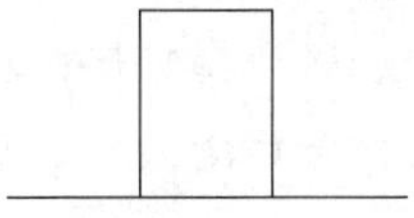
图 15-71 拉长直线

（3）在“对象捕捉”和“极轴追踪”绘图模式下，用鼠标捕捉矩形的左下角点，以其为起点，绘制一条与水平线成 30° 的倾斜直线，倾斜直线的终点刚好落在直线 4 上，如图 15-72 所示。

（4）在“默认”选项卡中单击“修改”面板中的“偏移”按钮⊆，将直线 1 向下偏移 3.5；将直线 3 向右偏移 3.75，如图 15-73 所示。

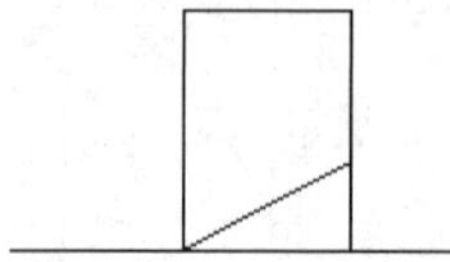
图 15-72　绘制倾斜直线

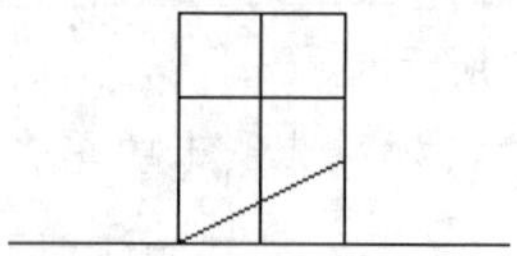
图 15-73　偏移直线

（5）选中偏移得到的垂直直线，在“默认”选项卡的“图层”面板中打开“图层特性”下拉列表框，从中选择“虚线层”，即可将其图层属性设置为“虚线层”，单击结束。更改后的效果如图 15-74 所示。

（6）在“默认”选项卡中单击“修改”面板中的“修剪”按钮和“删除”按钮，修剪并删除掉多余的直线，结果如图 15-75 所示，这就是绘制完成的按钮开关 2 的图形符号。

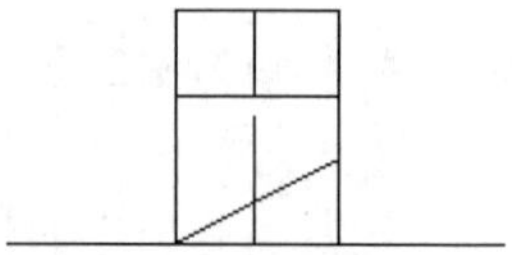
图 15-74　修改图层属性后的效果

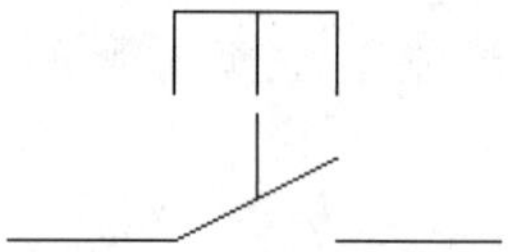
图 15-75　修剪直线

3．绘制信号灯

（1）在“默认”选项卡中单击“绘图”面板中的“圆”按钮，在屏幕中适当位置绘制一个半径为 5 的圆，结果如图 15-76 所示。

（2）在“默认”选项卡中单击“绘图”面板中的“直线”按钮╱，在“对象捕捉”和“正交”绘图模式下，用鼠标捕捉圆心作为起点，分别向左、右绘制长度为 20 的直线，如图 15-77 所示。

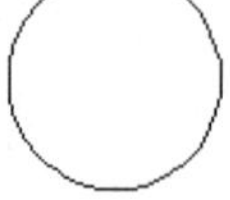
图 15-76　绘制圆

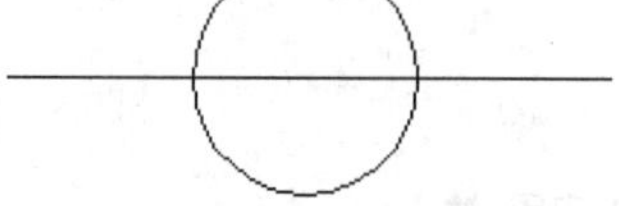
图 15-77　绘制水平直线

（3）在“默认”选项卡中单击“修改”面板中的“修剪”按钮，以圆弧为剪切边，对两条水平直线进行修剪（修剪后，保留水平直线在圆以外的部分），如图 15-78 所示。

（4）取消“正交”绘图模式，激活“极轴追踪”功能。在“默认”选项卡中单击“绘图”面板中的“直线”按钮╱，用鼠标捕捉圆心，以其作为起点，绘制一条与水平方向成 45°、长度为 5 的倾斜直线，如图 15-79 所示。

（5）在“默认”选项卡中单击“修改”面板中的“环形阵列”按钮，选择倾斜直线为阵列对象，选择圆心作为中心点，设置“项目总数”为 4，“填充角度”为 360°，阵列结果如图 15-80 所示。

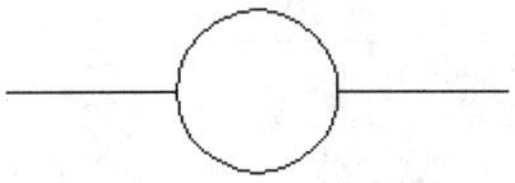

图 15-78　修剪直线

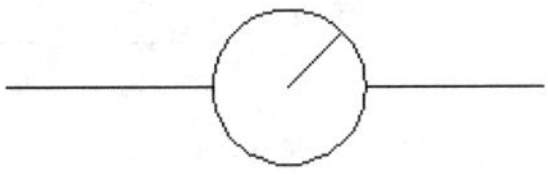

图 15-79　绘制灯芯

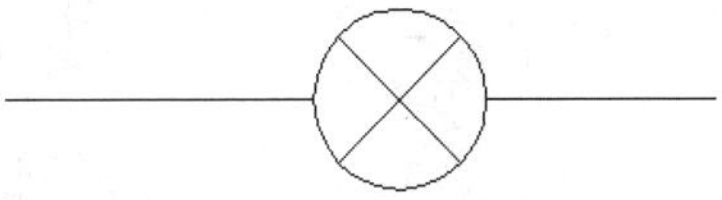

图 15-80　阵列倾斜直线

4．绘制钮子开关

（1）在“默认”选项卡中单击“绘图”面板中的“直线”按钮／，绘制长度为 15 的垂直直线 1{（20,0），（20,15）}。

（2）在“对象捕捉”和“极轴追踪”绘图模式下，在“默认”选项卡中单击“绘图”面板中的“直线”按钮／，用鼠标捕捉直线 1 的上端点作为起点，绘制一条长 15、与垂直直线 1 成 60° 的倾斜直线 2。然后用鼠标分别捕捉直线 1 和 2 另外的端点，绘制另外一条倾斜直线 3。直线 1、2 和 3 构成一个周长为 15 的等边三角形。

（3）激活“正交”绘图模式。用鼠标捕捉直线 2、3 交点 M 作为起点，分别向左绘制长度为 20 的直线段，向右绘制直线段终点落在直线 1 上，结果如图 15-81 所示。

（4）在“默认”选项卡中单击“绘图”面板中的“圆”按钮，分别以等边三角形的 3 个顶点为圆心，绘制 3 个半径均为 2 的圆，如图 15-82 所示。

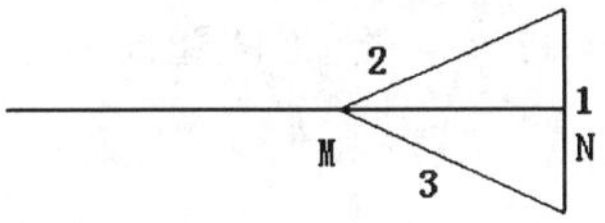

图 15-81　绘制水平直线

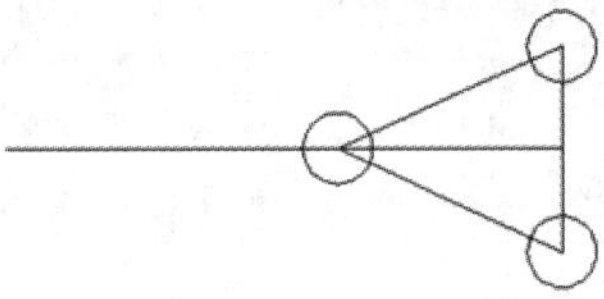

图 15-82　绘制圆

（5）在“默认”选项卡中单击“修改”面板中的“修剪”按钮和“删除”按钮，修剪并删除掉多余的直线，得到如图 15-83 所示的图形。

（6）在“对象捕捉”和“极轴追踪”绘图模式下，在“默认”选项卡中单击“绘图”面板中的“直线”按钮／，用鼠标捕捉点 M，绘制一条长度为 15，与水平直线成 30° 的直线，结果如图 15-84 所示。这就是绘制完成的钮子开关的图形符号。

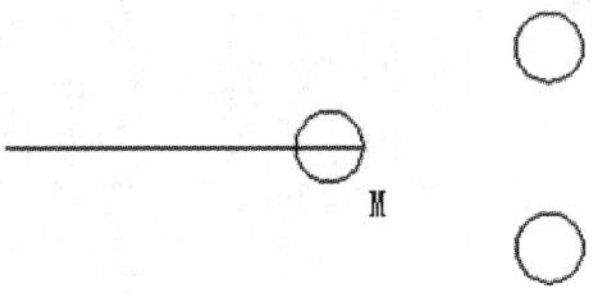

图 15-83　修剪直线

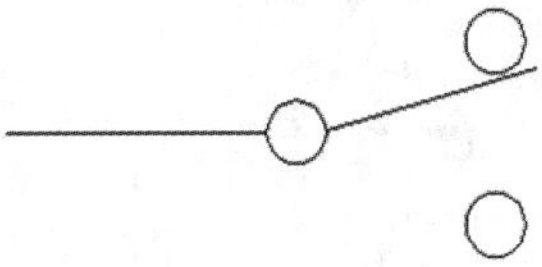

图 15-84　绘制倾斜直线

5．绘制电极探头

（1）在“默认”选项卡中单击“绘图”面板中的“直线”按钮／，分别绘制 3 条直线：直线 1{（10,0），（21,0）}、直线 2{（10,0），（10,−6）}、直线 3{（10,−6），（21,0）}。这 3 条直线构成一个直角三角形，如图 15-85 所示。

（2）在“默认”选项卡中单击“修改”面板中的“拉长”按钮／，将直线 1 分别向左拉长 11，向右拉长 12，结果如图 15-86 所示。

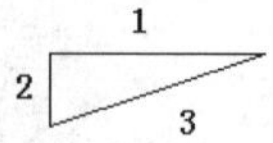

图 15-85　绘制直角三角形

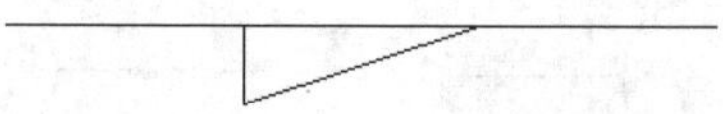

图 15-86　拉长直线

（3）在“默认”选项卡中单击“绘图”面板中的“直线”按钮╱，在“对象捕捉追踪”和“正交”绘图模式下，用鼠标捕捉直线 1 的左端点，以其为起点，向上绘制长度为 12 的直线 4，如图 15-87 所示。

（4）在“默认”选项卡中单击“修改”面板中的“移动”按钮✥，将直线 4 向右平移 3.5。

（5）选中直线 4，在“默认”选项卡的“图层”面板中打开“图层特性”下拉列表框，从中选择“虚线层”，即可将其图层属性设置为“虚线层”，单击结束。更改后的效果如图 15-88 所示。

（6）在“默认”选项卡中单击“修改”面板中的“镜像”按钮⚠，选择直线 4 为镜像对象，以直线 1 为镜像线，进行镜像操作，得到直线 5，如图 15-89 所示。

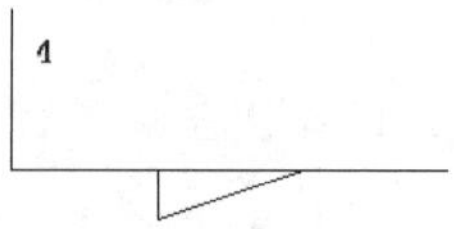

图 15-87　绘制垂直直线

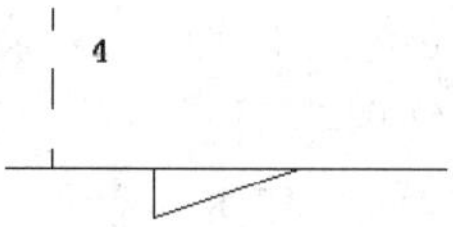

图 15-88　修改图层属性后的效果

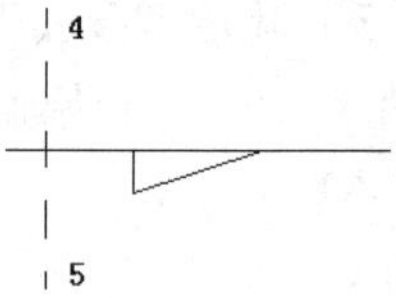

图 15-89　镜像直线

（7）在“默认”选项卡中单击“修改”面板中的“偏移”按钮⊆，分别将直线 4 和 5 向右偏移 24，得到直线 6 和 7，如图 15-90 所示。

（8）在“默认”选项卡中单击“绘图”面板中的“直线”按钮╱，在“对象捕捉追踪”绘图模式下，用鼠标分别捕捉直线 4 和 6 的上端点，绘制直线 8。用相同的方法绘制直线 9，得到两条水平直线。

（9）选中直线 8 和 9，在“默认”选项卡的“图层”面板中打开“图层特性”下拉列表框，从中选择“虚线层”，即可将其图层属性设置为“虚线层”，单击结束。更改后的效果如图 15-91 所示。

（10）在“默认”选项卡中单击“绘图”面板中的“直线”按钮╱，在“对象捕捉追踪”和“正交”绘图模式下，用鼠标捕捉直线 1 的右端点，以其为起点，向下绘制一条长度为 20 的垂直直线 10，如图 15-92 所示。

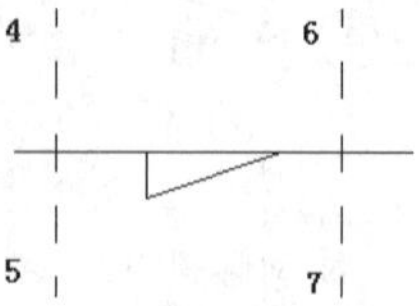

图 15-90　偏移直线

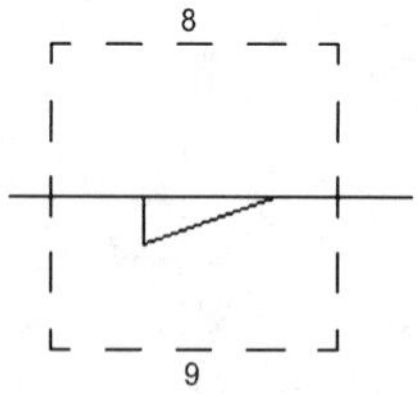

图 15-91　修改图层属性后的效果

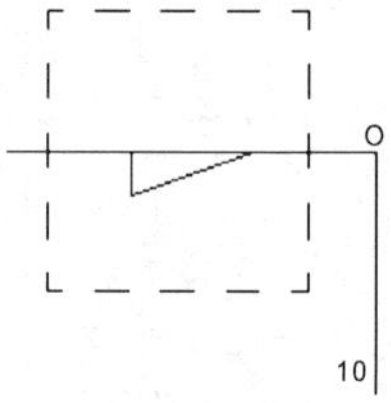

图 15-92　绘制垂直直线

（11）在“默认”选项卡中单击“修改”面板中的“旋转”按钮↻，选择直线 10 以左的图形作为旋转对象，选择 O 点作为旋转的基点，进行旋转操作。命令行提示与操作如下：

```
命令: _rotate
UCS 当前的正角方向: ANGDIR=逆时针  ANGBASE=0
选择对象:找到 9 个（用矩形框选择被旋转对象）
选择对象: ↙
```

```
指定基点：(用鼠标选择 o 点) ↙
指定旋转角度，或 [复制(C)/参照(R)] <180>: c ↙
指定旋转角度，或 [复制(C)/参照(R)] <180>: 180 ↙
```

结果如图 15-93 所示。

(12) 在“默认”选项卡中单击“绘图”面板中的“圆”按钮，用鼠标捕捉 O 点作为圆心，绘制一个半径为 1.5 的圆。

(13) 在“默认”选项卡中单击“绘图”面板中的“图案填充”按钮，打开“图案填充创建”选项卡，选择 SOLID 图案，将“比例”设置为 1，其他为默认值即可。选择步骤 (12) 中绘制的圆为填充边界，结果如图 15-94 所示。至此，电极探头的绘制工作完成。

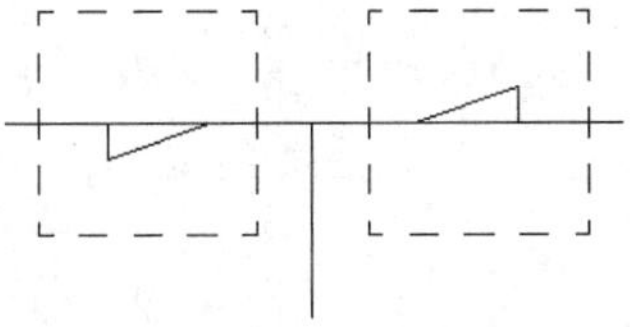

图 15-93　旋转图形

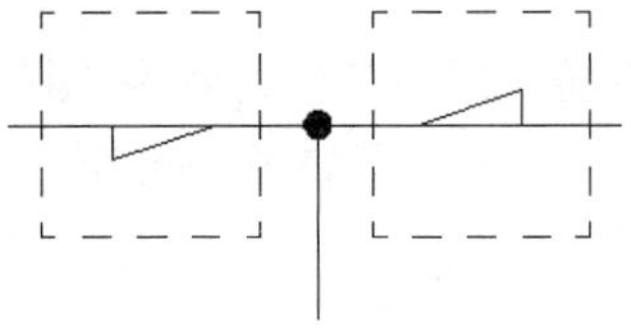

图 15-94　填充圆

6. 绘制电源接线端

(1) 在“默认”选项卡中单击“绘图”面板中的“圆”按钮，以点 O (0,50) 为圆心，绘制一个半径为 3 的圆，如图 15-95 所示。

(2) 在“默认”选项卡中单击“绘图”面板中的“直线”按钮，在“对象捕捉”和“正交”绘图模式下，用鼠标捕捉点 O，并以其为起点，向下绘制一条长 9 的垂直直线，如图 15-96 所示。

图 15-95　绘制圆

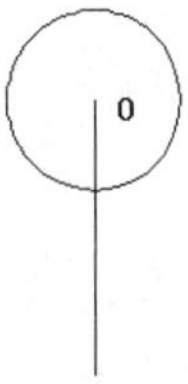

图 15-96　绘制垂直直线

(3) 关闭“正交”功能，启动“极轴追踪”功能。在“默认”选项卡中单击“绘图”面板中的“直线”按钮，用鼠标捕捉 O 点，以其为起点绘制一条与水平方向成 45° 、长度为 4 的倾斜直线，如图 15-97 所示。

(4) 在“默认”选项卡中单击“修改”面板中的“旋转”按钮，选择步骤 (3) 绘制的倾斜直线，选择复制模式，将其绕圆心 O 旋转 180，结果如图 15-98 所示。这就是绘制完成的电源接线端的图形符号。

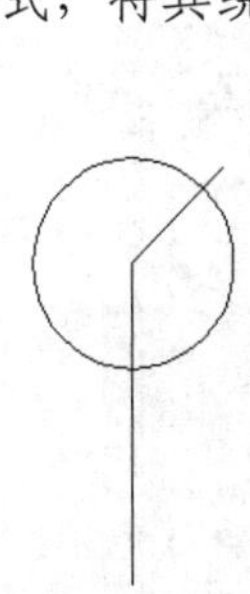

图 15-97　绘制倾斜直线

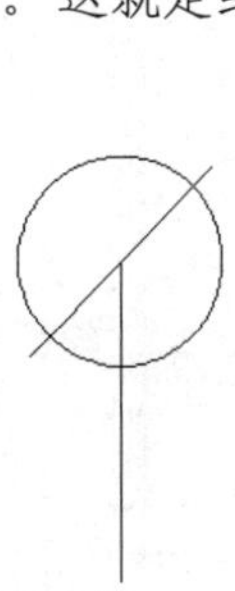

图 15-98　旋转直线

15.3.4　向结构图中插入元器件

绘制完元件符号后，需要将这些元件符号布局在图纸合适位置。下面简要讲述其方法。

操作步骤

（1）在“默认”选项卡中单击“修改”面板中的“移动”按钮，将绘制的各部件的图形符号插入结构图中的对应位置。

（2）在“默认”选项卡中单击“修改”面板中的“修剪”按钮和“删除”按钮，删除掉多余的图形。

（3）在插入图形符号的时候，根据需要，可以在“默认”选项卡中单击“修改”面板中的“缩放”按钮，调整图形符号的大小，以保持整个图形的美观整齐。完成后的结果如图 15-99 所示。

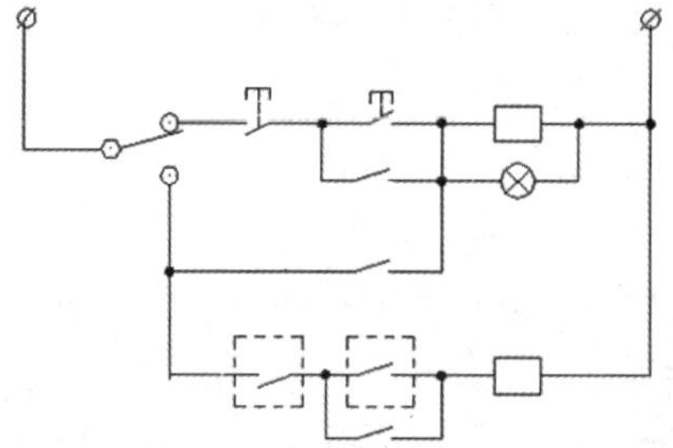

图 15-99　完成元器件的插入

15.3.5　添加文字注释

在电路图中添加文字注释，大大解决了图纸复杂、难懂的问题，根据文字读者能更好地理解图纸的含义。

操作步骤

（1）在“默认”选项卡中单击“注释”面板中的“文字样式”按钮，弹出“文字样式”对话框，通过单击“新建”按钮，新建一个样式名为“标注”的文字样式，设置“字体名”为“仿宋_GB2312”，“字体样式”为“常规”，“高度”为 5，“宽度因子”为 0.7，如图 15-100 所示。

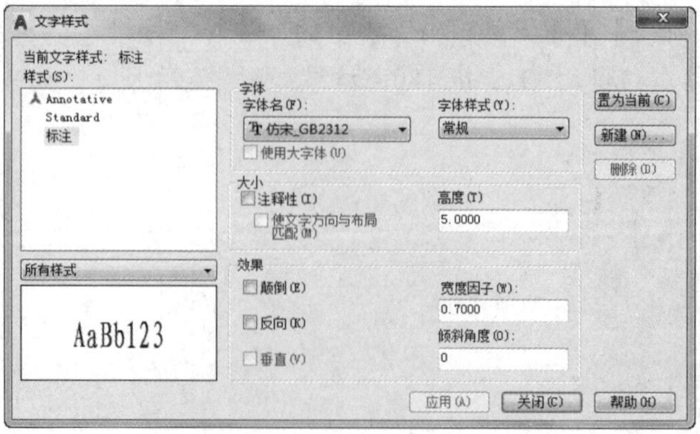

图 15-100　“文字样式”对话框

（2）利用 MTEXT 命令一次输入几行文字，然后调整其位置，对齐文字。调整位置的时候，结合使用“正交”功能。

（3）使用文字编辑命令修改文字，得到需要的文字注释。

动手练——绘制启动器原理图

源文件：源文件\第 15 章\启动器原理图.dwg

本练习绘制如图 15-101 所示的启动器原理图。

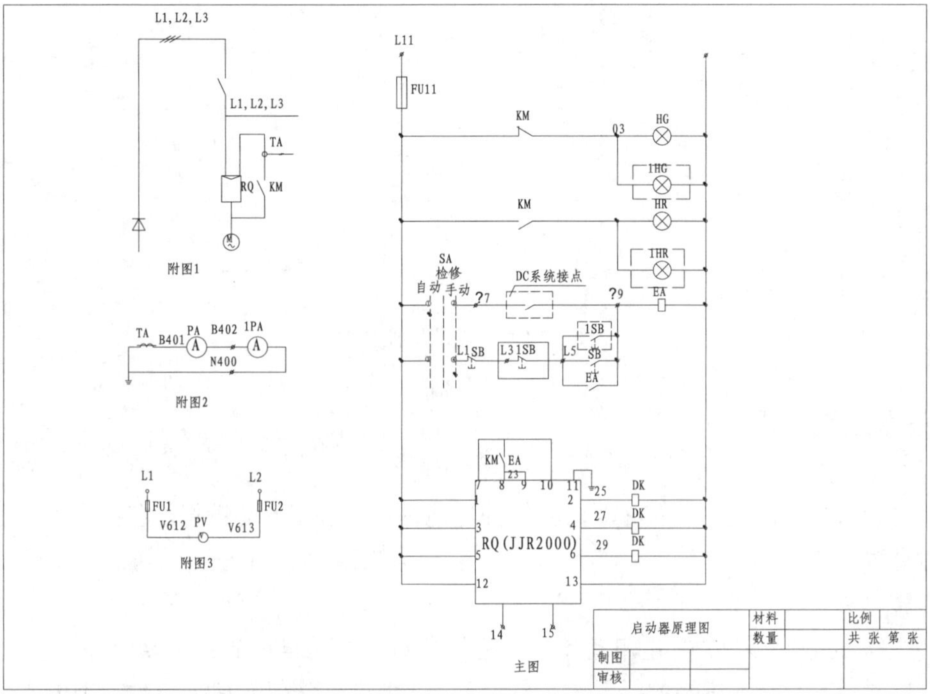

图 15-101　启动器原理图

思路点拨：

（1）设置绘图环境。

（2）绘制主电路图。

（3）绘制附图 1。

（4）绘制附图 2。

（5）绘制附图 3。

15.4　电动机控制图

扫一扫，看视频

源文件：源文件\第 15 章\电动机控制图.dwg

如图 15-102 所示为某电动机的电路控制图，它由 L1、L2 和 L3 三个回路组成。其绘制思路如下：首先，进行图纸布局，即绘制主要的导线；然后，分别绘制各个主要的电气元件，并将各电气元件插入导线之间；最后，添加文字注释。

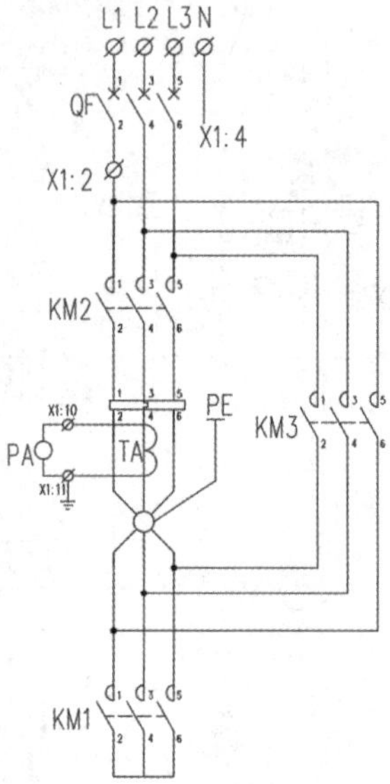

图 15-102　电动机控制图

15.4.1　设置绘图环境

在绘制电动机控制图之前，有必要对其绘图环境进行一些基本的设置，包括文件的创建、保存及图层的管理等。

操作步骤

（1）打开 AutoCAD 2020 应用程序，单击快速访问工具栏中的“新建”按钮，在弹出的“选择样板”对话框中选择需要的样板图，然后单击“打开”按钮，即可新建一个图形文件。

（2）选择菜单栏中的“格式”→“图形界限”命令，分别设置图形界限的两个角点坐标：左下角点（0,0），右上角点（200,280）。

（3）在“默认”选项卡中单击“图层”面板中的“图层特性”按钮，在弹出的“图层特性管理器”选项板中新建“连接线层”“实体符号层”和“虚线层”3 个图层，各图层的颜色、线型及线宽设置如图 15-103 所示。接下来，将“连接线层”设置为当前图层。

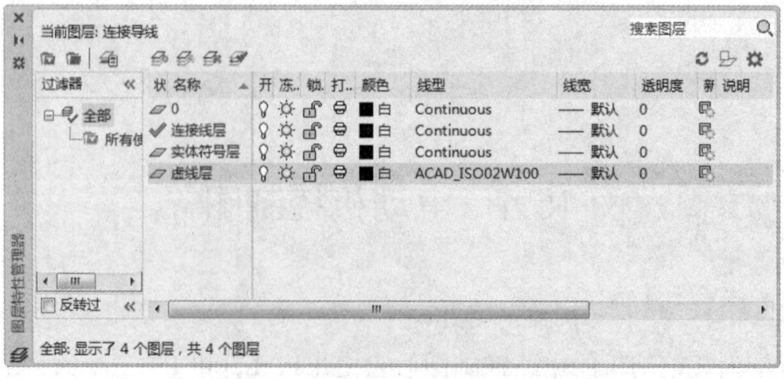

图 15-103　设置图层

15.4.2 图纸布局

为了便于确定各设备在图纸中的位置，需要设置定位线。

操作步骤

（1）在“默认”选项卡中单击“绘图”面板中的“直线”按钮╱，绘制直线 1{（10,270），（130,270）}，如图 15-104 所示。

（2）在“默认”选项卡中单击“修改”面板中的“偏移”按钮⋐，将直线 1 依次向下偏移，偏移量分别为 30、35、25、120 和 40，如图 15-105 所示。在绘制本图时，可以大致按照这个结构来安排各个电气元件的位置。

图 15-104 绘制水平直线

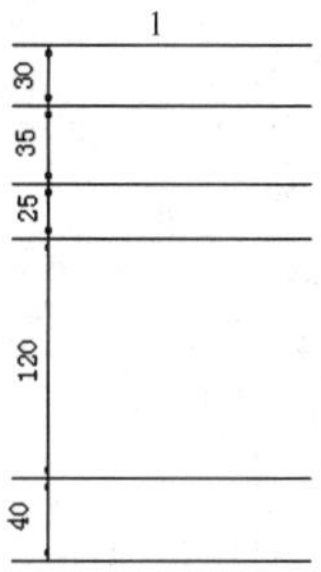

图 15-105 偏移直线

15.4.3 绘制各回路

观察图 15-102 可以知道，电动机控制图一共有 3 个回路，组成每个回路的电气元件基本是相同的，分别绘制各个回路，然后组合起来，就构成了整个电动机控制图。下面先介绍各回路中电气元件的绘制方法。

操作步骤

1. 绘制断路器

（1）在“默认”选项卡中单击“绘图”面板中的“直线”按钮╱，绘制直线 1{（100,10），（100,50）}，如图 15-106 所示。

（2）在“默认”选项卡中单击“绘图”面板中的“直线”按钮╱，在“对象捕捉”和“极轴追踪”绘图模式下，用鼠标捕捉直线 1 的下端点，以其为起点，绘制一条与竖直方向成 30°、长度为 9 的倾斜直线 2，如图 15-107 所示。

（3）在“默认”选项卡中单击“修改”面板中的“移动”按钮✥，将直线 2 沿垂直方向向上平移 12，如图 15-108 所示。

（4）关闭“极轴追踪”功能，打开“正交”绘图模式。在“默认”选项卡中单击“绘图”面板中的“直线”按钮╱，用鼠标捕捉直线 2 的上端点，以其为起点，向右绘制一条长度为 8 的水平直线 3，如图 15-109 所示。

图 15-106　绘制垂直直线

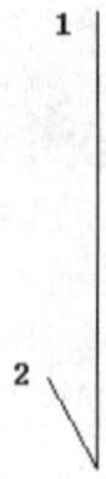

图 15-107　绘制倾斜直线

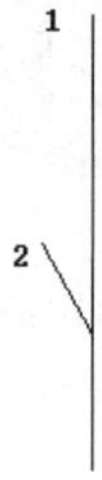

图 15-108　平移直线

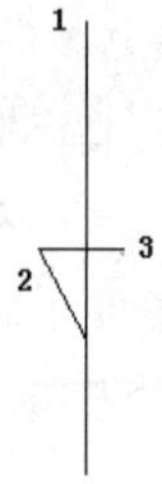

图 15-109　绘制水平直线

（5）在“默认”选项卡中单击“修改”面板中的“修剪”按钮，以直线 2 和 3 为剪切边，对直线 1 进行修剪，得到如图 15-110 所示图形。

（6）关闭“正交”功能，打开“极轴追踪”绘图模式。在“默认”选项卡中单击“绘图”面板中的“直线”按钮，用鼠标捕捉 O 点，以其为起点，绘制一条与竖直方向成 45°、长度为 2 的倾斜直线 4，如图 15-111 所示。

（7）在“默认”选项卡中单击“修改”面板中的“环形阵列”按钮，选择直线 4 为阵列对象，设置项目数为 4，填充角度为 360°，阵列效果如图 15-112 所示，这就是绘制完成的断路器的图形符号。

图 15-110　修剪直线

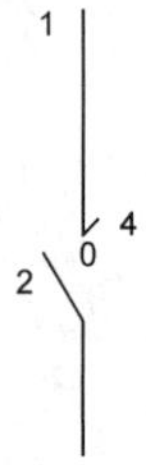

图 15-111　绘制倾斜直线

图 15-112　阵列直线

2．绘制接触器

（1）在“默认”选项卡中单击“绘图”面板中的“直线”按钮，绘制直线 1{（100,10），（100,50）}，如图 15-113 所示。

（2）在“默认”选项卡中单击“绘图”面板中的“直线”按钮，在“对象捕捉”和“极轴追踪”绘图模式下，用鼠标捕捉直线 1 的下端点，以其为起点，绘制一条与竖直方向成 30°、长度为 9 的倾斜直线 2，如图 15-114 所示。

（3）在“默认”选项卡中单击“修改”面板中的“移动”按钮，将直线 2 沿垂直方向向上平移 12，如图 15-115 所示。

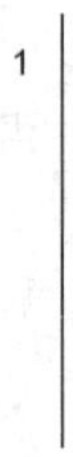

图 15-113　绘制垂直直线

图 15-114　绘制倾斜直线

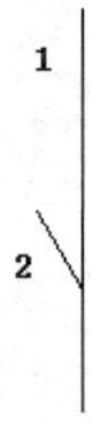

图 15-115　平移直线

（4）在“默认”选项卡中单击“绘图”面板中的“圆”按钮，用鼠标捕捉直线 1 的上端点，以其为圆心，绘制一个半径为 2 的圆，如图 15-116 所示。

（5）在“默认”选项卡中单击“修改”面板中的“移动”按钮，将上步绘制的圆沿垂直方向向下平移 18，如图 15-117 所示。

（6）在“默认”选项卡中单击“修改”面板中的“修剪”按钮和“删除”按钮，对圆进行修剪，删除多余图形，得到如图 15-118 所示图形，这就是绘制完成的接触器的图形符号。

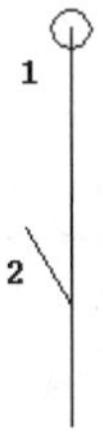

图 15-116 绘制圆

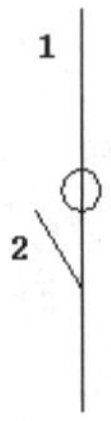

图 15-117 平移圆

图 15-118 修剪图形

3. 绘制热继电器

（1）在“默认”选项卡中单击“绘图”面板中的“矩形”按钮，绘制一个长为 60、宽为 7 的矩形。

（2）在“默认”选项卡中单击“修改”面板中的“分解”按钮，将绘制的矩形分解为直线 1、2、3、4，如图 15-119 所示。

（3）在“默认”选项卡中单击“修改”面板中的“偏移”按钮，将直线 1 分别向下偏移 1.8 和 3.4；将直线 3 分别向右偏移 27 和 3，如图 15-120 所示。

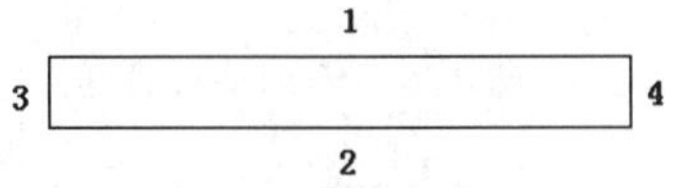

图 15-119 绘制矩形

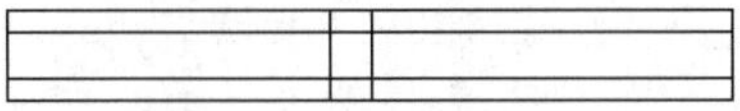

图 15-120 偏移直线

（4）在“默认”选项卡中单击“修改”面板中的“修剪”按钮和“删除”按钮，修剪图形，删除多余的直线，得到如图 15-121 所示的图形。

（5）在“默认”选项卡中单击“修改”面板中的“拉长”按钮，将直线 5 分别向上和向下拉长 25，如图 15-122 所示。

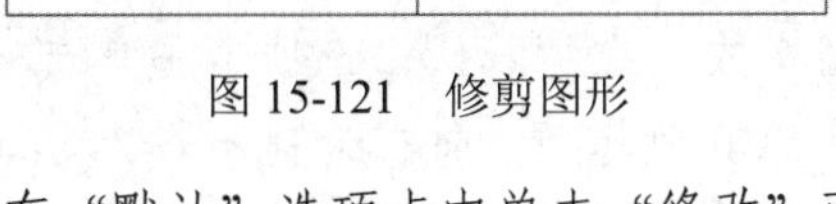

图 15-121 修剪图形

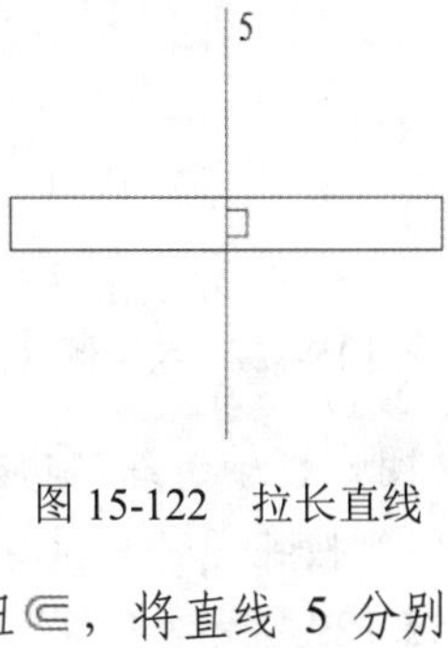

图 15-122 拉长直线

（6）在“默认”选项卡中单击“修改”面板中的“偏移”按钮，将直线 5 分别向左和向右偏移 24，得到直线 6 和 7，如图 15-123 所示。

（7）在“默认”选项卡中单击“修剪”面板中的“修剪”按钮和“打断”按钮，以各水平直线为剪切边，对直线 5、6 和 7 进行修剪，并对中间的直线进行打断处理，结果如图 15-124 所示，这就是绘制完成的热继电器的图形符号。

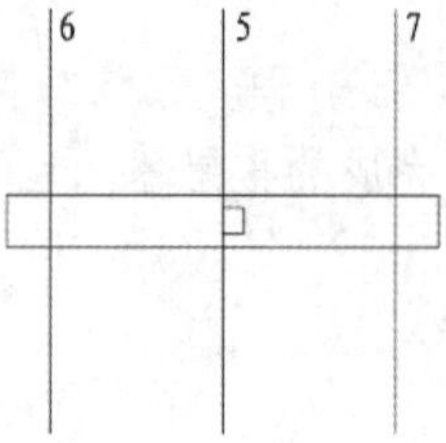

图 15-123　偏移直线

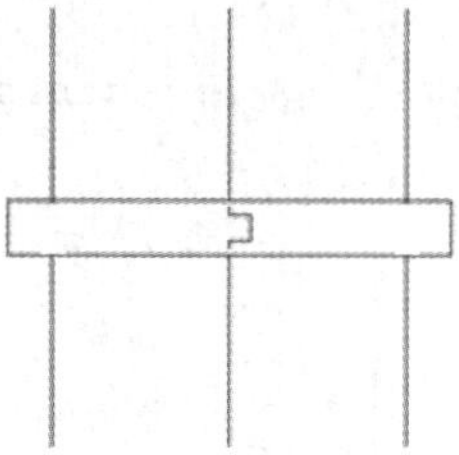

图 15-124　修剪图形

4．绘制电动机

（1）在“默认”选项卡中单击“绘图”面板中的“圆”按钮，以点（50,50）为圆心，绘制一个半径为 4 的圆，如图 15-125 所示。

（2）在“默认”选项卡中单击“绘图”面板中的“直线”按钮，在“对象捕捉”和“正交”绘图模式下，用鼠标捕捉圆心，以其为起点，向下绘制一条长为 12 的垂直直线 1，如图 15-126 所示。

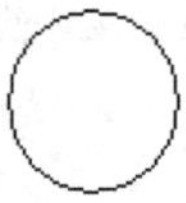

图 15-125　绘制圆

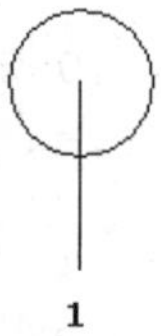

图 15-126　绘制垂直直线

（3）关闭“正交”功能，启用“极轴追踪”绘图模式。在“默认”选项卡中单击“绘图”面板中的“直线”按钮，用鼠标捕捉圆心，以其为起点，绘制一条与竖直方向成 45°、长为 20 的倾斜直线 2，如图 15-127 所示。

（4）在“默认”选项卡中单击“修改”面板中的“镜像”按钮，选择直线 2 为镜像对象，以直线 1 为镜像线，进行镜像操作，得到直线 3，如图 15-128 所示。

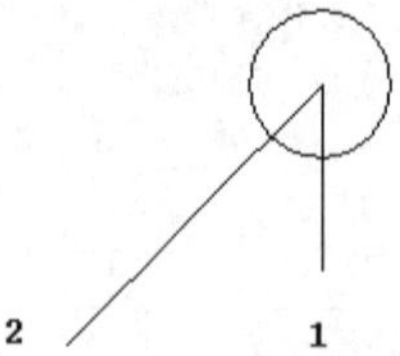

图 15-127　绘制倾斜直线

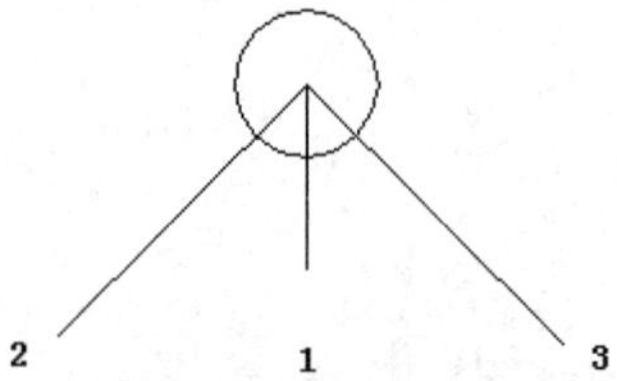

图 15-128　镜像直线

（5）关闭“极轴追踪”功能，启用“正交”绘图模式。在“默认”选项卡中单击“绘图”面板中的“直线”按钮，用鼠标捕捉直线 1 的下端点，以其为起点，向右绘制一条长为 20 的水平直线 4，如图 15-129 所示。

（6）在“默认”选项卡中单击“修改”面板中的“拉长”按钮，将直线 4 向左拉长 20，如

图 15-130 所示。

（7）在“默认”选项卡中单击“修改”面板中的“修剪”按钮，以直线 4 为剪切边，对直线 2 和 3 进行修剪，如图 15-131 所示。

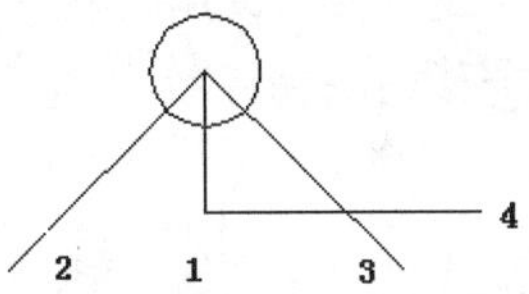

图 15-129 绘制水平直线

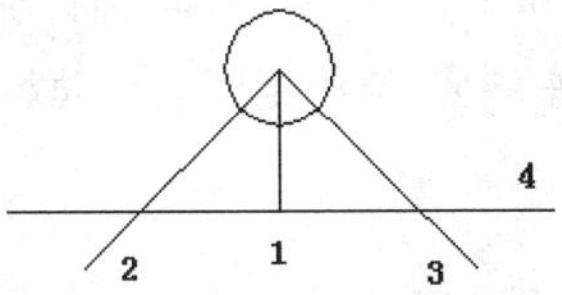

图 15-130 拉长直线

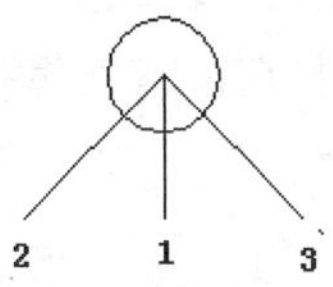

图 15-131 修剪直线

（8）在“默认”选项卡中单击“绘图”面板中的“直线”按钮，在“对象捕捉”和“正交”绘图模式下，用鼠标捕捉直线 2 的下端点，以其为起点，向下绘制长为 5 的垂直直线。用相同的方法分别捕捉直线 1 和 3 的下端点作为起点，向下绘制长为 5 的垂直直线，效果如图 15-132 所示。

（9）在“默认”选项卡中单击“修改”面板中的“旋转”按钮，选择所有直线作为旋转对象，捕捉圆心为旋转基点，旋转角度为 180°，效果如图 15-133 所示。

（10）在“默认”选项卡中单击“修改”面板中的“修剪”按钮和“删除”按钮，修剪掉圆以内的直线，结果如图 15-134 所示，这就是绘制完成的电动机的图形符号。

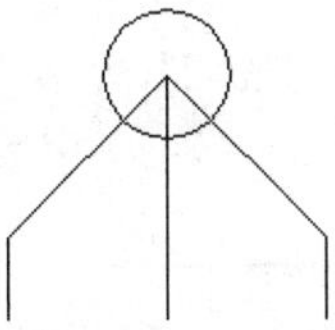

图 15-132 绘制垂直直线

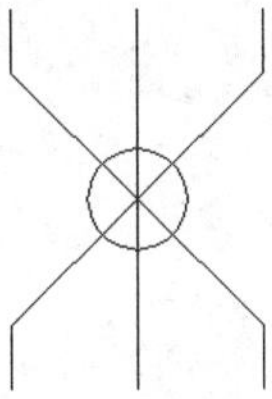

图 15-133 旋转直线

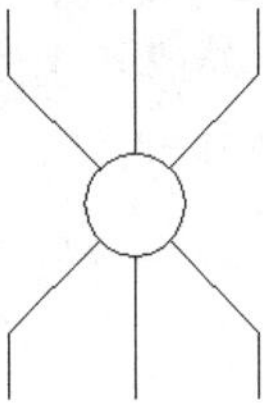

图 15-134 修剪图形

5. 绘制三相四线图

（1）在“默认”选项卡中单击“绘图”面板中的“直线”按钮，绘制一条长度为 15 的水平直线 1，如图 15-135 所示。

（2）在“默认”选项卡中单击“修改”面板中的“偏移”按钮，将直线 1 分别向下偏移 5、18 和 20，得到直线 2、3、4，如图 15-136 所示。

图 15-135 绘制水平直线

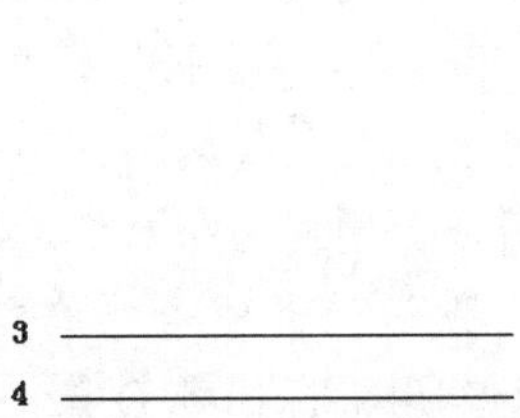

图 15-136 偏移直线

（3）插入断路器符号，如图 15-137 所示。在“默认”选项卡中单击“修改”面板中的“复制”按钮，将前面绘制的断路器符号复制到直线 1 的附近。

（4）在“默认”选项卡中单击“修改”面板中的“缩放”按钮，选择断路器符号，按 Enter 键，用鼠标捕捉下端点作为基点，比例因子为 0.25，将断路器符号缩小到原来的 1/4，如图 15-138 所示。

（5）在“默认”选项卡中单击“修改”面板中的“移动”按钮，选择图 15-139 中的 O 点作为平移基点，用鼠标捕捉直线 2 的左端点作为目标点，将断路器符号平移到连接导线上。

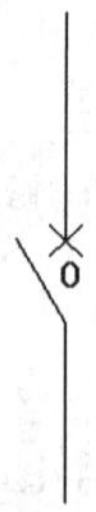

图 15-137　插入断路器符号

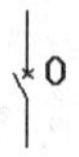

图 15-138　调整符号大小

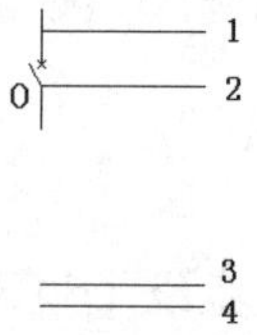

图 15-139　平移断路器符号

（6）在“默认”选项卡中单击“修改”面板中的“移动”按钮，选择断路器符号，将其向右平移 3.5，如图 15-140 所示。

（7）在“默认”选项卡中单击“修改”面板中的“修剪”按钮，以直线 1 为剪切边，对断路器符号上端的连接线进行修剪。

（8）将调整好位置的断路器符号复制 2 份，分别向右平移 2 和 4，如图 15-141 所示。

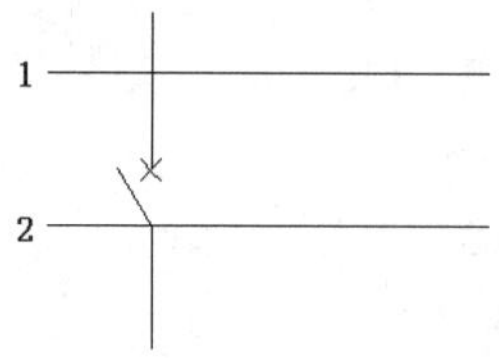

图 15-140　调整位置

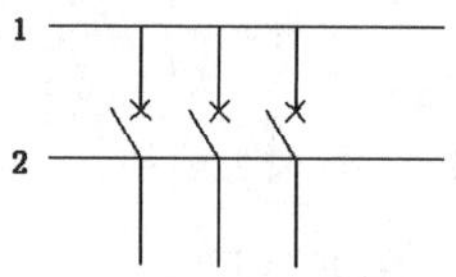

图 15-141　复制并平移图形

（9）使用和步骤（3）相同的方法在图形中插入接触器符号，并缩放到合适的大小，如图 15-142 所示。

（10）在“默认”选项卡中单击“绘图”面板中的“圆”按钮，用鼠标捕捉点 A，以其为圆心，绘制一个半径为 2 的圆。

（11）在“默认”选项卡中单击“绘图”面板中的“直线”按钮，在“对象捕捉”和“极轴追踪”绘图模式下，用鼠标捕捉A点，并以其为起点，绘制与水平方向成45°、长为3.5的直线L。

（12）在“默认”选项卡中单击“修改”面板中的“拉长”按钮，将步骤（11）绘制的直线向下拉长 3.5。然后在“默认”选项卡中单击“修改”面板中的“复制”按钮，将前面绘制的圆和直线复制 4 份，分别向右平移 2、4 和 6，向下平移 8。

（13）在“默认”选项卡中单击“绘图”面板中的“直线”按钮，在“对象捕捉”和“正交”绘图模式下，用鼠标捕捉 D 点，向下绘制长为 5 的垂直连接线，连接线的另一端刚好落在直线 2 上。

（14）在“默认”选项卡中单击“修改”面板中的“修剪”按钮和“删除”按钮，修剪掉多余的直线段，结果如图 15-143 所示，这就是绘制完成的三相四线图。

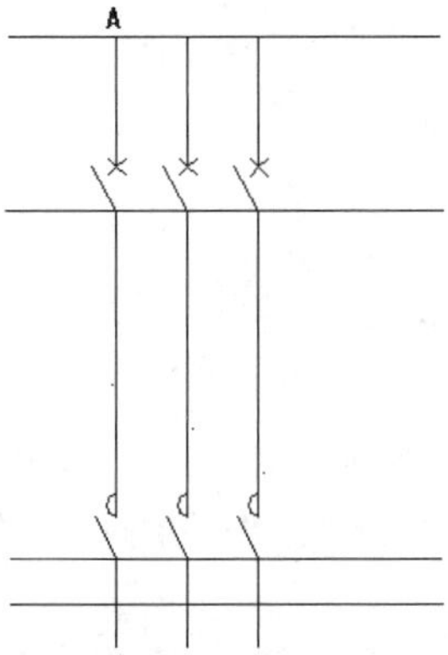

图 15-142　插入接触器符号

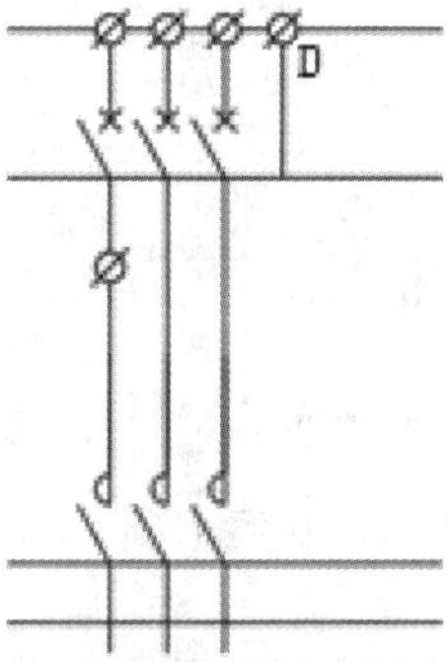

图 15-143　修剪图形

6．绘制保护测量部分

（1）在“默认”选项卡中单击“绘图”面板中的“圆”按钮，以（50,50）为圆心，绘制一个半径为 5 的圆，如图 15-144 所示。

（2）在“默认”选项卡中单击“修改”面板中的“复制”按钮，将步骤（1）绘制的圆复制 1 份，并向下平移 10，如图 15-145 所示。

（3）在“默认”选项卡中单击“绘图”面板中的“直线”按钮，在“对象捕捉”绘图模式下，用鼠标分别捕捉两个圆的圆心，绘制一条垂直直线。

（4）在“默认”选项卡中单击“修改”面板中的“拉长”按钮，选择步骤（3）绘制的垂直直线，分别向上和向下拉长 5，如图 15-146 所示。

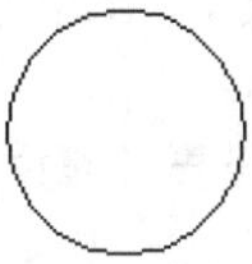
图 15-144　绘制圆

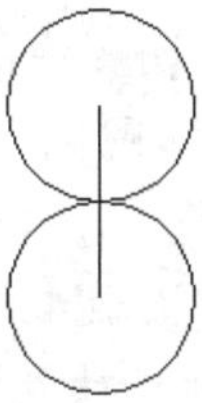
图 15-145　复制圆

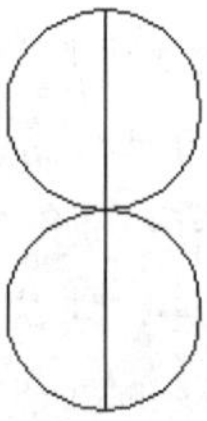
图 15-146　拉长直线

（5）在“默认”选项卡中单击“修改”面板中的“修剪”按钮，以垂直直线为剪切边，对圆进行修剪；然后在“默认”选项卡中单击“修改”面板中的“删除”按钮，删除垂直直线，如图 15-147 所示。

（6）在“默认”选项卡中单击“绘图”面板中的“直线”按钮，在“对象捕捉”绘图模式下，用鼠标捕捉点 M，以其为起点，向左绘制长为 40 的直线 1。用相同的方法绘制以 N 为起点、长为 40 的直线 2。分别用鼠标捕捉直线 1 和 2 的左端点，绘制直线 3，如图 15-148 所示。

（7）在“默认”选项卡中单击“绘图”面板中的“圆”按钮，用鼠标捕捉直线 3 的上端点，以其为圆心，绘制一个半径为 3.5 的圆。

（8）在“默认”选项卡中单击“修改”面板中的“移动”按钮，将步骤（7）绘制的圆向下平移 10，如图 15-149 所示。

（9）在“默认”选项卡中单击“绘图”面板中的“圆”按钮，用鼠标捕捉直线 3 的上端点，以其为圆心，绘制一个半径为 2 的圆。

图 15-147　修剪图形

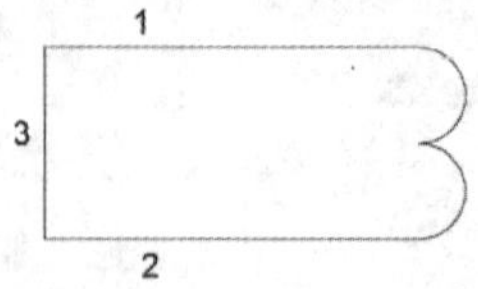

图 15-148　添加连接线

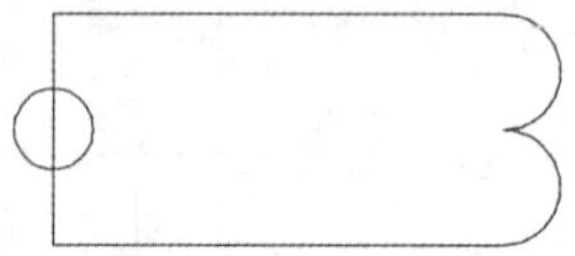

图 15-149　平移圆

（10）在“默认”选项卡中单击“绘图”面板中的“直线”按钮╱，在“对象捕捉”和“极轴追踪”绘图模式下，用鼠标捕捉直线 3 的上端点，以其为起点，绘制与水平方向成 45°，长为 3.5 的倾斜直线。

（11）在“默认”选项卡中单击“修改”面板中的“拉长”按钮╱，选择步骤（10）绘制的直线，向下拉长 3.5，如图 15-150 所示。

（12）在“默认”选项卡中单击“修改”面板中的“移动”按钮✥，将前面绘制的圆和倾斜直线向右平移 10，如图 15-151 所示。

（13）使用相同的方法，在直线 2 上绘制与直线 1 对应的圆和斜线，如图 15-152 所示。

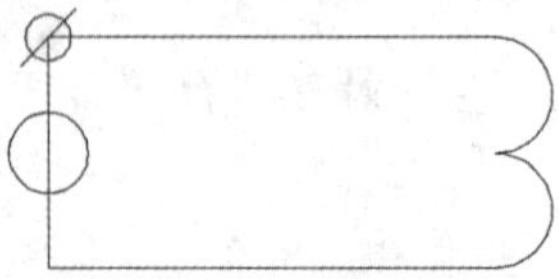

图 15-150　拉长直线

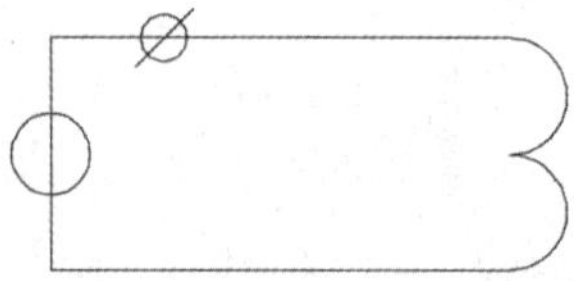

图 15-151　平移图形

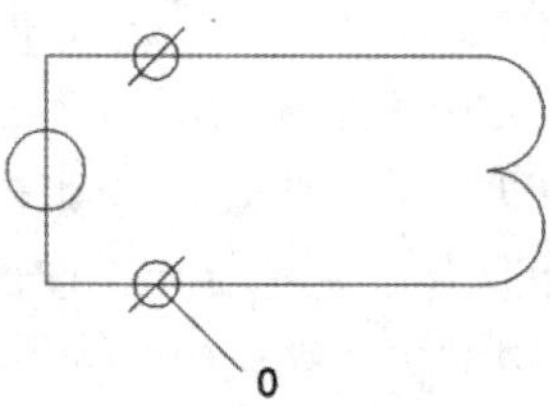

图 15-152　绘制圆和斜线

（14）在“默认”选项卡中单击“绘图”面板中的“直线”按钮╱，绘制接地线（其绘制方法在前面的章节已经介绍过，在此不再重复），如图 15-153 所示。其中垂直直线 L1 长为 10，直线 L2 长为 15.5，直线 L3 长为 5.5，直线 L4 长为 1.5。

（15）在“默认”选项卡中单击“修改”面板中的“移动”按钮✥，选择接地线中直线 L1 的上端点为平移的基点，点 O 为目标点，将接地线插入图中。

（16）在“默认”选项卡中单击“修改”面板中的“修剪”按钮✂和“删除”按钮✐，对图形进行修剪，删除多余的直线，结果如图 15-154 所示。这就是绘制完成的保护测量部分。

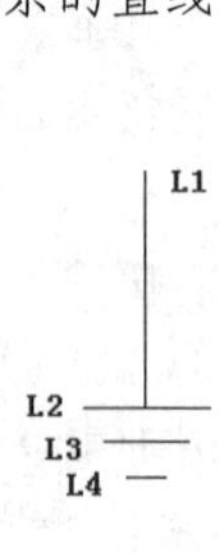

图 15-153　绘制接地线

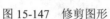

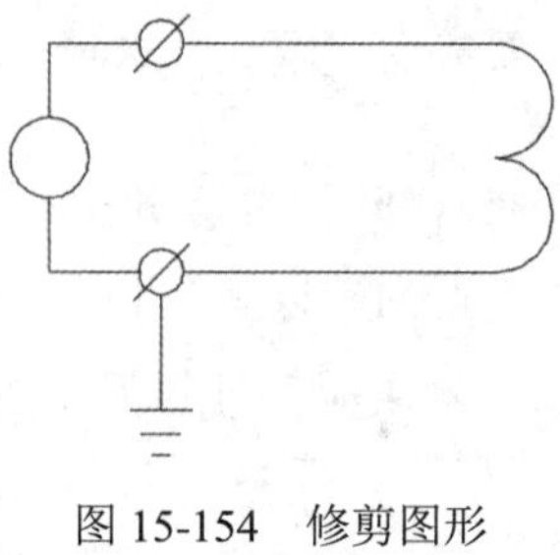

图 15-154　修剪图形

15.4.4　图块安装

首先需要对线路进行绘制，然后将图块放置到合适的位置。

操作步骤

将绘制好的各图块移动到合适的位置，并用连线连接起来。由于各图块的尺寸大小不一，在安装图块的时候可能不协调，此时，可利用“缩放”功能随时调整图块的大小。

另外，对于位置问题，需要灵活运用“正交”“对象捕捉”“对象捕捉追踪”等功能，将图形符号移动到合适的位置上。

15.4.5 添加注释文字

在电路图中添加文字注释，大大解决了图纸复杂、难懂的问题，根据文字读者能更好地理解图纸的含义。

操作步骤

（1）在“默认”选项卡中单击“注释”面板中的“文字样式”按钮，弹出“文字样式”对话框，通过单击“新建”按钮新建一个样式名为“标注”的文字样式，设置“字体名”为“仿宋_GB2312”，“字体样式”为“常规”，“高度”为 50，“宽度因子”为 0.7。

（2）利用 MTEXT 命令一次输入几行文字，然后调整其位置，以便对齐文字。调整位置的时候，可结合使用“正交”功能。

动手练——绘制恒温烘房电气控制图

源文件：源文件\第 15 章\恒温烘房电气控制图.dwg

本练习绘制如图 15-155 所示的恒温烘房电气控制图。

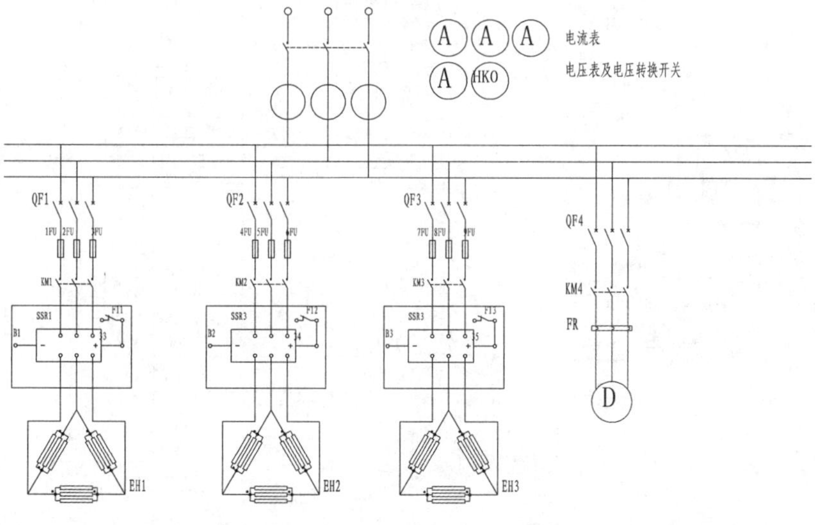

图 15-155　恒温烘房电气控制图

思路点拨：

（1）绘制主要的连接线。

（2）绘制各主要电气元件。

（3）插入各电气元件。

（4）添加文字说明。

第 16 章　通信电气设计

内容简介

与传统的电气图不同，通信工程图是新发展起来的一类比较特殊的电气图，主要应用于通信领域。本章将介绍通信系统的相关基础知识，并通过几个通信工程的实例来学习绘制通信工程图的一般方法。

内容要点

- 通信工程简介
- 绘制数字交换机系统图
- 绘制无线寻呼系统图
- 绘制网络拓扑图

案例效果

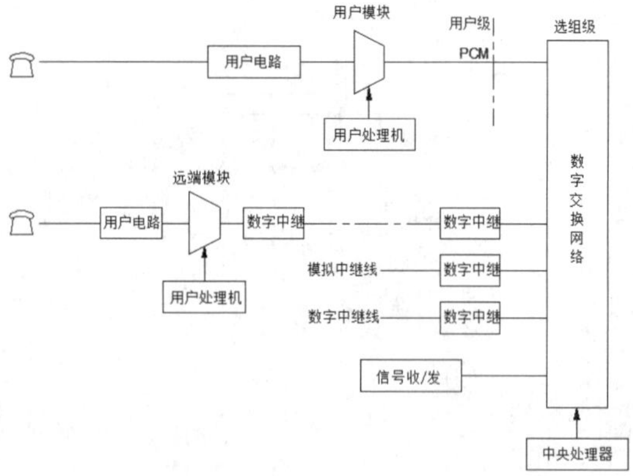

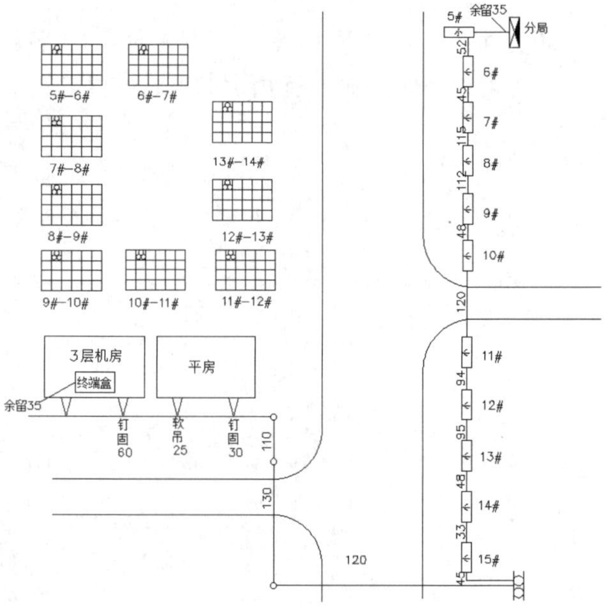

16.1　通信工程简介

通信就是信息的传递与交流。通信系统是指传递信息所需要的一切技术设备和传输媒介，其通信过程如图 16-1 所示。通信工程主要分为移动通信和固定通信。无论是移动通信还是固定通信，在通信原理上都是相同的。通信的核心是交换机。在通信过程中，数据通过传输设备传输到交换机上，在交换机上进行交换，选择目的地。

图 16-1　通信过程

通信系统工作流程如图 16-2 所示。

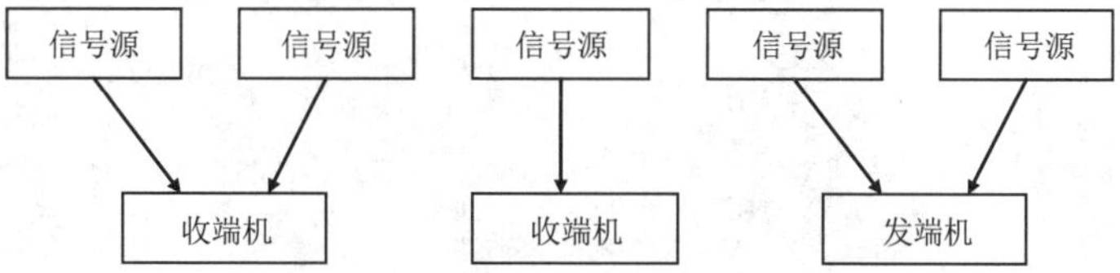

图 16-2　通信系统工作流程

16.2　绘制数字交换机系统图

扫一扫，看视频

源文件：源文件\第 16 章\绘制数字交换机系统图.dwg

本实例绘制数字交换机系统图，如图 16-3 所示。本图比较简单，是由一些比较简单的几何图形用不同类型的直线连接而成的。其绘制思路为：先根据需要绘制一些梯形和矩形，然后将这些梯形和矩形按照图示的位置关系摆放好，用导线连接起来，最后添加文字注释。

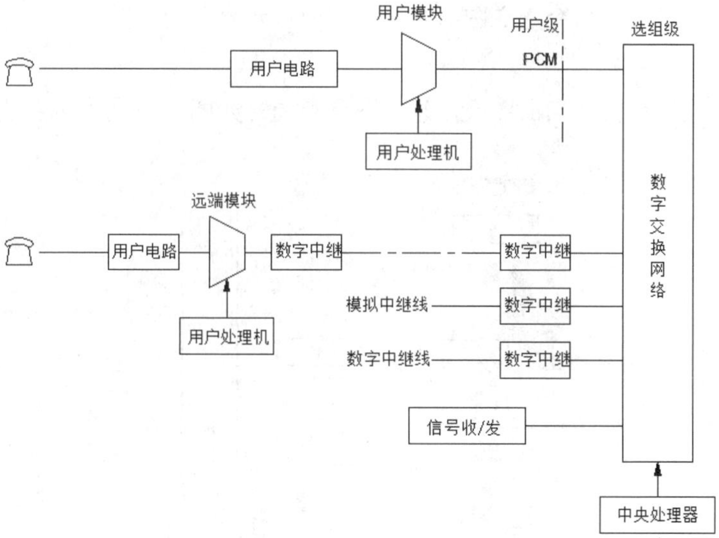

图 16-3　数字交换机系统图

16.2.1　设置绘图环境

在绘制数字交换机系统图前，需要对其绘图环境进行一些基本的设置，包括文件的创建、保存以及图层的管理等。

操作步骤

（1）打开 AutoCAD 2020 应用程序，单击快速访问工具栏中的“新建”按钮，以“无样板打开-公制”创建一个新的文件，单击快速访问工具栏中的“保存”按钮，将其命名为“数字交换机系统结构图.dwg”进行保存。

（2）在“默认”选项卡中单击“图层”面板中的“图层特性”按钮，弹出“图层特性管理器”选项板，新建“图形符号”“点划线”和“文字”3个图层，各图层的属性设置如图16-4所示。

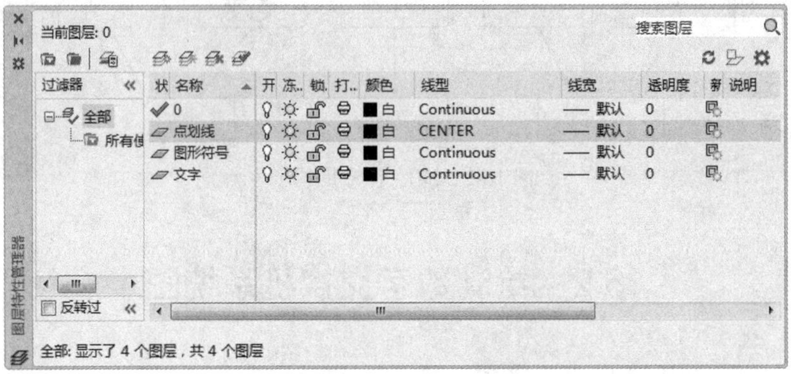

图16-4　新建并设置图层

16.2.2　图形布局

利用“直线”和“矩形”命令建立图形布局，并放置到合适的位置。

操作步骤

将“图形符号”图层设置为当前图层，建立图形布局。如图16-5所示为各主要组成部分在图中的位置分布。

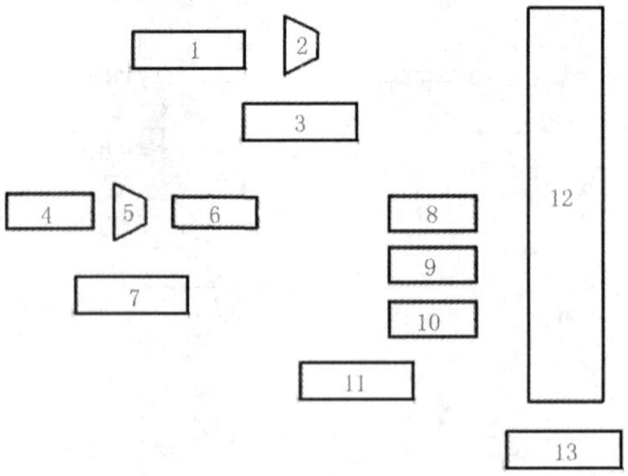

图16-5　图形布局

各图形的尺寸如下。

- 1 矩形：90×30。
- 2 梯形：上底 30，下底 60，高 30。

- ❧ 3 矩形：90×30。
- ❧ 4 矩形：60×30。
- ❧ 5 梯形：上底 30，下底 60，高 30。
- ❧ 6 矩形：60×30。
- ❧ 7 矩形：80×30。
- ❧ 8 矩形：60×30。
- ❧ 9 矩形：60×30。
- ❧ 10 矩形：60×30。
- ❧ 11 矩形：100×30。
- ❧ 12 矩形：60×350。
- ❧ 13 矩形：100×30。

16.2.3　添加连接线

　　添加连接线实际上就是用导线将图中相应的模块连接起来，只需要进行简单的图层切换、画线和平移操作即可。下面以连接图中的矩形 6 和矩形 8 为例进行介绍。

操作步骤

　　（1）将当前图层由"图形符号"图层切换为"点划线"图层。

　　（2）在"默认"选项卡中单击"绘图"面板中的"直线"按钮 ╱，在"对象捕捉"绘图模式下，捕捉矩形 6 的右上端点和矩形 8 的左上端点，绘制一条水平直线，如图 16-6 所示。

　　（3）在"默认"选项卡中单击"修改"面板中的"移动"按钮 ✛，将步骤（2）绘制的导线向下平移 15，结果如图 16-7 所示。

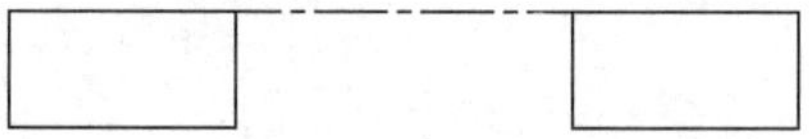

图 16-6　绘制连接线　　　　　　　　　　　　图 16-7　移动连接线

16.2.4　添加各部件的文字注释

　　将"文字"图层设置为当前图层，在布局图中对应的矩形或者梯形的中间加入各部件的文字注释。

操作步骤

　　（1）在"默认"选项卡中单击"注释"面板中的"多行文字"按钮 **A**，进入添加文字状态。

　　（2）此时屏幕上将会弹出如图 16-8 所示的"文字编辑器"选项卡，并在绘图区出现添加文字的空白格。在"文字编辑器"选项卡内，可以设置字体、文字大小、文字风格、文字排列样式等。读者可以根据自己的需要设置合适的文字样式，然后将光标移动到下面的空白格中，添加需要的文字内容，最后单击 ✔ 按钮，完成图形的绘制。

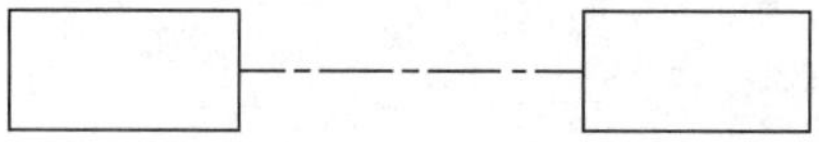

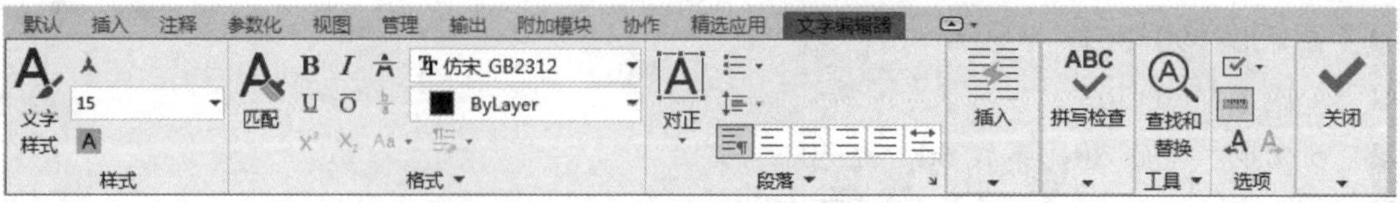

图 16-8 “文字编辑器”选项卡

提示：

如果觉得文字的位置不理想，可以选定文字，将文字移动到需要的位置。移动文字的方法比较多，下面推荐一种比较方便的方法：选定需要移动的文字，然后选择菜单栏中的“修改”→“移动”命令，即可将选定的文字移动到需要的位置。

动手练——绘制传输设备供电系统图

源文件： 源文件\第 16 章\传输设备供电系统图.dwg

本练习绘制如图 16-9 所示的传输设备供电系统图。

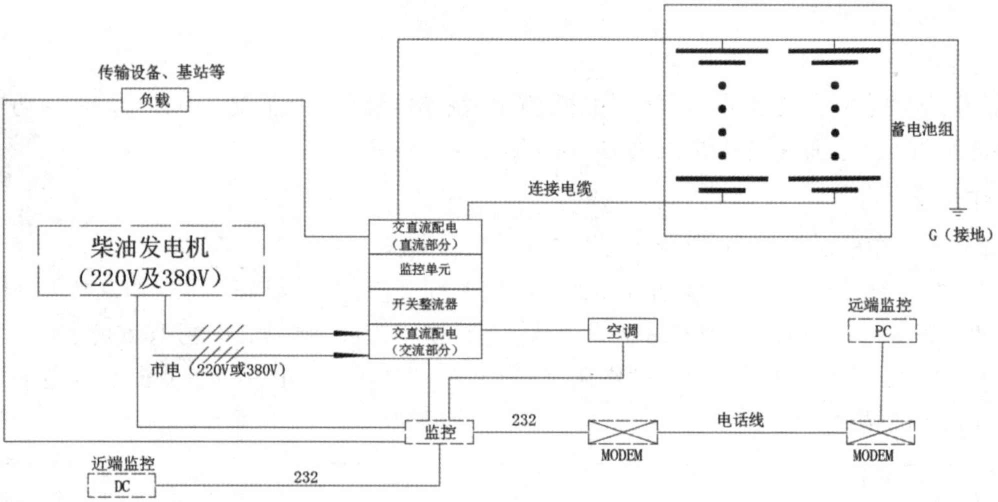

图 16-9 传输设备供电系统图

思路点拨：

（1）绘制各电气元件。
（2）插入电气元件。
（3）绘制连接导线。
（4）添加注释文字。

扫一扫，看视频

16.3 绘制无线寻呼系统图

源文件： 源文件\第 16 章\无线寻呼系统图.dwg

本节绘制的无线寻呼系统图如图 16-10 所示。先根据需要绘制一些基本图例，然后绘制机房区域示意模块，再绘制设备图形，接着绘制连接线路，最后添加文字注释，完成图形的绘制。

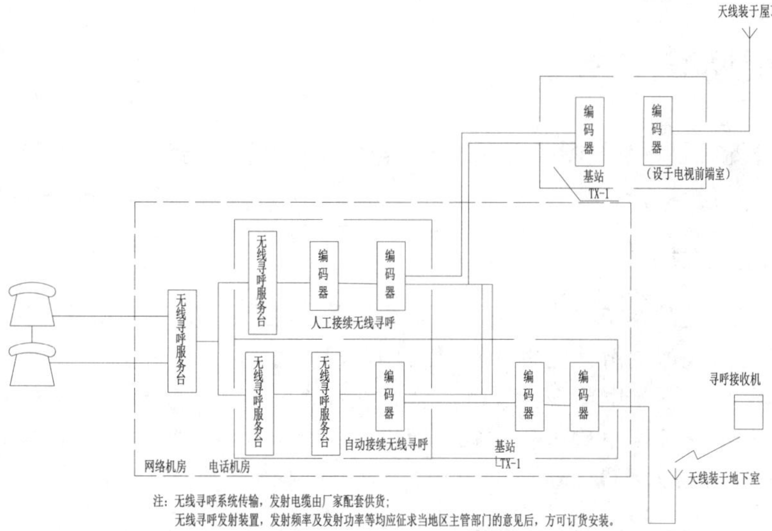

图 16-10　无线寻呼系统图

16.3.1　设置绘图环境

在开始绘制无线寻呼系统图前，需要对其绘图环境进行一些基本的设置，包括文件的创建、保存及图层的管理等。

操作步骤

1. 新建文件

启动 AutoCAD 2020 应用程序，单击快速访问工具栏中的“新建”按钮，以“无样板打开-公制”创建一个新的文件，将新文件命名为“无线寻呼系统图.dwg”并保存。

2. 设置图层

在“默认”选项卡中单击“图层”面板中的“图层特性”按钮，在弹出的“图层特性管理器”选项板中新建图层，各图层的颜色、线型、线宽等设置如图 16-11 所示。接下来，将“虚线”图层设置为当前图层。

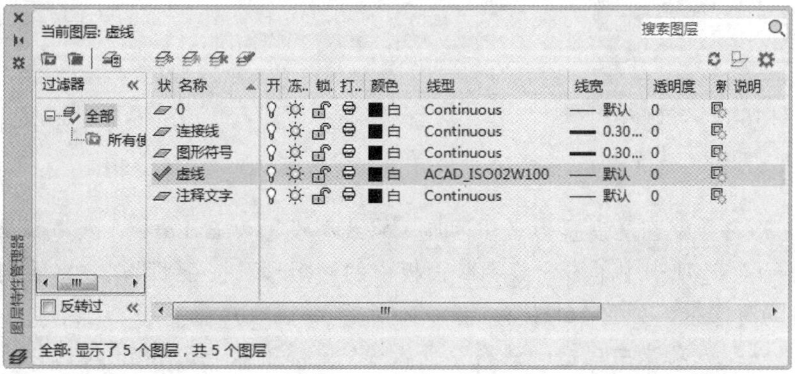

图 16-11　新建并设置图层

16.3.2 绘制电气元件

下面简要讲述无线寻呼系统图中用到的一些电气元件的绘制方法。

操作步骤

1. 绘制机房区域模块

（1）在“默认”选项卡中单击“绘图”面板中的“矩形”按钮 ▭，绘制一个长度为 70、宽度为 40 的矩形，并将线型比例设置为 0.3，如图 16-12 所示。

（2）在“默认”选项卡中单击“修改”面板中的“分解”按钮，将矩形分解。

（3）在“默认”选项卡中单击“绘图”面板中的“定数等分”按钮，将底边 5 等分，用辅助线分隔，如图 16-13 所示。

图 16-12　绘制矩形

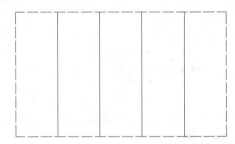

图 16-13　分隔区域

（4）在“默认”选项卡中单击“绘图”面板中的“矩形”按钮 ▭，绘制两个矩形，删除辅助线，如图 16-14 所示。

（5）在“默认”选项卡中单击“绘图”面板中的“矩形”按钮 ▭，在大矩形的右上角绘制一个长度为 20、宽度为 15 的小矩形，作为前端室的模块区域，如图 16-15 所示。

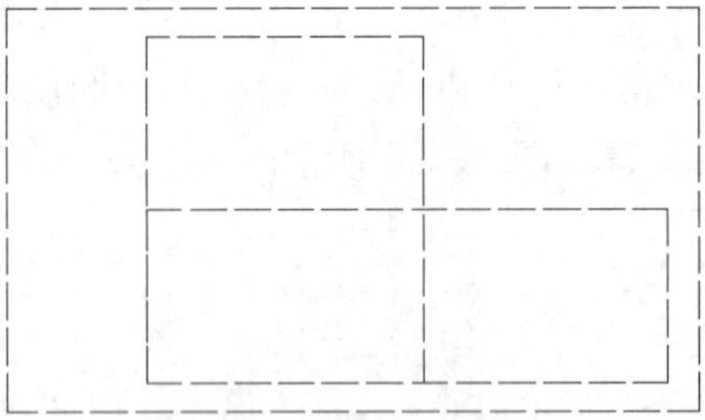

图 16-14　绘制内部区域

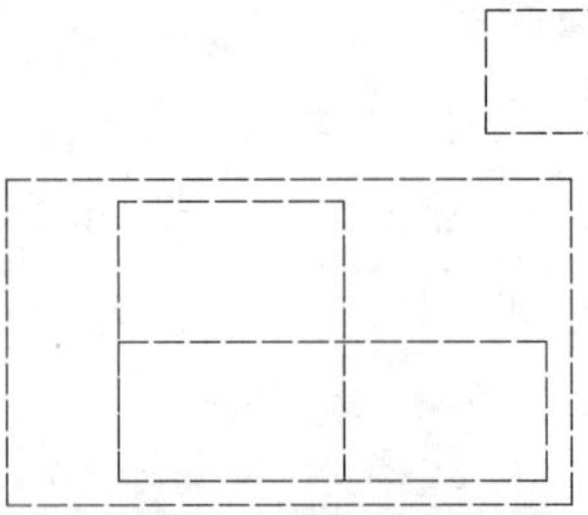

图 16-15　绘制前端室

2. 绘制设备

（1）将“图形符号”图层设置为当前图层，将线型设置为 ByLayer，线宽设置为 0.3。

（2）在“默认”选项卡中单击“绘图”面板中的“矩形”按钮 ▭，分别绘制 4×15 和 4×10 的矩形，作为设备的标志框，如图 16-16 所示。

（3）在“默认”选项卡中单击“注释”面板中的“多行文字”按钮 A，以刚绘制的标志框为区域输入文字，如图 16-17 所示。

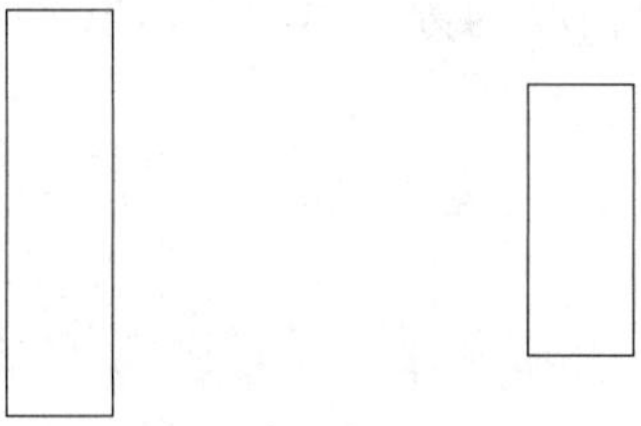

图 16-16　绘制设备标志框

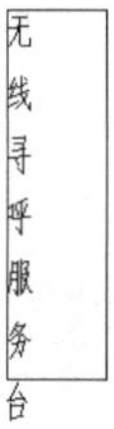

图 16-17　输入文字

（4）可以看到，文字的间距太大，而且位置不是正中。选择文字并右击，在弹出的快捷菜单中选择“特性”命令，弹出“特性”选项板，如图 16-18 所示。将“行间距”设置为 1.8，将“对正”设置为“正中”，修改后的效果如图 16-19 所示。

图 16-18　“特性”选项板

图 16-19　修改后的效果

（5）在“默认”选项卡中单击“修改”面板中的“复制”按钮，将绘制的图形复制并移动到相应的机房区域内，结果如图 16-20 所示。

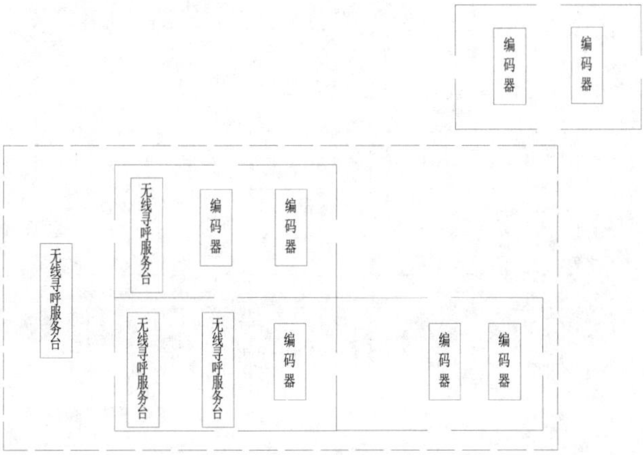

图 16-20　插入设备标签

（6）将“电话”图块插入图形左侧适当位置，按照同样的方法将“天线”和“寻呼接收机”图块插入图形右侧适当位置，如图 16-21 所示。

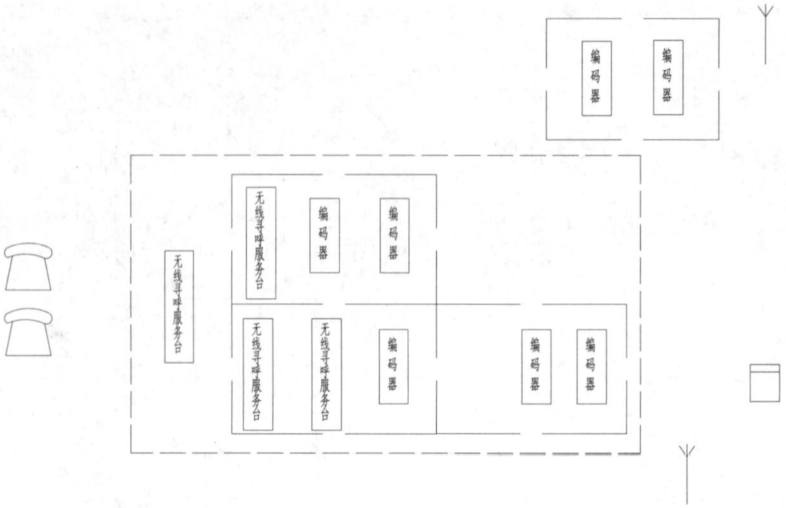

图 16-21　插入其他图块

16.3.3　绘制连接线

利用“直线”命令绘制线路，最后添加文字。

操作步骤

将当前图层转换为“连接线”图层，在“默认”选项卡中单击“绘图”面板中的“直线”按钮╱，绘制设备之间的线路，“电话”模块之间的线路用虚线进行连接，如图 16-22 所示。

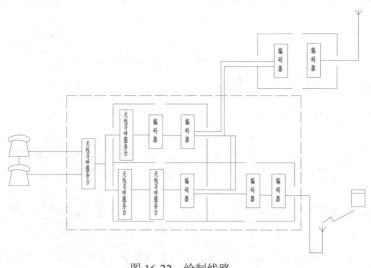

图 16-22　绘制线路

1. 创建文字样式

将“注释文字”图层设置为当前图层，在“默认”选项卡中单击“注释”面板中的“文字样式”按钮A，弹出“文字样式”对话框，创建一个名为“标注”的文字样式。设置“字体名”为“仿宋_GB2312”，“字体样式”为“常规”，“宽度因子”为 0.7。

2. 添加注释文字

在“默认”选项卡中单击“注释”面板中的“多行文字”按钮A，在图形中添加注释文字，完成无线寻呼系统图的绘制。

动手练——绘制通信光缆施工图

源文件：源文件\第 16 章\通信光缆施工图.dwg

绘制如图 16-23 所示的通信光缆施工图。

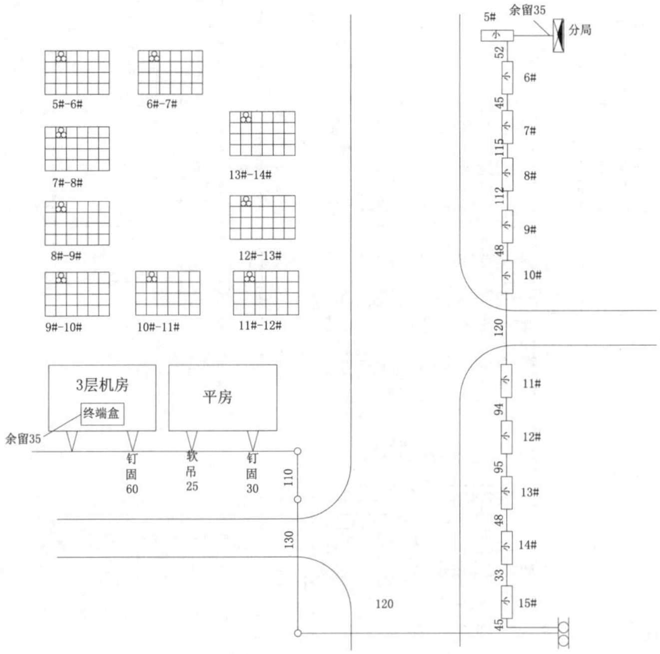

图 16-23　通信光缆施工图

思路点拨：

（1）设置绘图环境。

（2）绘制部件符号。

（3）绘制主图。

扫一扫，看视频

16.4　绘制网络拓扑图

源文件：源文件\第 16 章\绘制网络拓扑图.dwg

网络拓扑结构是指用传输媒体互连各种设备的物理布局（将参与 LAN 工作的各种设备用媒体互连在一起有多种方式，但实际上只有少数方式比较适合 LAN 的工作）。网络拓扑图是指由网络节点设备和通信介质构成的网络结构图。本节介绍某学校网络拓扑图的绘制方法。其绘制思路为：先绘制网络组件，然后分部分绘制网络结构，最终将各部分的网络连接起来，从而得到整个网络的拓扑结构，如图 16-24 所示。

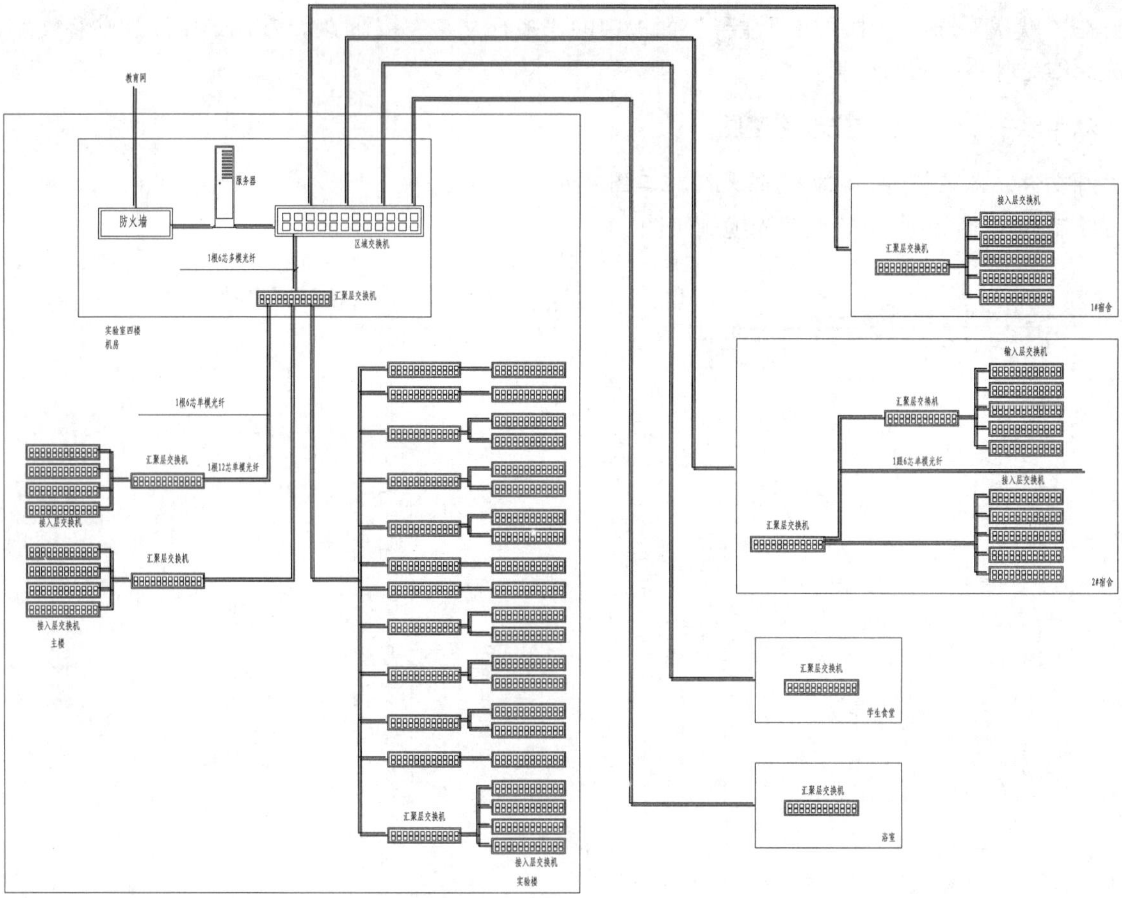

图 16-24　某学校网络拓扑图

16.4.1　设置绘图环境

在绘制学校网络拓扑图前，需要对其绘图环境进行一些基本的设置，包括文件的新建、保存及图层的管理等。

操作步骤

（1）建立新文件。打开 AutoCAD 2020 应用程序，单击快速访问工具栏中的“新建”按钮，以“无样板打开-公制”创建一个新的文件，单击快速访问工具栏中的“保存”按钮，将其命名为“某学校网络拓扑图.dwg”进行保存。

（2）设置图层。在“默认”选项卡中单击“图层”面板中的“图层特性”按钮，弹出“图层特性管理器”选项板，新建“连线层”和“部件层”两个图层，并将“部件层”图层设置为当前图层。

16.4.2　绘制部件符号

网络拓扑图给出了网络服务器、工作站的网络配置和相互间的连接，其结构主要分为星型结构、环型结构、总线结构、分布式结构、树型结构、网状结构、蜂窝状结构等。

操作步骤

1. 绘制汇聚层交换机示意图

因为本图中汇聚层交换机比较多，所以把汇聚层交换机设置为块。

（1）在"默认"选项卡中单击"绘图"面板中的"矩形"按钮 ▭，绘制两个矩形，其尺寸分别为 300×60 和 290×50；在内部矩形内绘制一个小矩形，其尺寸为 15×15，位置尺寸如图 16-25 所示。

（2）在"默认"选项卡中单击"修改"面板中的"矩形阵列"按钮 ▦，选择阵列对象为小矩形，设置阵列行数为 2，列数为 12，行间距为-19，列间距为 23.5，阵列结果如图 16-26 所示。

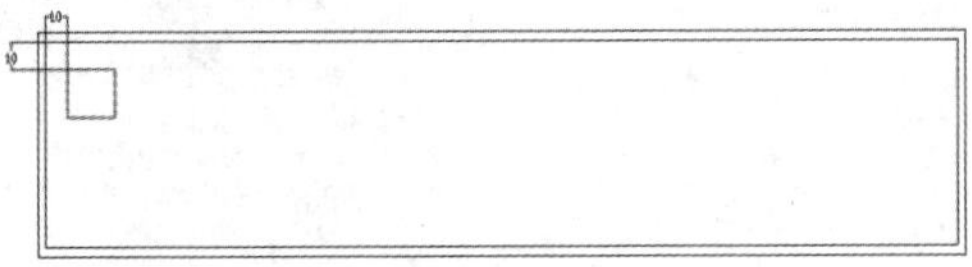

图 16-25　绘制矩形

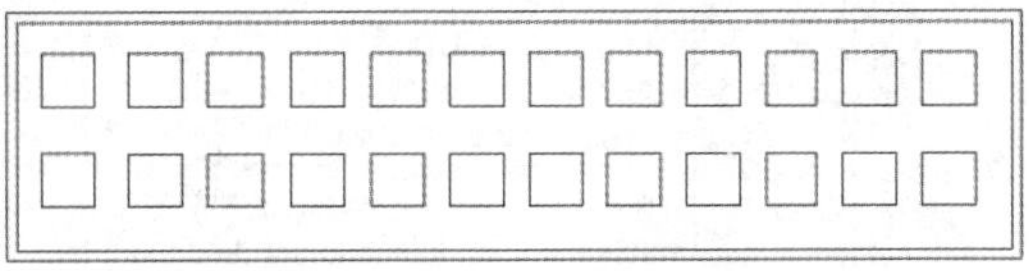

图 16-26　阵列矩形

（3）在"默认"选项卡中单击"块"面板中的"创建"按钮 ▫，将块的名字定义为"汇聚层交换机"进行创建。

2. 绘制服务器示意图

（1）在"默认"选项卡中单击"绘图"面板中的"矩形"按钮 ▭，绘制两个矩形，大矩形的尺寸为 80×320，小矩形的尺寸为 70×280。

（2）在"默认"选项卡中单击"绘图"面板中的"直线"按钮 ╱，绘制一条垂直中心线，结果如图 16-27 所示；重复"直线"命令，在左下角绘制一条斜线和一条水平线，绘制的位置及长度如图 16-28 所示。

（3）在"默认"选项卡中单击"绘图"面板中的"圆"按钮 ⊙，绘制一个直径为 6 的圆；在"默认"选项卡中单击"修改"面板中的"镜像"按钮 ◿，将步骤（2）绘制的水平直线和斜直线进行镜像，结果如图 16-29 所示。

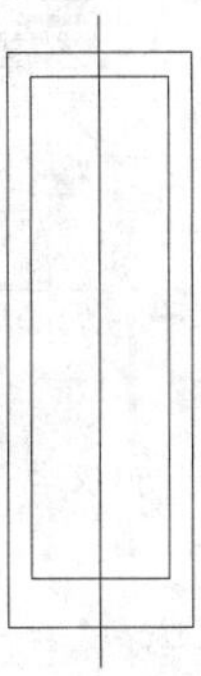

图 16-27　绘制矩形和中心线

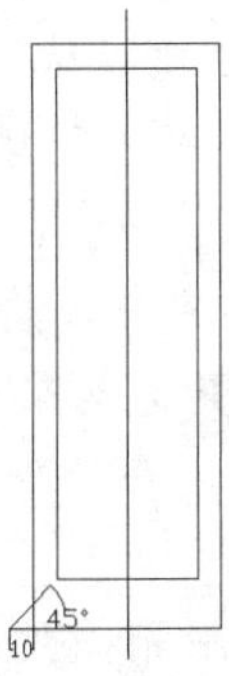

图 16-28　绘制斜直线和水平直线

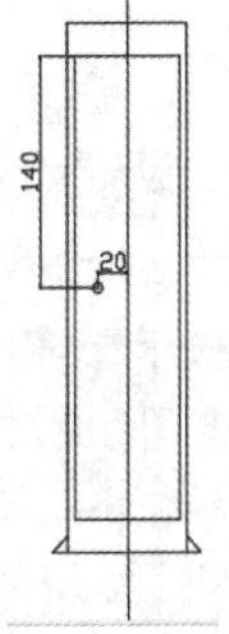

图 16-29　镜像图形

（4）在“默认”选项卡中单击“修改”面板中的“删除”按钮，删除中心线；再在“默认”选项卡中单击“绘图”面板中的“矩形”按钮，绘制一个长 40、宽 5 的矩形，其位置尺寸如图 16-30 所示。

（5）在“默认”选项卡中单击“修改”面板中的“矩形阵列”按钮，设置行数为 9，列数为 1，行间距为−13，阵列结果如图 16-31 所示。

3. 绘制防火墙示意图

（1）在“默认”选项卡中单击“绘图”面板中的“矩形”按钮，绘制两个矩形，大矩形的尺寸为 150×60，小矩形的尺寸为 140×50。

（2）在“默认”选项卡中单击“注释”面板中的“多行文字”按钮 A，在矩形内添加文字“防火墙”，结果如图 16-32 所示。

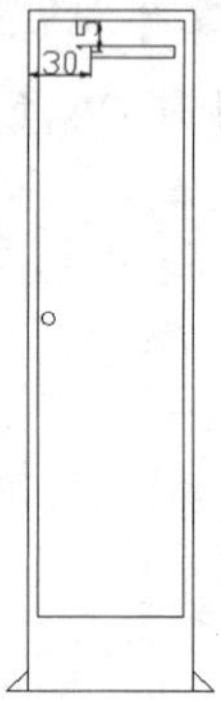

图 16-30　删除中心线

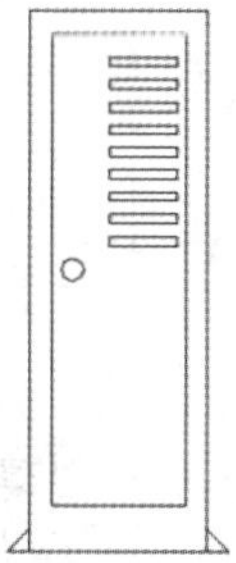

图 16-31　阵列图形

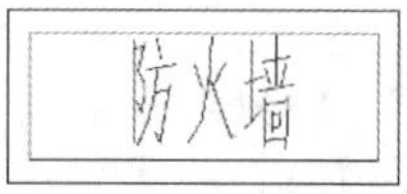

图 16-32　防火墙示意图

16.4.3　绘制局部图

拓扑结构具有费用低、数据端用户入网灵活、站点或某个端用户失效不影响其他站点或端用户通信的优点。

操作步骤

（1）绘制一号宿舍示意图。在“默认”选项卡中单击“块”面板中的“插入块”下拉菜单，将交换机摆放到如图 16-33 所示的位置。在“默认”选项卡中单击“绘图”面板中的“多段线”按钮，将它们连接起来。在“默认”选项卡中单击“绘图”面板中的“矩形”按钮，在外轮廓上绘制一个矩形，并添加文字注释，表示该部分为一号宿舍。

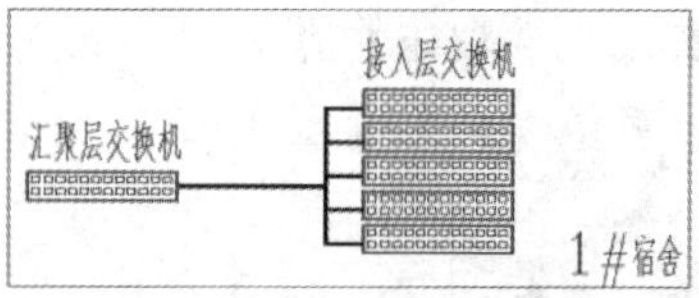

图 16-33　一号宿舍示意图

（2）绘制二号宿舍示意图。采用相同的方法，将交换机摆放到如图 16-34 所示的位置。在“默认”选项卡中单击“绘图”面板中的“多段线”按钮，将它们连接起来。在“默认”选项卡中单击“绘图”面板中的“矩形”按钮，在外轮廓上绘制一个矩形，并添加文字注释，表示该部分为二号宿舍。

（3）绘制学生食堂和浴室示意图。采用相同的方法绘制学生食堂和浴室示意图，结果如图 16-35 所示。

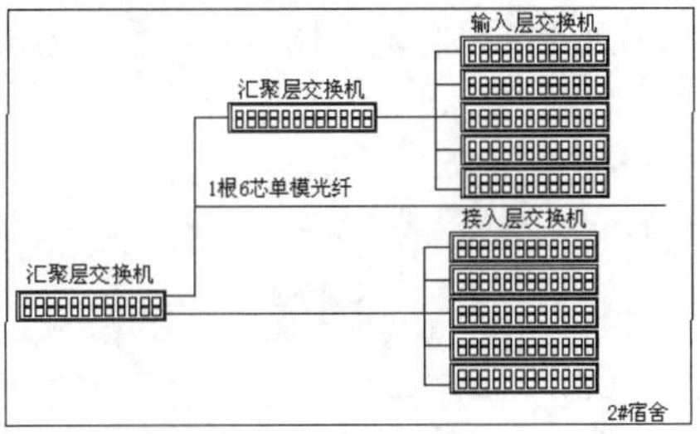

图 16-34 二号宿舍示意图

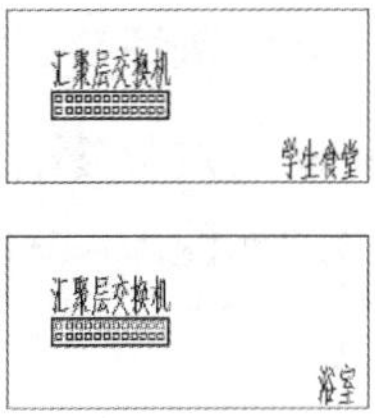

图 16-35 学生食堂和浴室示意图

（4）绘制实验楼示意图。在“默认”选项卡中单击“修改”面板中的“复制”按钮，将交换机摆放在适当的位置；在“默认”选项卡中单击“绘图”面板中的“多段线”按钮，将它们连接起来，并添加文字注释，结果如图 16-36 所示。

（5）绘制主楼示意图。在“默认”选项卡中单击“修改”面板中的“复制”按钮，复制实验楼的接入层交换机和汇聚层交换机，并对其位置进行调整，然后添加文字注释，结果如图 16-37 所示。

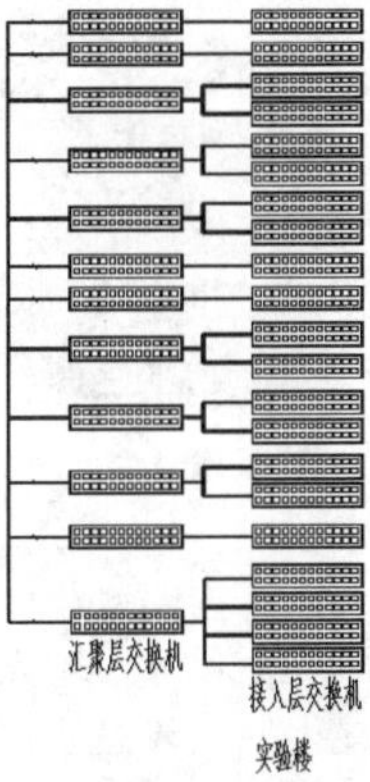

图 16-36 实验楼示意图

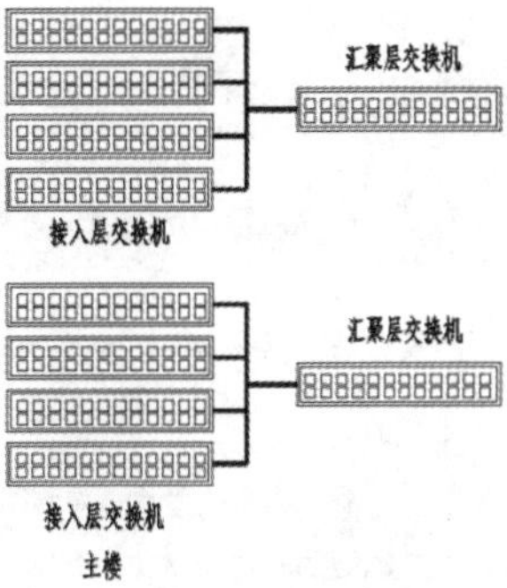

图 16-37 教学楼示意图

（6）绘制实验楼四楼网络机房示意图。将部件放到合适的位置上，在“默认”选项卡中单击“绘图”面板中的“多段线”按钮，将它们连接起来；选择菜单栏中的“绘图”→“文字”→“单行文字”命令，在图纸上加上标注，如图 16-38 所示。

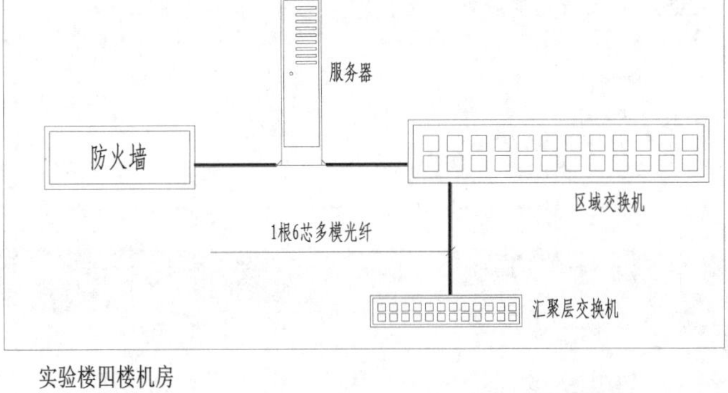

图 16-38 实验楼四楼网络机房示意图

（7）最后将以上 6 部分摆放到图中适当的位置，就可以得到如图 16-24 所示的图形。

动手练——绘制综合布线系统图

源文件：动画演示\第 16 章\绘制综合布线系统图.dwg

本练习绘制如图 16-39 所示的综合布线系统图。

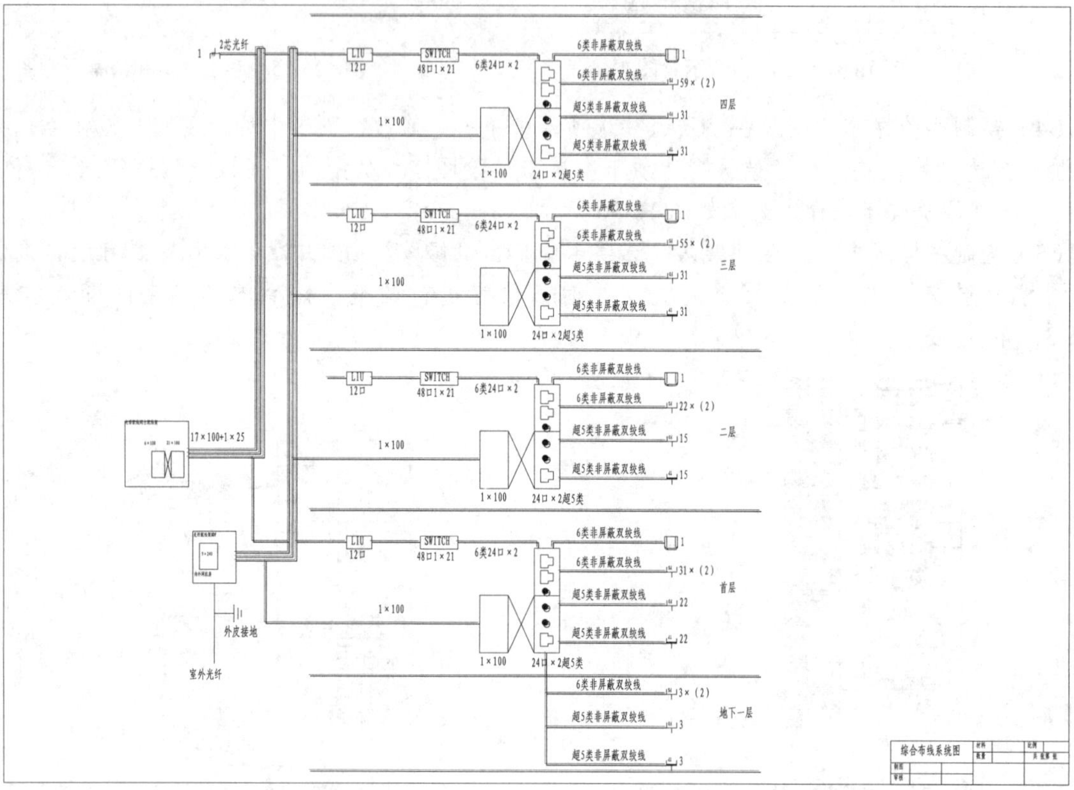

图 16-39　综合布线系统图

思路点拨：

（1）设置绘图环境。

（2）绘制部件符号。

（3）标注文字。

第 17 章　建筑电气设计

内容简介

本章将以电气工程设计实例为背景，由浅入深，从制图理论至相关电气专业知识，详细描述建筑电气工程图的绘制过程。读者在吸收理论及 CAD 应用技巧的同时，也会对建筑电气工程设计及 CAD 制图有更深层次的认识。

内容要点

- 建筑电气工程图基本知识
- 绘制厂房消防报警平面图
- 绘制办公室电气照明平面图
- 绘制跳水馆照明干线系统图

案例效果

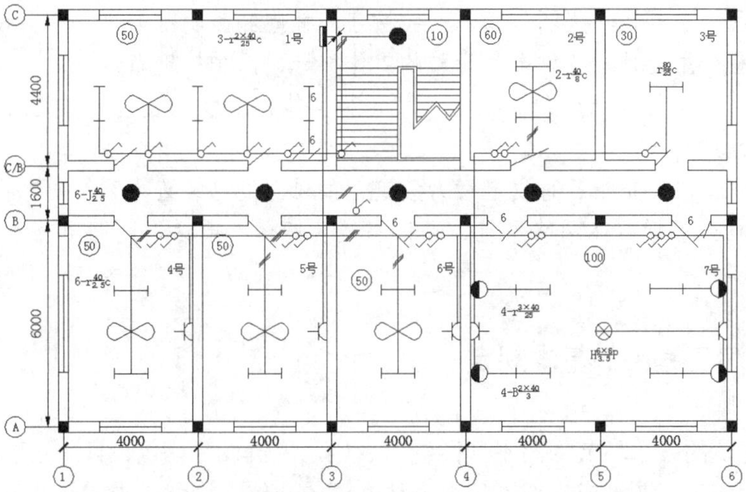

17.1　建筑电气工程图基本知识

17.1.1　概述

现代工业与民用建筑中，为满足一定的生产、生活需求，都要安装许多不同功能的电气设施，如照明灯具、电源插座、电视、电话、消防控制装置、各种工业与民用的动力装置、控制设备、智能系统、娱乐电气设施及避雷装置等。电气工程或设施，都要经过专业人员专门设计表达在图纸上，这些相关图纸就可称为电气施工图，也可称为电气安装图。在建筑施工图中，它与给排水施工图、采暖通风施工图一起，统一称为设备施工图。其中，电气施工图按“电施”编号。

各种电气设施需要表达在图纸中，其中主要涉及的内容包括：一是供电、配电线路的规格与敷设方式；二是各类电气设备与配件的选型、规格与安装方式。而导线、各种电气设备及配件等本身在图纸中多数并不是采用其投影制图，而是用国际或国内统一规定的图例、符号及文字表示。具体可参见相关标准规程的图例说明，也可在图纸中予以详细说明，并标绘在按比例绘制的建筑结构的各种投影图中（系统图除外）。这也是电气施工图的一个特点。

17.1.2 建筑电气工程项目的分类

根据不同的功能需求，可将建筑电气工程划分为多个项目。建筑电气工程一般包括以下一些项目。

（1）外线工程：包括室外电源供电线路、室外通信线路等，涉及强电和弱电，如电力线路和电缆线路。

（2）变配电工程：主要是由变压器、高低压配电柜、母线、电缆、继电保护与电气计量等设备组成的变配电所。

（3）室内配线工程：主要有线管配线、桥架线槽配线、瓷瓶配线、瓷夹配线、钢索配线等。

（4）电力工程：包括各种风机、水泵、电梯、机床、起重机以及其他工业与民用、人防等动力设备（电动机）、控制器与动力配电箱。

（5）照明工程：主要是指照明电器、开关按钮、插座和照明配电箱等相关设备。

（6）接地工程：主要是指各种电气设施的工作接地、保护接地系统。

（7）防雷工程：主要是指建筑物、电气装置和其他构筑物、设备的防雷设施，一般需经有关气象部门防雷中心检测。

（8）发电工程：主要是指各种发电动力装置，如风力发电装置、柴油发电机设备。

（9）弱电工程：包括智能网络系统、通信系统（广播、电话、闭路电视系统）、消防报警系统、安保检测系统等。

17.1.3 建筑电气工程图的基本规定

工业与民用建筑的各个环节均离不开图纸的表达，建筑设计单位设计、绘制图纸，建筑施工单位按图纸组织工程施工，图纸成为双方信息表达交流的载体，这就要求设计和施工等部门必须共同遵守一定的格式及标准。其中包括建筑电气工程自身的规定，也涉及机械制图、建筑制图等相关工程方面的一些规定。

建筑电气制图一般可参照《房屋建筑制图统一标准》（GB/T 50001—2017）及《电气工程 CAD 制图规则》（GB/T 18135—2008）等。

电气制图中涉及的图例、符号、文字符号及项目代号等，可参照标准《电气设备用图形符号》（GB/T 5465.2—2008）。

同时，对于电气工程中的一些常用术语应认识、理解，以便于制图、识图。在我国的相关行业标准、国际上通用的 IEC 标准中，都比较严格地定义了电气图的有关名词术语。这些名词术语是电气工程制图及阅读所必需的，读者可查阅相关文献资料，详细认识、了解。

17.1.4　建筑电气工程图的特点

建筑电气工程图的内容主要通过图纸表达，包括系统图、位置图（平面图）、电路图（控制原理图）、接线图、端子接线图和设备材料表等。建筑电气工程图不同于机械图、建筑图，具有以下一些特点。

（1）建筑电气工程图大多是在建筑图上采用统一的图形符号，并加注文字符号绘制出来的。绘制和阅读建筑电气工程图，首先就必须明确和熟悉这些图形符号、文字符号及项目代号所代表的内容和物理意义，以及它们之间的相互关系。关于图形符号、文字符号及项目代号等，可查阅相关标准的解释，如《电气设备用图形符号》（GB/T 5465.2—2008）。

（2）任何电路均为闭合回路。一个合理的闭合回路一定包括 4 个基本元素：电源、用电设备、导线和开关控制设备。正确读懂图纸，还必须了解各种设备的基本结构、工作原理、工作程序、主要性能和用途，便于了解设备安装及运行时的状况。

（3）电路中的电气设备、元件等，彼此之间都是通过导线连接起来的，共同构成一个整体。识图时，可将各有关的图纸联系起来，相互参照。通过系统图、电路图找联系，通过布置图、接线图找位置，交叉查阅，可达到事半功倍的效果。

（4）建筑电气工程施工通常是与土建工程及其他设备安装工程（给排水管道、工艺管道、采暖通风管道、通信线路、消防系统及机械设备等设备安装工程）施工相互配合进行的，因此识读建筑电气工程图时，应与有关的土建工程图、管道工程图等相对应、参照起来阅读，仔细研究电气工程的各施工流程，提高施工效率。

（5）有效识读电气工程图也是编制工程预算和施工方案必须具备的一项基本能力，其能有效指导施工、设备的维修和管理。同时，在识图时，还应熟悉有关规范、规程及标准的要求，才能真正读懂、读通图纸。

17.2　绘制厂房消防报警平面图

扫一扫，看视频

源文件：源文件\第 17 章\厂房消防报警平面图.dwg

如图 17-1 所示为厂房消防报警平面图。此图的绘制思路：先绘制有轴线和墙线的基本图，然后绘制门，最后绘制楼梯和洗手间，即可完成电气图所需的建筑图。在建筑图的基础上绘制安装电路图，先绘制感烟探测器、带电话插口手报、控制模块、输入模块、声光警报器，然后绘制电路图，并把各类元器件分别安装在不同的位置上。

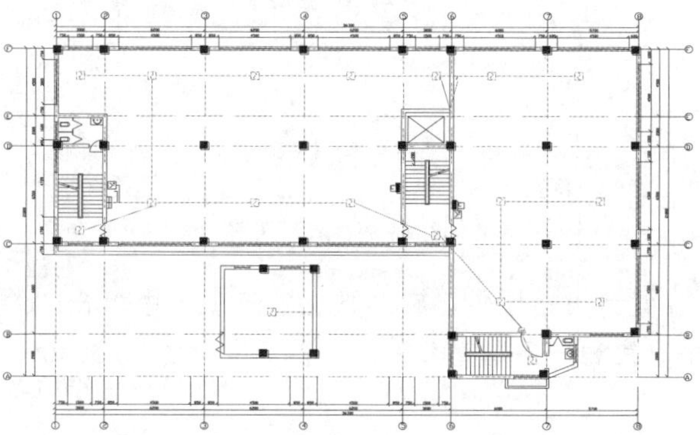

图 17-1　厂房消防报警平面图

17.2.1 设置绘图环境

在绘制厂房消防报警平面图之前，需要进行一些基本的操作，包括文件的创建、保存及图层的管理等。根据不同的需要，读者选择必备的操作。

操作步骤

（1）打开 AutoCAD 2020 应用程序，单击快速访问工具栏中的“新建”按钮，以“无样板打开-公制”创建一个新的文件，单击快速访问工具栏中的“保存”按钮，将其命名为“厂房消防报警平面图.dwg”进行保存。

提示：

新建文件时，可以利用样板打开文件，这样可以免去很多多余的设置。本例中未应用此功能。

（2）单击“默认”选项卡“图层”面板中的“图层特性”按钮，打开“图层特性管理器”，新建以下几个图层。

- 轴线层：颜色为红色；线型为点划线；线宽为默认。
- 墙线层：颜色为白色；线型为实线；线宽为 0.3。
- 门窗层：颜色为蓝色；线型为实线；线宽为默认。
- 电气层：颜色为灰色；线型为实线；线宽为默认。
- 文字层：颜色为白色；线型为实线；线宽为默认。
- 尺寸标注层：颜色为黄色；线型为实线；线宽为默认。
- 楼梯层：颜色为白色；线型为实线；线宽为默认。
- 装饰层：颜色为白色；线型为实线；线宽为默认。

在绘制的平面图中，包括轴线、门窗、装饰、文字和尺寸标注等内容。分别按照上面所介绍的内容设置各图层，其中的颜色可以依照读者的绘图习惯自行设置，并没有特别的要求。设置完成后“图层特性管理器”选项板如图 17-2 所示。

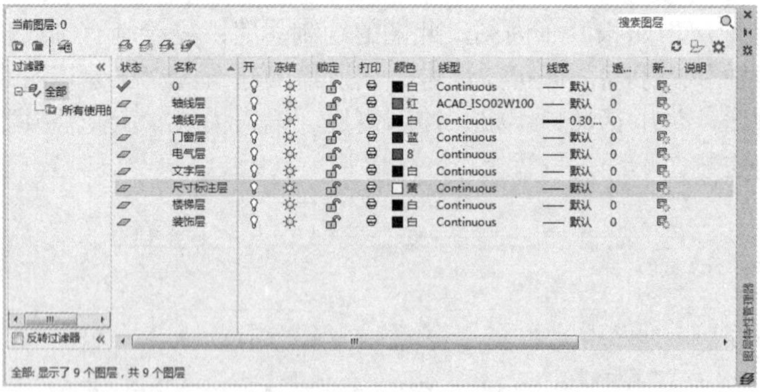

图 17-2　设置图层

（3）将“轴线层”设置为当前图层。在“默认”选项卡中单击“绘图”面板中的“直线”按钮，分别绘制一条水平直线和一条垂直直线，水平直线长度为 36300，垂直直线长度为 21800，如图 17-3 所示。

（4）此时轴线的线型虽然为点划线，但是由于比例太小，显示出来还是实线的形式。选择刚刚绘制的轴线，单击鼠标右键，在弹出的快捷菜单中选择“特性”命令，如图 17-4 所示。打开“特性”选项板，如图 17-5 所示。

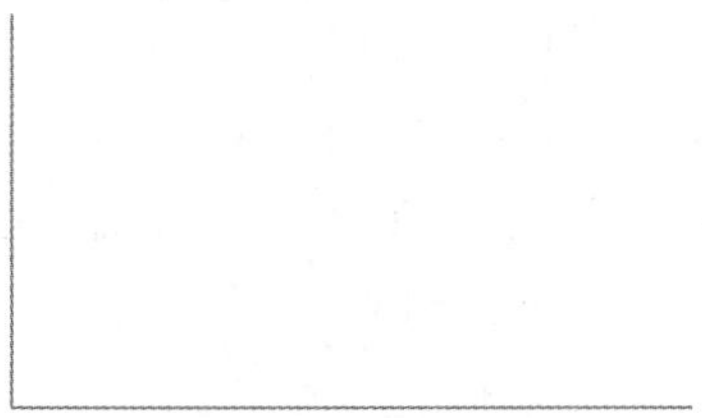

图 17-3 绘制轴线

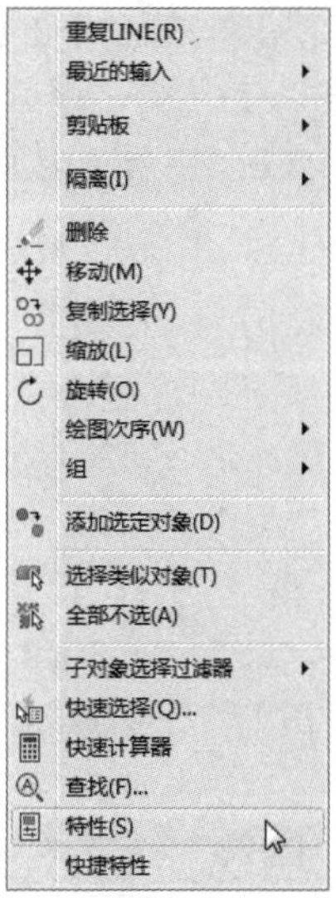

图 17-4 快捷菜单

（5）将“线型比例”设置为 200，按 Enter 键确认，关闭“特性”选项板，此时轴线效果如图 17-6 所示。

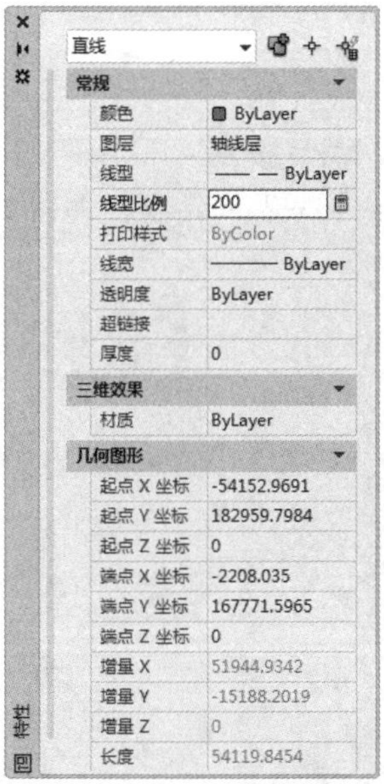

图 17-5 “特性”选项板

图 17-6 轴线显示效果

（6）在“默认”选项卡中单击“修改”面板中的“偏移”按钮⊆，或者在命令行中输入命令 offset，然后在“偏移距离”提示行后面输入 3000，按 Enter 键确认后选择垂直直线，在直线右侧单击鼠标左键，将直线向右偏移 3000，如图 17-7 所示。命令行提示与操作如下：

```
命令：_offset
当前设置：删除源=否  图层=源  OFFSETGAPTYPE=0
```

```
指定偏移距离或 [通过(T)/删除(E)/图层(L)] <通过>: 3000
选择要偏移的对象，或 [退出(E)/放弃(U)] <退出>:（选择垂直直线）
指定要偏移的那一侧上的点，或 [退出(E)/多个(M)/放弃(U)] <退出>（在垂直直线右侧单击鼠标左键）:
选择要偏移的对象，或 [退出(E)/放弃(U)] <退出>:
```

（7）依照以上方式，继续偏移其他轴线。偏移的距离：水平直线向上依次偏移 2800、6000、6500、2000、4500；垂直直线向右依次偏移 6200、6200、6200、3000、6000、5700。结果如图 17-8 所示。

图 17-7　偏移垂直直线

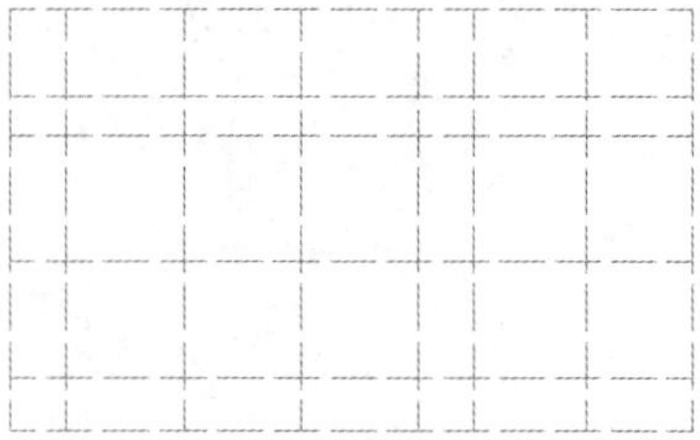

图 17-8　偏移轴线

17.2.2　绘制墙线

利用“多线”命令绘制墙线，接着利用“矩形”和“图案填充”命令绘制柱子，然后利用二维绘图和修改命令绘制门窗、楼梯、洗手盆和马桶，最后将其布置到建筑图中进行完善。

操作步骤

1. 设置多线样式

（1）在绘制多线之前，首先将当前图层设置为“墙线层”，然后按照以下步骤建立新的多线样式。选择菜单栏中的“格式”→“多线样式”命令，打开“多线样式”对话框，如图 17-9 所示。

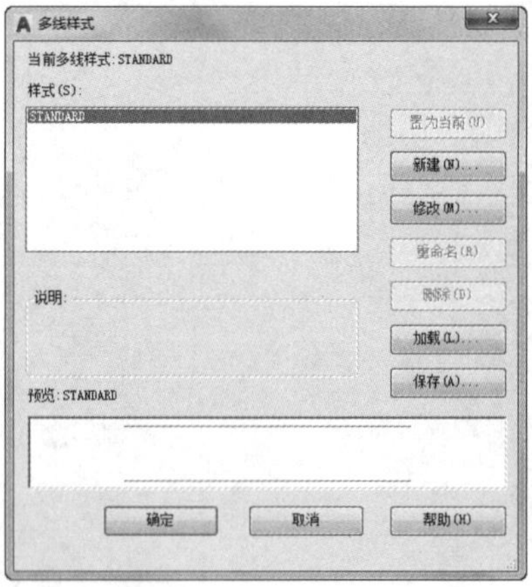

图 17-9　“多线样式”对话框

（2）在“多线样式”对话框中，可以看到“样式”列表框中只有系统自带的 STANDARD 样式。单击右侧的“新建”按钮，打开“创建新的多线样式”对话框，如图 17-10 所示。在“新样式名”文本框中输入“WALL_1”，单击“继续”按钮，在弹出的“新建多线样式: WALL_1”对话框中进行相应的设置，如图 17-11 所示。

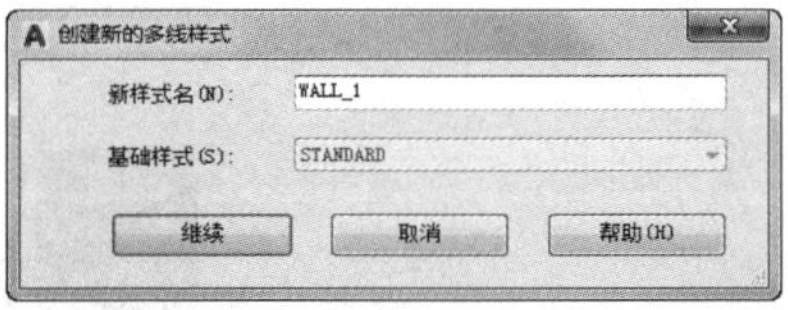

图 17-10　“创建新的多线样式”对话框

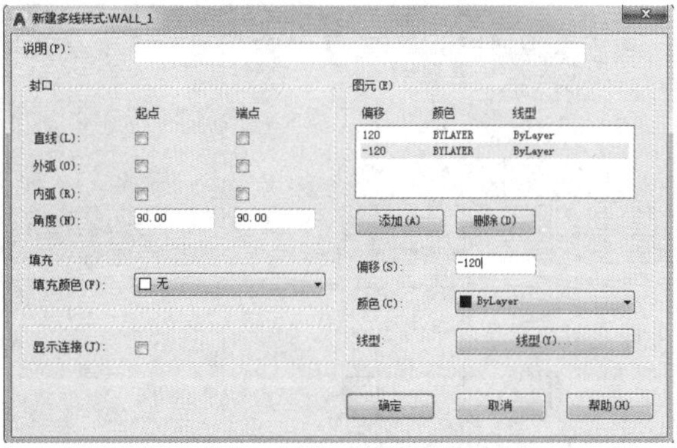

图 17-11　编辑“新建多线样式: WALL_1”对话框

2．绘制墙线

（1）在命令行中输入 mline 命令，然后依照以下命令行的提示进行设置及绘图。

```
命令: mline
当前设置: 对正 = 上，比例 = 20.00，样式 = STANDARD
指定起点或 [对正(J)/比例(S)/样式(ST)]: st（设置多线样式）
输入多线样式名或 [?]:  WALL_1（多线样式为 WALL_1）
当前设置: 对正 = 上，比例 = 20.00，样式 = WALL_1
指定起点或 [对正(J)/比例(S)/样式(ST)]: j
输入对正类型 [上(T)/无(Z)/下(B)] <上>: z（设置对正方式为无）
当前设置: 对正 = 无，比例 = 20.00，样式 = WALL_1
指定起点或 [对正(J)/比例(S)/样式(ST)]: s
输入多线比例 <20.00>:  1（设置线型比例为 1）
当前设置: 对正 = 无，比例 = 1.00，样式 = WALL_1
指定起点或 [对正(J)/比例(S)/样式(ST)]:（选择底端水平轴线左端）
指定下一点:（选择顶端水平轴线右端）
指定下一点或 [放弃(U)]:↙
```

（2）继续绘制其他外墙墙线，如图 17-12 所示。

3．绘制柱子

本实例中柱子的尺寸为 500×500。首先在空白处将柱子绘制好，然后移动到适当的轴线位置。

（1）在“默认”选项卡中单击“绘图”面板中的“矩形”按钮，绘制一个 500×500 的矩形，如图 17-13 所示。

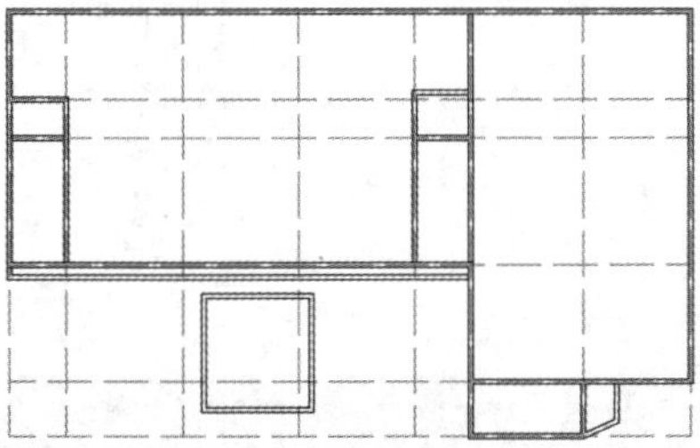

图 17-12　绘制墙线

图 17-13　绘制柱子轮廓

（2）在“默认”选项卡中单击“绘图”面板中的“图案填充”按钮，打开“图案填充创建”选项卡，如图 17-14 所示。选择 SOLID 图案填充柱子，结果如图 17-15 所示。

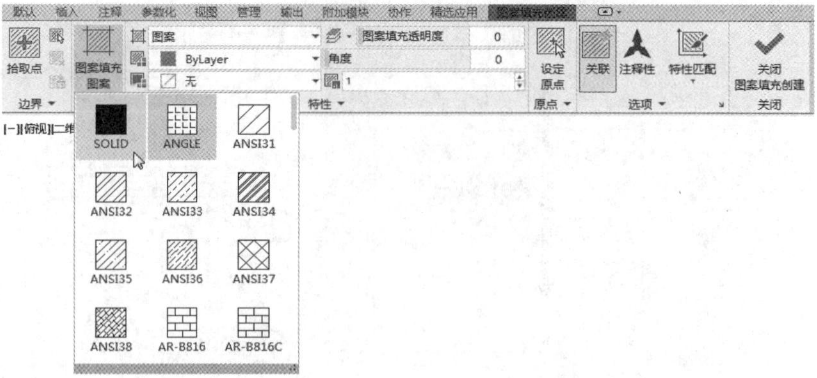

图 17-14 “图案填充创建”选项卡

图 17-15 填充图形

（3）在“默认”选项卡中单击“修改”面板中的“复制”按钮，然后单击 500×500 截面的柱子，将其复制到轴线的位置。

（4）依照上面的方法，将其他柱子截面插入轴线图中，结果如图 17-16 所示。

4．绘制窗线

（1）在“默认”选项卡中单击“修改”面板中的“修剪”按钮，修剪出门窗洞口，如图 17-17 所示。

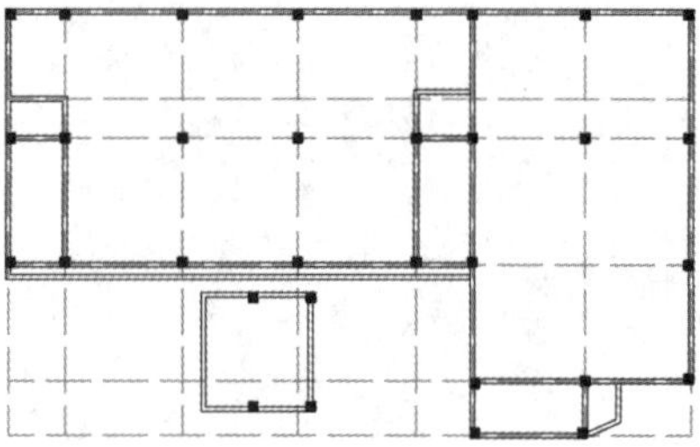

图 17-16 插入柱子

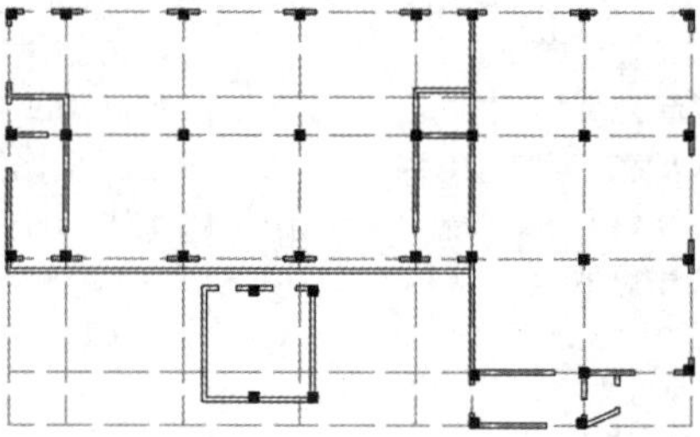

图 17-17 修剪门窗洞口

（2）新建名为 WINDOW 的多线样式，如图 17-18 所示。在弹出的“新建多线样式：WINDOW”对话框中为 WINDOW 样式进行相应的设置，如图 17-19 所示。

图 17-18 新建多线样式 WINDOW

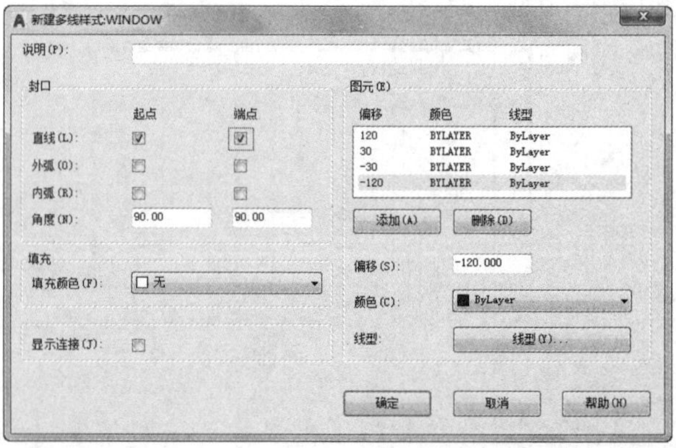

图 17-19 “新建多线样式:WINDOW”对话框

（3）在命令行中输入 mline，将多线样式修改为 WINDOW，然后将比例设置为 1，对正方式为无，绘制窗线。绘制时注意对准轴线以及墙线的端点。绘制完成后如图 17-20 所示。

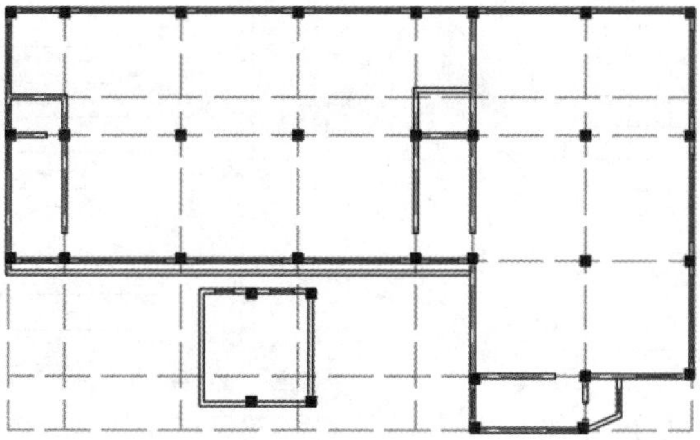

图 17-20 绘制窗线

5．绘制门

在墙体绘制完成后，便要绘制门了。本图中门有两种形式。

（1）第一种形式的门的绘制。在“默认”选项卡中单击“绘图”面板中的“直线”按钮，绘制门，结果如图 17-21 所示。

（2）第二种形式的门的绘制。在“默认”选项卡中单击“绘图”面板中的“圆”按钮，绘制一个圆，直径为 20；然后调用“直线”命令，过圆心绘制两条直径，结果如图 17-22 所示。

（3）在“默认”选项卡中单击“修改”面板中的“修剪”按钮 和“删除”按钮，删去多余的线段，结果如图 17-23 所示。

图 17-21 第一种形式的门

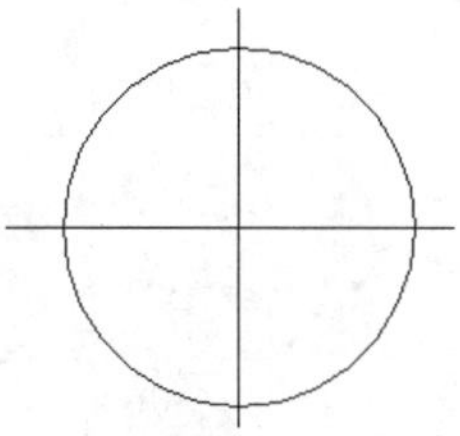

图 17-22 绘制直径

图 17-23 裁剪图形

6．绘制楼梯

（1）在“默认”选项卡中单击“绘图”面板中的“矩形”按钮，绘制两个矩形，其中大矩形为 2920×280，小矩形为 2800×160。

（2）在“默认”选项卡中单击“绘图”面板中的“直线”按钮，绘制一条长度为 1240 的直线，然后在“默认”选项卡中单击“修改”面板中的“矩形阵列”按钮，对直线进行阵列，设置行数为 11，行间距为-280，列数为 1，结果如图 17-24 所示。

（3）在“默认”选项卡中单击“修改”面板中的“镜像”按钮，以矩形的垂直中心线为对称轴，将矩形左侧的直线镜像到右侧，结果如图 17-25 所示。

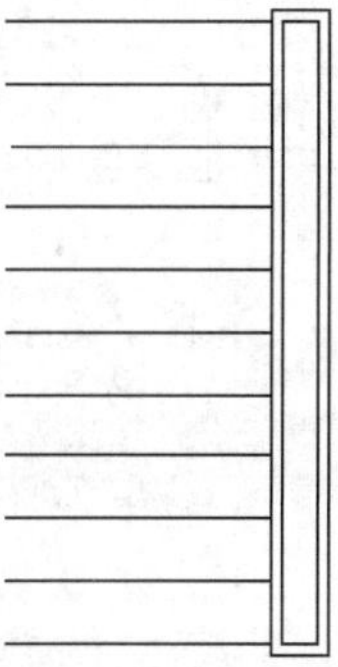

图 17-24 阵列直线

（4）在“默认”选项卡中单击“绘图”面板中的“直线”按钮，

在矩形左端绘制一条斜线；然后在“默认”选项卡中单击“修改”面板中的“偏移”按钮⊆，偏移距离为100，得到一条偏移线；最后在两条斜线中间绘制一段折线，如图17-26所示。

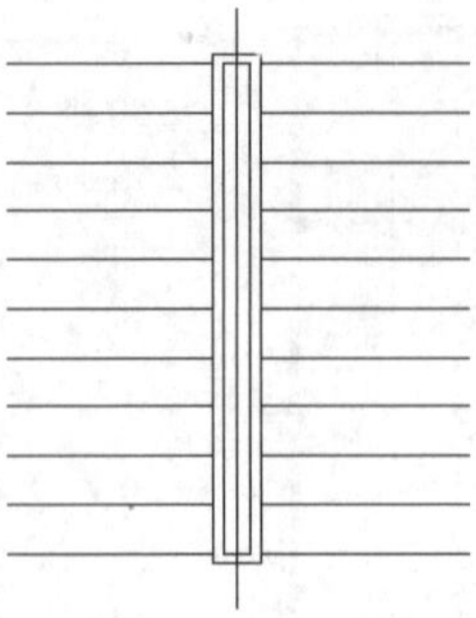

图17-25　镜像直线

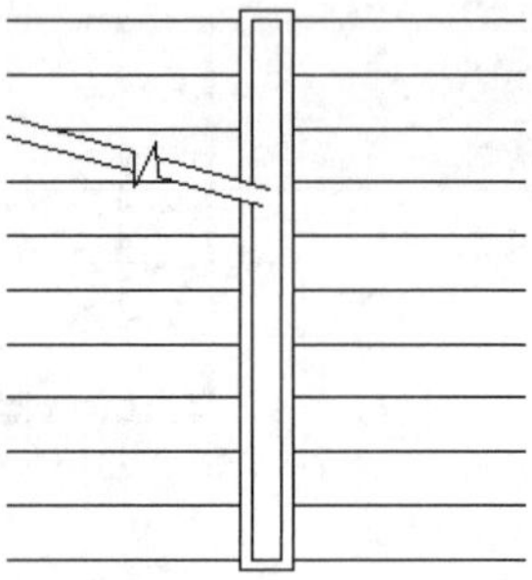

图17-26　绘制折线

（5）在“默认”选项卡中单击“修改”面板中的“复制”按钮，将图17-26所示图形复制一份；然后在“默认”选项卡中单击“修改”面板中的“旋转”按钮，旋转角度为-90°，最后在“默认”选项卡中单击“修改”面板中的“镜像”按钮，镜像旋转后的图像，结果如图17-27所示。

（6）单击“默认”选项卡“修改”面板中的“镜像”按钮，将图17-26进行镜像处理，结果如图17-28所示。

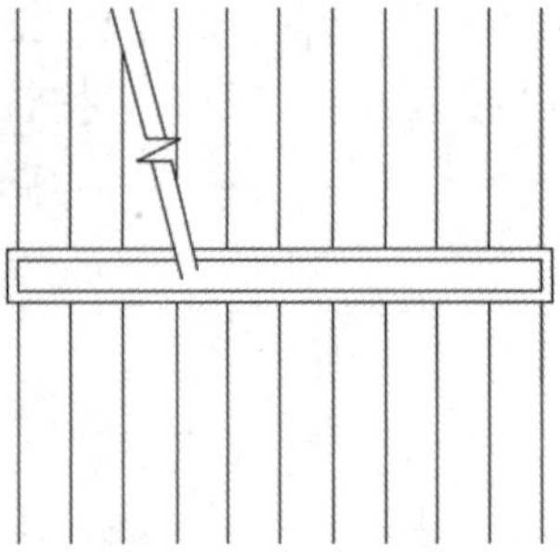

图17-27　楼梯旋转、镜像效果

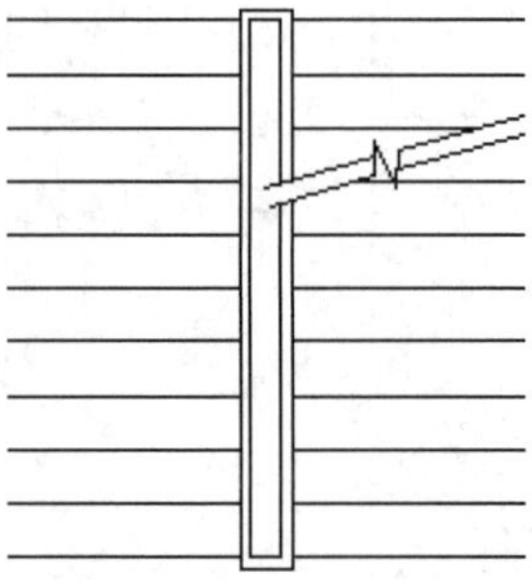

图17-28　楼梯镜像效果

7. 绘制洗手盆

这里主要介绍一下洗手盆的绘制方法。

（1）在“默认”选项卡中单击“绘图”面板中的“椭圆”按钮，绘制两个椭圆，大椭圆的长径为347、短径为269，小椭圆的长径为211、短径为181，并调整椭圆夹点，然后在“默认”选项卡中单击“绘图”面板中的“直线”按钮，分别在两个椭圆内绘制两条水平直线，如图17-29所示。

（2）在“默认”选项卡中单击“绘图”面板中的“直线”按钮，绘制一条中心线，然后绘制中心线左侧部分，两条斜线与水平方向的角度分别为45°和30°，两条水平直线的长度分别为94和93，结果如图17-30所示。

（3）在“默认”选项卡中单击“修改”面板中的“镜像”按钮，以中心线为对称轴对左侧部分进行镜像，然后绘制一条与小椭圆长轴平行的直线，两条直线间的距离为50，结果如图17-31所示。

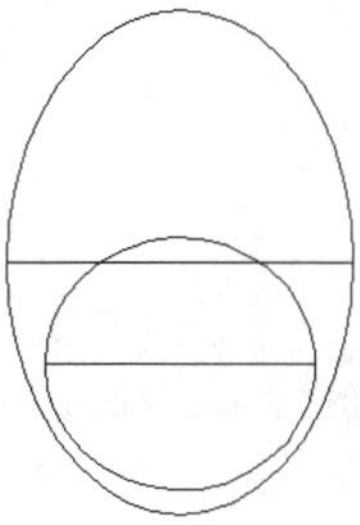

图 17-29 绘制椭圆

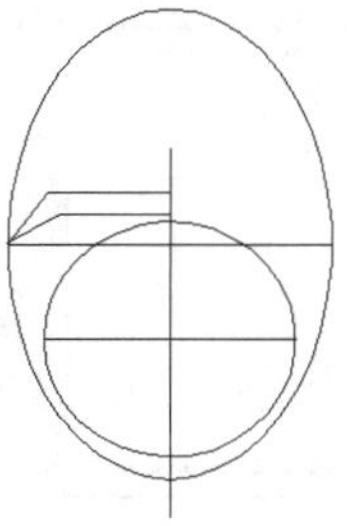

图 17-30 绘制直线

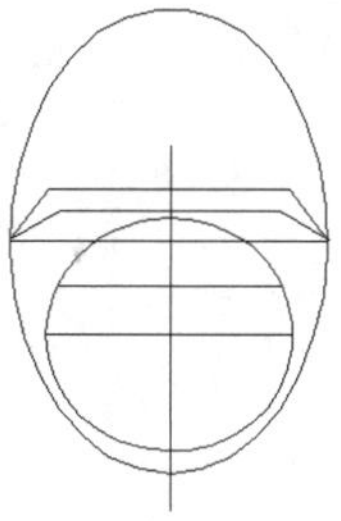

图 17-31 镜像图形

（4）在“默认”选项卡中单击“修改”面板中的“修剪”按钮，修剪多余的线段，结果如图 17-32 所示。

（5）在“默认”选项卡中单击“绘图”面板中的“圆”按钮，绘制 4 个圆，其中中心线左右两侧圆的直径为 16，距离中心线 50，同心圆的直径分别为 32 和 23，结果如图 17-33 所示。

（6）在“默认”选项卡中单击“修改”面板中的“圆角”按钮，倒圆角，圆角半径为 100，结果如图 17-34 所示。

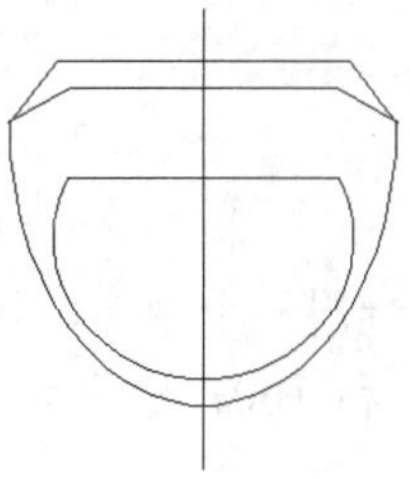

图 17-32 修剪图形

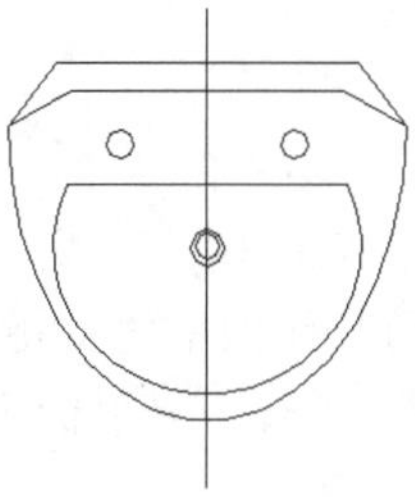

图 17-33 绘制圆

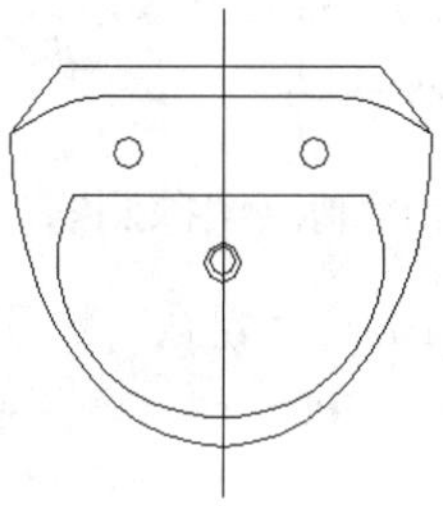

图 17-34 倒圆角

8．绘制马桶

（1）在“默认”选项卡中单击“绘图”面板中的“矩形”按钮，绘制两个矩形，大矩形的尺寸为 470×280，小矩形的尺寸为 440×220，如图 17-35 所示。

（2）在“默认”选项卡中单击“绘图”面板中的“椭圆”按钮，以大矩形的短边为椭圆的长轴，短轴的尺寸为 100，绘制一个椭圆，如图 17-36 所示。

（3）单击“默认”选项卡“修改”面板中的“修剪”按钮，修剪掉多余的直线。

（4）单击“默认”选项卡“修改”面板中的“圆角”按钮，倒 4 个圆角，圆角半径分别为 40 和 20，结果如图 17-37 所示。

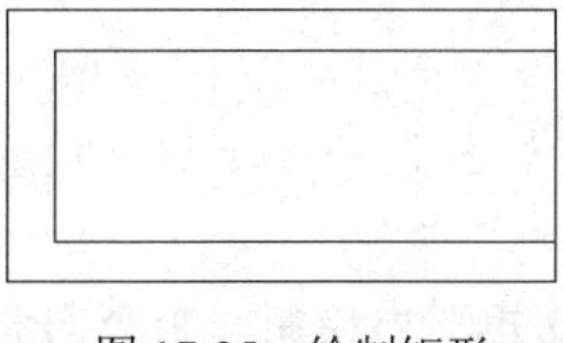

图 17-35 绘制矩形

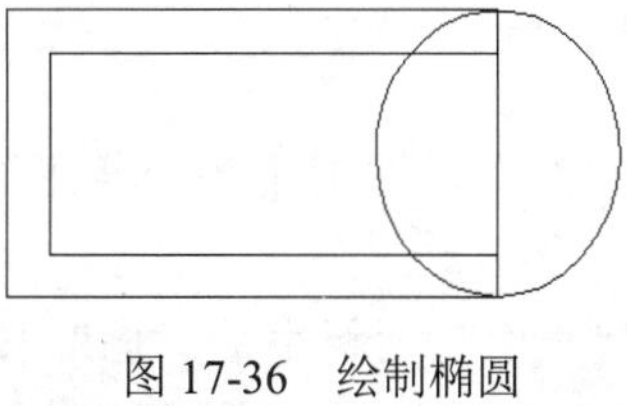

图 17-36 绘制椭圆

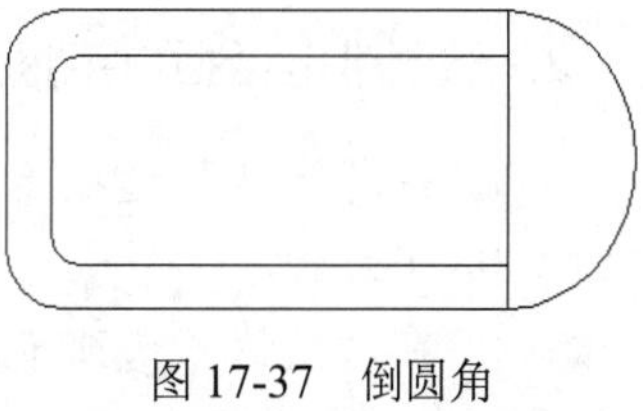

图 17-37 倒圆角

9．完成建筑图

将以上所述门、楼梯、洗手盆、马桶添加到建筑图中，并放在适当的位置，结果如图 17-38 所示。

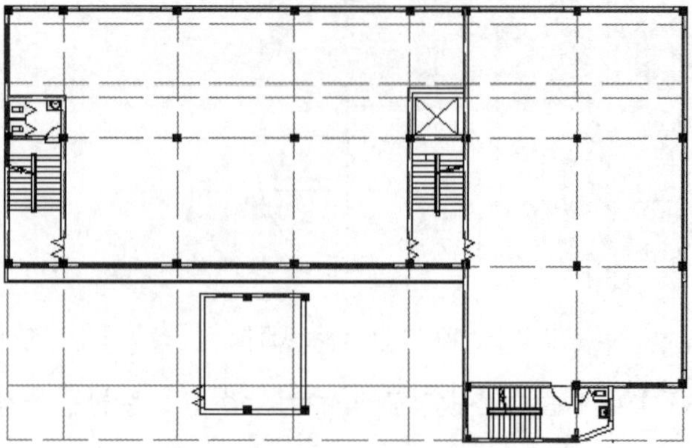

图 17-38 厂房的建筑结构图

17.2.3 绘制消防报警器件

利用二维绘图和修改命令绘制消防报警器件。

操作步骤

1．绘制感烟探测器

（1）在“默认”选项卡中单击“绘图”面板中的“矩形”按钮 ▭，绘制一个矩形，矩形的尺寸为 500×500；然后调用直线命令绘制一段折线，直线的尺寸为 160、283 和 160，结果如图 17-39 所示。

（2）在“默认”选项卡中单击“修改”面板中的“旋转”按钮 ↻，将折线部分以正方形的中心为轴逆时针旋转 45°，结果如图 17-40 所示。

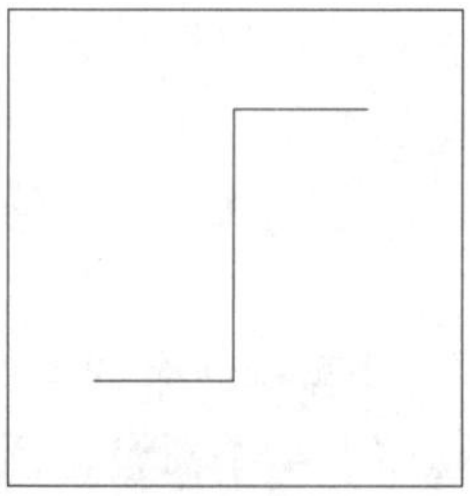

图 17-39 绘制矩形与折线

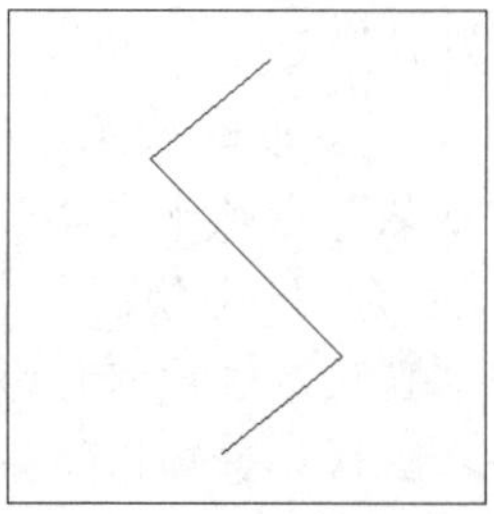

图 17-40 旋转折线

2．绘制带电话插口手报

（1）在“默认”选项卡中单击“绘图”面板中的“矩形”按钮 ▭，绘制一个矩形，矩形尺寸为 500×500。

（2）在“默认”选项卡中单击“绘图”面板中的“圆”按钮 ⊙，在矩形内绘制一个小圆和一个大圆，小圆的半径为 45，大圆的半径为 150，大圆的圆心到矩形相邻两个边的距离分别为 250 和 100，小圆的圆心到矩形相邻两边的距离分别为 371 和 114，如图 17-41（a）所示。

（3）在大圆的下端点绘制一条垂线，并在大圆上过圆心绘制一条水平的直径，如图 17-41（a）所示。

（4）在“默认”选项卡中单击“修改”面板中的“修剪”按钮和“删除”按钮，删除多余的线条，如图 17-41（b）所示。

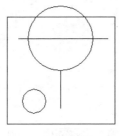

（a）绘制圆　　（b）删除多余的线条

图 17-41　带电话插口手报

3．绘制控制模块和输入模块

控制模块和输入模块的绘制都比较简单，下面分别介绍。

（1）在“默认”选项卡中单击“绘图”面板中的“矩形”按钮，绘制两个 400×400 的矩形。

（2）在“默认”选项卡中单击“注释”面板中的“多行文字”按钮 A，在矩形中添加“C”作为控制模块，添加“M”作为输入模块。如果出现字体比较大或比较小的情况，可以在“默认”选项卡中单击“修改”面板中的“缩放”按钮，然后选择基点（可选中心点），再选择缩放的倍数，这样可以调整字体的大小。结果如图 17-42 所示。

（a）控制模块　　（b）输入模块

图 17-42　控制模块和输入模块

4．绘制声光警报器

（1）在“默认”选项卡中单击“绘图”面板中的“直线”按钮，绘制长边为 500、短边为 300、高为 350 的梯形，结果如图 17-43 所示。

（2）在“默认”选项卡中单击“绘图”面板中的“矩形”按钮，绘制一个矩形，矩形的尺寸为 125×150，最后单击“默认”选项卡“绘图”面板中的“直线”按钮，在矩形的旁边绘制一个不规则的四边形，结果如图 17-44 所示。

5．绘制接线箱

（1）在“默认”选项卡中单击“绘图”面板中的“矩形”按钮，绘制一个矩形，矩形的尺寸为 750×300。

（2）在“默认”选项卡中单击“绘图”面板中的“直线”按钮，过矩形四条边的中点绘制两条直线即可，结果如图 17-45 所示。最后将电气元件之间用直线连接起来。

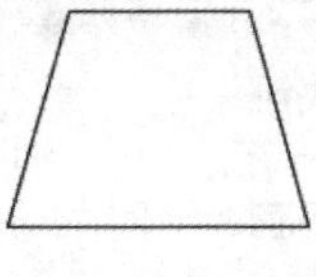

图 17-43　绘制梯形

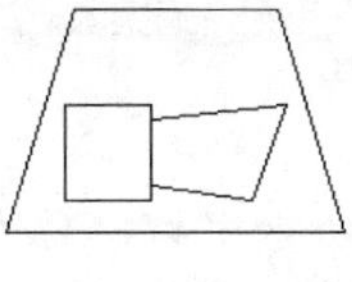

图 17-44　绘制声光警报器

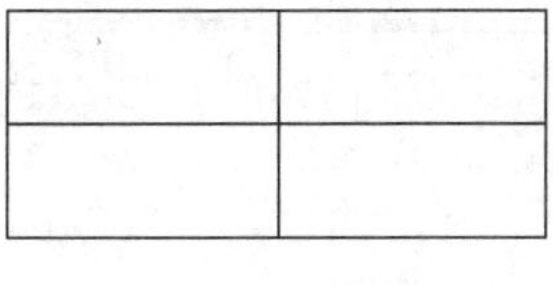

图 17-45　接线箱

17.2.4 添加尺寸标注

首先设置标注样式，然后进行尺寸标注。

操作步骤

（1）在“默认”选项卡中单击“注释”面板中的“标注样式”按钮，打开“标注样式管理器”对话框，如图 17-46 所示。

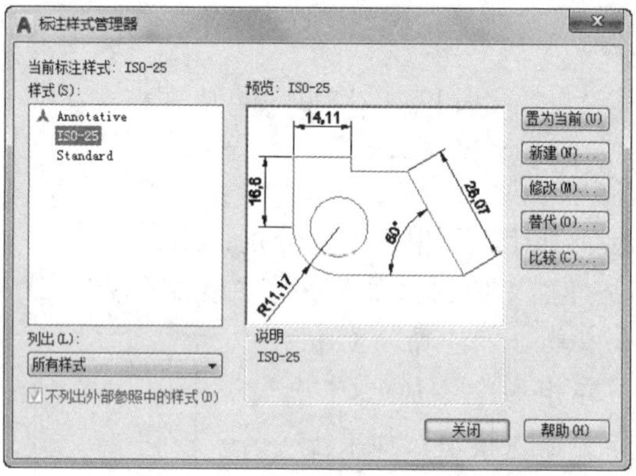

图 17-46　“标注样式管理器”对话框

（2）单击“修改”按钮，打开“修改标注样式：ISO-25”对话框。选择“线”选项卡，按图 17-47 所示进行相应的设置。然后选择“符号和箭头”选项卡，按图 17-48 所示进行修改，箭头样式选择为“建筑标记”，“箭头大小”修改为 150。用同样的方法，将“文字”选项卡中的“文字高度”修改为 150，“从尺寸线偏移”修改为 50。

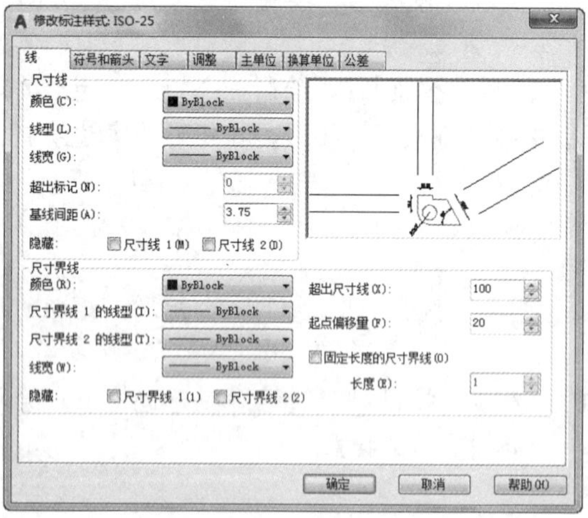

图 17-47　“线”选项卡

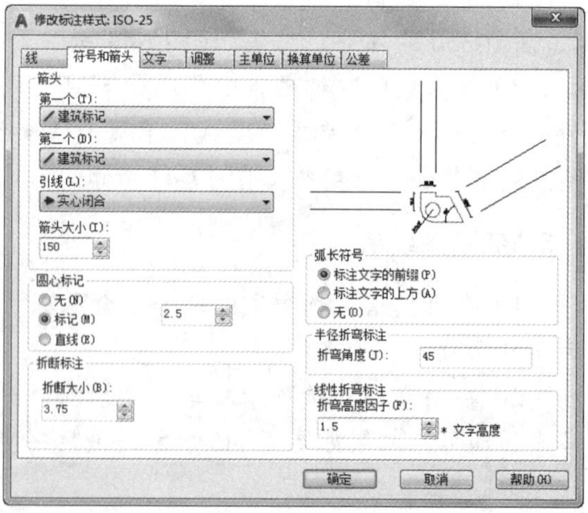

图 17-48　修改箭头

（3）在“默认”选项卡中单击“注释”面板中的“线性”按钮，标注轴线间的距离，如图 17-49 所示。

（4）在“默认”选项卡中单击“绘图”面板中的“圆”按钮和“注释”面板中的“多行文字”按钮 A，绘制轴号并为图形添加标高，如图 17-50 所示。

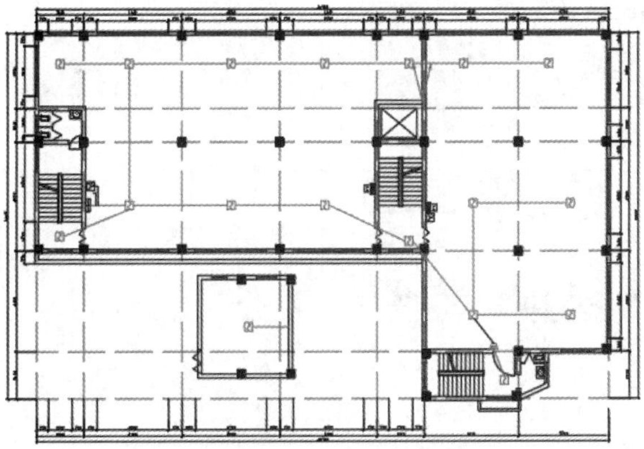

图 17-49　尺寸标注

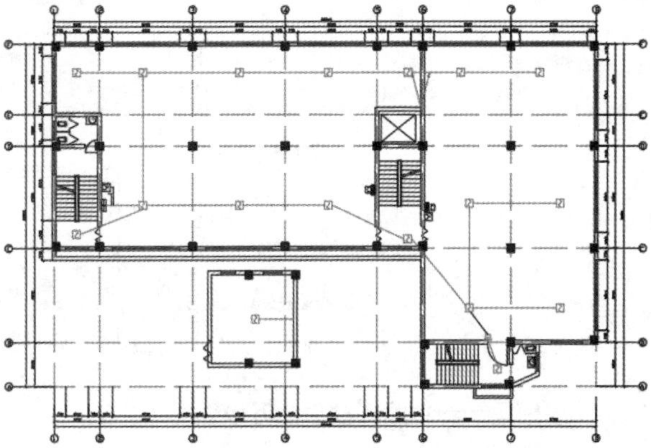

图 17-50　绘制轴号并添加标高

17.2.5　添加文字说明

首先设置文字样式，然后添加文字说明。

操作步骤

（1）选择菜单栏中的“格式”→“文字样式”命令，打开“文字样式”对话框，如图 17-51 所示。

（2）单击“新建”按钮，弹出“新建文字样式”对话框，在“样式名”文本框中输入“说明”，如图 17-52 所示。

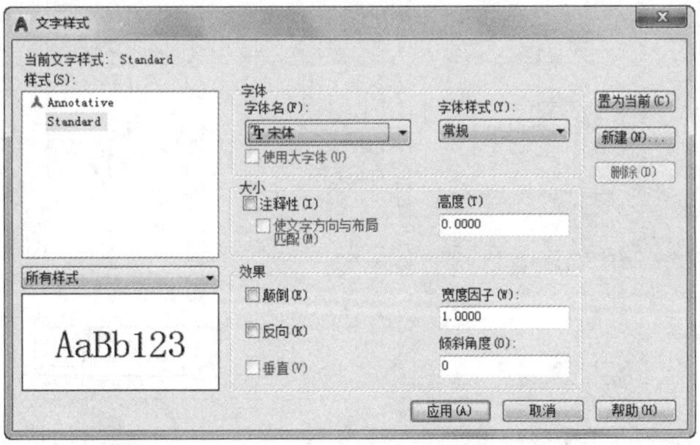

图 17-51　“文字样式”对话框

图 17-52　“新建文字样式”对话框

（3）单击“确定”按钮，返回“文字样式”对话框。在“字体”选项组中，取消选中“使用大字体”复选框，在“字体名”下拉列表框中选择“仿宋_GB2312”；然后在“大小”选项组中，将“高度”设置为 150，如图 17-53 所示。在“默认”选项卡中单击“注释”面板中的“多行文字”按钮 A，为图形添加文字说明，最终效果如图 17-1 所示。

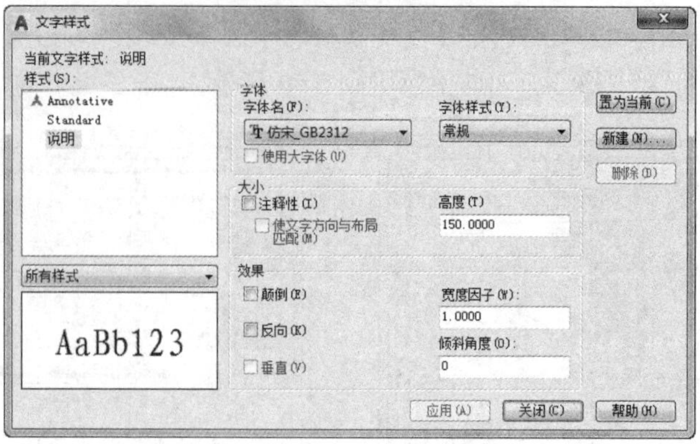

图 17-53　修改字体及高度

动手练——绘制餐厅消防报警平面图

源文件：源文件\第 17 章\餐厅消防报警平面图.dwg

本练习绘制如图 17-54 所示的餐厅消防报警平面图。

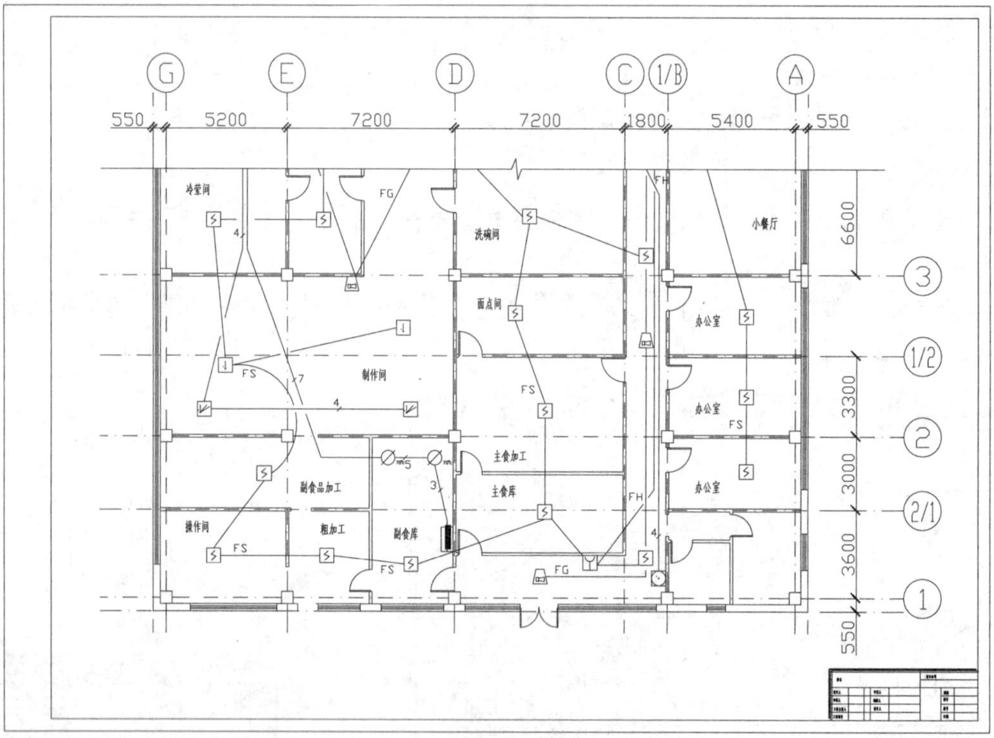

图 17-54　餐厅消防报警平面图

思路点拨：

（1）设置绘图环境。

（2）绘制结构平面图。

（3）绘制消防报警系统。

（4）尺寸标注和文字说明。

扫一扫，看视频

17.3 绘制办公室电气照明平面图

源文件：源文件\第 17 章\办公室电气照明平面图.dwg

如图 17-55 所示是某办公室电气照明平面图，该图清晰地表达了建筑物内该层平面电气照明线路和灯具及其相关的开关、插座、电风扇等的布置信息。本图的绘制思路：首先绘制建筑平面图，然后绘制各个电气符号，最后添加注释文字及尺寸标注，完成绘制。

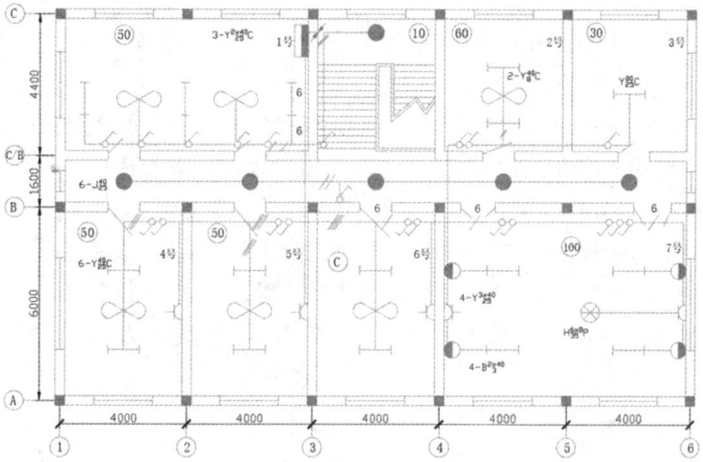

图 17-55　办公室电气照明平面图

17.3.1　设置绘图环境

在绘制办公室电气照明平面图之前，有必要对其绘图环境进行一些基本的设置，包括文件的创建、保存及图层的管理等。

操作步骤

（1）建立新文件。打开 AutoCAD 2020 应用程序，单击快速访问工具栏中的“新建”按钮，以“无样板打开-公制”创建一个新的文件，单击快速访问工具栏中的“保存”按钮，将其命名为“办公室电气照明平面图.dwg”进行保存。

（2）设置图层。在“图层特性管理器”选项板中新建“电气层”和“文字层”两个图层，各图层的属性设置如图 17-56 所示。接下来，将“电气层”设置为当前图层。

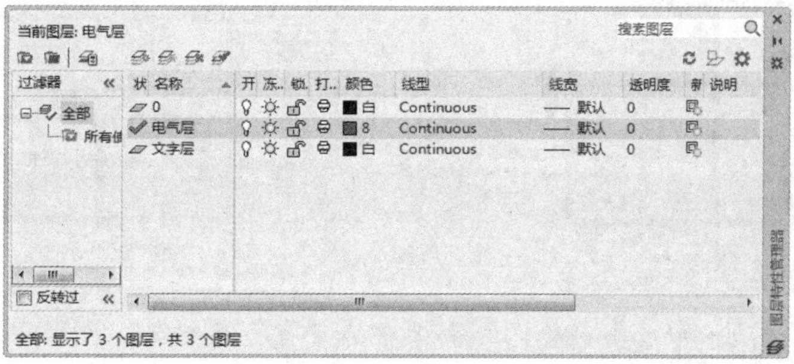

图 17-56　图层设置

17.3.2 绘制建筑平面图

首先利用“矩形”“偏移”“分解”和“矩形阵列”命令绘制墙体，然后利用“直线”“修剪”和“图案填充”命令绘制柱子，最后利用“偏移”“修剪”等命令绘制窗线和门洞。

操作步骤

（1）在“默认”选项卡中单击“绘图”面板中的“矩形”按钮，绘制一个长度为 200、宽度为 120 的矩形。

（2）在“默认”选项卡中单击“修改”面板中的“偏移”按钮，将矩形向内侧、外侧分别偏移，偏移距离为 1.5，效果如图 17-57 所示。

（3）在“默认”选项卡中单击“修改”面板中的“分解”按钮，将 3 个矩形边框进行分解。

（4）在“默认”选项卡中单击“修改”面板中的“偏移”按钮，将最外面矩形的左边垂直直线向右偏移，偏移距离为 40，得到直线 1；再次在“默认”选项卡中单击“修改”面板中的“偏移”按钮，将直线 1 向右偏移两次，偏移距离分别为 1.5 和 1.5，效果如图 17-58 所示。

（5）在“默认”选项卡中单击“修改”面板中的“矩形阵列”按钮，选择步骤（4）偏移得到的 3 条垂直直线作为阵列对象，设置行数为 1，列数为 4，行间距为 0，列间距为 40，阵列结果如图 17-59 所示。

图 17-57 偏移矩形

图 17-58 偏移垂直直线

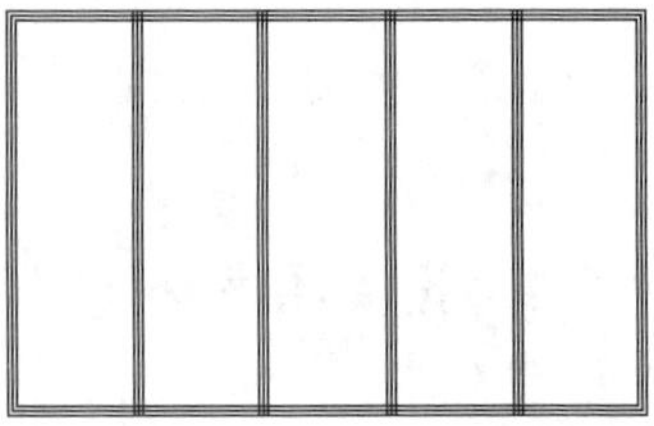

图 17-59 阵列结果

（6）在“默认”选项卡中单击“修改”面板中的“偏移”按钮，将最外面矩形的上边水平线向下偏移，偏移距离分别为 44 和 16，得到直线 2 和 3；再次在“默认”选项卡中单击“修改”面板中的“偏移”按钮，分别将直线 2 和 3 各自向下偏移，偏移距离分别为 1.5 和 3，效果如图 17-60 所示。

（7）在“视图”选项卡的“导航”面板中打开“范围”下拉列表，从中选择“窗口”选项，局部放大如图 17-61 所示框选的图形，预备下一步操作，效果如图 17-62 所示。

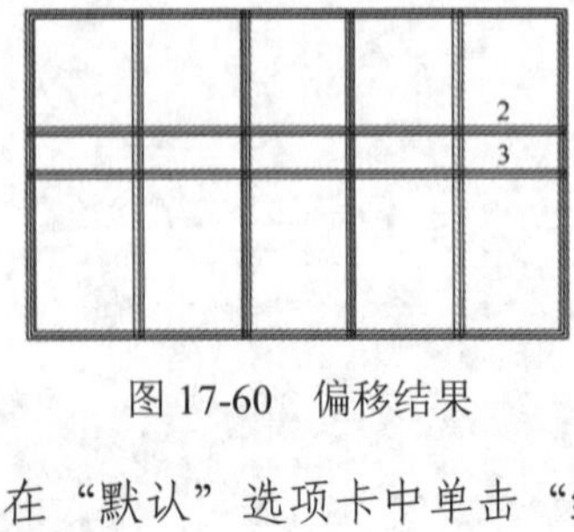

图 17-60 偏移结果

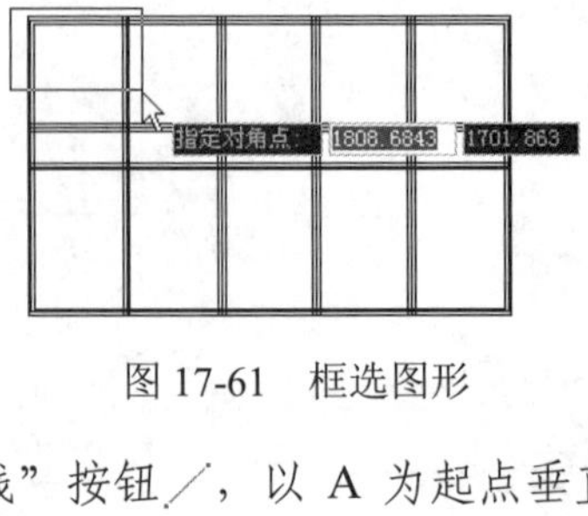

图 17-61 框选图形

（8）在“默认”选项卡中单击“绘图”面板中的“直线”按钮，以 A 为起点垂直向上、水平向左绘制直线 4 和 5，长度均为 3，如图 17-63 所示。

（9）在“默认”选项卡中单击“修改”面板中的“修剪”按钮✂，以直线 4 和 5 为修剪边，修剪掉多余的直线，效果如图 17-64 所示。

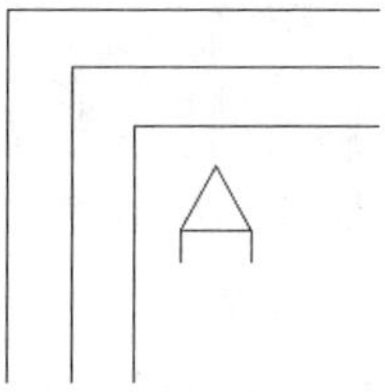

图 17-62　局部放大

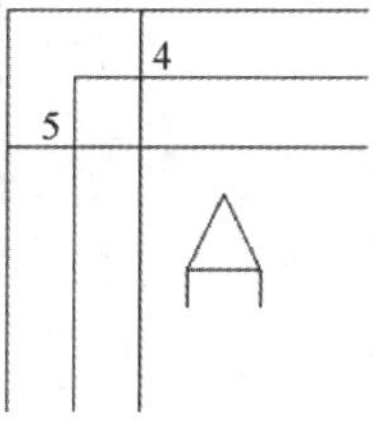

图 17-63　绘制直线

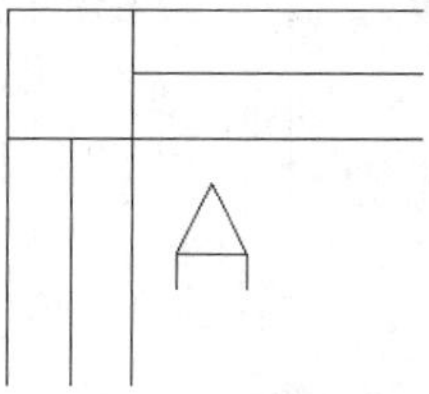

图 17-64　修剪直线

（10）填充矩形。

① 在“默认”选项卡中单击“绘图”面板中的“图案填充”按钮▨，系统弹出“图案填充创建”选项卡，如图 17-65 所示。选择 SOLID 图案，将“角度”设置为 0，“比例”设置为 1，其他为默认值。依次选择图 17-64 中矩形的 4 条边作为填充边界，填充效果如图 17-66 所示。

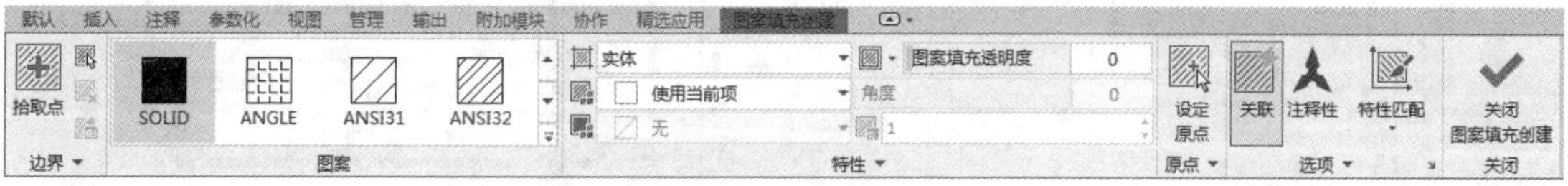

图 17-65　“图案填充创建”选项卡

② 参照上面的操作，绘制并填充另外几个矩形，效果如图 17-67 所示。

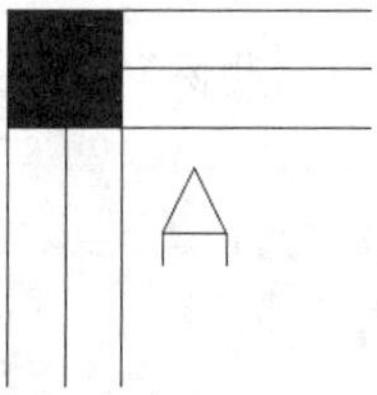

图 17-66　填充结果

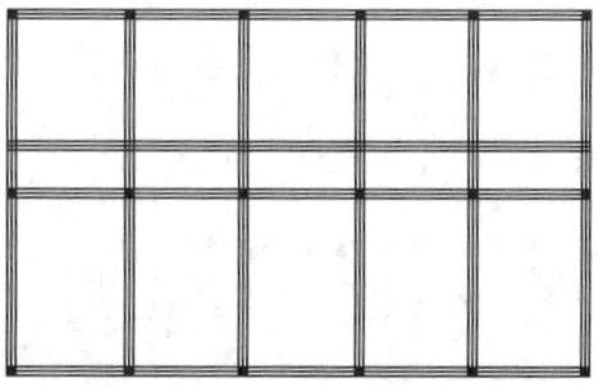

图 17-67　填充其他矩形

（11）在“视图”选项卡的“导航”面板中打开“范围”下拉列表，从中选择“🔍窗口”选项，局部放大如图 17-68 所示框选的图形，预备下一步操作，效果如图 17-69 所示。

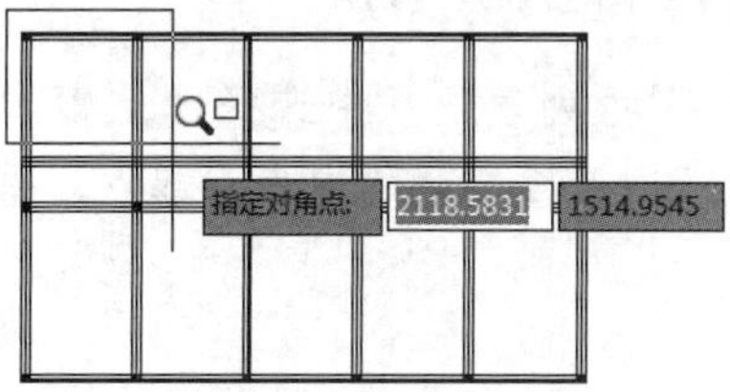

图 17-68　框选图形

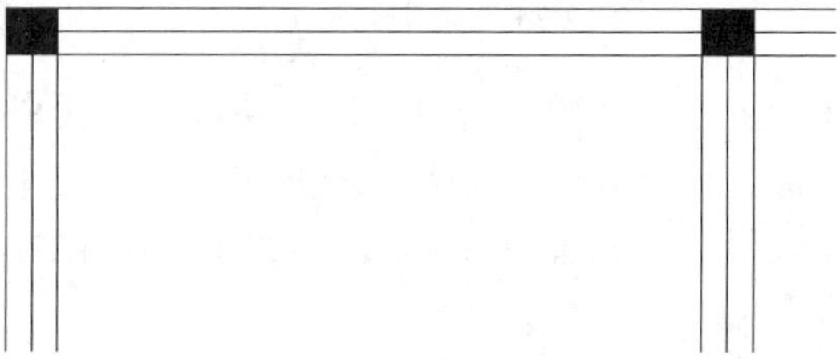

图 17-69　局部放大

（12）绘制窗洞。

① 在“默认”选项卡中单击“修改”面板中的“偏移”按钮⊆，将图 17-70 所示的短直线均为偏移对象，向右偏移，偏移距离分别为 9.25、27.75、49.25、67.75、89.25、107.75、129.25、147.75、169.25 和 187.75，效果如图 17-71 所示。

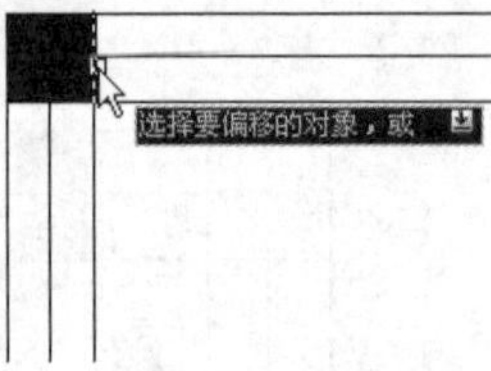

图 17-70　选择直线

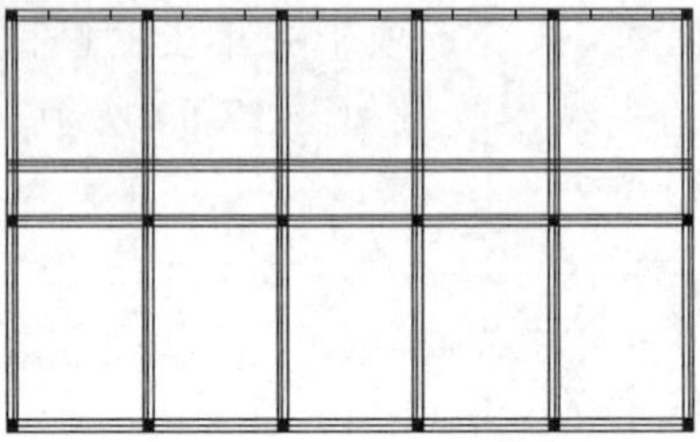

图 17-71　偏移直线

② 再次在“默认”选项卡中单击“修改”面板中的“偏移”按钮，将图 17-72 所示的短直线均为偏移对象，向下偏移，偏移距离分别 10.25、30.75、47.25、53.75、74.25 和 102.75，效果如图 17-73 所示。

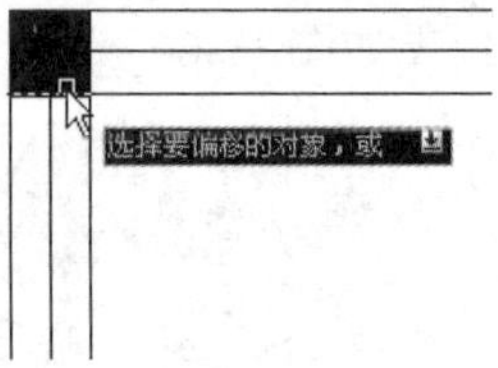

图 17-72　选择直线

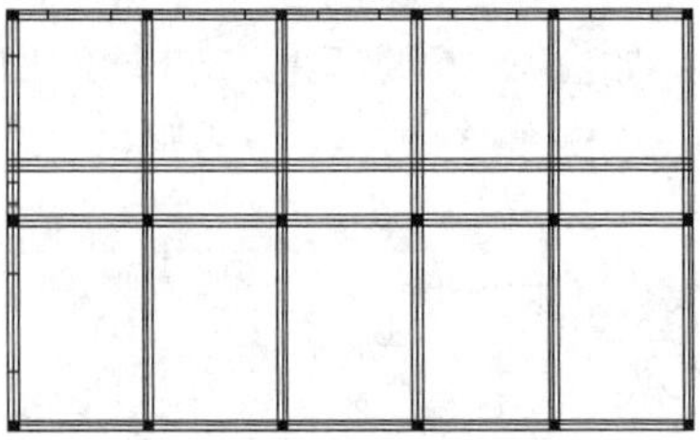

图 17-73　偏移直线

③ 参照上面的方法，在下边和右边的墙线绘制出窗洞，效果如图 17-74 所示。

（13）在“默认”选项卡中单击“修改”面板中的“修剪”按钮，以偏移的水平和垂直短线为修剪边修剪图形；同时在“默认”选项卡中单击“修改”面板中的“删除”按钮，删除掉多余的直线，效果如图 17-75 所示。

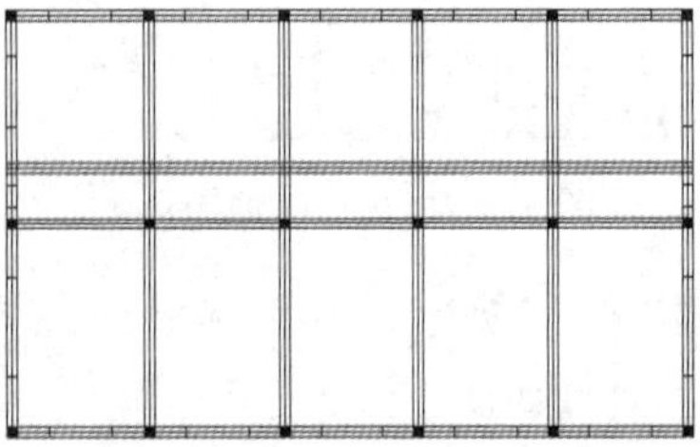

图 17-74　绘制窗洞

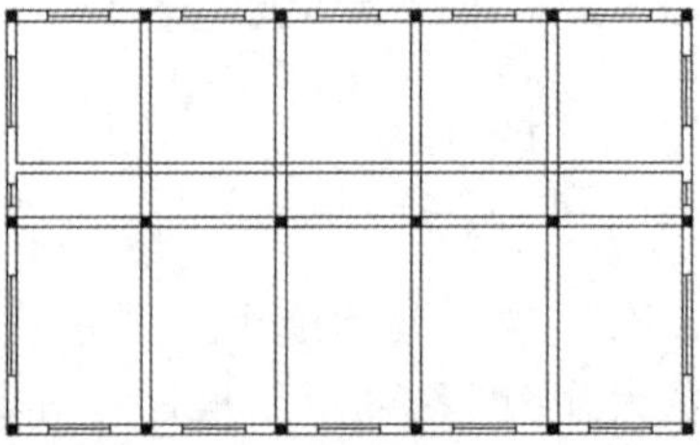

图 17-75　修剪图形

（14）在“视图”选项卡的“导航”面板中打开“范围”下拉列表，从中选择“窗口”选项，局部放大如图 17-76 所示框选的图形，预备下一步操作。以图 17-77 所示的中点为起点，垂直向上绘制长度 77.5 的直线 L，效果如图 17-78 所示。

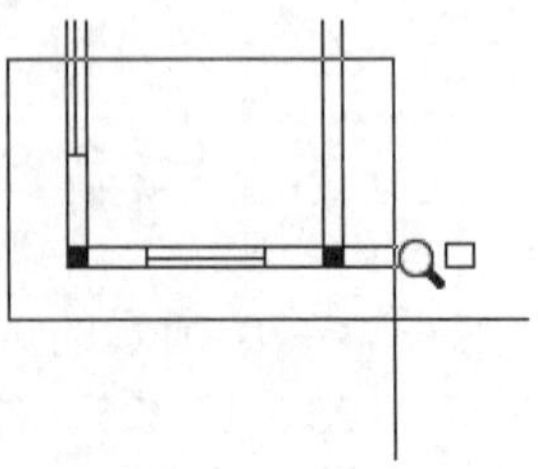

图 17-76　框选图形

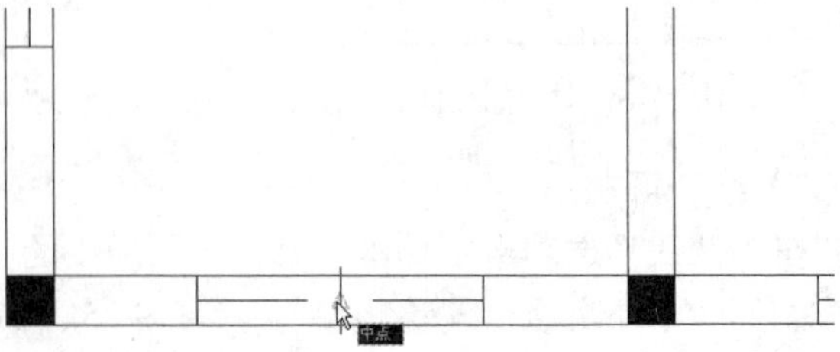

图 17-77　绘制直线

（15）在“默认”选项卡中单击“修改”面板中的“修剪”按钮，对直线 L 进行修剪，效果如图 17-79 所示。

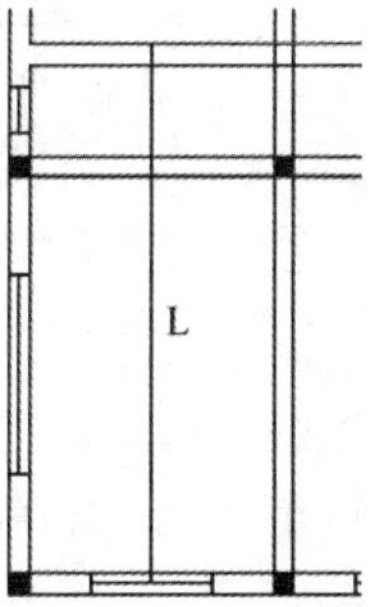

图 17-78 绘制直线

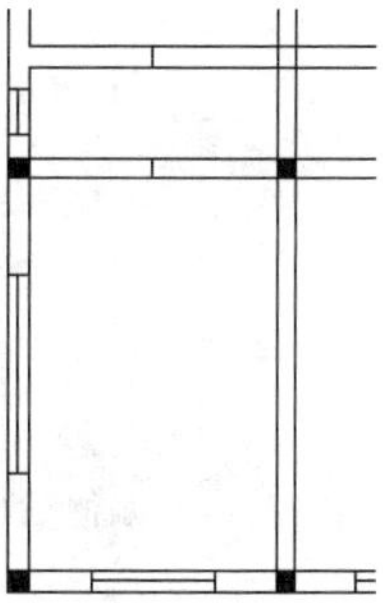

图 17-79 修剪直线

（16）在“默认”选项卡中单击“修改”面板中的“偏移”按钮，将图 17-80 所示的短线向左偏移 5，向右偏移 5、35、45、113.5、123.5、156.5 和 166.5，效果如图 17-81 所示。

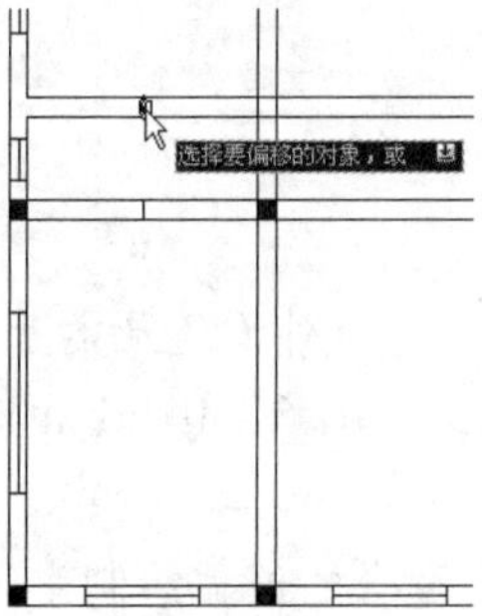

图 17-80 捕捉偏移直线

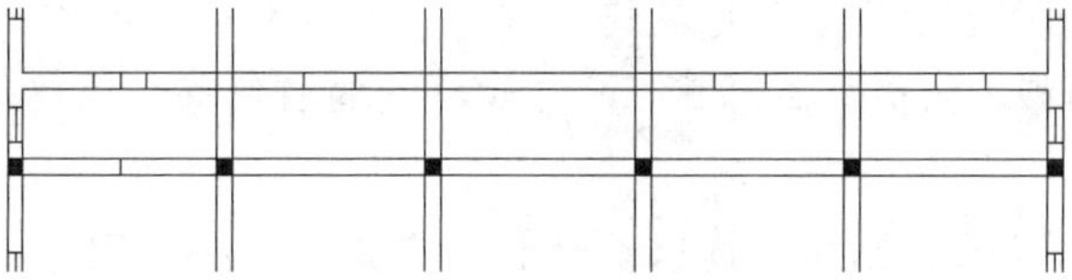

图 17-81 偏移结果

（17）修剪直线。

① 在“默认”选项卡中单击“修改”面板中的“修剪”按钮，以图 17-81 所示偏移得到的直线为修剪边对图形进行修剪，然后在“默认”选项卡中单击“修改”面板中的“删除”按钮，删除掉多余的短直线，效果如图 17-82 所示。

② 参照上述方法，将图 17-83 所示的垂直短线进行偏移，其中向左偏移 5，向右偏移 5、35、45、75、85、106.5、117.5、161.5、173.5，然后在“默认”选项卡中单击“修改”面板中的“修剪”按钮，以刚偏移的垂直短线为修剪边对图形进行修剪；接着在“默认”选项卡中单击“修改”面板中的“删除”按钮，删除掉多余的短直线，效果如图 17-84 所示。

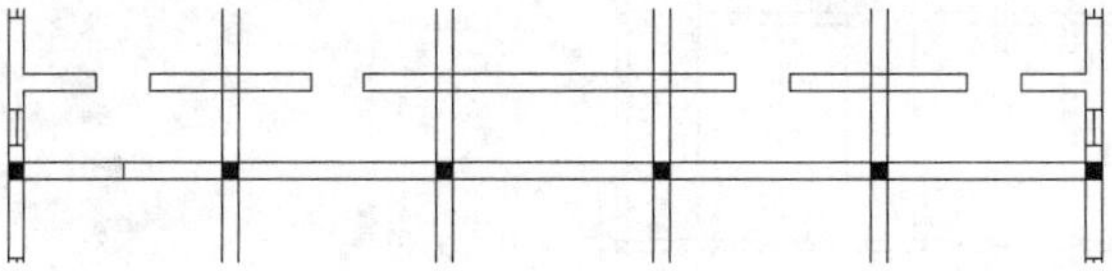

图 17-82 修剪直线

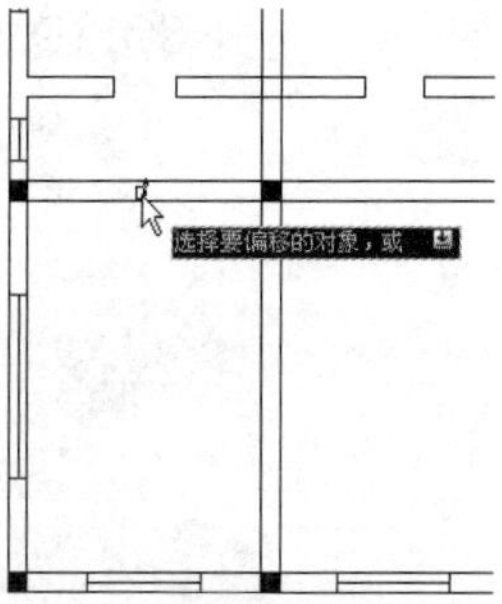

图 17-83 捕捉偏移直线

③ 再次在“默认”选项卡中单击“修改”面板中的“修剪”按钮✂，修剪掉图中其他的多余直线，整体效果如图 17-85 所示。至此建筑平面图绘制完毕。

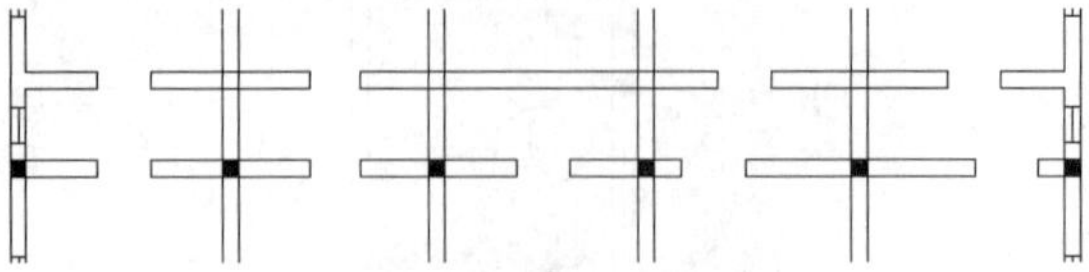

图 17-84　偏移后修剪图形

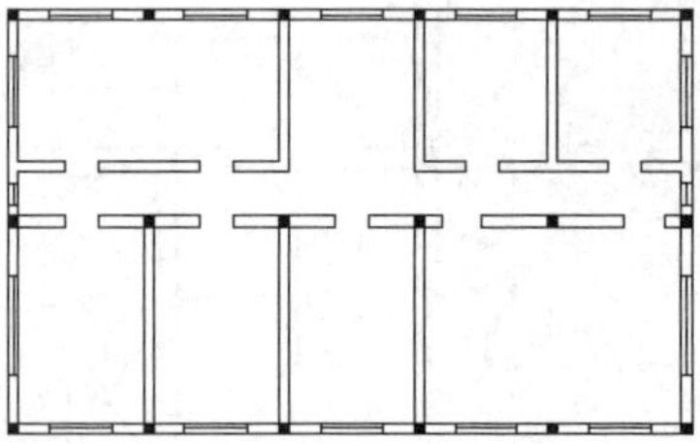

图 17-85　修剪图形

17.3.3　绘制各元器件符号

建筑电气工程图中实际发挥作用的是电气元件，不同的元件实现不同的功能，将这些电气元件通过电信号组合起来就能起到相应的作用。

操作步骤

1．绘制球形灯

（1）在“默认”选项卡中单击“修改”面板中的“偏移”按钮⊆，将最外面矩形的上边框线向下偏移，偏移距离为 53.5；左边框线向右偏移，偏移距离为 21.5、61.5、101.5、141.5 和 181.5，效果如图 17-86 所示。

（2）在“默认”选项卡中单击“绘图”面板中的“圆”按钮⊙，在适当的位置绘制半径为 2.5 的圆，效果如图 17-87 所示。

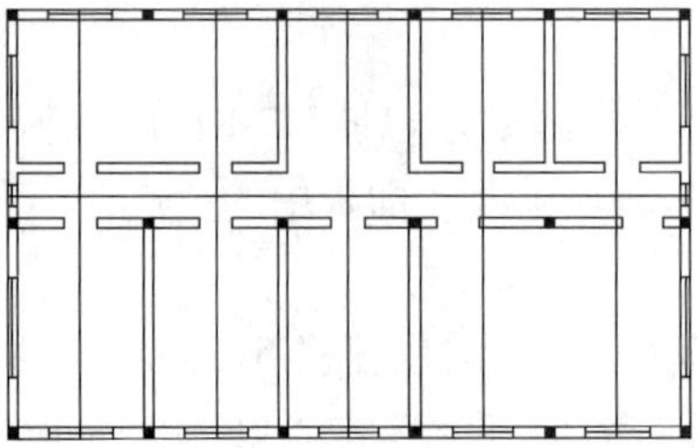

图 17-86　偏移线段

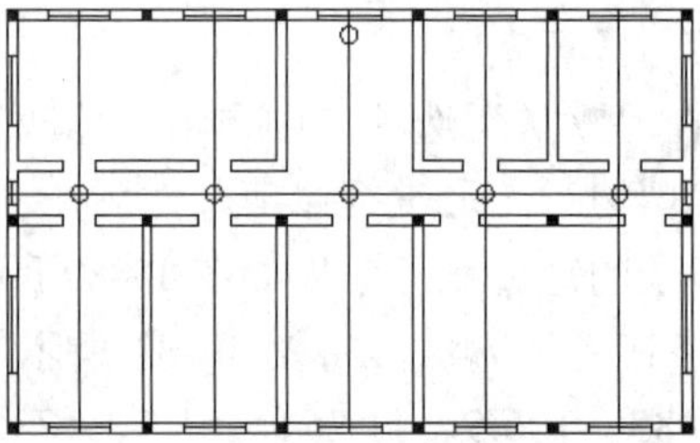

图 17-87　绘制圆

（3）在“默认”选项卡中单击“绘图”面板中的“图案填充”按钮▦，系统弹出“图案填充创建”选项卡，选择 SOLID 图案，依次选择 6 个圆作为填充边界进行填充，效果如图 17-88 所示。

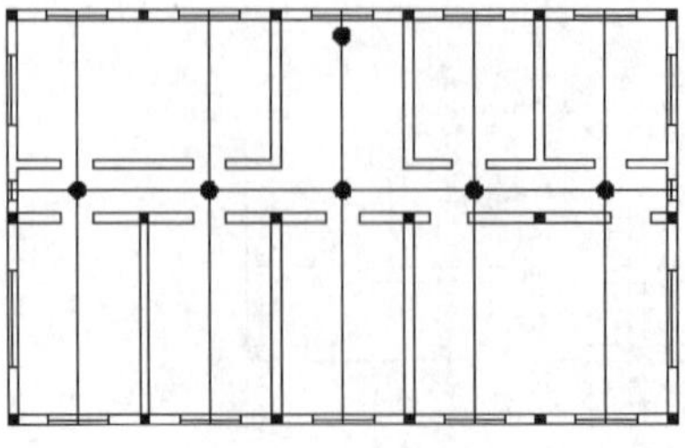

图 17-88　填充圆

2．绘制荧光灯

（1）在“默认”选项卡中单击“绘图”面板中的“直线”按钮，绘制一条长度为 10 的直线，然后以该直线的左、右端点为起始点，垂直向上、向下绘制长度为1.5 的直线，效果如图 17-89 所示。

（2）在“默认”选项卡中单击“修改”面板中的“移动”按钮，捕捉荧光灯图形符号的中点（如图 17-90 所示），以其为移动基准点移动图形，效果如图 17-91 所示。

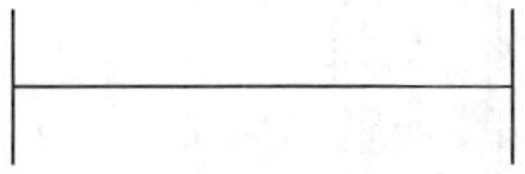

图 17-89　荧光灯

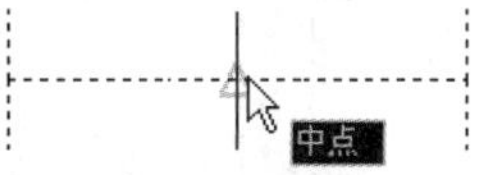

图 17-90　捕捉中点

（3）在“默认”选项卡中单击“修改”面板中的“复制”按钮，将荧光灯图形符号向图 17-92 所示的位置复制。

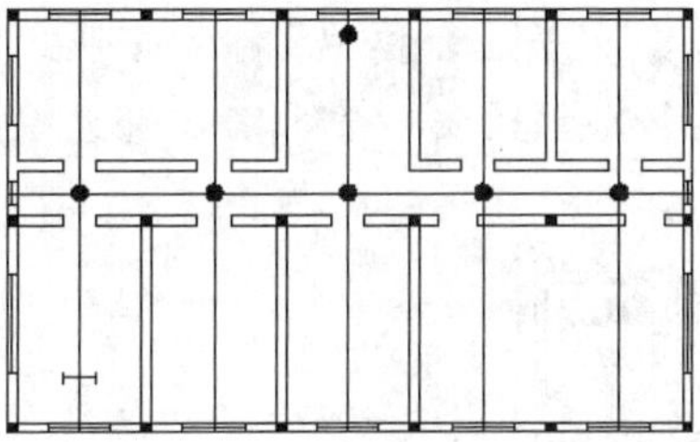

图 17-91　移动荧光灯

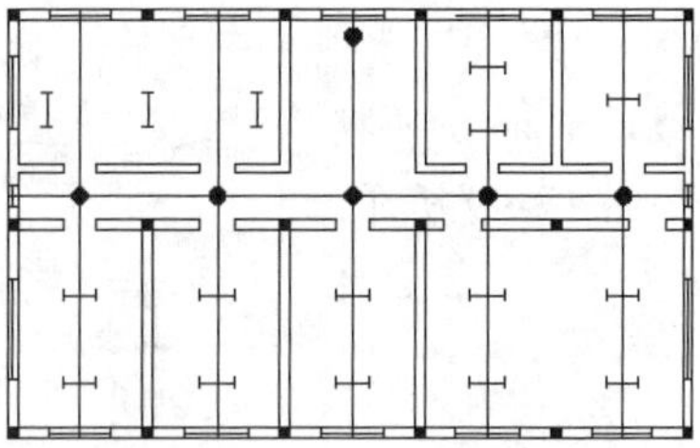

图 17-92　复制荧光灯

3．绘制风扇

（1）在“默认”选项卡中单击“绘图”面板中的“圆”按钮，绘制一个半径为 2.5 的圆；在“默认”选项卡中单击“绘图”面板中的“直线”按钮，绘制圆的垂直直径，如图 17-93 所示。

（2）在“默认”选项卡中单击“修改”面板中的“复制”按钮，将图 17-93 所示的图形向右水平复制一份，偏移距离为 9，然后在“默认”选项卡中单击“绘图”面板中的“直线”按钮，绘制交叉斜线，效果如图 17-94 所示。

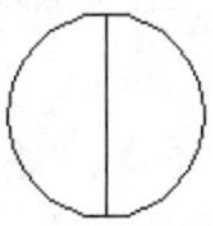

图 17-93　绘制圆

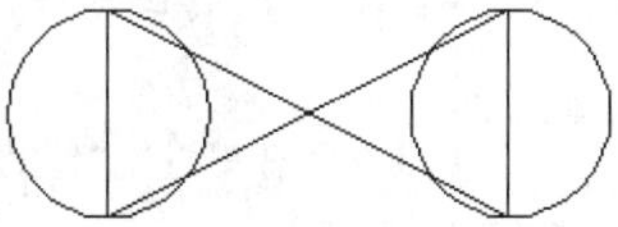

图 17-94　复制圆

（3）在“默认”选项卡中单击“修改”面板中的“修剪”按钮和“删除”按钮，修剪和删除掉多余的图形，效果如图 17-95 所示。

（4）在“默认”选项卡中单击“修改”面板中的“移动”按钮，捕捉风扇符号的中点，如图 17-96 所示。

图 17-95　风扇符号

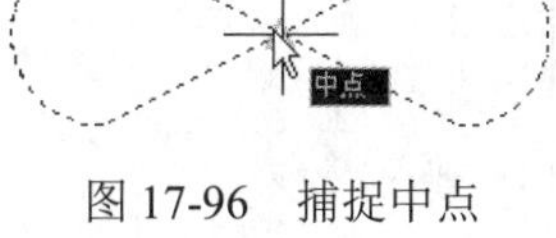

图 17-96　捕捉中点

（5）以中点为移动基准点移动图形，效果如图 17-97 所示。

（6）在“默认”选项卡中单击“修改”面板中的“复制”按钮，将风扇图形符号向图 17-98 所示的位置复制。

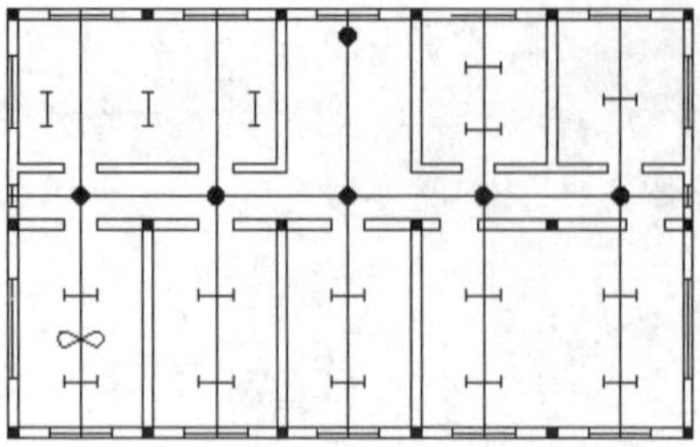

图 17-97　移动风扇符号

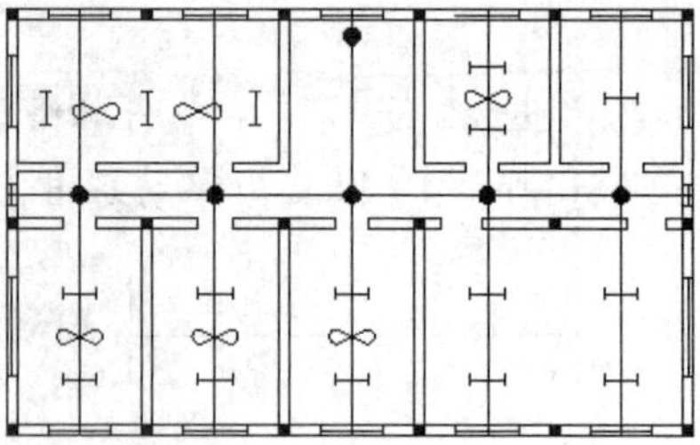

图 17-98　复制风扇

（7）在“默认”选项卡中单击“修改”面板中的“偏移”按钮，将最外面矩形的上边框垂直向下偏移，偏移距离分别为 42 和 66。

（8）在“默认”选项卡中单击“修改”面板中的“修剪”按钮和“删除”按钮，修剪掉多余的直线，同时在“默认”选项卡中单击“绘图”面板中的“直线”按钮，补充绘制其他图形，效果如图 17-99 所示。

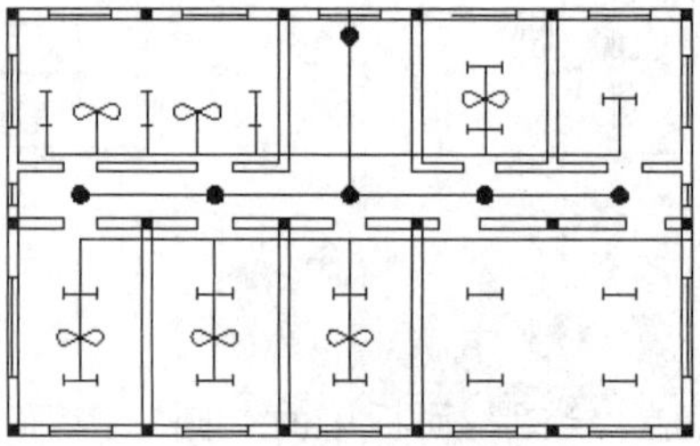

图 17-99　修剪图形

4．绘制明装插座符号

（1）在“默认”选项卡中单击“绘图”面板中的“圆”按钮，绘制一个半径为 2.5 的圆。

（2）在“默认”选项卡中单击“绘图”面板中的“直线”按钮，绘制出圆的垂直方向的直径。

（3）在“默认”选项卡中单击“修改”面板中的“偏移”按钮，将上步绘制的直径向左偏移 2.5，效果如图 17-100 所示。

（4）在“默认”选项卡中单击“修改”面板中的“修剪”按钮和“删除”按钮，修剪掉多余的线条，效果如图 17-101 所示。

（5）在“默认”选项卡中单击“绘图”面板中的“直线”按钮，在“正交”绘图模式下，捕捉圆的最左边点，以其为起点水平向左绘制一条长度为 3 的水平直线，效果如图 17-102 所示。

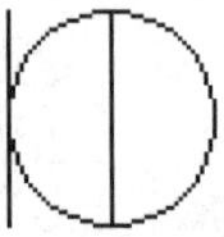

图 17-100　偏移直线

图 17-101　修剪图形

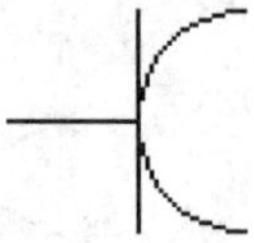

图 17-102　绘制直线

（6）在“默认”选项卡中单击“修改”面板中的“偏移”按钮⊆，将最外边矩形的左边框作为偏移对象，均向右偏移，偏移距离分别为 39、79、119、124 和 199。

（7）在“默认”选项卡中单击“修改”面板中的“复制”按钮，将插座图形符号向图 17-103 所示的位置复制。

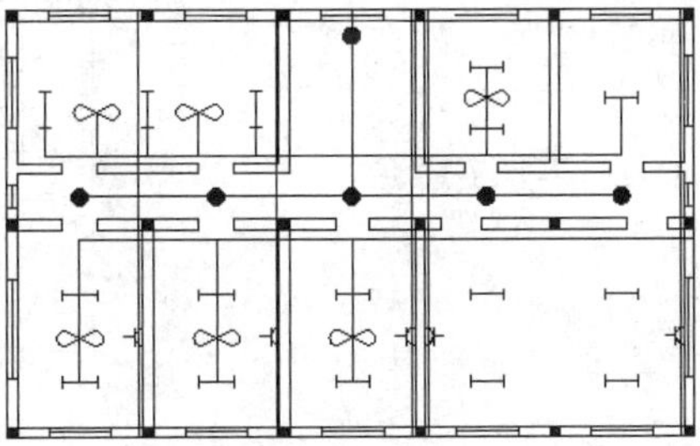

图 17-103　复制插座符号

5．绘制壁灯符号

（1）在“默认”选项卡中单击“绘图”面板中的“圆”按钮，绘制一个半径为 2.5 的圆，然后在“默认”选项卡中单击“绘图”面板中的“直线”按钮／，绘制此圆的垂直直径，效果如图 17-104（a）所示。

（2）在“默认”选项卡中单击“绘图”面板中的“图案填充”按钮，系统弹出“图案填充创建”选项卡，选择 SOLID 图案，将左半圆作为填充边界进行填充，效果如图 17-104（b）所示。

（3）参照上述方法，绘制如图 17-104（c）所示的壁灯符号。

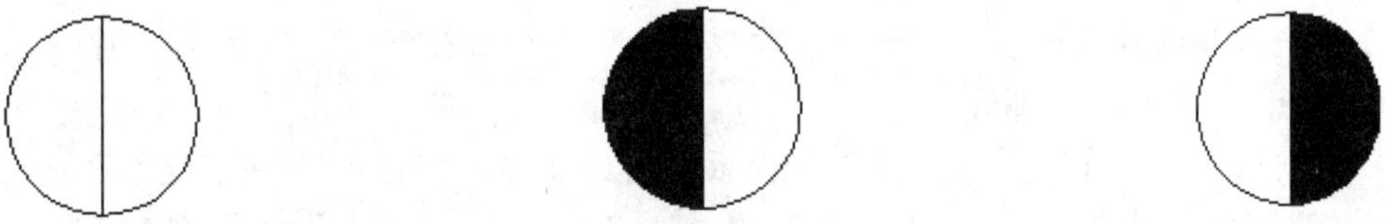

（a）绘制圆　（b）填充左半圆　（c）壁灯符号

图 17-104　绘制壁灯符号

（4）在“默认”选项卡中单击“修改”面板中的“复制”按钮，将图 17-104（b）和图 17-104（c）所示的壁灯图形符号向图 17-105 所示的位置复制；然后在“默认”选项卡中单击“绘图”面板中的“直线”按钮／，绘制所需的直线，效果如图 17-105 所示。

（5）在“默认”选项卡中单击“修改”面板中的“修剪”按钮，将图中多余的直线修剪掉，效果如图 17-106 所示。

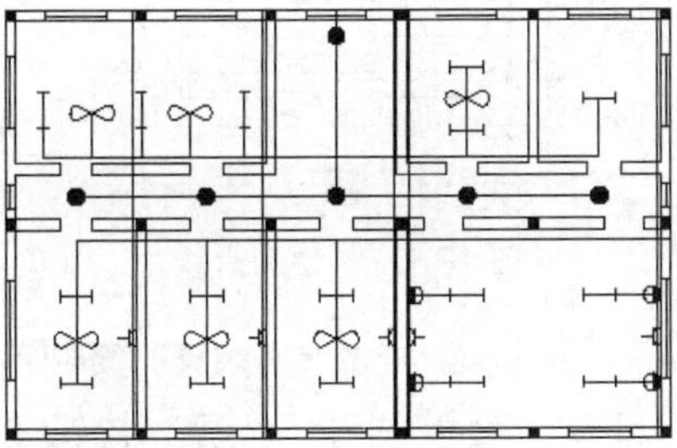

图 17-105　复制壁灯符号

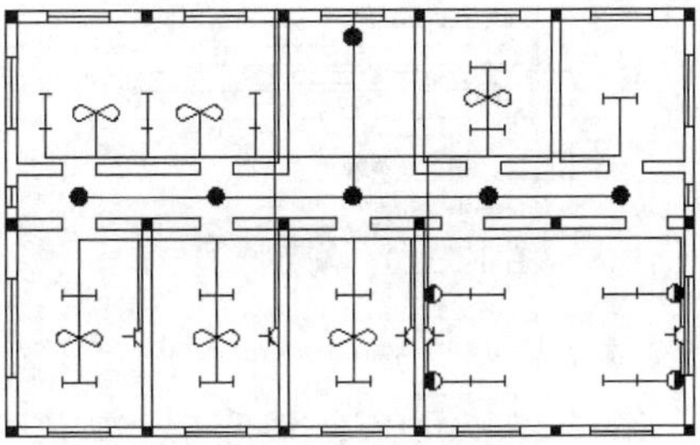

图 17-106　修剪结果

6．插入配电箱符号

（1）在“默认”选项卡中单击“绘图”面板中的“矩形”按钮、“直线”按钮和“图案填充”按钮，绘制配电箱图形符号。

（2）在“默认”选项卡中单击“修改”面板中的“移动”按钮，将配电箱图形符号移动到合适的位置，并绘制其他电气符号，结果如图17-107所示。

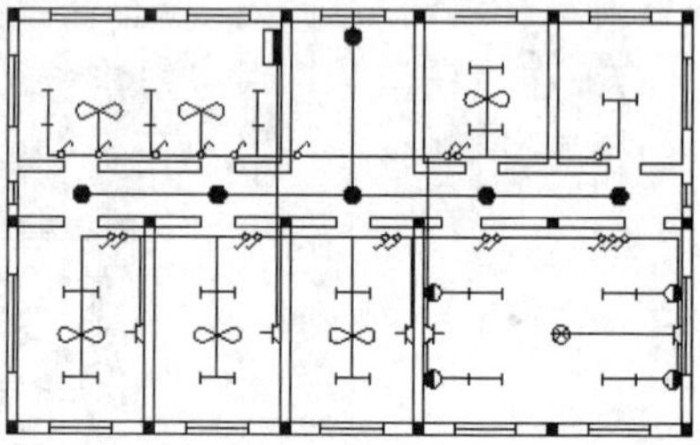

图17-107　插入配电箱符号

7．绘制楼梯

（1）在“视图”选项卡的“导航”面板中打开“范围”下拉列表，从中选择“窗口”选项，局部放大如图17-108所示框选的图形，预备下一步操作，效果如图17-109所示。

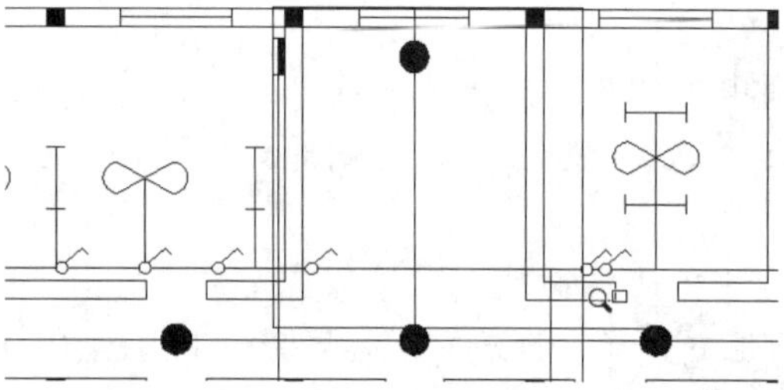

图17-108　框选图形

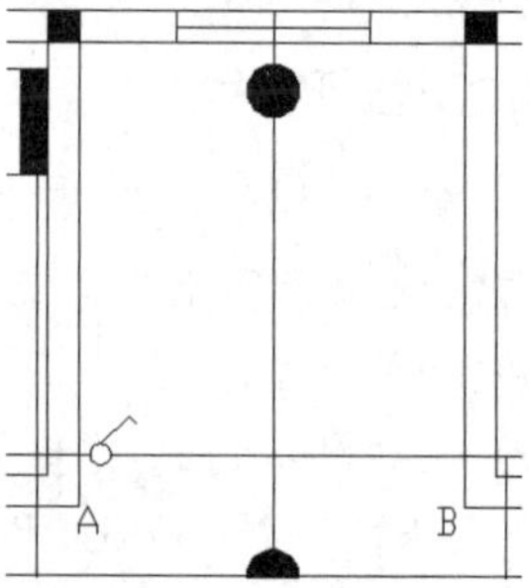

图17-109　局部放大

（2）在“默认”选项卡中单击“绘图”面板中的“直线”按钮，以图17-109中A点为起始点，B点为终止点，绘制直线AB。

（3）在“默认”选项卡中单击“修改”面板中的“偏移”按钮，将直线AB向上偏移，偏移距离分别为3、0.8、2、2、2、2、2、2、2、2、2、2、2、2、2，效果如图17-110所示。

（4）在“默认”选项卡中单击“绘图”面板中的“多段线”按钮，绘制出如图17-111所示的折线。

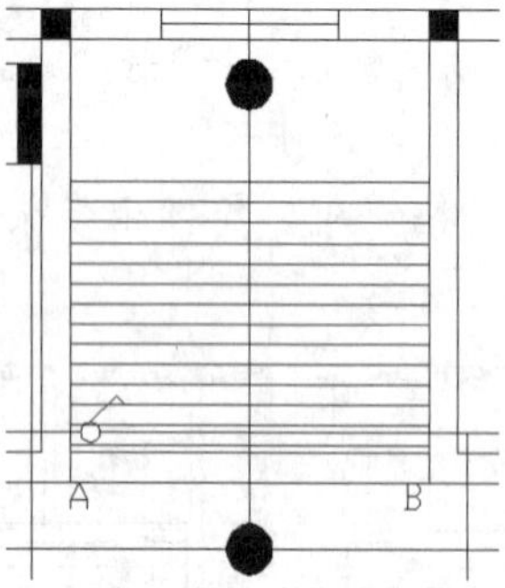

图17-110　偏移直线

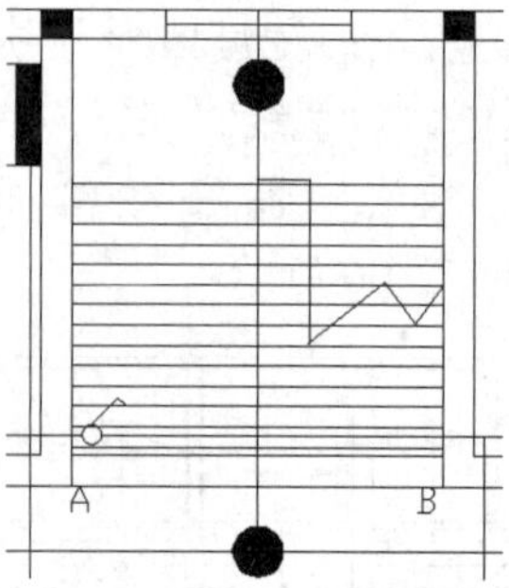

图17-111　绘制折线

（5）在“默认”选项卡中单击“修改”面板中的“偏移”按钮，将步骤（4）绘制的折线向内偏移，偏移距离为0.8；然后在“默认”选项卡中单击“修改”面板中的“修剪”按钮，修剪掉多余的直线，效果如图17-112所示。

8．查补图形

在“默认”选项卡中单击“绘图”面板中的“直线”按钮╱，在导线上绘制平行的斜线，表示它们的相数；继续检查图形，补充绘制其他的直线，效果如图 17-113 所示。

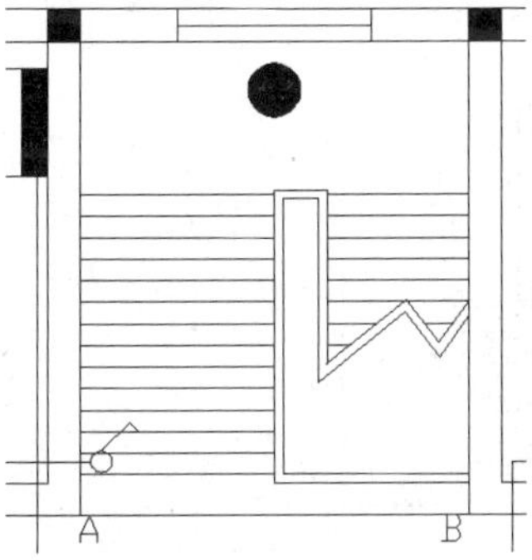

图 17-112　绘制楼梯

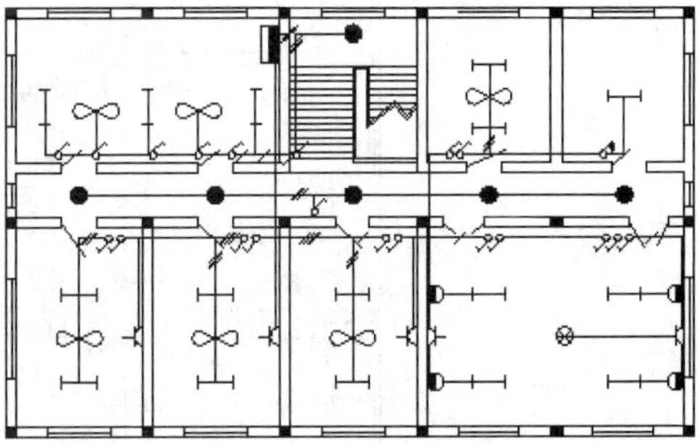

图 17-113　查补图形

9．绘制轴线

（1）在“默认”选项卡中单击“绘图”面板中的“直线”按钮╱，以最外层矩形左下角为起点，垂直向下绘制长度为 13 的直线 m，水平向左绘制长度为 13 的直线 n。

（2）在“默认”选项卡中单击“绘图”面板中的“圆”按钮⊙，分别以直线 m 的下端点、直线 n 的左端点为圆心，绘制两个半径为 3 的圆。

（3）在“默认”选项卡中单击“修改”面板中的“修剪”按钮，以圆边为修剪边，对水平直线和垂直直线进行修剪，效果如图 17-114 所示。

（4）在“默认”选项卡中单击“修改”面板中的“复制”按钮，把横向轴线向上复制 3 份，偏移距离依次为 60、16、44，将纵向轴线向右复制 5 份，偏移距离依次为 40、40、40、40、40，在“默认”选项卡中单击“修改”面板中的“删除”按钮，删除掉多余的图形，效果如图 17-115 所示。

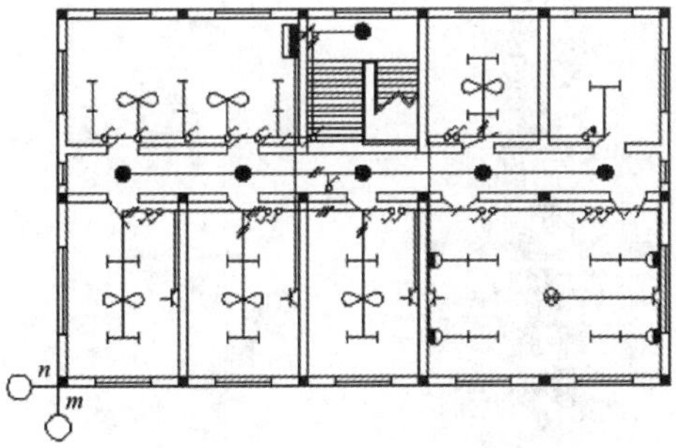

图 17-114　绘制轴线

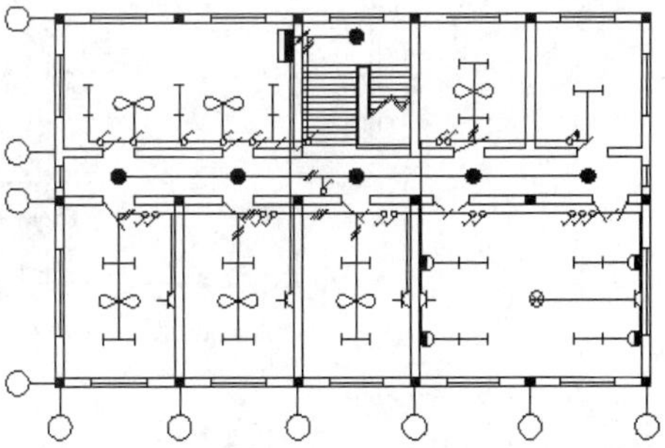

图 17-115　复制轴线

17.3.4　添加注释文字与尺寸标注

电路图中文字的添加大大解决了图纸复杂、难懂的问题，根据文字，读者能更好地理解图纸的意义。

操作步骤

1. 添加注释文字

将“文字层”设置为当前图层。在“默认”选项卡中单击“注释”面板中的“多行文字”按钮A，在图中添加注释文字，效果如图 17-116 所示。

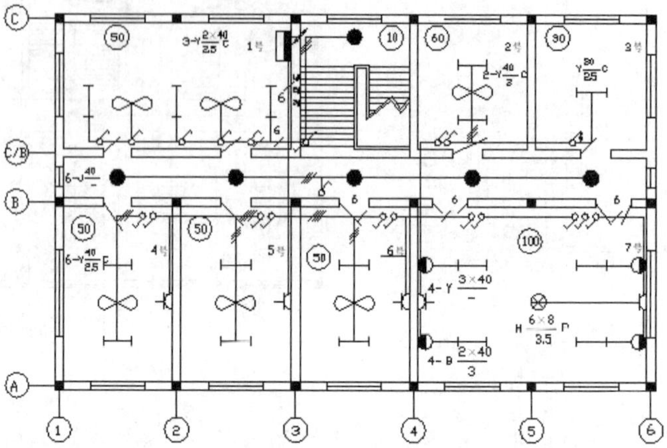

图 17-116　添加注释文字

2. 添加尺寸标注

（1）在“默认”选项卡中单击“注释”面板中的“标注样式”按钮，在弹出的“标注样式管理器”对话框中单击“修改”按钮，在弹出的“修改标注样式”对话框中选择“主单位”选项卡，在“比例因子”文本框中输入 100。

（2）在“默认”选项卡中单击“注释”面板中的“线性”按钮，标注横向轴线间的尺寸，效果如图 17-117 所示。

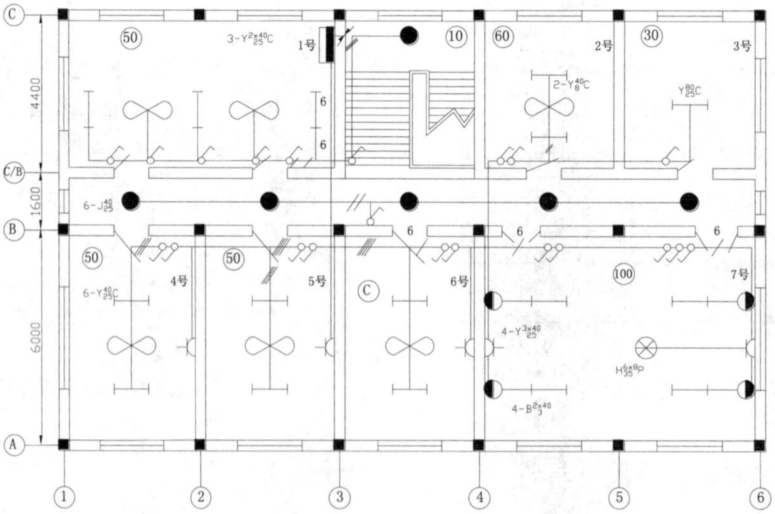

图 17-117　标注横向轴线

（3）在“默认”选项卡中单击“注释”面板中的“标注样式”按钮，在弹出的“标注样式管理器”对话框中单击“新建”按钮，打开“创建新标注样式”对话框。在“新样式名”文本框中输入“电气照明平面图”，在“基础样式”下拉列表框中选择 ISO-25，在“用于”下拉列表框中选择“所有标注”。单击“继续”按钮，在弹出的“新建标注样式:电气照明平面图”对话框中选择“符号和箭头”选项卡，设置如图 17-118 所示。

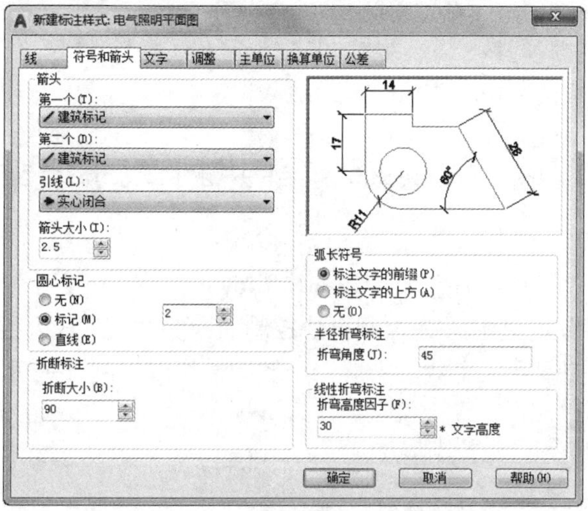

图 17-118　“符号和箭头”选项卡

（4）接着设置其他选项卡，设置完毕后，回到“标注样式管理器”对话框，单击“置为当前”按钮，将新建的“电气照明平面图”样式设置为当前使用的标注样式。在“默认”选项卡中单击“注释”面板中的“线性”按钮⊢⊣，标注纵向轴线间的尺寸，效果如图 17-55 所示。

动手练——绘制实验室照明平面图

源文件：源文件\第 17 章\实验室照明平面图.dwg

本练习绘制如图 17-119 所示的实验室照明平面图。

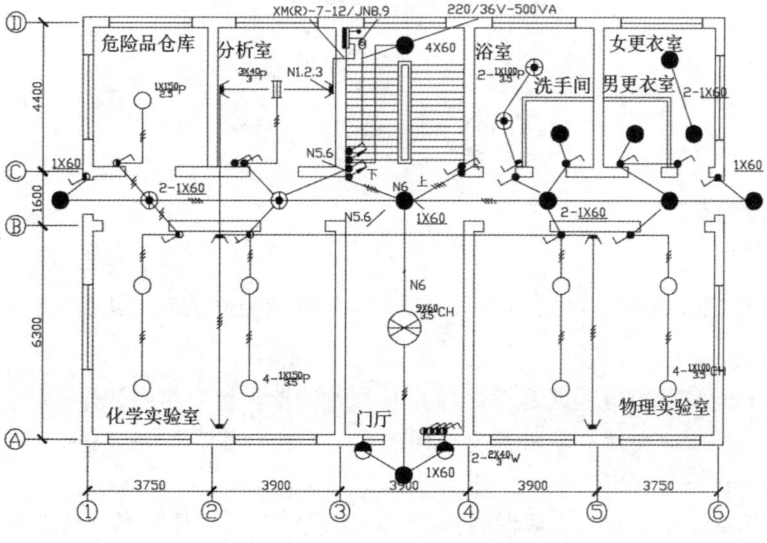

图 17-119　实验室照明平面图

思路点拨：

（1）设置绘图环境。
（2）绘制墙体和楼梯。
（3）绘制元件。
（4）插入元件符号。
（5）添加注释文字和尺寸标注。

扫一扫，看视频

17.4 绘制跳水馆照明干线系统图

源文件：源文件\第 17 章\跳水馆照明干线系统图.dwg

如图 17-120 所示，各分电盘中 A 为控制模块控制的回路个数，B 为控制模块个数，C 为控制开关控制的回路个数，D 为控制开关个数。一般一个控制模块或控制开关可以控制 4 个照明回路。

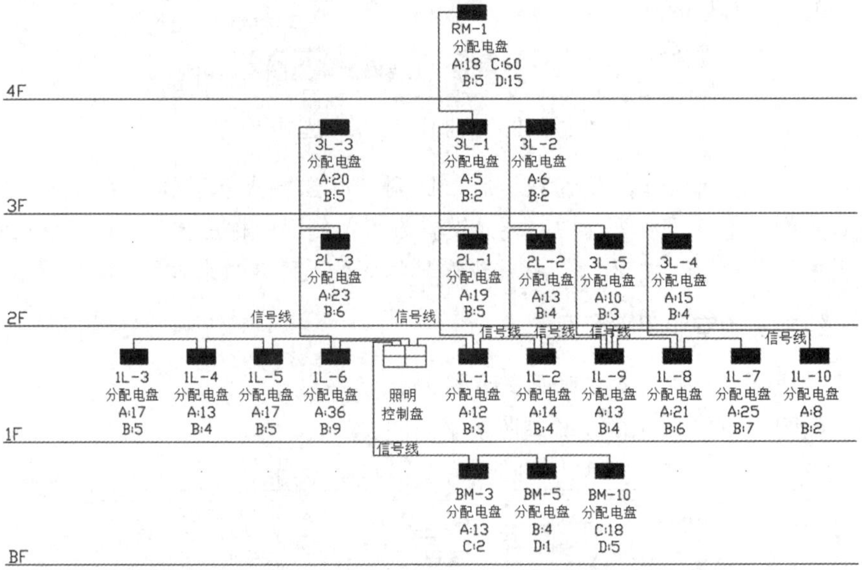

图 17-120　跳水馆照明干线系统图

17.4.1 设置绘图环境

在绘图环境中管理图层时，可根据不同的需要，对需要绘制的对象进行细致的划分。

操作步骤

（1）打开 AutoCAD 2020 应用程序，单击快速访问工具栏中的“新建”按钮，以“无样板打开-公制”创建一个新的文件，单击快速访问工具栏中的“保存”按钮，将其命名为“跳水馆照明干线系统图.dwg”进行保存。

（2）在“图层特性管理器”选项板中新建“绘图层”“标注层”和“辅助线层”3 个图层，各图层的属性设置如图 17-121 所示。

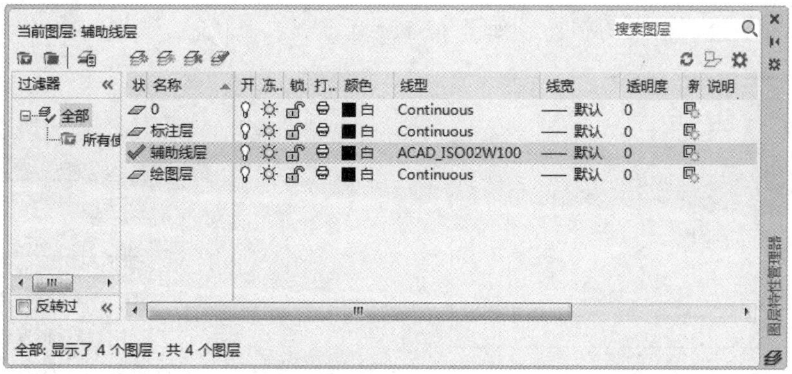

图 17-121　图层设置

17.4.2　绘制辅助线

将“辅助线层”设置为当前图层，然后利用“直线”“矩形”和“分解”命令绘制辅助线。

操作步骤

（1）在“默认”选项卡中单击“绘图”面板中的“矩形”按钮，绘制一个长度为 244、宽度为 160 的矩形，如图 17-122 所示。

（2）在“默认”选项卡中单击“修改”面板中的“分解”按钮，将绘制的矩形分解为直线。

（3）等分矩形边。在命令行中输入_divide 命令，命令行提示与操作如下：

命令：_divide
选择要定数等分的对象：（选择矩形的一条短边）
输入线段数目或[块(B)]：（输入 4，按 Enter 键或者单击鼠标右键）

同理，可以将矩形的一条长边等分为 10 段。

（4）用鼠标右键单击状态栏中的“对象捕捉”按钮，从弹出的快捷菜单中选择“对象捕捉设置”命令，打开“草图设置”对话框。选择“对象捕捉”选项卡，在“对象捕捉模式”选项组中选中“节点”和“垂足”复选框，如图 17-123 所示。

图 17-122　绘制矩形

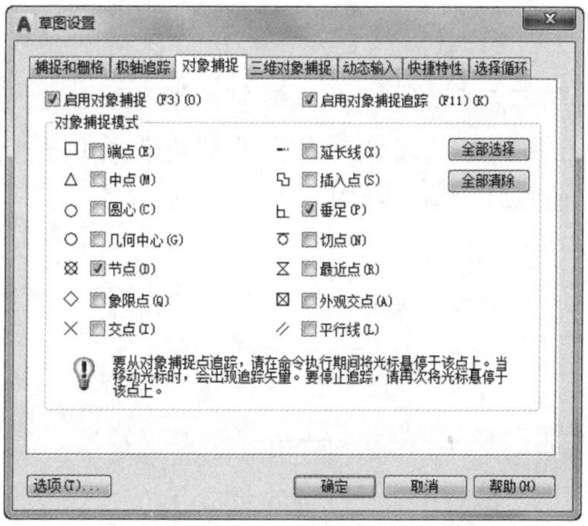

图 17-123　“草图设置”对话框

（5）在“默认”选项卡中单击“绘图”面板中的“直线”按钮，在矩形边上捕捉节点，如

图 17-124 所示。初步绘制出来的辅助线如图 17-125 所示。

图 17-124　捕捉节点

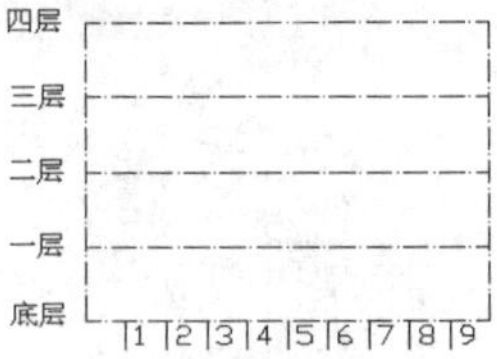

图 17-125　绘制辅助线

17.4.3　绘制配电系统

利用二维绘图和修改命令绘制各层的配电系统，然后利用“直线”命令将其连接起来。

操作步骤

1. 绘制底层配电系统

（1）将“绘图层”设置为当前图层。在“默认”选项卡中单击“绘图”面板中的“矩形”按钮□，绘制一个长为 10、宽为 5 的矩形，如图 17-126 所示。

（2）在“默认”选项卡中单击“修改”面板中的“分解”按钮，将绘制的矩形分解为直线。

（3）在“默认”选项卡中单击“绘图”面板中的“图案填充”按钮，用 SOLID 图案填充矩形，如图 17-127 所示。

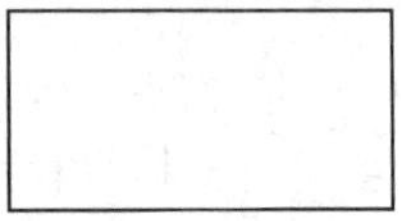

图 17-126　绘制矩形

图 17-127　填充矩形

（4）在“默认”选项卡中单击“修改”面板中的“复制”按钮，捕捉配电箱图形符号的中心，复制到节点 5、6、7 处，效果如图 17-128 所示。

（5）将图 17-130 所示的照明配电箱长边等分 3 段，捕捉各个节点，以其为起点，垂直向上绘制直线，长度均为 3，如图 17-129 所示。

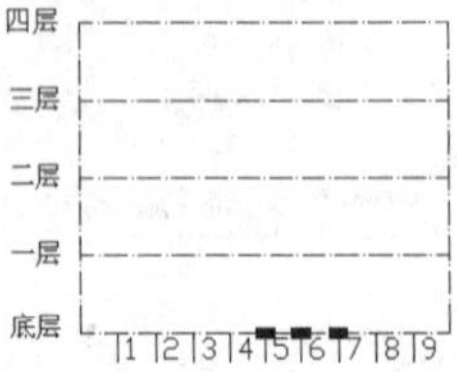

图 17-128　放置配电箱

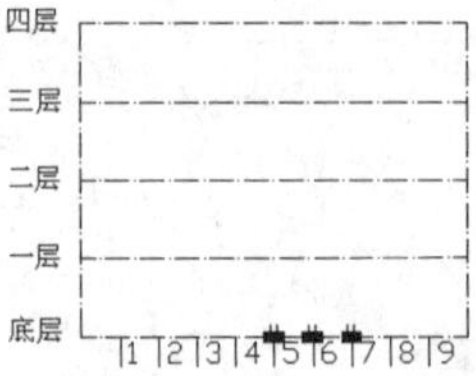

图 17-129　绘制短线

2. 绘制一层配电系统

（1）将“辅助线层”设置为当前图层。在“默认”选项卡中单击“绘图”面板中的“直线”

按钮/，以各条垂直辅助线端点为起点，垂直向上绘制直线，效果如图 17-130 所示。

（2）在"默认"选项卡中单击"修改"面板中的"复制"按钮，捕捉配电箱图形符号的中心，复制到一层水平辅助线与垂直辅助线的交点处，效果如图 17-131 所示。

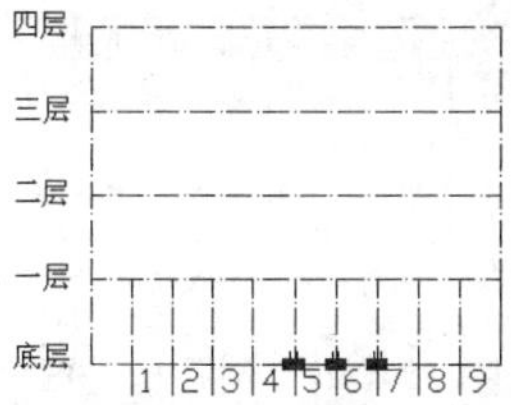

图 17-130　绘制辅助线

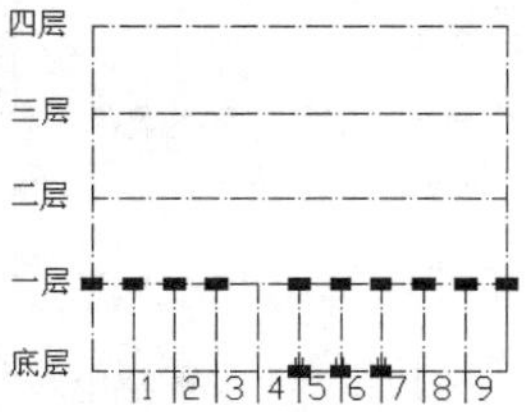

图 17-131　复制配电箱

（3）将"绘图层"设置为当前图层。在"默认"选项卡中单击"绘图"面板中的"矩形"按钮□，绘制一个长为 15、宽为 7.5 的矩形，如图 17-132（a）所示。

（4）在"默认"选项卡中单击"绘图"面板中的"直线"按钮/，捕捉步骤（3）所绘矩形的短边与长边中点，将其连接起来，效果如图 17-132（b）所示。

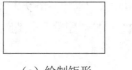

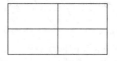

（a）绘制矩形

（b）连接中点

图 17-132　绘制照明控制盒

（5）在"默认"选项卡中单击"修改"面板中的"移动"按钮✛，捕捉图 17-132（b）所示的照明控制盒的中点为移动基准点，以图 17-131 所示的辅助线 4 与一层水平辅助线交点为移动目标点移动，效果如图 17-133 所示。

（6）参照底层所述方法，将放置到一层的照明配电箱长边等分，捕捉各个节点，以其为起点，垂直向上绘制直线，长度均为 3，然后在"默认"选项卡中单击"修改"面板中的"删除"按钮，删除部分辅助线，结果如图 17-134 所示。

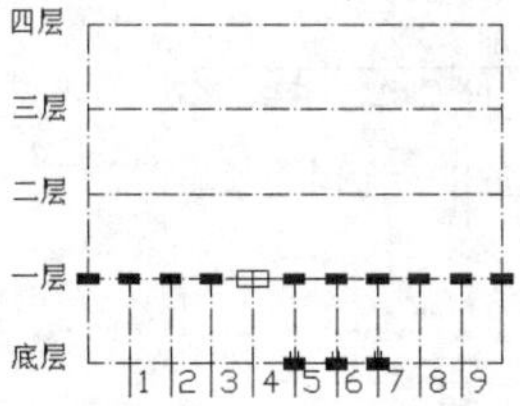

图 17-133　放置照明控制盒

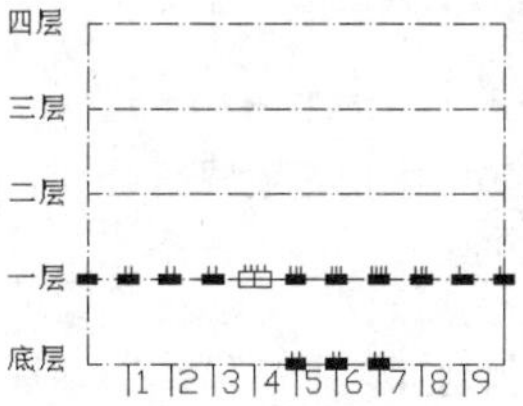

图 17-134　删除辅助线

3. 绘制二层配电系统

（1）将"辅助线层"设置为当前图层。在"默认"选项卡中单击"绘图"面板中的"直线"按钮/，以垂直辅助线 3、5、6、7、8 端点为起点，垂直向上绘制直线。

（2）在"默认"选项卡中单击"修改"面板中的"复制"按钮，捕捉配电箱图形符号的中心，复制到二层水平辅助线与垂直辅助线的交点处，效果如图 17-135 所示。

（3）参照前文所述方法，将放置到二层的照明配电箱长边等分，捕捉各个节点，以其为起点，垂直向上绘制直线，长度均为 3，然后在“默认”选项卡中单击“修改”面板中的“删除”按钮，删除部分辅助线，结果如图 17-136 所示。

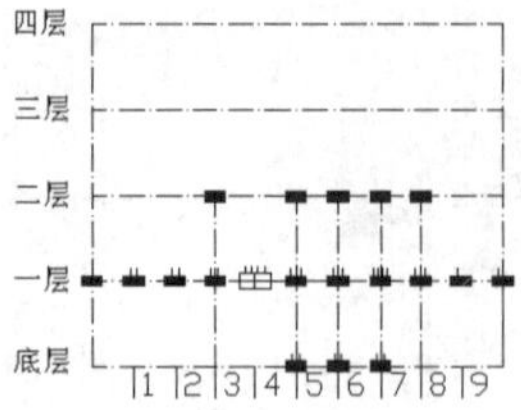

图 17-135　放置配电箱

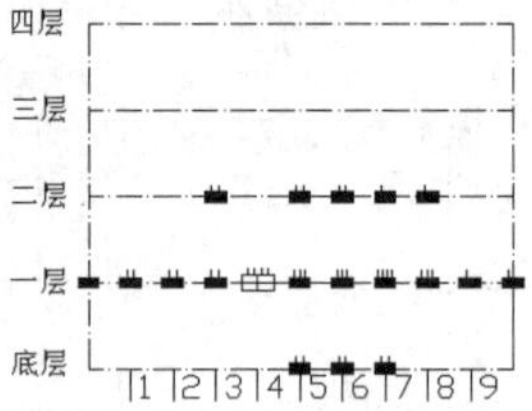

图 17-136　删除辅助线

4．绘制其他层配电系统

参照上述方法，绘制三层和四层的配电系统，然后在“默认”选项卡中单击“修改”面板中的“删除”按钮，删除辅助线，结果如图 17-137 所示。

5．绘制连接线

在“默认”选项卡中单击“绘图”面板中的“直线”按钮，启用“正交”功能，绘制各个配电箱之间的连线；然后在“默认”选项卡中单击“修改”面板中的“删除”按钮，删除所有辅助线，最终结果如图 17-138 所示。

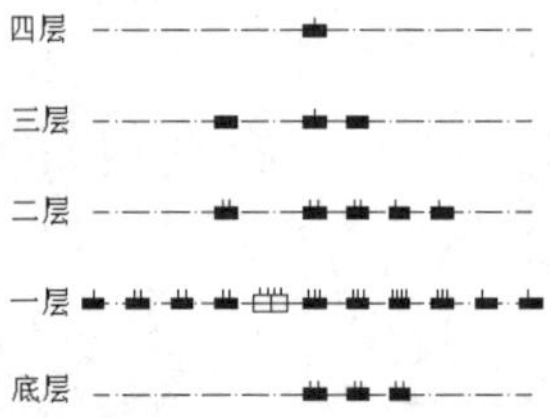

图 17-137　配电箱放置结果

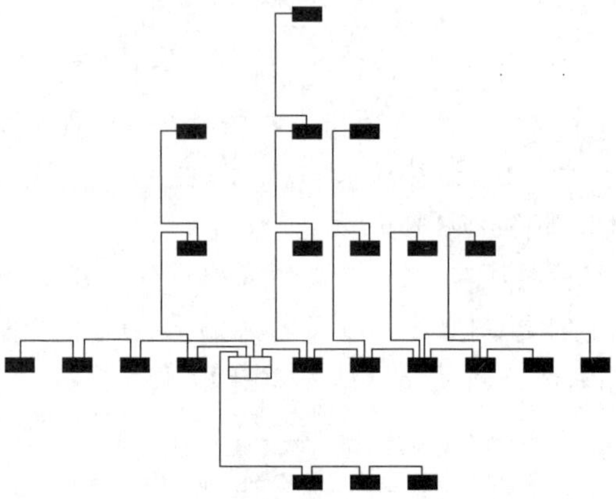

图 17-138　绘制连接线

17.4.4　添加注释文字

在电气工程图中添加文字注释，大大解决了图纸复杂、难懂的问题，根据文字读者能更好地理解图纸的含义。

操作步骤

1．添加第四层注释文字

将“标注层”设置为当前图层。在“默认”选项卡中单击“注释”面板中的“多行文字”按钮 A，样式为 Standard，字体高度为 3.5，结果如图 17-139 所示。

2. 添加其他层注释文字

（1）在“默认”选项卡中单击“注释”面板中的“多行文字”按钮 A，添加其他层注释文字，效果如图 17-140 所示。

图 17-139　添加文字

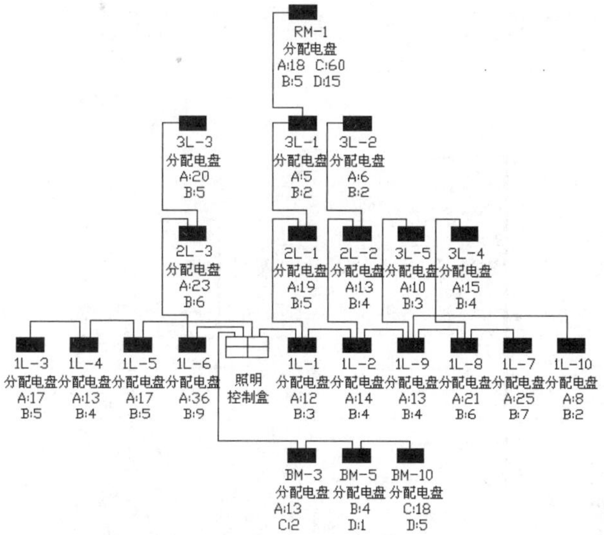

图 17-140　添加注释文字

（2）在“默认”选项卡中单击“绘图”面板中的“直线”按钮 和“修改”面板中的“删除”按钮 ，绘制楼层线，并将辅助线删除掉。

（3）在“默认”选项卡中单击“注释”面板中的“多行文字”按钮 A，添加注释文字，效果如图 17-141 所示。

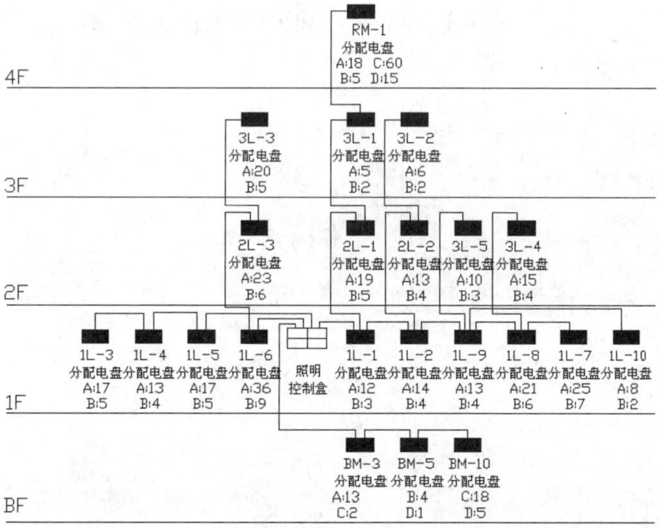

图 17-141　阵列直线并添加注释文字

（4）继续在“默认”选项卡中单击“注释”面板中的“多行文字”按钮 A，添加注释文字“信号线”。至此，跳水馆照明干线系统图绘制完毕，最终效果如图 17-120 所示。

动手练——绘制办公楼照明系统图

源文件：源文件\第 17 章\办公楼照明系统图.dwg

本练习绘制如图 17-142 所示的办公楼照明系统图。

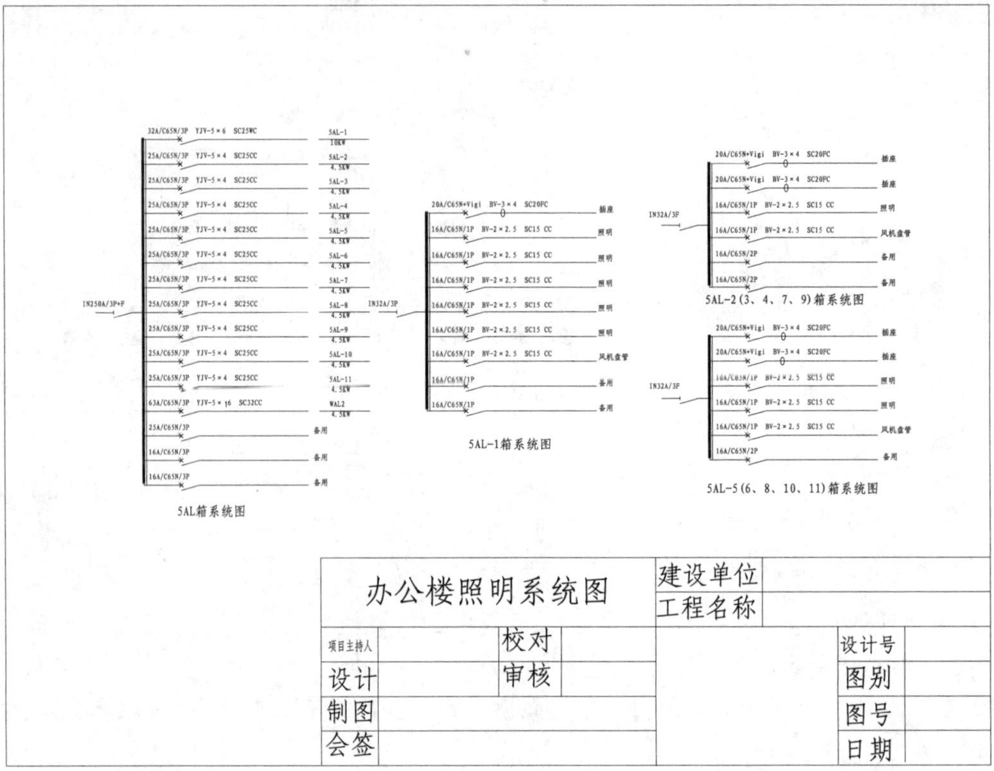

图 17-142　办公楼照明系统图

思路点拨：

（1）设置绘图环境。

（2）绘制墙体和楼梯。

（3）绘制元件。

（4）插入元件符号。

（5）添加注释文字和尺寸标注。

3

现代智能建筑已经与电气高度紧密结合在一起，无论是楼宇的照明、娱乐、温度调节、通信、控制还是安保等各个方面都离不开电气工程。

建筑电气设计在建筑设计中的分量越来越重，这在本篇实例中将得到完美体现。

第 3 篇　居民楼电气设计实例篇

本篇围绕居民楼电气设计，逐层展开，详细讲述绘制电气设计工程图的操作步骤、方法和技巧等，包括电气平面图、电气系统图等知识。

通过本篇的学习，可以加深读者对 AutoCAD 功能的理解和掌握，以及各种电气设计工程图的绘制方法。

第 18 章　居民楼电气平面图

内容简介

建筑电气平面图是建筑设计单位提供给施工单位、使用单位用以进行电气设备安装及维护管理的电气图，是电气施工图中最重要的图样之一。

本章将以某居民楼标准层电气平面图为例，详细讲述电气平面图的绘制过程。

内容要点

- 居民楼电气设计说明
- 绘制居民楼电气照明平面图

案例效果

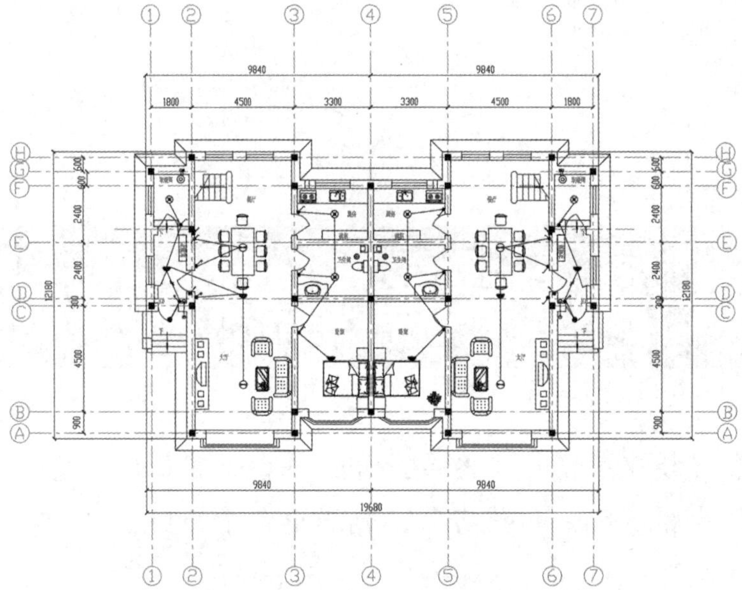

18.1　居民楼电气设计说明

本章将围绕某 6 层砖混住宅电气工程图设计展开讲述。下面对电气工程图设计的有关内容作一简要介绍。

18.1.1　设计依据

（1）建筑概况。本工程为绿荫水岸名家 5 号多层住宅楼工程，地下一层为储藏室，地上 6 层为住宅。总建筑面积为 3972.3m²，建筑主体高度为 20.85m，预制楼板局部为现浇楼板。

（2）建筑、结构等专业提供的其他设计资料。

（3）建设单位提供的设计任务书及相关设计说明。

（4）中华人民共和国现行主要规程及设计标准。

（5）中华人民共和国现行主要规范。

①《民用建筑电气设计规范[另册]》（JGJ 16—2008）。

②《建筑设计防火规范[2018 版]》（GB 50016—2014）。

③《住宅设计规范》（GB 50096—2011）。

④《住宅建筑规范》（GB 50368—2005）。

⑤《建筑物防雷设计规范》（GB 50057—2010）。

18.1.2 设计范围

（1）主要设计内容包括供配电系统、建筑物防雷和接地系统、电话系统、有线电视系统、网络系统、可视门铃系统等。

（2）多功能可视门铃系统应该根据甲方选定的产品要求进行穿线，系统的安装和调试由专业公司负责。

（3）有线电视、电话和宽带网等信号来源应由甲方与当地主管部门协商解决。

18.1.3 供配电系统

（1）本建筑为普通多层建筑，其用电均为三级负荷。

（2）楼内电气负荷为三级负荷：安装容量 234.0kW；计算容量 140.4kW。

（3）楼内低压电源均为室外变配电所采用三相四线铜芯铠装绝缘电缆埋地引入，系统采用 TN-C-S 制，放射式供电，电源进楼处采用一 40×4 镀锌扁钢重复接地。

（4）在各单元一层集中设置电表箱进行统一计量和抄收。

（5）根据工程具体情况及甲方要求，用电指标为每户单相住宅 6kW/8kW。

（6）照明插座和空调插座采用不同的回路供电，普通插座回路均设漏电保护装置。

18.1.4 线路敷设及设备安装

（1）线路敷设：室外强弱干线采用铠装绝缘电缆直接埋地敷设，进楼后穿厚墙壁电线管暗敷设，埋深为室外地坪下 0.8m，所有支线均穿厚墙壁电线管或阻燃硬质 PVC 管沿墙、楼板或屋顶保温层暗敷设。

（2）设备安装：除平面图中特殊注明外，设备均为靠墙、靠门框或居中均匀布置，其安装方式及安装高度均参见“主要电气设备图例表”。若位置与其他设备或管道位置发生冲突，可在取得设计人员认可后根据现场实际情况进行相应调整。

（3）电气平面图中，除图中已经注明的以外，灯具回路为 2 根线，插座回路均为 3 根线，其中 BV-2.5 线路的穿管规格为 2~3 根 PVC16、4~5 根 PVC20。

（4）图中所有配电箱尺寸应与成套厂配合后确定，嵌墙安装箱，据此确定其留洞大小。

18.1.5 建筑物防雷和接地系统及安全设施

（1）根据《建筑物防雷设计规范》(GB 50057—2010)，本建筑属于第三类防雷建筑物，采用屋面避雷网、防雷引下线和自然接地网组成建筑物防雷和接地系统。

（2）本楼防雷装置采用屋脊、屋檐避雷带和屋面暗敷避雷线形成避雷网，其避雷带采用ϕ10 镀锌圆钢，支高 0.15m，支持卡子间距 1.0m 固定（转角处 0.5m）；其他突出屋面的金属构件均应与屋面避雷网做可靠的电气连接。

（3）本楼防雷引下线利用结构柱 4 根上下焊通的ϕ10 以上的主筋充当，上、下分别与屋面避雷网和接地网做可靠的电气连接，建筑物四角和其他适当位置的引下线在室外地面上 0.8m 处设置接地电阻测试卡子。

（4）接地系统为建筑物地圈梁内两层钢筋中各两根主筋相互形成地网。

（5）在室外部分的接地装置相互焊接处均应刷沥青防腐。

（6）本楼采用强弱电联合接地系统，接地电阻应不小于 1Ω；若实测结果不满足要求，应在建筑物外增设人工接地极或采取其他降阻措施。

（7）配电箱外壳等正常情况下不带电的金属构件均应与防雷接地系统做可靠的电气连接。

（8）本楼应做总等电位联结。应将建筑物内保护干线、设备进线总管及进出建筑物的其他金属管道进行等电位联结，总等电位板由紫铜板制成，总等电位连接线采用 BV-25、PVC32；总等电位联结均采用等电位卡子，禁止在金属管道上焊接。

（9）卫生间进行局部等电位联结，采用一 25×4 热镀锌扁钢引至局部等电位箱（LEB）。局部等电位箱底边距地 0.3m 嵌墙安装，将卫生间内所有金属管道和金属构件联结。具体做法参见《等电位联结安装》(15D502)。

18.1.6 电话系统、有线电视系统、宽带网系统

（1）每户按两对电话系统考虑，在客厅、卧室等处设置插座，由一层电话分线箱引两对电话线至住户集中布线箱，由住户集中布线箱引至每个电话插座。

（2）在客厅、主卧设置电视插座，电视采用分配器—分支器系统，图像清晰度不低于 4 级。

（3）在一层楼梯间设置网络交换机，每户在书房设置一个网络插座。

（4）室内电话线采用 RVS-2×0.5，电视线采用 SYWV-75-5，网线采用超五类非屏蔽双绞线。所有弱电分支线路均穿硬质 PVC 管沿墙或楼板暗敷。

18.1.7 可视门铃系统

（1）本工程采用总线制多功能可视门铃系统，各单元主机可通过电缆相互连成一个系统，并将信号接入小区管理中心。

（2）每户在住户门厅附近挂墙设置户内分机。

（3）每户住宅内的燃气泄漏报警、门磁报警、窗磁报警、紧急报警按键等信号均引入对讲分机，再由对讲分机引出，通过总线引至小区管理中心。

18.1.8　其他内容

图中有关做法及未尽事宜均应参照《国家建筑标准设计——电气部分》和国家其他规程规范执行，有关人员应密切合作，避免漏埋或漏焊。

18.2　绘制居民楼电气照明平面图

扫一扫，看视频

源文件：源文件\第 18 章\居民楼电气照明平面图.dwg

照明平面图应清楚地表示灯具、开关、插座、线路的具体位置和安装方法，但对同一方向、同一档次的导线只用一根线表示。

照明控制接线图包括原理接线图和安装接线图。原理接线图比较清楚地表明了开关、灯具的连接与控制关系，但不具体表示照明设备与线路的实际位置。如要在照明平面图上表示照明设备的连接关系，需要用到安装接线图。灯具和插座都是与电源进线的两端并联，相线必须经过开关后再进入灯座，零线直接接到灯座，保护接地线与灯具的金属外壳相连接。这种连接法耗用导线多，但接线可靠，是目前工程广泛应用的安装接线方法，如线管配线、塑料护套配线等。当灯具和开关的位置改变、进线方向改变时，都会使导线根数发生变化。所以，要真正看懂照明平面图，就必须了解导线数的变化规律，掌握照明线路设计的基本知识。

本节讲述居民楼电气照明平面图的绘制，如图 18-1 所示。

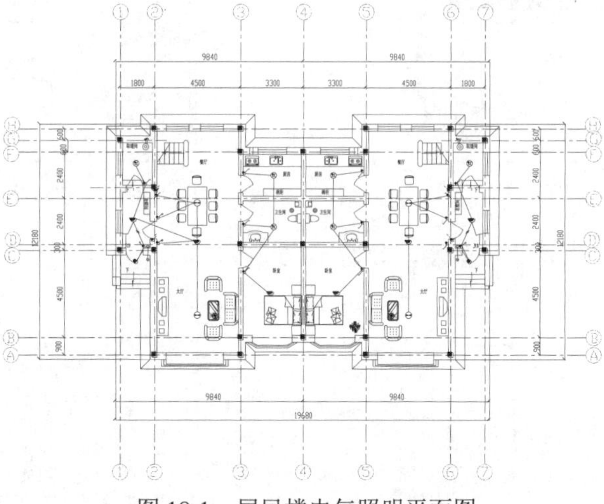

图 18-1　居民楼电气照明平面图

18.2.1　绘制轴线

轴线在电气平面图中起到了至关重要的作用，可以极大地方便后面图形的绘制。下面讲述绘制轴线的方法。

操作步骤

（1）在“默认”选项卡中单击“图层”面板中的“图层特性”按钮，打开“图层特性管理器”选项板，如图 18-2 所示。单击“新建图层”按钮，将新建图层名修改为“轴线”。

（2）单击“轴线”图层的颜色属性，打开“选择颜色”对话框，选择红色为“轴线”图层颜色，单击“确定”按钮，如图 18-3 所示。

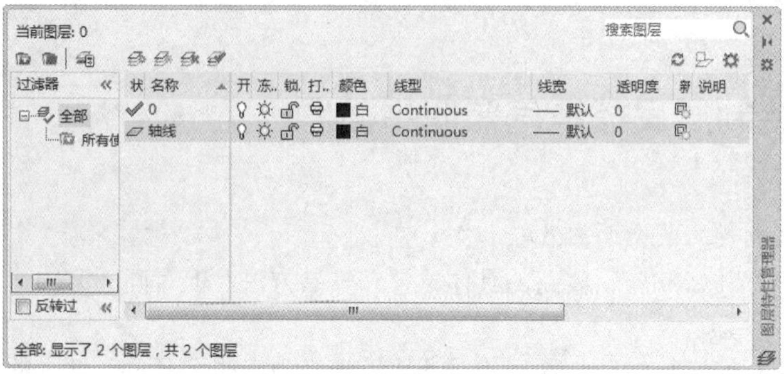

图 18-2 “图层特性管理器”选项板

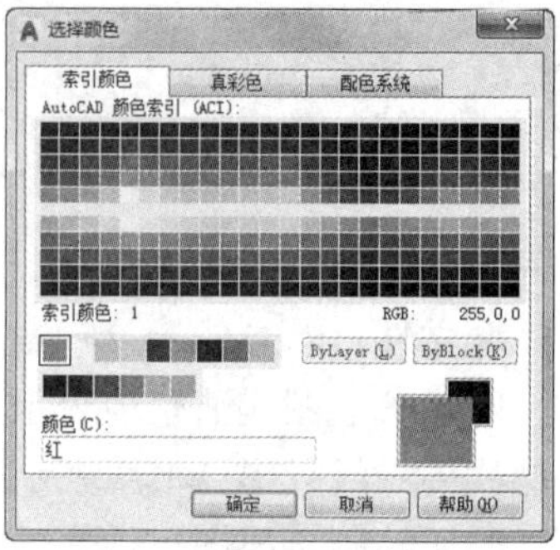

图 18-3 “选择颜色”对话框

（3）单击“轴线”图层的线型属性，打开“选择线型”对话框，如图 18-4 所示。单击“加载”按钮，打开“加载或重载线型”对话框，选择 CENTER 线型，单击“确定”按钮，如图 18-5 所示。返回到“选择线型”对话框，选择 CENTER 线型，单击“确定”按钮，完成线型的设置。

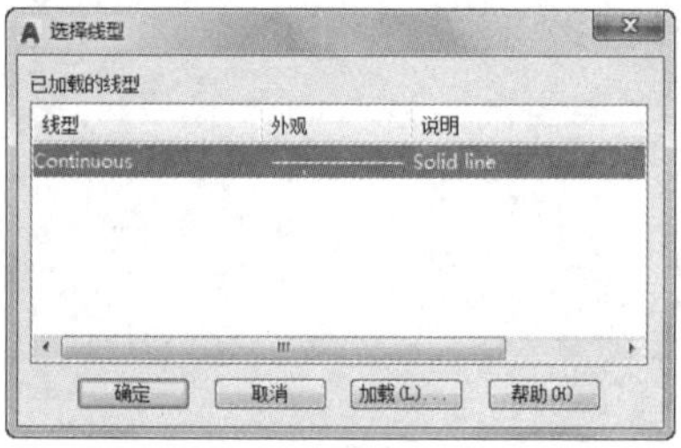

图 18-4 “选择线型”对话框

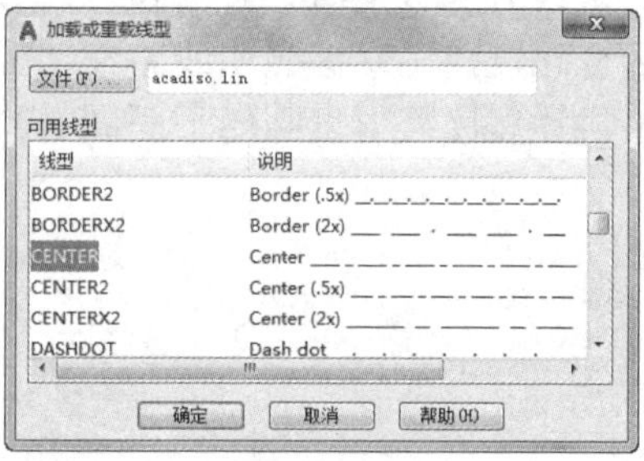

图 18-5 “加载或重载线型”对话框

（4）使用相同的方法创建其他图层，如图 18-6 所示。

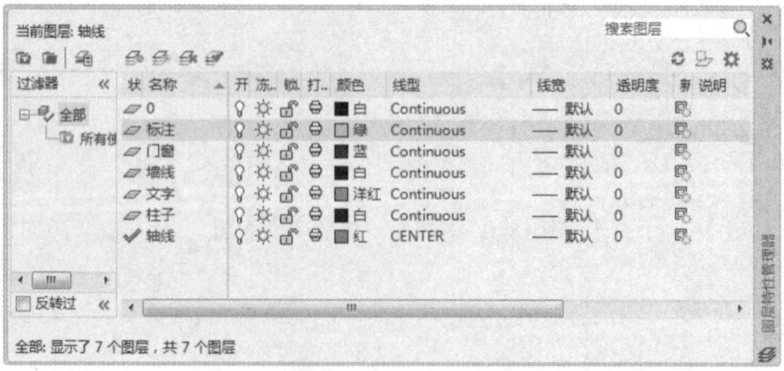

图 18-6 创建的图层

（5）在“默认”选项卡中单击“绘图”面板中的“直线”按钮╱，绘制一条长度为 30000 的水平轴线和一条长度为 23000 的垂直轴线，如图 18-7 所示。

（6）在“默认”选项卡中单击“修改”面板中的“偏移”按钮⊆，将竖直轴线向右偏移 1800。命令行提示与操作如下：

```
指定偏移距离或[通过(T)/删除(E)/图层(L)] <通过>:输入“1800”
选择要偏移的对象，或 [退出(E)/放弃(U)] <退出>:选择竖直轴线
指定要偏移的那一侧上的点，或[退出(E)/多个(M)/放弃(U)] <退出>:向右指定一点
选择要偏移的对象，或 [退出(E)/放弃(U)] <退出>:按 Enter 键
```

（7）重复“偏移”命令，将竖直轴线向右偏移，偏移距离为 4500、3300、3300、4500、1800。将水平轴线向上偏移，偏移距离为 900、4500、300、2400、560、1840、600、600，结果如图 18-8 所示。

图 18-7　绘制轴线

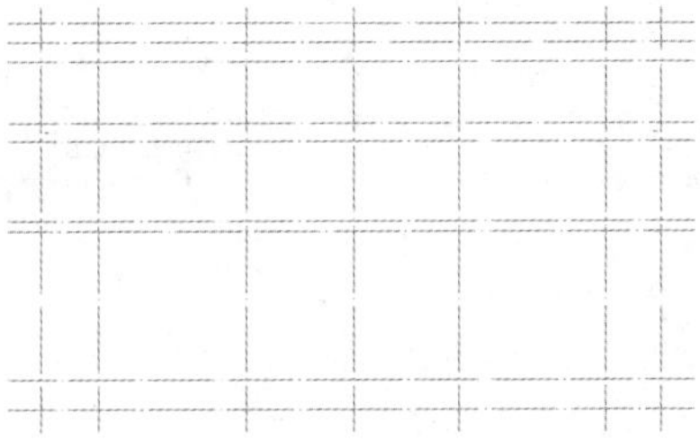

图 18-8　偏移轴线

（8）绘制轴号。

① 在“默认”选项卡中单击“绘图”面板中的“圆”按钮⊙，绘制一个圆。

② 选择菜单栏中的“绘图”→“块”→“定义属性”命令，打开“属性定义”对话框，设置如图 18-9 所示。单击“确定”按钮，在圆心位置写入一个块的属性值，效果如图 18-10 所示。

图 18-9　“属性定义”对话框

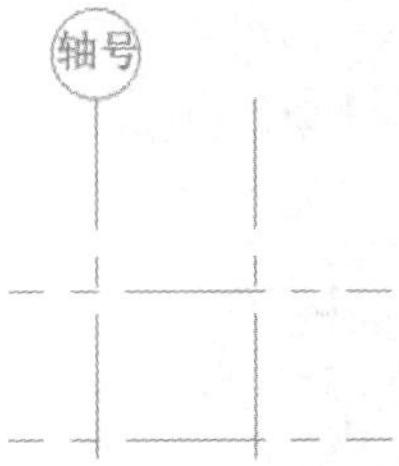

图 18-10　在圆心位置写入属性值

③ 在“默认”选项卡中单击“块”面板中的“创建”按钮⊡，打开“块定义”对话框，如图 18-11 所示。在“名称”文本框中输入“轴号”，指定圆心为基点；选择整个圆和刚才的“轴号”标记为对象，单击“确定”按钮，打开如图 18-12 所示的“编辑属性”对话框。设置“轴号”为 1，单击“确定”按钮，轴号效果如图 18-13 所示。

图 18-11　创建块

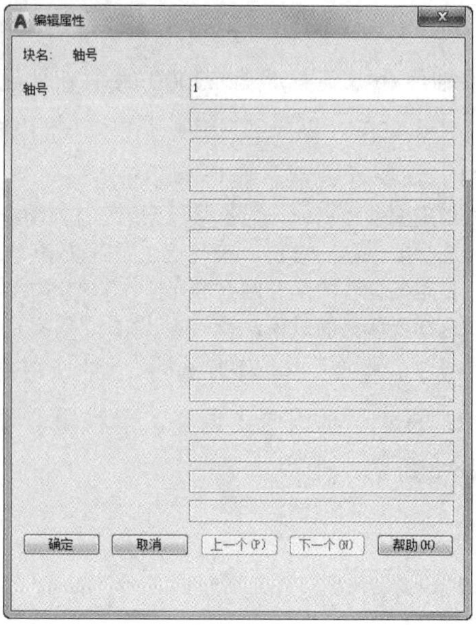

图 18-12　“编辑属性”对话框

④ 利用上述方法绘制出所有轴号，效果如图 18-14 所示。

图 18-13　输入轴号

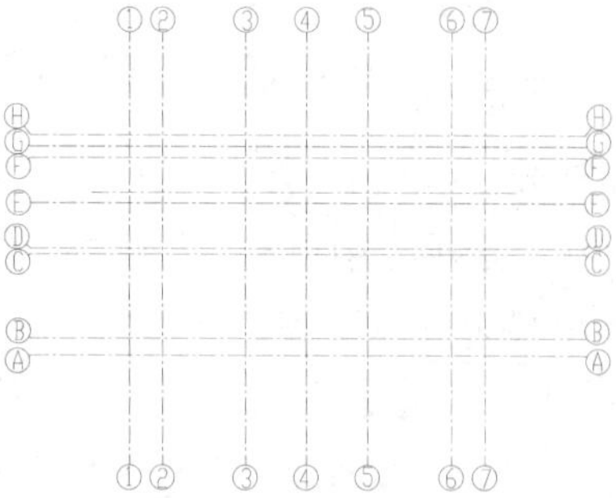

图 18-14　标注轴号

✍ **说明：**

修改轴号内的文字时，只需双击文字（命令：DDEDIT），即弹出闪烁的文字编辑符（同 Word），在此模式下用户即可输入新的文字。

18.2.2　绘制柱子

利用“矩形”“图案填充”和“复制”命令绘制柱子图形。

操作步骤

（1）将“柱子”图层设置为当前图层。在“默认”选项卡中单击“绘图”面板中的“矩形”按钮 ▭，在空白处绘制一个 240×240 的矩形，结果如图 18-15 所示。

（2）在“默认”选项卡中单击“绘图”面板中的“图案填充”按钮 ▨，系统弹出“图案填充创建”选项卡，选择 SOLID 图例，对柱子进行填充，结果如图 18-16 所示。

图 18-15　绘制矩形

图 18-16　填充柱子

（3）在“默认”选项卡中单击“修改”面板中的“复制”按钮，将步骤（2）绘制的柱子复制到如图 18-17 所示的位置。命令行提示与操作如下：

```
选择对象:选择柱子
选择对象:按 Enter 键
指定基点或 [位移(D)/模式(O)] <位移>:(捕捉柱子上边线的中点)
指定第二个点或[阵列(A)] <使用第一个点作为位移>:(捕捉第二根水平轴线和偏移后轴线的交点)
指定第二个点或 [阵列(A)/退出(E)/放弃(U)] <退出>:(按 Enter 键)
```

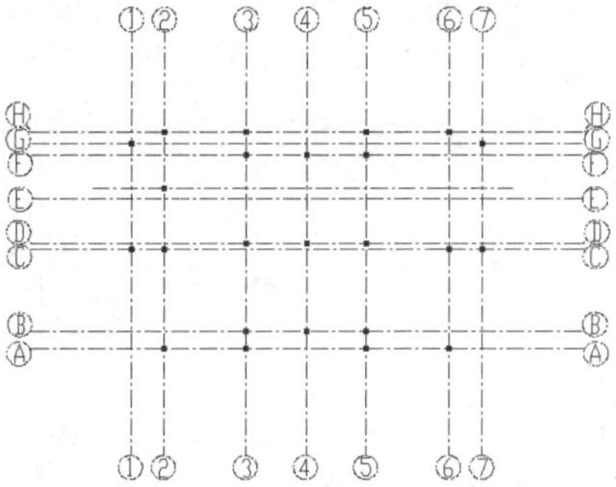

图 18-17　布置柱子

注意：

AutoCAD 提供点（ID）、距离（Distance）、面积（Area）的查询，给图形的分析带来了很大的方便。用户可通过选择菜单栏中的“工具”→“查询”→“距离”命令等，及时查询相关信息，以便进行修改。

18.2.3　绘制墙线、门窗、洞口

首先利用“多线”命令绘制建筑墙体，然后利用“偏移”“分解”“修剪”和“删除”命令绘制洞口，最后利用“直线”“矩形”“偏移”和“修剪”等命令绘制窗线、门和楼梯等，完成居民楼平面图的绘制。

操作步骤

1．绘制建筑墙体

（1）将“墙线”图层设置为当前图层。选择菜单栏中的“格式”→“多线样式”命令，打开如图 18-18 所示的“多线样式”对话框。单击“新建”按钮，打开如图 18-19 所示的“创建新的多线样式”对话框。在“新样式名”文本框中输入 360，单击“继续”按钮，弹出如图 18-20 所示的

“新建多线样式:360”对话框。在“偏移”文本框中输入 240 和-120，单击“确定”按钮，返回到“多线样式”对话框。

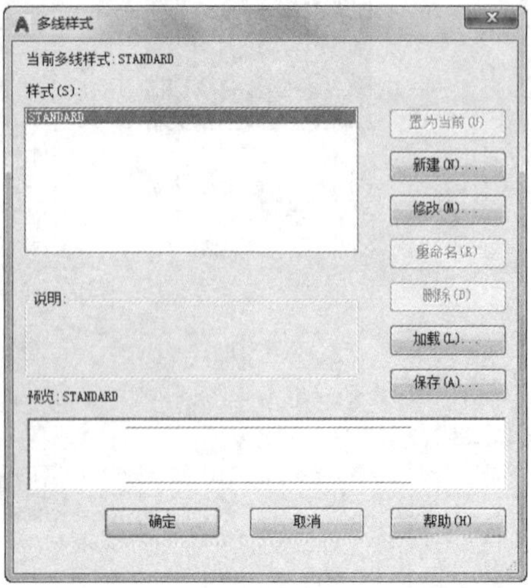

图 18-18　“多线样式”对话框

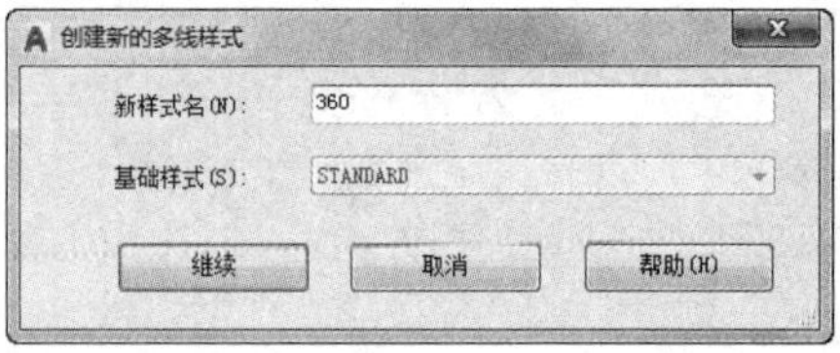

图 18-19　“创建新的多线样式”对话框

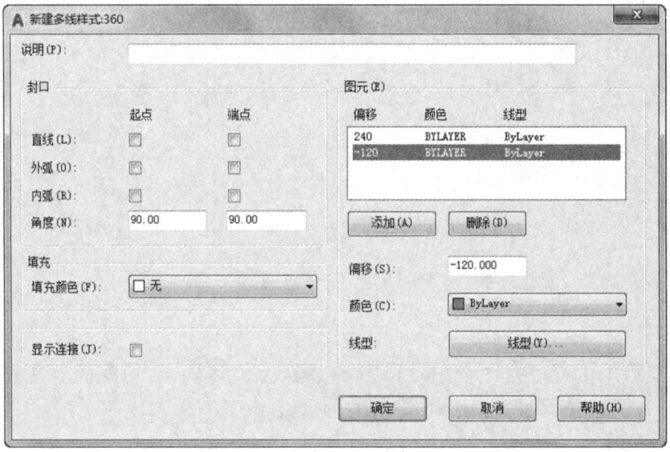

图 18-20　“新建多线样式：360”对话框

（2）选择菜单栏中的“绘图”→“多线”命令，绘制大厅两侧墙体。命令行提示与操作如下：

```
指定起点或 [对正(J)/比例(S)/样式(ST)]:S
输入多线比例 <20.00>:输入“1”
指定起点或[对正(J)/比例(S)/样式(ST)]:J
输入对正类型[上(T)/无(Z)/下(B)] <无>:Z
指定起点或[对正(J)/比例(S)/样式(ST)]:(指定轴线间的相交点)
指定下一点:(沿轴线绘制墙线)
指定下一点或[放弃(U)]:(继续绘制墙线)
指定下一点或[闭合(C)/放弃(U)]:(继续绘制墙线)
指定下一点或[闭合(C)/放弃(U)]:(按 Enter 键)
```

（3）选择菜单栏中的“修改”→“对象”→“多线”命令，对绘制的墙体进行修剪，结果如图 18-21 所示。

2．绘制洞口

（1）将“门窗”图层设置为当前图层。在“默认”选项卡中单击“修改”面板中的“分解”按钮，将墙线进行分解。在“默认”选项卡中单击“修改”面板中的“偏移”按钮，选取中间的轴线 2 向右偏移 600、1200，如图 18-22 所示。

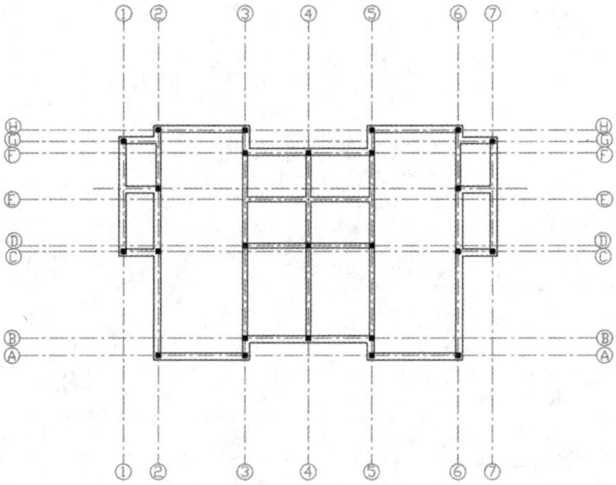

图 18-21　修剪墙体

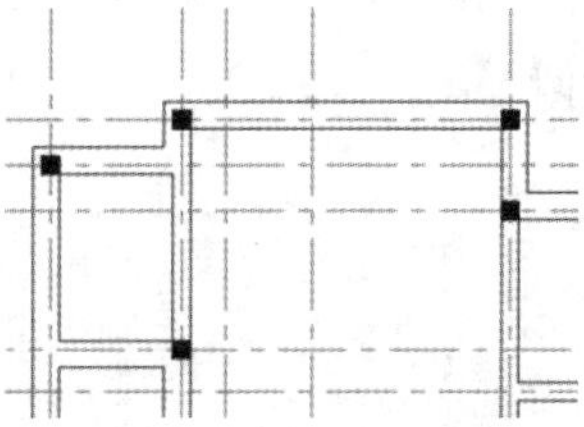

图 18-22　偏移轴线

（2）在“默认”选项卡中单击“修改”面板中的“修剪”按钮，修剪掉多余图形。在“默认”选项卡中单击“修改”面板中的“删除”按钮，删除偏移轴线，如图 18-23 所示。

注意：

有些门窗的尺寸已经标准化，所以在绘制门窗洞口时应该查阅相关标准，设置合适尺寸。

（3）利用上述方法绘制出图形中的所有门窗洞口，如图 18-24 所示。

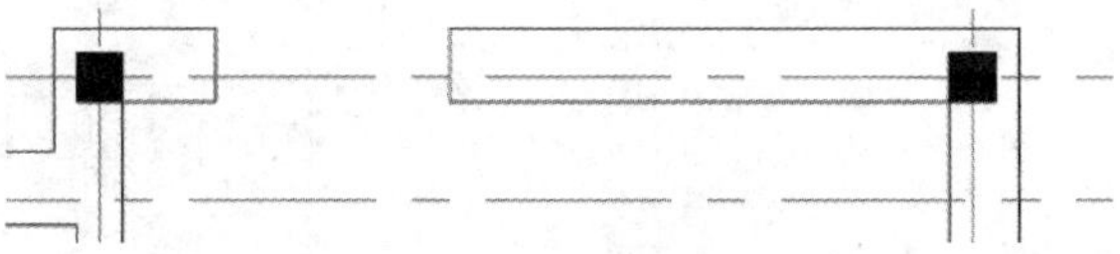

图 18-23　修剪图形

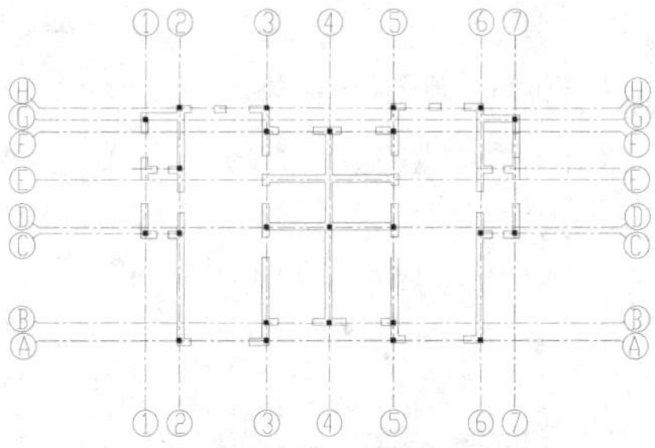

图 18-24　绘制结果

说明：

在应用“修剪”命令过程中，通常在选择修剪对象时，是逐个单击选择，有时显得效率不高。要比较快地实现修剪，可以这样操作：执行“修剪”命令（TR 或 TRIM），命令行提示“选择修剪对象”时不选择对象，继续按 Enter 键或按空格键，系统默认选择全部对象。这样做可以很快地完成修剪过程，没使用过的读者不妨一试。

3．绘制窗线

（1）将“门窗”图层设置为当前图层，在“默认”选项卡中单击“绘图”面板中的“直线”

按钮╱，绘制一段直线，如图 18-25 所示。

（2）在“默认”选项卡中单击“修改”面板中的“偏移”按钮⊆，选择步骤（1）绘制的直线向下偏移，偏移距离为 120、120、120，如图 18-26 所示。

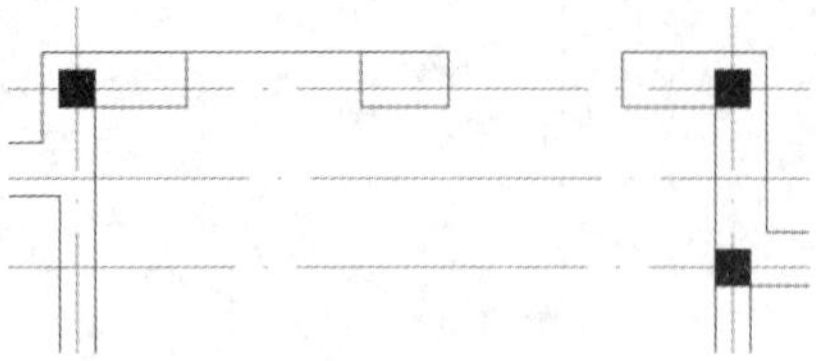

图 18-25　绘制直线

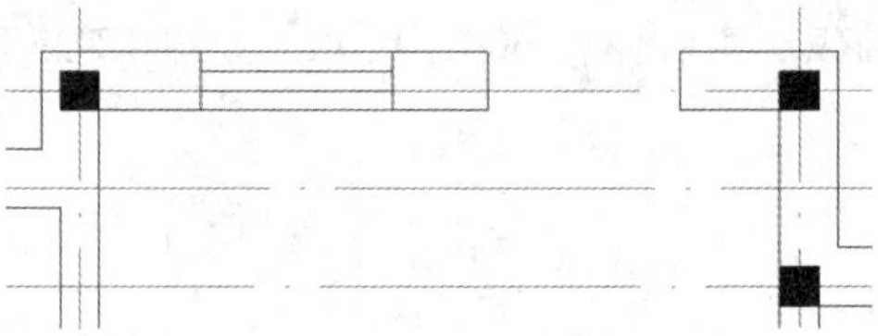

图 18-26　偏移直线

（3）利用上述方法绘制剩余窗线，如图 18-27 所示。

（4）在“默认”选项卡中单击“绘图”面板中的“圆弧”按钮⌒和“直线”按钮╱，绘制门，如图 18-28 所示。

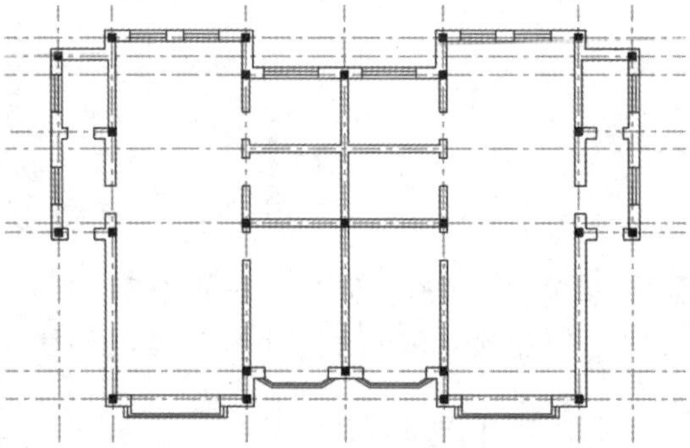

图 18-27　完成窗线的绘制

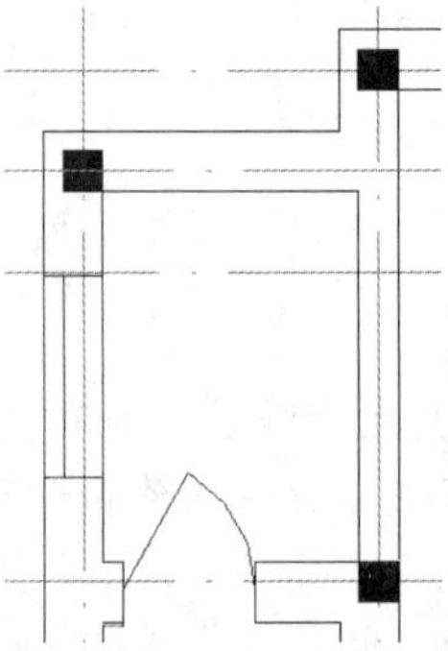

图 18-28　绘制门

（5）在“默认”选项卡中单击“块”面板中的“创建”按钮，打开“块定义”对话框，如图 18-29 所示。在“名称”文本框中输入“单扇门”；单击“拾取点”按钮，选择“单扇门”的任意一点为基点；单击“选择对象”按钮，选择全部对象；单击“确定”按钮，完成图块的创建。

（6）在“默认”选项卡中单击“块”面板中的“插入”下拉菜单，打开“插入”选项板，如图 18-30 所示。

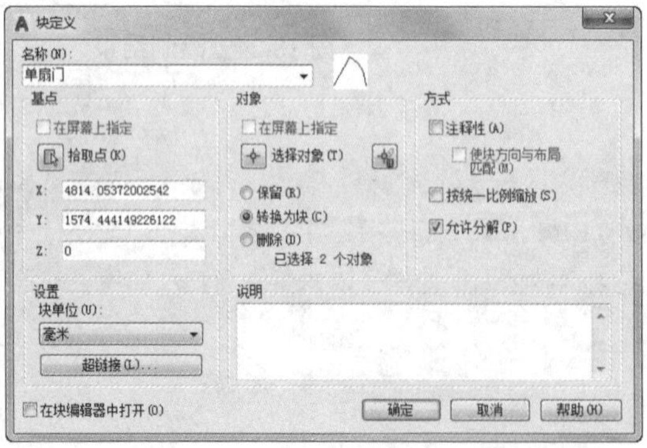

图 18-29　定义“单扇门”图块

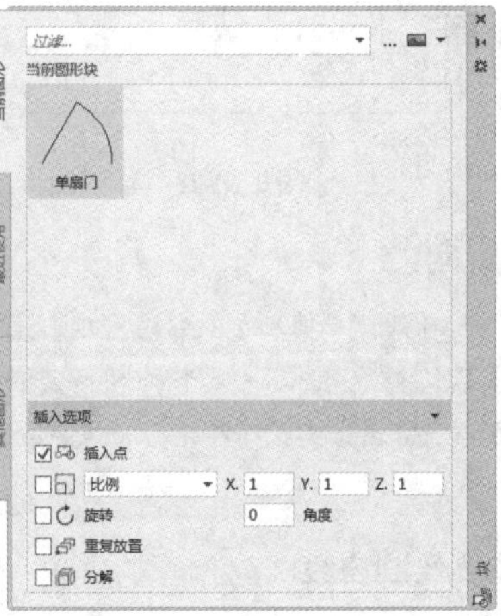

图 18-30　“插入”对话框

（7）在"名称"下拉列表框中选择"单扇门"，指定任意一点为插入点，在平面图中插入所有单扇门图形，结果如图 18-31 所示。

（8）在"默认"选项卡中单击"绘图"面板中的"矩形"按钮 □，绘制一个 420×1575 的矩形，如图 18-32 所示。

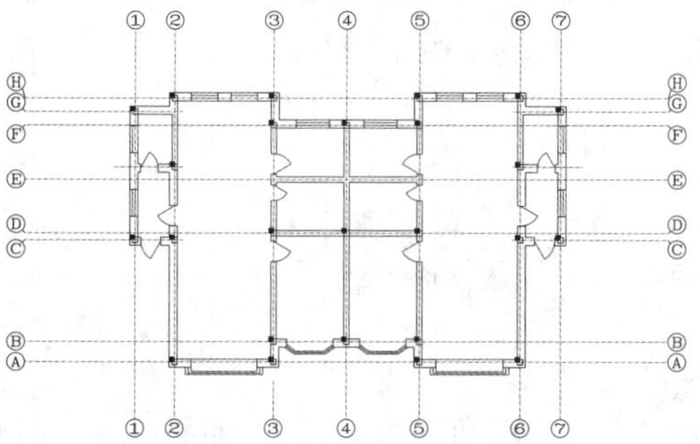

图 18-31　插入单扇门

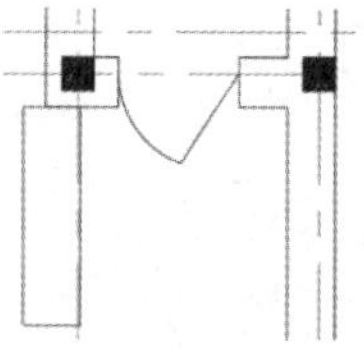

图 18-32　绘制矩形

（9）在"默认"选项卡中单击"绘图"面板中的"直线"按钮 ╱，在矩形内外绘制一条直线，如图 18-33 所示。

（10）在"默认"选项卡中单击"修改"面板中的"偏移"按钮 ⊆，向下偏移直线，偏移距离为 250，偏移 3 次；补充直线并进行修剪在"默认"选项卡中单击"修改"面板中的"镜像"按钮 ◭，选择台阶向右镜像，如图 18-34 所示。

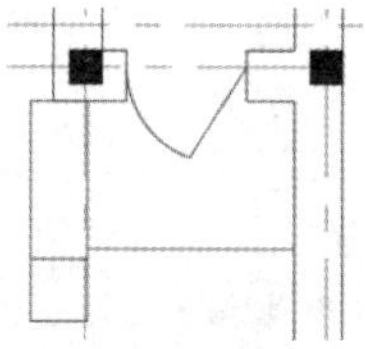

图 18-33　绘制一条直线

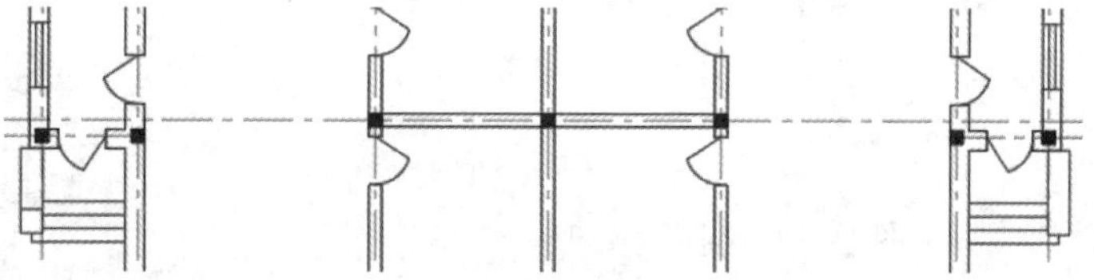

图 18-34　镜像台阶

（11）在"默认"选项卡中单击"绘图"面板中的"直线"按钮 ╱，在图形内绘制一条长度为 1640 的直线，如图 18-35 所示。

（12）在"默认"选项卡中单击"修改"面板中的"偏移"按钮 ⊆，将直线向上偏移 1100，如图 18-36 所示。

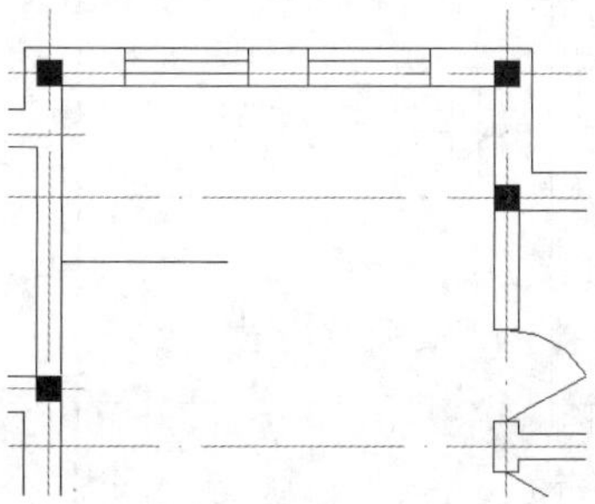

图 18-35　绘制一条直线

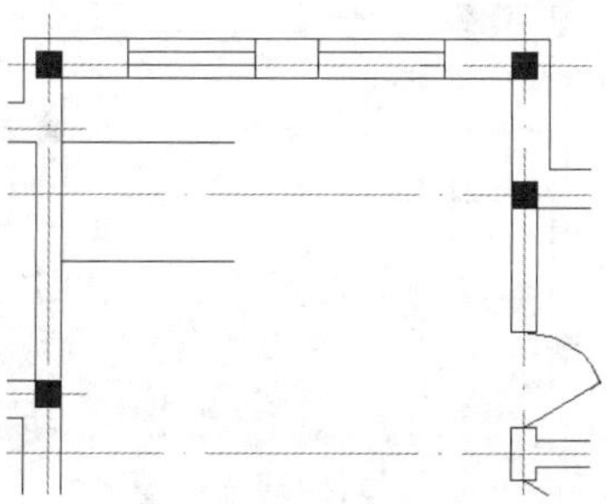

图 18-36　偏移直线

（13）在"默认"选项卡中单击"绘图"面板中的"直线"按钮 ╱，连接两条水平直线，如图 18-37 所示。

（14）在“默认”选项卡中单击“修改”面板中的“偏移”按钮，将步骤（13）绘制的竖直直线连续向左偏移，偏移距离均为 250，如图 18-38 所示。

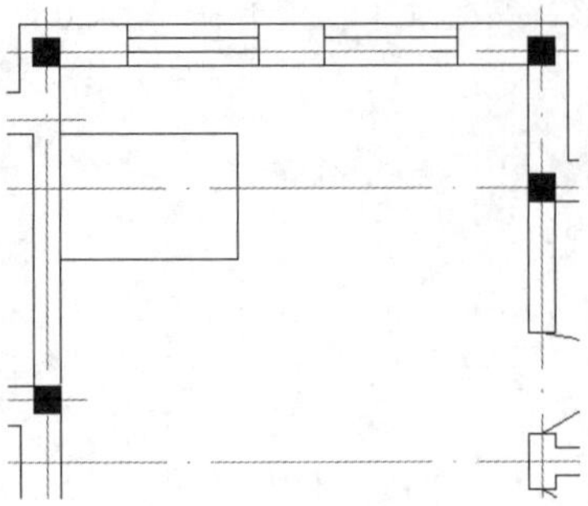

图 18-37　绘制直线

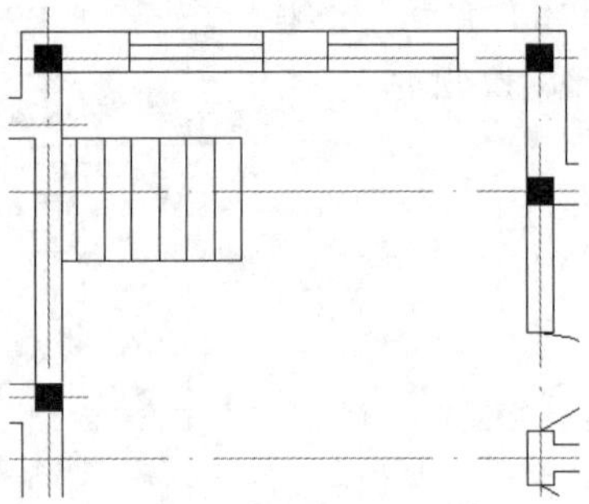

图 18-38　偏移直线

（15）在“默认”选项卡中单击“修改”面板中的“圆角”按钮，对图形进行倒圆角，圆角半径为 125，如图 18-39 所示。

（16）利用前面所学知识绘制楼梯折弯线，如图 18-40 所示。

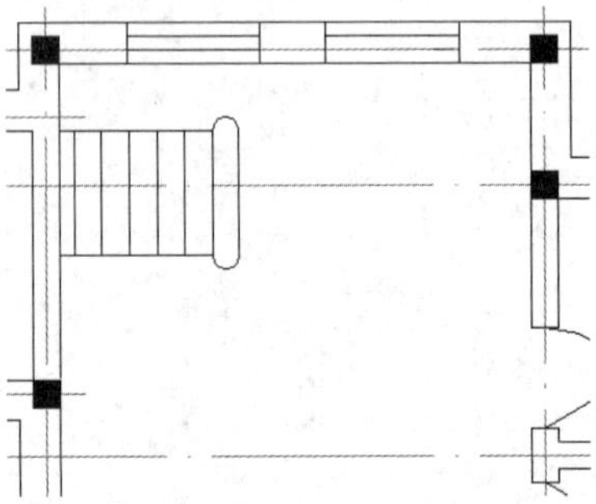

图 18-39　倒圆角处理

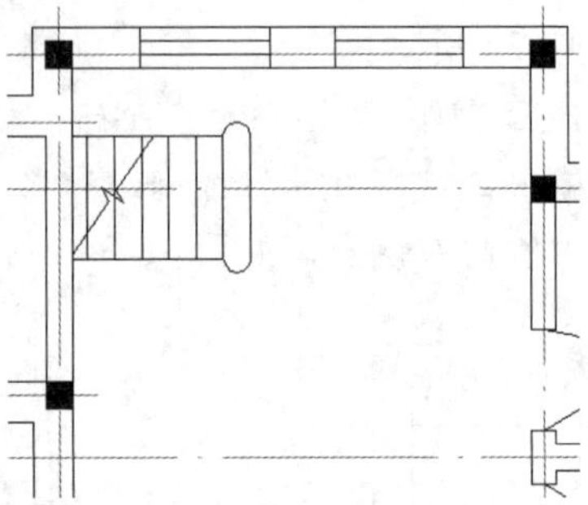

图 18-40　绘制楼梯折弯线

（17）在“默认”选项卡中单击“修改”面板中的“修剪”按钮，将步骤（16）绘制的图形进行修剪，如图 18-41 所示。

（18）在“默认”选项卡中单击“绘图”面板中的“多段线”按钮，指定其起点宽度及端点宽度后绘制楼梯指引箭头，如图 18-42 所示。

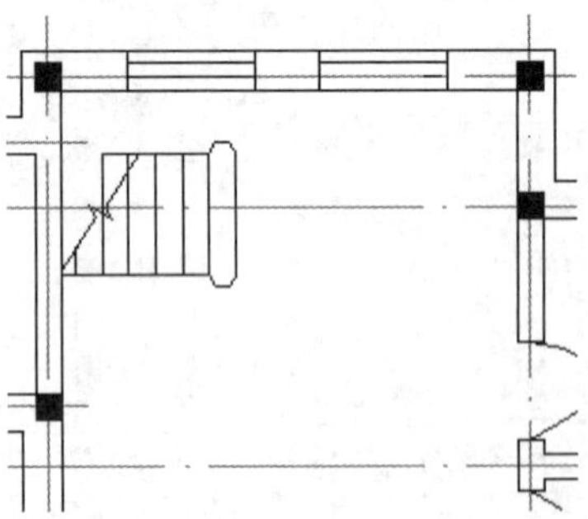

图 18-41　修剪图形

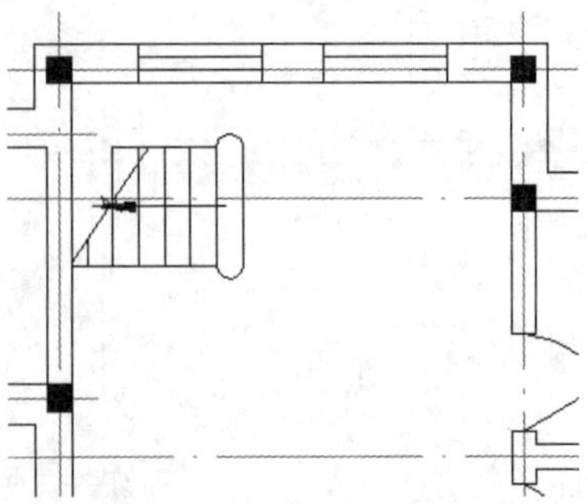

图 18-42　绘制楼梯指引箭头

（19）在“默认”选项卡中单击“修改”面板中的“镜像”按钮，将绘制好的楼梯进行镜像，如图 18-43 所示。

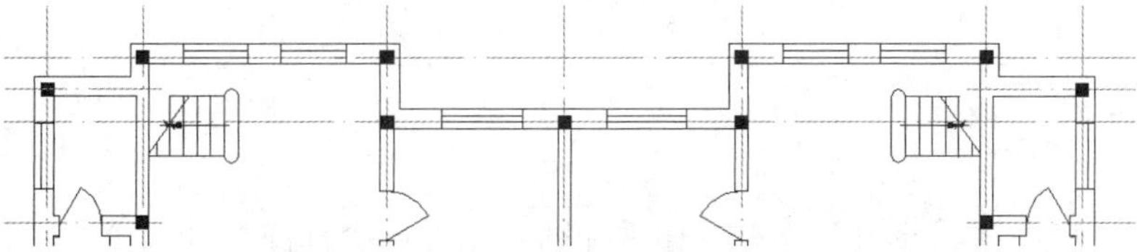

图 18-43 镜像楼梯

（20）在“默认”选项卡中单击“图层”面板中的“图层特性”按钮，创建“家具”图层，并将其设置为当前图层；在“默认”选项卡中单击“块”面板中的“插入”按钮，插入“源文件\图库\餐椅”图块，结果如图 18-44 所示。

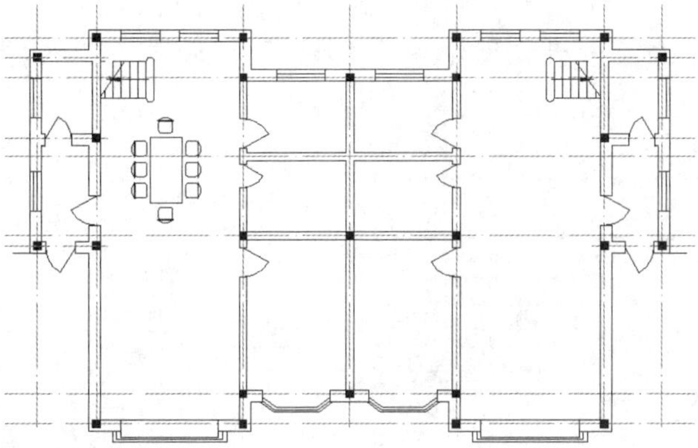

图 18-44 插入图块

（21）继续调用上述方法，插入所有图块。在“默认”选项卡中单击“修改”面板中的“偏移”按钮，选取外墙线向外偏移 500；在“默认”选项卡中单击“修改”面板中的“修剪”按钮，修剪掉多余线段；然后在“默认”选项卡中单击“绘图”面板中的“直线”按钮，绘制剩余线段，完成图形剩余部分，如图 18-45 所示。

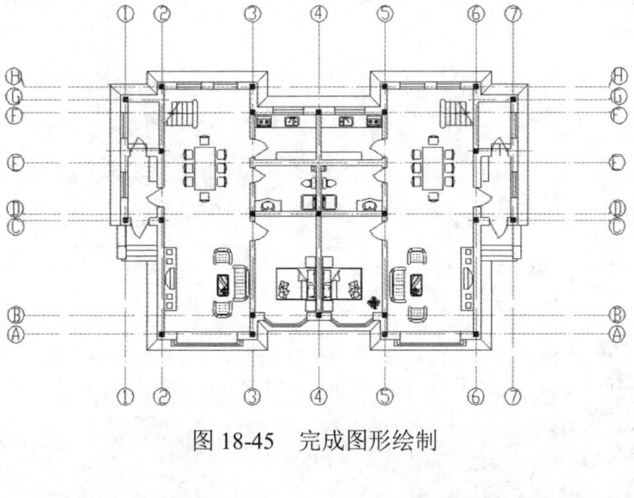

图 18-45 完成图形绘制

注意：

本实例图形为两边对称图形，所以也可以先绘制左边图形，然后利用“镜像”命令得到右边图形。

建筑制图时，常会应用到一些标准图块，如卫具、桌椅等，此时用户可以从 AutoCAD 设计中心直接调用一些建筑图块。

18.2.4　标注尺寸

首先设置标注样式，然后利用“线性”和“连续”标注命令标注尺寸。

操作步骤

1．设置标注样式

（1）将“标注”图层设置为当前图层。在“默认”选项卡中单击“注释”面板中的“标注样式”按钮，打开“标注样式管理器”对话框，如图 18-46 所示。

（2）单击“新建”按钮，打开“创建新标注样式”对话框，在“新样式名”文本框中输入“建筑平面图”，如图 18-47 所示。

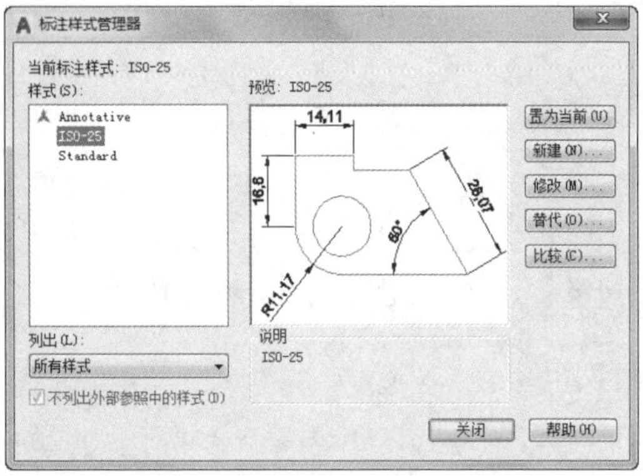

图 18-46　“标注样式管理器”对话框

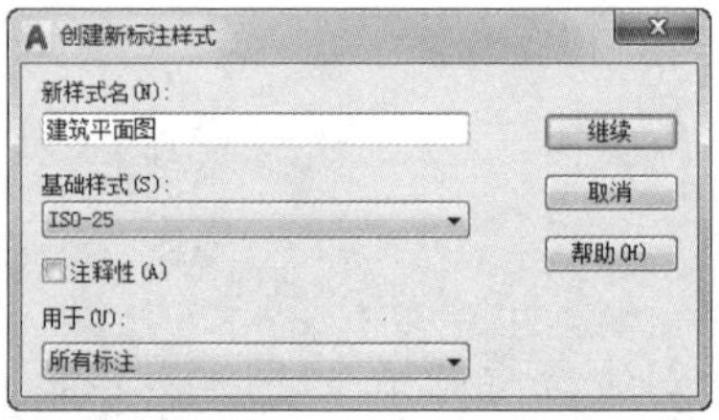

图 18-47　“创建新标注样式”对话框

（3）单击“继续”按钮，打开“新建标注样式:建筑平面图”对话框，各个选项卡的参数设置如图 18-48 所示。设置完参数后，单击“确定”按钮，返回到“标注样式管理器”对话框，将“建筑平面图”样式置为当前。

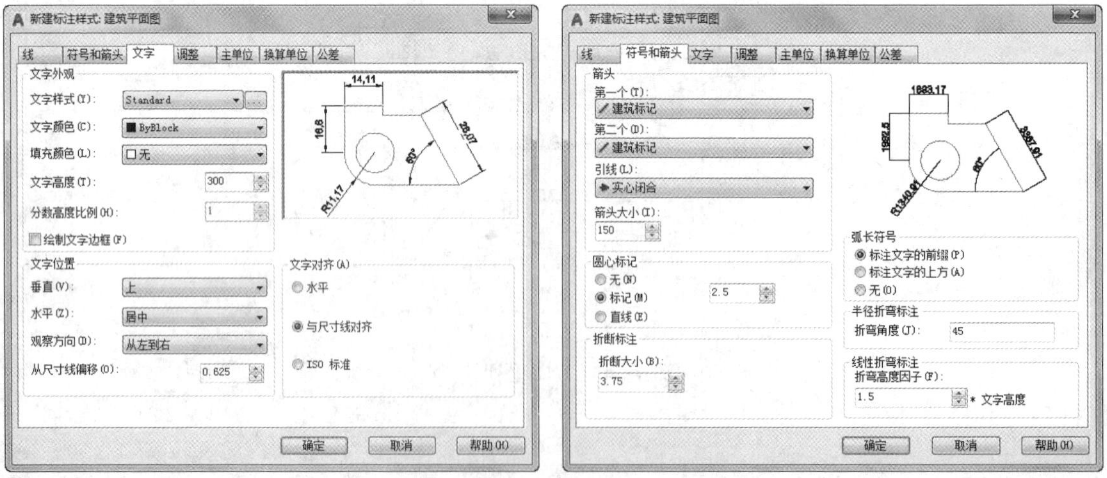

（a）　　　　（b）

图 18-48　“新建标注样式:建筑平面图”对话框参数设置

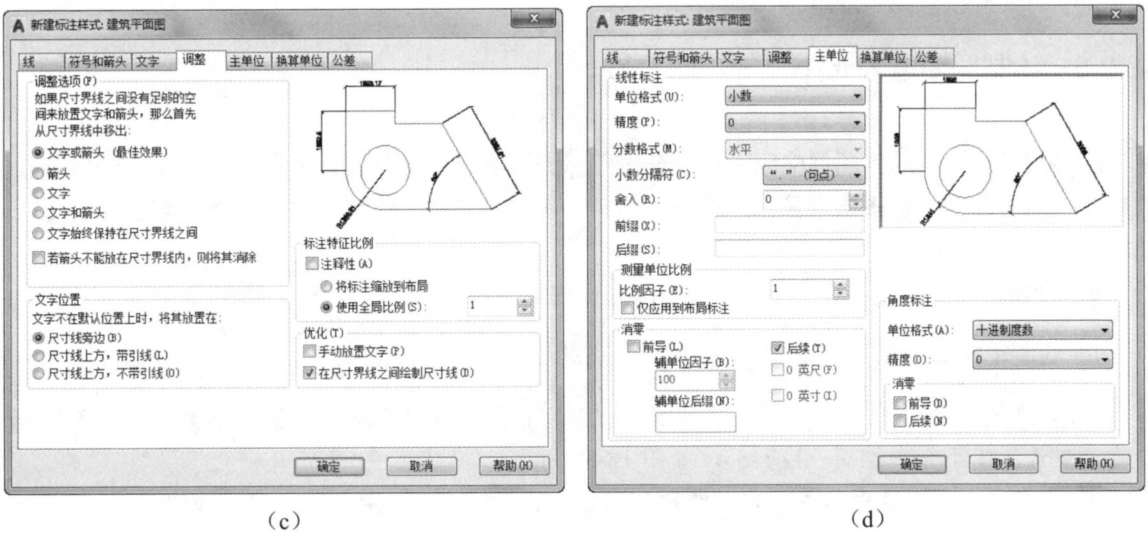

图 18-48 “新建标注样式:建筑平面图”对话框参数设置（续）

2. 尺寸的标注

在“默认”选项卡中单击“注释”面板中的“线性”按钮和“连续”按钮，标注尺寸，如图 18-49 所示。

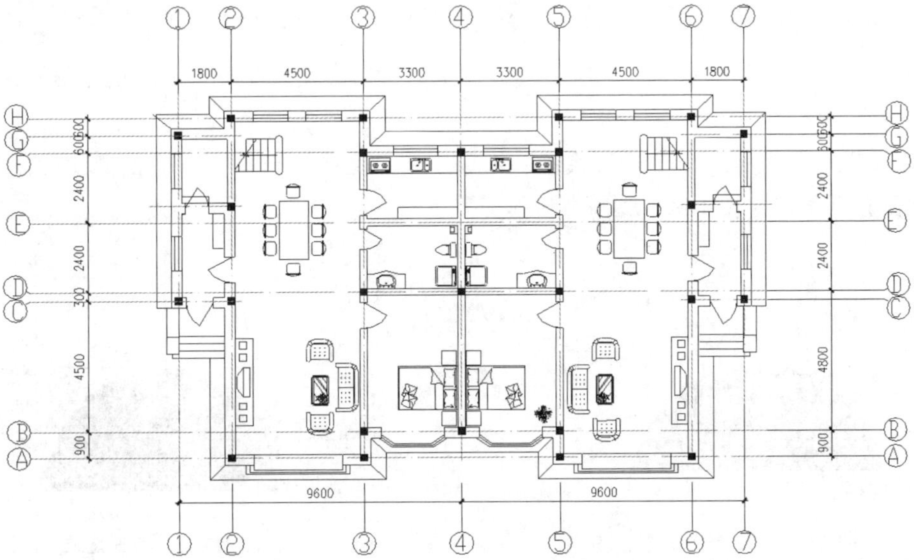

图 18-49 标注尺寸

说明：

连续标注与线性标注的区别：连续标注只需在第一次标注时指定标注的起点，下次标注将自动以上次标注的末点为起点，因此连续标注时只需连续指定标注的末点；而线性标注每标注一次都要指定标注的起点及末点，相对于连续标注来说效率较低。连续标注常用于建筑轴网的尺寸标注，一般连续标注前先采用线性标注进行定位。

18.2.5 绘制照明电气元件

前述的设计说明提到图例中应画出各图例符号及其表征的电气元件名称，下面将对图例符号的绘制作一简要介绍。将图层定义为“电气-照明”，设置好颜色，线型为中粗实线，设置好线宽，此处取 0.35。

操作步骤

1．绘制单相二、三孔插座

（1）新建“电气-照明”图层并将其设置为当前图层。在“默认”选项卡中单击“绘图”面板中的“圆弧”按钮，绘制一段圆弧，如图 18-50 所示。

（2）在“默认”选项卡中单击“绘图”面板中的“直线”按钮，在圆弧内绘制一条直线，如图 18-51 所示。

图 18-50　绘制圆弧

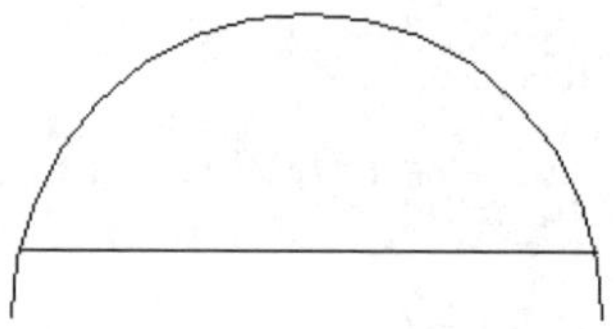

图 18-51　绘制直线

（3）在“默认”选项卡中单击“绘图”面板中的“图案填充”按钮，填充圆弧，如图 18-52 所示。

（4）在“默认”选项卡中单击“绘图”面板中的“直线”按钮，在圆弧上方绘制一条水平直线和一条竖直直线，如图 18-53 所示。

图 18-52　填充图形

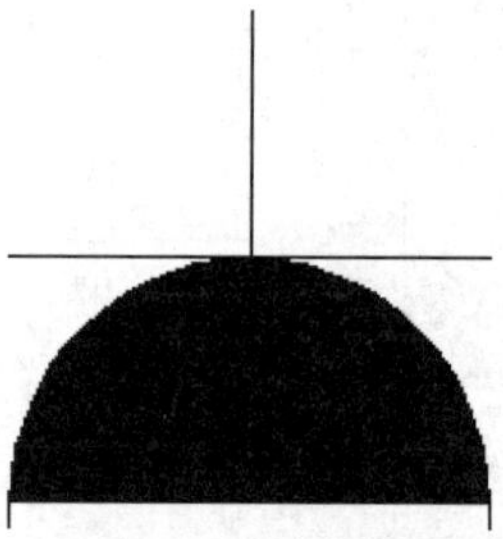

图 18-53　绘制直线

（5）三孔插座的绘制方法同上所述。

2．绘制三联翘板开关

（1）在“默认”选项卡中单击“绘图”面板中的“圆”按钮，绘制一个圆，如图 18-54 所示。

（2）在“默认”选项卡中单击“绘图”面板中的“图案填充”按钮，填充圆，如图 18-55 所示。

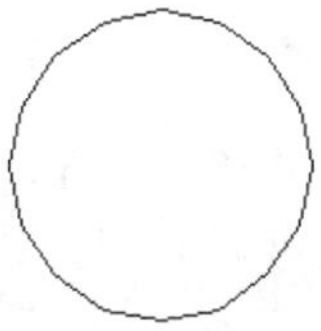

图 18-54　绘制圆

图 18-55　填充圆

（3）在“默认”选项卡中单击“绘图”面板中的“直线”按钮，在圆上方绘制一条斜向直线，如图 18-56 所示。

（4）在“默认”选项卡中单击“绘图”面板中的“直线”按钮，绘制几条与斜向直线垂直的直线，如图 18-57 所示。

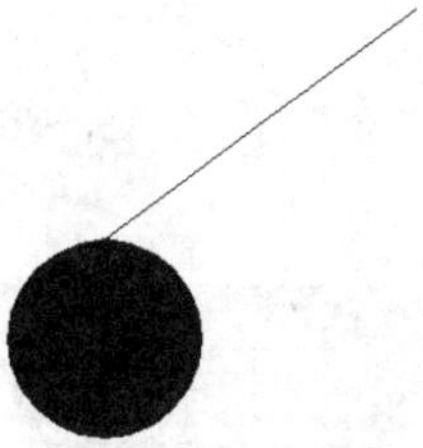

图 18-56　绘制斜向直线

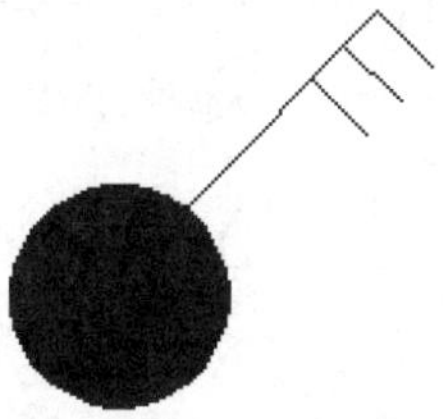

图 18-57　绘制直线

3．绘制单联双控翘板开关

（1）在“默认”选项卡中单击“绘图”面板中的“圆”按钮，绘制一个圆，如图 18-58 所示。

（2）在“默认”选项卡中单击“绘图”面板中的“图案填充”按钮，填充圆，如图 18-59 所示。

图 18-58　绘制圆

图 18-59　填充圆

（3）在“默认”选项卡中单击“绘图”面板中的“直线”按钮，绘制一条斜向直线和一条与其垂直的直线，如图 18-60 所示。

（4）在“默认”选项卡中单击“修改”面板中的“镜像”按钮，镜像步骤（3）绘制的直线，如图 18-61 所示。

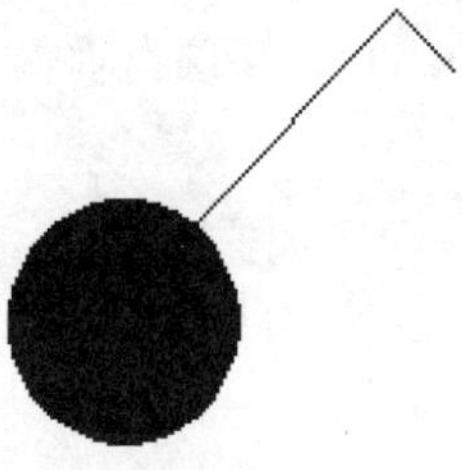

图 18-60　绘制直线

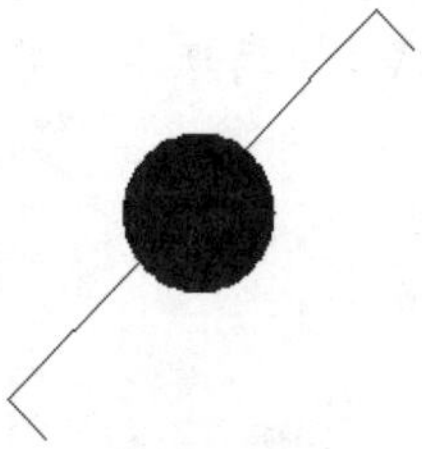

图 18-61　镜像直线

4．绘制环形荧光灯

（1）在“默认”选项卡中单击“绘图”面板中的“圆”按钮⊙，绘制一个圆，如图 18-62 所示。

（2）在“默认”选项卡中单击“绘图”面板中的“直线”按钮／，在圆内绘制一条直线，如图 18-63 所示。

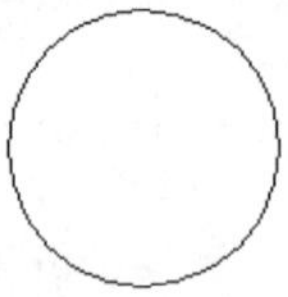

图 18-62　绘制圆

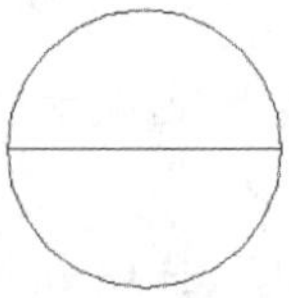

图 18-63　在圆内绘制一条直线

（3）在“默认”选项卡中单击“修改”面板中的“修剪”按钮，修剪圆，如图 18-64 所示。

（4）在“默认”选项卡中单击“绘图”面板中的“图案填充”按钮，填充圆，效果如图 18-65 所示。

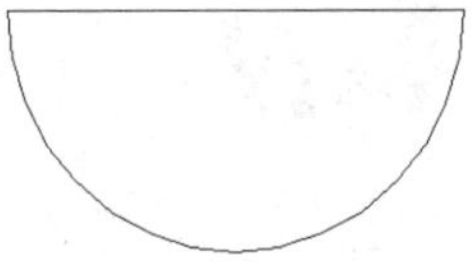

图 18-64　修剪图形

图 18-65　填充圆

5．绘制花吊灯

（1）在“默认”选项卡中单击“绘图”面板中的“圆”按钮⊙，绘制一个圆，如图 18-66 所示。

（2）在“默认”选项卡中单击“绘图”面板中的“直线”按钮／，在圆内中心处绘制一条直线，如图 18-67 所示。

（3）在“默认”选项卡中单击“修改”面板中的“旋转”按钮，选择步骤（2）绘制的直线进行旋转，旋转角度为 15° 和−15° ，如图 18-68 所示。

图 18-66　绘制圆

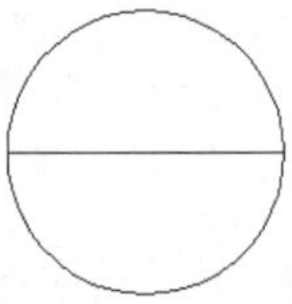

图 18-67　绘制直线

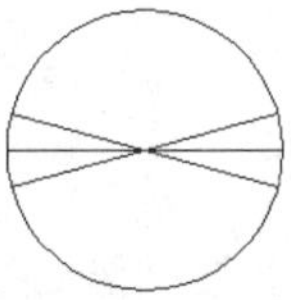

图 18-68　旋转直线

6．绘制防水、防尘灯

（1）在“默认”选项卡中单击“绘图”面板中的“圆”按钮⊙，绘制一个圆，如图 18-69 所示。

（2）在“默认”选项卡中单击“修改”面板中的“偏移”按钮⊆，将圆向内偏移，如图 18-70 所示。

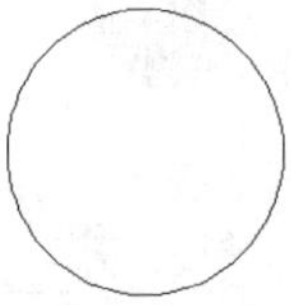

图 18-69　绘制圆

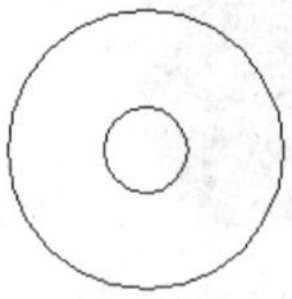

图 18-70　偏移圆

（3）在“默认”选项卡中单击“绘图”面板中的“直线”按钮╱，在圆内绘制交叉直线，如图18-71所示。

（4）在“默认”选项卡中单击“修改”面板中的“修剪”按钮✂，修剪圆内直线，如图18-72所示。

（5）在“默认”选项卡中单击“绘图”面板中的“图案填充”按钮▦，对偏移的小圆进行填充，如图18-73所示。

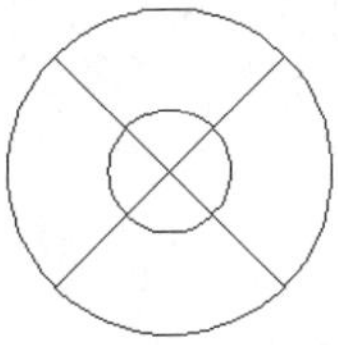
图18-71 绘制直线

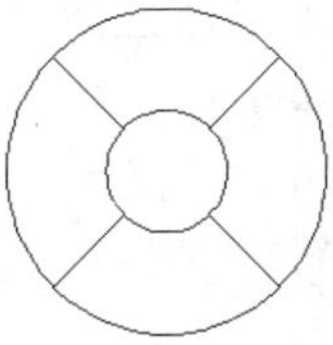
图18-72 修剪直线

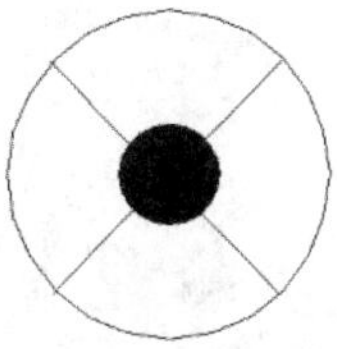
图18-73 填充圆

7．绘制门铃

（1）在“默认”选项卡中单击“绘图”面板中的“圆”按钮⊙，绘制一个圆，如图18-74所示。

（2）在“默认”选项卡中单击“绘图”面板中的“直线”按钮╱，在圆内绘制一条直线，如图18-75所示。

（3）在“默认”选项卡中单击“修改”面板中的“修剪”按钮✂，修剪图18-75所示的图形，结果如图18-76所示。

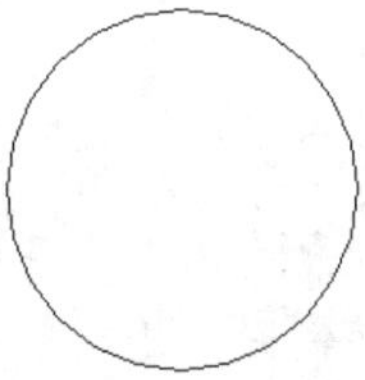
图18-74 绘制一个圆

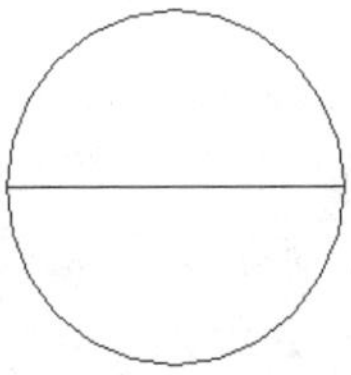
图18-75 绘制直线

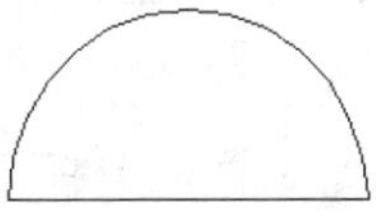
图18-76 修剪结果

注意：

以上用到的命令实现的都是一些基本操作，但若能灵活运用，掌握其诸多使用技巧，在使用AutoCAD实际制图时也可达到事半功倍的效果。

（4）在“默认”选项卡中单击“绘图”面板中的“直线”按钮╱，绘制两条竖直直线，如图18-77所示。

（5）在“默认”选项卡中单击“绘图”面板中的“直线”按钮╱，绘制一条水平直线，如图18-78所示。

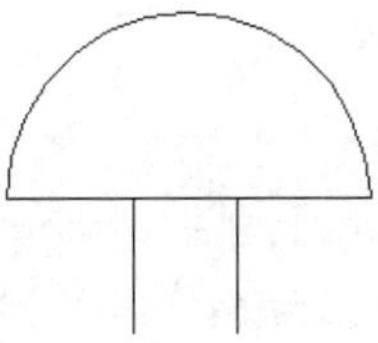
图18-77 绘制两条竖直直线

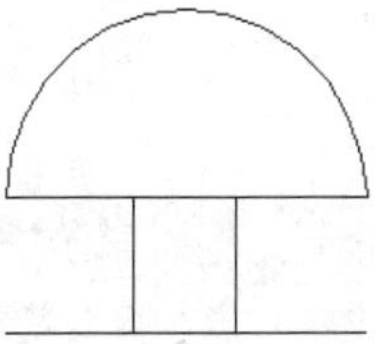
图18-78 绘制水平直线

（6）在“默认”选项卡中单击“修改”面板中的“复制”按钮⚭，选择需要的图例复制到图形中，剩余图例可调用源文件/图库，如图 18-79 所示。

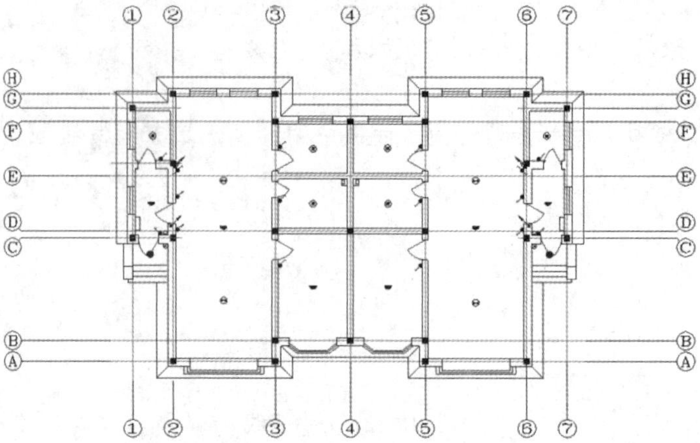

图 18-79　布置图例

18.2.6　绘制线路

在图纸上绘制完各种电气设备符号后，就可以绘制线路了（将各电气元件通过导线合理地连接起来）。

操作步骤

（1）新建“线路”图层并将其设置为当前图层。

（2）在绘制线路前应按室内配线的敷线方式，规划出较为理想的线路布局。绘制线路时，应用中粗实线绘制干线、支线的位置及走向，连接好配电箱至各灯具、插座及所有用电设备和器具的导线以构成回路，并将开关至灯具的导线一并绘出。当灯具采用开关集中控制时，连接开关的线路应绘制在最近且较为合理的灯具位置处。最后，在单线条上画出细斜线，用来表示线路的导线根数，并在线路的上侧和下侧用文字符号标注出干线及支线编号、导线型号及根数、截面、敷设部位和敷设方式等。当导线采用穿管敷设时，还要标明穿管的品种和管径。

（3）导线的绘制可以采用“多段线”命令或“直线”命令来实现。采用“多段线”命令时，注意设置线宽。多段线是作为单个对象创建的相互连接的序列线段，可以创建直线段、弧线段或两者的组合线段。因此，编辑多段线时，多段线是一个整体，而不是多个独立线段。

（4）线路的布置涉及线路走向，因此绘图时宜激活状态栏中的“对象捕捉”按钮及“正交模式”按钮，如图 18-80 所示。

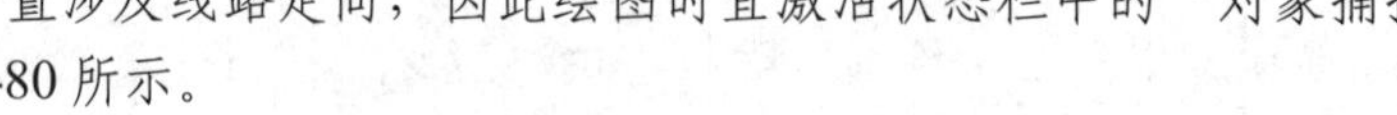

图 18-80　激活“对象捕捉”按钮与“正交模式”按钮

注意：

复制时，电气元件的平面定位可利用辅助线的方式进行，复制完成后再将辅助线删除。同时，在使用“复制”命令时一定要注意选择合适的基点，即基准点，以方便电气图例的准确定位。

在复制相同的图例时，也可以把该图例定义为块，利用“插入”命令插入该图块。

（5）单击状态栏中的“对象捕捉”按钮右侧的下拉按钮，在打开的下拉菜单中选择“对象捕捉设置”命令，打开“草图设置”对话框，选中“对象捕捉”复选框，单击右侧的“全部选择”按钮即可选中所有的对象捕捉模式。当线路复杂时，为避免自动捕捉干扰制图，用户仅勾选其中的几项即可。捕捉开启的快捷键为 F9。

（6）线路的连接应遵循电气元件的控制原理，如一个开关控制一只灯的线路连接方式与一个开关控制两只灯的线路连接方式是不同的，读者应掌握相关的电气知识。

（7）在“默认”选项卡中单击“绘图”面板中的“直线”按钮╱，连接各电气设备，如图 18-81 所示。

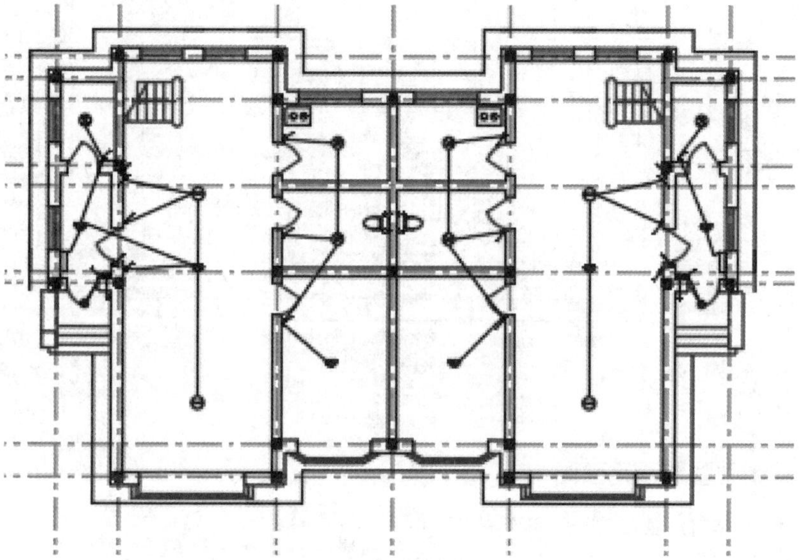

图 18-81 绘制线路

注意：

在制图过程中，读者应注意标注样式中的“文字高度”设置以及其中几个“比例”的具体效果，如“调整”选项卡下“标注特征比例”选项组中的“使用全局比例”，了解并掌握其使用技巧。

当同一幅图纸中出现不同比例的图样时，如平面图为 1：100，节点详图为 1：20，此时用户应设置不同的标注样式，特别应注意调整测量因子。

（8）打开关闭的图层，并将“文字”图层设置为当前图层。在“默认”选项卡中单击“注释”面板中的“多行文字”按钮 A，为图形添加文字说明，如图 18-1 所示。

（9）线路文字标注。动力及照明线路在平面图上均用图形表示，而且只要走向相同，无论导线根数有多少，都可用一条图线（单线法），同时在图线上打上短斜线或标以数字，用以说明导线的根数，另外，在图线旁标注必要的文字符号，用以说明线路的用途、敷设方式、敷设部位以及导线的型号、规格、根数等，这种标注方式习惯称为直接标注。

其标注格式如下：

$$a-b(c\times d)e-f$$

其中：a——线路编号或线路用途的符号；

b——导线符号；

c——导线根数；

d——导线截面，单位为 mm^2；

e——保护管直径，单位为 mm；

f——线路敷设方式和部位。

按照上述方法绘制本例二层照明平面图，如图 18-82 所示。

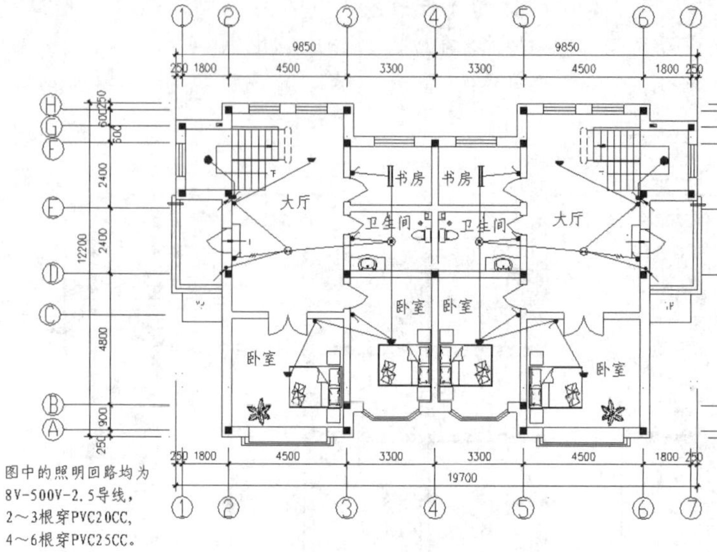

图 18-82　二层照明平面图

动手练——绘制别墅照明平面图

源文件：源文件\第 18 章\别墅照明平面图.dwg

本练习绘制如图 18-83 所示的别墅照明平面图。

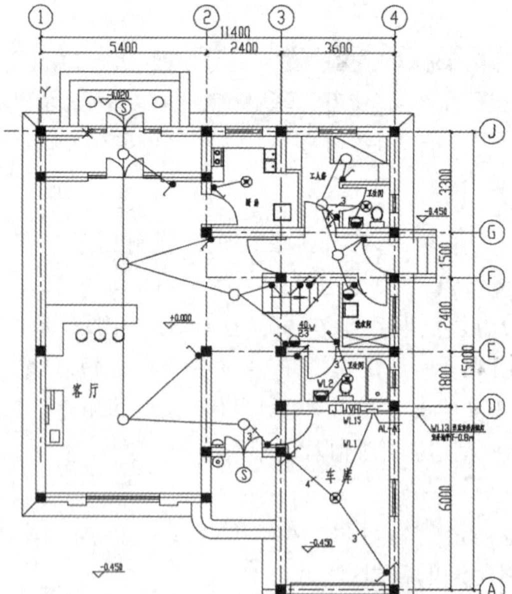

图 18-83　别墅照明平面图

思路点拨：

（1）绘制环境设置。

（2）绘制定位轴线、轴号。

（3）绘制墙线、门窗洞口和柱。

（4）室内布局。

（5）绘制照明电气元件。

（6）绘制线路。

（7）标注尺寸和文字说明。

第 19 章　居民楼辅助电气平面图

内容简介

除了前面讲述的照明电气平面图外，居民楼的电气平面图还包括插座及等电位平面图、接地及等电位平面图和首层电话、有线电视及电视监控平面图等。

本章将结合这些电气平面图设计实例，由浅入深，从制图理论至相关电气专业知识，尽可能全面、详细地描述辅助电气平面图的制图流程。

内容要点

- 绘制插座及等电位平面图
- 绘制接地及等电位平面图
- 绘制首层电话、有线电视及电视监控平面图

案例效果

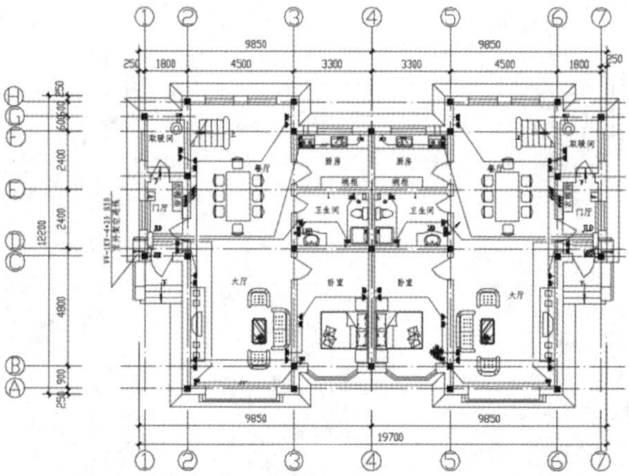

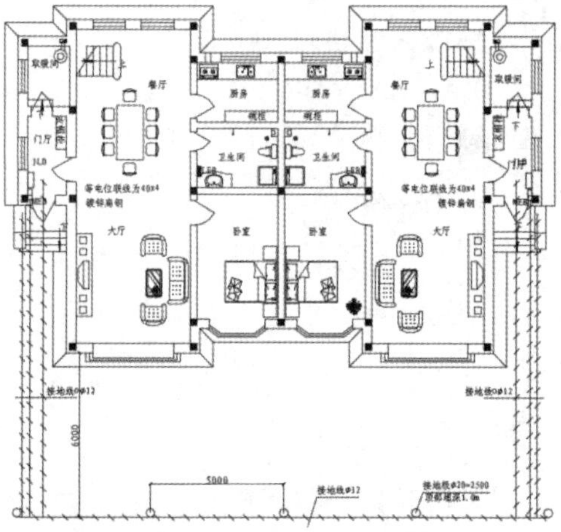

扫一扫，看视频

19.1　绘制插座及等电位平面图

源文件：源文件\第 19 章\插座及等电位平面图.dwg

在建筑电气工程中，一般会在照明平面图中表达出插座等（非照明电气）电气设备，但如果工程庞大、电气化设备布置复杂，可将插座等一些电气设备归类，单独绘制（根据图纸深度，分类分层次），以求清晰表达。

插座平面图主要表达的内容包括插座的平面布置、线路、插座的文字标注（种类、型号等）、管线等。

本节讲述插座及等电位平面图的绘制过程，如图 19-1 所示。

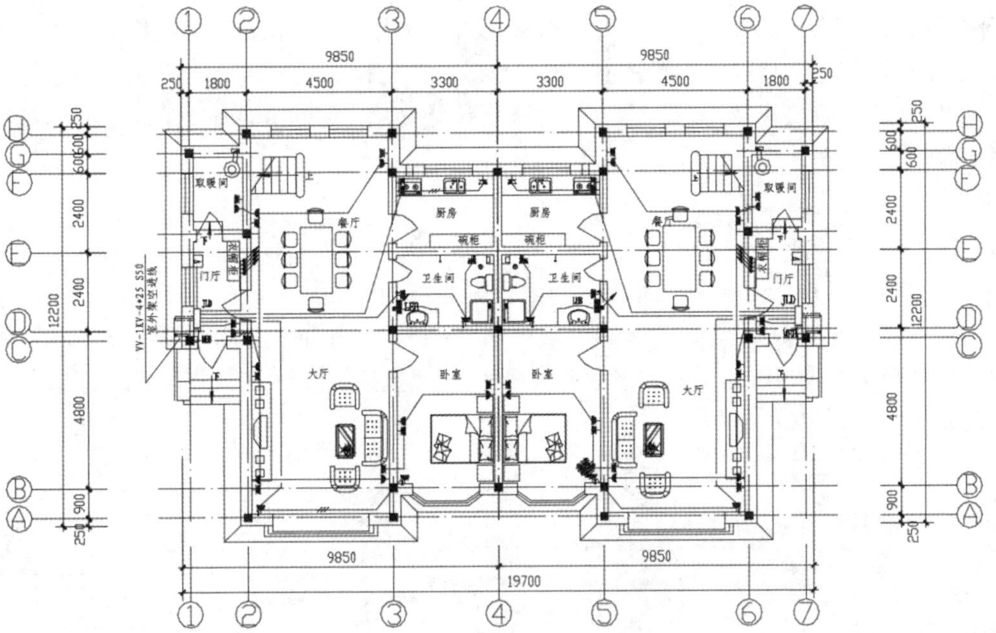

图 19-1　插座及等电位平面图

操作步骤

1. 打开文件

单击快速访问工具栏中的“打开”按钮，打开下载的资源包中的源文件\第 19 章\首层平面图文件，将其另存为“插座及等电位平面图”，如图 19-2 所示。

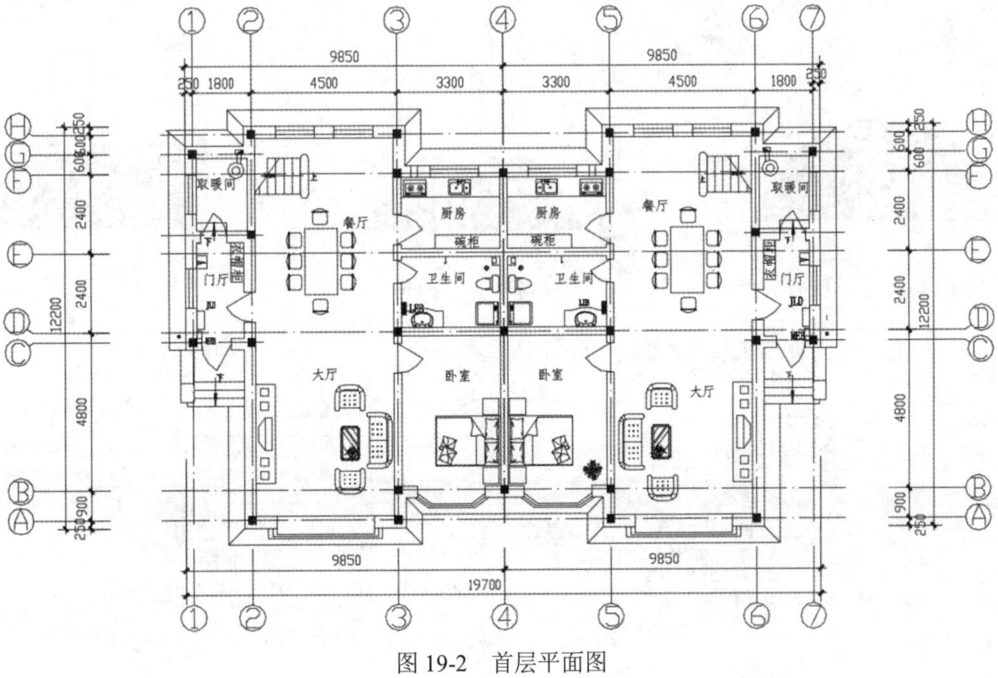

图 19-2　首层平面图

2. 插座与开关图例绘制

插座与开关都是照明电气系统中的常用设备。插座分为单相与三相，按其安装方式又分为明装与暗装。若不加说明，明装式一律距地面 1.8m，暗装式一律距地面 0.3m。开关分为扳把开关、按钮开关、拉线开关。扳把开关分为单连和多连，若不加说明，安装高度一律距地 1.4m；拉线开关分为普通式和防水式，安装高度距地 3m 或距顶 0.3m。

下面以洗衣机三孔插座的绘制为例进行介绍。

（1）在“默认”选项卡中单击“绘图”面板中的“圆”按钮⊙，绘制一个半径为 125 的圆（制图比例为 1∶100，A4 图纸上实际尺寸为 1.25，如图 19-3 所示。

（2）在“默认”选项卡中单击“修改”面板中的“修剪”按钮✂，剪去下半圆，如图 19-4 所示。

（3）在“默认”选项卡中单击“绘图”面板中的“直线”按钮╱，在半圆内绘制一条直线，如图 19-5 所示。

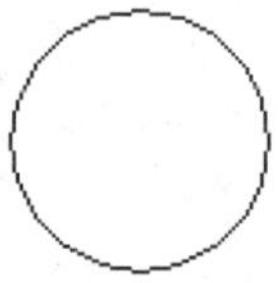

图 19-3　绘制圆

图 19-4　修剪圆

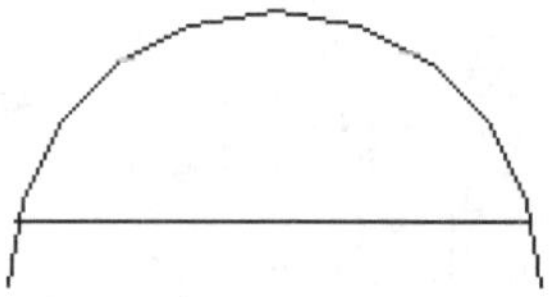

图 19-5　绘制一条直线

（4）在“默认”选项卡中单击“绘图”面板中的“图案填充”按钮▦，选择 SOLID 图案填充半圆，如图 19-6 所示。

（5）在“默认”选项卡中单击“绘图”面板中的“直线”按钮╱，在半圆上方绘制一条水平直线和一条竖直直线，如图 19-7 所示。

（6）在“默认”选项卡中单击“注释”面板中的“多行文字”按钮 A，标注文字，如图 19-8 所示。

图 19-6　填充图形

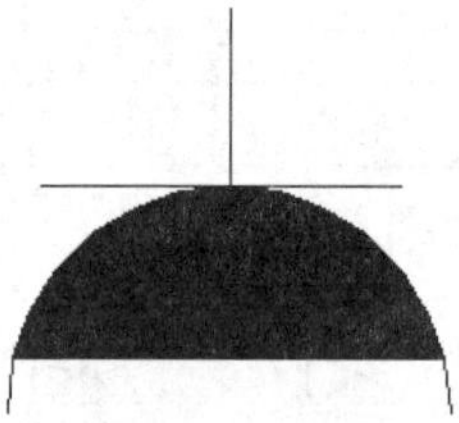

图 19-7　绘制直线

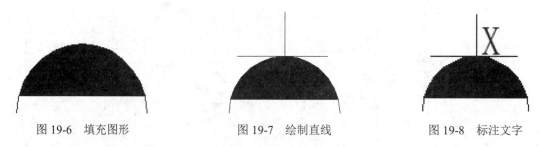

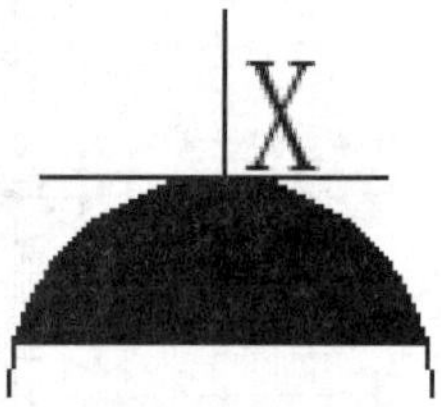

图 19-8　标注文字

其他类型开关的绘制方法基本相同，如图 19-9 所示。

序号	图例	名称	规格及型号	单位	数量	备注
1		洗衣机三孔插座	220V、10A	个		距离1.4m暗装
2		卫生间二、三孔插座	220V、10A密闭防水型	个		距离1.4m暗装
3		电热三孔插座	220V、150A密闭防水型	个		距离1.4m暗装
4		厨房二三孔插座	220V、10A密闭防水型	个		距离1.4m暗装
5		空调插座	220V、15A	个		距离1.4m暗装

图 19-9　各种插座图例

注意：

在建筑平面图的相应位置，布置电气设备时应满足生产生活功能、使用合理及施工方便，按国家标准图形符号画出全部的配电箱、灯具、开关、插座等电气配件。在配电箱旁应标出其编号及型号，必要时还应标注其进线。在照明灯具旁应用文字符号标出灯具的数量、型号、灯泡功率、安装高度、安装方式等。相关的电气标准中均提供了诸多电气元件的标准图例，读者应多学习，熟练掌握各电气元件的图例特征。

此外，还可以灵活地利用 AutoCAD 设计中心来简化绘图。在设计中心中，系统提供了许多专业的标准设计单元，其中，对标注样式、表格样式、布局、块、图层、外部参照、文字样式、线型等都做了专业的标准绘制，用户使用这些时，可通过设计中心来直接调用，快捷键为 Ctrl+2。

提示：

重复利用和共享图形内容是有效进行 AutoCAD 制图的基础。使用 AutoCAD 设计中心可以管理块参照、外部参照、光栅图像以及来自其他源文件或应用程序的内容。不仅如此，如果同时打开多个图形，还可以在图形之间复制和粘贴内容（如图层定义）来简化绘图过程。

3. 绘制局部等电位端子箱

（1）在“默认”选项卡中单击“绘图”面板中的“矩形”按钮，绘制一个矩形，如图 19-10 所示。

（2）在“默认”选项卡中单击“绘图”面板中的“图案填充”按钮，填充矩形，如图 19-11 所示。

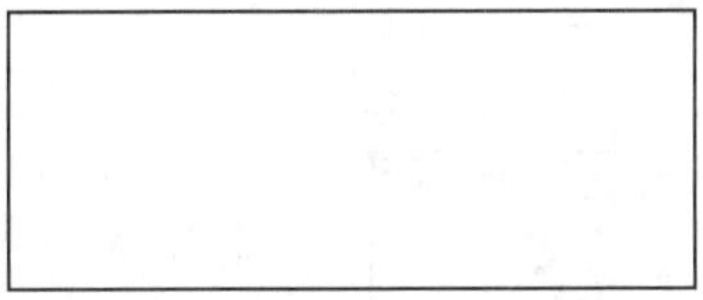

图 19-10　绘制一个矩形

图 19-11　填充矩形

提示：

在设计中心的内容显示区中，通过拖动、双击或单击鼠标右键并选择“插入为块”“附着为外部参照”或“复制”命令，可以在图形中插入块、填充图案或附着外部参照。可以通过拖动或单击鼠标右键向图形中添加其他内容（如图层、标注样式和布局）。可以从设计中心将块和填充图案拖动到工具选项板中，如图 19-12 所示。

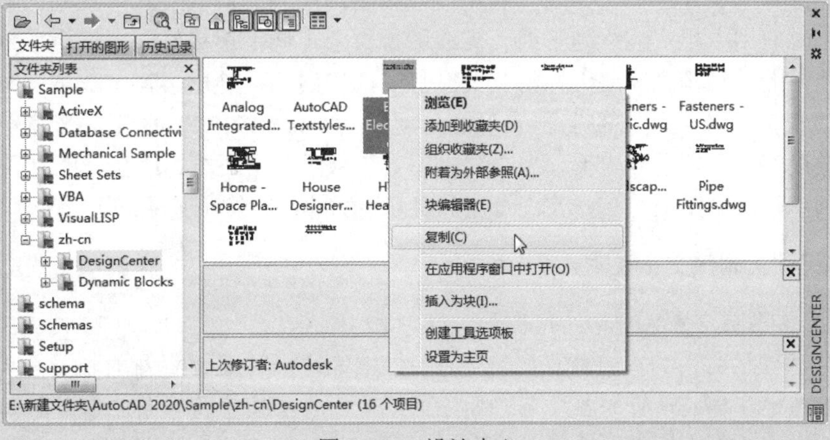

图 19-12　设计中心

4. 图形符号的平面定位布置

（1）新建“电源-照明（插座）”图层，并将其设置为当前图层。

（2）单击快速访问工具栏中的“打开”按钮，打开下载的资源包中的源文件/第 19 章/电气符号，将绘制好的图例通过“复制”等基本命令，按设计意图将插座、配电箱等复制到相应位置，插座的定位与房间的使用要求有关，配电箱、插座等贴着门洞的墙壁设置，如图 19-13 所示。

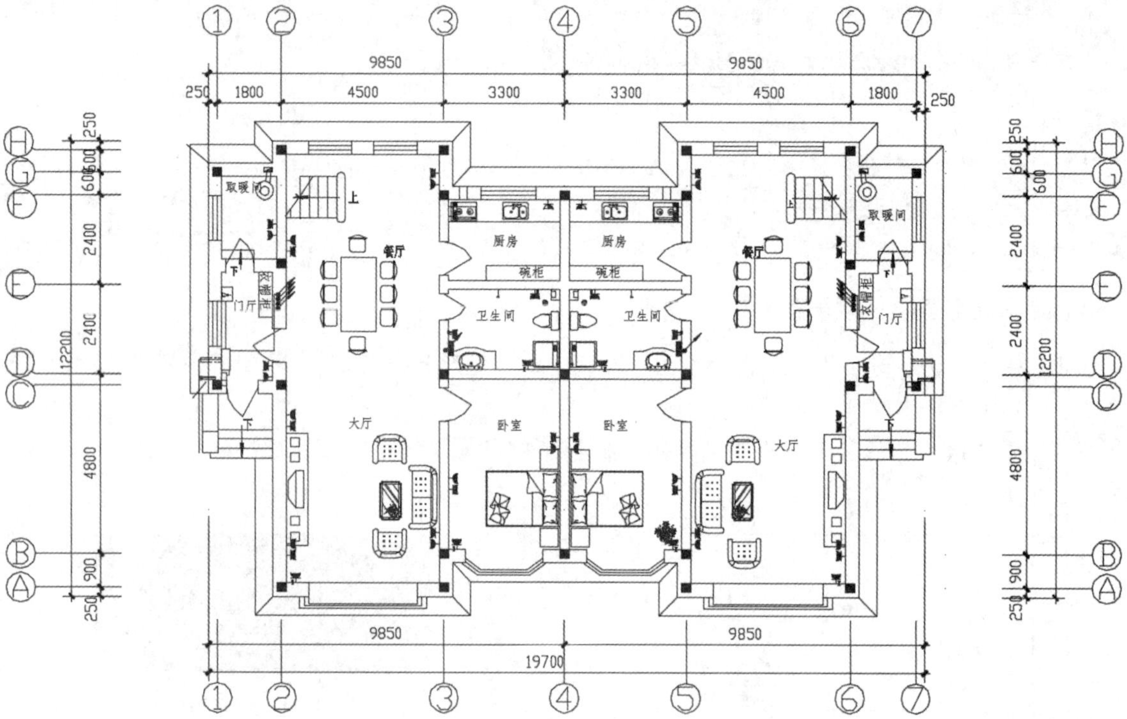

图 19-13 首层插座及等电位布置

5. 绘制线路

在图纸上绘制完配电箱和各种电气设备符号后，就可以绘制线路了，线路的连接应该符合电气工程原理并充分考虑设计意图。在绘制线路前应按室内配线的敷线方式，规划出较为理想的线路布局。绘制线路时应用中粗实线绘制干线、支线的位置及走向，连接好配电箱至各灯具、插座及所有用电设备和器具的导线构成回路，并将开关至灯具的连线一并绘出。在单线条上画出细斜面用来表示线路的导线根数，并在线路的上侧或下侧，用文字符号标注出干线及支线编号、导线型号及根数、截面、敷设部位和敷设方式等。当导线采用穿管敷设时，还要标明穿管的品种和管径。

线路绘制完成，如图 19-14 所示。读者可识读该图的线路控制关系。

6. 标注尺寸、附加文字说明

（1）将当前图层设置为“标注”图层。

（2）文字标注的相关内容前面已经讲述，读者自行学习。尺寸标注的相关知识前面也已经讲述过，用户应熟悉标注样式设置的各环节。标注完成后的首层插座及等电位平面图如图 19-1 所示。

按照上述方法绘制本例二层插座及等电位平面图，如图 19-15 所示。

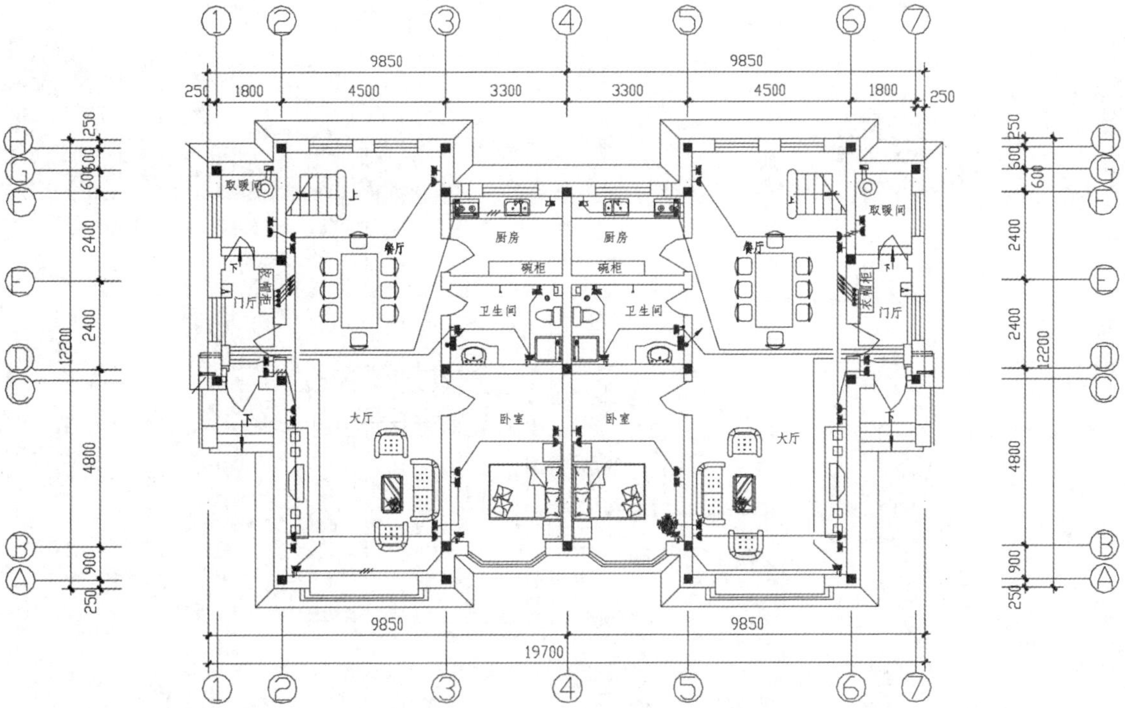

图 19-14　首层插座及等电位线路布置图

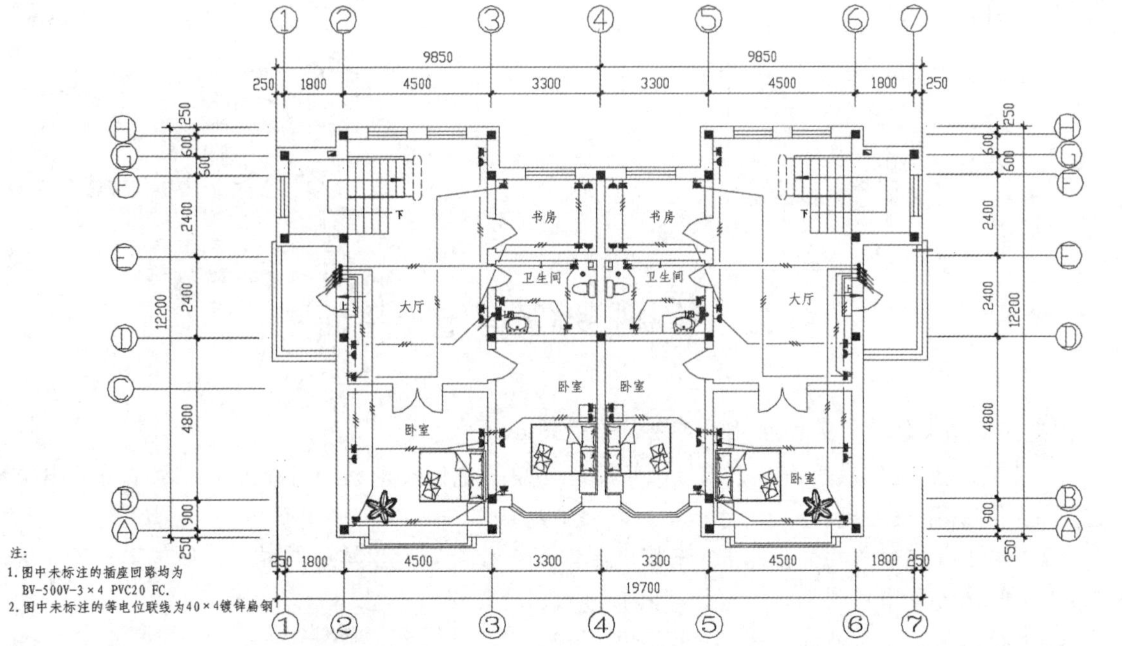

图 19-15　二层插座及等电位平面图

动手练——绘制别墅插座平面图

源文件：源文件\第 19 章\别墅插座平面图.dwg

本练习绘制如图 19-16 所示的别墅插座平面图。

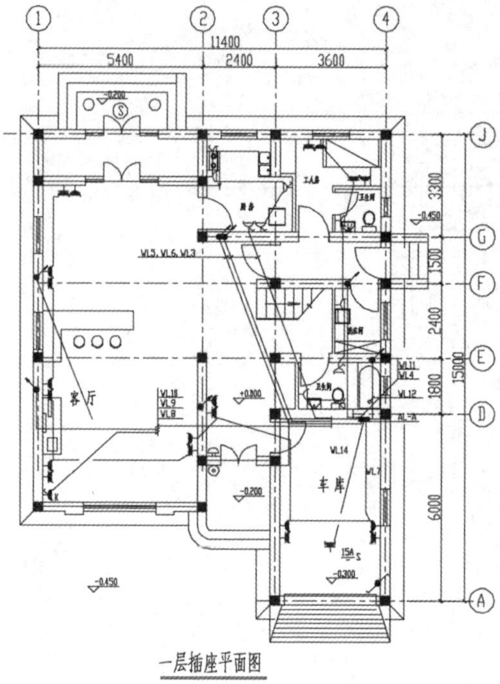

图 19-16　别墅插座平面图

思路点拨：

（1）绘图环境设置。

（2）绘制并布置图例。

（3）绘制线路。

（4）标注尺寸、附加文字说明。

扫一扫，看视频

19.2　绘制接地及等电位平面图

源文件： 源文件\第 19 章\接地及等电位平面图.dwg

建筑物的金属构件及引进、引出金属管路应与总等电位接地系统可靠连接。两个总等电位端子箱之间采用镀锌扁钢连接。

（1）本工程在建筑物外南侧 6m 土壤电阻率较小处设置人工接地装置，接地装置埋深 1.0m。

（2）接地装置采用圆钢作为接地极和接地线。

（3）接地装置需做防腐处理，之间采用焊接。

（4）重复接地、保护接地、设备接地共用同一接地装置。接地电阻小于 1Ω。需实测，不足补打接地极。

（5）本工程在每一电源进户处设一总等电位端子箱。

（6）卫生间内设等电位端子箱，进行局部等电位连接。局部等电位端子箱与总等电位端子箱采用镀锌扁钢连接。

下面讲述接地及等电位平面图的绘制过程，如图 19-17 所示。

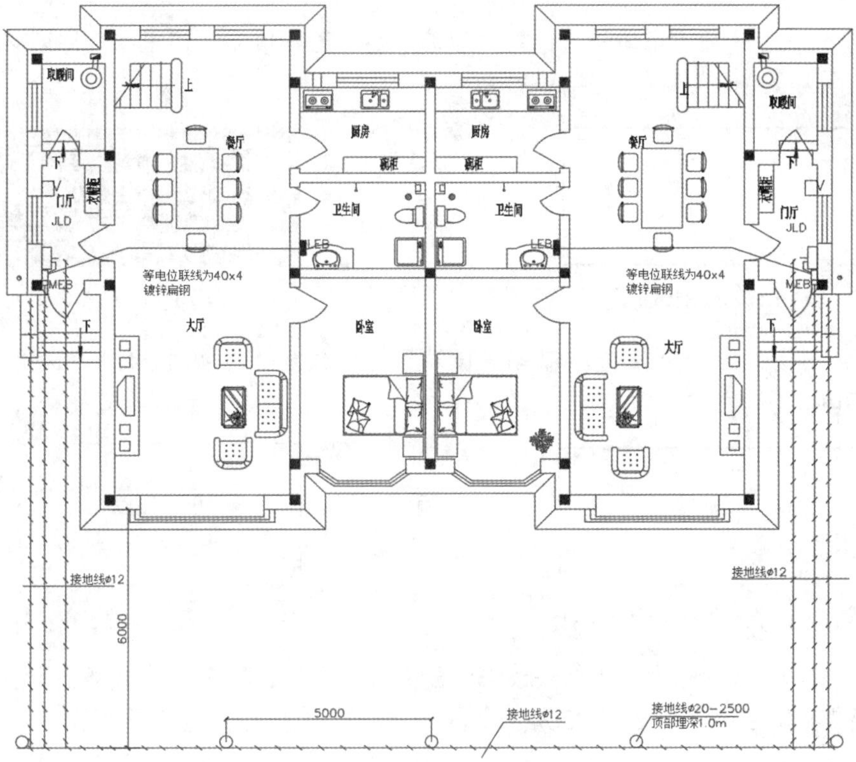

图 19-17　接地及等电位平面图

操作步骤

（1）单击快速访问工具栏中的“打开”按钮，打开下载的资源包中的源文件\第 19 章\首层平面图文件，将其另存为“接地及等电位平面图”，如图 19-18 所示。

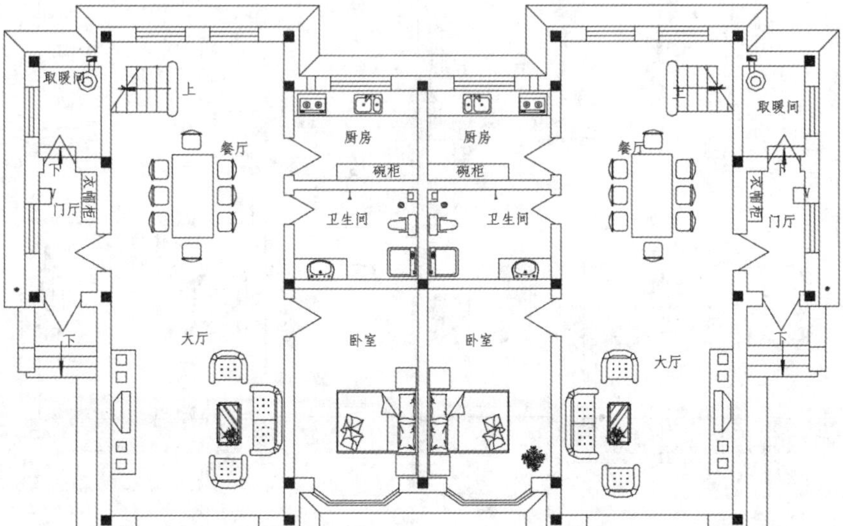

图 19-18　首层平面图

（2）在“默认”选项卡中单击“绘图”面板中的“矩形”按钮▭，绘制一个 375×150 的矩形，如图 19-19 所示。

（3）在“默认”选项卡中单击“绘图”面板中的“图案填充”按钮▨，将矩形填充为黑色，完成局部等电位端子箱的绘制，如图 19-20 所示。

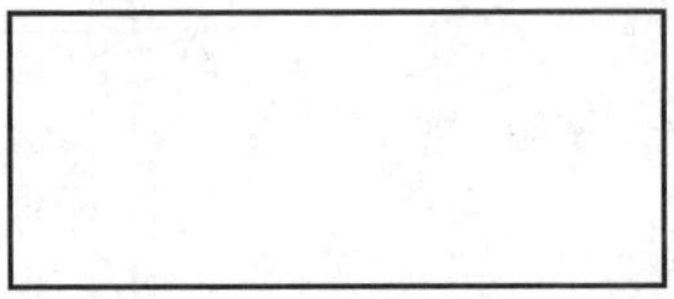

图 19-19　绘制矩形

图 19-20　填充矩形

（4）剩余图例的绘制方法与局部等电位端子箱的绘制方法基本相同，这里不再赘述，如图 19-21 和图 19-22 所示。

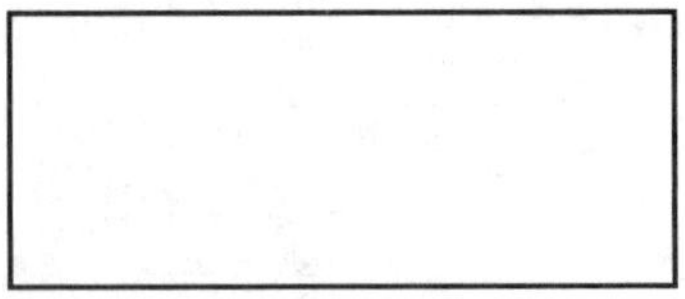

图 19-21　计量漏电箱（560×235）

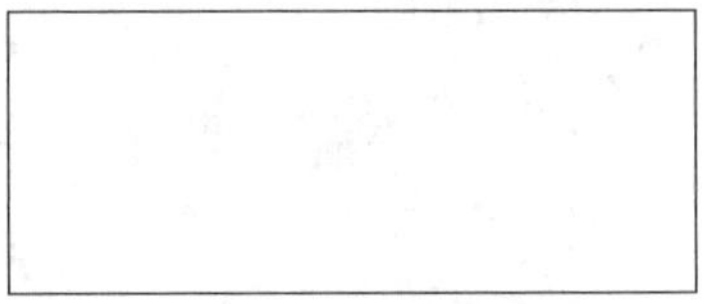

图 19-22　总等电位端子箱（375×150）

（5）在“默认”选项卡中单击“修改”面板中的“移动”按钮✥，选择上步绘制的图例，将其移动到图形的指定位置，如图 19-23 所示。

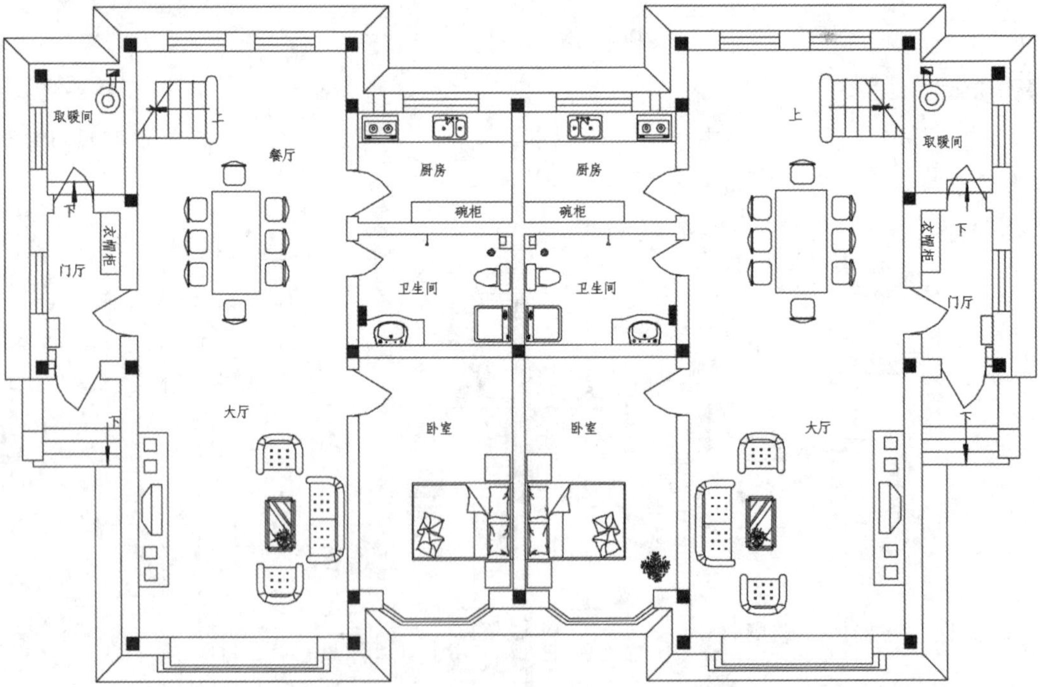

图 19-23　布置图例

（6）在“默认”选项卡中单击“绘图”面板中的“直线”按钮╱，连接图例，如图 19-24 所示。

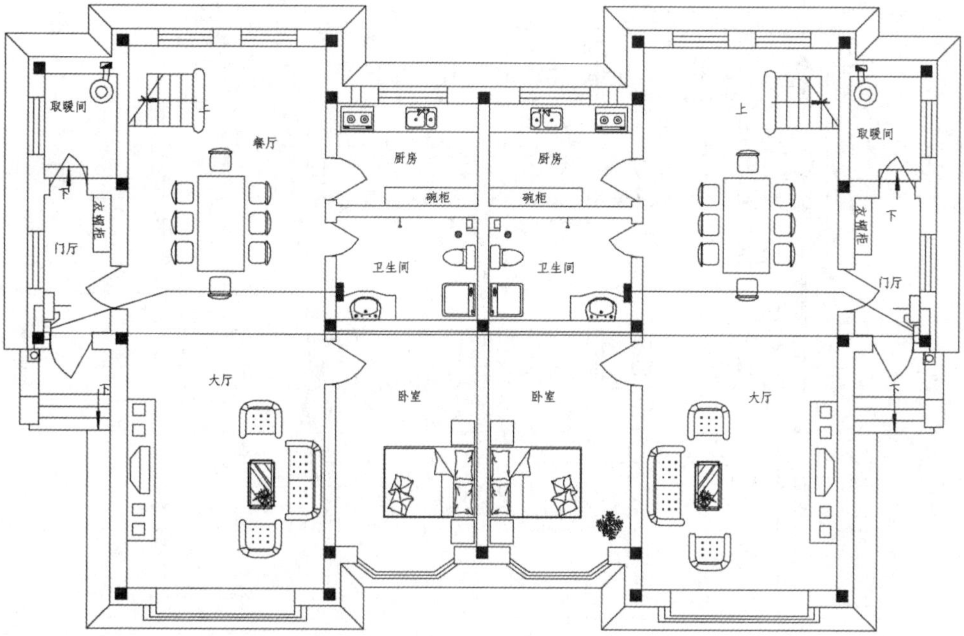

图 19-24　绘制线路

（7）将步骤（6）绘制的线路对应的图层关闭，在“默认”选项卡中单击“绘图”面板中的“直线”按钮╱和“圆”按钮⊙，绘制接地线，如图 19-25 所示。

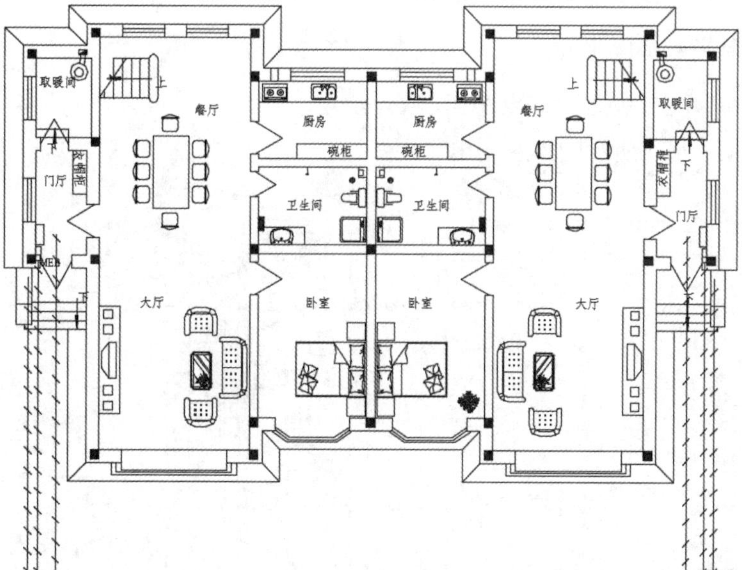

图 19-25　绘制接地线

（8）在“默认”选项卡中单击“注释”面板中的“线性”按钮⊢⊣，标注细节尺寸，如图 19-26 所示。

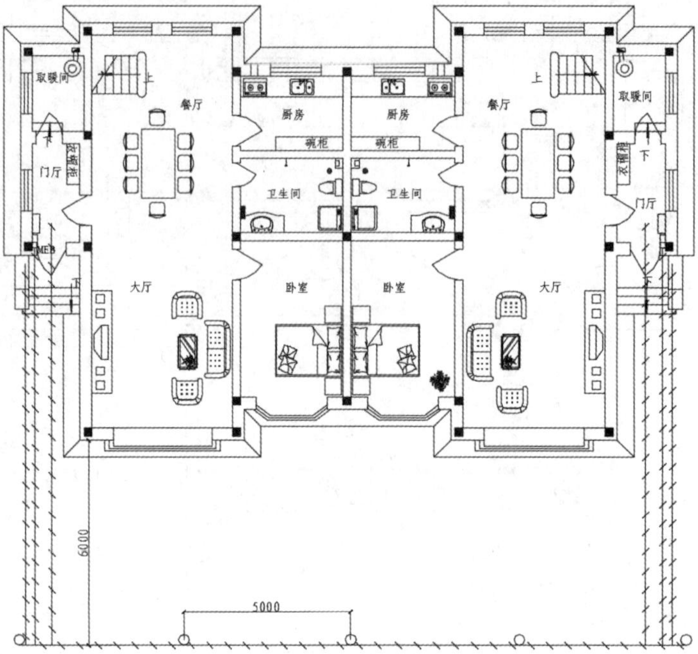

图 19-26　标注细部图形

（9）在“默认”选项卡中单击“注释”面板中的“多行文字”按钮 A，为接地及等电位平面图标注必要的文字，最终效果如图 19-17 所示。

动手练——绘制别墅弱电平面图

源文件：源文件\第 19 章\别墅弱电平面图.dwg

本练习绘制如图 19-27 所示的别墅弱电平面图。

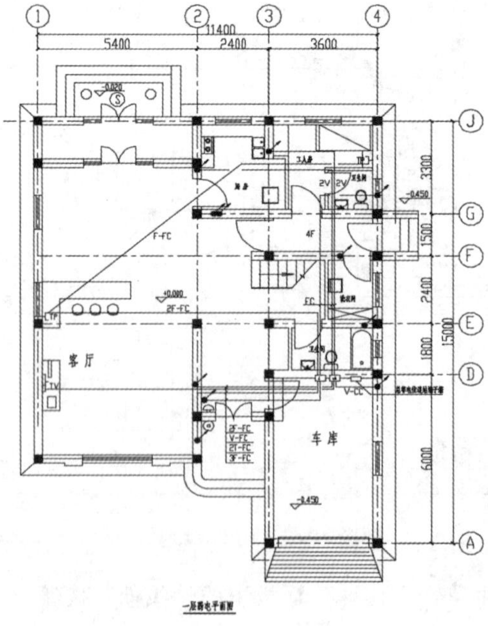

图 19-27　别墅弱电平面图

思路点拨：

（1）绘图环境设置。

（2）绘制并布置图例。

（3）绘制线路。

（4）标注尺寸、附加文字说明。

扫一扫，看视频

19.3　绘制首层电话、有线电视及电视监控平面图

源文件：源文件\第 19 章\首层电话、有线电视及电视监控平面图.dwg

本节绘制首层电话、有线电视及电视监控平面图，如图 19-28 所示。

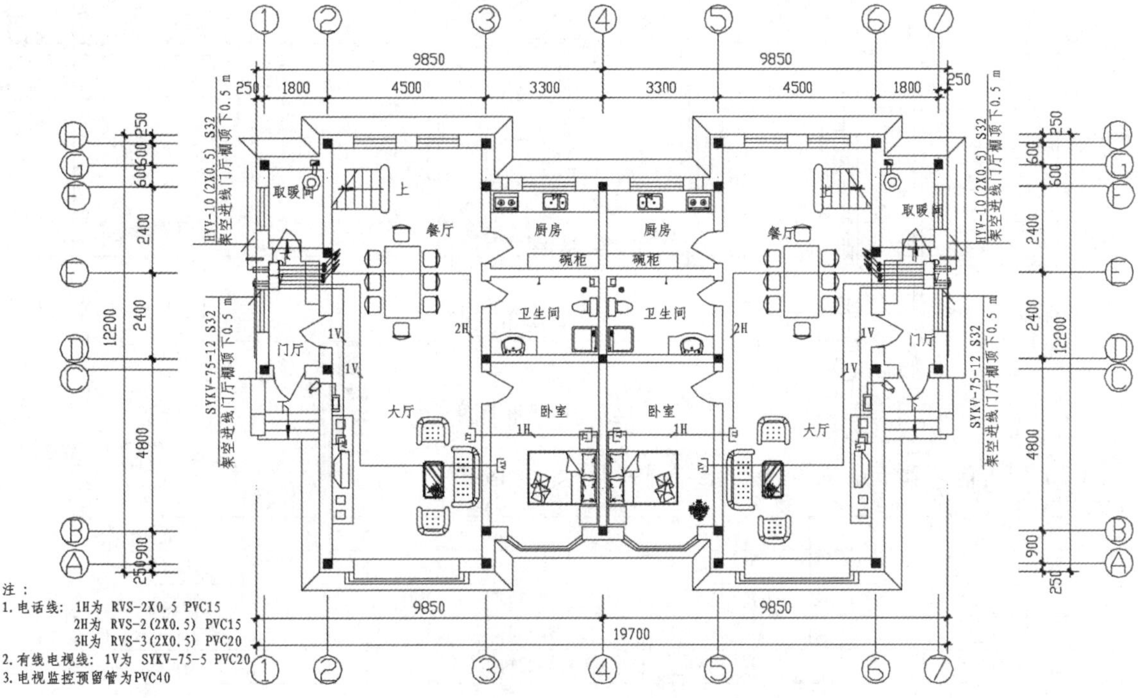

图 19-28　首层电话、有线电视及电视监控平面图

（1）电话电缆由室外网架空进户。

（2）电话进户线采用 HYV 型电缆穿钢管沿墙暗敷设引入电话分线箱，支线采用 RVS-2×0.5 穿阻燃塑料管沿地面、墙、顶板暗敷设。

（3）有线电视主干线采用 SYKV-75-16 型电缆穿钢管架空进户，进户线沿墙暗敷设进入有线电视前端箱，支线采用 SKYV-75-5 型电缆穿阻燃塑料管沿地面、墙、顶板暗敷设。

（4）电视监控系统采用单头单尾系统。在室外的墙上安装摄像机，安装高度室外距地面 4.0m，在客厅内设置监控主机。由摄像机到监视器预留 PVC40 塑料管，用于传输线路敷设；钢管沿墙暗敷。

（5）弱电系统安装调试由专业厂家负责。

操作步骤

（1）单击快速访问工具栏中的“打开”按钮，打开下载的资源包中的源文件\第 19 章\首层平面图文件，将其另存为“首层电话、有线电视及电视监控平面图”，如图 19-29 所示。

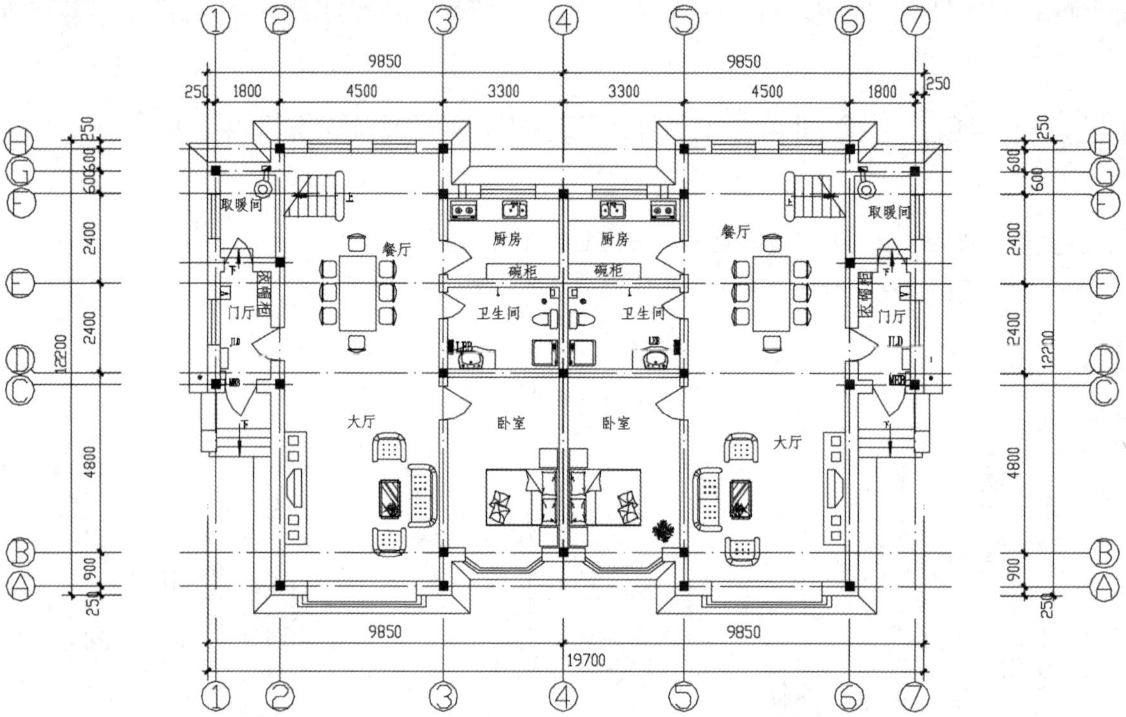

图 19-29　首层平面图

（2）利用前面章节中所学的知识绘制图例，如图 19-30 所示。

1	T		电话端口		个		距地0.5 m暗装
2	P T		宽带端口		个		距地0.5 m暗装
3	E T		有线电视端口		个		距地0.5 m暗装
4	V		监控摄像机	室外球形摄像机	个		距室外地面4.0 m安装
5			电视监控主机	包括监视器和24小时录像机	个		室内台上安装

图 19-30　绘制图例

（3）在“默认”选项卡中单击“修改”面板中的“移动”按钮和“复制”按钮，将图例复制到首层平面图，如图 19-31 所示。

（4）绘制线路。在图纸上绘制完电话、有线电视及电视监控设备符号后，就可以绘制线路了。线路的连接应该符合电气弱电工程原理并充分考虑设计意图。在绘制线路前应按室内配线的敷线方式，规划出较为理想的线路布局。绘制线路时应用中粗实线绘制导线的位置及走向，连接好电话及有线电视，在单线条上画出细斜线，用来表示线路的导线根数，并在线路的上侧或下侧，用文字符号标注出干线及支线编号、导线型号及根数、截面、敷设部位和敷设方式等。当导线采用穿管敷设时，还要标明穿管的品种和管径。

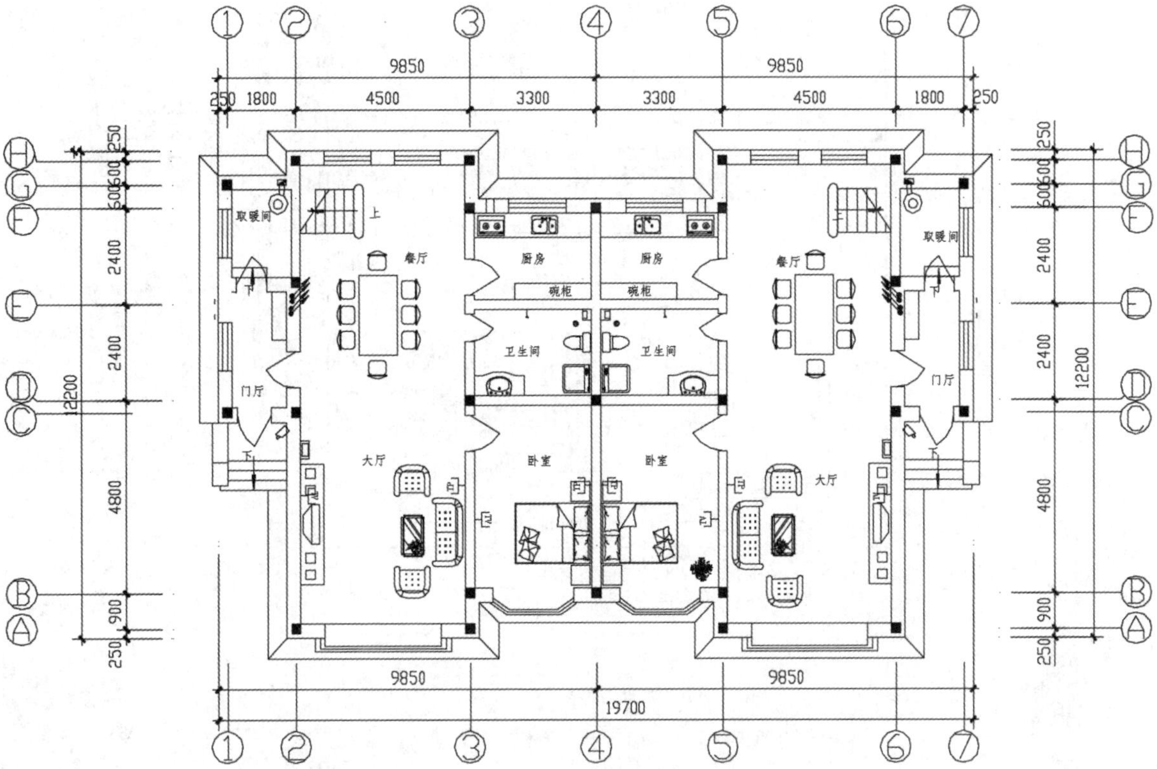

图 19-31　布置图例

导线穿管方式以及导线敷设方式的表示如表 19-1 所示。

表 19-1　导线穿管以及导线敷设方式的表示

	名　称		名　称
	SC——焊接钢管		DE——直埋
	MT——电线管		TC——电缆沟
	PC——PVC 塑料硬管		BC——暗敷在梁内
	FPC——阻燃塑料硬管		CLC——暗敷在柱内
	CT——桥架		WC——暗敷在墙内
导线穿管的表示	M——钢索	导线敷设方式的表示	CE——暗敷在天棚顶内
	CP——金属软管		CC——暗敷在天棚顶内
	PR——塑料线槽		SCE——吊顶内敷设
	RC——镀锌钢管		F——地板及地坪下
			SR——沿钢索
			BE——沿屋架、梁
			WE——沿墙明敷

线路绘制完成，如图 19-32 所示。读者可识读该图的线路控制关系。

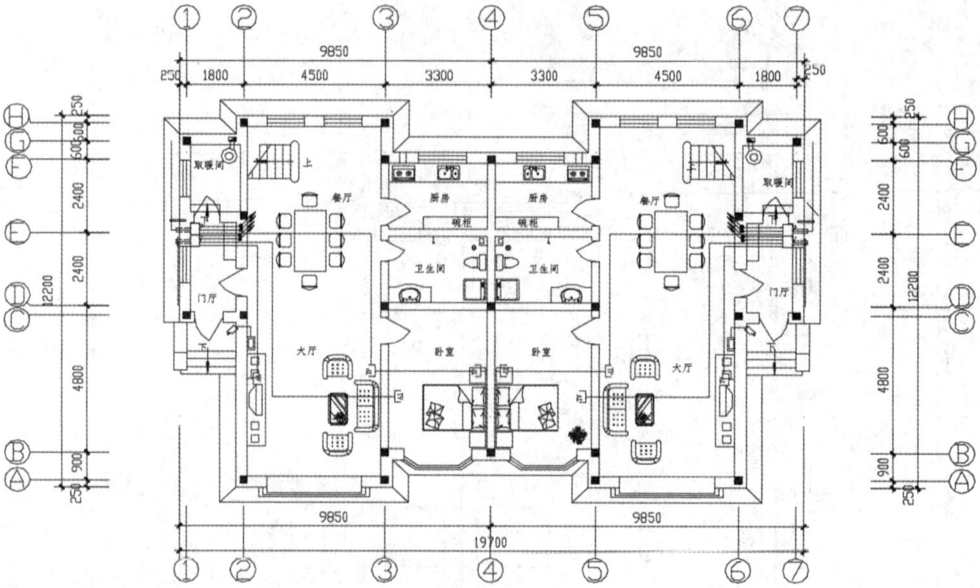

图 19-32　绘制线路

提示：

弱电布线注意事项如下：

（1）为避免干扰，弱电线和强电线应保持一定的距离。国家标准规定，电源线及插座与电视线及插座的水平间距不应小于 50cm。

（2）充分考虑潜在需求，预留插口。

（3）为方便日后检查维修，尽量把家中的电话、网络等控制集中在一个方便检查的位置，从该位置再分到各个房间。

（5）在“默认”选项卡中单击“注释”面板中的“多行文字”按钮 A，为线路添加文字说明，完成首层电话、有线电视及电视监控平面图的绘制，最终效果如图 19-28 所示。

按照上述方法绘制本例二层电话、有线电视及电视监控平面图，如图 19-33 所示。

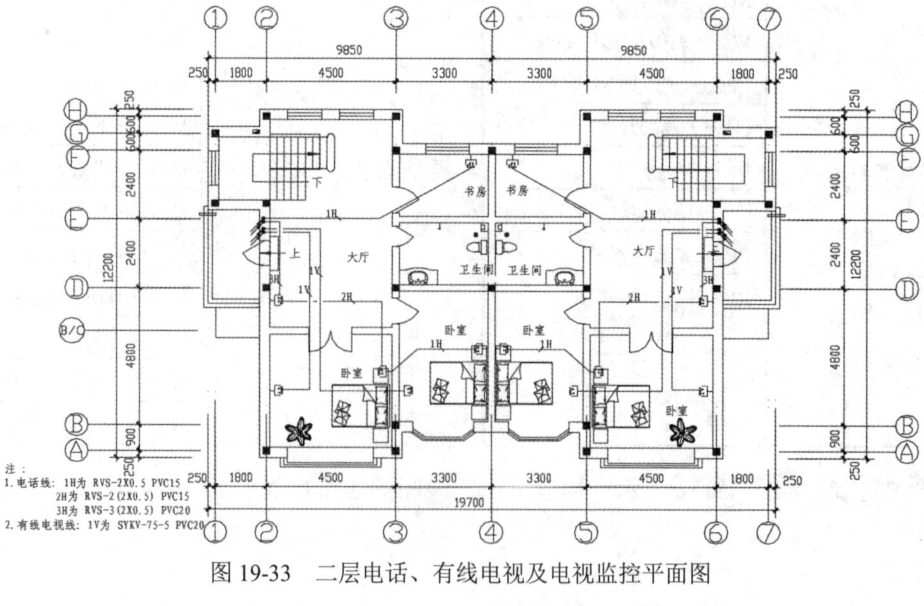

图 19-33　二层电话、有线电视及电视监控平面图

动手练——绘制别墅屋顶防雷接地平面图

源文件：源文件\第 19 章\别墅屋顶防雷接地平面图.dwg

本练习绘制如图 19-34 所示的别墅屋顶防雷接地平面图。

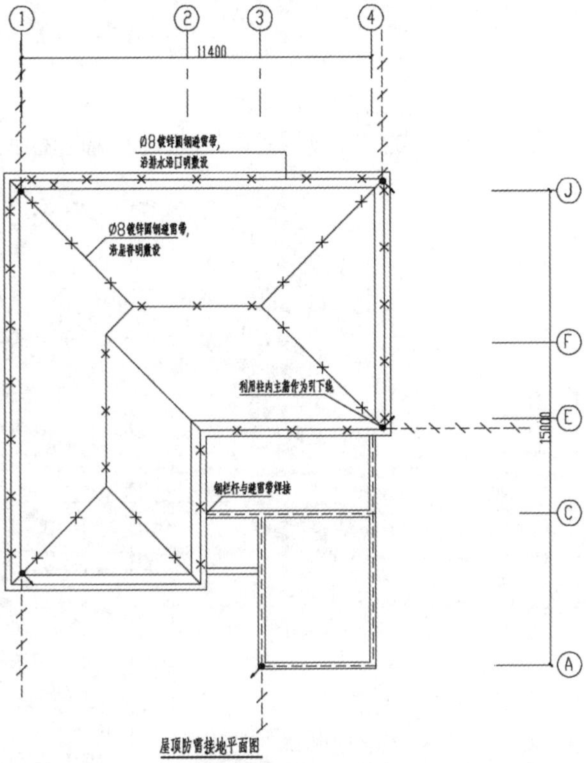

图 19-34　别墅屋顶防雷接地平面图

思路点拨：

（1）绘图前的准备工作。

（2）绘制别墅屋顶平面图。

（3）绘制避雷带或避雷网。

第 20 章　居民楼电气系统图

内容简介

本章将以居民楼电气系统图为例，逐步带领读者完成电气系统图的绘制，并讲述关于电气系统图的相关知识和技巧。

内容要点

- 绘制配电系统图
- 绘制电话系统图
- 绘制有线电视系统图

案例效果

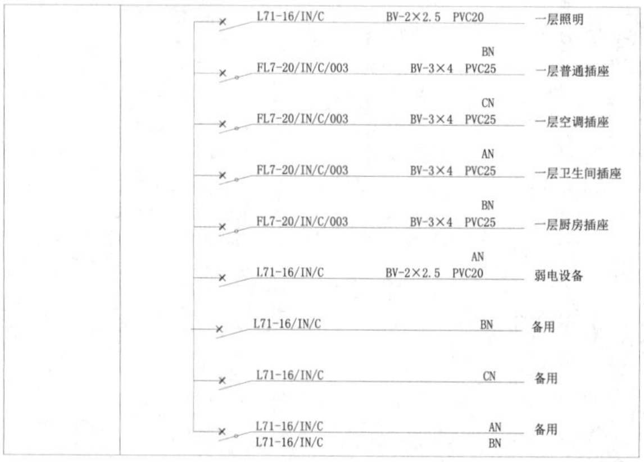

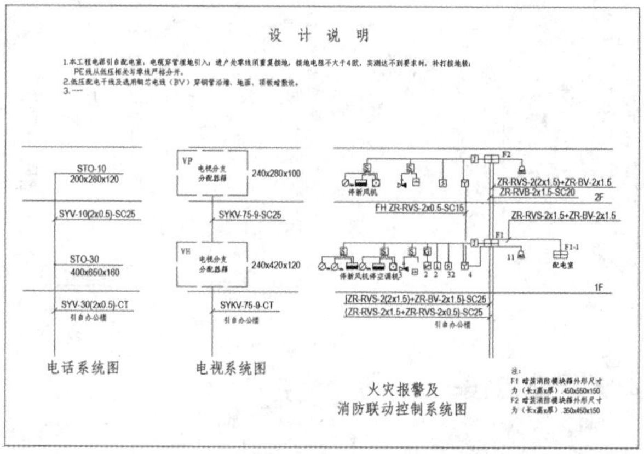

20.1　绘制配电系统图

扫一扫，看视频

源文件：源文件\第 20 章\配电系统图.dwg

本节讲述居民楼配电系统图的绘制，如图 20-1 所示。

操作步骤

（1）在“默认”选项卡中单击“绘图”面板中的“矩形”按钮，绘制一个 1700×750 的矩形，如图 20-2 所示。

（2）在“默认”选项卡中单击“修改”面板中的“分解”按钮，将步骤（1）绘制的矩形进行分解。在“默认”选项卡中单击“修改”面板中的“偏移”按钮，将矩形左侧竖直边线向内偏移，偏移距离为 200，如图 20-3 所示。

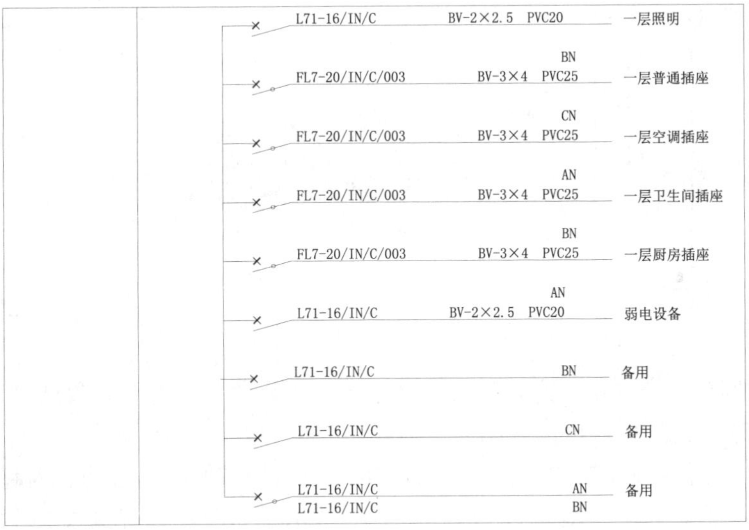

图 20-1 配电系统图

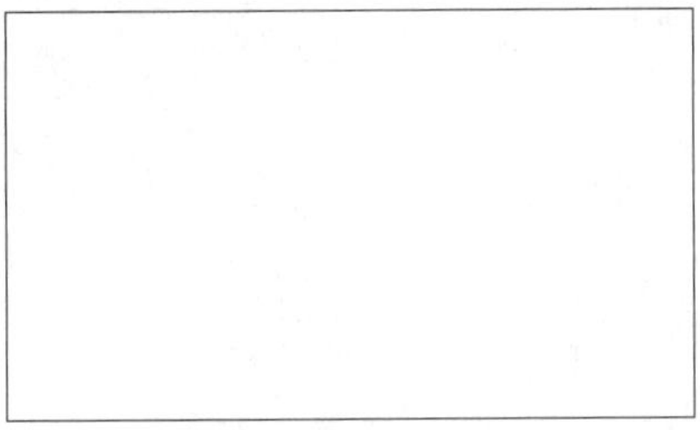

图 20-2 绘制一个矩形

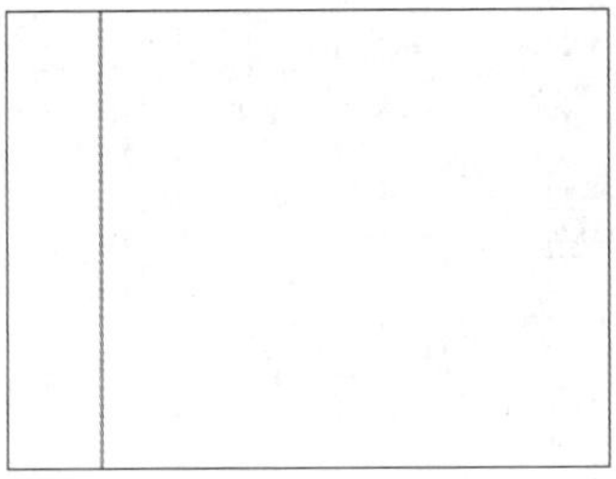

图 20-3 偏移直线

（3）在“默认”选项卡中单击“绘图”面板中的“直线”按钮╱，在矩形中间区域绘制一条竖直直线，如图 20-4 所示。

（4）在“默认”选项卡中单击“绘图”面板中的“定数等分”按钮，选取步骤（3）绘制的直线，将其定数等分成 8 份。

（5）绘制回路。

① 在“默认”选项卡中单击“绘图”面板中的“直线”按钮╱，从线段的端点开始绘制一条水平直线，长度为 50，如图 20-5 所示。

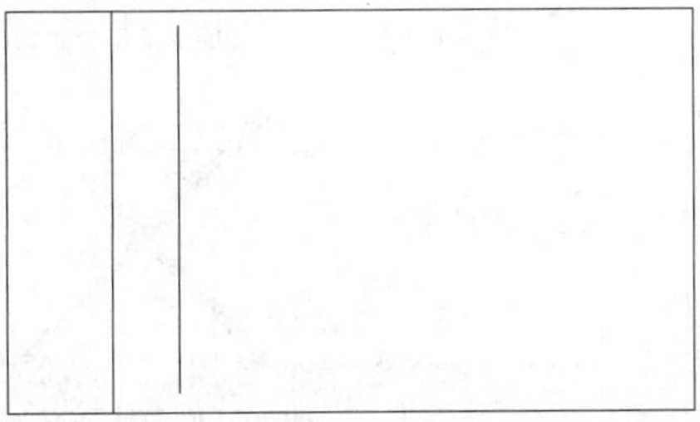

图 20-4 绘制竖直直线

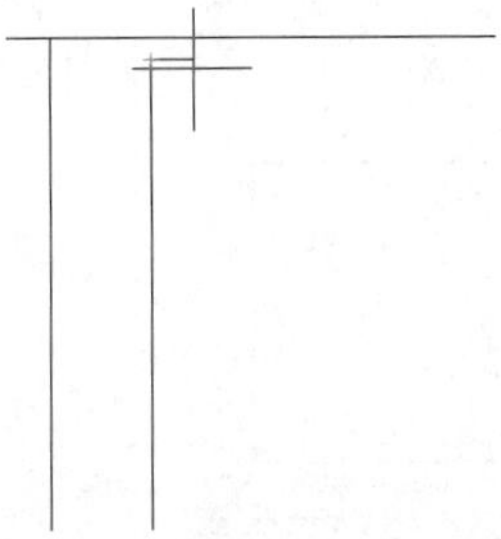

图 20-5 绘制水平直线

② 在不按鼠标的情况下向右拉伸追踪线，在命令行中输入 500，中间间距为 50 个，单击鼠标左键在此确定点 1，如图 20-6 所示。

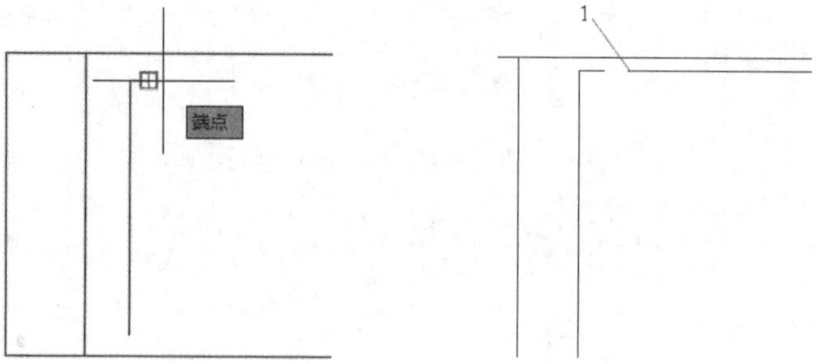

图 20-6　长度为 500 的线段

③ 设置 15° 捕捉。在“草图设置”对话框中选中“启用极轴追踪”复选框，在“增量角”下拉列表框中选择 15，如图 20-7 所示。单击“确定”按钮，退出该对话框。

④ 在“默认”选项卡中单击“绘图”面板中的“直线”按钮 ，取点 1 为起点，在 195° 追踪线上向左移动鼠标直至 195° 追踪线与竖向追踪线出现交点，选择此交点为线段的终点，如图 20-8 所示。

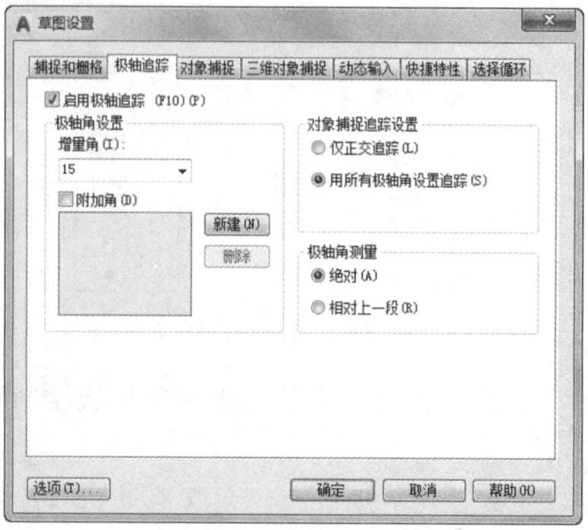

图 20-7　设置角度捕捉

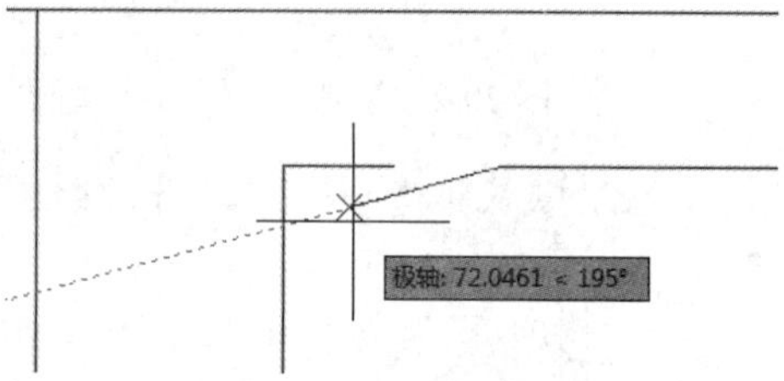

图 20-8　绘制斜线段

（6）在“默认”选项卡中单击“绘图”面板中的“矩形”按钮 ，在绘图区域内绘制一个正方形，如图 20-9 所示。

（7）在“默认”选项卡中单击“绘图”面板中的“多段线”按钮 ，绘制正方形的对角线，设置线宽为 0.5，如图 20-10 所示。删除外围正方形，得到如图 20-11 所示的图形。

图 20-9　绘制正方形

图 20-10　绘制对角线

图 20-11　删除正方形

（8）选取交叉线段的交点，将其移动到指定位置，如图 20-12 所示。

（9）在“默认”选项卡中单击“注释”面板中的“多行文字”按钮 A，在回路中标识出文字，如图 20-13 所示。

图 20-12 移动交叉线

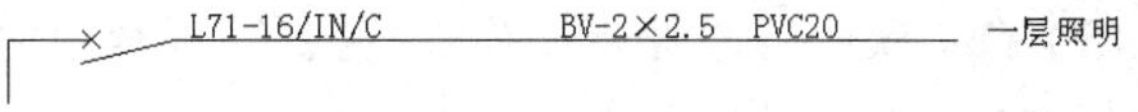

图 20-13 标识文字

（10）选取上面绘制的回路及文字，点取左端点为复制基点，依次复制到各个节点上，如图 20-14 所示。

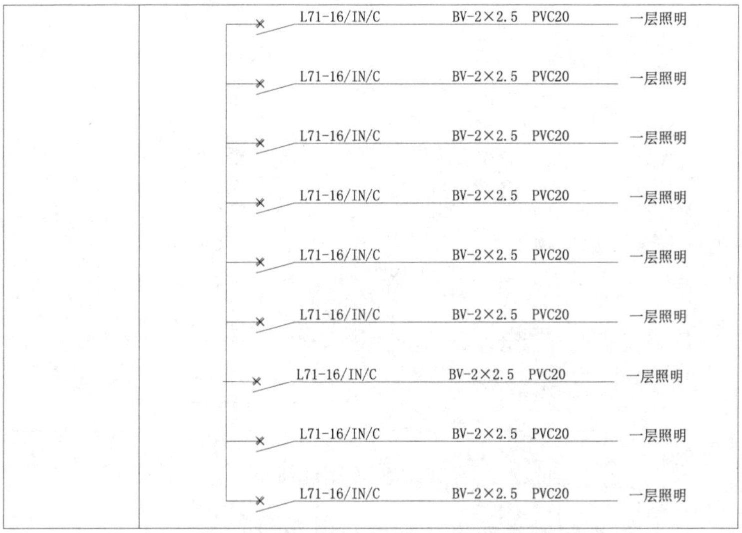

图 20-14 复制其他回路

（11）修改相关文字，如图 20-15 所示。

（12）对于端部连接插座的回路，还必须配置漏电断路器。在“默认”选项卡中单击“绘图”面板中的“椭圆”按钮◯，绘制一个椭圆，如图 20-16 所示。

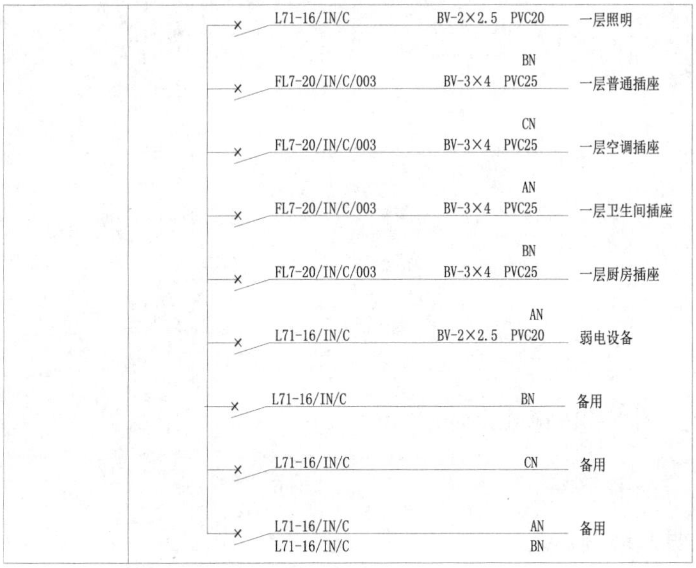

图 20-15 修改文字

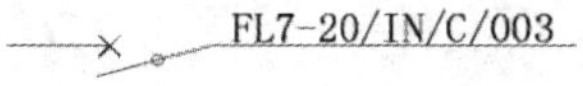

图 20-16 绘制椭圆

（13）在“默认”选项卡中单击“修改”面板中的“复制”按钮，选取步骤（12）绘制的椭圆进行复制，如图 20-17 所示。

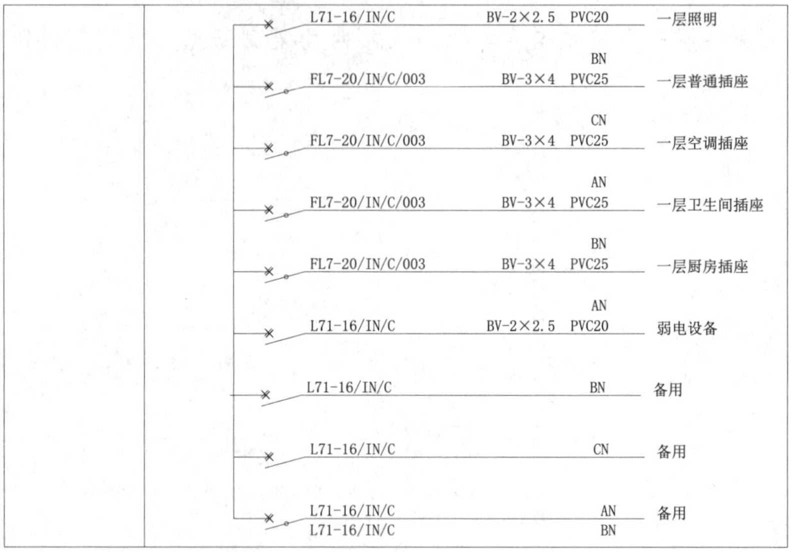

图 20-17　复制椭圆

（14）利用前面所学知识绘制剩余图形，结果如图 20-18 所示。

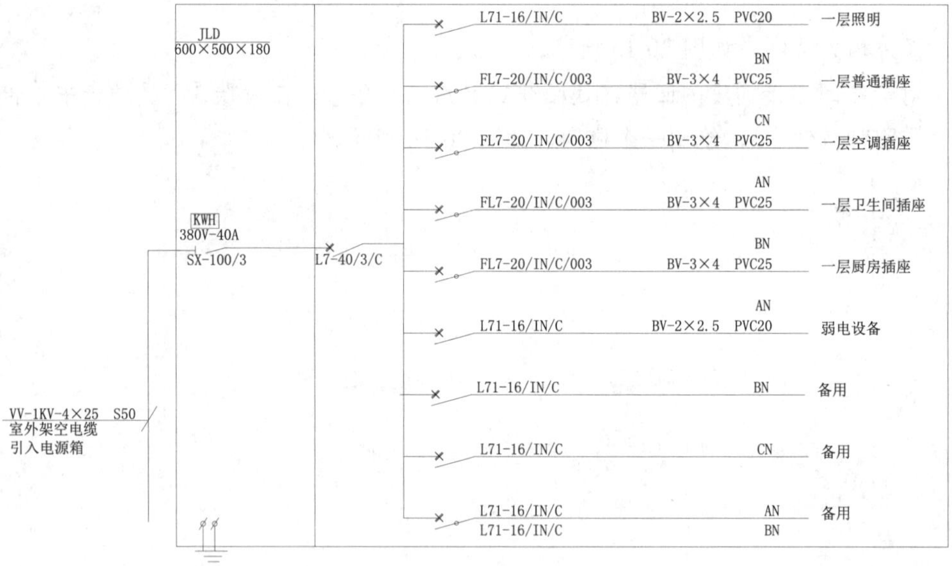

图 20-18　配电系统图

动手练——绘制别墅照明系统图

源文件：源文件\第 20 章\别墅照明系统图.dwg

本练习绘制如图 20-19 所示的别墅照明系统图。

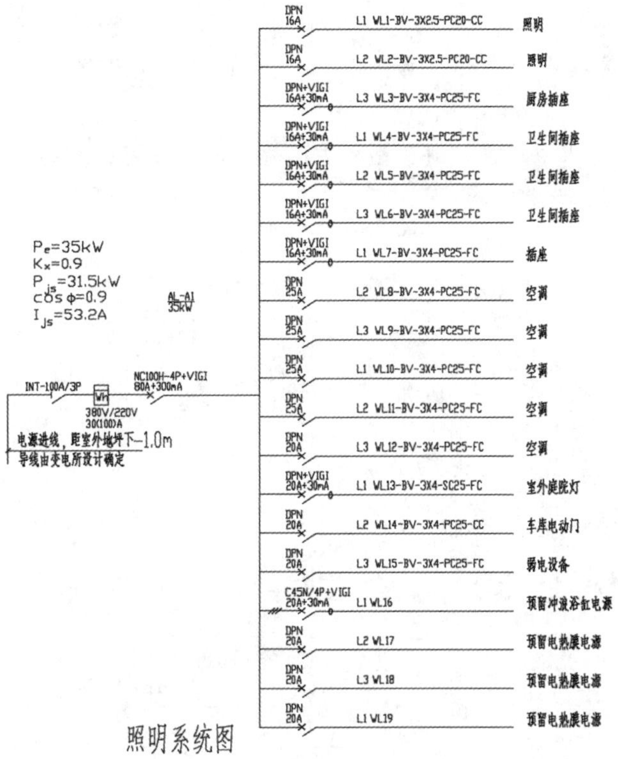

图 20-19 别墅照明系统图

思路点拨：

（1）绘图环境设置。

（2）绘制进户线。

（3）绘制配电箱。

（4）绘制干线和分配电箱。

（5）标注文字。

20.2 绘制电话系统图

扫一扫，看视频

源文件：源文件\第 20 章\电话系统图.dwg

本节讲述居民楼电话系统图的绘制，如图 20-20 所示。

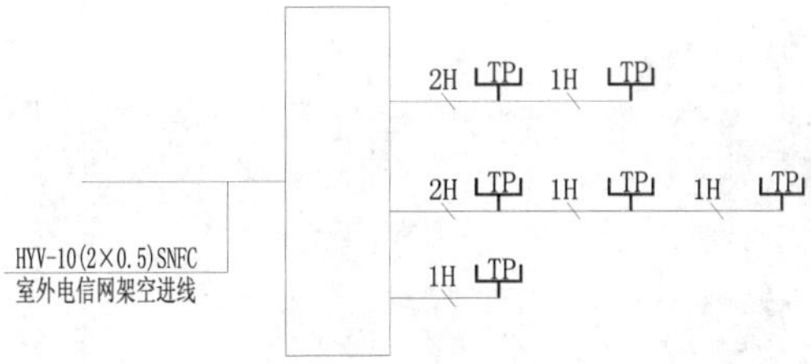

图 20-20 电话系统图

操作步骤

（1）在“默认”选项卡中单击“绘图”面板中的“矩形”按钮 ，绘制一个矩形，如图 20-21 所示。

（2）在“默认”选项卡中单击“块”面板中的“插入”按钮 ，将“源文件\图库\电话端口”图块插入图中，如图 20-22 所示。

图 20-21　绘制矩形

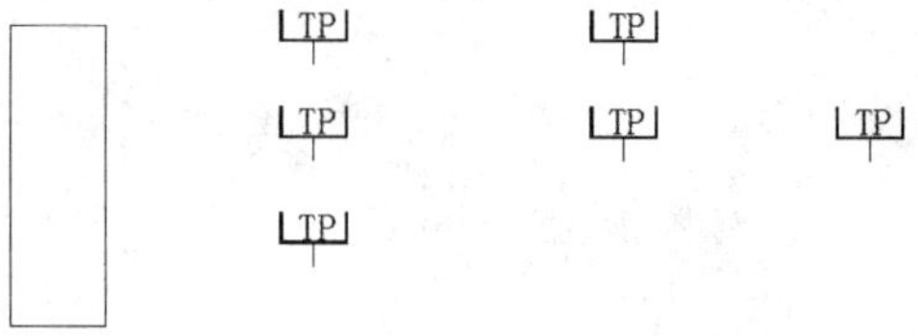

图 20-22　插入电话端口

（3）在“默认”选项卡中单击“绘图”面板中的“直线”按钮 ，绘制室外电信网架空进线，如图 20-23 所示。

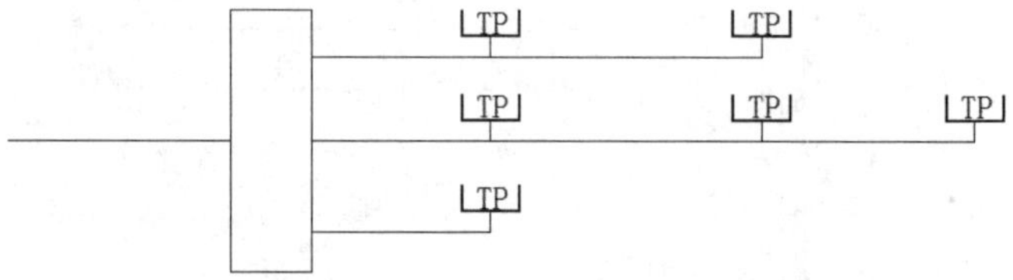

图 20-23　绘制架空进线

（4）在“默认”选项卡中单击“注释”面板中的“多行文字”按钮 A，为电话系统图添加文字说明，结果如图 20-20 所示。

提示：

多数情况下，同一幅图中的文字可能是同一种字体，但文字高度是不统一的，如标注的文字、标题文字、说明文字等文字高度是不一致的。若在文字样式中文字高度默认为 0，则每次用该样式输入文字时，系统都将提示输入文字高度。输入大于 0.0 的高度值，则为该样式的字体设置了固定的文字高度。

动手练——绘制餐厅消防报警系统图和电视、电话系统图

源文件：源文件\第 20 章\餐厅消防报警系统图和电视、电话系统图.dwg

本练习绘制如图 20-24 所示的餐厅消防报警系统图和电视、电话系统图。

思路点拨：

（1）绘图前的准备工作。

（2）绘制电话系统图。

（3）绘制电视系统图。

（4）绘制火灾报警及消防联动控制系统图。

（5）标注文字。

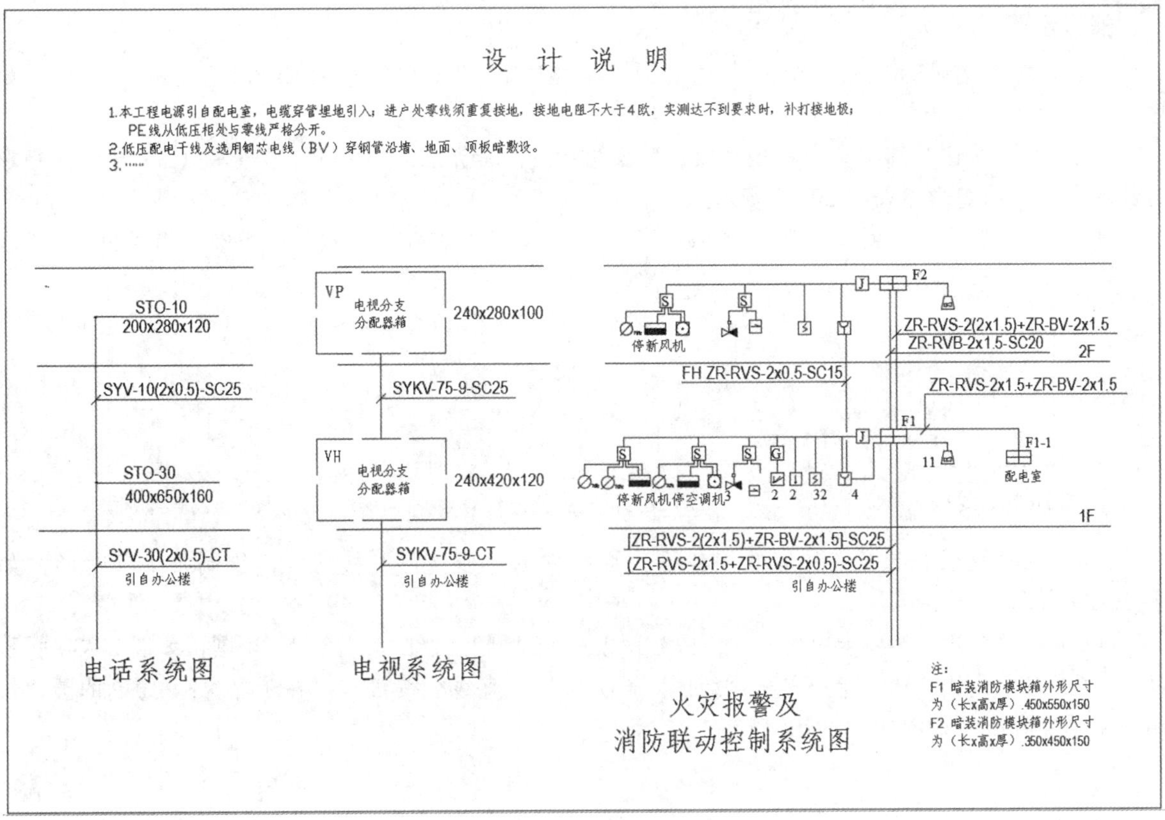

图 20-24　餐厅消防报警系统图和电视、电话系统图

20.3　绘制有线电视系统图

扫一扫，看视频

有线电视系统图一般采用图形符号和标注文字相结合的方式来表示，如图 20-25 所示。

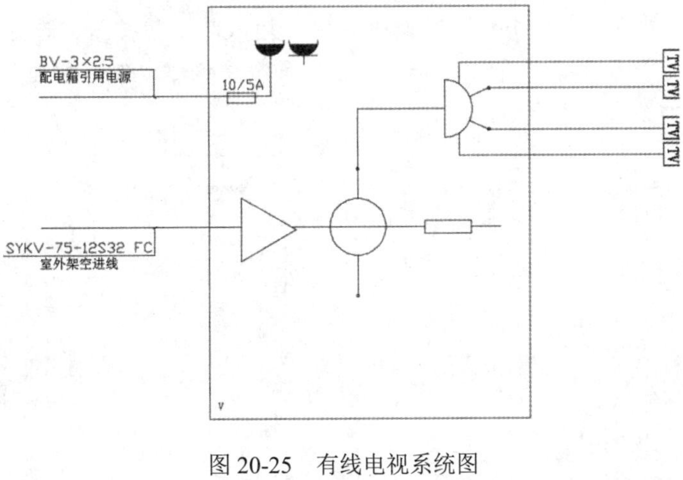

图 20-25　有线电视系统图

源文件：源文件\第 20 章\有线电视系统图.dwg

操作步骤

（1）在“默认”选项卡中单击“绘图”面板中的“矩形”按钮，绘制一个矩形，如图 20-26 所示。

（2）在“默认”选项卡中单击“绘图”面板中的“矩形”按钮，在步骤（1）绘制的矩形内绘制一个小的矩形，如图 20-27 所示。

（3）在“默认”选项卡中单击“绘图”面板中的“圆”按钮，绘制一个圆，如图 20-28 所示。

图 20-26　绘制矩形

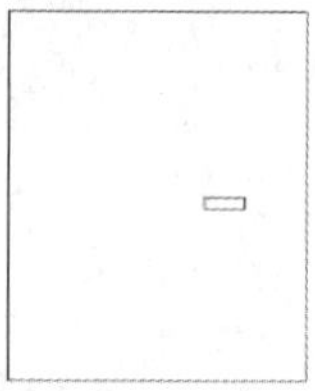

图 20-27　绘制小矩形

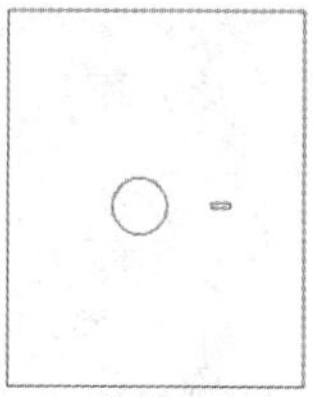

图 20-28　绘制圆

（4）在“默认”选项卡中单击“绘图”面板中的“多边形”按钮，绘制一个三角形，如图 20-29 所示。

（5）在“默认”选项卡中单击“绘图”面板中的“圆”按钮，绘制一个圆，如图 20-30 所示。

（6）在“默认”选项卡中单击“绘图”面板中的“直线”按钮，在步骤（5）绘制的圆内绘制一条垂直直线，如图 20-31 所示。

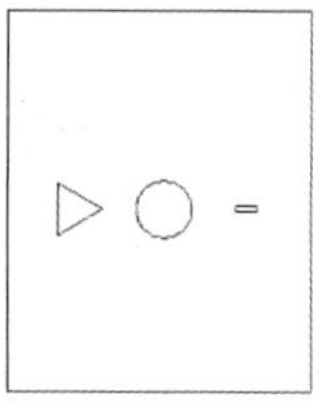

图 20-29　绘制三角形

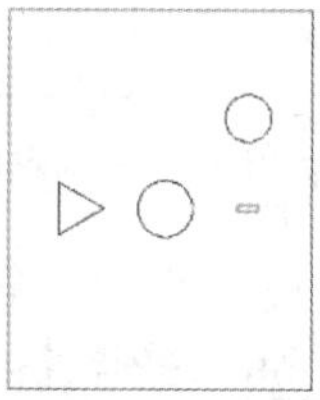

图 20-30　绘制圆

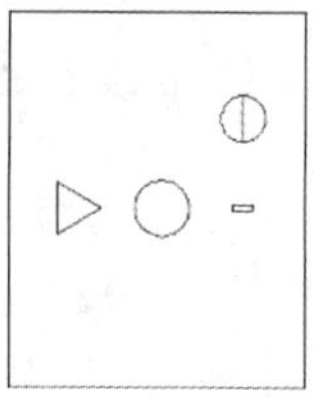

图 20-31　绘制垂直直线

（7）在“默认”选项卡中单击“修改”面板中的“修剪”按钮，将圆的左半部分修剪掉，如图 20-32 所示。

（8）在“默认”选项卡中单击“块”面板中的“插入”下拉按钮，选择“单相二三孔插座”及 TV 图块；然后在“默认”选项卡中单击“修改”面板中的“复制”按钮，将所选图形复制到有线电视系统图内，如图 20-33 所示。

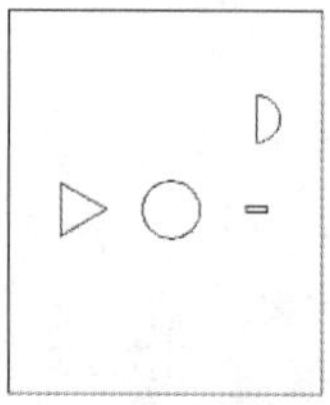

图 20-32　修剪圆

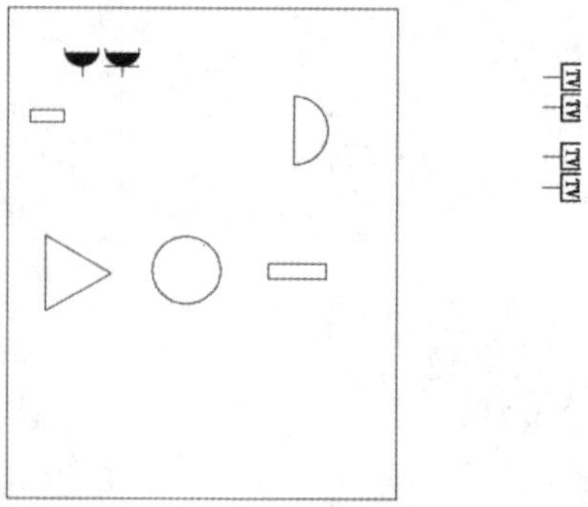

图 20-33　复制图例

（9）在“默认”选项卡中单击“绘图”面板中的“直线”按钮╱，绘制室内进户线，如图 20-34 所示。

（10）在“默认”选项卡中单击“绘图”面板中的“圆”按钮⊘，在进户线上绘制小圆，如图 20-35 所示。

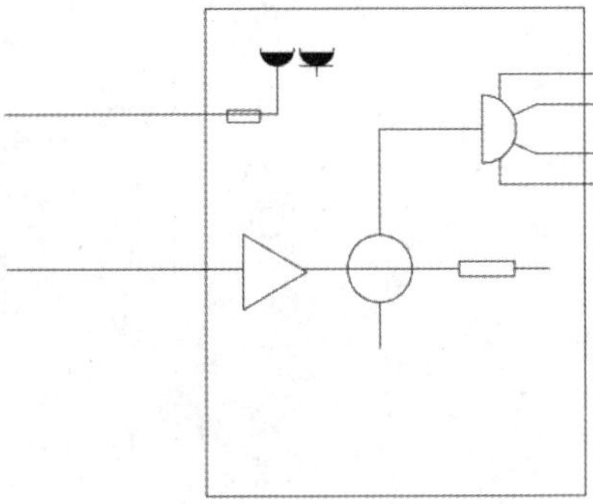

图 20-34　绘制进户线

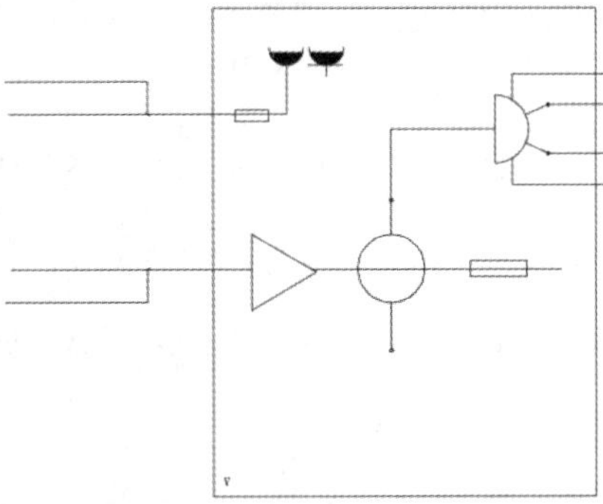

图 20-35　绘制圆

（11）在“默认”选项卡中单击“注释”面板中的“多行文字”按钮 **A**，为有线电视系统图添加文字说明，结果如图 20-25 所示。

动手练——绘制别墅有线电视系统图

源文件：源文件\第 20 章\别墅有线电视系统图.dwg

本练习绘制如图 20-36 所示的别墅有线电视系统图。

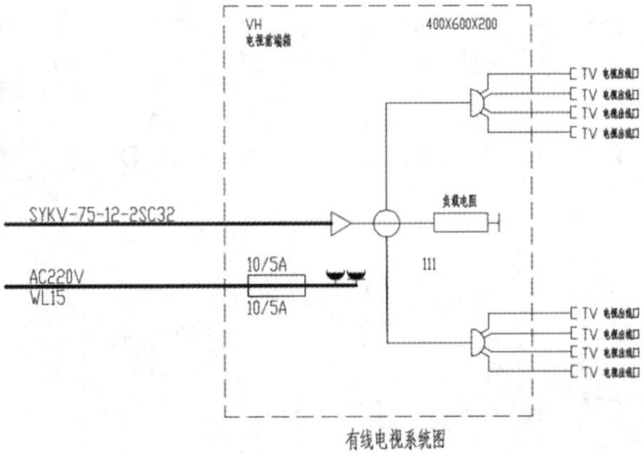

图 20-36　别墅有线电视系统图

思路点拨：

（1）绘图环境设置。

（2）绘制进户线。

（3）绘制图例。

（4）绘制电视天线四分配器及电视出线口图形符号。

附录　模拟认证考试参考答案

第 2 章

1. D　2. D　3. D　4. C　5. D　6. C　7. A　8. A　9. A

第 3 章

1. A　2. B　3. A　4. D　5. D　6. C　7. B

第 4 章

1. A　2. D　3. A　4. B　5. B　6. C

第 5 章

1. C　2. B　3. B

第 6 章

1. C　2. C　3. C　4. B　5. C　6. C　7. A　8. B　9. B

第 7 章

1. B　2. B　3. C　4. B　5. B　6. C　7. C　8. D

第 8 章

1. A　2. C　3. C　4. B　5. B　6. A　7. D

第 9 章

1. B　2. B　3. D　4. A　5. B

第 10 章

1. A　2. A　3. C　4. A　5. B　6. B

第 11 章

1. C　2. B　3. B　4. D　5. B　6. B　7. B　8. B　9. A　10. B